国家科学技术学术著作出版基金资助出版

中国科学院中国动物志编辑委员会主编

中国动物志

昆虫纲 第五十九卷

双 翅 目

虻 科

许荣满 孙 毅 著

国家自然科学基金重大项目
中国科学院知识创新工程重大项目
（国家自然科学基金委员会 中国科学院 国家科技部 资助）

科 学 出 版 社
北 京

内 容 简 介

虻类是重要医学昆虫类群之一，它们不仅因刺叮和吸血，给人、畜造成直接危害，而且更重要的是一些种类会传播疾病，如在非洲传播人的罗阿丝虫病，在我国传播马传染性贫血病和牲畜的锥虫病。

本志分总论和各论两部分。总论部分对虻类的研究简史、形态特征、分类系统、区系分布、生物学、传病关系及标本采集等作了较为详细的介绍。各论部分包括迄今我国已发现的虻类 3 亚科 14 属 458 种及亚种（含 3 个新种）的分亚科、属和种的检索表，亚科和属的重要特征，并对各种虻的鉴别特征、形态、生物学和地理分布等作了记述。在每个种记述中还配有重要形态特征的插图 495 幅，以及彩色图版 8 面，黑白图版 9 面，以便读者对照鉴别。书末附参考文献、英文摘要和索引。

本志可供从事分类学、昆虫学、寄生虫学、流行病学等科研、教学和卫生防疫部门的工作人员参考。

图书在版编目(CIP)数据

中国动物志. 昆虫纲. 第 59 卷. 双翅目. 虻科/许荣满，孙毅著. —北京：科学出版社，2013.6
ISBN 978-7-03-037826-2

I. ①中… II. ①许… ②孙… III. ①动物志-中国 ② 昆虫纲-动物志-中国 ③双翅目-动物志-中国 ④虻科-动物志-中国 IV. ①Q958.52

中国版本图书馆 CIP 数据核字(2013)第 127325 号

责任编辑：矫天扬 /责任校对：郭瑞芝

责任印制：钱玉芬 /封面设计：槐寿明

科学出版社出版

北京东黄城根北街16号
邮政编码：100717
http://www.sciencep.com

北京通州皇家印刷厂印刷

科学出版社发行 各地新华书店经销

*

2013 年 6 月第 一 版 开本：787 × 1092 1/16
2013 年 6 月第一次印刷 印张：57 插页：4
字数：1 300 000

定价：280.00 元

(如有印装质量问题，我社负责调换)

Editorial Committee of Fauna Sinica, Chinese Academy of Sciences

FAUNA SINICA

INSECTA Vol. 59

Diptera

Tabanidae

By

Xu Rongman and Sun Yi

A Major Project of the National Natural Science Foundation of China
A Major Project of the Knowledge Innovation Program
of the Chinese Academy of Sciences
(Supported by the National Natural Science Foundation of China,
the Chinese Academy of Sciences, and the Ministry of Science and Technology of China)

Science Press

Beijing, China

前　　言

虻类隶属节肢动物门昆虫纲双翅目短角亚目虻科。虻科是比较进化的昆虫，成虫小到中型，体粗壮，善飞翔，具刮舔式口器，雌性吸食温血动物血液。虻科为全变态昆虫，生活史分为卵、幼虫、蛹和成虫 4 个阶段。

虻类是重要的医学昆虫类群之一，它们不仅因刺叮和吸血，骚扰人、畜，使其不得安宁，或引起过敏性皮炎和贫血，造成直接危害；而且更重要的是，一些种类在非洲传播人的罗阿丝虫病，在世界各地传播牲畜的锥虫病等。

早在 2000 多年前我国就有虻虫可入药的记载，但现代科学意义上的虻类研究，只有 200 多年的历史。中国虻类分类研究，最早是 Fabricius 于 1787 年报告的新种断纹虻 *Tabanus striatus*，此后的 160 多年，仅见外国人的零星报道，至 1949 年，共记载 100 多种。自 1949 年以后，由于中国政府的重视，中国昆虫学家加强了虻类区系和生物学的研究，1983 年与 1994 年先后出版了两册虻类经济志，共记录 336 种，大大促进了我国虻类的调查和研究，也为编写《中国动物志双翅目虻科》（简称《中国虻科志》）创造了条件。

2003 年本志编研组成立，得到了军事医学科学院领导的支持，《中国虻科志》的编研工作启动，2004 年该工作列入《中国动物志》“十五”规划。编研组于 2004-2007 年分别对云南、广东、海南、福建、北京进行了 4 年的野外补点采集，并对国内收藏的虻类标本作了整理。至 2008 年，完成了原记录种的核实和新发现种的描述，使我国已知虻科种类增至 3 亚科 14 属 458 种及亚种。

本志分总论和各论两部分。总论部分包括虻类的研究简史、形态特征、分类系统、区系分布、生物学、传病关系及标本采集 7 部分。各论部分包括我国虻类的各阶元分类检索表及重要特征，对已发现种类的参考文献、鉴别特征、形态、检视标本信息、生物学和地理分布等都作了记述。在 458 种及亚种中，有 36 个新种是本志编研过程中发现的，其中 3 新种在本志中描述，书末附学名和中名对照表。外文摘要集中在书后，供国外专业工作者参考。

虻类的区系分布是重要的生态学问题，虽在各论部分种下作了记述，但为了便于读者查找和分析比较，在总论中编制了中国虻科区系分布表。

本志的编研是在中国科学院中国动物志编辑委员会领导下，由军事医学科学院微生物流行病研究所主持完成。在编研过程中，得到了全国许多兄弟单位的大力支持和帮助，他们无私地协助采集、提供、赠送了大量珍贵的标本，为本志的编研作出了贡献，在此作者谨向他们表示衷心和深切的感谢。这些单位是：中国科学院动物研究所、中国科学院上海昆虫研究所（现为中国科学院上海生命科学研究院植物生理生态研究所）、辽宁省疾病预防控制中心、福建省疾病预防控制中心、天津自然博物馆、中山大学昆虫标本馆、沈阳军区疾病预防控制中心、成都军区疾病预防控制中心、广州军区疾病预防控制中心、兰州军区疾病预防控制中心。除上述单位外，还有不少单位在本志编研过程中给予了很大的帮助，如成都军区卫生部、云南省军区卫生处、广州军区卫生部、海南省军区卫生处、海军卫生部、广东省疾病预防控制中心、海南省疾病预防控制中心、浙江省疾病预防控制中心、云南省疾病预防控制中心、云南省疟疾防治研究所等，作者也在此深表谢意。

在长期的虻类分类研究过程中，作者得到了军事医学科学院胡经甫院士、上海昆虫研究所刘维德教授的指导。美国新罕布什尔州立大学 John F. Burger 教授提供了难得的文献、不少副模和定名标本；提供副模或定名标本的尚有美国康纳尔大学 L. L. Pechumann 教授、美国长岛大学 E. I. Coher 教授、美国佛罗里达大学 G. B. Fairchild 教授、美国加州科学院 P. H. Arnaud 博士、捷克查理大学 M. Chvála 教授、捷克国家博物馆 J. Jezek 博士、俄罗斯新西伯利亚科学院 N. A. Violovitsh 博士、日本 H. Takahasi 博士和 H. Hayakawa 博士，使作者有机会检视我国台湾和邻近国家（尼泊尔、缅甸、泰国、老挝、越南、日本、俄罗斯、哈萨克斯坦等）的有关虻类标本。在国内外检视标本时，还得到了美国 Simithsonia 博物馆黄耀民、J. Peterson，中国科学院动物研究所王遵明、姚建，中国科学院上海昆虫研究所姚运妹、刘宪伟，天津自然博物馆杨春旺，福建省疾病预防控制中心徐保海，台湾大学徐尔烈，辽宁省疫病预防控制中心陈继寅、王树成、张稷博、邢丽，沈阳军区疾病预防控制中心刘国平，中山大学华立中等的帮助；还有贵阳医学院陈汉彬，云南昭通疾病预防控制中心杨建设，湖北汉中师范学院李树森，91458 部队卫生防疫检验所詹道成，广州军区疾病预防控制中心郝宝善、刘金华，兰州军区疾病预防控制中心刘增加，成都军区疾病预防控制中心宋景章、李忠成、刘康南、张有植、邓成玉、张国琪，南京军区疾病预防控制中心沈建忠，第二军医大学瞿逢伊，第三军医大学黄复生，第四军医大学吴元钦，云南省疟疾防治研究所王学忠，云南省疾病预防控制中心李富华，广东省汕头市爱国卫生运动委员会办公室陈思湖，浙江省疾病预防控制中心凌峰，广西壮族自治区疾病预防控制中心廖国厚，广东省疾病预防控制中心张军雄、林立丰、潘波、蔡松武，海南省疾病预防控制中心王善青，四川宜宾疾病预防控制中心温新民，军事医学科学院郭天宇、朱礼华、张金桐、倪涛、李蓓思、沈来玉、虞以新、杨振洲、严格、叶宗茂、安继尧、庞道毛、徐焕章、李连胜、潘凤庚、董桂藩、李光耀、朱成璞、刘泉等为本志的完成也作出了贡献，他们或协助采集标本，或查找标本，或赠与标本，或提供资料。彩图由张学文摄制。在此谨向他们致以衷心的感谢。

本志包括的种类和引用的资料，系在 2008 年以前编者所掌握和能得到的，其中也包括少数待发表新种的文稿。

作者对虻科雄性了解得不多，本志的种类鉴别多依靠雌性，分种检索表也只有雌性的，图除注明是雄性的外，其余均为雌性。

我国虻科分类中存在许多问题，编者虽已努力澄清了若干，但还有不少问题，尤其是一些种仅据文献，尚待调查研究，有些疑难种虽有初步结论，但还不能最后确定。本志涉及内容广泛，加上作者的水平有限，难免有一些不足之处，作者殷切期望广大读者批评指正，以便今后再版时修改和补充。

许荣满

2013 年 4 月于北京

目　　录

总　论

一、研究简史

虻类是畜牧业一大害虫，而且还传播动物和人的一些疾病，是一类重要的医学昆虫。早在2000多年前我国就有虻虫可入药的记载。刘安在《淮南子》中有“虻散积血，断木榆龋”的表述。《神农本草》的药分三品，已将蜚虻列入“下品多毒，不宜久服”之列。李时珍在《本草纲目》中关于虻虫有如下记载：“虻有数种，并能啖血，商浙以南江岭间大有。木虻，长大绿色，殆如蜩蝉，咂牛马或至颠仆。蜚虻，状如蜜蜂，黄黑色，今俗多用之。又一种小者名鹿虻，亦名牛虻，大如蝇，啮牛马亦猛，市人采卖之，三种同体，以疗血为本，虽小有异同，用之不为嫌。”

现代科学意义上的虻类研究，只有200多年的历史。1758年瑞典学者林奈 (Linnaeus) 首次建立了虻属 *Tabanus*，以嗜牛虻 *Tabanus bovinus* Linnaeus, 1758作为属模，从而开始了虻的系统分类研究。

(一) 虻科分类区系研究

虻科的分类，早期根据后足胫节端部刺距的有无，分为两个亚科，即距虻亚科 Pangoniinae 和虻亚科 Tabaninae。后经 Mackerras (1954；1959) 对外生殖器的系统研究，即形成现在采用的3个亚科的分类系统。至1972年，全世界已知虻类3500种，1992年增至137属4233种。其中与我国有关的古北界540多种，东洋界600多种。

根据 Mackerras 和 Oldroyd 等的研究，认为虻科起源于南美洲，分南北两路向全世界扩散，第一条理由是南美洲虻科原始类群最丰富；第二条理由是非洲、大洋洲的虻类与南美洲的种类接近。

(二) 我国虻科分类区系研究

中国虻类研究起步较晚，最早是 Fabricius 于1787年报告了中国一新种——断纹虻 *Tabanus striatus*，此后100多年仅见外国人的零星报道。黄能1936年统计中国虻类为4属80种，胡经甫1940年在《中国昆虫名录》中列了4属68种。1949年我国著名昆虫学家陈世骧和他的合作者才开始研究中国虻科的分类，继后，刘维德着手清理中国科学院收藏的标本，邓国藩开始研究虻类生物学。至 1966 年，中外虻科分类工作者共报道中国虻科昆虫约 200 种，20 世纪 70 年代以后，我国新一代昆虫学家广泛参与，大大地推动了中国虻科区系、分类的调查研究，仅 1977-1989 年，我国昆虫学家就报道了 150 个新种、20 多个中国新纪录种 (刘维德，1985)。王遵明 (1983；1994) 的《中国经济昆虫志》双翅目虻科收录了 336 种，区系的基本框架已经清楚。2004-2007 年在本志编研过程中，研究人员进行了 4 年的补点采集调查，国内几个昆虫标本主要收藏单位对收藏的虻类标本的进行了系统整理，大大丰富了中国虻科区系分类知识。

二、形 态 特 征

(一) 成虫鉴别形态

成虫体粗壮 (图 1)，体长为 5-26 mm。体长的测量长度是在侧面观从额胛到尾端，不包括触角。

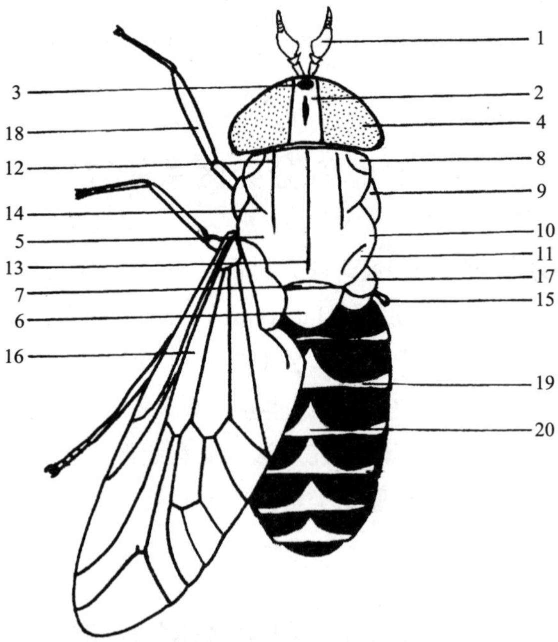

图 1 雌虻 (female of tabanid)

1. 触角 (antenna)；2. 额 (frons)；3. 额胛 (frontal callus)；4. 复眼 (eye)；5. 盾片 (scutum)；6. 小盾片 (scutellum)；7. 前小盾片 (prescutellum)；8. 肩胛 (humeral callus)；9. 背侧片 (notopleura)；10. 翅上胛 (supera-ala callus)；11. 翅后胛 (post-ala callus)；12. 亚中纵条 (submediam stripe)；13. 中纵条 (medstripe)；14. 盾缝 (scuta sulcus)；15. 平衡棒 (halter)；16. 翅 (wing)；17. 腋瓣 (squama)；18. 足 (leg)；19. 浅色后缘 (pale posterior margin)；20. 浅色中三角 (pale median triangle)

1. 头部 (图 2)

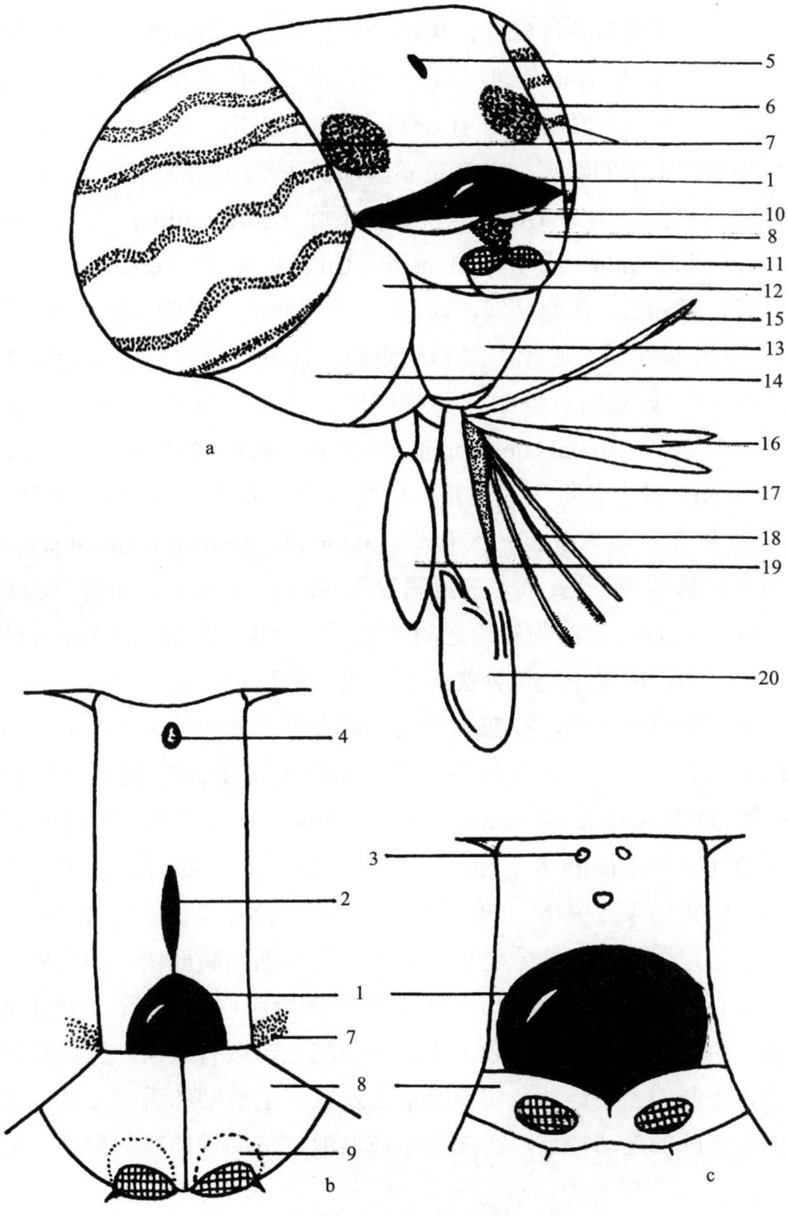

图 2　虻的头部 (head of tabanid)

a. 麻虻属 *Haematopota*；b. 瘤虻属 *Hybomitra*；c. 斑虻属 *Chrysops*；1. 基胛 (lower callus)；2. 中胛 (upper callus)；3. 单眼(ocelli)；4. 单眼瘤 (ocellar tubercle)；5. 额中斑 (midfrontal spot)；6. 额侧斑 (paired spot)；7. 眼带 (eye band)；8. 亚胛 (subcallus)；9. “眉片” (crescent)；10. 额胛前亮区 (shiny area below callus)；11. 触角窝 (antennal fossa)；12. 侧颜 (parafacial)；13. 颜 (face)；14. 颊 (genae)；15. 上唇 (labrum)；16. 上颚 (mandible)；17. 舌 (hypopharynx)；18. 下颚 (maxillae)；19. 下颚须 (palpi)；20. 下唇 (labium)

头部呈半球形，一般宽于胸部，两侧为两个大复眼，占头的大部分，由许多眼面 (facet) 组成，雄性为接眼式，即两复眼紧靠在一起，复眼上半部大眼面一般明显大于下半部的小眼面；雌性为离眼式，即两复眼多少分开。复眼在新鲜 (或回软) 标本时，有各种美丽的颜色和斑纹，底色多数为深绿色，斑纹一般呈紫色，斑纹颜色、形状因属种不同而异,复眼有或长或短的软毛 (pile)，但多数种类无毛。雌虻两复眼之间的额 (frons) 因属种不同，宽窄差别很大，一般用额比 (frons index) 来表示；指正面观时额高与基宽的比例，额高是头顶到额下缘的距离，额宽是额基部到两复眼间的距离。额通常有光裸突出的瘤状物，称胛，基部的称额胛 (frontal callus)、下胛 (lower callus) 或基胛 (basal callus)，中部的称中胛 (median callus 或 frontal median callus)。头顶 (vertex) 在距虻亚科和斑虻亚科有 3 个单眼 (ocelli)，在瘤虻属，通常 3 个单眼愈合成瘤状物，称单眼瘤 (ocellar tubercle)；在虻属和黄虻属等则无单眼和单眼瘤；在麻虻属，额中部无瘤状突出物，但有棕色至黑色绒斑，典型的有额中斑和额侧斑，或称中央点 (frontal median spot 或 midfrontal spot) 和侧点 (frontal lateral spot 或 paired spot)。额的前方 (下方) 为亚胛 (或称额三角 subcallus)，其上着生 1 对触角，触角 3 节，即柄节(scape)、梗节 (pedicel) 和鞭节 (flagellum)，鞭节的端部分 2-7 个环节 (annuli 或 terminal flagellar segments) (图 3)，鞭节的第 1 环节称基环节 (在虻属、瘤虻属等称 plate)，端部的几个环节合称端环节 (在虻属、瘤虻属等称 style)。亚胛与触角之间的膜质部分称"眉片"("crescent")，这是借用蝇类类似结构的术语，但又不是像蝇类那样是真正的眉片，故用引号标明；亚胛与额胛之间，在麻虻属的一些种类中，存在 1 对或多或少呈三角形的亮片，通常有横缝与额胛分开。亚胛的前方为颜，由中颜和侧颜组成，侧颜 (parafacial) 的上方称上侧颜 (upper parafacial)，下方为颊 (cheek 或 gena)，两者无界线。口器两侧有 1 对下颚须 (palpus)，分 2 节，第 2 节 (second palpus) 的长宽比例变化较大。口器 (图 2) 外形类似于蝇类，具有大的唇瓣，向头的下方突出，为刮舔式，具有刺吸式和舔吸式口器的综合特征。下唇背面具凹槽，把口器的其余部分包裹在其中，从背面到腹面依次为上唇咽、上颚、舌和下颚。上唇咽 1 片，剑状，其腹面具凹槽，与上颚合起构成食管；上颚 1 对，剪刀状；舌 1 根，针状，中空，为涎管；下颚 1 对，窄刀状，末端有小齿。虻刺叮时，借助于上颚的左右运动，下颚的上下运动，切锯开宿主皮肤，上唇咽和舌随之插入皮肤。由于虻的口器粗和伸入皮肤的运动特点，在皮下形成血池，借助于唇瓣的帮助，血液从食管中吸入虻体。

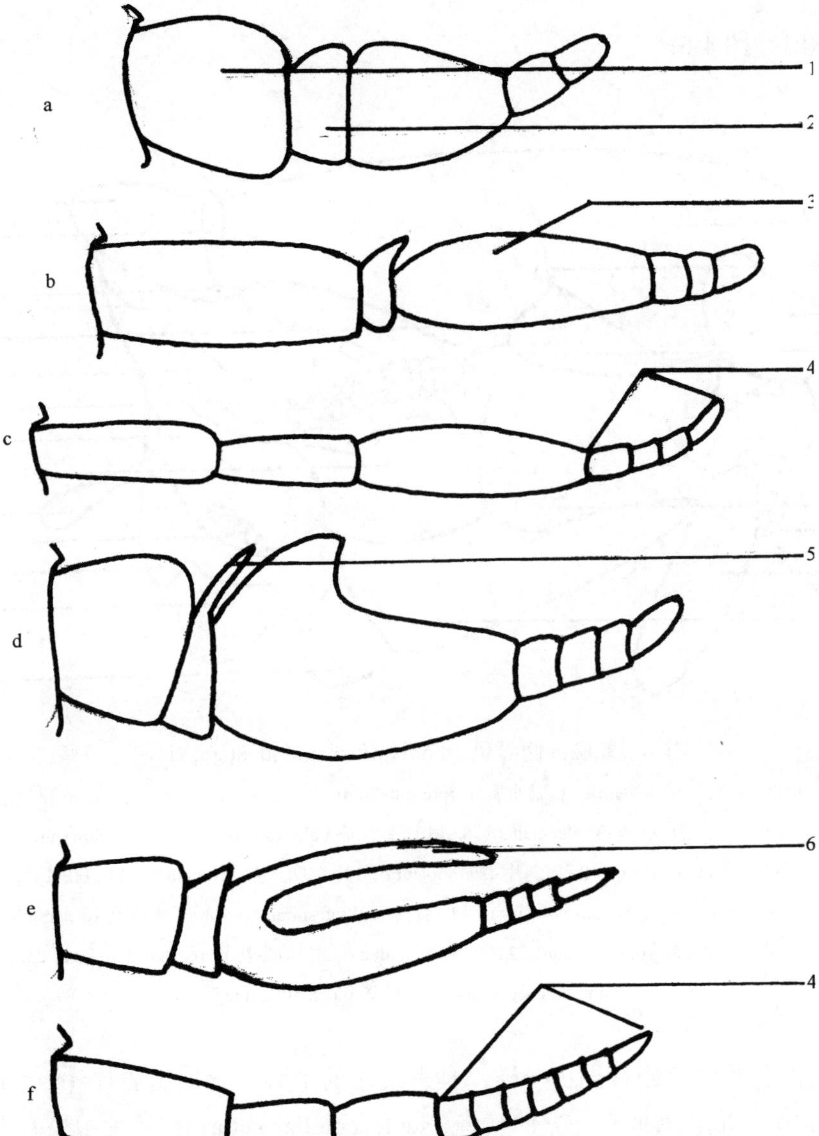

图 3　虻的触角 (antenna of tabanids)

a. 少节虻属 *Thaumastomyia*；b. 麻虻属 *Haematopota*；c. 斑虻属 *Chrysops*；d. 虻属 *Tabanus*；e. 冑虻属 *Gastroxides*；f. 石虻属 *Stonemyia*；1. 柄节 (scape)；2. 梗节 (pedicel)；3. 鞭节 (flagellomere)；4. 鞭节的端环节 (terminal flagellar segments)；5. 背突 (dorsal projection)；6. 背角 (dorsal tooth)

2. 胸部 (图 1，图 4-6)

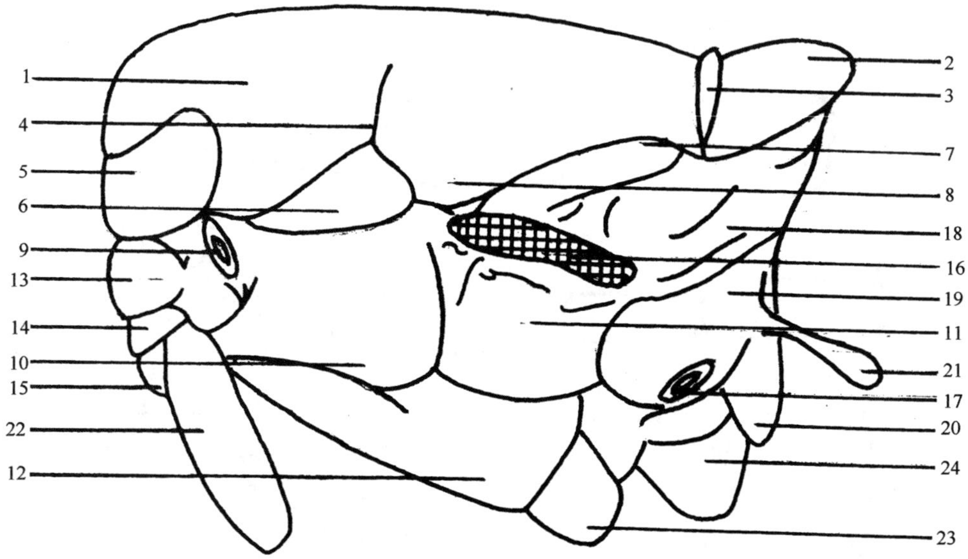

图 4　虻胸部侧面观 (thorax of tabanid in lateral view)

1. 盾片 (scutum)；2. 小盾片 (scutellum)；3. 前小盾片 (prescutellum)；4. 盾缝 (scutal sulcus)；5. 肩胛 (humeral callus)；6. 背侧片 (notopleura)；7. 翅后胛 (post-alar callus)；8. 翅上胛 (supra-alar callus)；9. 前气门 (fore spiracle)；10. 中侧片 (mesopleura)；11. 翅侧片 (pteropleura)；12. 腹侧片 (sternopleura)；13. 前胸背板 (pronotum)；14. 前胸侧板 (propleurum)；15. 前胸腹板 (prosternum)；16. 翅基 (base of wing)；17. 后气门 (hind spiracle)；18. 后胸背板 (metanotum)；19. 后胸侧板 (metapleurum)；20. 后胸腹板 (metasternum)；21. 平衡棒 (halter)；22. 前足基节 (coxa of fore leg)；23. 中足基节 (coxa of middle leg)；24. 后足基节 (coxa of hind leg)

虻的胸部和其他双翅目昆虫一样，具有发达的中胸。背板由盾片 (scutum) 和小盾片 (scutellum) 组成，其间有完整的横缝 (scutoscutellar suture)；盾片中央有不完整的横缝 (transverse suture)；背板上常见有纵条或横带，这些是鉴别种的重要特征。盾片两侧前角为 1 对肩胛 (humeral callus)，其后是背侧片 (notopleura)、翅上胛 (upper-alar callus) 和翅后胛 (post-alar callus)，这些部位的颜色，以及着生毛的颜色和长短，有时有鉴别种的价值。盾片与小盾片之间有 1 小的骨片，称前小盾片 (prescutellum)。侧板一般无重要鉴别特征。足 (图 5) 基节、转节、股节、胫节和跗节的颜色及着生毛的颜色和长短，胫节上浅色环的大小和数量具有鉴别种的作用；后足胫节末端有无 1 对胫节距，具有鉴别亚科的作用；跗节末端有 1 对爪、1 对爪垫和 1 片爪间突。翅多数透明，有的属有横带，有的属有云雾斑。翅基有翅肩鳞 (tegula) 和翅基鳞 (basicosta)，翅基鳞上有无和前缘脉 (costa) 同样的毛，具有分属的意义。翅 (图 6) 中央具长六边形的中室，R_5 脉伸达翅的外缘，远在顶角之后，R_1 为缘室 (costal cell)，R_3 和 R_4 为亚缘室 (subcostal cell)，R_5、M_1、M_2、M_3 和 M_4 分别为第 1 至第 5 后室 (posterior cell)，亚前缘脉 (vein Sc) 有无毛是重要鉴别特征。翅基部后方的上、下腋瓣，以及翅瓣均发达。有的种类，翅在静止时呈屋脊状，斜覆于腹背，有的则平覆于腹背。后胸有 1 对平衡棒，由柄部 (stem) 和球部 (knob) 组成，颜色因种不同而异。

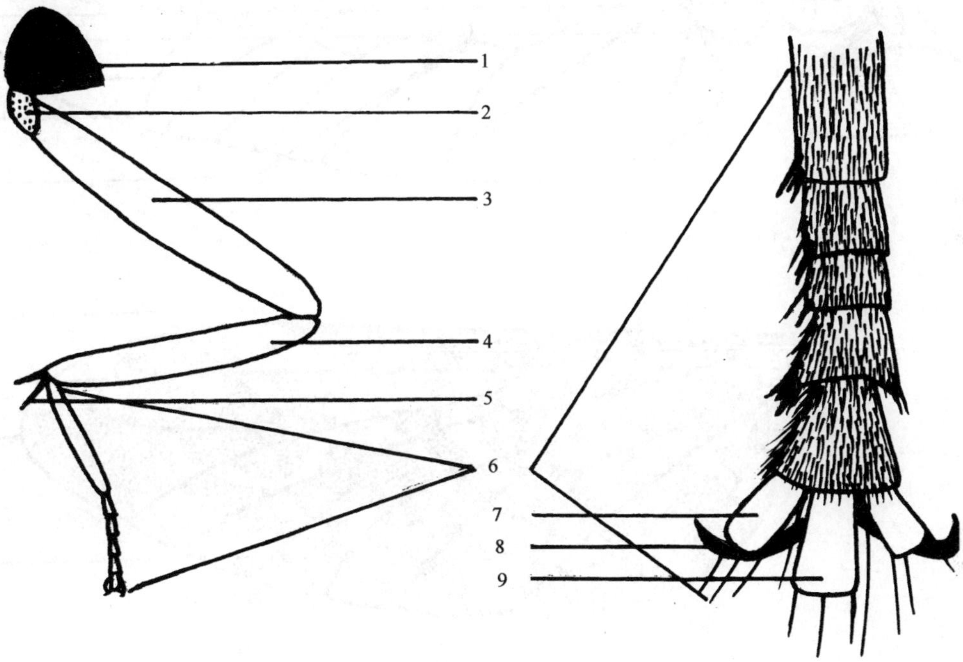

图 5　斑虻属的后足 (hind leg of *Chrysops* sp.)

1. 基节 (coxa)；2. 转节 (trochanter)；3. 股节 (femur)；4. 胫节 (tibia)；5. 胫节距 (spur of tibia)；6. 跗节 (tarsi)；7. 爪垫 (pulvillus)；8. 爪 (claw)；9. 爪间突 (empodium)

3. 腹部 (图 1)

虻的腹部可见 7 节，第 8 节以后缩在体内，但雄性的尾须外露。雌虻第 8 背板形状比较固定，无鉴别意义，第 9、10 背板及尾须成对，但有的亚科和属的第 9 背板则愈合为 1 块；第 8 腹板以后合为 1 块，盾形，称亚生殖板 (subgenital plate)。第 9、10 背板和尾须及亚生殖板统称为尾器 (terminalia)，形态及骨化深浅因属种不同而不同，具有鉴别意义。雄性第 9 腹节以后称为尾器，背方有 1 对由第 9、10 背板愈合而成的合背板及 1 对尾须，腹方可见生殖基节 (gonocoxite)、生殖端节 (style) 和阳茎 (aedeagus)。雄性的尾器变化较小，现知只具有高一级的鉴别价值，不能用来鉴别属种。

虻的腹部背板和腹板常见有由粉组成的横带或纵条，有的则在背板上有大小不同的三角斑、斜形或圆形侧斑等，这些在分类鉴别上已被广泛应用。

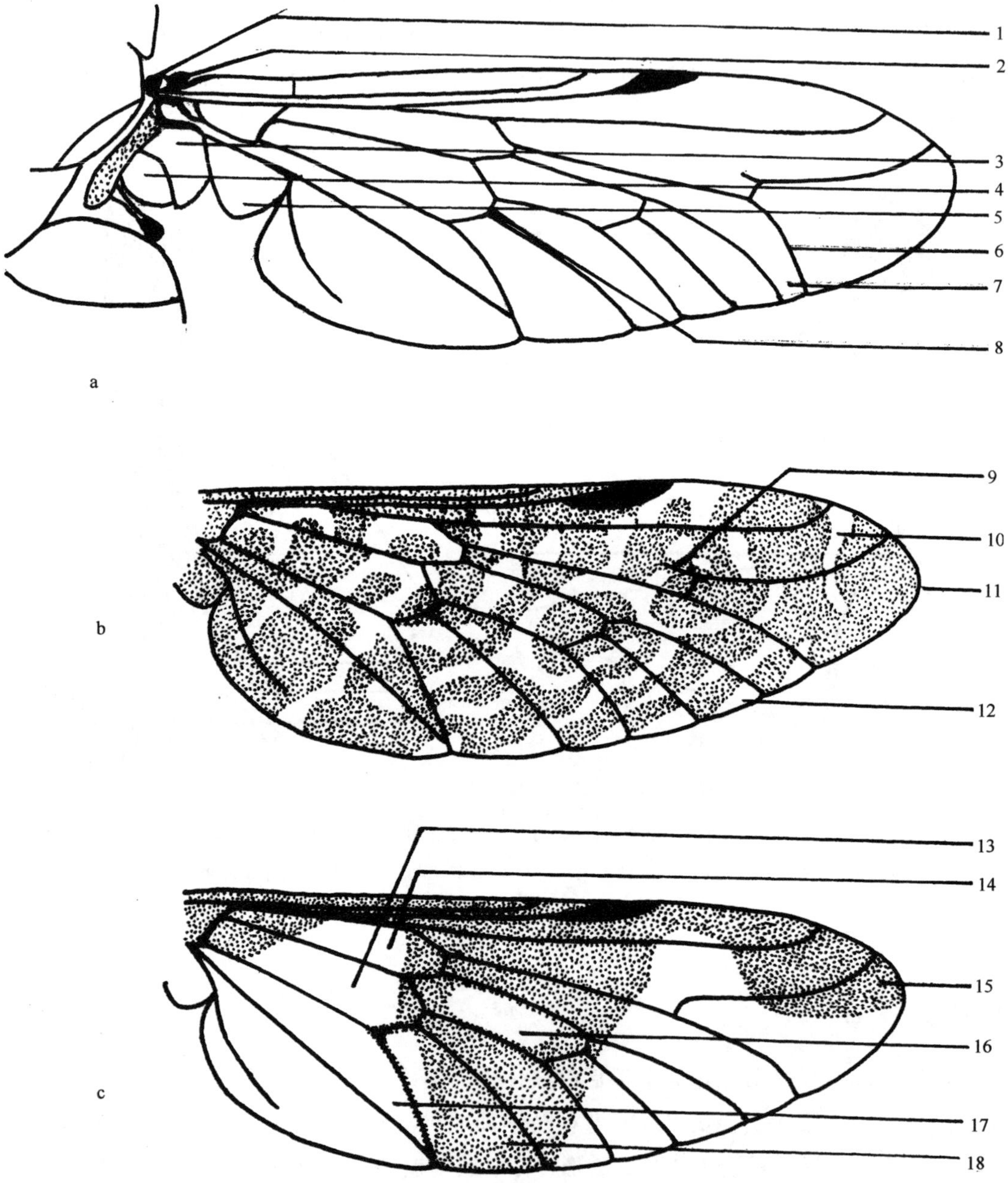

图 6 虻的翅 (wing of tabanids)

a. 虻属 *Tabanus*；b. 麻虻属 *Haematopota*；c. 斑虻属 *Chrysops*；1. 翅肩鳞 (tegula)；2. 翅基鳞 (basicosta)；3. 上腋瓣 (upper squama)；4. 下腋瓣 (lower squama)；5. 翅瓣 (alula)；6. R_5 脉 (R_5 vein)；7. R_5 室 (R_5 cell)；8. 横脉 (cross vein)；9. 附脉 (appendage vein)；10. 亚端带 (subapical band)；11. 顶角 (apical angle)；12. 第 2 后缘室 (posterior cell 2)；13. 第 2 基室 (basal cell 2)；14. 第 1 基室 (basal cell 1)；15. 端斑 (apical spot)；16. 中室 (discal cell)；17. 臀室 (anal cell)；18. 横带 (cross band)

(二) 卵、幼虫和蛹鉴别形态

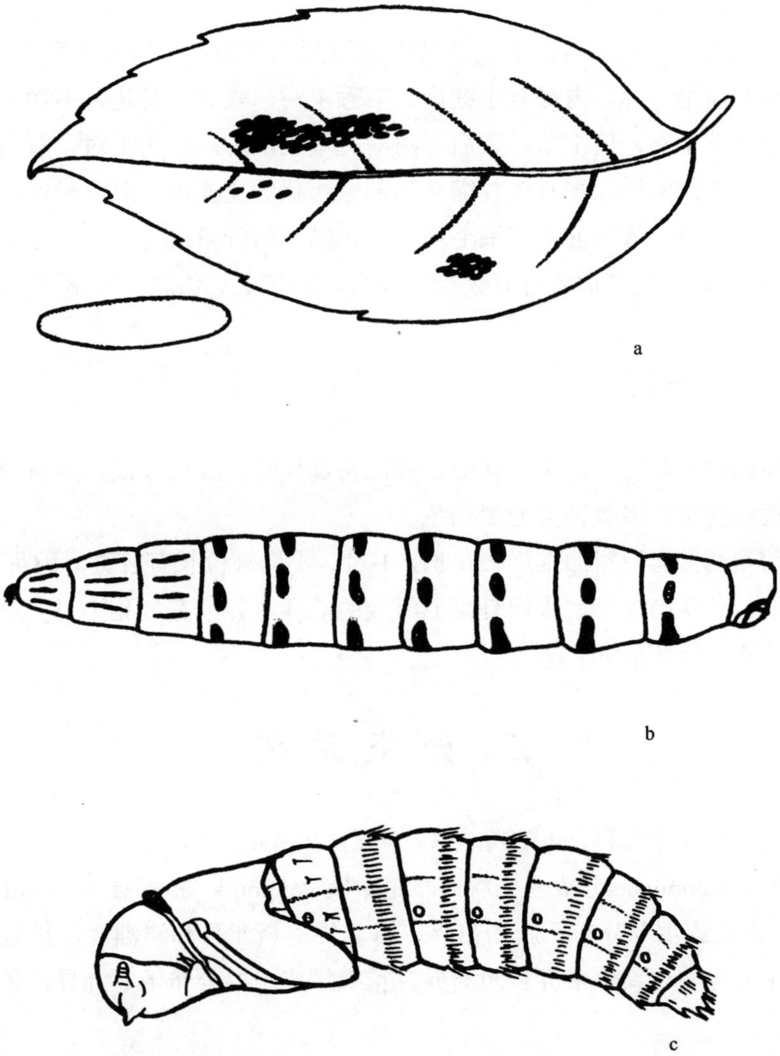

图 7　虻的幼期 (immature stages of tabanid)

a. 卵 (egg)；b. 幼虫 (larva)；c. 蛹 (pupa)

1. 卵 (图 7-a)

纺锤形或圆筒形，有些种的卵中央略向一侧弯曲。刚产下时多为白色，有些则为黄色、黄白色或灰色，而后变为深棕色、褐色或黑色。长度为 1-2.5 mm。卵的形态及卵产下后的排列形状有种的特异性。

2. 幼虫 (图 7-b)

浅黄色或灰白色，细长，呈纺锤形，两端尖细。体形大小因种不同变化相当大，小的 10 mm，大的超过 60 mm。

头小，明显骨化。前端有口器，从背面到腹面依次为：上唇、上颚、下颚、下唇。上颚 1 对，窄长而呈弓形，内缘有小细齿。下颚 1 对，较宽，发达，下颚须 2 节。下唇末端分叉，下唇须 1 对，仅 1 节。头后方两侧有单眼 1 对。触角 1 对。触角和上唇的基部有许多向后弯曲的刚毛。平时头收缩在胸部皱褶状的皮囊内，取食时伸出。

胸部 3 节，光滑，各节前缘有绒毛环带，两侧有纵行条纹。

腹部 8 节，第 1-7 节前缘各有突起的环带，环带上具伪足。第 8 节背方有短的呼吸管。

3. 蛹 (图 7-c)

裸蛹。体向腹面略弯曲。头、胸部合并。初蛹化时，颜色较浅，为黄白色，或稍带绿色，以后逐渐变暗，多数种类为黑褐色。

头胸部前端两侧有短粗的锥形触角梢，1 对。不同部位长有棘突，因种而异。

腹部 8 节，前 7 节各节后缘均有刚毛组成的毛环，各节有气孔 1 对；第 8 节末端有 3 对突起的尾星，形态因种而异。

三、分类系统

全世界现已知 3 个亚科，9 个族，137 个属，约 4300 种。

距虻亚科 Pangoniinae 分成 3 个族，即距虻族 Pangonii、枝虻族 Scionini 和长喙虻族 Philolichini。距虻族主要分布于新热带界、古北界、新北界和澳洲界，扩展分布到非洲界。枝虻族主要分布于新热带界和澳洲界。长喙虻族主要分布于非洲界，扩散到古北界和东洋界。

斑虻亚科 Chrysopinae 分成 3 个族，即斑虻族 Chrysopsini、离牛虻族 Bouvienromiini 和蛆吸虻族 Rhinomyzini。斑虻族分布广泛，主要集中于新北界、新热带界和古北界。离牛虻族主要分布于非洲界和澳洲界。蛆吸虻族分布于非洲界和东洋界。

虻亚科 Tabaninae 也分为 3 个族，即全绿虻族 Diachlorini、麻虻族 Haematopotini 和虻族 Tabanini。全绿虻族各界均有分布，主要集中于新热带界、澳洲界和非洲界。麻虻族主要分布于非洲界、东洋界和古北界，扩展分布到新北界。虻族种类最多，分布最广，主要集中于东洋界、古北界、新北界、新热带界和非洲界。

至2008年，我国虻科已知458种，隶属于3亚科7族14属。即距虻亚科2族3属3种；斑虻亚科3族5属47种；虻亚科2族6属408种。

我国虻科区系调查工作已取得很大成绩，种数已达世界已知种数的十分之一，但要彻底搞清中国的虻科区系还有一段距离，原因有二：其一是记载种中，尚有近20种作者未看到标本，其中采自我国并报道的新种就有12种，这些种的模式标本或保存在国外，或保存地未详，国内学者尚未检视过；其二是有些地区调查不多，如西南区现知仅61种。

四、区系分布和地理区划

(一) 我国虻科区系分布特点

虻类分布于全世界。除了高纬度、高海拔和一些孤立的岛屿，如夏威夷群岛等外，均有分布。

虻类的发生和发展，除受自然地理条件制约外，已证实还与血源动物的发生和发展有密切关系。如麻虻族与牛种有关，南美洲和大洋洲没有牛，北美洲也不多，而非洲和欧亚大陆有丰富的牛种，麻虻的分布情况与此相符。非洲界有麻虻170多种，古北界约70种，东洋界有220多种，新北界种类很少，而新热带界和澳洲界没有这一类群。我国虻科区系分布有以下两大特点。

1. 东洋界的种类多于古北界的种类

从表1可见，我国虻科属东洋界的有11属250种，约占我国已知种总数的54.5%，古北界的有8属189种，占我国已知种总数的41.4%，而广布种有5属19种，仅占4.1%。这与一般昆虫动物的分布特点是一致的。东洋界种类多于古北界种类，究其原因可能有二：①据研究分析，现存虻类的发源地可能是新热带界，然后向两条路线扩散，南路向澳洲界、非洲界扩散，再由非洲向欧、亚扩散；北路则由新热带界向新北界扩散，再由新北界向古北界扩散。我国东洋界种类在来源上比古北界多一条路线，即还从非洲界扩散而来，我国东洋界麻虻属种类多，可能跟部分从非洲扩散而来有关。②我国东洋界气候温暖，土质多样，适于不同种类虻幼虫孳生；血源动物种类多，适合不同种类虻的需要。

2. 我国特有种类丰富

迄今为止，在已知的458种虻中，仅分布于我国的有258种，占56%。这可能与我国南部邻近国家调查不够充分有关，我国华南、西南报道的有些新种，在我国南部邻近国家应有分布。也可能虻科是比较进化的类群，我国特有种本应较多。东洋界的华中区，现知有103种，其中我国特有种有82种。古北界青藏区，现知74种，就其中瘤虻属55

种而言，我国特有种就有 50 种之多。

表 1　中国虻科区系属及种数

Tab. 1　Numbers of tabanids species in different regions in China

	属名	东洋界	古北界	广布	合计
距虻亚科					
	石虻属 *Stonemyia*	1			1
	长喙虻 *Philoliche*	1			1
	距虻属 *Pangonius*		1		1
斑虻亚科					
	斑虻属 *Chrysops*	14	19	2	35
	林虻属 *Silvius*	6	1		7
	格虻属 *Gressittia*	3			3
	少节虻属 *Thaumastomyia*		1		1
	胃虻属 *Gastroxides*	1			1
虻亚科					
	麻虻属 *Haematopota*	53	21	2	76
	瘤虻属 *Hybomitra*		95	2	97
	少环虻属 *Glaucops*	1			1
	黄虻属 *Atylotus*	2	10	3	15
	指虻属 *Isshikia*	3			3
	虻属 *Tabanus*	165	41	10	216
合计	种数	250	189	19	458
总计	属数	11	8	5	14

(二) 我国虻科东洋和古北两界的界限

从西藏、云南、四川、陕西、河南的采集调查结果可看出，我国虻科东洋和古北两界的界限与张荣祖、赵肯堂的动物地理区划一致。两界界线的走向除受纬度影响外，在藏南和横断山地区及秦岭地区更受海拔的影响。瘤虻是比较典型的古北界种类，在我国东部，只有两种南伸到东洋界北缘；上海瘤虻 *Hybomitra shanghai* Ôuchi 从辽宁到浙江；峨眉山瘤虻 *Hybomitra omeishanensis* Xu *et* Li 从甘肃到福建北部。所以，如果某地以瘤虻属的种类为主，则该地应划为古北界，反之，应划为东洋界。

从西藏的吉隆、樟木河谷，1600-3700 m，采到 10 种虻，其中 3000 m 以上只有 2 种，均为瘤虻属，1600-2800 m 8 种，古北界占 37%，以东洋界成分为主。定日县朋曲河谷的陈塘 (1700-2300 m) 采到 7 种，其中属东洋界的 5 种，占 71.4%。隆子县的扎热—甲曲河谷的马及墩 (2800 m)、陇 (2800 m) 及邦起 (2600 m) 采到 3 种，属东洋区的 2 种，且数量很大。林芝、波密、通麦一线，2100-2800 m，7 种，东洋界成分占 71.4%。墨脱河谷，850-2400 m，17 种，全部为东洋界成分。察隅河谷，3400-4100 m，5 种，全部为古北界成分，1700-2300 m，8 种，东洋界成分占 87%。从上述分析，藏南 3000 m 以上，古北界成分占 90%以上，2800 m 以下，东洋界成分占 63%以上，所以，2500-3000 m 可能是古北界和东洋界在藏南的分界高度。

在云南北部、四川南部的横断山脉地区，瘤虻属多分布于 3000 m 以上，只有拟星瘤虻延伸分布到 2500 m；而东洋界的种类，如察隅虻分布高度可达 2900 m (维西)，爪哇麻虻分布高度达 2400 m (泸水)，黄胸斑虻和帕氏斑虻分布高度为 2600-3000 m (中甸)，故在该地区，古北界和东洋界的分界高度与藏南类同。

四川西部，康定 (2700 m)、九龙 (2900 m) 采到 10 种，除类柯虻为广布种外，余者皆为古北界种；凉山的越西、西昌、美姑、昭觉均在 2000 m 以下，采到 10 种，广布种 5 种，东洋界 5 种，没有发现古北界种类；雅安的二郎山新沟 (1680 m) 至山顶 (3200 m) 采到 7 种，广布种 2 种，东洋界 3 种，古北界 3 种。由此可以看出，2000-2500 m 可能是两界的分界高度。

秦岭南坡是公认的两界分界线，虻类两界的分界高度大致为 1000-1500 m (李树森，1993)，因为 1000 m 以下无瘤虻分布，1500 m 以上无东洋界种类分布。

综上所述，虻科的两界分界在我国的走向为：从西藏的吉隆、樟木河谷，定日县朋曲河谷，亚东河谷，错那的贡日河谷，隆子县的扎热一甲曲河谷，林芝一波密，察隅，经云南的中甸，进入四川，沿锦屏山北上，经四川盆地西缘的夹金山 (二郎山)、邛崃山 (理县、汶川)，进入甘肃南部的南秦岭 (文县、康县) 和陕西的秦岭 (太白、周至、柞水、商县)，再经河南的桐柏山、大别山 (信阳)，向东至皖北、苏北。

(三) 我国虻科的地理区划

按照动物地理区划，中国虻科古北界的东北区有 6 属 86 种，华北区 8 属 70 种，蒙新区 5 属 55 种，青藏区 5 属 74 种；东洋界的华中区 10 属 104 种，华南区 7 属 175 种，西南区 5 属 61 种。详见表 2。

表 2　中国虻类区系分布表

Tab. 2　Zoogeographical distribution of Chinese tabanids

种　名	古北界				东洋界		
	1	2	3	4	5	6	7
距虻亚科 Pangoniinae							
1. 长喙虻属 *Philoliche*							
(1) 长喙长喙虻 *Ph. longirostris*							+
2. 石虻属 *Stonemyia*							
(2) 巴氏石虻 *St. bazini*					+		

续表

种 名	古北界				东洋界		
	1	2	3	4	5	6	7
3. 距虻属 *Pangonius*							
(3) 中华距虻 *Pa. sinensis*		?					
斑虻亚科 Chrysopinae							
4. 胃虻属 *Gastroxides*							
(4) 素木胃虻 *Ga. shirakii*						+	
5. 少节虻属 *Thaumastomyia*							
(5) 海淀少节虻 *Th. haitiensis*		+					
6. 林虻属 *Silvius*							
(6) 心胛林虻 *Si. cordicallus*					+		
(7) 素木林虻 *Si. shirakii*						+	
(8) 崇明林虻 *Si. chongmingensis*					+		
(9) 锚胛林虻 *Si. anchoricallus*	+						
(10) 峨眉山林虻 *Si. omeishanensis*					+		
(11) 台岛林虻 *Si. formosiensis*					+	+	
(12) 宜宾林虻 *Si. suifui*					+		
7. 斑虻属 *Chrysops*							
(13) 黄带斑虻 *Ch. flavocinctus*						+	+
(14) 蹄斑斑虻 *Ch. dispar*						+	
(15) 大型斑虻 *Ch. grandis*						+	
(16) 范氏斑虻 *Ch. vanderwulpi*	+	+			+	+	+
(17) 黄胸斑虻 *Ch. flaviscutellus*					+	+	+
(18) 莫氏斑虻 *Ch. mlokosiewiczi*	+	+	+				
(19) 云南斑虻 *Ch. yunnanensis*						+	+
(20) 林脸斑虻 *Ch. silvifacies*							+
(21) 毕氏斑虻 *Ch. pettigrewi*							+
(22) 日本斑虻 *Ch. japonicus*	+						
(23) 帕氏斑虻 *Ch. potanini*		+			+		+
(24) 宽条斑虻 *Ch. semiignitus*				+			
(25) 察哈尔斑虻 *Ch. chaharicus*	+	+					
(26) 黑尾斑虻 *Ch. caecutiens*			+				
(27) 铜色斑虻 *Ch. aeneus*				+			
(28) 黄缘斑虻 *Ch. relictus*			+				
(29) 真实斑虻 *Ch. validus*	+						
(30) 玛氏斑虻 *Ch. makerovi*	+						
(31) 分点斑虻 *Ch. dissectus*	+						
(32) 娌氏斑虻 *Ch. ricardoae*	+	+	+				
(33) 迪庆斑虻 *Ch. deqenensis*				+			
(34) 三角斑虻 *Ch. designatus*						+	
(35) 副三角斑虻 *Ch. Paradesignata*						+	+
(36) 先父斑虻 *Ch. abavius*		+			+		
(37) 塔里木斑虻 *Ch. tarimi*			+				

续表

种　名	古北界				东洋界		
	1	2	3	4	5	6	7
(38) 条纹斑虻 *Ch. striatulus*					+		
(39) 黄瘤斑虻 *Ch. flavescens*	+				+	+	
(40) 黑足斑虻 *Ch. nigripes*	+						
(41) 联瘤斑虻 *Ch. angaricus*	+						
(42) 煤色斑虻 *Ch. anthrax*	+						
(43) 中华斑虻 *Ch. sinensis*	+	+			+	+	
(44) 斯氏斑虻 *Ch. stackelbergiellus*		+					
(45) 辽宁斑虻 *Ch. liaoningensis*	+						
(46) 合瘤斑虻 *Ch. suavis*	+	+	+	+			
(47) 四川斑虻 *Ch. szechuanensis*	+	+			+		
8. 格虻属 *Gressittia*							
(48) 峨眉山格虻 *Gr. emeishanensis*					+		
(49) 宝兴格虻 *Gr. baoxingensis*					+		
(50) 二标格虻 *Gr. birumis*					+		
虻亚科 Tabaninae							
9. 麻虻属 *Haematopota*							
(51) 海南麻虻 *Ha. hainani*						+	
(52) 白条麻虻 *Ha. atrata*						+	
(53) 线带麻虻 *Ha. lineata*						+	
(54) 白线麻虻 *Ha. albalinea*						+	
(55) 痕颜麻虻 *Ha. famici*						+	
(56) 假面麻虻 *Ha. personata*						+	
(57) 爪哇麻虻 *Ha. javana*						+	
(58) 阿萨姆麻虻 *Ha. assamensis*						+	
(59) 粉角麻虻 *Ha. pollinantenna*						+	
(60) 毛股麻虻 *Ha. pilosifemura*						+	
(61) 缨腿麻虻 *Ha. cilipes*						+	
(62) 怒江麻虻 *Ha. lukiangensis*							+
(63) 建中麻虻 *Ha. jianzhongi*						+	
(64) 缅甸麻虻 *Ha. burmanica*						+	+
(65) 条带麻虻 *Ha. lineola*						+	
(66) 中国麻虻 *Ha. chinensis*					+		
(67) 瞿氏麻虻 *Ha. qui*						+	
(68) 曾健麻虻 *Ha. zengjiani*						+	
(69) 朝鲜麻虻 *Ha. koryoensis*	+						
(70) 广西麻虻 *Ha. guangxiensis*						+	
(71) 阳刚麻虻 *Ha. yanggangi*						+	
(72) 福建麻虻 *Ha. fukienensis*						+	
(73) 沥青麻虻 *Ha. picea*						+	
(74) 五指山麻虻 *Ha. wuzhishanensis*						+	
(75) 亚朝鲜麻虻 *Ha. subkoryoensis*					+		

续表

种　名	古北界				东洋界		
	1	2	3	4	5	6	7
(76) 台岛麻虻 *Ha. formosana*					+	+	
(77) 扁角麻虻 *Ha. lata*						+	
(78) 副截形麻虻 *Ha. paratruncata*						+	
(79) 棕角麻虻 *Ha. brunnicornis*				+			
(80) 德格麻虻 *Ha. degenensis*				+			
(81) 格氏麻虻 *Ha. gregoryi*				+	+		
(82) 异角麻虻 *Ha. variantenna*	+						
(83) 括苍山麻虻 *Ha. guacangshanensis*					+		
(84) 尼泊尔麻虻 *Ha. nepalensis*							+
(85) 黑角麻虻 *Ha. nigriantenna*				+			
(86) 脱粉麻虻 *Ha. desertorum*	+	+					
(87) 高额麻虻 *Ha. pluvialis*			+				
(88) 圆筒麻虻 *Ha. subcylindrica*			+				
(89) 低额麻虻 *Ha. ustulata*				+			
(90) 汉中麻虻 *Ha. hanzhongensis*					+		
(91) 塔氏麻虻 *Ha. tamerlani*	+	+					
(92) 斯氏麻虻 *Ha. stackelbergi*	+						
(93) 亚土耳其麻虻 *Ha. subturkestanica*			+				
(94) 土耳其麻虻 *Ha. turkestanica*	+	+	+				
(95) 波氏麻虻 *Ha. przewalskii*			+				
(96) 苍白麻虻 *Ha. pallens*			+				
(97) 触角麻虻 *Ha. antennata*	+	+			+		
(98) 针细麻虻 *Ha. punctifera*						+	
(99) 中华麻虻 *Ha. sinensis*	+	+			+		
(100) 拟中华麻虻 *Ha. sineroides*					+		
(101) 勐腊麻虻 *Ha. menglaensis*						+	
(102) 邛海麻虻 *Ha. qionghaiensis*					+		
(103) 二郎山麻虻 *Ha. erlangshanensis*					+		
(104) 巴山麻虻 *Ha. bashanensis*					+		
(105) 菲氏麻虻 *Ha. philipi*							+
(106) 孟定麻虻 *Ha. mengdingensis*						+	
(107) 约翰柏通麻虻 *Ha. johnburtoni*						+	
(108) 亚露麻虻 *Ha. subirrorata*						+	
(109) 圆胛麻虻 *Ha. sphaerocallus*						+	
(110) 莫干山麻虻 *Ha. mokanshanensis*					+		
(111) 骚扰麻虻 *Ha. vexativa*					+		
(112) 澜沧江麻虻 *Ha. lancangjiangensis*						+	
(113) 天纳西麻虻 *Ha. tenasserimi*						+	
(114) 永平麻虻 *Ha. yongpingi*						+	
(115) 永安麻虻 *Ha. yungani*						+	
(116) 北京麻虻 *Ha. pekingensis*	+	+					

续表

种名	古北界				东洋界		
	1	2	3	4	5	6	7
(117) 甘肃麻虻 *Ha. kansuensis*		+		+	+		
(118) 浙江麻虻 *Ha. chekiangensis*		+			+		
(119) 拟云南麻虻 *Ha. yunnanoides*				+	+		+
(120) 云南麻虻 *Ha. yunnanensis*						+	
(121) 芒康麻虻 *Ha. mangkamensis*				+			
(122) 明庆麻虻 *Ha. mingqingi*						+	
(123) 祁连山麻虻 *Ha. qilianshanensis*				+			
(124) 成勇麻虻 *Ha. chengyongi*						+	
(125) 沃氏麻虻 *Ha. olsufjevi*		+					
(126) 峨眉山麻虻 *Ha. omeishanensis*					+		
10. 黄虻属 *Atylotus*							
(127) 无胛黄虻 *A. negativus*						+	
(128) 暗黄黄虻西伯利亚种 *A. plebjus sibiricus*	+						
(129) 亚角黄虻 *A. sublunaticornis*	+						
(130) 黄条黄虻 *A. flavoguttatus*			+				
(131) 斜纹黄虻 *A. pulchellus*			+				
(132) 中华黄虻 *A. sinensis*		+			+	+	
(133) 窄条黄虻 *A. petiolateinus*		?					
(134) 建设黄虻 *A. jianshei*				+			+
(135) 四列黄虻 *A. quadrifarius*	+		+				
(136) 淡跗黄虻 *A. pallitarsis*	+	+	+		+		
(137) 骚扰黄虻 *A. miser*	+	+			+	+	
(138) 黑胫黄虻 *A. rusticus*	+	+	+	+			
(139) 宽角黄虻 *A. fulvus*			+				
(140) 霍氏黄虻 *A. horvathi*	+	+			+	+	
(141) 郝图黄虻 *A. chodukini*			+				
11. 瘤虻属 *Hybomitra*							
(142) 无带瘤虻 *H. afasciata*				+			
(143) 科氏瘤虻 *H. coheri*				+			
(144) 刘氏瘤虻 *H. liui*				+			
(145) 驼瘤瘤虻 *H. lamades*				+			
(146) 马氏瘤虻 *H. mai*				+			
(147) 马尔康瘤虻 *H. barkamensis*				+			
(148) 玉树瘤虻 *H. yushuensis*				+			
(149) 拟鹿角瘤虻 *H. tarandioides*	+						
(150) 鹿角瘤虻 *H. tarandina*	+						
(151) 阿克苏瘤虻 *H. akasuensis*			+				
(152) 膨条瘤虻 *H. expollicata*	+	+	+	+	+		
(153) 摩氏瘤虻 *H. morgani*	+	+	+	+			
(154) 喀什瘤虻 *H. kashgarica*			+				

续表

种 名	古北界				东洋界		
	1	2	3	4	5	6	7
(155) 寨氏瘤虻 *H. zaitzevi*			+				
(156) 尖腹瘤虻 *H. acuminata*			+				
(157) 欧氏瘤虻 *H. erberi*	+	+	+				
(158) 特殊瘤虻 *H. peculiaris*			+				
(159) 釉黑瘤虻 *H. baphoscota*		+		+			
(160) 莫氏瘤虻 *H. mouchai*				+			
(161) 太白山瘤虻 *H. taibaishanensis*		+					
(162) 亮脸瘤虻 *H. nitelofaciata*		+					
(163) 波拉瘤虻 *H. branta*				+			
(164) 岷山瘤虻 *H. minshanensis*				+			
(165) 黑棕瘤虻 *H. lurida*	+	+					
(166) 雅江瘤虻 *H. yajiangensis*				+			
(167) 六盘山瘤虻 *H. liupanshanensis*		+					
(168) 隆子瘤虻 *H. longziensis*				+			
(169) 拟波拉瘤虻 *H. brantoides*				+			
(170) 拟星瘤虻 *H. asturoides*				+			
(171) 橙毛瘤虻 *H. flavicoma*		+		+			
(172) 黑须瘤虻 *H. atripalpis*				+			
(173) 持续瘤虻 *H. echusa*				+			
(174) 鞑靼瘤虻 *H. tatarica*			+				
(175) 黄带瘤虻 *H. fulvotaenia*				+			
(176) 小黑瘤虻 *H. hsiaohei*				+			
(177) 光额瘤虻 *H. nitidefrons*	+						
(178) 黄角瘤虻 *H. lundbecki*	+						
(179) 突额瘤虻 *H. montana*	+	+					
(180) 土耳其瘤虻 *H. turkestana*			+				
(181) 柯氏瘤虻 *H. koidzumii*	+						
(182) 黑角瘤虻 *H. nigricornis*	+	+					
(183) 侧带瘤虻 *H. sareptana*	+						
(184) 舍氏瘤虻 *H. shnitnikovi*			+				
(185) 阿坝瘤虻 *H. abaensis*				+			
(186) 草生瘤虻 *H. gramina*				+			
(187) 拟草生瘤虻 *H. gramnoides*				+			
(188) 上海瘤虻 *H. shanghaiensis*	+	+			+		
(189) 昭苏瘤虻 *H. zhaosuensis*			+				
(190) 凶恶瘤虻 *H. hunnorum*			+				
(191) 双斑瘤虻 *H. bimaculata*	+		+				
(192) 显著瘤虻 *H. distingyenda*	+		+				
(193) 杂毛瘤虻 *H. ciureai*	+		+				
(194) 青海瘤虻 *H. qinghaiensis*				+			
(195) 翅痣瘤虻 *H. stigmoptera*	+						

续表

种　名	古北界				东洋界		
	1	2	3	4	5	6	7
(196) 铃胛瘤虻 *H. nola*				+			
(197) 斧角瘤虻 *H. aequetincta*	+						
(198) 药山瘤虻 *H. yaoshanensis*				+			
(199) 赭尾瘤虻 *H. ochroterma*		+		+			
(200) 星光瘤虻 *H. astur*	+						
(201) 棕斑瘤虻 *H. fuscomaculata*				+			
(202) 海东瘤虻 *H. haidongensis*		+		+			
(203) 祁连瘤虻 *H. qiliangensis*				+			
(204) 黄腹瘤虻 *H. pulchriventris*	?						
(205) 高山瘤虻 *H. alticola*				+			
(206) 斯海氏瘤虻 *H. svenhedini*				+			
(207) 白缘瘤虻 *H. marginialba*				+			
(208) 宽额瘤虻 *H. brachybregma*				+			
(209) 长角瘤虻 *H. longicorna*				+			
(210) 姚健瘤虻 *H. yaojiani*				+			
(211) 拉东瘤虻 *H. ladongensis*				+			
(212) 张氏瘤虻 *H. zhangi*				+			
(213) 林芝瘤虻 *H. nyingchiensis*				+			
(214) 察隅瘤虻 *H. zayuensis*				+			
(215) 蜂形瘤虻 *H. mimapis*		+		+			
(216) 克氏瘤虻 *H. chválai*				+			
(217) 西藏瘤虻 *H. tibetana*				+			
(218) 陈塘瘤虻 *H. chentangensis*				+			
(219) 拉萨瘤虻 *H. lhasaensis*				+			
(220) 沃氏瘤虻 *H. olsoi*	+						
(221) 里氏瘤虻 *H. lyneborgi*				+			
(222) 懒行瘤虻 *H. tardigrada*				+			
(223) 短小瘤虻 *H. brevis*	+						
(224) 北方瘤虻 *H. borealis*	+						
(225) 乌苏里瘤虻 *H. ussuriensis*	+						
(226) 阿氏瘤虻 *H. bomitra arpadi*	+						
(227) 六脸瘤虻 *H. sexfasciata*	+						
(228) 窄须瘤虻 *H. stenopselaphas*	+						
(229) 考氏瘤虻 *H. kaurii*	+		+				
(230) 峨眉山瘤虻 *H. omeishanensis*		+			+		
(231) 牦牛瘤虻 *H. bulongicauda*				+			
(232) 甘肃瘤虻 *H. kansui*				+			
(233) 全黑瘤虻 *H. holonigra*				+			
(234) 新型瘤虻 *H. nura*				+			
(235) 黄茸瘤虻 *H. robiginosa*				+			
(236) 圆腹瘤虻 *H. rotundabdominis*				+			

续表

种　名	古北界				东洋界		
	1	2	3	4	5	6	7
(237) 黑尾瘤虻 *H. nigella*	+						
(238) 巴氏瘤虻 *H. pavlovskii*	+	+	+				
12. 指虻属 *Isshikia*							
(239) 汶川指虻 *Is. wenchuanensis*					+		
(240) 良清指虻 *Is. liangqingi*						+	
(241) 海南指虻 *Is. hainanensis*						+	
13. 少环虻属 *Glaucops*							
(242) 舟山少环虻 *Gl. chusanensis*					+		
14. 虻属 *Tabanus*							
(243) 柱胛虻 *T. cylindrocallus*						+	
(244) 壮体虻 *T. omnirobustus*						+	
(245) 丽毛虻地东亚种 *T. aurisetosus didongensis*						+	+
(246) 保海虻 *T. baohaii*						+	
(247) 褐腹虻 *T. fuscoventris*						+	
(248) 副黄边虻 *T. paraflavimarginatus*						+	
(249) 黄胸虻 *T. flavothorax*						+	
(250) 黄边虻 *T. flavimarginatu*						+	
(251) 丽江虻 *T. lijiangensis*							+
(252) 昆明虻 *T. kunmingensis*					+	+	+
(253) 云南虻 *T. yunnanensis*						+	+
(254) 邛海虻 *T. gonghaiensis*					+		+
(255) 凉山虻 *T. liangshanensi*					+		
(256) 黎母山虻 *T. limushanensis*						+	
(257) 约翰柏杰虻 *T. johnburgeri*						+	
(258) 窄带虻 *T. arctus*							+
(259) 刺螯虻 *T. puncturius*						+	
(260) 三色虻 *T. tricolorus*						+	
(261) 徒劳虻 *T. caduceus*						+	
(262) 拟矮小虻 *T. humiloides*					+		+
(263) 棕带虻 *T. fulvicinctus*						+	
(264) 副中国虻 *T. parachinensis*						+	
(265) 中国虻 *T. chinensis*					+		
(266) 六带虻 *T. sexcinctus*						+	
(267) 副六带虻 *T. parasexcinctus*					+		
(268) 五带虻 *T. quinquecinctus*					+	+	
(269) 天目虻 *T. tienmuensis*					+	+	
(270) 天宇虻 *T. tianyui*						+	
(271) 白膝虻 *T. leucocnematus*						+	
(272) 螺胛虻 *T. rhinargus*						+	
(273) 黑螺虻 *T. nigrhinus*						+	

续表

种　名	古北界				东洋界		
	1	2	3	4	5	6	7
(274) 副菌虻 *T. parabactrianus*	+	+		+			
(275) 银灰虻 *T. glaucopis*			+				
(276) 斐氏虻 *T. filipjevi*			+				
(277) 里氏虻 *T. leleani*			+				
(278) 基氏虻 *T. zimini*			+				
(279) 若羌虻 *T. ruoqiangensis*			+				
(280) 阿里山虻 *T. arisanus*						+	
(281) 沂山虻 *T. yishanensis*		+					
(282) 乡村虻 *T. paganus*	+						
(283) 亚多砂虻 *T. subsabuletorum*			+				
(284) 史氏虻 *T. stackelbergiellus*	+						
(285) 拟多砂虻 *T. sabuletoroides*			+				
(286) 多砂虻 *T. sabuletorum*		+	+				
(287) 棕胛虻 *T. brunneocallosus*			+				
(288) 路氏虻 *T. loukashkini*	+						
(289) 威宁虻 *T. weiningensis*					+		+
(290) 亚柯虻 *T. subcordiger*	+	+		+	+		
(291) 戈氏虻 *T. golovi*			+				
(292) 松本虻 *T. matsumotoensis*					+		+
(293) 锡兰虻 *T. ceylonicus*						+	
(294) 卡氏虻 *T. kaburagii*	+						
(295) 亚布力虻 *T. yablonicus*	+	+			+		+
(296) 红头屿虻 *T. kotoshoensis*						+	
(297) 双重虻 *T. geminus*	+	+	+				
(298) 细小虻 *T. pusillus*					+		
(299) 梅花山虻 *T. meihuashanensis*						+	
(300) 重脉虻 *T. signatipennis*		+			+	+	
(301) 中华虻 *T. mandarinus*	+	+			+	+	
(302) 山崎虻 *T. yamasakii*		+			+		
(303) 灰背虻 *T. onoi*	+	+			+		
(304) 经甫虻 *T. chenfui*						+	
(305) 原野虻 *T. amaenus*	+	+			+	+	+
(306) 土灰虻 *T. griseinus*	+	+			+		
(307) 日本虻 *T. nipponicus*	+	+			+	+	+
(308) 台湾虻 *T. taiwanus*						+	
(309) 副佛光虻 *T. parabuddha*				+			
(310) 金色虻 *T. chrysurus*	+						
(311) 佛光虻金尾亚种 *T. budda auricauda*				+	+		
(312) 佛光虻指名亚种 *T. budda budda*	+	+					
(313) 朝鲜虻 *T. coreanus*	+	+			+		
(314) 姚氏虻 *T. yao*	+	+			+	+	

续表

种　名	古北界				东洋界		
	1	2	3	4	5	6	7
(315) 汉氏虻 *T. haysi*	+	+			+		
(316) 黄头虻 *T. flavicapitis*						+	
(317) 亲北虻 *T. borealoriens*						+	
(318) 棕胸虻 *T. orphnos*							+
(319) 宝鸡虻 *T. baojiensis*		+			+		+
(320) 亚暗斑虻 *T. subpullomaculatus*							+
(321) 暗斑虻 *T. pullomaculatus*							+
(322) 庐山虻 *T. lushanensis*		+			+		
(323) 渭河虻 *T. weiheensis*		+			+		
(324) 朋曲虻 *T. pengquensis*							+
(325) 暗黑虻 *T. benificus*							+
(326) 黄腹虻 *T. xanthos*							+
(327) 稳定虻 *T. stabilis*							+
(328) 适中虻 *T. jucundus*						+	
(329) 棕翼虻 *T. brunnipennis*						+	
(330) 断纹虻 *T. striatus*						+	+
(331) 似棕体虻 *T. russatoides*							+
(332) 多声虻 *T. bromius*			+				
(333) 伪青腹虻 *T. pseudoliviventris*					+		
(334) 拟金毛虻 *T. aurepiloides*							+
(335) 黄山虻 *T. huangshanensis*					+		
(336) 金华虻 *T. jinhuai*						+	
(337) 陕西虻 *T. shaanxiensis*					+		
(338) 拟青腹虻 *T. oliviventroides*						+	
(339) 察隅虻 *T. zayuensis*							+
(340) 棕体虻 *T. russatus*							+
(341) 亚棕体虻 *T. subrussatus*							+
(342) 亚青腹虻 *T. suboliviventris*						+	
(343) 青腹虻 *T. oliviventris*					+		
(344) 金毛虻 *T. aurepilus*							+
(345) 美腹虻 *T. callogaster*					+		
(346) 微小虻 *T. parviformus*						+	
(347) 铁生虻 *T. tieshengi*							+
(348) 窄额虻 *T. angustofrons*						+	
(349) 唐氏虻 *T. tangi*						+	
(350) 福州虻 *T. fuzhouensis*						+	
(351) 线带虻 *T. lineataenia*					+	+	
(352) 广西虻 *T. kwangsiensis*					+	+	
(353) 福建虻 *T. fujianensis*						+	
(354) 景洪虻 *T. jinghongensis*						+	
(355) 道好虻 *T. daohaoi*						+	

续表

种　名	古北界				东洋界		
	1	2	3	4	5	6	7
(356) 霹雳虻 *T. perakiensis*						+	
(357) 光亮虻 *T. lucifer*						+	
(358) 副微赤虻 *T. pararubidus*							+
(359) 黑额虻 *T. nigrefronti*						+	
(360) 华丽虻 *T. splendens*					+		
(361) 墨脱虻 *T. motuoensis*							+
(362) 副武夷山虻 *T. parawuyishanensis*						+	
(363) 武夷山虻 *T. wuyishanensis*						+	
(364) 贵州虻 *T. guizhouensis*					+		+
(365) 热地虻 *T. thermarum*						+	
(366) 中平虻 *T. zhongpingi*						+	+
(367) 岷山虻 *T. minshanensis*					+		
(368) 三宅虻 *T. miyakei*						+	
(369) 垩石虻 *T. cementus*						+	
(370) 灰岩虻 *T. calcarius*						+	
(371) 拟鸡公山虻 *T. jigongshanoides*						+	
(372) 秦岭虻 *T. qinlingensis*					+		
(373) 遵明虻 *T. zunmingi*						+	
(374) 鸡公山虻 *T. jigongshanensis*		+			+		
(375) 察雅虻 *T. zayaensis*							+
(376) 亚东虻 *T. yadongensis*							+
(377) 中赤虻 *T. fulvimedius*						+	+
(378) 光滑虻 *T. laevigatus*							+
(379) 薮氏虻 *T. soubiroui*						+	
(380) 前黄腹虻 *T. prefulventer*							+
(381) 大尾虻 *T. grandicaudus*					+		
(382) 昏螯虻 *T. nigrimordicus*					+	+	
(383) 黄蓬虻 *T. flavohirtus*						+	
(384) 纯黑虻 *T. candidus*					+	+	
(385) 麦氏虻 *T. macfarlanei*					+	+	
(386) 高亚虻 *T. montiasiaticus*			+				
(387) 银斑虻 *T. argenteomaculatus*			+				
(388) 黑腹虻 *T. nigrabdominis*							+
(389) 台岛虻 *T. formosiensis*					+	+	
(390) 凭祥虻 *T. pingxiangensis*						+	
(391) 山生虻 *T. oreophilus*						+	
(392) 暗尾虻 *T. furvicaudus*						+	
(393) 副金黄虻 *T. parachrysater*							+
(394) 派微虻 *T. paviei*						+	
(395) 黑尾虻 *T. nigricaudus*						+	
(396) 亚暗尾虻 *T. subfurvicaudus*						+	

续表

种　名	古北界				东洋界		
	1	2	3	4	5	6	7
(397) 南平虻 *T. nanpingensis*						+	
(398) 褐斑虻 *T. fuscomaculatus*						+	
(399) 黑斑虻 *T. nigrimaculatus*						+	
(400) 长鞭虻 *T. longibasalis*						+	
(401) 金条虻 *T. aurotestaceus*					+	+	
(402) 直带虻 *T. hybridus*						+	
(403) 晨螯虻 *T. matutinimordicus*					+	+	+
(404) 缅甸虻 *T. birmanicus*					+	+	+
(405) 曼涅浦虻 *T. manipurensis*					+		+
(406) 白点虻 *T. albicuspis*						+	
(407) 楚山虻 *T. chosenensis*	+						
(408) 牧村虻 *T. makimurai*	+	+			+		
(409) 弱斑虻 *T. obsoletimaculus*						+	
(410) 暗糊虻 *T. obscurus*						+	
(411) 副市岗虻 *T. paraichiokai*						+	
(412) 市岗虻 *T. ichiokai*					+		
(413) 麦多虻 *T. murdochi*	+						
(414) 一带虻 *T. monotaeniatus*						+	
(415) 副异额虻 *T. paradiversifrons*							+
(416) 异额虻 *T. diversifrons*						+	
(417) 卡布虻 *T. kabuensis*							+
(418) 三亚虻 *T. sanyaensis*						+	
(419) 多带虻 *T. multicinctus*						+	
(420) 窄缘虻 *T. oxyceratus*						+	
(421) 乘客虻 *T. anabates*						+	
(422) 微赤虻 *T. rubidus*						+	
(423) 速辣虻 *T. calidus*						+	
(424) 杭州虻 *T. hongchowensis*					+	+	
(425) 革新虻 *T. mutatus*					+	+	
(426) 迈克虻 *T. miki*			+				
(427) 学忠虻 *T. xuezhongi*							+
(428) 多元虻 *T. polygonus*			+				
(429) 秋季虻 *T. autumnalis*			+				
(430) 陈塘虻 *T. chentangensis*							+
(431) 辅助虻 *T. administrans*	+	+			+	+	
(432) 下巨虻 *T. hypomacros*						+	
(433) 链珠虻 *T. monilifer*						+	
(434) 微红虻 *T. rubicundus*						+	
(435) 老挝虻 *T. laotianus*						+	
(436) 红腹虻 *T. crassus*						+	
(437) 五指山虻 *T. wuzhishanensis*						+	

续表

种　名	古北界				东洋界		
	1	2	3	4	5	6	7
(438) 浅胸虻 *T. pallidepectoratus*						+	
(439) 凌峰虻 *T. lingfengi*						+	
(440) 孟定虻 *T. mengdingensis*						+	
(441) 京密虻 *T. abanus grunini*		+					
(442) 嗜牛虻 *T. bovinus*			+				
(443) 雁氏虻 *T. pleskei*	+	+					
(444) 花莲港虻 *T. karenkoensis*						+	
(445) 黑角虻 *T. fuscicornis*						+	
(446) 山东虻 *T. shantungensis*		+			+		
(447) 太平虻 *T. taipingensis*					+		
(448) 长芒虻 *T. longistylus*					+		
(449) 浙江虻 *T. chekiangensis*					+	+	
(450) 神农架虻 *T. shennongjiaensis*					+		
(451) 角斑虻 *T. signifer*					+	+	
(452) 亚马来虻 *T. submalayensis*						+	
(453) 峨眉山虻 *T. omeishanensis*					+		
(454) 拟冲绳虻 *T. okinawanoides*						+	
(455) 海南虻 *T. hainanensis*						+	
(456) 提神虻 *T. mentitus*						+	
(457) 腹纹虻 *T. exoticus*						+	
(458) 立中虻 *T. lizhongi*						+	
小计	86	70	55	74	104	175	61
合计	285				340		

注：1. 东北区；2. 华北区；3. 蒙新区；4. 青藏区；5. 华中区；6. 华南区；7. 西南区

五、生物学和生态学

虻的生物学的突出特点是幼虫期特别长，且多数种类是肉食性的，故有些学者把虻列为害虫的天敌，这与其成虫是畜牧业的一大害虫成鲜明对照。虻多数种类的幼虫生活在湿土中，水生的种类也往往在泥中生活，故有些学者称虻为陆生昆虫。

(一) 生　活　史

虻为全变态昆虫。虻多数种类的生活史不清楚。生活史的长短不仅因种而异，而且也因幼虫孳生地的环境不同而有很大差异和变化。虻幼虫在不利条件下能延长生活期，故虻的生活史长短主要取决于幼虫期的长短。虻在多数地区为一年一代，热带地区为一年两代，寒冷地区两到三年一代。我国对土灰虻 (*Tabanus griseinus* Philip) 的生活史作过详细研究，有些地区一年一代，有些地区一年两代。

1. 卵期

卵块成锥形或圆形，单层或多层，含卵 500-1000 枚。卵期 4-14 天。

2. 幼虫期

幼虫期长短因种、因地而异，如土灰虻一年一代的地区，幼虫期一年左右；一年两代的地区，初夏时产的卵，幼虫期 2-3 个月，秋天产的卵，幼虫期半年左右。有的种类幼虫期很长，已观察有达三年半之久的。幼虫的龄期 6-13 个，龄期多少因种而异。雄虫龄期一般要比雌虫短。

3. 蛹期

5 天到 3 周。化蛹需经 1-3 天。

4. 成虫期

一般为 1 周至 2 个月。自然界捕到的雌虻，从解剖结果看，产过 1 次卵的占绝大多数，产过 2 次卵的很少，罕见产过 3 次卵的，表明虻成虫寿命不长。

(二) 幼虫期孳生习性

虻幼虫的孳生地很广泛，主要孳生于潮湿的泥土中，如稻田、水塘边、沼泽和河边的污泥中，以及森林、草地和庭院的湿土中。也有的孳生于烂树叶、烂木头和树洞中。少数孳生于流动的水中。有的孳生在石头和活树上的苔藓中，在蚁巢中也发现有虻幼虫孳生。据日本人 Hayakawa 的研究，虻的孳生地可分成 5 类：①沼泽型　这一类型是指水体不流动的积水区域，如沼泽 (包括盐泽)、稻田、水塘边、河边污泥。范氏斑虻 *Chrysops vanderwulpi*、日本斑虻 *C. japonicus*、合瘤斑虻 *C. suavis*、土灰虻 *Tabanus griseinus*、重脉虻 *T. signatipennis*、中华虻 *T. mandarinus*、突额瘤虻 *Hybomitra montana*、显著瘤虻 *H. distinguenda* 等属之。②流溪型　这一类型是指如河流、小溪、运河、水渠等流动水域。金色虻 *Tabanus chrysurus*、日本虻 *T. nipponicus* 属之。③苔藓型　河边岩石和山岩有渗出水，长有苔藓的地方，金色虻 *Tabanus chrysurus* 属之。④草地型　草原、牧场、林间草地、田间草地、河边草地，特别在有渗出水的牧场，往往有较多虻幼虫孳生。霍氏黄虻 *Atylotus horvathi*、日本虻 *Tabanus nipponicus* 属之。⑤森林型　地表有无落叶层，均可孳生。霍氏黄虻 *Atylotus horvathi* 属之。

虻幼虫对孳生地的适应性不同，属广适应性的，如日本虻 *Tabanus nipponicus* 既可孳生于流溪又可孳生于草地，金色虻 *T. chrysuru* 在流溪、沼泽和苔藓等场所均有孳生。属窄适应性的，如突额瘤虻 *Hybomitra montana*、显著瘤虻 *H. distinguenda* 等，仅在沼泽发现。虻幼虫孳生在泥土中，一般不超过 10 cm 深，有的就在土壤表面爬行，在森林地区，有的爬到腐叶表面。成熟幼虫移入较干的土中化蛹，蛹一般在土表下 2-5 cm 处。

虻幼虫多数是肉食性的，捕食昆虫幼虫、甲壳类、蚯蚓、蜗牛和其他软体动物；有的也吃植物碎片。不同种孳生于同一孳生地的不多见，同种虻幼虫还能互相残食，所以虻幼虫的孳生密度一般都比较低。水生种类虻幼虫孳生密度一般高于陆生种类。

(三) 成 虫 习 性

1. 交配与产卵习性

虻类群舞交配活动不易观察。群舞时，可能有 10 多只，几只，或仅有 1 只雄虻在空中飞舞，一般在离地面 1-4 m 高的空中迎着微风，上下、前后微微移动，雌虻飞入，在空中交接，而后停落在植物或岩石上，完成交配。群舞交配时间因种而异。

多数种类雌虻需经交配、吸血才能产卵，也有不吸血产卵的。根据不吸血产卵 (autogenous) 的程度，虻可分 3 类：①不吸血产卵种类 (autogenous without blood-suckingness)。②第一次产卵不需吸血的种类 (autogenous with blood-suckingness)。③不吸血不产卵的种类 (anautogenous)。日本人 Hayakawa (1981) 对日本 50 种虻作饲养观察，有 29 种羽化后不经吸血，仅饲以蜜糖水即可产卵。不吸血产卵种类的雌虻，其处女虻个体卵巢发育程度很不一致，卵泡囊在克氏 (Christophes) I-IV 期不等；而第一次产卵就需吸血的种类，其处女虻个体卵泡囊均停留在克氏 II 期，只有吸到血的个体，卵巢才开始发育。在自然界捕到的雌虻，经解剖，经产个体在 70%以上的，这个种应为不需吸血就可产卵的种类；而小于 70%的应为需吸血才能产卵的种类。

雌虻完成 1 个生殖营养周期 (即从吸血或花蜜等植物汁液到产卵所需时间) 需时间一般为 6-10 天。

雌虻产卵多在植物茎、叶上，一生可多次产卵。一次产卵达 1-2 h。土灰虻 *Tabanus griseinus* 的卵多产在稻叶、苇叶和一些窄的草叶上，多数产在阳面，少数产在阴面。合瘤斑虻 *Chrysops suavis* 的卵产在水边 40 cm 以内的植物上，多数产在阴面，少数产在阳面。虻产卵时，头部向下，尾部向上。有些种的虻产卵于流溪中突出的岩石上。据实验室观察，有的产在容器内壁，有的产在容器顶部的纱布或铁纱上。

2. 成虻的取食习性

雄虻上颚退化，不吸血，只吸取植物汁液。雌虻不仅需吸血而且需吸取植物汁液作为能量的来源。两性虻取食的化学感受器在前足跗节腹内侧和唇瓣的离口缘，一般对糖类敏感。虻喙的长短不影响吸血。吸血时，把下唇推向一边，用上、下颚刺破动物皮肤，然后用下唇舔吸。虻喜欢吸地面动物的血液，如牛、马、鹿、骆驼等，也吸鸟类及蛇、鳄鱼、蜥蜴、甲鱼、龟类和蛙类等爬行类、两栖类的血。斑虻是虻类中比较喜欢吸人血的类群。

不同种的虻在动物身上喜欢吸血的部位不同，斑虻一般在腹部吸血，麻虻一般在体两侧吸血，原野虻 *Tabanus amaenus* 等虻属类群喜欢在腿部吸血，而体大型的佛光虻 *T. budda* 和金色虻 *T. chrysurus* 则在背部吸血。

虻喜欢攻击移动物体，如人在走动时，虻会追踪，但停下不动时，却很少有虻攻击；有些虻会追逐奔跑的动物或汽车，当动物或汽车刚停下时，可发现有许多虻停落，以后则慢慢减少。

虻的吸血量一般约等于体重，多的可达体重的 2 倍，范围为 50-500 mg。

3. 成虻的栖息习性

对虻的栖息习性还未很好地进行研究。在林区，虻的种类和数量都很大，但栖息场所却不易找到。虻一般在树干和树枝上栖息，这在平原地区很容易看到。斑虻喜欢在树叶和竹叶的背面栖息，在草原地区，常见在茎、叶上栖息；在林区，常见在 1-2 m 高的树干和树杈上栖息，特别在路旁，尤其在牛路旁，更易找到雌、雄个体。

4. 成虻的季节活动

虻类在热带全年活动，随着纬度的上升，活动季节缩短。在华南为 3-11 月，长江流域为 4-9 月，华北为 5-8 月，东北为 5-9 月。一般 6-8 月数量和种类均最多。根据活动季节长短和高峰情况，可分为 3 个类型：①数量大，活动季节长，高峰明显；②整个活动季节数量均很少，高峰不明显；③活动季节短，但高峰明显。据福建三明市观察，中华斑虻活动于 3 月下旬至 11 月中旬，高峰在 6 月中旬，属①型，而在福建将乐林区，属①型的有：范氏斑虻 *Chrysops vanderwulpi*，活动于 4 月下旬至 9 月下旬，高峰在 5 月下旬至 6 月下旬，原野虻 *Tabanus amaenus* 与金条虻 *T. aurotestaceus* 活动于 4-10 月，高峰在 7-8 月；属③型的有亚马来虻 *T. submalayensis*，活动于 6 月中旬至 9 月中旬，高峰在 7 月下旬至 8 月下旬，广西虻 *T. kwangsiensis*，活动于 6-9 月，高峰在 7 月中旬至 8 月下旬；属②型的有峨眉山麻虻 *Haematopota omeshanensis*，活动于 4 月下旬至 6 月上旬活动，数量少，高峰不明显。北方和高寒地区的虻类多为活动时间短，高峰明显的种类，如辽宁

的僻氏虻 *Tabanus pleskei*、姚氏虻 *T. yao*，华北的土灰虻 *T. griseinus*，新疆的多砂虻 *T. sabuletorum*、摩氏瘤虻 *Hybomitra morgani*、四列黄虻 *Atylotus quadrifarius* 等。

5. 成虻的飞行扩散和刺叮节率

虻为了吸血、交配、栖息、产卵，均要飞行。虻的飞行速度可高达 50 km/h，能追逐奔跑的动物和行进的车辆。影响虻活动的主要因素是温度和光照。

在高原地区用牛诱虻，可以看到在白天太阳光照耀下，有许多虻飞来刺叮，但当一片云遮住太阳，这种现象立即消失，这可能是温度影响最为典型的例证，因为在高原，即使在夏天，气温仍然很低，只有当日光照耀，温度上升，才能使虻达到起飞时所需的温度。

光照是影响虻活动的另一主要因素，灯下接水盆可诱虻，诱虫灯可诱到雌、雄性虻。深色物体和二氧化碳也有诱虻作用，但二氧化碳诱到的均为雌性虻。

雌虻吸血活动的昼夜节律因种和环境条件而异。南方热带亚热带地区，多数虻种有黄昏吸血高峰现象，而在北方，多数种在白天活动，高峰在白天。按活动高峰出现的时间不同，可分为 3 类：①早晚型，活动高峰在清晨日出前和傍晚日没后，在闽北，有缅甸虻 *T. birmanicus*、晨螫虻 *T. matutinimordicus* 和亚马来虻 *T. submalayensis* 等，且缅甸虻、晨螫虻在 11-16 时不出现；②黄昏型，活动高峰在傍晚日没后，在闽北，有浙江虻 *T. chekiangensis*、窄额虻 *T. angustofrons*、广西虻 *T. kwangsiensis* 和线带虻 *T. lineataenia* 等，全天均有活动，傍晚高峰明显；③白天型，高峰在中午或午后，北方多数种属之，如河南的土灰虻 *T. griseinus*、辅助虻 *T. administrans*、中华斑虻 *C. sinensis* 和骚扰黄虻 *A. miser* 等。

六、医学重要性

虻类是重要医学和兽医学昆虫，对人畜的危害表现为直接的叮咬、骚扰和传播疾病。

虻的吸血骚扰在有些地区相当严重，如广大林区和牧区。在林区影响伐木作业，严重的只好停止夏季伐木；在牧区造成肉类和乳制品的减产，严重的被迫停止放牧，据闽北山区调查，虻多季节，估计 1 头牛 1 天将失血 1000 ml 以上；在稻作区，虻幼虫对农民的手脚的叮咬，轻者留有伤口和肿块，重者则继发感染。

虻作为人畜疾病的传播媒介，其突出特点是医学昆虫中最为典型的机械吸血传播者。因为虻个体大，口器粗，刺叮时宿主疼痛的直接反应是用各种方法驱赶虻，造成虻的中断吸血，虻的吸血量大，中断吸血的次数多，且在中断吸血后，重新寻找血源又特别顽强，所以机械传播的机会多。虻也可生物性传播疾病。

在我国，虻主要传播马传染性贫血病 (equine infections anemia)、锥虫病、野兔热和炭疽。

马传染性贫血病是一种病毒病，世界性流行。我国主要流行区在北方，可造成大批马匹死亡。

锥虫病是世界性流行的原虫病，由多种锥虫引起。在我国主要是伊凡锥虫 *Trypanosoma evansi*，在牛、马、驴、骆驼和犬间流行，我国主要传播媒介在北方可能为骚扰黄虻 *A. miser*、美腹黄虻 *A. pullchellus*、高额麻虻 *Hae. pluvialis*，在南方可能为断纹虻 *T. striatus*。

野兔热是一种多宿主、多媒介、多传播途径的自然疫源性疾病，分布在森林、草原河流和沼泽地等，流行于全世界。国外已知的媒介虻种，在我国分布的主要有美腹黄虻 *A. pullchellus*、黄缘斑虻 *C. relictus*、娌氏斑虻 *C. ricaodoae*、高额麻虻 *Hae. pluvialis*、土耳其麻虻 *Hae. turkestanica*、欧氏瘤虻 *H. erberi*、秋季虻 *T. autommalis*、多声虻 *T. bromius* 等。

炭疽也是一种分布广、多宿主、多媒介、多传播途径的自然疫源性疾病，虻是炭疽病机械吸血传播的最适者。当刺叮病畜，特别是在病畜临死前叮咬，即可形成最大的感染机会，因病畜临死前体内的炭疽杆菌积聚于血管末梢，易被虻大量吸收。炭疽的已知传播媒介，在我国分布的主要有黑胫黄虻 *A. rusticus*、高额麻虻 *Hae. pluvialis*、黄角瘤虻 *H. lundbecki*、浅黄瘤虻 *H. lurida*、突额瘤虻 *H. montana*、秋季虻 *T. autommalis*、微赤虻 *T. rubidus* 和断纹虻 *T. striatus* 等。

虻生物性传播疾病，最出名的是在非洲，传播人和猴的罗阿丝虫病 (loiasis)，媒介是几种斑虻。在不同国家或地区，生物性传播的还有牲畜的恶丝虫 *Dirofilaria roemeri* 和羊丝虫 *Elaeophora schneideri*，牲畜的泰氏锥虫 *Trypanosoma theileri* 和血孢子虫 *Haemoproteus metchnikovi*。机械吸血传播还有猪霍乱病毒 (hog cholera)、牛疫病毒 (rinderpest)、红细胞孢子虫 *Anaplasma marginale* 等引起的家畜疾病。

虽然虻是害虫，但其成虫却是一种中药材，具有破淤积，消症结的效果，专作破血通经药。

七、虻类调查、标本采集和制作方法

(一) 成虫的采集、标本制作和保存

最简单的方法是，采用牛、马等动物诱，用扫网采。在北方林区虻多时人诱也能采到，但在南方，没有牛等动物诱，人是很难诱到虻的。因牛易受惊，挥网不易采集，可用特大蚊帐，将牛栓在其中，虻会从悬空蚊帐的下缘，飞入帐内，常停栖在蚊帐上，且不易逃脱，采集也较容易。白天，早、中、晚均可采集，但在南方，不少种虻有早晚活动高峰，特别是傍晚，日落至天黑这一时间段，是牛诱采集虻的最好时刻。动物诱不到

雄虻，所以多数虻种的雄性尚未描述。一般可用扫网在植物丛采集，在道路旁树干上有时可看到雄虻停栖。

利用二氧化碳对虻的引诱作用，可在野外悬挂蚊帐，前后吊起，中心地面放置干冰，据文献，这样可诱到大量雌虻，此方法相当于国外的 Malaise trap 和 Gressitt trap，不过后两种在帐顶或两侧顶角安装收集器。

利用虻趋深色物体及进入诱器后向上飞的特性，国外有 Manitoba trap，这类诱器是用 3-5 根杆子做成的锥形帐篷，顶部安装收集器。这类诱器在国外用于虻数量调查，但据我国甘肃试验，诱到的虻数量不多。

光有引诱虻的作用，在畜圈灯下接水盆，可诱到大量虻，一般雄性多于雌性。

虻标本用针插保存，标签上记录采集地点、时间、采集人，并要记录眼带等特征，因为标本干燥后，眼带将消失，多数虻种的标本眼带经回潮可恢复，但有些种则很难。

(二) 幼期的采集、标本制作和保存

在湿地，采集土样，用纱网在水中冲洗，洗去泥土，即现出幼虫和蛹，用热水将其杀死，保存在 75%乙醇中。

如要获得成套生活史标本，可用蝇蛆饲养，用 75%酒精保存幼虫皮和蛹皮，成虫针插，三者编相同号码。

各　论

虻科 Tabanidae Leach, 1817

成虫亚科检索表 (♀♀, ♂♂)

1. 触角鞭节基环节粗短，端部分 5-7 个环节；后足胫节通常有距 ……………… **距虻亚科 Pangoniinae**
   触角鞭节基环节较长，端部分 2-4 个环节；后足胫节有或无距 ……………… 2
2. 单眼发达；后足胫节距通常发达 ……………… **斑虻亚科 Chrysopinae**
   无单眼或单眼不发达，仅有痕迹；后足胫节无距 ……………… **虻亚科 Tabaninae**

(一) 距虻亚科 Pangoniinae Loew, 1860

头顶通常有单眼；触角短，鞭节的基环节短，端部分 5-7 个环节；喙发达，有的很长；后足胫节通常有距；翅亚缘脉上、下均光裸；腹部第 9 背板愈合成一块；雌性受精囊尾部窄。该亚科中国记载有 4 个属，但 *Pityocera festae* Giglo-Tos, 1896 为南美洲种，显然是误定。

属 检 索 表

1. 头顶有或无 3 个分离的单眼；喙远短于头、胸长度之和 ……………… 2
   头顶有单眼；喙远长于头、胸长度之和 ……………… **长喙虻属 *Philoliche***
2. 翅 R_5 室开放；喙约等于头高；头顶有或无单眼 ……………… **石虻属 *Stonemyia***
   翅 R_5 室封闭；喙远长于头高；头顶有单眼 ……………… **距虻属 *Pangonius***

1. 长喙虻属 *Philoliche* Wiedemann, 1828

Philoliche Wiedemann, 1828, Aussereurop. Zweifl. Insekt., 1: 95. **Type species:** *Tabanus rostratus* Linnaeus, by designation of Coquiilett, 1910: 588; Wang, 1983: 16.

Pangonia subg. *Nuceria* Walker, 1850: 7. **Type species:** *Pangonia* (*Nuceria*) *longirostris* Hardwicke, by designation of Coquillett, 1910. Synonymized by Stone, 1975: 43.

Corizoneura Rondani, 1863: 85. **Type species:** *Pangonia appendiculala* Macquart, by designation of

Coquillett, 1910. Synonymized by Stone, 1975: 43.

Siridorhina Enderlein, 1922: 336. **Type species:** *Pangonia longirostris* Hardwicke, by original designation. Synonymized by Stone, 1975: 43.

鉴别特征　头顶的单眼存在，额胛有或无；触角短，鞭节端部具 7 个环节；下颚须细长，第 1 节长于第 2 节；喙长为体长的 2 倍以上；翅透明或有色斑，R_4 脉具附脉，R_5 室边缘变窄，或封闭有柄；足跗节的基部 1、2 节背方有延伸物，后足胫节端部有距。

形态描述　体中型，棕色或黑色。

雌性　头部：眼通常光裸；头顶具 3 个单眼，额通常宽，基部大于顶端宽度，覆黄灰色粉，有或无基胛；亚胛、颜和颊覆黄灰色粉，着生黑毛和白毛。触角短，柄节长于梗节，鞭节端部具 7 个环节，黑色。下颚须细长，第 1 节长于第 2 节。喙长为体长的 2 倍多。胸部：背板、侧板暗黑色，无条纹，着生浅黄色软毛。翅透明，或有色斑，翅脉棕色，R_4 脉具附脉，R_5 室边缘变窄，或封闭有柄。平衡棒棕黄色。足黄棕色，后足胫节端部有距，跗节的基部 1、2 节背方有延伸物。腹部：腹节背板黑色。腹节腹板棕色。

雄性　除性别差异外，与雌性类同。

地理分布　主要分布于非洲界，延伸到东洋界。

生态习性　多数种生活在山区，尤其是林区。数量一般较少，活动季节较短，不易采获。

分类讨论　全世界已知 20 多种，东洋界 8 种，我国已知 1 种，长喙长喙虻 *Philoliche longirostris* (Hardwiche, 1823)。

医学重要性　吸血。因数量很少，医学重要性较小。

(1) 长喙长喙虻 *Philoliche longirostris* (Hardwiche, 1823) (图 8)

Pangonia longirostris Hardwicke, 1823: 135 [Type locality: Nepal] .

Philoliche longirostris: Stone, 1975: 43; Kapoor, Grewal, Sharma and Gupta, 1988: 24; Wang, 1983: 16.

鉴别特征　触角鞭节黑色，仅基部略浅，端部具 7 个环节；下颚须黑棕色，细长，第 1 节长于第 2 节；喙很长，为体长的 3 倍；腹节背板黑色，第 1-3 背板两侧具大块黄棕色斑，各背板具浅色后缘。

形态描述

雌性　体长 17 mm，棕黑色。头部：复眼无毛；额灰黄色，头顶具 3 个黑色单眼，位于稍亮的黑棕色单眼瘤区内，额高为基部宽度的 1.5 倍，顶宽小于基宽，未见基胛；亚胛黄灰色，“眉片”高；颜灰黄色，具黑色光裸区，口缘部黑棕色。触角柄节和梗节褐色，覆黑色长毛，鞭节黑色，仅基部略浅，端部具 7 个环节，末环节长于其余环节。

下颚须黑棕色，细长，第 1 节长于第 2 节。喙很长，为体长的 3 倍。胸部：盾片和小盾片黑色，密覆黄毛，两侧具长而密的黄毛；侧板灰黑色，覆黄色长毛。足基节灰色，具黄色长毛，股节红棕色，胫节和跗节黄色，第 1、2 跗节端部具延长物，足除基节外，均覆黄色短毛。翅透明，翅脉棕色，R_4 脉具附脉，R_5 室边缘封闭。平衡棒棕色。腋瓣边缘金黄色，两腋瓣交接处具黄毛。腹部：短宽，黑色，第 1-3 背板两侧具大块黄棕色斑，各背板具浅黄色后缘，背板两侧具浅黄色毛。腹板黄棕色，覆浅色毛，第 2-7 腹板中央具占节宽 1/3 的着生黑毛的黑色纵条。

雄性　未详。

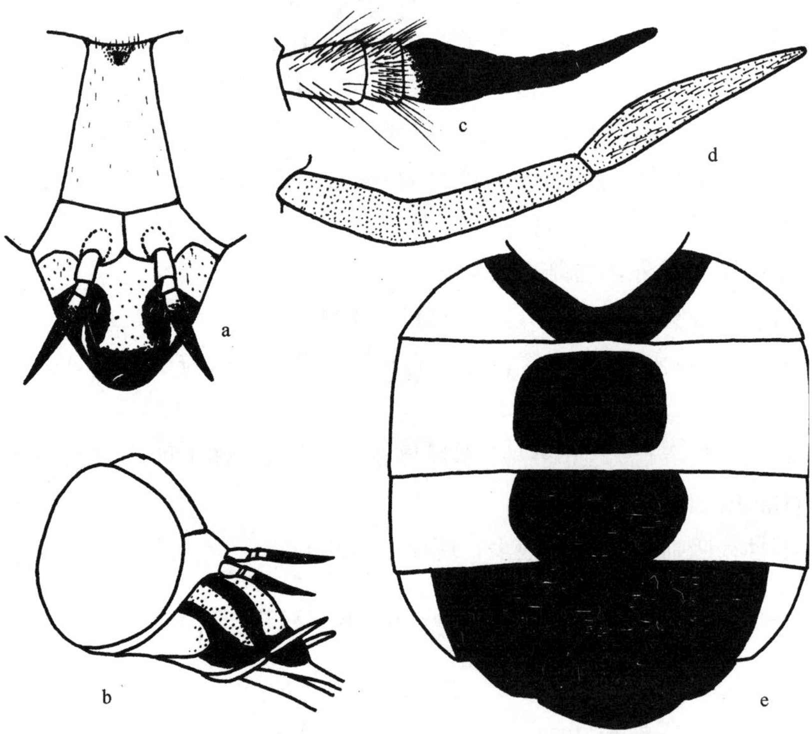

图 8　长喙长喙虻 *Philoliche longirostris* (Hardwiche)

a. 额 (frons)；b. 头侧面观 (lateral view of head)；c. 触角 (antenna)；d. 下颚须 (palpus)；e. 腹部背面 (dorsum of abdomen)

观察标本　1♀，西藏，保存在 AMMSC。

生物学　高原林区种。

地理分布　西藏 (樟木、吉隆)；印度，尼泊尔。

分类讨论　本种喙长为体长的 3 倍，腹部背板黑色，两侧具大块黄色斑，容易识别。

2. 石虻属 *Stonemyia* Brennan, 1935

Stonemyia Brennan, 1935, Kans. Univ. Sci. Bull., 22: 360. **Type species**: *Pangonia tranquilla* Osten-Sacken, 1875, Mem. Boston Soc. Nat. Hist., 2: 367; by monotypy; Murdoch and Takahasi, 1969: 21; Chvála, Lyneborg and Moucha, 1972: 68; Wang, 1983: 17.

鉴别特征　头顶通常具 3 个单眼，额通常无胛；触角短，鞭节端部具 7 个环节；下颚须第 2 节一般细长；喙约等于头高；翅透明，无色斑，R_4 脉无附脉，R_5 室开放；后足胫节端部有距。

形态描述　体中小型，棕色或黑色。

雌性　头部：复眼通常光裸；头顶通常具 3 个单眼，额通常窄，两侧平行，覆黄灰色粉，无胛；亚胛、颜和颊覆黄灰色粉，着生黑毛和白毛。触角短，柄节长于梗节，鞭节基部黄棕色，端部具 7 个环节，黑色。下颚须黄棕色，第 2 节细长，着生黑毛。喙约等于头高。胸部：背板、侧板暗黄色，无条纹，着生浅黄色软毛。翅透明，无色斑，翅脉棕色，R_4 脉无附脉，R_5 室开放。足黄棕色，股节着生黄毛，胫节和跗节着生黑毛，后足胫节端部有距。平衡棒棕黑色。腹部：腹节背板棕色，向尾部变暗，基部着生黑毛，端部着生黄毛，各背板具浅色后缘。腹节腹板棕色，各腹板均具浅色后缘。

雄性　除性别差异外，体色一般较浅，但在有翅斑的种类中，翅着色较深。

地理分布　主要分布于古北界，部分延伸到东洋界。西起土耳其，经高加索到达我国，东至日本。

生态习性　多数种生活在山区，尤其是林区。数量一般较少，活动季节较短，不易采获。

分类讨论　石虻属是个小属，全世界已知 10 多种。我国已知仅 1 种，巴氏石虻 *Stonemyia bazini* (Surcouf, 1922)。原记载的毛胛石虻 *Stonemyia hirticallus* Chen *et* Cao, 1982，标本经复核，不是虻科昆虫，经中国农业大学杨定教授鉴定，为臭虻科 Coenomyiidae 的 *Anacanthaspis* sp.，因而予以删除。

医学重要性　吸血。因数量很少，医学重要性较小。

(2) 巴氏石虻 *Stonemyia bazini* (Surcouf, 1922) (图 9)

Buplex bazini Surcouf, 1922: 243 [Type locality: Kouling, China] .

Pangonia (*Corizoneura*) *chekiangensis* Ôuchi, 1939: 185. Synonymized by Chen and Quo, 1949: 10.

Stonemyia bazini (Surcouf): Chvála, 1988: 101; Wang, 1983: 17.

鉴别特征 雌虻额两侧大致平行，无胛；触角鞭节基环节和第 1、2 端环节粗短，第 3-7 端环节细；下颚须棕色，第 2 节细长，长约为宽的 7 倍。

形态描述

雌性 体长 10-12 mm，深棕色。头部：头顶具 3 个明显单眼；额两侧平行或顶端略宽，覆黄灰色粉，无胛，高为基部宽度的 2.5-3.0 倍；亚胛、颜和颊覆黄灰色粉，着生黑毛和白毛。触角柄节和梗节灰色，着生黑毛，鞭节基部黄棕色，端部 5 个环节黑色，鞭节基环节和第 1、2 端环节粗短，第 3-7 端环节细。下颚须棕色，第 2 节细长，长约为宽的 7 倍，着生黑毛。喙长约等于头高。胸部：背板、侧板暗黄色，无条纹，着生浅黄色软毛。足黄棕色，股节着生黑毛和黄毛，胫节和跗节着生黑毛，后足胫节端部有距。翅透明，无色斑，翅脉棕色，R_4 脉无或有附脉痕迹，R_5 室开放。平衡棒棕黑色。腹部：第 1、2 背板棕色，基部着生黑毛，端部着生黄毛，其余各背板深棕色，具浅黄色后缘；腹板棕色，各腹板均具浅黄色后缘。

雄性 体色浅于雌性，第 1、2 腹节全部为黄色。

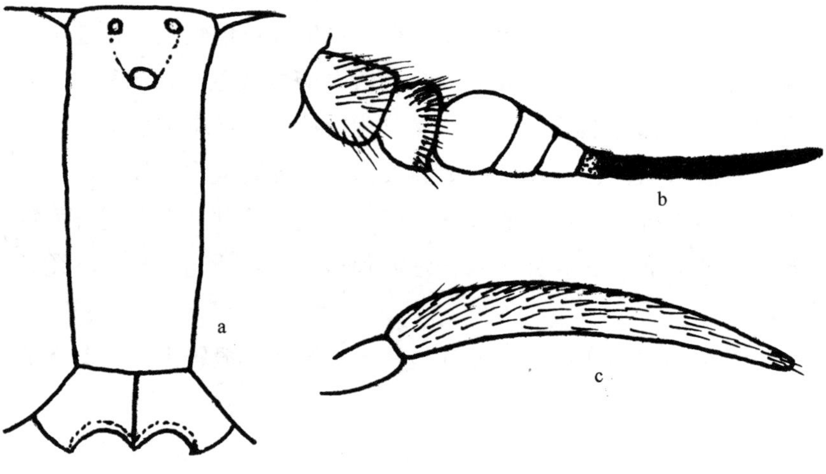

图 9 巴氏石虻 *Stonemyia bazini* (Surcouf)

a. 额 (frons)；b. 触角 (antenna)；c. 下颚须 (palpus)

观察标本 正模♀，江西庐山，保存地未详。7♀♀1♂，浙江，保存在 IECAS。

地理分布 浙江 (天目山)、江西 (庐山)。

生态习性 山林地带种类。

分类讨论 石虻属多分布在古北界，本种是现知仅分布于东洋界的 1 种。本种体棕色；额两侧大致平行，无胛；下颚须细长，容易鉴别。

3. 距虻属 *Pangonius* Latreille, 1802

Pangonius Latreille, 1802, Hist. nat. Crust. Ins., 3: 437. **Type species**: *Tabanus proboscideus* Fabricius; by designation of Latreille, 1810; Chvála, Lyneborg and Moucha, 1972: 70.

Tanyglossa Meigen, 1804: 174. **Type species**: *Tanyglossa ferruginea* Meigen; by original designation. Synonymized by Chvála, 1988: 98.

Tacina Walker, 1850: 9. **Type species**: *Pangonia micans* Meigen; by designation of Enderlein, 1925. Synonymized by Chvála, 1988: 98.

Dasysilvius Enderlein, 1922: 343. **Type species**: *Pangonia variegata* Fabricius; by original designation. Synonymized by Chvála, 1988: 98.

Melanopangonius Szilády, 1923: 30. **Type species**: *Tabanus haustellatus* Fabricius; by designation of Leclercq, 1960. Synonymized by Chvála, 1988: 98.

鉴别特征　头顶具 3 个单眼，额通常窄，两侧平行，无胛；触角短，柄节长于梗节，鞭节端部具 7 个环节；下颚须第 2 节一般细长；喙长于头高。翅透明，无色斑，翅脉棕色，R_4 脉无附脉，R_5 室封闭；后足胫节端部有距。

形态描述　体中小型，棕色或黑色。

雌性　头部：复眼通常光裸；头顶具 3 个单眼，额通常窄，两侧平行，覆黄灰色粉，无胛；亚胛、颜和颊覆黄灰色粉，着生黑毛和白毛。触角短，柄节长于梗节，鞭节基部黄棕色，端部具 7 个环节，黑色。下颚须黄棕色，第 2 节细长，着生黑毛。喙远长于头高。胸部：背板、侧板暗黄色，无条纹，着生浅黄色软毛。翅透明，无色斑，翅脉棕色，R_4 脉无附脉，R_5 室封闭。足黄棕色，股节着生黄毛，胫节和跗节着生黑毛，后足胫节端部有距。平衡棒棕黑色。腹部：腹节第 1、2 背板棕色，基部着生黑毛，端部着生黄毛，其余各背板深棕色，具浅黄色后缘。腹节腹板棕色，各腹板均具浅黄色后缘。

雄性　除性别差异外，体色一般较浅，但在有翅斑的种类中，翅着色较深。

地理分布　主要分布于古北界和非洲界。

生态习性　未发现雌性吸血。

分类讨论　距虻属全世界已知 40 多种。我国已知仅 1 种，中华距虻 *Pangonius sinensis* Enderlein, 1922。

医学重要性　未发现有医学重要性。

(3) 中华距虻 *Pangonius sinensis* Enderlein, 1922

Pangonius sinensis Enderlein, 1922: 64 [Type locality: China]; Chen and Quo, 1949: 2; Chvála, 1988:

100.

鉴别特征 体黑色；喙长大于头高；腹部黑色，宽于胸部，背板具浅黄色后缘带；翅黄色，R_5室封闭。

形态描述

雌性 体黑色。头部：复眼无毛；头顶具 3 个浅黄色单眼，位于光亮的黑色单眼瘤区内；额高为基部宽度的 1.5 倍，顶宽小于基宽，覆棕黄色粉和黄色短软毛；无基胛；亚胛黄白色，覆乳黄色软毛；颜和颊黄色，覆黄灰色粉。触角灰黑色，柄节和梗节着生黑毛，柄节长于梗节，鞭节灰黑色，细，无背突。下颚须黑色，第 2 节细长，微弯，着生黑毛。喙发达，黑色，长大于头高。胸部：盾片黑色，覆黑毛；侧板和腹板黑色，覆黑毛。翅黄色，透明，翅脉棕色，R_4脉无附脉，R_5室封闭。平衡棒棕色，球部金黄色。足基节和股节大部黑色，基节和股节着生黑毛，余者着生黄毛。腹部：黑色，宽于胸部，腹节背板具浅黄色后缘带。腹节腹板黑色，具浅色后缘窄带。

雄性 未详。

观察标本 模式标本保存地未详。

生物学 未发现雌性吸血。

地理分布 中国，具体分布地点未详。

分类讨论 该种仅据文献，有待考证。

(二) 斑虻亚科 Chrysopinae Lutz, 1909

头顶的单眼发达；触角或短或长，鞭节的基环节通常较长，端部具 3 或 4 个环节；喙发达；后足胫节距通常发达；翅亚缘脉光裸；腹部第 9 背板分成 2 块；雌性受精囊尾部窄。该亚科中国记载有 5 个属。

属检索表

1. 翅亚前缘脉至少在翅腹面具毛；触角鞭节基部分叉；雌虻腹部末端尖…………**胃虻属 *Gastroxides***
   翅亚前缘脉光裸；触角细长，决非二叉；雌虻腹部末端不尖……………………………………………2
2. 复眼被浓毛；亚胛大，凸出；触角短小，鞭节端部仅具 2 个环节………**少节虻属 *Thaumastomyia***
   复眼覆稀疏微毛；亚胛小，扁平；触角细长，鞭节端部具 3 或 4 个环节…………………………………3
3. 触角长于头长，柄节、梗节长明显大于宽，类圆筒形，鞭节端部具 4 个环节……………………………4
   触角短于头长，柄节、梗节均短，类三角形或球形，鞭节端部具 3 或 4 个环节…………………………5
4. 翅透明，仅前缘暗色；触角略长于头长；新鲜标本复眼具小斑点……………**林虻属 *Silvius*** (部分)
   翅具明显暗斑；触角远长于头长；新鲜标本复眼具大块带尖角的色斑……………**斑虻属 *Chrysops***

5. 触角鞭节端部具 4 个环节；翅具暗斑；雌虻额具长胛……………………………………**格虻属 *Gressittia***
触角鞭节端部具 3 个环节；翅具或无暗斑；雌虻额无胛，或具胛，小而不明显……………………
………………………………………………………………………………………………**林虻属 *Silvius***（部分）

4. 胃虻属 *Gastroxides* Saunders, 1841

Gastroxides Saunders, 1841, Trans. ent. Soc. Lond., 3: 59. **Type species**: *Gastroxides ater* Saunders; by monotypy; Wang, 1983: 17; Kapoor, Grewal, Sharma and Gupta, 1988: 38.

Ditylomyia Bigot, 1859: 305. **Type species**: *Ditylomyia ornata* Bigot; by monotypy. Synonymized by Stone, 1975: 48.

鉴别特征　头顶具 3 个单眼；额通常窄，额胛粗；亚胛覆粉，颜具光泽；触角的鞭节呈二叉形，端部具 4 个环节；下颚须第 2 节细长；翅有斑，亚前缘脉有钝毛；后足胫节端部有距；腹部端部尖。

形态描述　体中型，棕色或黑色。

雌性　头部：头顶具 3 个单眼，额通常窄，两侧平行，覆黄灰色粉，额胛粗；亚胛覆黄灰色粉，颜和颊具棕黑色光泽。触角短，柄节长于梗节，鞭节基部分二叉，端部具 4 个环节。下颚须第 2 节细长，着生黑毛。胸部：背板、侧板棕色，无条纹，着生浅黄色软毛。翅透明，一般有色斑，翅脉棕色，亚前缘脉有钝毛。平衡棒一般暗色。足一般黑色，后足胫节端部有距。腹部：圆锥形，腹节背板和腹板颜色一致。

雄性　未详。

地理分布　分布于东洋界。

生态习性　多数种生活在山区，尤其是林区。数量一般较少，活动季节较短，不易采获。

分类讨论　胃虻属是个小属，全世界已知 3 种。我国已知仅 1 种，素木胃虻 *Gastroxides shirakii* Ôuchi, 1939。

医学重要性　吸血。因数量很少，医学重要性较小。

(4) 素木胃虻 *Gastroxides shirakii* Ôuchi, 1939 (图 10)

Gastroxides shirakii Ôuchi, 1939: 188 [Type locality: Wuyishan, Fujian, China]; Stone, 1975: 48; Wang, 1983: 18; Xu, 2001: 345.

鉴别特征　额基胛和中胛愈合成长条形，占据额大部；亚胛覆粉；触角鞭节二叉形；腹部第 2 节橙黄色。

形态描述

雌性 体长 16 mm，黑色。头部：复眼无毛；头顶亮黑色，具 3 个单眼，位于棕黑色单眼瘤区内；额高为基部宽度的 3.3 倍，两侧大致平行，着生黑毛，额基胛粗，与粗的中胛联成长条形，到达单眼瘤区；亚胛覆棕色粉；颜和颊具棕黑色光泽，上侧颜覆粉。触角柄节和梗节黑色，梗节色略浅，着生黑毛，柄节略长于梗节，鞭节深棕色，基部较浅，背突细长，使鞭节呈二叉形，端环节 4 节，黑色。下颚须黑色，第 2 节细长，微弯，着生黑毛。喙发达，黑色。胸部：棕黑色，小盾片色略浅于盾片，暗棕红色，覆黑毛。侧板黑色，覆黑毛，但上前侧片黄色，覆浅黄色毛。翅透明，翅脉浅黄色，具不明显的灰色横带和端斑，R_4 脉无附脉，R_5 室开放，臀室封闭。平衡棒棕黑色，柄部颜色略浅。足黑色，着生黑毛，后足胫节具端距。腹部：圆锥形，黑色，略宽于胸部，尾须外露；第 2 背板橙黄色，其余黑色。第 1、2 腹板橙黄色，其余黑色。

雄性 未详。

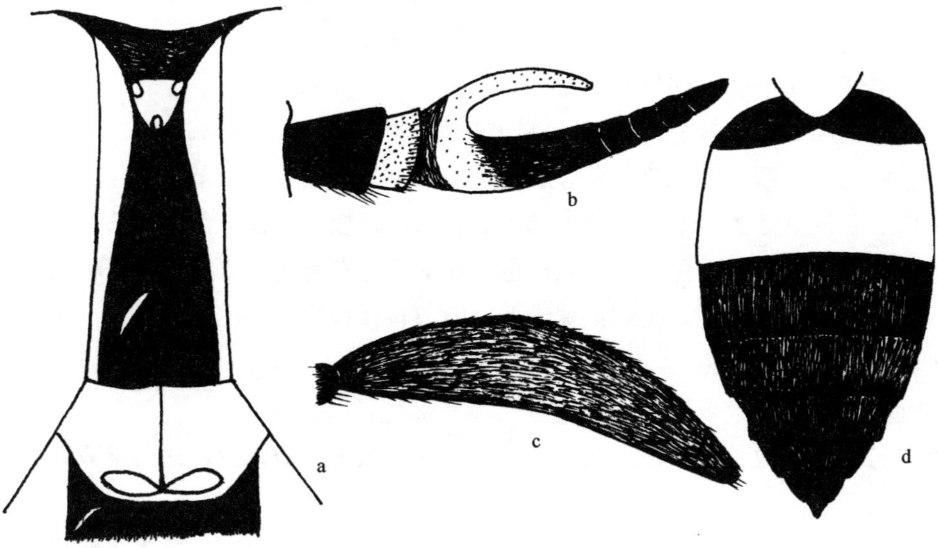

图 10 素木胃虻 *Gastroxides shirakii* Ôuchi

a. 额 (frons)；b. 触角 (antenna)；c. 下颚须 (palpus)；d. 腹部背面 (dorsum of abdomen)

观察标本 副模 (allotype) ♀，福建武夷山，1937.VI.21，标本号 IOZ(E)201273，保存在 IZCAS。

生物学 山区种。数量少，近 20 年多次牛诱采集，未能采获。

地理分布 福建 (武夷山)。

分类讨论 本种腹部圆锥形，黑色，但第 2 背板橙黄色，触角鞭节二叉形，容易辨认。

5. 少节虻属 *Thaumastomyia* Philip *et* Mackerras, 1959

Thaumastomyia Philip *et* Mackerras, 1959: 285. **Type species**: *Merycomyia haitiensis* Stone; by original designation; Murdoch and Takahasi, 1969: 22; Wang, 1994: 7.

鉴别特征　体粗壮，头顶具 3 个分离且明显的单眼；雌性额胛粗，亚胛向外突起；触角短，柄节膨大，鞭节端部仅具 2 个环节；下颚须第 2 节粗短。

形态描述　体中大型 (体长 19 mm)，具暗色毛和少量粉。

雌性　头部：复眼具暗色微毛；头顶具 3 个明显单眼，位于大的单眼瘤区内；额宽，两侧大致平行，覆黄灰色粉，额胛粗；亚胛向外突起；颜和颊覆粉。触角短，柄节粗，膨大，长于梗节，鞭节端部仅具 2 个环节。下颚须第 2 节粗。胸部：背板具条纹，着生浅黄色软毛。翅透明，一般有色斑，翅脉棕色，亚前缘脉光裸，R_4 脉无附脉。平衡棒一般暗色。后足胫节端部有距，前、中足胫节膨大。腹部暗棕色。

雄性　一般形态同雌性，复眼上、下大小眼面界线不清晰。

地理分布　中国；朝鲜。

生态习性　山地种。

分类讨论　该属是个小属，现知仅 1 种。Stone 发现该属时，以为采自中美洲的海地，后因在朝鲜也有分布，模式标本产地改为中国北京的海淀。我国仅 1 种，海淀少节虻 *Thaumastomyia haitiensis* (Stone, 1953)。

医学重要性　吸血。因数量很少，医学重要性较小。

(5) 海淀少节虻 *Thaumastomyia haitiensis* (Stone, 1953) (图 11)

Merycomyia haitiensis Stone, 1953: 255 [Type locality: Haidian, Beijing, China].

Thaumastomyi haitiensis: Philip and Mackerras, 1959: 285; Murdoch and Takahasi, 1969: 22; Chvála, 1988: 103; Wang, 1994: 7.

鉴别特征　雌性额宽，基胛远离复眼，中胛小；亚胛和侧颜覆粉，膨出；触角鞭节基部具低的背突；前足胫节膨大。

形态描述

雌性　体长 19 mm，粗壮，棕色。头部：复眼具毛；头顶具 3 个单眼，位于暗棕色单眼瘤区内；额覆黄色粉，着生黄毛，高为基部宽度的 1.3 倍，基宽略大于顶宽；额基胛亮黑色，远离复眼，中胛小；亚胛隆起，覆黄棕色粉；颜和颊黄灰色，着生黄毛和黑毛，颊外突。触角柄节和梗节黑色，着生黑毛，柄节向端部膨大，略长于梗节，鞭节长度等于柄节和梗节长度之和，具背突，端环节 2 节。下颚须粗壮，第 2 节基部膨大，着生粗黑毛。喙短，暗棕色，略长于下颚须。胸部：盾片和小盾片浅棕色，覆黑毛和黄毛，盾片有 5 条宽的浅黄色纵纹，达小盾片前缘；侧板和腹板具浅黄色粉和黑毛。翅浅棕色，前缘有烟色阴影，翅脉具暗棕色边缘。平衡棒黄色。足棕色，前足基节和前、中足胫节膨大，前足基节着生黄毛，前、中足胫节着生黑毛，后足胫节端距不明显。腹部：暗棕色，第 1 背板两侧及第 4 背板基部 1/2 灰棕色。腹板暗浅红色，具暗色宽中纵条。

雄性 本志首次描述。体长 16-17 mm，暗棕色；头顶具 3 个大的单眼，复眼上、下大小眼面界线不清晰；触角棕黄色，柄节膨大，着生黑色长毛，梗节短，鞭节背突低，端环节 2 节，末节端部棕黑色；胸部背板暗棕色，盾片具 3 条宽而界限模糊的棕色纵纹；翅横脉具小的暗斑；足棕色；腹部背板暗棕色，往尾端色变暗，第 6、7 背板棕黑色，腹板棕黑色，具不清晰的黑色中纵条。其他特征同雌性。

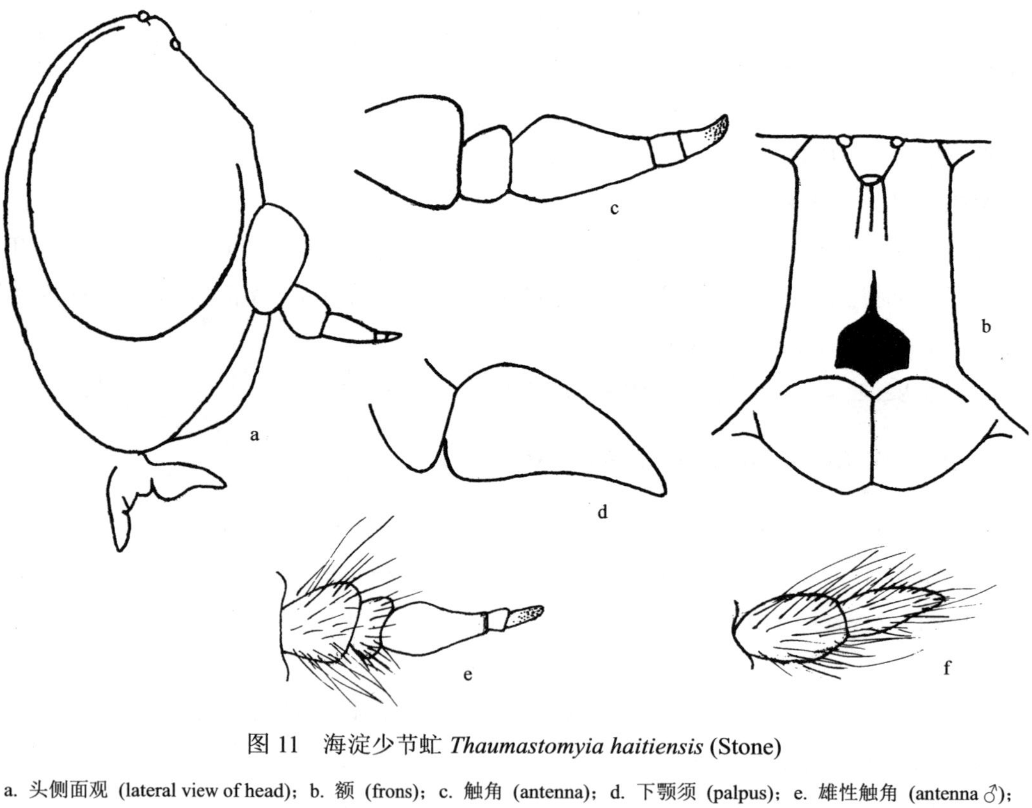

图 11 海淀少节虻 *Thaumastomyia haitiensis* (Stone)

a. 头侧面观 (lateral view of head)；b. 额 (frons)；c. 触角 (antenna)；d. 下颚须 (palpus)；e. 雄性触角 (antenna ♂)；f. 雄性下颚须 (palpus ♂) (a-d 仿 Philip and Mackerras, 1959)

观察标本 正模♀，北京海淀，原文注明保存在 USNM，但本志第一作者 1993 年在 USNM 未找到该标本。2♂♂，北京海淀玉泉山，标本号为 IOZ(E)1234328 和 1234329，保存在 IZCAS。

生物学　山区种。数量少，不易采获。

地理分布　北京 (海淀)；朝鲜。

分类讨论　本种是少节虻属唯一的已知种。触角鞭节的端环节仅具 2 节，亚胛和侧颜膨出，容易鉴别。

6. 林虻属 *Silvius* Meigen, 1820

Silvius Meigen, 1820, Syst. Beschr. Europ. Zweifl. Insekt., 2: 27. **Type species**: *Tabanus vituli* Fabricius; by monotypy; Murdoch and Takahasi, 1969: 23; Chvála, Lyneborg and Moucha, 1972: 148; Wang, 1983: 18.

Silvius (*Neosilvius*) Philip *et* Mackerras, 1959: 310. **Type species**: *Silvius* (*Neosilvius*) *formosensis* Ricardo; by original designation.

Silvius (*Heterosilvius*) Olsufjev, 1970: 683. **Type species**: *Silvius* (*Heterosilvius*) *zaitzevi* Olsufjev; by original designation.

鉴别特征　中小型，头顶具 3 个分离的单眼，雌性额胛有或无，颜通常无胛；触角细长，其长度超过头长，鞭节端部具 3 或 4 个环节；翅透明或有着色。

形态描述　体长为 6-13 mm，棕黄色至黑色。

雌性　头部：复眼无毛；头顶具 3 个分离的明显的单眼；额一般较宽，两侧大致平行，或顶端略窄，覆粉，额胛有或无；亚胛通常覆粉。触角细长，柄节略长于梗节，鞭节端部具 3 或 4 个环节。下颚须第 2 节细长。胸部：背板一般有条纹。翅透明或有着色，但无端斑和横带，R_4 脉通常具附脉。平衡棒一般浅色。后足胫节有距。腹部有或无斑纹。

雄性　复眼一般有短毛，上半部大眼面大于下半部小眼面。触角窄于雌性。

地理分布　林虻属分布于新北界、新热带界、古北界、东洋界。我国的林虻多为东洋界种，分布于东洋界，向北延伸到古北界南缘。

生态习性　多数为山区种。

分类讨论　该属全世界已知 40 多种，我国已知 7 种。

医学重要性　吸血。该属在我国种类、数量均不多，医学重要性较小。

种 检 索 表

1. 颜胛存在……………………………………………………………………2
   颜胛缺如，至多具光裸区……………………………………………………3
2. 额胛心形；盾片具 4 条浅色纵纹…………………………**心胛林虻 *S. cordicallus***
   额胛近圆形；盾片无纵纹……………………………………**素木林虻 *S. shirakii***

3. 体黑色……………………………………………………………………………………………………4
   体黄色……………………………………………………………………………………………………5
4. 体长 6.5 mm；额胛椭圆形，远离复眼；腹部背板灰黑色，具 2 列长三角形黑斑…………………………………………………………………………………………………**崇明林虻 *S. chongmingensis***
   体长 9-11 mm；额胛锚形，接近复眼；腹部背板黑色，具浅色后缘……**锚胛林虻 *S. anchoricallus***
5. 额胛发达；在颜颊窝下方具浅棕色光裸区……………………………**峨眉山林虻 *S. omeishanensis***
   额胛退化，如存在，则小且埋在粉下；颜无光裸区………………………………………………………6
6. 足跗节棕色；雌性触角鞭节端部具 4 个环节……………………………………**台岛林虻 *S. formosiensis***
   足跗节黑色；雌性触角鞭节端部具 3 个环节…………………………………………………**宜宾林虻 *S. suifui***

(6) 心胛林虻 *Silvius cordicallus* Chen *et* Quo, 1949 (图 12)

Silvius cordicallus Chen *et* Quo, 1949: 8 [Type locality: Tianmushan, Zhejiang, China]; Wang, 1983: 18.

鉴别特征　雌性额宽，基胛心形，远离复眼；颜胛圆形；胸部背板具 4 列纵条。

形态描述

雌性　体长 11.5 mm，黄色，翅长 11.5 mm。头部：头顶具 3 个单眼，位于暗棕色单眼瘤区内；额覆灰黄色粉，高约等于基部宽度，两侧平行；额基胛棕色，心形，远离复眼；亚胛覆黄色粉；颜和颊覆黄色粉，着生浅黄色长毛，具颜胛，棕色，圆形。触角黄色，长于头，柄节长为宽的 2 倍，梗节为柄节长的 1/2，鞭节长度大于柄节和梗节长度之和，环节部分黑色。下颚须第 2 节细长，黄棕色，着生浅棕色毛。喙短，棕黑色，略长于下颚须。胸部：盾片和小盾片覆黄色粉，两侧具浅色毛，盾片具 4 条灰色纵纹，中央 1 对在后端会合，两侧 1 对终止于盾缝，小盾片中央灰色。翅透明，前缘略着黄色，翅脉棕色，R_4 脉具附脉，臀室封闭有柄。平衡棒黄色。足黄色，着生浅色毛，跗节黑色，着生黑毛，股节和胫节交接处黑色。腹部：卵圆形，宽于胸部，腹节背板基部浅黄色，其余浅红棕色，第 2-4 背板主要着生短的黑毛，其余着生金黄色短毛。腹节腹板色同背板。

雄性　未详。

观察标本　正模♀，浙江天目山，1936.VII.22，Piel，标本号 IOZ(E)201274，保存在 IZCAS。

生物学　山区种。数量少，不易采获。

地理分布　浙江 (天目山)。

分类讨论　本种类似于素木林虻 *S. shirakii* Philip *et* Mackerras，但素木林虻胸部盾片无纵纹。也与日本的 *S. dorsalis* Coquillett 和 *S. matsumurai* Kono *et* Takahasi 相似，但后 2 种胸部盾片也无 4 列纵纹，且胸部着生黑毛。

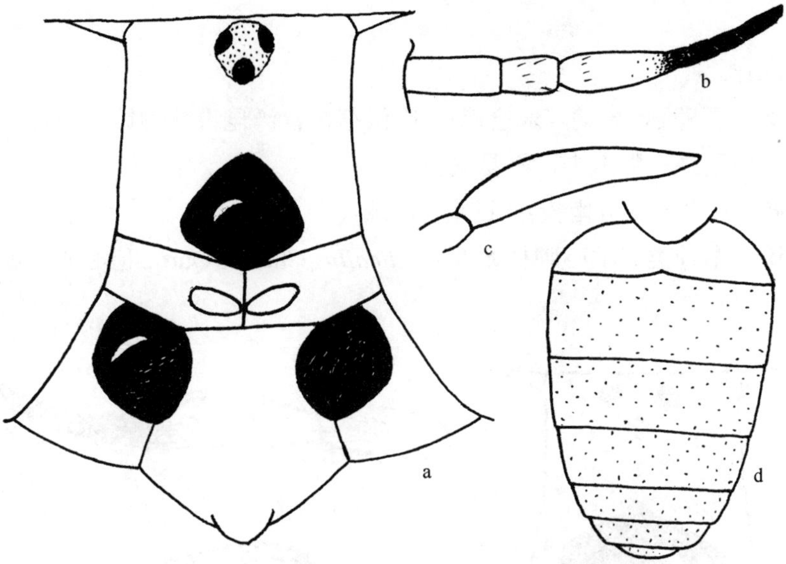

图 12　心胛林虻 *Silvius cordicallus* Chen *et* Quo

a. 额（frons）；b. 触角（antenna）；c. 下颚须（palpus）；d. 腹部背面（dorsum of abdomen）

(7) 素木林虻 *Silvius shirakii* Philip *et* Mackerras, 1959 (图 13)

Silvius nigripennis Shiraki, 1932: 259 [Type locality: Musha, Taiwan, China].

Silvius shirakii Philip *et* Mackerras, 1959: 316 (n. name for *Silvius nigripennis* Shiraki); Murdoch and Takahasi, 1969: 24; Wang, 1994: 10.

鉴别特征　雌性额基胛黑色，隆起，圆栗形，远离复眼；颜胛圆形，黑色；胸部背板浅黄色，无纵级。

形态描述

雌性　体长 11 mm，金黄色。头部：复眼裸；头顶具 3 个单眼；额宽，高与基宽略等，基部略宽于顶部，覆金黄色粉；额基胛黑色，有光泽，圆栗形，隆起，远离复眼；亚胛覆黄色粉；颜和颊覆黄色粉，着生黄色和黑色长毛，颜胛黑色，圆形。触角柄节和梗节棕色，着生黑毛，鞭节长度大于柄节和梗节长度之和，鞭节基环节基部浅棕色，端部和 4 个环节黑色。下颚须第 2 节细长，金黄色，着生白色长毛和黑色短毛。喙短，棕黑色，略长于下颚须。胸部：窄于头部，盾片和小盾片覆浅黄棕色粉，着生黄色短毛，无纵纹，侧板和腹板浅灰黄色，具黄色长毛。翅透明，翅脉棕色，R_4 脉有附脉，臀室封闭有柄。平衡棒球部黄色，柄浅黄色。足棕色，股节浅棕色，前足胫节端部 2/3 和跗节黑色，中、后足胫节棕色，跗节暗棕色。腹部：卵圆形，宽于胸部，腹节背板基部黄棕色，向端部变暗，无斑纹，着生黑毛，第 3-5 背板两侧和尾端具金黄色毛。腹节腹板色同背板。

雄性　未详。

观察标本　正模♀，台湾 (未检视)，原保存在台湾昆虫博物馆，现保存地未详。

生物学　山区种。数量少，不易采获。

地理分布　中国台湾 (南投)；日本 (琉球)。

分类讨论　本种类似于心胛林虻 *S. cordicallus* Chen *et* Quo，但心胛林虻胸部盾片有 4 列纵纹。

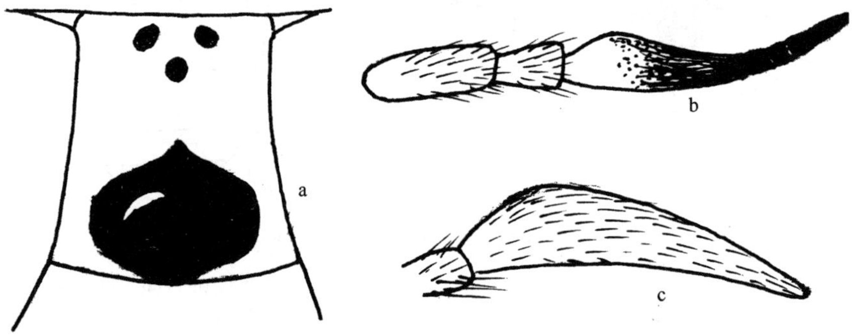

图 13　素木林虻 *Silvius shirakii* Philip *et* Mackerras

a. 额 (frons)；b. 触角 (antenna)；c. 下颚须 (palpus)　(仿 Murdoch and Takahasi, 1969)

(8) 崇明林虻 *Silvius chongmingensis* Zhang *et* Xu, 1990 (图 14)

Silvius chongmingensis Zhang *et* Xu, 1990: 96 [Type locality: Chongming Island, Shanghai, China].

鉴别特征　雌性额基胛亮黑色，隆起，半圆形，远离复眼；无颜胛，颊具小的黑色光裸区；胸部盾片中部有烟棕色区，有很窄的黑色中纵条；腹部背板灰色，有 2 列三角形黑斑。

形态描述

雌性　体长 6.5 mm，灰黑色。头部：回潮标本，复眼裸，绿色，下方具 1 杆状紫色带及 1 不清晰小紫斑；头顶具 3 个单眼，单眼区隆起，单眼区及其前缘两侧延伸区深棕色，着生黑毛，夹杂灰白毛；额宽，灰黑色，高略小于顶宽，基宽大于顶宽；额基胛黑色，有光泽，椭圆形，隆起，远离复眼；亚胛覆黄灰色粉；颜与颊灰黑色，颊具小的黑色光裸区。触角柄节黑色，着生黑毛，梗节短于和细于柄节，棕黑色，着生黑毛，鞭节基环节基部红棕色，端部和 4 个环节黑色。下颚须灰黑色，着生灰白色毛，杂有少量黑毛，第 2 节细长。喙短，棕黑色，略长于下颚须。胸部：窄于头部，灰黑色，中央 1/3 及两侧宽烟棕色条在缝后愈合成大的烟棕色区，盾片中央具 1 很窄的黑色纵条，小盾片中前区烟棕色，背侧片侧缘大部分棕色，胸侧板及足基节灰黑色，覆灰白色毛。翅透明，翅脉棕色，R_4 脉无附脉，臀室开放。平衡棒球部黑色，柄的基部带棕色。足股节黑色，着生灰棕色毛，前足股节稍亮，胫节及第 1 跗节暗棕色，中足胫节色浅于前、后足胫节，着生灰棕色毛，其余跗节黑色。腹部：卵圆形，宽于胸部，腹节背板灰黑色，着生灰白色毛，第 1 背板中央烟黑色，第 2-5 或第 2-6 各具 1 对三角形烟黑色斑，有的在第 2-4 背板两侧可见不清晰小黑斑。腹节腹板灰黑色，无斑。

雄性　未详。

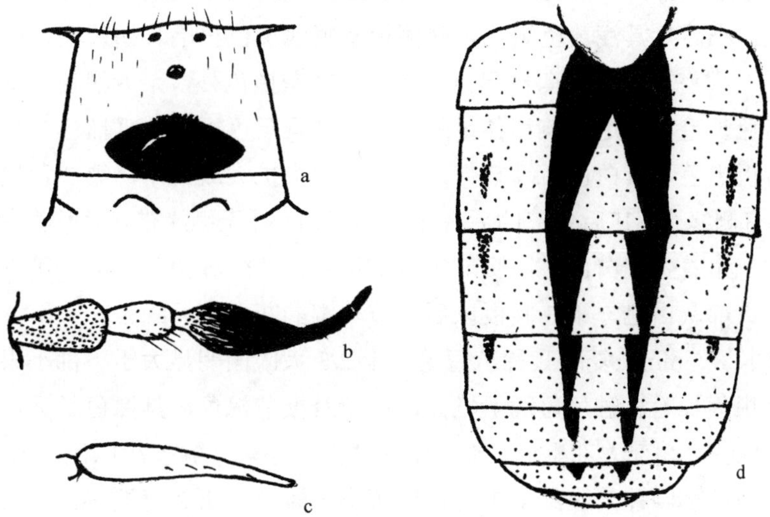

图 14　崇明林虻 *Silvius chongmingensis* Zhang *et* Xu

a. 额 (frons)；b. 触角 (antenna)；c. 下颚须 (palpus)；d. 腹部背面 (dorsum of abdomen)

观察标本　正模♀，上海崇明岛，1989.V.26，张坤祥，保存在 AMMSC。3♀♀，上海，保存在 AMMSC。

生物学　数量少，不易采获。

地理分布　上海 (崇明)。

分类讨论　本种类似于锚胛林虻 *S. anchoricallus* Chen，但锚胛林虻具宽大的锚状额基胛；触角鞭节基部窄细；腹部黑色，背板具白色后缘带和中三角。

(9) 锚胛林虻 *Silvius anchoricallus* Chen, 1982 (图 15)

Silvius anchoricallus Chen, 1982: 193 [Type locality: Kuandian, Liaoning, China]; Wang, 1994: 11.

鉴别特征　额基胛黑色，锚形；触角窄长；腹部黑色，背板具白色后缘带和中三角。

形态描述

雌性　体长 9-11 mm，黑色。头部：回潮标本，复眼绿色，具褐色条纹和稀疏短毛；头顶具 3 个单眼，单眼区略隆起；额宽，基部宽度大于高度，高度约等于顶宽，灰黑色，着生黑色短毛；额基胛黑色，有光泽，锚形，与复眼窄分离；亚胛覆灰色粉；颜与颊覆黄色粉，着生黑毛夹杂灰白色毛。触角黑色，窄长，柄节和梗节覆灰色粉，着生黑色短毛，柄节长为宽的 3 倍，梗节短于和细于柄节，长宽略等，鞭节细长，基部带灰棕色，端环节 3 节。下颚须灰色，着生稀疏的黑毛。喙长于下颚须，约为下颚须的 1.5 倍，棕黑色。胸部：窄于头部，灰黑色，盾片中央具 2 条窄的灰色纵纹，具黑色短毛，小盾片和胸侧板灰色，小盾片具浅黄色短毛，胸侧板密覆浅黄色长毛。翅透明，翅脉深棕色，R_4 脉具短附脉，臀室开放。平衡棒黑色。足除基节灰黑色外，余者黑色，基节及中、后足股节具浅黄色长毛，前足股节和各足胫节、跗节具黑色短毛，爪黑色，爪垫黄褐色。腹部：腹节背板黑色，具白色后缘窄带，此带在中央扩大成三角，第 2 背板后缘带及三角斑最大，并有侧缘带，其后各节的后缘带及中三角小，无侧缘带，背板着生黑色短毛，但后缘带和中三角着生乳白色毛。腹节腹板灰黑色，着生乳白色短毛，第 2 腹板除基部中央黑色外，大部灰白色，第 3 腹板以后各节具宽的灰白色后缘带。

雄性　体长 8.5 mm。复眼具稀疏短毛，上 2/3 大眼面明显大于下部小眼面，界限清晰，单眼瘤具黑色长毛。触角色浅于雌性，柄节及梗节棕色，具黑色长毛，柄节粗于梗节，鞭节基部棕色，端部大部黑色，端环节具 3 个环节。下颚须浅棕色，第 1、2 节长几乎相等，第 2 节端部圆钝。腹部第 1 背板黑斑小于雌性，第 2 背板白色中三角不明显。

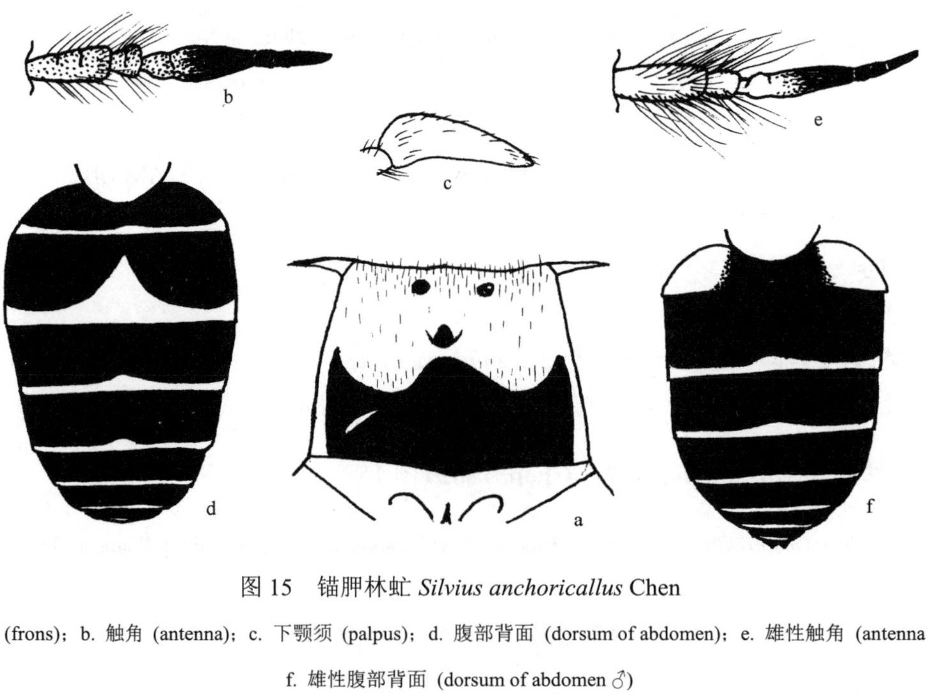

图 15　锚胛林虻 *Silvius anchoricallus* Chen

a. 额 (frons)；b. 触角 (antenna)；c. 下颚须 (palpus)；d. 腹部背面 (dorsum of abdomen)；e. 雄性触角 (antenna ♂)；f. 雄性腹部背面 (dorsum of abdomen ♂)

其他特征同雌虻。

观察标本 正模♀，辽宁宽甸，1979.VI.13，陈继寅，保存在 LCDC。1♀1♂，辽宁，保存在 LCDC；1♀，保存在 AMMSC。

生物学 幼虫孳生于林区河边砂土中，成虫在石头、草、灌丛上停栖，未见攻击附近的牛、马。

地理分布 辽宁 (宽甸)。

分类讨论 本种类似于峨眉山林虻 *S. omeishanensis* Wang，但峨眉山林虻额较窄；基胛圆形；胸部盾片无纵条。

(10) 峨眉山林虻 *Silvius omeishanensis* Wang, 1992（图 16）

Silvius omeishanensis Wang, 1992: 327 [Type locality: Emeishan, Sichuan, China]; Wang, 1994: 12.

鉴别特征 雌性额基胛圆形；颜无胛；触角窄长；胸部盾片无纵条；腹部黄色，背板无斑纹。

形态描述

雌性 体长 12 mm，黄色。头部：复眼裸；头顶具 3 个单眼，位于黑色的单眼瘤区内；额高为基部宽度的 1.2 倍，两侧平行，黄色，着生稀疏黑毛；额基胛黑色，圆形，突起，有光泽，与复眼宽分离；亚胛覆黄色粉；颜与颊覆灰黄色粉，着生稀疏的黑色短毛，在颜颊窝下方有浅棕色光泽，但无颜胛；口毛黑色，夹杂少量黄毛。触角窄长，柄

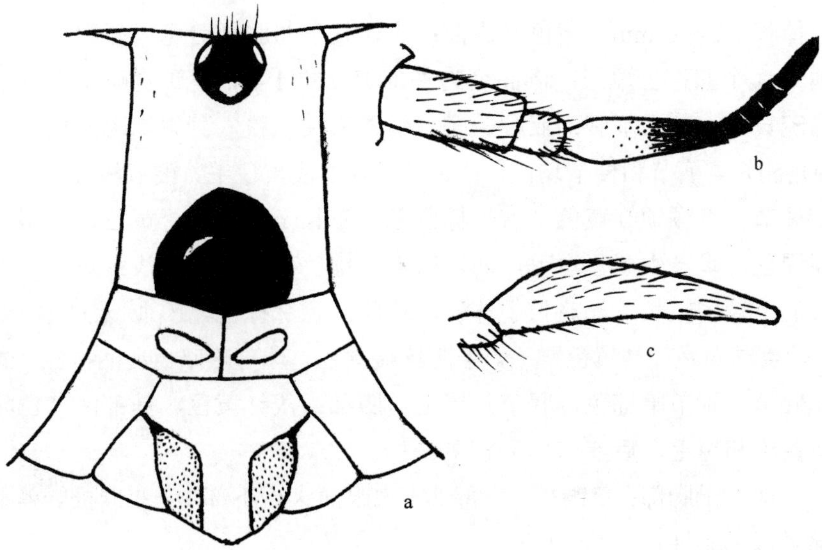

图 16 峨眉山林虻 *Silvius omeishanensis* Wang

a. 额 (frons)；b. 触角 (antenna)；c. 下颚须 (palpus)

节和梗节黄色，着生黑毛，柄节略膨大，长大于宽；梗节长宽略等，鞭节窄长，基环节基部大部黄色，端部和 4 个环节黑色。下颚须窄长，黄色，着生黑毛。喙长于下颚须，棕色。胸部：盾片和小盾片灰黄色，着生浅黄色长毛，背侧片黄色。胸侧板和腹板黄色，覆黄毛。翅透明，翅脉浅棕色，R_4 脉无附脉，臀室开放。平衡棒黄色。足黄色，仅跗节端部黑色。腹部：黄色，无任何纹饰。

雄性 未详。

观察标本 正模♀，四川峨眉山，1957.VII.27，卢佑才，标本号 IOZ(E)201316，保存在 IZCAS。

生物学 林区种，数量不多，不易采获。

地理分布 四川 (峨眉山)。

分类讨论 本种类似于锚胛林虻 *S. anchoricallus* Chen，但锚胛林虻额较宽；基胛锚形；下颚须黑色；胸部盾片有纵条。

(11) 台岛林虻 *Silvius formosiensis* Ricardo, 1913 (图 17)

Silvius formosiensis Ricardo, 1913: 173 [Type locality: Toyen-mongai, Taiwan, China]; Shiraki, 1918: 12; Murdoch and Takahasi, 1969: 25; Wang, 1994: 13.

鉴别特征 雌性额无基胛；颜无胛；触角粗短；胸部背板浅红黄色；腹部背板浅红黄色。

形态描述

雌性 体长 7.2-9.0 mm，黄色。头部：小，几乎与胸部等宽；复眼裸，新鲜标本亮绿色；头顶具 3 个黑棕色单眼；额高度为基部宽度的 1.4 倍，顶宽略窄于基部宽度，黄色，着生稀疏黄毛；额无基胛；亚胛、颜与颊覆灰黄色粉，着生稀疏的黄色短毛；口毛浅黄色。触角粗短，柄节和梗节均短，浅黄色，着生浅黄色毛，鞭节浅红黄色，基部宽，端部具 4 个环节。下颚须红黄色，着生棕色毛。喙长于下颚须，黄色，向唇瓣方向变棕色，唇瓣亮黑色，喙着生黄色短毛，而唇瓣着生棕色毛。胸部：浅红黄色，着生黄毛，两侧及侧板的毛较密较长。翅略长于体长，透明，翅脉棕色，R_4 脉无附脉，R_5 室开放，臀室封闭。腋瓣暗黄色，具黄色缨毛。平衡棒橘黄色，球部略暗。足橘黄色，着生黄毛，股节端部和胫节、跗节暗棕色，胫节具黑毛。腹部：浅红黄色，基部两节色略浅，无任何纹饰，覆黄毛和黑毛，后 5 节黑毛较多。

雄性 头部大于胸部；复眼裸，上部 2/3 大眼面大于下部 1/3 小眼面，单眼瘤隆起；触角与腹部类似于雌性。

观察标本 正模♀，台湾，保存在匈牙利国家博物馆，因标本馆失火，标本已烧毁，现尚未指定新模。1♀，湖北，保存在 IECAS。

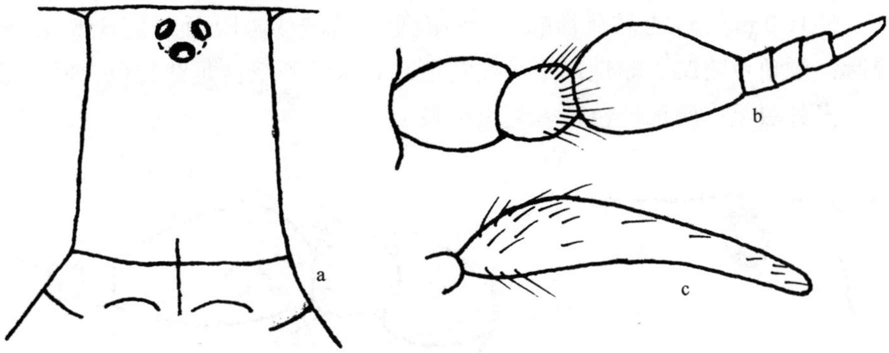

图 17　台岛林虻 *Silvius formosiensis* Ricardo

a. 额 (frons)；b. 触角 (antenna)；c. 下颚须 (palpus)

生物学　山地林区种，数量不多，不易采获。

地理分布　湖北 (神农架)、台湾 (南投、嘉义、关仔岭)；日本。

分类讨论　检视了保存在 IECAS 的湖北定名标本，与宜宾林虻 *S. suifui* Philip *et* Mackerras 非常接近，宜宾林虻额具小而不清晰的基胛，触角鞭节的端部仅具 3 个环节；而本种额无基胛，触角鞭节的端部具 4 个环节。

(12) 宜宾林虻 *Silvius suifui* Philip *et* Mackerras, 1959 (图 18)

Silvius suifui Philip *et* Mackerras, 1959: 311 [Type locality: Yao Gi, Sichuan, China]; Wang, 1994: 13.

鉴别特征　雌性额无基胛；颜无胛；触角粗短，鞭节端部仅具 3 个环节；胸部背板棕黄色；腹部背板橙色，无任何纹饰。

形态描述

雌性　体长 8.5 mm，黄色。头部：小，几乎与胸部等宽；复眼裸，新鲜标本亮绿色；头顶具 3 个黑棕色单眼，着生金黄色毛，额高为基部宽度的 1.1-1.3 倍，顶宽略窄于基宽，黄色，具稀疏黑毛；额无基胛；亚胛覆金黄色粉；颜与颊亦覆金黄色粉，具稀疏黑毛；口毛黄色。触角粗短，柄节和梗节均短，黄色，着生黑毛，柄节基部具黄毛，鞭节橙色，基部宽，端部仅具 3 个环节。下颚须橙色，第 1 节着生黄色长毛，第 2 节窄长，具稀疏黑毛。喙长于下颚须，黄色，向唇瓣方向变棕色，唇瓣亮黑色，喙着生黄色短毛，而唇瓣着生棕色毛。胸部：盾片覆棕黄色粉，无纹饰，小盾片色同盾片，具金黄色毛；侧板覆黄灰色粉，着生黄毛。翅略长于体长，透明，翅脉棕色，前缘室黄色，R_4 脉无附脉，R_5 室开放，臀室封闭。平衡棒橘黄色。腋瓣暗黄色，具黄色缨毛。足股节橘黄色，着生黄毛，前足胫节基部 2/3 橘黄色，着生黄毛，端部 1/3 黑色，着生黑毛，中、后足胫节黄色，着生黄毛，跗节黑色，但前足第 1 跗节基部，中、后足各跗节基部略浅。腹部：背板橙色，具黑毛，无任何纹饰。腹板色同背板。

雄性 体长 9 mm，体毛较雌性的长。复眼裸，上部 2/3 大眼面大于下部 1/3 小眼面，单眼瘤隆起；触角色略暗于雌性；下颚须黄色，具黑色长毛；足浅红色，胫节端部和跗节棕色，大多具黑毛；腹部橙色，着生黑色长毛。

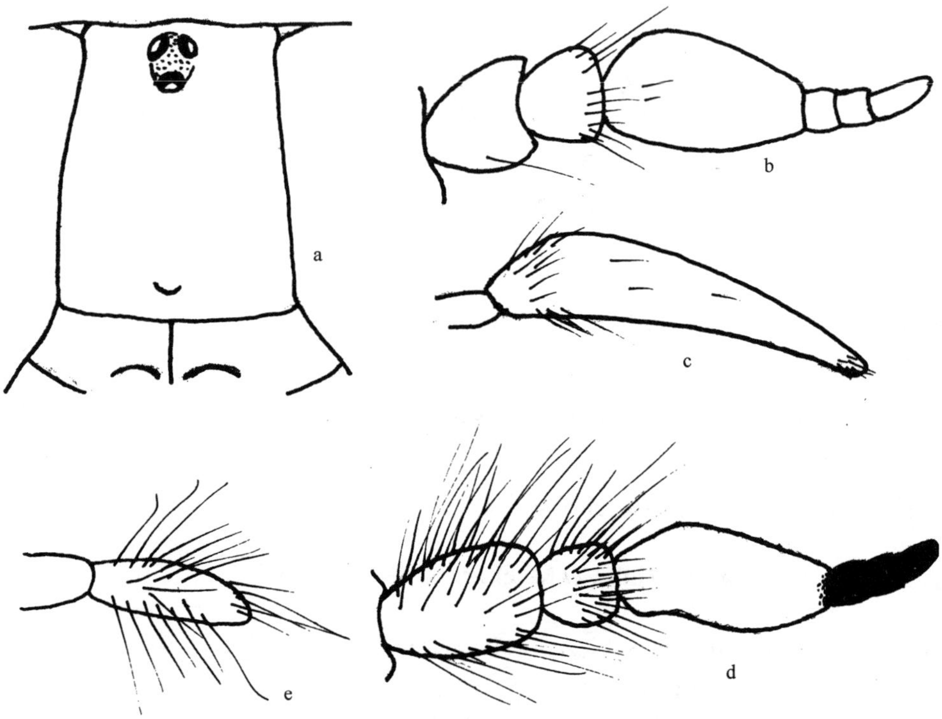

图 18 宜宾林虻 *Silvius suifui* Philip *et* Mackerras

a. 额 (frons)；b. 触角 (antenna)；c. 下颚须 (palpus)；d. 雄性触角 (antenna ♂)；e. 雄性下颚须 (palpus ♂)

观察标本 正模♀，四川，保存地未详。1♀，湖北，保存在 IECAS；1♂，四川，保存在 AMMSC。

生物学 林区种，数量不多，不易采获。

地理分布 湖北 (神农架)、四川 (宜宾、昭觉、汶川)。

分类讨论 本种与台岛林虻 *S. formosiensis* Ricardo 非常相似，但台岛林虻足跗节棕色；触角鞭节端部仅具 3 个环节。

7. 斑虻属 *Chrysops* Meigen, 1803

Chrysops Meigen, 1803, Magazin InsektKde, 2: 267. **Type species:** *Tabanus caecutiens* Linnaeus; by monotypy; Chen and Quo, 1949: 4; Murdoch and Takahasi, 1969: 25; Chvála, Lyneborg and Moucha, 1972: 108; Wang, 1983: 18; Chen and Xu, 1992a: 38.

Neochrysops Szilády, 1922: 126 (preoccupied by Walton, 1919). **Type species:** *Neochrysops grandis* Szilády; by original designation. Synonymized by Stone, 1975: 44.

Silviochrysops Szilády, 1922: 125. **Type species:** *Silviochrysops flavescens* Szilády; by original designation. Synonymized by Stone, 1975: 44.

Psylochrysops Szilády, 1925: 3 (n. name for *Neochrysops* Szilády).

Heterochrysops Kröber, 1920: 50. **Type species:** *Chrysops flavipes* Meigen; by designation of Bequaert, 1924. Synonymized by Chvála, 1988: 106.

Chrysops (*Turanochrysops*) Stackelberg, 1926: 326.

Chrysops (*Petersenichrysops*) Moucha *et* Chvála, 1970: 261.

鉴别特征　头顶具 3 个分离的明显单眼；雌性额较宽，额基胛有或无；触角细长，柄节略长于梗节，鞭节端部具 4 个环节；翅有横带；后足胫节有距。

形态描述　体长为 8-13 mm，棕黄色至黑色。

雌性　头部：复眼无毛；头顶具 3 个分离的明显单眼；额一般较宽，两侧大致平行，或顶端略窄，覆粉；额胛有或无，亚胛通常覆粉。触角细长，柄节略长于梗节，鞭节端部具 4 个环节。下颚须第 2 节细长。胸部：背板一般有条纹。翅透明或着色，具端斑和横带，R_4 脉通常具附脉。平衡棒一般浅色。后足胫节有距。腹部有或无斑纹。

雄性　上半部大眼面大于下半部小眼面。翅色斑比雌性的深。

地理分布　斑虻属主要分布在新北界、新热带界，其次为古北界、东洋界和非洲界，澳洲界仅 1 种。我国斑虻属东洋界的种类多于古北界的种类，也有广布于两界的种类，如范氏斑虻 *C. vanderwulpi* (Kröber) 和中华斑虻 *C. sinensis* Walker，也有延伸于东海岸的种类，如黄瘤斑虻 *C. flavescens* (Szilády)。

生态习性　平原、山区均有分布。幼虫主要孳生于水塘和稻田。

分类讨论　该属是个大属，全世界已知 260 多种，我国已知 35 种。

医学重要性　为危害到人类的主要吸血类群。人在江河洗澡和水上作业时，常受其叮咬。在非洲，一些种类是人、猴的罗阿丝虫病的传播媒介。

组检索表

1. 中胸盾片在小盾片前具密的长毛，至少在两侧翅后胛明显可见………**蹄斑斑虻组 *C. dispar* group**
   中胸盾片在小盾片前无密的长毛……………………………………………………2
2. 翅中室中部透明…………………………………………**莫氏斑虻组 *C. mlokosiewiczi* group**
   翅中室全暗……………………………………………………………………3
3. 无口胛和颊胛…………………………………………**林脸斑虻组 *C. silvifacies* group**
   有口胛和颊胛……………………………………………………………………4

4. 体全黑，腹部无斑……………………………………………………**日本斑虻组 *C. japonicus* group**
   体非全黑，腹部具斑纹……………………………………………………………………5
5. 翅端斑膨大，与横带连接处变细……………………………………**黑尾斑虻组 *C. caecutiens* group**
   翅端斑不膨大，与横带连接处不变细……………………………………………………6
6. 口胛被黄粉条分成左右两块………………………………………**三角斑虻组 *C. designatus* group**
   口胛完整……………………………………………………………**中华斑虻组 *C. sinensis* group**

蹄斑斑虻组 *Chrysops dispar* group

蹄斑斑虻组斑虻的主要特征是，在胸部盾片后缘，特别在翅后胛有密的金黄色长毛；体黑色或黄色；口胛完整；翅横带中室暗，端斑不膨大，与横带连接处不变细。该组现知仅分布在东洋界 (图 21)。

种 检 索 表 (♀♀, ♂♂)

1. 腹部背板黑色，第 2 背板前半浅黄色，浅黄色区后缘中央向前凹入………**黄带斑虻 *C. flavocinctus***
   腹部背板色斑非如上述…………………………………………………………………2
2. 腹部黄色，第 1 背板后缘具黑色窄横带，第 2 背板具马蹄形黑斑，此斑向后延伸至第 3 背板后缘；翅端斑端部不膨大…………………………………………………**蹄斑斑虻 *C. dispar***
   腹部黄色，第 1 背板中央具 1 对三角形黑斑，第 3 背板具 1 对斜形黑斑，此斑向前延伸，在第 2 背板后缘以窄线相连；翅端斑端部膨大……………………………**大型斑虻 *C. grandis***

(13) 黄带斑虻 *Chrysops flavocinctus* Ricardo, 1902 (图 19, 图 21; 图版 I, 图版 X)

Chrysops flavocinctus Ricardo, 1902: 380 [Type locality: Khasi Hills, Assam, India]; Xu, 1982f: 125; Xu, 1982h: 135; Wang, 1983: 22; Kapoor, Grewal, Sharma and Gupta, 1988: 32; Yang and Xu, 1997: 12; Xu and Guo, 2005b: 175.

鉴别特征 体黑色；翅端斑等于或窄于 R_1，中室暗；腹部亮黑棕色，第 2 背板前半棕黄色，第 1、2 腹板棕黄色。

形态描述

雌性 体长 7-8 mm，黑色，窄长。头部：略宽于胸部；复眼裸，新鲜标本亮绿色；头顶单眼瘤区大，两侧与复眼接触，具棕黑色光泽，着生黑毛，单眼黑色；额高大于基部宽度约 1.25 倍，顶宽略窄于基宽，灰棕色，着生稀疏的灰黄色毛和黑毛；额基胛大，两侧与复眼接触，亮黑色；亚胛棕色，亚亮；颜与颊灰黄色，颜胛与口胛连成为黑色大胛，突起，颊亮黑色，平坦，着生黑毛；口部着生黑毛和棕色毛。触角细长，着生黑毛，柄节棕色，长为宽的 4 倍，梗节黑棕色，长接近宽的 3 倍，略短于柄节，鞭节黑色，长略短于柄节与梗节之和，鞭节端部具 4 个环节。下颚须棕色，第 1 节着生棕色毛和黑毛，第 2 节窄长，着生黑毛并夹杂棕色毛。喙长，为下颚须的 1.5 倍，棕黑色，唇瓣黑棕色，喙着生棕色短毛，而唇瓣着生黑毛。胸部：背板具光泽，盾片和小盾片黑棕色，着生灰白色毛，肩胛棕色，着生黑毛，背侧片与翅后胛密覆带些黄的银白色长毛；侧板也具光泽，着生暗棕色毛，中胸上前侧片与翅侧片交接缝附近有 1 大丛密的黄白色长毛。翅透明，前缘深棕色，翅脉棕色，横带暗棕色，外缘直，到达翅后缘，中室暗，R_4 脉无附脉，R_5 室开放，臀室窄开放，翅端斑等于或窄于 R_1 室。腋瓣黑色，具棕黑色缨毛。平衡棒柄棕黄色，球部黑色。足黑色，着生黑毛，中、后足跗节色较浅。腹部：黑棕色，具亮光，第 2 背板前半棕黄色，浅黄色区后缘中央向前凹入。第 1、2 腹板棕黄色，第 2 腹板后缘中央有暗棕色小斑，暗色部分着生黑毛和棕色毛，浅色部分着生棕黄色毛。

雄性 体长 7 mm，复眼裸，上部 2/3 大眼面大于下部 1/3 小眼面，单眼瘤隆起；触角色略暗于雌性；下颚须黄色；足浅红色，胫节端部和跗节棕色，大多具黑毛；腹部橙色，着生黑色长毛。

观察标本 正模♀，印度阿萨姆，保存在 BMNH (未检视)。6♀♀1♂，海南；4♀♀1♂，云南，保存在 AMMSC。

生物学 林区种，数量不多。

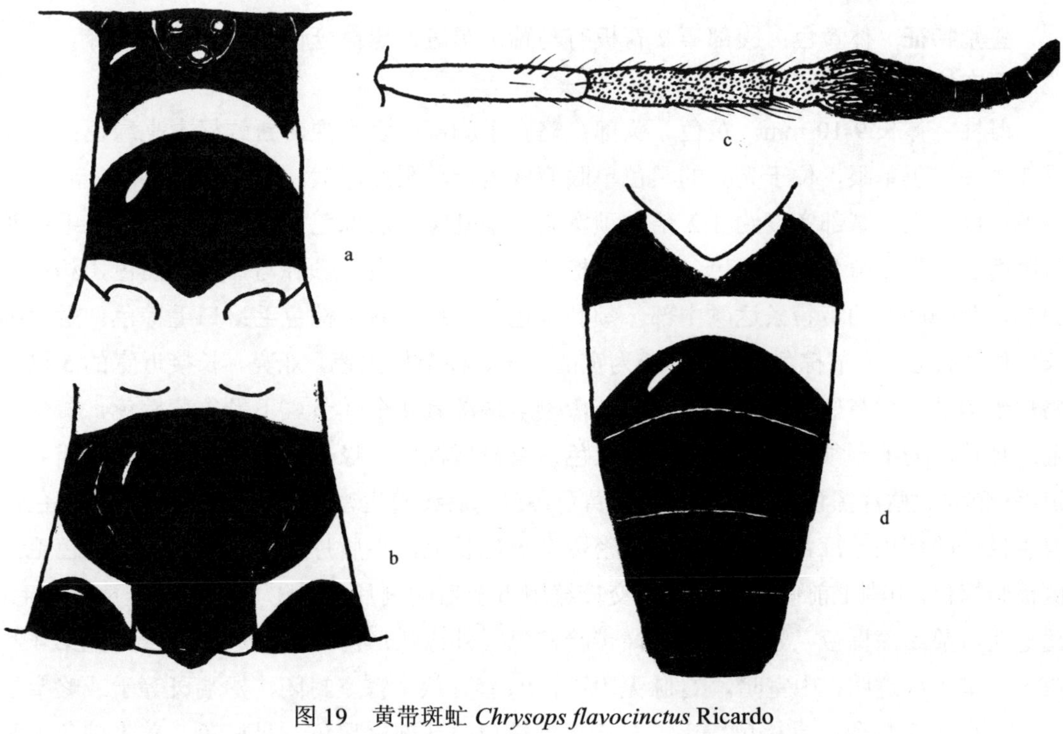

图 19 黄带斑虻 *Chrysops flavocinctus* Ricardo

a. 额 (frons)；b. 颜 (face)；c. 触角 (antenna)；d. 腹部背面 (dorsum of abdomen)

地理分布 海南 (吊罗山、保亭)、云南 (潞西、勐腊、沧源、镇源、个旧)、西藏 (察隅)；印度，缅甸，泰国，马来西亚。

分类讨论 本种形态因地区有变异，前面描述主要依据海南标本，云南的标本体色较黑，翅横带后缘色变浅，至横带不到达翅后缘，翅端斑较窄，不到 R_1 室宽度的一半。本种斑虻是典型东洋界种，分布在印度马来区，延伸到我国的华南区和西南区 (图 21)。

(14) 蹄斑斑虻 *Chrysops dispar* Fabricius, 1798 (图 20，图 21；图版 I)

Chrysops dispar Fabricius, 1798: 567 [Type locality: India]; Ricardo, 1911b: 380; Ôuchi, 1939: 177; Philip, 1960b: 38; Matsumura and Takahasi, 1976: 291; Xu, 1982f: 125; Xu, 1982g: 130; Xu, 1982h: 134; Wang, 1983: 30; Kapoor, Grewal, Sharma and Gupta, 1988: 29; Chen and Xu, 1992a: 39; Yang and Xu, 1997: 12; Xu, 2001: 345; Xu, 2004: 538; Xu and Guo, 2005b: 175.

Chrysops lunatus Gray, 1832, In: Griffith: 696. Synonymized by Stone, 1975: 44.

Chrysops bifasciatus Macquart, 1838: 157. Synonymized by Stone, 1975: 44.

Chrysops ligatus Walker, 1848: 195. Synonymized by Stone, 1975: 44.

Chrysops semicirculus Walker, 1848: 196. Synonymized by Stone, 1975: 44.

Chrysops manilensis Schiner, 1868: 104. Synonymized by Stone, 1975: 44.

鉴别特征 体黄色；腹部第 2 背板有马蹄形黑斑，黑斑延伸到第 3 背板后缘。

形态描述

雌性 体长 9-10 mm，黄色。头部：略宽于胸部；复眼裸，新鲜标本亮绿色；头顶具 3 个棕黑色单眼，位于光亮的黑色单眼瘤区内，单眼瘤区大，两侧接触复眼，着生棕色毛；额高大于基部宽度约 1.2 倍，顶宽略窄于基宽，灰棕色，着生稀疏的棕色毛；额基胛两侧与复眼窄分离，黑色；亚胛暗棕色；颜与颊黄色，颜胛与口胛棕黑色，相连，突起，两颜胛间的黄粉条达颜中部，颊胛黑色，平坦，着生棕色毛；口毛棕色。触角细长，着生黑毛，柄节棕色，亚亮，长为宽的 5 倍，梗节棕黑色，亚亮，长接近宽的 5 倍，略短于柄节，鞭节黑棕色，略长于梗节，鞭节端部具 4 个环节。下颚须黄棕色，着生黄毛。喙长，为下颚须长的 1.5 倍，棕黑色，唇瓣黑棕色，喙着生棕色短毛，而唇瓣着生黑毛。胸部：盾片黑色，有 2 条宽的灰黄色纵纹，后缘着生密的金黄色长毛，肩胛棕色，着生稀疏的棕色毛，背侧片和翅后胛密覆金黄色长毛，小盾片棕黑色，着生灰棕色毛，侧板暗棕色，中胸上前侧片与翅侧片交接缝附近及后胸侧片各具 1 大丛密的金黄色长毛。翅透明，前缘深棕色，翅脉棕色，横带暗棕色，外缘弧形内弯，到达翅后缘，但第 4 和第 5 后室大部透明，中室暗，R_4 脉无附脉，R_5 室开放，臀室封闭，翅端斑等于或略窄于 R_1 室。腋瓣暗棕色，具棕色缨毛。平衡棒柄棕色，球部棕黑色。足棕色，着生棕色毛和黑毛，后足基节和股节色较暗。腹部：黄棕色，着生棕色毛，第 1 背板具黑色端带，第

2 背板有马蹄形黑斑，并延伸到第 3 背板后缘，黑带和黑斑着生黑毛，第 4-7 背板着生黑毛和棕色毛。腹板黄棕色，着生棕色毛，第 3 腹板以后较暗，且黑毛渐增多。

雄性　体长 9 mm，与雌性类似，复眼上部 2/3 大眼面大于下部 1/3 小眼面；颜胛棕色；足棕黄色。

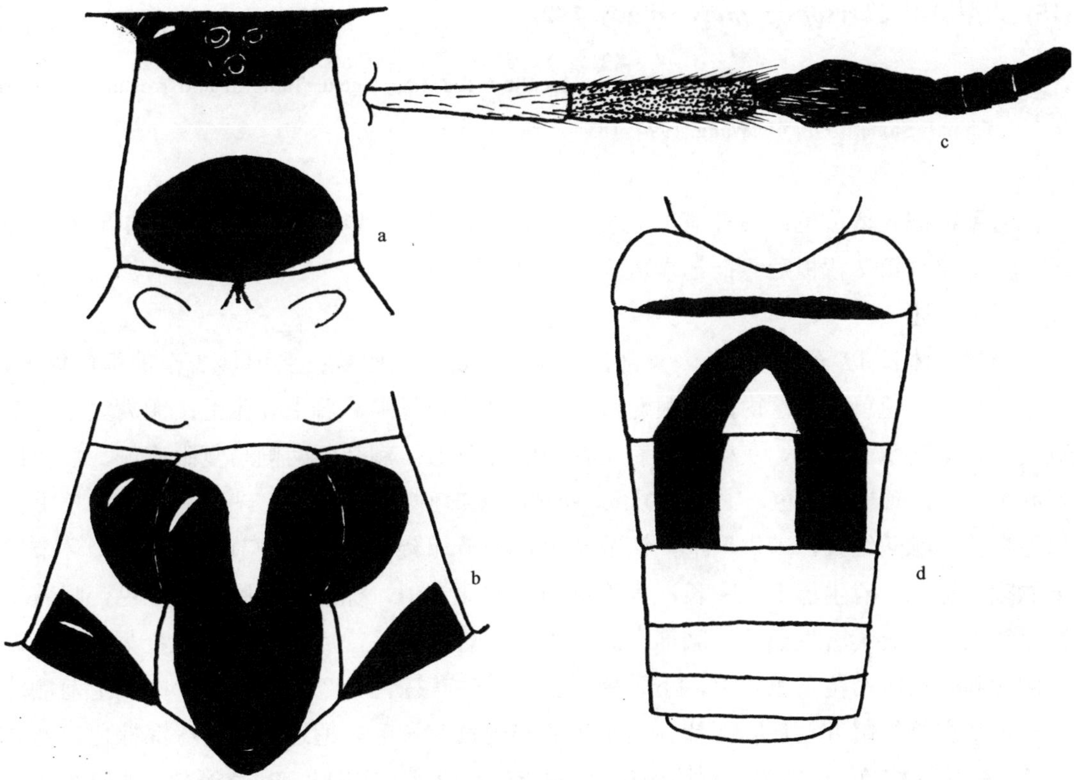

图 20　蹄斑斑虻 *Chrysops dispar* Fabricius

a. 额 (frons)；b. 颜 (face)；c. 触角 (antenna)；d. 腹部背面 (dorsum of abdomen)

观察标本　正模♀，印度，保存在 BMNH (未检视)。60♀♀1♂，海南；30♀♀1♂，云南；2♀♀1♂，贵州，保存在 AMMSC。

生物学　平原、丘陵、林区均有分布，竹林区较多，易采获。

地理分布　福建 (邵武、上杭、云霄、漳浦、东山岛)、台湾 (安平、高雄、嘉义、恒春、台南)、广东 (罗浮山、鼎湖山、万山岛)、海南 (海口、琼中、霸王岭、尖峰岭、通什、保亭、陵水、吊罗山)、广西 (玉林、北海、合浦、钦州、防城、宁明、凭祥、龙州、武鸣大明山)、贵州 (独山、荔波、兴义、安龙、印江)、云南 (麻栗坡、河口、江城、勐腊、勐海、蛮耗、思茅、耿马、双江、云县)；印度，尼泊尔，缅甸，越南，老挝，泰国，斯里兰卡，菲律宾。

分类讨论 在蹄斑斑虻组中，形态的个体变异较小，是比较容易识别的种类。与大型斑虻 *C. grandis* Szilády 近似，但大型斑虻腹部第 1 背板中央具 1 对三角形黑斑，第 3 背板具 1 对斜形黑斑，此斑向前延伸，在第 2 背板后缘以窄线相连。本种斑虻是典型东洋界种，在我国现知的分布区局限在华南区 (图 21)。

(15) 大型斑虻 *Chrysops grandis* Szilády, 1922

Chrysops grandis Szilády, 1922: 127 [Type locality: Toa Tsui Kutsu, Taihorin and Koshun, Taiwan, China]; Stone, 1975: 45; Wang, 1994: 18.

鉴别特征 体黄色；腹部第 1 背板中央具 1 对三角形黑斑，第 3 背板具 1 对斜形黑斑，并延伸到第 2 背板后缘；翅端斑大，占 R_4 脉 2/3。

形态描述

雌性 体长 12 mm，黄色。头部：略宽于胸部；复眼裸；头顶具 3 个棕黑色单眼，位于光亮的黑色单眼瘤区内，单眼瘤区大，两侧接触复眼，着生棕色毛；额高大于基部宽度，顶宽略窄于基宽，灰棕色，着生稀疏的棕色毛；额基胛两侧与复眼接触，黑色；亚胛暗棕色；颜与颊黄色，颜胛棕黑色，突起，无口胛，颊胛黑色，平坦，着生棕色毛；口毛棕色。触角细长，着生黑毛，柄节黄色，梗节和鞭节黑色，鞭节端部具 4 个环节。下颚须黄棕色，着生黑毛。喙长，为下颚须长的 1.5 倍，棕黑色，唇瓣黑棕色，喙着生棕色短毛，而唇瓣着生黑毛。胸部：盾片黑色，着生黄毛，后缘着生密的金黄色长毛，背侧片和翅后胛密覆黄色长毛，小盾片黑色，着生灰棕色毛，侧板黑色，中胸上前侧片与翅侧片交接缝附近及后胸侧片各具 1 大丛密的黄色长毛。翅透明，前缘深棕色，翅脉棕色，横带暗棕色，外缘直，到达翅后缘，中室暗，R_4 脉无附脉，R_5 室开放，臀室封闭，翅端斑大，基部等于 R_1 室宽，端部占 R_4 脉 2/3。腋瓣黑色，具黑色缨毛。平衡棒黑色。足黑色，着生棕色毛和黑毛，中足股节、跗节黄色。腹部：黄棕色，着生棕色毛，第 1 背板中央具 1 对三角形黑斑，第 3 背板具 1 对斜形黑斑，并延伸到第 2 背板后缘，第 4-6 背板具类似的成对黑斑。腹板黄棕色，第 3 腹板以后较暗。

雄性 未详。

观察标本 模式标本采自台湾，保存地未详。

生物学 山区种。不易采获。

地理分布 台湾 (南投、嘉义、恒春)。

分类讨论 类似于蹄斑斑虻 *C. dispar* Fabricius，但蹄斑斑虻第 1 背板后缘有黑色窄横带，第 2 背板有马蹄形黑斑，此斑向后延伸至第 3 背板后缘。

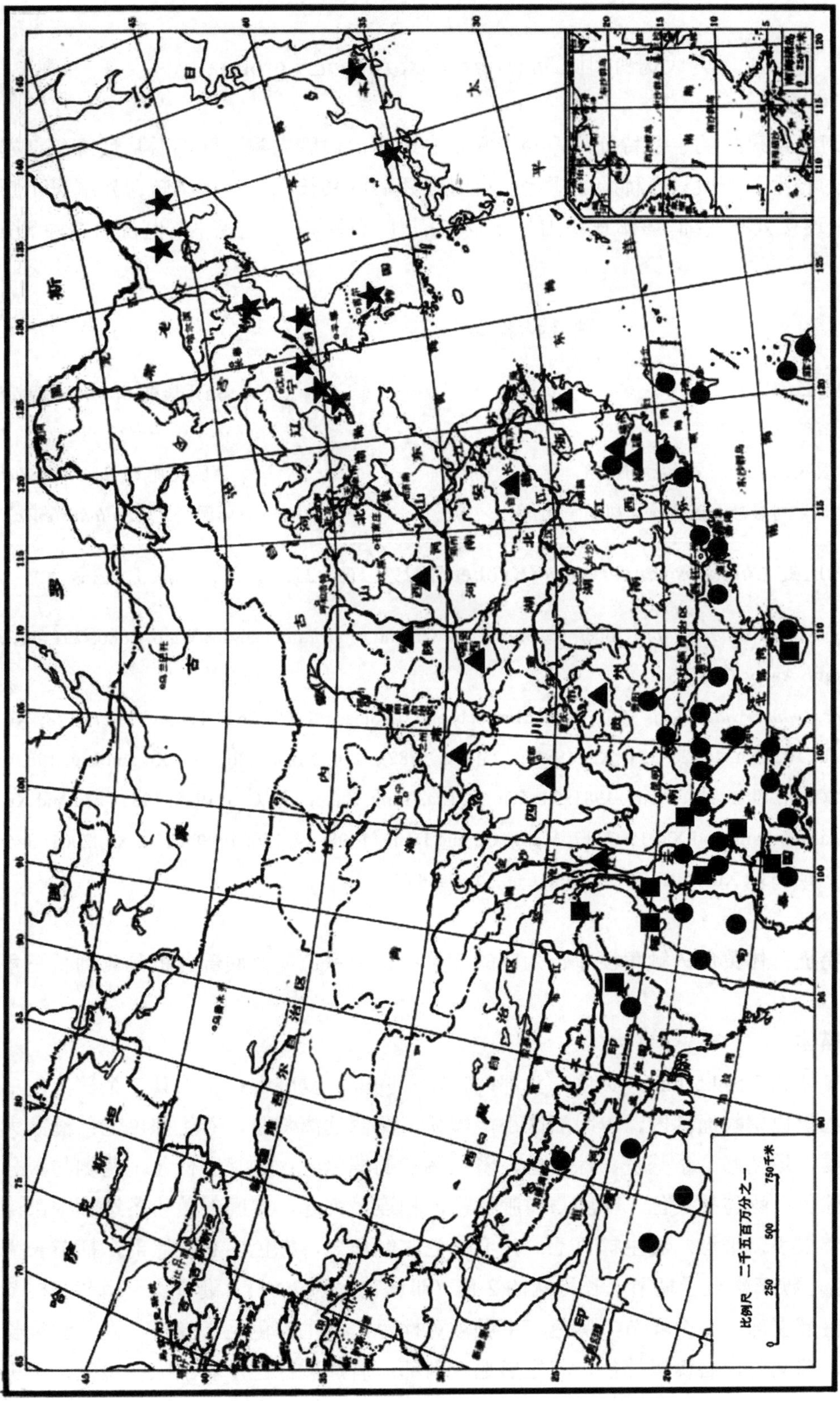

图 21　日本斑虻组 *Chrysops japonicus* group 和蹄斑斑虻组 *Chrysops dispar* group 的地理分布

★日本斑虻 *Chrysops japonicus* Weideman　▲帕氏斑虻 *Chrysops potanini* Pleske　●蹄斑斑虻 *Chrysops dispar* Fabricius　■黄带斑虻 *Chrysops flavocinctus* Richardo

莫氏斑虻组 *Chrysops mlokosiewiczi* group

莫氏斑虻组斑虻的主要特征是，翅中室中央透明；口胛完整；胸部盾片后缘包括翅后胛无密的长毛，一般只有稀疏的短毛，有时在翅后胛具长毛，但很稀疏；翅端斑不膨大，与横带连接处不变细。该组在我国分布较广，是广布种，有东洋界种，也古北界种 (图 25)。

种检索表 (♀♀, ♂♂)

1. 触角梗节长宽比为 2：1 ……………………………………………………**范氏斑虻 *C. vanderwulpi***
   触角梗节长宽比为 3：1 ……………………………………………………………………2
2. 腹部背板 4 列黑斑，呈连续的纵条，黑斑呈条形…………………………**黄胸斑虻 *C. flaviscutellus***
   腹部背板 4 列黑斑不连续，黑斑呈三角形……………………………**莫氏斑虻 *C. mlokosiewiczi***

(16) 范氏斑虻 *Chrysops vanderwulpi* (Kröber, 1929) (图 22, 图 25; 图版 I, 图版 X)

Heterochrysops vanderwulpi Kröber, 1929: 467 (new name of *striatus* van der Wulp, 1886: 79) [Type locality: Amoy, China].

Chrysops vanderwulpi: Liu, 1962: 120; Murdoch and Takahasi, 1969: 26; Olsufjev, 1977: 178; Xu, 1982b: 102; Xu, 1982e: 121; Xu, 1982f: 125; Xu, 1982g: 130; Xu, 1982h: 135; Xu and Liu, 1982b: 110; Chen, 1983: 113; Wang, 1983: 31; Wu, Li, Liu, Yang, Zhang and Cao, 1988: 198; Chen and Xu, 1992a: 46; Yang and Xu, 1997: 12; Wang, Ge and Dong, 1998: 44; Liu, 1999b: 118; Xu, 2001: 345; Xu, 2004: 538; Xu, 2005: 767; Xu and Guo, 2005b: 175.

鉴别特征 体黄色；触角梗节长为宽的 2 倍；翅中室透明；腹部背板具 4 列长三角形黑斑。

形态描述

雌性 体长 7.5-9.5 mm，黄色。头部：略宽于胸部；复眼裸；头顶具 3 个棕黑色单眼，位于灰黑色单眼瘤区内，单眼瘤区小，覆粉，两侧远离复眼，着生棕色毛；额高大于基部宽度，顶宽略窄于基宽，棕黄色，着生稀疏的棕色毛；额基胛棕色，两侧与眼分离；亚胛棕色；颜与颊黄色，颜胛与口胛棕色，相连，突起，中间的黄粉条达颜中部，颊胛黑色，很小，平坦，着生棕色毛；口毛棕色。触角短，棕色，着生黑毛，柄节长为宽的 2.4 倍，梗节略短于柄节，长为宽的 2 倍 (即长宽比为 2：1)，鞭节长于柄节和梗节长之和，鞭节端部具 4 个环节，黑色。下颚须黄棕色，着生棕色毛。喙长，为下颚须长的 1.5 倍，棕黑色，唇瓣黑棕色，着生黑毛。胸部：盾片黄棕色，着生棕色短毛，中央有 1 窄的且两侧有 1 对宽的棕黑色纵条，侧板棕黄色，着生棕色毛，前气门至翅基有 1 暗棕色条。翅透明，前缘深棕色，翅脉棕色，横带暗棕色，外缘在 R_{4+5} 有突出，到达翅后缘，但变窄，仅限于 Cu_2 脉，中室透明，R_4 脉无附脉，R_5 室开放，臀室封闭，翅端斑等于 R_1 室宽，端部占 R_4 脉 1/5。腋瓣烟棕黑色，具棕色缨毛。平衡棒柄棕色，球部暗棕色。足黄棕色，着生棕色毛，前足胫节及各足跗节色较暗，富黑毛。腹部：黄棕色，着生棕色毛，背板具 4 列长三角形黑斑，各背板侧缘黑色，浅色部分着生棕色毛，黑色部分着生黑毛。腹板黄棕色，着生黄棕色毛。

雄性　外形同雌性，但体型较小，复眼上半部大眼面明显大于下半部小眼面。

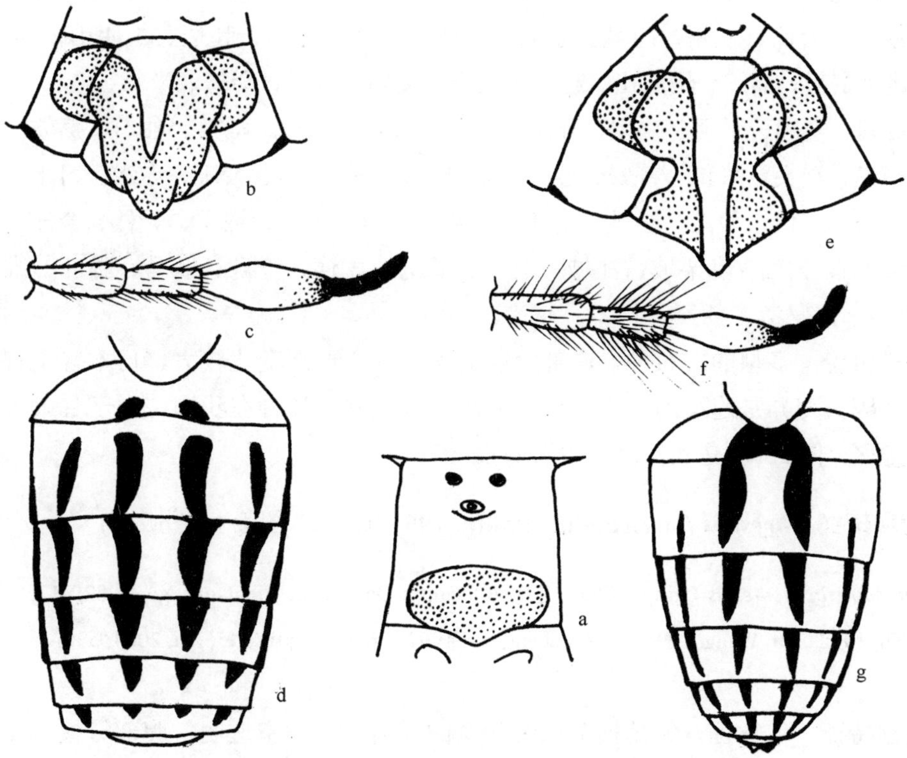

图 22　范氏斑虻 *Chrysops vanderwulpi* (Kröber)

a. 额 (frons); b. 颜 (face); c. 触角 (antenna); d. 腹部背面 (dorsum of abdomen); e. 雄性颜 (face ♂); f. 雄性触角 (antenna ♂); g. 雄性腹部背面 (dorsum of abdomen ♂)

观察标本　模式标本产地厦门，保存地未详。10♀♀2♂♂，黑龙江；10♀♀4♂♂，浙江；10♀♀5♂♂，海南；10♀♀，云南，保存在 AMMSC。

生物学　平原、山区常见种。幼虫孳生于稻田、池塘、沼泽。成虫嗜吸牛血，也攻击人，全日活动，午后高峰。

地理分布 黑龙江 (兴凯湖、饶河)、吉林 (通化、柳河、珲春、集安、和龙、图们)、辽宁 (新宾、岫岩、东沟、庄河、长海、开原、锦县)、内蒙古 (呼伦贝尔、呼和浩特)、北京 (丰台)、天津、河北 (怀安)、山西、山东 (文登)、河南 (信阳)、陕西 (延安、宁强、佛坪)、宁夏、甘肃 (天水、康县)、江苏 (盱眙、邗江、扬州)、上海、安徽 (蚌埠、黄山)、浙江 (定海、临海、天台山、莫干山、临安)、湖北 (孝感、应山、郧县、襄阳、黄陂、五峰)、江西 (南昌、铜鼓、井冈山)、湖南 (长沙、慈利)、福建 (武夷山、光泽、邵武、建阳、永安、宁化、将乐、三明、福州、泉州、漳州、漳浦、连城、上杭、长汀、龙岩)、台湾 (台北、台中、埔里、嘉义、台南、高雄、安平)、广东 (湛江、鼎湖山、惠东)、海南 (府城、通什、保亭、霸王岭、尖峰岭、吊罗山)、香港、澳门、广西 (兴安、桂林、上思、凌乐、合浦、钦州、防城、东兴、宁明、凭祥、龙州、睦边、大明山)、重庆、四川 (巫溪、南川、绵阳、峨眉山、越西、昭觉、美姑、西昌、会理、米易、渡口、宁南)、贵州 (贵阳、安顺、平坝、普定、开阳、关岭、惠水、龙里、福泉、独山、荔波、瓮安、三都、望谟、兴义、兴仁、普安、遵义、晴隆、息烽、绥阳、余庆、赤水、习水、盘县、思南、沿河、江口、印江、松桃、榕江、施秉、雷山、黄平、锦平、天柱、金沙、纳雍、威宁、赫章)、云南 (麻栗坡、江城、思茅、澜沧、孟连、沧源、耿马、腾冲、维西、大理、丽江)；俄罗斯，朝鲜，日本，越南。

分类讨论 多型的广布种，腹部背板的 4 列黑斑形态变化较大，日本曾定有 6 个地理亚种，因其变异是连续的，本志认为亚种不能成立；该种在我国广布于甘肃天水以东的广大地区 (图 25)，是稻作区的主要吸血虻种。

(17) 黄胸斑虻 *Chrysops flaviscutellus* Philip, 1963 (图 23；图版 I，图版 X)

Chrysops flaviscutellus Philip, 1963: 3 [Type locality: Dak Song, Vietnam]; Xu, 1982f: 125; Chen and Xu, 1992a: 40; Wang, 1994: 21; Yang and Xu, 1997: 12; Xu, 2001: 345; Xu, 2004: 538.

鉴别特征 体黄色；触角梗节长约为宽的 3 倍；翅中室透明；腹部背板具 4 列连续的条形黑斑。

形态描述

雌性 体长 9-11 mm，黄色。头部：略宽于胸部；复眼裸；头顶具 3 个黑色单眼，位于灰黑色单眼瘤区内，单眼瘤区小，覆粉，两侧远离复眼，着生黑毛和棕色毛；额高大于基部宽度，顶宽略窄于基宽，棕黄色，着生稀疏的棕色毛；额基胛棕色至黑色，两侧与复眼分离；亚胛棕色；颜与颊黄色，颜胛与口胛棕色，相连，突起，中间的黄粉条达颜中部，颊胛黑色，很小，平坦，着生棕色毛；口毛棕色。触角棕色，着生黑毛，柄节长为宽的 3 倍，梗节略短于柄节，长约为宽的 3 倍，色暗于柄节，鞭节色暗于梗节，长于柄节和梗节长之和，鞭节端部具 4 个环节，黑色。下颚须棕色，着生棕色毛。喙长，为下颚须长的 1.5 倍，黑色，着生黑毛。胸部：盾片黄棕色，着生棕色短毛，中央有 1 窄的且两侧有 1 对宽的棕黑色纵条；侧板棕黄色，着生棕色毛，前气门至翅基有 1 暗棕色条，中胸上前侧片和翅侧片下部黑色，腹侧片和中足基节后方大部黑褐色。翅透明，前缘深棕色，翅脉棕色，横带暗棕色，外缘直，到达翅后缘，但很弱，仅限于 Cu_2 脉，中室透明，M_3 室和 Cu_1 室大部透明，R_4 脉无附脉，R_5 室开放，臀室窄开放，翅端斑略窄于 R_1 室宽，端部略超过 R_4 脉。腋瓣烟棕色，具棕色缨毛。平衡棒暗棕色，球部黑色。足棕色，着生棕色毛，前、中足胫节及各足跗节棕黑色，富黑毛。腹部：黄棕色，着生棕色毛，背板具 4 列连续的条形黑斑，各背板侧缘棕黑色，浅色部分着生棕色毛，黑色部分着生黑毛。腹板棕色，向尾端色变暗，着生黄棕色毛。

雄性　外形同雌性，但体型较小，复眼上半部大眼面明显大于下半部小眼面。

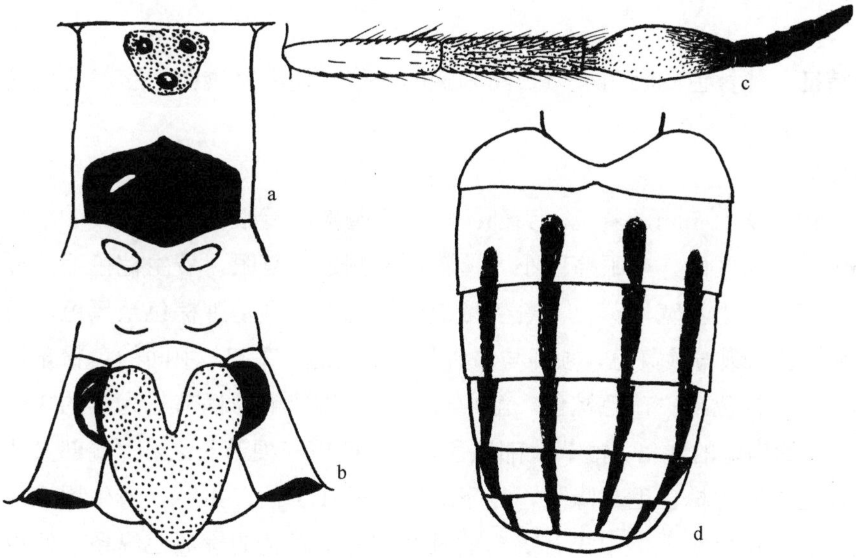

图 23　黄胸斑虻 *Chrysops flaviscutellus* Philip

a. 额 (frons)；b. 颜 (face)；c. 触角 (antenna)；d. 腹部背面 (dorsum of abdomen)

观察标本　10♀♀2♂♂，广东；10♀♀，贵州，保存在 AMMSC。

生物学　山区种。成虫嗜吸牛血，也攻击人，但数量不多，全日活动，日没后高峰。

地理分布　江西、湖南、福建 (武夷山、邵武、将乐、长汀、梅花山、上杭、南靖)、广东 (惠东)、海南 (吊罗山)、广西 (凭祥)、四川 (西昌、渡口)、贵州 (威宁)、云南 (迪庆、丽江、中甸、昭通)；越南，马来西亚。

分类讨论　本种在我国南方，触角、胸部和腹部的基本形态均与窄条斑虻 *C. stritulua* Pechuman 近似，但窄条斑虻翅中室暗，不属于同一组，且颜胛较大，致颜中央无黄粉条，腹部腹板有窄的中黑条。

(18) 莫氏斑虻 *Chrysops mlokosiewiczi* Bigot, 1880 (图 24, 图 25; 图版 I, 图版 X)

Chrysops mlokosiewiczi Bigot, 1880: 146 [Type locality: Perse, Caucase]; Olsufjev, 1977: 179; Xu, 1982c: 106; Xu, 1982d: 115; Xu and Liu, 1982b: 110; Chen, 1983: 112; Wang, 1983: 32; Yao and Ding, 1986: 31; Wu, Li, Liu, Yang, Zhang and Cao, 1988: 197; Jiang, Zhang, Huang and Dai, 1993: 101; Liu, 1996b: 118; Wang, Ge and Dong, 1998: 44.

Chrysops iranensis Bigot, 1892: 602. Synonymized by Chvála, 1988: 110.

Heterochrysops oxianus Pleske, 1916: 458 (as var. of *mlokosiewiczi*). Synonymized by Chen and Quo, 1949: 5.

Heterochrysops obscura Kröber, 1923: 109 (as var. of *mlokosiewiczi*). Synonymized by Chvála, 1988: 110.

鉴别特征 体黄色；触角梗节长约为宽的 3 倍；翅中室透明；腹部背板具 4 列三角形黑斑。

形态描述

雌性 体长 9-11 mm，黄色。头部：略宽于胸部；复眼裸；头顶具 3 个棕色单眼，位于灰黑色单眼瘤区内，单眼瘤区小，覆粉，两侧远离复眼，着生棕色毛；额高大于基部宽度，顶宽略窄于基宽，黄色，着生稀疏的棕色毛；额基胛棕色至黑色，两侧与复眼分离；亚胛棕色；颜与颊黄色，颜胛与口胛棕色，相连，突起，中间的黄粉条达颜中部，颊胛缺如，着生棕色毛；口毛棕色。触角棕色，着生黑毛，柄节长为宽的 3 倍，梗节约等于柄节，长约为宽的 3 倍，鞭节大部黑色，长于柄节和梗节长之和，端部具 4 个环节。下颚须黄棕色，着生棕色毛。喙长，为下颚须长的 1.5 倍，黑色，着生黑毛。胸部：盾片黄棕色，着生棕色短毛，中央有 1 窄的且两侧有 1 对宽的棕黑色纵条，侧板棕黄色，着生棕色毛，前气门至翅基有 1 暗棕色条，中胸上前侧片与翅侧片下部有褐色光亮区，腹侧片覆粉很薄，致腹侧片色较暗。翅透明，前缘深棕色，翅脉棕色，横带暗棕色，外缘在 R_5 室内凹，到达翅后缘，但变窄，仅限于 Cu_2 脉，中室透明，R_4 脉无附脉，R_5 室开放，臀室窄开放，翅端斑窄，仅为 R_1 室的 1/2 宽。腋瓣烟棕色，具棕色缨毛。平衡棒柄棕色，球部黑色。足黄棕色，着生棕色毛，前足胫节及各足跗节色较暗，富黑毛。腹部：黄棕色，着生棕色毛，背板具 4 列三角形黑斑，各背板侧缘暗棕色，浅色部分着生棕色毛，黑色部分着生黑毛。腹板黄棕色，着生黄棕色毛，中央有 1 列黑斑。

雄性 外形同雌性，但体型较小，复眼上半部大眼面明显大于下半部小眼面，口胛分开，触角色暗于雌性，柄节略膨大。

观察标本 14♀♀4♂♂，宁夏，保存在 AMMSC。

生物学 我国西北草原、平原、山区常见种。幼虫孳生于稻田、池塘、沼泽。成虫

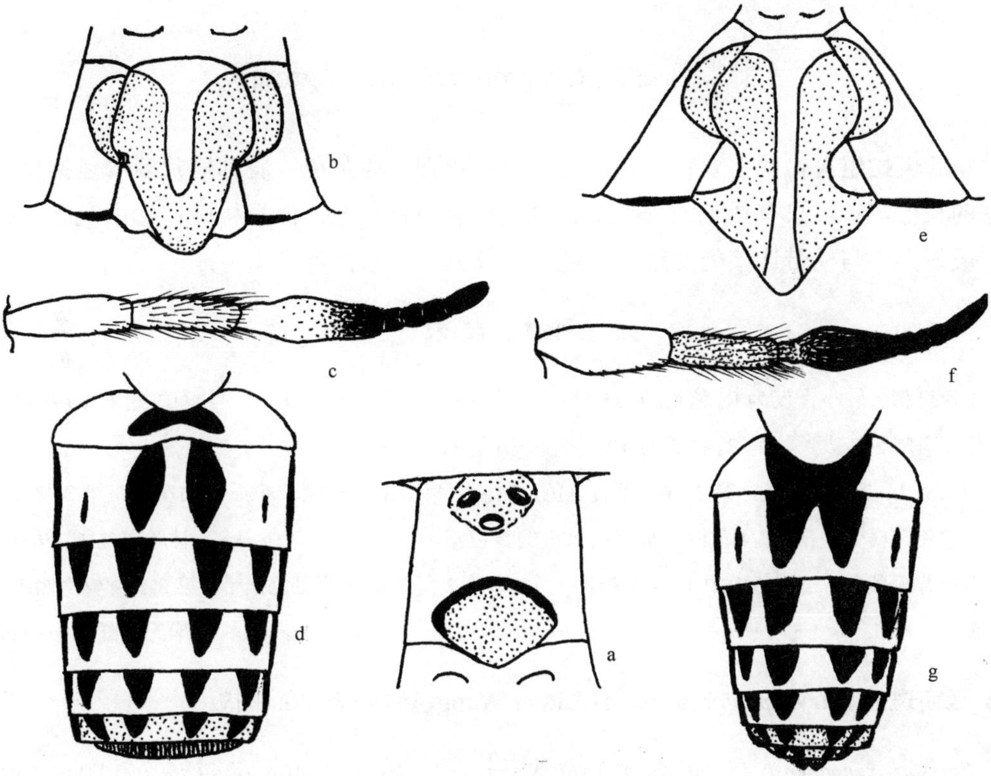

图 24　莫氏斑虻 *Chrysops mlokosiewiczi* Bigot

a. 额 (frons); b. 颜 (face); c. 触角 (antenna); d. 腹部背面 (dorsum of abdomen); e. 雄性颜 (face ♂); f. 雄性触角 (antenna ♂); g. 雄性腹部背面 (dorsum of abdomen ♂)

嗜吸牛血，也攻击人，全日活动，午后高峰。

地理分布　吉林 (通辽、抚松、和龙、敦化、龙井、珲春)、辽宁 (东沟、大洼、法库、黑山、北镇、锦县、兴城)、内蒙古 (阿左旗)、北京 (延庆)、天津、河北 (怀安、兴隆、乐亭、承德、北戴河)、山西、河南 (武陟)、陕西 (安康)、宁夏 (银川、中卫)、甘肃 (张掖、临泽、红岩山)、新疆 (霍城、绥定)；俄罗斯，中亚地区。

分类讨论　本种在早期文献中，常与范氏斑虻 *C. vanderwulpi* (Kröber) 混淆，如陈世骧和郭郛(Chen and Quo, 1949) 把范氏斑虻作为莫氏斑虻的同物异名。两者地理分布有很大的不同，莫氏斑虻分布于我国西北沙漠草原地带，延伸分布到华北、东北地区 (图 25)，而范氏斑虻分布于我国东部广大地区，向西扩展分布到甘肃 (图 25)。两者形态接近，可以触角和翅端斑相区分。

林脸斑虻组 *Chrysops silvifacies* group

林脸斑虻组斑虻的主要特征是，无口胛和颊胛。体黄色；胸部盾片后缘包括翅后胛无密的长毛，一般只有稀疏的短毛，有时在翅后胛有长毛，但很稀疏；翅中室暗，翅端斑一般膨大，与横带连接处变细。该组现知仅分布于东洋界。

种检索表

1. 翅端斑膨大较小，仅为 R_4 脉长的 1/3 …… 云南斑虻 *C. yunnanensis*
   翅端斑膨大较大，约为 R_4 脉长的 4/5 …… 2
2. 腹部第 1、2 背板黄色，第 3 背板以后黑色，第 1 背板中部黑斑宽于小盾片的宽度，第 2 背板后缘具黑色窄横带，第 3、4 背板中央有的具小的黄色圆斑 …… 林脸斑虻 *C. silvifacies*
   腹部背板黄色，第 1 背板中部黑斑窄于小盾片，第 2 背板后缘无黑色横带，第 3-5 背板两侧缘着生黑毛 …… 毕氏斑虻 *C. pettigrewi*

(19) 云南斑虻 *Chrysops yunnanensis* Liu *et* Wang, 1977 (图 26；图版 I)

Chrysops yunnanensis Liu *et* Wang, 1977: Wang, 1977: 107 (as subsp. of *silvifacies*) [Type locality: Menghai, Yunnan, China]; Xu, 1982h: 135; Wang, 1983: 23; Chen and Xu, 1992a: 42; Yang and Xu, 1997: 13.

鉴别特征 触角柄节黄色，梗节稍暗于柄节，鞭节黑色；翅端斑稍膨大，占 R_4 脉 1/3，横带达翅后缘，中室暗；腹部第 1、2 背板黄色，第 1 背板黑斑小，窄于小盾片，但两侧有延伸的棕色区，此区宽度超过小盾片，第 2 背板黄色，后缘仅有很窄的黑色横带，第 3 背板以后黑色，第 3、4 背板各有 3 个界限模糊的红黄色圆斑。

形态描述

雌性 体长 9 mm。头部：略宽于胸部；复眼裸；头顶单眼区小，灰黑色，两侧与复眼分离，着生黑毛和棕色毛，单眼亮棕黑色；额高大于基部宽度约 1.25 倍，顶宽略窄于基宽，灰黄色，着生稀疏灰黄色毛和黑毛；额基胛亮棕黑至黑色，大，两侧与复眼窄分离；亚胛棕色；颜与颊灰黄色，颜胛黑色，无口胛和颊胛；颜毛和口毛棕黄色。触角着生黑毛，柄节黄色，长为宽的 2.8 倍，梗节稍暗于柄节，长为宽 2.4 倍，短于和细于柄节，鞭节黑色，长于柄节与梗节之和，端部具 4 个环节。下颚须棕黑色，着生棕色毛。喙棕黑色，着生暗棕色毛，长为下颚须的 2.5 倍。胸部：背板黑色，覆黄毛，无纹饰， 着生金黄色毛；侧板和腹板灰色，覆黄毛。翅透明，前缘深棕色，翅脉棕色，横带暗棕色，外缘浅弧形外突，到达翅后缘，中室暗，R_4 脉无附脉，R_5 室开放，臀室封闭，翅端斑膨

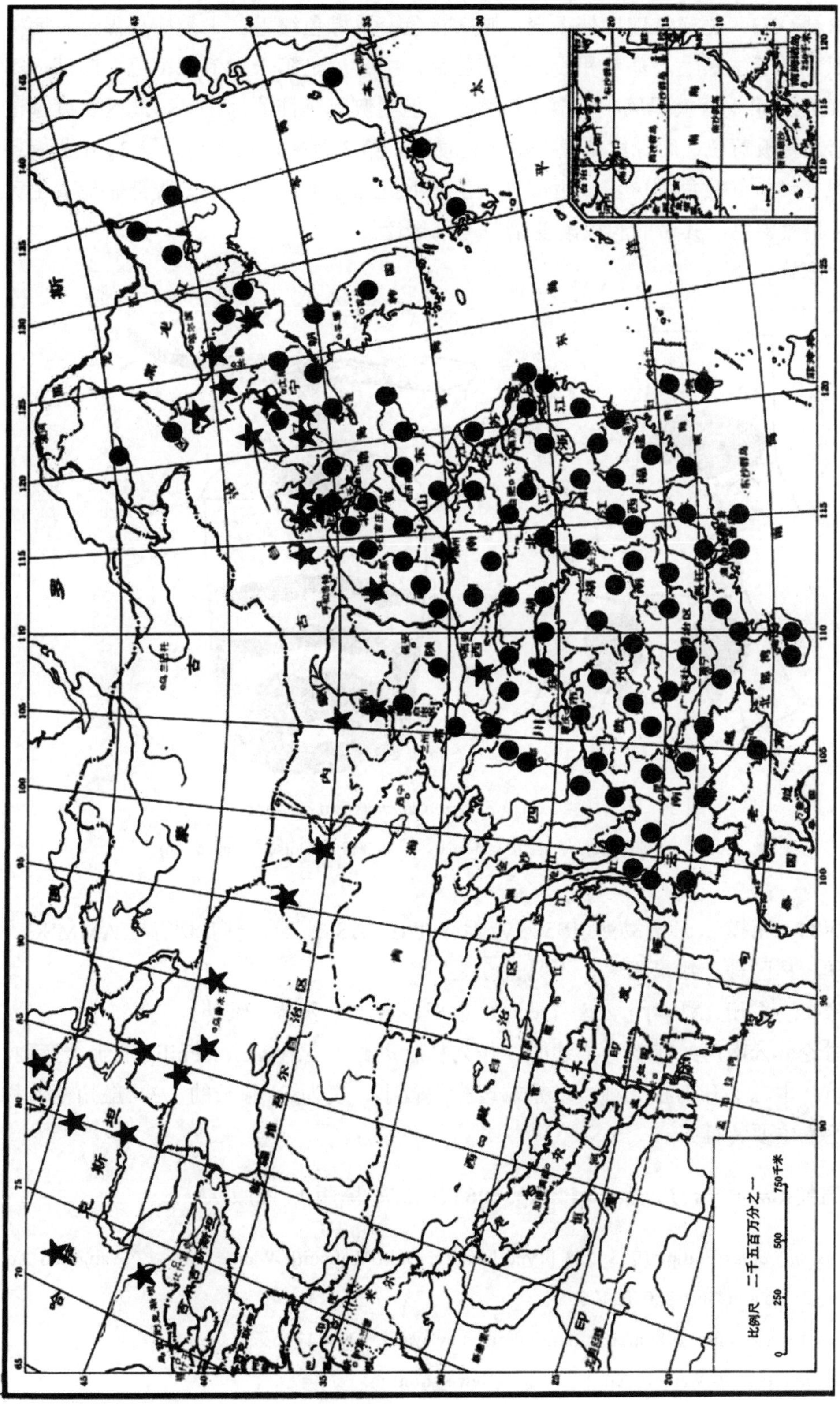

图 25 莫氏斑虻组 *Chrysops mlokosiewiczi* group 的地理分布

★莫氏斑虻 *Chrysops mlokosiewiczi* Bigot ●范氏斑虻 *Chrysops vanderwulpi* (Kröber)

稍大，占 R_4 脉 1/3，与横带连接处很窄。腋瓣褐色，具棕色缨毛。平衡棒褐黑色，柄棕色。足棕黑色，着生黑毛，基节和股节富棕色毛，中、后足第 1 跗节棕黄色。腹部：第 1、2 背板黄色，第 1 背板黑斑小，窄于小盾片，但两侧有延伸的棕色区，此区宽度超过小盾片，第 2 背板黄色，后缘仅有很窄的黑色横带，第 3 背板以后黑色，第 3、4 背板各有 3 个界限模糊的红黄色圆斑，浅色部分着生黄毛，黑色部分富黑毛。腹部腹板着生黄毛，第 1-4 腹板黄色，其后的腹板渐变暗，尾端黑色。

雄性　未详。

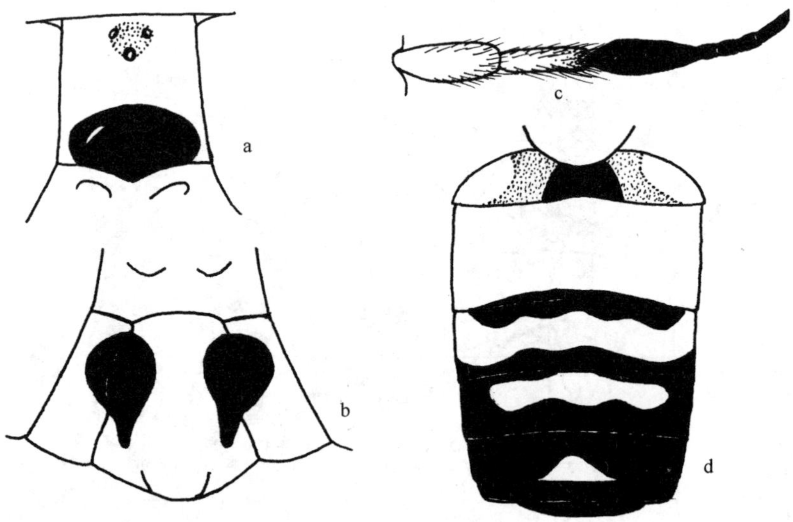

图 26　云南斑虻 *Chrysops yunnanensis* Liu *et* Wang

a. 额 (frons)；b. 颜 (face)；c. 触角 (antenna)；d. 腹部背面 (dorsum of abdomen)

观察标本　正模♀，云南勐海，1958.IV，保存在 IECAS。2♀♀，云南，保存在 AMMSC。

生物学　林区种，数量不多，不易采获。

地理分布　贵州 (威宁)、云南 (勐海、金平、景洪、耿马、维西)。

分类讨论　云南斑虻在新种描述时，作为林脸斑虻 *C. silvifacies* Philip 的 1 个亚种，因同域分布，本志上升为独立种，以翅端斑膨大较小、仅为 R_4 脉长的 1/3，触角柄节和梗节黄棕色为主要特征。

(20) 林脸斑虻 *Chrysops silvifacies* Philip, 1963 (图 27；图版 I，图版 X)

Chrysops silvifacies Philip, 1963: 533 [Type locality: Dalt, Vietnam]; Wang, 1994: 17; Yang and Xu, 1997: 12; Xu and Guo, 2005b: 175.

Chrysops atrinus Wang, 1986a: 218. Synonymized by Wang, 1994: 17.

Chrysops intercalatus Wang *et* Xu, 1988: 267. **New synonym.**

鉴别特征　体黑色；触角黑色；翅端斑膨大，占 R_4 脉 4/5，横带达翅后缘，中室暗；腹部第 1、2 背板黄色，第 1 背板黑斑大，宽度超过小盾片，第 2 背板后缘具黑色横带。

形态描述

雌性　体长 8-9 mm，黑色，窄长。头部：略宽于胸部；复眼裸；头顶单眼区小，灰黑色，两侧与复眼分离，着生黑毛和棕色毛，单眼亮棕黑色；额高大于基部宽度约 1.25 倍，顶宽略窄于基宽，灰黄色，着生稀疏灰黄色毛和黑毛；额基胛大，两侧与复眼窄分离，黑色；亚胛棕色；颜与颊灰黄色，颜胛黑色，无口胛和颊胛；颜毛和口毛棕黄色。触角黑色，着生黑毛，柄节长为宽的 2.8 倍，梗节长为宽的 2.4 倍，细短于柄节，鞭节黑色，长于柄节与梗节之和，端部具 4 个环节。下颚须黑色，着生棕色毛。喙棕黑色，着生暗棕色毛，长为下颚须的 2.5 倍。胸部：背板黑色，覆黄毛，无纹饰，着生金黄色毛；侧板和腹板灰色，覆黄毛。翅透明，前缘深棕色，翅脉棕色，横带暗棕色，外缘弧形外突，到达翅后缘，中室暗，R_4 脉无附脉，R_5 室开放，臀室封闭，翅端斑膨大，占 R_4 脉 4/5，与横带连接处很窄。腋瓣褐色，具棕色缨毛。平衡棒褐黑色，柄棕色。足黑色，着生黑毛。腹部：第 1、2 背板黄色，第 1 背板具大的中黑斑，黑斑宽于小盾片，第 2 背板后缘具黑色横带，中央向前伸，呈不明显的“∧”形斑，第 3 背板以后黑色，第 3、4 背板中央有的有小的圆形黄色斑点，浅色部分着生黄毛，黑色部分富黑毛。腹板着生黄毛，第 1-4 腹板黄色，第 3、4 腹板中央有大型黑斑，第 5-7 腹板黑色。

雄性　未详。

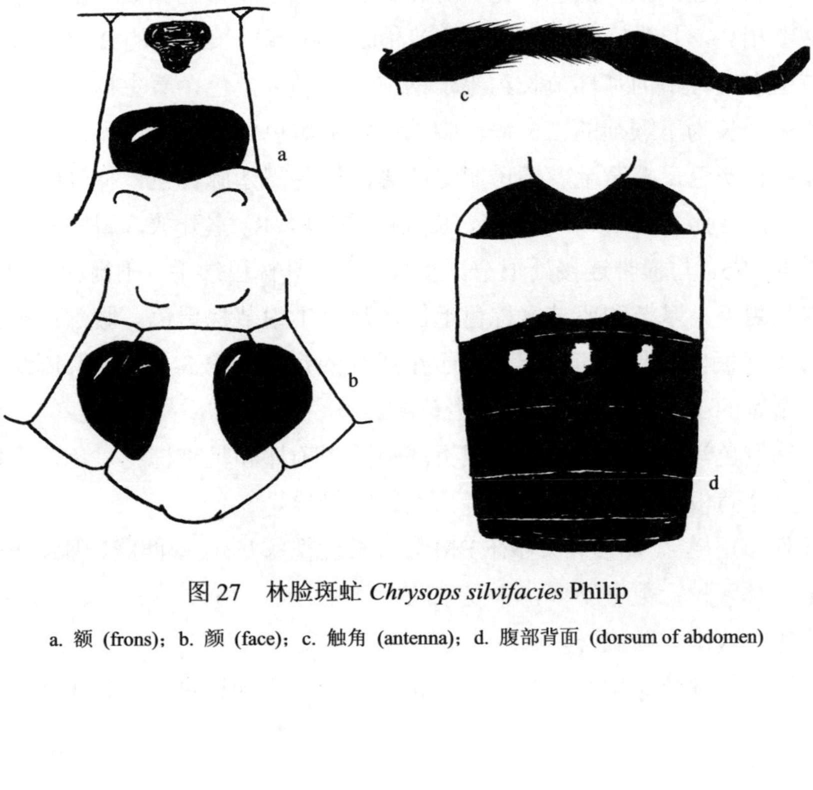

图 27　林脸斑虻 *Chrysops silvifacies* Philip

a. 额 (frons)；b. 颜 (face)；c. 触角 (antenna)；d. 腹部背面 (dorsum of abdomen)

观察标本 6♀♀，云南，保存在 AMMSC。

生物学 林区种，数量不多，不易采获。

地理分布 云南 (泸水、片马、丽江)、西藏 (墨脱)；越南。

分类讨论 本种腹部形态有较大的个体变异，应注意与近缘种毕氏斑虻 *C. pettigrewi* Ricardo 的区别。

(21) 毕氏斑虻 *Chrysops pettigrewi* Ricardo, 1913 (图 28；图版 I)

Chrysops pettigrewi Ricardo, 1913: 542 [Type locality: Ukrul Manipur, India]; Kapoor, Grewal, Sharma and Gupta, 1988: 28; Xu, 2000: 190.

Chrysops zhamensis Zhu *et* Xu, 1995: 104. Synonymized by Xu, 2000: 190.

鉴别特征 触角黑色，柄节稍亮，梗节稍暗于柄节；翅端斑很膨大，占 R_4 脉 4/5，横带达翅后缘，中室暗；腹部黄色，第 1 背板黑斑小，窄于小盾片的宽度，第 3-5 背板两侧缘着生黑毛，黑毛区约占节宽的 1/4。

形态描述

雌性 体长 8 mm。头部：略宽于胸部；复眼裸；头顶单眼区小，灰黑色，两侧与复眼分离，着生黑毛和棕色毛，单眼亮棕黑色；额高大于基部宽度约 1.1 倍，顶宽略窄于基宽，灰黄色，着生稀疏灰黄色毛和黑毛；额基胛大，两侧与复眼分离，黑色；亚胛棕色；颜与颊灰黄色，颜胛黑色，无口胛和颊胛；颜毛和口毛棕黄色。触角黑色，着生棕色毛，柄节稍亮，长为宽的 2.2 倍，梗节稍暗于柄节，长为宽的 2 倍，鞭节长约等于柄节和梗节之和，鞭节的基环节长约等于柄节。下颚须黑色，着生棕色毛。喙棕黑色，着生暗棕色毛，长为下颚须的 2.5 倍。胸部：背板黑色，覆黄毛，无纹饰，着生金黄色毛；侧板和腹板灰色，覆黄毛。翅透明，前缘深棕色，翅脉棕色，横带暗棕色，外缘在 R_4 室处略外突，到达翅后缘，中室暗，R_4 脉无附脉，R_5 室开放，臀室封闭，翅端斑很膨大，占 R_4 脉 4/5，与横带连接处很窄。腋瓣褐色，具棕色缨毛。平衡棒黑色，柄棕色。足黑色，着生黑毛，基节和股节富棕色毛，后足第 1 跗节棕黑色。腹部：黄色，密覆金黄色毛，第 1 背板前缘具黑斑，黑斑窄于小盾片的宽度，第 3-5 背板两侧缘着生黑毛，黑毛区约占节宽的 1/4。腹板黄色，着生黄毛。

雄性 翅着色浅于雌性，端斑界限不清晰，平衡棒和足带棕色，色浅于雌性，腹部背板黄色，第 2 背板中部具黑斑，余者为性别的差异。

观察标本 正模♀，印度，保存在 BMNH (未检视)。1♀1♂，西藏，保存在 AMMSC。

生物学 林区种，数量不多，不易采获。

地理分布 云南、西藏 (樟木)；印度。

分类讨论 与林脸斑虻 *C. silvifacies* Philip 近缘，主要区别于腹部形态，林脸斑虻腹

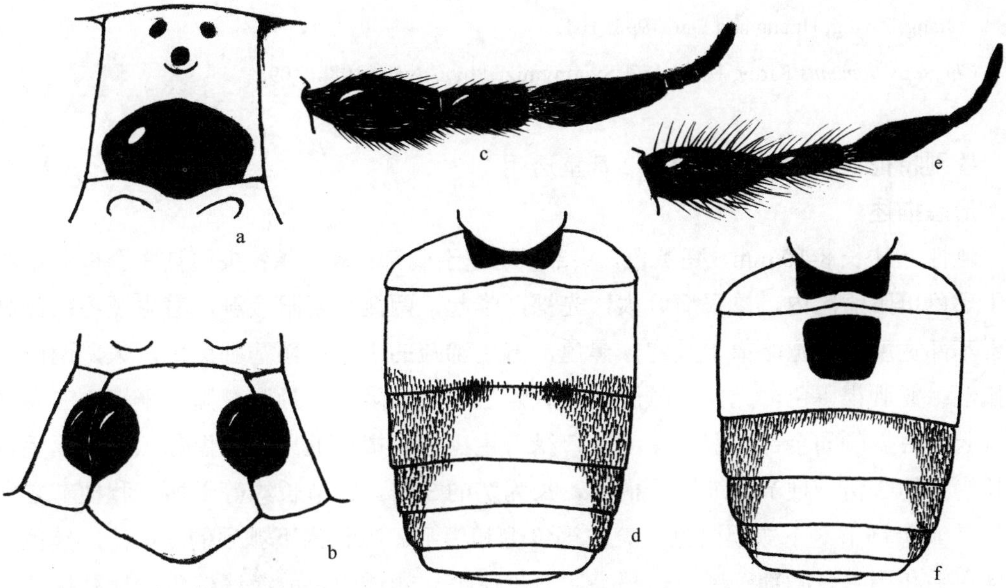

图 28　毕氏斑虻 *Chrysops pettigrewi* Ricardo

a. 额 (frons)；b. 颜 (face)；c. 触角 (antenna)；d. 腹部背面 (dorsum of abdomen)；e. 雄性触角 (antenna ♂)；f. 雄性腹部背面 (dorsum of abdomen ♂)

部第 1 背板中部黑斑宽于小盾片，第 3 背板以后黑色，仅在第 3、4 背板中央有 1-3 个小黄圆斑。

日本斑虻组 *Chrysops japonicus* group

日本斑虻组斑虻的主要特征是体全黑色，腹部无斑纹。口胛、颜胛和颊胛愈合，使整个颜面亮黑；胸部盾片后缘包括翅后胛无密的长毛，一般只有稀疏的短毛，有时在翅后胛有长毛，但很稀疏；翅中室暗，翅端斑一般略膨大，与横带连接处变细。该组东洋、古北两界均有种类分布 (图 21)。

种检索表 (♀♀, ♂♂)

1. 翅第 2 基室透明……………………………………………………………………**日本斑虻 *C. japonicus***
   翅第 2 基室暗………………………………………………………………………**帕氏斑虻 *C. potanini***

(22) 日本斑虻 *Chrysops japonicus* Weidemann, 1828 (图 21，图 29；图版 I)

Chrysops japonicus Weidemann, 1828: 203 [Type locality: Japan]; Shiraki, 1918: 83; Chen and Quo, 1949: 4; Murdoch and Takahasi, 1969: 27; Olsufjev, 1977: 145; Chen, 1983: 112; Wang, 1983: 21;

Jiang, Zhang, Huang and Dai, 1993: 101.

Chrysops aterimus Kirby, 1884: 457. Synonymized by Chvála, 1988: 109.

鉴别特征 体全黑色；翅第 2 基室透明。

形态描述

雌性 体长 8-10 mm，亮黑色。头部：略宽于胸部；复眼裸；头顶具 3 个棕色单眼，位于黑色单眼瘤区内，单眼瘤区大，光裸，隆起，两侧与复眼接触，着生黑毛；额高约等于基部宽度，顶宽略窄于基宽，黑色，着生稀疏的黑毛；额基胛黑色，大，两侧与复眼接触；亚胛褐黑色，光裸；颜胛与口胛黑色，亮，隆起，颊胛亮黑，平坦，三者愈合在一起，占据颜的全部，着生黑毛；口缘着生黑毛和褐色毛。触角黑色，着生黑毛，柄节长为宽的 3 倍，梗节略细短于柄节，长为宽的 3 倍，鞭节长约等于柄节和梗节之和，端部具 4 个环节。下颚须黑色，着生褐色毛和黑毛。喙长为下颚须的 1.4 倍，黑色，着生褐色毛和黑毛。胸部：黑色，稍亮，着生黑毛。翅透明，前缘深棕色，翅脉棕色，横带暗棕色，外缘接近 R_{4+5} 脉基部，外突占 R_4 脉基部 1/10，后缘到达翅后缘，中室暗，R_4 脉无附脉，R_5 室开放，臀室封闭，翅端斑稍膨大，与横带连接处变窄，膨大部占 R_4 脉的 1/4，第 2 基室透明，Cu 脉两侧窄缘着色同横带，Cu_2 脉基半部两侧窄缘也着色。腋瓣褐色，具黑色缨毛。平衡棒褐色。足黑色，着生黑毛。腹部：黑色，着生黑毛，稍亮。

雄性 复眼上半部大眼面大于下半部小眼面，2 复眼相接，余者同雌性。

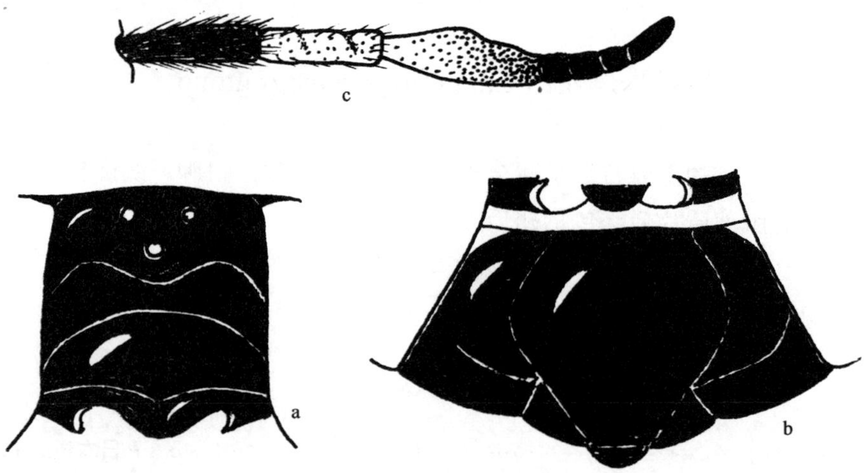

图 29 日本斑虻 *Chrysops japonicus* Weidemann

a. 额 (frons)；b. 颜 (face)；c. 触角 (antenna)

观察标本 20♀♀，黑龙江，保存在 AMMSC。

生物学 山区和林区种。成虫嗜吸牛血。

地理分布　黑龙江 (虎林)、吉林 (临江)、辽宁 (新宾、宽甸、庄河)；俄罗斯，朝鲜，日本。

分类讨论　与帕氏斑虻 *C. potanini* Pleske 非常近似，但帕氏斑虻的翅第 2 基室暗，有些文献把我国南方的帕氏斑虻误定为日本斑虻 (Xu and Liu, 1982b; Liu, 1999b)。

(23) 帕氏斑虻 *Chrysops potanini* Pleske, 1910 (图 21，图 30；图版 I，图版 X)

Chrysops potanini Pleske, 1910: 468 [Type locality: Sichuan, China]; Chen and Quo, 1949: 4; Liu, 1962: 120; Wang, 1983: 21; Wu, Li, Liu, Yang, Zhang and Cao, 1988: 197; Chen and Xu, 1992a: 41; Yang and Xu, 1997: 12; Xu, 2001: 345; Xu, 2005: 767.

Chrysops japonicus Wiedemann: Xu and Liu, 1982b: 109; Wang, Ge and Dong, 1998: 44; Liu, 1999b: 118. Misidentification.

鉴别特征　体全黑色；翅第 1、2 基室均不透明。

形态描述

雌性　体长 9-10 mm，亮黑色。头部：略宽于胸部；复眼裸；头顶具 3 个棕色单眼，位于黑色单眼瘤区内，单眼瘤区大，光裸，隆起，两侧与复眼接触，着生黑毛；额基部稍大于高，高稍大于顶宽，黑色，着生稀疏的黑毛；额基胛黑色，大，两侧与复眼接触；亚胛褐黑色，稍亮；颜胛与口胛黑亮，隆起，颊胛亮黑，平坦，三者愈合在一起，占据颜的全部，着生黑毛；口缘着生黑毛。触角黑色，着生黑毛，柄节长为宽的 3 倍，梗节略短于柄节，长为宽的 2.8 倍，鞭节长约等于柄节和梗节之和，端部具 4 个环节。下颚须黑色，着生黑毛。喙长为下颚须的 1.6 倍，黑色，着生黑毛。胸部：黑色，稍亮，着生黑毛。翅透明，前缘深棕色，翅脉棕色，横带暗棕色，外缘稍超过 R_{4+5} 基部，外突占 R_4 基部 1/5，后缘到达翅后缘，中室暗，R_4 脉无附脉，R_5 室开放，臀室封闭，翅端斑稍膨大，与横带连接处变窄，膨大部占 R_4 脉 1/6，第 1、2 基室均不透明，Cu_2 脉基 1/6 两侧窄缘着色。腋瓣褐色，具黑色缨毛。平衡棒褐黑色。足黑色，着生黑毛。腹部：黑色，着生黑毛，稍亮。

雄性　复眼上半部大眼面与下半部小眼面等大，2 复眼相接，余者同雌性。

观察标本　模式标本产地四川，保存地未详。15♀♀1♂，浙江；5♀♀，陕西，保存在 AMMSC。

生物学　山区和林区种。成虫嗜吸牛血。

地理分布　山西、陕西 (延安、佛坪)、甘肃 (舟曲)、安徽 (黄山)、浙江 (天台、临海)、福建 (三明、光泽)、四川 (峨眉山)、贵州 (赤水)、云南 (中甸、迪庆)。

分类讨论　帕氏斑虻和日本斑虻 *C. japonicus* Weidemann 形态非常近似，刘维德 (1962) 曾怀疑两者是同一个种。现知日本斑虻为古北界种；帕氏斑虻是东洋界种，但向

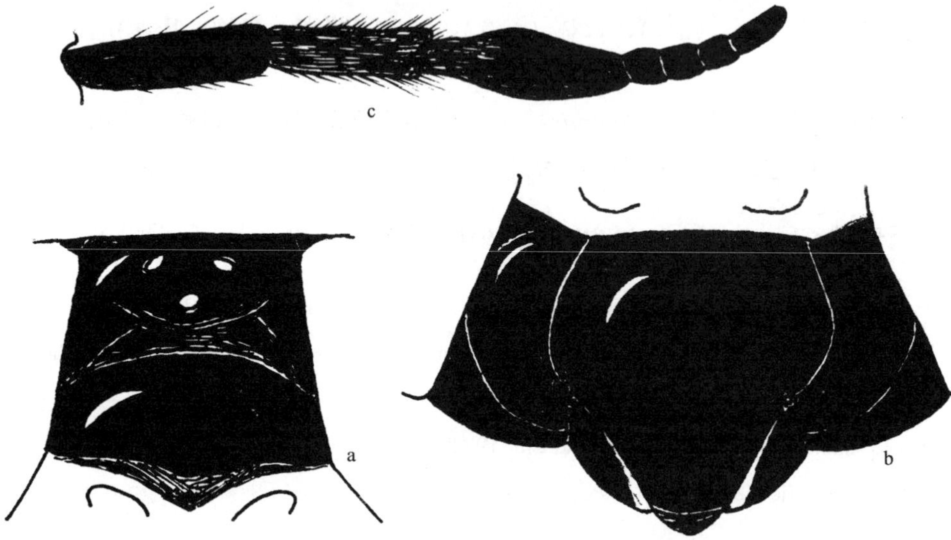

图 30 帕氏斑虻 *Chrysops potanini* Pleske

a. 额 (frons); b. 颜 (face); c. 触角 (antenna)

北延伸分布到华北区 (图 21)。

黑尾斑虻组 *Chrysops caecutiens* group

黑尾斑虻组斑虻的主要特征是翅端斑膨大，与横带连接处变细。口胛完整；胸部盾片后缘包括翅后胛无密的长毛，一般只有稀疏的短毛，翅中室暗。现知该组成员均为古北界种 (图 38)。

种检索表

1. 腹部黄色，背板中央具宽的黑色中纵条；足全黑……………………………**宽条斑虻 *C. semiignitus***

   腹部背板黑斑不呈宽的纵条；足非全黑……………………………………………2

2. 腹部背板具 4 列黑斑……………………………………………**察哈尔斑虻 *C. chaharicus***

   腹部背板不具 4 列黑斑……………………………………………3

3. 腹部第 2 背板黑斑自前缘开始，伸达或接近节的后缘……………………………………………4

   腹部第 2 背板黑斑位于节的中央，不伸达节的前、后缘……………………………………………8

4. 腹部第 2 背板黑斑大，伸达节的前、后缘，呈封闭的三角形…………………**黑尾斑虻 *C. caecutiens***

   腹部第 2 背板黑斑不伸达节的后缘……………………………………………5

5. 腹部第 2 背板黑斑前缘不相连……………………………………………**铜色斑虻 *C. aeneus***

   腹部第 2 背板黑斑前缘相连，呈二叉形……………………………………………6

6. 中、后足胫节棕黄色；腹部第 1 背板的黑斑大，宽于小盾片……………………**黄缘斑虻 *C. relictus***
足部分黑色，有时中、后胫节基部和第 1 跗节略带棕色；腹部第 1 背板的黑斑等于或窄于小盾片……………………………………………………………………………………………………7
7. 腹部第 1 背板黑斑侧缘直；触角柄节棕色……………………………………………**真实斑虻 *C. validus***
腹部第 1 背板黑斑侧缘圆弧形；触角柄节黑色…………………………………**玛氏斑虻 *C. makerovi***
8. 腹部第 1 背板黑斑宽于小盾片；翅端斑占 R_4 脉长的 1/5………………………**分点斑虻 *C. dissectus***
腹部第 1 背板黑斑窄于小盾片；翅端斑占 R_4 脉长的 1/3………………………**娌氏斑虻 *C. ricardoae***

(24) 宽条斑虻 *Chrysops semiignitus* Kröber, 1930 (图 31；图版 I，图版 X)

Chrysops semiignitus Kröber, 1930: 69 [Type locality: Kangding (Tatsienlu), Sichuan, China]; Xu and Liu, 1982b: 110; Wang, 1994: 15; Liu, 1999b: 118; Xu, 2005: 767.

Chrysops plateauna Wang, 1977: 437. Synonymized by Wang, 1994: 15.

鉴别特征　体黄色；触角柄节与梗节长之和约等于鞭节；翅中室暗，端斑很膨大；腹部背板具宽的黑色纵条。

形态描述

雌性　体长 9-12 mm，黄色。头部：头顶具 3 个棕色单眼，位于灰黑色单眼瘤区内，单眼瘤区小，覆粉，两侧远离复眼；额灰黄色，基部宽度大于高，顶宽略窄于基宽，着生黑毛；额基胛黑色，两侧与复眼窄分离；亚胛棕色；颜与颊黄灰色，颜胛与口胛黑色，相连，突起，中间的黄粉条达颜中部，颊胛大，黑色；口毛棕色。触角黑色，着生黑毛，柄节与梗节长之和约等于鞭节。下颚须黑色，着生棕黄色毛，第 2 节夹杂少量黑毛。喙长为下颚须的 1.5 倍，黑色，着生黑毛。胸部：盾片和小盾片黑色，有 4 条黄色纵纹，中间的 1 对窄短，不达盾片后缘，两侧的 1 对宽，达盾片后缘；侧板黑色，着生金黄色毛。翅横带棕色，达翅后缘，外缘不规则突出，两基室端部 1/3 透明，端斑膨大，占 R_4 脉的 4/5，与横带连接处变细，翅端斑不达翅顶角，中室暗，R_4 脉无附脉，R_5 室开放，臀室窄开放。腋瓣烟棕色，具棕色缨毛。平衡棒柄棕色，球部黑色。足黑色，着生黑毛。腹部：黄棕色，着生金色毛，背板具宽的黑色纵条，第 6、7 背板黑色。腹板黄棕色，着生黄毛和黑毛，中央无黑斑纵条。

雄性　外形同雌性，但体型较小，复眼上半部大眼面明显大于下半部小眼面，腹部末端稍尖。

观察标本　模式标本，四川康定，保存地未详。40♀♀2♂♂，四川，保存在 AMMSC。

生物学　高原山地常见种。成虫嗜吸牛、马血，也攻击人。

地理分布　甘肃 (岷县、天祝)、青海 (玉树)、四川 (甘孜、康定、炉霍、红原、唐克)、西藏 (察雅、江达)。

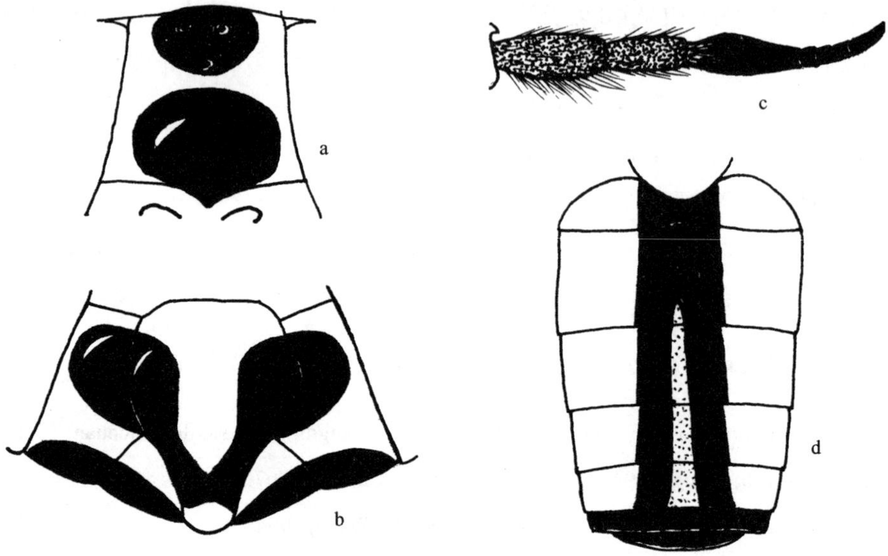

图 31 宽条斑虻 *Chrysops semiignitus* Kröber

a. 额 (frons)；b. 颜 (face)；c. 触角 (antenna)；d. 腹部背面 (dorsum of abdomen)

分类讨论 本种腹部背板中纵条有较大的个体变异，有的在黑纵条中央具 1 列不清晰的黄色三角形斑。

(25) 察哈尔斑虻 *Chrysops chaharicus* Chen *et* Quo, 1949 (图 32，图 38；图版 I，图版 X)

Chrysops chaharicus Chen *et* Quo, 1949: 7 [Type locality: Yangjiaping, Hebei, China]; Zhang and Zhao, 1982: 7; Xu, 1982c: 106; Xu and Liu, 1982b: 109; Chen, 1983: 111; Wang, 1983: 26; Wu, Li, Liu, Yang, Zhang and Cao, 1988: 197; Liu, 1999b: 117; Xu, 2005: 766.

鉴别特征 体黄色；触角棕黑色，柄节和梗节长；胸部有 3 条粗的黑色纵纹；翅中室暗，端斑膨大，与横带分离；腹部背板具 4 列类三角形黑斑。

形态描述

雌性 体长 7-9 mm，黄色。头部：略宽于胸部；复眼裸；头顶具 3 个棕黑色单眼，位于灰黑色单眼瘤区内，单眼瘤区小，覆粉，隆起，两侧与复眼远分离，着生黑毛和棕色毛；额高约等于基部宽度，顶宽远窄于基宽，灰黄色，着生稀疏的棕色毛；额基胛黑色，两侧与复眼分离；亚胛灰黄色；颜与颊黄色，颜胛黑色，口胛棕色，均小，颜胛与口胛以窄线相连，颊胛黑色，小，着生棕色毛；口毛棕色。触角长，着生黑毛，柄节棕色，长为宽的 3 倍多，梗节略细，短于柄节，长为宽的 3 倍多，黑棕色，鞭节基部略带红色，长约等于柄节和梗节之和，端部具 4 个环节，黑色。下颚须黄棕色，着生棕色毛。喙长，为下颚须的 1.5 倍，黑色，着生黑毛。胸部：盾片黄棕色，着生棕色短毛，有 3

条宽的黑色纵条；侧板灰黄色，着生棕色毛，中胸上前侧片后方着生密的棕色长毛。翅透明，前缘深棕色，翅脉棕色，横带暗棕色，外缘微波形，达翅后缘，但变窄，中室暗，R_4 脉无附脉，R_5 室开放，臀室封闭，翅端斑膨大，与横带窄连接或分离，占 R_4 脉 2/5。腋瓣烟棕色，具棕色缨毛。平衡棒棕黑色，球部略暗。足暗棕色，着生棕色毛，基节黑色，着生棕色毛，前足胫节端大部和跗节黑色，富黑毛。腹部：黄棕色，着生棕黄色毛，第 2-5 背板中央中部具 2 列，第 3-5 背板两侧另各具 1 列类三角形黑斑，第 6、7 背板两侧各具 1 个小的黑圆斑，第 5 背板以后色变暗，具浅色后缘，黑色部分夹杂黑毛。腹板黄棕色，着生黄棕色毛，中央具 1 列黑斑。

雄性　未详。

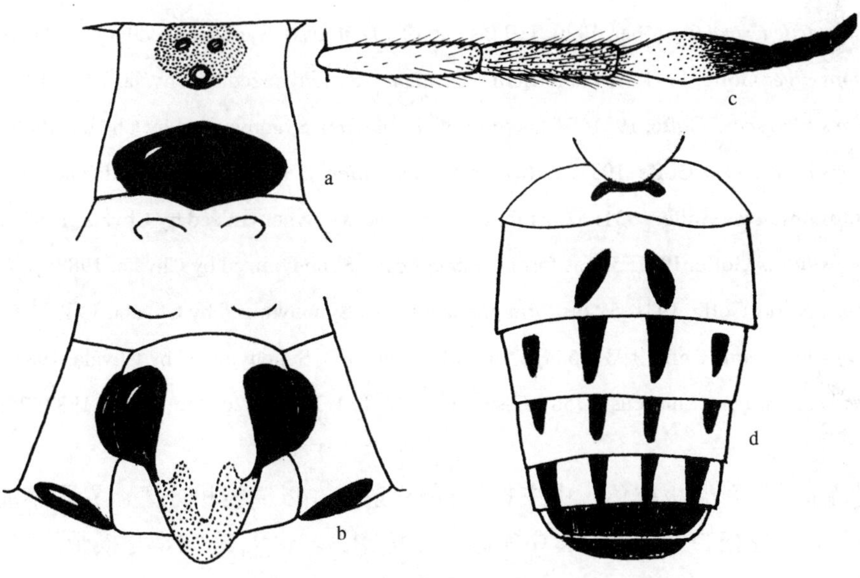

图 32　察哈尔斑虻 *Chrysops chaharicus* Chen *et* Quo

a. 额 (frons)；b. 颜 (face)；c. 触角 (antenna)；d. 腹部背面 (dorsum of abdomen)

观察标本　正模♀，河北杨家坪，保存在 IECAS。30♀♀，陕西；25♀♀，甘肃，保存在 AMMSC。

生物学　林区种。成虫嗜吸牛血。

地理分布　辽宁 (义县、北票)、河北 (杨家坪)、山西 (五台、文水)、陕西 (延安、留坝、秦岭)、宁夏 (泾源)、甘肃 (舟曲、文县、岷县、宕昌)。

分类讨论　本种腹部形态与莫氏斑虻 *C. mlokosiewiczi* Bigot 近似，但莫氏斑虻的翅端斑不膨大，且翅中室透明，不归为同一组。本种斑虻为我国古北界东北区和华北区特有种，向南延伸到秦岭南坡，东洋界北缘 (图 38)。

(26) 黑尾斑虻 *Chrysops caecutiens* (Linnaeus, 1758) (图 33, 图 38; 图版 II, 图版 X)

Tabanus caecutiens Linnaeus, 1758: 602 [Type locality: Angl. Nuds, Europa].

Tabanus lugubris Linnaeus, 1761: 464. Synonymized by Chvála, 1988: 107.

Tabanus maritimus Scopoli, 1763: 374. Synonymized by Chvála, 1988: 107.

Tabanus nubilosus Harris, 1763: 28. Synonymized by Chvála, 1988: 107.

Chrysops crudelis Wiedemann, 1828: 195. Synonymized by Chvála, 1988: 107.

Chrysops ludelis Wiedemann, 1828: 195. Synonymized by Chvála, 1988: 107.

Chrysops meridionalis Strobl, 1906: 227 (as form of *caecutiens*). Synonymized by Chvála, 1988: 107.

Chrysops hermanni Kröber, 1920: 117. Synonymized by Chvála, 1988: 107.

Chrysops trifenestratus Kröber, 1920: 119 (as var. of *caecutiens*). Synonymized by Chvála, 1988: 107.

Chrysops niger Goffe, 1931: 51 (as form of *caecutiens*). Synonymized by Chvála, 1988: 107.

Chrysops nigrescens Goffe, 1931: 51 (as form of *caecutiens*). Synonymized by Chvála, 1988: 107.

Chrysops obsolescens Goffe, 1931: 52 (as form of *caecutiens*). Synonymized by Chvála, 1988: 107.

Chrysops obsoletus Goffe, 1931: 52 (as form of *caecutiens*). Synonymized by Chvála, 1988: 107.

Chrysops fulvus Goffe, 1931: 52 (as form of *caecutiens*). Synonymized by Chvála, 1988: 107.

Chrysops clarus Goffe, 1931: 52 (as form of *caecutiens*). Synonymized by Chvála, 1988: 107.

Chrysops hyalinatus Goffe, 1931: 53 (as form of *caecutiens*). Synonymized by Chvála, 1988: 107.

Chrysops caecutiens (Linnaeus, 1758): Olsufjev, 1977: 152; Xu, 1982d: 115; Wang, 1983: 25.

鉴别特征　胸部背板黑色，中央1对灰黄粉条宽，以窄线相分离，界限不清晰，侧缘的黄粉条宽；翅横带达翅后缘，中室暗，端斑膨大，占R_4脉3/4，与横带连接处约为R_1室宽；腹部第1、2背板黄色，第2背板中部有“八”形黑斑。

形态描述

雌性　体长 8-10 mm。头部：略宽于胸部；复眼裸；头顶具 3 个棕色单眼，位于黑色单眼瘤区内，单眼瘤区大，亮，隆起，两侧与复眼接触，着生棕色毛；额高稍大于基部宽度约 1.2 倍，顶宽窄于基宽，灰黄色，着生稀疏的棕色毛；额基胛黑色，两侧与复眼分离；亚胛灰黄色；颜与颊黄色，颜胛与口胛黑色，大，互相连接，颊胛黑色，小，着生棕色毛；口毛棕色。触角着生黑毛，柄节棕色，长为宽的 2.2 倍，梗节黑色，略细短于柄节，长为宽的 2.5 倍，鞭节黑色，基部略带红色，长明显大于柄节和梗节之和，端部具 4 个环节。下颚须黑棕色，着生棕色毛和黑毛。喙长，为下颚须的 1.6 倍，黑色，着生褐色毛。胸部：背板黑色，着生棕色毛，中央 1 对灰黄粉条宽，以窄线相分离，界限不清晰，侧缘的黄粉条宽；侧板黑色，着生棕色毛，自前胸背片经中胸上侧片、翅侧片至后胸侧片，有 1 宽的黄纵条，气门至翅基有窄的棕黑色纵条；前胸腹板灰黄色。翅透明，前缘深棕色，翅脉棕色，横带暗棕色，外缘弧形突出，达翅后缘，中室暗，R_4脉无附脉，R_5室开放，臀室封闭，翅端斑膨大，与横带连接的宽度约为 R_1 室宽度，端斑占 R_4脉 3/4，第 1 基室中段 3/5 透明，第 2 基室除两端少许暗色外，绝大部分透明。腋瓣烟棕色，具棕色缨毛。平衡棒褐色。足黑色，着生黑毛，基节和股节富棕色长毛，前、中足胫节基部及中、后足第 1 跗节棕色。腹部：第 1、2 背板黄棕色，着生棕黄色毛，第 1 背板黑斑约为小盾片宽，第 2 背板有"∧"形黑斑，达该节的前后缘，此斑后缘向两侧延伸成后缘窄带，第 3 背板以后黑色，无浅色后缘，第 3 背板中央有 1 个小的黄色圆斑，有的个体第 3 背板有 3 个分离的小黄圆斑，黑色部分夹杂有黑毛。腹板着生棕色毛，第 1、2 腹板黄棕色，第 3 腹板以后黑色，第 3 腹板两侧棕色。

雄性　复眼上 2/3 大眼面大于下 1/3 小眼面；触角全黑；颚须短；翅第 1、2 基室全暗；腹部背板黑色，仅第 2 背板两侧浅色；第 1、2 腹板棕色，其后各节黑色。

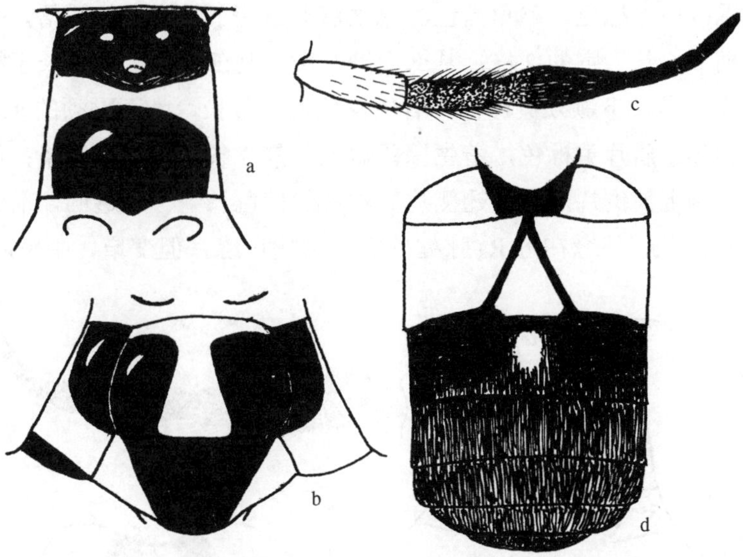

图 33　黑尾斑虻 *Chrysops caecutiens* (Linnaeus)

a. 额 (frons)；b. 颜 (face)；c. 触角 (antenna)；d. 腹部背面 (dorsum of abdomen)

观察标本　12♀♀1♂，新疆，保存在 AMMSC。

生物学　干旱地区的林缘种。成虫嗜吸牛血。

地理分布　新疆 (哈巴河、布尔津、额敏、裕民)；俄罗斯，蒙古，中亚地区，欧洲。

分类讨论　该种为多型的广布种，与同域分布的黄缘斑虻 *C. relictus* Meigen 近似，但黄缘斑虻腹部第 2 背板黑斑不达该节后缘，第 3、4 背板黑色，有浅色后缘和中三角。本种现知在我国仅分布在新疆 (图 38)。

(27) 铜色斑虻 *Chrysops aeneus* Pechuman, 1943 (图 34; 图版 II)

Chrysops aeneus Pechuman, 1943: 43 [Type locality: Songpan, Sichuan, China]; Wang, 1994: 18.

鉴别特征 体黄色；触角黑色，柄节长为宽的 2 倍，基部变细，梗节略细，短于柄节；胸部有 3 条宽的黑色纵纹；翅中室暗，端斑膨大，与横带分离；腹部背板中央具 2 列三角形黑斑。

形态描述

雌性 体长 9-10 mm，黄色。头部：略宽于胸部；复眼裸；头顶具 3 个棕黑色单眼，位于灰黑色单眼瘤区内，单眼瘤区大，覆粉，隆起，两侧与复眼接触，着生棕色毛；额高约等于基部宽度，顶宽远窄于基宽，灰黄色，着生稀疏的棕色毛；额基胛黑色，两侧与复眼分离；亚胛灰黄色；颜与颊黄色，颜胛与口胛黑色，均小，互相分离，颊胛黑色，小，着生棕色毛；口毛棕色。触角黑色，着生黑毛，柄节长为宽的 2 倍，基部变细，梗节略细，短于柄节，长为宽的 2 倍，基部变细，鞭节基部略带红色，长于柄节和梗节之和，端部具 4 个环节。下颚须黄棕色，着生棕色毛。喙长，为下颚须的 1.6 倍，黑色，着生褐色毛。胸部：盾片黄棕色，着生棕色短毛，具 3 条宽的黑色纵条；侧板灰黄色，着生棕色毛，中胸上前侧片后方与翅侧片着生密的棕色长毛。翅透明，前缘深棕色，翅脉棕色，横带暗棕色，外缘在近 R_4 脉处外突，达翅后缘，但变窄，中室暗，R_4 脉无附

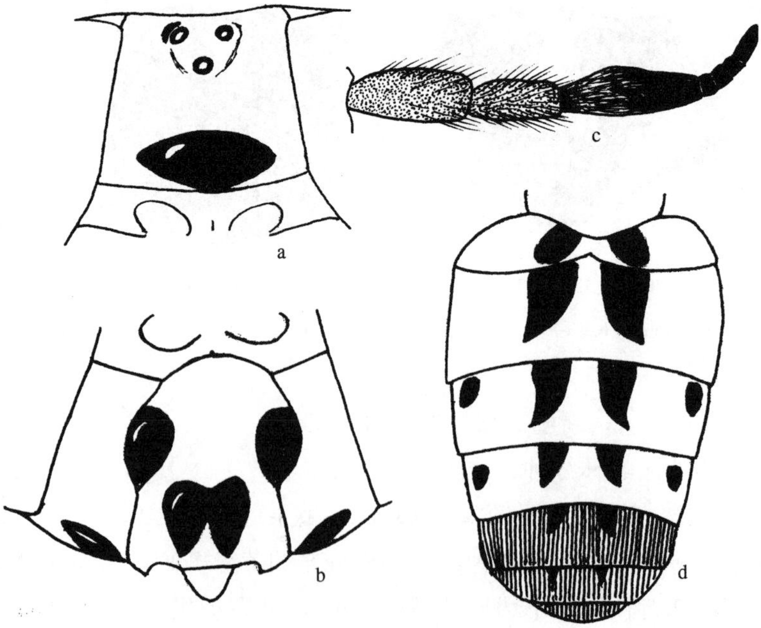

图 34 铜色斑虻 *Chrysops aeneus* Pechuman

a. 额 (frons); b. 颜 (face); c. 触角 (antenna); d. 腹部背面 (dorsum of abdomen)

脉，R_5室开放，臀室封闭，第 1 基室端部 1/3 和第 2 基室端部 2/3 透明，翅端斑膨大，与横带分离，占 R_4脉 3/4。腋瓣烟棕色，具棕色缨毛。平衡棒黑色。足基节和股节黑色，着生棕色毛，前足胫节基半部及中、后足胫节和跗节棕色，前足胫节端半部和前足跗节黑色，各足胫节基部着生棕色毛，端部和跗节着生黑毛。腹部：黄棕色，着生棕黄色毛，第 1-4 或 1-6 背板中央具 2 列三角形黑斑，第 3、4 背板两侧各具 1 个小的黑圆斑，第 5 背板以后色变暗，具浅色后缘，黑色部分夹杂黑毛。腹板黄棕色，着生黄棕色毛，中央具 1 列黑斑。

雄性　未详。

观察标本　正模♀，四川松潘，保存在 CU。2♀♀，四川，保存在 AMMSC。

生物学　高原种。成虫嗜吸牛血。

地理分布　四川 (松潘、红原)。

分类讨论　本种腹部背板形态接近浅色型的中华斑虻 *C. sinensis* Walker，但中华斑虻翅端斑不膨大，不归为同一组。

(28) 黄缘斑虻 *Chrysops relictus* Meigen, 1920 (图 35; 图版 II, 图版 XI)

Chrysops relictus Meigen, 1920: 69 [Type locality: not given]; Olsufjev, 1977: 158; Xu, 1982d: 115; Wang, 1983: 28.

Chrysops melanopleurus Wahlberg, 1848: 200. Synonymized by Chvála, 1988: 111.

Chrysops morio Zetterstedt, 1849: 2944. Synonymized by Chvála, 1988: 111.

Chrysops inconspicuus Goffe, 1931: 58 (as form of *relictus*). Synonymized by Chvála, 1988: 111.

Chrysops chlorosis Goffe, 1931: 58 (as form of *relictus*). Synonymized by Chvála, 1988: 111.

Chrysops conspicuus Goffe, 1931: 58 (as form of *relictus*). Synonymized by Chvála, 1988: 111.

Chrysops clarus Goffe, 1931: 58 (as form of *relictus*). Synonymized by Chvála, 1988: 111.

鉴别特征　翅端斑膨大，占 R_4脉 5/6，与横带连接，其宽度等于 R_1室宽；腹部第 2 背板黑斑不达该节的后缘，第 3、4、5 背板黑色，具浅色后缘和中三角。

形态描述

雌性　体长 8-9 mm，灰黄色。头部：略宽于胸部；复眼裸；头顶具 3 个棕黑色单眼，位于黑色单眼瘤区内，单眼瘤区大，稍亮，两侧与复眼窄分离，着生棕色毛；额高约等于基部宽度 1.15 倍，顶宽窄于基宽，灰黄色，着生稀疏的灰棕色毛；额基胛黑色，两侧与复眼分离；亚胛灰棕色；颜与颊灰黄色，颜胛黑色，与黑色口胛以窄线相连，颜胛间的黄粉带宽，有的标本窄粉带把口胛分成两块，着生灰棕色毛；口毛棕色。触角着生黑毛，柄节深棕色，长为宽的 3 倍，梗节略短于柄节，长为宽的 2.4 倍，黑色，鞭节黑色，基部略带红色，稍长于柄节和梗节之和，端部具 4 个环节。下颚须棕色，端部变暗，着生棕色毛，夹杂短黑毛。喙长，为下颚须的 1.5 倍，黑色，着生黑毛。胸部：盾片黑色，着生灰棕色毛，中央 1 对灰黄粉带宽，以窄线相分离，前端 1/3 两粉带愈合，侧缘的黄粉带宽，小盾片覆灰黄粉。侧板黑色，着生棕色毛，自前胸背片经中胸上侧片、翅侧片至后胸侧片，具 1 宽的黄纵条，气门至翅基有窄的棕黑色纵条，前胸腹板和腹侧片上半部黄色。翅透明，前缘深棕色，翅脉棕色，横带暗棕色，外缘微波形，达翅后缘，中室暗，R_4 脉无附脉，R_5 室开放，臀室封闭，翅端斑膨大，占 R_4 脉的 5/6，与横带连接的宽度稍大于 R_1 室宽，翅基室大部透明。腋瓣烟棕色，具棕色缨毛。平衡棒烟黑色，柄棕色。足暗棕色，着生棕色毛，基节黑色，覆灰粉，着生棕色毛，股节棕黑色，前足胫节基部 3/4，以及中、后足胫节和跗节棕色，胫节和跗节覆黑毛。腹部：第 1-5 背板黄色，着生棕黄毛，第 1 背板黑斑宽于小盾片，第 2 背板中部 1 对黑斑自该节前缘向后延伸，不达后缘，第 3-5 背板黑色，各具灰黄色的宽后缘和中三角，第 6、7 背板灰黑色，具窄的浅色后缘。第 1-4 腹板棕色，着生黄棕色毛，中央具 1 列黑斑，第 5-7 背板黑色，具窄的浅色后缘。

雄性 7.5-11.0 mm，复眼上 2/3 大眼面大于下 1/3 小眼面；颜胛间的黄粉带很宽长，把口胛分成两块；腹部第 2 背板的黑斑较雌性的宽大，余者同雌性。

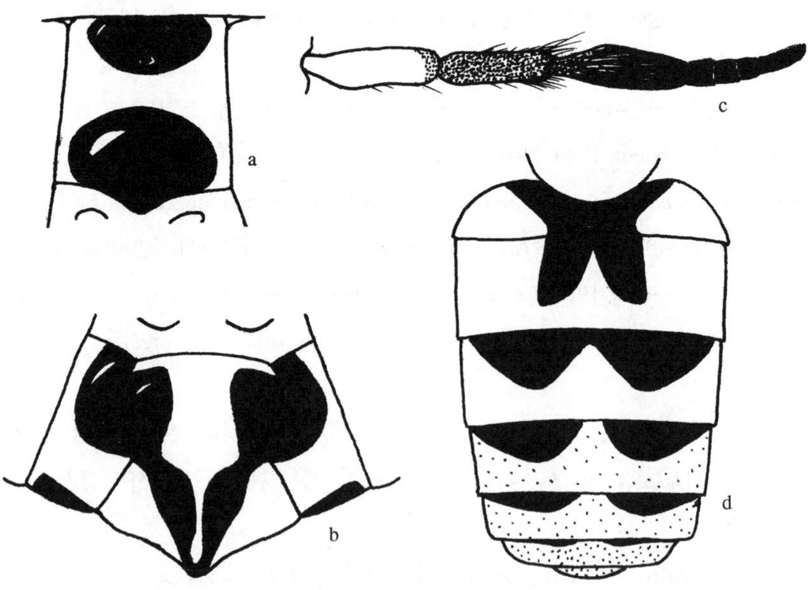

图 35 黄缘斑虻 *Chrysops relictus* Meigen

a. 额 (frons)；b. 颜 (face)；c. 触角 (antenna)；d. 腹部背面 (dorsum of abdomen)

观察标本 30♀♀2♂♂，新疆，保存在 AMMSC。

生物学 林区种。成虫嗜吸牛血。

地理分布 新疆 (哈巴河)；俄罗斯，蒙古，欧洲。

分类讨论　腹部背板形态与联瘤斑虻 *C. angaricus* Olsufjev 近似，但联瘤斑虻的翅端斑不膨大，不归为同一组。本种与黑尾斑虻 *C. caecutiens* (Linnaeus) 一起采到，数量相当。

(29) 真实斑虻 *Chrysops validus* Loew, 1858 (图 36; 图版 II)

Chrysops validus Loew, 1858: 619 [Type locality: Sibiria, Russia]; Murdoch and Takahasi, 1969: 27; Olsufjev, 1977: 157; Xu, 1982b: 102; Chen, 1983: 112; Wang, 1983: 24; Yao and Ding, 1986: 31; Jiang, Zhang, Huang and Dai, 1993: 101.

鉴别特征　翅端斑膨大，覆盖 R_4 脉 3/4，与横带连接，其宽度等于 R_1 室宽度的一半；腹部第 1 背板黑斑宽度约等于小盾片的宽度。

形态描述

雌性　体长 8-9 mm，灰黄色。头部：略宽于胸部；复眼裸；头顶具 3 个棕黑色单眼，位于黑色单眼瘤区内，单眼瘤区大，亚亮，两侧与复眼窄分离，着生灰棕色毛；额高约等于基部宽度，顶宽稍窄于基宽，黄色，着生稀疏的棕黄色毛；额基胛黑色，两侧与复眼窄分离；亚胛棕色；颜与颊黄色，颜胛黑色，与黑色口胛相连，颜胛间的黄粉条宽，颊胛亮黑色，以窄线与口胛连接，着生棕黄色毛；口毛棕色。触角着生黑毛，柄节棕色，端部黑色，长为宽的 3 倍，梗节黑色，略短于柄节，长为宽的 2.7 倍，鞭节黑色，基部略带红色，明显长于柄节和梗节之和，约为其 1.4 倍，端部具 4 个环节。下颚须深棕色，着生棕色毛，背方夹杂短黑毛。喙长，为下颚须的 1.5 倍，黑色，着生黑毛。胸部：盾片黑色，着生棕色毛，中央 1 对灰黄粉条宽，以灰黑条相分离，灰黑条前宽后窄，但前段界限不清，后段在后缘膨大成三角，侧缘的黄粉条宽，小盾片黑色，覆很薄的灰黄粉。侧板黑色，着生棕色毛，自前胸背片经中胸上侧片、翅侧片至后胸侧片，具 1 宽的黄棕色纵条，前气门至翅基具宽的棕黑色纵条；前胸腹板和腹侧片上半部棕黄色。翅透明，前缘深棕色，翅脉棕色，横带暗棕色，外缘在 R_4 和 R_5 室处弧形外突，达翅后缘，中室暗，R_4 脉无附脉，R_5 室开放，臀室封闭，翅端斑膨大，占 R_4 脉 3/4，与横带连接的宽度为 R_1 室宽的一半，翅基室端半透明。腋瓣烟棕色，具棕色缨毛。平衡棒棕黑色，柄及球部的顶部棕色。足黑色，着生棕色毛，前足胫节基部 1/4，中足胫节和中、后足第 1 跗节棕色，胫节和跗节覆黑毛。腹部：第 1、2 背板黄色，着生棕黄色毛，第 1 背板黑斑宽度等于小盾片的宽度，黑斑的侧缘直，第 2 背板中部 1 对黑斑自该节前缘向后延伸，不达后缘，第 3-5 背板黑色，各有黄色的后缘和中三角，第 6、7 背板灰黑色。第 1-4 腹板棕色，着生黄棕色毛，中央具 1 列黑斑，第 5-7 背板灰黑色。

雄性　9-11 mm，复眼上 2/3 大眼面大于下 1/3 小眼面；翅基室仅端部 1/3 透明，触角全黑。余者同雌性。

观察标本　15♀♀2♂♂，黑龙江，保存在 AMMSC。

图 36 真实斑虻 *Chrysops validus* Loew

a. 额 (frons); b. 颜 (face); c. 触角 (antenna); d. 腹部背面 (dorsum of abdomen)

生物学 林区种。成虫嗜吸牛血。

地理分布 黑龙江 (虎林)、吉林 (临江)、辽宁 (宽甸)、内蒙古 (喜桂图旗); 俄罗斯, 蒙古, 朝鲜, 日本。

分类讨论 本种腹部形态与玛氏斑虻 *C. makerovi* Pleske 近似, 但玛氏斑虻的翅端斑与横带连接的宽度等于 R_1 室宽度, 翅第 2 基室端部 3/4 透明; 触角柄节黑色; 腹部第 1 背板的黑斑的侧缘弧形。

(30) 玛氏斑虻 *Chrysops makerovi* Pleske, 1910 (图 37; 图版 II, 图版 XI)

Chrysops makerovi Pleske, 1910: 469 [Type locality: Transbaikalien, Russia]; Murdoch and Takahai, 1969: 27; Olsufjev, 1977: 151; Xu, 1982b: 102; Wang, 1983 25; Yao and Ding, 1986: 31; Liu, 1999b: 118.

Chrysops nigricornis Matsumura, 1911: 66. Synonymized by Chvála, 1988: 110.

Chrysops loewi Kröber, 1920: 106. Synonymized by Chvála, 1988: 110.

鉴别特征 翅端斑膨大, 占 R_4 脉 3/4, 与横带连接, 其宽度等于 R_1 室宽度; 腹部第 1 背板黑斑宽度约等于小盾片的宽度。

形态描述

雌性 体长 8-10 mm, 灰黄色。头部: 略宽于胸部; 复眼裸; 头顶具 3 个棕黑色单眼，位于黑色单眼瘤区内，单眼瘤区大，亚亮，两侧与复眼接触，着生灰棕色毛；额高稍大于基部宽度，顶宽稍窄于基宽，黄色，着生稀疏的棕黄色毛；额基胛黑色，两侧与复眼窄分离；亚胛棕色；颜与颊黄色，颜胛黑色，与黑色口胛相连，颜胛间的黄粉条宽，颊胛亮黑色，着生棕黄色毛；口毛棕色。触角着生黑毛，柄节长为宽的 3 倍，梗节黑色，略短于和窄于柄节，长为宽的 2.6 倍，鞭节黑色，基部略带红色，稍长于柄节和梗节之和，端部具 4 个环节。下颚须深棕色，着生棕色毛，背方夹杂短黑毛。喙长，为下颚须的 1.5 倍，黑色，着生黑毛。胸部：盾片黑色，着生棕色毛，中央 1 对灰黄粉条宽，界限不清；侧板自前胸背片经中胸上侧片、翅侧片至后胸侧片具 1 宽的黄棕色纵条，前气门至翅基有宽的棕黑色纵条，前胸腹板和腹侧片上半部棕黄色。翅透明，前缘深棕色，翅脉棕色，横带暗棕色，外缘微波形，达翅后缘，中室暗，R_4 脉无附脉，R_5 室开放，臀室窄开放，翅端斑膨大，占 R_4 脉 3/4，与横带连接的宽度等于 R_1 室宽，翅第 1 基室端半透明，第 2 基室端部 3/4 透明。腋瓣烟棕色，具棕色缨毛。平衡棒黑色，柄棕色。足黑色，着生黑毛，但前足基节为黄毛，前足胫节基部，中足胫节基部 1/4 和中、后足第 1 跗节棕色。腹部：第 1、2 背板黄色，着生棕黄色毛，第 1 背板黑斑宽度等于小盾片的宽度，黑斑的侧缘弧形，第 2 背板中部 1 对黑斑自该节前缘向后延伸，不达后缘，第 3-5 背板黑色，各有黄色的后缘和中三角，第 6、7 背板黑色。第 1-4 腹板棕色，着生黄棕色毛，第 1、2 腹板中央的黑斑小，第 3、4 腹板的黑斑大，占该节宽度 5/6，第 5-7 腹板黑色，各腹板后缘浅色。

雄性　未详。

观察标本　4♀♀，黑龙江，保存在 AMMSC。

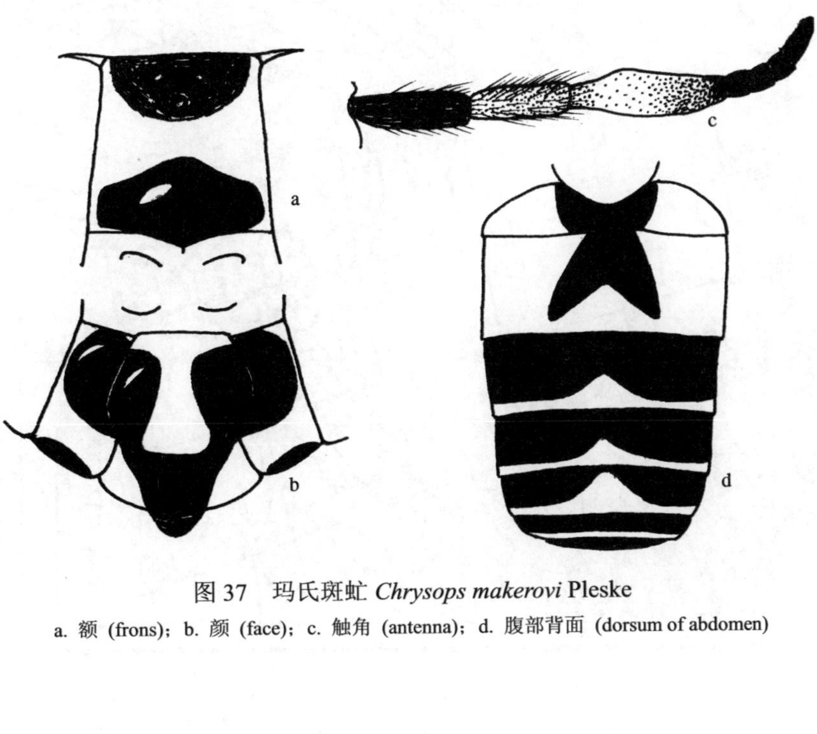

图 37　玛氏斑虻 *Chrysops makerovi* Pleske

a. 额（frons）；b. 颜（face）；c. 触角（antenna）；d. 腹部背面（dorsum of abdomen）

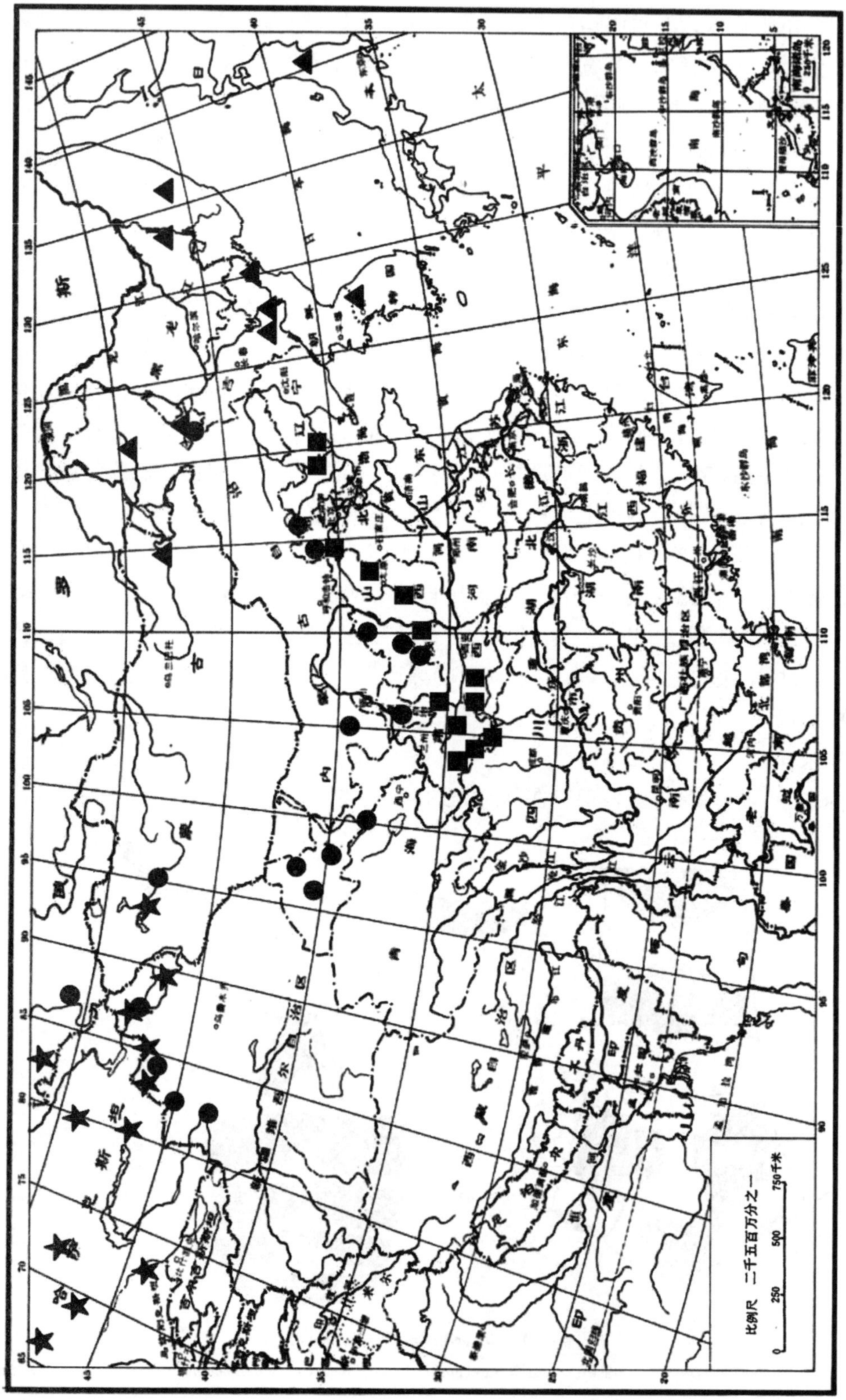

图 38 黑尾斑虻组 *Chrysops caecutiens* group 的地理分布

★黑尾斑虻 *Chrysops caecutiens* (Linnaeus) ▲娌氏斑虻 *Chrysops ricardoae* Pleske ●分点斑虻 *Chrysops dissectus* Loew ■察哈尔斑虻 *Chrysops chaharicus* Chen *et* Quo

生物学　林区常见种。

地理分布　黑龙江 (盘古、饶河)、吉林、内蒙古 (沟口)、甘肃 (酒泉)；俄罗斯，日本。

分类讨论　本种腹部形态类似于真实斑虻 *C. validus* Loew，但真实斑虻的翅端斑与横带连接的宽度为 R_1 室宽的一半，翅基室端半部透明；触角柄节棕色；腹部第 1 背板黑斑的侧缘直。

(31) 分点斑虻 *Chrysops dissectus* Loew, 1858 (图 38，图 39；图版 II)

Chrysops dissectus Loew, 1858: 618 [Type locality: Sibiria, Russia]; Chen and Quo, 1949: 8; Murdoch and Takahasi, 1969: 31; Olsufjev, 1977: 169; Chen, 1983: 111; Wang, 1983 28; Yao and Ding, 1986: 31; Jiang, Zhang, Huang and Dai, 1993: 101.

Chrysops bipunctatus Motschulsky, 1859: 505. Synonymized by Chvála, 1988: 108.

Chrysops amurensis Pleske, 1910: 459. Synonymized by Chvála, 1988: 108.

Chrysops binoculatus Szilády, 1919: 105. Synonymized by Chvála, 1988: 108.

Chrysops apunctus Philip, 1956: 223. Synonymized by Chvála, 1988: 109.

鉴别特征　翅端斑稍膨大，膨大部在 R_2 脉处，占 R_4 脉 1/6，与横带连接，其宽度等于 R_1 室宽度的 1/3；腹部第 1 背板黑斑宽度大于小盾片的宽度。

形态描述

雌性　体长 9-12 mm，灰黄色。头部：略宽于胸部；复眼裸；头顶具 3 个棕黑色单眼，位于黑色单眼瘤区内，单眼瘤区大，亚亮，两侧与复眼分离，着生灰棕色毛；额高约等于基部宽度，顶宽稍窄于基宽，黄色，着生稀疏的棕黄色毛；额基胛黑色，两侧与复眼分离；亚胛棕色；颜与颊黄色，颜胛棕色，与棕色口胛相连，颜胛间的黄粉条宽，颊胛亮黑色，宽，延伸到口缘，几乎与口胛连接，着生棕黄色毛；口毛棕色。触角着生黑毛，柄节棕色，长为宽的 3 倍，梗节棕色，端部变暗，黑色，略短于和窄于柄节，长为宽的 2.8 倍，鞭节黑色，基部略带红色，稍长于柄节和梗节之和，端部具 4 个环节。下颚须深棕色，着生棕色毛，背方夹杂短黑毛。喙长，为下颚须的 1.5 倍，黑色，着生黑毛。胸部：盾片黑色，着生棕色毛，中央 1 对灰黄粉条窄，不达盾片后缘，以宽的黑条相分离；侧板自前胸背片经中胸上侧片、翅侧片至后胸侧片具 1 宽的黄棕色纵条，前气门至翅基具宽的棕黑色纵条，前胸腹板和前足基节棕黄色。翅透明，前缘深棕色，翅脉棕色，横带暗棕色，外缘微波形，达翅后缘，中室暗，R_4 脉无附脉，R_5 室开放，第 4 后室窄开放，臀室封闭，翅端斑稍膨大，膨大部在 R_2 脉处，占 R_4 脉 1/6，与横带连接的宽度等于 R_1 室宽度的 1/3，翅第 1 基室中部 4/6 透明，第 2 基室端部 6/7 透明。腋瓣烟棕色，具棕色缨毛。平衡棒黑色，柄棕色。足黑色，着生黑毛，前足股节中段、中足胫节和中足第 1 跗节棕色，后足胫节棕黑色。腹部：第 1、2 背板黄色，着生棕黄色毛，第 1 背板黑斑宽度大于小盾片的宽度，第 2 背板中部 1 对黑斑小，但有个体变异，有的个体的黑斑前缘相连，但黑斑均远离该节的前、后缘，第 3、4 背板黑色，各具黄色的后缘和中三角，第 5-7 背板灰黑色，黑色部分富黑毛。第 1-3 腹板棕色，着生黄棕色毛，第 3 腹板两侧较暗，第 4-7 腹板黑色。

雄性 10 mm，复眼上 2/3 大眼面大于下 1/3 小眼面；下颚须黑色；腹部第 1 背板黑斑大，几乎占整个背板，只在两侧角具小黄斑。余者同雌性。

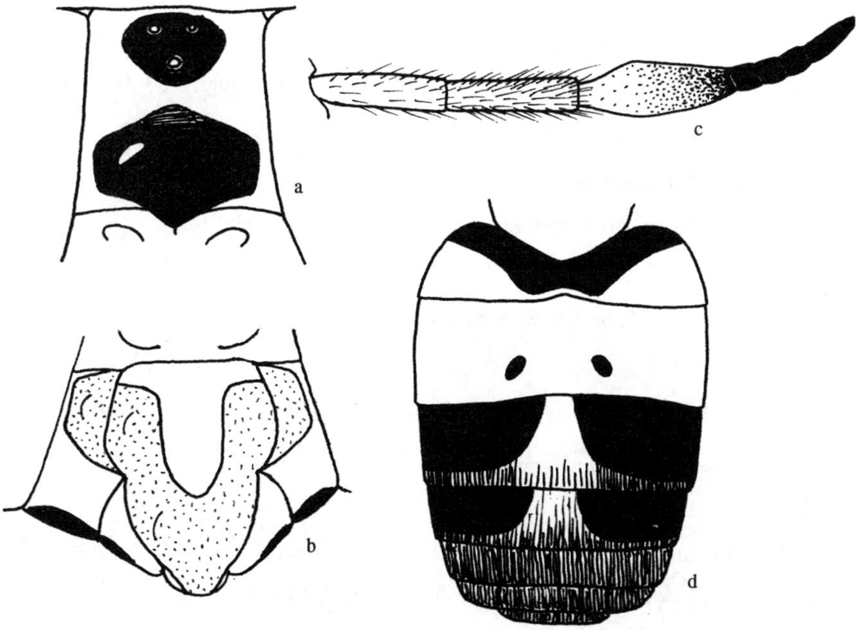

图 39 分点斑虻 *Chrysops dissectus* Loew

a. 额 (frons)；b. 颜 (face)；c. 触角 (antenna)；d. 腹部背面 (dorsum of abdomen)

观察标本 7♀♀，黑龙江；8♀♀，辽宁，保存在 AMMSC。

生物学 湿润地区的林缘种。

地理分布 黑龙江 (饶河)、吉林 (长白山、安图、珲春)、辽宁 (营口、岫岩、西丰、新宾、风城)、内蒙古 (乌兰浩特、呼伦贝尔)；俄罗斯，蒙古，朝鲜，日本。

分类讨论 本种腹部形态与娌氏斑虻 *C. ricardoae* Pleske 相似，但娌氏斑虻的颜胛黑色；翅第 4 后室开放；触角黑色；腹部第 1 背板的黑斑约等于小盾片的宽度。本种分布在东北区，而娌氏斑虻分布在西北区 (图 38)。

(32) 娌氏斑虻 *Chrysops ricardoae* Pleske, 1910 (图 38，图 40；图版 II)

Chrysops ricardoae Pleske, 1910: 461 [Type locality: Aulie-Ata, Turkestan, Kazakstan]; Chen and Quo,

1949: 8; Murdoch and Takahasi, 1969: 30; Olsufjev, 1977: 166; Xu, 1982c: 106; Xu, 1982d: 106; Wang, 1983 27; Yao and Ding, 1986: 31; Wu, Li, Liu, Yang, Zhang and Cao, 1988: 197; Liu, 1999b: 118.

Chrysops przewalskii Pleske, 1910: 464. Synonymized by Chvála, 1988: 111.

Chrysops wagneri Pleske, 1910: 466. Synonymized by Chvála, 1988: 111.

Chrysops mongolicus Szilády, 1919: 109 (as var. of *dissectus*). Synonymized by Chvála, 1988: 111.

Chrysops pseudoricardoae Kröber, 1920: 78. Synonymized by Chvála, 1988: 111.

Chrysops chiefengensis Ôuchi, 1939: 183.

Chrysops chiefengensis pokotensis Ôuchi, 1939: 184.

鉴别特征　翅端斑稍膨大，占 R_4 脉 1/3，与横带连接，其宽度为 R_1 室宽度的 2/5；腹部第 1 背板黑斑宽度等于小盾片的宽度；腹部第 2 背板黑斑较大，接近或达该节的后缘。

形态描述

雌性　体长 9-11 mm，黄色。头部：略宽于胸部；复眼裸；头顶具 3 个棕黑色单眼，位于黑色单眼瘤区内，单眼瘤区大，亚亮，两侧与复眼窄分离，着生灰棕色毛；额高约等于基部宽度，顶宽稍窄于基宽，黄色，着生稀疏的棕黄色毛；额基胛黑色，两侧与复眼分离；亚胛棕色；颜与颊黄色，颜胛黑棕色，与黑棕色口胛相连，颜胛间的黄粉条宽，颊胛亮黑色，宽，延伸到口缘，几乎与口胛连接，着生棕黄色毛；口毛棕色。触角黑色，着生黑毛，柄节长为宽的 2.8 倍，梗节略短于柄节，长为宽的 2.5 倍，鞭节黑色，基部略带红色，稍长于柄节和梗节之和，端部具 4 个环节。下颚须深棕色，着生棕色毛，背方夹杂短黑毛。喙长，为下颚须的 1.5 倍，黑色，着生黑毛和棕色毛。胸部：盾片黑色，着生棕色毛，中央 1 对灰黄粉条宽，达盾片后缘；侧板自前胸背片经中胸上侧片、翅侧片至后胸侧片具 1 宽的黄棕色纵条，前气门至翅基具宽的棕黑色纵条，前胸腹板和前足基节棕黄色。翅透明，前缘深棕色，翅脉棕色，横带暗棕色，外缘微波形，在 R_4 脉处略有突出，达翅后缘，中室暗，R_4 脉无附脉，R_5 室开放，第 4 后室窄开放，臀室封闭，翅端斑稍膨大，与横带连接的宽度等于 R_1 室宽度的 2/5，占 R_4 脉 1/3，翅第 1 基室中部 4/6 透明，第 2 基室端部 6/7 透明。腋瓣烟棕色，具棕色缨毛。平衡棒黑色，柄棕色。足黑色，着生黑毛，中、后足胫节和第 1 跗节棕色。腹部：第 1、2 背板黄色，着生棕黄色毛，第 1 背板黑斑宽度等于小盾片的宽度，第 2 背板中部 1 对黑斑，接近或达该节后缘，第 3、4 背板黑色，各具黄色的后缘和中三角，第 5-7 背板灰黑色，黑色部分富黑毛。第 1-3 腹板棕色，着生黄棕色毛，第 4-7 腹板黑色。

雄性　7-9 mm，复眼上 2/3 大眼面大于下 1/3 小眼面；颜胛黑色，颊胛大，与口胛相连；下颚须黑色；腹部背板黑色，第 2 背板两侧具大的棕黄斑。余者同雌性。

观察标本　4♀♀，新疆，保存在 AMMSC。

生物学　干旱地区的林缘种。

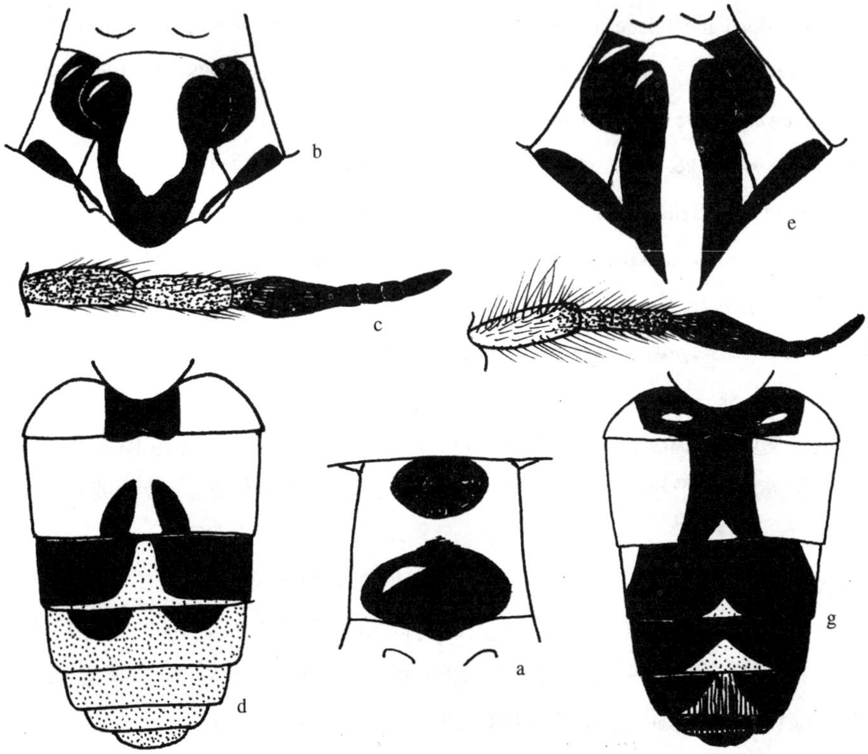

图 40 娌氏斑虻 *Chrysops ricardoae* Pleske

a. 额 (frons); b. 颜 (face); c. 触角 (antenna); d. 腹部背面 (dorsum of abdomen); e. 雄性颜 (face ♂); f. 雄性触角 (antenna ♂); g. 雄性腹部背面 (dorsum of abdomen ♂)

地理分布 黑龙江 (亚布力、龙镇)、内蒙古 (乌兰浩特、阿左旗)、河北 (尚义、沽源)、陕西 (绥德、榆林、延安)、宁夏 (中卫)、甘肃 (临泽、酒泉、金增、红岩山)、新疆 (绥定、新源、霍城、哈巴河); 俄罗斯，蒙古。

分类讨论 本种腹部形态与分点斑虻 *C. dissectus* Loew 相似，但分点斑虻的颜胛棕色；翅第 4 后室封闭；触角柄节棕色；腹部第 1 背板黑斑略大于小盾片的宽度，第 2 背板黑斑远离该节后缘。本种是我国西北地区比较多见的种类，向东延伸到华北区的北部 (图 38)。

三角斑虻组 *Chrysops designatus* group

三角斑虻组斑虻的主要特征是雌性口胛被颜中央的黄粉条分为左右 2 块；胸部盾片后缘包括翅后胛无密的长毛，一般只有稀疏的短毛；翅中室暗，端斑不膨大，与横带连接处不变细。该组现知分布于东洋界高海拔地区。

组检索表

1. 翅横带不伸达翅的后缘……迪庆斑虻 ***C. deqenensis***
   翅横带伸达翅的后缘……2
2. 腹部第 2 背板黑斑伸达该节的后缘……三角斑虻 ***C. designatus***
   腹部第 2 背板黑斑不达该节的后缘……副三角斑虻 ***C. paradesignata***

(33) 迪庆斑虻 *Chrysops deqenensis* Yang *et* Xu, 1995 (图 41；图版 II)

Chrysops deqenensis Yang *et* Xu, 1995: 367 [Type locality: Diqing, Yunnan, China]; Yang and Xu, 1997: 12.

鉴别特征　翅横带不伸达翅的后缘；腹部背板中央具 2 列长三角形黑斑。

形态描述

雌性　体长 8 mm。头部：略宽于胸部；复眼裸；头顶具 3 个棕黑色单眼，位于黑色单眼瘤区内，单眼瘤区亚亮，两侧与复眼分离，着生棕色和黑色长毛；额高约等于基部宽度，顶宽稍窄于基宽，灰黄色，着生稀疏的棕色长毛，夹杂有少量黑毛；额基胛黑色，两侧与复眼接近；亚胛灰黄色；颜与颊黄色，颜胛圆形，位于侧颜部分黑色，位于中颜部分棕色，两颜胛间有很宽的黄粉条，将棕色的口胛分成 2 块，颊胛黑色，窄小，不明显，上侧颜，有的具小的光裸区，具黑色长毛；口毛棕色。触角黑色，着生黑毛，柄节和梗节外侧腹方少许及内侧腹方大部带棕色，柄节长为宽的 2.5 倍，略长于和粗于梗节，梗节长为宽的 2.4 倍，鞭节长约等于柄节和梗节之和，鞭节端部具 4 个环节。下颚须暗棕色，着生浅黄色毛和少量黑毛，喙长于下颚须，黑色黑毛。胸部：背板黑色，着生黄毛，盾片中央 1 对浅黄色纵条窄，不明显，两侧缘自肩胛延至翅后胛具 1 对宽的黄粉条；侧板、腹板和前足基节灰黄色，着生黄毛，前气门至翅基有 1 褐色条。翅透明，前缘深棕色，翅脉棕色，横带棕黑色，不达翅后缘，终止在 m-cu 横脉，外缘波形，中室暗，R_4 脉无附脉，R_5 室开放，臀室封闭，翅端斑稍大于 R_1 室宽度，略超过 R_4 脉端部，第 1 基室全暗，第 2 基室基部 2/3 暗，端部 1/3 透明。腋瓣棕色，具棕色缨毛。平衡棒棕黑色，球部黑色。足股节和胫节深棕色，黄毛和黑毛混杂，跗节棕黑色。腹部：背板灰黄色，向尾部色变暗，中央具 2 列长三角形黑斑，第 1 背板前缘灰黑色，中央 1 对黑斑达该节后缘。腹板灰黑色，覆黄粉和黄毛。

雄性　未详。

观察标本　正模♀，云南迪庆中甸，3400 m，1991.VII.21，杨建设，保存在 AMMSC。3♀♀，云南，保存在 AMMSC。

生物学　高原种。

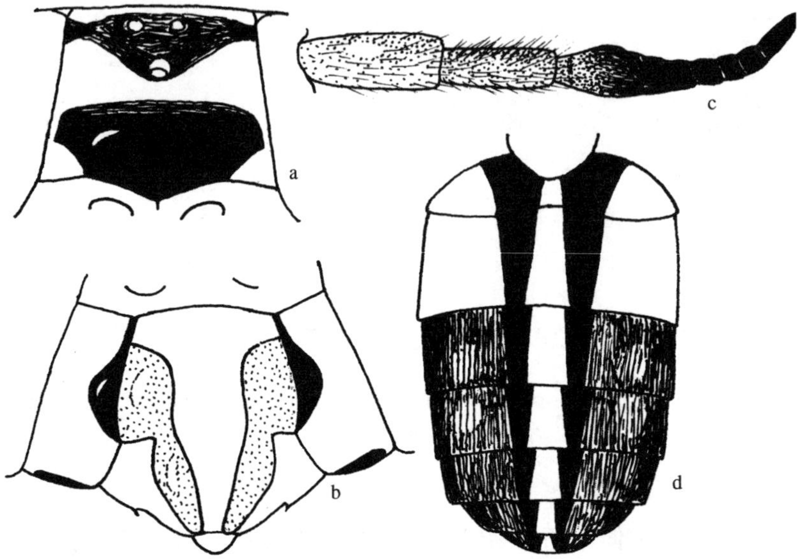

图 41 迪庆斑虻 *Chrysops deqenensis* Yang *et* Xu

a. 额 (frons); b. 颜 (face); c. 触角 (antenna); d. 腹部背面 (dorsum of abdomen)

地理分布 云南 (迪庆中甸)。

分类讨论 本种与三角斑虻 *C. designatus* Ricardo 和副三角斑虻 *C. paradesignata* Liu *et* Wang 近缘，但本种翅横带不到达翅后缘，第 1 基室全暗，第 2 基室基部大部暗色，仅端部 1/3 透明。

(34) 三角斑虻 *Chrysops designatus* Ricardo, 1911 (图 42; 图版 II)

Chrysops designatus Ricardo, 1911: 383 [Type locality: Sarah, Nepal and Jaulasal, Naini Tal District, India]; Wang, 1983: 30; Kapoor, Grewal, Sharma and Gupta, 1988: 28; Yang and Xu, 1997: 12.

鉴别特征 颜胛间的黄粉条将口胛分成 2 块；腹部第 2 背板的黑斑达该节后缘。

形态描述

雌性 体长 8-9 mm。头部：略宽于胸部；复眼裸；头顶具 3 个褐色单眼，位于黑色单眼瘤区内，单眼瘤区亚亮，两侧与复眼分离，着生棕色毛；额高为基部宽度的 1.1 倍，顶宽稍窄于基宽，灰黄色，着生稀疏的棕色毛；额基胛黑棕色，光亮，两侧与复眼分离；亚胛黄色；颜与颊金黄色，颜胛与口胛黑棕色，两颜胛间有很宽的黄粉条，将口胛分成 2 块，颊胛窄小，不明显；口毛棕色。触角着生黑毛，柄节棕色，长为宽的 3 倍，梗节棕黑色，略短于柄节，长为宽的 3 倍，鞭节黑色，约等于柄节和梗节长之和，鞭节端部具 4 个环节。下颚须红黄色，着生黄毛。喙长于下颚须，黑色黑毛。胸部：背板黑色，着生金黄色短毛，盾片中央 1 对黄色纵条窄于两侧缘自肩胛延至翅后胛的 1 对黄粉条。

侧板灰色，着生黄毛，前气门至翅基有 1 褐色条，自前胸背板经中胸上前侧片、翅侧片到后胸侧板具 1 条宽的着生黄色长毛的黄色纵条；前胸腹板和腹侧片黄色黄毛。翅透明，前缘深棕色，翅脉棕色，横带棕黑色，达翅后缘，外缘平直，中室暗，R_4 脉无附脉，R_5 室开放，第 4 后室端部稍变窄，臀室封闭，翅端斑约等于 R_1 室宽度，2 个基室绝大部分透明。腋瓣棕黑色，具棕色缨毛。平衡棒棕黑色，柄基部稍浅。足黄色，着生黄毛，基节、股节和跗节的端部棕黑色，黑色部分多黑毛。腹部：背板黄色，第 1 背板黑斑窄条形，宽于小盾片，第 2 背板的 1 对黑斑，在典型标本，前端相连，达节前缘，后端达节后缘，但有的个体，此斑前端不相连，也不达节前缘 (图 42-d)，后端达节后缘，第 3、4 背板黑色，有 3 个分离的黄色斑，第 5-7 背板黑色。腹节第 1-4 腹板黄色，中央具棕黑斑，第 5-7 腹板黑色。

雄性　体长 8 mm。复眼上、下眼面等大。颜胛、颊胛和口胛均较雌性的大，触角色较雌性的暗，柄节基部稍膨大。下颚须黑色黑毛。足黑色，着生黑毛，中足胫节和中、后足跗节棕色，后足胫节棕黑色。余者同雌性。

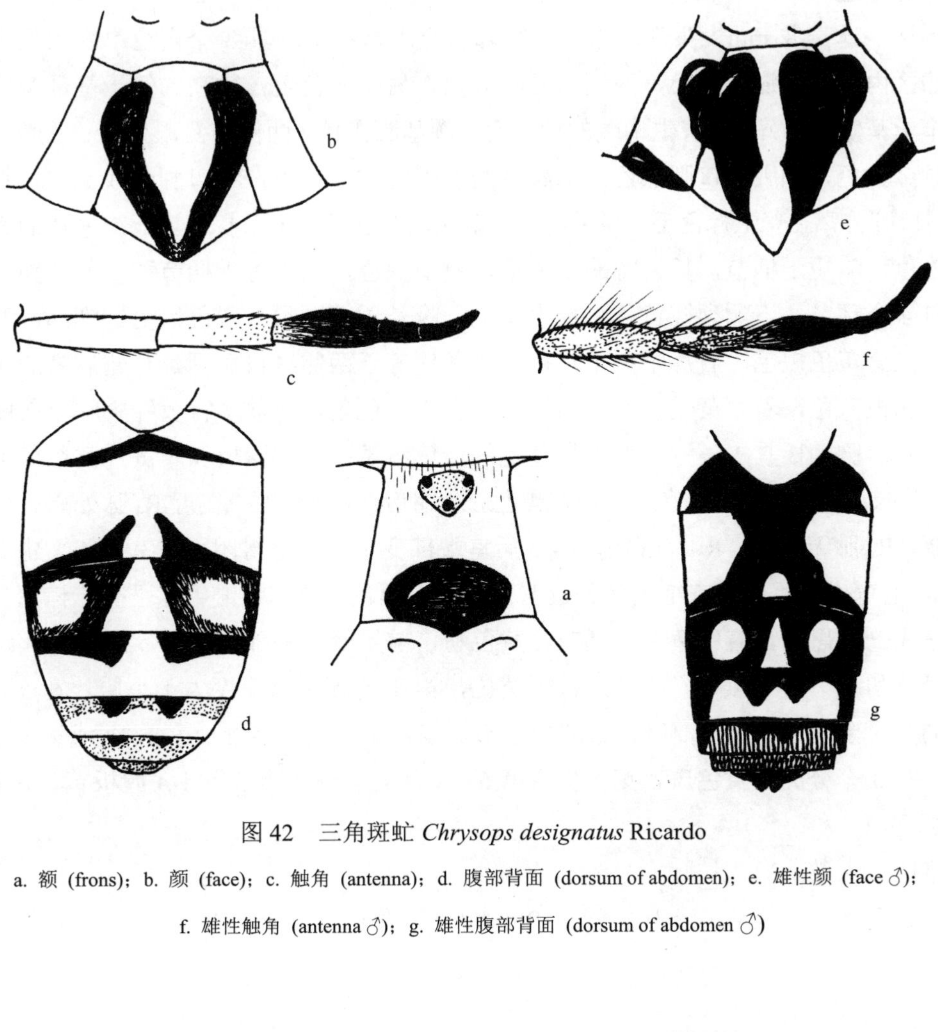

图 42　三角斑虻 *Chrysops designatus* Ricardo

a. 额 (frons)；b. 颜 (face)；c. 触角 (antenna)；d. 腹部背面 (dorsum of abdomen)；e. 雄性颜 (face ♂)；f. 雄性触角 (antenna ♂)；g. 雄性腹部背面 (dorsum of abdomen ♂)

观察标本 正模♀，尼泊尔，1908.VI.24，保存在 IMC (未检视)。1♀1♂，云南，保存在 AMMSC。

生物学 山区林地种。

地理分布 云南 (芒市、金平)；印度，尼泊尔。

分类讨论 本种腹部形态与同域分布的副三角斑虻 *C. paradesignata* Liu *et* Wang 近似，但副三角斑虻腹部第 2 背板的 1 对黑斑，不达该节前缘。

(35) 副三角斑虻 *Chrysops paradesignata* Liu *et* Wang, 1977 (图 43；图版 II)

Chrysops paradesignata Liu *et* Wang, 1977: 106 [Type locality: Jinping, Yunnan, China]; Wang, 1983: 29; Yang and Xu, 1997: 13; Xu and Guo, 2005b: 175.

鉴别特征 腹部第 2 背板的 1 对黑斑不达该节前缘和后缘，呈“八”字形；翅横带棕黑色，达翅后缘。

形态描述

雌性 体长 8 mm。头部：略宽于胸部。复眼裸；头顶具 3 个褐色单眼，位于黑色单眼瘤区内，单眼瘤区较小，两侧与复眼分离，着生棕色毛；额高约等于基部宽度，顶宽稍窄于基宽，灰黄色，着生稀疏的棕色毛；额基胛黑色，两侧与复眼分离；亚胛黄色；颜与颊金黄色，颜胛与口胛黑色，两颜胛间有很宽的黄粉条，将口胛分成 2 块，颊胛黑色，与口胛分离，着生棕色毛；口毛棕色。触角着生黑毛，柄节棕色，长约为宽的 3 倍，梗节黑色，略短于柄节，长为宽的 2.7 倍，鞭节黑色，长约等于柄节和梗节之和，鞭节端部具 4 个环节。下颚须棕黄色，着生黄毛。喙长于下颚须，黑色黑毛。胸部：背板黑色，着生金黄色短毛，盾片中央 1 对黄色纵条约等于两侧缘自肩胛延至翅后胛的 1 对黄粉条。侧板灰色，着生黄毛，前气门至翅基有 1 褐色条，自前胸背板经中胸上前侧片、翅侧片到后胸侧板具 1 条宽的着生长黄毛的黄色纵条；前胸腹板和腹侧片黄色黄毛。翅透明，前缘深棕色，翅脉棕色，横带棕黑色，达翅后缘，外缘平，在近 R_4 脉处略有突出，中室暗，R_4 脉无附脉，R_5 室开放，第 4 后室端部变窄，接近封闭，臀室封闭，翅端斑约等于 R_1 室宽度，两个基室绝大部分透明。腋瓣棕黑色，具棕色缨毛。平衡棒棕黑色，柄基部稍浅。足黑色，着生黄毛，基节覆黄色粉，前足胫节基部，中、后足胫节和跗节棕色，胫节和跗节着生黑毛。腹部：背板黄色，第 1 背板黑斑宽度大于小盾片宽度，第 2 背板的 1 对黑斑，不达节前缘，后端接近节后缘，呈“八”字形，第 3、4 或第 3-5 背板黑色，有 3 个分离的黄色斑，第 5-7 或第 6、7 背板黑色。腹节第 1-4 腹板黄色，第 5-7 腹板黑色。

雄性 未详。

观察标本 正模♀，云南金平，1956.IV，保存在 IECAS。1♀，云南；1♀，西藏，

图 43　副三角斑虻 *Chrysops paradesignata* Liu *et* Wang

a. 额 (frons)；b. 颜 (face)；c. 触角 (antenna)；d. 腹部背面 (dorsum of abdomen)

保存在 AMMSC。

生物学　山区种。

地理分布　云南 (金平、勐海、潞西)、西藏 (察隅)。

分类讨论　本种颜胛形态与同域分布的三角斑虻 *C. designatus* Ricardo 近似，但三角斑虻腹部第 2 背板的黑斑达该节后缘。腹背黑斑形态接近中华斑虻 *C. sinensis* Walker，但中华斑虻的口胛完整，不分为 2 块。

中华斑虻组 *Chrysops sinensis* group

中华斑虻组斑虻的主要特征是翅端斑不膨大，与横带连接处不变细；口胛完整；胸部盾片后缘包括翅后胛无密的长毛，一般只有稀疏的短毛，翅中室暗。本组多数种类为古北界种，少数为东洋界种，也有跨界的种类 (图 48)。

种 检 索 表

1. 腹部第 2 背板无暗斑……………………………………………… 先父斑虻 ***C. abavius***
   腹部第 2 背板具暗斑……………………………………………………………………2
2. 腹部第 2 背板仅具 1 个小暗斑………………………………… 塔里木斑虻 ***C. tarimi***
   腹部第 2 背板具 1 或 2 对暗斑…………………………………………………………3
3. 腹部背板具 4 列纵斑……………………………………………… 条纹斑虻 ***C. striatulus***
   腹部背板具 2 列暗斑，至少在第 2 背板具 1 对暗斑……………………………………4

4. 额胛亮棕色，颜胛和口胛也亮棕色；腹部第 2-5 背板中央具 2 列暗棕色斑 · **黄瘤斑虻 *C. flavescens***
   额胛亮黑色，颜胛和口胛亮棕色或黑色；腹部第 2-5 背板暗斑非上所述 ……………………………5
5. 腹部第 3、4 背板大部黑色，具中央浅色三角和与此相连的后缘带，无浅色侧斑，以后各节类同或一致黑色 ……………………………………………………………………………………6
   腹部第 3、4 背板非上所述，第 3、4 背板如具中央浅色三角和与此相连的后缘带，则同时具浅色侧斑 ……………………………………………………………………………………9
6. 腹部第 1、2 背板黑斑均很宽大；足全黑 ……………………………… **黑足斑虻 *C. nigripes***
   腹部第 1、2 背板黑斑不宽大；足非全黑 ……………………………………………………7
7. 腹部第 1、2 背板黑斑不伸向两侧；触角梗节及颜胛、口胛黑色 …………… **联瘤斑虻 *C. angaricus***
   腹部第 1、2 背板黑斑伸向两侧；触角梗节及颜胛、口胛棕色 ……………………………………8
8. 足股节黑色；腹部第 2 背板黑斑向侧后方延伸 ……………………………… **煤色斑虻 *C. anthrax***
   足股节棕色；腹部第 2 背板黑斑先向侧后方，然后向侧方延伸 ……… **中华斑虻 *C. sinensis*** (部分)
9. 翅无端斑 ……………………………………………………………… **斯氏斑虻 *C. stackelbergiellus***
   翅具端斑 ……………………………………………………………………………………10
10. 翅端斑约为 R_1 室的一半宽 ……………………………………………… **辽宁斑虻 *C. liaoningensis***
    翅端斑约等于 R_1 室宽 ……………………………………………………………………11
11. 腹部第 2 背板黑斑不伸达节后缘 ………………………………………… **中华斑虻 *C. sinensis*** (部分)
    腹部第 2 背板黑斑伸达节后缘 ……………………………………………………………12
12. 颜中央无黄粉条；腹部第 2 背板黑斑向前延伸不超过中线 …………… **四川斑虻 *C. szechuanensis***
    颜中央具黄粉条；腹部第 2 背板黑斑向前延伸超过中线，有时伸达节前缘 …… **合瘤斑虻 *C. suavis***

(36) 先父斑虻 *Chrysops abavius* Philip, 1961 (图 44；图版 II)

Chrysops abavius Philip, 1961: 478 [Type locality: Lichuan, Hubei, China]; Wang, 1994: 19.

鉴别特征 翅横带达翅后缘，中室暗，翅端斑稍宽于 R_1 室宽度；腹部第 2 背板黄色，无暗斑。

形态描述

雌性 体长 12 mm，黄色。头部：略宽于胸部；复眼裸；头顶具 3 个褐色单眼，位于黑色单眼瘤区内，单眼瘤区大，光亮，两侧接触复眼，着生棕色毛；额高约等于基部宽度，顶宽稍窄于基宽，黄色，着生稀疏的棕色毛；额基胛黑色，两侧与复眼分离；亚胛黄色；颜与颊黄色，颜胛与口胛黑色，以宽带相连，中间有黄粉条，颊胛黑色，平坦，着生棕色毛；口毛棕色。触角着生黑毛，柄节黄色，长接近宽的 4 倍，梗节黄色，略细短于柄节，长接近宽的 4 倍，鞭节稍长于柄节和梗节之和，基部褐黑色，鞭节端部具 4 个环节，黑色。下颚须棕色，着生棕色和黑色毛。喙长于下颚须，色和毛同下颚须。胸部：背板黑色，着生棕色毛，盾片中央 1 对黄色纵条宽，两侧缘自肩胛延至翅后胛具 1 对黄粉条。侧板黑色，着生灰棕色毛，自前胸背板经中胸上前侧片、翅侧片到后胸侧板具 1 条宽的黄色纵条。翅透明，前缘深棕色，翅脉棕色，横带棕黑色，达翅后缘，但第 5 后室中央透明，外缘平直，中室暗，R_4 脉无附脉，R_5 室开放，第 4 后室边缘变窄，臀室封闭，翅端斑稍宽于 R_1 室宽度。腋瓣黑色，具褐色缨毛。平衡棒褐黑色。足棕色，着生黑毛，股节暗棕色，富浅色毛，胫节和跗节黄棕色。腹部：第 1、2 背板黄色，第 1 背板黑斑大，宽于小盾片，第 2 背板无斑，第 3 背板以后黑色，中间具 1 条黄色纵纹，向后变细，消失于第 4 或第 5 背板。腹板着生棕色毛，第 1、2 背板和第 3 背板基半黄色，其余黑色，黑色部分夹杂黑毛。

雄性　体长 8 mm，复眼上 2/3 大眼面大于下 1/3 小眼面，与雌性比较，触角较细，颜胛大，黑色，无中纵粉条，口胛被黄粉条分离；触角梗节略短于柄节和鞭节的基环节，下颚须浅红棕色；胸部盾片黑色黑毛，从肩胛侧部经背侧片、翅上胛到翅后胛具 1 金黄色纵条；翅第 1 基室基半和第 2 基室端 1/3 透明，第 5 后室中央大部分透明；后足胫节明显粗于股节；腹部第 1、2 背板黄色，第 3 背板以后黑色，第 3、4 背板中央和两侧有黄纵条。

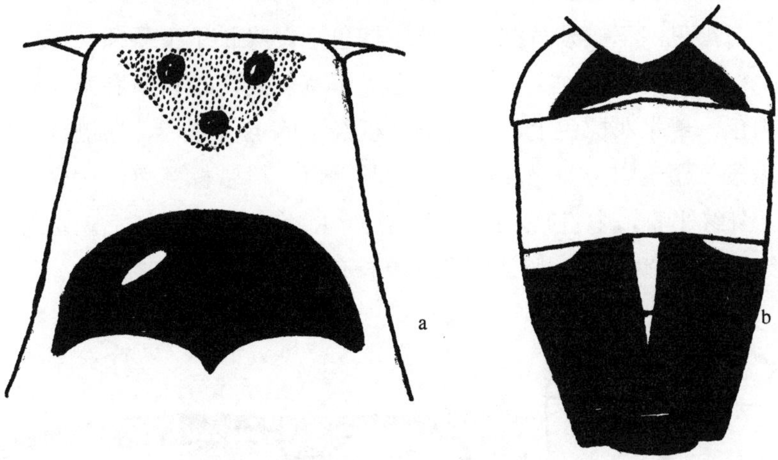

图 44　先父斑虻 *Chrysops abavius* Philip

a. 额 (frons)；b. 腹部背面 (dorsum of abdomen) (仿王遵明, 1994)

观察标本　正模♂，湖北，标本号 6329，保存在 CCAS。1♀1♂，湖北，保存在 IZCAS。1♂，陕西，保存在 AMMSC。

生物学　山区种，不易采获。

地理分布　陕西 (西安)、湖北 (利川)、四川。

分类讨论　本种与四川斑虻 *C. szechuanensis* Kröber 近缘，但先父斑虻腹部第 2 背板无暗斑，足棕色。陕西 (西安) 1♂，翅第 5 后室透明区，致横带略分裂，本志认作地区变异。

(37) 塔里木斑虻 *Chrysops tarimi* Olsufjev, 1979 (图 45)

Chrysops tarimi Olsufjev, 1979: 630 [Type locality: Kashi, Xinjiang, China]; Wang, 1994: 21.

鉴别特征　翅横带达翅后缘，中室暗，翅端斑约等于 R_1 室宽度；腹部黄色，第 1 背板前缘具棕色斑，约等于小盾片宽度，第 2 背板中央具棕色小斑，第 3 背板前缘具不规则棕色斑。

形态描述

雌性　体长 7.5 mm，黄色。头部：略宽于胸部；复眼裸；头顶具 3 个褐色单眼，位于黑色单眼瘤区内，单眼瘤区大，光亮，两侧接触复眼，着生棕色毛；额高约等于基部宽度，顶宽稍窄于基宽，灰黄色，着生稀疏的棕色毛；额基胛棕黑色，两侧与复眼分离；亚胛黄色；颜与颊黄色，颜胛棕黑色，与棕色口胛相连，中间具黄粉条，颊胛黄棕色，平坦，着生棕色毛；口毛棕色。触角着生黑毛，柄节黄棕色，长接近宽的 4 倍，梗节棕色，略细短于柄节，长接近宽的 4 倍，鞭节稍长于柄节和梗节之和，基部黄棕色，鞭节端部及 4 个环节黑色。下颚须黄棕色，着生棕色毛。喙长于下颚须，棕黑色。胸部：背板黑色，着生棕色毛，盾片中央 1 对灰黄色纵条宽，两侧缘自肩胛延至翅后胛具 1 对黄粉条。侧板黑色，着生灰棕色毛，自前胸背板经中胸上前侧片、翅侧片到后胸侧板具 1 条宽的黄色纵条。翅透明，前缘深棕色，翅脉黄色，横带棕黑色，达翅后缘，但第 5 后室中央透明，外缘平直，中室暗，R_4 脉无附脉，R_5 室开放，第 4 后室边缘变窄，臀室封闭，翅端斑约等于 R_1 室宽度。腋瓣褐色，具棕色缨毛。平衡棒暗棕色。足暗黄棕色，着

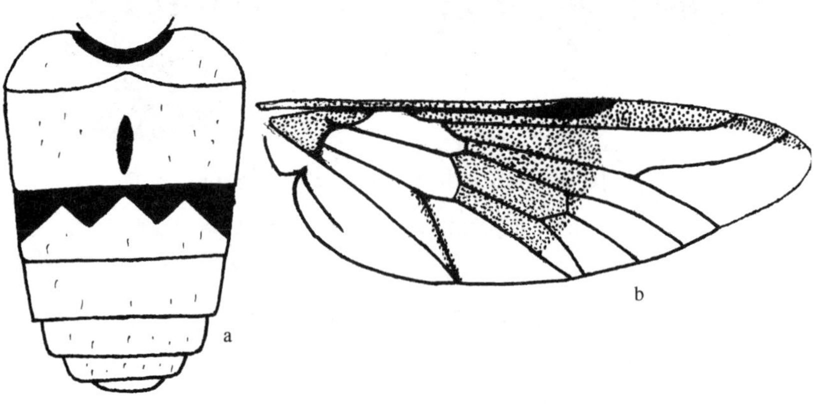

图 45　塔里木斑虻 *Chrysops tarimi* Olsufjev

a. 腹部背面 (dorsum of abdomen)；b. 翅 (wing) (仿王遵明, 1994)

生黑毛，中足胫节和中、后足第 1 跗节黄色。腹部：黄色黄毛，第 1 背板前缘具棕色斑，约等于小盾片宽度，第 2 背板中央具棕色小斑，第 3 背板前缘具不规则棕色斑。腹板，黄色，往尾端色变暗，着生棕色毛，第 2 腹板中央具棕色斑。

雄性　未详。

观察标本　正模♀，新疆喀什，保存在 IZPR (未检视)。1♀，新疆，保存在 IZCAS。

生物学　荒漠种，数量不多。

地理分布　新疆 (喀什)。

分类讨论　本种腹部第 2 背板仅具 1 个小暗斑，容易识别。

(38) 条纹斑虻 *Chrysops striatulus* Pechuman, 1943 (图 46; 图版 II, 图版 XI)

Chrysops striatulus Pechuman, 1943: 42 [Type locality: Suifu, Sichuan, China]; Wang, 1983: 25; Wu, Li, Liu, Yang, Zhang and Cai, 1988: 198; Chen and Xu, 1992a: 44; Yang and Xu, 1997: 13; Xu, 2001: 345.

鉴别特征　体黄色；触角梗节长约为宽的 3 倍；翅中室暗；腹部背板具 4 列黑斑，亚侧黑斑组成的条从第 3 背板开始，腹节腹板中央具窄的黑纵条。

形态描述

雌性　体长 8-9 mm，黄色。头部：略宽于胸部；复眼裸；头顶具 3 个黑色单眼，位于灰黑色单眼瘤区内，单眼瘤区小，覆粉，两侧远离复眼，着生黑毛和棕色毛；额高为基部宽度的 1.2 倍，顶宽等于基宽，棕黄色，着生稀疏的棕色毛；额基胛棕黑色，两侧与复眼窄分离；亚胛黄色；颜与颊黄色，颜胛与口胛棕色，愈合，突起，中间无黄粉条，颊胛黑色，很小，平坦，着生棕色毛；口毛棕色。触角棕色，着生黑毛，梗节略短于柄节，长约为宽的 3 倍，色暗于柄节，鞭节色暗红，长等于柄节和梗节之和，鞭节端部具 4 个环节，黑色。下颚须棕色，着生棕色毛。喙长，棕色，着生棕色毛。胸部：盾片黄棕色，着生棕色短毛，中央具 1 窄的、两侧具 1 对宽的棕黑色纵条。侧板棕黄色，着生棕色毛，前气门至翅基具 1 暗棕色条，中胸上前侧片和翅侧片下部黑色，腹侧片和中足基节大部分黑褐色。翅透明，前缘深棕色，翅脉棕色，横带暗棕色，外缘在 R_{4+5} 脉前缘具小的突出，达翅后缘，但很弱，仅限于 Cu_2 脉，中室暗，基室大部分透明，R_4 脉无附脉，R_5 室开放，臀室窄开放，翅端斑等于 R_1 室宽，端部过 R_4 脉。腋瓣烟棕色，具棕色缨毛。平衡棒暗棕色，头略暗于柄部。足棕色，着生棕色毛，前足胫节、跗节及其他足跗节端部棕黑色，富黑毛。腹部：黄棕色，着生棕色毛，背板具 4 列连续黑纵条，亚侧条从第 3 背板开始，各背板侧缘棕黑色，浅色部分着生棕色毛，黑色部分着生黑毛。腹板棕色，向尾端色变暗，着生黄棕色毛，中央具窄的黑纵条。

雄性　外形同雌性，但体型较小，复眼上半部大眼面明显大于下半部小眼面。

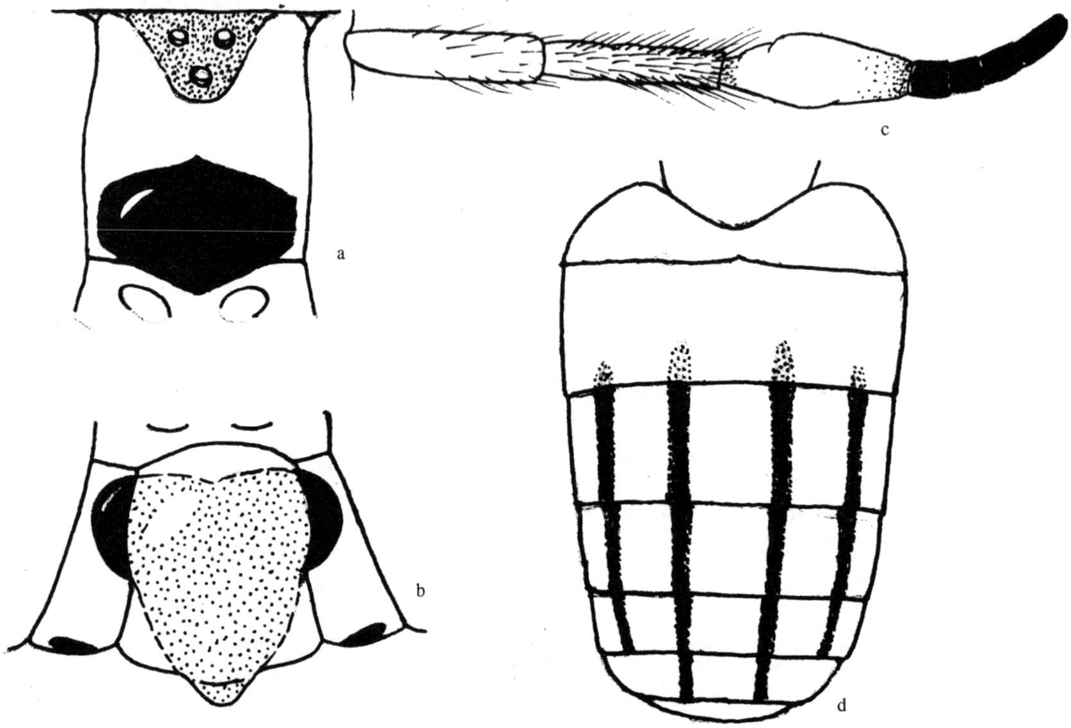

图 46　条纹斑虻 *Chrysops striatulus* Pechuman

a. 额 (frons)；b. 颜 (face)；c. 触角 (antenna)；d. 腹部背面 (dorsum of abdomen)

观察标本　正模♀，四川宜宾，保存在 CU。15♀♀1♂，湖北；7♀♀，四川，保存在 AMMSC。

生物学　山区常见种。成虫嗜吸牛血，也攻击人，全日活动，据贵州观察，上午 8-9 h，下午 6-8 h 为活动高峰。

地理分布　陕西 (汉中)、湖北 (利川、郧县)、湖南 (慈利)、福建 (武夷山)、重庆 (巫溪)、四川 (长宁、峨眉山、宜宾、叙永)、贵州 (独山、荔波、安龙、遵义、余庆、赤水、习水、思南、沿河、黄平、晴隆、金沙)、云南 (水富、绥江、威信、彝良、永善)。

分类讨论　本种在我国南方，与黄胸斑虻 *C. flaviscutellus* Philip 近似，但黄胸斑虻翅中室透明，不属于一个组，且颜中央具黄粉条，腹部腹板无中黑纵条。

(39) 黄瘤斑虻 *Chrysops flavescens* Szilády, 1922 (图 47, 图 48; 图版 III, 图版 XI)

Chrysops flavescens Szilády, 1922: 126 [Type locality: Taiwan, China] ;Wang, 1994, 20.

Chrysops fascipennis Kröber, 1922: 132. Synonymized by Stone, 1975: 45.

Chrysops fasciatipennis Shiraki, 1932: 259. Synonymized by Stone, 1975: 45.

Chrysops flavocallus Xu *et* Chen, 1977: 337; Chen, 1983: 112. Synonymized by Wang, 1994: 20.

鉴别特征　体黄色；触角黄色，短，梗节长约为宽的 1.5 倍；翅中室暗；腹部背板具 2 列棕色斑。

形态描述

雌性　体长 8-10 mm，土黄色。头部：略宽于胸部；复眼裸；头顶具 3 个棕色单眼，单眼瘤区小，覆粉，两侧远离复眼，着生棕色毛；额高为基部宽度的 1.2 倍，顶宽等于基宽，棕黄色，着生稀疏的棕色毛；额基胛棕黄色，两侧与复眼分离；亚胛黄色；颜与颊黄色，颜胛与口胛棕黄色，相连，突起，中间具黄粉条，颊胛棕色，很小，平坦，着生棕色毛；口毛棕色。触角柄节和梗节黄色，着生黑毛，柄节长为宽的 2 倍，梗节略短于柄节，长约为宽的 1.5 倍，鞭节橘黄色，稍长于柄节和梗节之和，鞭节端部具 4 个环节，棕色。下颚须橘黄色，着生棕色毛，夹杂有少量黑毛。喙棕色，着生棕色毛。胸部：盾片黄棕色，着生棕色短毛，中央具 1 窄的、两侧具 1 对宽的棕黑色纵条。侧板棕黄色，着生棕色毛，前气门至翅基具 1 暗棕色条。翅透明，前缘深棕色，翅脉黄色，横带暗棕色，外缘在 R_{4+5} 脉前缘具小的突出，达翅后缘，中室中央稍浅，但不透明，R_4 脉无附脉，R_5 室开放，臀室窄开放，翅端斑等于 R_1 室宽，端部稍超过 R_4 脉。腋瓣棕色，具棕色缨毛。平衡棒棕黄色。足黄色，着生棕黄色毛，仅跗节具黑毛。腹部：黄色，着生棕色毛，背板具 2 列三角形覆黑毛的棕色斑，各暗斑达所在节前缘。腹节腹板黄色，向尾端色变

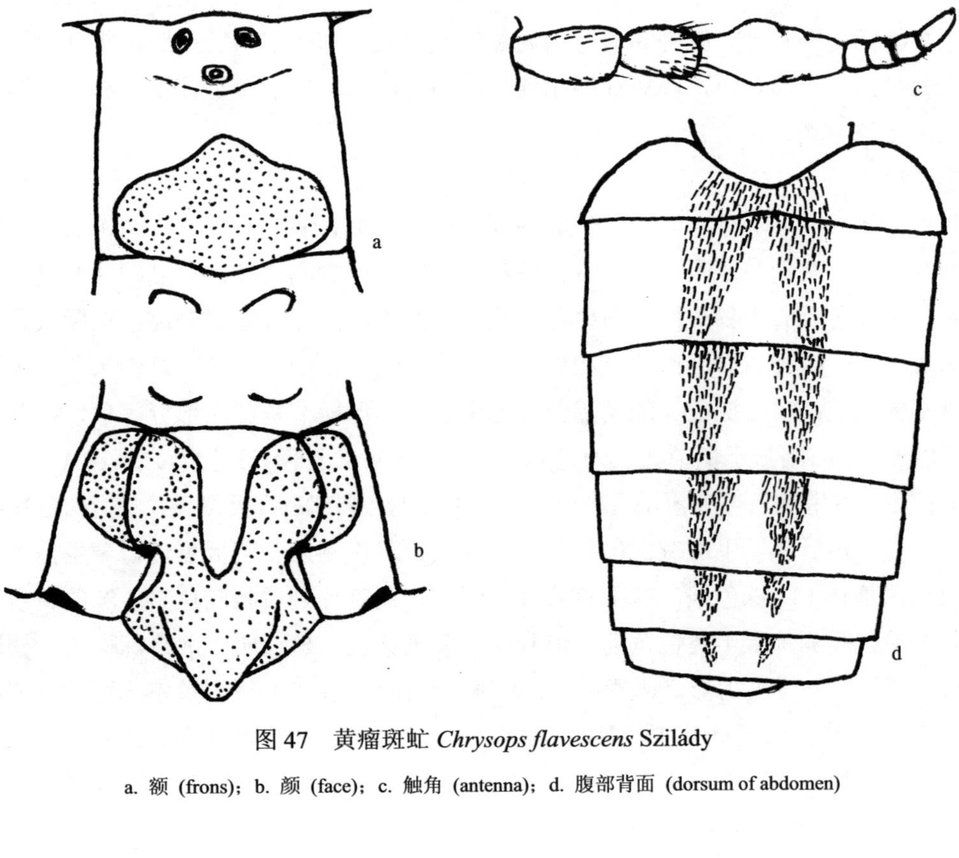

图 47　黄瘤斑虻 *Chrysops flavescens* Szilády

a. 额 (frons)；b. 颜 (face)；c. 触角 (antenna)；d. 腹部背面 (dorsum of abdomen)

暗，着生黄棕色毛。

雄性　未详。

观察标本　模式标本，台湾，保存地未详。5♀♀，辽宁；1♀，浙江，保存在 AMMSC。

生物学　沿海山地种。

地理分布　辽宁 (营口、金县、沈阳、大洼)、北京、上海 (崇明)、浙江 (舟山)、台湾 (安平、台南)。

分类讨论　本种翅斑与中华斑虻 *C. sinensis* Walker 近似，但中华斑虻的额基胛、腹部背板斑、中足与后足基节和平衡棒均为黑色；触角柄节和梗节较细长，长分别为宽的 3 倍和 2.5 倍；腹部第 2 背板的暗斑不达该节前缘。本种分布在我国东部沿海地区，跨古北、东洋两界 (图 48)

(40) 黑足斑虻 *Chrysops nigripes* Zetterstedt, 1838 (图 49；图版 III)

Chrysops nigripes Zetterstedt, 1838: 519 [Type locality: Lapponia-Finmarkiae ad Bossekop, Nord-Cap]; Chen and Quo, 1949: 3; Murdoch and Takahasi, 1969: 28; Olsufjev, 1977: 147; Xu, 1982b: 102; Wang, 1983: 22; Yao and Ding, 1986: 31; Jiang, Zhang, Huang and Dai, 1993: 101.

Chrysops lapponicus Loew, 1858: 624. Synonymized by Chvála, 1988: 110.

鉴别特征　额基胛、颜胛和口胛均为黑色；足股节和胫节黑色；腹部第 2 背板具 1 对很大的“八”字形黑斑，黑斑前端相连，达该节前缘，后端接近该节后缘，向两侧延伸，几乎达该节侧缘。

形态描述

雌性　体长 8-11 mm，黑色。头部：略宽于胸部；复眼裸；头顶具 3 个棕黑色单眼，单眼瘤区亚亮，两侧与复眼接触，着生棕色毛和黑毛；额高为基部宽度的 1.1 倍，顶宽于基宽，灰黄色，着生稀疏的灰白色毛；额基胛黑色，两侧与复眼分离；亚胛灰黄色；颜与颊灰黄色，颜胛与口胛黑色，相连，突起，中间具宽的黄粉条，颊胛黑色，大，平坦，着生棕色毛；口毛棕色。触角黑色，着生黑毛，但柄节基部大部分褐色，柄节长为宽的 2.8 倍，梗节略短于柄节，长为宽的 2.5 倍，鞭节长于柄节和梗节之和约 1.3 倍。下颚须深棕色，着生棕色毛和黑毛。喙黑色，着生黑毛。胸部：背板黑色，着生棕色短毛，盾片具 1 对伸达后缘的中侧灰白色纵条和 1 对宽的黄色侧条。侧板黑色，着生棕色毛，前气门至翅基具 1 暗棕色条，前胸背片经背侧片、翅侧片到后胸侧片具 1 宽的黄粉条，着生长黄毛，腹侧片上半黄色黄毛，前胸腹板黄色黄毛。翅透明，前缘深棕色，翅脉黄色，横带黑色，外缘锯齿形，达翅后缘，R_4 脉无附脉，R_5 室开放，臀室窄开放，翅端斑略宽于 R_1 室，端部稍超过 R_4 脉。腋瓣黑色，具黑色缨毛。平衡棒黑色，柄基部暗棕色。足黑色，着生黑毛，基节和中、后足股节夹杂有较多的棕色毛。腹部：背板黑色，着生

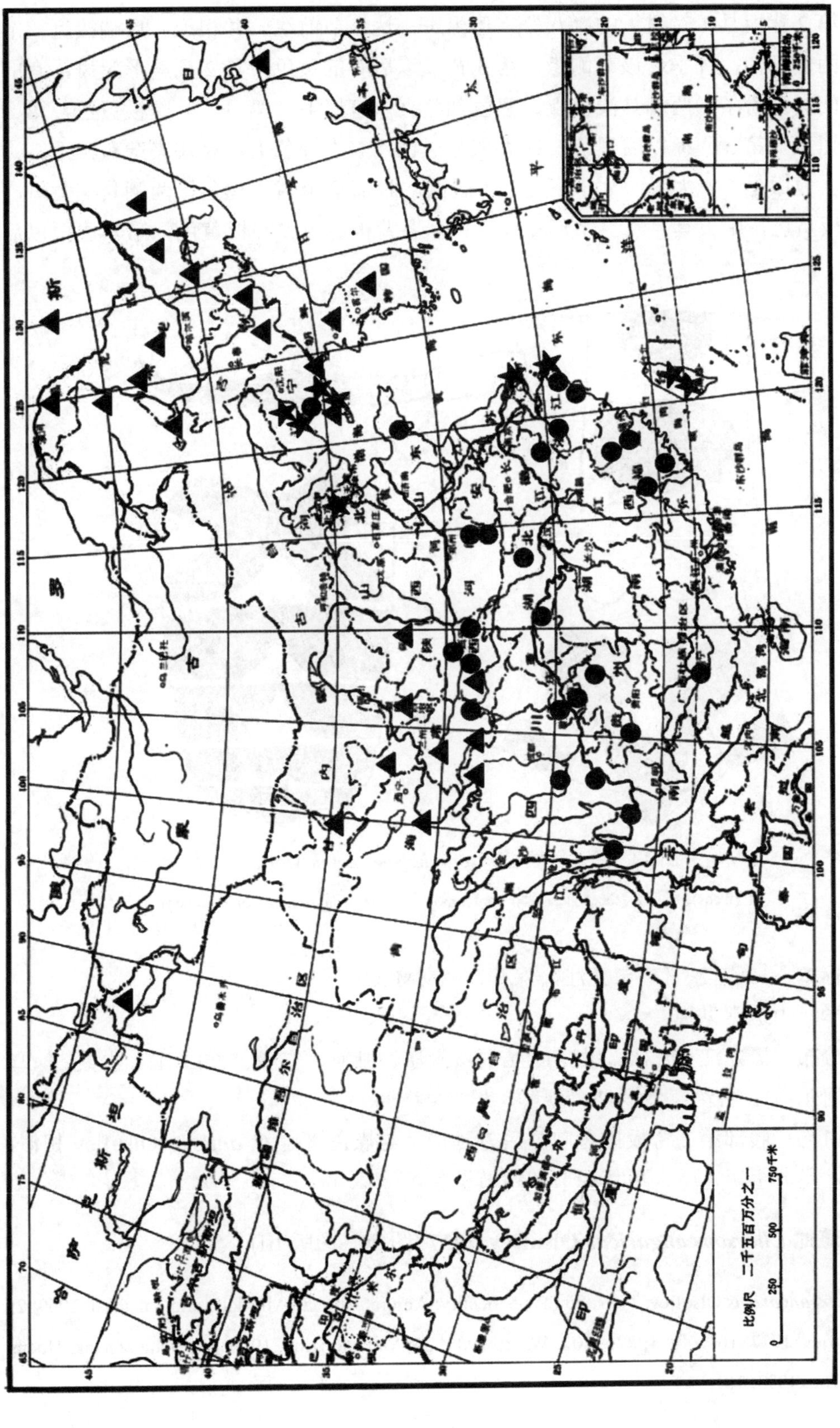

图 48　中华斑虻组 *Chrysops sinensis* group 的地理分布

★黄瘤斑虻 *Chrysops flavescens* Szilády　▲合瘤斑虻 *Chrysops suavis* Loew　●四川斑虻 *Chrysops szechuanensis* Kröber

棕色毛，第 2 背板具 1 对很大的“八”字形黑斑，达该节前缘，并相连，后端接近该节后缘，向两侧延伸，几乎达该节侧缘，第 3 背板以后有的黄色，具 2 列斜形黑斑，有的黑色，中间具黄粉条，两侧具浅色点，黑色部分夹杂有黑毛。第 1、2 腹板黄色，第 2 腹板具中黑斑，第 3 腹板以后黑色，或大部分黑色，着生棕色毛，尾端夹杂有黑毛。

雄性 复眼上 2/3 大眼面大于下 1/3 小眼面。腹部第 1 背板黑色，两侧具棕黄斑，第 2-4 背板黄色，中央具“八”字形黑斑，以后各背板黑色。腹板黄色，第 4 腹板以后黑色。

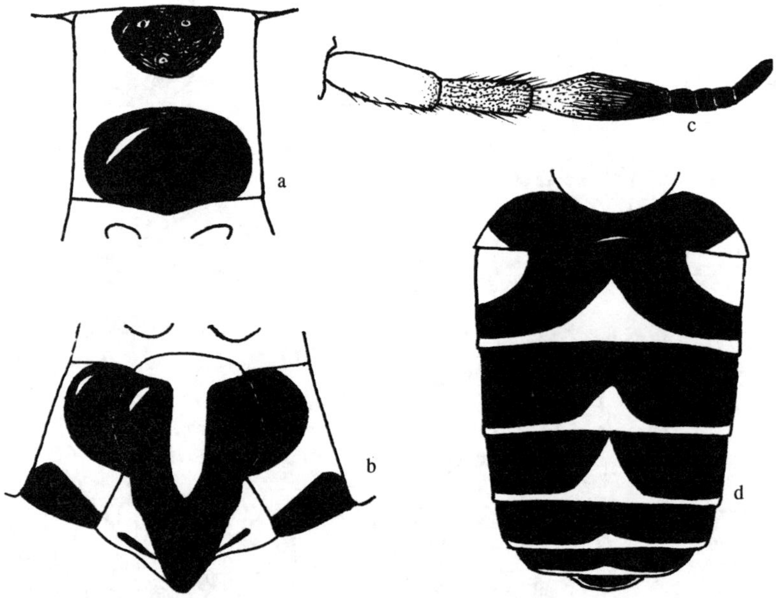

图 49 黑足斑虻 *Chrysops nigripes* Zetterstedt

a. 额 (frons)；b. 颜 (face)；c. 触角 (antenna)；d. 腹部背面 (dorsum of abdomen)

观察标本 15♀♀2♂♂，黑龙江，保存在 AMMSC。

生物学 山地常见种。

地理分布 黑龙江 (虎林、嫩江)、吉林 (漫江、柳河、安图、长白山)、内蒙古 (乌兰浩特、阿尔山)、台湾；俄罗斯，朝鲜，日本。

分类讨论 腹部第 2 背板黑斑向侧后方延伸，与煤色斑虻 *C. anthrax* Olsufjev 相似，但煤色斑虻足非全黑，中、后足胫节和跗节棕色。

(41) 联瘤斑虻 *Chrysops angaricus* Olsufjev, 1937 (图 50；图版 III)

Chrysops angaricus Olsofjev, 1937: 85 [Type locality: Amura, Russia]; Murdoch and Takahasi, 1969: 29; Olsufjev, 1977: 161; Xu, 1982b: 102; Wang, 1983: 26; Yao and Ding, 1986: 31; Jiang, Zhang, Huang and Dai, 1993: 101.

鉴别特征　翅横带达翅后缘，中室暗，翅端斑稍窄于 R_1 室宽度；腹部第 2 背板的 1 对黑斑前端相连，接近节前缘，后端不达节后缘。

形态描述

雌性　体长 7-9 mm。头部：略宽于胸部；复眼裸；头顶具 3 个褐色单眼，位于黑色单眼瘤区内，单眼瘤区亚亮，两侧与复眼分离，着生棕色毛；额高为基部宽度的 1.1 倍，顶宽稍窄于基宽，灰黄色，着生稀疏的棕色毛；额基胛黑色，两侧与复眼分离；亚胛黄色；颜与颊黄色，颜胛与口胛褐黑色，以窄线相连，中间有很宽的黄粉条，颊胛黑色，与口胛分离，着生棕色毛；口毛棕色。触角着生黑毛，柄节深棕色，长为宽的 3 倍，梗节黑色，略短于柄节，长为宽的 2.5 倍，鞭节黑色，稍长于柄节和梗节之和，鞭节端部具 4 个环节。下颚须褐黑色，着生黑毛和棕色毛。喙长于下颚须，黑色黑毛。胸部：背板黑色，着生棕色毛，盾片中央 1 对黄色纵条窄于两侧缘自肩胛延至翅后胛的 1 对黄粉条。侧板黑色，着生灰棕色毛，前气门至翅基具 1 褐色条，自前胸背板经中胸上前侧片、翅侧片到后胸侧板具 1 条宽的着生长黄毛的黄色纵条；前胸腹板和腹侧片上半部黄色黄毛。翅透明，前缘深棕色，翅脉棕色，横带棕黑色，达翅后缘，外缘略有弯曲，中室暗，R_4 脉无附脉，R_5 室开放，臀室窄开放或封闭，翅端斑约等于 R_1 室宽度，2 个基室绝大部分透明。腋瓣黑色，具棕色缨毛。平衡棒褐黑色，柄基部稍浅。足黑色，着生黑毛，中足股节，前胫节极基部，中、后足胫节和跗节棕色。腹部：第 1、2 背板棕黄色，第 1 背板黑斑宽约等于小盾片，第 2 背板的 1 对黑斑，前端相联，接近节前缘，后端不达节

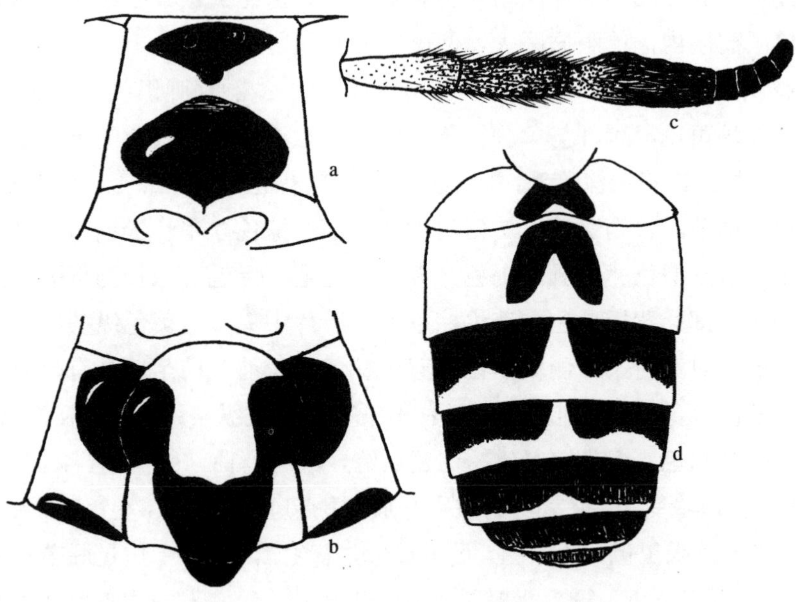

图 50　联瘤斑虻 *Chrysops angaricus* Olsufjev

a. 额（frons）；b. 颜（face）；c. 触角（antenna）；d. 腹部背面（dorsum of abdomen）

后缘，第 3 背板以后黑色，具棕黄色中三角和后缘带，浅色部分着生黄毛，黑色部分着生黑毛和棕黄色毛。第 1-4 腹板棕黄色，第 3、4 腹板中央具暗斑，第 5 腹板以后黑色，具棕黄色后缘，腹板主要着生棕色毛，黑色部分夹杂较多黑毛。

雄性 复眼上 2/3 大眼面大于下 1/3 小眼面；颜胛几乎与口胛分离；下颚须短于喙长的一半；翅基室多半暗色；腹部棕黄色部分多于雌性。

观察标本 正模♀，俄罗斯，保存在 IZPR (未检视)。2♀♀，黑龙江，保存在 AMMSC。

生物学 山地林区种。

地理分布 黑龙江 (盘古)、吉林 (敦化)、内蒙古 (博克图、阿里河)；俄罗斯，蒙古。

分类讨论 本种腹部形态与同域分布的煤色斑虻 *C. anthrax* Olsufjev 类似，但煤色斑虻的颜胛与口胛宽连接，颊胛大，与口胛连接；腹部第 1 背板黑斑较大，宽于小盾片宽度。

(42) 煤色斑虻 *Chrysops anthrax* Olsufjev, 1937 (图 51；图版 III)

Chrysops anthrax Olsufjev, 1937: 74, 364 [Type locality: Primorskiy kray, Russia]; Olsufjev, 1977: 150; Xu, 1982b: 102; Wang, 1983: 23.

鉴别特征 翅横带达翅后缘，翅端斑稍窄于 R_1 室宽度；腹部第 1 背板黑斑大，宽于小盾片；颊胛大，与口胛相连。

形态描述

雌性 体长 8-10 mm。头部：略宽于胸部；复眼裸；头顶具 3 个褐色单眼，位于亚亮的棕黑色单眼瘤区内，单眼瘤区大，两侧接触复眼，着生棕色毛；额高为基部宽度的 1.1 倍，顶宽稍窄于基宽，灰黄色，着生稀疏的棕色毛；额基胛黑色，两侧与复眼分离；亚胛黄色；颜与颊黄色，颜胛与口胛棕色，以宽带相连，中间具长的黄粉条，颊胛棕黑色，大，与口胛相连，着生棕色毛；口毛棕色。触角棕色，着生黑毛，柄节长为宽的 3.3 倍，梗节略短于柄节，长为宽的 2.5 倍，鞭节基部红棕色，稍长于柄节和梗节之和，鞭节端部具 4 个环节，黑色。下颚须褐色，着生褐色毛和黑毛。喙长为下颚须的 2 倍，色和毛同下颚须。胸部：背板黑色，着生棕色毛，盾片中央 1 对黄色纵条窄于两侧缘自肩胛延至翅后胛的 1 对黄粉条。侧板黑色，着生棕色毛，前气门至翅基有暗色条，自前胸背板经中胸上前侧片、翅侧片到后胸侧板具 1 条宽的黄色纵条；前胸腹板黄色。翅透明，前缘深棕色，翅脉棕色，横带棕黑色，达翅后缘，外缘弯曲，中室暗，R_4 脉无附脉，R_5 室开放，第 4 后室边缘变窄，臀室封闭或窄开放，翅端斑稍窄于 R_1 室宽度。腋瓣暗棕色，具褐色缨毛。平衡棒褐黑色，柄棕色。足黑棕色，着生黑毛，中、后足胫节和跗节棕色。腹部：第 1、2 背板棕黄色，第 1 背板黑斑宽于小盾片，第 2 背板中部具 1 对黑斑，黑斑不达该节前、后缘，黑斑的侧缘界限不清晰，第 3 背板以后黑色，具小的中三角和窄的后缘带。第 1、2 腹板棕黄色，第 3 腹板暗棕色，第 4 腹板以后黑色，具窄的浅色后缘，黑色部分黑毛为主，浅色部分着生棕黄色毛。

雄性　未详。

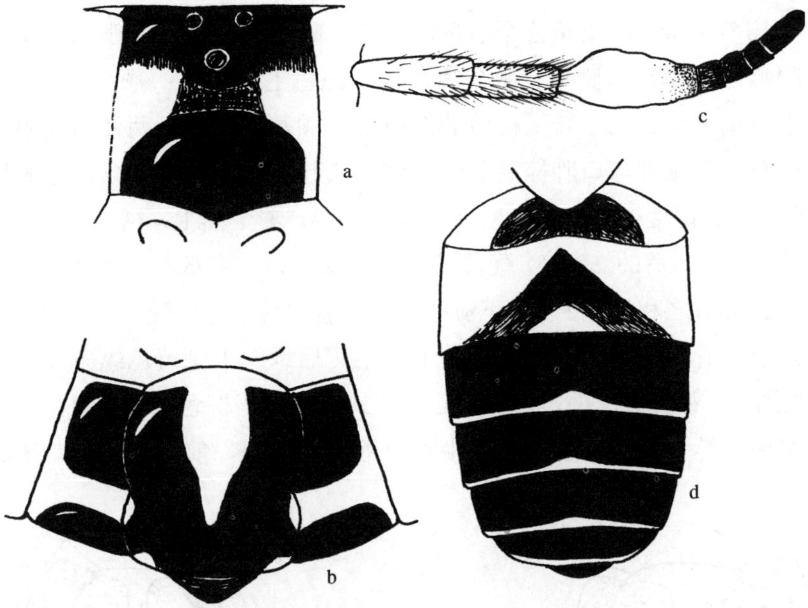

图 51　煤色斑虻 *Chrysops anthrax* Olsufjev

a. 额 (frons)；b. 颜 (face)；c. 触角 (antenna)；d. 腹部背面 (dorsum of abdomen)

观察标本　正模♀，俄罗斯，保存在 IZPR (未检视)。3♀♀，黑龙江，保存在 AMMSC。

生物学　林区种。

地理分布　黑龙江 (虎林)；俄罗斯。

分类讨论　本种腹部形态与联瘤斑虻 *C. angaricus* Olsufjev 相近，但联瘤斑虻颊胛与口胛分离，翅基室绝大部分透明，腹部第 1 背板黑斑小，约等于小盾片宽度，第 2 背板黑斑的侧缘界限清晰。

(43) 中华斑虻 *Chrysops sinensis* Walker, 1856 (图 52；图版 III，图版 XI)

Chrysops sinensis Walker, 1856: 453 [Type locality: China]; Ricardo, 1911: 388; Ôuchi, 1939: 178; Chen and Quo, 1949: 7; Liu, 1962: 120; Murdoch and Takahasi, 1969: 29; Xu, 1982c: 106; Xu, 1982e: 121; Xu, 1982g: 130; Xu and Liu, 1982b: 110; Zhang and Zhao, 1982: 7; Chen, 1983: 112; Wang, 1983: 31; Chen and Xu, 1992a: 43; Jiang, Zhang, Huang and Dai, 1993: 101; Yang and Xu, 1997: 12; Wang, Ge and Dong, 1998: 44; Liu, 1999b: 118; Xu, 2001: 235; Xu, 2004: 538; Xu, 2005: 767.

Chrysops balteatus Szilády, 1926: 598 (as var. of *sinensis*). Synonymized by Chvála, 1988: 112.

鉴别特征　颜胛和口胛、足股节和胫节棕黄色；腹部第 2 背板具 1 对不达该节后缘的“八”字形黑斑。

形态描述

雌性　体长 8-12 mm，土黄色至黑色。头部：略宽于胸部；复眼裸；头顶具 3 个黑色单眼，单眼瘤区覆粉，两侧与复眼分离，着生棕色毛和黑毛；额高为基部宽度的 1.2 倍，顶宽大于基宽，土黄色，着生稀疏的棕色毛；额基胛黑色，两侧与复眼分离；亚胛黄色；颜与颊黄色，颜胛与口胛棕黄色，相连，突起，中间具黄粉条，颊胛黑色，小，平坦，着生棕色毛；口毛棕色。触角柄节和梗节棕色，着生黑毛，柄节长为宽的 2.8 倍，梗节略短于柄节，长为宽的 2.4 倍，鞭节基部少许棕黑色，端部大部分及 4 个环节黑色，鞭节长于柄节和梗节之和约 1.2 倍。下颚须棕色，着生棕色毛。喙长，黑色，着生黑毛。胸部：背板黑色，着生棕色短毛，盾片具 1 对不达后缘的中侧黄色纵条和 1 对宽的黄色侧条。侧板灰黑色，着生棕色毛，前气门至翅基具 1 窄的暗棕色条，前胸背片经背侧片、翅侧片到后胸侧片具 1 宽的黄粉条，着生长黄毛。翅透明，前缘深棕色，翅脉黄色，横

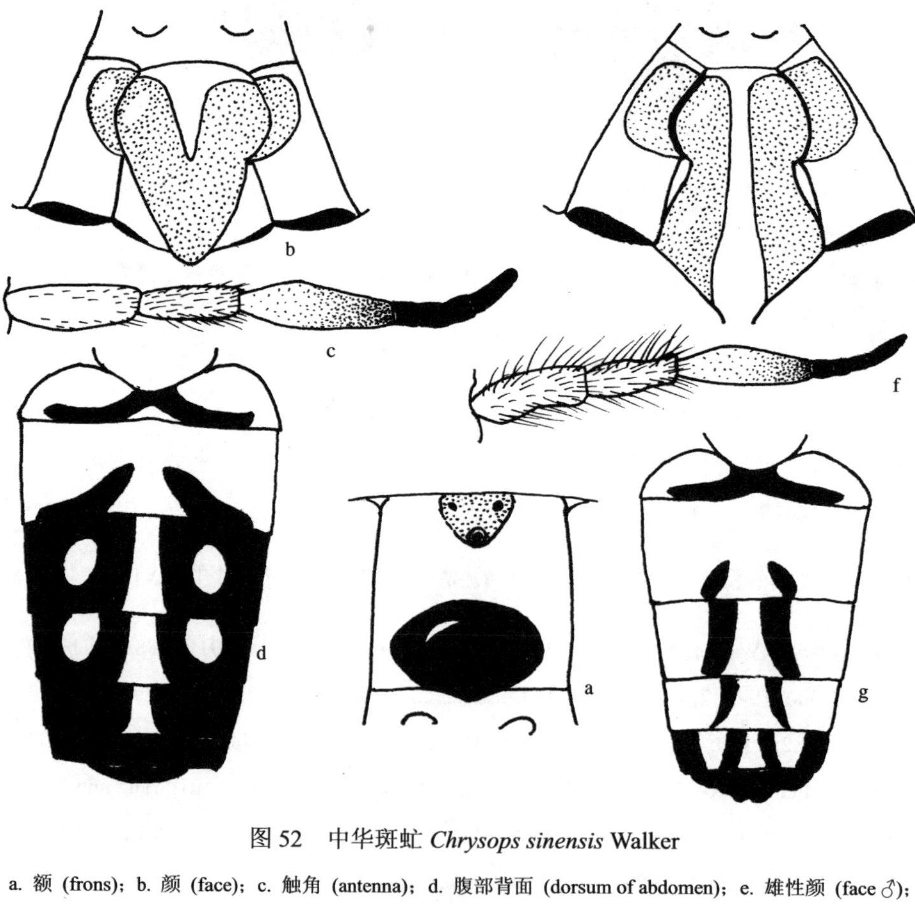

图 52　中华斑虻 *Chrysops sinensis* Walker

a. 额 (frons)；b. 颜 (face)；c. 触角 (antenna)；d. 腹部背面 (dorsum of abdomen)；e. 雄性颜 (face ♂)；f. 雄性触角 (antenna ♂)；g. 雄性腹部背面 (dorsum of abdomen ♂)

带棕黑色，外缘锯齿形，达翅后缘，中室中央有的稍浅，但不透明，R_4 脉无附脉，R_5 室开放，臀室封闭或窄开放，翅端斑等于 R_1 室宽，端部稍超过 R_4 脉。腋瓣棕黑色，具棕色缨毛。平衡棒黑色，柄暗棕色。前足基节黄色黄毛，中足基节褐色，后足基节和各足转节黑色，着生棕色毛，股节和胫节棕黄色，着生黑毛，中、后足股节夹杂有黄毛，跗节棕黑色，中、后足跗节基部大部分较浅。腹部：背板黄色，着生棕色毛，第 2 背板具 1 对“八”字形黑斑，或大或小，均不达该节后缘，第 3 背板以后，有的黄色，具 2 列斜形黑斑，有的黑色，中间具黄粉条，两侧具浅色点，黑色部分夹杂有黑毛。第 1、2 腹板黄色，第 2 腹板具中黑斑，第 3 腹板以后黑色，或大部分黑色，着生棕色毛，尾端夹杂有黑毛。

雄性 复眼上 2/3 大眼面大于下 1/3 小眼面。腹部第 1 背板黑色，两侧具棕黄斑，第 2-4 背板黄色，中央具“八”字形黑斑，以后各背板黑色。腹板黄色，第 4 腹板以后黑色。

观察标本 模式标本，中国，保存地未详。20♀♀，辽宁；10♀♀1♂，浙江；100♀♀2♂♂，四川，保存在 AMMSC。

生物学 广布于平原、山地，孳生于稻田、池塘、沼泽。

地理分布 分布于甘肃以东广大地区。吉林 (通化、柳河、延吉、图们、安图)、辽宁 (沈阳、朝阳、黑山、北镇、锦西、兴城、绥中、义县、锦县、开原、宽甸、金县、营口、大洼、庄河、长山列岛)、北京、天津、河北 (怀来、昌黎、兴隆、石家庄)、山西 (永济、运城、太原、平定、文水)、山东、河南 (信阳、新县、桐柏、西平、武陟)、陕西 (南泥湾、咸阳、宝鸡、汉中、略阳)、宁夏 (银川、中卫、隆德)、甘肃 (兰州、白银、武都、文县、天水、酒泉)、江苏 (射阳)、上海、安徽 (合肥、太平)、浙江 (定海、天目山、莫干山、临海、雁荡山、黄岩、金华)、湖北 (孝感、应山、襄阳、十堰)、江西 (九江)、湖南 (长沙、慈利)、福建 (武夷山、邵武、建阳、将乐、三明、永安、宁化、福州、蒲田、泉州、厦门、漳州、漳浦、东山、诏安)、台湾 (台北、淡水、嘉义、台南、甲仙)、广东 (大浦、乐昌、罗浮山、汕头、澄海、南澳)、香港、广西 (兴安、凌乐、玉林、防城、宁明、凭祥、龙州、大新、大明山)、重庆 (巫溪、南川)、四川 (峨眉山、西昌、昭觉、美姑、会理、米易)、贵州 (贵阳、安顺、平坝、普定、开阳、关岭、惠水、龙里、瓮安、福泉、独山、荔波、三都、遵义、息烽、绥阳、余庆、赤水、习水、盘县、兴义、兴仁、安龙、晴隆、雷山、榕江、天柱、思南、沿河、江口、黔西、金沙、威宁、毕节)、云南 (丽江、大关、水富、昭通、巧家、云县、耿马、昆明、麻栗坡)。

分类讨论 本种是多型的广布种，黄色型易与黄瘤斑虻 *C. flavescens* Szilády 混淆，但黄瘤斑虻额基胛棕黄色。黑色型易与四川斑虻 *C. szechuanensis* Kröber 和合瘤斑虻 *C. suavis* Loew 等混淆，但中华斑虻腹部第 2 背板黑斑不达该节后缘，可与之区别。

(44) 斯氏斑虻 *Chrysops stackelbergiellus* Olsufjev, 1976 (图 53；图版 III)

Chrysops stackelbergiellus Olsufjev, 1976: 379 [Type locality: Beijing, China]; Chen, 1983: 112; Wang, 1983: 21.

鉴别特征 雌性翅无端斑；腹部黑色，第 1、2 背板黄白色，第 1 背板黑斑宽于小盾片，第 2 背板中部后缘具 1 对黑斑。

形态描述

雌性 体长 8-9 mm。头部：略宽于胸部；复眼裸；头顶具 3 个棕色单眼，位于光亮的褐色单眼瘤区内，单眼瘤区大，两侧接触复眼，着生棕色毛；额高约等于基部宽度，顶宽稍窄于基宽，灰色，着生稀疏的棕色毛；额基胛褐黑色，两侧与复眼分离；亚胛灰色；颜与颊黄色，颜胛与口胛褐黑色，以宽带相连，中间具黄粉条，颊胛黑色，大，与口胛相连，着生棕色毛；口毛棕色。触角着生黑毛，柄节棕色，长为宽的 4 倍，梗节暗棕色，略短于柄节，长为宽的 3.3 倍，鞭节黑色，基部色稍浅，长约等于柄节和梗节之和，鞭节端部具 4 个环节。下颚须褐黑色，着生褐色毛和黑毛。喙长为下颚须的 1.5 倍，色和毛同下颚须。胸部：背板黑色，着生棕色毛，盾片中央 1 对黄色纵条窄于两侧缘自肩胛延至翅后胛的 1 对黄粉条；侧板黑色，着生棕色毛，前气门至翅基具暗色条，自前胸背板经中胸上前侧片、翅侧片到后胸侧板具 1 条宽的黄色纵条；前胸腹板灰黄色。翅透明，前缘深棕色，翅脉棕色，横带棕黑色，窄，达翅后缘，外缘大致直，基室大部分透明，中室暗，R_4 脉无附脉，R_5 室开放，臀室封闭，无端斑。腋瓣暗棕色，具褐色缨毛。平衡棒褐色，柄棕色。足棕黑色，着生黑毛，基节富棕色毛，中足胫节和中、后足第 1 跗节棕色。腹部：背板黑色，着生黑毛夹杂少量棕色毛，第 1、2 背板棕黄色，第 1 背板黑斑宽于小盾片，第 2 背板中部具 1 对黑斑，黑斑不达该节前缘，而达后缘。腹板黑色，着生棕色毛，夹杂有黑毛。

雄性 与雌性有较大差易。复眼上、下眼面等大；两口胛分开；翅具窄的端斑，基室仅端部透明；腹部背板黑色，第 1、2 背板两侧暗棕色，第 2 背板中央后缘具小的棕色三角斑；腹板黑色，第 1、2 腹板两侧暗棕色。

观察标本 正模♀，北京，保存在 IZPR (未检视)。2♀♀1♂，北京,，保存在 AMMSC。

生物学 林区种。

地理分布 辽宁 (辽中、开原、兴城)、北京 (怀柔)、天津、河北。

分类讨论 本种雌性和雄性翅斑和腹部斑纹差易较大，在斑虻属种类中不多见。形态类似于合瘤斑虻 *C. suavis* Loew 和四川斑虻 C. *szechuanensis* Kröber，但斯氏斑虻雌性翅无端斑，易区分。

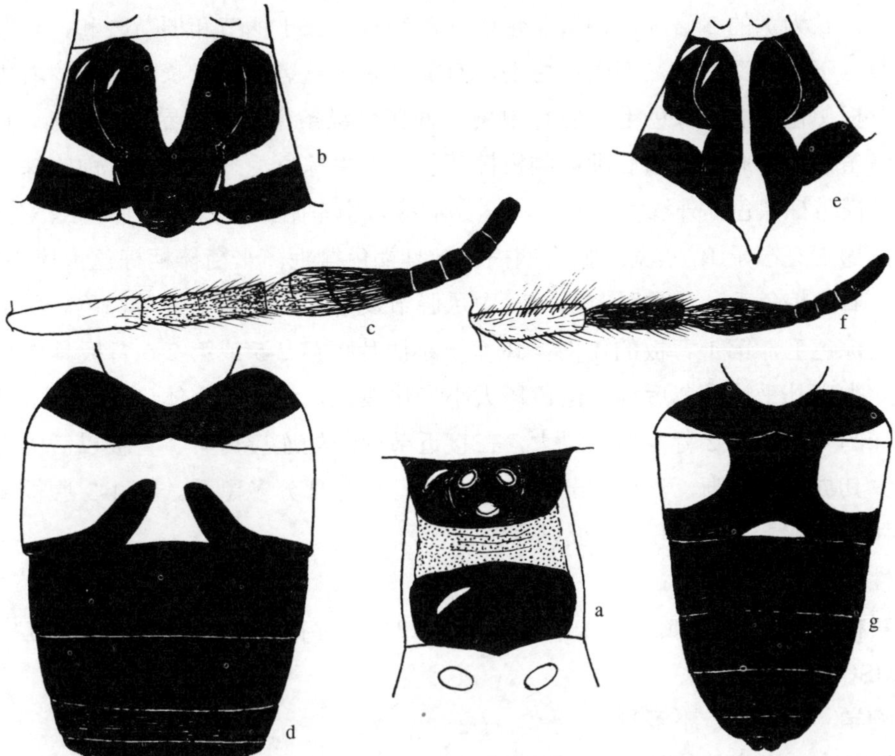

图 53　斯氏斑虻 *Chrysops stackelbergiellus* Olsufjev

a. 额 (frons); b. 颜 (face); c. 触角 (antenna); d. 腹部背面 (dorsum of abdomen); e. 雄性颜 (face ♂); f. 雄性触角 (antenna ♂); g. 雄性腹部背面 (dorsum of abdomen ♂)

(45) 辽宁斑虻 *Chrysops liaoningensis* Xu *et* Chen, 1977 (图 54; 图版 III)

Chrysops liaoningensis Xu *et* Chen, 1977: 338 [Type locality: Donggou, Liaoning, China]; Chen, 1983: 112; Wang, 1994: 16.

鉴别特征　翅横带不达翅后缘，中室暗，翅端斑窄于 R_1 室宽；腹部背板黑斑因个体差异变化较大，但可见具 2 列黑斑。

形态描述

雌性　体长 7-8 mm。头部：略宽于胸部；复眼裸；头顶具 3 个黑色单眼，位于灰黑色单眼瘤区内，单眼瘤区小，覆粉，两侧远离复眼，着生棕色毛；额高为基部宽度的 1.2 倍，顶宽稍窄于基宽，灰黄色，着生稀疏的棕色毛；额基胛棕黑色，两侧与复眼分离；亚胛黄色；颜与颊黄色，颜胛与口胛深棕色，相连，中间具黄粉条，颊胛黑色，平坦，着生棕色毛；口毛棕色。触角柄节棕色，长为宽的 2 倍许，着生黑毛，梗节褐黑色，略短于柄节，长为宽的 2 倍许，鞭节黑色，基部略浅，长于柄节和梗节之和，鞭节端部具 4 个环节。下颚须深棕色，着生棕色毛，有的夹杂少量黑毛。喙长，黑色，着生黑毛。胸部：背板黑色，着生棕色毛，盾片中央 1 对黄色纵条宽，内侧界限不清晰，两侧缘 1 对黄色纵条，自肩胛延至翅后胛；侧板棕黄色，着生棕色毛。翅透明，前缘深棕色，翅脉棕色，横带棕黑色，外缘大致直，不达翅后缘，中室暗，R_4 脉无附脉，R_5 室开放，臀室封闭，翅端斑窄于 R_1 室宽。腋瓣烟褐色，具褐色缨毛。平衡棒柄棕色，棒头褐黑色。足黑色，着生棕色毛，前足胫节基部，中足胫节及中、后足第 1 跗节棕色。腹部：黄棕色，着生棕色毛，第 1 背板的 1 对黑斑宽于小盾片，第 2-5 或第 2-6 背板具 2 列黑色楔形斑，此类斑几乎达各节后缘，但色斑大小变化较大，色浅的个体，腹背的 2 列黑斑清晰，色深的个体，第 2 背板的黑斑大，在接近节前缘处连接，第 3 背板以后的黑斑因背板色暗，其界限不清晰，浅色部分着生棕色毛，黑色部分多黑毛。第 1-3 腹板黄色，第 3 腹板中央及侧缘黑色，第 4 腹板以后黑色。

雄性 未详。

观察标本 正模♀，辽宁东沟，1972.VII.22，保存在 AMMSC。2♀♀，辽宁，保存在 AMMSC。

生物学 山区种，不多见。

地理分布 辽宁 (东沟、大洼、盘锦)。

分类讨论 本种腹部形态与合瘤斑虻 *C. suavis* Loew 和中华斑虻 *C. sinensis* Walker 类似，但本种的翅端斑窄，横带不达翅后缘。

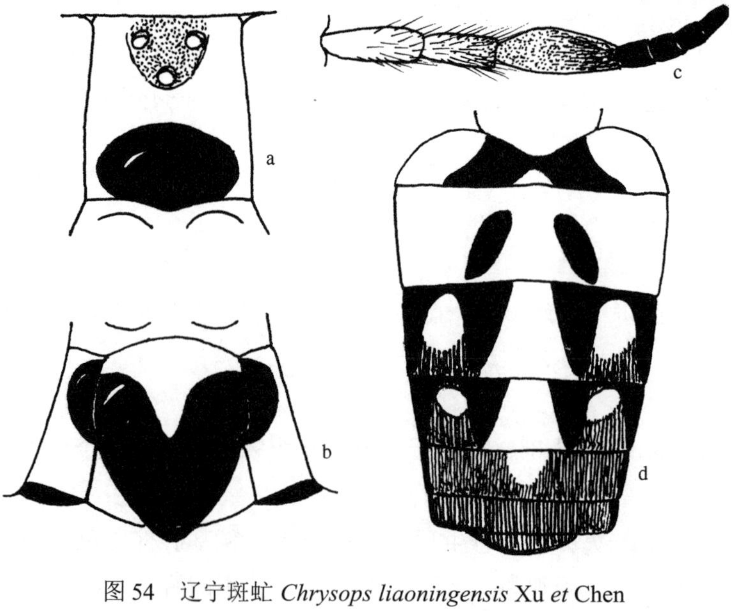

图 54 辽宁斑虻 *Chrysops liaoningensis* Xu *et* Chen

a. 额 (frons)；b. 颜 (face)；c. 触角 (antenna)；d. 腹部背面 (dorsum of abdomen)

(46) 合瘤斑虻 *Chrysops suavis* Loew, 1858 (图 48, 图 55; 图版 III, 图版 XI)

Chrysops suavis Loew, 1858: 103 [Type locality: Japan]; Murdoch and Takahasi, 1969: 30; Olsufjev, 1977: 165; Xu, 1982b: 102; Xu and Liu, 1982b: 110; Chen, 1983: 112; Wang, 1983: 27; Yao and Ding, 1986: 31; Wu, Li, Liu, Yang, Zhang and Cao, 1988: 198; Jiang, Zhang, Huang and Dai, 1993: 101; Wang, Ge and Dong, 1998: 44; Liu, 1999b: 118; Xu, 2005: 767.

Chrysops sakhalinensis Pleske, 1910: 472. Synonymized by Chvála,1988: 112.

Chrysops kunashiri Olsufjev, 1977: 116. Synonymized by Chvála,1988: 112.

鉴别特征　翅横带达翅后缘，中室暗，翅端斑约等于 R_1 室宽；腹部背板黑斑因个体差异变化较大，但第 2 背板的 1 对黑斑自节后缘向前伸，超过该节长度的一半。

形态描述

雌性　体长 7-9 mm。头部：略宽于胸部；复眼裸；头顶具 3 个棕色单眼，位于灰黑色单眼瘤区内，单眼瘤区大，覆粉，两侧几乎接触复眼，着生棕色毛和黑毛；额高为基部宽度的 1.2 倍，顶宽稍窄于基宽，灰黄色，着生稀疏的棕色毛；额基胛黑色，两侧与复眼分离；亚胛黄色；颜与颊黄色，颜胛与口胛黑色，相连，中间具黄粉条，该粉条达口胛，颊胛黑色，大，平坦，着生棕色毛；口毛棕色。触角黑色，着生黑毛，但柄节棕色，长为宽的 3 倍，梗节褐黑色，略短于柄节，长为宽的 3 倍，鞭节稍长于柄节和梗节之和，鞭节端部具 4 个环节。下颚须褐黑色，着生棕色毛和黑毛。喙长，黑色，着生黑毛。胸部：背板黑色，着生棕色毛，盾片中央 1 对黄色纵条窄于两侧缘自肩胛延至翅后胛的 1 对黄粉条。侧板黑色，着生灰棕色毛，自前胸背板经中胸上前侧片、翅侧片到后胸侧板具 1 条宽的黄色纵条。翅透明，前缘深棕色，翅脉棕色，横带棕黑色，达翅后缘，外缘直或在 R_{4+5} 处略有外突，在第 3 后室处具内凹，中室暗，R_4 脉无附脉，R_5 室开放，第 4 后室略变窄，臀室封闭或窄开放，翅端斑约等于 R_1 室宽。腋瓣黑色，具褐色缨毛。平衡棒褐黑色，柄基部稍浅。足黑色，中足胫节及中、后足第 1 跗节暗棕色。腹部：黄色，着生棕色毛，第 1 背板黑斑约等于小盾片宽，第 2 背板中央具 1 对黑斑，自后缘向前伸，超过节长的一半，斑前端稍内弯，第 3 背板以后黑色，中间具 1 条黄色纵纹，向后变细，消失于第 5 或第 6 背板，但腹背色斑有较大的个体变异，有些个体第 3 背板以后各节两侧黄色，使中间形成 2 条黑纵纹，有些个体第 2 背板黑斑在前缘会合，达该节前缘。腹板着生棕色毛，第 1、2 腹板黄色，第 3 腹板棕黑色，第 4 腹板以后黑色，黑色部分夹杂较多黑毛。

雄性　复眼上 2/3 大眼面大于下 1/3 小眼面。与雌性比较，胸部盾片中间的 1 对黄色纵条较短，不清晰；腹部第 2 背板黑斑往往较大，在前方会合。

观察标本　25♀♀1♂，黑龙江；10♀♀，甘肃，保存在 AMMSC。

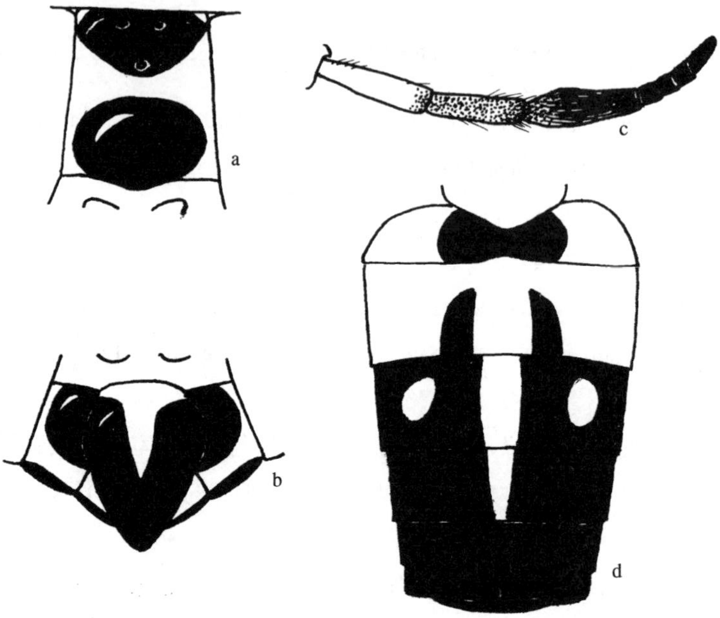

图 55　合瘤斑虻 *Chrysops suavis* Loew

a. 额 (frons)；b. 颜 (face)；c. 触角 (antenna)；d. 腹部背面 (dorsum of abdomen)

生物学　山区常见种。

地理分布　黑龙江 (呼玛、嫩江、绥阳、亚布力、饶河、辰清)、吉林 (长白山、抚松、浑江、珲春、柳河)、辽宁 (绥中、岫岩、西丰、新宾、宽甸、庄河)、内蒙古 (乌兰浩特、阿里河、阿尔山、牙克石)、陕西 (郭镇、子午岭、汉中、留坝、榆林、延安)、宁夏 (平吉堡)、甘肃 (武威、岷县、武都、成县、红岩山)、青海 (兴海)、新疆 (哈巴河)、台湾、四川 (南平)；俄罗斯，朝鲜，日本。

分类讨论　本种腹部形态与我国南方的四川斑虻 *C. szechuanensis* Kröber 近似，但四川斑虻腹部第 2 背板黑斑自后缘向前伸，不超过节的一半长，中颜胛间的黄粉条很短，不明显。本种是古北界山区种，向南延伸到秦岭南坡，东洋界北缘 (图 48)。

(47) 四川斑虻 *Chrysops szechuanensis* Kröber, 1933 (图 48, 图 56; 图版 III, 图版 XI)

Chrysops szechuanensis Kröber, 1933: 2 [Type locality: Northen East, Sichuan, China]; Chen and Xu, 1992a: 45; Wang, 1994: 23.

Chrysops chusanensis Ôuchi, 1939: 180 [Type locality: Chusan Island, Zhejiang, China]. New synonym.

Chrysops chusensis Ôuchi, 1943: 476. Synonymy of *chusanensis* by Chen and Quo, 1949: 5.

Chrysops subchusanensis Wang *et* Liu, 1990: 173. Synonymy of *chusanensis* by Xu, 2000: 190.

Chrysops chusanensis Ôuchi: Chen and Quo, 1949: 5; Liu, 1962: 119; Xu, 1982e: 120; Xu, 1982g: 130; Xu and Liu, 1982b: 109; Chen, 1983: 111; Wang, 1983: 29; Wu, Li, Liu, Yang, Zhang and Cao, 1988:

197; Yang and Xu, 1997: 13; Wang, Ge and Dong, 1998: 44; Liu, 1999b: 117; Xu, 2001: 345; Xu, 2005: 766.

鉴别特征　翅横带达翅后缘，中室暗，翅端斑稍窄于 R_1 室宽；腹部第 2 背板的 1 对黑斑自节后缘向前伸，不超过节的一半长。

形态描述

雌性　体长 8-9 mm。头部：略宽于胸部；复眼裸；头顶具 3 个褐色单眼，位于灰黑色单眼瘤区内，单眼瘤区大，光亮，两侧接触复眼，着生棕色毛；额高为基部宽度的 1.1 倍，顶宽稍窄于基宽，灰黄色，着生稀疏的棕色毛；额基胛黑色，两侧与复眼分离；亚胛黄色；颜与颊黄色，颜胛与口胛褐黑色，以宽带相连，中间具很短的黄粉条，颊胛黑色，大，平坦，着生棕色毛；口毛棕色。触角着生黑毛，柄节棕色，长接近宽的 4 倍，梗节褐黑色，略短于柄节，长接近宽的 4 倍，鞭节稍长于柄节和梗节之和，基部褐黑色，鞭节端部具 4 个环节，黑色。下颚须褐黑色，着生褐色毛。喙长于下颚须，色和毛同下颚须。胸部：背板黑色，着生棕色毛，盾片中央 1 对黄色纵条窄于且短于两侧缘自肩胛延至翅后胛的 1 对黄粉条；侧板黑色，着生灰棕色毛，自前胸背板经中胸上前侧片、翅侧片到后胸侧板具 1 条宽的黄色纵条。翅透明，前缘深棕色，翅脉棕色，横带棕黑色，达翅后缘，但第 5 后室透明，外缘大致平直，中室暗，基室大部分透明，R_4 脉无附脉，R_5 室开放，第 4 后室边缘变窄，臀室封闭，翅端斑稍窄于 R_1 室宽。腋瓣黑色，具褐色缨毛。平衡棒褐黑色，柄基部稍浅。足黑棕色，着生黑毛，胫节和跗节棕色，但前足胫节端部 2/3 和跗节棕黑色。腹部：黑色，着生棕色毛，第 1、2 背板黄色，第 1 背板黑斑宽于小盾片，第 2 背板中后部具 1 对黑斑，黑斑短，不超过节的一半长，第 3 背板以后黑色，中间具 1 条黄色纵纹，向后变细，消失于第 5 或第 6 背板。腹板着生棕色毛，第 1、2 腹板黄色，第 2 腹板中央较暗，第 3 腹板以后黑色，黑色部分夹杂黑毛。

雄性　复眼上 2/3 大眼面大于下 1/3 小眼面，与雌性比较，胸部盾片中夹的 1 对黄色纵条较不清晰，腹部第 1、2 背板棕黑色，且色泽由前向后加重，第 3-7 背板黑色，翅基室仅端部 1/3 透明。

观察标本　正模♂，四川东北 (现为重庆)(未检视)。舟山斑虻的模式标本保存在 IECAS。30♀♀2♂♂，浙江；50♀♀，四川；6♀♀2♂♂，湖北。

生物学　丘陵山地常见种，5-9 月活动。

地理分布　辽宁 (绥中、义县)、山东 (莱阳)、河南 (鸡公山、信阳、桐柏)、陕西 (西安、秦岭、汉中、安康、留坝、佛坪、宁强、洋县、西乡)、甘肃 (康县)、安徽 (黄山)、浙江 (舟山、临海、江山、天目山)、湖北 (应山、孝感、郧县、五峰)、福建 (邵武、将乐、长汀、建阳、南靖)、广西 (大明山)、重庆 (巫溪、南川)、四川 (会理、雅安)、贵州 (惠水、赤水、沿河、雷山、威宁、赫章)、云南 (宁蒗、维西)。

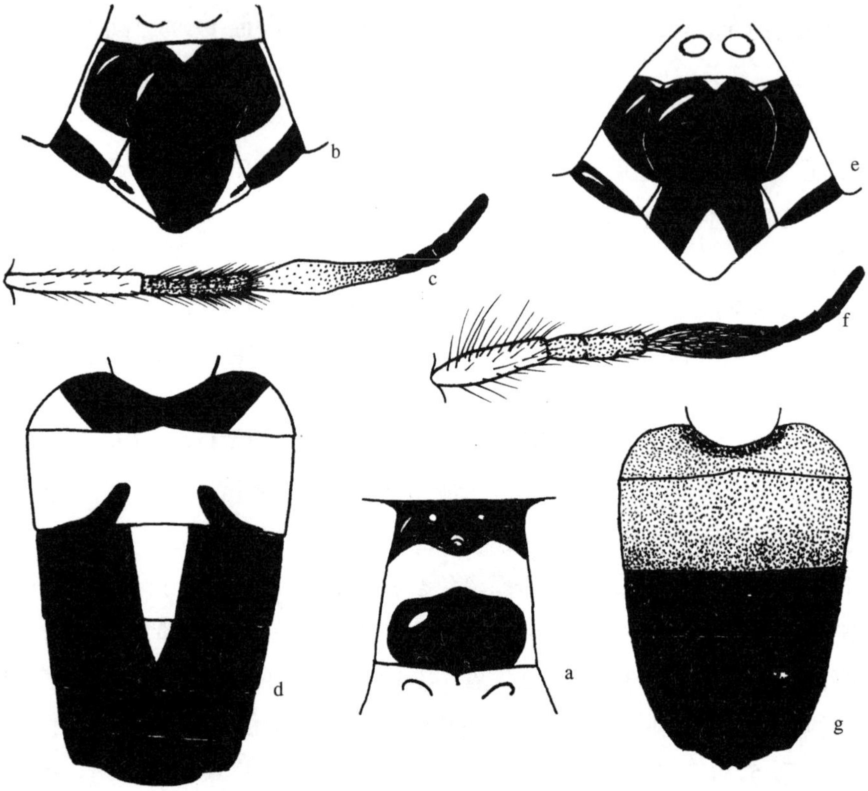

图 56　四川斑虻 *Chrysops szechuanensis* Kröber

a. 额 (frons)；b. 颜 (face)；c. 触角 (antenna)；d. 腹部背面 (dorsum of abdomen)；e. 雄性颜 (face ♂)；f. 雄性触角 (antenna ♂)；g. 雄性腹部背面 (dorsum of abdomen ♂)

分类讨论　本种腹部形态与我国北方的合瘤斑虻 *C. suavis* Loew 近似，但合瘤斑虻腹部第 2 背板黑斑自后缘向前伸，超过节的一半长，中颜胛间的黄粉条明显，达口胛。合瘤斑虻是古北界种，而四川斑虻是东洋界种 (图 48)。舟山斑虻 *C. chusnaensis* Ôuchi 与四川斑虻在过去文献中认作 2 种，区别在雄性，舟山斑虻的翅第 2 基室几乎全暗，仅端部少许透明，而在四川斑虻翅第 2 基室基半暗色，端半透明。经 2 种模式标本产地大量雌性标本的检视，未能找到区别点，故本志暂认作是同种。

8. 格虻属 *Gressittia* Philip *et* Mackerras, 1959

Gressittia Philip *et* Mackerras, 1959, Philipp. J. Sci., 88: 290. **Type species**: *Gastroxides fuscus* Schuurmans-Stekhoven; by original designation; Wang, 1994: 8.

鉴别特征　体小中型，3 个明显分离的单眼；额宽窄不一，额中胛为基胛的延线状；

颜隆起，通常具光泽；下颚须第 2 节短粗；翅具色斑；后足胫节距短小或缺如；腹部末端收缩。

形态描述　体长为 10-14 mm，棕黄色至黑色，体毛稀少。

雌性　头部：复眼无毛，头顶具 3 个明显单眼，位于大的单眼瘤区内；额宽窄不一，两侧大致平行，或顶端略窄，覆粉；额胛粗，中胛为基胛的延线状；亚胛通常覆粉，颜隆起，具光泽。触角短，柄节略长于梗节，鞭节端部具 4 个环节。下颚须第 2 节粗。胸部：背板无条纹，着生浅黄色软毛。翅一般具端斑和横带，R_4 脉无附脉。平衡棒一般暗色。后足胫节距短小或缺如。腹部末端收缩。

雄性　复眼裸，上半部大眼面大于下半部小眼面，单眼瘤明显突起。触角窄于雌性，下颚须卵形。

地理分布　本属分布在东洋界、非洲界。

生态习性　山区种。

分类讨论　该属是个小属，已知 10 种，我国有 3 种，均为东洋界种。

医学重要性　吸血。该属的种类，数量均不多，不具医学重要性。

种 检 索 表

1. 腹部黄棕色，着生黄棕色毛；额胛大，几乎占整个额…………………**峨眉山格虻 *G. emeishanensis***
   腹部黑色，着生黑毛；额胛与眼和单眼瘤明显分离…………………………………………………2
2. 额胛较大，几乎与复眼接触；翅端斑不清晰，与横带连接………………**宝兴格虻 *G. baoxingensis***
   额胛远离眼；翅端斑清晰，与横带分离……………………………………………**二标格虻 *G. birumis***

(48) 峨眉山格虻 *Gressittia emeishanensis* Wang *et* Liu, 1990 (图 57)

Gressittia emeishanensis Wang *et* Liu, 1990: 172 [Type locality: Emeishan, Sichuan, China].

鉴别特征　额基胛大，几乎占整个额；翅横带棕色，达翅后缘，翅端斑大，占据整个 R_4 脉，与横带在前缘分离，后缘连接；腹部棕色，无斑。

形态描述

雌性　体长 11 mm，棕色。头部：略宽于胸部；复眼裸；头顶具 3 个亮棕色单眼，位于光亮的黑色单眼瘤区内，单眼瘤区大，两侧与复眼几乎连接；额高约为基部宽度的 2.5 倍，顶宽稍窄于基宽，烟黑色，眼缘与头顶着生稀疏的棕色毛；额基胛大，几乎占整个额；亚胛黄色，覆黄粉；颜突起，亮棕色，颊覆黄粉，着生棕色毛；口毛棕色。触角黄色，柄节和梗节着生棕黄色毛，鞭节基部无背突，长约为宽的 2.5 倍，短于端部 4 个环节之和。下颚须棕色，第 2 节长约为宽的 2.7 倍，末端钝，着生棕色毛。喙短于下颚须。胸部：棕色，着生棕色毛，盾片具 3 条红棕色细纵纹，达小盾片。翅横带和端斑清晰，端斑大，前缘与横带分离，后缘与横带连接，中室暗，R_4脉无附脉，R_5室开放，臀室封闭。腋瓣暗棕色，具1丛白色缨毛。平衡棒棕色。足股节棕色，着生棕色毛，胫节和跗节黄棕色，着生黄毛，后足胫节端部无距。腹部：背板棕色，着生棕色毛，无纹饰。腹板色同背板。

雄性 未详。

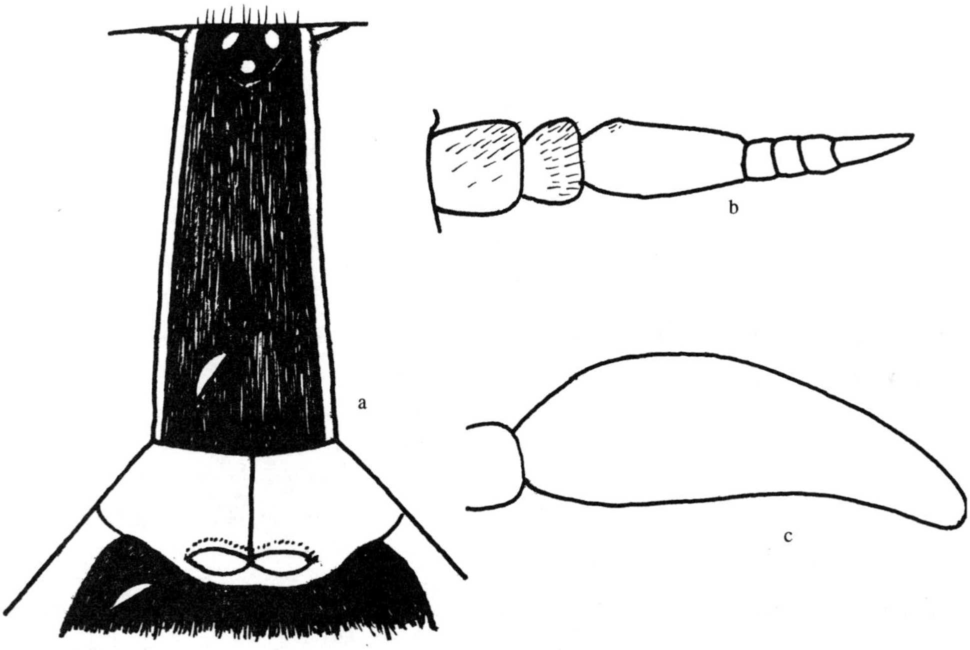

图 57 峨眉山格虻 *Gressittia emeishanensis* Wang *et* Liu

a. 额 (frons); b. 触角 (antenna); c. 下颚须 (palpus)

观察标本 正模♀，四川峨眉山，海拔 1500 m，1940.VIII.9，L. Gressit，保存在 IECAS。

生物学 山区种。

地理分布 四川 (峨眉山)。

分类讨论 本种与二标格虻 *Gressittia birumis* Philip *et* Mackerras 类似，但二标格虻体黑色，额基胛小。

(49) 宝兴格虻 *Gressittia baoxingensis* Wang *et* Liu, 1990 (图 58)

Gressittia baoxingensis Wang *et* Liu, 1990: 171 [Type locality: Baoxing, Sichuan, China].

鉴别特征 翅端斑和横带模糊；腹部黑色，无斑。

形态描述

雌性　体长 11 mm，烟黑色。头部：略宽于胸部；复眼裸；眼后缘毛黑色。头顶具 3 个棕色单眼，位于光亮的褐色单眼瘤区内，单眼瘤区两侧与复眼分离；额高约为基部宽度的 2 倍，顶宽稍窄于基宽，烟黑色，着生稀疏的黑毛；额基胛大，棕黑色，光亮，两侧与复眼分离，上端延线粗，几乎伸达单眼；亚胛烟褐色，中央着生少数短黑毛；颜突起，具深棕色光泽，颊烟黑色，着生黑毛；口毛黑色。触角烟褐色，柄节和梗节色稍深，着生黑毛，鞭节基部背突钝，长约为宽的 1.6 倍，短于端部 4 个环节之和。下颚须烟褐色，第 2 节长约为宽的 3.6 倍，末端钝，着生黑毛。喙短于下颚须，烟黑色。胸部：烟黑色，着生黑毛，无纹饰。翅横带和端斑不清晰，翅中部径中横脉和中臀横脉以外的纵脉两侧烟褐色，第 1 径室具灰白色斑点，前缘深棕色，中室暗，R_4 脉无附脉，R_5 室开放，臀室封闭。腋瓣暗棕色，具白色缨毛。平衡棒黑色。足棕黑色，着生棕黑色毛，后足胫节无距。腹部：背板烟黑色，无纹饰，着生黑毛。腹板色同背板。

雄性　体长 11 mm，烟黑色。复眼大，上 2/3 棕色大眼面大于下 1/3 黑色小眼面；颜具烟棕色粉，无光泽；触角窄于雌性；下颚须长卵圆形，具黑毛。

观察标本　正模♀，四川宝兴，1977.VII，李天券，保存在 IECAS；1♂，四川，保存在 IECAS。

生物学　山区种。

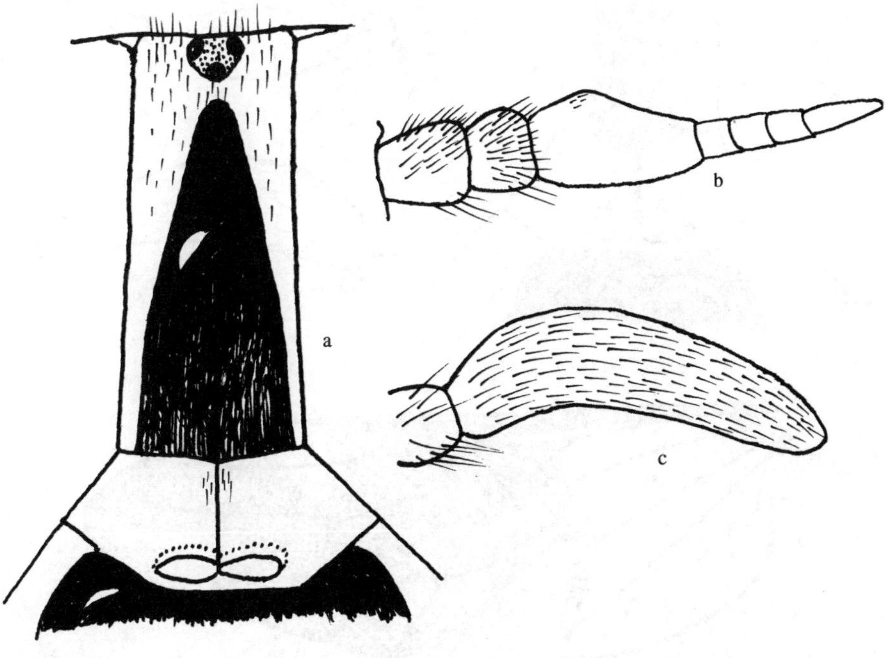

图 58　宝兴格虻 *Gressittia baoxingensis* Wang *et* Liu

a. 额 (frons)；b. 触角 (antenna)；c. 下颚须 (palpus)

地理分布 四川 (宝兴)。

分类讨论 本种与峨眉山格虻 *Gressittia emeishanensis* Wang *et* Liu 类似，但峨眉山格虻体红棕色，额几乎为亮棕色基胛所覆盖。本种与二标格虻 *Gressittia birumis* Philip *et* Mackerras 非常相似，只是额基胛较宽，翅斑较弱，可能是同种，待得到更多标本时，再作评估。

(50) 二标格虻 *Gressittia birumis* Philip *et* Mackerras, 1959 (图 59；图版 III)

Gresssittia birumis Philip *et* Mackerras, 1959: 292 [Type locality: Lichuan, Hubei, China]; Chvála, 1978: 102; Wang, 1994: 9; Xu, 2001: 348.

鉴别特征 翅端斑大，占整个 R_4 脉，横带棕色，达翅后缘；腹部黑色，无斑。

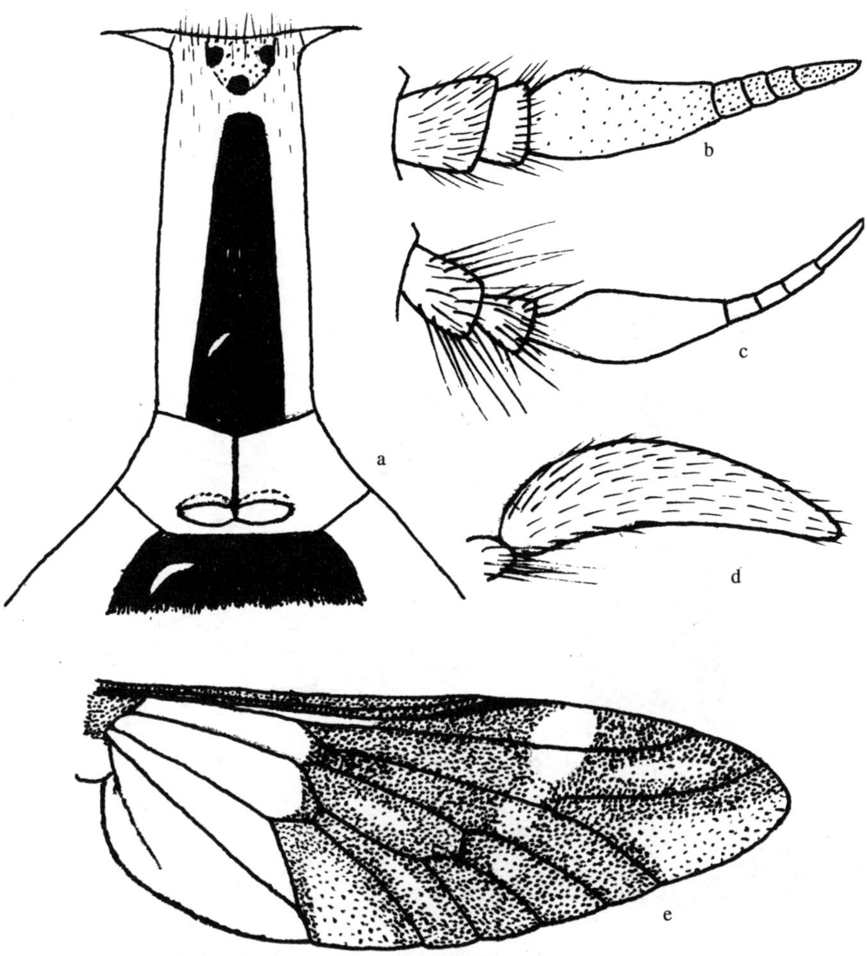

图 59 二标格虻 *Gressittia birumis* Philip *et* Mackerras

a. 额 (frons)；b. 触角 (antenna)；c. 雄性触角 (antenna ♂)；d. 下颚须 (palpus)；e. 翅 (wing)

形态描述

雌性　体长 10-11 mm，黑色。头部：略宽于胸部；复眼裸；头顶具 3 个棕色单眼，位于光亮的褐色单眼瘤区内，单眼瘤区两侧与复眼分离；额高约为基部宽度的 1.7 倍，顶宽稍窄于基宽，具棕黄色粉，着生稀疏的棕色毛；额基胛深棕色，光亮，两侧与复眼分离，上端延线粗，几乎伸达单眼；亚胛棕黄色；颜突起，具深棕色光泽；口毛黑色。触角柄节和梗节黄棕色，具稀疏黑毛，鞭节红棕色，基部背突不明显，端部 4 个环节棕色。下颚须棕色，着生黑毛。喙短于下颚须，烟黑色。胸部：背板深棕色，着生棕色毛，但肩胛、翅后胛和小盾片后侧缘浅黄色。侧板深棕色。翅透明，端斑大，占整个 R_4 脉，横带棕色，弱，达翅后缘，与端斑分离，翅脉棕色，中室暗，基室大部分透明，R_4 脉无附脉，R_5 室开放，臀室封闭。腋瓣暗棕色，具白色缨毛。平衡棒黑色。足深棕色，着生黑毛。腹部：背板黑色，具弱光泽，着生黑毛。腹板色同背板。

雄性　体长 8-10 mm，黑色。复眼大，上 2/3 棕色大眼面大于下 1/3 黑色小眼面；颜具棕色粉，无光泽；触角窄于雌性；下颚须长卵圆形，具黑毛。

观察标本　正模♀，湖北利川，标本号 6337，保存在 CCAS。3♀♀1♂，四川，保存在 IZCAS。1♂，四川，保存在 AMMSC。

生物学　山区种。

地理分布　湖北 (利川)、福建 (武夷山)、四川 (宜宾、汶川)。

分类讨论　本种与宝兴格虻 *Gressittia baoxingensis* Wang *et* Liu 非常类似，但宝兴格虻具较宽的额基胛，较短的触角鞭节基环节，较模糊的翅横带和端斑。

(三) 虻亚科 Tabaninae Loew, 1860

头顶无单眼；触角或短或长，鞭节基环节通常较长，端部分 3 或 4 个环节；喙发达，但较短；后足胫节无距；翅亚缘脉具毛；腹部第 9 背板分成 2 块；雌性受精囊尾部膨大。该亚科中国记载有 6 个属。

属 检 索 表

1. 翅具云雾状斑；额无中胛，具侧斑……………………………………**麻虻属 *Haematopota***
   翅透明，如有斑，不呈云雾状；额一般具中胛，无侧斑……………………………………2
2. 新鲜标本复眼浅黄色，半透明，通常具 1 条窄带……………………………**黄虻属 *Atylotus***
   新鲜标本复眼亮绿或暗黑色，不透明，通常无或具 1-4 条带……………………………3
3. 头顶具单眼瘤；复眼通常具毛，多数种具 3 条横带……………………………**瘤虻属 *Hybomitra***
   头顶无单眼瘤；复眼通常无毛，无或具 1-4 条横带……………………………………4
4. 触角鞭节基环节背突向前平行伸出，达或接近基环节端部；复眼具 1-3 条带………**指虻属 *Isshikia***

触角鞭节基环节背突向背前方伸出，不达基环节端部；复眼具 0-4 条带 ……………………………5

5\. 触角鞭节端部一般仅具 3 个环节；翅基鳞光；复眼具 3 条带 ………………………**少环虻属 *Glaucops***

触角鞭节端部具 4 个环节；翅基鳞具与翅前缘脉上同样的毛；复眼具 0-4 条带 ………**虻属 *Tabanus***

9. 麻虻属 *Haematopota* Meigen, 1803

Haematopota Meigen, 1803: 267. **Type species**: *Tabanus pluvialis* Linnaeus; by monotypy; Murdoch and Takahasi, 1969: 85; Chvála, Lyneborg and Moucha, 1972: 401; Stone and Philip, 1974: 30; Wang, 1983: 104; Wang,1994: 159; Chen and Xu, 1992a: 97.

Chrysozona Meigen, 1800: 23. **Type species**: *Tabanus pluvialis* Linnaeus; by designation of Coquillett, 1910. Suppressed by I.C.Z.N. 1963, Opinion 678: 339.

Potisa Surcouf, 1909: 454. **Type species**: *Haematopota pachycera* Bigot; by original designation. Synonymized by Stone, 1975: 73.

鉴别特征 体窄长，小中型。头顶无单眼；额较宽，额基胛大，无中胛，具中央点和侧点，颜具或大或小的斑点；翅具色斑；后足胫节距缺如。

形态描述 体长为 9-14 mm，棕黄色至黑色，体毛稀少。

雌性 头部：复眼具多条波状色带，一般具短细毛；头顶无单眼；额一般较宽，两侧大致平行，或顶端略窄，覆粉；额基胛粗壮，隆起，无中胛，具中央点和侧点，有些种的中央点和侧点愈合；额基胛前方，有些种具突出的三角形亮片，亚胛通常覆粉，在两触角间通常具黑色绒斑。触角细长，柄节略长于梗节，鞭节端部仅具 3 个环节。下颚须第 2 节细或粗。胸部：背板通常具中和侧纵浅色条纹，侧条通常在盾缝后成三角点。翅暗色，具云雾状斑。平衡棒一般暗色。后足胫节距缺如，股节和胫节上的浅色环或斑是分种的重要鉴别特征。腹部修长，末端钝，背板有的具侧圆浅色点，有的具中纵浅条，或者，同时具后缘浅带。

雄性 复眼毛较雌性密集，上半部大眼面大于下半部小眼面；触角和下颚须一般短于雌性。

地理分布 本属主要分布在东洋界、非洲界、古北界，而新北界的种类不多。该属在我国多分布在东洋界，但古北界的种类也不少。

生态习性 平原、山区、草原和荒漠均有分布。

分类讨论 该属是个大属，全世界已知 400 多种，我国有 75 种。

医学重要性 该属雌性是主要吸人血的类群之一。

组检索表

1. 中胸背板中央具 1 宽中纵条，直达小盾片后缘，其宽度大于亚中纵条………………………………白条麻虻组 ***Hae. atrata* group**
   中胸背板中纵条窄，仅限于盾片，如直达小盾片后缘，其宽度窄于亚中纵条……………………2
2. 后足股节端部背面具长缨毛，毛长约等于该股节宽度；后足胫节通常膨大………………………3
   后足股节端部背面无上述长缨毛；后足胫节不膨大…………………………………………………4
3. 触角柄节长约等于鞭节基环节；侧颜具大块天鹅绒黑斑………毛股麻虻组 ***Hae. pilosifemura* group**
   触角柄节远长于鞭节基环节；侧颜具散在的黑斑点…………………缝腿麻虻组 ***Hae. cilipes* group**
4. 侧颜具大块天鹅绒黑斑……………………………………………………………………………5
   侧颜具散在的黑斑点………………………………………………………………………………6
5. 触角柄节中部或端部膨大，长度短于鞭节基环节………………怒江麻虻组 ***Hae. lukiangensis* group**
   触角柄节圆筒形，长度超过鞭节基环节……………………………条带麻虻组 ***Hae. lineola* group**
6. 触角柄节长度至少大于鞭节基环节，宽度约等于鞭节基环节…………沥青麻虻组 ***Hae. picea* group**
   触角柄节长度等于或短于鞭节基环节，如长于鞭节基环节，则中部或端部明显膨大，远宽于鞭节基环节……………………………………………………………………………………………7
7. 触角柄节中部或端部明显膨大，远宽于鞭节基环节，一般亮黑色……………………………………黑角麻虻组 ***Hae. nigriantenna* group**
   触角柄节圆筒形，或基部向端部渐粗，宽度约等于鞭节基环节，一般不发亮……………………8
8. 翅后缘存在完整白斑，触角柄节圆筒形……………………土耳其麻虻组 ***Hae. turkestanica* group**
   翅后缘无完整白斑，触角柄节圆筒形或圆台形……………………………………………………9
9. 触角柄节基部很细，端部粗，呈圆台形，长度仅为宽度的 1.5 倍 ··中华麻虻组 ***Hae. sinensis* group**
   触角柄节圆筒形，如端部变粗，则长度为宽度 2 倍以上…………………………………………10
10. 后足胫节仅具基浅斑或浅环，侧面观，有的端部存在浅圆斑，但不形成环……………………………菲氏麻虻组 ***Hae. philipi* group**
   后足胫节具基部和端部 2 个清晰浅环……………………………北京麻虻组 ***Hae. pekingensis* group**

白条麻虻组 *Haematopota atrata* group

白条麻虻组麻虻的主要特征是胸部背板具 1 宽的白纵条，自前缘直达小盾片后缘；上侧颜具散在黑点；触角柄节或长或短；后足股节端部背面无长缨毛。我国有 4 种。本组现知仅分布在东洋界。

种检索表

1. 亚胛在触角间具黑色绒斑，2 亮三角片分离 ························ **海南麻虻 *Hae. hainani***
   亚胛在触角间无黑色绒斑，2 亮三角片接触 ························ 2
2. 前足胫节基白环仅占该节长的 1/3；额侧斑与中央点明显分离；腹部背板具中纵白条 ························ **白条麻虻 *Hae. atrata***
   前足胫节基白环占该节长的 1/2-2/3；额侧斑与中央点明显愈合或接近而界线模糊；腹部背板无中纵白条，至多在第 2 背板可见 ························ 3
3. 前足胫节基白环占该节长的 2/3，中足胫节基白环占该节长的 1/2；额中央点与侧点完全愈合 ························ **线带麻虻 *Hae. lineata***
   前足胫节基白环占该节长的 1/2，中足胫节基白环占该节长的 1/3；额中央点与侧点愈合或接近，界线模糊 ························ **白线麻虻 *Hae. albalinea***

(51) 海南麻虻 *Haematopota hainani* Stone *et* Philip, 1974 (图 60；图版 IV)

Haematopota hainani Stone *et* Philip, 1974: 105 [Type locality: Hainan, China]; Xu, 1982f: 126; Wang, 1994: 163.

鉴别特征 额基胛大，两侧角接触复眼；基胛前具分离的三角形亮片；上侧颜具散在黑点；前足胫节基白环达基部 3/4，后足胫节具 2 个浅环；翅亚端带单一。

形态描述

雌性 体长 9-11 mm，棕黑色，翅长 9-10 mm。头部：额黄灰色，高大于基宽，更大于顶宽；基胛亮黄褐色，光滑无皱纹，两侧角接触复眼，后缘中央弧形突起，前缘凹入浅，侧点圆形，接近额基胛和复眼，中央点小或无；亚胛中央有裂缝，具分离的三角形亮片，具黑色绒斑；颜灰白色；口毛白色。触角柄节圆筒形，基部略细，黄棕色，着生黑毛，长接近宽的 3 倍，梗节黑色，背突大，鞭节的基环节扁长椭圆形，长于柄节，端部 3 个环节细短。下颚须灰色，着生黑毛。胸部：背板棕黑色，中央具 1 条宽的纵纹，直达小盾片后缘，从肩胛到翅基具 1 对不明显浅色纵细纹。侧板和足基节黄灰色，着生同色毛，前足股节暗棕色，中足股节棕色，端部略暗，后足股节黄棕色，端半略暗，前足胫节略膨大，基部 3/4 白色，其余及跗节黑色，中、后足胫节具 2 个相当宽的浅环，中、后足第 1 跗节基半白色。翅白斑玫瑰花形，亚端带窄，单一，达翅后缘，后方最宽，所有后室均具小白斑。平衡棒黄色。腹部：背板暗棕色，各背板具白色后缘，第 2 背板中央具小的浅色三角，第 5、6、7 背板具不清晰的灰色亚侧圆斑。腹板灰色，各节具浅色后缘。

雄性 体长约 10 mm，复眼上 2/3 大眼面黄色，下 1/3 小眼面黑色；盾片白纵条及翅白斑较雌性弱。

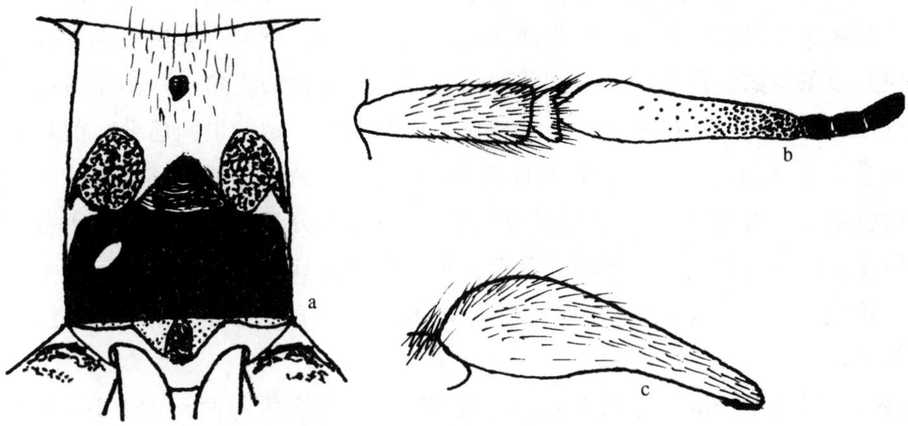

图 60　海南麻虻 *Haematopota hainani* Stone *et* Phlip

a. 额 (frons)；b. 触角 (antenna)；c. 下颚须 (palpus)

观察标本　正模♀，海南，保存在 USNM。21♀♀1♂，海南，保存在 AMMSC。

生物学　山区种。

地理分布　海南 (保亭、崖县温泉、陵水南林、琼中、那大、五指山、吊罗山、霸王岭、尖峰岭)、香港。

分类讨论　本种与白条麻虻 *Hae. atrata* Szilády 非常相似，但白条麻虻的前足胫节基部 1/2 白色，翅亚端带分叉。

(52) 白条麻虻 *Haematopota atrata* Szilády, 1926 (图 61；图版 IV, 图版 XI)

Haematopota atrata Szilády, 1926: 7 [Type locality: Guangdong, China]; Liu, 1958: 152; Stone and Philip, 1974: 53; Stone, 1975: 74; Xu, 1982f: 120; Wang, 1983: 105; Xu, 2001: 346.

Haematopota pungens Doleschall: Wang, 1983: 111. Misidentification.

鉴别特征　额基胛大，两侧角接触复眼；基胛前具靠拢的三角形亮片，无触角间黑色绒斑；上侧颜具散在黑点；前足胫节基白环达基部 1/4-1/3，中、后足胫节具 2 个浅环；翅亚端带分叉。

形态描述

雌性　体长 9-11 mm，棕黑色，翅长 8-10 mm。头部：额黄灰色，主要着生黑毛，侧点前方具长白毛，高大于基宽，更大于顶宽；基胛黄棕色至暗棕色，光滑无皱纹，两侧角接触复眼，高为宽的 2.2 倍，前缘中央微凹入，后缘中央弧形突出，侧点圆形，与额基胛分离，与复眼窄接触，中央点小或无；亚胛在触角间无黑色绒斑，基胛前具靠拢的黄色三角形亮片；颜灰白色；口毛白色。触角柄节黄棕色，着生黑毛，圆柱形，长约为宽的 2 倍，梗节黑色，背突短，鞭节的基环节细长，基部色较浅，长为高的 2 倍，长于柄节，端部 3 个环节细短。下颚须浅黄色，着生黑毛，下方有灰白色毛。胸部：棕黑色，中央具 1 条宽的浅色纵纹，中侧条窄，在横缝后成大的三角点，小盾前片及两侧灰白色。侧板灰色，着生灰白色毛。足红棕色，基节灰白色，着生同色毛，前足胫节基部 1/4-1/3 白色，中、后足胫节具 2 个弱的浅环，后足胫节背端部缨毛不明显，中、后足各跗节具浅色基部，着生黑毛。翅白斑玫瑰花形，亚端带分叉，达翅后缘，所有后室具白斑。平衡棒黄色，球部较暗。腹部：背板黑色，各背板具白色后缘，具灰白中纵条，此条在第 2 背板加宽，第 3、4 或第 3-6 背板具灰色亚侧圆斑。腹板灰色，各节具浅色后缘，着生灰色毛。

雄性　体长约 10 mm，翅长 8.5 mm。复眼上 2/3 棕色大眼面，大于下 1/3 黑色小眼面；额三角具黄色额胛；口毛棕色。触角一致黄色。下颚须黄色，着生黑毛和白毛。胸部背板暗棕色，中宽灰白条在后方加宽。翅白斑较雌性小。足胫节浅环较雌性不明显。腹部第 2 背板具白色中三角。

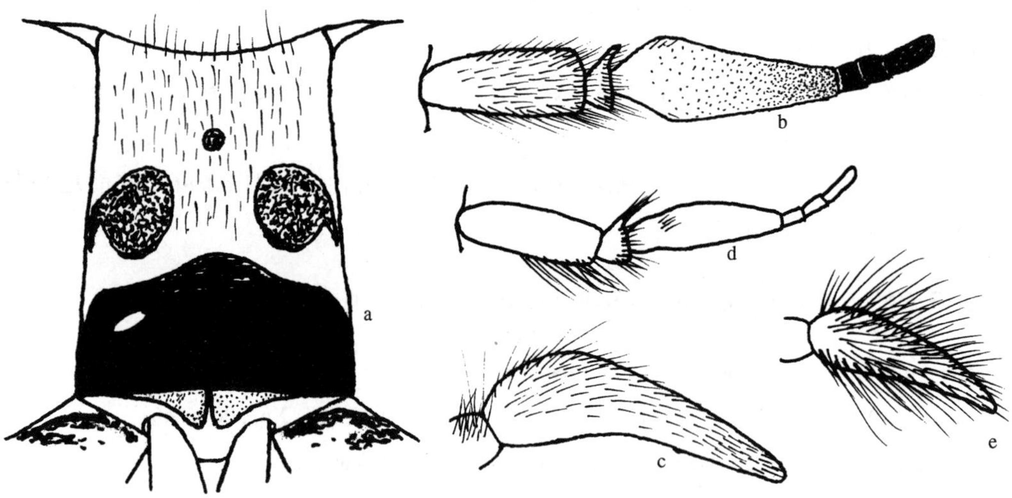

图 61　白条麻虻 *Haematopota atrata* Szilády

a. 额 (frons)；b. 触角 (antenna)；c. 下颚须 (palpus)；d. 雄性触角 (antenna ♂)；e. 雄性下颚须 (palpus ♂)

观察标本　正模♀，广东，保存在 NMVA (未检视)；28♀♀1♂，海南，保存在 AMMSC。

生物学　山区种。

地理分布　福建 (漳浦、闽侯)、广东 (广州)、海南 (那大、通什毛祥、尖峰岭)、广西 (Honam、Tsangwu、Hongsan)。

分类讨论　本种类似于海南麻虻 *Hae. hainani* Stone *et* Philip，但海南麻虻的前足胫节基部 3/4 白色；翅亚端带单一。

(53) 线带麻虻 *Haematopota lineata* Philip, 1963 (图 62; 图版 IV)

Haematopota lineata Philip, 1963: 525 [Type locality: Ban Me Thuot, Vietnam]; Stone and Philip, 1974: 132; Stone, 1975: 76; Xu, 1989b: 365; Xu, 2004: 539.

鉴别特征　额基胛大，两侧角接触复眼，中央点大，与侧点愈合，基胛前具靠拢的三角形亮片，无触角间黑色绒斑；上侧颜具散在黑点；前足胫节基白环达基部 3/4，中足胫节具 2 个窄浅色环，后足胫节基浅环占基部 1/4，端部浅环不明显；翅亚端带由 2 个膨大的点组成，各向相对方向延伸，在 R_4 脉附近重叠；腹部背板具弱的中纵条。

形态描述

雌性　体长 7-8 mm，棕黑色，翅长 6.5-8.0 mm。头部：额灰色，具暗色中区，主要着生黑毛，高大于基宽，更大于顶宽，约为顶宽的 2 倍；基胛暗红色，光滑无皱纹，宽接触复眼，高为宽的 1.25 倍，前缘平，后缘中央弧形突出，中央点大，与侧点愈合，与基胛分离，与复眼接触；亚胛在触角间无黑色绒斑，基胛前具靠拢的黄色三角形亮片；颜灰白色，上侧颜具散在黑点；口毛白色。触角柄节黄棕色，着生黑毛，圆柱形，端部略微膨大，长约为宽的 3 倍，梗节黄色，无背突，鞭节的基环节细长，长于柄节，端部 3 个环节细短。下颚须黄色，着生黑毛。胸部：棕色，中央具 1 条宽的浅色纵纹，纵条的前端较窄，后端变宽，中侧条存在。侧板灰色，着生灰白色毛。前足股节灰色，端部带棕色，中、后足股节色较前足股节浅，端部变暗，前足胫节基部 2/3-3/4 白色，中足胫节具 2 个浅环，后足胫节基部 1/4 白色，端部浅环窄而不明显，中、后足各跗节具浅色基部。翅白斑呈大玫瑰花形，翅亚端带由 2 个膨大的点组成，各向相对方向延伸，在 R_4

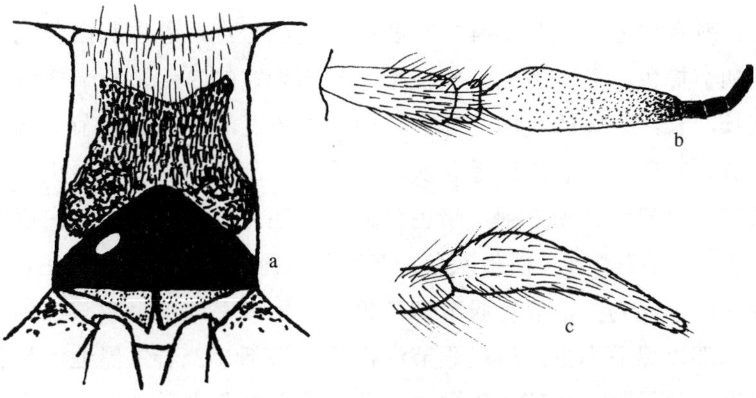

图 62　线带麻虻 *Haematopota lineata* Philip

a. 额 (frons)；b. 触角 (antenna)；c. 下颚须 (palpus)

脉附近重叠，所有后室具白斑。平衡棒浅黄色。腹部：背板棕色，各背板具白色后缘，具弱的灰白色中纵条。腹板灰色，各节具浅色后缘，着生灰色毛。

雄性 未详。

观察标本 正模♀，越南，保存在 BPBM (未检视)；8♀♀，广西，保存在 AMMSC。

生物学 山区种。

地理分布 广西 (十万大山)。

分类讨论 本种与海南麻虻 *Hae. hainani* Stone *et* Philip 近似，但海南麻虻亚胛具黑色绒斑，前足胫节基部 3/4 白色。也类似于白线麻虻 *Hae. albalinea* Xu *et* Liao，但白线麻虻前足胫节白环较窄，占该节长的 1/2，后足胫节基白环占该节长的 1/3。

(54) 白线麻虻 *Haematopota albalinea* Xu *et* Liao, 1985 (图 63；图版 IV)

Haematopota albalinea Xu *et* Liao, 1985: 285 [Type locality: Pingxiang, Guangxi, China]; Wang, 1994: 162; Xu, 2004: 539.

鉴别特征 额基胛大，两侧角接触复眼；基胛前具靠拢的三角形亮片，无触角间黑色绒斑；颜灰白色；触角鞭节的基环节细长，明显长于柄节；前足胫节基白环达基部 1/2，中、后足胫节具 2 个浅环，后足胫节 1/3 白色；翅亚端带分叉。

形态描述

雌性 体长 9-10 mm，黑色，翅长 9-10 mm。头部：额灰棕色，近眼缘和额胛灰白色，着生灰黄色毛和黑毛，近额胛多灰白色毛，高大于基宽，更大于顶宽；额基胛黑色，光滑无皱纹，两侧角接触复眼，高约为宽的 2.2 倍，前缘中央微凹入，后缘中央明显突出；侧点三角形，与额基胛分离，与复眼窄接触或分离；中央点大，界线模糊，与侧点愈合或接近；亚胛在触角间无黑色绒斑，基胛前具靠拢的棕色至棕黑色三角形亮片，亮片间的裂缝深；颜灰白色，上侧颜具一些散在灰黑色斑点，着生灰白色毛夹杂黑毛；口毛白色。触角柄节棕色，着生黑毛，圆柱形，长约为宽的 3 倍，梗节棕色，背突短，鞭节的基环节细长，长约为宽的 4 倍，棕色，向端部色变深，长于柄节，端部 3 个环节细短，黑色。下颚须灰棕色，着生黑毛和灰白色毛。胸部：烟黑色，中央具 1 条宽的白色纵纹，中侧条窄，自肩胛到翅上胛，暗色部分以黑毛为主，夹杂有灰白色毛，浅色部分以灰白色毛为主，夹杂有黑毛。侧板灰色，着生灰白色毛。足基节灰白色，着生同色毛，但前足基节端部以黑毛为主，前足股节烟黑色，着生黑毛，中足股节棕色，着生灰白色毛夹杂黑毛，端部以黑毛为主，后足股节深棕色，端部 1/3 着生黑毛，基部 2/3 着生黑毛夹杂灰白色毛，前足胫节基部 1/2 白色，着生白毛夹杂少量黑毛，端部 1/2 烟黑色，着生黑毛夹杂少量灰白色毛，中足胫节深棕色，具 2 个棕色环，后足胫节深棕色，基部 1/3 白色，端部棕色环不完整，在背面很弱，仅见几根白毛，前足跗节黑色，中、后足

第 1 跗节基部棕色，其余黑色。翅白斑呈大玫瑰花形，亚端带分叉，外叉弱，达翅后缘，所有后室具白斑。上、下腋瓣烟黑色。平衡棒黄色。腹部：背板黑色，各背板具灰白色后缘，第 2 背板中央具高的灰白色三角，第 5、6 背板有的具灰色亚侧圆斑。腹板灰黑色，各节具弱的浅色后缘，着生灰色毛，后几节夹杂黑毛。

雄性　体长约 10 mm，翅长 8.5 mm。复眼上 2/3 大眼面棕色，大于下 1/3 暗绿色小眼面；额暗棕色，亚胛灰黄色，中央具深的烟黑色纵缝，亚胛两侧上角与额两侧下角交接处具小的深棕色亮区，触角间无黑色绒斑；颜灰白，着生灰白色毛夹杂黑毛；口毛灰白色。触角棕色，鞭节的端环节略暗，柄节略膨大，着生长黑毛，下缘夹杂有长白毛，梗节着生黑毛。下颚须棕色，第 1 节着生灰白色毛，夹杂有一些黑毛，第 2 节着生黑毛，下缘着生灰白色毛。胸部背板烟棕色，前端 1/4 灰色，灰色区向后方缩小，至盾片后方不再变窄，继续向小盾片延伸，占小盾片宽的 1/2，侧灰条较雌性宽；侧板、足、翅和平衡棒等的形态、颜色与雌性相同，但前足胫节浅色环较弱，棕色。腹部形态基本同雌性，但第 3 背板后缘中央具灰色三角。

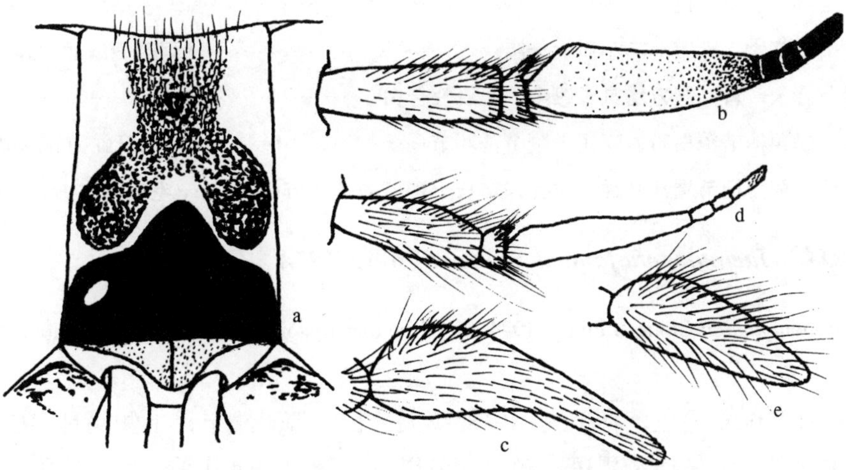

图 63　白线麻虻 *Haematopota albalinea* Xu *et* Liao

a. 额 (frons)；b. 触角 (antenna)；c. 下颚须 (palpus)；d. 雄性触角 (antenna ♂)；e. 雄性下颚须 (palpus ♂)

观察标本　正模♀，广西凭祥，1982.V.20，许荣满，保存在 AMMSC。4♀♀1♂，广西，保存在 AMMSC。

生物学　山区种。

地理分布　广西 (凭祥)。

分类讨论　本种与海南麻虻 *Hae. hainani* Stone *et* Phlip 相似，但海南麻虻亚胛具触角间黑色绒斑，前足胫节基白环宽，占基部 3/4，额中央点小或无。也类似于线带麻虻 *Hae. lineata* Philip, 但线带麻虻前足胫节基白环占该节长的 2/3-3/4，后足胫节基白环占该节长的 1/4，额中央点与侧点完全愈合。

毛股麻虻组 *Haematopota pilosifemura* group

毛股麻虻组麻虻的主要特征是后足股节端部背面具长缨毛，毛的长度约等于该股节的宽度；上侧颜具实心的天鹅绒黑斑；触角柄节或长或短；胸部背板无宽的白纵条。我国有 6 种。本组现知仅分布于东洋界 (图 64)。

种 检 索 表

(痕颜麻虻 *Haematopota famicis* Stone *et* Philip, 1974 与假面麻虻 *Hae. personata* Philip 类似，因雌性未发现，而未列入本组检索表)

1\. 触角柄节亮黑色，中部膨大……………………………………………………**假面麻虻 *Hae. personata***
触角柄节非黑色，如膨大，不在中部……………………………………………………………………2
2\. 小盾片基半白色，端半黑色………………………………………………………**爪哇麻虻 *Hae. javana***
小盾片全部白色或暗色……………………………………………………………………………………3
3\. 后足胫节不膨大，无缨毛，小盾片全暗………………………………**阿萨姆麻虻 *Hae. assamensis***
后足胫节膨大，背、腹方均具长缨毛，小盾片全白………………………………………………4
4\. 体黑色；触角柄节覆白粉，略短于鞭节基环节……………………………**粉角麻虻 *Hae. pollinantenna***
体棕红色；触角柄节端部光裸，发亮，略长于鞭节的基环节…………**毛股麻虻 *Hae. pilosifemura***

(55) 痕颜麻虻 *Haematopota famicis* Stone *et* Philip, 1974

Haematopota famicis Stone *et* Philip, 1974: 92 [Type locality: Yim Na San east Kwangtung, China].

鉴别特征 触角黑色，柄节亮，中部膨大，长约等于鞭节；上侧颜具实心的天鹅绒黑斑，上中颜具天鹅绒横带黑斑；触角柄节黑色，膨大；足几乎一致深棕色，后足胫节具发达黑色缘缨和弱的基黄色浅环；翅亚端带单一，完整，达翅后缘，第 1、2、3、5 后室具白斑。

形态描述

雄性 体长 10.5 mm，棕褐色，翅长 8 mm，触角长 2.2 mm。头部：复眼小眼面占下 1/5；额三角亮黑色；颜灰白色，上侧颜具实心的黑色绒斑，上中颜具黑色横带绒斑；口毛白色。触角黑色，柄节亮，中部膨大，着生黑毛，略长于梗节与鞭节基环节之和，鞭节的基环节长为宽的 2 倍。下颚须灰白色，端部尖。胸部：暗棕色，两侧发红，盾片后缘和小盾前片灰白色。侧板深灰色，具白色长毛。足几乎一致深棕色，前足色略深，胫节基部略浅，中足胫节具 2 个不明显黄色浅环，后足 (检视时已缺损) 胫节具发达黑色缘缨和弱的基黄色浅环，跗节暗。翅亚端带单一，完整，达翅后缘，且向后变宽，第

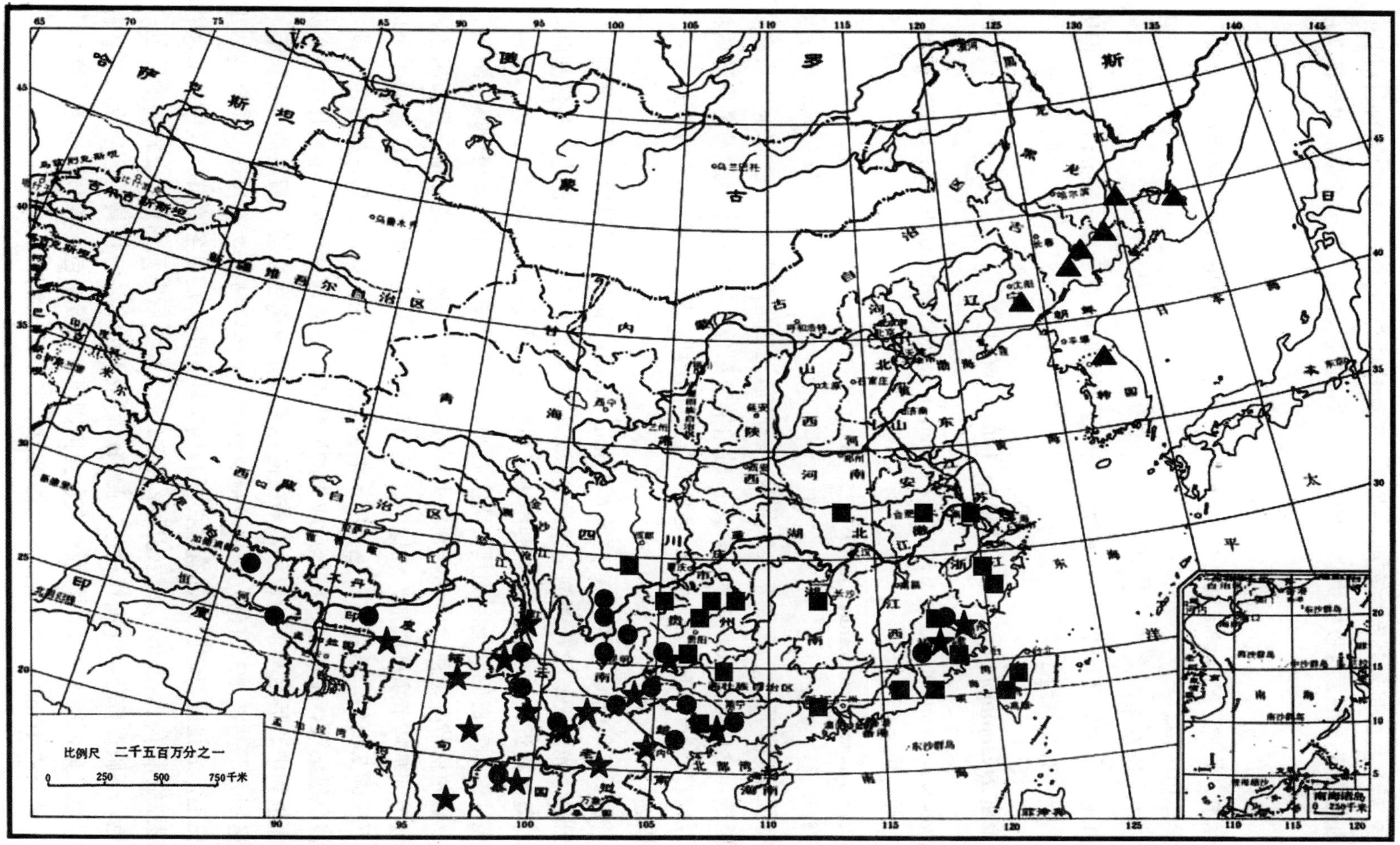

图 64　毛股麻虻组 *Haematopota pilosifemura* group 和沥青麻虻组 *Haematopota picea* group 的地理分布

★爪哇麻虻 *Haematopota javana* Wiedmann　▲阿萨姆麻虻 *Haematopota assamensis* Ricardo　●台岛麻虻 *Haematopota formosana* Shiraki

■朝鲜麻虻 *Haematopota koryoensis* (Shiraki)

1、2、3、5 后室具白斑，其余白斑细，点状。平衡棒球部暗棕色。腹部：背板棕黑色，各背板具白色后缘，第 2 背板中央具大的浅色三角。腹板灰色，尾端变暗，主要覆灰白色毛。

雌性 未详。

观察标本 正模♂，Yim Na San, E. Kwantung, S. China，1936.VI.15，保存在 USNM。

生物学 山区种。

地理分布 广东东部。

分类讨论 本种触角柄节黑色，膨大，类似于假面麻虻 *Hae. personata* Philip，但因本种雌性未详，有待调查。

(56) 假面麻虻 *Haematopota personata* Philip, 1963 (图 65)

Haematopota personata Philip, 1963: 520 [Type locality: Chieng Mai, Thailand]; Stone and Philip, 1974: 162; Stone, 1975: 77.

Haematopota annandalei Ricardo: Liu, 1958: 152; Wang, 1983: 120. Misidentification.

鉴别特征 额基胛大，两侧角接触复眼；基胛前无三角形亮片；上侧颜具大块实心的天鹅绒黑斑，上中颜具天鹅绒横带黑斑；触角柄节黑色，膨大；前足胫节基白环达基部 1/2，后足股节端部具白色长毛，后足胫节具 2 个浅环；翅亚端带单一，波形。

形态描述

雌性 体长 7-8 mm，棕黑色，翅长 6-7 mm。头部：额高小于基宽，大于顶宽，棕色；基胛黑色，光滑无皱纹，两侧角接触复眼，前缘中央凹入，侧点圆形，与额基胛紧密接触，与复眼接近，中央点大；亚胛中央无裂缝，在触角间具大块黑色绒斑，基胛前无三角形亮片；颜灰白色，上侧颜具大块实心的天鹅绒黑斑，上中颜具黑色横带绒斑；口毛白色。触角柄节亮黑色，中部特别膨大，着生黑毛，长约为宽的 2 倍，梗节黑色，背突短，鞭节的基环节扁椭圆形，红棕色，长不到高的 1.5 倍，短于柄节，端部 3 个环节细短。下颚须灰白色，着生灰白色长毛，端部夹杂有黑毛。胸部：盾片棕黑色，具 3 条不明显浅色纵细纹，中侧条在横缝后成大的三角点，小盾前片色暗，小盾片中央和两侧灰色。侧板和中、后足基节灰白色，着生同色毛，足黄棕色，前、后足股节具长毛，前足胫节略膨大，基部 1/3 白色，其余及跗节黑色，中足胫节具 2 个浅环，后足股节背端部具长白毛，后足胫节略膨大，有基白环和端黄环，中、后足各跗节具浅色基部，着生黑毛。翅亚端带单一，波形，不达翅后缘，第 1、2、3、5 后室具白斑。上腋瓣烟棕色，边缘烟黑色，下腋瓣棕色。平衡棒棕色。腹部：背板黑色，各背板具白色后缘，第 2 背板中央具浅色三角，第 5、6、7 背板具灰色亚侧圆斑。腹板灰色，各节具浅色后缘。

雄性 体长约 10 mm，复眼上 2/3 大眼面大于下 1/3 小眼面。

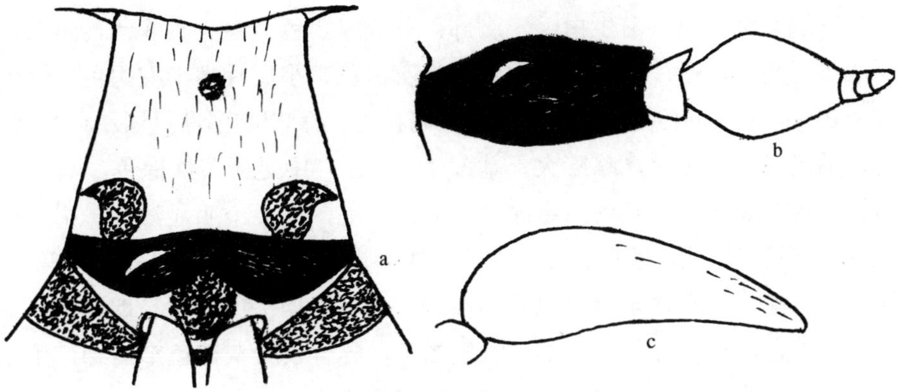

图 65　假面麻虻 *Haematopota personata* Philip

a. 额 (frons)；b. 触角 (antenna)；c. 下颚须 (palpus)

观察标本　正模♀，泰国，保存在 BPBM (未检视)。1♀1♂，海南，保存在 IECAS。

生物学　山区种。

地理分布　海南；缅甸，老挝，泰国。

分类讨论　本种触角柄节黑色，膨大，明显区别于毛股麻虻组中其他成员。

(57) 爪哇麻虻 *Haematopota javana* Wiedemann, 1821 (图 64, 图 66; 图版 IV)

Haematopota javana Wiedemann, 1821: 100 [Type locality: Java, Indonesia]; Ricardo, 1911b: 340; Schuurmans-Stekhoven, 1926: 113; Stone and Philip, 1974: 119; Stone, 1975: 76; Xu, 1982g: 131; Xu, 1982h: 135; Wang, 1983: 117; Kapoor, Grewal, Sharma and Gupta, 1988: 161; Xu, 1989b: 365; Chen and Xu, 1992a: 101; Yang and Xu, 1997: 13; Xu, 2001: 346; Xu, 2004: 539.

Haematopota nigra Wiedemann, 1821:101. Synonymized by Stone and Philip, 1974: 119.

鉴别特征　额基胛前无三角形亮片；上侧颜具大块实心的天鹅绒黑斑，上中颜具天鹅绒横带黑斑；触角柄节长，约等于鞭节的基环节；前足胫节基白环达基部 2/5，后足股节端部具白色长毛，后足胫节具 2 个浅环；翅亚端带成双。

形态描述

雌性　体长 8-11 mm，棕黑色，翅长 8.0-9.5 mm。头部：额高约等于基宽，略大于顶宽，灰色，近中央点、侧点和基胛色较浅；基胛青棕色至黑色，光滑无皱纹，两侧角接触复眼，后缘圆弧形，前缘凹入深；侧点红棕色至黑色，与额基胛和复眼均分离；中央点很小，红黑色；亚胛在触角间具大块黑色绒斑，基胛前无三角形亮片；颜白色，上侧颜具大块实心的天鹅绒黑斑，上中颜具黑色横带绒斑；口毛白色。触角柄节棕色，长约为宽的 2 倍，梗节棕色，具背突，鞭节暗棕色，基环节长椭圆形，长为高的 2 倍，略长于柄节。下颚须黄棕色，着生白毛。胸部：背板棕黑色，中央具 3 浅色纵条，中侧条在横缝后成大三角点，盾片后缘和小盾片前半灰白色，小盾片后半棕黑色。侧板和中、后足基节灰白色，着生同色毛，前足基节端半暗棕色，股节棕色，后足股节端部色加深，具长白毛，前足胫节棕黑色，略膨大，基部 2/5 白色，中足胫节深棕色，具 2 个浅环，后足胫节棕黑色，膨大，具长的后缘缨毛，灰白色毛，具 2 个明显浅环，中、后足跗节棕黑色，各分节基部较浅。翅白斑玫瑰花形，亚端带成双，外枝达翅后缘，第 1、2、3、5 后室具白斑，有的个体第 4 后室也具小白斑。上腋瓣烟棕色，边缘烟黑色，下腋瓣棕色。平衡棒浅棕色，球部棕色。腹部：背板黑色，各背板具灰棕色窄后缘，第 2-6 背板具细的中纵浅条。腹板灰黄色，中央具宽的暗棕纵条。

雄性　额三角具棕绿色亮区，其前方具天鹅绒黑斑；上中颜具天鹅绒黑斑；触角柄节膨大，发亮，棕色，端部较暗，长于鞭节的基环节；胸部盾片浅色条除后缘横带外，较雌性不明显，小盾片前半白色，后半黑色；足浅色环较雌性弱，后足胫节膨大；腹部黄棕色，背板中纵浅条不明显。

观察标本　正模♀，爪哇，保存在 ZMC (未检视)。2♀♀，福建；11♀♀，广西；35♀♀8♂♂，云南，保存在 AMMSC。

生物学　山区种。

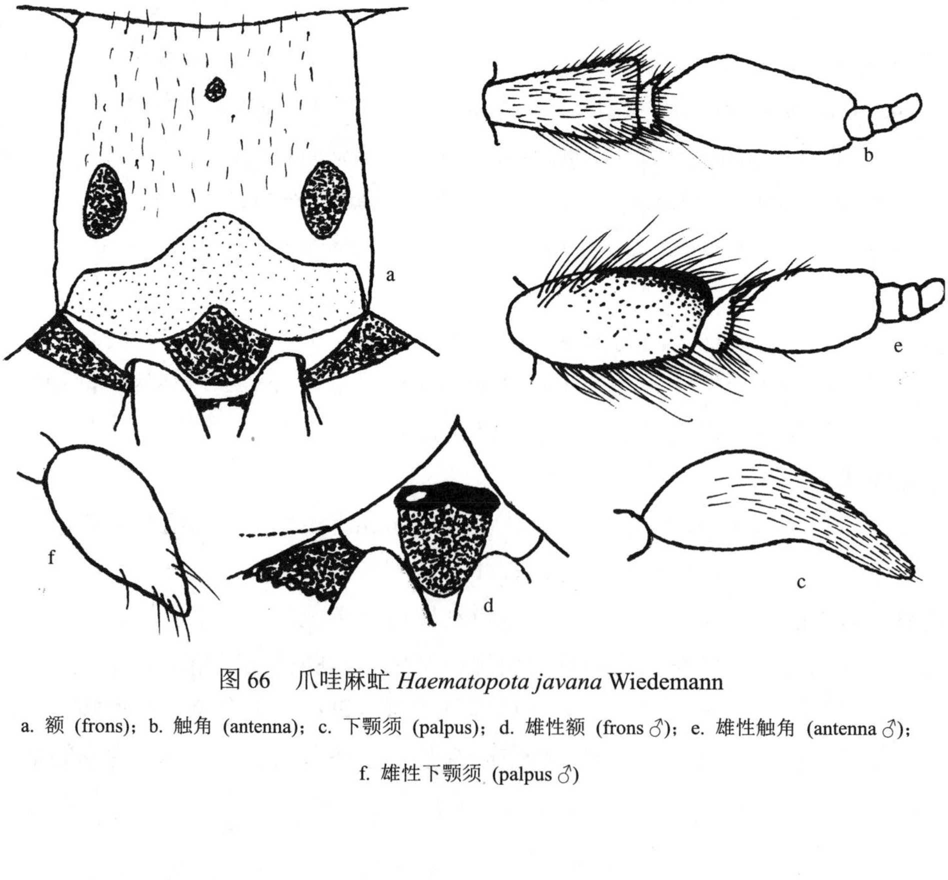

图 66　爪哇麻虻 *Haematopota javana* Wiedemann

a. 额 (frons)；b. 触角 (antenna)；c. 下颚须 (palpus)；d. 雄性额 (frons ♂)；e. 雄性触角 (antenna ♂)；f. 雄性下颚须 (palpus ♂)

地理分布 福建 (光泽、福州)、广西 (宁明)、贵州 (望谟)、云南 (麻栗坡、江城、勐腊、景洪、孟连、思茅、芒市、耿马、六库、泸水)；印度，缅甸，越南，老挝，泰国，马来西亚，印度尼西亚。

分类讨论 本种后足股节背面具长毛，上侧颜具大块完整的天鹅绒黑斑，与阿萨姆麻虻 *Hae. assamensis* Ricardo 类似，但阿萨姆麻虻翅亚端带单一，上中颜无黑色绒斑，小盾片色一致。本种与阿萨姆麻虻均为我国华南区常见麻虻，同域分布 (图 67)。

(58) 阿萨姆麻虻 *Haematopota assamensis* Ricardo, 1911 (图 64, 图 67; 图版 IV, 图版 XI)

Haematopota assamensis Ricardo, 1911: 343 [Type locality: Khasi Hills, Assam, India]; Stone and Philip, 1974: 50; Stone, 1975: 74; Xu, 1982g: 131; Xu, 1982h: 131; Kapoor, Grewal, Sharma and Gupta, 1988: 145; Xu, 1989b: 365; Chen and Xu, 1992a: 98; Wang, 1994: 169; Yang and Xu, 1997: 13; Xu, 2001: 346; Xu, 2004: 539.

鉴别特征 额较宽，额基胛大，两侧角接触复眼；基胛前无三角形亮片；上侧颜具大块实心的天鹅绒黑斑；触角柄节略短于鞭节的基环节；前足胫节基白环达基部 1/3，后足股节端部具长白毛，后胫节具 2 个浅环；翅亚端带单一。

形态描述

雌性 体长 9-11 mm，棕黑色，翅长 8.0-9.5 mm。头部：额高约等于基宽，略大于顶宽，灰黄色；基胛亮黄棕色，光滑无皱纹，两侧角接触复眼，后缘中突很大，侧点棕色，与额基胛和复眼均分离，中央点很小或无；亚胛中央无裂缝，在触角间具大块黑色绒斑，基胛前无三角形亮片；颜灰白色，上侧颜具大块实心的天鹅绒黑斑；口毛白色。触角棕黄色，柄节着生黑毛，长约为宽的 2 倍，基部略窄于端部，梗节棕色，背突短，鞭节的基环节扁椭圆形，长不到高的 2 倍，约与柄节等长，端部 3 个环节细短。下颚须浅黄色，第 2 节细长，着生灰白色毛和黑毛。胸部：盾片棕黑色，具 3 条浅色纵细纹，中侧条在横缝后成三角点，盾片后缘包括翅后胛和小盾片灰色。侧板和中、后足基节灰白色，着生同色毛，足黄棕色，前足胫基部 1/2 白色，其余及跗节黑色，中、后足胫节多黑色长毛，并具 2 个浅环，中、后足跗节黄色，着生黑毛。翅白斑玫瑰花形，亚端带单一，不达翅后缘，但有的个体后缘尚具 1 小白斑，几乎与亚端带连接，第 1、2、3、5 后室具白斑。上腋瓣烟棕色，边缘烟黑色，下腋瓣棕色。平衡棒浅黄色。腹部：背板黑色，各背板具白色后缘，中央具宽的纵条，第 6、7 背板具灰色亚侧圆斑。腹板灰色，各节具浅色后缘。

雄性 本志首次描述。额三角具小的棕色亮区，其前方具天鹅绒黑斑；中颜色一致，无暗斑；触角柄节膨大且发亮，棕色，端背部较棕黑色，长与宽均大于鞭节的基环节；胸部小盾片色略浅于盾片；后足胫节不膨大；翅亚端带单一。

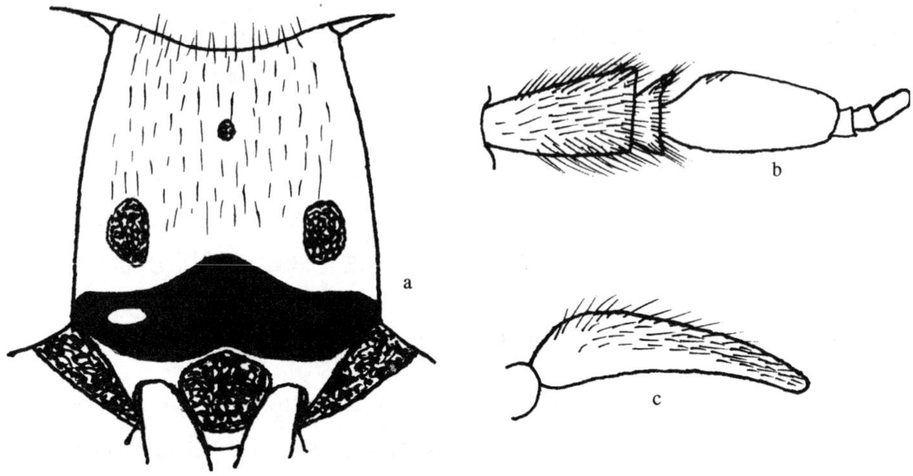

图 67 阿萨姆麻虻 *Haematopota assamensis* Ricardo

a. 额 (frons); b. 触角 (antenna); c. 下颚须 (palpus)

观察标本 正模♀，印度阿萨姆，保存在 BMNH (未检视)。10♀♀，广西；10♀♀，四川；40♀♀3♂♂，云南，保存在 AMMSC。

生物学 从低海拔的河谷地带到高海拔的山林地带均较常见，作者于 2004-2005 年在云南用水牛诱捕中，该种占采获虻组成的 11%-46%；4 月中就有捕获，在我国可持续活动到 10 月。

地理分布 福建 (三明、永安)、广西 (防城、睦边)、四川 (米易、会理)、贵州 (望谟、兴义、独山)、云南 (麻栗坡、江城、勐腊、勐海、孟连、思茅、耿马、沧源、水富、绥江、永善、永胜)；印度，尼泊尔，越南，泰国。

分类讨论 本种后足股节背面具长毛，上侧颜具大块完整的天鹅绒黑斑，与爪哇麻虻 *Hae. javana* Wiedemann 近似，但爪哇麻虻翅亚端带成双，小盾片前半灰白，后半棕黑，后足胫节膨大。本种麻虻与爪哇麻虻同域分布，但本种更向北伸展，现知到四川西昌地区 (图 67)。

(59) 粉角麻虻 *Haematopota pollinantenna* Xu *et* Liao, 1985 (图 68；图版 IV，图版 XII)

Haematopota pollinantenna Xu *et* Liao, 1985: 268 [Type locality: Pingxiang, Guangxi, China]; Wang, 1994: 171; Xu, 2004: 539.

鉴别特征 额较宽，额基胛大，两侧角接触复眼；基胛前无三角形亮片；上侧颜具大块实心的天鹅绒黑斑；触角柄节短于鞭节的基环节；前足胫节基白环达基部 2/5，后足胫节具 2 个浅环，端浅环不包围背面；翅亚端带单一。

形态描述

雌性　体长 8.5-11.0 mm，黑色，翅长 8.5-9.0 mm。头部：额高小于基宽，大于顶宽，灰黄色；基胛亮黑色，光滑无皱纹，两侧角接触复眼，侧点周围具棕黄色晕，头顶具 1 对薄的黑色粉区，侧点接近额基胛，远离复眼；亚胛在触角间具大块黑色绒斑，基胛前无三角形亮片；颜黄白色，上侧颜具大块实心的天鹅绒黑斑，中颜在触角前具黑色横带绒斑；口毛灰白色。触角棕色，柄节端部和鞭节端环节末端棕黑色，着生黑毛，但柄节腹缘夹杂灰白色毛，柄节短于鞭节的基环节，柄节覆灰白粉，背外侧面具弱的亮光。下颚须灰棕色，着生白毛，第 2 节夹杂有黑毛。胸部：背板灰色，在横缝后小盾片前具宽的烟黑色横带，着生黑毛夹杂黄毛，小盾片全灰白色，只具黄毛，无黑毛，侧板和中、后足基节灰白色，着生同色毛，前足基节浅棕色，着生灰白色毛，前足股节基部大部分着生灰白色毛，端部 1/4 着生长黑毛，中、后足股节棕色，着生灰白色毛，端部着生黑毛，后足股节端部背缘着生长灰白色毛，前足胫节端部膨大，基部浅棕色环达基部 2/5，着生灰白色毛，其余及跗节黑色，着生黑毛，中足胫节大部分棕色，着生灰白色毛，基部和端部黑棕色，着生黑毛，后足胫节黑棕色，具基部和端部棕色环，端部环不包围背

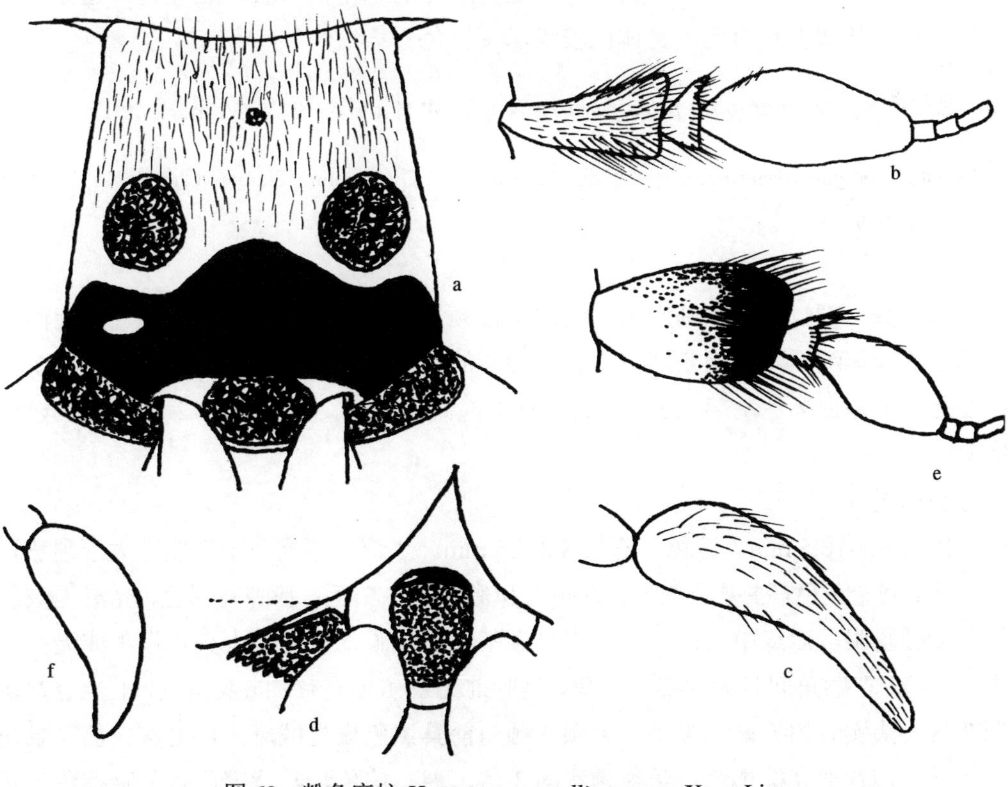

图 68　粉角麻虻 *Haematopota pollinantenna* Xu *et* Liao

a. 额 (frons)；b. 触角 (antenna)；c. 下颚须 (palpus)；d. 雄性额 (frons ♂)；e. 雄性触角 (antenna ♂)；

f. 雄性下颚须 (palpus ♂)

面，中、后足跗节棕黑色，各分节基部较浅。翅白斑玫瑰花形，亚端带单一，不达翅后缘，第 1、2、3、5 后室具白斑，有的在第 4 后室具很小的白斑。上腋瓣烟棕色，边缘烟黑色，下腋瓣棕色。平衡棒棕黄色，球部两侧棕黑色。腹部：背板黑色，各背板具灰棕色后缘，第 3-5 或第 3-6 背板具窄的中纵浅条，第 6 背板具灰色亚侧圆斑，腹板灰黑色，中央具不清晰的暗棕色纵条，各腹板具棕色后缘。

雄性　本志首次描述。额三角具窄亮区，其前方具大的天鹅绒黑斑；触角棕色，柄节亚球形，端部大部分亮黑色，长于鞭节的基环节；下颚须黄白色，覆长白毛；胫节白环较雌性弱；腹部棕色，背板无中纵浅条，仅在第 2 背板具高的浅色三角，余者同雌性。

观察标本　正模♀，广西凭祥，1982.V.17，许荣满，保存在 AMMSC。4♀♀，广西；20♀♀1♂，云南，保存在 AMMSC。

生物学　山区种。

地理分布　广西 (凭祥)、云南 (富宁、河口、江城、勐腊、孟连、耿马)。

分类讨论　本种小盾片全灰白，后足股节背面具长毛，上侧颜具大块完整的天鹅绒黑斑，类似于毛股麻虻 *Hae. pilosifemura* Xu，但本种触角柄节较短，覆粉，翅亚端带单一，后足胫节基部着生黑毛夹杂白毛；而毛股麻虻的触角柄节较长且光亮，翅亚端带成双，后足胫节基部仅具白毛，且体色较浅，带棕色。

(60) 毛股麻虻 *Haematopota pilosifemura* Xu, 1980 (图 69; 图版 IV, 图版 XII)

Haematopota pilosifemura Xu, 1980: 186 [Type locality: Qiongzhong, Hainan, China]; Xu, 1982f: 126; Wang, 1994: 170.

鉴别特征　额较宽，额基胛大，两侧角接触复眼；基胛前无三角形亮片；上侧颜具大块实心的天鹅绒黑斑；触角柄节略长于鞭节的基环节，端部背面亮棕黑色，其余黄棕色；前足胫节基白环达基部 2/5，后足股节端部具长白毛，后胫节具 2 个浅环；翅亚端带成双。

形态描述

雌性　体长 8.5-10.5 mm，棕色，翅长 8.0-9.5 mm。头部：额高小于基宽，大于顶宽，灰黄色，侧点间金黄色，主要覆黑毛，近侧点和额基胛多白毛；基胛亮黑色，光滑无皱纹，两侧角接触复眼，后缘中突很大，侧点与额基胛和复眼均分离，中央点很小或无；亚胛中央无裂缝，在触角间具大块黑色绒斑，基胛前无三角形亮片；颜灰白色，上半金黄色，上侧颜具大块实心的天鹅绒黑斑，中颜在触角前具黑色横带绒斑；口毛灰白色。触角柄节亮棕色，端背部亮棕黑色，长约为宽的 3 倍，梗节棕色，具背突，鞭节暗棕色，基环节椭圆形，长为高的 2 倍，略短于柄节。下颚须黄灰色，着生灰白色毛。胸部：背板黄棕色，前端从肩胛到翅上胛前缘灰白色，中央前缘具弱的更浅色的 3 纵条，中侧条在横缝后成三角点，盾片后缘包括翅后胛和小盾片，全灰白。侧板和中、后足基节灰黄色，着生同色毛，前足基节米黄色，着生灰白色毛，前足股节米黄色，端部灰黑色，具长黑毛，前足胫节黑色，略膨大，基部 2/5 白色，着生长黑毛，中、后足股节棕色，着生灰白色毛，端部着生黑毛，后足股节端部背缘着生长灰白色毛，前足胫节端部膨大，基部浅棕色环达基部 2/5，着生灰白色毛，其余及跗节黑色，着生黑毛，中足股节黄棕色，具浅色长毛，端部着生一些黑毛，中足胫节中间大部分米黄色，两端棕色，后足股节米黄色，端部较深具黑毛，端部具长白毛，毛长为股节宽的 1.5 倍，后足胫节棕黑色，具基部和端部棕色环，端部环不包围背面，中、后足跗节棕黑色，各分节基部较浅。翅白斑玫瑰花形，亚端带成双，外枝达翅后缘，第 1、2、3、5 后室具白斑，有的个体第 4 后室也具小白斑。上腋瓣烟棕色，边缘烟黑色，下腋瓣棕色。平衡棒棕黄色，球部两侧棕黑色。腹部：背板棕黑色，各背板具灰棕色后缘，第 2-5 节具不明显中纵浅条，第 6、7 背板具灰色亚侧圆斑。腹板灰米黄色，后端 3-4 节色较灰，中央具宽的棕黑纵条，此条在前 3 节窄而不明显。

雄性　未详。

观察标本　正模♀，海南岛琼中，1974.VII.12，许荣满，保存在 AMMSC。15♀♀，海南岛，保存在 AMMSC。

生物学　山区种。

地理分布　海南 (琼中、通什毛祥、吊罗山)。

分类讨论　本种后足股节背面具长毛，翅亚端带成双，上侧颜具大块完整的天鹅绒黑斑，与爪哇麻虻 *Hae. javana* Wiedemann 近似，但爪哇麻虻触角柄节覆粉，略短于鞭节

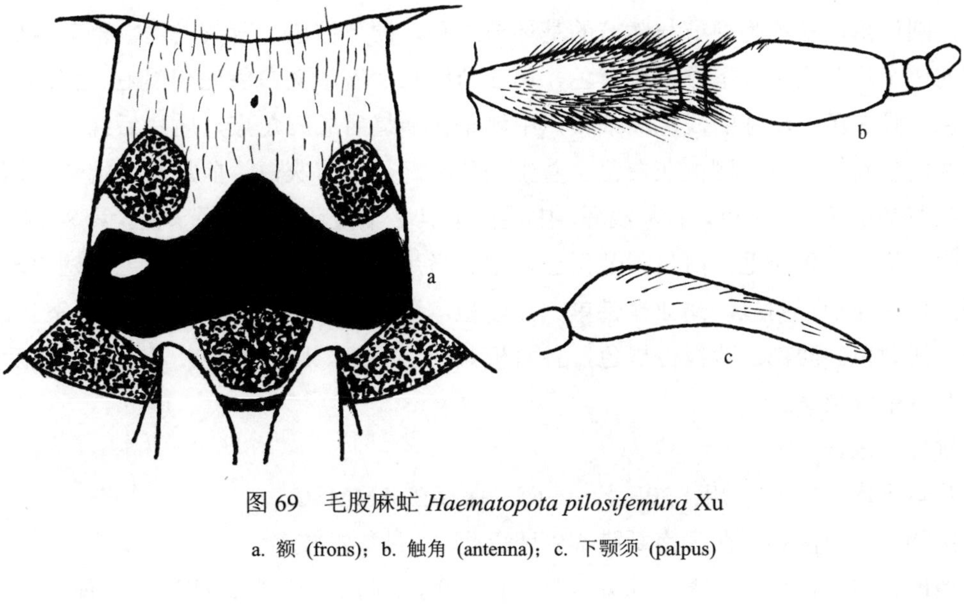

图 69　毛股麻虻 *Haematopota pilosifemura* Xu

a. 额 (frons)；b. 触角 (antenna)；c. 下颚须 (palpus)

的基环节，小盾片前半白色，后半黑色，盾片纵条明显。

缝腿麻虻组 *Haematopota cilipes* group

缝腿麻虻组麻虻的主要特征是后足股节端部背面具长缨毛，毛的长度约等于该股节的宽度；上侧颜具散在黑斑。胸部背板无宽的白纵条。我国仅 1 种，缝腿麻虻 *Haematopota cilipes* Bigot, 1890 分布于东洋界。

(61) 缝腿麻虻 *Haematopota cilipes* Bigot, 1890 (图 70；图版 IV，图版 XII)

Haematopota cilipes Bigot, 1890: 205 [Type locality: Laos]; Ricardo, 1911b: 360; Stone and Philip, 1974: 74; Stone, 1975: 74; Xu, 1982h: 135; Wang, 1983: 114; Kapoor, Grewal, Sharma and Gupta, 1988: 151; Xu, 1989b: 365; Chen and Xu, 1992a: 99; Yang and Xu, 1997: 13; Xu, 2001: 346.

鉴别特征 触角柄节很粗长，长于梗节与鞭节的基环节之和；盾片后方具新月形白斑；后足股节端半具长缨毛，背方的白色，腹方的黑色，后胫节具 2 个浅环，背、腹方均具密集缨毛。

形态描述

雌性 体长 9.5-11.5 mm，棕黑色，翅长 8.5-10.5 mm。头部：额高约等于基宽，略大于顶宽，灰棕色；基胛亮棕色，光滑无皱纹，两侧角接触复眼，后缘中突，侧点黑色，与额基胛和复眼均分离，中央点很小或无；亚胛中央裂缝浅，在触角间具黑色绒斑，基胛前具三角形亮片；颜灰白色，上侧颜具散在黑斑；口毛白色。触角柄节棕黑色，着生黑毛，圆筒形，长约为梗节与鞭节的基环节之和，梗节棕色，背突发达，鞭节暗棕色，端部的 3 个环节黑色。下颚须灰黄色，第 2 节细长，着生灰白色毛和黑毛。胸部：盾片棕黑色，具 3 条不清晰的浅色纵细纹，中侧条在横缝后成三角点，盾片后缘和小盾片前缘具灰白色新月形斑。侧板灰白色，着生同色毛。足基节灰白，前足基节端 1/3 棕色，前足胫节基部膨大，黑色，具基浅环，中足胫节具 2 个浅环，后足胫节粗，具 2 个浅环，背、腹方均具密集缨毛，前足跗节黑色，中、后足跗节棕黑色，着生黑毛。翅白斑或粗或细，玫瑰花形不明显，翅亚端带单一，较粗，达翅后缘，第 1、2、3、5 后室具白斑。平衡棒浅黄色。腹部：背板棕黑色，各背板具白色后缘。腹板灰色，各节具浅色后缘，后几节具中纵黑条。

雄性 未详。

观察标本 1♀，贵州；30♀♀，云南，保存在 AMMSC。

生物学 山区种，在云南勐腊 6-9 月活动，7 月数量较多。

地理分布 福建 (南靖)、贵州 (荔波)、云南 (勐腊、景洪)；印度，缅甸，泰国，

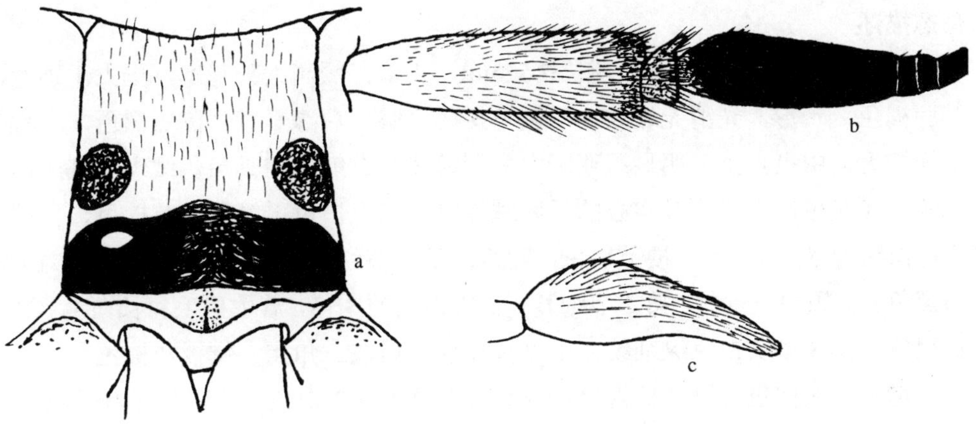

图 70　缨腿麻虻 *Haematopota cilipes* Bigot

a. 额 (frons)；b. 触角 (antenna)；c. 下颚须 (palpus)

柬埔寨，老挝。

分类讨论　本种是典型的东洋界种类，具粗长的触角柄节，后足股节和胫节具长缨毛，上侧颜具散在黑斑，容易识别。

怒江麻虻组 *Haematopota lukiangensis* group

怒江麻虻组麻虻的主要特征是上侧颜具实心的天鹅绒黑斑，触角柄节中部或端部膨大，长度短于鞭节的基环节。后足股节端部背面无长缨毛。我国有 2 种。本组现知仅分布于东洋界。

种 检 索 表

1. 棕色种；触角柄节中部膨大；腹部背板无侧圆浅色斑……………………**怒江麻虻 *Hae. lukiangensis***

   黑色种；触角柄节端部膨大；腹部第 2-7 背板具侧圆浅色斑……………**建中麻虻 *Hae. jianzhongi***

(62) 怒江麻虻 *Haematopota lukiangensis* (Liu *et* Wang, 1977)　(图 71；图版 IV)

Chrysozana lukiangensis Liu *et* Wang, 1977: 115 [Type locality: Nujiang, Yunnan, China].

Haematopota lukiangensis (Liu *et* Wang): Wang, 1983: 109; Xu, 1989: 365; Yang and Xu, 1997: 13.

鉴别特征　触角柄节短，中部膨大，亮棕色，短于鞭节的基环节；上侧颜具实心的天鹅绒黑斑；前足胫节基部 1/2 白色，中、后足胫节具 2 个浅色环；翅亚端带单一，不达后缘。

形态描述

雌性　体棕色，长 8.0 mm，翅长 7.5 mm。头部：额高大于基宽，更大于顶宽，灰色；基胛褐色，带形，光滑无皱纹，两侧角接触复眼，后缘平直，侧点黑色，与额基胛和复眼均接近，中央点小，明显；亚胛中央裂缝浅，在触角间具黑色绒斑，基胛前无三角形亮片；颜灰色，上侧颜具实心的天鹅绒黑斑；口毛白色。触角柄节棕色，卵圆形，具亮光，长约为宽的 1.8 倍，梗节黑色，鞭节的基环节红棕色，长度大于柄节，端部的 3 个环节黑色。下颚须灰黄色，第 2 节细长，长约为宽的 3 倍，着生黑毛和长白毛。胸部：盾片棕褐色，具 3 条灰白色纵细纹，中侧条在横缝后成三角点。侧板灰棕色，着生黑毛和白毛。足基节灰棕色，股节棕褐色，前足胫节基部 1/2 白色，中、后足胫节具 2 个浅环。翅白斑点状，亚端带单一，不达翅后缘，第 1、2、3、4、5 后室无或具小而不明显白斑，臀室具小的缘白斑。平衡棒棕色。腹部：背板棕褐色，各背板具浅棕色后缘。腹板棕褐色，各节具浅色后缘。

雄性　未详。

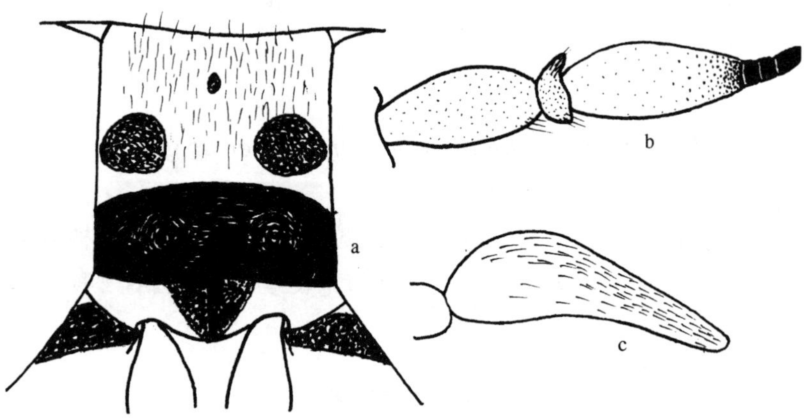

图 71　怒江麻虻 *Haematopota lukiangensis* (Liu *et* Wang)

a. 额 (frons)；b. 触角 (antenna)；c. 下颚须 (palpus)

观察标本　正模♀，云南怒江，1955.V，保存在 IECAS。

生物学　山区种。

地理分布　云南 (怒江)。

分类讨论　本种是东洋界种类，类似于建中麻虻 *Hae. jianzhongi* Xu *et* Guo，但建中麻虻体黑色，触角柄节端部膨大，腹部背板具侧圆白斑。

(63) 建中麻虻 *Haematopota jianzhongi* Xu *et* Guo, 2005 (图 72；图版 IV)

Haematopota jianzhongi Xu *et* Guo, 2005: 26 [Type locality: Tengchong, Yunnan, China].

鉴别特征　触角柄节短，端部膨大，棕色，短于鞭节的基环节；上侧颜具实心的天鹅绒黑斑；前足胫节基部 1/3 白色，中、后足胫节具 2 个浅色环；翅白斑弱，亚端带细短，单一，后缘室无缘白斑。

雌性　体长 9.5 mm，黑色，翅长 9.0 mm，触角长 1.6 mm。头部：额高约等于顶宽，略小于基宽，灰棕色，着生黑毛，眼缘、中央点和侧点周围色较浅，侧点与额胛间具白毛；额基胛黑色，前缘中央凹入，后缘中央突出，表面光滑无皱纹，两侧与复眼接触，高为宽的 3.7 倍；中央点小，侧点小，与基胛、复眼均分离；亚胛在触角间具大块黑色绒斑，基胛前无突出亮片；颜灰白色，着生灰白色毛，上中颜和上侧颜具实心的天鹅绒黑斑；口毛灰白色。触角柄节棕色，着生黑毛，基部细，端部粗，长为宽的 1.7 倍，梗节色同柄节，具大的背突，鞭节暗棕红色，基环节扁宽，长为宽的 1.8 倍，约为端环节长的 2 倍，略长于柄节。下颚须浅棕色，着生黑毛，腹方夹杂较多灰白色毛，第 2 节长为宽的 4.5 倍。胸部：背板黑色，着生黑毛和棕色亮毛，盾片具 5 条完整的浅色纵纹，中纵条细，达盾片后缘，亚中条在横缝后成三角点，并与盾片后缘新月形白斑连接，亚侧条包括肩胛，长，几乎与盾片后缘的新月形白斑连接，小盾前片和小盾片深色，小盾片两侧色略浅。侧板灰棕色，着生灰白色毛。足基节色同侧板，着生灰棕色毛，前足股节灰棕色，着生灰棕色毛，端部色较暗，着生黑毛，中、后足股节棕色，着生灰棕色毛，端部色较深，着生黑毛，前足胫节黑色，基浅环白色，占该节长的 1/3，中、后足胫节棕黑色，具 2 个棕色浅环，跗节黑色，中、后足第 1 跗节基部略浅。翅白斑弱，形成不明显的玫瑰花形，亚端带细短，后缘室无缘白斑。腋瓣暗棕色。平衡棒暗棕色，柄棕色。腹部：背板黑色，具灰白色窄后缘，第 2-7 背板具连续中纵灰白条，和大的侧圆白斑；腹板灰黑色，具浅色窄后缘，后 2、3 节色较暗。

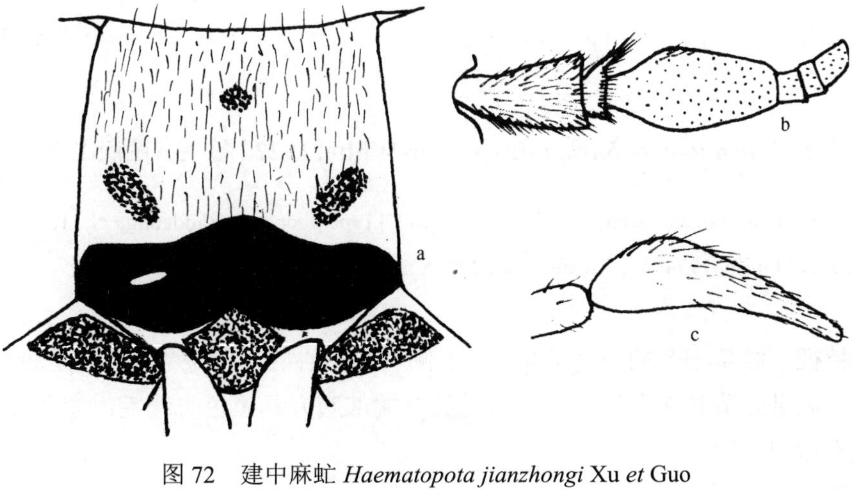

图 72　建中麻虻 *Haematopota jianzhongi* Xu *et* Guo

a. 额 (frons)；b. 触角 (antenna)；c. 下颚须 (palpus)

雄性 未详。

观察标本 正模♀，腾冲，海拔 500 m，2004.VI.22，王建中，保存在 AMMSC。1♀，云南，保存在 AMMSC。

生物学 坝区种。

地理分布 云南 (腾冲)。

分类讨论 本种头部和翅等特征与阿萨姆麻虻 *Hae. assamensis* Ricardo 相似，但阿萨姆麻虻后足胫节背面端部具长缨毛，归属于毛股麻虻组 *Hae. pilosifemura* group，另外阿萨姆麻虻腹部背板仅在后 2 节具小的亚侧浅点，而本种腹部第 2-7 背板均具大的侧圆白斑。

条带麻虻组 *Haematopota lineola* group

条带麻虻组麻虻的主要特征是上侧颜具实心的天鹅绒黑斑；触角柄节圆筒形，长度超过鞭节的基环节。胸部背板无宽的白纵条；后足股节端部背面无长缨毛；翅后缘不存在完整白边。我国有 4 种。本组现知仅分布于东洋界。

种 检 索 表

1. 盾片后缘、小盾片前缘具宽的白色横带……………………………… **缅甸麻虻 *Hae. burmanica***
   盾片后缘无浅色横带，至多小盾前片浅色……………………………………………………2
2. 腹部第 1-7 背板具白色中纵宽条 ……………………………………… **条带麻虻 *Hae. lineola***
   腹部背板无浅色中纵条，至多在第 2 背板具中三角……………………………………………3
3. 前、后足基浅环均很窄 ………………………………………………… **中国麻虻 *Hae. chinensis***
   前、后足基浅环均很宽，达节长的 1/2 ……………………………………… **瞿氏麻虻 *Hae. qui***

(64) 缅甸麻虻 *Haematopota burmanica* Senior-White, 1922 (图 73，图版 IV)

Haematopota burmanica Senior-White, 1922: 147 [Type locality: Bandaung, N. Toungae, Burma]; Stone and Philip, 1974: 67; Xu and Guo, 2005b: 25.

鉴别特征 触角鞭节的基环节扁宽；上侧颜具实心的天鹅绒黑斑；前足胫节基部 1/3 白色，中、后足胫节具 2 个浅色环，后足股节端部腹方具黑色长缨毛；翅亚端带单一或成双，但不达翅后缘。

形态描述

雌性 体长 8.5-10.5 mm，黑色，翅长 8-10 mm。头部：额高小于基宽，大于顶宽，灰色；基胛黑色，带形，宽为高的 4 倍，中央具皱纹，两侧接触复眼，侧点黑色，与额基胛和复眼均分离，中央点明显；触角间具黑色大绒斑，基胛前无三角形亮片；颜灰色，上中颜和上侧颜具实心的天鹅绒黑斑；口毛白色。触角柄节棕黑色，圆筒形，着生黑毛，长为宽的 2.5-3.0 倍，梗节黑色，具背突，鞭节黑色，基环节扁宽，基部略浅，长略大于柄节。下颚须灰色，第 2 节细长，长约为宽的 4 倍，着生黑毛夹杂白毛。胸部：盾片棕褐色，具 5 条灰白色纵细纹，中条完整，中侧条在横缝后成三角点，亚侧条包括肩胛，后端不与盾片后缘横白带连接，小盾片基半白色，后半暗色。侧板灰白色，着生白毛。足基节灰色，前足基节端半棕黑色，股节灰黑色，前足股节和中、后足股端部较暗，后足股节端部腹方具黑色长缨毛，前足胫节基部 1/3 白色，中、后足胫节具 2 个浅环，跗节黑色，中、后足第 1 跗节基部较浅。翅白斑玫瑰花形，亚端带单一或成双，不达翅后缘，第 1、2、3、5 后室通常具白斑，臀室具缘白斑。平衡棒棕黑色，柄较浅。腹部：背板棕褐色，具浅色中纵条和后缘带，第 5-7 或第 6、7 背板具侧圆浅色点。腹板灰棕色，具黑色宽中纵条，各节具浅色后缘。

雄性　未详。

观察标本　正模♀，缅甸，保存在 BMNH (未检视)。7♀♀，云南，保存在 AMMSC。

生物学　山区种。

地理分布　云南 (腾冲、片马)；缅甸。

分类讨论　本种是东洋界种类，小盾片基半白色，与爪哇麻虻 *Hae. javana* Wiedemann 类似，但额胛前缘前者平直，后者中央凹入；足股节前者黑色，后者棕色；触角前者较细，柄节长为宽的 3 倍，而后者只有 2 倍；下颚须前者细长，长为宽的 4 倍，灰色，而后者长不到宽的 3 倍，米黄色。

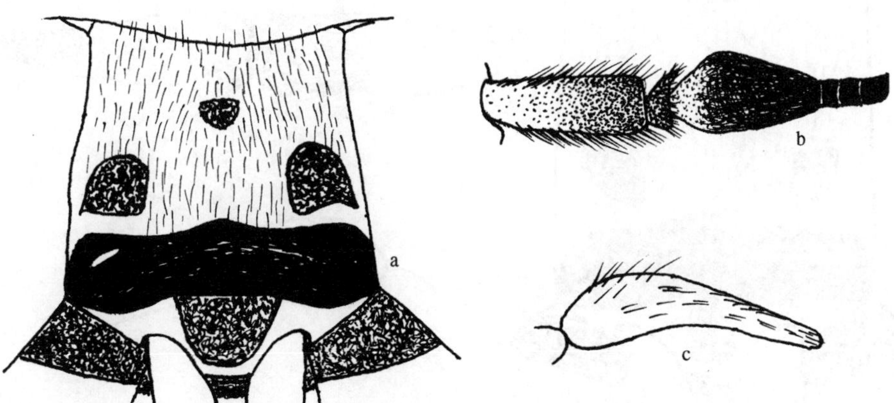

图 73　缅甸麻虻 *Haematopota burmanica* Senior-White

a. 额 (frons)；b. 触角 (antenna)；c. 下颚须 (palpus)

(65) 条带麻虻 *Haematopota lineola* (Philip, 1960) (图 74; 图版 IV, 图版 XII)

Chrysozana lineola Philip, 1960: 30 [Type locality: Tak, Pra Tung Chung, Thailand].

Haematopota lineola (Philip): Stone and Philip, 1974: 132; Stone, 1975: 76; Xu, 1982h: 135; Wang, 1983: 116; Xu, 1989b: 365; Yang and Xu, 1997: 13.

鉴别特征 触角柄节长于鞭节的基环节；上侧颜具实心的天鹅绒黑斑；前足胫节基部 1/3 白色，中、后足胫节具 2 个浅色环；翅亚端带破成两段，达翅前、后缘。

形态描述

雌性 体长 11-13 mm，棕黑色，翅长 10-11 mm。头部：额高略大于基宽，两侧平行，灰色；基胛褐色至黑色，带形，光滑无皱纹，两侧角接触复眼，宽为高的 3.5-4.0 倍，前、后缘略弯，中突小，侧点黑色，小，与额基胛和复眼均分离，中央点小，明显；亚胛黄棕色，中央裂缝浅，其两侧暗，基胛前无三角形亮片。颜灰色，上侧颜具实心的天鹅绒黑斑；口毛白色。触角红棕色，鞭节的基环节端部和端环节棕黑色，柄节圆筒形，具弱的亮光，长约为宽的 3 倍，梗节具大背突，鞭节的基环节细，长度短于柄节，为 0.83 倍，端部的 3 个环节细。下颚须灰黄色，第 2 节细长，着生黑毛和长白毛。胸部：盾片棕色，3 条灰白色纵细纹不明显，小盾片中央色较浅。侧板灰黄色，着生黑毛和白毛。足基节黄棕色，前足基节端半较暗，股节棕褐色，中足股节基部 2/3 和后足股节较浅，前足胫节基部 1/3 白色，中、后足胫节具 2 个浅环，基浅环略宽。翅白斑点状，形成不明显玫瑰花形，亚端带破成两段，达翅前、后缘，第 1、2、3、5 后室具白斑，臀室具缘

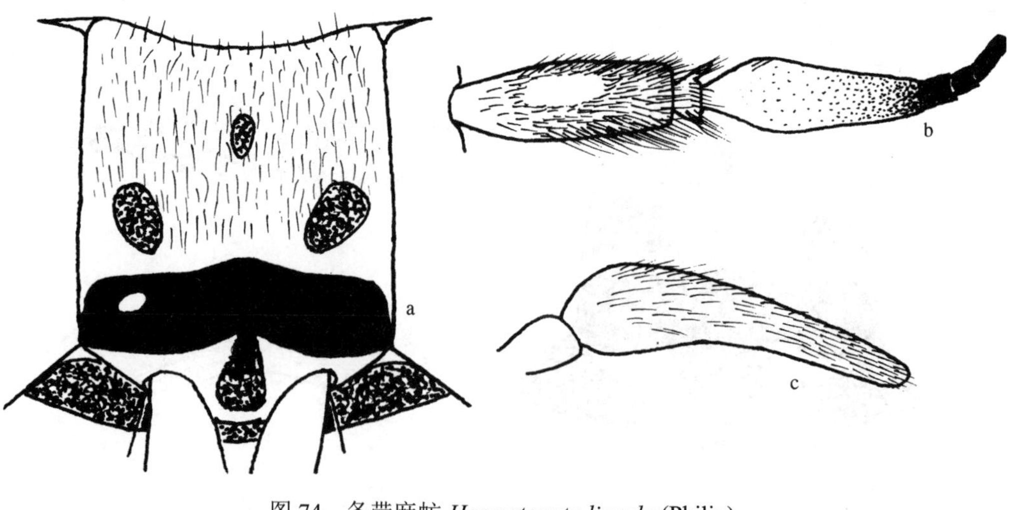

图 74 条带麻虻 *Haematopota lineola* (Philip)

a. 额 (frons)；b. 触角 (antenna)；c. 下颚须 (palpus)

白斑。平衡棒黄色，球部棕色。腹部：暗棕色，背板棕褐色，各背板具浅棕色后缘，以第 2 背板的后缘带最宽，第 1-3 背板两侧色较浅，具浅色中纵条，该条仅在第 1 背板的后缘可见。腹板各节具浅色后缘，具暗中纵条。

雄性 未详。

观察标本 正模♀，泰国，保存在 USNM。40♀♀，云南，保存在 AMMSC。

生物学 林缘种，5-6 月数量较多。

地理分布 云南 (江城、勐腊、景洪)；老挝，泰国。

分类讨论 在上侧颜具实心的天鹅绒黑斑，触角柄节圆筒形，长度超过鞭节基环节的类群中，类似于中国麻虻 *Hae. chinensis* Ôuchi，但中国麻虻的腹部背板无中纵浅条，只在第 2 背板中后缘具浅色三角。

(66) 中国麻虻 *Haematopota chinensis* Ôuchi, 1940 (图 75；图版 IV)

Haematopota chinensis Ôuchi, 1940: 253 [Type locality: Tianmushan, Zhejiang, China]; Stone and Philip, 1974: 72; Stone, 1975: 74; Wang, 1983: 119; Wu, Li, Liu, Yang, Zhang and Cao, 1988: 198; Xu, 1989b: 365; Xu, 2001: 346.

鉴别特征 额基宽大于高；触角柄节粗长，约等于鞭节长；上侧颜具实心的天鹅绒黑斑；胫节浅色环窄；翅亚端带单一，中等宽，弯曲，达翅前、后缘。

形态描述

雌性 体长 9-10 mm，棕黑色，翅长 8-9 mm。头部：额高略小于基宽，顶部略收缩，灰色，基胛褐色至黑色，带形，光滑无皱纹，两侧角接触复眼，宽为高的 4 倍，前、后缘略弯，无中突，侧点黑色，大，与额基胛和复眼均接触，中央点大；亚胛黄棕色，中央裂缝浅，具天鹅绒暗斑，基胛前具大的三角形亮片，色浅于基胛，之间的裂缝深色；颜灰色，上侧颜具实心的天鹅绒黑斑；口毛白色。触角柄节圆筒形，粗，长约为宽的 4 倍，具亮光，黑色，中部和端部具凹陷，梗节具大的背突，鞭节细，灰色，基环节端部和端环节棕黑色，长约等于柄节，端部的 3 个环节长为鞭节总长的 1/4。下颚须灰黄色，第 2 节细长，着生黑毛和白毛。胸部：盾片暗棕色，具 3 条灰白色纵细纹，侧条在缝后成小三角点，肩胛黄棕色；侧板灰色，着生白毛。足基节灰色，前足基节端半较暗，股节棕褐色，前足胫节基部浅环窄，中、后足胫节具 2 个浅环，均窄，中、后足各跗节基部色较浅。翅白斑玫瑰花形，亚端带中等宽，弯曲，达翅前、后缘，第 1、2、3、5 后室具大白斑，臀室具缘白斑。平衡棒棕色，球部棕色。腹部：暗棕色，第 2、3 背板两侧较浅，各背板具浅棕色后缘。腹板各节具浅色后缘。

雄性 一般形态类似于雌性。复眼具毛，上部的大眼面大于下部的小眼面；额三角黄灰色，触角间具黑斑；颜灰棕色，上侧颜略暗；触角柄节黑色，膨大，长为宽的 2 倍，

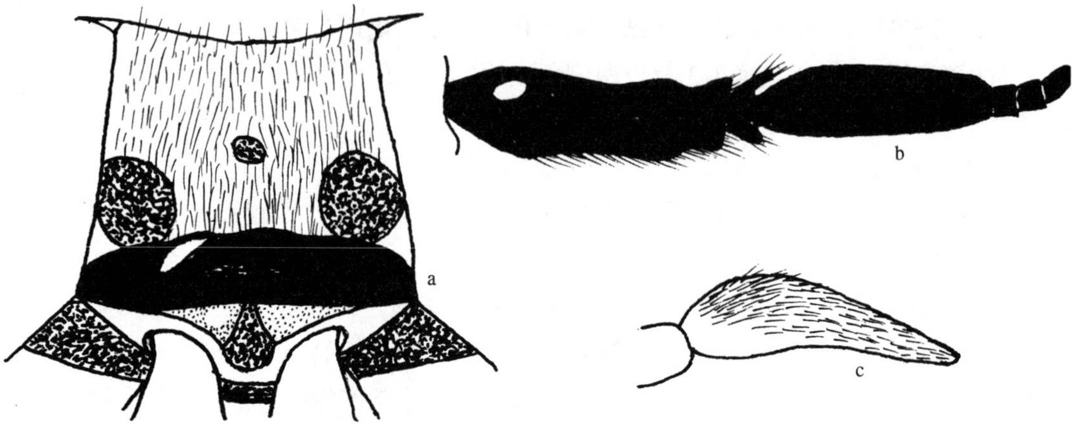

图 75 中国麻虻 *Haematopota chinensis* Ôuchi

a. 额 (frons); b. 触角 (antenna); c. 下颚须 (palpus)

背缘具凹陷，鞭节短于柄节；胸、腹部较暗，盾片浅条不明显。

观察标本 正模♀，天目山，保存在 IECAS。2♀♀，浙江，保存在 AMMSC。

生物学 林缘种，数量不多。

地理分布 陕西 (汉中)、浙江 (天目山)、福建 (崇安)。

分类讨论 本种麻虻具粗的触角柄节，与瞿氏麻虻 *Hae. qui* Xu 近似，但瞿氏麻虻的前、后足基浅环均很宽，达节长的 1/2，额较窄，基胛前三角形亮片色同基胛。

(67) 瞿氏麻虻 *Haematopota qui* Xu, 1999 (图 76; 图版 V)

Haematopota qui Xu, 1999: 22 [Type locality: Khe Sanh, Vietnam]; Xu and Guo, 2005b: 28.

鉴别特征 额高大于基宽；触角柄节粗长，长大于梗节、鞭节基环节之和；亚胛在额胛前具大的三角形突出亮片；上侧颜具实心的天鹅绒黑斑；胫节仅具长的基浅环；翅亚端带单一，细，弯曲，达翅前、后缘。

形态描述

雌性 体长 9.5-11.0 mm，黑色，翅长 8.5-9.0 mm，触角长 4.0 mm。头部：额高大于基宽，为顶宽的 1.4 倍，灰色；基胛棕黑色至黑色，宽带形，光滑无皱纹，两侧角接触复眼，前、后缘几乎平直，侧点黑色，与额基胛分离，和复眼接触，中央点明显；亚胛在基胛前具大的棕黑色三角形亮片，色同基胛，触角间黑色绒斑存在；颜灰色，上中颜和上侧颜具实心的天鹅绒黑斑；口毛白色。触角柄节圆筒形，粗，长约为宽的 3 倍，长大于梗节、鞭节基环节之和，具亮光，棕黑色，梗节黑色，具大的背突，鞭节黑色，基环节长为宽的 2.5 倍，端部的 3 个环节长为鞭节总长的 1/3，顶端钝。下颚须黄色，第 2 节细长，着生黑毛和白毛。胸部：盾片暗棕色，中侧条在缝后和盾片后缘成小三角点，小盾前片在完好标本为白色，但多数标本为暗色。侧板上半灰色，下半灰黑色。足黑色，前足基节基部灰色，前足胫节基半，中足胫节基 5/7、后足胫节基 3/5 白色，中足跗节基部色较浅。翅白斑点状，形成不明显玫瑰花形，亚端带窄，弯曲，达翅前、后缘，有的接近后缘，后缘室白斑变化较大，有的在第 1、2、3、5 后室，有的在第 2、3、5 后室，有的在第 3、5 后室具白斑；臀室具小的缘白斑。平衡棒棕黑色，柄部棕色。腹部：暗棕色，背板、腹板具浅色后缘，第 2 背板有的具灰白色三角。

雄性　未详。

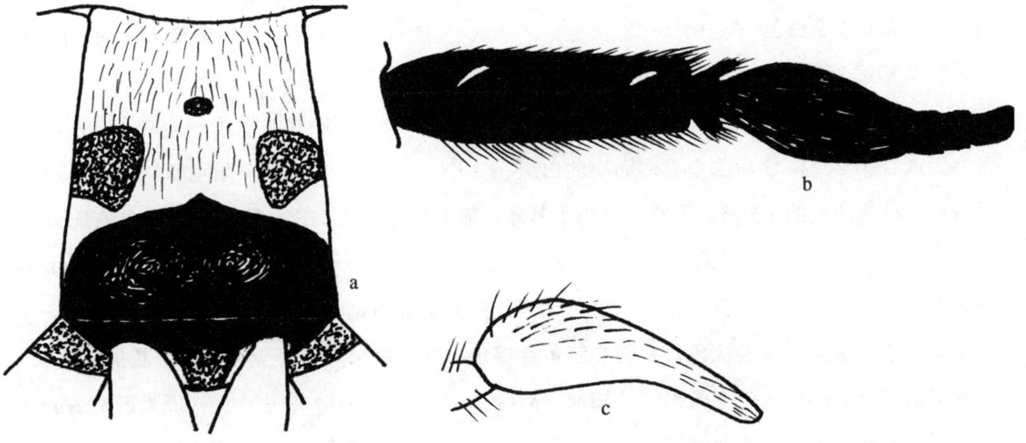

图 76　瞿氏麻虻 *Haematopota qui* Xu

a. 额 (frons)；b. 触角 (antenna)；c. 下颚须 (palpus)

观察标本　正模♀，Khe Sanh, Vietnam，1966.V.1，瞿逢伊，保存在 AMMSC。18♀♀，云南，保存在 AMMSC。

生物学　林区种。

地理分布　云南 (江城、勐腊)；越南。

分类讨论　本种具粗黑的触角柄节，与中国麻虻 *Hae. chinensis* Ôuchi 相似，但中国麻虻的额较宽，基胛前的三角形亮片色浅于基胛，胫节浅环均窄。

沥青麻虻组 *Haematopota picea* group

沥青麻虻组麻虻的主要特征是侧颜具散在黑点；触角柄节较长，至少长于鞭节的基环节，宽约等于鞭节的基环节；后足股节端部背面无长缨毛；翅后缘不存在完整白边。我国有 10 种。本组多分布于东洋界，少数种分布到古北界南缘 (图 64)。

种检索表

1. 中足胫节一致黑色；下颚须乌黑色……………………………………………… **曾健麻虻 *Hae. zengjiani***
   中足胫节具浅色环；下颚须棕色至灰黑色……………………………………………………………2
2. 亚胛无或具极窄的带状亮片；腹部一般具侧圆浅斑…………………………………………………3
   亚胛具大的三角形亮片；腹部无侧圆浅斑，或在第 3 背板以后具极小而不明显的侧圆斑…………6
3. 腹部第 2-7 背板具侧圆浅斑 ……………………………………………………**朝鲜麻虻 *Hae. koryoensis***
   腹部至多在第 7 背板具侧圆浅斑……………………………………………………………………4
4. 前足胫节基部 2/5 白色 …………………………………………………………**广西麻虻 *Hae. guangxiensis***
   前足胫节基部 3/5 白色 ………………………………………………………………………………5
5. 额较宽，高为顶宽的 1.2 倍，两侧大致平行；额胛后缘微突；腹部腹面棕色，具黑色中纵条；翅后缘室无或在第 2、3、5 后缘室具弱而小的白斑………………………………**阳刚麻虻 *Hae. yanggangi***
   额较窄，高为顶宽的 1.5 倍，顶宽明显小于基宽；额胛后缘中央突出；腹部腹面灰白色具棕黑色宽纵条；翅后缘室一般具大白斑………………………………………………**福建麻虻 *Hae. fukienensis***
6. 触角间具黑色绒斑，亚胛亮三角片深棕色至黑色；前足胫节基浅环至多为该节长的 1/3 …………7
   触角间无黑色绒斑，仅着棕色，亚胛亮三角片棕色；前足胫节基浅环至少为该节长的 2/5 ……10
7. 足基节烟黑色；翅亚端带宽带形，达翅前、后缘…………………………………**沥青麻虻 *Hae. picea***
   足基节灰黑或灰黄色；翅亚端带窄，达翅前、后缘，或破成两段……………………………………8
8. 后足胫节基浅环为该节长的 2/3；亚胛亮三角片深棕色 …………**五指山麻虻 *Hae. wuzhishanensis***
   后足胫节基浅环为该节长的 1/3；亚胛亮三角片棕黑色至黑色 ……………………………………9
9. 触角鞭节的基环节和端环节约等长；后足胫节具 2 个浅色环…………………………………………
   ……………………………………………………**亚朝鲜麻虻，新种 *Hae. subkoryoensis* sp. nov.**
   触角鞭节的基环节远长于端环节；后足胫节仅具基浅色环………………**台岛麻虻 *Hae. formosana***
10. 体长 10-11 mm；翅亚端带细，不规则，连续或不连续，不达翅前、后缘；触角鞭节的基环节长不到宽的 2 倍…………………………………………………………………………**扁角麻虻 *Hae. lata***
    体长 8 mm；翅亚端带宽带形，达翅前、后缘；触角鞭节的基环节长超过宽的 2 倍 ………………
    ………………………………………………………………………………**副截形麻虻 *Hae. paratruncata***

(68) 曾健麻虻 *Haematopota zengjiani* Xu *et* Guo, 2005 (图 77；图版 V)

Haematopota zengjiani Xu *et* Guo, 2005: 29 [Type locality: Menghai,Yunnan, China].

鉴别特征 体黑色；足几乎全部黑色，前足胫节具很窄的基浅环，中、后足胫节仅在基部可见弱而小的浅斑，不形成环；触角和下颚须均为黑色。

形态描述

雌性　体长 8.0 mm，黑色，翅长 7.5 mm，触角长 1.8 mm。头部：额高为顶宽的 1.2 倍，基部略宽，灰黑色，着生黑毛，侧点与额胛间具白毛；额基胛黑色，前、后缘平直，表面具皱纹，两侧与复眼接触，宽约为高的 4.0 倍，中央点小，侧点大，接触复眼和基胛；亚胛在触角间具大的黑色绒斑，基胛前无突出亮片；颜深灰色，着生灰白色毛，上侧颜具散在黑点，着生黑毛；口毛灰白色。触角黑色，着生黑毛，柄节圆筒形，稍亮，长为宽的 4 倍，梗节无背突，鞭节的基环节长为宽的 3 倍，较柄节短。下颚须黑色，覆黑毛，第 2 节长为宽的 4 倍。胸部：背板黑色，覆黑毛和少量棕色亮毛，无中纵浅色条，亚中条短，仅前缘可见，缝后浅色点小，但清晰，肩胛灰白色，小盾前片和小盾片均为黑色。侧板灰黑色，着生灰白色毛。足几乎全部黑色，基节覆黑毛夹杂灰白色毛，前足胫节具很窄的基浅环，中、后足胫节仅在基部可见弱而小的浅斑，不形成环。翅白斑点状，形成不明显玫瑰花形，亚端带窄条形，或破成点状，不达翅后缘，后缘室仅在第 3、5 室可见白缘斑，有的在第 1 后缘室具弱的小白斑。腋瓣黑色。平衡棒黑色。腹部：黑色，浅色窄后缘不明显，第 2 背板两侧和腹板覆薄白粉。

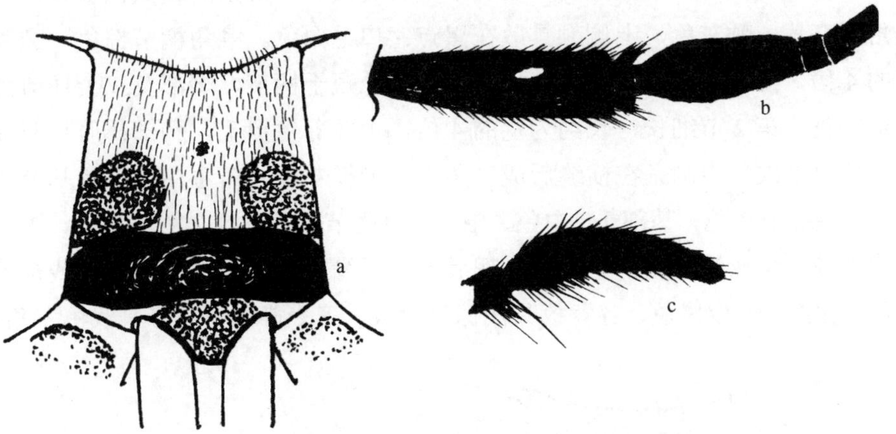

图 77　曾健麻虻 *Haematopota zengjiani* Xu *et* Guo

a. 额 (frons)；b. 触角 (antenna)；c. 下颚须 (palpus)

雄性　未详。

观察标本　正模♀，云南勐海，海拔 1500 m，郭天宇，保存在 AMMSC。3♀♀，云南，保存在 AMMSC。

生物学　高山林区种。

地理分布　云南 (勐海、金平)。

分类讨论　金平 2♀♀ (保存在 IZCAS，标本号为 IOZ(E)1234273 和 1234274) 的翅白斑略粗，其中 1 只的亚端带较粗，达翅后缘，本志认为是个体变异。本种足几乎全黑，

类似于缅甸的 *Hae. brunnipes* Stone *et* Philip，但 *Hae. brunnipes* 的触角黄色，亚胛在触角间无黑色绒斑，胸部盾片具 3 条明显纵纹。

(69) 朝鲜麻虻 *Haematopota koryoensis* (Shiraki, 1932) (图 64, 图 78; 图版 V)

Chrysozana koryoensis Shiraki, 1932: 268 [Type locality: Korea].

Haematopota koryoensis (Shiraki): Murdoch and Takahasi, 1969: 88; Chvála, 1978: 163; Xu, 1989b: 365; Jiang, Zhang, Huang and Dai, 1993: 103; Wang, 1994: 177.

鉴别特征 额基宽大于高，两侧大致平行；触角柄节圆筒形，长接近宽的 4 倍，棕色，长于鞭节的基环节；上侧颜具散在黑点；前足胫节基部 1/3 白色，中、后足胫节具 2 个浅色环；翅亚端带单一，宽，达翅后缘。

形态描述

雌性 体长 7 mm，棕色，翅长 6.5 mm。头部：额高小于基宽，两侧大致平行，灰色；基胛黑色或暗棕色，带形，光滑无皱纹，两侧角接触复眼，后缘平直，侧点黑色，与额基胛和复眼均接近，中央点大；亚胛中央裂缝浅，在触角间具黑色绒斑，基胛前具窄的三角形亮片；颜灰色，上侧颜具散在黑点；口毛白色。触角柄节棕色，圆筒形，长接近宽的 4 倍，梗节棕色，鞭节的基环节棕色，长短于柄节，端部及 3 个环节黑色。下颚须浅黄棕色，第 2 节细长，长约为宽的 4 倍，主要着生黑毛。胸部：盾片灰棕色，具 3 条灰白色纵细纹，中侧条在横缝后成三角点。侧板灰色，着生白毛。足基节灰色，股节棕色，前足胫节黑色，基部 1/3 白色，中、后足胫节黑色，具 2 个浅色环，跗节黑色。翅白斑玫瑰花形，亚端带宽，单一，达翅后缘，后缘室均具白斑。平衡棒浅棕黄色，棒头棕黑色。腹部：背板黑色，各背板具浅棕色后缘，第 2 背板中后缘具浅色三角，第 3-7

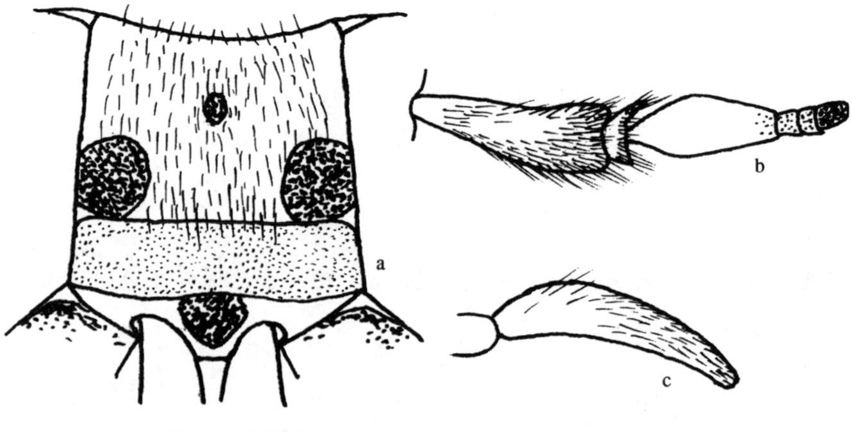

图 78 朝鲜麻虻 *Haematopota koryoensis* (Shiraki)

a. 额 (frons)；b. 触角 (antenna)；c. 下颚须 (palpus)

或第 5、6 节具侧圆斑。腹板灰色，各节具浅色后缘，中央具不清晰的纵黑条。

雄性　未详。

观察标本　正模♀，朝鲜，原保存在台湾昆虫博物馆 (后归台湾大学)，现下落不明。1♀，吉林，保存在 AMMSC。

生物学　山地种，6-8 月田边、溪边均见活动。

地理分布　黑龙江、吉林 (集安、柳河、珲春、和龙、汪清、敦化)、辽宁；俄罗斯，朝鲜。

分类讨论　本种是古北界种 (图 67)，亚胛无三角形亮片，上侧颜具散在黑点，触角柄节长圆筒形，腹部背板具侧圆斑，类似于广西麻虻 *Hae. guangxiensis* Xu，但广西麻虻仅在第 7 背板具侧圆浅斑，翅亚端带窄条形，多不达翅后缘。

(70) 广西麻虻 *Haematopota guangxiensis* Xu, 2002 (图 79；图版 V)

Hamatopota guangxiensis Xu, 2002: 236 [Type locality: Guangxi, China]; Xu, 2004: 539.

鉴别特征　额高大于基宽，侧点大，两侧接触复眼；触角柄节细长，圆筒形，长为宽的 4 倍，棕色，长于鞭节的基环节；上侧颜具散在黑点；前足胫节基部 2/5 白色，中、后足胫节仅具 1 个浅色环；翅亚端带单一，窄带形，多不达翅后缘。

形态描述

雌性　体长 9-11 mm，黑色，翅长 8 mm。头部：额高大于基宽，两侧大致平行，顶部略收缩，灰白色；基胛黑色，光亮，中央后突具皱纹，两侧角接触复眼，侧点大，黑色，与复眼接触，中央点小；亚胛中央裂缝浅，在触角间具黑色绒斑，基胛前具窄的三角形亮片；颜灰色，上侧颜具散在黑点；口毛白色。触角柄节棕色，圆筒形，长接近宽的 4 倍，梗节棕色，鞭节黑色，基环节长短于柄节。下颚须浅灰色，第 2 节细长，主要着生黑毛，夹杂白毛。胸部：棕黑色，着生棕色毛夹杂黑毛，无中纵条，中侧条弱，小盾前片白色，小盾片黑色。侧板灰黑色，着生灰白色毛。足棕黑色，前、后足股节着生黑毛，中足股节着生棕色长毛和黑色短毛；前足胫节基部 2/5 白色，端部黑色，中足胫节 1/2 棕黄色，端部黑色，无端部浅环，后足胫节基部 1/3-2/5 白色，端部黑色；跗节黑色，中、后足第 1 跗节基部棕黑色。翅白斑玫瑰花形，亚端白斑窄条形，在正模中，不达翅后缘，而在有些副模中，则达翅后缘，第 2、3、5 后缘室具白斑，有些副模第 1 后缘室也具白斑。平衡棒浅棕黄色，棒头棕黑色。腹部：背板黑色，着生黑毛，各背板具白色窄后缘，第 7 背板具侧白圆斑。腹板烟棕黑色，各节具白色窄后缘，第 2-6 腹板两侧灰白色。

雄性　未详。

观察标本　正模♀，广西金秀罗香，海拔 400 m，张学忠，1999.V.15，保存在 IZCAS。

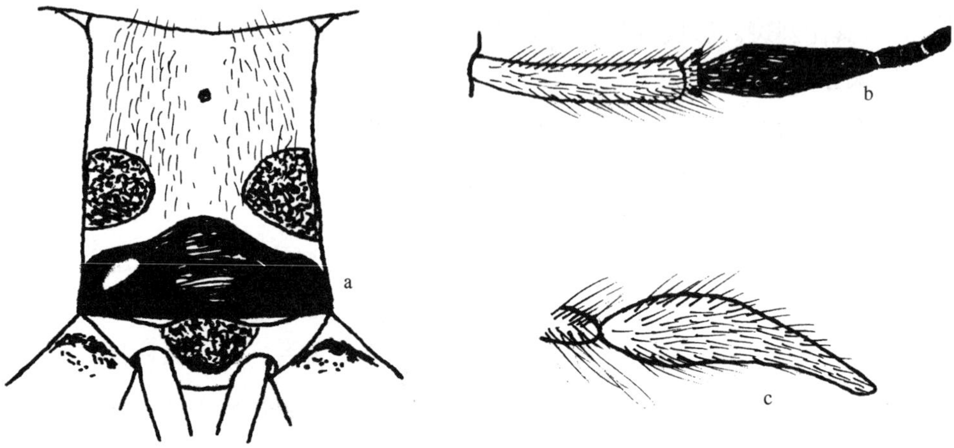

图 79 广西麻虻 *Haematopota guangxiensis* Xu

a. 额 (frons); b. 触角 (antenna); c. 下颚须 (palpus)

2♀♀，广西，保存在 AMMSC。

生物学 山地种。

地理分布 广西 (金秀、上思、靖西、防城)、云南 (屏边大围山)。

分类讨论 本种是东洋界种类，上侧颜具散在黑点，触角柄节长圆筒形，腹部背板具侧圆斑，类似于台岛麻虻 *Hae. formosana* Shiraki 和五指山麻虻 *Hae. wuzhishanensis* Xu，但后两者的亚胛在基胛前具大的三角形突出亮片，前足胫节仅 1/4-1/3 白色，中足胫节具 2 个浅环，腹部背板具中纵浅条。

(71) 阳刚麻虻 *Haematopota yanggangi* Xu *et* Guo, 2005 (图 80, 图版 V)

Haematopota yanggangi Xu *et* Guo, 2005: 28 [Type locality: Mengla, Yunnan, China].

鉴别特征 触角柄节细长，长为宽的 3.5-4.0 倍，长于鞭节的基环节；上侧颜具散在黑点；中、后足胫节仅具 1 个浅色环；翅亚端带单一，破成点状，不达翅后缘，后缘室无或具弱的白斑。

形态描述

雌性 体长 9.0-10.0 mm，黑色，翅长 7.5-8.0 mm，触角长 2.6-2.8 mm。头部：额高为顶宽的 1.2 倍，两侧大致平行，或基部略宽，灰棕色，着生黑毛，侧点与额胛间具白毛；额基胛黑色，前缘较平直，后缘中央略突出，表面具皱纹，两侧与复眼接触，高为宽的 3.7 倍，中央点明显，侧点大，接触复眼，或窄分离，与基胛窄分离；亚胛在触角间具大块黑色绒斑，基胛前无或具极窄的突出亮片；颜灰白色，着生灰白色毛，上侧颜具一些黑毛，上中颜和上侧颜具散在黑点；口毛灰白色。触角柄节暗棕色至棕黑色，着生黑毛，筒形，长为宽的 3.5-4.0 倍，等于或略短于梗节与鞭节的基环节之和，长于鞭节的基环节，梗节黑色，具大的背突，鞭节黑色。下颚须灰色，着生黑毛，腹方夹杂灰白色毛，第 2 节长为宽的 3.7-4.8 倍。胸部：背板黑色，着生黑毛和棕色亮毛，肩胛灰白，无中纵浅色条，亚中条短，前缘宽，在缝后成细点，盾片后缘包括小盾前片的浅色带窄，小盾片黑色。侧板灰白色，着生灰白色毛。足基节色同侧板，着生灰白色毛，前足基节端半棕黑色，覆黑毛，前足股节黑色，着生黑毛，外侧基半夹杂棕色毛，中、后足股节棕色，多浅棕色毛，端部黑色黑毛，胫节和跗节黑色黑毛，中、后足略浅，前足胫节基部 3/5-2/3 白色白毛，中足胫节基环浅棕色，占基部 7/10，后足胫节基部 3/5 浅棕色。翅白斑玫瑰花形，亚端带单一，破成点状，后缘一般具浅点，后缘室无或具小而弱的缘白斑。腋瓣黑色。平衡棒柄黄棕色，球部大部黑色，球顶部棕色。腹部：背板黑色，具灰白色窄后缘，第 7 背板有的可见侧圆白斑。腹板灰棕色，具黑色中纵条，该纵条前浅后深，宽约为腹节的 1/3。

雄性　未详。

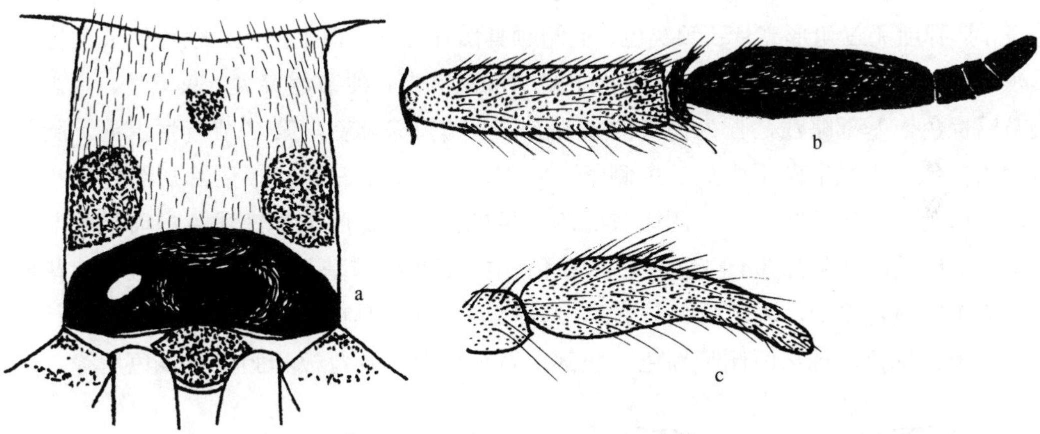

图 80　阳刚麻虻 *Haematopota yanggangi* Xu *et* Guo

a. 额 (frons)；b. 触角 (antenna)；c. 下颚须 (palpus)

观察标本　正模♀，云南勐腊，海拔 800 m，2004.VI.4，陈阳刚，保存在 AMMSC。33♀♀，云南，保存在 AMMSC。

生物学　山地林区种。

地理分布　云南 (江城、勐腊)。

分类讨论　本种胸部特征与福建麻虻 *Hae. fukienensis* Stone *et* Philip 和广西麻虻 *Hae. guangxiensis* Xu 类似，但福建麻虻的额较窄，高为顶宽的 1.5 倍，顶宽明显小于基宽，额胛具大的后中突，腹部腹板无黑色中纵条，而广西麻虻的前、后足胫节仅基部 2/5 浅色。

(72) 福建麻虻 *Haematopota fukienensis* Stone *et* Philip, 1974 (图 81；图版 V)

Haematopota fukienensis Stone *et* Philip, 1974: 98 [Type locality: Chong'an, Fujian, China]; Xu, 1989b: 367; Wang, 1994: 183; Xu, 2001: 346.

鉴别特征　额基宽略小于高，基胛黑色，中后突小，两侧与复眼接触，侧点大，与基胛窄分离，接触复眼；亚胛中央裂缝浅，在触角间具黑色绒斑，基胛无三角形黑色亮片；触角柄节细长，长为宽的 3 倍多，略长于鞭节的基环节；上侧颜具散在黑点；中、后足胫节仅具 1 个浅色环；翅亚端带中等宽，单一，达翅后缘。第 1、2、3、5 后缘室具白斑。

形态描述

雌性　体长 8.5-10.0 mm，暗棕色，翅长 9.0-9.5 mm。头部：额基宽略小于高，顶宽为高的 0.6 倍，深灰色；基胛黑色带红，中后突小，两侧与复眼接触，宽为高的 3 倍，侧点大，与基胛窄分离，接触复眼，中央点无或小；亚胛中央裂缝浅，在触角间具黑色绒斑，基胛前无三角形亮片；颜灰色，上侧颜具散在黑点；口毛白色。触角柄节黄棕色，具黑毛，细长，长为宽的 3 倍多，略长于鞭节的基环节，梗节背突大，灰黑色，具黑毛，鞭节暗棕色，基部略浅，长为柄节的 1.4 倍。下颚须棕灰色，第 2 节着生黑毛。胸部：盾片暗棕色，中纵窄条不明显，中侧条不完整，在缝后成三角点，盾片后缘包括小盾前片，灰白色，小盾片暗棕色；侧板灰棕色。足棕色，各足胫节基部浅色，前足胫节基部 2/3，中、后足胫节基部 3/4 白色，无端浅环，中、后足跗节基部浅色。翅白斑玫瑰花形，亚端带中等宽，单一，达翅后缘，第 1、2、3、5 后缘室具白斑，第 4 后缘室有的具小白斑。平衡棒棕色，球部两侧暗棕色。腹部：背板棕色，各背板和腹板具浅色后缘。

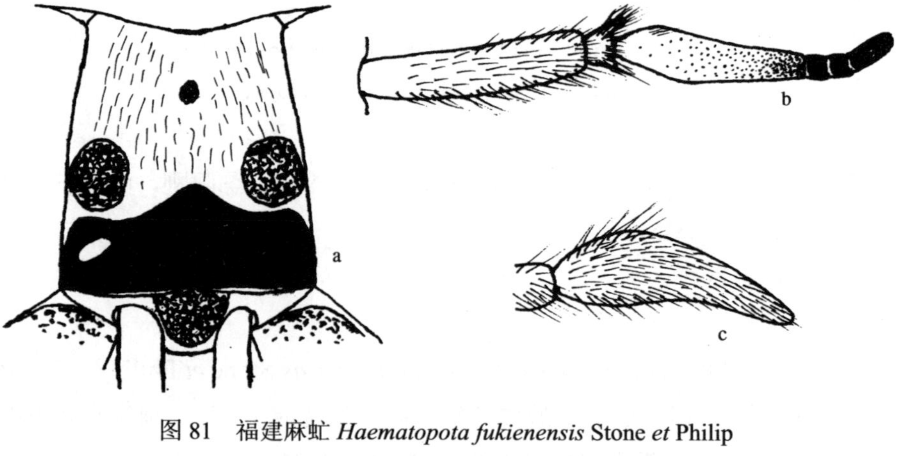

图 81　福建麻虻 *Haematopota fukienensis* Stone *et* Philip

a. 额 (frons)；b. 触角 (antenna)；c. 下颚须 (palpus)

雄性　未详。

观察标本　正模♀，福建挂墩，海拔 1400 m。马骏超，1945.VIII.4-6，保存在 BBM (未检视)。2♀♀，福建，保存在 AMMSC。

生物学　山区种。

地理分布　福建 (武夷山、梅花山、漳浦)、广东 (大浦)。

分类讨论　本种体棕色，前足股节棕色，与菲氏麻虻 *Hae. philipi* Chvála、圆胛麻虻 *Hae. sphaerocallus* (Wang *et* Liu) 和亚露麻虻 *Hae. subirrorata* Xu 相近，但后三者的中足胫节具 2 个浅色环，极易区别。

(73) 沥青麻虻 *Haematopota picea* Stone *et* Philip, 1974 (图 82; 图版 V)

Hamatopota picea Stone *et* Philip, 1974: 164 [Type locality: Chiang Mai, Thailand]; Xu, 1982h: 135; Wang, 1983: 115; Xu, 1989b: 366; Yang and Xu, 1997: 13.

Haematopota subpicea Wang *et* Liu, 1991: 106. Synonymized by Xu, 2000: 190.

鉴别特征　额高等于基宽，侧点大，两侧接触复眼；触角柄节细长，圆筒形,长为宽的 4 倍，棕色，长于鞭节的基环节；上侧颜具散在黑点；前足胫节基部浅环弱，中足胫节仅具 2 个窄的黄色环，后足胫节的端环不明显；翅亚端白斑明显，后方加宽，达翅后缘。

形态描述

雌性　体长 10-11 mm，黑色，翅长 9-10 mm。头部：额高等于基宽，顶部略收缩，暗灰色；基胛黑色，光亮，中央后突小，两侧角接触复眼，宽约为高的 3 倍；侧点大，黑色，与复眼接触，与基胛窄分离；中央点小；亚胛中央裂缝浅，在触角间具黑色绒斑，基胛前具大的三角形亮片；颜灰色，上侧颜具散在黑点；口毛白色。触角柄节黑色，基部棕色，圆筒形，长约为宽的 4 倍，等于或略长于鞭节，梗节棕色，背突大，鞭节短，扁。下颚须暗灰色，主要着生黑毛，夹杂白毛。胸部：暗棕色，着生黄毛，中纵条细，中侧条前方加宽，小盾前片暗色。侧板灰棕色。足基节烟棕黑色，股节暗棕色，前足胫节基部浅环弱，中足胫节具 2 个窄的黄色环，后足胫节的端环不明显，后足胫节缨毛黑色，后足股节背、腹均具密的黑色缨毛，跗节黑色。翅白斑细点状，形成不明显玫瑰花形，亚端白斑明显，后方加宽，达翅后缘，后缘室均具白斑，第 1-3 后缘室的三角白斑加大，有的在第 4 后缘室无白斑。平衡棒浅棕色，球部棕黑色。腹部：背板黑色，第 1-5 背板两侧灰色，各背板具灰白色宽后缘。腹板黑色，各节具灰白色窄后缘。

雄性　本志首次描述。复眼在干标本中，上半部棕色，下半部黑色；额灰棕色，其前方具 1 对棕黑色亮片，亮片前方触角间具黑色绒斑；触角柄节深棕黑色，圆筒形，亮，具长毛，略长于和粗于鞭节，鞭节基环节暗棕色，扁；足棕黑色，浅色斑很弱，不清晰；翅斑与雌性完全相同，标本保存在 IZCAS，标本号为 IOZ(E)1234227。

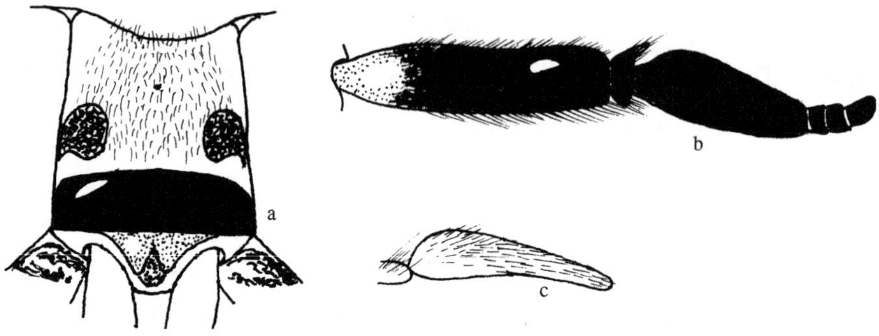

图 82　沥青麻虻 *Haematopota picea* Stone *et* Philip

a. 额 (frons); b. 触角 (antenna); c. 下颚须 (palpus)

观察标本　正模♀，泰国清迈，1969.V.5，J.J.S. Burton，保存在 CU。50♀♀，云南，保存在 AMMSC。

生物学　山地林区种，4-8 月活动，5 月底 6 月初数量较多，在云南勐腊，占牛诱虻总数的 10%-15%。

地理分布　云南 (江城、勐腊、景洪、勐海、耿马、临沧)；泰国。

分类讨论　本种麻虻触角柄节长，亚胛具三角形亮片和黑色绒斑，上侧颜具散在黑点，前足胫节基浅环窄，类似于台岛麻虻 *Hae. formosana* Shiraki 和五指山麻虻 *Hae. wuzhishanensis* Xu，但后两者足基节灰色，翅亚端带较窄。

(74) 五指山麻虻 *Haematopota wuzhishanensis* Xu, 1980 (图 83；图版 V)

Haematopota wuzhishanensis Xu, 1980: 189 [Type locality: Hainan, China]; Xu, 1982f: 126; Xu, 1989b: 366; Wang, 1994: 176.

鉴别特征　额高等于基宽，侧点大，两侧接触复眼；触角柄节细长，圆筒形，长为宽的 4 倍，棕色，长于鞭节的基环节；上侧颜具散在黑点；前足胫节基部 1/3 白色，中足胫节具 2 个浅环，后足胫节仅具 1 个浅色环，占基部 2/3；翅亚端带单一，达翅后缘。

形态描述

雌性　体长 9-10 mm，棕黑色至黑色，翅长 8-9 mm。头部：额高等于基宽，顶部略收缩，灰黄色；基胛棕黑色至黑色，光亮，带形，中央后突小，两侧角接触复眼；侧点大，黑色，与复眼接触，与基胛窄分离；中央点明显。亚胛中央裂缝浅，在触角间具黑色绒斑，基胛前具大的棕黑色三角形亮片；颜浅灰黄色，上侧颜具散在黑点；口毛灰白色。触角柄节至鞭节的基环节基部棕黑色，鞭节端部大部和端环节黑色，柄节圆筒形，长约为宽的 4 倍，略短于鞭节，远长于鞭节的基环节，梗节背突大。下颚须灰黑色，着生黑毛，夹杂白毛。胸部：盾片棕黑色，着生黄毛，中纵条在缝后不清晰，中侧条在缝后成三角点，盾片后缘包括小盾前片，具白带；小盾片中前部白色。侧板灰色，具灰白色毛。前足基节基部小半，后足基节基部大半色同侧板，基节其余部分及股节棕黑色至黑色，前、后足股节端腹缘具黑缨毛，前足胫节基部浅环占基部 1/3，中足胫节具 2 个浅色环，后足胫节基部 2/3 浅色，无端环，跗节黑色，中、后足第 1 跗节色较浅。翅白斑玫瑰花形，亚端白斑明显，窄，达翅前、后缘，有的破成前、后两段，后缘室均具白斑，有的在第 4 后缘室无白斑。平衡棒浅棕色，球部棕黑色。腹部：背板黑色，基部几节色略浅，带棕色，各背板具灰白色宽后缘，第 2 背板中后缘具高的浅色三角，连到第 3-6 节中窄纵条，第 4-7 或第 5-7 背板具侧浅圆点。腹板灰色，具前窄后宽的中纵黑条。

雄性　未详。

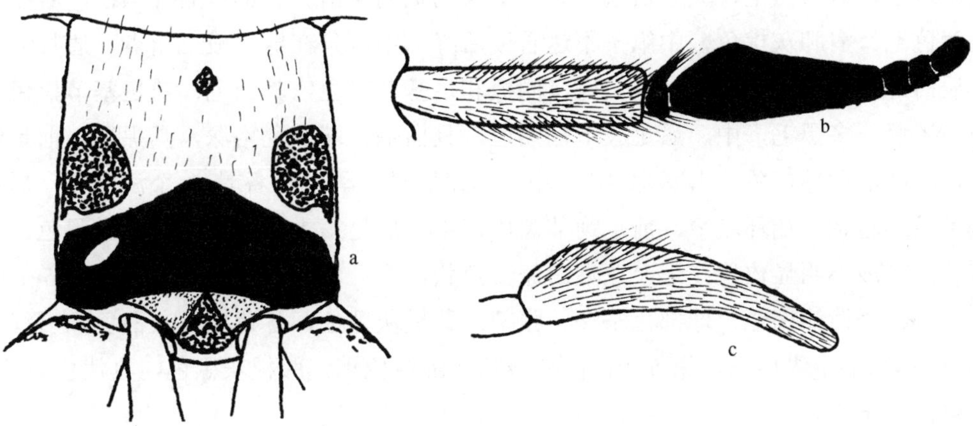

图 83　五指山麻虻 *Haematopota wuzhishanensis* Xu

a. 额 (frons)；b. 触角 (antenna)；c. 下颚须 (palpus)

观察标本　正模♀，海南琼中，1974.VII.12，许荣满，保存在 AMMSC。20♀♀，海南山区，保存在 AMMSC。

生物学　山地林区种。

地理分布　海南 (琼中、五指山、霸王岭、保亭、吊罗山、崖县)。

分类讨论　本种触角柄节长，亚胛具三角形亮片和黑色绒斑，上侧颜具散在黑点，前足胫节基浅环窄，类似于台岛麻虻 *Hae. formosana* Shiraki，但台岛麻虻后足胫节基浅环占节长的 1/3，而本种后足胫节基浅环占节长的 2/3。

(75) 亚朝鲜麻虻，新种 *Haematopota subkoryoensis* Xu *et* Sun, sp. nov. (图 84；图版 V)

[Type locality: Linhai, Zhejiang, China].

鉴别特征　额高等于基宽，侧点大，两侧接触复眼；触角柄节细长，圆筒形，长为宽的 3 倍，棕色，远长于鞭节的基环节，基环节长约等于端环节；上侧颜具散在黑点；前足胫节基部 1/3 棕色，中、后足胫节具 2 个浅色环；翅亚端带单一，不达翅后缘。

形态描述

雌性　体长 9 mm，黑色，翅长 8 mm。头部：额高约等于基宽，顶部略收缩，灰黄色，着生黑色短毛，基胛黑色，光亮，中央后缘略呈弧形突出，宽为高的 3.5 倍，两侧角接触复眼；侧点大，黑色，与复眼接触，与基胛窄分离；中央点小；亚胛中央裂缝浅，在触角间具黑色绒斑，基胛前具棕黑色三角形亮片；颜浅灰黄色，上侧颜具散在黑点；口毛白色。触角柄节至鞭节的基环节棕色，鞭节的 3 个端环节略暗于基环节，长约等于基环节，柄节圆筒形，向端部渐变粗，长约为宽的 3 倍，略短于鞭节，梗节背突小。下颚须灰黄色，着生黑毛，夹杂白毛，第 2 节长为宽的 4 倍。胸部：盾片黑色，着生黑毛和浅黄色毛，肩胛灰棕色，中纵条不达盾板后缘，中侧条在缝后成三角点，盾片后缘包括小盾前片和小盾片前半具大块白斑。侧板和足基节灰色，具白毛；前足基节黑色，前足股节黑色，多黑毛，中、后足股节棕黑色，具白毛，端部色略深，具黑毛，前足胫节黑色，基部浅色环棕色，占基部 1/3，中、后足胫节棕黑色，各具 2 个浅色环，后足胫节基部浅环较宽，端环较窄，前足跗节黑色，中、后足第 1 跗节较浅，其余黑色。翅白斑点状，形成不明显玫瑰花形，亚端白斑三点状，短，不达翅后缘，第 2、3、5 后缘室具小白斑。平衡棒棕色，球部色略深。腹部：背板灰黑色，各背板具灰白色窄后缘，第 2-6 背板具窄的中纵白条，第 5-7 背板具弱的侧圆浅色点。腹板灰黑色，具浅色后缘。

雄性　未详。

观察标本　正模♀，浙江临海，1977.V.17，许荣满，保存在 AMMSC。

词源　本新种因与朝鲜麻虻 *Hae. koryoensis* (Shiraki) 形态相似，故命名为 *Hae. subkoryoensis*。本新种虽类似于朝鲜麻虻，但朝鲜麻虻的亚胛无突出亮片，前小盾片黑

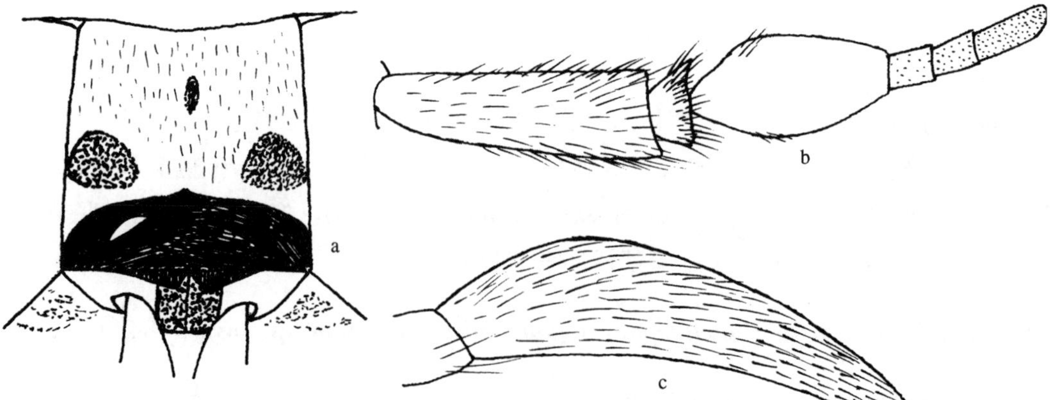

图 84　亚朝鲜麻虻，新种 *Haematopota subkoryoensis* Xu *et* Sun, sp. nov.

a. 额 (frons)；b. 触角 (antenna)；c. 下颚须 (palpus)

色，腹部第 2-6 背板具浅色侧圆斑；也与台岛麻虻 *Hae. formosana* Shiraki 近似，但台岛麻虻的触角鞭节的基环节远长于端环节，后足胫节不具端浅色环。

(76) 台岛麻虻 *Haematopota formosana* Shiraki, 1918 (图 64，图 85；图版 V)

Haematopota formosana Shiraki, 1918: 109 [Type locality: Kosempo and Tauran, Taiwan, China]; Xu, 1982e: 121; Xu, 1982g: 131; Xu, 1989b: 366; Chen and Xu, 1992a: 100; Wang, 1994: 182; Wang, Ge and Dong, 1998: 44; Xu, 2001: 346; Xu, 2004: 539.

Chrysozona ornata Kröber, 1922: 154. Synonymized by Shiraki, 1932: 262.

Haematopota lunulata Macquart: Sèguy, 1934: 2. (Misid.) see Xu, 1989b: 364.

鉴别特征　额高等于基宽，侧点大，两侧接触复眼；触角柄节细长，圆筒形，长为宽的 4 倍，棕黑色，长于鞭节的基环节；上侧颜具散在黑点；前足胫节基部 1/3 白色，中足胫节具 2 个浅色环，后足胫节基部浅环较宽，端环不完整，侧面可见与基浅环连接；翅亚端带单一，完整或破成两段，不达翅后缘。

形态描述

雌性　体长 9-11 mm，棕黑色至黑色，翅长 8-9 mm。头部：额高等于基宽，顶部略收缩，灰黄色；基胛棕黑色至黑色，光亮，中央后缘弧形突出，宽为高的 3.5 倍，两侧角接触复眼；侧点大，黑色，与复眼接触，与基胛窄分离；中央点小；亚胛中央裂缝浅，在触角间具黑色绒斑，基胛前具大的棕黑色三角形亮片；颜浅灰黄色，上侧颜具散在黑点；口毛白色。触角柄节至鞭节的基环节棕黑色，鞭节的 3 个端环节黑色，柄节圆筒形，长约为宽的 4 倍，略短于鞭节，远长于鞭节的基环节，梗节背突大。下颚须灰黄色，着生黑毛，夹杂白毛。胸部：盾片棕黑色，着生黄毛，肩胛灰色，中纵条在缝后清晰，中侧条在缝后成三角点，盾片后缘包括小盾前片，具白带；小盾片棕黑色，中前缘具大块灰色圆斑。侧板和足基节灰白色，具白毛；前足基节端部较暗，前足股节暗棕色，多黑毛，中、后足股节大部黄棕色，具白毛，端部色深，具黑毛，前足胫节黑色，基部浅环占基部 1/3，中足胫节各具 2 个浅色环，后足胫节基部浅环较宽，端环不完整，侧面可见与基浅环连接，前足跗节黑色，中、后足第 1 跗节较浅，其余黑色。翅白斑玫瑰花形，翅亚端白斑明显，窄，月牙形，完整或破成两段，不达翅后缘，有的个体达翅后缘，第 1、2、3、5 后缘室具小白斑。平衡棒浅黄色，球部棕色。腹部：背板深棕色至黑色，各背板具灰白色宽后缘，第 2 背板中后缘具浅色三角，第 3-6 背板有的具中纵白条，第 4-7 或第 5-7 背板有的具弱的侧圆浅色点。腹板灰色，向端部加深。

雄性　未详。

观察标本　正模♀，台湾，原保存在台湾昆虫博物馆 (后归台湾大学)，现下落不明。

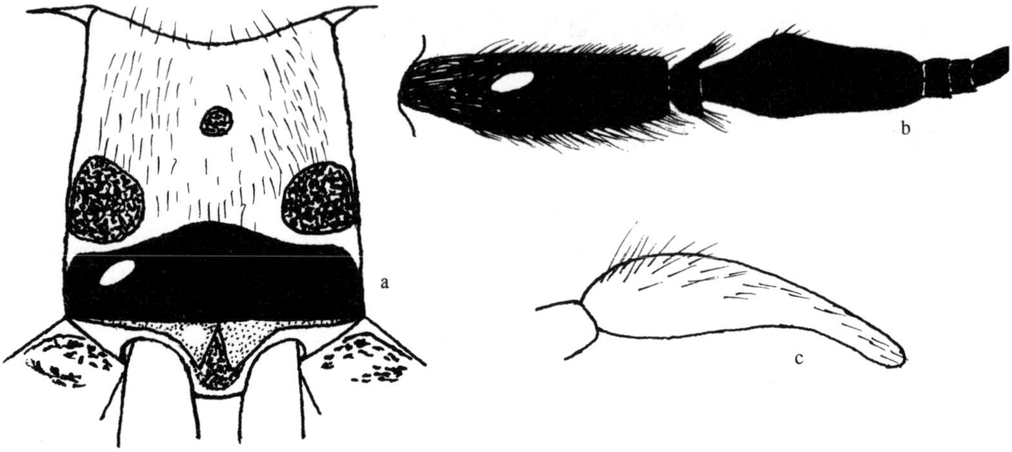

图 85　台岛麻虻 *Haematopota formosana* Shiraki

a. 额 (frons)；b. 触角 (antenna)；c. 下颚须 (palpus)

9♀♀，浙江；20♀♀，广东，保存在 AMMSC。

生物学　山地种。

地理分布　河南 (桐柏)、江苏 (镇江、南京)、安徽 (舒城)、浙江 (天台山、临海)、湖南 (慈利)、福建 (建阳、邵武、光泽、将乐、三明、永安、连城、上杭、梅花山、长汀、漳平、漳浦)、台湾 (台北、甲仙、新竹)、广东 (大浦、鼎湖山)、广西 (上思、十万大山、苗儿山)、四川 (洪雅、屏山)、贵州 (惠水、荔波、兴义、兴仁、安龙、望谟、盘县、赤水、江口、沿河、赫章)。

分类讨论　本种触角柄节长，亚胛具三角形亮片和黑色绒斑，上侧颜具散在黑点，前足胫节基浅环窄，类似于五指山麻虻 *Hae. wuzhishanensis* Xu，但五指山麻虻后足胫节仅具 1 个占节长 2/3 的基浅色环。Sèguy (1934) 报道镇江的 *Hae. lunulata* Macquart 应为本种的误定。本种麻虻在华南区和华中区比较常见 (图 64)。

(77) 扁角麻虻 *Haematopota lata* Ricardo, 1906 (图 86)

Haematopota lata Ricardo, 1906: 121 [Type locality: Khasi Hill, India]; Ricardo, 1911b: 344; Ricardo, 1911c, 401; Stone and Philip, 1974: 127; Kapoor, Grewal, Sharma and Gupta, 1988: 164; Yang and Xu, 1997: 13.

Chrysozona lata: Liu, 1958: 154.

鉴别特征　额高等于基宽，侧点大，两侧接触复眼；触角柄节长圆筒形，长为宽的 3 倍，棕色，长于鞭节的基环节，鞭节的基环节侧扁，端环节短；上侧颜具散在黑点；前足胫节基部 2/5 白色，中、后足胫节具 2 个浅色环；翅亚端白斑明显，不规则，完整或破成两段，达翅后缘。

形态描述

雌性　体长 10-11 mm，黑色，翅长 8-9 mm。头部：额高等于基宽，顶部略收缩，棕色，近眼缘、侧点和基胛处色较浅，在头顶具三角形暗区；基胛黄色至黑色，光亮，前、后缘几乎平直，宽为高的 3.0-3.5 倍，两侧接触复眼；侧点大，黑色，与复眼接触，与基胛窄分离；中央点小；亚胛中央裂缝浅，在触角间无黑色绒斑，基胛前具大的黄棕色三角形亮片；颜浅灰黄色，上侧颜具散在黑点；口毛白色。触角暗棕色至黑色，柄节粗，圆柱形，背方较暗，着生黑毛，长于鞭节的基环节，梗节背突大，鞭节扁，高为宽的 0.6 倍，端环节短。下颚须灰黄色，着生黑毛，夹杂白毛。胸部：盾片棕黑色，着生黄毛，中纵条在缝后清晰，中侧条在缝后成三角点，盾片后缘、小盾前片和小盾片前缘具浅色横带。侧板和足基节灰白色，具白毛；前足基节端部 1/3 较暗，前足股节暗棕色，后缘较浅，多黑毛，中、后足股节大部分黄红色，具白毛，端部色深，具黑毛，后足股节端部密覆黑色缨毛，前足胫节略膨大，基浅环占基部 2/5，中足胫节 2 个宽的浅环，后足胫节具 2 个浅色环，基浅环较宽，跗节黑色，中、后足第 1 跗节较浅。翅亚端白斑明显，不规则，完整或破成两段，达翅后缘，第 1、2、3、5 后缘室具白斑。平衡棒浅黄色，球部棕色。腹部：背板深棕色至黑色，各背板具灰白色后缘，第 3-7 或第 4-7 背板具侧浅斑。腹板灰色，具中纵暗条，暗条向尾端加宽。

雄性　未详。

观察标本　正模♀，印度，保存在 BMNH (未检视)。1♀，云南小勐养，900 m，1957.III.28，王书永，标本号 IOZ(E)1294085，保存在 IZCAS。

生物学　山地种，旱季活动，国外采集记录日期为 2-3 月。

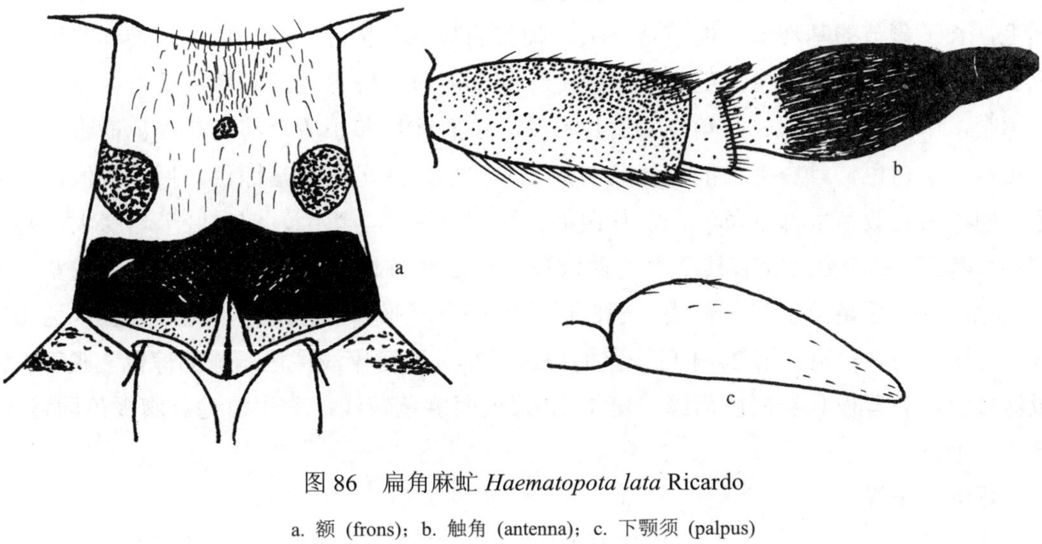

图 86　扁角麻虻 *Haematopota lata* Ricardo

a. 额 (frons)；b. 触角 (antenna)；c. 下颚须 (palpus)

地理分布 云南 (勐海、小勐养、耿马)；印度，缅甸，老挝，泰国。

分类讨论 触角柄节细长，圆筒形，长于鞭节的基环节；上侧颜具散在黑点；中、后足胫节具 2 个浅色环；翅亚端带单一，类似于台岛麻虻 *Hae. formosana* Shiraki，但台岛麻虻亚胛在触角间具黑色绒斑。也与副截形麻虻 *Hae. Paratruncata* (Wang *et* Liu)相近似，但副截形麻虻翅亚端带宽带形，达翅前、后缘。本种亚胛在额胛前具三角形突出亮片，触角柄节粗，长于鞭节的基环节，鞭节基环节扁，高为宽的 0.6 倍，端环节短，容易辨认。云南勐海 (Man Haien) 的记载来自 Ricardo (1911c)。

(78) 副截形麻虻 *Haematopota paratruncata* (Wang *et* Liu, 1977) (图 87；图版 V)

Chrysozona paratruncata Wang *et* Liu, 1977: 115 [Type locality: Jinghong,Yunnan, China].

Haematopota paratruncata: Wang, 1983: 112; Xu, 1989b: 366;Xu and Guo, 2005b: 27; Yang and Xu, 1997: 13.

鉴别特征 额高大于基宽，侧点大，两侧接触复眼；触角柄节细长，圆筒形，长约为宽的 3 倍，棕色，长于鞭节的基环节；上侧颜具散在黑点；前足胫节基部 1/2 白色，中、后足胫节具 2 个浅色环；翅亚端带单一，宽，达翅前、后缘。

形态描述

雌性 体长 8 mm，棕黑色，翅长 7 mm。头部：额高大于基宽，两侧平行，灰色，近眼缘、侧点和基胛处色较浅；基胛棕黑色，光亮，带形，前、后缘几乎平直，宽为高的 3 倍，两侧接触复眼；侧点大，黑色，与复眼接触，与基胛窄分离；中央点小；亚胛中央裂缝浅，在触角间无黑色绒斑，基胛前具大的黄棕色三角形亮片；颜浅灰黄色，上侧颜具散在黑点；口毛白色。触角暗棕色至黑色，柄节圆柱形，长约为宽的 3 倍，着生黑毛，长于鞭节的基环节，梗节背突大，鞭节的基环节长为高的 2 倍多，端环节短，黑色。下颚须灰黄色，着生黑毛，夹杂白毛。胸部：盾片棕黑色，着生黄毛，中纵条在缝后清晰，中侧条在缝后成三角点，盾片后缘、小盾前片和小盾片前缘具浅色横带。侧板和足基节灰白色，具白毛；前足基节端部 1/3 较暗，前足股节暗棕色，后缘较浅，多黑毛，中、后足股节大部分黄红色，具白毛，端部色深，具黑毛，前足胫节略膨大，基部浅环占基部 1/2，中足胫节具 2 个宽的浅环，后足胫节具 2 个浅色环，基部的较宽，跗节黑色，中、后足第 1 跗节较浅。翅白斑玫瑰花形，亚端白斑条形，宽，完整，达翅后缘，后缘室均具白斑，第 2、4 后缘室的白斑较小。平衡棒浅黄色，球部棕色。腹部：背板深棕色，各背板具灰白色后缘，第 1、2 背板两侧色较浅，着生黄毛。腹板色同背板，着生黄毛。

雄性 未详。

观察标本 正模♀，云南景洪，1975.IV，保存在 IZCAS。5♀♀，云南，保存在 AMMSC。

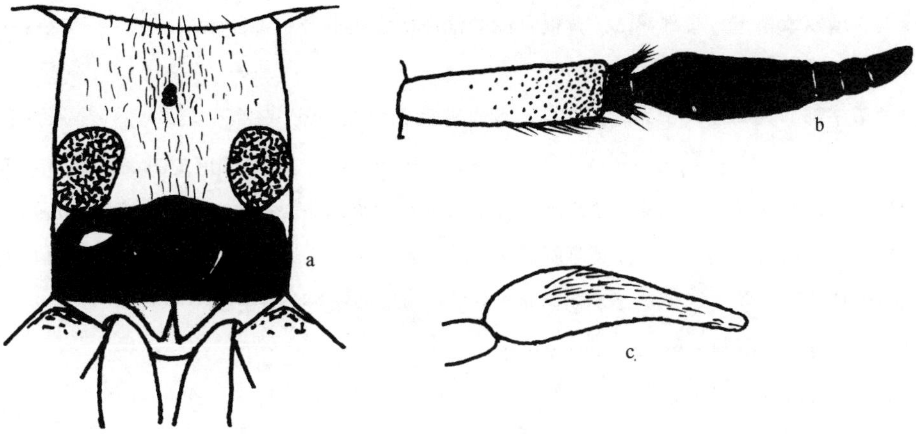

图 87　副截形麻虻 *Haematopota paratruncata* (Wang *et* Liu)

a. 额 (frons)；b. 触角 (antenna)；c. 下颚须 (palpus)

生物学　山地种。

地理分布　云南 (景洪、勐腊)。

分类讨论　本种类似于扁角麻虻 *Hae. lata* Ricardo，但扁角麻虻翅亚端带较细，不规则，连续或不连续，达或接近翅后缘；触角柄节粗，棕黑色，具光泽，鞭节的基环节长不到宽的 2 倍，端环节短粗。

黑角麻虻组 *Haematopota nigriantenna* group

黑角麻虻组麻虻的主要特征是触角柄节中部或端部明显膨大，远宽于鞭节的基环节；侧颜具散在黑点；胸部背板无宽的白纵条；后足股节端部背面无长缨毛；翅后缘不存在完整白边 (脱粉麻虻 *Hae. desertorum* 例外)。我国有 14 种。本组成员分布在东洋界和古北界 (图 93)。

种 检 索 表

1. 前足胫节具基和端浅色环……………………………………………………………2
   前足胫节仅具基浅色环……………………………………………………………4
2. 触角柄节红棕色……………………………………………**棕角麻虻 *Hae. brunnicornis***
   触角柄节黑色……………………………………………………………………3
3. 翅具云朵状白斑；触角柄节远长于鞭节的基环节…………………**德格麻虻 *Hae. degenensis***
   翅具点状白斑；触角柄节长略短于鞭节的基环节…………………**格氏麻虻 *Hae. gregoryi***
4. 触角柄节和额基胛均为棕色……………………………………**异角麻虻 *Hae. variantenna***
   触角柄节和额基胛均为黑色…………………………………………………………5

5. 翅亚端带成双或单一；腹部第 3-7 背板具侧圆浅斑；触角柄节中部膨大……6
无上述综合特征……7
6. 触角柄节中部膨大明显，长为宽的 2 倍；腹部背板无中纵浅条……**括苍山麻虻 *Hae. guacangshanensis***
触角柄节中部略膨大，长为宽的 2.5 倍；腹部背板具中纵浅条……**尼泊尔麻虻 *Hae. nepalensis***
7. 翅白斑细点状；腹部第 5-7 背板具侧圆浅斑……**黑角麻虻 *Hae. nigriantenna***
翅白斑连成玫瑰花状；腹部第 2-7 或第 4-7 背板具侧圆浅斑……8
8. 腹部第 2-7 背板具侧圆浅斑……9
腹部第 4-7 背板具侧圆浅斑……11
9. 翅后缘存在完整白边；腹部第 2-7 背板具中纵宽白条；触角柄节卵圆形……**脱粉麻虻 *Hae. desertorum***
翅后缘无完整白边；腹部背板具窄的中纵白条，或条纹不清晰；触角柄节非卵圆形……10
10. 触角柄节背面具明显凹陷；腹部背板无明显中纵浅条……**高额麻虻 *Hae. pluvialis***
触角柄节背面无明显凹陷；腹部背板具窄的中纵浅条……**亚圆筒麻虻 *Hae. subcylindrica***
11. 额胛两侧极低，梭形；额基宽大于顶宽，顶宽大于高……**低额麻虻 *Hae. ustulata***
额胛长条形；额高约等于顶宽，小于基宽……12
12. 触角柄节中部略膨大，深棕色，稍亮……**汉中麻虻 *Hae. hanzhongensis***
触角柄节中部明显膨大，亮黑色……13
13. 盾片中纵窄条完整；腹部第 4-7 背板具侧圆浅斑……**塔氏麻虻 *Hae. tamerlani***
盾片中纵窄条中部折断；腹部第 6、7 背板具侧圆浅斑……**斯氏麻虻 *Hae. stackelbergi***

(79) 棕角麻虻 *Haematopota brunnicornis* Wang, 1988 (图 88；图版 V)

Haematopota brunnicornia Wang, 1988: 430 [Type locality: Litang, Sichuan, China]; Wang, 1994: 164.

鉴别特征 额基宽大于高；侧点大，两侧接触复眼；额基胛窄条形；触角柄节暗棕色，略长于鞭节的基环节；触角间具黑色绒斑，无三角形亮片；上侧颜具散在黑点；各足胫节具 2 个浅色环；翅亚端带单一，波形，不达翅后缘，翅横脉具黑斑。

形态描述

雌性 体长 12-14 mm，黑色，翅长 11-12 mm。头部：额基部宽度大于高和顶宽，灰黑色；基胛黑色，窄条形，两侧接触复眼；侧点大，黑色，与复眼接触，与基胛窄分离；中央点小；亚胛中央裂缝浅，在触角间具黑色绒斑，基胛前无三角形亮片；颜浅灰黄色，上侧颜具散在黑点；口毛白色。触角柄节暗棕色，基部窄，端部粗，具棕色光泽，着生黑毛，略长于鞭节的基环节，梗节背突大，鞭节黑色。下颚须浅棕色，着生黑毛和白毛，长为宽的 2.5 倍。胸部：盾片黑色，具白毛，中纵条细，中侧条在缝后成三角点；

小盾片黑色，有的在中央具灰色圆斑。侧板和足基节灰色，具白毛。前足股节灰色，中、后足股节红棕色，胫节黑色，各胫节具 2 个浅色环，跗节黑色，但第 1 跗节基部棕色。翅白斑玫瑰花形，亚端白斑波形，窄，不达翅后缘，第 5 后缘室具白斑，有的第 3 后室也具小白斑，翅横脉具黑斑。平衡棒浅棕色，球部黑色。腹部：背板黑色，各背板具灰白色后缘，第 4-7 背板两侧具圆白斑。腹板灰色，中央具黑色窄纵条。

雄性　体长 13 mm，一般特征同雌性。复眼上 2/3 大眼面大于下 1/3 小眼面；亚胛灰色，中央具黑色光泽；上侧颜灰色，具大量黑色小斑和黑毛，颜和亚胛密覆黄毛；触角黑色，柄节卵圆形，长为宽的 2.5 倍，密覆黑毛，柄节明显长于鞭节的基环节；下颚须第 2 节浅棕色，卵圆形，密覆黑色长毛；腹部背板第 2、3 节具棕色侧斑，前足胫节基浅环棕色。

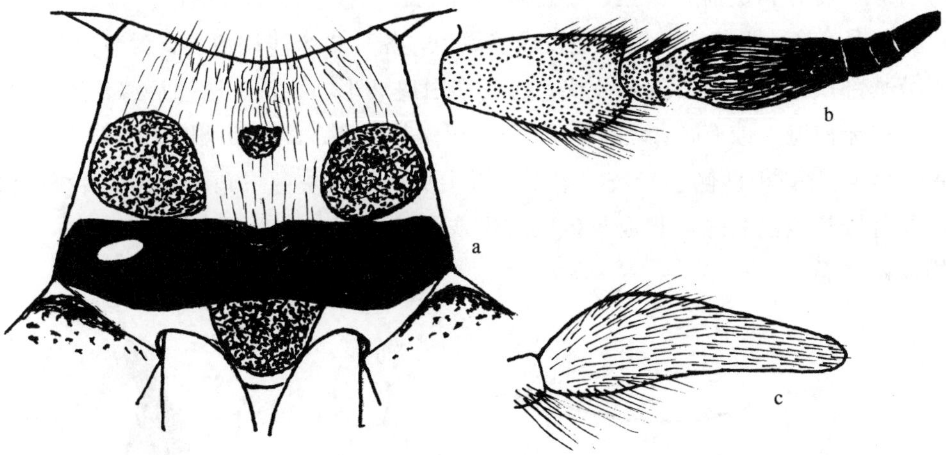

图 88　棕角麻虻 *Haematopota brunnicornis* Wang

a. 额 (frons)；b. 触角 (antenna)；c. 下颚须 (palpus)

观察标本　正模♀，四川理塘康嘎，海拔 3700 m，1982.VI.1，柴怀成，保存在 IZCAS。20♀♀1♂，四川，保存在 IZCAS。1♀，四川，保存在 AMMSC。

生物学　高原林区种。

地理分布　四川 (理塘、乡城)。

分类讨论　本种类似于德格麻虻 *Hae. degenensis* Wang，但德格麻虻的触角柄节黑色，并在中部明显膨大，腹部腹面无中纵黑条。

(80) 德格麻虻 *Haematopota degenensis* Wang, 1988 (图 89)

Haematopota degenensis Wang, 1988: 269 [Type locality: Dege, Sichuan, China]; Wang, 1994: 165.

鉴别特征　额基宽大于高和顶宽；基胛窄条形，侧点与复眼和基胛均分离；触角柄节卵圆形，黑色，亮，长于鞭节的基环节；上侧颜具散在黑点；各胫节具 2 个浅色环；翅亚端带单一，窄，波形，不达翅后缘，但与 R_5 室白斑相连。

形态描述

雌性　体长 8-9 mm，黑色，翅长 7-8 mm。头部：额基部宽度大于高和顶宽，灰黑色，着生黑毛；基胛黑色，窄，带形，长为宽的 7 倍，两侧角接触复眼；侧点黑色，与复眼和基胛均分离；中央点小，不明显；亚胛中央裂缝浅，在触角间具黑色绒斑，基胛前无三角形亮片；颜浅灰黄色，上侧颜具很多散在黑点；口毛白色。触角黑色，柄节卵圆形，亮，基部具粉，着生黑毛和白毛，长为宽的 1.7 倍，远长于鞭节的基环节，梗节背突大。下颚须灰白色，着生白毛，夹杂黑毛。胸部：盾片黑棕色，中纵条和中侧条均达盾片后缘，肩胛和翅前胛灰色，小盾片黑棕色。侧板和足基节灰色，具白毛。足股节灰色，覆白毛，前足股节端部多黑毛，胫节黑色，各具 2 个浅棕色环，跗节黑色，但中、后足跗节基部浅棕色。翅白斑云朵状，翅亚端白斑波形，窄，不达翅后缘，连到 R_5 室白斑，后缘室无白斑，或有，小而不清晰。平衡棒黄白色，球部两侧暗棕色。腹部：背板黑棕色，第 1、2 背板两侧色较浅，第 2 背板中央后缘具灰色三角，第 3-6 背板两侧具圆白斑，各背板具浅色后缘。腹板灰色，着生灰色毛。

雄性　未详。

图 89　德格麻虻 *Haematopota degenensis* Wang

a. 额 (frons)；b. 触角 (antenna)；c. 下颚须 (palpus)；d. 翅 (wing)

观察标本　正模♀，四川德格，海拔 4000 m，1983.VII.9，柴怀成，保存在 IZCAS。1♀，四川，保存在 IZCAS。

生物学　高原林区种。

地理分布　四川 (德格)。

分类讨论　本种类似于格氏麻虻 *Hae. gregoryi* Stone *et* Philip，但格氏麻虻的翅具点状白斑；触角柄节长略短于鞭节的基环节。

(81) 格氏麻虻 *Haematopota gregoryi* Stone *et* Philip, 1974 (图 90, 图 93; 图版 V, 图版 XII)

Haematopota gregoryi Stone *et* Philip, 1974: 151 [Type locality: Yunnan, China]; Xu, 1989b: 366; Yang and Xu, 1993: 74; Wang, 1994: 166; Yang and Xu, 1997: 13.

鉴别特征　额基宽大于高和顶宽，基胛带形；触角柄节圆柱形，黑色，亮，略短于鞭节的基环节；上侧颜具散在黑点；各胫节具 2 个浅色环；翅白斑小点状，翅亚端带单一，窄，短，不达翅后缘。

形态描述

雌性　体长 10.0-11.5 mm，黑色，翅长 9.5-10.5 mm。头部：额基部宽度大于高和顶宽，高约等于顶宽，深灰色，顶部和侧点附近色较浅，着生黑毛；基胛黑色，带形，长为宽的 4.5 倍，两侧角接触复眼；侧点大，黑色，与复眼接触，和基胛窄分离；中央点小；亚胛中央裂缝浅，在触角间具黑色绒斑，基胛前无三角形亮片；颜浅灰色，上侧颜具很多散在黑点；口毛白色。触角黑色，柄节圆柱形，端部略膨大，亮，着生黑毛，略短于鞭节的基环节，梗节背突大，鞭节的基环节基部带红色。下颚须灰红色，着生黑毛。胸部：盾片暗棕色，中纵条细，达盾片后缘，并膨大成三角，致盾片后缘色浅，小盾前片色暗，中侧条在盾缝后成三角点。侧板和足基节暗灰色，具白毛。足红棕色，各胫节均具 2 个浅棕色环，但前足胫节端环不完整，后足胫节具长缨毛，跗节暗，但中、后足跗节基部黄棕色。翅白斑点状，亚端白斑细短，刚过 R_4 脉，后缘室无白斑，或第 3、5 后缘室具弱而小的白斑。平衡棒黄色，球部两侧暗棕色。腹部：背板暗棕色，第 1、2 背板两侧色较浅，第 2 背板中央后缘具灰色三角，连到其后面的中纵条，第 4-6 背板两侧具圆白斑，各背板具浅色窄后缘。腹板暗灰色，着生灰色毛。

雄性　一般特征同雌性，复眼的小眼面占下部 1/4；触角黑色，柄节特别膨大，具亮光，着生黑色长毛。

观察标本　正模♀，Ningyuenfu，China，D. C. Graham，保存在 USNM。10♀♀，四川；40♀♀2♂♂，云南，保存在 AMMSC。

生物学　高原林区种。

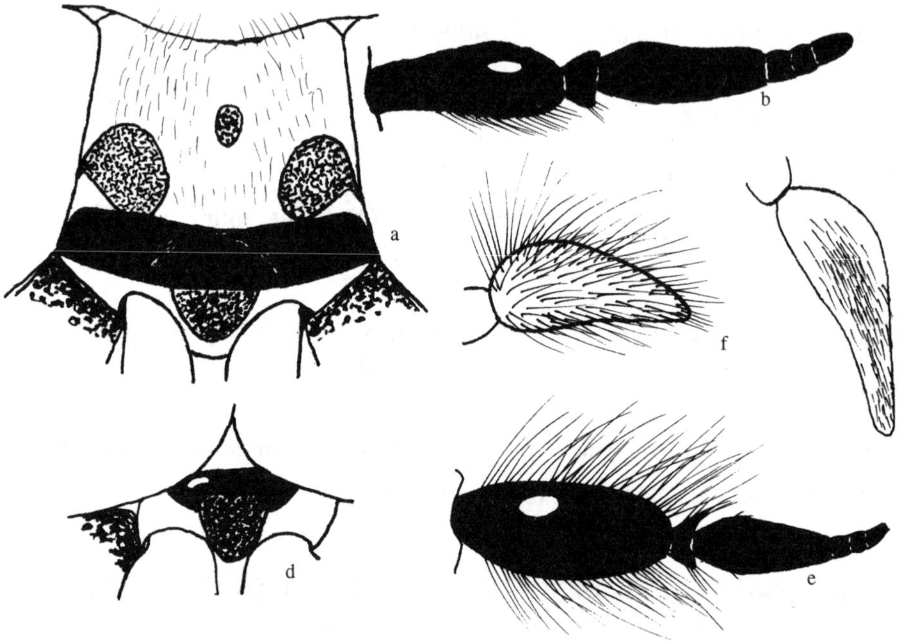

图 90 格氏麻虻 *Haematopota gregoryi* Stone *et* Philip

a. 额 (frons)；b. 触角 (antenna)；c. 下颚须 (palpus)；d. 雄性额 (frons ♂)；e. 雄性触角 (antenna ♂)；f. 雄性下颚须 (palpus ♂)

地理分布 四川 (西昌、美姑、昭觉)、云南 (维西、中甸、德钦、永善、绥江、大关、兰坪、彝良、巧家)。

分类讨论 本种类似于德格麻虻 *Hae. degenensis* Wang，但德格麻虻的翅具云朵状白斑；触角柄节远长大于鞭节的基环节。本种分布在川滇边界地区，应是东洋界西南区的种类 (图 93)。

(82) 异角麻虻 *Haematopota variantenna* Xu *et* Sun, 2008 (图 91；图版 V)

Haematopota variantenna Xu *et* Sun, 2008: 181 [Type locality: Liaoning, China].

鉴别特征 体棕色；额基胛棕色，后缘中央和两侧略后突，两侧接触复眼；触角棕色，柄节端部极度膨大，长为宽的 1.5 倍，略长于鞭节的基环节；翅亚端白斑宽，达翅后缘，后缘室均具白斑。

形态描述

雌性 体长 8 mm，棕色，翅长 7 mm，触角长 2 mm。头部：额基部宽度约等于高和顶宽，着生棕色毛，暗棕色，侧点周围灰白色；基胛棕色，后缘中央和两侧略后突，两侧接触复眼，前缘中央凹入；侧点棕黑色，与复眼和基胛均分离；中央点小，明显；

亚胛中央裂缝浅，在触角间具黑色绒斑，基胛前无三角形亮片；颜棕黄色，上侧颜具散在棕黑斑点；口毛灰白色。触角棕色，柄节发亮，基部细，端部极度膨大，端部着生少量黑毛，长为宽的 1.5 倍，略长于鞭节的基环节，梗节背突小，鞭节的基环节细，宽度为柄节 1/2，基环节端部和端环节棕黑色。下颚须棕色，着生棕色毛，第 2 节夹杂黑毛。胸部：盾片棕色，具不清晰灰棕色中纵条和中侧条，达盾片后缘，前小盾片中央略浅，小盾片棕色。侧板和足基节暗棕色，具棕色毛。足股节暗棕色，覆棕色毛，前足胫节棕色，端部 2/3 和跗节暗棕色，中、后足胫节深棕色，具 2 个浅棕色环，跗节深棕色，第 1 跗节略浅。翅白斑弱，玫瑰花形，亚端白斑宽，达翅后缘，后缘室均具白斑。平衡棒棕色，球部两侧暗棕色。腹部：背板暗棕色，第 2-6 背板具 3 列不清晰浅棕色斑，后几节的侧斑较清晰，具浅色后缘。腹板暗棕色，具浅色后缘。

雄性　未详。

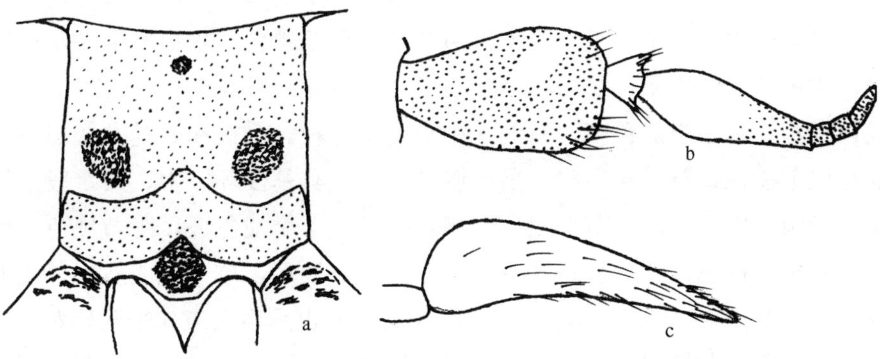

图 91　异角麻虻 *Haematopota variantenna* Xu *et* Sun

a. 额 (frons)；b. 触角 (antenna)；c. 下颚须 (palpus)

观察标本　正模♀，辽宁桓仁，1972.VII.30，标本号为 IOZ(E)1291997，保存在 IZCAS。1♀，辽宁，保存在 AMMSC。

生物学　山区种。

地理分布　辽宁 (桓仁)。

分类讨论　本种额、触角等特征类似于日本的 *Hae. tristis* Bigot，但 *Hae. tristis* Bigot 体棕黑色至黑色，触角柄节端部背方具凹陷，额胛黑色。

(83) 括苍山麻虻 *Haematopota guacangshanensis* Xu, 1980 (图 92, 图 93; 图版 VI)

Haematopota guacangshanensis Xu, 1980: 186 [Type locality: Linhai, Zhejiang, China]; Xu, 1982e: 121; Wu, Li, Liu, Yang, Zhang and Cao, 1988: 198; Xu, 1989b: 366; Wang, 1994: 175; Xu, 2001: 346.

鉴别特征 额基宽大于高和顶宽；基胛条形，侧点与复眼接触，和基胛分离；触角柄节中部膨大，亮黑色，长为宽的 2 倍，长约等于鞭节的基环节；亚胛具棕黑色大绒斑；上侧颜具散在黑点；前足胫节具基浅环，中、后足胫节具 2 个浅色环；翅亚端带成双，波形，外枝弱，达翅后缘。

形态描述

雌性 体长 7.5-9.5 mm，黑色，翅长 6.5-8.5 mm。头部：额基部宽度大于高和顶宽，顶宽约等于高，灰黑色，着生黑毛；基胛黑色，带形，长为宽的 4 倍，两侧角接触复眼，中央皱，胛的中侧部，相当于触角基部的位置，表面具 1 对隆起，后缘有的具波形弯曲，有的具很小的中突，侧点黑色，与复眼接触，和基胛分离；中央点明显；亚胛中央裂缝浅，在触角间具棕黑色大绒斑，基胛前无三角形亮片；颜浅灰黄色，仅具浅色毛，上侧颜具很多散在黑点；口毛白色。触角柄节亮黑色，长为宽的 2 倍，中部膨大，着生黑毛，梗节背突大，鞭节的基环节棕黑色，长约等于或略短于柄节，端部环节黑色。下颚须黄灰色，第 2 节着生黑毛夹杂白毛。胸部：盾片棕黑色至黑色，中央窄纵条从前缘贯穿到盾片后缘，中侧条宽于中条，缝后成三角点，在盾片后缘具 1 对浅色三角，2 个三角点之间无浅色线相连，小盾片色暗，有的在中央覆灰白粉。侧板和足基节灰黑色，具灰白色毛。前足股节黑色，覆薄灰白粉，前足胫节黑色，具基浅环，中、后足股节棕色至暗棕色，端部较暗，中、后足胫节棕黑色至黑色，各具 2 个浅色环，跗节黑色，但中、后足第 1 跗节基部浅棕色。翅白斑玫瑰花形，亚端白斑波形，单一或成双，外支弱，达翅后缘，第 1、2、3、5 后缘室具白斑，有的第 4 后缘室也具小白斑。平衡棒黄白色，球部两侧暗棕色。腹部：背板黑色，第 1-3 背板两侧具灰粉，第 3-7 背板两侧具圆白斑，各背板具浅色后缘。腹板灰黑色，后几节色较深。

雄性 未详。

图 92 括苍山麻虻 *Haematopota guacangshanensis* Xu

a. 额 (frons)；b. 触角 (antenna)；c. 下颚须 (palpus)

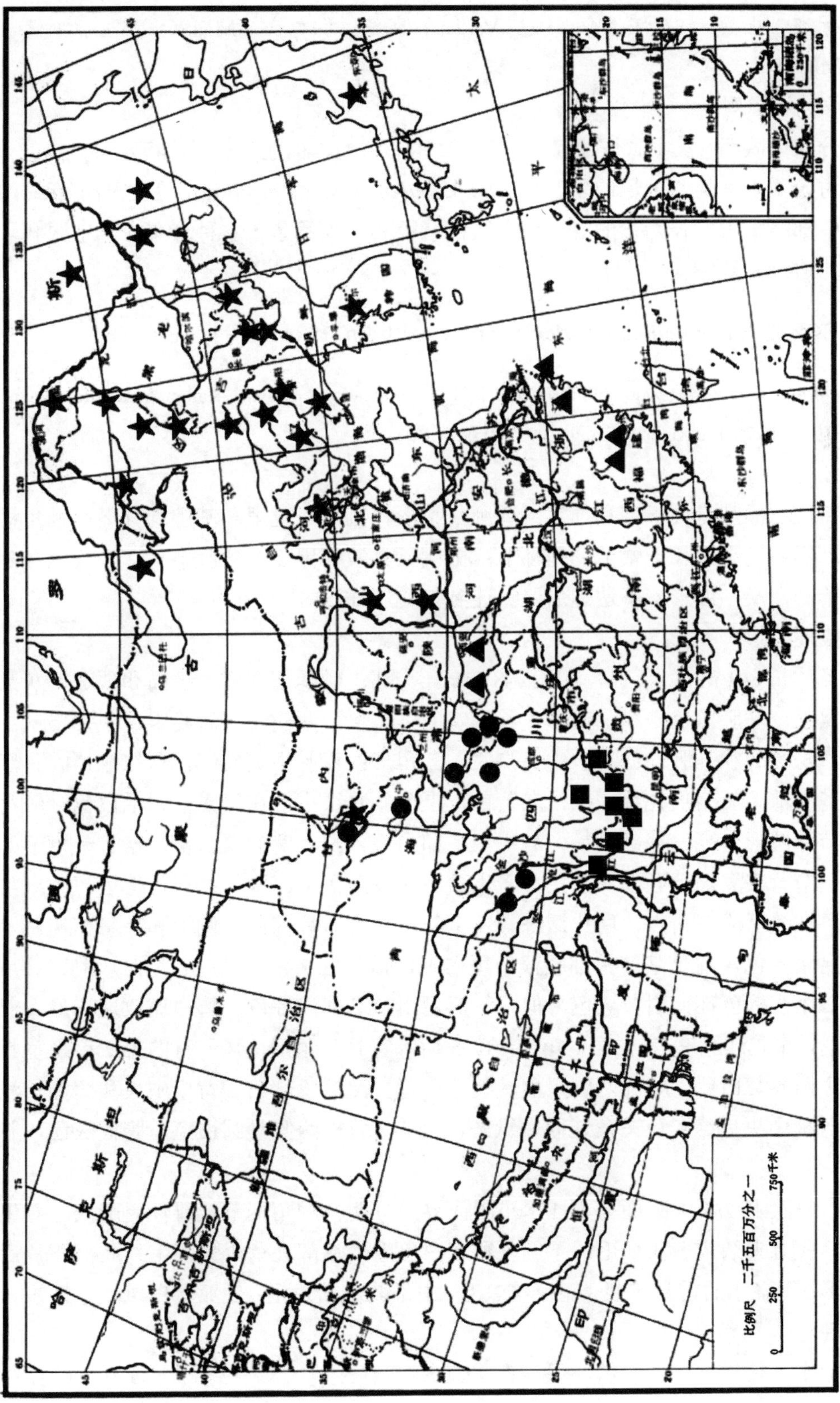

图 93 黑角麻虻组 *Haematopota nigriantenna* group 的地理分布

★塔氏麻虻 *Haematopota tamerlani* Szilády ▲低额麻虻 *Haematopota ustulata* (Kröber) ●格氏麻虻 *Haematopota gregoryi* Stone *et* Philip ■括苍山麻虻 *Haematopota guacangshanensis* Xu

观察标本 正模♀，浙江临海，1977.V.17，许荣满，保存在 AMMSC。6♀♀，浙江，保存在 AMMSC。

生物学 山区种。

地理分布 陕西 (汉中、安康)、浙江 (临海、舟山)、福建 (福州、将乐)。

分类讨论 本种类似于尼泊尔麻虻 *Hae. nepalensis* Stone *et* Philip，但尼泊尔麻虻的触角柄节中部略膨大，长为宽的 2.5 倍；腹部背板具中纵浅条。本种分布在华中区和华南区的东北边缘 (图 93)。

(84) 尼泊尔麻虻 *Haematopota nepalensis* Stone *et* Philip, 1974 (图 94; 图版 VI)

Haematopota nepalensis Stone *et* Philip, 1974: 151 [Type locality: Godavari, Kathmandu Valley, Nepal]; Xu, 1989: 165; Zhu, Xu and Zhang, 1995: 105.

鉴别特征 额基宽大于高和顶宽；基胛窄条形，侧点与复眼和基胛均分离；触角柄节卵圆形，黑色，亮，长于鞭节的基环节；上侧颜具散在黑点；各胫节具 2 个浅色环；翅亚端带单一，窄，波形，不达翅后缘，连到 R_5 室白斑。

形态描述

雌性 体长 8-9 mm，黑色，翅长 7-8 mm。头部：额基部宽度大于高和顶宽，灰黑色，着生黑毛；基胛黑色，窄，带形，长为宽的 4.5 倍，两侧角接触复眼，中央略皱；侧点黑色，与复眼和基胛均分离；中央点大，三角形；亚胛中央裂缝浅，在触角间具黑色绒斑，基胛前无三角形亮片；颜浅灰黄色，上侧颜具很多散在黑点；口毛白色。触角黑色，柄节卵圆形，亮，基部具粉，着生黑毛和白毛，长为宽的 2.5 倍，略长于鞭节的基环节，梗节背突大。下颚须灰白色，着生白毛，夹杂黑毛。胸部：盾片棕色，中纵条细，中侧条在缝后成三角点，盾片后缘具 4 个浅点，小盾片棕色。侧板和足基节灰色，具白毛。足暗灰色，前足基节基部较浅，覆白毛，前足胫节浅环达基部 1/3，中、后足胫节各具 2 个浅棕色环，跗节黑色，但中、后足跗节基部浅棕色。翅白斑玫瑰花形，亚端白斑波形，窄，连到 R_5 室白斑，第 1、3、5 后缘室具三角形白斑，有的第 2 后缘室具小白斑。平衡棒黄白色，球部两侧黑色。腹部：背板黑棕色，第 2 背板中央和两侧具浅斑，第 2 背板中央后缘灰色三角连向中纵条，第 3-7 背板两侧具圆白斑。腹板灰色，着生灰色毛。

雄性 复眼上 2/3 大眼面与下 1/3 小眼面界限分明；触角柄节较雌性更膨大，着生黑色长毛，腹方夹杂较多灰白毛；下颚须覆灰白色毛，端部夹杂少量黑毛；胸部盾片后缘具新月形白斑，小盾前片黑色，侧板覆黑毛，中部具灰白色毛；翅亚端白斑较雌性短。余者同雌性。

观察标本 正模♀，尼泊尔，保存在 ZCBS (未检视)。78♀♀3♂♂，西藏，保存在

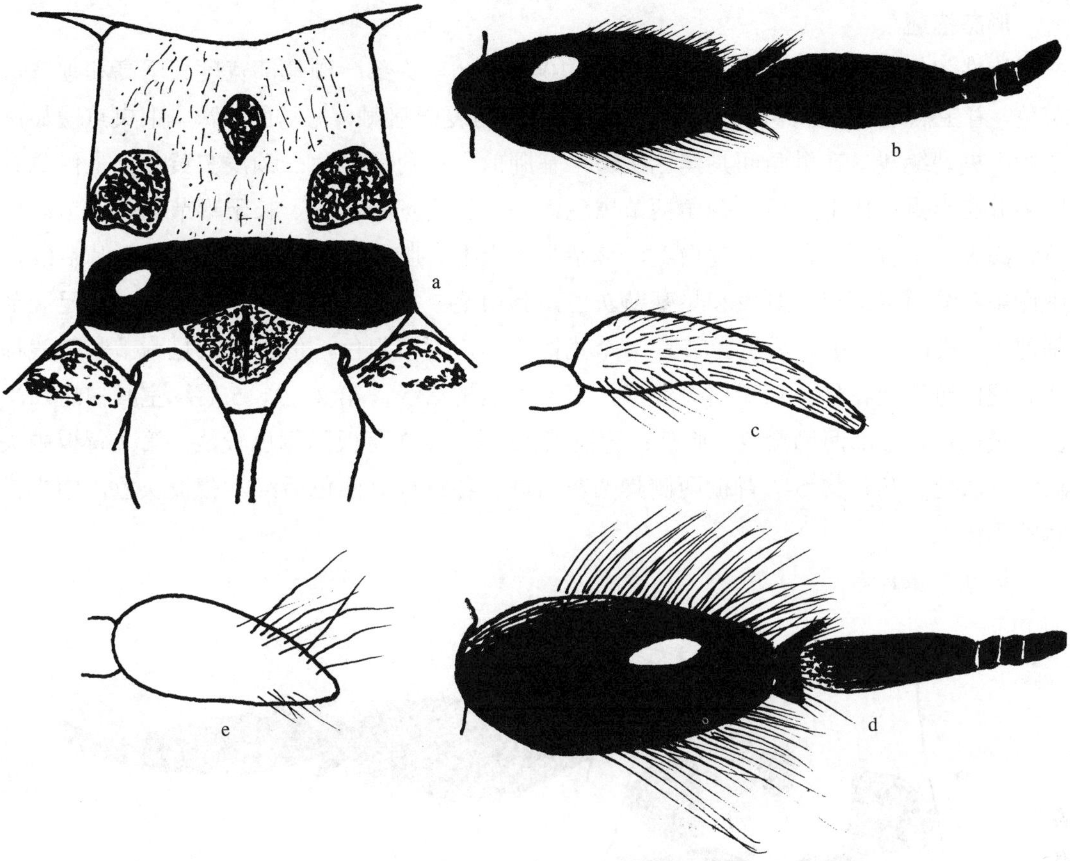

图 94　尼泊尔麻虻 *Haematopota nepalensis* Stone *et* Philip

a. 额 (frons)；b. 触角 (antenna)；c. 下颚须 (palpus)；d. 雄性触角 (antenna ♂)；e. 雄性下额须 (palpus ♂)

AMMSC。

生物学　高原林区种。

地理分布　西藏 (樟木)；尼泊尔。

分类讨论　本种类似于括苍山麻虻 *Hae. guacangshanensis* Xu，但括苍山麻虻的触角柄节中部膨大更明显，长为宽的 2 倍；腹部背板无中纵浅条。

(85) 黑角麻虻 *Haematopota nigriantenna* Wang, 1982 (图 95；图版 VI)

Haematopota nigriantenna Wang, 1982: 190 [Type locality: Tibet, China]; Wang, 1994: 172.

鉴别特征　额基宽大于高和顶宽；基胛黑色，与复眼接触，侧点与复眼接触，与基胛分离；触角柄节黑色，亮，长为宽的 2 倍，长于鞭节的基环节；上侧颜具散在黑点；触角间具黑色绒斑；胸部盾片中纵条达盾片后缘；前足胫节基部 1/3 浅棕色，中、后足胫节具 2 个浅棕色环；翅亚端带单一，窄，波形，不达翅后缘，第 2、3、5 后缘室具白斑。

形态描述

雌性 体长 10-12 mm，黑色，翅长 10-11 mm。头部：额基部宽度大于高和顶宽，灰色，着生黑毛；基胛黑色，与复眼接触，侧点与复眼接触，与基胛分离，中央点明显；亚胛中央裂缝浅，在触角间具黑色绒斑，基胛前无三角形亮片；颜浅灰黄色，上侧颜具很多散在黑点；口毛白色。触角柄节黑色，亮，长为宽的 2 倍，长于鞭节的基环节；梗节背突大。下颚须灰色，着生白毛，夹杂少量黑毛。胸部：黑色，中纵条达盾片后缘，中侧条在缝后成圆点。侧板和足基节灰色，具白毛。足黑棕色，股节具灰粉，前足胫节基部 1/3 浅棕色，中、后足胫节具 2 个浅棕色环，跗节黑色，但中、后足跗节基部浅棕色。翅白斑玫瑰花形，亚端白斑波形，窄，不达翅后缘，第 2、3、5 后缘室具白斑。平衡棒浅棕色，球部两侧黑色。腹部：背板黑色，第 1、2 背板两侧色较浅，第 2 背板中央后缘具灰色三角，第 5-7 背板两侧具圆灰白斑，各背板具浅色后缘。腹板灰色，中央具宽的黑纵条。

雄性 未详。

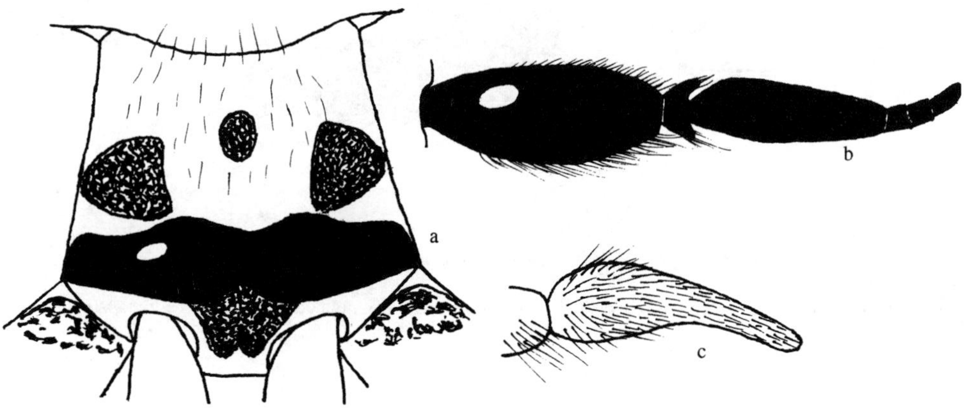

图 95 黑角麻虻 *Haematopota nigriantenna* Wang

a. 额 (frons)；b. 触角 (antenna)；c. 下颚须 (palpus)

观察标本 正模♀，西藏波密，2800 m，1974.VI.25，李铁生，保存在 IZCAS。50♀♀，西藏，保存在 AMMSC。

生物学 高原林区种。

地理分布 西藏 (隆子、波密、通麦、易贡、察隅)。

分类讨论 本种类似于尼泊尔麻虻 *Hae. nepalensis* Stone *et* Philip，但尼泊尔麻虻的额较窄；腹部第 3-7 节背板具侧圆浅点；腹部腹面不具中纵黑条。

(86) 脱粉麻虻 *Haematopota desertorum* Szilády, 1923 (图 96；图版 VI)

Haematopota desertorum Szilády, 1923: 35 [Type locality: Amur, Russia]; Murdoch and Takahasi, 1969:

87; Xu, 1982b: 102; Xu and Liu, 1982b: 110; Wang, 1983: 106; Chen, 1983: 119; Yao and Ding, 1986: 32; Wu, Li, Liu, Yang, Zhang and Cao, 1988: 198; Xu, 1989b: 366; Jiang, Zhang, Huang and Dai, 1993: 102; Liu, 1999b: 118; Xu, 2005: 767.

Chrysozona yamadai Shiraki, 1932: 262. Synonymized by Chvála, 1988: 162.

鉴别特征 额基宽大于高和顶宽；基胛窄带形，侧点与复眼和基胛均分离；触角柄节卵圆形，黑色，亮，长约等于鞭节的基环节；上侧颜具散在黑点；中、后足胫节具 2 个浅色棕环；翅亚端带单一，宽，达翅后缘，翅后缘全白。

形态描述

雌性 体长 8-10 mm，黑色，翅长 7-8 mm。头部：额基部宽度大于高和顶宽，灰黑色，着生黑毛；基胛黑色，窄，带形，长为宽的 4-5 倍，两侧角接触复眼；侧点黑色，与复眼和基胛均分离；中央点小，明显；亚胛中央裂缝浅，在触角间具黑色绒斑，基胛前无三角形亮片；颜浅灰黄色，上侧颜具很多散在黑点；口毛白色。触角黑色，柄节卵圆形，亮，着生黑毛，长为宽的 1.6 倍，长约等于鞭节的基环节，梗节背突小，鞭节基环节黄棕色，端部 4 个环节黑色。下颚须浅黄色，着生黑毛，夹杂白毛。胸部：盾片黑色，具中纵条和中侧条，小盾片黑色。侧板和足基节灰黑色，具白毛。足黑灰色，仅前足胫节基部白色，中、后足胫节具 2 个浅棕色环，跗节黑色，但中、后足跗节基部浅棕色。翅白斑玫瑰花形，亚端白斑宽，达翅后缘，翅后缘全白。平衡棒黄白色，球部两侧棕色。腹部：背板黑棕色至黑色，背板中央具宽的灰白纵条，各背板具浅色后缘，两侧具灰白圆点。腹板灰色，着生灰色毛。

雄性 体长 9 mm。复眼棕色，上 2/3 大眼面大于下 1/3 小眼面；下颚须黑灰色，卵圆形，被黑毛；腹部第 2、3 背板两侧具大块棕色斑，两侧灰白圆点不清晰；腹板黑色，

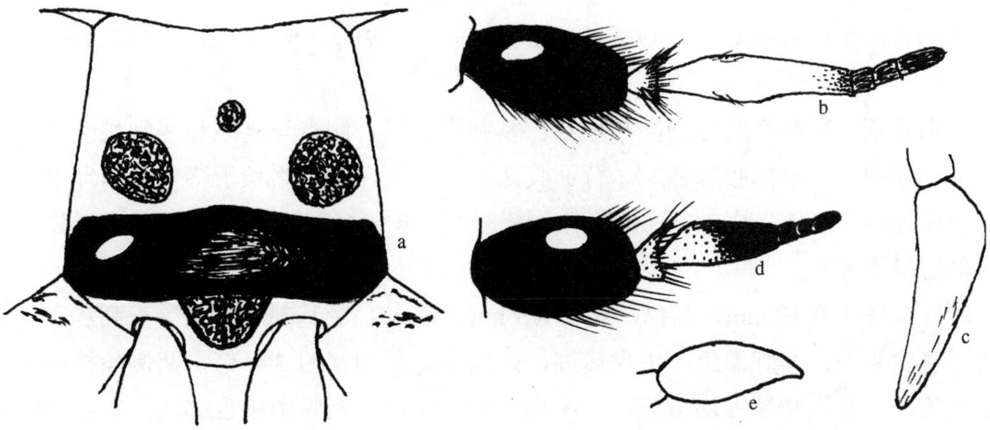

图 96 脱粉麻虻 *Haematopota desertorum* Szilády

a. 额 (frons)；b. 触角 (antenna)；c. 下颚须 (palpus)；d. 雄性触角 (antenna ♂)；e. 雄性下颚须 (palpus ♂)

第 2、3 腹板两侧棕色斑小于雌性。

观察标本　正模♀，俄罗斯，保存在奥地利维也纳博物馆 (未检视)。8♀♀，黑龙江；4♀♀，甘肃，保存在 AMMSC。

生物学　林区种，7 月多见。

地理分布　黑龙江 (虎林、绥阳、牡丹江)、吉林 (龙潭山、珲春、敦化)、辽宁 (新宾、东沟、锦西、庄河)、内蒙古 (昭盟、呼和浩特、乌兰浩特、扎兰屯、阿荣旗、阿里河)、北京、河北 (张家口、康保、怀安)、山西 (大同)、陕西 (关山)、甘肃 (岷县)；俄罗斯，蒙古。

分类讨论　本种翅后缘全白，应归土耳其麻虻组 *Hae. turkestanica* group，与土耳其麻虻 *Hae. turkestanica* (Kröber) 相似，但土耳其麻虻的触角柄节圆柱形，覆粉，腹部背板中纵条细而不清晰。在黑角麻虻组中，本种类似于高额麻虻 *Hae. pluvialis* (Linnaeus)，但高额麻虻的翅后缘无完整白边；腹部背板具窄的中纵白条，或条纹不清晰；触角柄节非卵圆形。

(87) 高额麻虻 *Haematopota pluvialis* (Linnaeus, 1758)(图 97；图版 VI)

Tabanus pluvialis Linnaeus, 1758: 602 [Type locality: Europe].

Tabanus arcticus Muller, 1764: 86. Synonymized by Chvála, 1978: 165.

Tabanus equorum Fabricius, 1794: 370. Synonymized by Chvála, 1978: 165.

Tabanus hyetomantis Schrank, 1803: 155. Synonymized by Chvála, 1978: 165.

Haematopota sakhalinensis Shiraki, 1918: 104. Synonymized by Chvála, 1978: 166.

Haematopota pleuralis Matsumura, 1931: 418. Synonymized by Chvála, 1978: 166.

Chrysozona minima Ghidini, 1935: 425. Synonymized by Chvála, 1978: 166.

Haematopota ioffi Olsufjev, 1972: 453. Synonymized by Chvála, 1978: 166.

Haematopota pluvialis: Chvála, 1978: 166; Xu, 1982d: 116; Wang, 1983: 113; Xu, 1989b: 366.

鉴别特征　额基宽约等于高和顶宽；基胛窄条形，侧点与复眼和基胛均窄分离；触角柄节非卵圆形，中部腹缘膨大，背面具凹陷。黑色，亮，略长于鞭节的基环节；上侧颜具散在黑点；各胫节具 2 个浅棕色环；翅亚端带单一，波形，较宽，达或不达翅后缘。

形态描述

雌性　体长 9-10 mm，黑色，翅长 8-9 mm。头部：额基部宽度约等于高和顶宽，灰黑色，着生黑毛；基胛黑色，中央后突，两侧窄，长为宽的 3-4 倍，两侧角接触复眼；侧点黑色，与复眼和基胛均窄分离；中央点小，明显；亚胛中央裂缝浅，在触角间具黑色绒斑，基胛前无三角形亮片；颜浅灰黄色，上侧颜具很多散在黑点；口毛白色。触角柄节黑色，中部腹缘膨大，背面具凹陷，亮，基部具粉，着生黑毛，长为宽的 2.0-2.5 倍，略长于鞭节的基环节，梗节背突小，鞭节的基环节黄色，端部环节深棕色。下颚须浅棕色，着生黑毛和白毛。胸部：盾片黑色，具中纵条和中侧条，小盾片黑色。侧板和足基节灰色，具白毛。足股节灰色，覆白毛，前足胫节黑色，基部黄色，中、后足胫节具 2 个浅棕色环，跗节黑色，但中、后足跗节基部浅棕色。翅白斑玫瑰花形，亚端白斑波形，有的达翅后缘，有的则不达翅后缘，后缘室均具白斑。平衡棒白色，球部两侧暗棕色。腹部：背板黑色，背板两侧具圆白斑，具浅色后缘。腹板灰黑色，着生灰色毛。

雄性　体长 8-12 mm。复眼棕色，上 3/4 大眼面大于下 1/4 小眼面；触角柄节圆锥形，背面无凹陷，基部 1/3 覆粉；下颚须浅棕色，覆白色长毛；腹部背板纹饰较雌性浅。

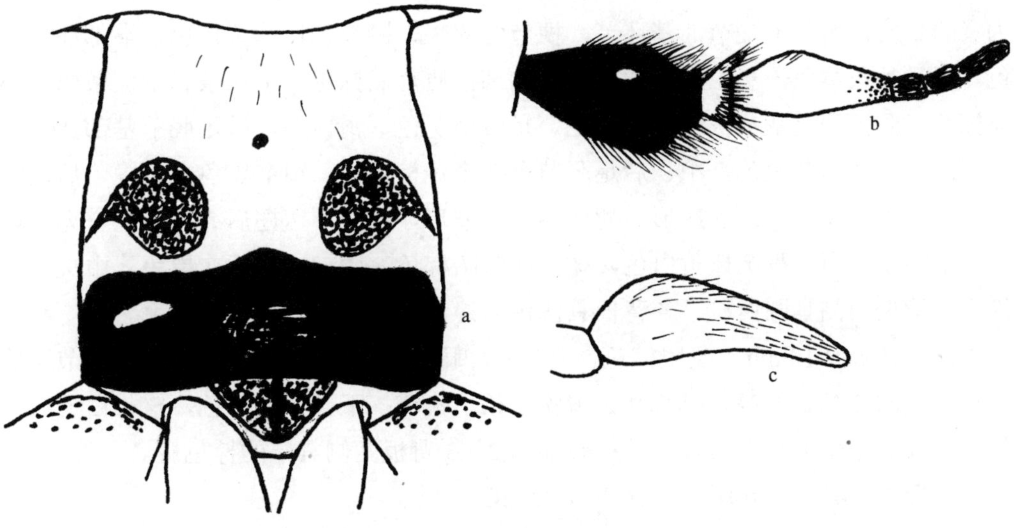

图 97　高额麻虻 *Haematopota pluvialis* (Linnaeus)

a. 额 (frons)；b. 触角 (antenna)；c. 下颚须 (palpus)

观察标本　8♀♀，新疆，保存在 AMMSC。

生物学　草原种。

地理分布　新疆 (塔城)；俄罗斯，哈萨克斯坦，土耳其，欧洲。

分类讨论　本种类似于亚圆筒麻虻 *Hae. subcylindrica* Pandelle，但亚圆筒麻虻的触角柄节背方无凹陷；腹部背板中央具窄的灰色纵条。

(88) 亚圆筒麻虻 *Haematopota subcylindrica* Pandelle, 1883 (图 98；图版 VI)

Haematopota subcylindrica Pandelle, 1883: 196 [Type locality: France]; Chvála, 1978: 167; Xu, 1982b: 116; Xu, 1989b: 366; Wang, 1994: 175.

Haematopota elbrusiensis Abbassian-Lintzen, 1960: 826. Synonymized by Chvála, 1978: 167.

鉴别特征　额基宽约等于高和顶宽；基胛宽条形，侧点与复眼和基胛均分离；触角柄节卵圆形，黑色，亮，基部具粉，略长于鞭节的基环节；上侧颜具散在黑点；中、后足胫节具 2 个浅色环；翅亚端带单一，窄，波形，不达翅后缘，后缘室无白斑，或有，小而不清晰。

形态描述

雌性　体长 9-11 mm，黑色。头部：额基部宽度约等于高和顶宽；基胛黑色，带形，长为宽的 3 倍，两侧角接触复眼；侧点黑色，与复眼和基胛均分离；中央点小，明显；亚胛中央裂缝浅，在触角间具黑色绒斑，基胛前无三角形亮片；颜浅灰黄色，上侧颜具很多散在黑点；口毛白色。触角黑色，柄节卵圆形，亮，基部具粉，着生黑毛和白毛，长为宽的 2 倍，略长于鞭节的基环节，梗节背突大，鞭节基环节黄棕色，端部环节深黑棕色。下颚须灰黄色，着生白毛和黑毛。胸部：盾片黑棕色，中纵条和中侧条弱，小盾片黑棕色。侧板和足基节灰色，具白毛。足股节灰色，覆白毛，前足胫节基部 1/2 浅黄色，其余部分及跗节黑色，中、后足胫节具 2 个浅棕色环，跗节黑色，但中、后足跗节基部黄色。翅白斑弱，玫瑰花形，翅亚端白斑波形，窄，不达翅后缘，后缘室无白斑，或有，小而不清晰。平衡棒黄白色，球部两侧暗棕色。腹部：背板灰黑色，中央具灰色窄纵条，背板两侧具圆白斑，各背板具浅色后缘。腹板灰色，着生灰色毛。

雄性　体长 9-10 mm。复眼棕色，上 2/3 大眼面大于下 1/3 小眼面；触角柄节比雌性长，长为宽的 2 倍，光亮，基部 1/2 覆粉，长于鞭节；下颚须浅棕色，覆长白毛；中、后足股节及后足胫节腹方具长白毛；腹部第 2、3 背板两侧具窄的棕色斑。

观察标本　4♀♀，新疆，保存在 AMMSC。

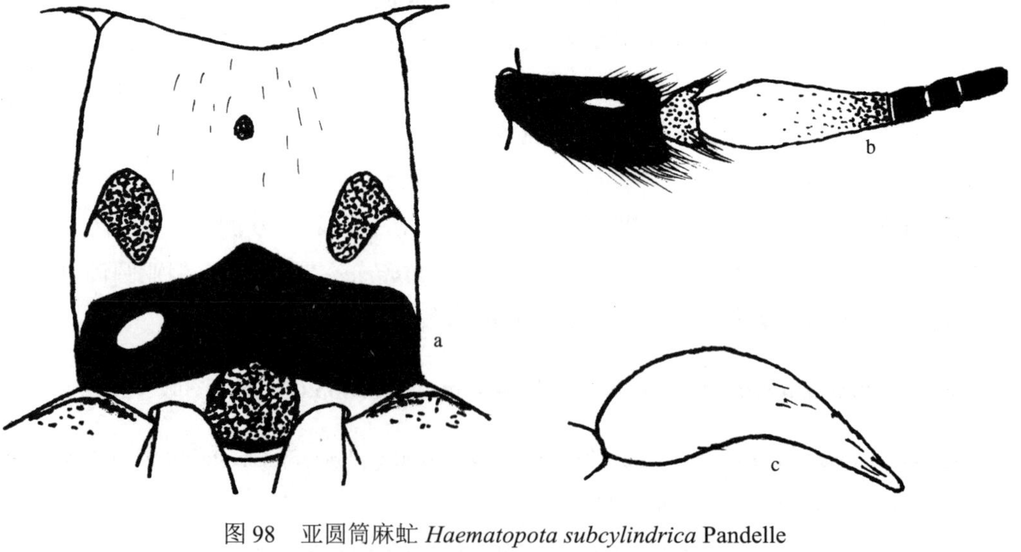

图 98　亚圆筒麻虻 *Haematopota subcylindrica* Pandelle

a. 额 (frons)；b. 触角 (antenna)；c. 下颚须 (palpus)

生物学　草原种。

地理分布　新疆 (哈巴河)；俄罗斯，哈萨克斯坦，东欧地区。

分类讨论　本种与高额麻虻 *Hae. pluvialis* (Linnaeus) 类似，但高额麻虻的触角柄节背面具明显凹陷；腹部背板无明显中纵浅条。

(89) 低额麻虻 *Haematopota ustulata* (Kröber, 1933) (图 93，图 99；图版 VI)

Chrysozona ustulata Kröber, 1933: 13 [Type locality: Gansu, China].

Haematopota ustulata: Xu and Liu, 1982b: 111; Wang, 1983: 108; Xu, 1989b: 366; Liu, 1999b: 118; Xu, 2005: 768.

鉴别特征　额基宽远大于高和顶宽；基胛梭形，侧点与基胛和复眼均分离；触角柄节黑色，基部细端部粗，亚亮，约等于鞭节长；上侧颜具散在黑点；中、后足胫节具 2 个浅色棕环；翅亚端带单一，窄，波形，不达翅后缘，后缘室无白斑，或第 2、3、5 后缘室具弱的白斑。

形态描述

雌性　体长 9-10 mm 黑色，翅长 8-9 mm。头部：额基部宽度远大于高和顶宽，顶宽大于高，灰黑色，着生黑毛；基胛黑色，梭形，宽为高的 6 倍，两侧接触复眼，侧点与基胛和复眼均分离；中央点小，不明显；亚胛中央裂缝浅，在触角间具黑色绒斑，基胛前无三角形亮片；颜浅灰黄色，上侧颜具很多散在黑点；口毛白色。触角柄节黑色，基部细端部粗，亚亮，约等于鞭节长，着生黑毛，长为宽的 2 倍，梗节背突大。下颚须浅棕色，着生白毛和少量黑毛。胸部：盾片黑色，中纵条达小盾片后缘，中侧条达盾片

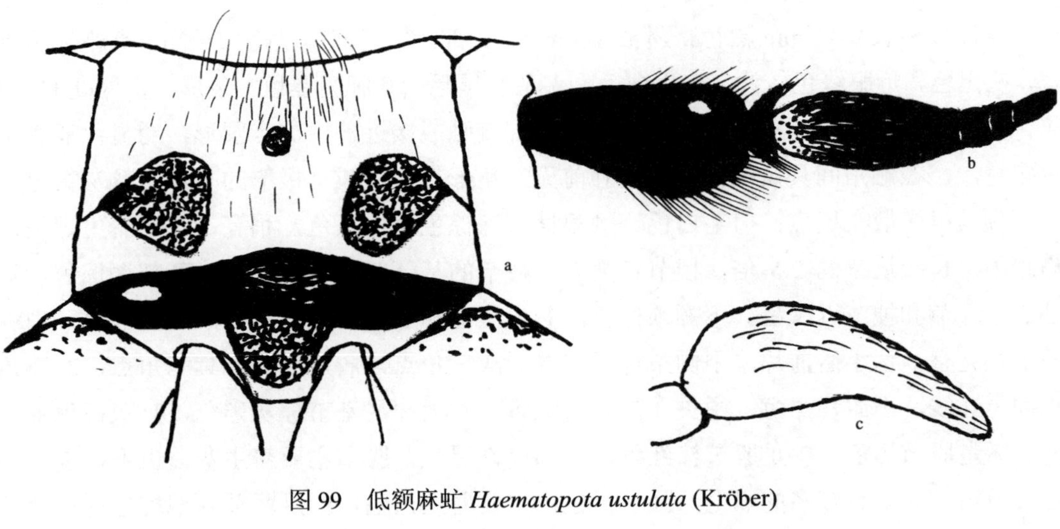

图 99　低额麻虻 *Haematopota ustulata* (Kröber)

a. 额 (frons)；b. 触角 (antenna)；c. 下颚须 (palpus)

后缘。侧板和足基节灰黑色，具白毛。足黑色，前足胫节基部 1/3 白色，中、后足胫节具 2 个浅棕色环，跗节黑色，但中、后足跗节基部浅棕色。翅白斑玫瑰花形，亚端白斑波形，窄，不达翅后缘，后缘室无白斑，或第 2、3、5 后缘室具弱的白斑。平衡棒黄白色，球部两侧暗棕色。腹部：背板黑色，第 4-6 背板两侧具圆白斑，各背板具浅色后缘。腹板灰色，着生灰色毛。

雄性　未详。

观察标本　模式标本，甘肃，保存地未详。15♀♀，甘肃，保存在 AMMSC。

生物学　高原草原种。

地理分布　甘肃 (舟曲、岷县、文县、天祝、山丹)、青海 (海晏)、四川 (刷经寺、石渠)、西藏 (工布江达、察雅)。

分类讨论　本种额和额基胛特别，基胛梭形，可与触角柄节黑粗的塔氏麻虻 *Hae. tamerlani* Szilády 和斯氏麻虻 *Hae. stackelbergi* Olsufjev 相区别。本种麻虻是我国特有种，分布在青藏区与西北区的东部地区 (图 93)。

(90) 汉中麻虻 *Haematopota hanzhongensis* Xu, Li *et* Yang, 1987 (图 100; 图版 VI)

Haematopota hanzhongensis Xu, Li *et* Yang, 1987: 200 [Type locality: Lueyang, Shaanxi, China]; Wu, Li, Liu, Yang, Zhang and Cao, 1988: 198; Xu and Wang, 1993: 105.

鉴别特征　额基部宽度略大于高；基胛亮黑色，条形，两侧接触复眼；触角柄节深棕色至棕黑色，稍亮，略膨大，鞭节的基环节远短于柄节；前足胫节基部棕色环达该节基部 1/3，中、后足胫节具 2 个棕色环；翅亚端白斑波形，窄，不达翅后缘。

形态描述

雌性　体长 9-11 mm 黑色，翅长 8-9 mm。头部：额基部宽度略大于高，高略大于顶宽，灰黑色，近眼缘色较浅，着生白毛，夹杂有黑毛；基胛亮黑色，条形，宽为高的 4-5 倍，两侧接触复眼，侧点与复眼分离，与基胛接触或接近，中央点圆形，明显；亚胛中央裂缝浅，在触角间具黑色绒斑，基胛前无三角形亮片，或具极窄的亮片；颜灰黄色，上侧颜具很多散在黑点；口毛白色。触角柄节深棕色至棕黑色，稍亮，主要着生黑毛，略膨大，长接近宽的 2.5 倍，梗节背突大，鞭节的基环节远短于柄节，基部深棕色，端部 3 个环节和梗节近黑色。下颚须棕色，着生黑毛和少量白毛。胸部：盾片黑色，中纵条窄，完整，达小盾前片，中侧条粗，在缝后成三角点，盾片后缘亦具三角点，2 三角点间无连线，小盾片黑色，中央 1/3 具白纵条。侧板和足基节棕灰黑色，具灰棕色毛。前、后足股节黑色，中足股节棕红色，端部少许黑色，股节主要着生灰白色毛，前、中足股节端部夹杂有较多的黑毛，胫节黑色，主要着生黑毛，前足胫节基部棕色环达该节基部 1/3，端部夹杂白毛，中、后足胫节具 2 个棕色环，跗节黑色，但中、后足第 1 跗节棕色。翅白斑玫瑰花形，亚端白斑波形，窄，不达翅后缘，第 1、2、3、5 后缘室具白斑，有的第 1、2 后缘室无白斑。平衡棒棕黄色，球部两侧黑色。腹部：背板黑色，中央具不完整纵浅条，在第 2、5、6 节明显可见，第 4-6 或第 5-7 背板两侧具圆白斑，各背板具浅色后缘。腹板灰色，着生灰色毛，具浅色后缘。

雄性　未详。

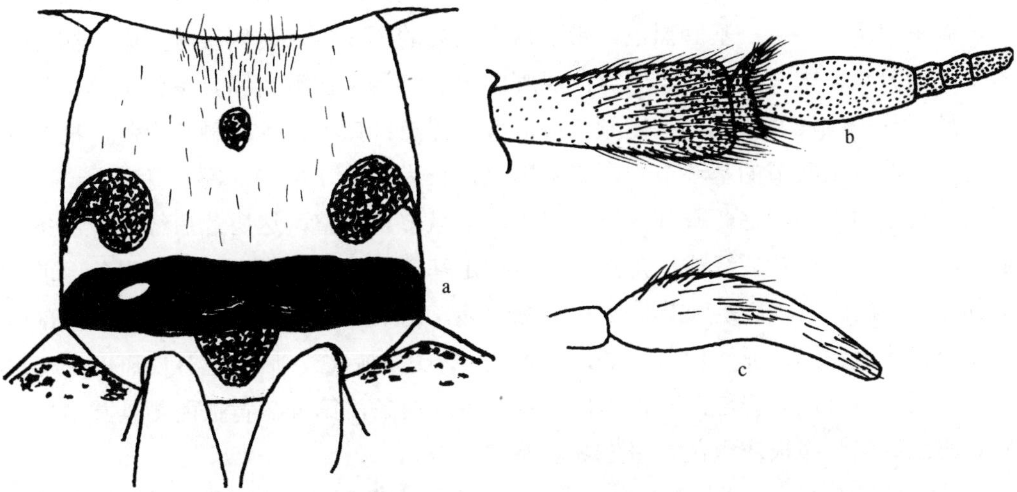

图 100　汉中麻虻 *Haematopota hanzhongensis* Xu, Li *et* Yang

a. 额 (frons)；b. 触角 (antenna)；c. 下颚须 (palpus)

观察标本　正模♀，陕西略阳郭镇，1984.VI.7，胡新忠，保存在 AMMSC。2♀♀，陕西，保存在 AMMSC。

生物学　山区种。

地理分布　陕西 (略阳、佛坪、汉中)。

分类讨论　本种与触角柄节黑粗的塔氏麻虻 *Hae. tamerlani* Szilády 和斯氏麻虻 *Hae. stackelbergi* Olsufjev 类似，但后两者的触角柄节中部明显膨大，亮黑色。在陕西秦岭地区与甘肃麻虻 *Hae. kansuensis* (Kröber) 类似，但甘肃麻虻的触角柄节等于或略短于鞭节的基环节，而汉中麻虻的触角柄节长于梗节和鞭节基环节。

(91) 塔氏麻虻 ***Haematopota tamerlani* Szilády, 1923** (图 93，图 101；图版 VI)

Haematopota tamerlani Szilády, 1923: 34 [Type locality: not given]; Murdoch and Takahasi, 1969: 87; Chvála, 1978: 167; Xu, 1982b: 102; Zhang and Zhao, 1982: 7; Wang, 1983: 120; Chen, 1983: 119; Yao and Ding, 1986: 32; Xu, 1989b: 366; Jiang, Zhang, Huang and Dai, 1993: 102; Liu, 1999b: 118.

鉴别特征 额基宽大于高和顶宽；基胛条形，侧点与基胛和复眼均分离；触角柄节黑色，端部膨大，亮，约等于鞭节的基环节长；上侧颜具散在黑点；胸部盾片中纵窄条完整；中、后足胫节具 2 个浅棕色环；翅亚端带单一，中等宽，波形，不达翅后缘，后缘室具白斑。

形态描述

雌性 体长 10-12 mm 黑色，翅长 10-11 mm。头部：额基部宽度大于高和顶宽，灰黑色，着生黑毛和白毛；基胛黑色，带形，宽为高的 5-6 倍，两侧接触复眼，侧点与基胛和复眼均分离，中央点小，不明显；亚胛中央裂缝浅，在触角间具黑色绒斑，基胛前无三角形亮片；颜浅灰黄色，上侧颜具很多散在黑点；口毛白色。触角黑色，柄节端部膨大，亮，约等于鞭节的基环节长，着生黑毛，长为宽的 1.8 倍，梗节背突大。下颚须浅棕色，着生白毛和黑毛。胸部：盾片黑色，中纵窄条完整，达盾片后缘，中侧条达盾片后缘，在缝后和盾片后缘成三角点。侧板和足基节灰黑色，具白毛。足黑色，前足胫节基部 1/3 白色，中、后足胫节具 2 个浅棕色环，跗节黑色，但中、后足跗节基部浅棕色。翅白斑玫瑰花形，亚端白斑波形，中等宽，不达翅后缘，后缘室具白斑。平衡棒棕色，球部两侧暗棕色。腹部：背板黑色，具中纵灰白条，第 4-7 背板两侧具圆白斑，各背板具浅色后缘。腹板灰黑色，着生灰色毛。

雄性 体长 9-10 mm。复眼棕色，上 2/3 大眼面大于下 1/3 小眼面；触角柄节具棕色光泽，卵圆形，覆长白毛，端部具较短的黑毛；腹部背板后缘带比雌性的宽。

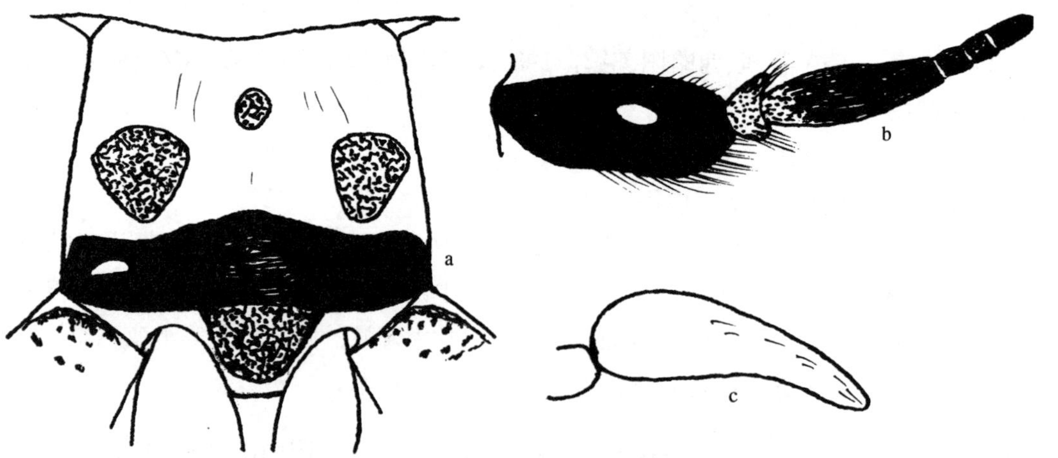

图 101 塔氏麻虻 *Haematopota tamerlani* Szilády

a. 额 (frons)；b. 触角 (antenna)；c. 下颚须 (palpus)

观察标本 模式标本♀♀，分别保存在维也纳和布达佩斯博物馆 (未检视)。7♀♀，吉林，保存在 AMMSC。

生物学　林区种，7 月多见。

地理分布　黑龙江 (呼玛、虎林、绥芬河)、吉林 (柳河、长白镇、敦化、汪清、珲春)、辽宁 (沈阳、营口、开原、西丰、庄河、北票、朝阳、义县、北镇)、内蒙古 (乌兰浩特、博克图、扎兰屯、呼伦湖、奈勒穆图、阿里河、布特哈旗)、北京 (密云)、河北、山西 (赫赫岩山、垣曲、宁武、岢岚、偏关)、甘肃 (张掖)；俄罗斯，蒙古，朝鲜，日本。

分类讨论　本种和斯氏麻虻 *Hae. stackelbergi* Olsufjev 非常相似，但斯氏麻虻的胸部盾片中纵窄条中部折断；腹部背板侧斑仅在第 6、7 背板存在。

(92) 斯氏麻虻 *Haematopota stackelbergi* Olsufjev, 1967 (图 102；图版 VI)

Haematopota stackelbergi Olsufjev, 1967: 388 [Type locality: Jilin, China]; Chvála, 1978: 167; Xu, 1982b: 102; Chen, 1983: 119; Yao and Ding, 1986: 32; Xu, 1989b: 366; Jiang, Zhang, Huang and Dai, 1993: 102; Wang, 1994: 108.

鉴别特征　额基宽大于高和顶宽；基胛条形，侧点与基胛分离，与复眼接触或窄分离；触角柄节黑色，中部膨大，亮，长于鞭节的基环节；上侧颜具散在黑点；胸部盾片中纵窄条不完整；中、后足胫节具 2 个浅棕色环；翅亚端白斑波形，窄，不达翅后缘，后缘室具白斑，腹部第 6、7 背板具侧浅圆斑。

形态描述

雌性　体长 10-12 mm，黑色，翅长 10-11 mm。头部：额基部宽度大于高和顶宽，灰黑色，着生黑毛和白毛；基胛黑色，带形，宽为高的 5-6 倍，两侧接触复眼，侧点与基胛分离，与复眼接触或窄分离，中央点小，明显；亚胛中央裂缝浅，在触角间具黑色绒斑，基胛前无三角形亮片；颜浅灰黄色，上侧颜具很多散在黑点；口毛白色。触角黑色，柄节中部膨大，亮，长于鞭节的基环节，着生黑毛，长为宽的 2 倍，梗节背突大。下颚须灰棕色，着生白毛和黑毛。胸部：盾片黑色，中纵窄条不完整，达盾片后缘，中侧条达盾片后缘，在缝后和盾片后缘成三角点。侧板和足基节灰黑色，具白毛。足黑色，前足胫节基部 1/5 白色，中、后足胫节具 2 个浅棕色环，跗节黑色，但中、后足跗节基部浅棕色。翅白斑玫瑰花形，亚端白斑波形，窄，不达翅后缘，后缘室具白斑，有的第 4 后缘室白斑很小。平衡棒棕色，球部两侧暗棕色。腹部：背板黑色，具中纵灰白条，第 6、7 背板两侧具圆白斑，各背板具浅色后缘。腹板灰黑色，着生灰色毛。

雄性　未详。

观察标本　正模♀，吉林，保存在 IZPR (未检视)。5♀♀，黑龙江；7♀♀，辽宁，保存在 AMMSC。

生物学　林区种，6 月多见。

地理分布　黑龙江 (呼玛、嫩江、大松沟)、吉林 (抚松、长白镇、柳河、和龙、安

图 102　斯氏麻虻 *Haematopota stackelbergi* Olsufjev

a. 额 (frons)；b. 触角 (antenna)；c. 下颚须 (palpus)

图)、辽宁 (新宾、西丰、宽甸、北票、建昌)、内蒙古 (乌兰浩特沟口、呼伦贝尔、阿里河)、北京；俄罗斯。

分类讨论　本种与塔氏麻虻 *Hae. tamerlani* Szilády 非常相似，但塔氏麻虻的胸部盾片中纵浅窄条完整；腹部第 4-7 背板具侧圆浅斑。

土耳其麻虻组 *Haematopota turkestanica* group

土耳其麻虻组麻虻的主要特征是翅后缘存在完整白边；上侧颜具散在黑点；触角柄节圆筒形，或基部向端部渐粗，宽度约等于鞭节的基环节；胸部背板无宽的白纵条；后足股节端部背面无长缨毛。我国有 4 种。本组现知仅分布在古北界 (图 105)。

种 检 索 表

1. 触角柄节长为宽的 2.5-3.0 倍……………………………………………………2
　 触角柄节长为宽的 3.5-4.0 倍……………………………………………………3
2. 触角柄节背面无凹陷，端部稍亮；额侧斑较弱小………………**亚土耳其麻虻 *Hae. subturkestanica***
　 触角柄节背面具凹陷；额侧斑较大……………………………………**土耳其麻虻 *Hae. turkestanica***
3. 足股节和胸部背侧片、盾片黄褐色…………………………………………**波氏麻虻 *Hae. przewalskii***
　 足股节和胸部背侧片、盾片黑灰色…………………………………………**仓白麻虻 *Hae. pallens***

(93) 亚土耳其麻虻 *Haematopota subturkestanica* Wang, 1985 (图 103)

Haematopota subturkestanica Wang, 1985: 248 [Type locality: Qinghe, Xinjiang, China]; Wang, 1994:

168.

鉴别特征　额基宽大于高和顶宽，基胛带形，侧点与基胛和复眼均分离；触角柄节黑色，筒形，长为宽的 2.0-2.5 倍，略长于鞭节的基环节；上侧颜具散在黑点；中、后足胫节具 2 个棕色环；翅亚端带成双，后缘全白。

形态描述

雌性　体长 10-11 mm，灰色，翅长 8-9 mm。头部：额基部宽度大于高，略大于顶宽，灰色；基胛黑色，条形，宽为高的 4-5 倍，两侧接近复眼，以基角与复眼相接，侧点小，与基胛和复眼均分离，中央点小或无；亚胛中央裂缝浅，在触角间具黑色绒斑，基胛前无三角形亮片；颜灰色，上侧颜具散在黑点；口毛白色。触角柄节筒形，黑色，覆灰粉，端部略彭大，端部无粉被，稍亮，着生黑毛，长为宽的 2.0-2.5 倍，梗节背突小，灰色，具黑毛，鞭节的基环节黄棕色，有时端部黑色，略短于柄节，端部 3 个环节黑色。下颚须浅黄棕色，第 2 节着生黑毛和白毛。胸部：盾片黑色，中纵条窄，完整，达盾板后缘，中侧条粗，达盾片后缘，在缝后成小的三角点，小盾片灰黑色。侧板和足基节棕灰黑色，具灰棕色毛。足股节黑色，具灰色粉和黑毛，基部 1/3 白色，中、后足胫节灰色，具 2 个棕色环，跗节黑色。翅亚端白斑成双，达翅后缘，翅后缘白斑连成为白带。平衡棒浅黄白色。腹部：背板黑色，中央具完整纵浅条，第 2-6 背板两侧具大的圆灰白斑，各背板具浅色后缘。腹板灰色，着生灰白色毛，具浅色后缘。

雄性　未详。

观察标本　正模♀，新疆青河，1975.VIII.1，胡新忠，标本号 IOZ(E)201145，保存在 IZCAS。8♀♀，新疆，保存在 IZCAS。

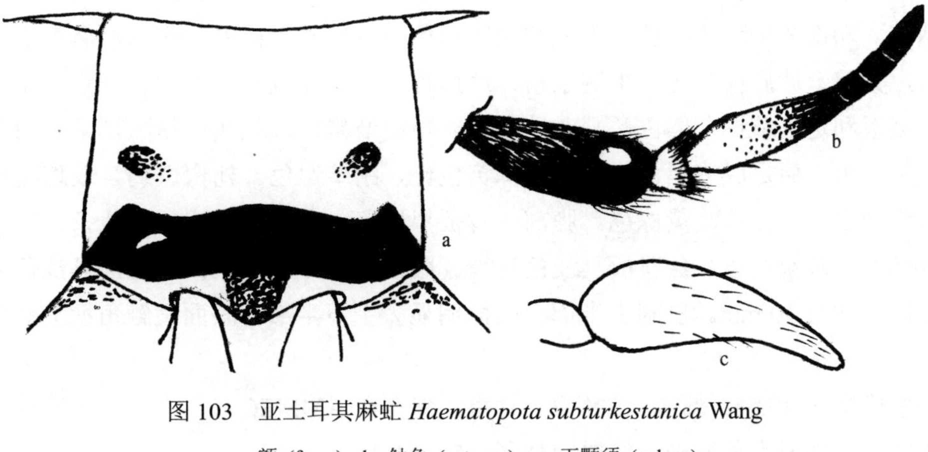

图 103　亚土耳其麻虻 *Haematopota subturkestanica* Wang

a. 额 (frons)；b. 触角 (antenna)；c. 下颚须 (palpus)

生物学　山区种。

地理分布 新疆 (青河)。

分类讨论 本种与土耳其麻虻 *Hae. turkestanica* (Kröber) 近似，但土耳其麻虻的触角柄节背面具凹陷，长约为宽的 3 倍，额基胛远离复眼。

(94) 土耳其麻虻 *Haematopota turkestanica* (Kröber, 1922) (图 104，图 105；图版 VI)

Chrysozona turkestanica Kröber, 1922: 151 [Type locality: Turkestan].

Haematopota minuscula turkestanica Szilády, 1922: 36. Synonymized by Chvála, 1978: 167.

Haematopota turkestanica orientalis Olsufjev, 1972: 452. Synonymized by Chvála, 1978: 167.

Haematopota turkestanica: Murdoch and Takahasi, 1969: 89; Xu, 1982b: 103; Xu, 1982c: 107; Xu, 1982d: 116; Xu and Liu, 1982b: 110; Zhang and Zhao, 1982: 7; Wang, 1983: 107; Chen, 1983: 119; Yao and Ding, 1986: 32; Wu, Li, Liu, Yang, Zhang and Cao, 1988: 198; Xu, 1989b: 366; Jiang, Zhang, Huang and Dai, 1993: 102; Liu, 1999b: 118; Xu, 2005: 768.

鉴别特征 额基宽大于高和顶宽；基胛带形，侧点与基胛和复眼均分离；触角柄节黑色，长约为宽的 3 倍，亚端部背面具凹陷，短于鞭节的基环节；上侧颜具散在黑点；中、后足胫节具 2 个棕黄色环；翅端和后缘全白。

形态描述

雌性 体长 9-11 mm，灰色，翅长 8-9 mm。头部：额两侧平行，基部宽度大于高，灰色；基胛黑色，带形，宽为高的 4-5 倍，两侧与复眼分离，侧点与基胛和复眼均分离，中央点小；亚胛中央裂缝浅，在触角间具黑色绒斑，基胛前无三角形亮片；颜灰色，上侧颜具散在黑点；口毛白色。触角柄节黑色，覆灰粉，着生白毛，长约为宽的 3 倍，端部背面具凹陷，梗节背突小，灰色，具黑毛，鞭节的基环节黄棕色，有时端部黑色，略长于柄节，端部 3 个环节黑色。下颚须浅灰白色，主要着生白毛。胸部：盾片黑色，中纵条窄，完整，达盾板后缘，中侧条粗，达盾片后缘，在缝后成小的三角点，小盾片灰黑色。侧板和足基节棕灰黑色，具灰棕色毛。足股节黑色，具灰色粉和黑毛，前足胫节基部白色，中、后足胫节黑色，具 2 个棕黄色环，跗节黑色。翅白斑弱，玫瑰花形，翅端和后缘全白。平衡棒浅黄棕色。腹部：背板黑棕色，中央具不明显纵浅条，第 2-6 背板两侧具大的圆灰白斑，各背板具浅色后缘。腹板灰色，着生灰白色毛，具浅色后缘。

雄性 体长 10 mm。复眼上半部大眼面明显大于下半部小眼面；触角柄节黑色，卵圆形。

观察标本 30♀♀，新疆；20♀♀，甘肃，保存在 AMMSC。

生物学 主要为荒漠种，扩展到林区，5-9 月活动。

地理分布 黑龙江 (亚布力、齐齐哈尔、绥芬河、奈勒穆图、哈尔滨)、吉林 (通辽、长春、珲春、抚松、通化、安图、长白山)、辽宁 (沈阳、新宾、开原、法库、庄河、营

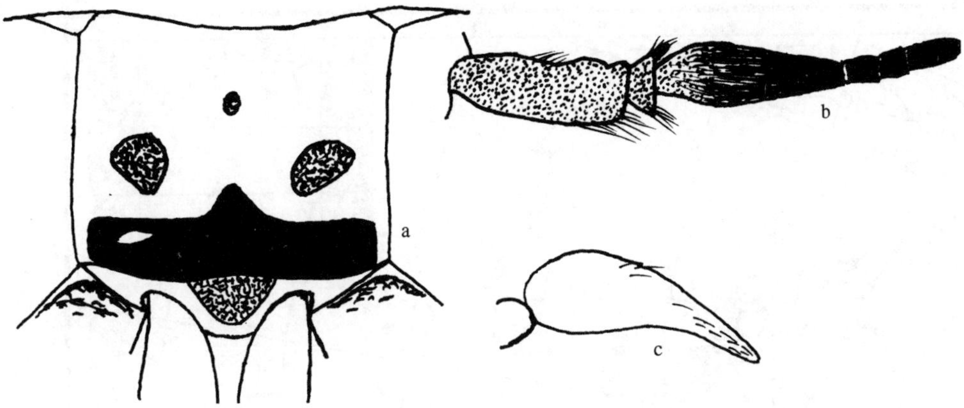

图 104　土耳其麻虻 *Haematopota turkestanica* (Kröber)

a. 额 (frons)；b. 触角 (antenna)；c. 下颚须 (palpus)

口、建平、喀左、北票、阜新、绥中、兴城、锦县、黑山、北镇、金县、营口、旅顺、长山列岛)、内蒙古 (满洲里、呼伦贝尔、呼伦池、奈勒穆图、牛尔湖、阿拉善、伊克昭盟、乌兰察布盟、昭乌达盟、巴彦淖尔盟、呼和浩特、锡林郭勒盟、赤峰)、北京 (延庆)、河北 (张家口、宣化、张北、涿鹿、怀安、万全、康保、蔚县、尚义、山海关、秦皇岛)、山西 (五台、太原、宁武、偏关、平定、文水、崞县)、山东 (莱阳、益都、岙山、掖县、坊子)、陕西 (延安南泥湾、榆林)、宁夏 (银川、中卫、隆德)、甘肃 (岷县、康县、兰州、张掖、武威、武南营、红岩山、酒泉、临泽、金塔)、青海 (循化、民和、大通)、新疆 (乌鲁木齐、精河、和丰、托里、塔城、乌苏、裕民、额敏、布尔津、哈巴河、阿尔泰、莎车)；俄罗斯 (欧洲和亚洲部分均有分布)，蒙古，哈萨克斯坦。

分类讨论　本种与亚土耳其麻虻 *Hae. subturkestanica* Wang 非常相近，但亚土耳其麻虻的触角柄节背面无凹陷，端部稍亮；额侧斑较弱小。本种麻虻是古北界西北区的常见种，数量大，分布广，伸展到东北区、华北区和青藏区 (图 105)。

(95) 波氏麻虻 *Haematopota przewalskii* Olsufjev, 1979 (图 106；图版 VI)

Haematopota przewalskii Olsufjev, 1979: 636 [Type locality: Kash, Xinjiang, China]; Xu, 1982d: 116; Wang, 1994: 167.

鉴别特征　体小型，额基宽远大于高和顶宽；基胛带形，两侧与复眼分离，侧点小，与基胛和复眼均分离；触角细长，柄节灰色，圆筒形，长为宽的 4 倍，略短于鞭节的基环节；上侧颜具散在黑点；中、后足胫节具 2 个黄色环；翅端和后缘全白。

形态描述

雌性　体长 9 mm，灰色，翅长 9 mm。头部：额基部宽度远大于高，两侧平行，灰

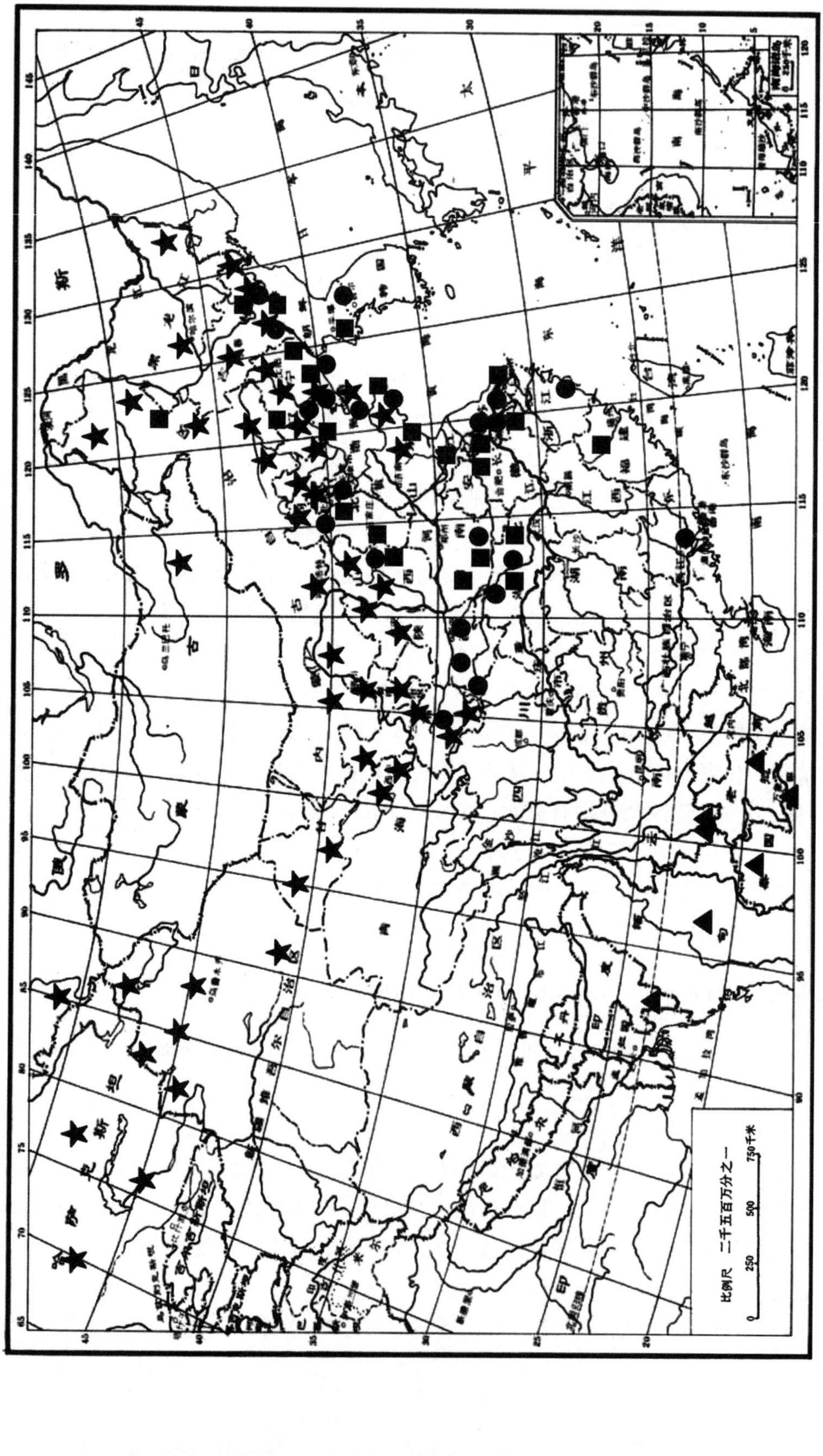

图 105 土耳其麻虻组 *Haematopota turkestanica* group 和中华麻虻组 *Haematopota sinensis* group 的地理分布

★土耳其麻虻 *Haematopota turkestanica* (Kröber) ▲触角麻虻 *Haematopota antennata* (Shiraki) ●针细麻虻 *Haematopota punctifera* Bigot ■中华麻虻 *Haematopota sinensis* Ricardo

色；基胛黑色，条形，宽为高的 5 倍，两侧与复眼分离，侧点小，与基胛和复眼均分离，中央点小，不明显。亚胛中央裂缝浅，在触角间具黑色绒斑，基胛前无三角形亮片；颜灰色，上侧颜具散在黑点；口毛白色。触角柄节圆筒形，灰色，覆灰粉，着生白毛，长约为宽的 4 倍，略短于鞭节的基环节，近端部具浅凹，梗节背突小，灰色，具黑毛，鞭节的基环节基部黄棕色，端部大部分和端部环节黑色。下颚须浅黄棕色，着生白毛。胸部：盾片灰黑色，中纵窄条和中侧窄条完整，达盾片后缘，在缝后的三角点不明显，小盾片灰色，翅前胛黄色。侧板和足基节灰黑色，具灰色毛。足股节黄色，具灰色粉，前足胫节黑色，基部 1/3 黄色，中、后足胫节棕色，具 2 个黄色环，跗节黑色，但中、后足跗节基部黄色。翅白斑弱，玫瑰花形，翅端和后缘全白。平衡棒浅黄白色。腹部：背板黑灰色，第 2-6 背板两侧具大的圆灰白斑，各背板具浅色后缘，第 2 背板中央后缘具大的灰色三角。腹板灰色，着生灰白色毛，具浅黄色后缘带，此带宽于背板的后缘带。

雄性　体长 8 mm。复眼具短的浅色毛，头顶具长白毛；触角柄节基部略粗于端部，长超过宽的 2.5 倍；腹部背板灰黑色，第 2、3 背板侧面黄棕色。

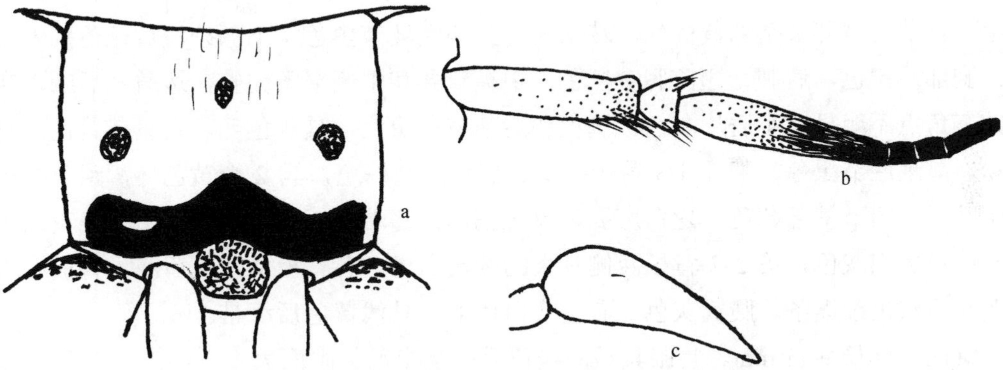

图 106　波氏麻虻 *Haematopota przewalskii* Olsufjev

a. 额 (frons)；b. 触角 (antenna)；c. 下颚须 (palpus)

观察标本　正模♀，新疆喀什，保存在 IZPR (未检视)。4♀♀，新疆，保存在 AMMSC。

生物学　荒漠种。

地理分布　新疆 (喀什、开屏)。

分类讨论　本种与苍白麻虻 *Hae. pallens* Loew 非常相近，但苍白麻虻的触角柄节略长于鞭节的基环节；额侧斑较大；胸部肩胛、翅前胛灰黑色。

(96) 苍白麻虻 *Haematopota pallens* Loew, 1871 (图 107；图版 VI)

Haematopota pallens Loew, 1871: 61 [Type locality: Uzbekistan]; Wang, 1994: 168.

Haematopota obscura Bigot, 1880: 147. Synonymized by Chvála, 1978: 165.

Haematopota obscurata Bigot, 1891: 77. Synonymized by Chvála, 1978: 165.

Chrysozona caucasica Kröber, 1922: 142. Synonymized by Chvála, 1978: 165.

Haematopota araxis Szilády, 1923: 33. Synonymized by Chvála, 1978: 165.

Haematopota hedini Kröber, 1933: 12; Liu, 1999b: 118. Synonymized by Liu, 1959b: 169.

鉴别特征 体小型，额基宽远大于高，基胛带形，两侧与复眼分离，侧点与基胛和复眼均分离；触角细长，柄节灰色，圆筒形，长为宽的 3.5-4.0 倍，略长于鞭节的基环节；上侧颜具散在黑点；中、后足胫节具 2 个黄色环；翅端和后缘全白。

形态描述

雌性 体长 7.5-11.0 mm，灰色，翅长 7-8 mm。头部：额基部宽度远大于高，两侧平行，灰色；基胛黑色，条形，宽为高的 4-5 倍，两侧与复眼分离，侧点与基胛和复眼均分离，中央点小，明显。亚胛中央裂缝浅，在触角间具黑色绒斑，基胛前无三角形亮片；颜灰色，上侧颜具散在黑点；口毛白色。触角柄节圆筒形，灰色，覆灰粉，着生白毛，长为宽的 3.5-4.0 倍，略长于鞭节的基环节，近端部具浅凹，梗节背突小，灰色，具黑毛，鞭节的基环节基部黄棕色，端部大部分和端环节黑色。下颚须浅黄棕色，着生白毛。胸部：黑色，肩胛、翅前胛灰黑色，中纵窄条和中侧窄条完整，达盾片后缘，在缝后的三角点不明显，小盾片灰色。侧板和足基节灰黑色，具灰色毛。足股节黄色，具灰色粉，前足胫节黑色，基部 1/3 黄色，中、后足胫节棕色，具 2 个黄色环，跗节黑色，但中、后足跗节基部黄色。翅白斑弱，玫瑰花形，翅端和后缘全白。平衡棒浅黄白色。腹部：背板黑灰色，第 2-7 背板两侧具大的圆灰白斑，各背板具浅色后缘，背板中央具不明显的灰色细纵条。腹板灰色，着生灰白色毛，具浅黄色后缘带。

雄性 体长 9-11 mm。复眼具短的浅色毛，上半部大眼面大于下半部小眼面，头顶

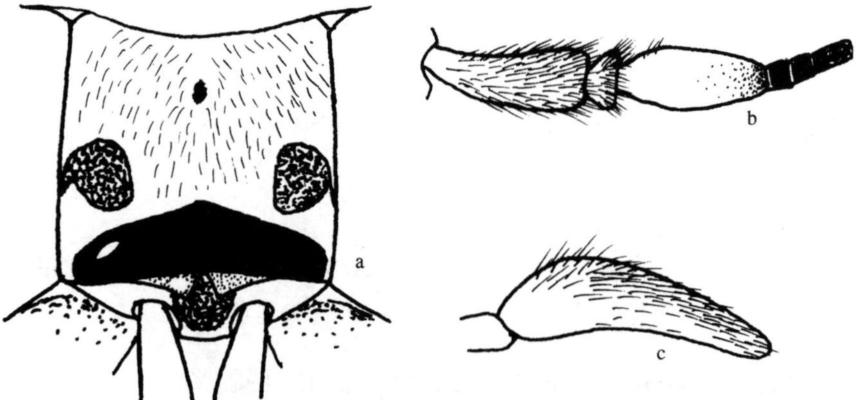

图 107 苍白麻虻 *Haematopota pallens* Loew

a. 额 (frons)；b. 触角 (antenna)；c. 下颚须 (palpus)

具长白毛；触角柄节长卵形，长为宽的 2 倍。

观察标本 4♀♀，甘肃，保存在 AMMSC。

生物学 盐湖和山区小河地区种，7-9 月活动。

地理分布 内蒙古 (额济纳旗)、甘肃 (南湖、千佛洞)、新疆；哈萨克斯坦，伊朗，伊拉克，乌克兰。

分类讨论 本种与土耳其麻虻 *Hae. turkestanica* (Kröber) 近似，但土耳其麻虻的触角柄节粗，长约为宽的 3 倍。*Hae. hedini* Kröber 记载于内蒙古额济纳旗，刘增加在额济纳旗采到的麻虻标本有苍白麻虻 *Hae. pallens* Loew，本志暂据刘维德的意见，把 *Hae. hedini* Kröber 列为 *Hae. pallens* Loew 的同物异名。

中华麻虻组 *Haematopota sinensis* group

中华麻虻组麻虻的主要特征是上侧颜具散在黑点；触角柄节圆台形，侧面观三角形，基部很细，向端部渐粗，长仅为宽的 1.5 倍；翅后缘不存在完整白斑；胸部背板无宽的白纵条；后足股节端部背面无长缨毛。我国有 4 种。本组在古北界和东洋界均有分布 (图 105)。

种 检 索 表

1. 触角鞭节的基环节椭圆形，长为宽的 2 倍；腹部第 2-7 背板具侧圆浅斑……………………2
   触角鞭节的基环节圆盘形，长不到宽的 1.5 倍；腹部第 3-7 背板具侧圆浅斑……………………3
2. 体长 10-12 mm；额基胛中后突大，两侧低，与复眼窄分离或接触；翅亚端带波形，单一，不达翅后缘；足股节黑色……………………**触角麻虻 *Hae. antennata***
   体长 7 mm；额基胛后缘中央和两侧具大的后突，两侧接触复眼；翅亚端斑分叉，外支达翅后缘；足股节暗棕色……………………**针细麻虻 *Hae. punctifera***
3. 体灰棕色；小盾片深棕色，中央 1/3 较浅；前、后足股节灰黄色……………**中华麻虻 *Hae. sinensis***
   体黑色；小盾片全白；前、后足股节灰黑色……………………**拟中华麻虻 *Hae. sineroides***

(97) 触角麻虻 *Haematopota antennata* (Shiraki, 1932) (图 105，图 108；图版 VI)

Chrysozona antennata Shiraki, 1932: 265 [Type locality: Korea].

Haematopota antennata: Murdoch and Takahasi, 1969: 88; Xu, 1982e: 121; Xu and Liu, 1982b: 110; Zhang and Zhao, 1982: 7; Wang, 1983: 110; Chen, 1983: 119; Wu, Li, Liu, Yang, Zhang and Cao, 1988: 198; Xu, 1989b: 366; Jiang, Zhang, Huang and Dai, 1993: 102; Wang, Ge and Dong, 1998: 44; Xu, 2005: 767.

鉴别特征 额基宽小于高，两侧平行；基胛黑色，中后突大，两侧与复眼窄分离或接触，侧点大，与基胛分离，与复眼窄分离或接触；触角短，柄节长为宽的 1.5 倍，略短于鞭节的基环节；上侧颜具散在黑点；中、后足胫节具 2 个白色环；翅亚端带波形，单一，不达翅后缘。

形态描述

雌性 体长 10-12 mm，灰黑色，翅长 10 mm。头部：额基部宽度小于高，两侧平行，或顶端略窄，灰色；基胛黑色，中后突大，两侧与复眼窄分离或接触，侧点大，与基胛分离，与复眼窄分离或接触，中央点小，或不明显；亚胛中央裂缝浅，在触角间具棕色至棕黑色绒斑，基胛前无三角形亮片；颜灰色，上侧颜具散在黑点；口毛白色。触角短，柄节长为宽的 1.5 倍，黄灰色，着生黑毛，略短于鞭节的基环节，梗节背突小，灰黄色，具黑毛，鞭节的基环节棕色，侧扁，端部变窄，长为宽的 2 倍，端环节短，略暗于基环节，有的末环节黑色。下颚须黄棕色，着生黑毛和白毛。胸部：盾片灰棕色，中纵窄条达盾片后缘，中侧条不完整，在缝后成三角点，小盾片覆灰粉。侧板和足基节灰黑色，具灰色毛。足股节黑色，具灰色粉，前足胫节黑色，基部 1/3 白色，中、后足胫节黄棕色，具 2 个白色环，跗节黑色，但中、后足跗节基部黄棕色。翅白斑玫瑰花形，亚端带波形，单一，不达翅后缘，后缘室均具白斑，或无缘白斑，或在第 2、3 后缘室具弱小的缘白斑。平衡棒灰白色。腹部：背板黑色，第 1-6 背板两侧具大的圆灰白斑，各背板具浅色后缘，背板中央具窄纵浅条。腹板灰色，着生灰白色毛，具浅黄色后缘带。

雄性 体长 10 mm。复眼上 2/3 大眼面大于下 1/3 小眼面；下颚须第 2 节卵圆形。

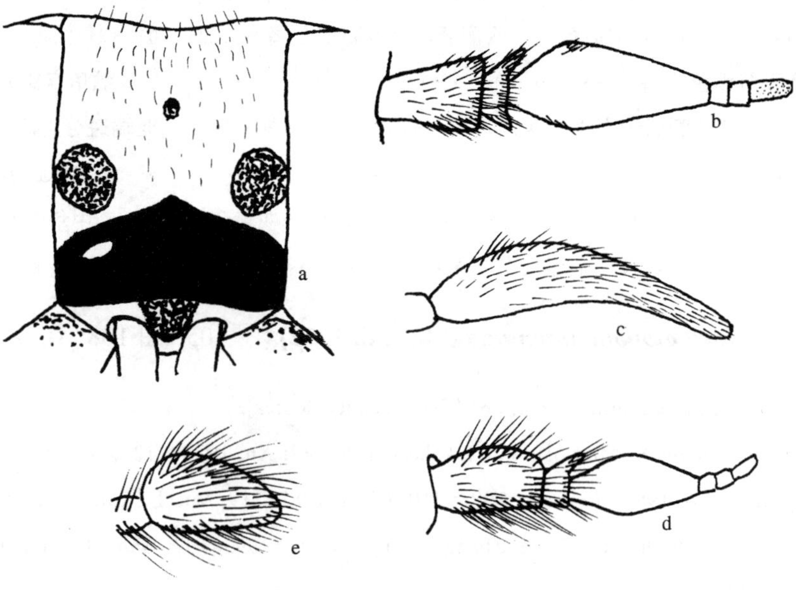

图 108 触角麻虻 *Haematopota antennata* (Shiraki)

a. 额 (frons)；b. 触角 (antenna)；c. 下颚须 (palpus)；d. 雄性触角 (antenna ♂)；e. 雄性下颚须 (palpus ♂)

观察标本 4♀♀2♂♂，辽宁；10♀♀，甘肃；5♀♀，浙江，保存在 AMMSC。

生物学 平原、丘陵种，3-8 月活动。

地理分布 吉林 (集安、珲春、图们)、辽宁 (绥中、金县、庄河、大连、旅顺、岫岩、东沟、长海、长山列岛)、北京、河北、山西 (太原)、山东 (崂山)、河南 (桐柏)、陕西 (周至、佛坪、宝鸡、秦岭、留坝、略阳、汉中、安康)、甘肃 (康县、文县)、江苏 (南京、镇江、盱眙)、浙江 (临海)、湖北 (襄阳、均县)、广东 (广州)；朝鲜。

分类讨论 本种与中华麻虻 *Hae. sinensis* Ricardo 近似，且同域分布 (图 105)，但中华麻虻的触角鞭节的基环节短，长为宽 1.5 倍，翅后缘只在第 5 后缘室具大白斑。

(98) 针细麻虻 *Haematopota punctifera* Bigot, 1871 (图 105, 图 109; 图版 VII)

Haematopota punctifera Bigot, 1871: 79 [Type locality: Java, Indonesia]; Stone and Philip, 1974: 167; Ricardo, 1911: 286; Schuurmans-Stekhoven, 1926: 122; Kapoor, Grewal, Sharma and Gupta, 1988: 176; Xu and Sun, 2008b: 182.

鉴别特征 额基胛后缘中央和两侧具大的后突，两侧接触复眼，无中央点；颜灰白色，上侧颜具 2 个黑斑区，下方的较小较弱；触角棕色，柄节发亮，基部细，端部膨大，长略大于宽，短于鞭节的基环节；中、后足胫节暗棕色，具 2 个不清晰浅棕色环；腹部背板黑色，中央具长三角形白斑组成的灰白纵条，第 2-6 背板两侧具灰白色小圆斑。

形态描述

雌性 体长 7 mm，黑色，翅长 5.5 mm，触角长 1.1 mm。头部：额基部宽度约等于高，远大于顶宽，灰棕色，侧点周围及眼缘灰白色，头顶中央具灰白色细纵条纹，头顶着生黑毛，余者着生灰白色毛；基胛黑色，后缘中央和两侧具大的后突，两侧接触复眼；侧点黑色，长椭圆形，与复眼远离，与基胛接近；无中央点。亚胛中央裂缝浅，在触角间具黑色绒斑，基胛前无三角形亮片。颜灰白色，上侧颜具 2 个黑斑区，下方的较小较弱；口毛白色。触角棕色，柄节发亮，基部细，端部膨大，着生少量黑毛，长略大于宽，短于鞭节的基环节，梗节背突小，鞭节暗棕色，基环节侧扁，端环节短小，短于基环节高。下颚须浅棕色，着生棕色毛，第 2 节夹杂黑毛。胸部：盾片黑色，具 5 条灰白色纵纹，中纵条细，伸达小盾片，中侧条在缝后成三角点，不达盾片后缘，侧条宽。侧板灰白色，中央具暗棕色横纹，足暗棕色，覆白毛和黑毛，前足胫节基部 1/3 棕色，端部和跗节棕黑色，中、后足胫节暗棕色，具 2 个不清晰浅棕色环，跗节棕黑色。翅白斑玫瑰花形，亚端白斑粗，分叉，外支达翅后缘，后缘室均具白斑。平衡棒棕黑色，柄棕色。腹部：背板黑色，中央具长三角形白斑组成的灰白色纵条，第 2-6 背板两侧具灰白色小圆斑，有的侧斑与灰白色侧缘相连接，无浅色后缘。腹板灰黑色，后几节棕黑色。

雄性 未详。

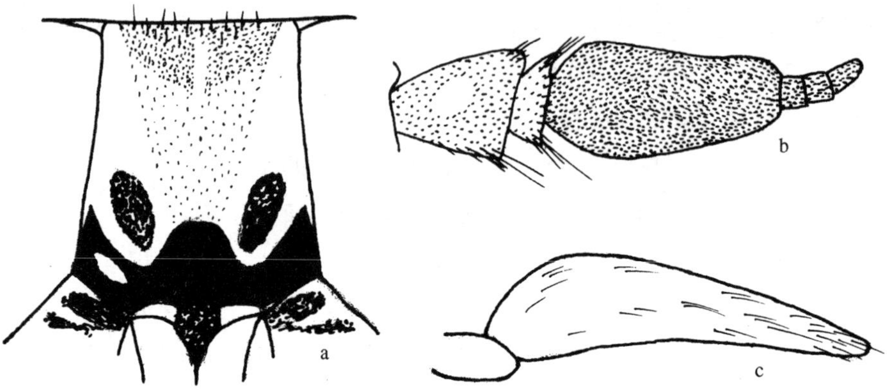

图 109 针细麻虻 *Haematopota punctifera* Bigot

a. 额 (frons)；b. 触角 (antenna)；c. 下颚须 (palpus)

观察标本 正模♀，爪哇岛，保存在 USNM。2♀♀，云南，保存在 IZCAS。

生物学 丘陵种。

地理分布 云南 (勐海、景洪)；印度，缅甸，老挝，泰国，印度尼西亚，柬埔寨。

分类讨论 类似于触角麻虻 *Hae. antennata* (Shiraki)，但本种体小型，体长仅 7 mm；额基胛后缘中央和两侧具大的后突，两侧接触复眼；翅亚端斑分叉，外枝达翅后缘。本种麻虻现知仅分布在东洋界 (图 105)。

(99) 中华麻虻 *Haematopota sinensis* Ricardo, 1911 (图 105，图 110；图版 VII，图版 XII)

Haematopota sinensis Ricardo, 1911: 345 [Type locality: Weihai, Shandong, China]; Murdoch and Takahasi, 1969: 86; Xu, 1982h: 136; Wang, 1983: 107; Chen, 1983: 119; Xu, 1989b: 366; Jiang, Zhang, Huang and Dai, 1993: 102; Yang and Xu, 1997: 13; Wang, Ge and Dong, 1998: 44; Xu, 2001: 346.

Chrysozona peculiaris Kono *et* Takahasi, 1939: 17. Synonymized by Chvála, 1978: 166.

鉴别特征 额基宽小于高，两侧平行；基胛黑色，中后突大，两侧与复眼窄分离或接触，侧点大，与基胛分离，与复眼窄分离或接触；触角短，柄节长为宽的 1.5 倍，略短于鞭节的基环节，鞭节的基环节侧扁，圆盘形，长为宽的 1.5 倍；上侧颜具散在黑点；前、后足股节灰黄色，中、后足胫节具 2 个白色环；翅端斑单一，弯曲，不达翅后缘，仅第 5 后缘室具大白斑。

形态描述

雌性 体长 10-11 mm，灰黑色，翅长 10 mm。头部：额基部宽度小于高，两侧平行，灰色；基胛黑色，中后突大，两侧与复眼窄分离或接触，侧点大，与基胛分离，与复眼窄分离或接触，中央点小，明显；亚胛中央裂缝浅，在触角间具棕色绒斑，基胛前无三角形亮片；颜灰色，上侧颜具散在黑点；口毛白色。触角短，柄节长为宽的 1.5 倍，黄灰色，着生黑毛，略短于鞭节的基环节，梗节背突小，灰黄色，具黑毛，鞭节的基环节基部棕色，侧扁，圆盘形，长为宽的 1.5 倍。下颚须黄棕色，着生黑毛。胸部：盾片灰棕色，后 1/3 中央具大的灰白斑，中纵条窄，中侧条不完整，在缝后成三角点，小盾片覆灰粉。侧板和足基节灰黑色，具灰色毛。足股节灰黄色，具灰色粉，前足胫节黑色，基部 1/3 白色，中、后足胫节黄棕色，具 2 个白色环，跗节黑色，但中、后足跗节基部黄棕色。翅白斑玫瑰花形，中室具 2 个白斑，亚端带波形，单一，不达翅后缘，仅第 5 后缘室具大白斑，或在第 1、2、3 后缘室具弱而小的白斑。平衡棒棕色。腹部：背板黑色，第 1-6 背板两侧具大的圆灰白斑，各背板具浅色后缘，背板中央具窄纵浅条。腹板灰色，着生灰白色毛，具浅黄色后缘带。

雄性　体长 9 mm。复眼上 2/3 红棕色大眼面大于下部黑色小眼面；触角柄节圆柱形，棕色；下颚须第 2 节卵圆形；腹部背板侧圆斑仅在后 4 节存在。

观察标本　正模♀，山东威海，保存在 BMNH (未检视)。20♀♀2♂♂，辽宁；6♀♀，湖北，保存在 AMMSC。

生物学　平原、丘陵种。

地理分布　吉林 (集安、浑江)、辽宁 (沈阳、朝阳、锦西、锦县、义县、兴城、北

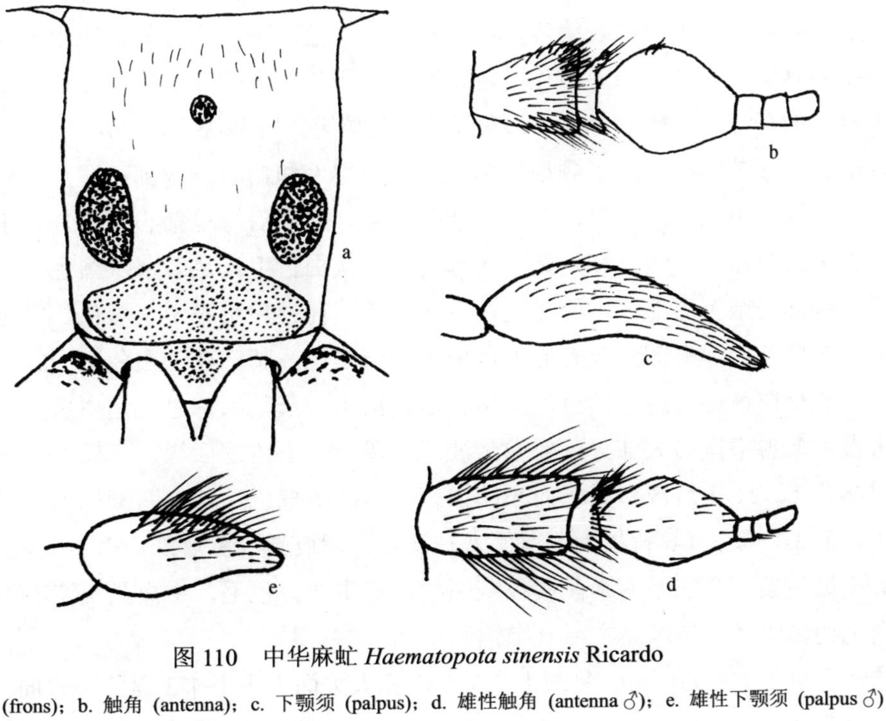

图 110　中华麻虻 *Haematopota sinensis* Ricardo

a. 额 (frons)；b. 触角 (antenna)；c. 下颚须 (palpus)；d. 雄性触角 (antenna ♂)；e. 雄性下颚须 (palpus ♂)

镇、绥中、黑山、大洼、开原、大石桥、宽甸、金县、庄河、营口、旅顺、长山列岛、海城)、内蒙古 (扎兰屯)、北京 (丰台、怀柔)、河北 (蠡县、石家庄)、山西、山东 (青岛、威海、石岛、文登)、河南 (鸡公山、信阳、汝南、西平)、江苏 (南京、无锡、徐州)、上海、安徽 (蚌埠)、浙江 (杭州)、湖北 (襄阳、应山)、福建 (武夷山)；朝鲜。

分类讨论　本种与触角麻虻 *Hae. antennata* (Shiraki) 近似，且同域分布 (图 105)，但触角麻虻的触角鞭节的基环节较长，长为宽的 2 倍，翅后缘室均具白斑。

(100) 拟中华麻虻 *Haematopota sineroides* Xu, 1989 (图 111；图版 VII)

Haematopota sineroides Xu, 1989: 367 [Type locality: Jurong, Jiangsu, China].

鉴别特征　额基宽小于高，两侧平行；基胛黑色，中后突大，两侧与复眼接触，侧点大，与基胛和复眼均分离；触角短，柄节长为宽的 1.5 倍，略短于鞭节的基环节；上侧颜具散在黑点；前、后足股节灰黑色，中、后足胫节具 2 个白色环；盾片后缘包括小盾前片及小盾片，灰白色；翅亚端带波形，单一，弯曲，不达翅后缘，仅第 5 后缘室具大白斑，或在第 1、2、3 后缘室具弱而小的白斑。

形态描述

雌性　体长 9.0-9.5 mm，灰黑色，翅长 7.5-8.0 mm。头部：额基部宽度小于高，两侧平行，灰色；基胛黑色，中后突大，两侧与复眼接触，侧点大，与基胛和复眼窄分离，中央点小，明显；亚胛中央裂缝浅，在触角间具黑色绒斑，基胛前无三角形亮片；颜灰色，上侧颜具散在黑点；口毛白色。触角短，柄节长为宽的 1.5 倍，黑色，着生黑毛，略短于鞭节的基环节，梗节背突小，灰黑色，具黑毛，鞭节棕色，侧扁，长不到宽的 1.5 倍，端部和端环节暗棕色。下颚须黄棕色，着生黑毛和白毛。胸部：盾片黑色，中纵窄条达盾片后缘，中侧条不完整，在缝后成三角点，盾片后缘包括小盾前片及小盾片，灰白色，着生灰白短毛。侧板和足基节灰黑色，具灰白色毛。足股节灰黑色，外侧着生灰白色毛，端部夹杂有黑毛，内侧黑色，着生黑毛，前、后足股节灰黑色，中足股节灰棕色，着生灰白色毛，端部夹杂有黑毛，前足胫节黑色，基部 1/3 白色，中、后足胫节棕黑色，具 2 个白色环，跗节黑色，但中、后足第 1 跗节基部棕色。翅白斑玫瑰花形，中室白斑很大，占中室的大部分，亚端带波形，单一，不达翅后缘，仅第 5 后缘室具大白斑，或在第 1、2、3 后缘室具弱而小的白斑。平衡棒棕色，球部两侧棕黑色。腹部：背板黑色，第 3-7 或第 4-6 背板两侧具圆灰白斑，各背板具浅色后缘，第 2-6 或第 2-7 背板中央具窄纵浅条，有的不清晰。腹板灰黑色，着生灰白色毛，中央具不清晰的着生黑毛夹杂白毛的黑纵条，黑纵条在后几节清晰。

雄性　体长 8.5-9.0 mm。复眼上 2/3 棕黑色大眼面大于下 1/3 黑色小眼面；触角柄节球形，亮黑色；下颚须第 2 节灰棕色，卵圆形；前足股节主要着生黑毛，前足胫节浅色环较雌性的短，色较深，余者同雌性。

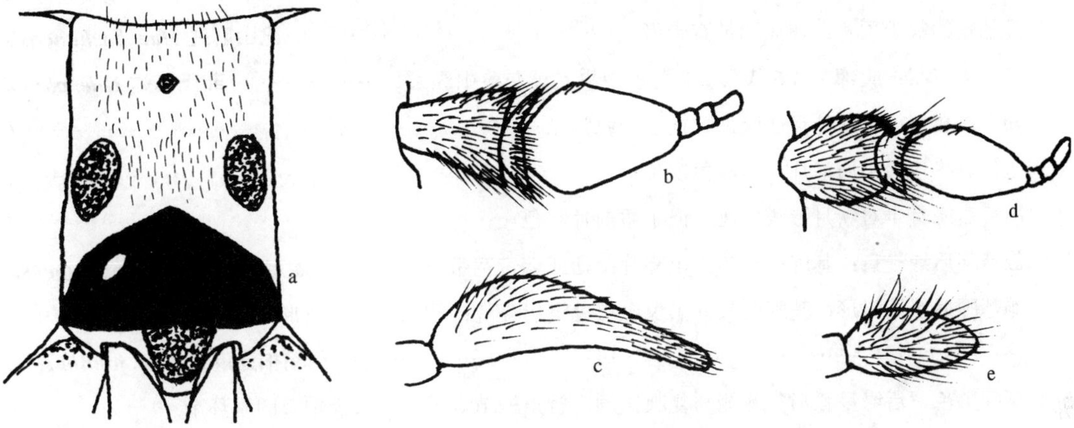

图 111　拟中华麻虻 *Haematopota sineroides* Xu

a. 额 (frons)；b. 触角 (antenna)；c. 下颚须 (palpus)；d. 雄性触角 (antenna♂)；e. 雄性下颚须 (palpus♂)

观察标本　正模♀，江苏句容，1982.VI.14，李蓓思，保存在 AMMSC。2♂♂3♀♀，江苏；8♀♀，安徽，保存在 AMMSC。

生物学　平原、丘陵种。

地理分布　江苏 (句容)、安徽 (太平)、湖北 (应山、襄阳)。

分类讨论　本种与中华麻虻 *Hae. sinensis* Ricardo 相似，但中华麻虻的触角鞭节的基环节基部棕色，雄性的触角柄节圆柱形，棕色；亚胛在触角间的绒斑棕色。

菲氏麻虻组 *Haematopota philipi* group

菲氏麻虻组麻虻的主要特征是触角柄节圆筒形，如端部变粗，则长度为宽度的 2 倍以上；后足胫节仅具基浅环，侧面观有的亚端部存在浅圆斑，但不形成环，或具 2 个极不明显的浅环；上侧颜具散在黑点；胸部背板无宽的白纵条；后足股节端部背面无长缨毛；翅后缘不存在完整白边。我国有 9 种。本组现知仅分布于东洋界。

种检索表

1. 体黑色；前足股节黑棕色至黑色……2
   体棕色；前足股节棕色至灰棕色……5
2. 触角柄节略短于鞭节的基环节；盾片后缘无浅横带；翅亚端带波形……3
   触角柄节等于或略长于鞭节的基环节；盾片后缘具浅横带；翅亚端带点状或带状……4
3. 额侧斑与额中斑愈合；翅亚端带分叉…… **勐腊麻虻 *Hae. menglaensis***

额侧斑与额中斑分离；翅亚端带单一……………………………………邛海麻虻 *Hae. qionghaiensis*

4. 额基宽明显大于顶宽；翅亚端带二点状或三点状…………………二郎山麻虻 *Hae. erlangshanensis*

额基宽约等于顶宽；翅亚端带宽带形……………………………………巴山麻虻 *Hae. bashanensis*

5. 翅白斑点状；腹部第 2-6 或第 2-7 背板中央具黄灰色中纵条……………菲氏麻虻 *Hae. philipi*

翅白斑相连成玫瑰花形；腹部背板无中纵浅条………………………………………………………6

6. 盾片后缘包括小盾前片，具浅色横带…………………………………………………………………7

盾片后缘具 1 对新月形浅色斑，但小盾前片暗色……………………………………………………8

7. 额基胛后缘平直；基胛前不具突出亮片；翅亚端带宽带形…………孟定麻虻 *Hae. mengdingensis*

额基胛后缘圆弧形；基胛前具棕黑色至黑色突出亮片；翅亚端带窄波形……………………………………………………………………………………………约翰柏通麻虻 *Hae. johnburtoni*

8. 额胛黑色，后缘呈弧形，两侧与复眼接触；触角柄节等于或略长于鞭节的基环节…………………………………………………………………………………………亚露麻虻 *Hae. subirrorata*

额胛棕色，后缘呈极明显的圆弧形，两侧很低，与复眼分离；触角柄节短于鞭节的基环节………………………………………………………………………………………圆胛麻虻 *Hae. sphaerocalla*

(101) 勐腊麻虻 *Haematopota menglaensis* Wu *et* Xu, 1992 (图 112；图版 VII)

Haematopota menglaensis Wu *et* Xu, 1992: 77 [Type locality: Mengla, Yunnan, China].

鉴别特征 额基宽小于高；基胛亮黑色，中后突大，两侧与复眼接触，侧点与中央点愈合成大的黑色绒斑；触角柄节长为宽的 2.5 倍，略短于和粗于鞭节的基环节；后足胫节仅具基浅环；翅端斑成双，弯曲，达翅后缘。

形态描述

雌性 体长 11-12 mm，灰黑色，翅长 11.0-11.5 mm。头部：额基部宽度小于高，大于顶宽，灰黄色；基胛亮黑色，中后突大，两侧与复眼接触，侧点与中央点愈合成大的黑色绒斑，与基胛连接，与复眼窄分离，头顶具 1 大的暗色区，着生黑毛；亚胛中央裂缝浅，在触角间具小的棕黑色绒斑，基胛前具大的三角形黑色亮片；颜灰黄色，上侧颜具散在黑点；口毛白色。触角长，柄节略短于和粗于鞭节的基环节，长为宽的 2.5 倍，深棕色，亮，半透明，着生黑毛，梗节暗棕色，背突大，具黑毛，鞭节的基环节细长，基部暗棕色，往端部色变深，3 个端环节黑色。下颚须棕色，第 2 节着生黑毛，下缘夹杂有灰白色毛。胸部：盾片棕黑色，无中纵条，中侧条不完整，在缝后成三角点，在后缘成新月形白斑，小盾前片和小盾片黑色。侧板灰黄色，具灰白色毛。前足基节基半棕色，着生长的灰白色毛，端半烟棕色，着生黑毛，中、后足基节灰棕黑色，中足基节着生黑毛夹杂灰白色毛，后足基节着生灰白色毛，前足股节黑棕色至黑色，着生黑毛，中足股节棕色，两端较暗，着生黑毛和灰白色毛，后足股节棕黑色，着生黑毛和灰白色毛，端部黑色，着生黑毛，背、腹方均具密的黑缨毛，前足胫节基白环达该节中部，端半及跗节黑色，中、后足胫节暗黑色，中足胫节具 2 个白色环，后足胫节基白环占该节 1/3，无端浅环，中、后足第 1 跗节基部棕色，其余黑色。翅白斑玫瑰花形，亚端带成双，达翅后缘，外支弱，后缘与内支融合，除第 4 后缘室外，均具白斑。平衡棒棕黄色，球部两侧暗棕色。腹部：背板黑色，背板两侧无圆灰白斑，各背板具浅色后缘。腹板两侧覆灰白粉，使中央呈现为具宽的黑纵条。

雄性　未详。

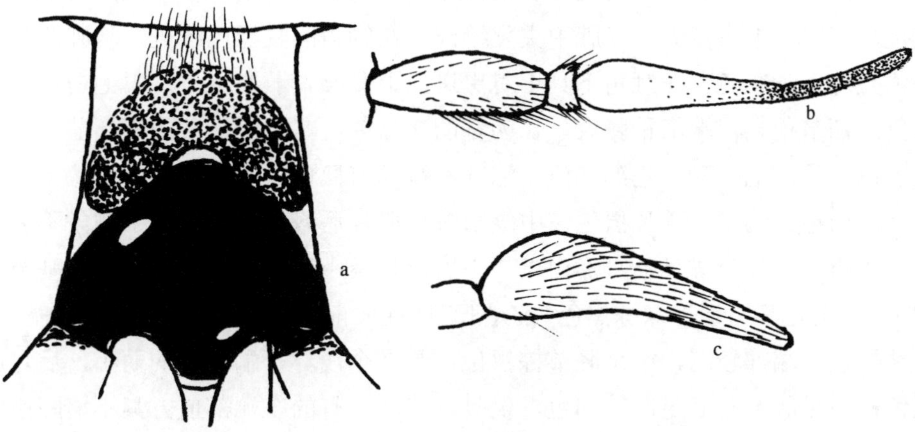

图 112　勐腊麻虻 *Haematopota menglaensis* Wu *et* Xu

a. 额 (frons)；b. 触角 (antenna)；c. 下颚须 (palpus)

观察标本　正模♀，云南勐腊，1986.V.15，吴元钦，保存在 AMMSC。4♀♀，云南，保存在 AMMSC。

生物学　林区种。

地理分布　云南 (勐腊)。

分类讨论　本种体灰黑色；前足股节黑棕色至黑色，触角柄节略短于鞭节的基环节；盾片后缘无浅横带；翅亚端带波形，与邛海麻虻 *Hae. qionghaiensis* Xu 近似，但邛海麻虻的额侧斑不与中央点愈合，翅亚端带单一。额侧斑与中央点愈合的种，我国尚有白线麻虻 *Hae. albalinea* Xu *et* Liao 和线带麻虻 *Hae. lineata* Philip，但白线麻虻和线带麻虻的盾片具宽的中纵条，属于白条麻虻组。

(102) 邛海麻虻 *Haematopota qionghaiensis* Xu, 1980 (图 113；图版 VII)

Haematopota qionghaiensis Xu, 1980: 185 [Type locality: Xichang, Sichuan, China]; Xu, 1989b: 367; Wang, 1994: 174; Yang and Xu, 1997: 13.

鉴别特征　额基宽约等于高，两侧平行；基胛黑色，两侧与复眼接触；亚胛在触角间具黑色绒斑，基胛前具小的三角形黑色亮片；触角柄节亮黑色，略短于鞭节的基环节；后足胫节仅具基浅环，有的在端部前方具不清晰小浅点；翅亚端带单一，弯曲，不达翅后缘。

形态描述

雌性　体长 9.5-11.0 mm，黑色，翅长 8.5-9.5 mm。头部：额基部宽度约等于高，两侧平行，深灰黑色，侧点周围较浅，中央点后具纵浅条，额具黑毛，额基胛后缘着生浅色毛；基胛黑色，中后突小，两侧与复眼接触，宽为高的 3 倍，侧点大，与基胛分离，接触或接近复眼，中央点大；亚胛中央裂缝浅，在触角间具黑色绒斑，基胛前具小的三角形黑色亮片；颜灰色，在触角下具 1 对黑斑，上侧颜具散在黑点；口毛白色。触角大部分黑色，柄节稍亮，端部稍膨大，长为宽的 2 倍多，略短于鞭节的基环节，梗节背突大，灰黑色，具黑毛，鞭节基部棕色，端部和端环节黑色。下颚须灰黑色，第 2 节着生黑毛，夹杂白毛。胸部：盾片黑色，中纵窄条达盾片后缘，不明显，中侧条不完整，在缝后成三角点，盾片后缘具新月形白斑，小盾前片及小盾片黑色。侧板和足基节灰色，具灰白色毛。前足基节端半深棕黑色，前足股节黑色，前足胫节黑色，基浅环占基部 1/3，中足股节棕色，端部较暗，中足胫节棕黑色，具 2 个浅环，端环有的弱小，后足股节棕黑至黑色，后足胫节与后足股节同色，仅具基浅环，有的在端部前方具不清晰小浅点，跗节黑色，中、后足第 1 跗节极基部棕色。翅白斑点状，玫瑰花形不明显，亚端带波形，细，单一，不达翅后缘，第 2、3、5 后缘室有时具弱的小白斑。平衡棒棕色，球部两侧棕黑色。腹部：背板黑色，第 3-7 或第 4-7 背板两侧具圆灰白斑，各背板具浅色后缘。腹板灰色，中央具宽的黑纵条。

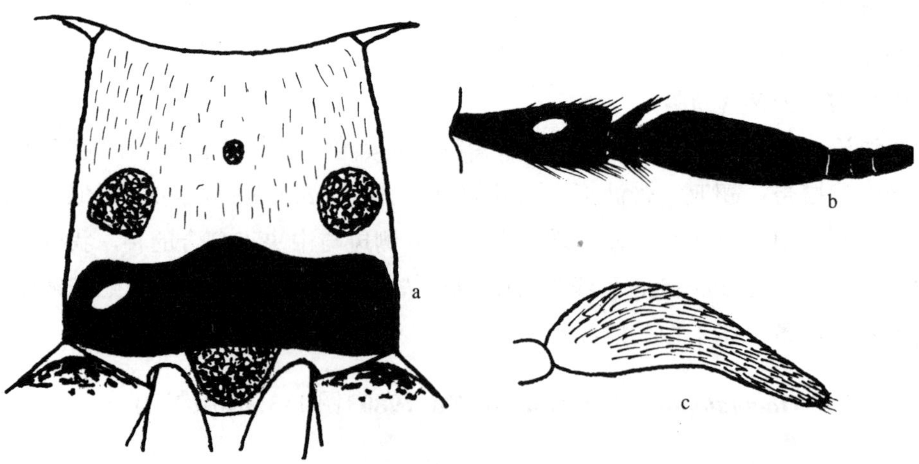

图 113　邛海麻虻 *Haematopota qionghaiensis* Xu

a. 额 (frons)；b. 触角 (antenna)；c. 下颚须 (palpus)

雄性　未详。

观察标本　正模♀，四川西昌，1975.VI.20，许荣满，保存在 AMMSC。10♀♀，云南；2♀♀，四川，保存在 AMMSC。

生物学　山区种。

地理分布　四川（西昌）、云南（宁蒗）。

分类讨论　本种体黑色；前足股节黑棕色至黑色，触角柄节略短于鞭节的基环节；盾片后缘无浅色横带，与勐腊麻虻 *Hae. menglaensis* Wu *et* Xu 近似，但勐腊麻虻的额侧斑与中央点愈合，翅亚端带成双，容易区别。

(103) 二郎山麻虻 *Haematopota erlangshanensis* Xu, 1980 (图 114；图版 VII)

Haematopota erlangshanensis Xu, 1980: 397 [Type locality: Erlangshan, Sichuan, China]; Xu, 1989b: 367; Wang, 1994: 197.

鉴别特征　额基宽约等于高；基胛棕色，两侧与复眼接触；亚胛在触角间具黑色绒斑，基胛前具小的三角形黑色亮片；触角柄节长略长于鞭节的基环节；盾片后缘包括前小盾片具浅色横带；后足胫节仅具基浅环，有的在端部前方具不清晰小浅点；翅端斑单一，小，不达翅后缘，后缘室无白斑。

形态描述

雌性　体长 9.5-11.0 mm，黑色，翅长 9.5-10.5 mm。头部：额基部宽度约等于高，大于顶宽，灰棕色，着生黑毛，侧点前着生灰白色毛；基胛黑色，中央具弱的皱纹，中后突小，两侧与复眼接触，宽为高的 3 倍，侧点大，与基胛分离，接触复眼，中央点大；亚胛中央裂缝浅，在触角间具黑色绒斑，基胛前具小的三角形黑色亮片；颜灰黄色，在触角下具 1 对黑斑，上侧颜具散在黑点；口毛白色。触角柄节暗棕色至黑棕色，稍亮，端部稍膨大，长为宽的 3 倍多，略长于鞭节的基环节，梗节背突大，灰棕色，具黑毛，鞭节基部棕黑色，端部和端环节黑色。下颚须暗灰色，第 2 节着生黑毛，长为宽的 3.7 倍。胸部：盾片黑色带棕，中纵窄浅条完整，达盾片后缘，中侧条不完整，在缝后成三角点，盾片后缘包括前小盾片具浅色横带，小盾片中央色浅。侧板灰黄色，着生灰白色毛。足基节色同胸部侧板，前足基节端部略暗，各足股节暗棕色，两端略深，前足股节棕黑色，前足胫节黑色，基浅环占基部 1/3，中足胫节黑棕色，具 2 个浅环，后足胫节棕黑色，仅具基浅环，有的在端部前方具不清晰小浅点，跗节黑色，中、后足第 1 跗节及基部棕色。翅白斑点状，玫瑰花形不明显，亚端带波形，细短，单一，不达翅后缘，后缘室无白斑，或第 2、3、5 后缘室有时具弱的小白斑。平衡棒棕色，球部两侧黑色。腹部：背板黑色，第 4-7 或第 5-7 背板两侧具圆灰白斑，各背板具浅色后缘，第 2 背板中央后缘具浅色三角。腹板灰色，中央具宽的界限不清晰的黑纵条。

雄性 未详。

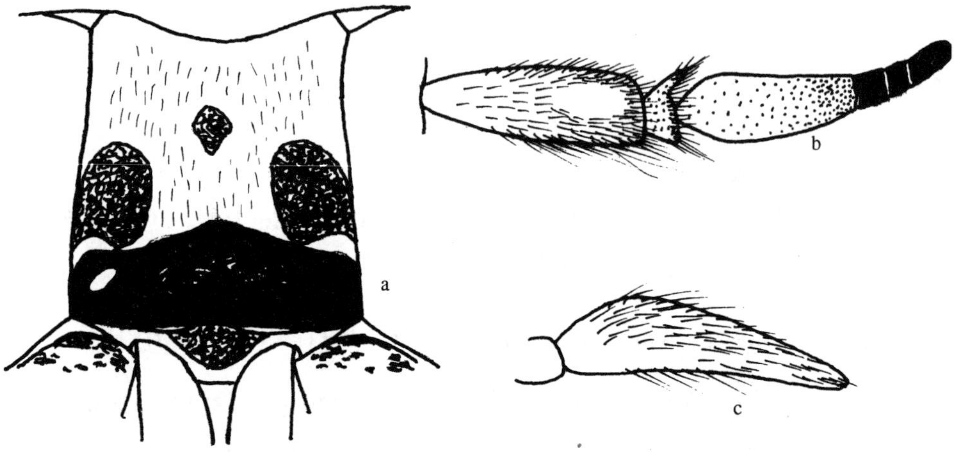

图 114 二郎山麻虻 *Haematopota erlangshanensis* Xu

a. 额 (frons)；b. 触角 (antenna)；c. 下颚须 (palpus)

观察标本 正模♀，四川二郎山，1979.VII.25，许荣满，保存在 AMMSC。23♀♀，四川，保存在 AMMSC。

生物学 山区种。

地理分布 四川 (二郎山)、云南 (维西)。

分类讨论 本种体黑色；触角柄节略长于鞭节的基环节；盾片后缘具浅横带；前足股节棕黑色，类似于巴山麻虻 *Hae. bashanensis* Li *et* Yang，但巴山麻虻的翅亚端带宽，达翅后缘，第 1、2、3、5 后缘室具大白斑。

(104) 巴山麻虻 *Haematopota bashanensis* Li *et* Yang, 1991 (图 115；图版 VII)

Haematopota bashanensis Li *et* Yang, 1991: 459 [Type locality: Zhenba, Shaanxi, China]; Xu, 2000: 189.

鉴别特征 额基宽略小于高，基胛黑色带棕，条形，两侧与复眼接触；亚胛在触角间具棕黑色绒斑，基胛前无或具窄线状三角形亮片；触角柄节长略大于鞭节的基环节；颜在触角下具大块黑色绒斑，上侧颜具散在黑点；后足胫节仅具基浅环，有的在端部前方具不清晰小浅点；翅亚端斑带形，达翅前、后缘，第 1、2、3、5 后缘室具大白斑。

形态描述

雌性 体长 8-10 mm，黑色，翅长 7-8 mm。头部：额基部宽度略小于高，两侧平行或顶部略窄，着生黑毛；基胛黑色带棕，条形，稍隆起，具皱纹，前缘平直，后缘略弯曲，两侧与复眼接触，宽为高的 3.4 倍，侧点大，与基胛分离，接触复眼，中央点大；亚胛中央裂缝浅，在触角间具棕黑色绒斑，基胛前无或具窄线状三角形黑色亮片；颜灰黄色，在触角下具大块黑色绒斑，上侧颜具散在黑点；口毛白色。触角柄节浅棕色，具黑毛，长为宽的 3.2 倍，略长于鞭节的基环节，梗节背突大，色同柄节，具黑毛，鞭节基部浅棕色，往端部色变深，端部和端环节黑色。下颚须暗灰色，第 2 节着生黑毛和白毛，长为宽的 4 倍。胸部：盾片黑色带棕，中纵窄浅条后段不清楚，中侧条不完整，在缝后成三角点，盾片后缘具新月形白斑，前小盾片灰白色，小盾片黑色。侧板灰黑色，着生灰白色长毛。足基节色同胸部侧板，前足基节端部略暗，前足股节黑色，具黑毛和少量白毛，前足胫节 1/3 强白色，具白毛和少量黑毛，其余黑色，着生黑毛，前足跗节黑色着生黑毛，中足股节浅棕色，着生长白毛，中足胫节浅棕色，着生黑毛，具 2 个白环，后足股节暗棕色，具黑毛和少量白毛，后足胫节暗棕色，基部 1/3 强白色，具白毛，端部前方具不清晰白点，中、后足跗节浅棕色，具黑毛。翅白斑玫瑰花形，亚端带宽带形，达翅的前、后缘，第 1、2、3、5 后缘室具大白斑，第 4 后缘室有时也具白斑。平衡棒浅棕色，球部两侧黑色。腹部：背板黑色，无或在第 5-7 背板两侧具不明显圆灰白斑，各背板具浅色后缘，第 2 背板中央后缘具浅色三角，少数标本可见不清晰的中纵窄条。腹板黑色，各节具浅色后缘。

雄性　未详。

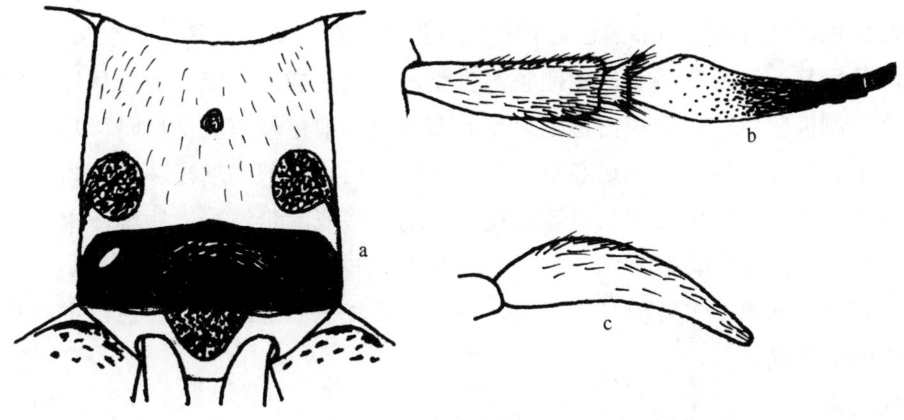

图 115　巴山麻虻 *Haematopota bashanensis* Li *et* Yang

a. 额 (frons)；b. 触角 (antenna)；c. 下颚须 (palpus)

观察标本　正模♀，陕西镇巴，海拔 1840 m，1987.VII.25，申海龙，保存在 AMMSC。5♀♀，陕西，保存在 AMMSC。

生物学　山区种。

地理分布　陕西 (镇巴)。

分类讨论 本种体黑色；触角柄节略长于鞭节的基环节；盾片后缘具浅横带；前足股节棕黑色，类似于二郎山麻虻 *Hae. erlangshanensis* Xu，但二郎山麻虻的翅亚端带细短，波形，不达翅后缘，后缘室无白斑。

(105) 菲氏麻虻 *Haematopota philipi* Chvála, 1969 (图 116；图版 VII)

Haematopota philipi Chvála, 1969: 49 [Type locality: Nepal]; Stone and Philip, 1974: 163; Kapoor, Grewal, Sharma and Gupta, 1988: 175; Xu, 1989b: 367; Wang, 1994: 185.

鉴别特征 额基宽约等于高；基胛黑色，两侧与复眼接触，侧点大，与基胛分离，接触复眼；亚胛在触角间具黑色绒斑，基胛前无或具窄线状黑色亮片；触角柄节长约等于鞭节的基环节；后足胫节的端浅环不清晰；翅白斑点状，端斑单一，波形，不达翅后缘，后缘室无白斑，或第 1、2、3、5 后缘室具弱的小白斑。

形态描述

雌性 体长 8.5-11.0 mm，棕黑色，翅长 8.5-11.5 mm。头部：额基部宽度约等于高，大于顶宽，灰棕色，着生黑毛；基胛黑色，带形，两侧与复眼接触，宽为高的 3 倍多，侧点与基胛分离，接触复眼，中央点大；亚胛中央裂缝浅，在触角间具黑色绒斑，基胛前无或具窄线状黑色亮片；颜灰黄色，上侧颜具散在黑点；口毛白色。触角柄节红棕色，端部稍膨大，长为宽的 2.5 倍，约等于鞭节的基环节，梗节背突小，灰棕色，具黑毛，鞭节基部棕色，端部和端环节黑色。下颚须暗灰色，第 2 节着生黑毛。胸部：盾片棕色，中纵窄浅条完整，达盾片后缘，中侧条不完整，在缝后成三角点，盾片后缘带红色，小盾片棕色。侧板灰色，着生灰白色毛。足基节灰色，前足基节端部略暗，足其余部分红棕色，前足胫节基浅环小，中足胫节具 2 个浅环，后足胫节的端浅环不清晰，中、后足跗节及基部较浅。翅白斑点细状，玫瑰花形不明显，亚端带波形，短细，单一，不达翅后缘，后缘室无白斑，或第 1、2、3、5 后缘室具弱的小白斑。平衡棒棕色。腹部：背板暗棕色，第 2-6 或第 2-7 背板具中浅条，各背板具浅色后缘。腹板灰色，中央具宽的界限不清晰的棕色纵条。

雄性 未详。

观察标本 正模♀，尼泊尔，海拔 2750 m，保存在 ZCBS (未检视)。23♀♀，西藏，保存在 AMMSC。

生物学 山区种。

地理分布 西藏 (樟木)；印度，尼泊尔。

分类讨论 本种体棕黑色，一般形态与圆胛麻虻 *Hae. sphaerocallus* (Wang *et* Liu) 和亚露麻虻 *Hae. subirrorata* Xu 相近，但圆胛麻虻和亚露麻虻翅白斑不是细点状，腹部背板无中纵浅条。

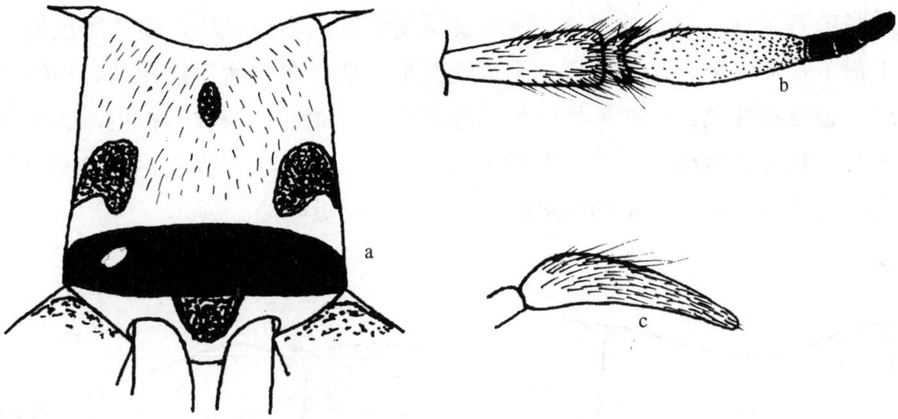

图 116　菲氏麻虻 *Haematopota philipi* Chvála

a. 额 (frons)；b. 触角 (antenna)；c. 下颚须 (palpus)

(106) 孟定麻虻 *Haematopota mengdingensis* Xu *et* Guo, 2005 (图 117；图版 VII)

Haematopota mengdingensis Xu *et* Guo, 2005: 175 [Type locality: Gengma, Yunnan, China].

鉴别特征　额高略小于基宽；额基胛两侧角与复眼接触；亚胛棕色，触角间具黑绒斑，基胛前无突出亮片；触角柄节棒形，短于鞭节基环节长；盾片后缘包括小盾前片具浅色横带；前足胫节基浅环短，不到胫节长的 1/3，后足胫节基浅环占节长的 1/3；翅亚端带很宽，达翅前、后缘，后缘室均具白斑；腹部背板暗棕色，具浅色后缘，在第 2 背板膨大成三角。

形态描述

雌性　体长 9.5 mm，暗棕色，翅长 8.0 mm，触角长 1.9 mm。头部：额高约等于顶宽，略小于基宽，灰棕色，着生黑毛；额基胛棕黑色，表面具皱纹，前、后缘大致平行，后缘中央略有突出，两侧角与复眼接触，宽为高的 3 倍；中央点小，黑色，侧点大，与额胛分离，与复眼接触或窄分离；亚胛棕色，触角间具黑绒斑，基胛前无突出亮片；颜灰色，着生灰白色毛，上侧颜具散在黑点；口毛灰白色。触角棕色，鞭节基环节端部变暗，端环节黑色，柄节棒形，短于鞭节基环节长，着生黑毛，鞭节基环节长等于柄节、梗节之和，梗节背突短。下颚须棕色，第 1 节着生浅色毛，第 2 节长为宽的 4 倍，着生黑毛，基部和腹方夹杂浅色毛。胸部：背板暗棕色，着生棕色毛，盾片中纵条不明显，中侧条在缝后成小的三角点，盾片后缘包括小盾前片具浅色横带，肩胛色较浅，背侧片侧方着生黑毛，小盾片色同盾片，着生浅棕色毛和黑毛。侧板和足基节灰棕色，着生浅棕色毛。足棕色，前足股节略暗，着生黑毛，中、后足股节着生浅棕色毛，端部 1/3 具黑毛，前足胫节棕黑色，着生黑毛，基浅环短，不到胫节长的 1/3，中足胫节具 2 个浅环，后足胫节基浅环占节长的 1/3，端部仅具浅色斑，不形成环，跗节黑色黑毛，中、后足第 1 跗节基部大部分浅色。翅白斑玫瑰花形，亚端带很宽，达翅前、后缘，后缘室均具白斑。腋瓣暗棕色。平衡棒柄棕色，球部黑色。腹部：背板暗棕色，着生黑毛和棕色毛，各背板具浅色后缘，在第 2 背板膨大成三角，第 3-7 背板具不明显侧圆白斑。腹板灰棕色，具浅色窄后缘，宽的中纵暗条在第 4-6 腹板明显。

雄性 未详。

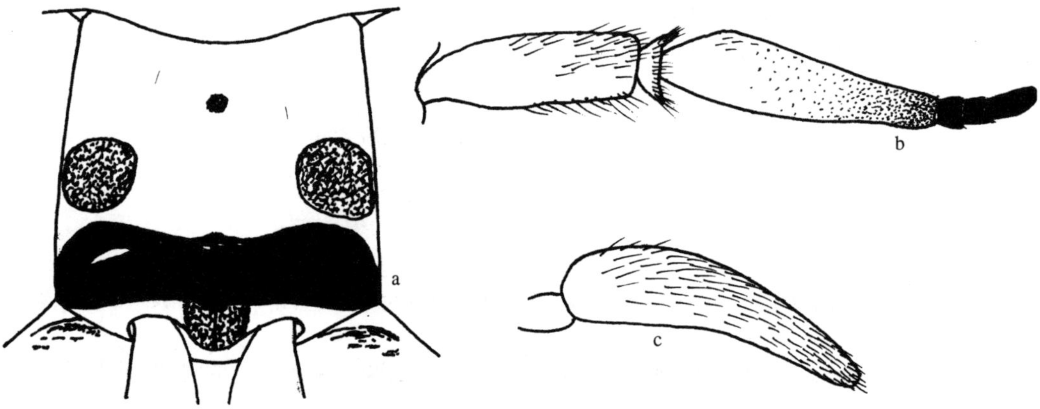

图 117 孟定麻虻 *Haematopota mengdingensis* Xu *et* Guo

a. 额 (frons)；b. 触角 (antenna)；c. 下颚须 (palpus)

观察标本 正模♀，云南耿马县孟定，1960.VI.4，保存在 AMMSC。

生物学 山区种。

地理分布 云南 (耿马)。

分类讨论 本种翅亚端带宽，盾片后缘具横带，类似于 *Hae. thurmanorum* Stone *et* Philip 和巴山麻虻 *Hae. bashanensis* Li *et* Yang，但后两种麻虻的触角鞭节的基环节较短，额较窄，高大于基宽；*Hae. thurmanorum* 后足胫节具 2 个浅环；巴山麻虻前足胫节 1/3 强白色。本种触角鞭节的基环节长于柄节，盾片后缘具白带，类似于澜沧江麻虻 *Hae. lancangjiangensis* Xu，但澜沧江麻虻具较窄的额，额高大于基宽，翅亚端斑较窄，前足胫节基浅环较宽。

(107) 约翰柏通麻虻 *Haematopota johnburtoni* Xu *et* Sun, 2008 (图 118；图版 VII)

Haematopota burtoni Xu *et* Sun, 2005: 229 [Type locality: Mengla, Yunnan, China].

Haematopota johnburtoni Xu *et* Sun, 2008b: 182. New name for *burtoni* Xu *et* Sun, Preoccupied by Stone *et* Philip, 1974: 68.

鉴别特征　额高略大于基宽；额基胛后缘呈弧形，两侧角与复眼接触；亚胛棕色，触角间具黑绒斑，基胛前具突出亮片；触角棕色，柄节棒形，短于鞭节基环节长；盾片后缘包括小盾前片具浅色横带；后足胫节基浅环占节长的 1/3；翅亚端带窄，波形，后缘室均具白斑；腹部背板具浅色后缘，第 2 背板后缘中部膨大成三角，第 3-6 背板具窄的浅色中纵条，第 5-7 或第 6、7 背板具侧圆浅色斑。

形态描述

雌性　体长 7.5-9.0 mm，暗棕色，翅长 6.5-8.0 mm，触角长 1.5-2.0 mm。头部：额高约为顶宽的 1.3 倍，略大于基宽，棕色，着生稀疏黑毛；额基胛暗棕色至黑色，表面具弱的皱纹，前缘平直，后缘呈弧形，两侧角与复眼接触，高为宽的 2.3 倍；侧点大，与额胛分离，与复眼接触；中央点小，黑色；亚胛棕色，触角间具黑绒斑，基胛前具棕黑色至黑色突出亮片；颜灰棕色，着生棕色毛，上侧颜具散在黑点，夹杂黑毛；口毛浅棕色。触角棕色，鞭节基环节端部变暗，端环节黑色，柄节棒形，短于鞭节基环节长，着生黑毛，梗节背突不明显。下颚须棕色，着生棕色毛和黑毛，第 2 节长接近宽的 4 倍。胸部：背板暗棕色，着生棕色毛和黑毛，盾片中纵条明显，完整，达盾片后缘，中侧条在缝后成三角点，盾片后缘包括小盾前片具浅色横带，肩胛色较浅，背侧片侧方着生黑毛，小盾片色同盾片，着生黑毛，夹杂棕色毛；侧板和足基节灰棕色，着生棕色毛。前足基节端半棕黑色；前足股节灰黑色，着生黑毛，外侧夹杂白毛，中足股节棕红色，着生棕色毛，端部色较暗，着生黑毛，后足股节暗棕色，着生棕色毛，端部色暗，具黑毛，前足胫节黑色，着生黑毛，基浅环占胫节长的 1/3，中足胫节具 2 个浅环，后足胫节基浅环占节长的 1/3，端部仅具浅色斑，不形成环，跗节黑色黑毛，中、后足第 1 跗节基部大部分浅色。翅白斑玫瑰花形，亚端带窄，达翅前缘，接近翅后缘，有的与后缘不明显的白斑连接，呈达前、后缘的波形带，后缘室均具白斑，但较模糊，有的第 1 后缘室无白斑。腋瓣暗棕色。平衡棒柄浅棕色，球部棕黑色。腹部：背板暗棕色，着生黑毛和棕色毛，各背板具浅色后缘，在第 2 背板后缘中部膨大成三角，第 3-6 背板具窄的浅色中纵条，第 5-7 或第 6、7 背板具侧圆浅色斑。腹板灰棕色，具不明显浅色窄后缘，第 5-7 腹板中央较暗。

雄性　未详。

观察标本　正模♀，云南勐腊，2005.IV.28，许荣满，保存在 AMMSC。13♀♀，云南，保存在 AMMSC。

生物学　山区种。

地理分布　云南 (勐腊、孟定)。

分类讨论　本种体暗棕色，盾片后缘具横带，类似于孟定麻虻 *Hae. mengdingensis* Xu *et* Guo 和越南的 *Hae. spenceri* Stone *et* Philip，但孟定麻虻翅亚端带很宽，腹部第 3-7 背板具弱的侧浅色斑，额胛后缘平直；*Hae. spenceri* 的触角柄节略长于鞭节的基环节，腹部背板无侧浅色斑。也与同时采到的圆胛麻虻 *Hae. sphaerocalla* (Wang *et* Liu) 近似，但圆胛麻虻盾片后缘不具横带，额胛后缘呈圆弧形突出，腹部背板无侧浅色斑。

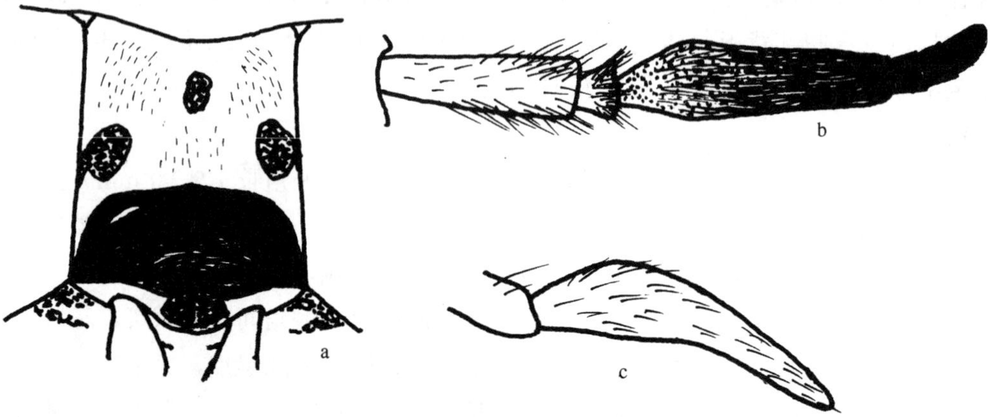

图 118　约翰柏通麻虻 *Haematopota johnburtoni* Xu *et* Sun

a. 额 (frons)；b. 触角 (antenna)；c. 下颚须 (palpus)

(108) 亚露麻虻 *Haematopota subirrorata* Xu, 1980 (图 119；图版 VII，图版 XII)

Haematopota subirrorata Xu, 1980: 188 [Type locality: Mengla, Yunnan, China]; Xu, 1982h: 136; Xu, 1989b: 367; Wang, 1994: 186; Yang and Xu, 1997: 13.

鉴别特征　额基宽略小于高；基胛两侧与复眼接触；亚胛在触角间具黑色绒斑，基胛前无或具窄线状亮片；触角柄节约等于或略长于鞭节的基环节；盾片后缘无白带；翅亚端带短，单一，或三点状，不达翅后缘，后缘室无白斑，或第 2、3、5 后缘室具弱而小的白斑。

形态描述

雌性　体长 8.5-10.0 mm，烟棕色，翅长 8.5-9.5 mm。头部：额基部宽度略小于高，两侧平行或顶部略窄，深灰色，着生黑毛，近基胛两侧色较浅，近眼缘具一些浅色毛；基胛棕黑色至黑色，带形，两侧与复眼接触，宽为高的 2.5 倍，侧点与基胛分离，接触复眼，中央点小；亚胛中央裂缝浅，在触角间具黑色绒斑，基胛前无或具窄线状黑色亮片；颜灰黄色，上侧颜具散在黑点；口毛白色。触角柄节棕色，基部稍变细，长为宽的 2.2 倍，约等于或略长于鞭节的基环节，梗节背突棕色，具黑毛，鞭节基部棕色，端部和端环节黑色。下颚须灰色，第 2 节着生黑毛，背腹缘具一些浅色毛。胸部：盾片棕黑色，中纵条短窄，不达盾片后缘，中侧条不完整，在缝后成三角点，小盾片棕黑色。侧板灰白色，着生灰白色毛。足基节灰白色，前足基节端半暗棕色，着生黑毛，股节棕色，端 1/3 较暗，前足胫节黑色，基白环达该节的 2/5，中、后足胫节暗棕色，具 2 个浅环，但后足胫节端浅环不完整，仅前方可见圆斑，跗节黑色，中、后足跗节较前足跗节色浅，第1跗节色更浅，呈棕色。翅白斑点状，亚端带短，单一，或三点状，不达翅后缘，后缘室无白斑，或第2、3、5后缘室有时具弱的小白斑。平衡棒棕色。腹部：背板棕黑色，后端几节黑色，各背板具浅色后缘；腹板灰色，基部几节带红色，后几节中央黑色，各节具浅色后缘。

雄性　未详。

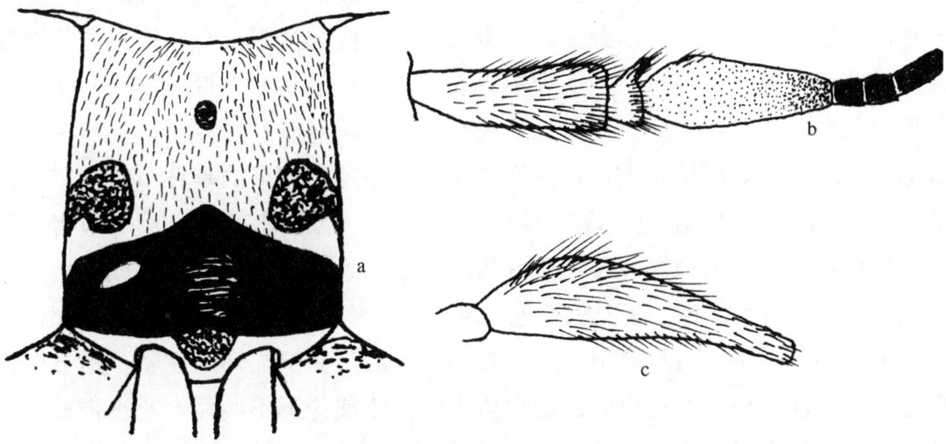

图119　亚露麻虻 *Haematopota subirrorata* Xu

a. 额 (frons)；b. 触角 (antenna)；c. 下颚须 (palpus)

观察标本　正模♀，云南勐腊，1976.VII.27，许荣满，保存在AMMSC。10♀♀，云南，保存在AMMSC。

生物学　山区种。

地理分布　云南 (勐腊、泸水)。

分类讨论　本种与圆胛麻虻 *Hae. sphaerocallus* (Wang *et* Liu) 近似，但圆胛麻虻的触角柄节短于鞭节的基环节；额胛后缘强烈圆弧形，两侧与复眼窄分离；亚胛在基胛前具窄的三角形棕色亮片。

(109) 圆胛麻虻 *Haematopota sphaerocallus* (Wang *et* Liu, 1977) (图120；图版VII，图版XII)

Chrysozona irrorata sphaerocallus Wang *et* Liu, 1977: 114 [Type locality: Mangshi, Yunnan, China].

Haematopota irrorata sphaerocallus: Xu, 1982h: 135; Wang, 1983: 112; Xu, 1989b: 367; Yang and Xu, 1997: 13; Xu, 2001: 346.

Haematopota sphaerocallus: Xu and Guo, 2005a: 28; Xu and Sun, 2005: 230.

鉴别特征 额基宽略小于高，两侧平行，基胛黑色，两侧与复眼接触，后缘弧形突出，侧点小，与基胛分离，与复眼接触或窄分离；亚胛中央裂缝浅，在触角间具棕色绒斑，基胛前具小的三角形棕色亮片；触角柄节长略短于鞭节的基环节；上侧颜具散在黑点；中足胫节具 2 个浅环，后足胫节端环不完整；翅白斑点状，翅端斑单一，不达翅后缘。后缘室无白斑，或第 1、2、3 后缘室具弱而小的白斑。

形态描述

雌性 体长 9.0-10.0 mm，棕褐色，翅长 8.5-9.0 mm。头部：额基部宽度略小于高，两侧平行，灰色，着生黑毛；基胛黑色，半月形，两侧与复眼接触，侧点与基胛分离，与复眼接触或窄分离，中央点小；亚胛中央裂缝浅，在触角间具棕色绒斑，基胛前具小的三角形棕色亮片；颜黄棕色，具深棕色长毛，上侧颜具散在黑点；口毛浅棕色。触角柄节黄棕色，细长，端部稍膨大，长为宽的 3 倍，略短于鞭节的基环节，梗节背突小，灰棕色，具黑毛，鞭节基部棕色，端部和端环节黑色。下颚须棕黄色，第 2 节着生黑毛。胸部：盾片棕褐色，中纵窄短，不达盾片后缘，中侧条不完整，在缝后成三角点，小盾片棕褐色。侧板灰白色，着生灰白色长毛。足基节灰色，股节棕褐色，前足胫节基部 2/5 白色，其余棕褐色，中、后足胫节具 2 个白环，但后足胫节端环不完整，跗节棕褐色，中、后足跗节较浅，极基部色更浅。翅白斑点状，玫瑰花形不明显，亚端带短，单一，不达翅后缘，后缘室无白斑，或第 1、2、3 后缘室有时具弱的小白斑。平衡棒棕色。腹部：背板棕色，后几节色加深，各背板具浅色后缘。腹板棕色，各节具浅色后缘。

雄性 未详。

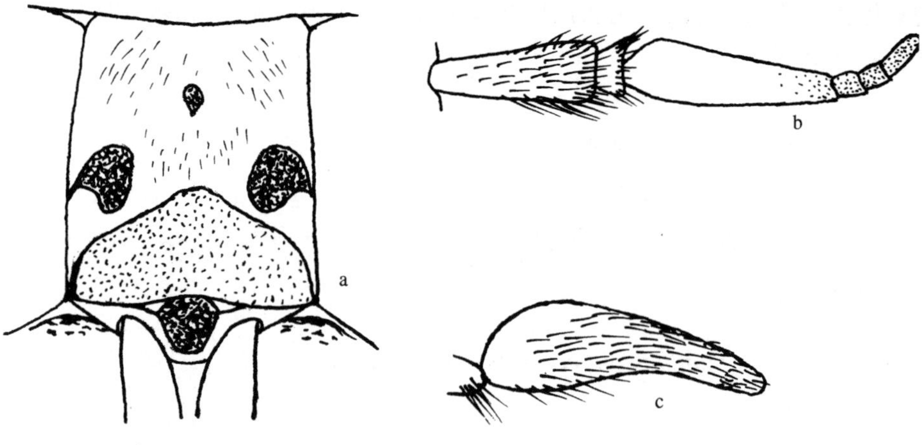

图 120 圆胛麻虻 *Haematopota sphaerocallus* (Wang *et* Liu)

a. 额 (frons)；b. 触角 (antenna)；c. 下颚须 (palpus)

观察标本 正模♀，云南芒市，1955.V，保存在 IZCAS。60♀♀，云南，保存在 AMMSC。

生物学 山区种。

地理分布　福建 (南靖、和溪)、云南 (江城、勐腊、景洪、勐海、沧源、耿马、孟定、芒市、潞西、保山、六库、昆明)。

分类讨论　本种与亚露麻虻 *Hae. subirrorata* Xu 相近，但亚露麻虻的触角柄节约等于或略长于鞭节的基环节；额胛后缘略呈圆弧形，两侧与复眼宽接触；亚胛在基胛无或具窄线状黑色亮片。圆胛麻虻命名时作为 *Hae. irrorata* 的 1 个亚种，但作者未对本亚种与指名亚种的关系作出说明，据描述，*Hae. irrorata* 胸部背板一致黄褐色，但本种的胸部背板具浅色纵条，显然作为 1 个亚种处理不合适，故本志作为独立种。

北京麻虻组 *Haematopota pekingensis* group

北京麻虻组麻虻的主要特征是触角柄节圆筒形，如端部变粗，则长为宽的 2 倍以上；后足胫节具 2 个明显浅环；上侧颜具散在黑点；胸部背板无宽的白纵条；后足股节端部背面无长缨毛；翅后缘不存在完整白边。我国有 17 种。本组多数成员属东洋界，少数属古北界 (图 121)。

种检索表

1. 小盾片全白或具烟黑色后缘……………………………………………………2
　小盾片全暗，或中部 1/3 覆白粉而两侧暗色 ……………………………………3
2. 翅亚端带成双；腹部背板无中纵浅条；亚胛无三角形亮片………**莫干山麻虻 *Hae. mokanshanensis***
　翅亚端带单一；腹部第 2-7 背板具中纵白条；亚胛具三角形亮片 …………**骚扰麻虻 *Hae. vexativa***
3. 翅亚端带条带形，达前、后缘，或达前缘，接近后缘……………………………4
　翅亚端带细，弯曲或成点状，或分叉成双，外叉往往达后缘……………………7
4. 翅斑弱，后缘室仅具小而弱的白斑；腹部第 2-4 或第 2-6 背板具中纵白条…………………………………………**澜沧江麻虻 *Hae. lancangjiangensis***
　翅斑强，后缘室具大白斑；腹部背板无中纵浅条……………………………………5
5. 额侧斑大，内缘界限模糊，或在额中央愈合；翅所有后缘室均具白斑…………6
　额侧斑远分离；翅后缘室除第 4 后缘室外均具白斑……………………**永安麻虻 *Hae. yungani***
6. 小盾片一致暗色；前足胫节基部 3/4 白色，后足胫节端白环宽于其前方的黑环 ……………………………………………………**天纳西麻虻 *Hae. tenasserimi***
　小盾片中央灰白；前足胫节基部 1/2 白色，后足胫节端白环窄于其前方的黑环 ……………………………………………………**永平麻虻 *Hae. yongpingi***
7. 小盾片中部 1/3 白色，两侧棕黑色至黑色 ……………………………………8
　小盾片一致棕黑色或黑色，或后缘略浅……………………………………… 11
8. 盾片中纵浅条短，仅达盾缝……………………………………**北京麻虻 *Hae. pekingensis***

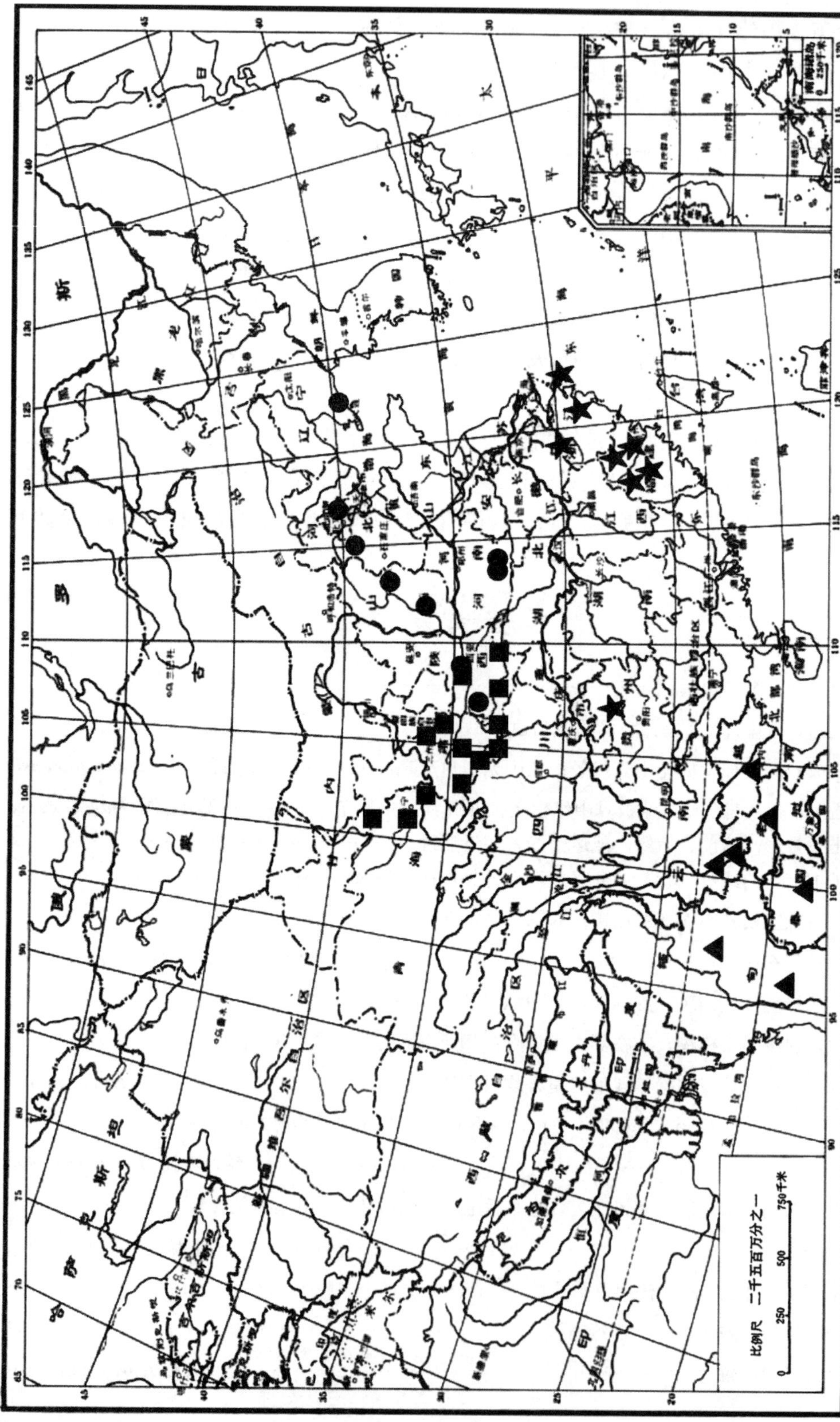

图 121 北京麻虻组 *Haematopota pekingensis* group 的地理分布

★莫干山麻虻 *Haematopota mokanshanensis* Ôuchi ▲天纳西麻虻 *Haematopota tenasserimi* Szilády ●北京麻虻 *Haematopota pekingensis* (Liu)

■甘肃麻虻 *Haematopota kansuensis* (Kröber)

盾片中纵浅条长，达盾片后缘……………………………………………………………………………9

9. 额胛黑色，侧斑与复眼分离；亚胛全暗，无突出亮片；触角柄节棕黑色至黑色……………………
……………………………………………………………………………甘肃麻虻 ***Hae. kansuensis***

额胛棕黑色或黑色，侧斑与复眼接触；亚胛具棕色突出亮片；触角柄节棕色至暗棕色…………10

10. 体暗棕色；前足股节黄棕色；触角柄节略短于鞭节的基环节…………浙江麻虻 ***Hae. chekiangensis***

体黑色；前足股节黑色；触角柄节等于或略长于鞭节的柄节…………拟云南麻虻 ***Hae. yunnanoides***

11. 体棕褐色；触角柄节棕色，稍亮，圆筒形，长为宽的 3 倍，略长于鞭节的基环节；腹部背板具弱而窄的中纵条和黄色后缘……………………………………………云南麻虻 ***Hae. yunnanensis***

体黑色；无上述综合特征……………………………………………………………………………12

12. 腹部背板无中纵条，具侧圆斑……………………………………………芒康麻虻 ***Hae. mangkamensis***

腹部背板具中纵条，至少在第 2 背板明显可见，且具侧圆斑…………………………………………13

13. 盾片后缘，包括小盾前片具白色横带……………………………………明庆麻虻 ***Hae. mingqingi***

盾片后缘无浅色横带……………………………………………………………………………………14

14. 盾片中侧条完整；腹部第 2-7 背板具浅色侧圆斑 ……………………祁连山麻虻 ***Hae. qilianshanensis***

盾片中侧条不完整，在缝后成三角点，此三角点与盾片后缘的新月形白斑无浅色纵条相连；腹部第 4-7 背板具浅色侧圆斑 ……………………………………………………………………………15

15. 触角棕黑色；额较宽，基宽明显大于高，顶宽小于基宽…………………成勇麻虻 ***Hae. chengyongi***

触角黄棕色；额较窄，两侧大致平行，基宽等于或小于高……………………………………………16

16. 亚胛前的绒斑黑色，基胛前无窄的棕色亮片，胸部盾片具亚侧条，小盾片色浅于盾片；前足基节一致灰白；腹部背板具中纵浅条…………………………………………沃氏麻虻 ***Hae. olsufjevi***

亚胛前的绒斑棕黑色，基胛前具窄的棕色亮片，胸部盾片无亚侧条，小盾片与盾片同色；前足基节基半灰白，端半烟黑色；腹部仅第 2 背板具中纵浅条…………峨眉山麻虻 ***Hae. omeishanensis***

(110) 莫干山麻虻 *Haematopota mokanshanensis* Ôuchi, 1940 (图 121，图 122；图版 VII，图版 XII)

Haematopota mokanshanensis Ôuchi, 1940: 259 [Type locality: Zhejiang, China]; Stone and Philip, 1974: 144; Xu, 1982e: 121; Wang, 1983: 109; Xu, 1989b: 367; Chen and Xu, 1992a: 102; Xu, 2001: 346.

鉴别特征　额基宽略小于高，两侧平行；基胛黑色，两侧与复眼接触，宽约为高的 4 倍，侧点大，与基胛分离，接触复眼，中央点小；亚胛中央裂缝浅，在触角间具黑色绒斑，基胛前无或具窄线状亮片；触角柄节短于鞭节的基环节；上侧颜具散在黑点；胸部盾片后 1/3 及小盾片白色；中、后足胫节具 2 个浅环；翅端斑成双，外枝达翅后缘，第 1、3、5 后缘室具大白斑。

形态描述

雌性 体长 10 mm，黑色，翅长 9 mm。头部：额基部宽度略小于高，两侧平行，深灰色，着生黑毛；基胛黑色，带形，两侧与复眼接触，宽约为高的 4 倍，侧点与基胛分离，接触复眼，中央点小；亚胛中央裂缝浅，在触角间具黑色绒斑，基胛前无或具窄线状黑色亮片；颜灰黄色，上侧颜具散在黑点；口毛白色。触角柄节棕色至棕黑色，端部稍膨大，稍亮，长为宽的 2.5 倍，约等于鞭节的基环节，梗节背突大，具黑毛，鞭节基部棕色，端部和端环节黑色。下颚须棕黄色，第 2 节着生黑毛和白毛。胸部：盾片前 2/3 棕黑色，中纵条短窄，达盾片后缘，中侧条不完整，在缝后成三角点，盾片后 1/3 和小盾片白色。侧板灰黄色，着生灰白色毛。足基节灰黄色，前足基节端部暗棕色，着生黑毛，股节棕黑色，前足胫节黑色，基白环达该节的 1/4-1/3，中、后足胫节棕黑色，具 2 个浅环，跗节黑色，中、后足第 1 跗节较浅。翅白斑玫瑰花形，亚端带成双，外枝模糊，达翅后缘，第 1、3、5 后缘室具大白斑。平衡棒棕色，球部两侧黑色。腹部：背板棕黑色，各背板具浅色后缘，第 4-7 背板具侧圆斑。腹板灰色，着生灰白毛，各节具窄的不明显浅色后缘。

雄性 体长 9 mm。亚胛在触角间的绒斑棕色，触角柄节黄棕色，长卵形，下颚须卵圆形。

观察标本 正模♀，莫干山，保存在 IECAS。20♀♀，浙江，保存在 AMMSC。

生物学 山区种。

地理分布 浙江 (德清、舟山、临海、黄岩)、福建 (武夷山、邵武、将乐、永安、福州、宁德)、贵州 (绥阳)。

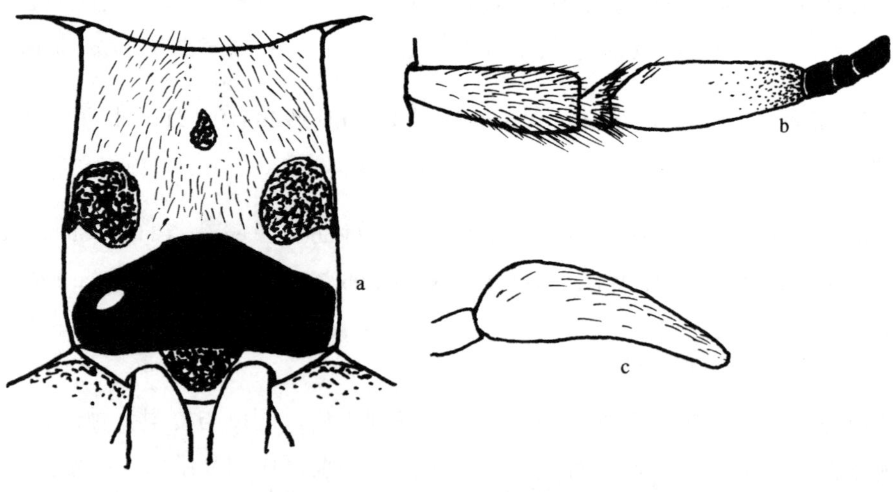

图 122 莫干山麻虻 *Haematopota mokanshanensis* Ôuchi

a. 额 (frons)；b. 触角 (antenna)；c. 下颚须 (palpus)

分类讨论　本种小盾片白色与骚扰麻虻 *Hae. vexativa* Xu 近似，但骚扰麻虻的翅亚端带单一；腹部第 2-7 背板具中纵白条；亚胛前具三角形亮片。本种麻虻分布在东洋界华中区延伸到华南区北缘 (图 121)。

(111) 骚扰麻虻 *Haematopota vexativa* Xu, 1989 (图 123；图版 VII)

Haematopota vexativa Xu, 1989: 369 [Type locality: Kangxian, Gansu, China]; Xu, 2005: 768.

鉴别特征　额基宽约等于高，两侧平行；基胛黑色，中部表面具皱纹，两侧与复眼接近；亚胛中央裂缝浅，在触角间具黑色绒斑，基胛前具三角形突出亮片；触角柄节约等于鞭节的基环节；上侧颜具散在黑点；胸部盾片后缘具白带，小盾片全白色；中、后足胫节具 2 个弱的浅环；翅端斑短，不达翅后缘；第 2、3、5 后缘室具白斑。

形态描述

雌性　体长 10-11 mm，灰黑色，翅长 10 mm。头部：额基部宽度约等于高，两侧平行，灰黄色，着生黑毛和灰白色毛；基胛黑色，带形，中央暗棕色，具皱纹，具后突，两侧接近复眼，侧点小，与基胛和复眼分离，中央点明显；亚胛中央裂缝浅，在触角间具黑色绒斑，基胛前具三角形黑色亮片；颜灰黄色，上侧颜具散在黑点；口毛白色。触角柄节灰棕色，端部稍膨细，长为宽的 2.2 倍，约等于鞭节的基环节，梗节背突棕色，具黑毛，鞭节基部棕色，端部和端环节黑色。下颚须灰黄色，第 2 节着生黑毛，基部多灰白色毛。胸部：盾片灰黑色，具 3 灰白纵条，在盾片后缘汇合成大的白斑，灰白斑包含前小盾片，小盾片全白色，中侧条在缝后具三角点。侧板灰白色，着生灰白色毛。足基节灰白色，前足股节灰黑色，外侧着生灰白色毛和黑毛，内侧着生黑毛，中、后足股节灰棕色，着生灰白毛，端部少许灰黑色，夹杂黑毛，前足胫节黑色，基白环达该节的 1/3，中、后足胫节灰黑色，具 2 个宽而弱的棕黄色环，跗节黑色，中、后足第 1 跗节基部较浅。翅白斑弱，玫瑰花形，亚端带短，单一，不达翅后缘，或分叉，外支很弱，第 2、3、5 后缘室具白斑，有的第 1 后缘室具小的白斑。平衡棒浅棕色，球部灰棕色。腹部：背板黑色，各背板具浅色后缘，中央具宽的边缘不整齐的灰白纵条，第 4-7 背板具侧圆灰白斑。腹板灰黄色，着生同色毛，各节具浅色后缘，第 3 腹板以后中央具着生黑毛和灰黄色毛的暗色弱纵条。

雄性　除性差异，与雌性非常相似。

观察标本　正模♀，甘肃康县，1980.VIII.19，许荣满，保存在 AMMSC。3♀♀，甘肃，保存在 AMMSC。

生物学　山区种。

地理分布　陕西 (秦岭)、甘肃 (文县、康县)。

分类讨论　本种与莫干山麻虻 *Hae. mokanshanensis* Ôuchi 近似，但莫干山麻虻的翅亚端带成双；腹部背板无中纵浅条；亚胛前无三角形亮片。

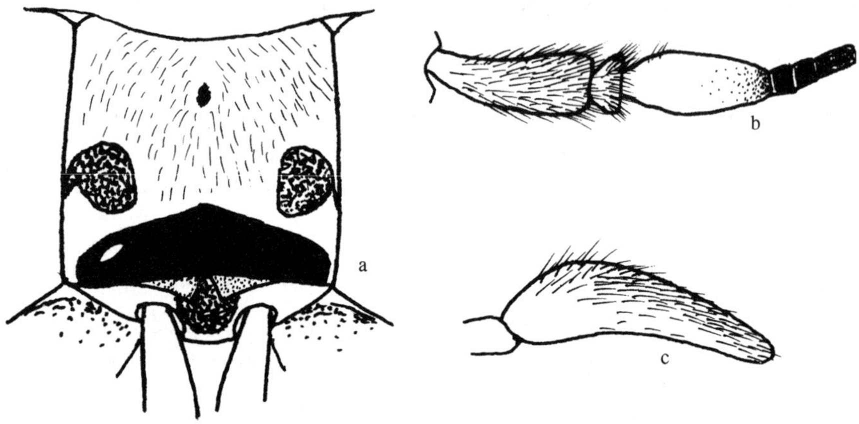

图 123 骚扰麻虻 *Haematopota vexativa* Xu

a. 额 (frons)；b. 触角 (antenna)；c. 下颚须 (palpus)

(112) 澜沧江麻虻 *Haematopota lancangjiangensis* Xu, 1980 (图 124；图版 VIII)

Haematopota lancangjiangensis Xu, 1980: 186 [Type locality: Mengla, Yunnan, China]; Xu, 1982h: 135; Xu, 1989b: 367; Wang, 1994: 178; Yang and Xu, 1997: 13.

鉴别特征 额基宽略小于高，两侧平行；基胛栗黑色，两侧与复眼接触，侧点大，与基胛分离，接触复眼，中央点小或无；亚胛中央裂缝浅，在触角间具黑色绒斑，基胛前无或具窄线状亮片；触角柄节短于鞭节的基环节；上侧颜具散在黑点；中、后足胫节具 2 个浅环；翅端斑单一，达到或接近翅后缘。第 1、2、3、5 后缘室具弱而小的白斑。

形态描述

雌性 体长 7.5-9.5 mm，棕黑色，翅长 6.5-9.0 mm。头部：额基部宽度小于高，两侧平行，灰黑色，着生黑毛，近基胛两侧色较浅，近眼缘具一些浅色毛；基胛黑色，带形，两侧与复眼接触，后缘略后突，侧点与基胛分离，接触复眼，中央点小或无；亚胛中央裂缝浅，在触角间具黑色绒斑，基胛前无或具窄线状黑色亮片；颜灰黄色，着生黑毛夹杂灰白色毛，中颜在触角下具 1 对黑斑，上侧颜具散在黑点；口毛灰白色。触角柄节至鞭节的基环节基部黄棕色，以后变黑，柄节细，长为宽的 3.5 倍，具黑毛，短于鞭节的基环节，梗节背突很小，具黑毛。下颚须灰色，第 2 节着生黑毛，腹缘具一些浅色毛。胸部：盾片棕黑色，中纵窄条前粗后细，不完整（即中间不连续），达盾片后缘，中侧条不完整，在缝后成三角点，盾片后缘包括前小盾片具白带，小盾片一致棕黑色。侧板黄灰色，着生灰白色毛。足基节色同侧板，前足基节端部棕色，前足股节暗棕色至黑色，前足胫节黑色，基白环达该节的 2/5，中、后足股节暗棕色，端部较深，中、后足胫节棕黑色至黑色，具2个浅环，跗节黑色，中、后足第1跗节基部较浅。翅白斑点状，玫瑰花形不明显，亚端带单一，波形，达或接近翅后缘，或破成几点，但达翅前、后缘，第1、2、3、5后缘室有时具弱而小的白斑。平衡棒棕色。腹部：背板黑色，前3节带棕色，各背板具浅色后缘，第2背板具浅色三角，有的在第2-4背板具中纵浅色条，第6、7背板具侧圆浅色斑。腹板灰色，后几节暗棕色。

雄性　未详。

观察标本　正模♀，云南勐腊，1976.VII.2，许荣满，保存在AMMSC。85♀♀，云南，保存在AMMSC。

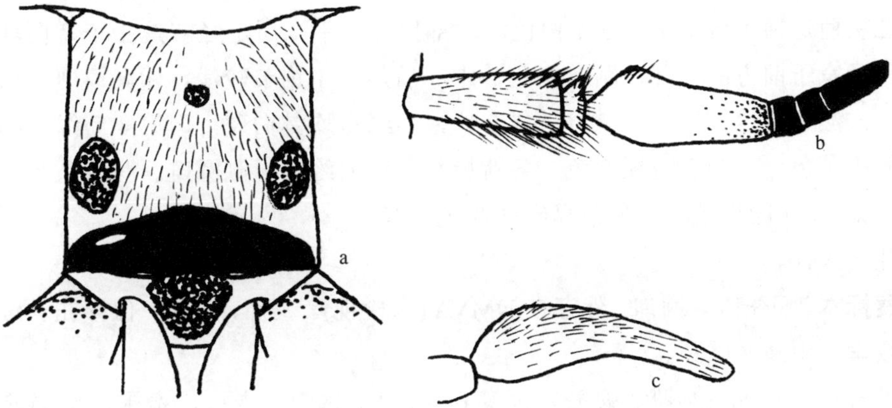

图124　澜沧江麻虻 *Haematopota lancangjiangensis* Xu

a. 额 (frons)；b. 触角 (antenna)；c. 下颚须 (palpus)

生物学　山地林区种，一般海拔不超过1000 m，在6月占水牛诱捕虻数量组成的16%-57%。

地理分布　云南 (思茅、江城、勐腊、景洪、勐海、耿马)。

分类讨论　本种与永安麻虻 *Hae. yungani* Stone *et* Philip 近似，但永安麻虻的腹部背板无中纵浅条，翅白斑较粗，后缘室白斑大而清晰。

(113) 天纳西麻虻 *Haematopota tenasserimi* Szilády, 1926 (图121，图125；图版VIII)

Haematopota tenasserimi Szilády, 1926: 7 [Type locality: Tenasserim, Burma]; Stone and Philip, 1974: 183; Wang and Liu, 1991: 106; Yang and Xu, 1997: 13.

鉴别特征　基宽远小于高；基胛黑色，后缘弧形突出，中央具皱纹，两侧与复眼接触，侧点在中央愈合；亚胛中央裂缝深，基胛前具三角形亮片；触角柄节略短于鞭节的基环节；上侧颜具散在黑点；胸部盾片无纹饰；中、后足胫节具2个宽白环；翅亚端斑达翅后缘，后缘室均具白斑。

形态描述

雌性 体长 8.5-10.0 mm，暗棕色，翅长 8.0-9.5 mm。头部：额基部宽度远小于高，灰色，着生黑毛；基胛黑色，后缘弧形突出，中央具皱纹，两侧与复眼接触，侧点大，在中央愈合，与基胛和复眼接近；亚胛中央裂缝浅，在触角间基胛前具三角形黄褐色至黑色的亮片；颜灰色，上侧颜具散在黑点；口毛白色。触角黄色至棕色，鞭节较暗，柄节柱形，亮，端部稍膨大，长为宽的 2 倍，略短于鞭节的基环节，梗节背突小，具黑毛，鞭节端部和端环节黑色。下颚须灰色，第 2 节着生黑毛，腹缘具白毛。胸部：盾片暗棕色，黄毛，无纹饰。侧板灰色，着生灰白色毛。足基节灰色，前足股节暗，中、后足股节暗至红灰色，前足胫节基部 3/4 白色，端部黑色，中、后足胫节具 2 个宽白环，后足胫节端浅环宽于前方的黑环，跗节黑色，中、后足第 1 跗节较浅。翅具玫瑰形白斑，亚端带单一，波形，达翅后缘，有时破成 2 块，后缘室均具白斑，但第 4 后缘室的白斑较小。平衡棒黄色。腹部：背板黑色，各背板具浅色后缘，无侧圆斑。腹板灰色，着生灰白色毛，第 6、7 腹板较暗，各节具窄的浅色后缘。

雄性 未详。

观察标本 正模♀，缅甸，保存在 NMVA (未检视)。7♀♀，云南，保存在 AMMSC。

生物学 山地林区种。

地理分布 云南 (勐腊、勐仑、思茅)；缅甸，越南，老挝，泰国，柬埔寨，马来西亚。

分类讨论 本种与永安麻虻 *Hae. yungani* Stone *et* Philip 近似，但永安麻虻的额较宽，两侧斑分离；翅后缘室除第 4 后缘室外均具白斑。本种麻虻是典型的东洋界种 (图 121)。

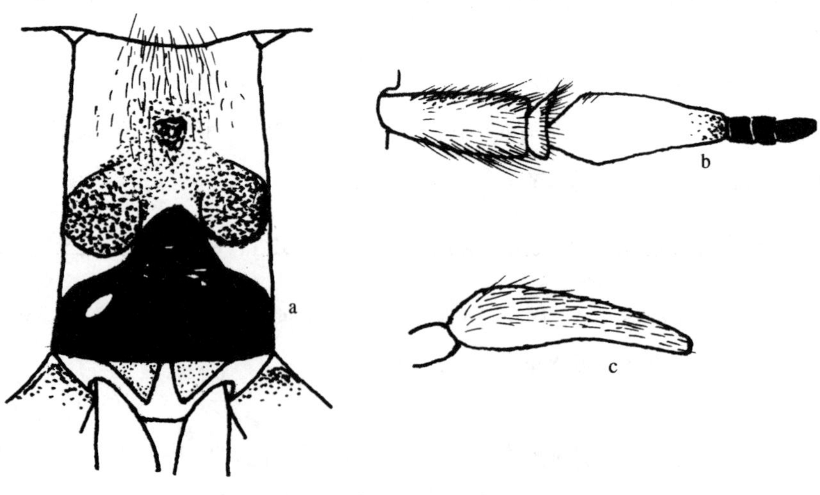

图 125 天纳西麻虻 *Haematopota tenasserimi* Szilády

a. 额 (frons)；b. 触角 (antenna)；c. 下颚须 (palpus)

(114) 永平麻虻 *Haematopota yongpingi* Xu *et* Guo, 2005 (图 126; 图版 VIII)

Haematopota yongpingi Xu *et* Guo, 2005: 29 [Type locality: Jiangcheng, Yunnan, China].

鉴别特征　额高大于基宽；基胛黑色，宽仅为高的 1.7 倍，两侧与复眼接触；侧点大，与基胛窄分离，接触复眼，与中央点几乎接触；亚胛在基胛前具大的三角形暗棕色亮片；触角柄节略短于鞭节的基环节；上侧颜具散在黑点；中、后足胫节具 2 个窄浅环；翅白斑点状，亚端带达翅后缘，后缘室均具白斑。

形态描述

雌性　体长 8.0-9.5 mm，棕黑色，翅长 7.5-9.0 mm，触角长 1.8-2.0 mm。头部：额高为顶宽的 1.6 倍，基部略宽，灰棕色，着生黑毛，侧点与额胛间具白毛，额基胛黑色，前缘平直，后缘中央具大的突起，表面光滑，两侧与复眼接触，宽约为高的 1.7 倍；中央点模糊，侧点大，接近或接触复眼和基胛，内侧界限模糊，有的与中央点几乎愈合；亚胛在触角间无黑色绒斑，基胛前具三角形暗棕色突出亮片，三角间的裂缝深而宽；颜灰白色，着生灰白色毛，上侧颜具弱的散在黑点；口毛灰白色。触角棕色，着生黑毛，柄节圆筒形，向端部略变粗，长为宽的 2 倍，梗节背突小，鞭节的基环节长为宽 2.3 倍，较柄节长。下颚须棕色，覆黑毛夹杂灰白色毛，第 2 节长为宽的 3.3 倍。胸部：背板棕黑色，覆黑毛和棕色亮毛，中纵浅色条细长，达盾片后缘，亚中条不明显，但缝后三角点清晰，后缘具新月形白斑，小盾前片暗色，小盾片中央灰白。侧板灰色，着生灰白色毛。足基节灰色，着生灰白色毛，前足基节端半着生黑毛，前足股节黑色覆黑毛，中、后足股节暗棕色，着生棕色毛，端部色变暗，着生黑毛，胫节黑色，前足胫节基半白色，中、后足胫节具 2 个窄浅环，端浅环窄于其前方的黑环，跗节黑色黑毛，中、后足第 1 跗节基部略浅。翅白斑点状，玫瑰花形，亚端带波形，单一或成双，达翅后缘，后缘室均具白斑，第 4 后缘室白斑小，有的缺如。腋瓣黑色。平衡棒浅棕色，球部两侧棕黑色。腹部：背板黑色，具灰白色后缘，第 6、7 背板具弱的亚侧浅色圆点。腹板灰黑色，后几节色加深，各腹板具浅色后缘。

雄性　未详。

观察标本　正模♀，云南江城，2004.V.30，江永平，保存在 AMMSC。8♀♀，云南，保存在 AMMSC。

生物学　山地林区种。

地理分布　云南 (江城、勐腊)。

分类讨论　本种类似于勐腊麻虻 *Hae. menglaensis* Wu *et* Xu，但勐腊麻虻的触角鞭节基环节较窄，基胛前 2 突出亮片合陇，后足胫节仅具基浅环；也类似于天纳西麻虻 *Hae. tenasserimi* Szilády，但天纳西麻虻的小盾片一致棕黑色，前足胫节基部 3/4 白色，后足胫节端浅环较宽，宽于其前方的黑环。

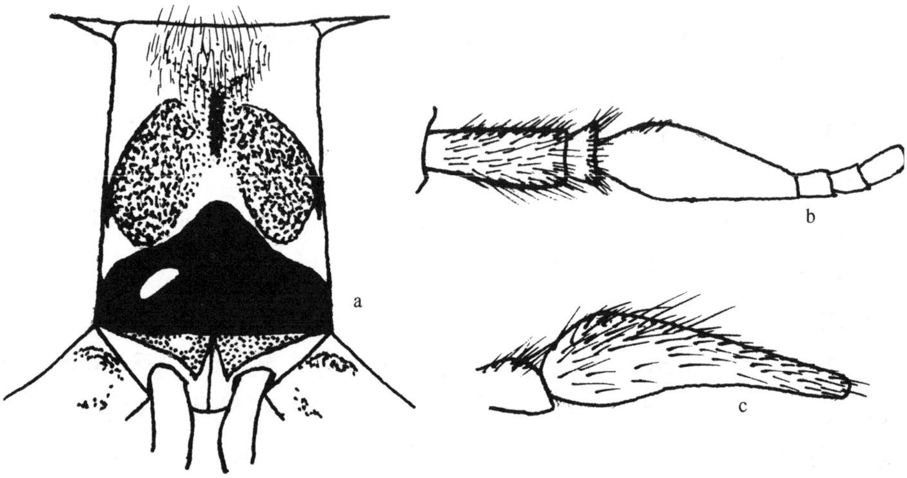

图 126　永平麻虻 *Haematopota yongpingi* Xu *et* Guo

a. 额 (frons)；b. 触角 (antenna)；c. 下颚须 (palpus)

(115) 永安麻虻 *Haematopota yungani* Stone *et* Philip, 1974 (图 127, 图版 VIII)

Haematopota yungani Stone *et* Philip, 1974: 197 [Type locality: Yong'an, Fujian, China]; Xu, 1989b: 367; Wang, 1994: 184; Xu, 2001: 346.

鉴别特征　额基宽约等于高，两侧平行；基胛暗红棕色，两侧与复眼接近，宽为高的 3 倍，侧点大，与基胛分离；亚胛中央裂缝浅，在触角间具黑色绒斑，基胛前具窄三角形的棕色亮片；触角柄节等于或略长于鞭节的基环节；上侧颜具散在黑点；中足胫节具 2 个浅环；翅端斑达翅后缘。第 1、2、3、5 后缘室具白斑。

形态描述

雌性　体长 10.5 mm，黑色，翅长 9.0 mm，黑色。头部：额基部宽度约等于高，两侧平行，灰色，着生黑毛，近基胛两侧色较浅，近眼缘具一些浅色毛；基胛暗红棕色，两侧与复眼接近，宽为高的 3 倍，侧点与基胛接近，中央点明显；亚胛中央裂缝浅，在触角间具黑色绒斑，基胛前具窄三角形的棕色亮片；颜灰色，中颜在触角下具 1 对黑斑，上侧颜具散在黑点；口毛白色。触角黄棕色，柄节圆柱形，长为宽的 3 倍，等于或略长于鞭节的基环节，梗节背突短，具黑毛，鞭节基部棕色，端部和端环节黑色。下颚须黄棕色，第 2 节着生黑毛和白毛。胸部：盾片棕色，中纵条窄，达盾片后缘，中侧条不完整，在缝后成三角点，小盾片棕色。侧板灰棕色，着生灰白色毛。足基节灰白色，前足股节暗棕色，中、后足股节基部 2/3 浅色，端部暗棕色，着生黑毛，前足胫节棕色，基白环达该节的 1/3，中、后足胫节暗棕色，具 2 个浅环，跗节黑色，中、后足跗节基部较浅。翅白斑玫瑰形，亚端带宽，单一，达翅后缘，第 1、2、3、5 后缘室具大白斑，第 4 后缘室有的具小的白斑。平衡棒棕色。腹部：背板暗棕色，各背板具浅色后缘，第 4-7 背板具侧圆浅斑。腹板灰色，各节具浅色后缘，具宽的棕黑色中纵条。

雄性　未详。

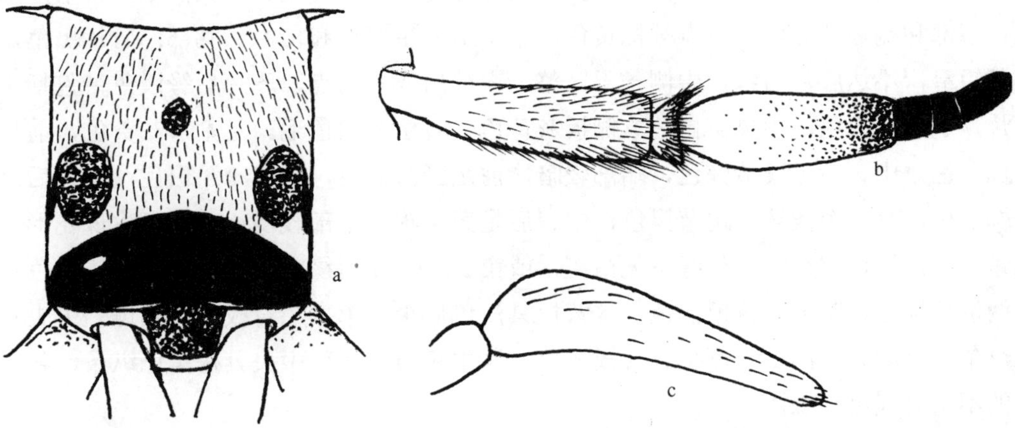

图 127　永安麻虻 *Haematopota yungani* Stone *et* Philip

a. 额 (frons)；b. 触角 (antenna)；c. 下颚须 (palpus)

观察标本　正模♀，福建永安 (Yungan, Fukien)，1961.V.12，马骏超 (T.C. Maa)，保存在 BBM。2♀♀，福建，保存在 AMMSC。

生物学　山区种。

地理分布　福建 (永安、三明、武夷山)。

分类讨论　本种与天纳西麻虻 *Hae. tenasserimi* Szilády 近似，但天纳西麻虻的额较窄，侧斑愈合，翅后缘室均具白斑。

(116) 北京麻虻 *Haematopota pekingensis* (Liu, 1958) (图 121，图 128；图版 VIII)

Chrysozona pekingensis Liu, 1958: 155 [Type locality: Beijing, China].

Haematopota pekingensis: Zhang and Zhao, 1982: 7; Wang, 1983: 118; Chvála, 1988: 165; Wu, Li, Liu, Yang, Zhang and Cao, 1988: 198; Xu, 1989b: 367; Wang, Ge and Dong, 1998: 44.

鉴别特征　额基宽约等于高，基胛黑色，两侧与复眼接触，宽约为高的 4 倍，侧点近圆形，与基胛和复眼分离；触角柄节等于或略短于鞭节的基环节；上侧颜具散在黑点；中、后足胫节具 2 个浅环；翅端斑单一。

形态描述

雌性 体长 10.0-11.5 mm，黑色，翅长 9-10 mm。头部：额基部宽度约等于高，两侧平行或顶部略窄，黄灰色，着生黑毛；基胛黑色，带形，两侧与复眼接触，宽约为高的 4 倍，侧点近圆形，与基胛和复眼分离，中央点小；亚胛中央裂缝浅，在触角间具黑色绒斑，基胛前无黑色亮片；颜灰黄色，上侧颜具散在黑点；口毛白色。触角柄节黄棕色，长为宽的 2.5 倍，等于或略短于鞭节的基环节，梗节背突小，具黑毛，鞭节基部棕色，端部和端环节黑色。下颚须棕黄色，第 2 节着生黑毛和白毛。胸部：盾片黑色，中纵条短窄，不达盾片后缘，中侧条不完整，在缝后成三角点，盾片后缘浅色带包括小盾前片，小盾片黑色，中央灰白色。侧板灰黄色，着生灰白色毛。足基节灰黄色，前足股节棕黑色，中、后足股节棕色，端部较暗，前足胫节黑色，基部 2/5 白色，中、后足胫节棕黑色，具 2 个浅环，跗节黑色，中、后足第 1 跗节基部较浅。翅白斑玫瑰花形，亚端带单一，接近翅后缘，后缘室无白斑，或第 2、3、5 后缘室具白斑。平衡棒黄色，球部两侧暗棕色。腹部：背板黑色，各背板具浅色后缘，第 4-7 背板具侧圆斑，中央具浅色纵条，有的只在第 2 节可见。腹板灰色，着生灰白色毛，中央具棕黑色纵条，各节具窄的不明显浅色后缘。

雄性 体长 9 mm。亚胛在触角间的绒斑棕色；触角柄节黄棕色，长卵形；下颚须卵圆形。

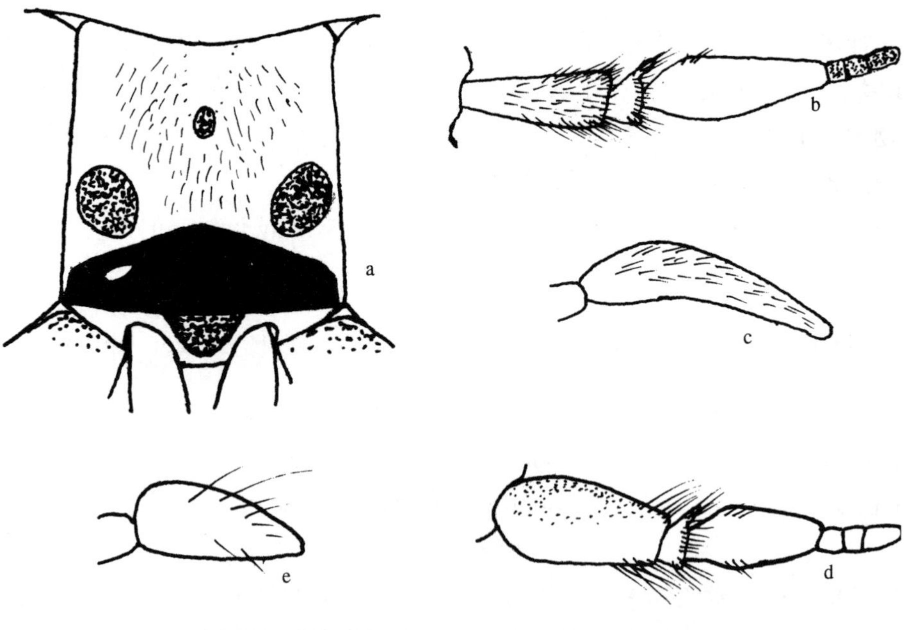

图 128 北京麻虻 *Haematopota pekingensis* (Liu)

a. 额 (frons)；b. 触角 (antenna)；c. 下颚须 (palpus)；d. 雄性触角 (antenna ♂)；e. 雄性下颚须 (palpus ♂)

观察标本　正模♀，北京杨家坪，1937.VII，王克仁，保存在 IECAS。3♀♀1♂，北京；5♀♀，辽宁，保存在 AMMSC。

生物学　山区种。

地理分布　辽宁、北京、河北、山西 (五台山、垣曲、岢岚、文水)、河南 (鸡公山、信阳、桐柏)、陕西 (秦岭、西安)。

分类讨论　本种与甘肃麻虻 *Hae. kansuensis* (Kröber) 近似，但甘肃麻虻的盾片中纵浅条长，达盾片后缘，额基宽略大于高，侧点逗点形。本种麻虻分布在古北界的华北区，向北延伸到东北区南缘，向南延伸到东洋界北缘 (图 121)。

(117) 甘肃麻虻 *Haematopota kansuensis* (Kröber, 1933) (图 121，图 129；图版 VIII)

Chrysozona kansuensis Kröber, 1933: 12 [Type locality: S. Gansu, China].

Haematopota kansuensis: Xu, 1982c: 106; Xu and Liu, 1982b: 110; Wu, Li, Liu, Yang, Zhang and Cao, 1988: 198; Chvála, 1988: 163; Xu, 1980a: 188; Chen, 1983: 119; Wang, 1994: 186; Liu, 1999b: 118; Xu, 2005: 768.

鉴别特征　额基宽略大于高，顶部略窄；基胛黑色，两侧与复眼接触或接近，侧点大，逗点形，与基胛分离，接触复眼，中央点大；亚胛中央裂缝浅，在触角间具黑色绒斑，基胛前无或具窄线状亮片；触角柄节等于或略短于鞭节的基环节；上侧颜具散在黑点；中足胫节具 2 个浅环，翅端带细，单一，不达翅后缘。

形态描述

雌性　体长 10-11 mm，黑色，翅长 10 mm。头部：额基部宽度略大于高，顶部略窄，深灰色，着生黑毛，近基胛两侧色较浅，近眼缘具一些浅色毛；基胛黑色，带形，两侧与复眼接触或接近，中部表面具皱纹，侧点大，逗点形，与基胛分离，接触复眼，中央点大；亚胛中央裂缝浅，在触角间具黑色绒斑，基胛前无或具窄线状黑色亮片；颜灰黄色，上侧颜具散在黑点；口毛白色。触角柄节深棕色至黑色，端部稍膨大，长为宽的 2.3 倍，等于或略短于鞭节的基环节，梗节具背突，具黑毛，鞭节基部棕色，端部和端环节黑色。下颚须灰色，第 2 节着生黑毛，腹缘具一些浅色毛。胸部：盾片黑色，中纵条窄，完整，达盾片后缘，中侧条不完整，在缝后成三角点，后缘三角斑明显，小盾片黑色，中央灰白色。侧板灰色，着生灰白色毛。足基节灰色，前足基节端部暗棕色，着生黑毛，股节棕黑色，前足胫节黑色，基白环达该节的 1/3，中、后足胫节棕黑色，具 2 个浅环，跗节黑色，中、后足第 1 跗节基部较浅。翅白斑连成玫瑰花形，端带细，单一，不达翅后缘，后缘室无白斑，或第 2、3、5 后缘室具弱白斑。平衡棒黄色，球部两侧暗棕色。腹部：背板黑色，各背板具浅色后缘，第 2-6 背板具中纵浅条，第 3-7 或第 4-7 具侧圆浅斑。腹板灰色，具浅色后缘和宽的中纵黑条。

雄性 本志首次描述。复眼上 2/3 大眼面与下 1/3 小眼面界限分明；额三角具 1 对小的黑色亮区；触角柄节亮黑色，基部少许覆粉，中部膨大，着生浅色长毛为主，端部具黑毛；下颚须着灰白色长毛，背端部具黑毛；胸部盾片后缘具大的新月形白斑；腹部第 4-7 背板具侧圆浅斑。余者同雌性。

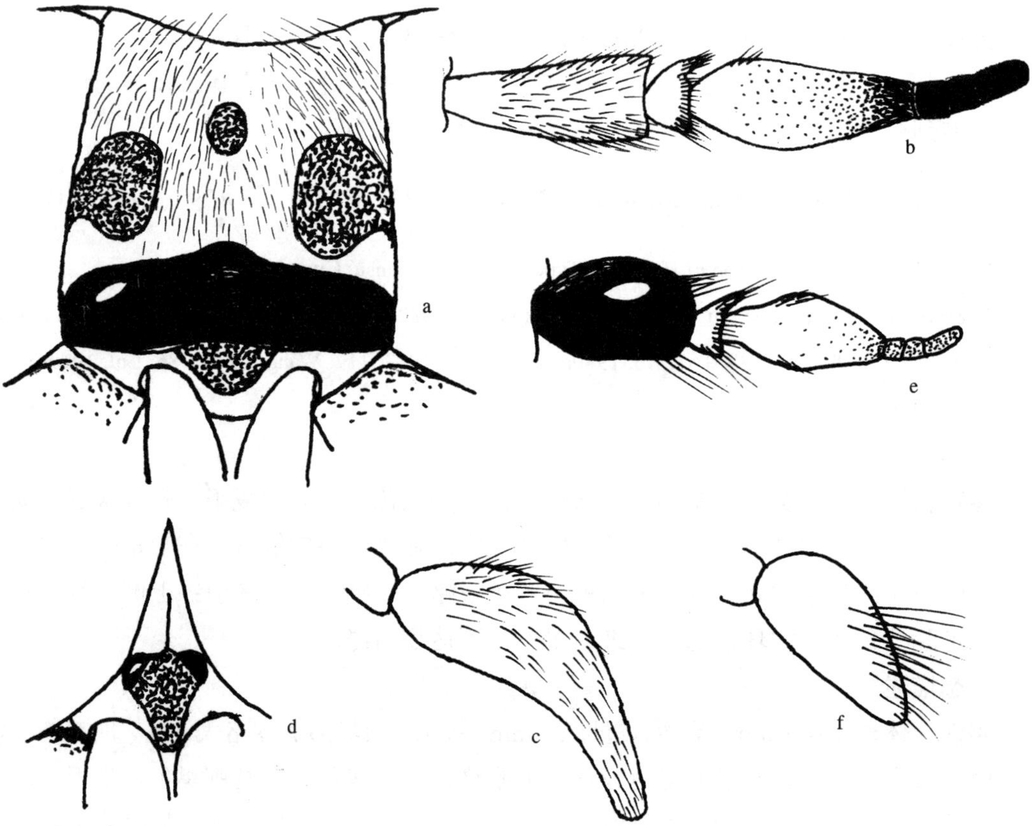

图 129 甘肃麻虻 *Haematopota kansuensis* (Kröber)

a. 额 (frons)；b. 触角 (antenna)；c. 下颚须 (palpus)；d. 雄性额 (frons ♂)；e. 雄性触角 (antenna ♂)；f. 雄性下颚须 (palpus ♂)

观察标本 模式标本，甘肃，保存地未详。40♀♀1♂，甘肃；50♀♀，陕西；20♀♀，青海；20♀♀，宁夏，保存在 AMMSC。

生物学 山区种。

地理分布 ？辽宁 (北票)、陕西 (秦岭、宝鸡、西安、汉中、周至、佛坪、略阳、留坝、延安)、宁夏 (固原、泾源)、甘肃 (文县、舟曲、岷山、武山、天水、桦尖)、青海 (湟源、海晏)。

分类讨论 本种与北京麻虻 *Hae. pekingensis* (Liu) 近似，但北京麻虻的盾片中纵浅条短，不达盾片后缘，额基宽约等于高，侧点近圆形。也类似于浙江麻虻 *Hae. chekiangensis* Ôuchi，但浙江麻虻的亚胛在基胛前具窄三角形棕黑色亮片，触角柄节棕色，端部略暗，略膨大，稍亮，长为宽的 2.5 倍，略短于鞭节的基环节。本种麻虻分布在古北区祁连山区，向东延伸到东洋界北缘的秦岭 (图 121)。

(118) 浙江麻虻 *Haematopota chekiangensis* Ôuchi, 1940 (图 130; 图版 VIII)

Haematopota chekiangensis Ôuchi, 1940: 256 [Type locality: Tianmushan, Zhejiang, China]; Stone and Philip, 1974: 71; Stone, 1975: 74; Wang, 1983: 118; Wu, Li, Liu, Yang, Zhang and Cao, 1988: 198; Xu, 1989b: 367; Yang and Xu, 1997: 13; Wang, Ge and Dong, 1998: 44; Xu, 2005: 766.

鉴别特征　额基宽约等于高，基胛黑色，两侧与复眼接触，宽约为高的 3 倍，侧点大，与基胛分离，接触复眼，中央点大；亚胛中央裂缝浅，在触角间具黑色绒斑，基胛前具窄三角形突出亮片；触角柄节略短于鞭节的基环节；上侧颜具散在黑点；中、后足胫节具 2 个浅环；翅端斑单一，波形，接近翅后缘，后缘室具白斑。

形态描述

雌性　体长 10-12 mm，棕色，翅长 9-10 mm。头部：额基部宽度约等于高，顶端略窄，灰色，着生黑毛；基胛黑色，带形，两侧与复眼接触，宽约为高的 3 倍，侧点与基胛分离，接触复眼，中央点大；亚胛中央裂缝浅，在触角间具黑色绒斑，基胛前具窄三角形棕黑色亮片；颜灰黄色，上侧颜具散在黑点；口毛白色。触角柄节棕色，端部略暗，略膨大，稍亮，长为宽的 2.5 倍，略短于鞭节的基环节，梗节背突大，具黑毛，鞭节基部棕色，端部和端环节黑色。下颚须灰棕色，第 2 节着生黑毛和白毛。胸部：盾片黑色，中纵条窄，达盾片后缘，中侧条不完整，在缝后成三角点，盾片后缘三角斑不明显。侧板灰黄色，着生灰白色毛。足基节灰黄色，前足基节端部暗棕色，着生黑毛，前足股节黑色，前足胫节黑色，基白环达该节的 1/3，中、后足股节棕色，端部较暗，中、后足胫节棕黑色，具 2 个浅环，跗节黑色，中、后足第 1 跗节基部较浅。翅白斑玫瑰花形，亚端带单一，波形，接近翅后缘，后缘室具白斑，第 2、3 后缘室的较大。平衡棒黄色，球部两侧暗棕色。腹部：背板棕黑色，各背板具浅色后缘，第 4-7 背板具侧圆斑，中央浅色纵条不明显。腹板灰色，着生灰白色毛，各节具窄的不明显浅色后缘。

雄性　本志首次描述。复眼上 2/3 大眼面与下 1/3 小眼面界限分明；额三角具新月形黑色亮区，触角间具大的黑色绒斑；触角柄节亮黑色，中部膨大；下颚须覆黑色长毛；胸部盾片后缘具新月形浅色斑，小盾前片和小盾片覆薄白粉；腹部第 5-7 或第 6、7 背板具侧圆浅点。余者同雌性。

观察标本　正模♀，浙江天目山，保存在 IECAS。2♀♀，浙江；9♀♀，陕西；5♀♀2♂♂，甘肃，保存在 AMMSC。

生物学　山区种。

地理分布　河南 (栾川)、陕西 (宁陕、佛坪、留坝、秦岭、汉中、安康)、甘肃 (舟曲)、浙江 (天目山)、湖北 (神农架、均县、孝感)、云南 (澜沧江)。

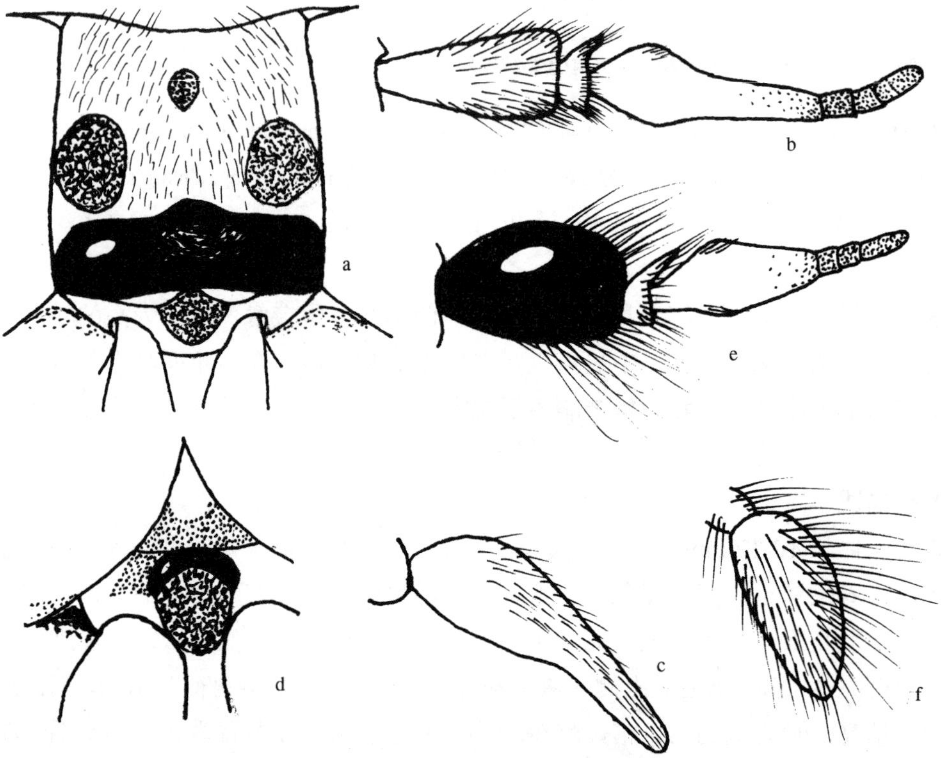

图 130　浙江麻虻 *Haematopota chekiangensis* Ôuchi

a. 额 (frons)；b. 触角 (antenna)；c. 下颚须 (palpus)；d. 雄性额 (frons ♂)；e. 雄性触角 (antenna ♂)；f. 雄性下颚须 (palpus ♂)

分类讨论　本种与甘肃麻虻 *Hae. kansuensis* (Kröber) 近似，但甘肃麻虻的亚胛无棕色亮片；触角柄节等于或略短于鞭节的基环节；翅亚端斑细波形，指向内侧；雄性额具 1 对很小的亚三角形黑色亮区，触角间黑色绒斑较小。本种是东洋界种，向北延伸到古北界南缘的甘肃舟曲。

(119) 拟云南麻虻 *Haematopota yunnanoides* Xu, 1991 (图 131；图版 VIII)

Haematopota yunnanoides Xu, 1991: 61 [Type locality: Erlangshan, Sichuan, China]; Chen and Xu 1992a: 102; Xu and Wang, 1993: 106; Yang and Xu, 1997: 13.

鉴别特征　额基宽略大于高，顶部略窄；基胛黑色，两侧与复眼接触，侧点大，与基胛分离，接触复眼；亚胛中央裂缝浅，在触角间具黑色绒斑，基胛前具窄线状亮片；触角柄节等于或略长于鞭节的基环节；上侧颜具散在黑点；中足胫节具 2 个浅环；翅端带短，不达翅后缘，第 2、3、5 后缘室具白斑。

形态描述

雌性　体长 9-11 mm，黑色，翅长 8-10 mm。头部：额基部宽度略大于高，顶部略窄，灰黄色，着生黑毛，近眼缘和侧点前方着生白毛；基胛黑色，带形，两侧与复眼接触，侧点与基胛分离，接触复眼，中央点明显；亚胛中央裂缝浅，在触角间具黑色绒斑，基胛前具窄线状黑色亮片；颜灰黄色，中颜在触角下具 1 对小黑斑，上侧颜具散在黑点；口毛白色。触角暗棕色，鞭节的端环节黑色，柄节基部稍细，稍亮，长为宽的 3 倍，等于或略长于鞭节的基环节，梗节背突大，具黑毛。下颚须灰黄色，第 2 节着生黑毛和白毛。胸部：盾片黑色，中纵条短窄，不达盾片后缘，中侧条不完整，在缝后成三角点，盾片后缘具 1 对新月形白斑，小盾片中央覆白粉。侧板灰色，着生灰白色毛。前足基节灰黑色，基半略暗，着生白毛，端半着生黑毛，前足股节黑色，着生黑毛和白毛，中、后足股节棕黑色，中部较浅，着生白毛，端部着生黑毛，前足胫节黑色，基白环达该节的 2/5，中、后足胫节棕黑色，具 2 个浅环，跗节黑色，中、后足第 1 跗节基部较浅。翅白斑点状，但连成玫瑰花形，亚端带短，不达翅后缘，第 2、3、5 后缘室具白斑。平衡棒棕色，球部两侧黑色。腹部：背板黑色，各背板具浅色后缘，第 4-6 背板中央具浅色纵条，第 2 背板具浅色中三角，第 4-7 背板具侧圆浅色斑。腹板灰黑色，各节具浅色后缘，中央具不明显黑纵条。

雄性　未详。

观察标本　正模♀，四川二郎山，1979.VII.25，许荣满，保存在 AMMSC。30♀♀，四川；10♀♀，云南；15♀♀，贵州，保存在 AMMSC。

生物学　山区种。

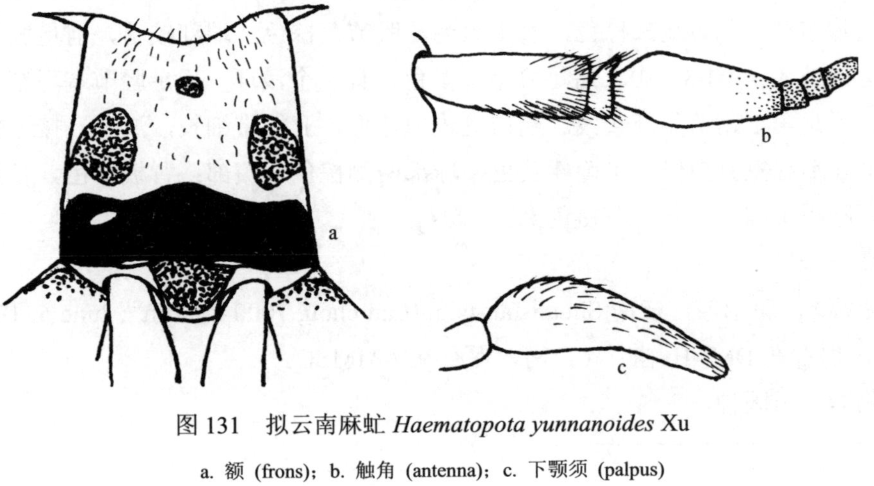

图 131　拟云南麻虻 *Haematopota yunnanoides* Xu

a. 额 (frons)；b. 触角 (antenna)；c. 下颚须 (palpus)

地理分布 四川 (二郎山、峨眉山、雅江、会理、西昌、美姑、昭觉、渡口)、贵州 (平坝、开阳、惠水、独山、望谟、普安、关岭、盘县、绥阳、黔西、威宁、赫章)、云南 (永善、永胜、宁蒗、迪庆、维西、绥江、大关、晋宁)。

分类讨论 本种与云南麻虻 *Hae. yunnanensis* Stone *et* Philip 类似，但云南麻虻体棕色，额基胛棕色，前足股节和胫节棕色。

(120) 云南麻虻 *Haematopota yunnanensis* Stone *et* Philip, 1974 (图 132; 图版 VIII)

Haematopota yunnanensis Stone *et* Philip, 1974: 198 [Type locality: Shuan-fan-tsing-Lan chou, Yunnan, China]; Xu, 1989b: 367; Wang, 1994: 186; Yang and Xu, 1997: 13.

鉴别特征 额基宽约等于高，两侧平行；基胛棕色，两侧与复眼接触，宽约为高的 4 倍，侧点大，与基胛分离，接触复眼，中央点小，明显；亚胛中央裂缝浅，在触角间具黑色绒斑，基胛前无或具窄线状亮片；触角柄节略长于鞭节的基环节；上侧颜具散在黑点；胸部盾片后部及小盾片棕色，3 纵条弱；中、后足胫节具 2 个浅环；翅端斑单一，接近翅后缘，第 1、3、5 后缘室具白斑。

形态描述

雌性 体长 9.0 mm，棕色，翅长 8.5 mm。头部：额基部宽度略小于高，两侧平行，暗灰色，着生黑毛，侧斑与基胛间多白毛；基胛棕色，带形，两侧与复眼接触，宽约为高的 4 倍，侧点与基胛分离，接触复眼，中央点圆形；亚胛中央裂缝浅，在触角间具黑色绒斑，基胛前无或具窄线状黑色亮片；颜灰黄色 (正模中颜在触角下具 3 个小黑点)，上侧颜具散在黑点；口毛白色。触角柄节黄棕色，稍亮，长约为宽的 3 倍，略长于鞭节的基环节，梗节背突大，具黑毛，鞭节基部棕色，端部和端环节黑色。下颚须棕黄色，第 2 节着生黑毛和白毛。胸部：盾片棕色，中纵条短窄，不明显，中侧条不完整，在缝后成三角点，小盾前片灰白色，小盾片棕色。侧板灰黄色，着生灰白色毛。足基节灰黄色，前足基节黄灰色，端部棕色，着生黑毛，股节黄棕色，端部较暗，前足胫节棕色，基白环达该节的 1/4-1/3，中、后足胫节棕黑色，具 2 个浅环，后足胫节端环窄，跗节黑色，中、后足第 1 跗节基部较浅。翅白斑玫瑰花形，亚端带细长，波形，接近翅后缘，第 1、3、5 后缘室具白斑。平衡棒黄色，球部两侧棕色。腹部：背板棕色，各背板具浅色后缘。腹板黄棕色，着生灰白色毛。

雄性 未详。

观察标本 正模♀，云南 Shuan-fan-tsing-Lan chou, 7000-8000 ft①, June 5, 1922, J. W. Gregory，保存在 BMNH。1♀，云南，保存在 AMMSC。

生物学 山区种。

① 1ft=3.048×10^{-1}m

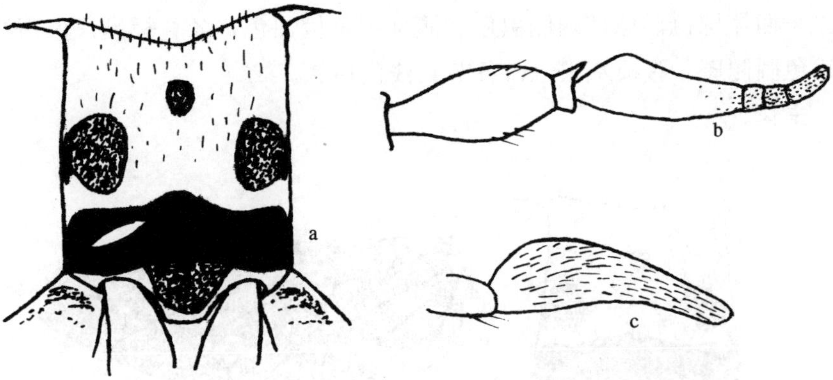

图 132 云南麻虻 *Haematopota yunnanensis* Stone *et* Philip

a. 额 (frons)；b. 触角 (antenna)；c. 下颚须 (palpus)

地理分布 云南 (勐腊、景洪、勐连)。

分类讨论 本种与拟云南麻虻 *Hae. yunnanoides* Xu 类似，但拟云南麻虻体黑色，额基胛黑色，前足股节和胫节黑色。与正模比较，勐连的标本额略窄，上中颜无黑色小点。

(121) 芒康麻虻 *Haematopota mangkamensis* Wang, 1982 (图 133)

Haematopota mangkamensis Wang, 1982: 191 [Type locality: Mangkang, Tibet, China]; Xu, 1989b: 367; Wang, 1994: 180.

鉴别特征 额基宽约等于高，顶部略窄；基胛黑色，中部表面具皱纹，两侧与复眼接触，宽为高的 4 倍，侧点大，与基胛分离，接触复眼，中央点小；亚胛中央裂缝浅，在触角间具黑色绒斑，基胛前具窄的亮片；触角柄节约等于鞭节的基环节；上侧颜具散在黑点；中足胫节具 2 个浅环；翅端斑单一，不达翅后缘，翅仅第 5 后缘室具小白斑。

形态描述

雌性 体长 10 mm，黑色，翅长 9 mm。头部：额基部宽度约等于高，顶部略窄，深灰色，着生黑毛，近基胛两侧色较浅，近眼缘具一些浅色毛；基胛黑色，带形，两侧与复眼接触，宽为高的 4 倍，侧点与基胛分离，接触复眼，中央点小；亚胛中央裂缝浅，在触角间具黑色绒斑，基胛前具窄的棕黑色亮片；颜灰黄色，上侧颜具散在黑点；口毛白色。触角柄节深棕色，基部稍细，长为宽的 2.2 倍，约等于鞭节的基环节，梗节具背突，具黑毛，鞭节基部棕色，端部和端环节黑色。下颚须灰色，第 2 节着生黑毛和白毛。胸部：盾片黑色，浅色纵条不明显，中纵条窄，不达盾片后缘，中侧条不完整，缝后三角点不明显，小盾片黑色。侧板灰黑色，着生灰白色毛。足灰黑色，前足胫节基白环达该节的 1/3，中、后足胫节具 2 个浅环，后足胫节端浅环较弱，跗节黑色，中、后足第 1 跗节基部较浅。翅白斑点状，端带短，单一，三点状，不达翅后缘，翅仅在第 5 后缘室具小白斑。平衡棒棕色，球部两侧黑色。腹部：背板黑色，各背板具浅色后缘，第 3-7 背板可见浅色圆侧斑。腹板灰黑色，各节具浅色后缘。

雄性 未详。

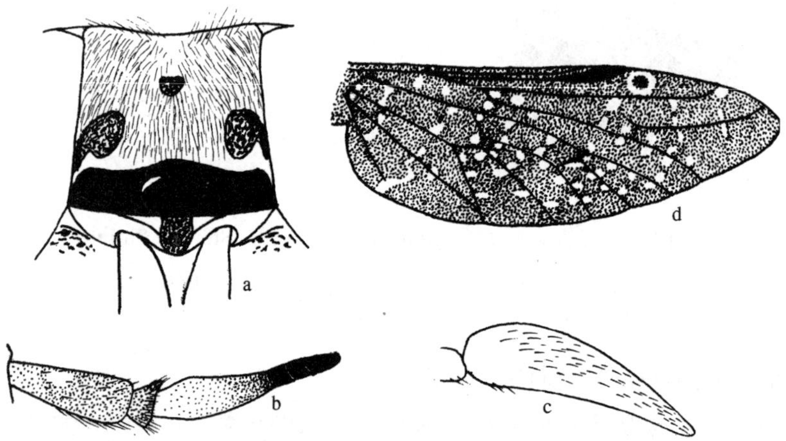

图 133 芒康麻虻 *Haematopota mangkamensis* Wang

a. 额 (frons)；b. 触角 (antenna)；c. 下颚须 (palpus)；d. 翅 (wing)

观察标本 正模♀，西藏芒康，1976.VII.27，李铁生，标本号 IOZ(E)201143，保存在 IZCAS。

生物学 山区种。

地理分布 西藏 (芒康)。

分类讨论 本种体黑色，与拟云南麻虻 *Hae. yunnanoides* Xu 和甘肃麻虻 *Hae. kansuensis* (Kröber)近似，但拟云南麻虻和甘肃麻虻的小盾片中央覆白粉，第 2、3、5 后缘室具白斑。

(122) 明庆麻虻 *Haematopota mingqingi* Xu *et* Guo, 2005 (图 134；图版 VIII)

Haematopota mingqingi Xu *et* Guo, 2005: 27 [Type locality: Yunnan, China].

鉴别特征 额高大于基宽，两侧大致平行；基胛黑色，两侧与复眼接触，前缘平直，后缘中央突出，侧点大，与基胛分离，接触复眼，中央点大；触角间具大的黑色绒斑；触角柄节略短于鞭节的基环节；上侧颜具散在黑点；中、后足胫节具 2 个窄浅环；翅亚端斑单一，细短，后缘室无或具弱白斑；腹部第 6、7 背板具弱小的侧圆白斑。

形态描述

雌性 体长 8.0-9.0 mm，黑色，翅长 8.5-9.0 mm，触角长 2.0 mm。头部：额高为顶宽的 1.3 倍，两侧平行，或基部略宽，灰棕色，着生黑毛，侧点与额胛间具白毛；额基胛黑色，前缘平直，后缘中央突出，表面具皱纹，两侧与复眼接触，高为宽的 3.2 倍；中央点明显，侧点大，与基胛窄分离，接触复眼；亚胛在触角间具大块黑色绒斑，基胛前无或具极窄的突出亮片；颜灰白色，着生灰白色毛，上中颜和上侧颜具散在黑点；口毛灰白色。触角柄节棕色，着生黑毛，端部略粗，长为宽的 2.7 倍，梗节色深于柄节，具背突，鞭节黑色，基环节基部略浅，长略大于柄节，约为端环节长的 2 倍。下颚须灰棕黑色，着生黑毛，腹方夹杂灰白色毛，第 2 节长为宽的 4 倍。胸部：背板黑色，着生黑毛和棕色亮毛，盾片具 5 条浅色纵纹，中纵条细，完整，达盾片后缘，亚中条在缝后成三角点，与盾片后缘新月形白斑不连接，亚侧条包括肩胛，缝后段不清晰，盾片后缘包括小盾前片具白带。侧板灰白色，着生灰白色毛；足基节色同侧板，着生灰白色毛，前足基节端部 2/5 棕黑色，着生黑毛，前足股节黑色，着生黑毛，外侧覆薄的白粉，基部夹杂灰白色毛，中、后足股节棕色，着生棕色毛，端部色较深，着生黑毛，前足胫节黑色，基浅环棕色，占该节长的 1/3，中、后足胫节黑色，具 2 个棕色浅环，跗节黑色，中、后足第 1 跗节基部略浅。翅白斑点状，但连成玫瑰花形，亚端带细短，后缘室无白斑，或第 2、3、5 后缘室具弱小白斑。腋瓣黑色。平衡棒暗棕色，柄棕色。腹部：背板黑色，着生黑毛，具灰白色窄后缘，第 2-6 背板具连续中纵灰白条，白条伸达第 1 背板，第 6、7 背板具弱小的侧圆白斑。腹板灰色，具浅色窄后缘，中央具宽的不明显暗纵条，后几节的较清晰。

雄性　未详。

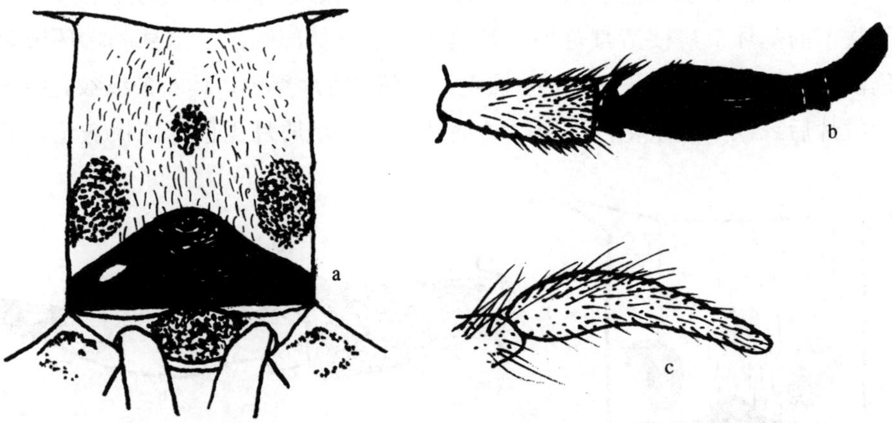

图 134　明庆麻虻 *Haematopota mingqingi* Xu *et* Guo

a. 额 (frons)；b. 触角 (antenna)；c. 下颚须 (palpus)

观察标本　正模♀，腾冲，海拔 1000 m，2004.VI.23，郭天宇，保存在 AMMSC。3♀♀，云南，保存在 AMMSC。

生物学　山区林地种。

地理分布 云南 (腾冲)。

分类讨论 一般特征与成勇麻虻 *Hae. chengyongi* Xu *et* Guo 近似，但成勇麻虻的小盾前片黑色，额胛后缘较平直，腹部第 4-7 背板具侧圆白斑。在盾片后缘包括小盾前片具白带的类群中，与澜沧江麻虻 *Hae. lancangjiangensis* Xu 相近，但澜沧江麻虻的胸部盾片中纵条不完整，腹部背板中纵白条不明显，第 2 背板白条成三角形，不伸达第 1 背板。

(123) 祁连山麻虻 *Haematopota qilianshanensis* He, Liu *et* Xu, 2008 (图 135；图版 VIII)

Haematopota qilianshanensis He, Liu *et* Xu, 2008: 41 [Type locality: Huajian, Gansu, China].

鉴别特征 额基宽略大于高，两侧大致平行；基胛黑色，两侧与复眼分离，侧点与基胛和复眼均分离，中央点小或无；亚胛中央裂缝浅，在触角间具黑色绒斑，基胛前无突出亮片；触角柄节等于或略长于鞭节的基环节；上侧颜具散在黑点；中足胫节具 2 个浅环，翅亚端带细，单一，弯曲，不达翅后缘，后缘室白斑不稳定。

形态描述

雌性 体长 10.5-11.5 mm，黑色，翅长 11.0 mm，触角长 2.5 mm。头部：额基部宽度略大于高，两侧大致平行，灰黑色，着生黑毛，近基胛具一些浅色长毛；基胛黑色，带形，两侧与复眼分离，侧点大，逗点形，与基胛和复眼均分离，中央点小或无；亚胛中央裂缝浅，在触角间具黑色绒斑，基胛无突出亮片；颜灰黄色，着生白毛，上侧颜具散在黑点；口毛白色。触角柄节灰黑色，圆筒形，端部略膨大，长为宽的 2.2 倍，等于或略长于鞭节的基环节，梗节具背突，具黑毛，鞭节基部棕色，端部和端环节黑色。下颚须棕色，第 2 节着生黄毛，夹杂一些黑毛。胸部：盾片黑色，具 5 条纵纹，中纵条窄，完整，达盾片后缘，中侧条粗，完整，达盾片后缘，小盾片黑色。侧板灰色，着生灰白

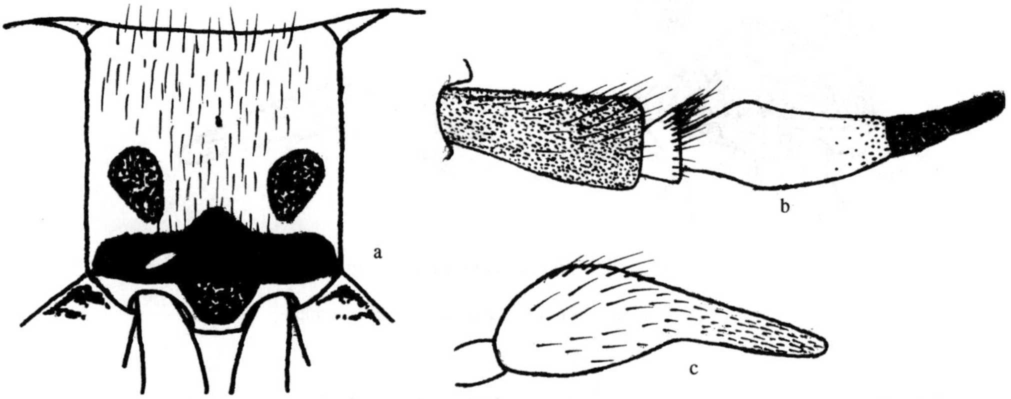

图 135 祁连山麻虻 *Haematopota qilianshanensis* He, Liu *et* Xu

a. 额 (frons)；b. 触角 (antenna)；c. 下颚须 (palpus)

色毛。足基节灰色，着生灰白色毛，股节和胫节棕色，着生棕色毛，前足胫节端半和跗节黑色，中、后足胫节具 2 个浅环，端部和跗节棕黑色，中、后足第 1 跗节基部较浅。翅白斑连成玫瑰花形，亚端带细，单一，弯曲，不达翅后缘，后缘室白斑不稳定，或大或小，或明显或不明显，有的在 R_4 室后缘也具不清晰的白斑。平衡棒黄色，球部两侧棕黑色。腹部：背板黑色，各背板具浅色后缘，第 2-6 背板具浅色中三角纵列，第 1-7 具侧圆浅色斑。腹板灰黑色，着生浅棕色毛，后几节具黑毛，各腹板具浅色后缘。

雄性　未详。

观察标本　正模♀，甘肃铧尖，1991.VII.24，刘增加，保存在兰州军区疾病预防控制中心。50♀♀，甘肃，保存在 AMMSC 和兰州军区疾病预防控制中心。

生物学　山地林区种。

地理分布　甘肃 (铧尖)。

分类讨论　本种腹部背板、触角和额等特征与土耳其麻虻 *Hae. turkestanica* (Kröber) 相近，但土耳其麻虻翅后缘具完整白带。翅和触角特征类似于甘肃麻虻 *Hae. kansuensis* (Kröber)，但甘肃麻虻腹部背板浅色侧圆斑仅在第 3-7 或第 4-7 背板可见。

(124) 成勇麻虻 *Haematopota chengyongi* Xu *et* Guo, 2005 (图 136; 图版 VIII)

Haematopota chengyongi Xu *et* Guo, 2005: 25 [Type locality: Yunnan, China].

鉴别特征　额高略小于基宽，略大于顶宽；基胛黑色，两侧与复眼接触，上、下缘平直，侧点大，与基胛分离，接触复眼，中央点大；触角间具大的黑色绒斑；触角柄节略短于鞭节的基环节；上侧颜具散在黑点；中、后足胫节具 2 个窄浅环；翅亚端带短，3 点状相连，后缘室无或具弱白斑；腹部第 4-7 背板具侧圆白斑。

形态描述

雌性　体长 8.5-10.0 mm，黑色，翅长 8.0-9.5 mm，触角长 1.8-2.3 mm。头部：额高略小于基宽，略大于顶宽，灰棕色，着生黑毛，侧点和基胛间具一些浅色毛；基胛黑色，带形，表面具皱纹，两侧与复眼接触，上、下缘几乎平直，高为宽的 3.2-3.8 倍；中央点大，侧点大，与基胛分离，接触复眼；亚胛在触角间具大的黑色绒斑，基胛前无或具窄线状黑色亮片；颜灰白色，着生灰白色毛，上中颜和上侧颜具散在黑点；口毛灰白色。触角柄节深棕色至棕黑色，着生黑毛，长为宽的 2.7-3.0 倍，梗节色同柄节，具大的背突，鞭节黑色，或基环节基部略浅，基环节略长柄节，为端环节长的 2 倍。下颚须棕色，着生黑毛夹杂灰白色毛，第 2 节长为宽的 3.6-4.0 倍。胸部：背板黑色，着生黑毛夹杂棕色亮毛，盾片具 5 条浅色纵纹，中纵条细，完整，达盾片后缘，亚中条在缝后成三角点，不完整，在盾片后缘成新月形白斑，亚侧条前段包括肩胛，清晰，缝后段不明显，小盾前片黑色。侧板灰白色，着生灰白毛。足基节色同侧板，前足基节端部 1/3 棕黑色，着生黑毛，前足股节黑色，着生黑毛，基部夹杂灰白色毛，中足股节棕色，着生灰白色毛，两端各 1/3 黑色，夹杂黑毛，后足股节棕黑色至黑色，着生灰白色毛，端部夹杂黑毛，前足胫节黑色，基白环占该节长的 1/3，中、后足胫节棕黑色，具 2 个窄浅环，跗节黑色，中、后足第 1 跗节基部略浅；翅白斑点状，但成玫瑰花形，亚端带短，3 点状相连，后缘室无或在第 1、2、3、5 后缘室具弱而小的白斑。腋瓣黑色。平衡棒柄和球部顶端棕色，球部大部分黑色。腹部：背板黑色，各背板具浅色后缘，第 2-6 背板具断续中纵条，在第 2 背板扩大成高的三角，第 4-7 背板具侧圆白斑。腹板灰黑色，各腹板具浅色后缘，后 2、3 节中央具黑斑。

雄性 未详。

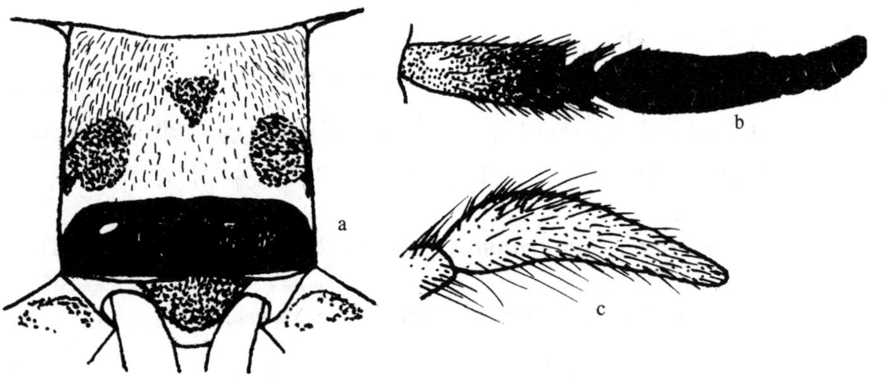

图 136 成勇麻虻 *Haematopota chengyongi* Xu *et* Guo

a. 额 (frons)；b. 触角 (antenna)；c. 下颚须 (palpus)

观察标本 正模♀，沧源，海拔 1500 m，2004.VI.13，许荣满，保存在 AMMSC。70♀♀，云南，保存在 AMMSC。

生物学 海拔较高的山区林地种，在海拔 1000-1800 m，数量较多，占 5-6 月牛诱捕获的虻数量组成的 10%-40%。

地理分布 云南 (麻栗坡、沧源、腾冲、六库、片马)。

分类讨论 本种类似于 *Hae. abacis* (Philip)，但 *Hae. abacis* 的触角黄棕色，小盾前片白色；也类似于 *Hae. exipila* Coher，但 *Hae. exipila* 的小盾片 2 色，即前缘和中区白色，其余棕黑色；也类似于 *Hae. saravanensis* Xu，但 *Hae. saravanensis* 的中、后足胫节浅色环很宽，基浅环占节长的 1/2。

(125) 沃氏麻虻 *Haematopota olsufjevi* (Liu, 1960) (图 137；图版 VIII)

Chrysozonta olsufjevi Liu, 1960: 12 [Type locality: Xi'an Shaanxi, China].

Haematopota olsufjevi: Wang, 1983: 115; Wu, Li, Liu, Yang, Zhang and Cao, 1988: 198; Xu, 1989: 367.

鉴别特征　额基宽约等于高；基胛黑色，两侧与复眼接触，宽为高的 3-4 倍，侧点大，与基胛分离，接触复眼，中央点小；亚胛中央裂缝浅，在触角间具黑色绒斑，基胛前无棕色亮片；触角柄节略短于鞭节的基环节；上侧颜具散在黑点；胸部盾片具 5 条不很明显的纵条，小盾片色略浅于盾片；前足基节一致灰黑色，中、后足胫节具 2 个白环；翅端斑单一，宽，接近或达翅后缘，后缘室均具白斑。

形态描述

雌性　体长 7.5-8.0 mm，黑色，翅长 7.0 mm。头部：额基部宽度约等于高，两侧平行或顶部略窄，灰色，着生黑毛；基胛黑色，带形，两侧与复眼接近或接触，宽为高的 3-4 倍，侧点与基胛分离，接触复眼，中央点小，不明显；亚胛中央裂缝浅，在触角间具黑色绒斑，基胛前无棕色亮片；颜灰色，上侧颜具散在黑点；口毛白色。触角柄节黄棕色，长为宽的 2.5 倍，略短于鞭节的基环节，梗节背突小，具黑毛，鞭节基部棕色，端部和端环节暗棕色。下颚须棕黄色，第 2 节着生黑毛和白毛。胸部：盾片黑色，中纵条短，中侧条不完整，在缝后的三角点小，后缘具新月形浅色斑，亚侧条可见，小盾前片和小盾片覆薄的灰白粉。侧板灰黄色，着生灰白色毛。足黑色，前足基节灰黑色，前足胫节基部 2/5 白色，端部具 1 丛白毛，中、后足胫节各具 2 个白环，第 1 跗节基部灰黄棕色。翅白斑玫瑰花形，亚端带单一，较宽，接近或达翅后缘，后缘室均具白斑。平衡棒棕黄色，球部两侧暗棕色。腹部：背板黑色，各背板具浅色后缘，具浅色中纵条，第 4-7 背板具侧圆斑。腹板灰色，着生灰白色毛，各节具窄的不明显浅色后缘。

雄性　未详。

观察标本　正模♀，陕西西安，1954，吴元钦，保存在 IECAS。2♀♀，陕西，保存在 AMMSC。

生物学　丘陵种。

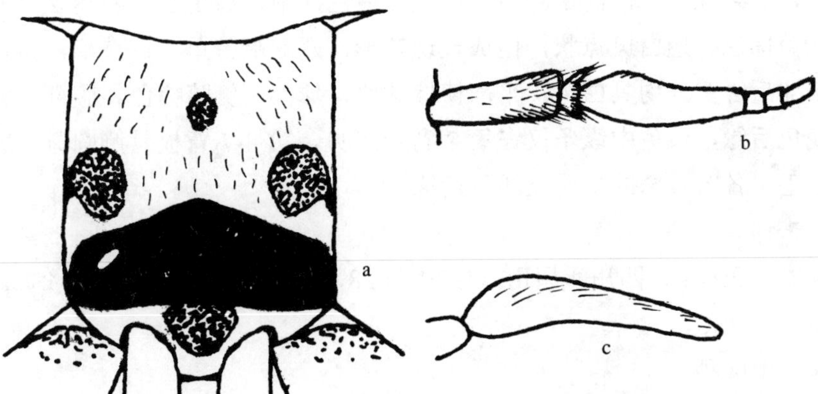

图 137　沃氏麻虻 *Haematopota olsufjevi* (Liu)

a. 额 (frons)；b. 触角 (antenna)；c. 下颚须 (palpus)

地理分布 陕西 (西安、秦岭)、湖北 (均县、应山)。

分类讨论 本种与峨眉山麻虻 *Hae. omeishanensis* Xu 非常相近，但峨眉山麻虻触角间的绒斑棕黑色，基胛前具极窄的棕色亮片，前足基节灰黑色，端半棕黑色。

(126) 峨眉山麻虻 *Haematopota omeishanensis* Xu, 1980 (图 138；图版 VIII)

Haematopota omeishanensis Xu, 1980: 397 [Type locality: Emeishan, Sichuan, China]; Xu, 1989b: 367; Wu, Li, Liu, Yang, Zhang and Cao, 1988: 198; Xu, 2001: 346; Xu, 2005: 768.

鉴别特征 额基宽略小于高；基胛黑色，两侧与复眼接触，宽为高的 3-4 倍，侧点大，与基胛分离，接触复眼，中央点大；亚胛中央裂缝浅，在触角间具棕黑色绒斑，基胛前具极窄的棕色亮片；触角柄节约等于鞭节的基环节；上侧颜具散在黑点；胸部盾片具 3 条不很明显的纵条，小盾片前部色同盾片，后部略浅；前足基节灰黑色，端半棕黑色，中、后足胫节具 2 个白环；翅亚端带单一，波形，接近翅后缘。

形态描述

雌性 体长 7.0-8.0 mm，黑色，翅长 5.5-6.2 mm。头部：额基部宽度略小于高，两侧平行或顶部略窄，灰色，着生黑毛；基胛黑色，带形，两侧与复眼接触，宽为高的 3-4 倍，侧点与基胛分离，接触复眼，中央点大，明显；亚胛中央裂缝浅，在触角间具棕黑色绒斑，基胛前具极窄的棕色亮片；颜灰色，上侧颜具散在黑点；口毛白色。触角柄节黄棕色，长为宽的 2.5 倍，长约等于鞭节的基环节，梗节背突小，具黑毛，鞭节基部棕色，端部和端环节暗色。下颚须棕黄色，第 2 节着生黑毛和白毛。胸部：盾片黑色，中纵条短，中侧条不完整，在缝后的三角点小，后缘具新月形浅色斑，小盾前片和小盾片前部色同盾片，小盾片后部覆薄的灰白粉。侧板灰黄色，着生灰白色毛。足黑色，前足基节灰黑色，端半棕黑色，前足胫节基部 1/3 白色，中、后足胫节各具 2 个白环，第 1 跗节基部灰黄棕色。翅白斑点状，但成玫瑰花形，翅亚端带单一，波形，接近翅后缘，后缘室除第 4 后缘室外均具白斑。平衡棒棕黄色，球部两侧暗棕色。腹部：背板黑色，各背板具浅色后缘，浅色中纵条仅在第 2 背板可见，第 4-7 背板具侧圆斑。腹板灰色，着生灰白色毛，各节具窄的不明显浅色后缘。

雄性 未详。

观察标本 正模♀，四川峨眉山，1979.VI.28，许荣满，保存在 AMMSC。2♀♀，四川，保存在 AMMSC。

生物学 山区种。

地理分布 陕西 (略阳、秦岭、汉中、佛坪、安康)、福建 (武夷山、将乐、三明、永安、上杭)、四川 (峨眉山)。

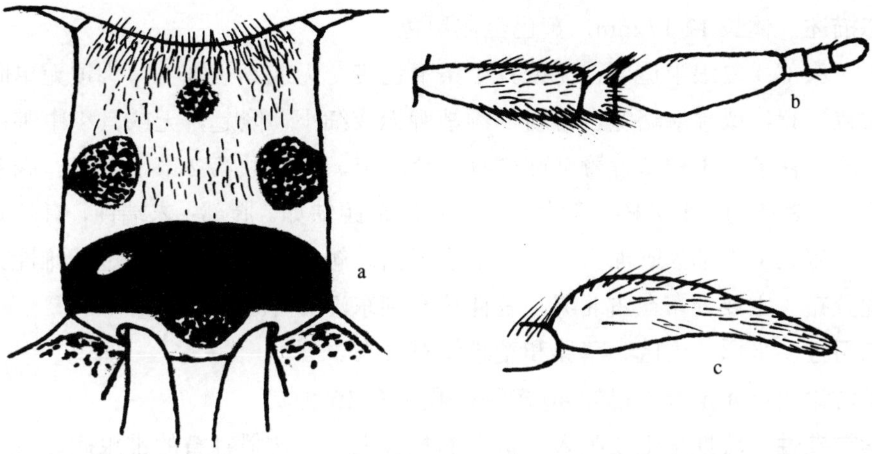

图 138　峨眉山麻虻 *Haematopota omeishanensis* Xu

a. 额 (frons)；b. 触角 (antenna)；c. 下颚须 (palpus)

分类讨论　本种与沃氏麻虻 *Hae. olsufjevi* (Liu) 非常相近，但沃氏麻虻触角间的绒斑黑色，基胛前无窄的棕色亮片，前足基节一致灰黑色。

10. 黄虻属 *Atylotus* Osten-Sacken, 1876

Atylotus Osten-Sacken, 1876: 426 (as subgenus of *Tabanus* Linnaeus, 1758). **Type species**: *Tabanus bicolor* Wiedemann, by designation of Hine, 1900: 247; Murdoch and Takahasi, 1969: 51; Chvála, Lyneborg and Moucha, 1972: 259; Chen and Xu, 1992a: 48; Wang, 1994: 70; Sun and Xu, 2008: 175.

Ochrops Szilády, 1915: 93 (as subgenus of *Tabanus* Linnaeus, 1758). **Type species**: *Tabanus plebejus* Fallen, by designation of Enderlein, 1925: 365. Synonymized by Stone, 1975: 49, Synonymized by Chvála, 1988: 115.

Baikalia Surcouf, 1921: 39. **Type species**: *Baikalia vaillanti* Surcouf, 1921: 39, by original designation. Synonymized by Chvála, 1988: 115.

Dasystypia Enderlein, 1922: 347. **Type species**: *Tabanus rusticus* Linnaeus, by original designation. Synonymized by Stone, 1975: 49. Synonymized by Chvála, 1988: 115.

Baikalomyia Stackelberg, 1926: 53 (new name for *Baikalia* Surcouf, 1921).

Abatylotus Philip, 1948: 79. **Type species**: *Tabanus agrestis* Weidemann, by original designation. Synonymized by Chvála, 1988: 115.

鉴别特征　体小中型。复眼半透明，无或具 1 条窄色带；头顶无单眼，额基胛无或细小，颜和颊覆粉。翅透明；后足胫节距缺如。

形态描述 体长 12-17 mm，黄色至灰黑色。

雌性 头部：复眼半透明，无或具 1 条窄色带，无或具短细毛；头顶无单眼，额一般两侧大致平行，或顶端略宽，覆粉，额基胛无或细小，隆起，无或具小中胛；亚胛覆粉。触角短，柄节长于梗节，鞭节端部具 4 个环节。下颚须第 2 节一般粗。胸部：背板通常无色条。翅透明。平衡棒一般色浅。后足胫节距缺如。腹部：末端钝，有的具色斑。

雄性 复眼上半部大眼面大于下半部小眼面。触角和下颚须一般短于雌性。

地理分布 主要分布在古北界，延伸分布到东洋界 (图 143)。

生态习性 平原、山区、草原和荒漠均有分布。

分类讨论 该属全世界已知 40 多种，我国有 15 种。

医学重要性 雌性是主要吸人、畜血的类群之一，传播牲畜的锥虫病。我国西北地区骆驼的锥虫病主要是由该属的一些种类传播的。

种检索表

1. 复眼明显具毛……2
   复眼无毛，在高倍镜下有的在眼下方眼面可见少量稀疏短毛……4
2. 额无胛……**无胛黄虻 *A. negativus***
   额具小的基胛和中胛……3
3. 头顶具 1 排黑色长毛；额高为基宽的 2.2-2.5 倍；下颚须长为宽的 2.5 倍；胸、腹部着生灰白色毛……**亚角黄虻 *A. sublunaticornis***
   头顶仅具浅色短毛；额高为基宽的 3.0-3.3 倍；下颚须长为宽的 3.0 倍；胸、腹部着生金黄色毛……**暗黄黄虻西伯利亚种 *A. plebjus sibiricus***
4. 头顶具 1 排长毛……5
   头顶仅具短毛……6
5. 足股节灰色，仅极端部浅黄色；腹部背板具宽的中纵黑条，具亚中纵列黑毛斑；下颚须第 2 节和翅基鳞覆黑毛，夹杂少量黄毛……**黄条黄虻 *A. flavoguttatus***
   足股节黄色，仅基部带灰色；腹部背板具 4 列黑毛组成的纵条；下颚须第 2 节和翅基鳞覆黄毛，夹杂少量黑毛……**斜纹黄虻 *A. pulchellus***
6. 胸部背板仅着生黄毛；腹部背板黄色，覆黄毛，如具黑毛，在亚中部成 2 列黑毛斑状排列……**中华黄虻 *A. sinensis***
   胸部背板着生黄毛和黑毛；腹部背板黄色至灰色，覆黄毛和黑毛，在亚中部可具 2 列黑毛斑，但同时在其他部分还具很多黑毛……7
7. 翅第 1 后室 (R_5室) 封闭具柄，R_4脉无附脉……**窄条黄虻 *A. petiolateinus***
   翅第 1 后室开放，R_4脉具或无附脉……8
8. 腹部背板具 4 列黑毛斑……9

腹部背板可具黑毛斑纵列，但至多具 2 列……………………………………………… 10

9. 足黄棕色，但股节黑色，至少基部大部分黑色；腹部背板中纵暗条烟黑色…· **建设黄虻** ***A. jianshei***

足一致灰黄色至黄棕色；腹部背板中纵暗条灰黑色……………………… **四列黄虻** ***A. quadrifarius***

10. 前足跗节棕色；额基宽略大于顶宽……………………………………………**淡跗黄虻** ***A. pallitarsis***

前足跗节棕黑色至黑色；额两侧平行或基部略窄………………………………………… 11

11. 体暗黄色、鸽灰色至灰黑色…………………………………………………………… 12

体黄色………………………………………………………………………………………… 14

12. 触角鞭节基环节的背突位于中部或近中部；足股节基部至少 1/2-3/4 黑色；腹部背面两侧棕色斑多仅限于第 2 背板……………………………………………………………… **黑胫黄虻** ***A. rusticus***

触角鞭节基环节的背突位于基部；足股节基部至多 1/4-1/3 黑色；腹部背面两侧棕色斑大，可伸展到第 3-4 背板………………………………………………………………………… 13

13. 腹部背板中纵黑条前后大致等宽，或前宽后窄……………………………… **骚扰黄虻** ***A. miser***

腹部背板中纵黑条前窄后宽…………………………………… **霍氏黄虻** ***A. horvathi***（部分）

14. 触角鞭节基环节长等于宽；背侧片黑色……………………………………… **宽角黄虻** ***A. fulvus***

触角鞭节基环节长大于宽；背侧片黄色…………………………………………………… 15

15. 前足基节黄色至棕黄色；腹部背板具前窄后宽的灰黑色中纵条；翅基鳞着生黑毛……………………………………………………………………………………………… **霍氏黄虻** ***A. horvathi***（部分）

前足基节灰黑色；腹部背板具前后等宽的灰黑色中纵条；翅基鳞着生黄毛· **郝图黄虻** ***A. chodukini***

(127) 无胛黄虻 *Atylotus negativus* (Ricardo, 1911)

Tabanu negativus Ricardo, 1911: 137 [Type locality: Taiwan, China].

Atylotus negativus: Ricardo, 1916: 407; Shiraki, 1918: 186; Stone, 1975: 49; Sun and Xu, 2008: 177.

鉴别特征　额两侧平行，无基胛；胸部和腹部覆灰黄色粉，腹部背板具中纵暗条；翅 R_4 脉无附脉；足红黄色。

形态描述

雌性　体长 13 mm，灰黄色。头部：复眼具毛；额高为基宽的 4 倍，两侧平行，无基胛；颜覆灰粉和白毛；口毛白色。触角红黄色，柄节和梗节浅黄色，鞭节无背突。下颚须浅黄色，着生黑毛。胸部：一致灰黄色，着生灰黄毛，前缘具黑毛；侧板较灰，覆白毛。足红黄色，前足胫节端部和跗节黑色，其余跗节带棕色，各足基节和股节着生浅黄色毛，其余部分主要着生黑毛。翅透明，翅脉浅黄色，翅痣不明显，R_4 脉无附脉。腹部：覆灰黄粉，着生浅黄色毛，背板具中纵暗条。

雄性　体长 11.5-12.5 mm，与雌性类似。复眼上部大眼面占眼的 2/3，下部的小眼面在侧缘以窄线到达头顶；额与亚胛色一致；下颚须浅黄色，覆黄毛，端部具黑毛；在磨损标本，腹部背板中部黑斑或黑中纵条明显，腹部着生黄毛。

观察标本　模式标本♀♂，保存在Kertesz标本馆，有1♀副模采自香港，保存在BMNH (未检视)。

生物学　丘陵种。

地理分布　台湾 (高雄、嘉义)、香港。

分类讨论　额无胛，在黄虻属中，我国仅1种，分布在东洋界华南区，类似于孟加拉的 *A. nemocallosus* (Ricardo)，但 *A. nemocallosus* 的额高为宽的3倍，胸部盾片黑棕色，有5条窄的浅色纵条，腹部背板黑棕色，具浅色中三角列和两侧圆斑列，翅 R_4 脉具附脉。

(128) 暗黄黄虻西伯利亚种 *Atylotus plebjus sibiricus* (Olsufjev, 1936) (图 139)

Tabanus (*Ochrops*) *plebjus sibiricus* Olsufjev, 1936: 236 [Type locality: Novosibirskoj, Russia].

Atylotus plebjus sibiricus (Olsufjev): Takagi, 1941: 62; Liu, 1959a: 388; Murdoch and Takahasi, 1969: 52; Chvála, Lyneborg and Moucha, 1972: 265; Olsufjev, 1977: 302; Chvála, 1988: 118; Jiang, Zhang, Huang and Dai, 1993: 102; Sun and Xu, 2008: 177.

鉴别特征　复眼具毛，具1窄带，额两侧平行或基部略窄，具基胛和细长的中胛；胸部和腹部覆金黄色毛，腹部背板具中暗毛条；翅 R_4 脉具附脉；足大部分黄棕色。

形态描述

雌性　体小型，9-12 mm，灰黄色。头部：复眼具毛，具1窄带；额灰色至灰黄色，着生浅毛，头顶仅具浅色短毛，高为基宽的3.0-3.3倍，两侧平行或基部略窄；基胛亮黑色，小，有时分为2个小点，中胛可见，亮黑色，线形；颜、亚胛灰黄色，颜覆浅色毛；口毛白色。触角黄色至棕黄色，柄节和梗节着生黑毛，鞭节具低背突。下颚须黄色，着生黑毛和白毛。胸部：一致灰黑色，着生金黄色毛；侧板灰黑色，覆长的金黄色毛。足大部分黄棕色，基节、股节基部1/4-1/3灰色，前足胫节极端部和前足跗节黑色，中、后足胫节极端部和后足跗节端部变暗，足仅具浅色毛，基节具长白毛。翅透明，翅脉棕色至棕黑色，R_4 脉具附脉。腋瓣浅色，着生浅色毛。平横棒棕黄色。腹部：灰黑色，着生金黄色短毛，各背板中央具一些黑毛，前2节两侧带棕色。

雄性　类似于雌性。复眼覆密的棕色毛，上2/3眼面的毛较长，上、下眼面明显不同，但分界线不明显，头顶仅具浅色毛；触角鞭节较雌性细；下颚须覆长的浅色毛和黑毛；胸部、腹部和足着生的浅色毛较雌性的长，腹部前2节背板两侧较雌性更为棕色。

观察标本　正模♀，俄罗斯，保存在IZPR (未检视)。

生物学　未发现吸人血和动物血；幼虫孳生于有泥炭的沼泽；7月多见于山区林边。

地理分布　黑龙江 (孙吴、辰清)、吉林 (抚松、通化、和龙、安图、长白山、汪清)；俄罗斯。

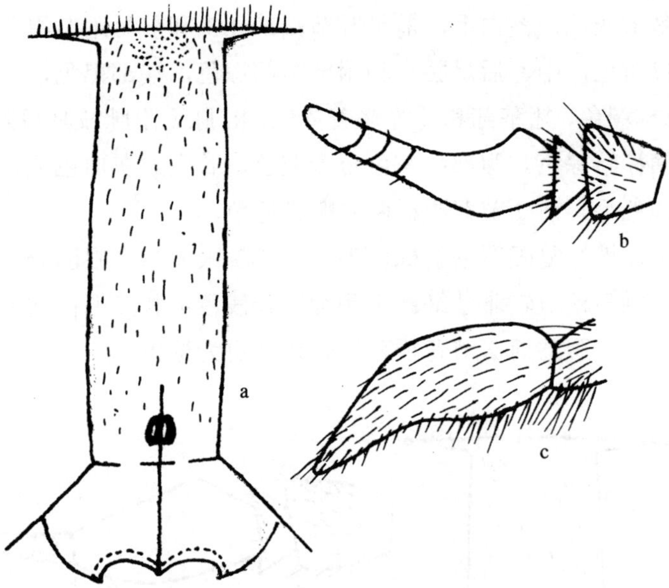

图 139　暗黄黄虻西伯利亚种 *Atylotus plebjus sibiricus* (Olsufjev)

a. 额 (frons)；b. 触角 (antenna)；c. 下颚须 (palpus) (仿 Olsufjev, 1977)

分类讨论　本种类似于亚角黄虻 *A. sublunaticornis* (Zetterstedt)，但亚角黄虻的额较宽，头顶具 1 排黑毛，胸、腹部着生灰白色毛。辽宁曾有记载 (陈继寅, 1983)，经标本检视，系黑胫黄虻 *A. rusticus* (Linnaeus) 的误定。

(129) 亚角黄虻 *Atylotus sublunaticornis* (Zetterstedt, 1842) (图 140)

Tabanus sublunaticornis Zetterstedt, 1842: 118 [Type locality: Norway].

Atylotus sublunaticornis (Zetterstedt): Takagi, 1941: 59; Murdoch and Takahasi, 1969: 51; Chvála, Lyneborg and Moucha, 1972: 262; Olsufjev, 1977: 303; Chvála, 1988: 119; Jiang, Zhang, Huang and Dai, 1993: 102; Sun and Xu, 2008: 178.

鉴别特征　复眼具毛，具 1 窄带；额两侧平行，具或无基胛；两性头顶具黑色长毛；翅 R_4 脉无或具短附脉；足大部分黄棕色。

形态描述

雌性　体小型，8-11 mm，灰色。头部：复眼具毛，有 1 窄带；额灰色至灰黄色，着生黑毛，头顶具 1 排黑色长毛，额高为基宽的 2.3-2.5 倍，两侧平行；基胛亮黑色，小，有时分为 2 个小点，中胛通常无；颜、亚胛灰色，颜覆浅色毛，颊具一些黑毛；口毛白色。触角一致棕黄色至棕色，柄节和梗节着生黑毛，鞭节具低背突。下颚须黄白色，着生黑毛和白毛。胸部：一致灰黑色，着生白毛，夹杂黑毛；侧板灰黑色，覆长白毛。足大部分黄棕色，基节灰色，覆白毛，前足胫节端部 1/3 和前足跗节黑色，中、后足股节灰色，端部 3/4 棕黄色，中、后足胫节和跗节基部棕色，端部黑色，足着生浅色毛和黑毛。翅透明，翅脉棕黑色，翅基部和前缘略着黄色，R_4 脉无附脉或具短附脉。腋瓣浅色，着生浅色毛。平横棒暗棕色。腹部：灰色至青灰色，着生短灰白色毛，背板基部具一些黑毛；腹板仅具浅色毛，前 2 节背腹板两侧略带棕色。

雄性 类似于雌性。复眼覆密的棕色毛，上 2/3 眼面与下眼面分界线不明显，头顶仅具 1 排长黑毛；触角鞭节较雌性细；下颚须覆长浅色毛和黑毛；胸部、腹部和足着生的浅色毛较雌性的长，腹部前 2 节背板两侧较雌性更为棕色。

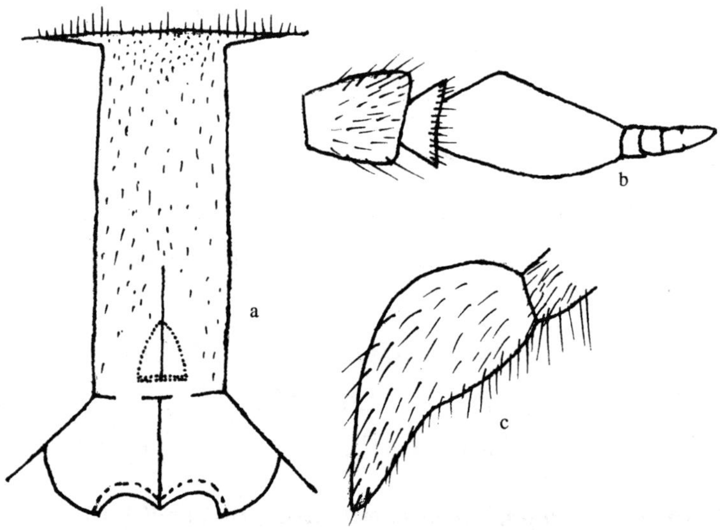

图 140 亚角黄虻 *Atylotus sublunaticornis* (Zetterstedt)

a. 额 (frons)；b. 触角 (antenna)；c. 下颚须 (palpus) (仿 Olsufjev, 1977)

观察标本 模式标本保存地未详。

生物学 未发现吸人和动物血；幼虫可能孳生于有苔藓植物的地域；7 月多见于小溪边灌丛。

地理分布 黑龙江、吉林 (图们、抚松、敦化)；欧洲至俄罗斯西伯利亚，萨哈林岛。

分类讨论 本种类似于暗黄黄虻西伯利亚种 *A. plebjus sibiricus* (Olsufjev)，但暗黄黄虻西伯利亚种的额较窄，头顶仅具浅色毛，胸、腹部着生金黄色毛。

(130) 黄条黄虻 *Atylotus flavoguttatus* (Szilády, 1915)(图 141；图版 XIII)

Ochrops flavoguttatus Szilády, 1915: 98 [Type locality: Caucasus].

Ochrops flavoguttatus quadripunctatus Szilády, 1915: 99. Synonymized by Chvála, 1988: 116.

Atylotus flavoguttatus (Szilády): Olsufjev, 1977: 297; Xu, 1990: 98; Sun and Xu, 2008: 175.

鉴别特征　体灰黄色；复眼光裸，无带或具 1 窄带；头顶具 1 排浅色长毛，额具基胛，中胛小，黑色，有时无，额和颜灰白色；足股节灰棕色；翅 R_4 脉具长附脉；腹部背板具宽的暗中纵条。

形态描述

雌性　体长 12-16 mm，灰黄色，覆黄白色毛。头部：复眼无毛，具 1 窄带或无带；额灰白色，高为基宽的 3.5 倍，两侧平行；基胛小，暗棕色至黑色，中胛小，黑色，有时无，头顶具浅色长毛；亚胛与颜灰白色，颜覆白毛。触角棕黄色，鞭节的端环节有的略暗，基环节具低背突。下颚须灰白色，覆灰白色毛，夹杂有少量黑毛。胸部：背板灰黑色，着生浅色短毛，背侧片黄色；侧板覆白色长毛。足灰棕色，着生浅色毛，后足基节略暗，有的股节基部灰色，股节极端部和胫节棕黄色，前足胫节向端部略变暗，致端部和第 1 跗节暗棕色，第 2-5 跗节黑色，中、后足胫节和跗节棕黄色，跗节色略暗，胫节覆棕色毛和黑毛，跗节覆黑毛。翅透明，翅脉浅棕色，翅 R_4 脉具长附脉。平衡棒黄白色。腹部：背板灰色至灰黑色，第 1-3 或第 1-4 背板两侧具浅棕红色斑，第 3、4 节上的斑小，显示出宽的中纵暗条，第 2-5 或第 2-6 背板的亚中部具 1 对三角形黑毛斑，有的在亚侧部似乎具黑毛斑纵列，但不明显。腹板灰色，前 2 节具黄侧斑。

雄性　复眼具浅色毛，上、下眼面分界明显；头顶具 1 排灰色长毛；触角类似于雌性，但鞭节较细；下颚须第 2 节卵圆形，灰白色，覆白色长毛；腹部背板中纵暗条占腹部宽的 1/3，第 1-3 或第 1-4 背板两侧黄色；腹板黄棕色，具灰色中纵条，后几节灰色。

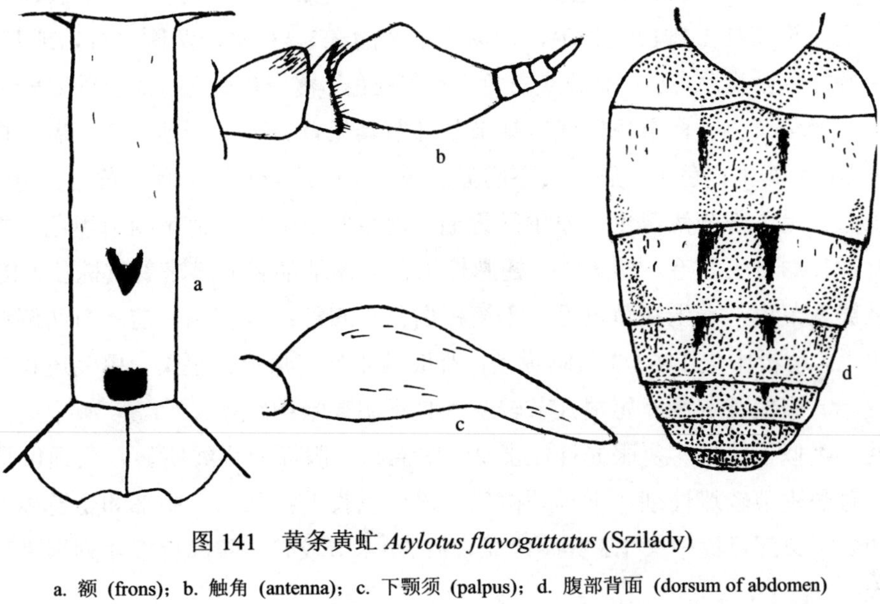

图 141　黄条黄虻 *Atylotus flavoguttatus* (Szilády)

a. 额 (frons)；b. 触角 (antenna)；c. 下颚须 (palpus)；d. 腹部背面 (dorsum of abdomen)

观察标本　10♀♀2♂♂，新疆，保存在 AMMSC。

生物学 5-7 月或 8 月活动。

地理分布 新疆 (哈巴河、霍城、塔城)；西亚地区、中亚地区、南欧地区、北非地区。

分类讨论 腹部具宽的中纵暗条，类似于淡跗黄虻 *A. pallitarsis* (Olsufjev)，但淡跗黄虻的前足跗节棕色，头顶无浅色长毛。

(131) 斜纹黄虻 *Atylotus pulchellus* (Loew, 1858) (图 142，图 143)

Tabanus pulchellus Loew, 1858: 597 [Type locality: Asia minor].

Tabanus cyprianus Ricardo, 1911: 248. Synonymized by Chvála, 1988: 118.

Ochrops karybenthinus Szilády, 1915: 103; Liu, 1999b: 118. Synonymized by Chvála, 1988: 118.

Atylotus pulchellus (Loew): Liu, 1959: 389; Murdoch and Takahasi, 1969: 54; Olsufjev, 1977: 299; Xu, 1982c: 107; Xu, 1982d: 116; Wang, 1983: 64; Yao and Ding, 1986: 31; Wu, Li, Liu, Yang, Zhang and Cao, 1988: 198; Jiang, Zhang, Huang and Dai, 1993: 102; Wang, Ge and Dong, 1998: 44; Sun and Xu, 2008: 177.

鉴别特征 复眼无毛，具 1 窄带；额具基胛；两性头顶具浅色长毛；翅 R_4 脉具长附脉；足大部分浅黄色；腹部背板具 4 列三角形黑毛斑。

形态描述

雌性 体长 10-13 mm，灰色至灰黄色。头部：复眼无毛，具 1 窄带；额灰白色，着生灰白色毛，头顶具 1 排白色长毛，额高为基宽的 3.5-4.0 倍，两侧平行，或基部略窄；基胛和中胛棕色至黑色，小；亚胛灰白色；颜灰白色，覆白色长毛，颊有的具一些黑毛；口毛白色。触角黄色，柄节色较浅，鞭节基环节具低背突。下颚须白色，着生白毛。胸部：浅灰黑色，着生白色毛，盾片具不明显纵条，小盾片较暗，背侧片黄色；侧板灰色，覆白色长毛。足大部分浅黄色，着生同色毛，前足胫节端半和前足跗节黑色，中、后足跗节色略深，均着生黑毛。翅透明，翅脉棕黑色，翅基部和前缘略着黄棕色，R_4 脉具长附脉。腋瓣灰黄色，着生浅黄色毛。平衡棒白色。腹部：浅灰色，前 4 节两侧略黄，着生浅色短毛，背板中央 1/4-1/3 具暗纵条，背板具 4 列三角形黑毛斑，黑毛斑长短有较大的个体变异。腹板黄灰色，尾端几节较灰，具不明显暗中纵条。

雄性 类似于雌性。复眼光裸，上 2/3 眼面与下眼面分界线明显，头顶仅具 1 排白色长毛；触角鞭节较雌性细；下颚须白色，覆白色长毛；胸部、腹部和足着生的浅色毛较雌性的长，腹部背板中央 1/3 具暗纵条，后 3、4 节较暗，腹部背板 4 列黑毛斑均达各节的后缘。

该种体色和毛斑有较大的变异，腹部背板两侧有时仅第 1 节着黄色，有时整个腹部背板两侧着黄色；触角黄色至棕色。

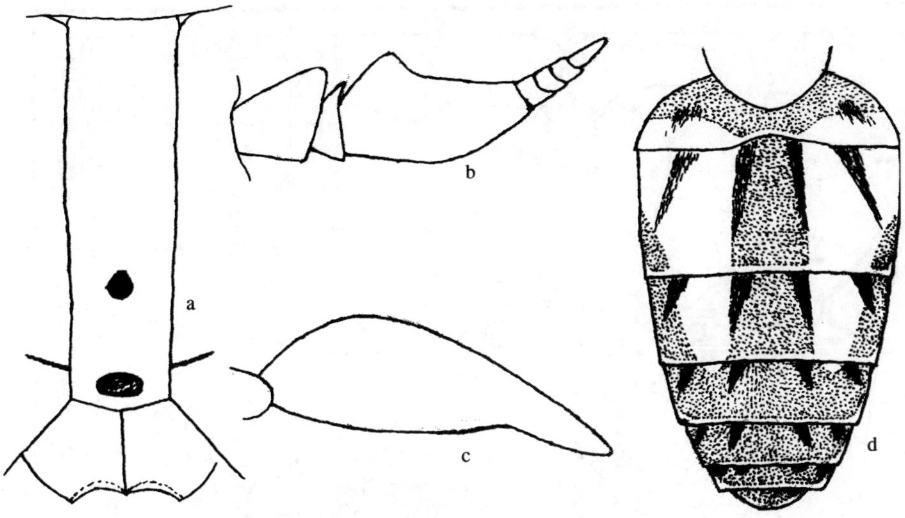

图 142　斜纹黄虻 *Atylotus pulchellus* (Loew)

a. 额 (frons)；b. 触角 (antenna)；c. 下颚须 (palpus)；d. 腹部背面 (dorsum of abdomen)

观察标本　19♀♀2♂♂，宁夏、新疆，保存在 AMMSC。

生物学　经实验研究，可作为骆驼锥虫病的传播媒介；7 月多见于林边、路旁牛体。

地理分布　吉林 (抚松、集安、珲春、和龙、安图)、内蒙古 (呼和浩特)、河南 (郑州、武陟)、陕西 (榆林)、宁夏 (青铜峡、银川)、甘肃 (金塔)、新疆 (霍城、尉犁、若羌、开屏)；欧洲至俄罗斯西伯利亚，库页岛。

分类讨论　本种近似于四列黄虻 *A. quadrifarius* (Loew)，但四列黄虻的下颚须灰白色，着生黑毛和灰黄毛；头顶仅具短的浅色毛。老文献中，曾有 2 亚种记述，即指名亚种 (也称短斑亚种) *A. pulchellus pulchellus* Loew, 1858 和长斑亚种 *A. pulchellus karybenthinus* Szilády, 1915，因同域分布，亚种不成立。本种黄虻是典型的古北界种，数量多，分布广，向南直到河南北部 (图 143)。

(132) 中华黄虻 *Atylotus sinensis* (Szilády, 1926) (图 143，图 144；图版 XIII)

Tabanus (*Ochrops*) *sinensis* Szilády, 1926a: 601 [Type locality: Hongkong, China].

Atylotus sinensis: Stone, 1975: 49; Sun and Xu, 2008: 178.

鉴别特征　复眼无毛，具 1 窄带；胸部背板覆黄毛；腹部覆黄毛，或背板具 2 列弱的黑毛纵列；翅 R_4 脉无或具附脉；足大部分棕黄色。

形态描述

雌性　体长 12-15 mm，黄色。头部：复眼无毛，具 1 明显或不明显的短窄带；额黄色，覆黄毛，高为基宽的 4-5 倍，两侧平行；基胛小，棕黑色，中胛无或有，不规则形，

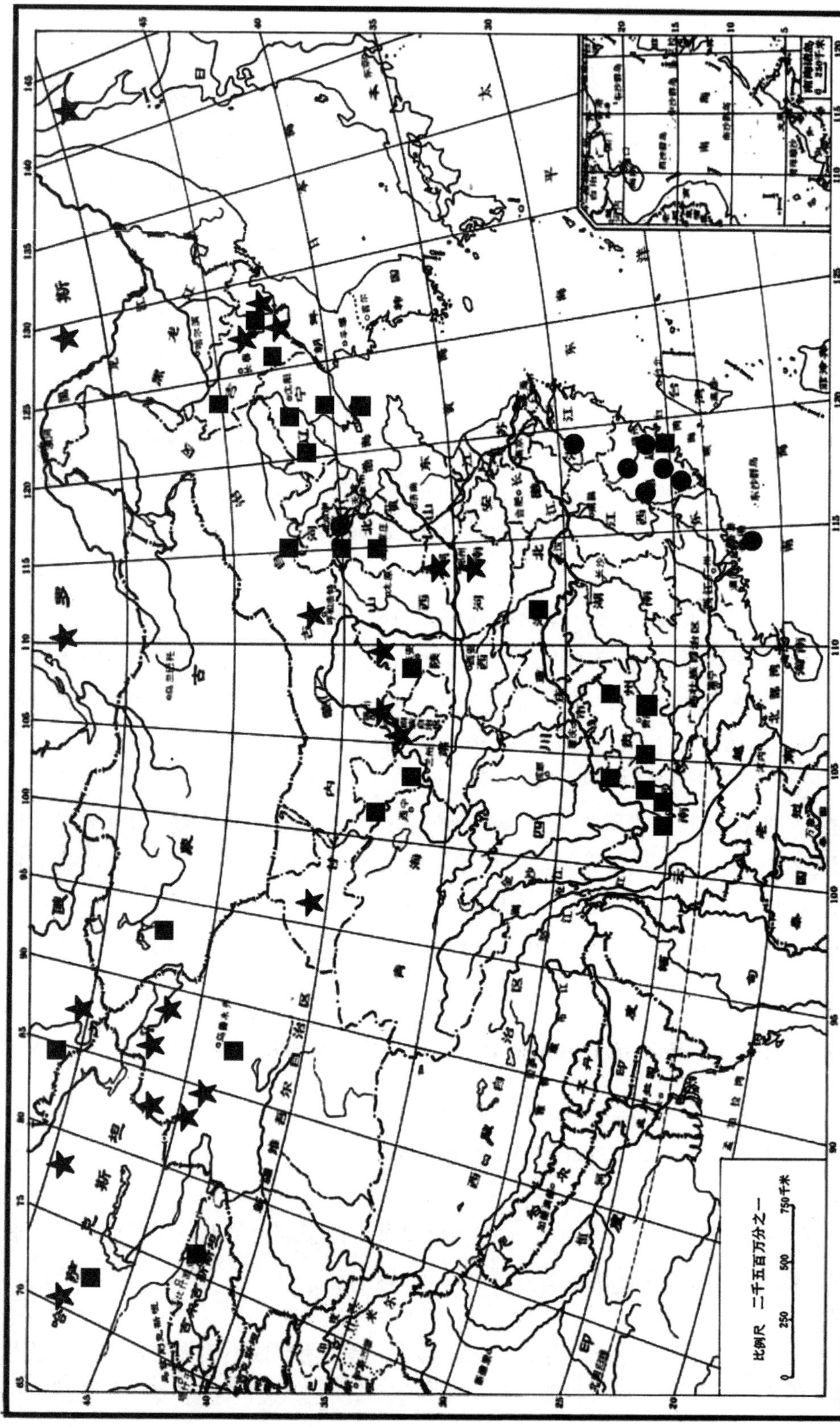

图 143 黄虻属 *Atylotus* 的地理分布

●中华黄虻 *Atylotus sinensis* (Szilády) ★斜纹黄虻 *Atylotus pulchellus* (Loew) ■淡跗黄虻 *Atylotus pallitarsis* (Olsufjev)

黑色；亚胛与颜黄色，覆黄毛；口毛黄色。触角黄棕色，柄节覆黄毛，端背部着生黑毛，鞭节带棕红色，基环节长为宽的 1.5 倍，具低背突。下颚须黄色，覆黄毛，第 2 节或多或少夹杂黑毛。胸部：背板棕黄色，着生黄毛，有的可见不清晰的 3 浅色纵条；背侧片棕红色；侧板黄色，覆黄色长毛。足棕黄色，着生黄毛，前足股节夹杂少量黑毛，胫节着生黄毛和黑毛，跗节着生黑毛，前足胫节端部 1/2-2/3 和跗节，中、后足第 1 跗节端半和第 2-5 跗节棕黑色。翅透明，翅脉棕黄色，翅基鳞着生黄毛，R_4 脉无或具附脉，R_5 室开放。腋瓣黄色，两腋瓣交接处着生的毛金黄色。平衡棒黄棕色。腹部：背板一致黄色，覆黄毛，有的尾端略暗，有的具 2 纵列由少量黑毛组成的毛斑，有的具不清晰的暗斑中纵列，有的同时具暗斑中纵列和 2 列黑毛斑。腹板色同背板，着生黄毛和黑毛。

雄性　体长 12-14 mm，上、下眼面界限清晰，触角窄于雌性，余者同雌性。

观察标本　正模♀，香港，保存在 NMVA (未检视)。30♀♀7♂♂，福建、浙江、北京，保存在 AMMSC。

生物学　山地林缘种。

地理分布　北京 (延庆)、浙江 (临安)、福建 (南靖、寿宁、建阳、福州、邵武、光泽、永安、三明)、香港。

分类讨论　据 Szilády (1926a) 原文，本种与非洲的 *A. agrestis* (Wiedemann) 和欧洲的 *A. loewianus* (Villeneuve) 接近。接近霍氏黄虻 *A. horvathi* (Szilády)，但霍氏黄虻腹部背板灰黄色，第 1、3 或第 1-4 背板两侧具棕黄色斑，胸部背板覆黄毛和黑毛。本种为东洋界种，向北延伸分布到古北界的北京 (图 143)。

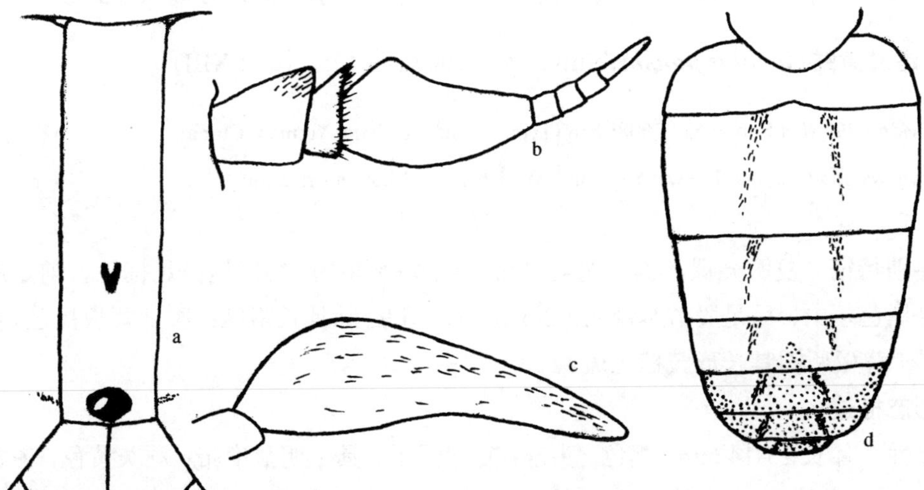

图 144　中华黄虻 *Atylotus sinensis* (Szilády)

a. 额 (frons)；b. 触角 (antenna)；c. 下颚须 (palpus)；d. 腹部背面 (dorsum of abdomen)

(133) 窄条黄虻 *Atylotus petiolateinus* Leclercq, 1966

Atylotus petiolateinus Leclercq, 1966: 131 (new name for *Tabanus petiolatus* Szilády,1926, a junior primary homonym of *T. petiolatus* Hine, 1817); Chvála, 1988: 118; Sun and Xu, 2008: 177.

Tabanus petiolatus Szilády, 1926a: 602 [Type locality: Mittelchina].

鉴别特征 腹部背板具中纵列暗斑；翅 R_4 脉无附脉，R_5 室封闭。

形态描述

雌性 未详。

雄性 体灰黄色，覆浅黄色毛，体长 15 mm。头部：复眼具毛，上部的大眼面占眼的 2/3，与下部的小眼面分界明显；额与亚胛色一致。下颚须黄色，覆灰黄色毛和黑毛。足黑色，覆灰粉。翅 R_4 脉无附脉，R_5 室封闭。腹部背板灰黄色，后几节色较深，带红黄色，第 2-4 节中央前方具黑斑，第 5、6 节中央前方具横的长方形黑斑，侧部具圆形侧斑，第 7 节黑色，腹部着生黄白色毛。

观察标本 模式标本♂，采自华中，无具体地点，保存在奥地利维也纳博物馆 (Wiener Museum, Austria WMA) (未检视)。

生物学 丘陵种。

地理分布 华中地区。

分类讨论 据 Szilády (1926a) 原文，本种与欧洲的 *A. loewianus* (Villemeuve) 近似。本种翅 R_5 室封闭，在我国黄虻属中仅此 1 种，容易识别，但作者尚未看到该种标本。

(134) 建设黄虻 *Atylotus jianshei* Sun *et* Xu, 2008 (图 145；图版 XIII)

Atylotus jianshei Sun *et* Xu, 2008: 176 [Type locality: Lijiang, Yunnan, China].

Atylotus quadrifarius (Loew): Yang and Xu, 1997: 13. Misidentification.

鉴别特征 复眼光裸，具 1 明显窄带；额基胛和中胛均发达；足棕色，前足股节基部少许黑色，中、后足股节基部 1/2-2/3 黑色；翅 R_4 脉具长附脉；腹部背板黑色，第 1-3 或第 1-4 背板两侧具长形黄棕色斑。

形态描述

雌性 体长 13-14 mm，黑色。头部：复眼无毛，具 1 明显窄带；额灰黄色，覆黄毛，头顶具黑毛，额高为基宽的 3.5-4.0 倍，两侧平行；基胛类圆形，黑色，中胛心形或矛形，与基胛等宽，黑色；亚胛与颜灰黄色，覆黄毛。触角棕色，柄节和梗节带黄色，着生黄毛，柄节背方和梗节着生较多黑毛，鞭节的背突位于中基部，端环节色略暗于基环节。下颚须浅棕色，覆灰黄毛和黑毛。胸部：背板黑色，着生灰白色短毛，夹杂有一些黑毛，背侧片黄色，盾片中央具棕黑色窄纵条；侧板和足基节黑色，覆薄的黄色粉和灰黄色毛。足股节棕色，覆黑毛，夹杂黄毛，前足股节基部少许至 1/3，中、后足股节基部 1/2-2/3 黑色，胫节棕色，着生黑毛和黄毛，前足胫端部 1/3 及跗节，中、后足第 2-5 跗节黑色，着生黑毛。翅透明，翅脉浅棕色，翅基鳞着生黑毛，R_4 脉具长附脉，R_5 室开放。平衡棒黄棕色。腋瓣棕色，着生浅棕黄色毛。腹部：背板黑色，第 1-3 或第 1-4 背板两侧具长形黄棕色斑，浅色部分着生灰黄色毛，黑色部分着生黑毛，但浅色斑上的浅色毛带，向后延伸至第 6 背板，向前延伸至第 1 背板，中纵线位置上具一些灰黄色毛，外观呈现出 4 列黑毛斑；腹板灰黑色，着生黄毛，后几节夹杂有黑毛，第 2 腹板两侧有的具小的不明显的棕色斑。

雄性 未详。

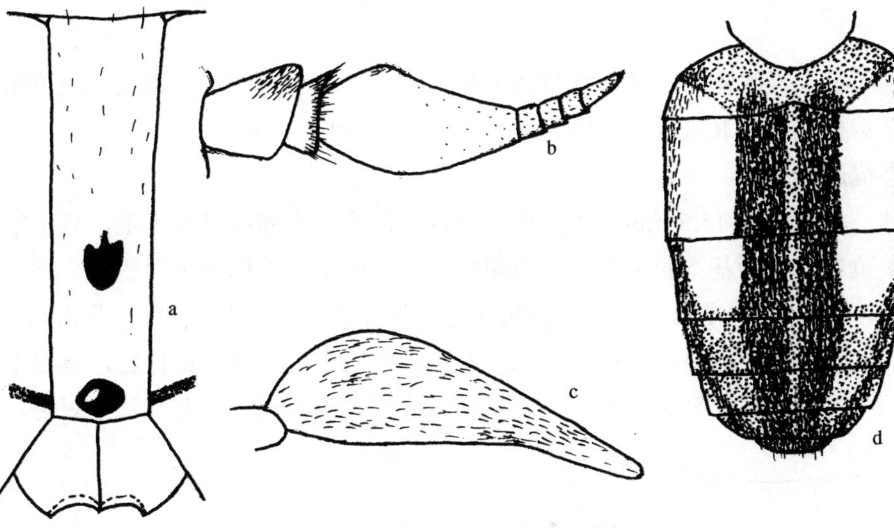

图 145 建设黄虻 *Atylotus jianshei* Sun *et* Xu

a. 额 (frons)；b. 触角 (antenna)；c. 下颚须 (palpus)；d. 腹部背面 (dorsum of abdomen)

观察标本 正模♀，云南丽江，1991.VII.13，2600 m，杨建设，保存在 AMMSC。4♀♀，云南，保存在 AMMSC。

生物学 山地林缘种。

地理分布 云南 (丽江、大理)。

分类讨论 本种类似于黑胫黄虻 *A. rusticus* (Linnaeus)，但黑胫黄虻的前足股节大部分黑色，腹部背板棕色斑仅限于第 2 背板。也类似于四列黄虻 *A. quadrifarius* (Loew)，但四列黄虻的足灰黄色至黄棕色，前足胫节端部和跗节褐色。

(135) 四列黄虻 *Atylotus quadrifarius* (Loew, 1874) (图 146; 图版 XIII)

Tabanus quadrifarius Loew, 1874: 414 [Type locality: Krasnoarmejsk, Russia].

Ochrops agrestis var. *rufipes* Szilády, 1915: 106. Synonymized by Chvála, 1988: 119.

Ochrops agrestis var. *lattesica* Strand, 1925 (In: Kröber, 1925): 14 (new name for *Ochrops rufipes* Szilády, 1915, a junior secondary homonym of *Tabanus rufipes* Meigen, 1820).

Atylotus agrestis afghanistanicus Moucha and Chvála, 1959: 279. Synonymized by Chvála, 1988: 119.

Atylotus agrestis: Chen, 1983: 113. Misidentification.

Atylotus quadrifarius: Olsufjev, 1977: 295; Xu, 1982b: 103, Chen, 1983: 114; Yao and Ding, 1986: 32; Wu, Li, Liu, Yang, Zhang and Cao, 1988: 198; Wang, 1994: 71; Wang, Ge and Dong, 1998: 44; Sun and Xu, 2008: 177.

鉴别特征 复眼光裸，具 1 窄带或无带；额具基胛和中胛，头顶仅具浅色短毛；足灰黄色至黄棕色；翅 R_4 脉具长附脉；腹部背板具 4 列黑毛条。

形态描述

雌性 体长 12.5-15.5 mm，灰黄色，覆黄白色毛。头部：复眼无毛，具 1 窄带或无带；额灰黄色，高为基宽的 4-5 倍，两侧平行，基胛小，暗棕色至黑色，头顶具浅色短毛；亚胛与颜灰白色，覆白毛。触角浅黄灰色，鞭节带棕色，具低背突。下颚须灰白色，覆灰黄色毛和黑毛。胸部：背板灰黑色，着生浅色短毛，背侧片黄棕色，具黑毛；侧板覆白色长毛。足灰黄色至黄棕色，但前足胫节端部和跗节褐色，着生浅色短毛，胫节和

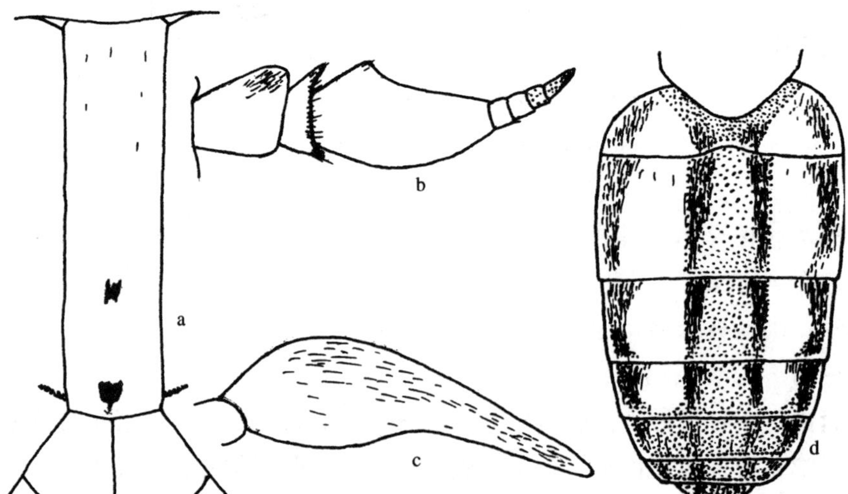

图 146 四列黄虻 *Atylotus quadrifarius* (Loew)

a. 额 (frons); b. 触角 (antenna); c. 下颚须 (palpus); d. 腹部背面 (dorsum of abdomen)

跗节具一些黑毛。翅透明，翅脉棕色，翅基和翅前缘带黄色，翅 R_4 脉具长附脉。平衡棒黄白色。腹部：背板黄棕色，覆灰粉，后几节色较深，着生黄白色毛，具 4 列黑毛条，侧条有时不明显。腹板灰黄色至黄棕色，着生浅色毛，第 7 腹板具黑毛。

雄性　复眼具浅毛，上、下眼面分界明显，头顶仅覆短浅毛；触角类似于雌性，但鞭节更细，色较浅；下颚须第 2 节卵圆形，覆白毛。

观察标本　20♀♀2♂♂，辽宁、新疆，保存在 AMMSC。

生物学　荒漠半荒漠种；孳生于盐泽；雌虻攻击人、马、牛、狗、羊、骆驼，也攻击蜥蜴；在实验室证明可作为野兔热媒介。

地理分布　吉林 (平台、白城)、辽宁 (北镇、西丰、开原、法库、黑山、义县、锦县、绥中、营口、大洼、岫岩、庄河、宽甸、金县、长山列岛)、内蒙古 (呼和浩特、呼伦贝尔阿荣旗、布特哈旗、满洲里、乌兰浩特、阿尔山)、河南 (西峡、鸡公山、民权、博爱、西平)、陕西 (榆林、延安)、甘肃 (临泽)、新疆 (哈巴河)；俄罗斯，蒙古，阿富汗，伊拉克，伊朗，西地中海到土耳其。

分类讨论　从前该种在古北界使用 *A. agrestis* (Wiedemann)，有不少亚种，后经 Ovazza, Camicas 和 Pichon (1968) 对外生殖器的研究，认为 *A. agrestis* (Wiedmann, 1828) 分布于非洲界和埃及，而 *A. quadrifarius* (Loew, 1874) 分布于古北界，欧、亚大陆。

(136) 淡跗黄虻 *Atylotus pallitarsis* (Olsufjev, 1936) (图 143，图 147)

Tabanus (*Ochrops*) *pallitarsis* Olsufiev, 1936: 236 [Type locality: Novosibiriskoj, Russia].

Atylotus pallitarsis (Olsufjev): Murdoch and Takahasi, 1969: 54; Olsufjev, 1977: 291; Wang, 1983: 64; Chen, 1983: 113; Yao and Ding, 1986: 32; Wu, Li, Liu, Yang, Zhang and Cao, 1988: 198; Chen and Xu, 1992a: 51; Jiang, Zhang, Huang and Dai, 1993: 102; Yang and Xu, 1997: 13; Liu, 1999b: 118; Xu, 2001: 346; Sun and Xu, 2008: 177.

鉴别特征　复眼光裸，具 1 窄带；额具基胛和中胛，头顶具浅色短毛；足一致黄色；翅 R_4 脉具长附脉；腹部背板具中纵暗条。

形态描述

雌性　体长 9.5-13.0 mm，灰黄色，覆黄白色毛。头部：复眼无毛，具 1 窄带；额灰黄色，高为基宽的 3.5 倍，顶端变窄，基胛小，棕黑色至黑色，中胛小，黑色，有时分成 2 小点，头顶具浅色短毛；亚胛与颜灰白色，颜覆白毛。触角浅黄色，鞭节带棕色，具低背突。下颚须灰白色，覆灰黄色毛和黑毛。胸部：背板灰色，着生黑色短毛，背侧片黄色；侧板覆长白毛。足一致黄色，覆浅色毛，基节灰色，前足基节灰黄色，着生白色长毛，前足跗节和胫节极端部黄棕色，着生黑毛。翅透明，翅脉棕色，翅 R_4 脉具长附脉。腋瓣和平衡棒黄白色。腹部：背板灰色，着生灰白色毛，具中纵暗条，条上着生黑毛，前 3、4 节两侧带黄色。腹板灰色，具黄斑。

雄性 未详。

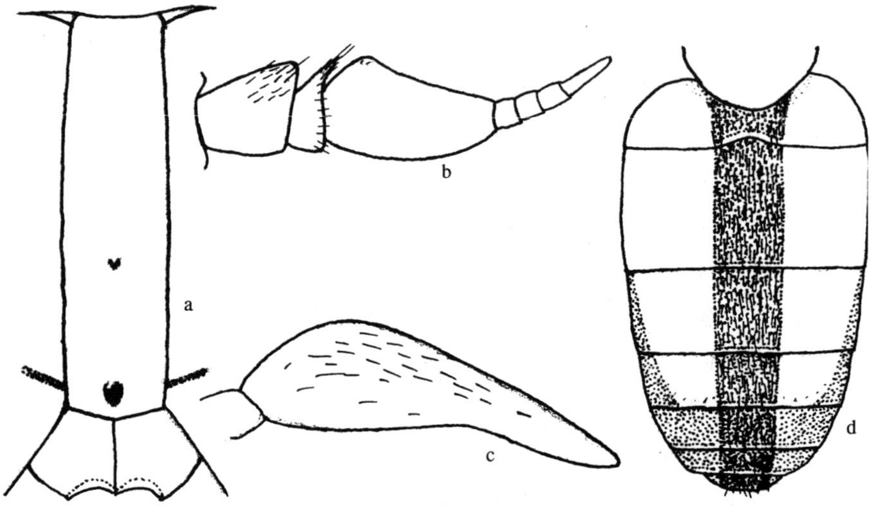

图 147 淡跗黄虻 *Atylotus pallitarsis* (Olsufjev)

a. 额 (frons)；b. 触角 (antenna)；c. 下颚须 (palpus)；d. 腹部背面 (dorsum of abdomen)

观察标本 正模♀，俄罗斯，保存在 IZPR (未检视)。7♀♀，辽宁、湖北、北京，保存在 AMMSC。

生物学 雌虻攻击人、马；在我国分布区内，数量不多。

地理分布 吉林 (抚松、长白镇、靖宇、柳河、汪清、平台)、辽宁 (庄河、大洼、锦县、北镇、黑山、绥中、长山列岛)、内蒙古 (哲里木盟、扎鲁特旗)、北京 (丰台)、河北、陕西 (延安)、甘肃 (武威、临泽)、新疆、湖北 (应山)、福建 (莆田)、贵州 (黔西、思南、沿河)、云南 (曲靖、宣威、昭通、昆明)；俄罗斯，蒙古，中亚地区，欧洲。

分类讨论 本种的前足跗节黄棕色而不是黑色，极易与我国黄虻属其他种类相区别。本种黄虻为古北界种，但延伸分布到东洋界的华中区和华南区的北缘 (图 143)。

(137) 骚扰黄虻 *Atylotus miser* (Szilády, 1915) (图 148；图版 XIII)

Ochrops miser Szilády, 1915: 103 [Type locality: Ussuri, Russia].

Atylotus bivittatus Matsumura, 1916: 384. Synonymized by Chvála, 1988: 117.

Atylotus bivittateinus Takahasi, 1962: 62; Xu, 1982e: 121; Xu, 2005: 768 (new name for *A. bivittatus* Matsumura, 1916). Synonymized by Chvála, 1988: 117.

Tabanus (*Ochrops*) *agricola* Wiedemann: Schuurmans-Stekhoven, 1929: 502. Misidentication.

Tabanus (*Ochrops*) *ditaeniatus* Macquart: Schuurmans-Stekhoven, 1929: 503; Ôuchi, 1943: 513. Misidentification.

Atylotus miser (Szilády): Takagi, 1941: 65; Liu, 1959a: 389; Murdoch and Takahasi, 1969: 53; Olsufjev, 1977: 290; Xu, 1982b: 103; Xu, 1982c: 107; Xu and Liu, 1982b: 114; Zhang and Zhao, 1982: 7; Wang, 1983: 66; Chen, 1983: 113; Yao and Ding, 1986: 32; Wu, Li, Liu, Yang, Zhang and Cao, 1988: 198; Chen and Xu, 1992a: 49; Jiang, Zhang, Huang and Dai, 1993: 102; Yang and Xu, 1997: 13; Wang, Ge and Dong, 1998: 44; Liu, 1999b: 118; Xu, 2001: 346; Xu, 2005: 769; Sun and Xu, 2008: 176.

鉴别特征 复眼光裸，具 1 窄带；额具基胛和中胛；头顶具浅色短毛；足黄棕色；翅 R_4 脉具附脉；腹部背板具中纵暗条。

形态描述

雌性 体长 11.0-13.5 mm，灰黄色，覆黄白色毛。头部：复眼无毛，具 1 窄带；额灰黄色，高为基宽的 4.5 倍，两侧平行，基胛棕色至黑色，中胛心形，黑色，头顶具浅色短毛；亚胛与颜灰白色，颜覆白毛。触角黄色，鞭节带棕色，基环节具低背突，长为宽的 1.5 倍。下颚须灰白色，覆灰黄色毛和黑毛。胸部：背板灰黑色，着生浅色短毛，背侧片黄棕色，具黑毛；侧板灰色，覆浅黄色长毛。足黄棕色，但前足胫节端部和跗节黑色，着生浅色短毛，各足股节基部 1/6-1/3 灰黑色，中、后足跗节端部黑色。翅透明，翅脉黄色，R_4 脉具附脉。腋瓣棕色，缘毛白色。平衡棒黄白色，腹部：背板灰黄色，着生黑毛，第 1、2 或第 1-3 背板两侧具黄色斑，中纵暗条占腹宽的 1/3，前后大致等宽，或第 2 节上的最宽。腹板灰黄色，着生浅色毛，第 7 腹板具黑毛。

雄性 体长 11-14 mm，复眼具短毛，上、下眼面分界明显，头顶仅覆浅色短毛；触

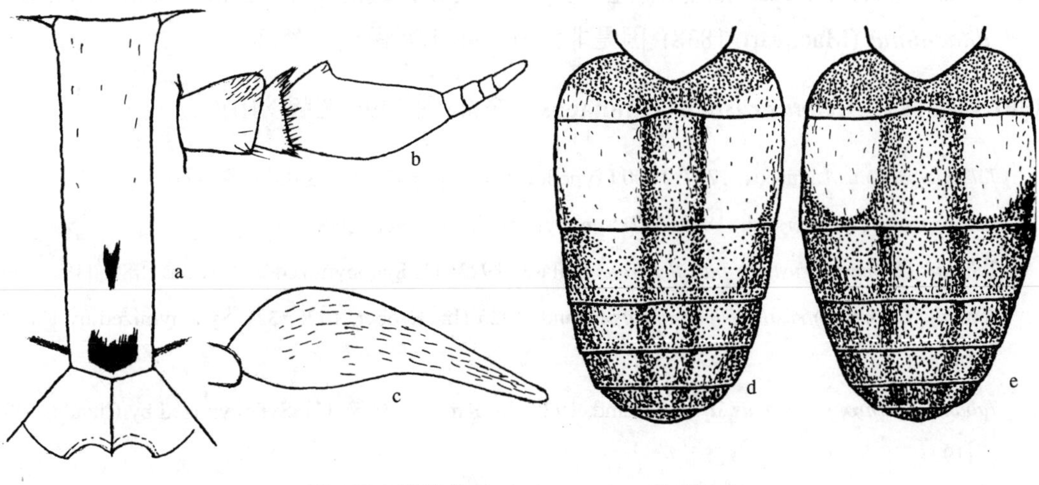

图 148 骚扰黄虻 *Atylotus miser* (Szilády)

a. 额 (frons); b. 触角 (antenna); c. 下颚须 (palpus); d、e. 腹部背面 (dorsum of abdomen)

角类似于雌性，但鞭节较细，色较浅；下颚须第 2 节卵圆形，覆黑毛，第 1-3 或第 1-4 背板两侧具黄色斑，中纵暗条占腹宽的 1/4。

观察标本 180♀♀20♂♂，黑龙江、辽宁、北京、浙江、四川、甘肃，保存在 AMMSC。

生物学 我国古北界东北区、华北区极其常见的种类；6-8 月活动；雌虻攻击人、马、牛、狗、羊。

地理分布 黑龙江 (虎林、嫩江、哈尔滨)、吉林 (抚松、长白镇、靖宇、集安、通化、敦化、汪清、和龙、安图、珲春、平台)、辽宁 (东沟、新宾、开原、西丰、岫岩、宽甸、法库、沈阳、鞍山、庄河、锦县、黑山、义县)、内蒙古 (呼和浩特、呼伦贝尔阿荣旗、扎兰屯、乌兰浩特)、北京 (丰台、延庆)、天津、河北、山西 (太原、五台、岢岚、河曲、文水)、山东 (青岛、文登、威海、济南、益都、诸城)、河南 (鸡公山、信阳、桐柏、伏牛山、西峡、武陟、西平、弈川)、陕西 (延安、秦岭、太白、宝鸡、略阳、留坝、佛坪)、宁夏 (泾源、中卫、银川)、甘肃 (岷现、舟曲、武都、文县、康县、临泽、天水)、青海 (海晏)、江苏 (徐州、新沂、邗江)、上海 (崇明)、安徽 (太平)、浙江 (临安、定海、临海)、湖北 (孝感、应山、襄阳)、福建 (武夷山、邵武、建阳、光泽、将乐、莆田、宁德、南靖、上杭、永安、诏安)、广东 (惠东)、香港、广西 (防城、龙州)、重庆 (巫溪)、四川 (南平、理县、汶川、泸定、美姑、峨眉、均连)、贵州 (平坝、绥阳、余庆、江口、铜仁、独山、天柱、思南、沿河、黄平、岑巩、雷山、台江、威宁、赫章)、云南 (水富、彝良)；俄罗斯，蒙古，日本。

分类讨论 本种在我国分布极广，形态变异较大，接近霍氏黄虻 *A. horvathi* (Szilády)，但霍氏黄虻体黄绿色，腹部背板中纵暗条从前向后加宽；中、后足股节黄色，或基部 1/3 至 1/2 黑色。本种腹部背板浅色斑仅限于第 2 背板两侧的个体，极易与黑胫黄虻 *A. rusticus* (Linnaeus) 混淆，需进一步研究。文献记载的 *A. agricola* (Wiedemann, 1828) 和 *A. ditaeniatus* (Macquart, 1838) 因是非洲种，本志暂做误定处理。

(138) 黑胫黄虻 *Atylotus rusticus* (Linnaeus, 1767) (图 149；图版 XIII)

Tabanus rusticus Linnaeus, 1767: 1000 [Type locality: Europa: in Svecia].

Tabanus ruralis Zetterstedt, 1838: 517. Synonymized by Chvála, 1988: 119.

Tabanus (*Ochrops*) *rusticus parallelifrons* Szilády, 1923: 11. Synonymized by Chvála, 1988: 119.

Tabanus (*Ochrops*) *rusticus hungaricus* Strand, 1925 (In: Kröber, 1925: 32). Synonymized by Chvála, 1988: 119.

Tabanus (*Ochrops*) *rusticus strobli* Strand, 1925 (In: Kröber, 1925: 32). Synonymized by Chvála, 1988: 119.

Tabanus (*Atylotus*) *rusticus ochraceus* Olsufjev and Melnikova, 1962: 576. Synonymized by Chvála, 1988: 119.

Atylotus plebejus (Fallen): Chen, 1983: 113. Misidentification.

Atylotus rusticus (Linnaeus): Liu, 1959a: 390; Olsufjev, 1977: 293; Xu, 1982d: 116; Zhang and Zhao, 1982: 7; Wang, 1983: 66; Chen, 1983: 114; Yao and Ding, 1986: 32; Wu, Li, Liu, Yang, Zhang and Cao, 1988: 198; Jiang, Zhang, Huang and Dai, 1993: 102; Yang and Xu, 1997: 13; Liu, 1999b: 118; Xu, 2005: 769; Sun and Xu, 2008: 178.

鉴别特征　雌性复眼光裸，具 1 窄带；额具基胛和中胛，头顶仅具浅色短毛；足股节灰黑色；翅 R_4 脉具长附脉；腹部背板灰黑色，着生浅色短毛，第 2 或第 1、2 背板两侧具椭圆形黄棕色斑。

形态描述

雌性　体长 11-16 mm，灰色，覆灰白色毛。头部：复眼无毛，具 1 窄带；额灰黄色，高为基宽的 3.5-4.0 倍，两侧平行，基胛和中胛小，黑色，头顶具浅色短毛；亚胛与颜灰黄色，颜覆灰白色毛。触角棕色，柄节和梗节带黄色，着生黄毛，鞭节的背突位于中部或近中部。下颚须细长，灰黄色，覆灰黄色毛，夹杂有少量黑毛。胸部：背板灰黑色，着生短的浅色毛，夹杂有一些黑毛；侧板覆白色长毛。足灰黑色，但股节末端、胫节端部和中足跗节黄棕色，前足胫节端部和前足跗节黑色，后足跗节暗，基节和股节腹方具浅色长毛。翅透明，翅脉棕黑色，翅基棕色，翅 R_4 脉具长附脉。腋瓣浅色，着生浅色毛。平衡棒黄白色。腹部：背板灰黑色，覆青灰色粉，着生浅色毛，中央具 2 列不明显的、着生黑毛的纵条，第 2 或第 1、2 背板两侧具椭圆形黄棕色斑。

雄性　复眼具浅色毛，上部着生较长的棕色毛，下部着生较短的灰白色毛，头顶仅

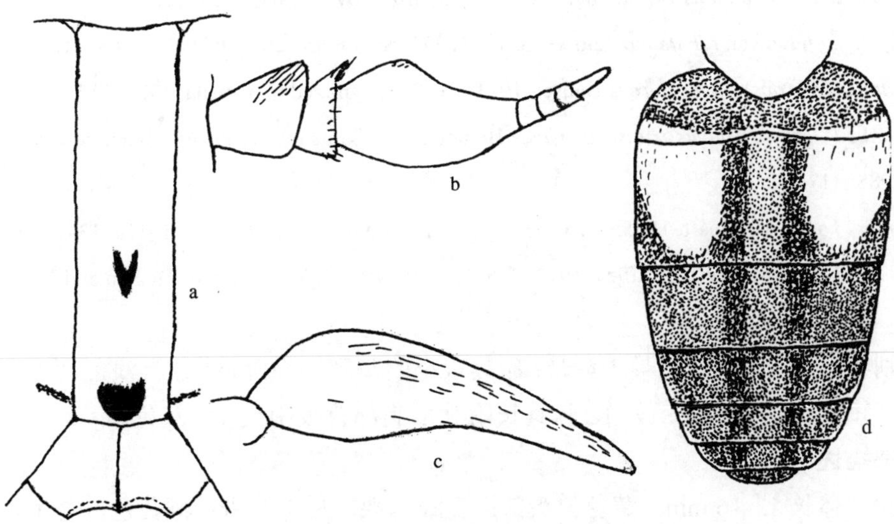

图 149　黑胫黄虻 *Atylotus rusticus* (Linnaeus)

a. 额 (frons)；b. 触角 (antenna)；c. 下颚须 (palpus)；d. 腹部背面 (dorsum of abdomen)

覆短的浅色毛，上、下眼面分界明显；触角类似于雌性，但鞭节较细；下颚须第 2 节卵圆形，着生灰白色长毛；腹部背板前 3、4 节两侧具大黄斑；腹板前 4 节黄色，具窄的灰色中纵条，后 3 节灰色。

观察标本 30♀♀3♂♂，黑龙江、北京、甘肃，保存在 AMMSC。

生物学 荒漠半荒漠种；孳生于盐泽；雌虻攻击人、马、牛、狗、羊、骆驼，也攻击蜥蜴；在实验室证明可作为野兔热媒介。

地理分布 黑龙江 (虎林、嫩江)、吉林 (抚松、靖宇、通化)、辽宁 (庄河、义县、盖县)、内蒙古 (呼和浩特、博克图)、北京 (怀柔)、河北、山西 (太原、五台、宁武、岢岚、文水)、山东 (文登)、陕西 (黄龙、秦岭、周至、佛坪、留坝)、宁夏 (泾源、隆德)、甘肃 (舟曲、兰州、天祝、宕昌)、青海 (湟源)、新疆、四川 (南平)、云南 (下关、大理)；俄罗斯，蒙古，土耳其，欧洲，北非地区。

分类讨论 本种类似于骚扰黄虻 *A. miser* (Szilády)，但典型的骚扰黄虻触角鞭节基环节的背突位于基部，足股节大部分黄棕色，腹部背板两侧浅色斑延伸到第 3 至第 4 背板。本种腹部背板浅色斑仅限于第 2 或第 1-2 背板，股节大多黑色，至少中足股节基部 1/3 黑色，后足股节 2/3 黑色。本种极易与骚扰黄虻混淆，2 个种的鉴别需进一步研究。

(139) 宽角黄虻 *Atylotus fulvus* (Meigen, 1804) (图 150)

Tabanus fulvus Meigen, 1804: 170 [Type locality: Elberfeld, Germany].

Tabanus rufipes Meigen, 1820: 59. Synonymized by Chvála, 1988: 116.

Atylotus bituberculatus Bigot, 1892: 659. Synonymized by Chvála, 1988: 116.

Atylotus aurisquammatus Bigot, 1892: 665. Synonymized by Chvála, 1988: 116.

Dasystypia fulva var. *flavifemur* Enderlein, 1925: 371. Synonymized by Chvála, 1988: 116.

Tabanus (*Ochrops*) *fulvus aureus* Hauser, 1941: 71. Synonymized by Chvála, 1988: 117.

Tabanus (*Ochrops*) *fulvus transcaucasicus* Bogatchev *et* Samedov, 1949: 68. Synonymized by Chvála, 1988: 117.

Tabanus hoang Macquart, 1855: 46. Type (♀) lost, related to *fulvus* (Ricardo, 1911a: 134).

Atylotus fulvus (Meigen): Olsufjev, 1977: 285; Xu, 1982d: 116; Wang, 1994: 71; Sun and Xu, 2008: 175.

鉴别特征 复眼光裸，具 1 窄带；额具很小的基胛和中胛，头顶具浅色短毛和黑毛；触角鞭节短宽；足黄棕色；翅 R_4 脉具长附脉；腹部背板中央 1/3 灰色。

形态描述

雌性 体长 13-16 mm，黄色。头部：复眼光裸，具 1 窄带；额黄色，着生短的浅色毛和黑毛，高为基宽的 4 倍，两侧平行，基胛和中胛均很小，黑色，头顶具浅色短毛；亚胛黄棕色；颜灰黄色，具黄白色长毛；口毛黄白色。触角黄棕色至红棕色，柄节和梗节着生短黑毛，鞭节的基环节长约等于宽，具尖背突。下颚须灰黄色，覆短的灰黄色毛和黑毛。胸部：黄灰色至暗棕色，着生短黑毛和黄毛；侧板覆金黄色长毛。足黄棕色，但前足胫节端半和跗节黑色，中、后足基节和股节的基部灰色，有时股节全部黄色，中、后足端部的 2 个跗节黑色。翅透明，翅脉黑色，翅基半和前缘带棕色，翅 R_4 脉具长附脉。平衡棒黄色。腹部：背板黄棕色，着生金黄色毛和黑毛，第 1 背板灰色，第 2、3 背板中部 1/3 灰色，第 4-7 背板几乎全部灰色。腹板大部分灰黄色。

雄性　复眼具灰色短毛，上、下眼面分界明显，头顶仅覆浅色短毛；亚胛和颜黄色；触角类似于雌性，但鞭节较细；下颚须第 2 节卵圆形，覆黑毛；腹部前 4 节背板两侧黄色，中纵暗条占节宽的 1/5-1/4。

观察标本　2♀♀2♂♂，新疆，保存在 AMMSC。

生物学　林区种，数量不多；雌虻攻击人、马、牛、狗、羊。

地理分布　新疆 (昭苏、精河)；欧洲向东到西亚地区，中亚地区，俄罗斯的外贝加尔湖，萨哈林岛。

分类讨论　该种触角短宽，鞭节的背突尖，极易与我国黄虻属的其他成员相区别。

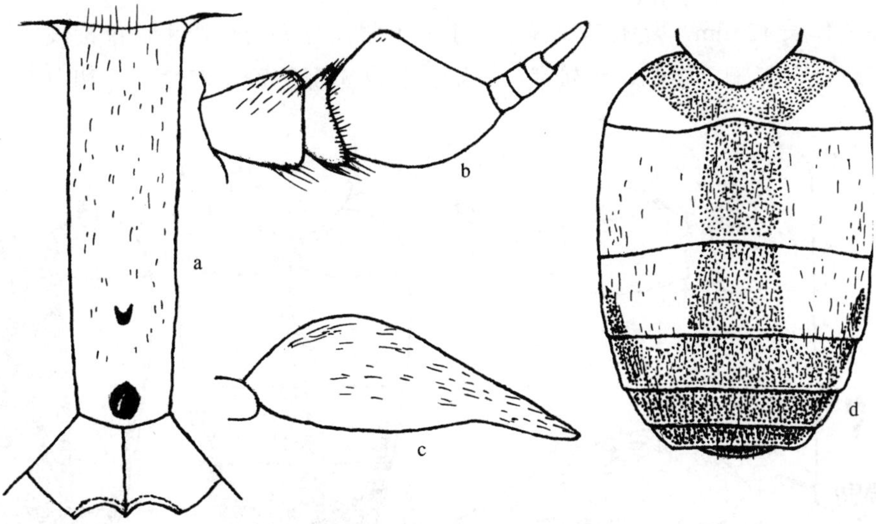

图 150　宽角黄虻 *Atylotus fulvus* (Meigen)

a. 额 (frons)；b. 触角 (antenna)；c. 下颚须 (palpus)；d. 腹部背面 (dorsum of abdomen)

(140) 霍氏黄虻 *Atylotus horvathi* (Szilády, 1926) (图 151；图版 XIII)

Tabanus (*Ochrops*) *horvathi* Szilády, 1926a: 601 [Type locality: Japan].

Atylotus horvathi: Murdoch and Takahasi, 1969: 55; Olsufjev, 1977: 289; Xu, 1982e: 121; Yao and Ding, 1986: 31; Wu, Li, Liu, Yang, Zhang and Cao, 1988: 198; Chen and Xu, 1992a: 49; Jiang, Zhang,

Huang and Dai, 1993: 102; Wang, Ge and Dong, 1998: 44; Liu, 1999b: 118; Xu, 2001: 346; Xu, 2005: 768; Sun and Xu, 2008: 175.

鉴别特征 复眼光裸，具 1 窄带；额具基胛和中胛，头顶具浅色短毛；足黄色；翅 R_4 脉具长附脉；腹部第 1-3 或第 1-4 背板两侧具大的棕黄色斑，中黑条占腹部宽的 1/3。

形态描述

雌性 体长 12-15 mm，黄绿色，覆黄毛。头部：复眼无毛，具 1 窄带；额灰黄色，高为基宽的 4.5-5.0 倍，两侧平行，基胛小，黑色，中胛心形，黑色，有些个体中胛很小，界限模糊，头顶具浅色短毛；亚胛与颜黄灰色，颜覆黄白色毛。触角黄色，鞭节带棕色，基环节长为宽的 1.5 倍，具低背突。下颚须灰白色，覆黄毛和黑毛。胸部：背板灰黑色，着生金黄色毛和黑毛，背侧片棕红色，具黑毛和黄毛；侧板灰黑色，覆白色长毛。足黄色，但前足胫节端部 1/2-2/3 和跗节黑色，中、后足跗节端部黑色。翅透明，翅脉棕色，R_4 脉具长附脉。腋瓣棕黑色，毛金黄色。平衡棒黄白色。腹部：背板灰黄色，着生金黄色毛，夹杂有少量黑毛，第 1-3 或第 1-4 背板两侧具大的棕黄色斑，中黑条占腹部宽的 1/3。腹板灰黄色，着生黄毛和黑毛。

雄性 体长 12 mm，复眼具短浅毛，上、下眼面分界明显，头顶仅覆浅色短毛；触角类似于雌性，但鞭节较细，色较浅；下颚须第 2 节卵圆形，着生黑毛和白毛。

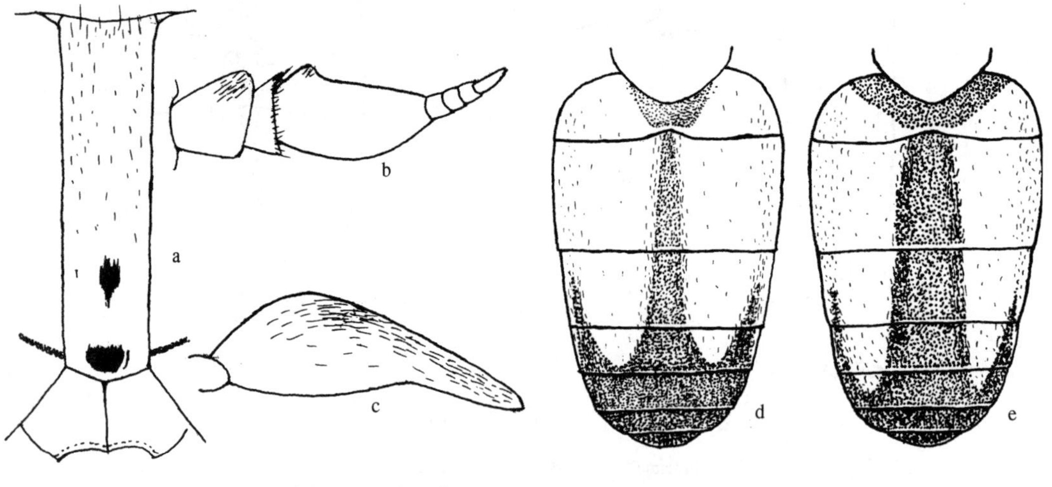

图 151 霍氏黄虻 *Atylotus horvathi* (Szilády)

a. 额 (frons)；b. 触角 (antenna)；c. 下颚须 (palpus)；d、e. 腹部背面 (dorsum of abdomen)

观察标本 200♀♀5♂♂，黑龙江、辽宁、北京、甘肃、浙江。

生物学 我国平原、山区常见种；6-8 月多见。

地理分布 黑龙江 (哈尔滨、饶河)、吉林 (通化、敦化、长白山、安图、靖宇、浑江、汪清、龙井)、辽宁 (东沟、新宾、开原、西丰、岫岩、宽甸、庄河、营口、盘山、黑山、义县、凤城)、内蒙古 (呼伦贝尔盟阿荣旗)、北京 (丰台、延庆)、山东 (日照、益都、诸城、胶南)、河南 (西峡、信阳、鸡公山、南阳、武陟、郑州、叶县、西平)、陕西 (宝鸡、周至、佛坪、留坝、略阳)、甘肃 (武都、康县、舟曲、天水、兰州)、江苏 (徐州、新沂、泗洪、扬州、盱眙)、浙江 (莫干山、临安、临海、舟山)、湖北 (襄阳)、福建 (建阳、福州、武夷山、光泽、邵武、永安、寿宁)、台湾 (台北、淡水、彰化、埔里、台南)、广东 (珠海)、重庆 (巫溪)、四川 (汶县、雅安、峨眉)、贵州 (平坝、独山、江口、榕江、天柱、黔西、威宁、赫章)；俄罗斯，朝鲜，日本。

分类讨论　本种类似于骚扰黄虻 *A. miser* (Szilády)，但骚扰黄虻体多灰黄色，足股节基部多灰黑色；主要区别在腹部背板的中纵暗条，霍氏黄虻的暗条以第 2 背板上的最窄，向后加宽，而骚扰黄虻暗条以第 2 背板上的最宽，或暗条前后大致等宽。

(141) 郝图黄虻 *Atylotus chodukini* (Olsufjev, 1952) (图 152)

Tabanus (*Ochrops*) *chodukini* Olsufjev, 1952: 314 [Type locality: Kazakhstan].

Atylotus chodukini callosus Olsufjev, 1977: 288. Synonymized by Chvála, 1988.

Atylotus chodukini: Olsufjev, 1977: 287; Xu, 1982d: 116; Wang, 1994: 72; Sun and Xu, 2008: 175.

鉴别特征　复眼光裸，具 1 窄带；额具小基胛；足黄色；翅 R_4 脉具附脉；腹部背板两侧具大的黄斑。

形态描述

雌性　体长 11-16 mm，黄色。头部：复眼无毛，具 1 窄带；额灰黄色，基部略窄于端部，高为基宽的 4.0-4.5 倍，基胛圆形，小，黑色，中胛无或有，但很小，头顶具浅色短毛；亚胛色同额；颜灰白色，覆白毛。触角黄色，柄节和梗节着生黑毛，鞭节具低背突，长大于宽。下颚须灰黄色，覆灰黄色毛和黑毛。口毛黄白色。胸部：背板灰黄色，着生短的浅色毛和黑毛，背侧片灰色，具黑毛；侧板灰色覆长黄白色毛。足黄色，但前足胫节端部和跗节黑色，中、后足股节基部灰色。翅透明，翅脉棕色，翅基和翅前缘带黄色，翅 R_4 脉具长附脉。平衡棒黄白色。腹部：背板黄灰色，第 1-3 或第 1-4 或第 1-5 背板两侧具大型黄色斑，背板覆黄粉，着生黄白色毛和黑毛。腹板浅红黄色，前 3 节中央前缘具暗色小斑。

雄性　体长 14-15 mm；复眼具浅色毛，上、下眼面分界明显；头顶仅覆短浅色毛；触角类似于雌性，但鞭节较细；下颚须第 2 节卵圆形，覆白毛和黑毛。

观察标本　正模♀，哈萨克斯坦，保存在 IZPR (未检视)。2♀♀，新疆，保存在 AMMSC。

生物学　山区种；攻击人、马、牛、狗、羊。

地理分布　新疆 (尼勒克)；俄罗斯，哈萨克斯坦。

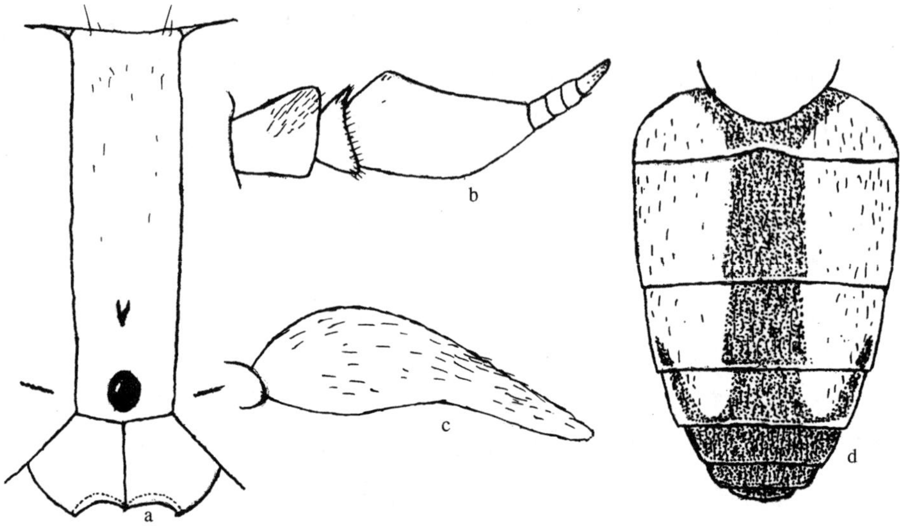

图 152 郝图黄虻 *Atylotus chodukini* (Olsufjev)

a. 额 (frons); b. 触角 (antenna); c. 下颚须 (palpus); d. 腹部背面 (dorsum of abdomen)

分类讨论 该种与宽角黄虻 *A. fulvus* (Meigen) 近似，但宽角黄虻触角鞭节的基环节长约等于宽，背突尖，胸部背侧片黄色。

11. 瘤虻属 *Hybomitra* Enderlein, 1922

Hybomitra Enderlein, 1922: 347. **Type species**: *Tabanus solox* Enderlein; by original designation. Synonymized by Chvála, 1988: 122; Murdoch and Takahasi, 1969: 31; Chvála, Lyneborg and Moucha, 1972: 168; Chen and Xu, 1992a: 52; Wang, 1994: 23.

Tylostypia Enderlein, 1922: 347. **Type species**: *Tabanus astur* Enderlein; by original designation. Synonymized by Chvála, 1988: 122.

Didymops Szilády, 1922: 36. **Type species**: *Tabanus* (*Didymops*) *andreae* Szilády; by original designation. Synonymized by Chvála, 1988: 122.

Tylostypina Enderlein, 1923: 545. **Type species**: *Tabanus tataricus* Portschinsky; by original designation. Synonymized by Chvála, 1988: 122.

Sipala Enderlein, 1923: 545. **Type species**: *Tabanus acuminatus* Loew; by original designation. Synonymized by Chvála, 1988: 122.

Sziládynus Enderlein, 1925: 181. **Type species**: *Tabanus aterrimus* Meigen; by original designation. Synonymized by Chvála, 1988: 122.

Aplococera Enderlein, 1933: 144. **Type species**: *Therioplectes caucasicus* Enderlein; by original designation. Synonymized by Chvála, 1988: 122.

Tibetomyia Olsufjev, 1967: 383 (as subgenus of *Hybomitra* Enderlein, 1922). **Type species**: *Hybomitra* (*Tibetomyia*) *kozlovi* Olsufjev; by original designation. Synonymized by Chvála, 1988: 122.

Mouchaemyia Olsufjev, 1972: 450 (as subgenus of *Hybomitra* Enderlein, 1922). **Type species**: *Hybomitra* (*Therioplectes*) *caucasi* Szilády; by original designation. Synonymized by Chvála, 1988: 122.

鉴别特征　体中大型。复眼无或具 1-3 条色带，多数为 3 条；头顶具单眼瘤，额基胛大小因种而异。后足胫节距缺如。

形态描述　体长 10-25 mm，黄色至黑色。

雌性　头部：复眼无或具 1-3 条色带，多数为 3 条；头顶具单眼瘤；额一般两侧大致平行，或顶端略宽，覆粉，额基胛大小因种而异，隆起，无或具中胛；亚胛覆粉或光裸。触角短，柄节长于梗节，鞭节端部具 3 或 4 个环节。下颚须第 2 节或细长或粗。胸部：背板通常无或具 3 条纵纹。翅透明。平衡棒色或浅或深。后足胫节胫距缺如。腹部：末端钝，少数种类尖，多数有色斑。

雄性　复眼上半部大眼面大于下半部小眼面，少数种类相等。触角和下颚须一般短于雌性。

地理分布　主要分布在古北界、新北界，少数延伸分布到东洋界、非洲界。在我国主要分布在古北界，尤以青藏区种类丰富。东洋界只有上海瘤虻 *H. shanghaiensis* (Ôuchi)、峨眉山瘤虻 *H. omeishanensis* Xu *et* Li 和拟星瘤虻 *H. asturoides* Liu *et* Wang 3 种分布。

生态习性　平原、山区、草原和荒漠均有分布。

分类讨论　该属体型接近虻属，主要区别是该属头顶具单眼瘤。全世界已知 200 多种，我国已明确记载有 97 种。据 Chvála (1988) 记载，我国尚有 *H. tsingvang* (Szilády, 1926)、*H. vuvang* (Szilády, 1926)、*H. shirakii* (Enderlein, 1925)、*H. formosovi* Olsufjev, 1967、*H. potanini* Olsufjev, 1967、*H. pzewalskii* Olsufjev, 1967、*H. castaneocallosa* Olsufjev, 1967、*H. kasuensis* Olsufjev, 1967、*H. kozlovi* Olsufjev, 1967 和 *H. szechwanensis* Olsufjev, 1967 10 种。经查原文，*H. tsingvang* 和 *H. vuvang* 这 2 种瘤虻采集地为 Tsokne-See，3800m，并未注明为中国。*H. shirakii* (Enderlein, 1925) 记载于甘肃，未找到原文。*H. formosovi* Olsufjev, 1967、*H. potanini* Olsufjev, 1967、*H. pzewalskii* Olsufjev, 1967、*H. castaneocallosa* Olsufjev, 1967、*H. kasuensis* Olsufjev, 1967、*H. kozlovi* Olsufjev, 1967 和 *H. szechwanensis* Olsufjev, 1967 7 种，记载于中亚，采集地并未注明为中国。上述 10 种本志暂不收入。另外 *H. glaber* (Bigot, 1892) 新疆的记载不可靠，也未收入本志。

医学重要性　该属在我国，雌性主要吸畜血，也攻击人。在我国北方，已知可作为野兔热媒介的有欧氏瘤虻 *H. erberi* (Brauer)。

组 检 索 表

1. 触角鞭节端部仅具 3 个环节或分节不清晰…………………………… **驼瘤瘤虻组 *H. lamades* group**
   触角鞭节端部具 4 个分节清晰的环节…………………………………………………………………2
2. 体大型，腹部背板各节后缘具金黄色毛形成的宽横带；翅横脉无暗斑 ……………………………
   ……………………………………………………………………………… **鹿角瘤虻组 *H. tarandina* group**
   体中小型，腹部背板各节后缘无或具浅色窄横带；翅横脉无或具暗斑………………………………3
3. 平衡棒头部白色至黄白色，眼无毛或具稀疏短毛……………………… **欧氏瘤虻组 *H. erberi* group**
   平衡棒头部暗棕色至黑色，眼具密的长毛…………………………………………………………4
4. 亚胛光裸……………………………………………………………………………………………5
   亚胛覆粉或部分光裸………………………………………………………………………………6
5. 颜和颊均具光裸区……………………………………………… **亮脸瘤虻组 *H. nitelofaciata* group**
   颜和颊全部覆粉，或仅在上侧颜具小的光裸区……………………… **鞑靼瘤虻组 *H. tatarica* group**
6. 下颚须粗短，长不到宽的 3 倍……………………………………………………………………7
   下颚须细长，长为宽的 3.5 倍以上 ………………………………………………………………8
7. 额较宽，两侧大致平行，高为基宽的 2-4 倍，基胛一般无皱纹 …… **突额瘤虻组 *H. montana* group**
   额较窄，顶宽大于基宽，高为基宽的 4-6 倍，基胛一般具横的皱纹 ……………………………
   ………………………………………………………………… **显著瘤虻组 *H. distinguenda* group**
8. 翅在横脉处具明显的棕黑斑………………………………………… **痣翅瘤虻组 *H. stigmoptera* group**
   翅在横脉处无暗斑，至多在 R_4 脉处具小的棕色斑 ………………… **六脸瘤虻组 *H. sexfasciata* group**

驼瘤瘤虻组 *Hybomitra lamades* group

驼瘤瘤虻组瘤虻的主要特征为触角鞭节的端部只 3 个环节，或分节不清晰。另外，亚胛和颜覆粉，或光裸；眼具或无带；翅横脉具或无暗斑。本组仅分布在古北界青藏高原区 (图 160)。

种 检 索 表

1. 眼无带……………………………………………………………………………………………2
   眼具带……………………………………………………………………………………………3
2. 额基胛半圆形，具黑色光泽；“眉片”高；下颚须细长，长为宽的 4 倍，覆短毛；腹部第 2 背板具棕色斑，各背板具浅色毛后缘…………………………………………… **无带瘤虻 *H. afasciata***
   额基胛界限不清晰，无光泽；“眉片”低；下颚须粗短，长为宽的 3.2 倍，覆长毛；腹部一致黑色，覆金黄色粉和金黄色毛，无带无斑………………………………………………… **科氏瘤虻 *H. coheri***

3. 亚胛光裸；上侧颜具光裸区……………………………………………………………刘氏瘤虻 ***H. liui***

亚胛覆粉，或部分光裸；颜无光裸区……………………………………………………………………4

4. 额高为基宽的 2 倍，基部宽于顶部；触角和下颚须具长毛；足跗节具短毛和长毛……………………
……………………………………………………………………………………………驼瘤瘤虻 ***H. lamades***

额高为基宽的 3 倍，两侧平行；触角和下颚须具短毛；足跗节仅具短毛……………………………5

5. 额基胛轮廓不清晰；腹部背板具浅色毛后缘和中三角……………………………马氏瘤虻 ***H. mai***

额基胛轮廓清晰；腹部背板可具浅色毛后缘，但不具浅色毛中三角…………………………………6

6. 额基胛与复眼分离；腹部第 2、3 背板两侧具橙色斑；翅横脉处棕色斑明显……………………………
………………………………………………………………………………马尔康瘤虻 ***H. barkamensis***

额基胛与复眼接触；腹部背板两侧无橙色斑；翅横脉处棕色斑不明显……玉树瘤虻 ***H. yushuensis***

(142) 无带瘤虻 *Hybomitra afasciata* Wang, 1989 (图 153)

Hybomitra afasciata Wang, 1989: 101 [Type locality: Qilian Mountains, Qinghai, China]; Wang, 1994: 28.

鉴别特征　复眼密覆棕色短毛，无带；额具基胛和中胛，头顶具黑色长毛；足黑色；翅 R_4 脉无附脉；腹部第 2 背板两侧具不明显棕色小斑，各节具浅色毛窄带。

形态描述

雌性　体长 13 mm，黑色。头部：复眼密覆棕色短毛，无带；额灰色，高为基宽的 1.7-2.0 倍，两侧平行，基胛大，黑色，半圆形，两侧与复眼分离，中胛矛形，与基胛连接，单眼瘤黑色，圆形，头顶具黑色长毛；亚胛灰色，“眉片”高；颜与颊灰色，覆白毛；口毛白色。触角柄节黑色，具灰色粉和黑毛，梗节红棕色，具黑毛，鞭节黑色，仅基部红棕色，基环节长为宽的 1.8 倍，背突不明显，端环节粗短，3 节。下颚须浅棕色，第 2 节窄长，长为宽的 4 倍，覆白色和黑色长毛。胸部：背板黑色，着生黑毛和白毛，背侧片黑色，具黑毛；侧板黑色，覆白色和一些黑色长毛。足黑色，前足股节具黑毛和少量白色长毛，中、后足股节具白色长毛，前足胫节基部 4/5 棕色，中、后足胫节浅棕色，具白色和黑色长毛，跗节棕色，具黑毛。翅透明，翅脉棕色，横脉处具弱的棕色斑，R_4 脉无附脉。腋瓣棕黑色，两腋瓣交接处具白毛。平衡棒棕色，球部两侧黑色。腹部：背板黑色，着生白毛，第 2 背板两侧具棕色小圆斑，各节后缘具浅色毛窄带。腹板黑色，覆灰粉和白毛，具白色窄后缘。

雄性　未详。

观察标本　正模♀，青海祁连山，海拔 2800 m，1977.VII.29，王遵明，标本号 IOZ(E)201188，保存在 IZCAS。

生物学　高原林缘种。

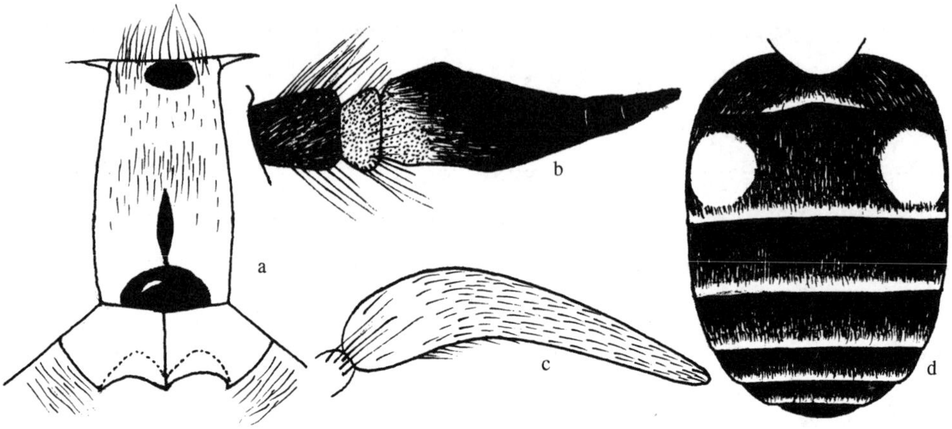

图 153 无带瘤虻 *Hybomitra afasciata* Wang

a. 额 (frons)；b. 触角 (antenna)；c. 下颚须 (palpus)；d. 腹部背面 (dorsum of abdomen)

地理分布 青海 (祁连)。

分类讨论 本种复眼无带，类似于科氏瘤虻 *H. coheri* Xu *et* Zhang 和西藏瘤虻 *H. tibetana* (Szilády)。但科氏瘤虻额基胛界限不清晰，无光泽，下颚须粗短，翅横脉无暗斑，腹部背板无浅色侧斑；而西藏瘤虻触角端部具 4 个环节，中、后足胫节深褐色。

(143) 科氏瘤虻 *Hybomitra coheri* Xu *et* Zhang, 1990 (图 154)

Hybomitra coheri Xu *et* Zhang, 1990, In: Xu, Zhang, Deng and Zhang, 1990: 82 [Type locality: Zam, Tibet, China].

鉴别特征 复眼密覆棕色短毛，无带；额具界限模糊的基胛和中胛；足股节黑色，但胫节和跗节棕色；翅 R_4 脉无附脉；腹部背板黑色，覆金黄色毛，无带无斑。

形态描述

雌性 体长 11 mm，黑色。头部：复眼密覆棕色短毛，无带；额深棕色，高为基宽的 2.2 倍，两侧平行，基胛扁平，黑色，卵圆形，周围界限不清晰，两侧与复眼分离，中胛存在，与基胛连接，周围界限更不清晰，单眼瘤暗，黑色，圆形，周围界限不清晰，头顶具黑色短毛；亚胛和颜的颜色同额，“眉片”低，侧颜主要着生黑毛，夹杂深棕色毛，中颜着生深棕色毛；口毛深棕色。触角柄节黑色带棕，梗节褐色，着生黑毛，鞭节黑色，基环节基部暗棕色，基环节长为宽的 2.4 倍，无背突，端环节 3 个，分节不清晰。下颚须黄棕色，着生黑色长毛，夹杂少量棕色长毛，第 2 节长为宽的 3.2 倍。胸部：背板黑色，稍亮，主要着生金黄色短毛，中央 3 条棕黑色暗纵纹不明显；侧板黑色，覆金黄色毛夹杂黑毛。足基节色同侧板，着生黑毛和金黄色毛，股节黑色，着生黑毛为主，夹杂金黄色毛，胫节和跗节棕色，着生黑毛。翅透明，翅脉周围略着棕色，R_4 脉无附脉。

腋瓣棕黑色，两腋瓣交接处具黄毛。平衡棒乌黑色。腹部：圆形，背板黑色，覆金黄色粉和金黄色毛，无带无斑；腹板黑色，覆金黄色毛，夹杂有黑毛，具窄的浅色后缘带。

雄性　未详。

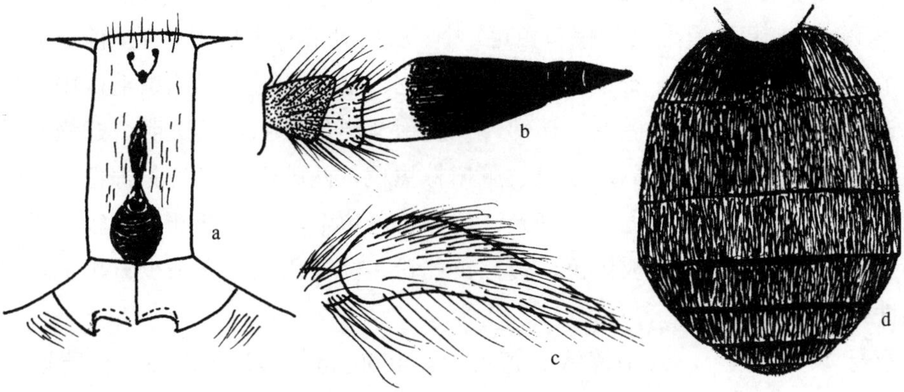

图 154　科氏瘤虻 *Hybomitra coheri* Xu *et* Zhang

a. 额（frons）；b. 触角（antenna）；c. 下颚须（palpus）；d. 腹部背面（dorsum of abdomen）

观察标本　正模♀，西藏樟木，海拔 3000 m，1987.VIII.30，保存在 AMMSC。

生物学　林区种。

地理分布　西藏（樟木）。

分类讨论　本种额和翅形态类似马氏瘤虻 *H. mai* (Liu)，但马氏瘤虻的复眼具 3 带；腹部背板具浅色后缘。额形态和触角鞭节的端环节具 3 个环节等特征，与驼瘤瘤虻 *H. lamades* Philip 近似，但驼瘤瘤虻翅横脉具明显暗斑，腹部背板具浅色后缘带。

(144) 刘氏瘤虻 *Hybomitra liui* Yang *et* Xu, 1993（图 155）

Hybomitra liui Yang *et* Xu, 1993: 72 [Type locality: Deqen, Yunnan, China]; Yang and Xu, 1997: 14.

鉴别特征　复眼密覆棕色短毛，具 3 带；额具大的基胛，三角形，两侧与复眼接触；亚胛光裸，上侧颜具小的光裸区；触角鞭节的端环节具 3 个，分节不清晰；翅 R_4 脉无附脉或具附脉痕迹，翅脉横脉具弱的暗斑；腹部背板黑色，主要覆棕黄色毛，无带无斑。

形态描述

雌性　体长 10.5 mm，黑色。头部：复眼密覆棕色短毛，具 3 带；额灰黄色，高为基宽的 2.4 倍，两侧平行，基胛黑色，具细皱纹，三角形，两侧与复眼接触，中胛存在，卵圆形，与基胛连接，单眼瘤大，黑色，圆形，头顶具黑色短毛；亚胛光裸，亮黑色，“眉片”灰黄色，窄；颜棕黄色，着生棕黄毛，上侧颜夹杂黑毛，具 1 小的光裸黑色亮区；口毛棕色。触角柄节黑色，稍亮，着生黑毛，梗节黑色，着生黑毛，鞭节基环节基部大部分棕红色，端部及端环节黑色，基环节长为宽的 1.6 倍，无背突，端环节 3 个，分节不清晰。下颚须棕色，第 1 节着生棕黄色长毛，第 2 节长为宽的 4 倍，着生棕黄色毛和黑毛。胸部：背板黑色，稍亮，主要着生黄毛和黑毛，无纵纹；侧板黑灰色，覆棕黄色毛，中胸上侧片夹杂黑毛。足基节黑灰色，着生棕黄色毛，股节黑色，前足股节前方着生黑毛，后方着生黑毛夹杂棕黄色毛，中、后足股节着生棕黄色毛，前方夹杂黑毛，前足胫节基部少许黑棕色，着生黑毛和棕黄色毛，其余及跗节黑色黑毛，中、后足胫节基部 2/3 深棕色，着生棕黄色毛，端部 1/3 及跗节黑色黑毛。翅透明，翅横脉具弱的暗斑，R_4 脉无附脉，但右翅具附脉痕迹。腋瓣棕黑色，两腋瓣交接处具棕色毛。平衡棒黑色，柄棕色。腹部：背板黑色，具亮光，覆棕黄色短毛，每节基部夹杂较多黑毛，后缘及中央棕黄色毛较浓密；腹板黑色，覆棕黄色粉和棕黄色毛，夹杂少量黑毛。

雄性 未详。

观察标本 正模♀，云南德钦白芒雪山，4800 m，1991.VII.30，杨建设，保存在 AMMSC。1♀，四川，标本号为 IOZ(E)1290493，保存在 IZCAS。

生物学 林区种。

地理分布 四川 (卧龙)、云南 (德钦、迪庆)。

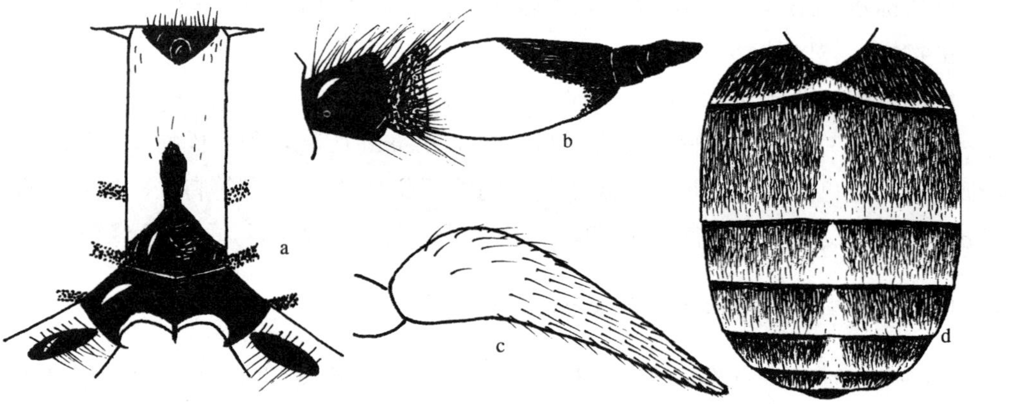

图 155 刘氏瘤虻 *Hybomitra liui* Yang *et* Xu

a. 额 (frons)；b. 触角 (antenna)；c. 下颚须 (palpus)；d. 腹部背面 (dorsum of abdomen)

分类讨论 在触角鞭节端环节仅具 3 节的类群中，且亚胛光裸的，现知仅此 1 种，容易识别。

(145) 驼瘤瘤虻 *Hybomitra lamades* Philip, 1961 (图 156, 图 160)

Hybomitra lamades Philip, 1961: 86 [Type locality: 86 km S of Makalu, E Nepal]; Kapoor, Grewal, Sharma and Gupta, 1988: 50; Xu, 2000: 189.

鉴别特征　复眼密覆棕色短毛，具 3 带；额宽，顶宽小于基宽，高为基宽的 1.8 倍；基胛很小，因粉覆盖周围界限不清晰，与复眼远离；亚胛覆粉；触角鞭节的端环节仅具 3 个；翅 R_4 脉无附脉，翅横脉具暗斑；足跗节具长毛；腹部背板黑色，具浅色毛后缘。

形态描述

雌性　体长 12 mm，黑色。头部：复眼绿色，密覆浅棕色短毛，具 3 紫色带；复眼后缘覆浅棕色长毛；额灰黑色，下半密覆灰白色毛，上半密覆黑毛，顶宽小于基宽，高为基宽的 1.8 倍，为顶宽的 2.2 倍；基胛很小，因粉覆盖周围界限不清晰，与复眼远离，中胛线形，界限模糊，与基胛连接，单眼瘤黑色，圆形，扁平，头顶具黑色长毛；亚胛中央 1/3 灰白色，覆粉，两侧光裸，亮黑色；颜与颊灰色，着生浅棕色长毛；口毛浅棕色。触角柄节黑色，梗节黑色带棕，柄节和梗节覆黑色长毛，鞭节基环节基部少许暗棕色，端部及端环节黑色，基环节长为宽的 1.6 倍，无背突，端环节 3 个，分节不清晰。下颚须深棕色，第 1 节覆棕色长毛，第 2 节长为宽的 3.4 倍，覆棕色长毛，夹杂少量黑色长毛。胸部：背板黑色，着生浅棕色和黑色短毛，无纹饰，背侧片着生黑色长毛和浅棕色短毛，翅后胛具黑色长毛和 1 丛密的银白色长毛；侧板黑色，覆浅棕色长毛，中胸上前侧片夹杂黑色长毛。足黑色，基节覆浅棕色长毛，前足股节主要覆黑色长毛，外侧夹杂浅棕色长毛，中、后足股节覆浅棕色长毛，前足胫节黑色，覆黑色长毛，基部少许夹杂浅棕色毛，中足胫节基部大部分深棕色，覆棕色长毛，后足胫节大部分棕黑色，覆棕色长毛，中、后足胫节端部着生黑色长毛，跗节黑色着生黑色短毛，各跗节的端部具黑色长毛，爪黑色，爪垫棕色。翅透明，翅脉黑色，横脉处具暗斑，R_4 脉无附脉。腋瓣暗棕色，两腋瓣交接处具棕色长毛。平衡棒黑色，柄的基部暗棕色。腹部：背板黑色，着生密的黑毛，夹杂浅棕色毛，每节后缘具浅棕色毛组成的横带，第 2 背板两侧具浅棕

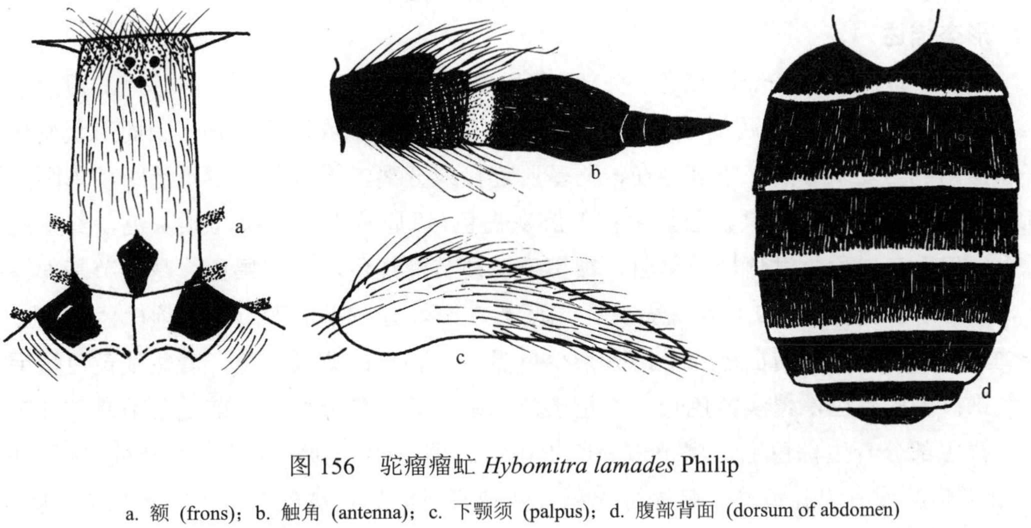

图 156　驼瘤瘤虻 *Hybomitra lamades* Philip

a. 额 (frons)；b. 触角 (antenna)；c. 下颚须 (palpus)；d. 腹部背面 (dorsum of abdomen)

色毛。

雄性 未详。

观察标本 正模♀，尼泊尔东部，12600 ft，标本号 9916，保存在 CASC。2♀♀，西藏亚东，3300 m，保存在 AMMSC。

生物学 高原山地林区种。

地理分布 西藏 (亚东)；印度，尼泊尔。

分类讨论 本种一般形态类似于马氏瘤虻 *H. mai* (Liu)，但马氏瘤虻的额高约为基宽的 3 倍，腹部背板具浅色毛三角。也与刘氏瘤虻 *H. liui* Yang *et* Xu 相似，但刘氏瘤虻亚胛全部光裸，额两侧平行，基胛黑色，具细皱纹，三角形，两侧与复眼接触。本种最突出的特点是跗节具长毛，但马氏瘤虻和刘氏瘤虻足跗节均仅具短毛。驼瘤瘤虻分布在藏南高海拔地区 (图 160)。

(146) 马氏瘤虻 *Hybomitra mai* (Liu, 1959) (图 157, 图 160)

Tabanus (*Tylostipia*) *mai* Liu, 1959: 161 [Type locality: Kweinan, Qinghai, China].

Hybomitra ruoergaiensis Xu *et* Song, 1983: 6. **New synonym**.

Hybomitra ampulla Wang *et* Liu, 1990: 174. Synonymized by Xu, 2000: 190.

Hybomitra szechwanensis Olsufjev: Wang, 1994: 30. Misidentification.

Hybomitra mai (Liu): Wang, 1983: 35; Liu, 1999a: 435.

鉴别特征 复眼密覆棕色短毛，具 3 带；额宽，高为基宽的 2.5-3.0 倍，基胛部分为粉覆盖，与复眼远离；亚胛覆粉；触角鞭节的端环节仅有 3 节；翅 R_4 脉无附脉或有附脉痕迹，翅横脉具棕色斑；腹部背板黑色，具浅色毛后缘和中三角。

形态描述

雌性 体长 10-11 mm，黑色。头部：复眼密覆棕色短毛，具 3 带；额灰色，覆黑毛，高为基宽的 2.5-3.0 倍，两侧平行，基胛扁平，黑色，周围界限不清晰，因而形状变化较大，但两侧与复眼分离，中胛存在，与基胛连接或分离，周围界限更不清晰，单眼瘤棕红色，圆形隆起，头顶具黑色短毛；亚胛灰白色，“眉片”低；颜与颊灰色，着生浅色长毛；口毛灰白色。触角柄节黑色，覆黑毛，梗节棕红色，鞭节黑色，基环节基部棕红色，基环节长为宽的 1.9 倍，无背突，端环节 3 节，分节不清晰。下颚须棕色，第 2 节长约为宽的 3.5 倍，覆白色长毛，夹杂少量黑毛。胸部：背板黑色，着生浅黄色短毛，无纹饰；侧板黑色，覆浅黄色长毛。足黑色，中、后足胫节黄色，前足胫节基部 1/2 黄色，浅色部分着生棕色毛，黑色部分着生黑毛。翅透明，翅脉黄色，横脉处具棕色斑，R_4 脉无附脉或有附脉痕迹。腋瓣棕黑色，两腋瓣交接处具灰色毛。平衡棒棕色。腹部：背板黑色，每节后缘具浅黄色毛组成的横带及中央三角，第 2 背板两侧有的具棕红色小斑；腹板黑色，密覆浅黄色毛。

雄性　未详。

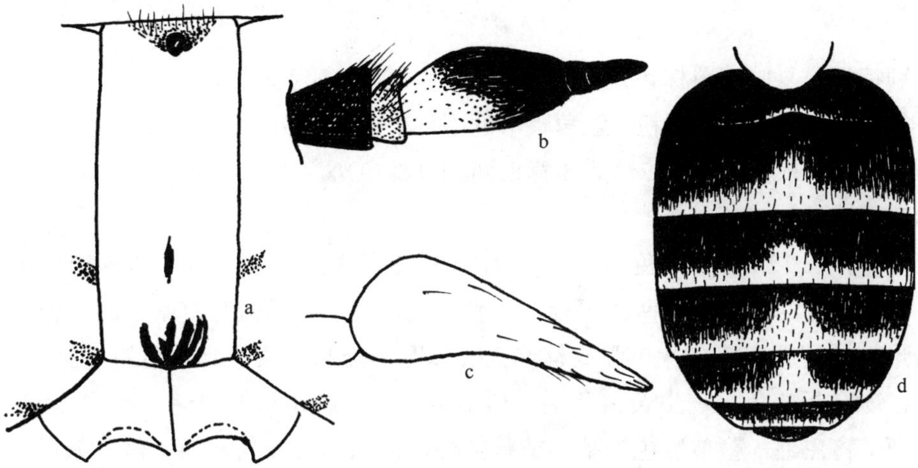

图 157　马氏瘤虻 *Hybomitra mai* (Liu)

a. 额 (frons)；b. 触角 (antenna)；c. 下颚须 (palpus)；d. 腹部背面 (dorsum of abdomen)

观察标本　正模♀，青海贵南，1956.VIII.5，马世骏采，保存在 IECAS。13♀♀，青海；33♀♀，四川，保存在 AMMSC。

生物学　高原草地种。

地理分布　甘肃 (民乐)、青海 (贵南、河南、玛沁、湟源、玉树)、四川 (石渠、松潘、若尔盖巴西、红原唐克、卧龙)。

分类讨论　本种因额基胛扁平，部分埋在粉下，触角鞭节的端环节分节不清晰，从不同角度看，节数不一样，易被误定。本种类似于驼瘤瘤虻 *H. lamades* Philip，但驼瘤瘤虻额高约为基宽的 2 倍，足跗节具长毛。也与阿坝瘤虻 *H. abaensis* Xu *et* Song 近似，但阿坝瘤虻的侧颜着生的毛很短，翅横脉无暗斑，触角鞭节的端环节可见 4 节。王遵明(1994)把青海玉树的几头标本定名为 *H. szechwanensis* Olsufjev, 1967，但同时指出有些差别，经标本检视，实为本种误定。关于 *H. szechwanensis* Olsufjev, 1967 的模式标本产地，Chvála (1988) 认为是中国四川，但在 Olsufjev 原文中，只指出标本采自中亚，而没有指出采自哪个国家，且同篇论文的有些新种却标明标本采自中国某地。本志把 Olsufjev (1967) 提到的采自中亚但没有指出具体国家，而 Chvála (1988) 认为是中国的 *H. castaneocallosa*、*H. przewalskii*、*H. potanini*、*H. formosovi*、*H. kansuensis*、*H. kozlovi* 和 *H. szechwanensis* 7 新种的正模产地不列为中国。本种瘤虻分布在青藏区的北部地区 (图 160)。

(147) 马尔康瘤虻 *Hybomitra barkamensis* Wang, 1981 (图 158)

Hybomitra barkamensis Wang, 1981: 317 [Type locality: Barkam, Sichuan, China]; Wang, 1994: 31.

鉴别特征　复眼密覆棕色短毛，具 3 带；额宽，高为基宽的 1.8 倍，具大的基胛，两侧与复眼分离；亚胛覆薄粉；触角鞭节的端环节仅有 3 节；翅 R_4 脉无附脉，翅横脉具棕色斑；腹部背板黑色，第 2、第 3 背板两侧具棕色斑。

形态描述

雌性　体长 12 mm，黑色。头部：复眼密覆棕色短毛，具 3 带；额灰色，覆黑毛和白毛，高为基宽的 1.8 倍，两侧平行，基胛黑色，圆形，两侧与复眼分离，中胛存在，长三角形，与基胛宽连接，单眼瘤棕红色，卵圆形隆起，头顶具黑色短毛；亚胛灰色，覆薄粉；颜与颊灰色，着生黄白色毛；口毛黄白色。触角柄节黑色，稍亮，梗节棕色，柄节和梗节覆黑毛，鞭节黑色，基环节基部棕色，基环节长为宽的 2 倍，无背突，端环节 3 节。下颚须黄灰色，第 1 节覆黄白色长毛，第 2 节长为宽的 3.5 倍，覆白色和黑色长毛。胸部：背板黑色，着生黑毛，无纹饰；侧板灰黑色，覆黄白色长毛。足黑色，股节覆黄白色长毛，夹杂一些黑毛，胫节黄棕色，着生黑毛。翅透明，翅脉棕色，横脉处具棕色斑，R_4 脉无附脉。腋瓣棕黑色，两腋瓣交接处具黄白色毛。平衡棒棕色。腹部：背板黑色，第 2、第 3 节两侧具棕色斑，第 2 节的棕色斑大于第 3 节的棕色斑；腹板黑色，覆灰粉和黄白色毛。

雄性　未详。

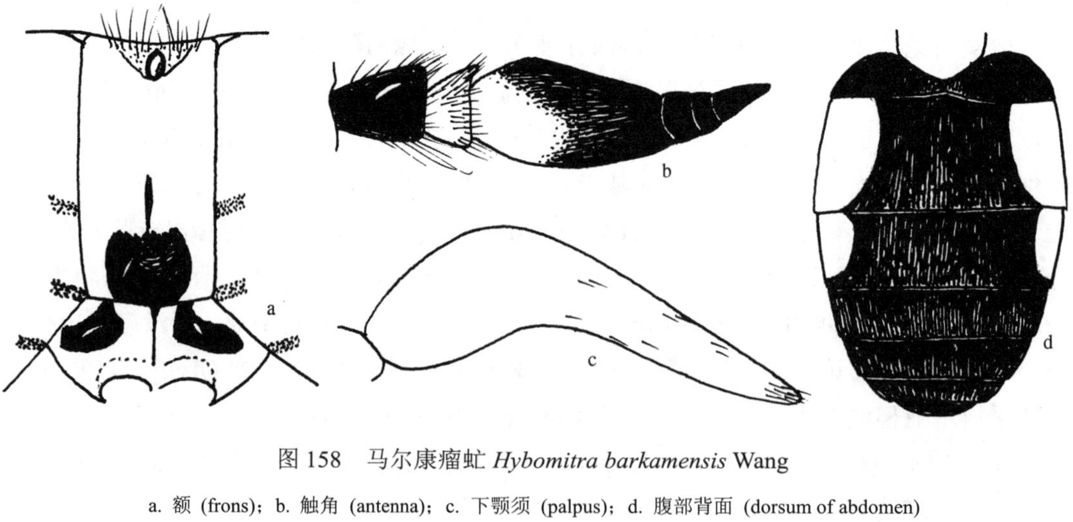

图 158　马尔康瘤虻 *Hybomitra barkamensis* Wang

a. 额 (frons)；b. 触角 (antenna)；c. 下颚须 (palpus)；d. 腹部背面 (dorsum of abdomen)

观察标本　正模♀，四川马尔康，1961.VIII.10，保存在 IZCAS (未找到)。1♀，四川，保存在 AMMSC。

生物学　高原草地种。

地理分布　四川 (马尔康、刷经寺)。

分类讨论　本种类似于玉树瘤虻 *H. yushuensis* Chen，但后者的翅横脉处棕色斑不明显，腹部背板两侧无棕色斑。

(148) 玉树瘤虻 *Hybomitra yushuensis* Chen, 1985 (图 159)

Hybomitra yushuensis Chen, 1985: 176 [Type locality: Yushu, Qinghai, China].

鉴别特征　复眼密覆棕色短毛，具 3 带；额高为基宽的 2.5 倍，基胛方形，两侧与复眼接触；亚胛覆粉；触角鞭节的端环节仅有 3 节；胸部背板无纵纹；翅 R_4 脉无附脉，翅横脉具不清晰的棕色斑；腹部背板黑色，后缘具浅色毛横带。

形态描述

雌性　体长 11 mm，黑色。头部：复眼密覆棕色短毛，具 3 带；额灰黑色，覆黑色毛和金黄色毛，高为基宽的 2.5 倍，两侧平行，基胛扁平，黑色，方形，两侧与复眼紧密接触，中胛很长，与基胛和单眼瘤连接，单眼瘤棕黑色，圆形隆起，头顶具黑色短毛；亚胛覆粉，灰黑色；颜与颊灰黑色，着生浅黄色长毛；口毛灰白色。触角黑色，柄节和梗节覆黑毛，梗节带棕色，鞭节基环节基部棕色，基环节长为宽的 1.4 倍，无背突，端环节 3 节，分节不清晰。下颚须黄灰色，第 2 节长为宽的 4 倍，覆浅黄色和黑色长毛。胸部：背板黑色，着生浅黄色和黑色短毛，无纹饰；侧板黑色，覆浅黄色毛和黑色毛。

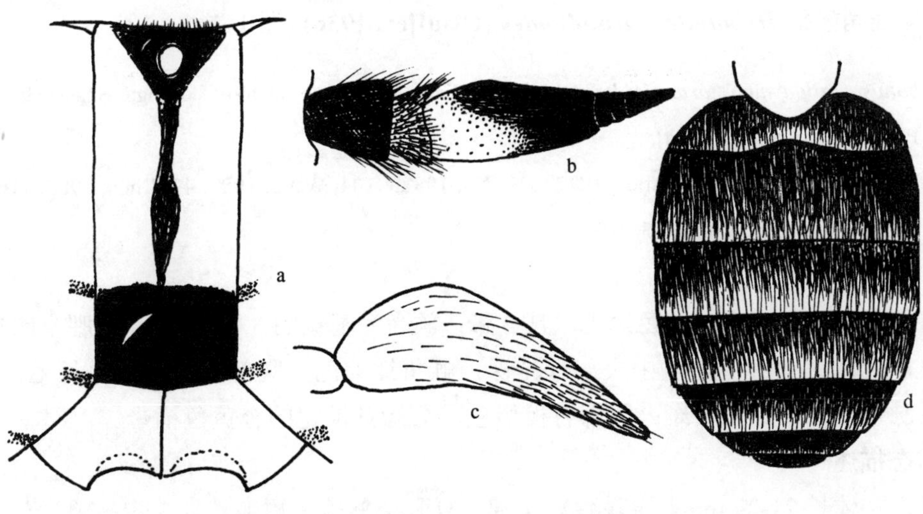

图 159　玉树瘤虻 *Hybomitra yushuensis* Chen

a. 额 (frons)；b. 触角 (antenna)；c. 下颚须 (palpus)；d. 腹部背面 (dorsum of abdomen)

足黑色，前足胫节基部 1/2 和中、后足胫节黄棕色。翅透明，翅脉黄色，横脉处具不清晰棕色斑，R_4 脉无附脉。腋瓣棕黑色，两腋瓣交接处具黄毛。平衡棒棕色，球部两侧黑色。腹部：背板黑色，每节后缘具浅黄色毛组成的横带；腹板黑色，每节后缘密覆浅黄色毛。

雄性 未详。

观察标本 正模♀，青海玉树，1981.VIII.11，孙宝业采，保存在 LCDC。

生物学 高原草地种。

地理分布 青海 (玉树)。

分类讨论 本种腹部、触角、下颚须等形态接近驼瘤瘤虻 *H. lamades* Philip，但驼瘤瘤虻的额基胛很小，触角和下颚须具长毛。

鹿角瘤虻组 *Hybomitra tarandina* group

鹿角瘤虻组瘤虻的主要特征为腹部背板各节后缘具金黄色毛形成的宽横带。另外，眼具 3 条横带；触角鞭节的基环节短，背突高，端部具 4 个环节；亚胛覆粉或部分光裸；颜覆粉；翅横脉无暗斑；平衡棒暗棕色。本组分布在古北界的东北区 (图 160)。

种检索表 (♀♀, ♂♂)

1\. 胸部侧板覆长黑毛…………………………………………………**拟鹿角瘤虻 *H. tarandioides***

胸部侧板覆长黄毛……………………………………………………**鹿角瘤虻 *H. tarandina***

(149) 拟鹿角瘤虻 *Hybomitra tarandioides* (Olsufjev, 1936) (图 161)

Tabanus (*Sziládynus*) *tarandioides* Olsufjev, 1936: 224 [Type locality: doroga Spassk-Jakovlevka Primorskovo kraja, Russia].

Hybomitra tarandioides: Olsufjev, 1977: 339; Xu, 1982b: 104; Wang, 1983: 42; Chen, 1983: 116; Jiang, Zhang, Huang and Dai, 1993: 103.

鉴别特征 复眼密覆棕色短毛，具 3 带；额高为基宽的 3.0-3.5 倍，基胛半圆形，两侧与复眼分离；亚胛覆粉，中央部分光裸；触角红棕色；胸部侧板覆黑色长毛；翅 R_4 脉无附脉，翅脉横脉无暗斑；腹部背板黑色，后缘具很宽的金黄色横带。

形态描述

雌性 体长 21-24 mm，金黄色。头部：复眼密覆棕色短毛，具 3 带；额黄灰色，覆黄毛，高为基宽的 3.0-3.5 倍，顶宽大于基宽，基胛棕红色，半圆形，两侧与复眼窄分离，中胛棕色，与基胛粗连接，单眼瘤棕黄色，圆形隆起，头顶具黄色长毛；亚胛黄色，中

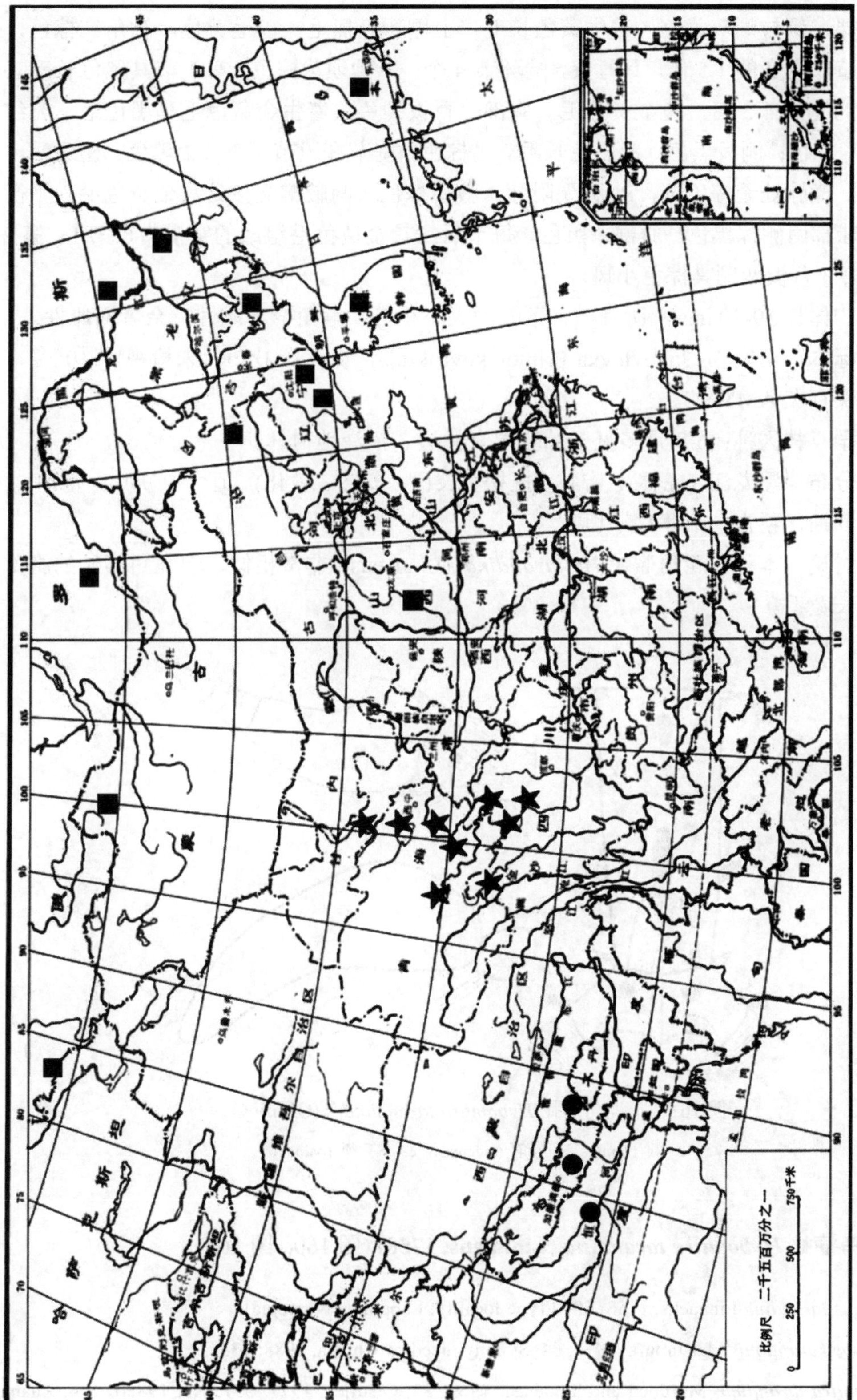

图 160　驼瘤瘤虻组 *Hybomitra lamades* group 和鹿角瘤虻组 *Hybomitra tarandina* group 的地理分布

★马氏瘤虻 *Hybomitra mai* (Liu)　●驼瘤瘤虻 *Hybomitra lamades* Philip　■鹿角瘤虻 *Hybomitra tarandina* (Linnaeus)

央部分光裸；颜与颊灰黄色，着生黄色长毛，上侧颜具黑毛；口毛黄色。触角红棕色，鞭节基环节长为宽的 1.5 倍，具背突，端环节 4 个。下颚须黄棕色，第 1 节具黑色长毛，第 2 节长为宽的 4-5 倍，覆金黄色毛。胸部：背板黑色，着生金黄色毛和黑色毛，无纹饰，背侧片棕色；侧板黑色，覆黑色长毛。足棕色，基节和股节基部 1/2 黑色。翅透明，翅脉黄色，横脉处无棕色斑，R_4 脉无附脉。腋瓣棕色，两腋瓣交接处具金黄色毛。平衡棒棕色，球部两侧棕黑色。腹部：黑色，每节后缘具金黄色毛组成的宽横带，第 1、第 2 或第 1、第 3 背板两侧具棕色小斑。

雄性 体长 19-20 mm，所有上、下眼面大小相等，触角窄于雌性，余者同雌性。

观察标本 正模♀，Jakovlevka Primorskovo kraja，保存在 IZPR (未检视)。10♀♀，黑龙江，保存在 AMMSC。

生物学 林区种；6-8 月多见于针宽混交林边、沼泽地树林。

地理分布 黑龙江 (虎林)、吉林 (抚松、长白、安图、敦化)、辽宁 (新宾、宽甸)、新疆；俄罗斯，蒙古，哈萨克斯坦。

分类讨论 本种与鹿角瘤虻 *H. tarandina* (Linnaeus) 非常相似，但鹿角瘤虻的胸部侧板腹盖长黄毛。

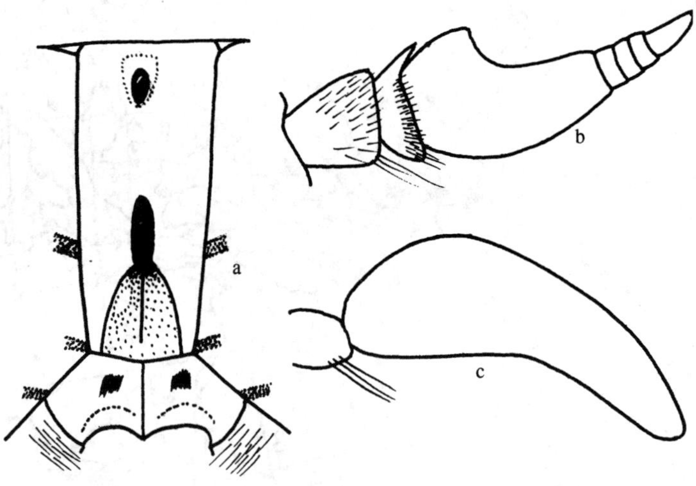

图 161 拟鹿角瘤虻 *Hybomitra tarandioides* (Olsufjev)

a. 额 (frons)；b. 触角 (antenna)；c. 下颚须 (palpus)

(150) 鹿角瘤虻 *Hybomitra tarandina* (Linnaeus, 1758) (图 160, 图 162)

Tabanus tarandina Linnaeus, 1758: 601 [Type locality: Lapponia, Norvegia].

Tabanus karafutonis Matsumura, 1911: 64. Synonymized by Chvála, 1988: 133.

Hybomitra tarandina: Murdoch and Takahasi, 1969: 35; Olsufjev, 1977: 337; Xu, 1982b: 104; Zhang and Zhao, 1982: 7; Wang, 1983: 42; Chen, 1983: 116; Jiang, Zhang, Huang and Dai, 1993: 103.

鉴别特征　复眼密覆棕色短毛，具 3 带；额高为基宽的 3.0-3.5 倍，基胛半圆形，两侧与复眼分离；亚胛覆粉，中央部分光裸；触角红棕色；胸部侧板覆金黄色长毛；翅 R_4 脉无附脉，翅脉横脉无暗斑；腹部背板黑色，后缘具很宽的金黄色横带。

形态描述

雌性　体长 18-21 mm，黑色。头部：复眼密覆棕色短毛，具 3 带；额黄灰色，覆黄毛，高为基宽的 3.0-3.5 倍，顶宽大于基宽，基胛棕红色，半圆形，两侧与复眼窄分离，中胛黑色，与基胛连接，单眼瘤棕红色，圆形隆起，头顶具黄色长毛；亚胛黄色，中央部分光裸；颜与颊灰黄色，着生黄色长毛；口毛黄色。触角红棕色，鞭节基环节长为宽的 1.4 倍，具背突，端环节 4 个。下颚须黄棕色，第 2 节长为宽的 4-5 倍，覆金黄色毛，顶端有的具几根黑毛。胸部：背板黑色，着生金黄色毛，无纹饰；侧板黑色，覆金黄色长毛。足黄色，股节基部黑色。翅透明，翅脉黄色，横脉处无棕色斑，R_4 脉无附脉。腋瓣棕色，两腋瓣交接处具金黄色毛。平衡棒棕色，球部两侧棕黑色。腹部：黑色，每节后缘具金黄色毛组成的宽横带，第 2 背板两侧具棕色小斑。

雄性　体长 17-18 mm，所有上、下眼面大小相等，触角窄于雌性，余者同雌性。

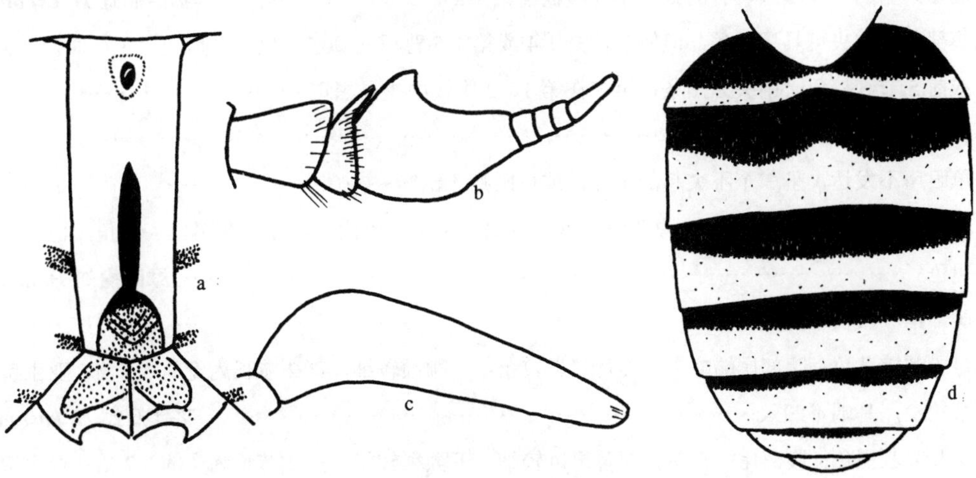

图 162　鹿角瘤虻 *Hybomitra tarandina* (Linnaeus)

a. 额 (frons)；b. 触角 (antenna)；c. 下颚须 (palpus)；d. 腹部背面 (dorsum of abdomen)

观察标本　12♀♀，黑龙江，保存在 AMMSC。

生物学　林区种。

地理分布　黑龙江 (饶河)、吉林 (安图)、辽宁 (新宾、宽甸)、内蒙古 (沟口)、山西 (文水)、台湾 (？)；俄罗斯，蒙古，朝鲜，日本，欧洲。

分类讨论　本种与拟鹿角瘤虻 *H. tarandioides* (Olsufjev) 非常相似，但拟鹿角瘤虻的胸部侧板着生黑色长毛。Mordoch 和 Takahasi (1969) 认为 *H. tarandioides* 是 *H. tarandina* 的一个变异型，本志据标本，采纳 Olsufjev (1977) 的意见，认为是 2 个独立种。本种分布在古北界的湿润林区，南界至山西中部，台湾的记录有待考证 (图 160)。

欧氏瘤虻组 *Hybomitra erberi* group

欧氏瘤虻组瘤虻的主要特征为翅横脉无暗斑；平衡棒黄白色至浅棕色；腹部背板具窄的浅色后缘。另外，眼具 3 条横带；触角鞭节基部背突低，端部具 4 个环节；亚胛覆粉；颜覆粉。本组主要分布在古北界的西北区，部分种延伸到青藏区、东北区和华北区 (图 165)。

种 检 索 表

1. 腹部背板灰棕色，具浅色中央三角和两侧斜方形斑……………………… **阿克苏瘤虻 *H. akasuensis***
　腹部背板可具中列浅色斑，但两侧绝无浅色斜方形斑……………………………………………2
2. 腹部第 1-7 背板中央具宽的乌黑色纵条，第 1-3 背板两侧红棕色，第 4-7 背板两侧灰黑色；腹部腹面亦具宽的中纵黑条，有的则在第 3 腹板黑条中断……………………… **膨条瘤虻 *H. expollicata***
　腹部背板中央可具黑纵条，但较窄，第 1-4 或第 1-5 背板两侧红棕色，其后灰黑色；腹部腹面前 4 或前 5 节红棕色，中央无黑条，至多在第 1、2 腹板中央具黑斑 ……………………………………3
3. 单眼瘤发达，呈圆形突起………………………………………………………………………………4
　单眼瘤不发达，呈 3 个不突起的小点，或单眼瘤不清晰…………………………………………6
4. 腹部第 2 腹板中央具黑斑，腹背中纵黑条较宽，条中央色浅；足股节灰黑色；触角黑色；额基胛黑色………………………………………………………………………… **摩氏瘤虻 *H. morgani***
　腹部第 2 腹板中央无黑斑………………………………………………………………………………5
5. 足股节棕黄色；腹部尾端略尖，腹背黑斑较粗；下颚须较细，第 2 节长为宽的 3.5 倍；亚生殖板尾端较尖，基端不凹入……………………………………………………… **喀什瘤虻 *H. kashgarica***
　足股节灰黑色；腹部尾端正常，腹背黑斑较细；下颚须较粗，第 2 节长为宽的 3.2 倍；亚生殖板尾端较圆，基端凹入…………………………………………………… **寨氏瘤虻 *H. zaitzevi*** (部分)
6. 足股节灰黑色；腹部末端两侧收缩，使端部变尖……………………… **尖腹瘤虻 *H. acuminata***
　足股节棕色或灰黑色；腹部末端圆钝……………………………………………………………………7
7. 腹部第 2 腹板中央具黑斑；腹部背板具较宽的黑色中纵条，黑条中央具灰白窄纵条………………
　………………………………………………………………………………… **欧氏瘤虻 *H. erberi***
　腹部第 2 腹板中央无黑斑；腹部背板具较窄的黑色中纵列斑，构成断续的黑纵条…………………8
8. 足股节大部分棕色，基部 1/3-1/2 灰黑色；额较宽，高为基宽的 4.5-5.0 倍；下颚须较细，第 2 节长为宽的 3.5 倍………………………………………………………………………………特殊瘤虻 ***H. peculiaris***

足股节大部分黑色，仅端部少许棕色；额较窄，高为基宽的 5-6 倍；下颚须较粗，第 2 节长为宽的 3.2 倍………………………………………………………………………………塞氏瘤虻 ***H. zaitzevi***（部分）

(151) 阿克苏瘤虻 *Hybomitra akasuensis* Wang, 1985 (图 163)

Hybomitra akasuensis Wang, 1985: 426 [Type locality: Aksu City, Xinjiang, China]; Wang, 1994: 67.

鉴别特征 复眼密覆棕色短毛，具3带；额高为基宽的3.7倍，基胛半圆形，两侧角与复眼接触；亚胛覆粉；触角柄节和梗节浅棕色，鞭节黑色，基部1/3棕色；胸部侧板主要覆白色长毛；翅R_4脉无附脉，翅横脉无暗斑；腹部背板黄棕色，具浅色中央三角和两侧斜形斑。

形态描述

雌性 体长 16 mm，黄灰色。头部：复眼密覆棕色短毛，具 3 带；额黄灰色，覆黄毛，高为基宽的 3.7 倍，顶宽大于基宽，基胛棕色，半圆形，两侧角与复眼接触，中胛黑色，与基胛分离，单眼瘤棕黄色，小，头顶具棕色长毛；亚胛灰白色；颜与颊灰白色，着生白色长毛；口毛白色。触角柄节和梗节浅棕色，主要着生白毛和少量黑毛，鞭节黑色，基部 1/3 棕色，基环节长为宽的 1.3 倍，具背突，端环节 4 个。下颚须灰白色，第 1 节具白色长毛，第 2 节长为宽的 3.5 倍，覆黑毛和白毛。胸部：背板灰色，着生浅黄色，无纹饰，背侧片黄棕色；侧板灰色，覆白毛和少量黑毛。足黄色，仅跗节黑色。翅透明，翅脉黄色，横脉处无棕色斑，R_4 脉无附脉。腋瓣棕色，两腋瓣交接处具白毛。平衡棒黄

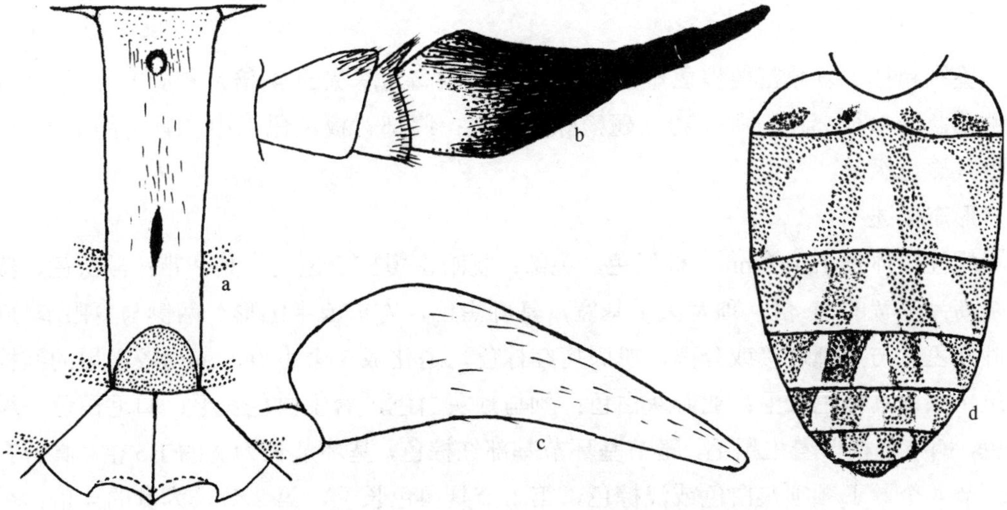

图 163 阿克苏瘤虻 *Hybomitra akasuensis* Wang

a. 额 (frons)；b. 触角 (antenna)；c. 下颚须 (palpus)；d. 腹部背面 (dorsum of abdomen)

白色，柄棕色。腹部：黄棕色，覆浅黄色毛，具浅色中央三角和两侧斜形斑，每节后缘具浅色细横带。腹板黄棕色，覆浅黄色毛，各腹板具浅色细横带。

雄性 未详。

观察标本 正模♀，新疆阿克苏，1180 m，1978.VI.24，张学忠，标本号 IOZ(E)201146，保存在 IZCAS。

生物学 荒漠种。

地理分布 新疆 (阿克苏)。

分类讨论 本种与欧氏瘤虻 *H. erberi* (Brauer) 近似，但欧氏瘤虻腹部背板中央具 2 条黑纵纹；腹部腹板第 2 节中央具黑斑。

(152) 膨条瘤虻 *Hybomitra expollicata* (Pandelle, 1883) (图 164, 图 165; 图版 XIII)

Tabanua expolicata Pandelle, 1883: 218 [Type locality: France meridionale].

Tabanus (*Didymopis*) *andreae* Szilády, 1922: 37. Synonymized by Chvála, 1988: 126.

Tabanus (*Sziládynus*) *nigrivitta* Olsufjev, 1936: 231; Murdoch and Takahasi, 1969: 50. Synonymized by Chvála, 1988: 126.

Hybomitra pseuderberi Philip *et* Aitken, 1958: 88. Synonymized by Chvála, 1988: 126.

Hybomitra expollicata orientalis Leclercq, 1970: 284 (Preoccupied by Olsufjev, 1970). Synonymized by Chvála, 1988: 126.

Hybomitra expolicata (Pandelle): Olsufjev, 1977: 387; Xu, 1982b: 103; Xu, 1982c: 107; Xu and Liu, 1982b: 111; Wang, 1983: 60; Chen, 1983: 115; Yao and Ding, 1986: 34; Wu, Li, Liu, Yang, Zhang and Cao, 1988: 199; Jiang, Zhang, Huang and Dai, 1993: 103; Liu, 1999a: 435; Xu, 2005: 769.

鉴别特征 复眼密覆棕色短毛，具 3 带；额高为基宽的 4 倍，基胛方形或半圆形，两侧与复眼窄分离；亚胛覆粉；翅横脉无暗斑；腹部背板黑色，中央具宽的黑色纵条，腹板具黑色纵条。

形态描述

雌性 体长 15-17 mm，棕黑色。头部：复眼密覆棕色短毛，具 3 带；额灰色，覆黄毛，高为基宽的 4 倍，顶宽大于基宽，基胛黑色，方形或半圆形，两侧与复眼窄分离，中胛黑色，与基胛连接或分离，单眼瘤红棕色，退化成 3 个小点，或为较平坦的红棕色圆斑，头顶具棕色长毛；亚胛灰白色；颜与颊灰白色，着生白色长毛；口毛白色。触角黑色，柄节和梗节着生黑毛，鞭节基环节基部红棕色，基环节长为宽的 1.5 倍，具背突，端环节 4 个。下颚须灰白色或浅棕色，第 1 节具白色长毛，第 2 节长为宽的 4 倍，覆白毛和少量黑毛。胸部：背板黑色，着生白毛和黑毛，无纹饰，背侧片棕色或黑色；侧板灰色，覆白色长毛和少量黑毛。足黑色，前足胫节基部 1/2 和中、后足胫节棕色。翅透

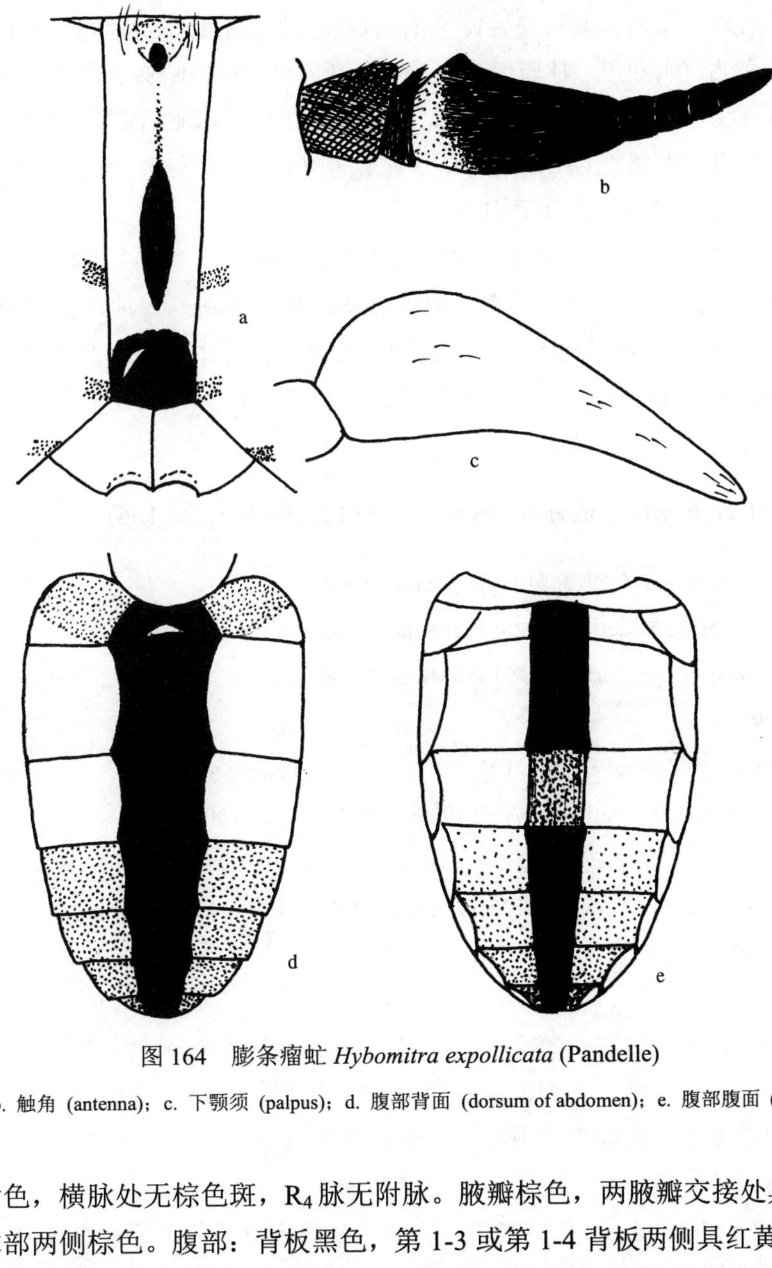

图 164　膨条瘤虻 *Hybomitra expollicata* (Pandelle)

a. 额 (frons); b. 触角 (antenna); c. 下颚须 (palpus); d. 腹部背面 (dorsum of abdomen); e. 腹部腹面 (venter of abdomen)

明，翅脉黄色，横脉处无棕色斑，R_4脉无附脉。腋瓣棕色，两腋瓣交接处具白毛。平衡棒黄色，球部两侧棕色。腹部：背板黑色，第 1-3 或第 1-4 背板两侧具红黄色斑，第 4-7 背板黑色，背板中央具宽的乌黑色纵条，黑条宽占腹节宽的 1/3，有些个体黑条中央具 1 列黄色三角斑；腹板黑灰色，中央具不很明显的黑色纵条，此条在有些地区的有些个体第 3 腹节缺如，致黑中条在第 3 腹板处中断，第 1-3 腹板两侧具棕红色斑。

雄性　体长 14-16 mm；复眼具灰色毛，上 2/3 大眼面与下 1/3 小眼面界限分明，触角黑色，鞭节的基环节较雌性的窄，下颚须浅黄灰色，卵圆形，黑白毛相间杂。

观察标本　97♀♀，黑龙江、湖北，保存在 AMMSC。

生物学　草原与林缘种；7 月多见；自然感染苏拉病病原体。

地理分布 黑龙江 (饶河、大兴安岭)、吉林 (白城、抚松、长白、珲春、图们)、辽宁 (大洼、盘山)、内蒙古 (满洲里、呼盟伊列克德、巴彦库仁、布特哈旗、查干诺尔)、陕西 (关山)、宁夏 (六盘山)、甘肃 (岷县、武山、天祝、武威)、青海 (海晏、海东、湟源)、新疆 (哈巴河)、湖北 (孝感)、四川 (道孚、炉霍、唐克、红原、南平、巴西)、西藏 (察雅); 俄罗斯，蒙古，哈萨克斯坦，土耳其，欧洲。

分类讨论 本种腹部第 1-7 背板中央具宽的黑色纵条，第 1-3 背板两侧红黄色，第 4-7 背板两侧黑色；腹部腹面亦具宽的中纵黑条，容易鉴别。本种是我国瘤虻属中分布最广的 1 种，伸展分布到东北区、青藏区和华北区，在华中区的湖北孝感还能采到 (图 165)。个体变异主要在腹部腹板的黑色中纵条，有的在第 3 腹板处中断，干旱地区的体色较浅，湿润地区的体色较深。

(153) 摩氏瘤虻 *Hybomitra morgani* (Surcouf, 1912) (图 165, 图 166)

Tabanus morgani Surcouf, 1912: 71 [Type locality: Iran].

Therioplectes sibirica Enderlein, 1925: 358. Synonymized by Chvála, 1988: 129.

Hybomitra staegeri Lyneborg, 1959: 145; Murdoch and Takahasi, 1969: 49. Synonymized by Chvála, 1988: 129.

Hybomitra muehlfeldi (Brauer): Liu, 1959: 162. Misidentification.

Hybomitra reinigiana (Enderlein): Wang, 1985e: 426. Misidentification.

Hybomitra morgani: Olsufjev, 1977: 386; Xu, 1982c: 107; Xu, 1982d: 117; Zhang and Zhao, 1982: 7; Wang, 1983: 61; Chen, 1983: 115; Yao and Ding, 1986: 34; Wu, Li, Liu, Yang, Zhang and Cao, 1988: 199; Liu, 1999a: 435.

鉴别特征 复眼密覆棕色短毛，具 3 带；额高为基宽的 4 倍，基胛方形或半圆形，两侧与复眼窄分离或接触；亚胛覆粉；翅 R_4 脉无附脉，翅横脉无暗斑；腹部背板黑色，中央具窄的黑色纵条，腹板具不很明显的黑色纵条或第 2 腹板中央具黑斑。

形态描述

雌性 体长 15-18 mm，灰棕黑色。头部：复眼密覆棕色短毛，具 3 带；额黄灰色，覆黄毛，高为基宽的 4 倍，两侧平行或顶宽略大于基宽，基胛黑色，方形或半圆形，两侧与复眼窄分离或接触，中胛黑色，与基胛连接或分离，单眼瘤红棕色，隆起，头顶具棕色长毛；亚胛灰色；颜与颊灰色，着生白色长毛；口毛白色。触角柄节和梗节黑色，着生黑毛，鞭节基环节基部 1/3-1/2 红棕色，端部和端环节黑色，基环节长为宽的 1.5 倍，具背突，端环节 4 个。下颚须灰白色，第 1 节具白色长毛，第 2 节长为宽的 3.5 倍，覆白毛和少量黑毛。胸部：背板黑色，着生白毛和黑毛，具 5 条不明显纵纹，背侧片棕色；侧板灰色，覆白色长毛和少量黑毛。足黑色，前足胫节基部 2/3 和中、后足胫节棕色。

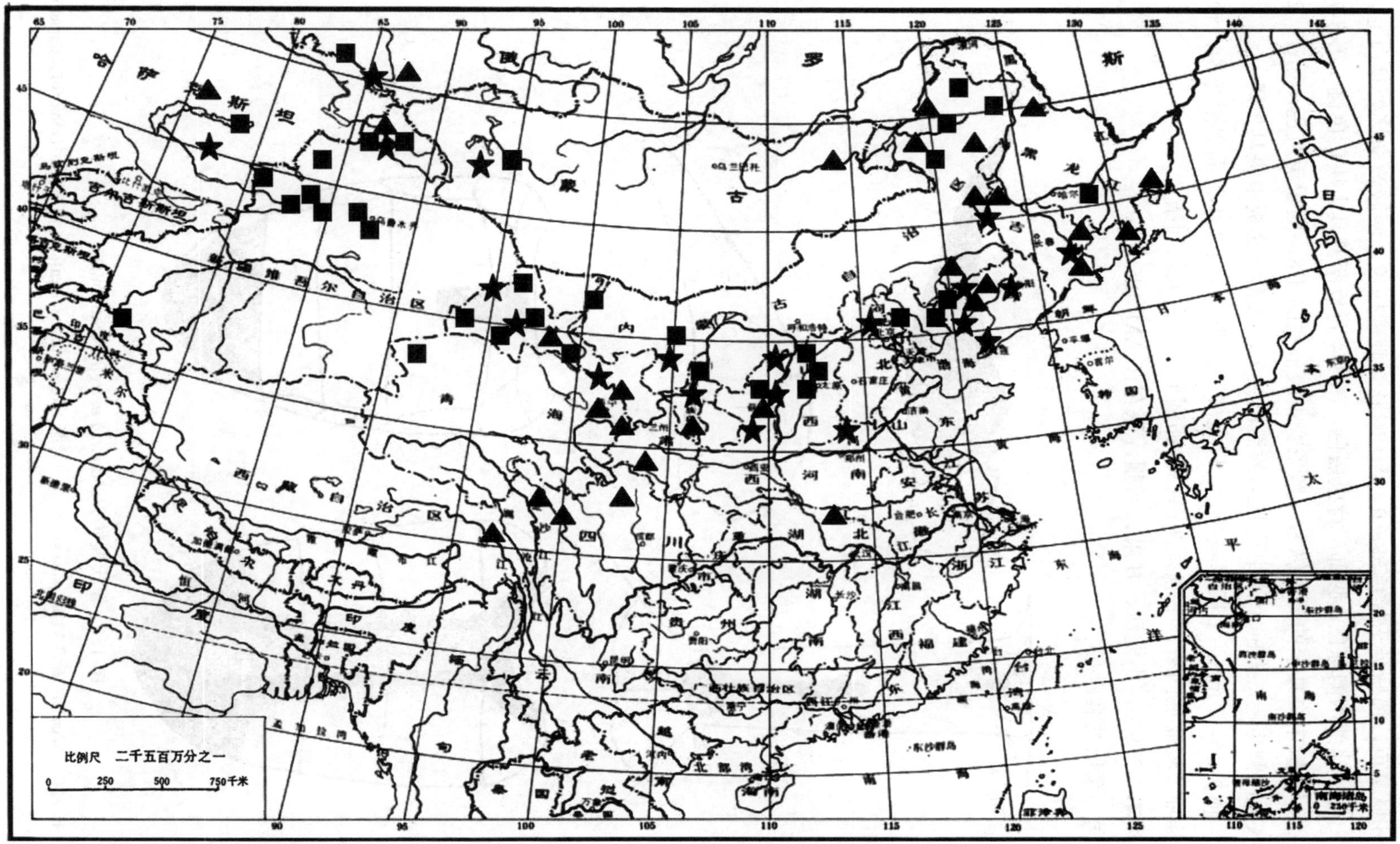

图 165　欧氏瘤虻组 *Hybomitra erberi* group 的地理分布

▲膨条瘤虻 *Hybomitra expollicata* (Pandelle)　■摩氏瘤虻 *Hybomitra morgani* (Surcouf)　★欧氏瘤虻 *Hybomitra erberi* (Brauer)

翅透明，翅脉黄色，横脉处无棕色斑，R_4 脉无附脉。腋瓣棕色，两腋瓣交接处具白毛。平衡棒黄白色，球部两侧棕色。腹部：背板黑色，第 1-4 背板两侧具大块黄色斑，第 5-7 背板黑灰色，背板中央具窄的黑色纵条，黑条宽占腹节宽的 1/8；腹板黑灰色，第 1、2 或第 1-3 腹板两侧橙色，有的个体中央具细的黑色纵条，或第 2 腹板中央具黑斑。

雄性　体长 15-17 mm；复眼具灰色毛，上 2/3 大眼面与下 1/3 小眼面界限分明，触角鞭节的基环节较雌性的窄，下颚须灰白色，卵圆形，黑白毛相间杂。

观察标本　27♀♀，黑龙江、甘肃、新疆，保存在 AMMSC。

生物学　草原与林区种。

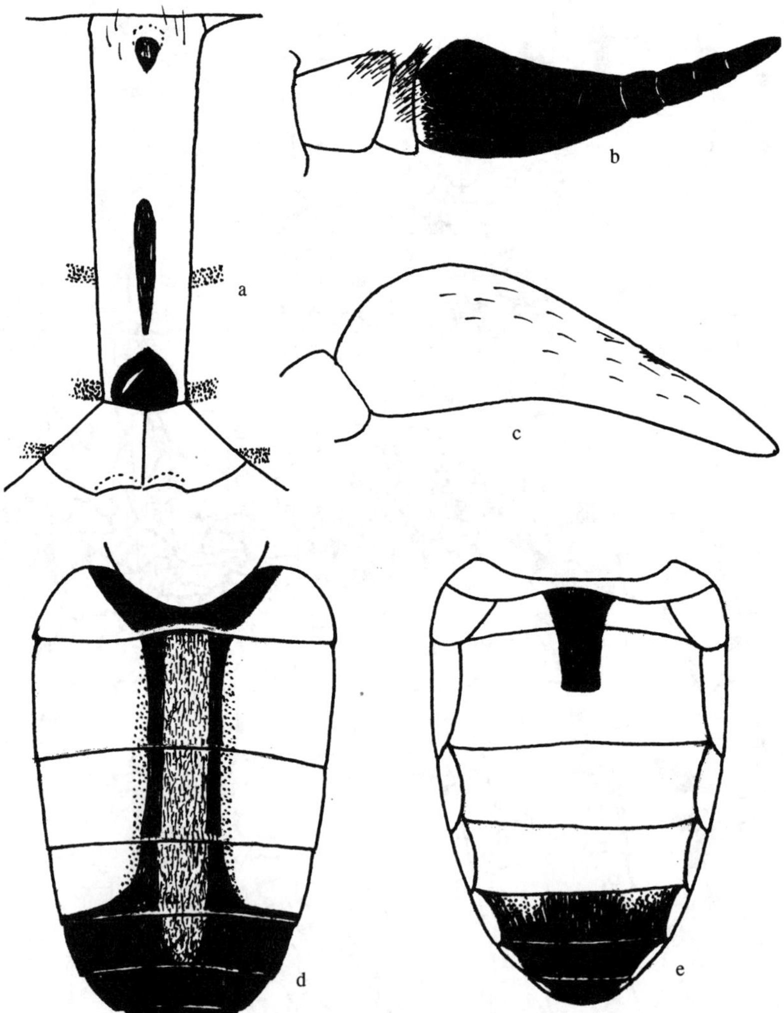

图 166　摩氏瘤虻 *Hybomitra morgani* (Surcouf)

a. 额 (frons)；b. 触角 (antenna)；c. 下颚须 (palpus)；d. 腹部背面 (dorsum of abdomen)；e. 腹部腹面 (venter of abdomen)

地理分布　黑龙江（亚布力）、辽宁（北镇、建平）、内蒙古（奈勒穆图、呼伦贝尔、海拉尔、鄂伦春旗、阿巴尔虎旗、阿拉善右旗、额济纳旗）、河北（兴隆）、山西（宁武、岢岚、文水）、陕西（延安）、宁夏（银川）、甘肃（玉门、金塔、安西、敦煌、肃北、肃南）、青海（茫崖）、新疆（伊犁、新源、玛纳斯、尼勒克、托里、昌吉、乌鲁木齐、布尔津、阿尔泰、塔什库尔干）；俄罗斯，蒙古，哈萨克斯坦，伊朗，欧洲。

分类讨论　本种在我国常被误定为 *H. muehlfeldi* (Brauer)。类似于喀什瘤虻 *H. kashgarica* Olsufjev，但喀什瘤虻腹部第 2 腹板中央无黑斑，腹部尾端略尖。本种是典型的古北界中亚地区种类，延伸分布到我国的东北区、华北区和青藏区（图 165）。

(154) 喀什瘤虻 *Hybomitra kashgarica* Olsufjev, 1970（图 167）

Hybomitra kashgarica Olsufjev, 1970: 685 [Type locality: Kaschgarija, W. China]; Xu, 1982d: 117; Wang, 1994: 68; Liu, 1999a: 435.

鉴别特征　复眼密覆棕色短毛，具 3 带；额高为基宽的 4.5-5.0 倍，基胛方形，两侧与复眼分离；亚胛覆粉；足黑色，但胫节和中、后足跗节黄棕色，翅 R_4 脉无附脉，翅横脉无暗斑；腹部背板黄棕色，中央具黑斑纵列。

形态描述

雌性　体长 14-16 mm，灰棕黑色。头部：复眼密覆棕色短毛，具 3 带；额黄灰色，覆黄毛，高为基宽的 4.5-5.0 倍，两侧平行或顶宽略大于基宽，基胛黑色，方形，两侧与复眼分离，中胛黑色，与基胛分离，单眼瘤红棕色，小，头顶具棕色长毛；亚胛灰色；颜与颊灰色，着生白色长毛；口毛白色。触角柄节和梗节红棕色，着生黑毛和白毛，鞭节基环节基部 1/3-1/2 红棕色，端部和端环节黑色，基环节长为宽的 1.6 倍，具背突，端环节 4 个。下颚须灰白色，第 1 节具白色长毛，第 2 节长为宽的 3.5 倍，覆白毛和少量黑毛。胸部：背板黑色，着生白毛，背侧片棕色；侧板灰色，覆白色长毛和少量黑毛。足黑色，胫节和中、后足跗节黄棕色。翅透明，翅脉黄色，横脉处无棕色斑，R_4 脉无附脉。腋瓣棕色，两腋瓣交接处具白毛。平衡棒乳白色，球部两侧浅棕色。腹部：黄棕色，背板中央具黑斑纵列，有时第 2 背板中央具灰色细条，各节具浅色后缘；腹板黄棕色。

雄性　体长 14-15 mm；复眼具灰色毛，上 2/3 大眼面与下 1/3 小眼面界限不分明，触角鞭节的基环节较雌性的窄，下颚须浅黄色，卵圆形，白毛夹杂少量黑毛。

观察标本　正模♀，新疆喀什，保存在 IZPR（未检视）。5♀♀，新疆，保存在 AMMSC。

生物学　荒漠种。

地理分布　甘肃（金塔、敦煌）、新疆（和田、巴楚、开屏）。

分类讨论　本种与特殊瘤虻 *H. peculiaris* (Szilády) 近似，但特殊瘤虻单眼退化为 3 个小点；足股节大部分棕色，基部 1/2 灰黑色。

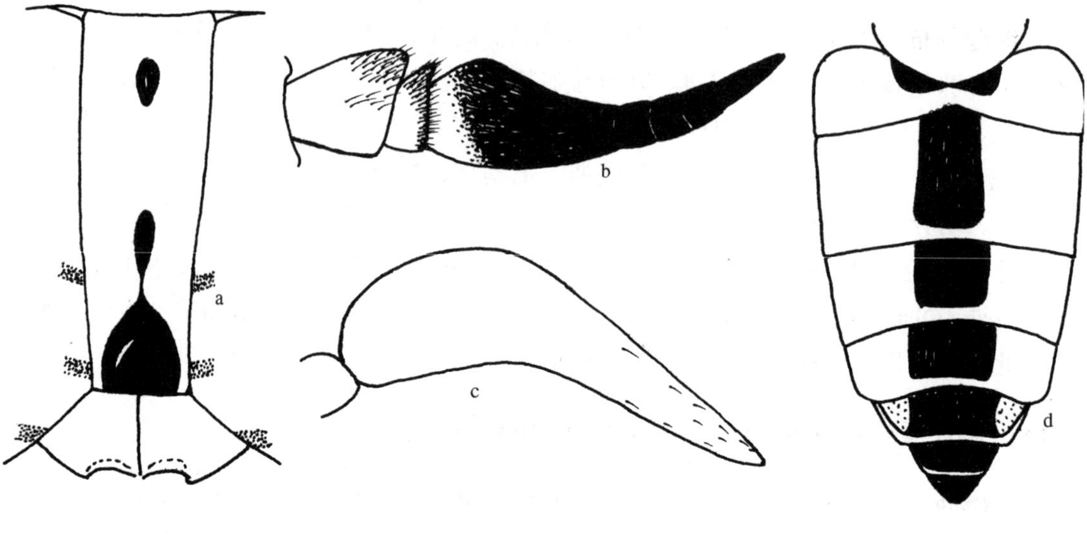

图 167　喀什瘤虻 *Hybomitra kashgarica* Olsufjev

a. 额 (frons)；b. 触角 (antenna)；c. 下颚须 (palpus)；d. 腹部背面 (dorsum of abdomen)

(155) 寨氏瘤虻 *Hybomitra zaitzevi* Olsufjev, 1970 (图 168)

Hybomitra montana zaitzevi Olsufjev, 1970: 685 [Type locality: Mongolia]; Olsufjev, 1977: 386.

Hybomitra zaitzevi Olsufjev: Xu, 1982d: 117; Xu and Wang, 1993: 108; Liu, 1999a: 436.

鉴别特征　复眼密覆棕色短毛，具 3 带；额高为基宽的 5-6 倍，基胛方形，两侧与复眼窄分离；亚胛覆粉；触角柄节和梗节浅棕色，鞭节基环节基部 1/3 棕色，基环节端部和端环节黑色；足棕黄色，股节基部大部分灰黑色，仅端部少许棕色，翅 R_4 脉无附脉，翅横脉无暗斑；腹部背板黄棕色，中央具断续的黑色窄纵条。

形态描述

雌性　体长 15-17 mm，黄灰色。头部：复眼密覆棕色短毛，具 3 带；额灰色，覆黑毛和白毛，高为基宽的 5-6 倍，顶宽大于基宽，基胛黑色，方形，两侧与复眼窄分离，中胛黑色，与基胛分离或连接，单眼瘤棕红色，小，或呈 3 点状，头顶具棕色长毛；亚胛灰白色；颜与颊灰白色，着生白色长毛；口毛白色。触角柄节和梗节浅棕色，主要着生黑毛，鞭节黑色，基环节基部 1/3 棕色，基环节长为宽的 1.4 倍，具背突，端环节 4 个。下颚须白色，第 1 节具白色长毛，第 2 节长为宽的 3.2 倍，覆黑毛和白毛。胸部：背板灰黑色，着生黑毛和白毛，无纹饰，背侧片黄色；侧板灰色，覆白毛和黑毛。足棕黄色，股节基部大部分灰黑色，端部少许棕色，主要覆白毛夹杂少量黑毛，前足胫节端部 1/2 及跗节黑色。翅透明，翅脉黄色，横脉处无棕色斑，R_4 脉无附脉。腋瓣棕色，两腋瓣交接处具白毛。平衡棒浅黄色，球部两侧棕色。腹部：背板黄棕色，第 1-4 或第 1-5

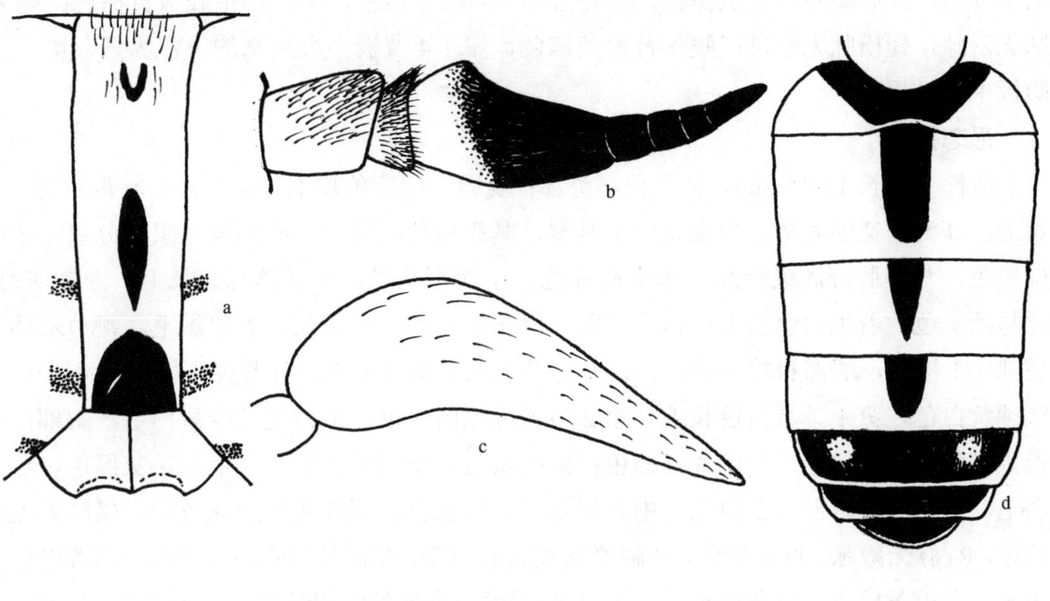

图 168　赛氏瘤虻 *Hybomitra zaitzevi* Olsufjev

a. 额 (frons); b. 触角 (antenna); c. 下颚须 (palpus); d. 腹部背面 (dorsum of abdomen)

背板两侧具大块黄色斑，中央具断续的黑色窄纵条；第 1-5 腹板橙黄色，其后 2 节黑灰色，第 2 腹板中央无黑斑。

雄性　未详。

观察标本　正模♀，蒙古，保存在 IZPR (未检视)。7♀♀，甘肃、新疆，保存在 AMMSC。

生物学　荒漠种。

地理分布　甘肃 (敦煌、红岩山)、新疆 (布尔津、玛纳斯、博乐、托里)；蒙古。

分类讨论　本种与特殊瘤虻 *H. peculiaris* (Szilády) 近似，但特殊瘤虻的足股节大部棕色，基部 1/2 灰黑色，额较宽，下颚须较细。按 Chvála (1988) 该种作为突额瘤虻 *H. montana* (Meigen) 的同物异名，但突额瘤虻的平衡棒棕黑色，而赛氏瘤虻 *H. zaitzevi* 的平衡棒浅棕黄色，按 Chvála 等(1972) 的瘤虻属分组原则，平衡棒色深色浅应归于不同组，故本志把赛氏瘤虻作独立种处理。

(156) 尖腹瘤虻 *Hybomitra acuminata* (Loew, 1858) (图 169)

Tabanus acuminata Loew, 1858: 590 [Type locality: Illyria, Italia].

Hybomitra acuminata: Olsufjev, 1977: 394; Xu, 1982d: 116; Wang, 1983: 59.

鉴别特征　复眼密覆棕色短毛，具 3 带；额高为基宽的 4 倍；基胛方形，两侧与复眼窄分离；亚胛覆粉；足灰黑色，前足胫节基部 1/2 白色，中、后足胫节黄棕色；翅 R_4 脉无附脉，翅横脉无暗斑；腹部背板黄棕色，第 1-4 背板中央具宽的黑色纵条，第 1、2 腹板中央具黑斑。

形态描述

雌性 体长 13-15 mm，灰黑色。头部：复眼密覆棕色短毛，具 3 带；额黄灰色，覆黄毛，高为基宽的 4 倍，顶宽略大于基宽，基胛棕色，方形，两侧与复眼窄分离，中胛棕黑色，与基胛分离或接触，单眼瘤棕色，小而不明显，头顶具棕色长毛；亚胛灰色；颜与颊灰色，着生白色长毛；口毛白色。触角柄节和梗节灰色，着生黑毛，鞭节基环节基部 1/3 橙色，端部和端环节黑色，基环节长为宽的 1.6 倍，具背突，端环节 4 个。下颚须黄白色，第 1 节具白色长毛，第 2 节长为宽的 3 倍，覆白毛和少量黑毛。胸部：背板黑灰色，着生白毛，背侧片红棕色；侧板灰色，覆白色长毛和黑毛。足灰黑色，着生白毛，前足胫节基部 1/2 白色，中、后足胫节黄棕色。翅透明，翅脉黄色，横脉处无棕色斑，R_4 脉无附脉。腋瓣棕色，两腋瓣交接处具白毛。平衡棒乳白色，球部两侧浅棕色。腹部：背板黄棕色，覆黄色短毛，第 1-4 背板中央具黑色宽纵条，占腹节宽的 1/3，第 5-7 背板黑色；第 1-4 腹板黄棕色，第 1、2 腹板中央具大黑斑，第 5-7 腹板黑色，腹部尾端收缩，使尾端外形变尖。

雄性 体长 13-14 mm；复眼具黄毛，上 2/3 大眼面与下 1/3 小眼面界限不分明，触角鞭节的基环节较雌性的窄，下颚须白色，卵圆形，黑毛与白毛相间杂。

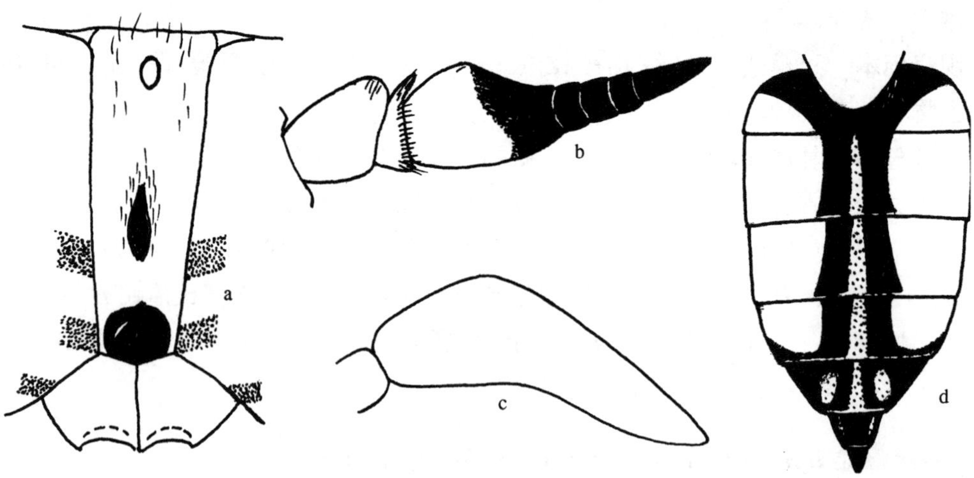

图 169 尖腹瘤虻 *Hybomitra acuminata* (Loew)

a. 额 (frons)；b. 触角 (antenna)；c. 下颚须 (palpus)；d. 腹部背面 (dorsum of abdomen)

观察标本 3♀♀，新疆，保存在 AMMSC。

生物学 半荒漠种；幼虫孳生在湖边；雌虻攻击家畜、野生动物、鸟类和人类。

地理分布　新疆 (新源、开屏)；俄罗斯，蒙古，哈萨克斯坦，欧洲。

分类讨论　在欧氏瘤虻组中，本种单眼瘤不明显，腹部尾端变尖，比较特殊，容易鉴别。

(157) 欧氏瘤虻 *Hybomitra erberi* (Brauer, 1880) (图 165, 图 170; 图版 XIII)

Theriioplectes erberi Brauer, 1880: 151 [Type locality: Corf, Greece].

Tabanus erberi fuscipennis Szilády, 1926: 607. Synonymized by Chvála, 1988: 126.

Hybomitra erberi: Murdoch and Takahasi, 1969: 50; Olsufjev, 1977: 389; Xu, 1982c: 107; Wang, 1983: 58; Chen, 1983: 114; Wu, Li, Liu, Yang, Zhang and Cao, 1988: 199; Jiang, Zhang, Huang and Dai, 1993: 103; Wang, Ge and Dong, 1998: 44; Liu, 1999a: 435.

鉴别特征　复眼密覆棕色短毛，具 3 带；额高为基宽的 5 倍，基胛方形，两侧与复眼窄分离；亚胛覆粉；触角柄节和梗节浅棕色，鞭节基环节基部 1/3 棕色，基环节端部和端环节黑色；翅 R_4 脉无附脉，翅横脉无暗斑；腹部背板黄棕色，中央具黑色纵条，黑条中央具灰白色纵条，腹部第 2 腹板具黑斑。

形态描述

雌性　体长 15-17 mm，黄灰色。头部：复眼密覆棕色短毛，具 3 带；额灰色，覆黑毛和白毛，高为基宽的 5 倍，顶宽大于基宽，基胛黑色，方形，两侧与复眼窄分离，中胛黑色，与基胛分离或连接，单眼瘤棕红色至黑色，退化成 3 个小点，头顶具棕色长毛；亚胛灰白色；颜与颊灰白色，着生白色长毛；口毛白色。触角柄节和梗节浅棕色，主要着生黑毛，鞭节黑色，基部 1/3 棕色，基环节长为宽的 1.4 倍，具背突，端环节 4 个。下颚须白色，第 1 节具白色长毛，第 2 节长为宽的 3.2 倍，覆黑毛和白毛。胸部：背板灰黑色，着生黑毛和白毛，无纹饰，背侧片黄色；侧板灰色，覆白毛和黑毛。足棕黄色，股节基部大部分灰色，主要覆白毛夹杂少量黑毛，前足胫节端部 1/2 及跗节黑色。翅透明，翅脉黄色，横脉处无棕色斑，R_4 脉无附脉。腋瓣棕色，两腋瓣交接处具白毛。平衡棒浅黄色，球部两侧棕色。腹部：背板黄棕色，第 1-4 或第 1-5 背板两侧具大块黄色斑，中央具黑色纵条，黑条中央具灰白色纵条；第 1-5 腹板橙黄色，其后 2 节黑灰色，第 2 腹板中央具黑斑。

雄性　一般特征同雌性。上 2/3 大眼面与下 1/3 小眼面分界清晰，具 2 条横带。

观察标本　19♀♀，宁夏、新疆，保存在 AMMSC。

生物学　荒漠种。

地理分布　吉林 (白城、珲春)、辽宁 (大洼、盘山、锦县、绥中、兴城、旅顺)、内蒙古 (阿左旗)、北京 (延庆)、河南 (武陟)、陕西 (南泥湾、黄陵、榆林、延安)、宁夏 (银川)、甘肃 (武威、嘉峪关、金塔)、新疆 (哈巴河)；俄罗斯，蒙古，哈萨克斯坦，伊朗，欧洲。

分类讨论 本种与特殊瘤虻 *H. peculiaris* (Szilády) 近似，但特殊瘤虻的腹部背板具较窄的黑色中纵条，黑条中央无灰白窄纵条，腹部第 2 腹板中央无黑斑。本种瘤虻是典型古北界中亚地区的种类，但延伸分布到我国华北区和东北区 (图 165)。

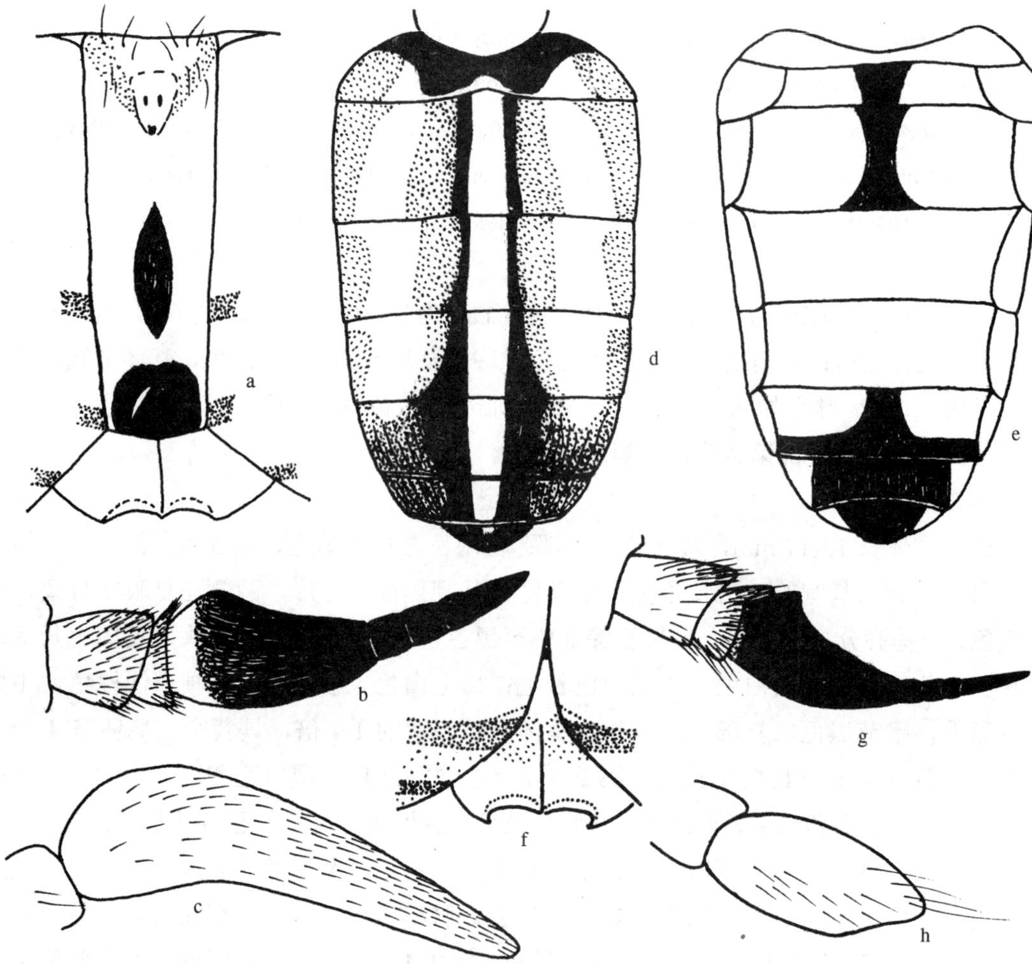

图 170 欧氏瘤虻 *Hybomitra erberi* (Brauer)

a. 额 (frons)；b. 触角 (antenna)；c. 下颚须 (palpus)；d. 腹部背面 (dorsum of abdomen)；e. 腹部腹面 (venter of abdomen)；f. 雄性额 (frons ♂)；g. 雄性触角 (antenna ♂)；h. 雄性下颚须 (palpus ♂)

(158) 特殊瘤虻 *Hybomitra peculiaris* (Szilády, 1914) (图 171)

Tabanus (*Therioplectes*) *peculiaris* Szilády, 1914: 666 [Type locality: ♂, Djarkent, Turkestan; ♀, Sarepta, Sudrussland].

Tabanus inaequata Austen, 1923: 284. Synonymized by Chvála, 1988: 131.

Tabanus (*Therioplectes*) *peculiaris kroeberi* Szilády, 1926: 607. Synonymized by Chvála, 1988: 131.

Tabanus peculiaris kashmiriana Szilády, 1926: 17. Synonymized by Chvála, 1988: 131.

Hybomitra peculiaris: Olsufjev, 1977: 392; Xu, 1982c: 107; Wang, 1983: 59; Liu, 1999a: 435.

鉴别特征　复眼密覆棕色短毛，具 3 带；额高为基宽的 4.5-5.0 倍，基胛方形，两侧与复眼窄分离；亚胛覆粉；足黄棕色，股节基部 1/2 灰黑色；翅 R_4 脉无附脉，翅横脉无暗斑；腹部背板黄棕色，第 1-4 背板中央具黑灰色细纵条，占腹节宽的 1/5，第 5-7 背板

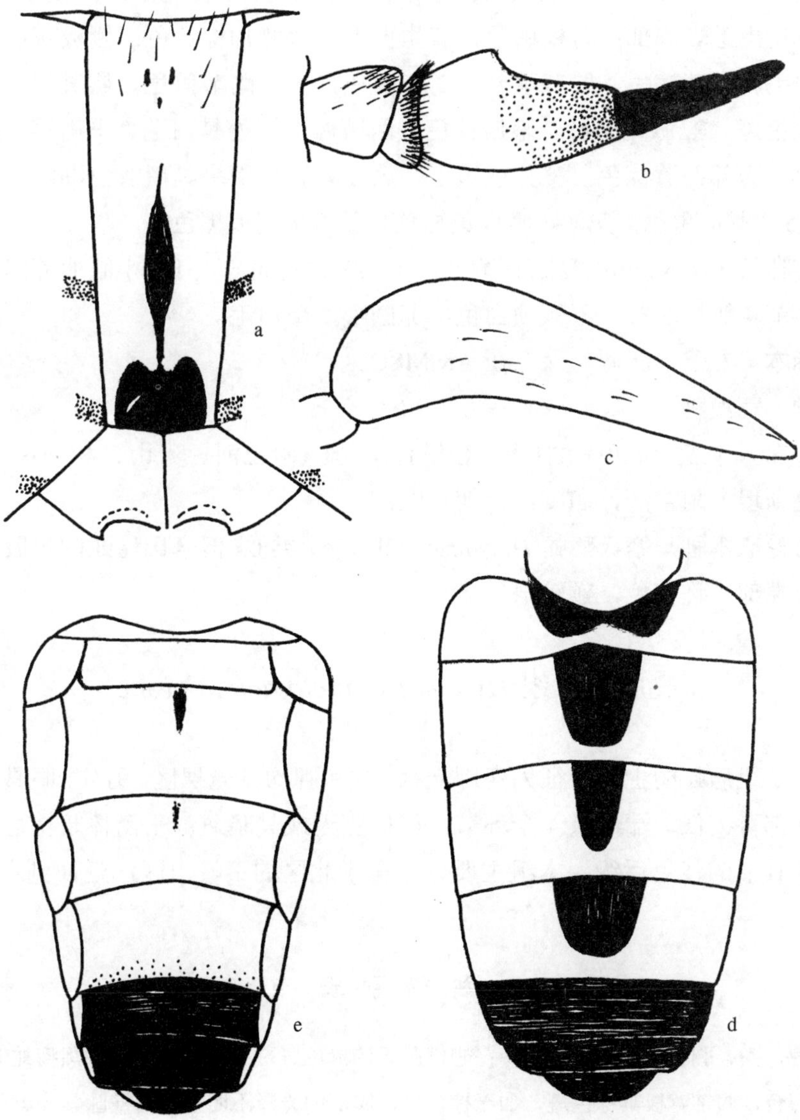

图 171　特殊瘤虻 *Hybomitra peculiaris* (Szilády)

a. 额 (frons)；b. 触角 (antenna)；c. 下颚须 (palpus)；d. 腹部背面 (dorsum of abdomen)；e. 腹部腹面 (venter of abdomen)

黑色，第 2 腹板中央无黑斑。

形态描述

雌性 体长 15-16 mm，灰棕黑色。头部：复眼密覆棕色短毛，具 3 带；额黄灰色，覆黄毛，高为基宽的 4.5-5.0 倍，两侧平行或顶宽略大于基宽，基胛棕色，方形，两侧与复眼窄分离，中胛黑色，与基胛分离或接触，单眼瘤红棕色，退化为 3 个小点，头顶具棕色长毛；亚胛灰色；颜与颊灰色，着生白色长毛；口毛白色。触角柄节和梗节棕色，着生黑毛和白毛，鞭节基环节基部 1/3 橙色，端部和端环节黑色，基环节长为宽的 1.7 倍，具背突，端环节 4 个。下颚须白色，第 1 节具白色长毛，第 2 节长为宽的 3.5 倍，覆白毛和少量黑毛。胸部：背板黑色，着生白毛，背侧片棕黄色；侧板灰色，覆白色长毛和少量黑毛。足黄棕色，股节基部 1/2 灰黑色，前足跗节黑色。翅透明，翅脉黄色，横脉处无棕色斑，R_4 脉无附脉。腋瓣棕色，两腋瓣交接处具白毛。平衡棒乳白色，球部两侧浅棕色。腹部：黄棕色，覆黄色短毛，第 1-4 背板中央具黑灰色细纵条，占腹节宽的 1/5，第 5-7 背板黑色；第 1-4 腹板黄棕色，第 5-7 腹板黑色。

雄性 体长 14-16 mm；复眼具黄毛，上 2/3 大眼面与下 1/3 小眼面界限分明，触角鞭节的基环节较雌性的窄，下颚须白色，卵圆形，覆白毛。

观察标本 7♀♀，新疆，保存在 AMMSC。

生物学 荒漠种。

地理分布 宁夏 (银川)、甘肃 (金塔)、新疆 (哈巴河、天山、和硕)；俄罗斯，蒙古，哈萨克斯坦，阿富汗，印度，伊朗，欧洲。

分类讨论 本种与寨氏瘤虻 *H. zaitzevi* Olsufjev 类似，但寨氏瘤虻的足股节基部大部分黑色，仅端部少许棕色，额较窄。

亮脸瘤虻组 *Hybomitra nitelofaciata* group

亮脸瘤虻组瘤虻的主要特征为亚胛光裸；颜和胛均具光裸区。另外，眼具 3 条横带；触角鞭节基部背突低，端部具 4 个环节；翅横脉无或具暗斑；平衡棒暗棕色至黑色；腹部背板无或具窄的浅色后缘。本组主要分布在华北区的秦岭山区，延伸到青藏高原 (图 178)

种 检 索 表

1. 体全黑色，头、胸、腹均具黑色光泽；翅横脉无棕黑色斑……………………**釉黑瘤虻 *H. baphoscota***

   体非全黑色，腹部背板具棕色斑，如无棕色斑，腹部的光泽不明显；翅横脉具棕黑色斑…………2

2. 额高为宽的 1.5 倍……………………………………………………………**莫氏瘤虻 *H. mouchai***

   额高为宽的 2 倍以上……………………………………………………………………………3

3. 胸部侧板覆密的黑色长毛；触角柄节棕色……………………………太白山瘤虻 ***H. taibaishanensis***

胸部侧板覆密的黄色长毛；触角柄节黑色或红棕色……………………………………………………4

4. 额基胛后缘界限不清晰；腹部第 3-6 背板各节前半毛少，使背板略具黑色光泽，第 2 背板两侧具小的棕色斑；触角柄节黑色……………………………………………………亮脸瘤虻 ***H. nitelofaciata***

额基胛后缘界限清晰，圆弧形或方形；腹部背板均匀覆毛，第 2 或第 2、3 背板两侧具大的棕色斑；触角柄节黑色或棕黑色……………………………………………………………………………5

5. 腹部黑色，第 1、2 背板覆黄毛，第 3-7 背板覆黑毛，第 2 背板两侧具红棕色斑；触角鞭节黑色；口毛白色……………………………………………………………………波拉瘤虻 ***H. branta***

腹部黑色，背板覆黄毛，第 2、3 背板两侧具棕色斑；触角鞭节红棕色；口毛黄色………………
……………………………………………………………………………岷山瘤虻 ***H. minshanensis***

(159) 釉黑瘤虻 *Hybomitra baphoscota* Xu *et* Liu, 1985 (图 172)

Hybomitra baphoscota Xu *et* Liu, 1985: 169 [Type locality: Zhouqu, Gansu, China]; Wu, Li, Liu, Yang, Zhang and Cao, 1988: 198; Wang, 1994: 33; Liu, 1999a: 435; Xu, 2005: 769.

鉴别特征 复眼密覆黑色短毛，具 3 带；额高为基宽的 1.6-1.9 倍，基胛方形，中央具皱纹，两侧与复眼连接；亚胛光裸；触角柄节亮黑色，梗节和鞭节的基环节红棕色，鞭节基环节背缘及端环节棕黑色；下颚须黑色；翅 R_4 脉无附脉，翅横脉无明显暗斑；腹部亮黑色。

形态描述

雌性 体长 11-13 mm，亮黑色。头部：复眼密覆黑色短毛，具 3 带；额亮黑色，覆黑毛和少量白毛，高为基宽的 1.6-1.9 倍，顶宽大于基宽，中部凹陷，覆灰粉，基胛黑色，方形，两侧与复眼连接，中央具皱纹，中胛粗短，黑色，与基胛连接，单眼瘤棕色，隆起；亚胛光裸，亮黑色；颜与颊亮黑色，仅在触角下的中颜和口缘区覆薄的灰棕色粉，着生黑毛；口毛黑色。触角柄节亮黑色，着生黑毛，梗节和鞭节的基环节红棕色，鞭节基环节背缘及端环节棕黑色，基环节背突不明显，长为宽的 2.1-2.6 倍，为端环节长的 1.3-2.3 倍。下颚须黑色，具弱的亮光，覆黑毛，第 2 节长为宽的 3.2-3.5 倍。胸部：背板亮黑色，着生黑毛夹杂亮白毛，无纹饰，背侧片黑色；侧板亮黑色，覆黑毛。足亮黑色，着生黑毛，后足胫节夹杂亮棕色毛。翅前缘着棕色，横脉处无明显暗斑，R_4 脉无附脉。腋瓣烟棕色，两腋瓣交接处具烟黑毛。平衡棒黑色，柄和球部顶端带棕色。腹部：亮黑色，着生短黑毛，尾端夹杂灰白色毛。

雄性 本志首次描述。体长 11 mm，除性差异、触角鞭节较窄外，余者同雌性。

观察标本 正模♀，甘肃舟曲，2300 m，1980.VII.17，许荣满采，保存在 AMMSC。3♀♀，甘肃；4♀♀1♂，陕西，保存在 AMMSC。

生物学 高山林区种。

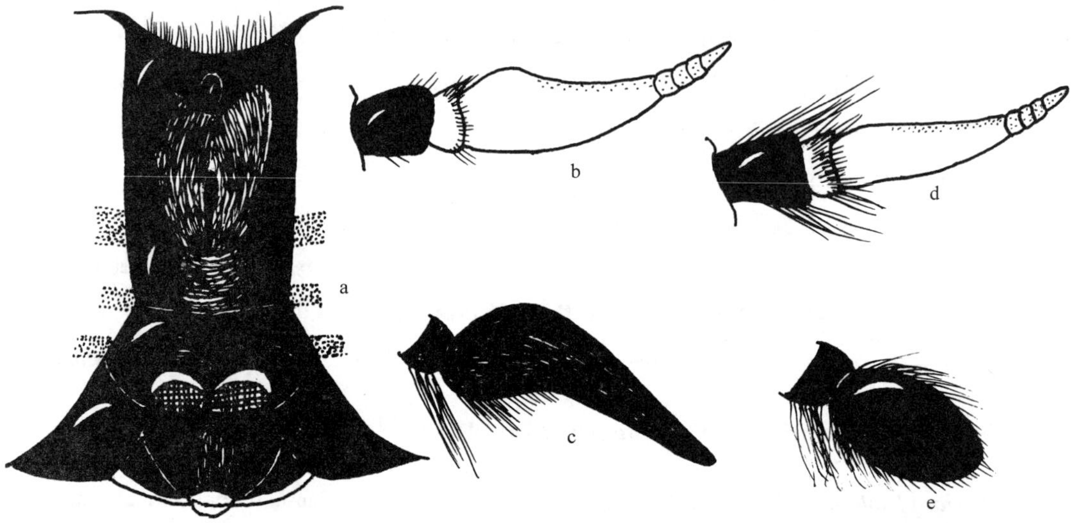

图 172 釉黑瘤虻 *Hybomitra baphoscota* Xu *et* Liu

a. 额 (frons)；b. 触角 (antenna)；c. 下颚须 (palpus)；d. 雄性触角 (antenna ♂)；e. 雄性下颚须 (palpus ♂)

地理分布 陕西 (留坝、风县、陇县、关山、秦岭)、甘肃 (舟曲)。

分类讨论 本种全身亮黑色，无斑纹，翅横脉无暗斑，宽额，在古北界瘤虻中罕见。

(160) 莫氏瘤虻 *Hybomitra mouchai* Chvála, 1969 (图 173, 图 178)

Hybomitra mouchai Chvála, 1969: 46 [Type locality: Nepal]; Wang, 1994: 32.

鉴别特征 复眼密覆短毛，具 3 带；额高为基宽的 1.5 倍，基胛方形，中央具皱纹，两侧与复眼接触；亚胛光裸，亮黑色；中颜和上侧颜具大的亮黑色区；触角柄节亮黑色，梗节和鞭节的基环节深棕色，鞭节基环节端部大部分及端环节黑色；翅 R_4 脉无附脉，翅横脉具暗斑；腹部黑色，第 1、2 节具黄毛，第 3-7 节具黑毛，每节具浅色后缘。

形态描述

雌性 体长 14-16 mm，黑色。头部：复眼密覆棕色短毛，具 3 带；额灰黑色，覆黑毛，高为基宽的 1.5 倍，顶宽大于基宽，基胛黑色，方形，两侧与复眼接触，中胛很短，黑色，与基胛连接，单眼瘤棕色，隆起，三角形；亚胛光裸，亮黑色；颜与颊灰黄色，中颜和上侧颜均具大的亮黑色区，着生黑毛和黄毛；口毛黄色。触角柄节亮黑色，着生黑毛，梗节和鞭节的基环节深棕色，鞭节基环节端部大部分及端环节黑色，基环节背突不明显，长为宽的 2.2 倍。下颚须棕色，第 2 节长为宽的 4 倍，覆黑毛，基部夹杂有黄毛。胸部：背板黑色，密覆黄毛，无纹饰，背侧片黑色；侧板黑色，密覆黄色长毛。足

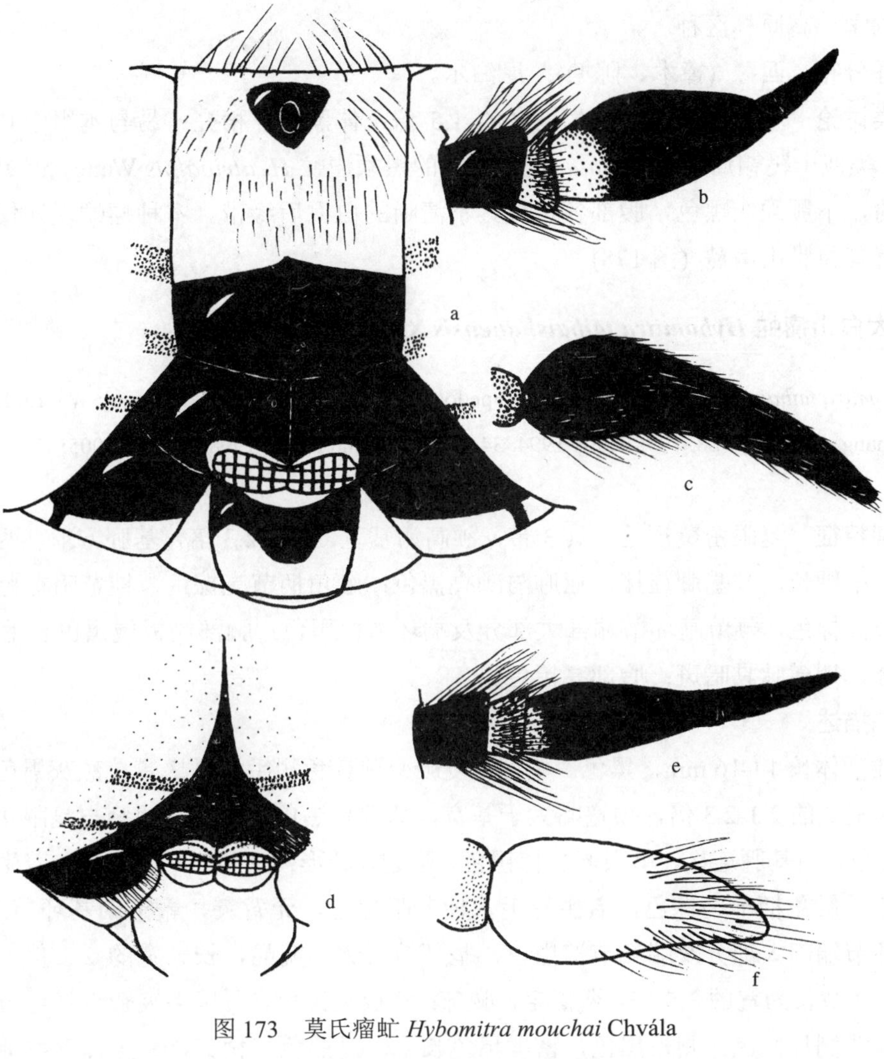

图 173　莫氏瘤虻 *Hybomitra mouchai* Chvála

a. 额 (frons)；b. 触角 (antenna)；c. 下颚须 (palpus)；d. 雄性额 (frons ♂)；e. 雄性触角 (antenna ♂)；f. 雄性下颚须 (palpus ♂)

黑色，着生黑毛，中、后足胫节深棕色，基部 1/2 具白色长毛。翅透明，翅脉黄棕色，横脉处具明显暗斑，R_4 脉无附脉。腋瓣烟棕色，两腋瓣交接处具烟黑色毛。平衡棒深棕色，球部两侧黑色。腹部：黑色，稍亮，第 1、2 节具黄色柔毛，第 3-7 节具黑色柔毛夹杂黄色柔毛；腹板同背板。

雄性　本志首次描述。复眼上、下眼面一样大小，具 2 条色带；触角较雌性的窄；下颚须棕色，覆黄毛，端部覆黑毛；中颜无光裸区。腹部黑色，第 2 背板两侧具红棕色小斑。

观察标本　26♀♀1♂，西藏，保存在 AMMSC。

生物学 高原林区种。

地理分布 西藏 (樟木、陈塘)；尼泊尔。

分类讨论 本种额较宽，高为基宽的 1.5 倍，体黑色，稍亮；易与本组中其他种类相区分；类似于鞑靼瘤虻组 *H. tatarica* group 的黑须瘤虻 *H. atripalpis* Wang，但黑须瘤虻中颜覆粉，下颚须灰黑色，腹部各背板具不清晰的白毛后缘带。本种瘤虻现知仅分布在藏南的喜玛拉雅山南麓 (图 178)。

(161) 太白山瘤虻 *Hybomitra taibaishanensis* Xu, 1985 (图 174)

Hybomitra taibaishanensis Xu, 1985: 10 [Type locality: Taibaishan, Shaanxi, China]; Wu, Li, Liu, Yang, Zhang and Cao, 1988: 199; Wang, 1994: 34; Wang, Ge and Dong, 1998: 44; Xu, 2005: 770.

鉴别特征 复眼密覆短毛，具 3 带；额高为基宽的 2.1-2.3 倍，基胛方形，两侧与复眼接触；中胛长，与基胛连接；亚胛与颜亮黑色；触角柄节亮棕色，梗节暗棕色，鞭节的基环节深棕色，鞭节基环节端部大部分及端环节棕黑色；胸部侧板覆黑色长毛；翅 R_4 脉具附脉，翅横脉具暗斑；腹部亮黑色。

形态描述

雌性 体长 14-16 mm，黑色。头部：复眼密覆棕色短毛，具 3 带；额灰黑色，覆黑毛，高为基宽的 2.1-2.3 倍，顶宽略大于基宽，基胛亮黑色，方形，两侧与复眼接触，中胛长，黑色，与基胛连接，单眼瘤亮棕黑色，隆起，圆形；亚胛与颜亮黑色，着生黑毛；口毛黑色。触角柄节亮棕色，着生黑毛，梗节暗棕色，无背突，鞭节的基环节深棕色，鞭节基环节端部大部分及端环节棕黑色，基环节背突不明显，长为宽的 2.2 倍。下颚须黑色，第 2 节长为宽的 3.5 倍，覆黑毛。胸部：背板亮黑色，覆黑毛夹杂少量金黄色毛，无纹饰，背侧片黑色；侧板黑色，密覆黑色长毛。足黑色，稍亮，着生黑毛，前足股节黑、白毛间杂，中、后足股节覆黄毛，前足胫节基部 2/3 棕色，主要覆黄毛，端部和跗节黑色黑毛，中、后足胫节棕色，覆黄毛，中后足跗节暗棕色，覆黑毛。翅透明，前缘室黄色，翅脉黄色，横脉处具明显暗斑，R_4 脉具附脉。腋瓣烟棕黑色，两腋瓣交接处具烟黑毛。平衡棒黑色，球部顶端略浅。腹部：黑色，稍亮，第 1、2 背板密覆黄毛，第 2 背板两侧具棕色小斑，第 3 节以后各背板后缘密覆黄毛；腹板着生黄毛，具黑色光泽。

雄性 未详。

观察标本 正模♀，陕西太白山，1150 m，1981.VI.15，张金桐，保存在 AMMSC。16♀♀，陕西，保存在 AMMSC。

生物学 高山林区种。

地理分布 河南 (栾川)、陕西 (太白山、秦岭、佛坪、留坝、汉中、安康)。

分类讨论 本种与亮脸瘤虻 *H. nitelofaciata* Xu 非常相似，但亮脸瘤虻胸部侧板着生灰棕色毛；头顶光裸发亮。

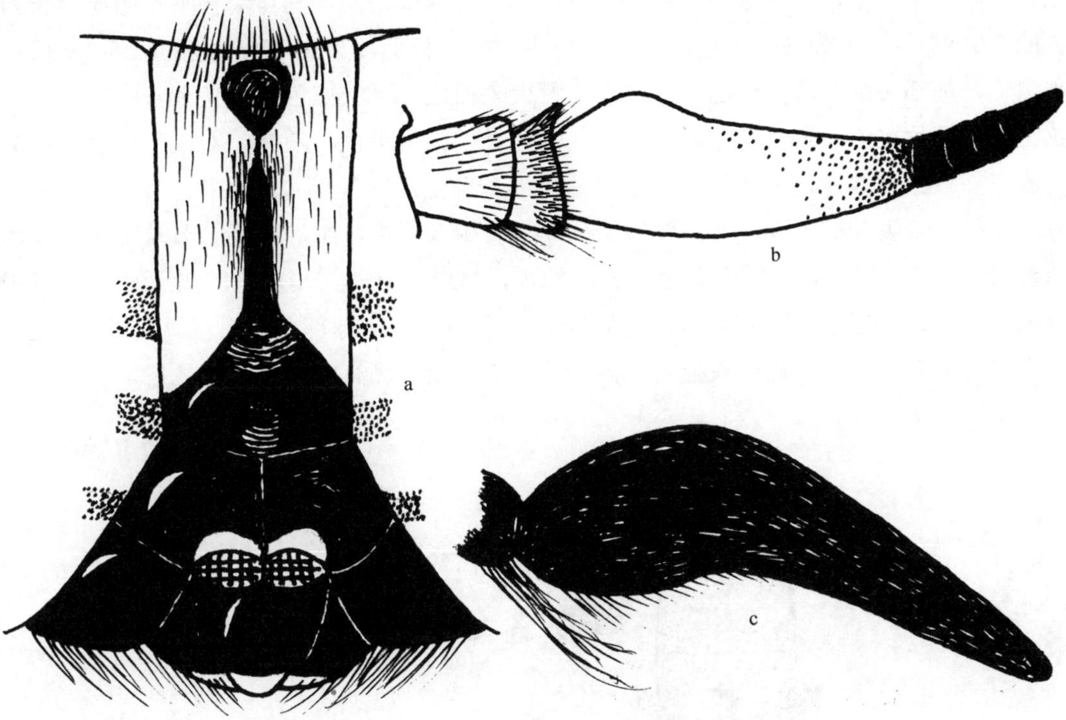

图 174　太白山瘤虻 *Hybomitra taibaishanensis* Xu

a. 额 (frons)；b. 触角 (antenna)；c. 下颚须 (palpus)

(162) 亮脸瘤虻 *Hybomitra nitelofaciata* Xu, 1985 (图 175，图 178；图版 XIV)

Hybomitra nitelofaciata Xu, 1985: 9 [Type locality: Taibaishan, Shaanxi, China]; Wu, Li, Liu, Yang, Zhang and Cao, 1988: 199; Wang, 1994: 35; Xu, 2005: 770.

鉴别特征　复眼密覆短毛，具3带；额高为基宽的2.1-2.4倍，基胛方形，两侧与复眼接触；中胛短，与基胛连接；亚胛与颜亮黑色；触角柄节棕黑色至黑色，梗节深棕色，鞭节深棕色至棕黑色，基环节基部略浅；胸部侧板覆灰棕色长毛；翅R_4脉无或具极短的附脉痕迹，翅横脉具暗斑；腹部亮黑色。

形态描述

雌性　体长 15-16 mm，黑色。头部：复眼密覆棕色短毛，具 3 带；额亮黑色，仅中部覆薄的灰棕色粉，覆灰棕色长毛，头顶夹杂黑毛，高为基宽的 2.1-2.4 倍，两侧平行，基胛亮黑色，方形，两侧与复眼接触，端部界限不清晰，中胛短，黑色，与基胛连接，基胛中部和中胛具横的皱纹，单眼瘤亮黑色，隆起，圆形；亚胛与颜亮黑色，着生灰棕色毛，上侧颜夹杂黑毛；口毛灰棕色。触角柄节棕黑色至黑色，着生黑毛，梗节深棕色，无背突，着生黑毛，鞭节深棕色至棕黑色，基环节基部略浅，基环节背突不明显，长为宽的 2.6-2.7 倍。下颚须棕黑色，第 1 节着生灰棕色长毛，第 2 节长为宽的 3.5-3.9 倍，覆黑毛，基部夹杂一些灰棕色毛。胸部：背板亮黑色，覆灰棕色毛，夹杂一些黑毛，无纹饰，背侧片黑色；侧板亮黑色，密覆灰棕色长毛。足黑色，稍亮，着生灰棕色毛，前足股节夹杂较多黑毛，中足股节夹杂少量黑毛，前足胫节基部 2/3，中、后足胫节大部分深棕色，着生灰棕色毛，前足胫节端部 1/3 及跗节黑色，中、后足胫节端部少许及跗节棕黑色，着生黑毛。翅略着黄色，翅脉棕色，横脉处具明显暗斑，R_4 脉无附脉或具极短的痕迹。腋瓣棕色，两腋瓣交接处具黑毛。平衡棒棕色，球部两侧黑色。腹部：黑色，稍亮，着生灰棕色毛，背板夹杂一些黑毛，第 2 背板两侧有的具小的棕色斑。

雄性　未详。

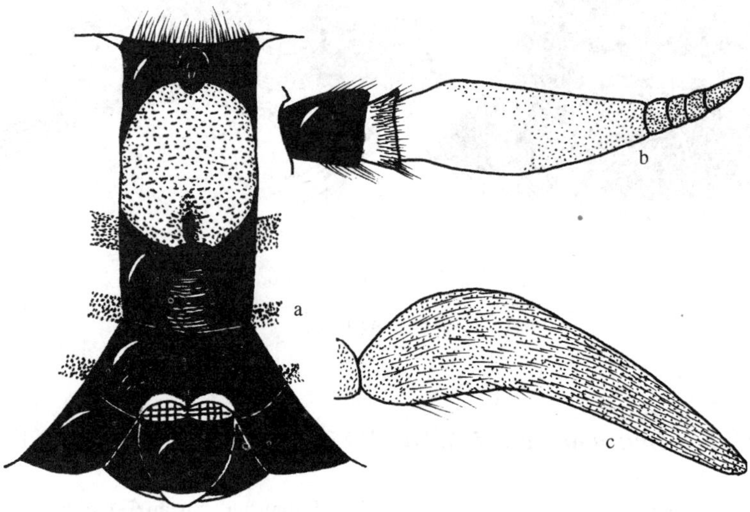

图 175　亮脸瘤虻 *Hybomitra nitelofaciata* Xu

a. 额 (frons)；b. 触角 (antenna)；c. 下颚须 (palpus)

观察标本　正模♀，陕西太白山，3000 m，1981.VII.3，张金桐采，保存在 AMMSC。26♀♀，陕西，保存在 AMMSC。

生物学　高山林区种。

地理分布　陕西 (太白山、秦岭、留坝、汉中、周至、柞水、安康)、宁夏 (泾源)、甘肃 (舟曲)。

分类讨论　本种与太白山瘤虻 *H. taibaishanensis* Xu 非常相似，但太白山瘤虻胸部侧板着生黑毛，头顶覆粉，中胛长。本种瘤虻是我国特有种，主要分布在秦岭地区，向北延伸到宁夏六盘山 (图 178)，与太白山瘤虻同域分布。

(163) 波拉瘤虻 *Hybomitra branta* Wang, 1982 (图 176; 图版 XIV)

Hybomitra branta Wang, 1982: 176 [Type locality: Mangkam, Tibet, China]; Wang, 1994: 38; Yang and Xu, 1997: 14.

鉴别特征 复眼密覆短毛，具3带；额高为基宽的2.2倍，基胛方形，两侧与复眼接触；亚胛亮黑色；上侧颜和中颜基部光裸；触角柄节棕黑色，稍亮，梗节棕色，鞭节黑色，基环节基部略浅；胸部侧板覆浅黄色长毛；翅R_4脉无附脉，翅横脉具不明显暗斑；腹部背板黑色，第2节两侧具红棕色斑。

形态描述

雌性 体长 15 mm，黑色。头部：复眼密覆浅黄色短毛，具 3 带；额黄色，覆浅黄色毛，高为基宽的 2.2 倍，两侧平行，基胛亮黑色，方形，两侧与复眼接触，中胛短，黑色，与基胛连接，单眼瘤亮黑色，隆起，三角形；亚胛亮黑色；上侧颜和中颜基部光裸，覆白毛；口毛白色。触角柄节棕黑色，稍亮，着生黑毛，下缘夹杂白毛，梗节棕色，着生黑毛，鞭节黑色，基环节基部略浅，基环节背突不明显，长为宽的 1.6 倍。下颚须黄棕色，第 1 节着生白色长毛，第 2 节长为宽的 3.8 倍，覆白毛，夹杂一些黑毛。胸部：背板黑色，覆浅黄色毛，无纹饰，背侧片黑色；侧板黑色，密覆浅黄色长毛。足黑色，主要着生白毛，前足胫节基部 1/2，中、后足胫节棕色，其余部分黑色覆黑毛。翅透明，翅脉棕色，横脉处具不明显棕色斑，R_4 脉无附脉。腋瓣棕色，两腋瓣交接处具白毛。平衡棒暗棕色，球部两侧黑色，顶端白色。腹部：背板黑色，第 1、2 背板着生浅黄色毛，

图 176　波拉瘤虻 *Hybomitra branta* Wang

a. 额 (frons)；b. 触角 (antenna)；c. 下颚须 (palpus)；d. 腹部背面 (dorsum of abdomen)

第 2 背板两侧具红棕色斑，其余各背板黑色，覆黑毛，第 2-6 背板后缘具白毛窄带；腹板黑色，稍亮，覆浅黄色毛，第 2-7 腹板后缘具白毛窄带。

雄性 未详。

观察标本 正模♀，西藏芒康，4100 m，1976.VI.15，张学忠，标本号 IOZ(E)201149，保存在 IZCAS。36♀♀，四川、云南，保存在 AMMSC。

生物学 高原林区种。

地理分布 四川 (康定、九龙、雅江、德格)、云南 (迪庆、中甸)、西藏 (芒康)。

分类讨论 本种类似于岷山瘤虻 *H. minshanensis* Xu *et* Liu，但岷山瘤虻的腹部黑色，背板主要覆黄毛，第 2、3 背板两侧具棕色斑，各背板浅色毛后缘带不清晰，触角鞭节红棕色，下颚须棕黑色至黑色，口毛黄色。

(164) 岷山瘤虻 *Hybomitra minshanensis* Xu *et* Liu, 1985 (图 177)

Hybomitra minshanensis Xu *et* Liu, 1985: 170 [Type locality: Zhouqu, Gansu, China]; Wang, 1994: 36; Liu, 1999a: 435; Xu, 2005: 770.

鉴别特征 复眼密覆短毛，具 3 带；额高为基宽的 2.0-2.5 倍，基胛三角形，两侧与复眼接触；亚胛光裸，亮黑色；颜大部分亮黑色，口毛黄色；触角柄节棕黑色，稍亮，梗节和鞭节大部分深棕色，鞭节基环节背缘和端环节暗棕色至棕黑色；胸部侧板覆黄毛；翅横脉具暗斑；腹部黑色，覆黄毛，第 2、3 背板两侧具棕色斑。

形态描述

雌性 体长 14-15 mm，黑色。头部：复眼密覆浅黄色短毛，具 3 带；额黄色，覆黑毛夹杂浅黄色毛，高为基宽的 2.0-2.5 倍，两侧平行，基胛亮黑色，三角形，中部具横的皱纹，两侧与复眼接触，中胛粗短，黑色，与基胛连接，有的个体中胛因部分覆粉，而与基胛分离，单眼瘤棕黑色至黑色，隆起，圆形，位于小的黑色亮区内；亚胛亮黑色；颜大部分光裸，亮黑色，覆黄毛，中颜在触角下和唇基上方、口缘区及颊下方覆黄粉；口毛黄色。触角柄节棕黑色，着生黑毛，稍亮，梗节和鞭节大部分深棕色，梗节背突明显，基环节背缘和端环节暗棕色至棕黑色，基环节背突低，长为宽的 2 倍，长为端环节的 1.8-2.3 倍。下颚须棕黑色至黑色，第 1 节着生黄色长毛，第 2 节长为宽的 3.3-4.3 倍，覆黑毛夹杂黄毛。胸部：背板黑色，稍亮，覆黑毛和黄毛，无纹饰，背侧片黑色；侧板黑色，密覆黄色长毛。前足基节黑色，着生黄色长毛，端部具少量黑毛，股节黑色，着生黑毛，胫节大部分棕色，着生短黄毛，端部和跗节黑色，覆黑毛，中、后足基节黑色，着生黄色长毛夹杂黑毛，股节黑色，着生黄毛和黑毛，胫节金黄色，着生金黄色毛夹杂黑毛，端部及跗节暗棕色至棕黑色，覆黑毛。翅略着黄色，前缘棕黄色，翅脉棕色，横脉处具明显棕黑色斑，R_4 脉无或具短附脉。腋瓣棕黄色，两腋瓣交接处具黄毛。平衡棒黄棕色，球部两侧黑色。腹部：黑色，密覆黄毛，第 2、3 背板两侧具棕色斑，第 2 节的侧斑大于第 3 节的侧斑，第 2-5 背板中央具黑毛，各背板具不清晰的黄毛后缘；腹板黑色，具弱光泽，着生稀疏的黄毛。

雄性　未详。

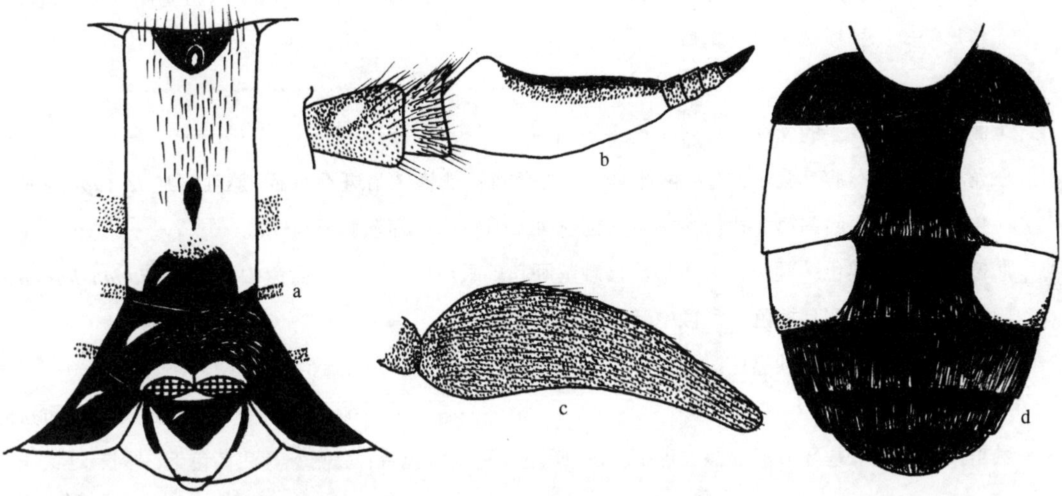

图 177　岷山瘤虻 *Hybomitra minshanensis* Xu *et* Liu

a. 额 (frons)；b. 触角 (antenna)；c. 下颚须 (palpus)；d. 腹部背面 (dorsum of abdomen)

观察标本　正模♀，甘肃舟曲，2300 m，1980.VII.10，许荣满，保存在 AMMSC。20♀♀，甘肃，保存在 AMMSC。

生物学　高原林区种。

地理分布　甘肃 (舟曲)。

分类讨论　本种类似于波拉瘤虻 *H. branta* Wang，但波拉瘤虻的腹部黑色，第 1、2 背板覆黄毛，第 3-7 背板覆黑毛，第 2 背板两侧具红棕色斑，第 2-6 背板具白毛后缘带，触角鞭节黑色，下颚须黄棕色，口毛白色。

鞑靼瘤虻组 *Hybomitra tatarica* group

鞑靼瘤虻组瘤虻的主要特征为亚胛光裸；颜和胛覆粉，或上侧颜有的具光裸区。另外，眼具 3 条横带；触角鞭节基部背突低，端部具 4 个环节；翅横脉无或具暗斑；平衡棒暗棕色至黑色；腹部背板无或具窄的浅色后缘。本组主要分布在青藏高原区，部分分布在西北区和东北区 (图 178)。

种 检 索 表

1. 下颚须粗短，长为宽的 3 倍；腹部第 1-4 或第 1-5 背板两侧具斜形浅色粉斑；翅横脉无黑斑……………………………………………………………………………… **黑棕瘤虻 *H. lurida***
   下颚须细长，长为宽的 3.5-4.5 倍；腹部背板一致黑色，或第 1、2 或第 1-3 背板两侧具棕色斑，但无斜形粉斑；翅横脉无或具黑斑………………………………………………………………2
2. 侧颜覆粉……………………………………………………………………………………………3
   上侧颜具或大或小的光裸区………………………………………………………………………**6**
3. 触角柄节棕色；腹部第 1-3 背板两侧具大的棕色斑；翅横脉暗斑不明显 · **雅江瘤虻 *H. yajiangensis***
   触角柄节黑色；腹部第 2 背板两侧可具棕色斑，但较小；翅横脉暗斑明显…………………………4
4. 腹部背板一致黑色；额中胛长梭形，接触基胛和单眼瘤……………**六盘山瘤虻 *H. liupanshanensis***
   腹部第 2 背板两侧具棕色斑；额中胛短，远离单眼瘤……………………………………………**5**
5. 触角一致黑色；下颚须黑色，覆黑毛；上侧颜具黑色长毛；体长 16-17 mm ……………………………………………………………………………………………… **隆子瘤虻 *H. longziensis***
   触角梗节和鞭节基环节基部棕红色；下颚须黑色，覆浅黄色毛；上侧颜具浅黄色毛；体长 12-13 mm ……………………………………………………………………… **拟波拉瘤虻 *H. brantoides*** (部分)
6. 腹部背板黑色，第 1-2 背板着生黄毛，其后各节黑色覆黑毛，第 2 背板两侧具圆形棕色斑………………………………………………………………………………… **拟星瘤虻 *H. asturoides***
   腹部各节背板着生的毛色基本一致，腹部第 2 背板两侧无或具棕色斑………………………………**7**
7. 腹部背板一致黑色，无棕色斑……………………………………………………………………**8**
   腹部背板黑色，两侧具红棕色斑……………………………………………………………………**9**
8. 额高为基宽的 2.0-2.5 倍；上侧颜光裸区很小；下颚须暗棕色……… **橙毛瘤虻 *H. flavicoma*** (部分)
   额高为基宽的 1.4-1.6 倍；上侧颜大部分光裸；下颚须黑色…………………… **黑须瘤虻 *H. atripalpis***
9. 额基胛近方形，与复眼密切接触；下颚须窄长，长约为宽的 5.0 倍 ………… **持续瘤虻 *H. echusa***
   额基胛三角形，仅侧角与复眼接触；下颚须长为宽的 3.5-4.0 倍……………………………… **10**
10. 翅横脉棕色斑不明显；腹部背板密覆金黄色毛；上侧颜光裸区较小，与亚胛不连接 ……………………………………………………………………………………………… **鞑靼瘤虻 *H. tatarica***
    翅横脉棕色斑明显；腹部背板覆稀疏的黄毛和黄白色毛；上侧颜光裸区或大或小……………… **11**
11. 上侧颜具大的黑色亮区，此亮区与亚胛连接；腹部背板浅色毛后缘带清晰…………………………………………………………………………………………… **黄带瘤虻 *H. fulvotaenia***
    上侧颜的黑色亮区小，此亮区与亚胛不连接；腹部背板浅色毛后缘带不清晰……………………… **12**
12. 腹部背板黑色，第 2、3 背板两侧棕红色斑清晰，第 1-3 背板覆浅黄色长毛，基部夹杂黑毛，其后各背板覆黑色短毛，端部着生浅黄色长毛；下颚须黑色，覆浅色毛夹杂少量黑毛………………………………………………………………………………… **拟波拉瘤虻 *H. brantoides*** (部分)

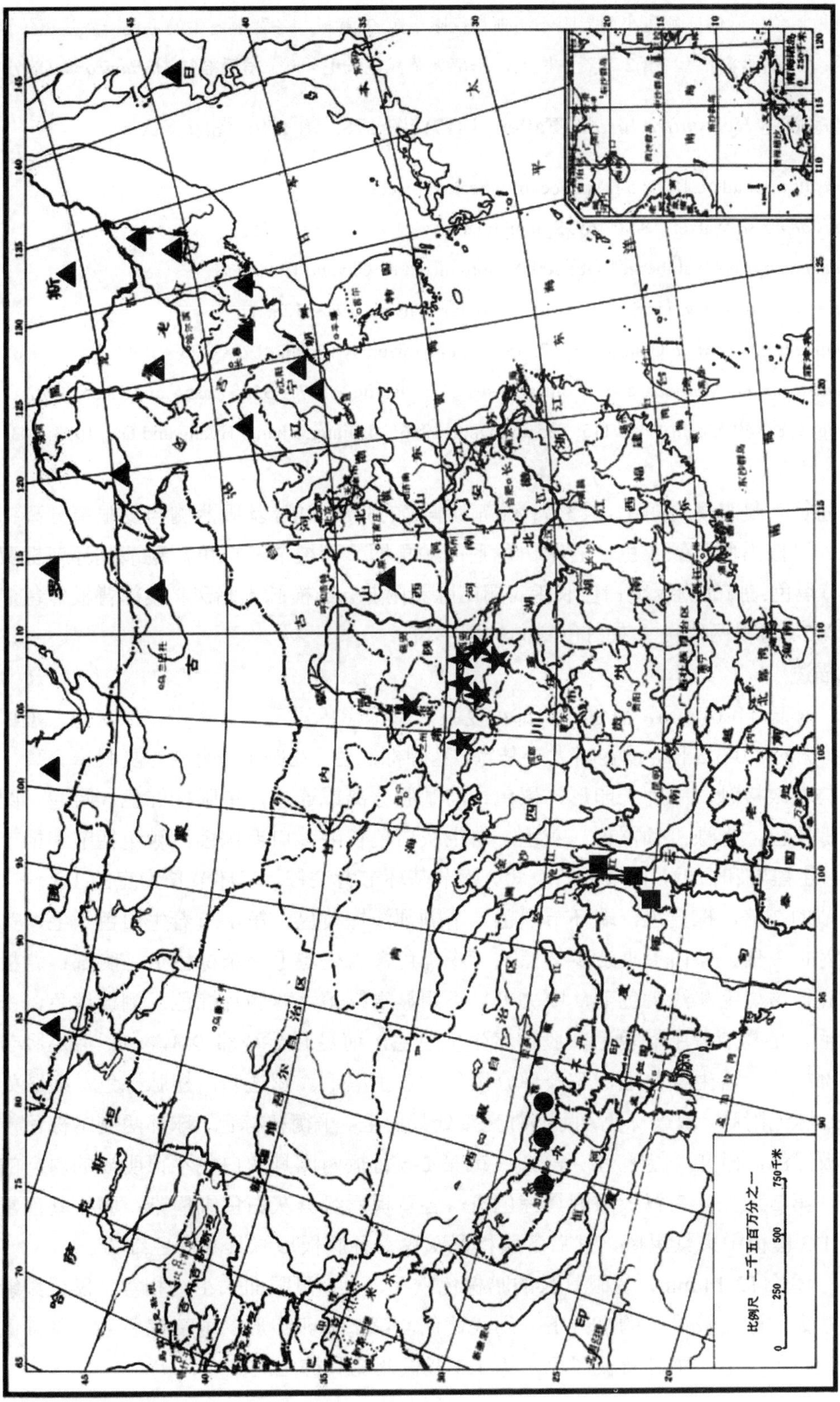

图 178　亮脸瘤虻组 *Hybomitra nitelofaciata* group 和鞑靼瘤虻组 *Hybomitra tatarica* group 的地理分布

▲黑棕瘤虻 *Hybomitra lurida* (Fallen)　★亮脸瘤虻 *Hybomitra nitelofaciata* Xu　●莫氏瘤虻 *Hybomitra mouchai* Chvála　■拟星瘤虻 *Hybomitra asturoides* Liu et Wang

腹部背板黑色，两侧棕色斑小而界限不清晰，仅限于第 2 背板，各背板着生的毛色一致浅黄色至金黄色；下颚须深棕色，第 2 节着生黑毛，基部夹杂浅色长毛……··**橙毛瘤虻 *H. flavicoma*** (部分)

(165) 黑棕瘤虻 *Hybomitra lurida* (Fallen, 1817) (图 178，图 179；图版 XIV)

Tabanus lurida Fallen, 1817: 5 [Type locality: Scania, Sweden].

Tabanus depressa Walker, 1848: 167. Synonymized by Chvála, 1988: 128.

Tabanus punctifrons Wahlberg, 1848: 200. Synonymized by Chvála, 1988: 128.

Tabanus hirticeps Loew, 1858: 105. Synonymized by Chvála, 1988: 128.

Hybomitra lurida sordida Olsufjev, 1977: 353. Synonymized by Chvála, 1988: 128.

Hybomitra lurida: Murdoch and Takahasi, 1969: 43; Olsufjev, 1977: 352; Zhang and Zhao, 1982: 7; Wang, 1983: 49; Chen, 1983: 115; Yao and Ding, 1986: 34; Jiang, Zhang, Huang and Dai, 1993: 103.

鉴别特征 复眼密覆短毛，具3带；额高为基宽的3.0-3.5倍，基胛两侧与复眼窄分离；亚胛光裸，亮棕黑色；颜灰色，着灰白色毛；触角柄节和梗节灰棕色，鞭节基环节棕黄色，端环节黑色；胸部侧板覆白色长毛；翅R_4脉无附脉，翅横脉无暗斑；腹部背板黑色，第2、3或第2-6背板两侧可见灰白色斜向的圆形斑。

形态描述

雌性 体长 11-14 mm，黑色。头部：复眼密覆棕黑色短毛，具 3 带；额灰色，覆黑毛，高为基宽的 3.0-3.5 倍，顶宽略大于基宽，基胛棕红色，亚圆形，两侧与复眼窄分离，或以基角与复眼接触，中胛长卵形，黑色，与基胛分离或连接，单眼棕红色，隆起，圆形；亚胛棕黑色，光裸；颜覆粉，灰色，着生灰白色长毛；口毛棕色。触角柄节和梗节灰棕色，着生黑毛和白毛，梗节的背突短，鞭节基环节背突钝，基环节长为宽的 1.3 倍，长为端环节的 2 倍，棕黄色，端环节黑色。下颚须浅棕黄色，第 1 节着生白色长毛，第 2 节长为宽的 3 倍，覆白毛夹杂少量黑毛。喙黑色，着生黑毛夹杂棕色毛。胸部：背板黑色，稍亮，覆黑毛和浅黄色毛，中央可见不明显窄纵条，背侧片棕色；侧板黑色，密覆白色长毛。足基节着生棕色毛，股节着生棕色毛，前足胫节基部 2/3，中、后足胫节及跗节基部棕色，着生棕色毛，其余部分黑色，着生黑毛。翅透明，翅脉棕色，横脉处无暗斑，R_4 脉无附脉。腋瓣棕色，两腋瓣交接处具白毛。平衡棒棕色，球部两侧暗棕色。腹部：背板黑色，稍亮，覆黑毛，第 2、3 或第 2-6 背板两侧具灰白色不很明显的斜向的椭圆形斑，第 2 或第 1-3 背板两侧具棕色斑，各背板后缘具灰白色细横带；腹板基部浅黄色，第 1-3 腹板中央具黑斑，其后各腹板黑灰色，各腹板后缘具灰白色细带。

雄性 体长 12-14 mm，复眼具长的暗棕色软毛，上、下眼面大小约相等，仅近额缝处的眼面略大；触角较雌性的窄；下颚须浅黄色，第 2 节卵圆形，覆暗棕色毛；胸部侧板黑色，覆黑色长毛；腹部背板黑色，第 1-3 背板两侧具棕色斑。

观察标本　12♀♀，黑龙江，保存在 AMMSC。

生物学　林区种；7 月多见。

地理分布　黑龙江 (辰清、虎林、饶河)、吉林 (珲春、安图、敦化、汪清、长白山)、辽宁 (宽甸、新宾)、内蒙古 (奈勒木图、呼伦贝尔、鄂伦春旗、兴安盟)、山西 (文水)；俄罗斯，蒙古，日本，欧洲，全北区北部。

分类讨论　本种翅横脉无暗斑，下颚须粗短和腹部背板形态，类似于突额瘤虻组 *H. montana* group 的光额瘤虻 *H. nitidefrons* (Szilády)，但光额瘤虻的亚胛仅中央部分光裸，额较窄，高为基宽的 3.5-4.0 倍，体较大，15-17 mm。本种瘤虻据文献，是古北区北部的种类，故山西文水的记载有待考证。

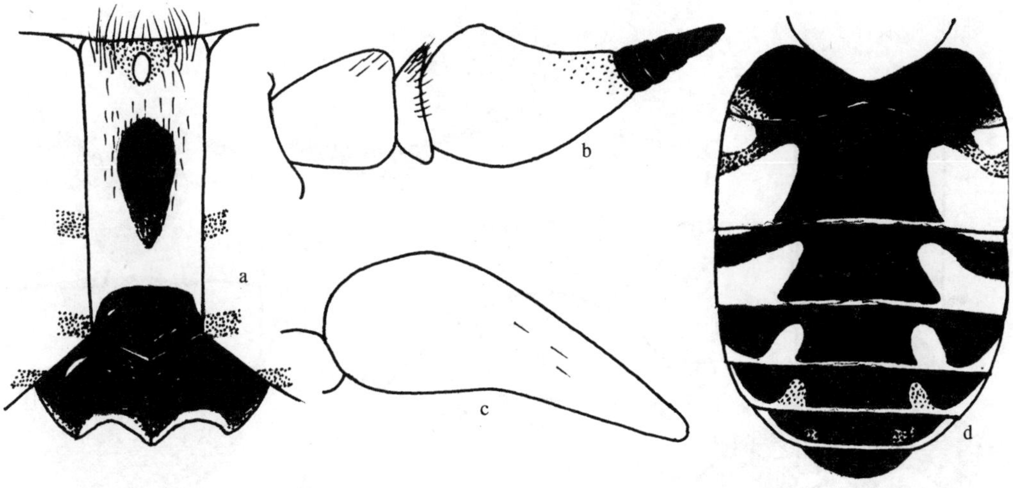

图 179　黑棕瘤虻 *Hybomitra lurida* (Fallen)

a. 额 (frons)；b. 触角 (antenna)；c. 下颚须 (palpus)；d. 腹部背面 (dorsum of abdomen)

(166) 雅江瘤虻 *Hybomitra yajiangensis* Zhang *et* Xu, 1993 (图 180)

Hybomitra yajiangensis Zhang *et* Xu, 1993: 80 [Type locality: Yajiang, Sichuan, China].

鉴别特征　复眼覆短毛，具 3 带；额高为基宽的 2 倍，基胛半圆形，两侧角与复眼接触；亚胛光裸，亮黑色；颜覆粉；触角深棕色，鞭节端部黑色；下颚须棕黄色；胸部侧板密覆金黄色长毛；翅 R_4 脉无附脉，翅横脉具弱的暗斑；足股节、胫节深棕色；腹部黑色，覆金黄色毛，第 1-3 背板两侧具棕色大斑。

形态描述

雌性　体长 16 mm，黑色，覆金黄色毛。头部：复眼覆黄色短毛，具 3 带；额灰黄色，覆黄毛，高为基宽的 2 倍，两侧平行，基胛亮黑色，半圆形，两侧角与复眼接触，胛后缘因粉覆盖界限不清晰，中央隆起具皱纹，中胛短小，黑色，与基胛连接，单眼瘤黑棕色，隆起，三角形，其后方具棕色光裸区；亚胛亮黑色，光裸，具皱纹；颜覆粉，黄灰色，着生金黄色毛；口毛金黄色。触角深棕色，柄节和梗节着生棕黄色毛和少量黑毛，鞭节基环节端部和端环节黑色，基环节无背突，长为宽的 1.6 倍。下颚须棕黄色，着生金黄色毛，第 2 节长为宽的 4 倍。喙黑色，着生黑毛夹杂黄毛。胸部：背板黑色，稍亮，覆灰黄色毛，无纹饰，背侧片侧缘具金黄色毛；侧板和足基节黑色，密覆金黄色长毛。足股节、胫节和跗节大部分深棕色，着生金黄色毛，末几个跗节棕黑色，着生黑毛，前足跗节色深于中、后足跗节。翅透明，沿翅脉两侧着棕黄色，翅脉棕色，横脉处具弱的棕黄色斑，R_4 脉无附脉。腋瓣棕色，两腋瓣交接处具金黄色毛。平衡棒黑棕色，柄基部及球部的顶端棕黄色。腹部：黑色，着生金黄色毛，第 1-3 背板两侧具棕色大斑。

雄性 未详。

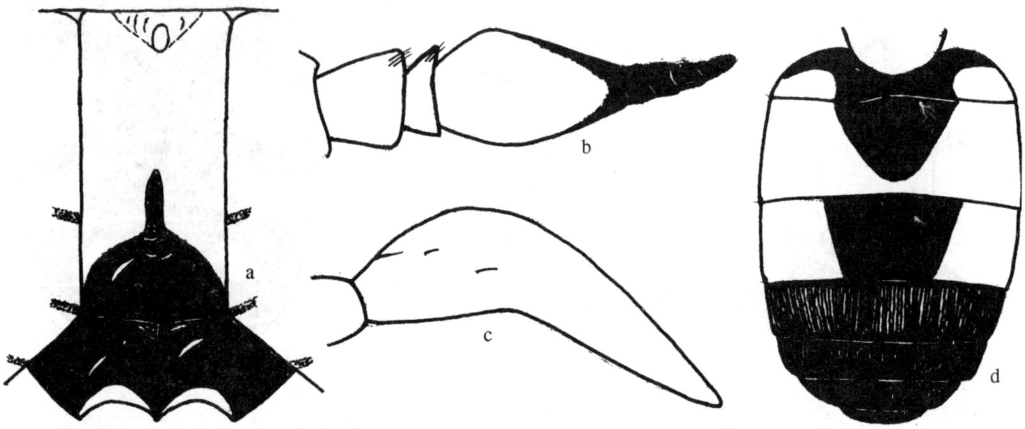

图 180 雅江瘤虻 *Hybomitra yajiangensis* Zhang *et* Xu

a. 额 (frons)；b. 触角 (antenna)；c. 下颚须 (palpus)；d. 腹部背面 (dorsum of abdomen)

观察标本 正模♀，四川雅江，3100 m，1979.VII.12，许荣满，保存在 AMMSC。

生物学 高山林区种。

地理分布 四川 (雅江)。

分类讨论 本种腹部覆金黄色毛，与新型瘤虻 *H. nura* Philip、黄茸瘤虻 *H. robiginosa* Wang 及橙毛瘤虻 *H. flavicoma* Wang 类似。但新型瘤虻亚胛部分光裸，足股节黑色；黄茸瘤虻亚胛覆粉或部分光裸，胸盾片覆橙色毛，翅横脉无暗斑；橙毛瘤虻的上侧颜具黑色光裸区，触角鞭节大部分黑色，下颚须第 2 节主要覆黑毛，足股节棕黑色。

(167) 六盘山瘤虻 *Hybomitra liupanshanensis* Liu, Wang *et* Xu, 1990 (图 181)

Hybomitra liupanshanensis Liu, Wang *et* Xu, 1990: 57 [Type locality: Jingyuan, Mt. Liupanshan,

Ningxia, China]; Liu, 1999a: 435.

Hybomitra stigmoptera Olsufjev: Wu, Li, Liu, Yang, Zhang and Cao, 1988: 199. Misidentification.

鉴别特征　复眼密覆短毛，具3带；额高为基宽的2.1-3.1倍，基胛三角形，两侧角与复眼接触或窄分离；亚胛光裸，亮黑色；颜和颊覆粉；触角柄节黑色，梗节棕黑色，鞭节黑色，基环节基部暗棕色；胸部侧板主要覆浅黄色长毛；翅R_4脉具长附脉，翅横脉具明显暗斑；腹部亮黑色。

形态描述

雌性　体长 15-16 mm，黑色，稍亮。头部：复眼密覆黑色短毛，具 3 带；额灰黄色，覆黑毛夹杂有少量灰色毛，高为基宽的 2.1-3.1 倍，两侧平行，基胛亮黑色，三角形，两侧角与复眼接触或窄分离，中胛长，黑色，与基胛和单眼瘤连接，单眼瘤亮棕黑色，隆起，三角形，位于黑色光裸区内；亚胛亮黑色，光裸；颜灰黄色，着生浅黄色毛，上侧颜夹杂较多黑毛，覆薄粉；口毛浅黄色。触角柄节黑色，着生黑毛，梗节棕黑色，着生黑毛，具长的背突，鞭节黑色，基环节基部暗棕色，基环节背突不明显，长为宽的 1.6-2.2 倍，长为端环节的 1.5-1.9 倍。下颚须黑色，第 1 节着生浅黄色长毛，第 2 节长为宽的 3.5 倍，覆黑毛和浅黄色毛。喙黑色，着生黑毛夹杂浅黄色毛。胸部：背板黑色，稍亮，覆灰黄色毛和黑毛，无纹饰，背侧片黑色，翅后胛后方着生白色长毛；侧板灰黑色，除中胸上前侧片夹杂有黑毛外，均着生浅黄色长毛。足基节色同侧板，着生浅黄色毛，股节黑色，前足股节着生黑毛，中足股节着生黑毛和浅黄色毛，后足股节着生浅黄色毛，胫节棕黑色，向端部色变黑，前足胫节端部 2/3、中足胫节端部 1/2、后足胫节端部 2/5

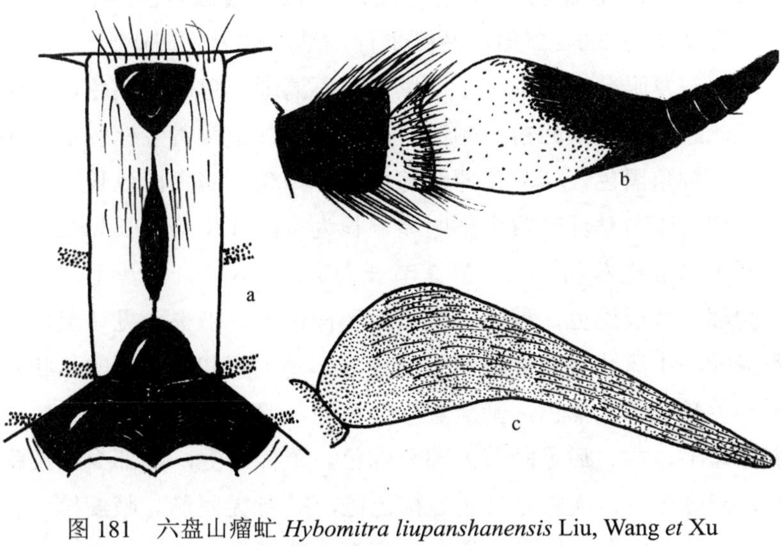

图 181　六盘山瘤虻 *Hybomitra liupanshanensis* Liu, Wang *et* Xu

a. 额 (frons)；b. 触角 (antenna)；c. 下颚须 (palpus)

及全部跗节黑色，覆黑毛。翅透明，前缘室棕黄色，翅脉棕黑色，横脉处具明显棕色斑，R_4脉具长附脉。腋瓣棕色，两腋瓣交接处具白毛。平衡棒棕黑色，球部两侧黑色。腹部：黑色，稍亮，第 2-6 背板后 1/3 覆薄的灰黄色粉，着生浅黄色毛，前 2/3 主要着生黑毛，夹杂少量浅黄色毛；腹板色同背板，粉较背板的厚，着生浅黄色毛，第 7 腹节背、腹板主要着生黑毛，夹杂少量灰黄色毛。

雄性　未详。

观察标本　正模♀，宁夏六盘山泾源县，1986.VI.23，王建国，保存在 AMMSC。60♀♀，宁夏、甘肃，保存在 AMMSC 和兰州军区疾病预防控制中心。

生物学　高山林区种。

地理分布　陕西 (秦岭、汉中)、宁夏 (泾源)、甘肃 (迭部、天水)。

分类讨论　本种与翅痣瘤虻 *H. stigmoptera* (Olsufjev) 非常类似，但翅痣瘤虻额基胛与复眼紧密接触，亚胛部分光裸，侧颜具黑色光裸区，翅 R_4 脉无附脉。

(168) 隆子瘤虻 *Hybomitra longziensis* Xu, 1995 (图 182)

Hybomitra longziensis Xu, 1995: 114 [Type locality: Longzi, Tibet, China].

鉴别特征　复眼密覆短毛，具 3 带；额高为基宽的 2.0-2.2 倍，基胛两侧与复眼分离；亚胛光裸，亮黑色；颜覆粉；触角和下颚须黑色；胸部侧板密覆棕色长毛；翅 R_4 脉无附脉，翅横脉具暗斑；腹部黑色，稍亮，第 2 背板两侧具棕红色斑。

形态描述

雌性　体长 16-17 mm，黑色，稍亮。头部：复眼密覆棕黑色短毛，具 3 带；额灰棕色，覆黑毛，高为基宽的 2.0-2.2 倍，两侧平行，基胛亮黑色，亚圆形，周围因粉覆盖，界限不清晰，两侧与复眼分离，中胛小，黑色，不清晰，单眼瘤黑色，隆起，圆形；亚胛亮黑色，光裸，近眼缘具薄的粉；颜覆粉，灰棕色，中颜着生棕色毛，侧颜着生黑色长毛；口毛棕色。触角黑色，柄节覆薄的棕色粉，稍亮，着生黑色长毛，梗节着生黑色长毛，具长的背突，鞭节基环节背突不明显，长为宽的 1.8 倍，长为端环节的 1.6 倍。下颚须黑色，第 1 节着生棕色长毛，第 2 节长为宽的 3.6 倍，覆黑毛。喙黑色，着生黑毛夹杂黄毛。胸部：背板黑色，稍亮，覆黑毛和棕色毛，中央可见乌黑色窄纵条，亚中乌黑窄纵条不清晰，小盾片着生稀疏的黑色长毛，翅上胛和翅后胛的丛状长毛棕色；侧板黑色，密覆棕色长毛。足黑色，基节着生棕色毛，股节着生棕色毛和黑毛，前足胫节基部略浅，着生黑毛，中、后足胫节大部分棕色，覆棕色毛，端部少许及跗节黑色，覆黑毛。翅透明，翅脉棕色，横脉处具明显棕色斑，R_4 脉无附脉。腋瓣棕色，两腋瓣交接处具棕色毛。平衡棒乌黑色。腹部：黑色，稍亮，覆黑毛，各背、腹板后缘具棕色毛横带，第 1-6 背板两侧缘着生深棕色毛，第 2 背板两侧具棕红色斑。

雄性　未详。

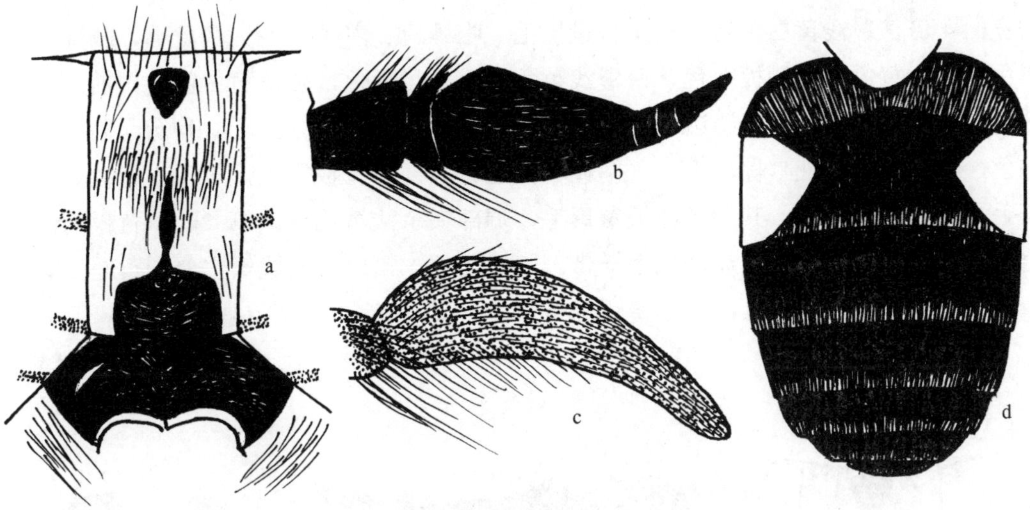

图 182　隆子瘤虻 *Hybomitra longziensis* Xu

a. 额 (frons)；b. 触角 (antenna)；c. 下颚须 (palpus)；d. 腹部背面 (dorsum of abdomen)

观察标本　正模♀，西藏隆子，2800 m，1994.VII.4，许荣满，保存在 AMMSC。1♀，西藏，保存在 AMMSC。

生物学　高山林区种。

地理分布　西藏 (隆子)。

分类讨论　本种与 *H. tsingvang* (Szilády) 类似 (Szilády, 1926a)，但 *H. tsingvang* 额高为基宽的 1.5 倍，单眼瘤小，后足胫节黑色。

(169) 拟波拉瘤虻 *Hybomitra brantoides* Wang, 1984 (图 183)

Hybomitra brantoides Wang, 1984: 395 [Type locality: Xiangcheng, Sichuan, China]; Wang, 1994: 42.

鉴别特征　复眼密覆短毛，具3带；额高为基宽的2倍，基胛两侧与复眼分离；亚胛光裸，亮黑色；颜覆粉；触角黑色，梗节和鞭节基环节基部少许棕红色；下颚须黑色；翅R_4脉无附脉，翅横脉具暗斑；腹部背板黑色，第2、3背板两侧具棕色斑。

形态描述

雌性　体长 13-14 mm，黑色。头部：复眼密覆棕黑色短毛，具 3 带；额灰色，覆黑毛和浅黄色毛，高为基宽的 2 倍，两侧平行，基胛亮黑色，亚圆形，具皱纹，两侧与复眼分离，或基角少许接触，中胛细小，黑色，与基胛连接，单眼瘤黑棕色，隆起，卵圆形；亚胛亮黑色，光裸；颜覆粉，灰色，着生浅黄色毛，有的夹杂少量黑毛，正模上侧颜具小的光裸区；口毛浅黄白色。触角黑色，着生黑色长毛，梗节和鞭节基环节基部少许棕红色，背突不明显，长为宽的 2 倍。下颚须黑色，第 1 节着生棕色长毛，第 2 节长为宽的 4 倍，覆浅黄白色毛，夹杂少量黑毛。喙黑色，着生黑毛夹杂黄毛。胸部：背板黑色，覆浅黄色毛；侧板灰色，密覆浅黄色长毛。足黑色，覆浅黄白色毛，前足胫节基部，中、后足胫节棕色。翅透明，翅脉棕色，横脉处具明显棕色斑，R_4 脉无附脉。腋瓣棕色，两腋瓣交接处具棕色毛。平衡棒乌黑色。腹部：背板黑色，第 1-3 背板覆浅黄色长毛，基部夹杂黑毛，其后各背板覆黑毛，端部夹杂浅黄色毛，第 2、3 背板两侧具棕色斑，各背板后缘具不明显浅色毛横带。腹板黑色，第 1、2 腹板主要为黄毛，其余各节多黑毛，各腹板后缘具浅色毛窄后缘带。

雄性 未详。

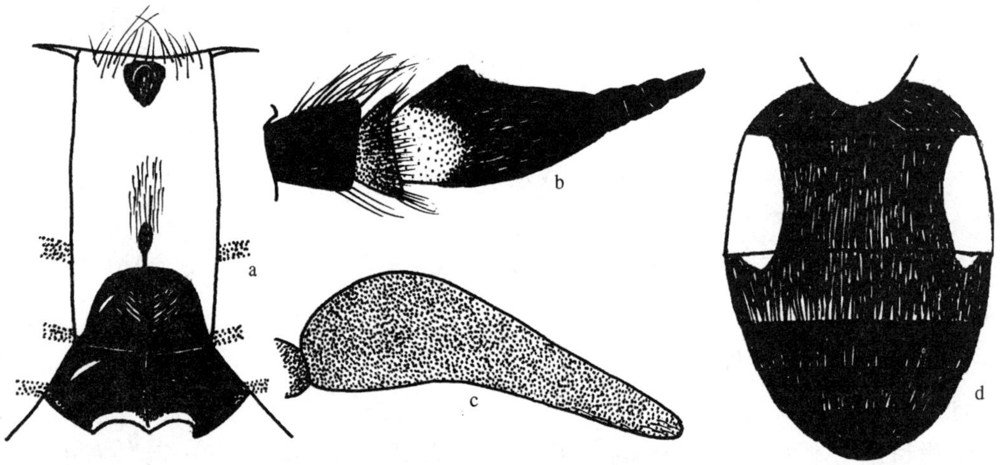

图 183 拟波拉瘤虻 *Hybomitra brantoides* Wang

a. 额 (frons)；b. 触角 (antenna)；c. 下颚须 (palpus)；d. 腹部背面 (dorsum of abdomen)

观察标本 正模♀，四川乡城中热乌，4100m，1982.VII.7，张学忠，标本号 IOZ(E)201150，保存在 IZCAS。3♀♀，云南、四川，保存在 AMMSC。

生物学 高山林区种。

地理分布 四川 (乡城、康定)、云南 (维西、中甸)。

分类讨论 本种体型非常类似于波拉瘤虻 *H. branta* Wang，但波拉瘤虻的中颜和侧颜均具大的光裸区，腹部背板具明显的浅色粉和毛的窄后缘带。

(170) 拟星瘤虻 *Hybomitra asturoides* Liu *et* Wang, 1977 (图 178, 184；图版 XIV)

Hybomitra asturoides Liu *et* Wang, 1977, In: Wang, 1977: 108 [Type locality: Tengchong, Yunnan, China]; Wang, 1983: 40; Yang and Xu, 1997: 13.

Hybomitra lushuiensis Wang, 1988: 266; Wang, 1994: 32. **New synonym**.

鉴别特征　复眼密覆短毛，具 3 带；额高为基宽的 2.5 倍，基胛方形或盾形，两侧与复眼接触；亚胛光裸，亮黑色；颜覆粉，但上侧颜具光裸区，亮黑色；触角黑色，仅鞭节的基部略带棕色，下颚须灰棕色；胸部侧板密覆黄色长毛；翅 R_4 脉无附脉，翅横脉具暗斑；腹部背板黑色，第 1、2 节覆棕黄色长毛，第 3-7 背板覆黑毛，第 2 背板两侧具红棕色圆斑。

形态描述

雌性　体长 13-15 mm，黑色。头部：复眼密覆黄色短毛，具 3 带；额黄灰色，覆黑色长毛，高为基宽的 2.5 倍，两侧平行，基胛亮黑色，方形或盾形，具皱纹，两侧与复眼接触，中胛纺锥形，黑色，与基胛连接或分离，单眼瘤棕黑色，隆起，三角形；亚胛亮黑色，光裸；颜覆粉，灰棕色，着生黑毛和白毛，上侧颜具大的黑色光裸区，着生黑毛；口毛黄色。触角柄节和梗节黑色，着生黑毛，鞭节黑色，仅基部略带棕色，基环节无背突，长为宽的 2.2 倍。下颚须灰棕色，第 1 节着生黄色长毛，第 2 节长为宽的 4.5 倍，覆黑毛。喙黑色，着生黑毛夹杂黄毛。胸部：背板黑色，覆黄毛，无纹饰；侧板黑色，密覆黄色长毛。足黑色，股节密覆黄色长毛和少量黑毛，前足胫节黑色，着生黑毛和白毛，中、后足胫节基部 4/5 棕色，具浅黄色长毛。翅透明，翅脉棕色，横脉处具明显棕色斑，R_4 脉无附脉。腋瓣棕色，两腋瓣交接处具黄毛。平衡棒黑色。腹部：黑色，第 1、2 背板着生黄色长毛，第 2 背板两侧具红棕色圆斑，第 3-7 背板覆黑毛。腹板黑

图 184　拟星瘤虻 *Hybomitra asturoides* Liu *et* Wang

a. 额 (frons)；b. 触角 (antenna)；c. 下颚须 (palpus)；d. 腹部背面 (dorsum of abdomen)

色，第 1、2 腹板覆黄灰色粉和黄毛，第 3-7 腹板覆黑毛。

雄性 未详。

观察标本 正模♀，云南腾冲，1955.V，保存在 IECAS。12♀♀，云南，保存在 AMMSC。

生物学 山林区种。

地理分布 云南 (腾冲、大理、泸水、迪庆、白芒雪山)。

分类讨论 本种腹部第 1、2 背、腹板覆黄色长毛，其后各节覆黑毛，致外观腹部呈二色，容易区别。腹部第 1、2 背板具黄色长毛，翅暗斑等特征，与亮脸瘤虻组 *H. nitelofaciata* group 的莫氏瘤虻 *H. mouchai* Chvála 非常相似，但莫氏瘤虻额较宽，高为基宽的 1.5 倍，中颜具光裸区，腹部第 3-7 背板具黑毛和黄毛。泸水瘤虻 *H. lushuiensis* Wang 经检视标本系本种异名。本种现知仅分布在滇西高海拔地区 (图 178)，延伸到东洋界的西南区。

(171) 橙毛瘤虻 *Hybomitra flavicoma* Wang, 1981 (图 185)

Hybomitra flavicoma Wang, 1981: 315 [Type locality: Erlangshan, Sichuan, China]; Wu, Li, Liu, Yang, Zhang and Cao, 1988: 199; Wang, 1994: 42.

Hybomitra albicom Wang, 1981: 316; Wu, Li, Liu, Yang, Zhang and Cao, 1988: 198. **New synonym.**

鉴别特征 复眼密覆短毛，具 3 带；额高为基宽的 2.0-2.5 倍，基胛盾形，两侧与复眼接触或窄分离；亚胛光裸，亮黑色；颜覆粉，但上侧颜具光裸区，亮黑色；触角棕黑色，鞭节的端部和端环节黑色，下颚须棕色，第 2 节覆黑毛；胸部侧板密覆黄白色或黄色长毛；翅 R_4 脉无附脉，翅横脉具暗斑；腹部黑色，密覆浅黄色至橙色毛。

形态描述

雌性 体长 15-16 mm，黑色。头部：复眼密覆黑色短毛，具 3 带；额黄灰色，覆黑毛和黄毛，高为基宽的 2.0-2.5 倍，两侧平行，基胛亮黑色，盾形，两侧与复眼接触或窄分离，中胛短，黑色，与基胛连接，单眼瘤棕黑色，隆起，位于半圆形的黑色亮区内；亚胛亮黑色，光裸；颜覆粉，黄灰色，着生黄白色毛，上侧颜具黑色光裸区；口毛黄白色。触角柄节和梗节灰棕黑色，着生黑毛，梗节背突长，鞭节基部红棕色，端部大部分和端环节黑色，基环节背突不明显，长为宽的 2 倍。下颚须第 1 节灰棕色，密覆黄白色长毛，第 2 节棕褐色，长为宽的 4.5 倍，覆黑毛，基部夹杂浅色长毛。喙黑色，着生黑毛夹杂黄毛。胸部：背板黑色，覆黄毛或白毛，无纹饰；侧板黑色，密覆黄色或黄白色长毛。足基节黑色，覆黄白色毛，前足股节黑色，具黑毛，前足胫节棕色，具黑毛，跗节黑色黑毛，中、后足股节棕红色至棕黑色，覆棕黄色毛，胫节黄棕色，着生黄毛，端部具黑毛，跗节棕黑色，着生黑毛。翅透明，翅脉棕色，横脉处具明显棕色斑，R_4 脉无附脉。腋瓣烟黑色，两腋瓣交接处具黄毛或浅黄色毛。平衡棒棕黑色。腹部：黑色，密覆浅黄色至橙色毛，第 2 背板两侧有的带棕红色；腹板同背板，但第 2 腹板两侧无棕红色斑。

雄性　本志首次描述。触角柄节黑色，覆黑色长毛，腹部背板棕红色，侧斑较雌性的大而清晰。

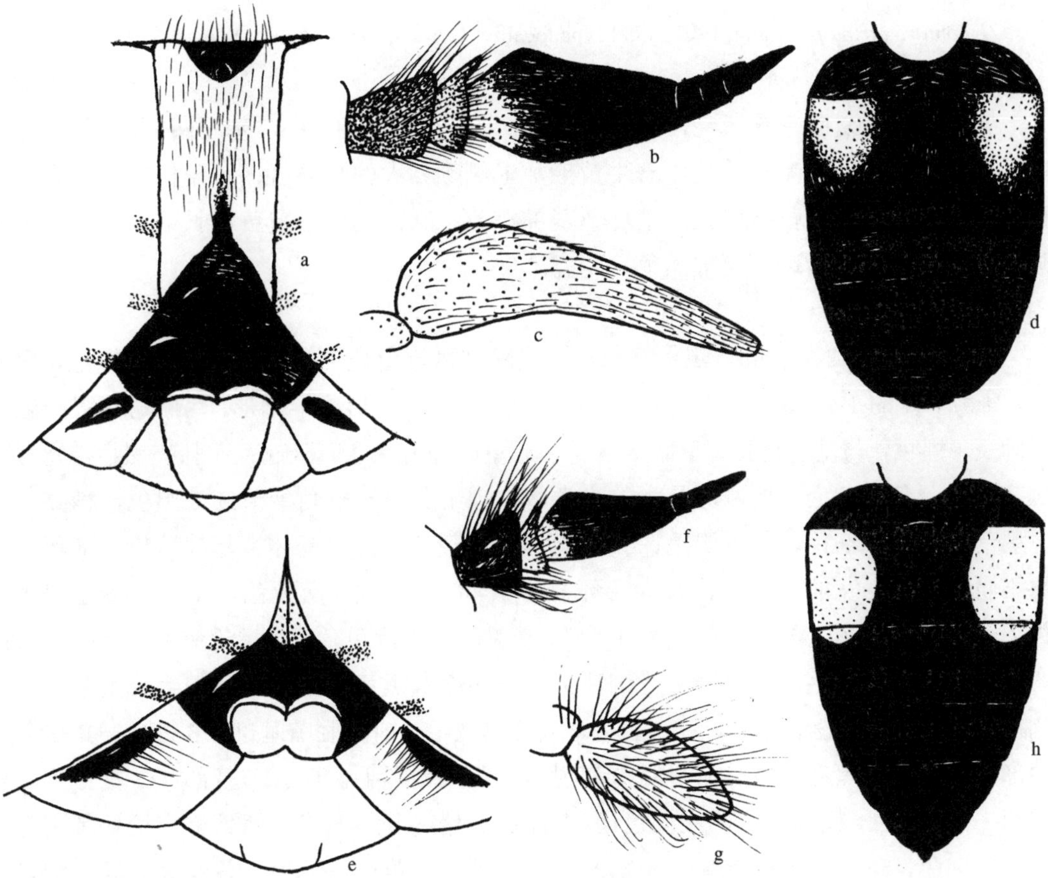

图 185　橙毛瘤虻 *Hybomitra flavicoma* Wang

a. 额 (frons)；b. 触角 (antenna)；c. 下颚须 (palpus)；d. 腹部背面 (dorsum of abdomen)；e. 雄性额 (frons ♂)；f. 雄性触角 (antenna ♂)；g. 雄性下颚须 (palpus ♂)；h. 雄性腹部背面 (dorsum of abdomen ♂)

观察标本　正模♀，四川二郎山，2900 m，1974.VI.16，李铁生，标本号 IOZ(E)201152，保存在 IZCAS。1♂，二郎山，保存在 IECAS。

生物学　高山林区种。

地理分布　陕西 (宁陕、秦岭)、四川 (二郎山)。

分类讨论　白毛瘤虻 *H. albicoma* Wang 与橙毛瘤虻 *H. flavicoma* Wang 仅有毛色深浅差别，本志认为是个体变异，不足以构成种间区分的依据，故认为同物异名。本种类似

于翅痣瘤虻组 *H. stigmoptera* group 的铃胛瘤虻 *H. nola* Philip 和赭尾瘤虻 *H. ochroterma* Xu *et* Liu，但铃胛瘤虻的亚胛覆粉或部分光裸，上侧颜覆粉；赭尾瘤虻亚胛部分光裸，触角柄节和梗节棕色，中足股节棕黑色，可以区分。

(172) 黑须瘤虻 *Hybomitra atripalpis* Wang, 1992 (图 186)

Hybomitra atripalpis Wang, 1992: 358 [Type locality: Gyrong, Tibet, China]; Wang, 1994: 37.

鉴别特征 复眼密覆短毛，具3带；额高为基宽的1.4-1.6倍，基胛两侧与复眼接触；亚胛光裸，亮黑色；颜灰棕色，着生黄毛，上侧颜具大的光裸区；触角柄节红棕黑色，稍亮，梗节棕红色，鞭节黑色，基环节基部棕色；胸部侧板密覆黄色长毛；翅R_4脉无附脉，翅横脉具明显暗斑；腹部黑色，稍亮。

形态描述

雌性 体长 12-13 mm，黑色。头部：复眼密覆黑色短毛，具 3 带；额灰棕色，覆黑毛，高为基宽的 1.4-1.6 倍，两侧平行，基胛亮黑色，三角形或半圆形，两侧与复眼接触，中胛短，黑色，与基胛连接，单眼瘤区棕色，单眼瘤棕黑色，隆起；亚胛亮黑色，光裸；颜灰棕色，着生黄毛，上侧颜具大的光裸区；口毛黄色。触角柄节红棕黑色，稍亮，着生黑毛，梗节棕红色，着生黑毛，具短的背突，鞭节黑色，基环节基部棕色，基环节背突不明显，长为宽的 2 倍多，长为端环节的 1.4 倍。下颚须灰黑色，第 1 节着生浅黄色长毛，背方具黑毛，第 2 节长为宽的 4 倍，覆黑毛。喙黑色，着生黑毛夹杂黄毛。胸部：背板黑色，密覆黄毛，无纹饰，背侧片黑色；侧板灰黑色，密覆黄色长毛。足基节色同侧板，着生黄毛，股节黑色，着生黄毛，端部具黑毛，前足胫节基部 1/3 棕色，具白毛，端部及跗节黑色黑毛，中、后足胫节和跗节棕色，覆黑毛，但胫节基部 1/2 覆白毛。翅透明，翅脉棕色，横脉处具明显棕色斑，R_4 脉无附脉。腋瓣棕色，两腋瓣交接处具黄毛。平衡棒棕色，球部两侧棕黑色。腹部：黑色，稍亮，覆黄白色毛，各背板后缘具较多白毛，形成不清晰的浅色毛后缘带；腹板色同背板。

雄性 体长 14 mm，上部 2/3 大眼面与下部 1/3 小眼面界限不清晰，触角窄于雌性，下颚须第 2 节长卵形，黑色，覆黑毛，基部夹杂少量黄毛，侧颜 1/2 光裸。

观察标本 正模♀，西藏吉隆托当，3300 m，1971.VII.16，张学忠，标本号 IOZ(E)201285，保存在 IZCAS。

生物学 高原山区林地种。

地理分布 西藏 (吉隆)。

分类讨论 本种与六盘山瘤虻 *H. liupanshanensis* Liu, Wang *et* Xu 相近似，但六盘山瘤虻额高为基宽的 2.1-3.1 倍，中胛三角形，颜全部覆粉，翅 R_4 具长附脉。本种也类似于亮脸瘤虻组 *H. nitelofaciata* group 的莫氏瘤虻 *H. mouchai* Chvála，但莫氏瘤虻的中颜具光裸区，下颚须棕色。

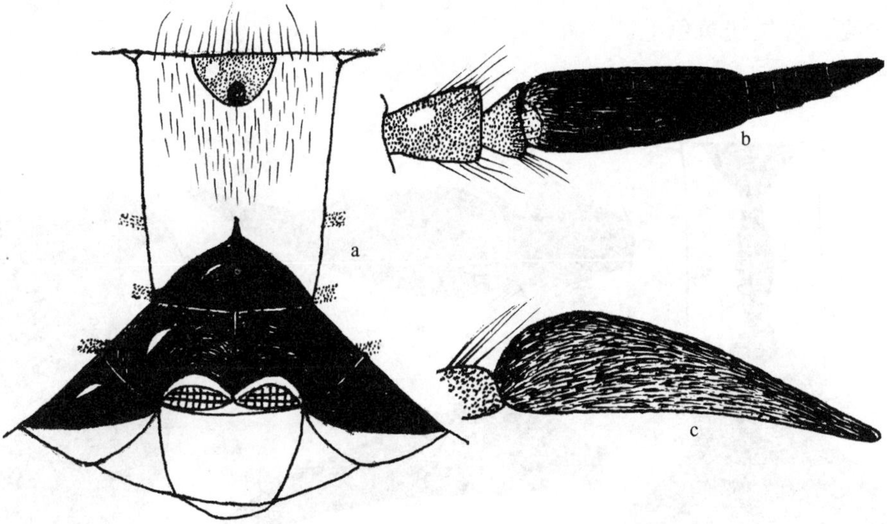

图 186　黑须瘤虻 *Hybomitra atripalpis* Wang

a. 额 (frons)；b. 触角 (antenna)；c. 下颚须 (palpus)

(173) 持续瘤虻 *Hybomitra echusa* Wang, 1982 (图 187)

Hybomitra echusa Wang, 1982: 176 [Type locality: Zayu, Tibet, China]; Wang, 1994: 39.

鉴别特征　复眼密覆短毛，具 3 带；额高为基宽的 2.5 倍，基胛两侧与复眼紧密接触；亚胛光裸，亮黑色；颜覆粉，但上侧颜大部分光裸，亮黑色；触角黑色，仅鞭节的基部略带红棕色；下颚须黑色；胸部侧板密覆浅黄色长毛；翅 R_4 脉无附脉，翅横脉具暗斑；腹部黑色，稍亮，第 2 背板两侧具红棕色圆斑。

形态描述

雌性　体长 17 mm，黑色。头部：复眼密覆棕黑色短毛，具 3 带；额灰黑色，覆黄毛夹杂少量黑毛，高为基宽的 2.5 倍，两侧平行，基胛亮黑色，近方形，中央具皱纹，两侧与复眼紧密接触，中胛长，扁平具皱纹，黑色，与基胛和单眼瘤连接，单眼瘤棕黑色，隆起，在黑色光裸区内，圆形；亚胛亮黑色，光裸；颜覆粉，黄灰色，着生浅黄色毛，上侧颜 2/3 光裸，亮黑色，夹杂少量黑毛；口毛浅黄色。触角柄节和梗节黑色，稍亮，着生浅黄色毛和黑毛，鞭节黑色，仅基部略带红棕色，基环节无背突，长为宽的 1.7 倍。下颚须黑色，第 1 节着生浅黄色长毛，第 2 节长为宽的 5 倍，覆黑毛，基部夹杂长黄毛。喙黑色，着生黑毛夹杂黄毛。胸部：背板黑色，稍亮，覆浅黄色毛；侧板黑色，密覆浅黄色长毛。足黑色，覆白毛，中、后足胫节棕色。翅透明，翅脉棕色，横脉处具明显棕色斑，R_4脉无附脉。腋瓣棕色，两腋瓣交接处具白毛。平衡棒黑棕色。腹部：背板黑色，稍亮，着生浅黄色毛，各节后缘的毛浓密，第 2 背板两侧具红棕色圆斑。腹板黑色，稍亮，着生浅黄色毛。

雄性　未详。

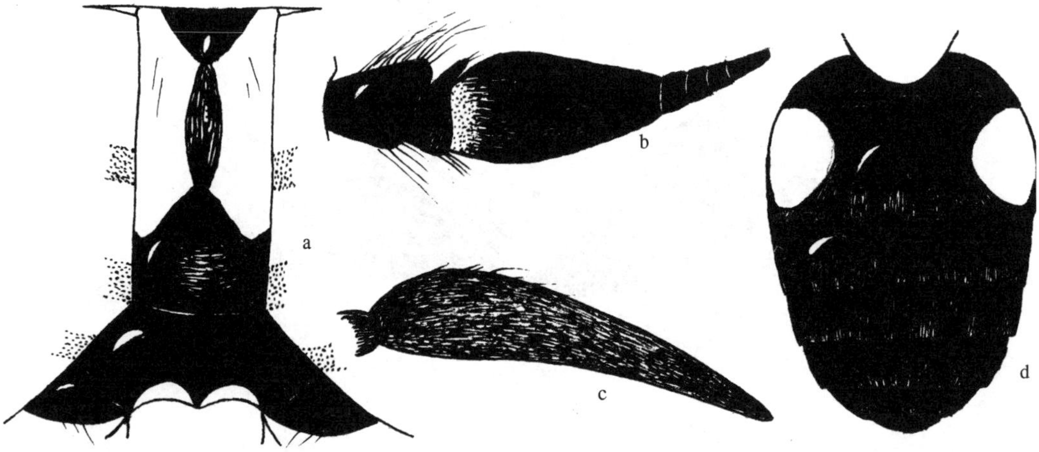

图 187　持续瘤虻 *Hybomitra echusa* Wang

a. 额 (frons)；b. 触角 (antenna)；c. 下颚须 (palpus)；d. 腹部背面 (dorsum of abdomen)

观察标本　正模♀，西藏察隅桑久，3400 m，1973.VI.25，黄复生，标本号 IOZ(E)201151，保存在 IZCAS。

生物学　高原山区林地种。

地理分布　西藏 (察隅)。

分类讨论　本种类似于拟波拉瘤虻 *H. brantoides* Wang，但拟波拉瘤虻的触角全部黑色，额较宽，高为基宽的 2 倍，额基胛与复眼分离，颜覆粉。

(174) 鞑靼瘤虻 *Hybomitra tatarica* (Portschinsky, 1887) (图 188)

Tabanus tatarica Portschinsky, 1887: 178 [Type locality: Asia media (Btschan)].

Tabanus tataricus bicolor Szilády, 1923: 10. Synonymized by Chvála, 1988: 134.

Tabanus tataricus aurantiaca Szilády, 1923: 11. Synonymized by Chvála, 1988: 134.

Hybomitra tatarica: Olsufjev, 1977: 344; Wang, 1983: 41; Kapoor, Grewal, Sharma and Gupta, 1988: 53.

Hybomitra tatarica nana Olsufjev, 1977: 345. Synonymized by Chvála, 1988: 134.

鉴别特征　复眼密覆短毛，具 3 带；额高为基宽的 2.0-2.5 倍，基胛三角形，两侧角与复眼接触；亚胛光裸，亮黑色；颜覆粉，但上侧颜具光裸区；触角黑色，仅鞭节的基部略带棕红色；下颚须黑色；胸部侧板密覆金黄色长毛；翅 R_4 脉无或具短附脉，翅横脉具不明显暗斑；腹部背板黑色，密覆金黄色毛，第 2 背板两侧具橙色斑。

形态描述

雌性　体长 15-16 mm，黑色。头部：复眼密覆棕色短毛，具 3 带；额黄灰色，覆浅黄色毛，高为基宽的 2.0-2.5 倍，顶宽大于基宽，基胛亮黑色，三角形，两侧角与复眼接触，中胛粗短，黑色，与基胛连接，单眼瘤棕色，隆起，亚圆形；亚胛亮黑色，光裸；颜覆粉，黄灰色，着生浅黄色毛，上侧颜具光裸区，亮黑色；口毛浅黄色。触角黑色，仅鞭节基部略带棕红色，基环节无背突，长为宽的 1.9 倍。下颚须黑色，第 1 节着生浅黄色长毛，第 2 节长为宽的 3.5 倍，覆黑毛和浅黄色毛。喙黑色，着生黑毛夹杂黄毛。胸部：背板黑色，密覆黄毛；侧板黑色，密覆金黄色长毛。足黑色，前足胫节基部 1/2，中、后足胫节及跗节棕色，前足胫节端部和跗节黑色。翅透明，翅脉棕色，横脉处具不明显棕色斑，R_4 脉无或具短附脉。腋瓣棕色，两腋瓣交接处具白毛。平衡棒深棕色。腹部：背板黑色，密覆金黄色毛，第 2 背板两侧具橙色斑。腹板黑色，着生黑毛和少量黄毛。

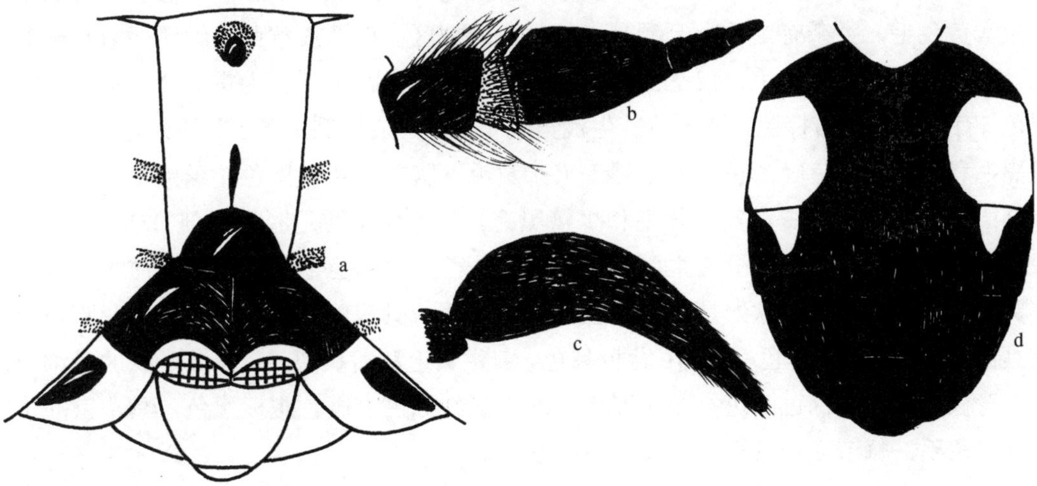

图 188　鞑靼瘤虻 *Hybomitra tatarica* (Portschinsky)

a. 额 (frons)；b. 触角 (antenna)；c. 下颚须 (palpus)；d. 腹部背面 (dorsum of abdomen)

雄性　体长 15-16 mm，复眼具棕色长毛，上、下眼面大小略等，单眼瘤小，棕色；触角柄节具黑色长毛；腹部背板覆浓密的棕黄色毛，第 2-3 背板两侧具棕色斑，腹板黑色，稍亮，覆黑毛。

观察标本　3♀♀，新疆，保存在 AMMSC。

生物学 山地林区种。

地理分布 新疆 (哈巴河)；俄罗斯，哈萨克斯坦，印度。

分类讨论 本种类似于黄带瘤虻 *H. fulvotaenia* Wang，但黄带瘤虻的腹部背板覆稀疏的黄毛或黄白色毛，翅横脉棕色斑明显。

(175) 黄带瘤虻 *Hybomitra fulvotaenia* Wang, 1982 (图 189)

Hybomitra fulvotaenia Wang, 1982: 175 [Type locality: Zayu, Tibet, China]; Wang, 1994: 43.

鉴别特征 复眼密覆短毛，具 3 带；额高为基宽的 3 倍，基胛三角形，两侧角与复眼接触；亚胛光裸，亮黑色；颜覆粉，但上侧颜大部分光裸，亮黑色；触角黑色，仅鞭节的基部略带棕色；下颚须黑色；胸部侧板主要密覆浅黄色长毛；翅 R_4 脉无或具短附脉，翅横脉具明显暗斑；腹部黑色，覆黄色毛和黄白色毛，第 2 背板两侧具红棕色圆斑。

形态描述

雌性 体长 14-16 mm，黑色。头部：复眼密覆黄色短毛，具 3 带；额灰色，覆黄毛，高为基宽的 3 倍，两侧平行，基胛亮黑色，三角形，两侧角与复眼接触，中胛纺锤形，黑色，与基胛连接，单眼瘤棕色，隆起，三角形；亚胛亮黑色，光裸；颜覆粉，黄灰色，着生浅黄色毛，夹杂有黑毛，侧颜具大的黑色光裸区；口毛浅黄色。触角柄节和梗节黑色，着生黑毛，鞭节黑色，仅基部略带棕色，基环节无背突，长为宽的 1.5 倍。下颚须黑色，有的个体略带棕色，第 1 节着生浅黄色长毛，夹杂黑毛，第 2 节长为宽的 3.5 倍，覆黑毛和浅黄色毛。喙黑色，着生黑毛夹杂黄毛。胸部：背板黑色，覆黑毛和黄毛，无纹饰；侧板黑色，密覆浅黄色长毛和少量黑毛。足黑色，前足胫节基部 1/3，中、后足胫节和跗节棕色，黑色部分着生黑毛，浅色部分着生浅棕色毛。翅透明，前缘室及翅基部黄色，翅脉棕色，横脉处具明显棕色斑，R_4 脉无或具短附脉。腋瓣棕色，两腋瓣交接处具白毛。平衡棒黑棕色。腹部：背板黑色，着生黄毛和黄白色毛，各节后缘的毛浓密，第 2 背板两侧具红棕色圆斑，第 3 背板有的也具红棕色小斑。腹板黑色，具浓密的黄毛和黄白色毛，每节后缘具黄毛或黄白色毛横带。

雄性 未详。

观察标本 正模♀，西藏察隅，3400 m，1973.VI.26，黄复生采，标本号 IOZ(E)201154，保存在 IZCAS。3♀♀，西藏，保存在 AMMSC。

生物学 高原山区林地种。

地理分布 西藏 (察隅)。

分类讨论 本种类似于持续瘤虻 *H. echusa* Wang，但持续瘤虻的额基胛近方形，与复眼密切接触；下颚须窄长，第 2 节长为宽的 5 倍。

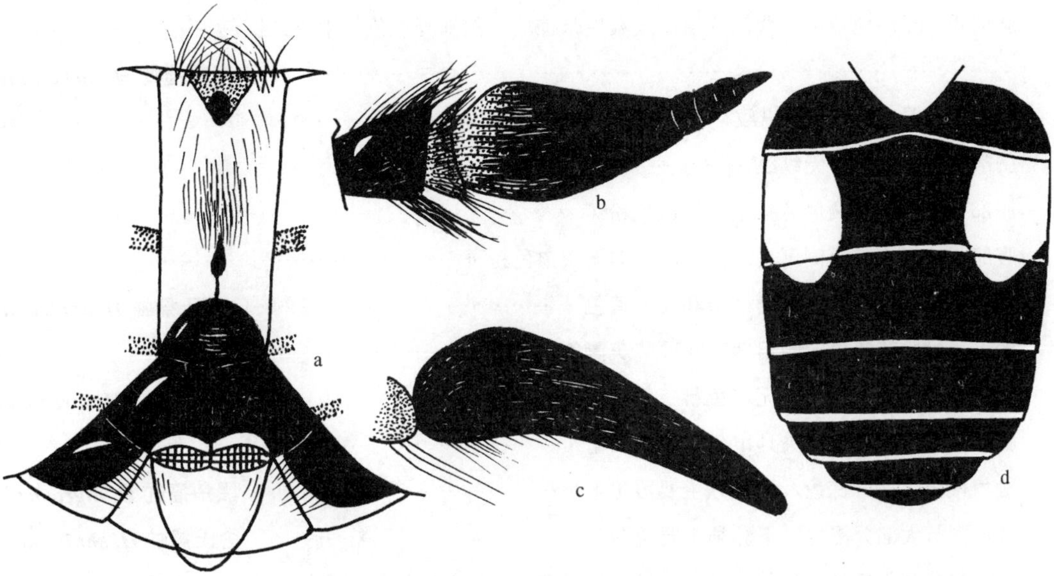

图 189　黄带瘤虻 *Hybomitra fulvotaenia* Wang

a. 额 (frons)；b. 触角 (antenna)；c. 下颚须 (palpus)；d. 腹部背面 (dorsum of abdomen)

突额瘤虻组 *Hybomitra montana* group

突额瘤虻组瘤虻的主要特征为眼具 3 条横带；触角鞭节基部背突低，端部具 4 个环节；额高为基宽的 2-4 倍，额基胛光裸；亚胛覆粉，或部分光裸；颜和颊覆粉；下颚须粗短，长不到宽的 3 倍；翅横脉无暗斑；平衡棒暗棕色至黑色；腹部背板无或具窄的浅色后缘。本组主要分布在西北区、东北区，部分分布在青藏区，而上海瘤虻从东北沿海向南分布到浙江舟山 (图 194)。

种 检 索 表

(小黑瘤虻 *H. hsiaohei* Wang, 1983 接近阿坝瘤虻 *H. abaensis*，因雌性未发现，而未能列入本组检索表)

1. 亚胛中央部分光裸……………………………………………………………**光额瘤虻 *H. nitidefrons***
   亚胛覆粉……………………………………………………………………………………………2
2. 腹部背板具红棕色侧斑……………………………………………………………………………3
   腹部背板亚侧部可具浅色粉斑，但无红棕色侧斑……………………………………………………5
3. 触角棕黄色，仅端环节的末节黑色；胸部背侧片黑色…………………………**黄角瘤虻 *H. lundbecki***
   触角大部分黑色；胸部背侧片棕色或黑色……………………………………………………………4
4. 胸部盾片具深色窄条，背侧片棕色；额基胛一致黑色………………………**突额瘤虻 *H. montana***

胸部盾片无深色窄条，背侧片黑色或灰黑带棕色；额基胛黑色，中央红棕色………**土耳其瘤虻 *H. turkestana***

5. 胸部盾片具 3-5 条浅色纵纹………………………………………………………………………6

胸部盾片色一致，无纵纹…………………………………………………………………………12

6. 腹部背板黑色，两侧各具 1 列灰白色粉斑……………………………………………………7

腹部背板黑色，两侧可具浅色毛斑，但无灰白色粉斑…………………………………………10

7. 中、后足股节棕色；触角柄节和梗节黄色……………………………**柯氏瘤虻 *H. koidzumii***

中、后足股节黑色；触角柄节和梗节灰黑色或黑棕色……………………………………………8

8. 腹部背板中纵黑条中央无灰色粉三角…………………………………**侧带瘤虻 *H. sareptana***

腹部背板中纵黑条中央具 1 列灰色粉三角……………………………………………………9

9. 触角鞭节大部分棕色，下颚须主要覆黑毛………………………**黑角瘤虻 *H. nigricornis***

触角鞭节大部分黑色，下颚须主要覆白毛………………………**舍氏瘤虻 *H. shnitnikovi***

10. 触角鞭节基部棕红色，其余黑色；颜与颊具黄棕色短毛，侧颜偶具短黑毛 ‥ **阿坝瘤虻 *H. abaensis***

触角鞭节全黑色；颜与颊具较长的黑毛………………………………………………………11

11. 腹部背板黑色，着生黄棕色短毛，具黄棕色毛后缘；中足胫节黑色，基部带深棕色；颜着生的毛较短…………………………………………………………………………**草生瘤虻 *H. gramina***

腹部背板黑色，具黑毛和少量黄棕色毛，浅色毛后缘在中央突起为不明显的三角；中足胫节大部分棕色；颜着生的毛较长…………………………………………**拟草生瘤虻 *H. graminoida***

12. 腹部背板灰黑色，中央具黑色纵条，两侧各具 1 列灰白色斜形粉斑；触角柄节棕色……………………………………………………………………………………………………**上海瘤虻 *H. shanghaiensis***

腹部背板黑色，中央和两侧可具浅色毛斑，但无灰白色粉斑；触角柄节黑色……………………13

13. 腹部背板黑色，中央和两侧浅色毛斑不清晰；下颚须覆黑毛为主…………**昭苏瘤虻 *H. zhaosuensis***

腹部背板黑色，覆黑毛和白毛，浅色毛不形成毛斑；下颚须覆白毛为主… **凶恶瘤虻 *H. hunnorum***

(176) 小黑瘤虻 *Hybomitra hsiaohei* Wang, 1983 (图 190)

Hybomitra hsiaohei Wang, 1983: 180 [Type locality: Qusum, Tibet, China].

鉴别特征 雄性复眼密覆黑色长毛；亚胛、颜覆粉，颊具黑色长毛；触角大部分黑色，仅鞭节基部略带棕色；下颚须第 2 节棕色，覆黑色长毛；胸部侧板密覆黑色长毛；翅 R_4 脉无附脉；腹部黑色，覆密黑毛，第 2 或第 2、3 背板两侧具棕色小斑。

形态描述

雄性 体长 7-8 mm，黑色。头部：复眼密覆黑色长毛，上半部大眼面与下半部小眼面相等，具 2 窄带。亚胛、颜均覆黄灰色粉，颊具黑色长毛。触角柄节和梗节黑色，着生黑毛，鞭节基部略带棕色，端部大部分和端环节黑色，基环节无背突。下颚须第 1 节棕黑色，覆黑色长毛，第 2 节卵圆形，棕色，密覆黑色长毛。胸部：背板黑色，覆黑毛，无纹饰；侧板黑色，密覆黑色长毛。足黑色。翅透明，翅脉黑棕色，横脉无暗斑，R_4 脉无附脉。平衡棒黑色。腹部：黑色，稍亮，密覆黑毛，第 2 或第 2、3 背板两侧具棕色小斑。

雌性 未详。

图 190 小黑瘤虻 *Hybomitra hsiaohei* Wang

a. 雄性额 (frons♂)；b. 雄性触角 (antenna ♂)；c. 雄性下颚须 (palpus ♂)；d. 雄性腹部背面 (dorsum of abdomen ♂)

观察标本 正模♂，西藏曲松，5000 m，1974.VIII.12，李铁生，标本号 IOZ(E)201162，保存在 IZCAS。

生物学 高原草甸种。

地理分布 西藏 (曲松)。

分类讨论 本种类似于阿坝瘤虻 *H. abaensis* Xu *et* Song。因雌性尚未发现，分类地位有待研究。

(177) 光额瘤虻 *Hybomitra nitidefrons* (Szilády, 1914) (图 191)

Tabanus (*Therioplectes*) *nitidefrons* Szilády, 1914: 664 [Type locality: Amur-Gebiet].

Hybomitra conformis (Frey): Murdoch and Takahasi, 1969: 42. Synonymized by Chvála, 1988.

Hybomitra nitidefrons (Szilády): Olsufjev, 1977: 355; Xu, 1982b: 104; Wang, 1983: 50; Chen, 1983: 115; Yao and Ding, 1986: 34; Jiang, Zhang, Huang and Dai, 1993: 104.

鉴别特征 复眼密覆短毛，具 3 带；额高为基宽的 3.5-4.0 倍，基胛三角形，两侧与复眼分离；亚胛中央部分光裸；颜覆粉；触角黑色，仅鞭节基环节橙色；下颚须第 2 节浅棕色，主要覆白毛；胸部侧板主要密覆白色长毛；翅 R_4 脉无附脉，翅横脉无暗斑；腹部黑色，第 1-3 或第 1-4 背板两侧具红黄色大斑，第 1-4 背板中央具浅黄色毛组成的三角。

形态描述

雌性 体长 15-17 mm，黑色。头部：复眼密覆黑色短毛，具 3 带；额黄灰色，覆黑毛和白毛，高为基宽的 3.5-4.0 倍，顶宽大于基宽，基胛棕色，稍亮，三角形，具皱纹，两侧与复眼分离，中胛菱形，黑色，与基胛连接或分离，单眼瘤棕色，小，隆起；亚胛中央部分光裸，亮黑色；颜覆粉，灰色，着生白毛，颊夹杂黑毛；口毛白色。触角柄节和梗节黑色，着生黑毛和白毛，鞭节基环节橙色，端环节黑色，基环节具背突，长与宽略等。下颚须浅棕色，第 1 节密覆黄白色长毛，第 2 节覆白毛和少量黑毛，长为宽的 2 倍。喙黑色，着生黑毛夹杂白毛。胸部：背板灰黑色，覆浅黄色毛和黑毛，具不明显的 5 条纵纹；侧板灰黑色，密覆白色长毛和少量黑毛，背侧片棕色。足基节黑色，覆黄白色毛，足股节黑色，具白色长毛，前足胫节棕色，端部 1/5 及跗节黑色黑毛，中、后足胫节棕色，着生白毛和黑毛，跗节棕色，着生黑毛。翅透明，翅脉棕色，横脉处无棕色斑，R_4 脉无附脉。腋瓣灰黑色，两腋瓣交接处具白毛。平衡棒棕色，球部两侧棕黑色。腹部：背板黑色，第 1-3 或第 1-4 背板两侧具红黄色大斑，第 1-4 背板中央具浅黄色毛组成的三角，其后各节背板黑色，各背板后缘具浅色毛组成的细横带。第 1-3 或第 1-4 腹板两侧具黄色斑，第 2 腹板中央具黑斑，其后各腹板黑褐色，具浅色毛。

雄性 体长 14-16 mm，复眼具暗棕色长毛，上、下眼面大小略等，仅近额缘小眼面

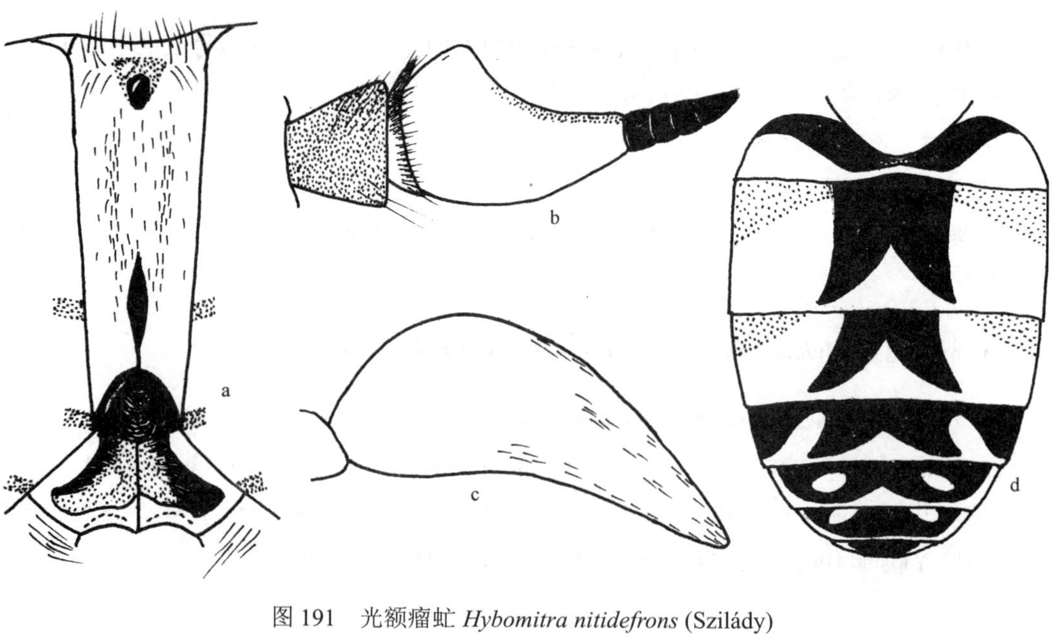

图 191 光额瘤虻 *Hybomitra nitidefrons* (Szilády)

a. 额 (frons)；b. 触角 (antenna)；c. 下颚须 (palpus)；d. 腹部背面 (dorsum of abdomen)

略大；触角略窄于雌性，胸部侧板覆黑色长毛。

观察标本　13♀♀，黑龙江，保存在 AMMSC。

生物学　林区种；5-8 月活动。

地理分布　黑龙江 (虎林)、吉林 (长白山、抚松、汪清、敦化、安图、图们)、辽宁 (宽甸、新宾)、内蒙古 (呼盟喜桂图旗、阿里河、乌兰河)；俄罗斯，蒙古，朝鲜，日本。

分类讨论　本种与鞑靼瘤虻组 *H. tatarica* group 的黑棕瘤虻 *H. lurida* (Fallen) 类似，但黑棕瘤虻体较小，腹部背板大部分黑色，第 2、3 或第 2-6 背板两侧具斜椭圆形灰白色毛斑；额较宽，高为基宽的 3.0-3.5 倍，亚胛全光裸。

(178) 黄角瘤虻 *Hybomitra lundbecki* Lyneborg, 1959 (图 192)

Hybomitra lundbecki Lyneborg, 1959: 127 [Type locality: Hareskov, Denmark]; Murdoch and Takahasi, 1969: 48; Olsufjev, 1977: 383; Wang, 1983: 56; Jiang, Zhang, Huang and Dai, 1993: 103.

Hybomitra lundbecki sibirica Olsufjev, 1970: 686. Synonymized by Chvála, 1988: 128.

Hybomitra lundbecki sibiriasis Olsufjev, 1972: 452; Xu, 1982b: 104; Yao and Ding, 1986: 34 (new name for *sibirica* Olsufjev, 1970, preoccupied by Enderlein, 1924).

鉴别特征　复眼密覆短毛，具 3 带；额高为基宽的 3.5-4.0 倍，基胛盾形，两侧与复眼分离；亚胛和颜覆粉；触角黄棕色，仅鞭节端环节的末节黑色；下颚须黄白色，主要覆白毛；胸部侧板覆灰白色长毛，背侧片黑色；翅 R_4 脉无附脉，翅横脉无暗斑；腹部背板黑灰色，第 1-3 或第 1-4 背板两侧具棕黄色大斑。

形态描述

雌性　体长 13-16 mm，黑色。头部：复眼密覆黑色短毛，具 3 带；额黄灰色，覆黑毛和白毛，高为基宽的 3.5-4.0 倍，顶宽大于基宽，基胛黑色，稍亮，盾形，两侧与复眼分离，中胛短，黑色，与基胛连接或分离，单眼瘤棕色，小，隆起；亚胛灰色；颜覆粉，灰白色，上侧颜浅黄色，着生白毛；口毛白色。触角柄节和梗节黄棕色，着生黑毛和白毛，鞭节基环节橙色，仅端环节的末节黑色，基环节具背突，长为宽的 1.3 倍。下颚须黄白色，第 1 节密覆黄白色长毛，第 2 节覆白毛和少量黑毛，长为宽的 3 倍。喙黑色，着生棕色毛夹杂白毛。胸部：背板黑色，覆黑毛，具 5 条灰色纵纹，背侧片黑色；侧板黑色，覆灰白色长毛。足基节黑色覆黄白色毛，股节黑色，覆黄毛，端部黄棕色，前足胫节基部 1/2 和中、后足胫节黄棕色，前足胫节端部及跗节黑色黑毛，中、后足跗节黄棕色，着生黑毛。翅透明，翅脉棕色，横脉处无棕色斑，R_4 脉无附脉。腋瓣灰黑色，两腋瓣交接处具白毛。平衡棒棕色，球部两侧暗棕色，球部顶端浅黄色。腹部：背板黑灰色，第 1-3 或第 1-4 背板两侧具棕黄色大斑，中央 1/3 黑色，各背板具浅黄色毛组成的三角和后缘细横带。腹板棕黄色，第 1、2 腹板中央有的具黑斑，其后灰黑色。

雄性 体长 14-16 mm，复眼具灰白色毛，上、下眼面大小略等；触角略窄于雌性；腹部黑色，第 1-4 背板两侧具红棕色斑，中央部分黑色，第 3 节中纵条变窄，占腹宽的 1/6-1/5，第 1 腹板基部和第 5-7 腹板黑色。

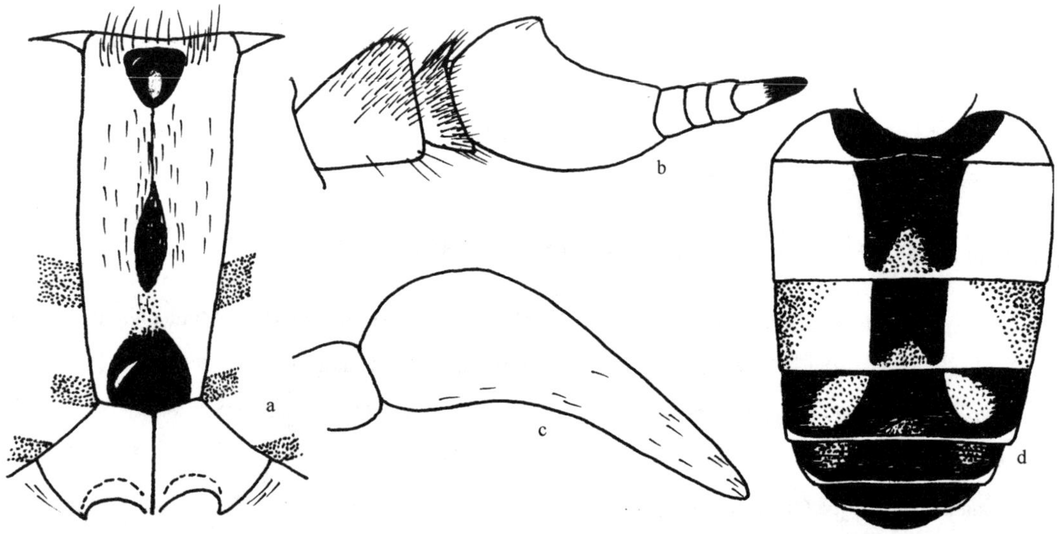

图 192 黄角瘤虻 *Hybomitra lundbecki* Lyneborg

a. 额 (frons)；b. 触角 (antenna)；c. 下颚须 (palpus)；d. 腹部背面 (dorsum of abdomen)

观察标本 13♀♀，黑龙江，保存在 AMMSC。

生物学 林区近湖区种；5-8 月活动，7 月多见。

地理分布 黑龙江 (虎林、饶河)、吉林 (敦化、汪清、珲春)、内蒙古 (牙克石、阿里河、乌尔其汉)；俄罗斯，蒙古，欧洲。

分类讨论 本种与突额瘤虻 *H. montana* (Meigen) 非常近似，但突额瘤虻的触角大部分黑色，胸部背侧片棕红色。

(179) 突额瘤虻 *Hybomitra montana* (Meigen, 1920) (图 193，图 194)

Tabanus montana Meigen, 1920: 55 [Type locality: Ich fing sie auf dem hohen Been bei Montivie].

Tabanus flaviceps Zetterstedt, 1842: 111. Synonymized by Chvála, 1988: 129.

Therioplectes montana immaculiventris Kröber, 1923: 103. Synonymized by Chvála, 1988: 129.

Therioplectes montana bezzii Surcouf, 1924: 22. Synonymized by Chvála, 1988: 129.

Tabanus (*Tylostypia*) *aino* Kono *et* Takahasi, 1939: 20 (as new name for *Theriioplectes sachalinensis* Enderlein, 1925, preoccupied by Matsumura, 1911). Synonymized by Chvála, 1988: 129.

Stypommia ochotscana Enderlein, 1934: 184. Synonymized by Chvála, 1988: 129.

Sziládynus calluneticola Kröber, 1935: 159. Synonymized by Chvála, 1988: 129.

Tabanus (*Tylostypia*) *montanus obscura* Olsufjev, 1937: 127. Synonymized by Chvála, 1988: 129.

Tabanus (*Tylostypia*) *karatschajensis* Skufin, 1938: 79. Synonymized by Chvála, 1988: 129.

Sziládynus montanus alpicola Muschamp, 1939: 53. Synonymized by Chvála, 1988: 129.

Hybomitra manchuriensis Philip, 1956: 227. Synonymized by Chvála, 1988: 129.

Hybomitra tropica (Linnaeus): Schuurmans-Stekhoven, 1929: 507. Misidentification.

Hybomitra montana (Meigen): Murdoch and Takahasi, 1969: 47; Olsufjev, 1977: 384; Xu, 1982b: 104; Xu and Liu, 1982b: 111; Wang, 1983: 57; Chen, 1983: 115; Yao and Ding, 1986: 34; Wu, Li, Liu, Yang, Zhang and Cao, 1988: 199; Jiang, Zhang, Huang and Dai, 1993: 103; Liu, 1999a: 435; Xu, 2005: 770.

鉴别特征　复眼密覆短毛，具3带；额高为基宽的3.5-4.0倍，基胛三角形，两侧与复眼窄分离；亚胛和颜覆粉；触角柄节灰黑色，梗节红棕色，鞭节基环节基部棕红色，端部和端环节黑色；下颚须灰白色，第2节覆黑毛和白毛；胸部侧板覆灰白色长毛，背侧片棕红色；翅R_4脉无附脉，翅横脉无暗斑；腹部背板黑灰色，第1-3或第1-4背板两侧具大的棕黄色斑。

形态描述

雌性　体长 16-18 mm，黑色。头部：复眼密覆黑色短毛，具 3 带；额黄灰色，覆黑毛和白毛，高为基宽的 3.5-4.0 倍，顶宽大于基宽，基胛黑色，稍亮，三角形，两侧与复眼窄分离，中胛矛形，黑色，与基胛连接或分离，单眼瘤棕色，小，隆起；亚胛灰色；颜覆粉，灰白色，上侧颜浅黄色，着生白毛；口毛白色。触角柄节灰黑色，着生黑毛和白毛，梗节红棕色，着生黑毛，鞭节基环节基部棕红色，端部和端环节黑色，基环节具背突，长为宽的 1.3 倍。下颚须灰白色，第 1 节密覆黄白色长毛，第 2 节覆白毛和黑毛，长为宽的 3 倍。喙黑色，着生棕色毛夹杂白毛。胸部：背板黑色，覆黑毛，具 5 条灰色纵纹，背侧片棕红色；侧板黑色，覆灰白色长毛。足基节黑色，覆黄白色毛，股节黑色，覆黄毛，端部黄棕色，前足胫节基部 1/2 和中、后足胫节黄棕色，前足胫节端部及跗节黑色黑毛，中、后足跗节黑棕色，着生黑毛。翅透明，翅脉棕色，横脉处无棕色斑，R_4 脉无附脉。腋瓣灰黑色，两腋瓣交接处具白毛。平衡棒暗棕色，球部两侧棕黑色，球部顶端黄色。腹部：背板黑灰色，第 1-3 或第 1-4 背板两侧具棕黄色大斑，中央 1/3 黑色，各背板具浅黄色毛组成的三角和后缘细横带。腹板棕黄色，第 1-4 腹板中央黑色，两侧棕红色，其后各腹板黑色。

雄性　体长 15-18 mm，复眼具灰白色毛，上 2/3 大眼面大于下 1/3 小眼面；触角略窄于雌性；胸部的背侧片浅黄棕色；腹部黑色，第 1-4 背板两侧大部分红棕色，中央黑色部分窄，第 1-4 腹板棕色，第 5-7 腹板黑色。

观察标本　50♀♀，黑龙江，保存在 AMMSC。

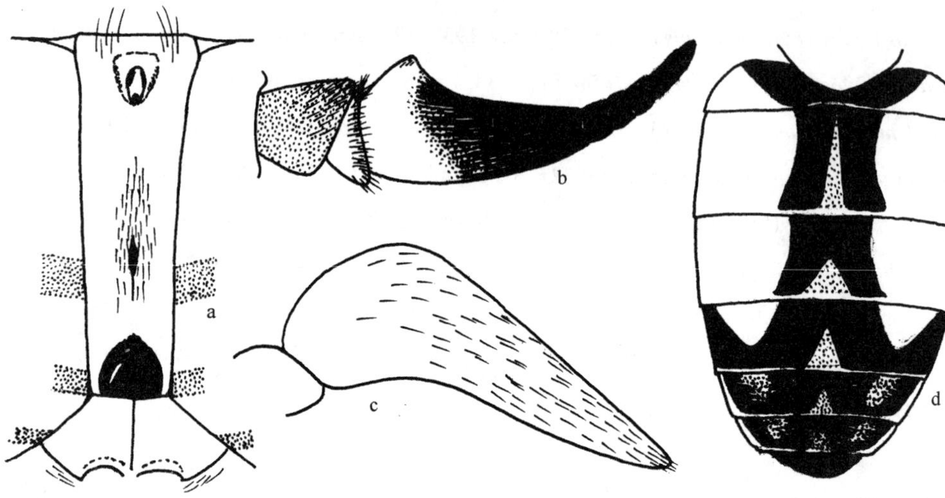

图 193 突额瘤虻 *Hybomitra montana* (Meigen)

a. 额 (frons)；b. 触角 (antenna)；c. 下颚须 (palpus)；d. 腹部背面 (dorsum of abdomen)

生物学 林缘种；5-8 月活动，6-7 月多见。

地理分布 黑龙江 (呼玛、嫩江、虎林)、吉林 (长白山、抚松、汪清、敦化、安图)、辽宁 (新宾)、内蒙古 (图里河、伊列克旗、喜桂图旗、巴彦库仁、阿里河、阿尔山)、陕西 (延安)、宁夏 (泾源)、甘肃 (武山、岷县)；俄罗斯，蒙古，朝鲜，日本，欧洲。

分类讨论 本种与黄角瘤虻 *H. lundbecki* Lyneborg 相似，但黄角瘤虻的触角黄棕色；胸部背侧片黑色。*H. tropica* (Linnaeus, 1758) 现知仅分布在欧洲 (Chvála, Lyneborg and Moucha, 1972)，我国的记载显然是误定。突额瘤虻分布可达华北区的北部 (图 194)。

(180) 土耳其瘤虻 *Hybomitra turkestana* (Szilády, 1923) (图 194，图 195)

Tabanus (*Therioplectes*) *turkestanus* Szilády, 1923: 8 [Type locality: Karagai Tau in Turkestan].

Tabanus (*Therioplectes*) *turkestanus minor* Szilády, 1923: 9. Synonymized by Chvála, 1988: 134.

Tabanus (*Therioplectes*) *turkestanus atra* Szilády, 1923: 9. Synonymized by Chvála, 1988: 134.

Hybomitra turkestana: Olsufjev, 1977: 378; Xu, 1982d: 117; Wang, 1983: 55; Liu, 1999a: 436; Xu, 2005: 771.

鉴别特征 复眼密覆短毛，具 3 带；额高为基宽的 4 倍，基胛三角形，两侧与复眼分离；亚胛和颜覆粉；柄节灰黑色，梗节红棕色，鞭节基环节基部红棕色，端部及端环节黑色；下颚须灰白色，第 2 节主要覆白毛；胸部盾片无纵条，侧板覆灰白色长毛，背侧片黑色或棕红色；翅 R_4 脉无附脉，翅横脉无暗斑；腹部背板黑灰色，第 1-3 背板两侧具大的棕红色斑。

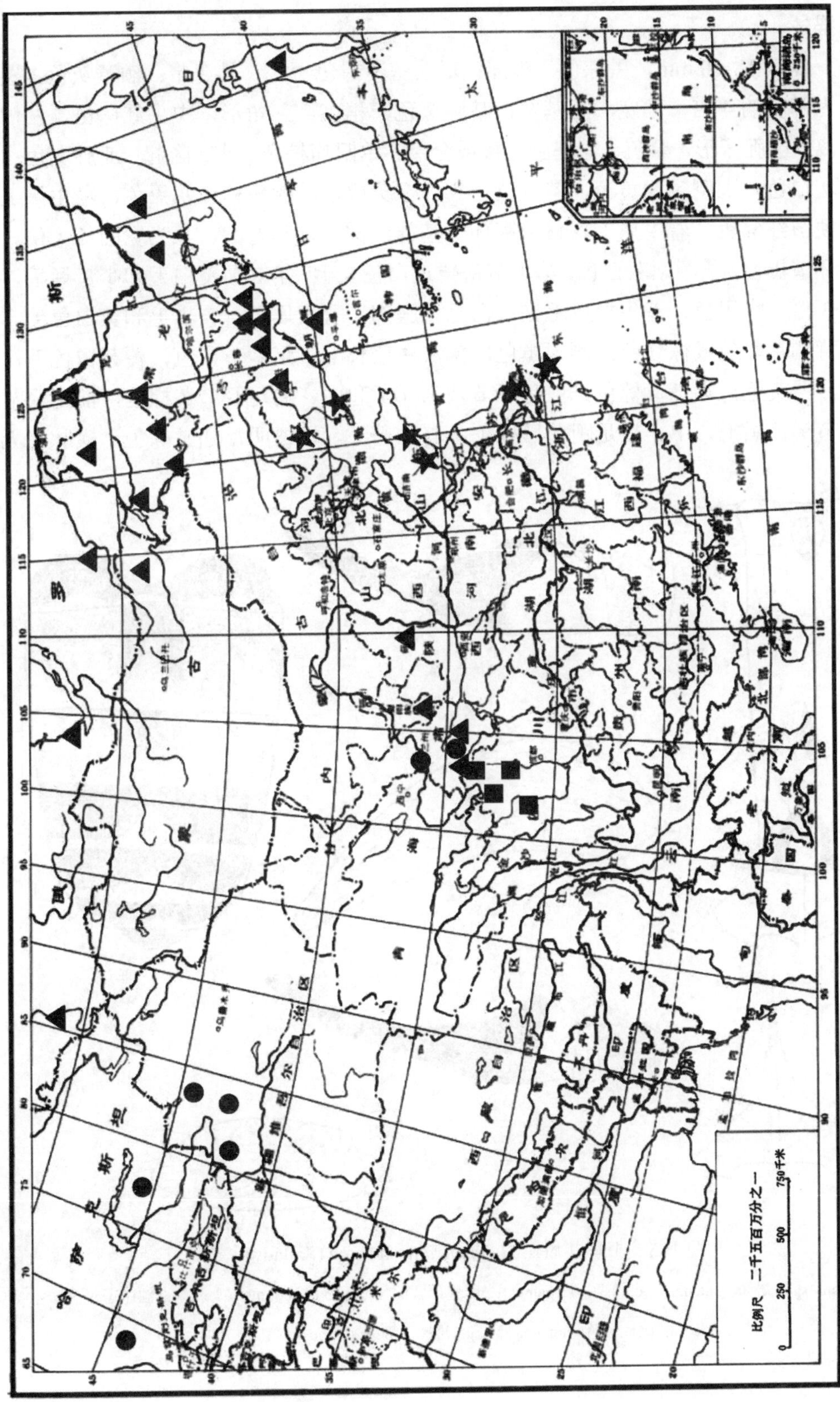

图 194　突额瘤虻组 *Hybomitra montana* group 的地理分布

▲突额瘤虻 *Hybomitra montana* (Meigen)　★上海瘤虻 *Hybomitra shanghaiensis* (Ôuchi)　●土耳其瘤虻 *Hybomitra turkestana* (Szilády)　■阿坝瘤虻 *Hybomitra abaensis* Xu *et* Song

形态描述

雌性 体长 18-20 mm，黑棕色。头部：复眼密覆黑色短毛，具 3 带；额黄灰色，覆黑毛，高为基宽的 4 倍，顶宽大于基宽，基胛黑色，稍亮，三角形，中央红棕色，两侧与复眼分离，中胛矛形，黑色，与基胛连接或分离，单眼瘤棕色，小，隆起；亚胛灰色；颜覆粉，灰白色，上侧颜浅黄色，着生黄毛；口毛黄白色。触角柄节灰黑色，着生黑毛和白毛，梗节红棕色，着生黑毛，鞭节基环节基部红棕色，具背突，长为宽的 1.4 倍，端部及端环节黑色。下颚须灰白色，第 1 节密覆黄白色长毛，第 2 节覆白毛和少量黑毛，长为宽的 3 倍。喙黑色，着生棕色毛夹杂白毛。胸部：背板黑色，覆黑毛和黄白色毛，无纵条，背侧片黑色或棕红色；侧板黑色，覆灰白色长毛。足基节黑色，覆黄白色毛，股节黑色，覆黄毛，端部黄棕色，前足胫节基部 1/3 和中、后足胫节黄棕色，前足胫节端部及跗节黑色黑毛，中、后足跗节黑棕色，着生黑毛。翅透明，翅脉棕色，横脉处无

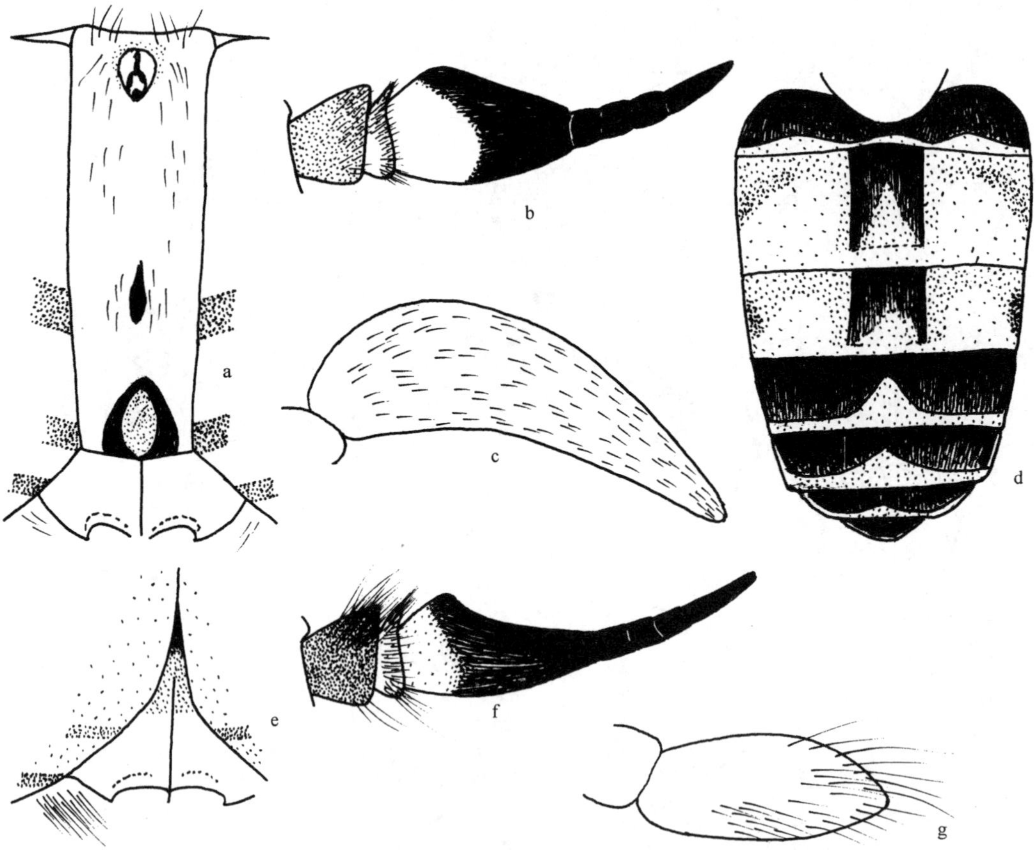

图 195 土耳其瘤虻 *Hybomitra turkestana* (Szilády)

a. 额 (frons)；b. 触角 (antenna)；c. 下颚须 (palpus)；d. 腹部背面 (dorsum of abdomen)；e. 雄性额 (frons ♂)；f. 雄性触角 (antenna ♂)；g. 雄性下颚须 (palpus ♂)

棕色斑，R_4脉无附脉。腋瓣灰黑色，两腋瓣交接处具白毛。平衡棒暗棕色，球部两侧棕黑色，球部顶端黄色。腹部：背板黑灰色，第 1-3 背板两侧具棕红色大斑，中央 1/3 黑色，各背板具浅黄色毛组成的大三角和后缘细横带。腹板棕黄色，第 1-3 腹板棕红色，有的第 2 腹板中央具黑斑，其后各腹板灰黑色。

雄性 体长 16-18 mm，复眼具灰白色毛，上 2/3 大眼面大于下 1/3 小眼面；触角略窄于雌性；胸部的背侧片浅黄棕色；腹部黑色，第 1-4 背板两侧大部分红棕色，中央浅色三角不明显。

观察标本 模式标本 1♀，保存在匈牙利自然博物馆 (Hung. Nat. Museum)，因失火烧毁，尚未见指定新模。50♀♀1♂，新疆，保存在 AMMSC。

生物学 林区种。

地理分布 甘肃 (兰州、岷县)、新疆 (精河、玛纳斯、昭苏)；俄罗斯，哈萨克斯坦，土耳其。

分类讨论 本种类似于突额瘤虻 *H. montana* (Meigen)，但突额瘤虻的胸部盾片具深色窄条，背侧片棕红色；触角鞭节基部棕红色，其余黑色。本种是中亚地区的种类，向东延伸到我国新疆的天山和甘肃的岷山地区 (图 194)。

(181) 柯氏瘤虻 *Hybomitra koidzumii* Murdoch *et* Takahasi, 1969 (图 196)

Hybomitra koidzumii Murdoch *et* Takahasi, 1969: 43 [Type locality: West Manchuria, China]; Xu, 1982b: 103; Wang, 1983: 53; Yao and Ding, 1986: 34.

Hybomitra nidifera Wang, 1981: 83; Wang, 1994: 61. Synonymized by Xu, 2000: 188.

鉴别特征 复眼密覆短毛，具 3 带；额高为基宽的 3.5-4.0 倍，基胛三角形，两侧与复眼接触或分离；亚胛和颜覆粉；触角黄棕色，鞭节端环节黑色；下颚须黄棕色，第 2 节主要覆白毛；胸部盾片具 5 条灰色纵纹，侧板覆黄白色长毛，背侧片灰棕色；翅 R_4 脉无或具短附脉，翅横脉无暗斑；腹部灰黑色，背板中央和两侧具黄灰色斑，后缘具不清晰的浅色带。

形态描述

雌性 体长 16 mm，黄灰色。头部：复眼密覆黑色短毛，具 3 带；额黄灰色，覆黑毛，高为基宽的 3.5-4.0 倍，顶宽大于基宽，基胛黑色带棕色，稍亮，方形，两侧与复眼接触或窄分离，中胛矛形，黑色，与基胛连接，单眼瘤红棕色，卵圆形，隆起；亚胛灰色；颜覆粉，灰色，着生白毛；口毛白色。触角黄棕色，柄节和梗节着生黑毛和白毛，鞭节端环节黑色，基环节具背突，长为宽的 1.4 倍。下颚须黄棕色，第 1 节密覆黄白色长毛，第 2 节覆白毛和少量黑毛，长为宽的 3 倍。喙黑色，着生棕色毛夹杂白毛。胸部：背板黑色，覆黑毛和白毛，具 5 条灰色纵纹，背侧片灰棕色；侧板灰黑色，覆黄白色长毛。足灰色，中、后足股节带棕黄色，覆黄白色毛，胫节棕色，覆白毛和少量黑毛，跗节覆黑毛，前足跗节黑色，中、后足跗节棕色。翅透明，翅脉黄棕色，横脉处无棕色斑，R_4 脉无或具短附脉。腋瓣灰黑色，两腋瓣交接处具白毛。平衡棒暗棕色，球部两侧棕黑色，球部顶端黄色。腹部：背板灰黑色，具白毛，中央和两侧具黄灰色斑，后缘具不明显浅色细横带。腹板灰色，具白毛，后缘具不清晰的浅色横带。

雄性　未详。

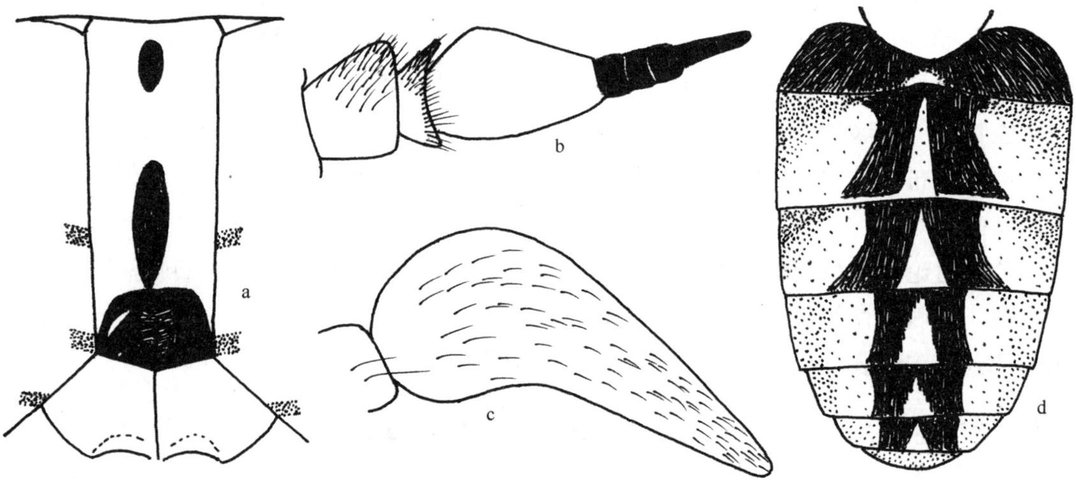

图 196　柯氏瘤虻 *Hybomitra koidzumii* Murdoch *et* Takahasi

a. 额 (frons)；b. 触角 (antenna)；c. 下颚须 (palpus)；d. 腹部背面 (dorsum of abdomen)

观察标本　5♀♀，内蒙古，保存在 AMMSC。

生物学　林区种。

地理分布　黑龙江 (呼玛)、内蒙古 (鄂伦春旗、西乌旗、阿尔山)。

分类讨论　本种与黑角瘤虻 *H. nigricornis* (Zetterstedt) 相似，但黑角瘤虻的中、后足股节黑灰色；触角柄节和梗节黑色。

(182) 黑角瘤虻 *Hybomitra nigricornis* (Zetterstedt, 1842) (图 197)

Tabanus nigricornis Zetterstedt, 1842: 112 [Type locality: Jemtland, Sweden].

Tabanus alpina Zetterstedt, 1838: 516. Preoccupied by Scopoli, 1763.

Tabanus engadinensis Jaennicke, 1866: 75. Synonymized by Chvála, 1988: 130.

Tabanus (*Therioplectes*) *altaianus* Szilády, 1926: 20. Synonymized by Chvála, 1988: 130.

Tabanus (*Tylostypia*) *ketonensis* Kono *et* Takahasi, 1939: 72. Synonymized by Chvála, 1988: 130.

Hybomitra nigricornis (Zetterstedt): Murdoch and Takahasi, 1969: 45; Olsufjev, 1977: 379; Xu, 1982b:

104; Wang, 1983: 53; Jiang, Zhang, Huang and Dai, 1993: 103.

鉴别特征　复眼密覆短毛，具 3 带；额高为基宽的 3.0-3.5 倍，基胛方形，两侧与复眼接触或窄分离；亚胛和颜覆粉；触角黑色，鞭节基部棕色；下颚须黄棕色，第 2 节长为宽的 3 倍，覆黑毛和白毛；胸部盾片具 5 条纵纹，侧板覆黄白色长毛，背侧片黑色；翅 R_4 脉无附脉，翅脉横脉无暗斑；腹部灰黑色，背板具中央三角形和两侧斜方形灰色斑。

形态描述

雌性　体长 13-18 mm，灰黑色。头部：复眼密覆棕色短毛，具 3 带；额黄灰色，覆黑毛，高为基宽的 3.0-3.5 倍，两侧平行或顶宽略大于基宽，基胛黑色，方形，两侧与复眼接触或窄分离，中胛矛形，黑色，与基胛连接，单眼瘤红棕色，卵圆形，隆起；亚胛灰色；颜覆粉，灰色，着生浅黄色毛；口毛浅黄白色。触角黑色，柄节和梗节着生黑毛，鞭节基环节基部棕色，端部和端环节黑色，基环节具背突，长为宽的 1.4 倍。下颚须黄棕色，第 1 节密覆黄白色长毛，第 2 节覆白毛和黑毛，长为宽的 3 倍。喙黑色，着生棕色毛夹杂白毛。胸部：背板黑色，覆黑毛和白毛，具 5 条灰色纵纹，背侧片黑色；侧板灰黑色，覆黄白色长毛。足黑灰色，股节覆黄白色毛，前足胫节基部 1/2，中、后足胫节基部 4/5 黄棕色，其余部分及跗节黑色，浅色部分主要覆白毛，黑色部分覆黑毛。翅透明，翅脉棕色，横脉处无棕色斑，R_4 脉无附脉。腋瓣灰黑色，两腋瓣交接处具白毛。平衡棒暗棕色，球部两侧棕黑色，球部顶端黄棕色。腹部：背板黑色，具中央三角形和两侧斜方形灰色斑。腹板黑灰色，后缘具浅色毛横带。

雄性　体长 14-17 mm，复眼上 2/3 大眼面与下 1/3 小眼面界限清晰；触角黑色，鞭

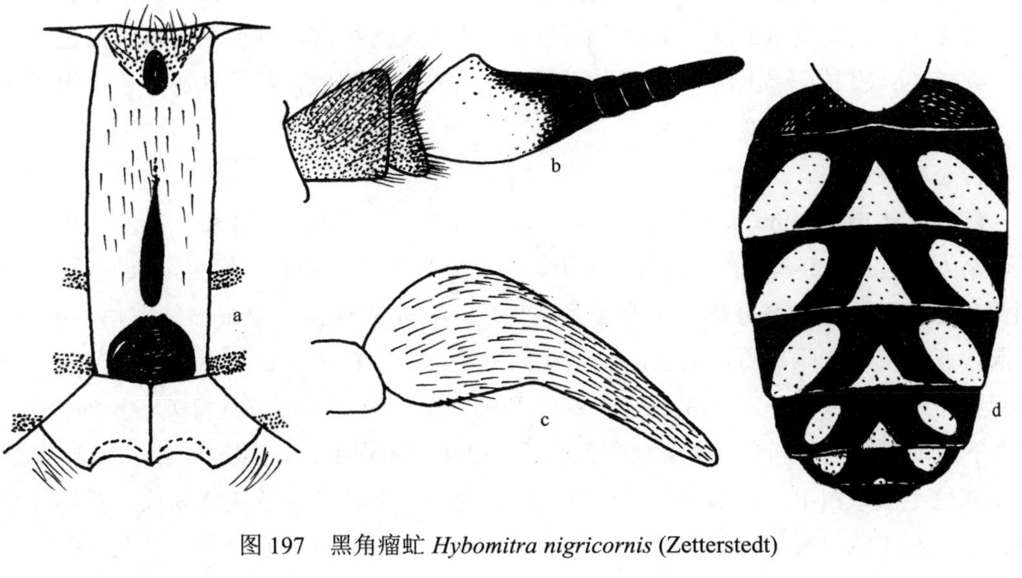

图 197　黑角瘤虻 *Hybomitra nigricornis* (Zetterstedt)

a. 额 (frons)；b. 触角 (antenna)；c. 下颚须 (palpus)；d. 腹部背面 (dorsum of abdomen)

节的基环节较雌性的窄；下颚须浅黄色，覆黑毛；腹部第 2、3 或第 2-4 背板两侧具棕色斑，各背板具浅色后缘；第 2-4 腹板浅棕色，其后腹板黑色，第 2 腹板中央具黑斑。

观察标本 20♀♀，黑龙江，保存在 AMMSC。

生物学 林区种；5-8 月活动。

地理分布 黑龙江 (呼玛、根河、饶河)、吉林 (长白山、抚松、集安、通化、敦化)、辽宁、内蒙古 (呼盟、阿尔山)、河北 (兴隆)；俄罗斯，蒙古，哈萨克斯坦，欧洲。

分类讨论 本种与侧带瘤虻 *H. sareptana* (Szilády) 类似，但侧带瘤虻的腹部背板中纵黑条中央无 1 列灰三角，下颚须主要覆白毛。

(183) 侧带瘤虻 *Hybomitra sareptana* (Szilády, 1914) (图 198)

Tabanus (*Theriioplectes*) *sareptana* Szilády, 1914: 662 [Type locality: Sarepta, Russia].

Tabanus (*Theriioplectes*) *sareptana melas* Szilády, 1914: 664.

Tabanus (*Tylostypia*) *adachii* Takagi, 1941: 49; Murdoch and Takahasi, 1969: 44; Olsufjev, 1977: 359; Chen, 1983: 114; Yao and Ding, 1986: 33; Jiang, Zhang, Huang and Dai, 1993: 103. Synonymized by Chvála, Lyneborg and Moucha, 1972: 218.

Tabanus (*Tylostypia*) *sareptanus tschuensis* Olsufjev, 1962: 886. Synonymized by Chvála, Lyneborg and Moucha, 1972: 218.

Hybomitra sareptana (Szilády): Olsufjev, 1977: 356; Wang, 1983: 51.

鉴别特征 复眼密覆短毛，具 3 带；额高为基宽的 3.0-3.5 倍，基胛方形，两侧角与复眼接触或窄分离；亚胛和颜覆粉；触角黑色，鞭节基环节基部 1/3 棕色；下颚须黄棕色，第 2 节长为宽的 3.5 倍，覆白毛；胸部盾片具 5 条纵纹，侧板主要覆黄白色毛，背侧片红棕色；翅 R_4 脉无附脉，翅横脉无暗斑；腹部背板黑色，两侧具灰白色斑组成的纵条，中央宽黑条占腹节宽的 1/3。

形态描述

雌性 体长 18 mm，灰黑色。头部：复眼密覆棕色短毛，具 3 带；额灰白色，覆黑毛，高为基宽的 3.0-3.5 倍，顶宽略大于基宽，基胛黑色，中央带棕色，具皱纹，方形，两侧角与复眼接触或窄分离，中胛矛形，黑色，与基胛连接，单眼瘤红棕色，卵圆形，隆起；亚胛灰色；颜覆粉，灰色，着生浅白色毛；口毛白色。触角黑色，柄节和梗节着生黑毛，鞭节基环节基部 1/3 棕色，端部和端环节黑色，基环节具背突，长为宽的 1.4 倍。下颚须黄棕色，第 1 节密覆黄白色长毛，第 2 节覆白毛，长为宽的 3.5 倍。喙黑色，着生棕色毛夹杂白毛。胸部：背板黑色，覆黑毛和白毛，具 5 条灰色纵纹，背侧片红棕色；侧板灰黑色，覆黄白色毛和少量黑毛。足黑色，股节覆白毛和少量黑毛，前足胫节基部 2/3 和中、后足胫节棕色，其余部分及跗节黑色，浅色部分主要覆白毛，黑色部分覆黑毛。翅透明，翅脉棕色，横脉处无棕色斑，R_4脉无附脉。腋瓣灰黑色，两腋瓣交接处具白毛。平衡棒暗棕色，球部两侧棕黑色，球部顶端黄棕色。腹部：背板黑色，两侧具灰白色斑组成的纵条，覆银白色毛，中央宽黑条占腹节宽的 1/3，覆黑毛，各背板具浅色后缘。腹板黑灰色，覆浅色毛，后缘具浅色横带。

雄性　体长 16-17 mm，复眼上、下眼面大小约等；触角黑色，第 3 节较雌性的窄；下颚须浅黄灰色，覆白毛；腹部前 4 节背板黄棕色，中央黑纵条较雌的窄，第 2-6 背板两侧具银灰色粉；腹板浅黄棕色，后缘具浅色毛带。

观察标本　2♀♀，黑龙江，保存在 AMMSC。

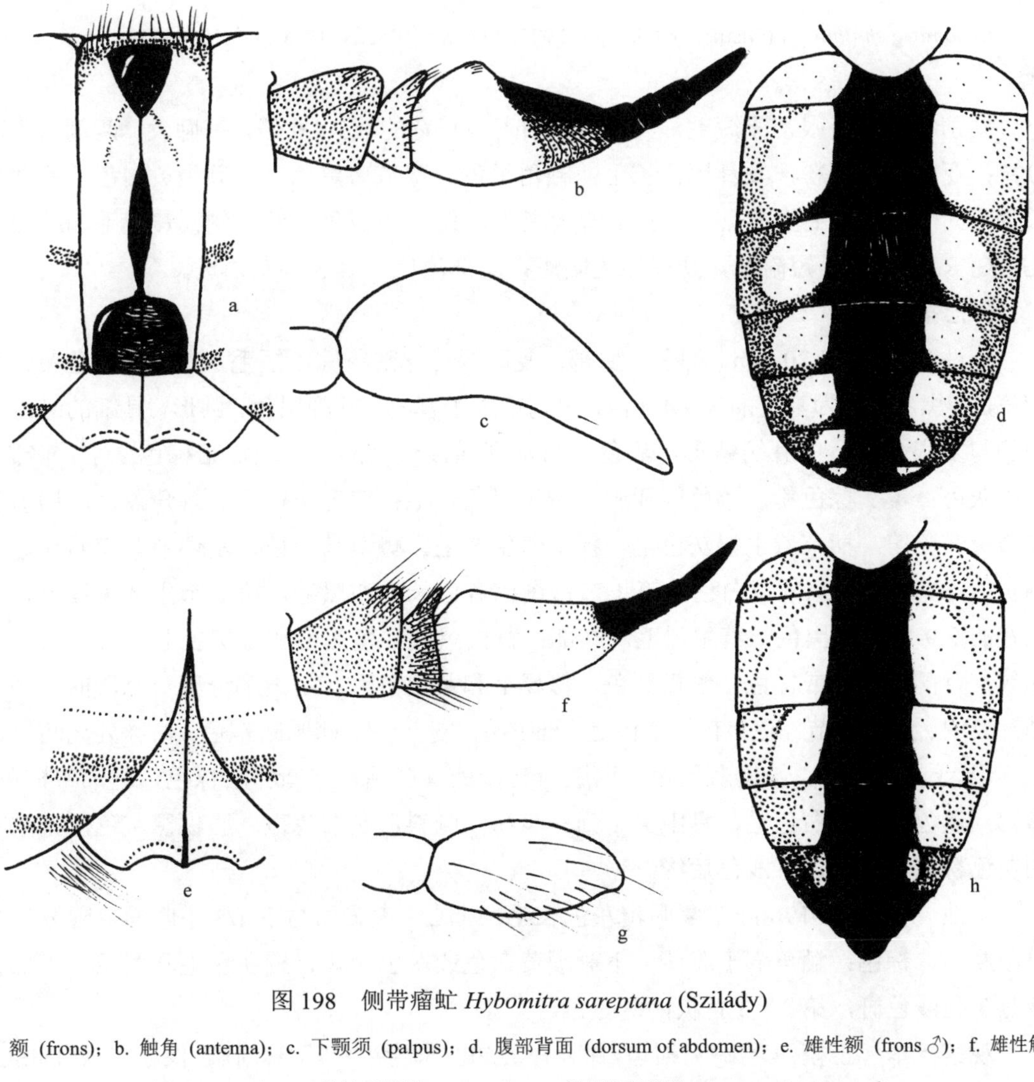

图 198　侧带瘤虻 *Hybomitra sareptana* (Szilády)

a. 额 (frons)；b. 触角 (antenna)；c. 下颚须 (palpus)；d. 腹部背面 (dorsum of abdomen)；e. 雄性额 (frons ♂)；f. 雄性触角 (antenna ♂)；g. 雄性下颚须 (palpus ♂)；h. 雄性腹部背面 (dorsum of abdomen ♂)

生物学 林区种；6-7 月采到。

地理分布 黑龙江 (伊春)、吉林 (长白山、抚松、图们)、辽宁 (新宾)、内蒙古 (阿里河)；俄罗斯，蒙古，哈萨克斯坦，欧洲。

分类讨论 本种类似于黑角瘤虻 *H. nigricornis* (Zetterstedt)，但黑角瘤虻的腹部背板中纵黑条中央具 1 列灰三角；下颚须主要覆黑毛。

(184) 舍氏瘤虻 *Hybomitra shnitnikovi* (Olsufjev, 1937) (图 199)

Tabanus (*Tylostypia*) *shnitnikovi* Olsufjev, 1937: 180 [Type locality: Kazachstan].

Tabanus bouvieri Philip, 1959: 333. Synonymized by Chvála, 1988: 133.

Hybomitra shnitnikovi (Olsufjev): Olsufjev, 1977: 377; Xu, 1982d: 117; Wang, 1994: 55.

鉴别特征 复眼密覆短毛，具 3 带；额高为基宽的 3.5-4.0 倍，基胛大，两侧与复眼分离；亚胛和颜覆粉，颜具黑色长毛；触角黑色，鞭节乌黑色；下颚须黄白色，第 2 节长为宽的 2.9 倍，主要覆黑毛；胸部背板黑色，具 5 条灰色纵纹，侧板覆黑毛和黄白色毛；翅 R_4 脉无或具短附脉，翅横脉无暗斑；腹部黑色，具 3 列灰白斑。

形态描述

雌性 体长 17-20 mm，黑色。头部：复眼绿色，密覆棕色短毛，具 3 条紫色带；额灰色，覆黑毛，高为基宽的 3.5-4.0 倍，顶宽略大于基宽，基胛黑色，圆形，具细的皱纹，两侧与复眼分离，中胛纺锤形，黑色，与基胛连接或分离，单眼瘤暗棕色，小，隆起；亚胛灰色；覆灰棕色粉，颜色同亚胛，着生黑色长毛；口毛黄棕色。触角黑色，柄节和梗节覆灰色粉，柄节着生银灰色毛，梗节着生黑毛，鞭节乌黑色，基环节背突明显，长为宽的 1.7 倍。下颚须黄白色，第 1 节密覆棕黄色长毛和黑毛，第 2 节主要覆黑毛，长为宽的 2.9 倍。喙黑色，着生黑毛。胸部：背板黑色，覆黑毛和浅棕色毛，具 5 条灰色纵纹，背侧片黑色或棕色；侧板黑色，覆黑毛和黄白色毛。足大部分黑灰色，前足胫节基部及中、后足胫节棕色，有的个体足全部黑色。翅透明，翅脉暗棕色，横脉处无暗斑，R_4 脉无或具短附脉。腋瓣灰黑色，两腋瓣交接处具白毛。平衡棒暗棕色，基部带棕色。腹部：黑色，具灰白色毛，具中央 1 列三角和两侧斜形灰白色斑。腹板黑灰色，具浓密的灰色粉和浅色毛，有浅色后缘。

雄性 体长 16-19 mm，复眼覆灰色长毛，上 2/3 大眼面与下 1/3 小眼面界限分明，单眼瘤小，棕色；触角窄于雌性，下颚须黄白色或灰色，短，覆灰色毛和黑毛；腹部背板具 3 列浅色斑，第 2、3 背板两侧棕色。

观察标本 正模♀，哈萨克斯坦，保存在 IZPR (未检视)。5♀♀，新疆，保存在 AMMSC。

生物学 山区林地种。

地理分布 新疆 (新源)；俄罗斯，哈萨克斯坦，阿富汗，伊朗。

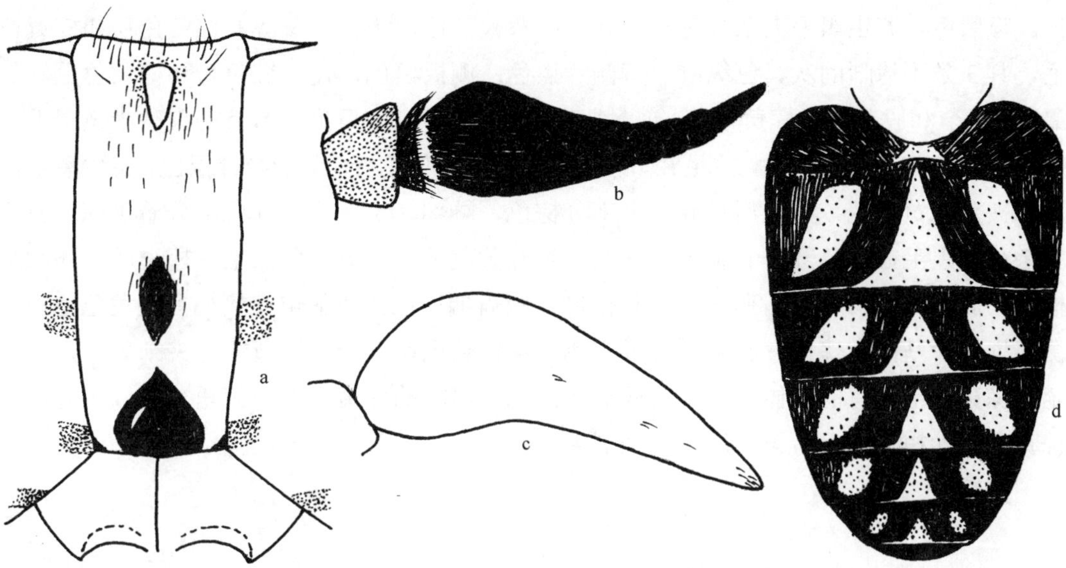

图 199　舍氏瘤虻 *Hybomitra shnitnikovi* (Olsufjev)

a. 额 (frons)；b. 触角 (antenna)；c. 下颚须 (palpus)；d. 腹部背面 (dorsum of abdomen)

分类讨论　本种类似于昭苏瘤虻 *H. zhaosuensis* Wang，但昭苏瘤虻的腹部背板两侧无浅色粉斑。

(185) 阿坝瘤虻 *Hybomitra abaensis* Xu *et* Song, 1983 (图 194, 图 200; 图版 XIV)

Hybomitra abaensis Xu *et* Song, 1983: 7 [Type locality: Ruoergai, Sichuan, China]; Wang, 1994: 57.

鉴别特征　复眼密覆短毛，具不清晰的 1-3 带；额高为基宽的 2.2-2.5 倍，基胛大，两侧与复眼分离；亚胛和颜覆粉，颜具短毛；触角黑色，鞭节基环节基部 1/4 棕色；下颚须棕黄色，第 2 节长为宽的 2.5-4.2 倍；胸部背板黑色，具 3 条不清晰的灰黄色纵纹，侧板覆棕黄色毛；翅 R_4 脉无或具短附脉，翅横脉无暗斑；腹部背板黑色，着生棕黄色毛夹杂黑毛，后缘全为棕黄色毛，有的个体第 2-4 背板后缘可见不清晰的棕黄色毛中三角。

形态描述

雌性　体长 9-11 mm，灰黑色。头部：复眼密覆棕色短毛，眼带不清晰，具 1-3 带；额棕黄色，覆棕黄色短毛，高为基宽的 2.2-2.5 倍，两侧平行，基胛大，亮黑色，圆形，因粉致周围界限不清晰，两侧与复眼分离，中胛线形，黑色，与基胛连接或分离，因粉覆盖，界限不清晰，单眼瘤黑色，隆起，为薄的粉所覆盖；亚胛黄棕黑色；颜覆粉，棕黄色，着生棕黄色短毛,有的夹杂少量黑毛；口毛棕黄色。触角黑色，柄节和梗节着生棕黄色毛，鞭节基环节基部 1/4 棕色，端部和端环节黑色，基环节背突低，长为宽的 1.7 倍。下颚须棕黄色，第 1 节密覆棕黄色长毛，第 2 节覆棕黄色毛夹杂黑毛，长为宽的 2.5-4.2

倍。喙黑色，着生黑毛夹杂棕色毛。胸部：背板黑色，稍亮，覆薄的棕黄色粉和棕黄色毛，具3条不清晰的灰黄色纵纹，背侧片黑色；侧板黑色，覆灰棕色粉和棕黄色毛。足黑色，基节和股节着生棕黄色毛，前足股节夹杂黑毛，中、后足股节有的夹杂少量黑毛，有的个体全部为棕黄色毛，前足胫节基部棕色，向端部色变暗，端半部黑色，着生黑毛，基部夹杂棕黄色毛，中、后足胫节大部分棕色，端部1/5黑色，棕色部分着生棕黄色毛夹杂少量黑毛，黑色部分着生黑毛夹杂少量棕黄色毛，跗节黑色黑毛。翅透明，翅脉暗棕色，横脉处无暗斑，R_4脉无或具短附脉。腋瓣烟棕色，两腋瓣交接处具浅黄色毛。平衡棒黑色，基部带棕色。腹部：背板黑色，覆棕黄色粉，着生棕黄色毛夹杂黑毛，后缘全为棕黄色毛，有的个体第2-4背板后缘可见不清晰的棕黄色毛中三角。腹板黑色，覆棕黄色粉和棕黄色毛，第7腹板夹杂黑毛。

雄性 未详。

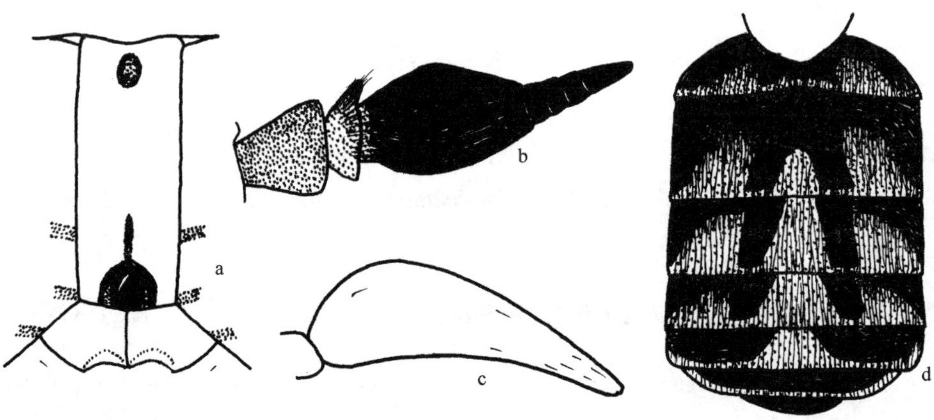

图200 阿坝瘤虻 *Hybomitra abaensis* Xu *et* Song

a. 额 (frons)；b. 触角 (antenna)；c. 下颚须 (palpus)；d. 腹部背面 (dorsum of abdomen)

观察标本 正模♀，四川若尔盖，3100 m，1978.VIII.6，保存在AMMSC。14♀♀，四川，保存在AMMSC。

生物学 高原草甸种。

地理分布 四川 (若尔盖、松潘、红原、雅江)。

分类讨论 本种类似于草生瘤虻 *H. gramina* Xu，但草生瘤虻的足胫节黑色，触角鞭节乌黑色，上侧颜着生黑毛。本种是我国特有种，仅分布在青藏高原区的东部 (图194)。

(186) 草生瘤虻 *Hybomitra gramina* Xu, 1983 (图201)

Hybomitra gramina Xu, 1983: 178 [Type locality: Shiqu, Sichuan, China]; Wang, 1994: 56.

鉴别特征　复眼密覆短毛，具 3 带；额高为基宽的 2.2-2.5 倍，基胛大，两侧与复眼分离；亚胛和颜覆粉，颜具短毛；触角黑色，鞭节乌黑色；下颚须黄灰色，第 2 节长为宽的 3 倍，覆棕黄色毛夹杂少量黑毛；胸部盾片具 1 对不明显灰黄色中侧窄纵条，侧板覆棕黄色毛；翅 R_4 脉无或具短附脉，翅横脉无暗斑；腹部背板黑色，着生黄棕色短毛。

形态描述

雌性　体长 11-12 mm，黑色。头部：复眼绿色，密覆棕色短毛，具 3 条紫色带；额灰黄色，覆棕色短毛，有的夹杂短黑毛，高为基宽的 2.2-2.5 倍，两侧平行，基胛黑色，圆形，因粉致有的个体周围界限不清晰，两侧与复眼分离，中胛线形，黑色，与基胛连接，因粉覆盖，界限不清晰，单眼瘤黑色，大，隆起，为薄的粉所覆盖；亚胛灰黑色，色暗于额；覆灰棕色粉，颜色同额，着生棕黄色毛，有的夹杂黑毛；口毛棕黄白色。触角黑色，柄节和梗节着生黄棕色毛，夹杂黑毛，鞭节乌黑色，基环节无背突，长为宽的 1.7 倍。下颚须黄灰色，第 1 节密覆棕黄色长毛，第 2 节覆棕黄色毛夹杂少量黑毛，长为宽的 3 倍。喙乌黑色，着生黑毛。胸部：背板黑色，覆灰黄色粉和短黄毛，有的夹杂少量短黑毛，具 1 对不明显的灰黄色中侧窄纵条，中纵条仅在盾板前半可见，背侧片黑色；侧板黑色，覆灰棕色粉和棕黄色毛，中胸前侧片夹杂黑毛。足黑色，覆薄的灰黄色粉，基节、股节、胫节基部大部分着生棕黄色长毛，有的夹杂少量黑毛，胫节端部和跗节乌黑，主要着生黑毛。翅透明，前缘略着黄色，翅脉黑色，横脉处无暗斑，R_4 脉无或具短附脉。腋瓣黑色，两腋瓣交接处具黄棕色毛。平衡棒黑色，基部带棕色。腹部：背板黑色，具黄棕色窄后缘，背板着生密的黄棕色短毛，第 6、7 背板夹杂黑毛。腹板黑色，覆短的棕黄色毛，夹杂少量黑毛。

雄性　未详。

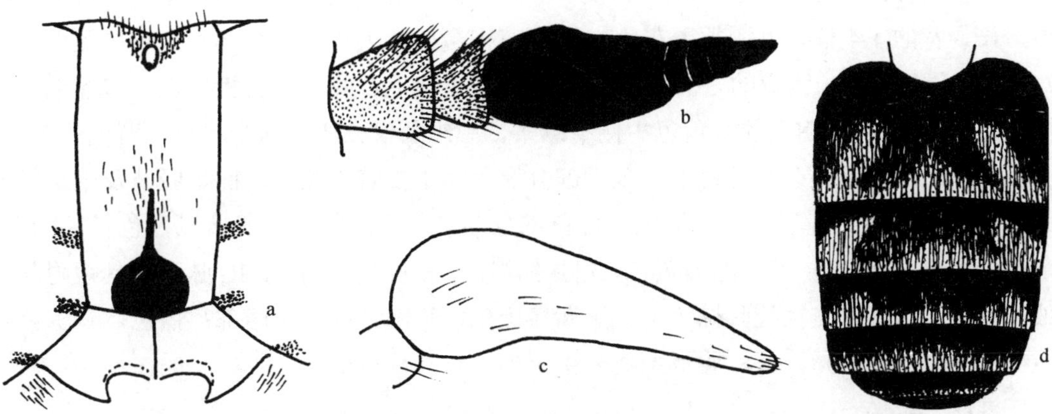

图 201　草生瘤虻 *Hybomitra gramina* Xu

a. 额 (frons)；b. 触角 (antenna)；c. 下颚须 (palpus)；d. 腹部背面 (dorsum of abdomen)

观察标本 正模♀，四川石渠，4300 m，1980.VII.26，王建华，保存在 AMMSC。25♀♀，四川，保存在 AMMSC。

生物学 高原草甸种，3250-4300 m。

地理分布 四川 (石渠、炉霍)。

分类讨论 本种与拟草生瘤虻 *H. graminoida* Xu 非常相似，但拟草生瘤虻腹部背板黑色，具黑毛和少量棕色毛，浅色后缘在中央突起为不明显的三角；中足胫节大部分棕色；着生的毛长于草生瘤虻。

(187) 拟草生瘤虻 *Hybomitra graminoida* Xu, 1983 (图 202)

Hybomitra graminoida Xu, 1983: 179 [Type locality: Kangding, Sichuan, China]; Wang, 1994: 58.

鉴别特征 复眼密覆短毛，具 3 带；额高为基宽的 2.3-2.6 倍，基胛大，两侧与复眼分离；亚胛和颜覆粉，颜具长毛；触角黑色，鞭节乌黑色；下颚须黑灰色，第 2 节长为宽的 3 倍，主要覆黑毛；胸部盾片具 1 对不明显灰黄色中侧窄纵条，侧板主要覆黑毛；翅 R_4 脉无或具短附脉，翅横脉无暗斑；腹部黑色，主要着生黑毛。

形态描述

雌性 体长 11-12 mm，黑色。头部：复眼绿色，密覆棕色短毛，具 3 条紫色带；额灰黄色，覆棕色短毛，有的夹杂短黑毛，高为基宽的 2.3-2.6 倍，两侧平行，或顶宽略大于基宽，基胛黑色，圆形，因粉致有的个体周围界限不清晰，两侧与复眼分离，中胛线形，黑色，与基胛连接，因粉覆盖，界限不清晰，单眼瘤暗棕色，隆起，为薄的粉所覆盖；亚胛灰黑色，色暗于额，覆灰棕色粉；颜色同额，着生黑毛，有的夹杂少量黄棕色毛；口毛黄棕色。触角黑色，柄节和梗节着生黑色长毛，鞭节乌黑色，基环节背突不明显，长为宽的 1.4 倍。下颚须黑灰色，第 1 节密覆棕黄色长毛，端部夹杂较多黑毛，第 2 节主要覆黑毛，长为宽的 3 倍。喙乌黑色，着生黑毛。胸部：背板黑色，覆黑毛和黄棕色毛，具 1 对不明显的灰黄色中侧窄纵条，中纵条仅在盾板前半可见，背侧片黑色；侧板黑色，覆黑毛夹杂黄棕色毛。足大部分黑色，主要着生黑毛，前足胫节及中足胫节大部分、后足胫节基部少许深棕色，棕色部分多棕色毛，基节和股节以黑色长毛为主，杂有棕色毛。翅透明，前缘略着黄色，翅脉棕黑色，横脉处无暗斑，R_4 脉无或具短附脉。腋瓣黑色，两腋瓣交接处具棕色毛。平衡棒黑色，基部带棕色。腹部：黑色，具棕色窄后缘和不清晰中三角，背、腹板主要着生黑毛，杂有棕色毛。

雄性 未详。

观察标本 正模♀，四川康定，3900 m，1979.VII.18，许荣满，保存在 AMMSC。2♀♀，四川，保存在 AMMSC。

生物学 高原林缘种。

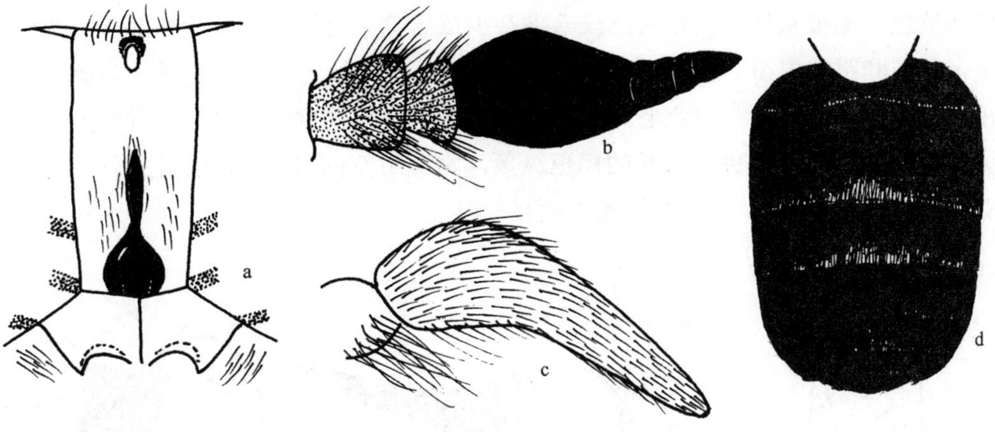

图 202　拟草生瘤虻 *Hybomitra graminoida* Xu

a. 额 (frons); b. 触角 (antenna); c. 下颚须 (palpus); d. 腹部背面 (dorsum of abdomen)

地理分布　四川 (康定)。

分类讨论　本种与草生瘤虻 *H. gramina* Xu 非常相似，但草生瘤虻腹部背板黑色，主要具黄棕色短毛，中足胫节黑色，着生的毛短于拟草生瘤虻。

(188) 上海瘤虻 *Hybomitra shanghaiensis* (Ôuchi, 1943) (图 194, 图 203; 图版 XIV)

Sziládynus shanghaiensis Ôuchi, 1943: 509 [Type locality: Shanghai, China].

Hybomitra tsushimaensis Hayakawa, Yoneyama *et* Inaoka: Chen, 1983: 116. Misidentification.

Hybomitra shanghaiensis: Wang, 1983: 52; Chen, 1983: 115.

鉴别特征　复眼密覆短毛，具 3 带；额高为基宽的 4 倍，基胛大，两侧与复眼分离；亚胛和颜覆粉，颜具灰白色长毛；触角柄节和梗节浅棕色，鞭节基环节黑棕色，基部橙色；下颚须灰白色，第 2 节长为宽的 3 倍，覆白毛；胸部盾片无纵条，侧板主要覆白毛；翅 R_4 脉无附脉，翅横脉无暗斑；腹部背板黑色，两侧具大块灰白色粉斑，中央具明显的黑色纵条，占腹节宽的 1/3。

形态描述

雌性　体长 18 mm，灰黑色。头部：复眼绿色，密覆棕色短毛，具 3 条紫色带；额黄灰色，主要覆浅黄毛，高为基宽的 4 倍，两侧平行，或顶宽略大于基宽，基胛黑色，类三角形，两侧与复眼分离，中胛梭形，黑色，与基胛分离或连接，单眼瘤棕红色，隆起，周围多黑毛；亚胛灰黑色，覆灰色粉，“眉片”低，覆黄粉；颜色同亚胛，着生灰白色长毛；口毛白色。触角柄节和梗节浅棕色，覆黑毛，鞭节基环节黑棕色，基部橙色，背突低，长为宽的 1.4 倍。下颚须灰白色，第 1 节密覆灰白色长毛，第 2 节粗，覆白毛，长为宽的 3 倍。喙黑色，着生棕色毛。胸部：背板灰黑色，覆灰白粉和白毛，无纵条，背侧片黄色；侧板灰黑色，覆白色长毛夹杂少量黑毛。足黄色，股节基部 1/3 灰色，覆白毛，胫节和跗节覆黑毛。翅透明，翅脉棕黄色，横脉处无暗斑，R_4 脉无附脉。腋瓣灰棕色，两腋瓣交接处具黄白色毛。平衡棒棕黑色，仅顶端黄色。腹部：背板黑色，两侧具大块灰白色粉斑，中央具明显的黑色纵条，占腹节宽的 1/3。腹板暗灰色，覆白毛，第 2、3 腹板略带橙色，中央黑纵条不明显。

雄性 未详。

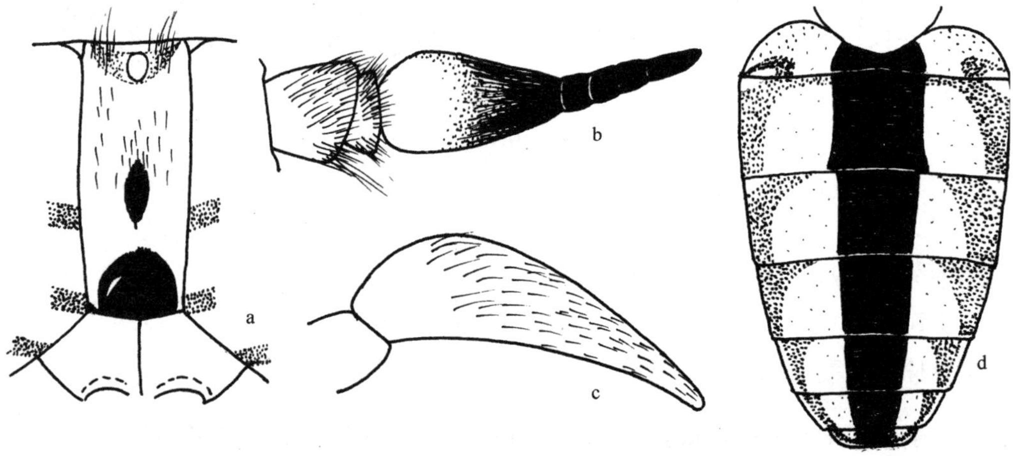

图 203 上海瘤虻 *Hybomitra shanghaiensis* (Ôuchi)

a. 额 (frons)；b. 触角 (antenna)；c. 下颚须 (palpus)；d. 腹部背面 (dorsum of abdomen)

观察标本 正模♀，上海，1940.VII.17，保存在 IECAS。3♀♀，辽宁、浙江，保存在 AMMSC。

生物学 山区林地种。

地理分布 辽宁 (锦州、长山列岛)、山东 (日照、岙山)、上海、浙江 (舟山)。

分类讨论 在我国东部延伸分布到东洋界的瘤虻，现知只有 2 种，上海瘤虻 *H. shanghaiensis* (Ôuchi) (图 194) 和峨眉山瘤虻 *H. omeishanensis* Xu *et* Li。峨眉山瘤虻体型较小，额中胛梭形与基胛紧密连接，腹部背板灰黑色，两侧无灰白色斑，易与上海瘤虻区别。另外，拟星瘤虻 *H. asturoides* Liu *et* Wang 分布在云南西部，南到腾冲，有可能跨界分布，但因分布的海拔较高，还不能说延伸分布到东洋界。

(189) 昭苏瘤虻 *Hybomitra zhaosuensis* Wang, 1985 (图 204)

Hybomitra zhaosuensis Wang, 1985: 123 [Type locality: Zhaosu, Xinjiang, China]; Wang, 1994: 152.

Hybomitra karakorumensis Xiao *et* Xu, 1996: 267. **New synonym.**

鉴别特征 复眼密覆短毛，具 3 带；额高为基宽的 3.5 倍，基胛大，两侧与复眼窄分离；亚胛和颜覆粉，颜具黑色长毛；触角黑色，鞭节乌黑色；下颚须浅棕色，第 2 节长为宽的 2.2 倍，主要覆黑毛；胸部盾片无纵条，侧板覆黑毛和白毛；翅 R_4 脉无附脉，翅横脉无暗斑；腹部黑色，各背板中央具不明显的中央三角形和两侧斜形白毛斑。

形态描述

雌性　体长 18 mm，灰黑色。头部：复眼绿色，密覆棕色短毛，具 3 条紫色带；额灰色，覆黑毛，头顶具黑色长毛，高为基宽的 3.5 倍，顶宽大于基宽，基胛黑色，圆形，两侧与复眼窄分离，中胛无，或短，黑色，与基胛连接，单眼瘤暗棕色，卵圆形，隆起；亚胛灰色，覆灰色粉；颜色同亚胛，着生黑色长毛；口毛浅黄色。触角黑色，柄节和梗节覆黑毛，鞭节乌黑色，基环节背突钝，长为宽的 1.3 倍，端环节长约等于基环节。下颚须浅棕色，第 1 节密覆浅黄色长毛，第 2 节粗，主要覆黑毛，长为宽的 2.2 倍。喙黑色，着生黑毛。胸部：背板黑色，覆短黑毛，后侧缘具白色长毛，无纵条，背侧片黑色；侧板黑色，覆黑毛和白毛。足黑色，主要覆黑毛，胫节色略浅。翅透明，翅脉棕色，横脉处无暗斑，R_4 脉无附脉。腋瓣灰黑色，两腋瓣交接处具白毛。平衡棒黑色，仅顶端色浅。腹部：黑色，具短黑毛，各背板具不明显的中央三角形和两侧斜形白毛斑。

雄性　未详。

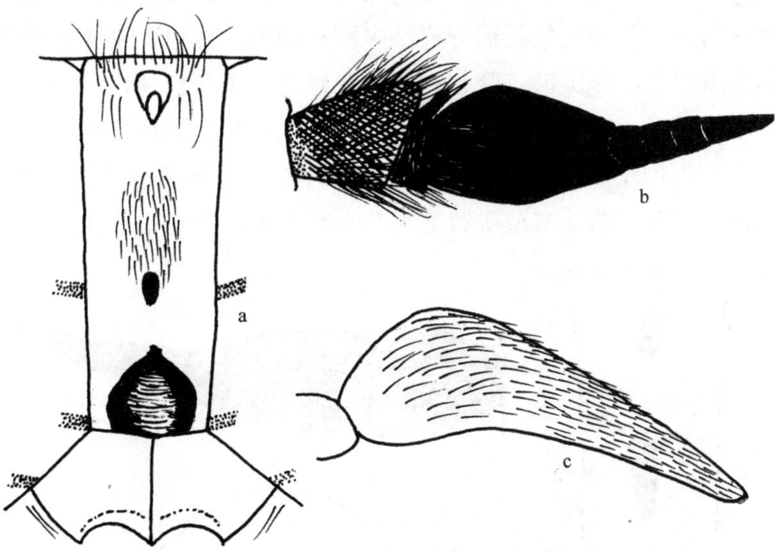

图 204　昭苏瘤虻 *Hybomitra zhaosuensis* Wang

a. 额 (frons)；b. 触角 (antenna)；c. 下颚须 (palpus)

观察标本　正模♀，新疆昭苏，2400 m，1978.VII.23，张学忠，标本号 IOZ(E)201187，保存在 IZCAS；3♀♀，新疆，保存在 AMMSC。

生物学　山区林地种。

地理分布 新疆 (昭苏、博乐)。

分类讨论 本种类似于舍氏瘤虻 *H. shnitnikovi* (Olsufjev)，但舍氏瘤虻的腹部背板两侧各具 1 列斜形灰白色斑。

(190) 凶恶瘤虻 *Hybomitra hunnorum* (Szilády, 1923) (图 205)

Tabanus hunnorum Szilády, 1923: 8 [Type locality: Karagai Tau, Turkestan].

Aplococera pamirensis Enderlein, 1933: 145. Synonymized by Chvála, 1988: 127.

Hybomitra hunnorum: Olsufjev, 1977: 371; Xu, 1982d: 117; Xu and Wang, 1993: 108.

鉴别特征 复眼具 3 带；额高为基宽的 2.4 倍，基胛类三角形，两侧与复眼远分离；颜具灰白色长毛；触角黑色，鞭节的基环节短，背突不明显，约与端环节等长；下颚须棕黄色，第 2 节长为宽的 3.5 倍，主要覆灰黄色毛；胸部盾片黑色，无纵条，侧板覆灰白色毛；翅 R_4 脉无附脉，翅横脉无暗斑；腹部黑色，无纹饰。

形态描述

雌性 体长 16 mm，黑色。头部：复眼绿色，密覆棕色短毛，具 3 条紫色带；额黄灰黑色，覆灰黄白毛，头顶夹杂少量黑色长毛，高为基宽的 2.4 倍，顶宽略大于基宽，基胛黑色，类三角形，两侧与复眼远分离，中胛长卵形，黑色，中央具凹陷，与基胛分离或连接，单眼瘤黑色，卵圆形，隆起；亚胛灰黑色，覆灰色粉，“眉片”低，覆黄粉，颜色同亚胛，略浅于额，着生灰白色毛；口毛灰白色。触角黑色，柄节和梗节覆灰白色毛，鞭节基环节背突不明显，长为宽的 1.5 倍，端环节约与基环节等长。下颚须棕黄色，第 1 节密覆灰黄色长毛，第 2 节覆灰黄毛夹杂少量黑毛，长为宽的 3.5 倍。喙黑色，着

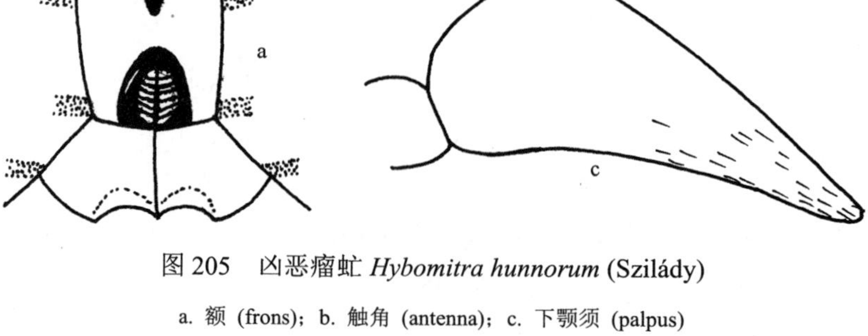

图 205 凶恶瘤虻 *Hybomitra hunnorum* (Szilády)

a. 额 (frons)；b. 触角 (antenna)；c. 下颚须 (palpus)

生黑毛。胸部：背板黑色，覆黑毛和灰白色毛，无纵条，背侧片黑色；侧板黑色，覆薄白粉和灰白色毛，中胸上前侧片夹杂黑毛。足黑色，基节覆灰白色长毛，股节覆灰白色长毛夹杂黑毛，胫节覆黄白色短毛和黑毛，跗节覆黑毛。翅透明，翅脉棕色，横脉处无暗斑，R_4 脉无附脉。腋瓣烟棕黑色，两腋瓣交接处具灰白色毛。平衡棒棕黑色。腹部：黑色，着生黑毛和灰白色毛，无纹饰，背板以灰白色毛为主，腹板以黑毛为主。

雄性　未详。

观察标本　模式标本 1♀，保存在匈牙利自然博物馆 (Hung. Nat. Museum)，因失火烧毁，尚未见指定新模。1♀，新疆，保存在 AMMSC。

生物学　山区林地种。

地理分布　新疆 (精河)；哈萨克斯坦，巴基斯坦，克什米尔，中亚地区，土耳其。

分类讨论　本种与昭苏瘤虻 *H. zhaosuensis* Wang 近似，但昭苏瘤虻腹部背板具不明显的中央三角形和两侧斜形白毛斑；腹板具明显浅色窄后缘。

显著瘤虻组 *Hybomitra distinguenda* group

显著瘤虻组瘤虻的主要特征为眼具 3 条横带；触角鞭节基部背突低，端部具 4 个环节；额高为基宽的 4-6 倍，额基胛具皱纹；亚胛覆粉；颜和胛覆粉；下颚须粗短，长不到宽的 3 倍；翅横脉无暗斑；平衡棒暗棕色至黑色；腹部背板无或具窄的浅色后缘。本组在我国现知有 3 种，从欧洲向东延伸分布到我国的西北区和东北区 (图 208)。

种 检 索 表

1. 胸部背侧片黑色；触角柄节灰黑色……………………………………………… **双斑瘤虻 *H. bimaculata***
   胸部背侧片棕色；触角柄节棕色……………………………………………………………………2
2. 触角鞭节棕色，端部的 4 个环节暗棕色………………………………………… **显著瘤虻 *H. distinguenda***
   触角鞭节基部棕色，背缘及端部和端部的 4 个环节黑色………………………… **杂毛瘤虻 *H. ciureai***

(191) 双斑瘤虻 *Hybomitra bimaculata* (Macquart, 1826) (图 206)

Tabanus bimaculata Macquart, 1826: 484 [Type locality: N. France].

Tabanus confinis Zetterstedt, 1838: 516. Synonymized by Chvála, 1988: 124.

Tabanus bisignata Jaennicke, 1866: 74. Synonymized by Chvála, 1988: 124.

Therioplectes subguttata Enderlein, 1925: 359. Synonymized by Chvála, 1988: 124.

Tabanus (*Tylostypia*) *solstitialis manchurica* Takagi, 1941: 48. Synonymized by Chvála, 1988: 124.

Hybomitra collini Lyneborg, 1959: 94. Synonymized by Chvála, 1988: 124.

Hybomitra bimaculata: Olsufjev, 1977: 368; Xu, 1982d: 117; Wang, 1983: 51; Yao and Ding, 1986: 34;

Jiang, Zhang, Huang and Dai, 1993: 103.

鉴别特征 复眼密覆短毛；额高为基宽的 4.5-5.0 倍，基胛大，两侧与复眼窄分离；亚胛和颜覆粉，颜具灰白色长毛；触角黑色，鞭节基环节橙色；下颚须灰黄色，第 2 节长为宽的 2.8 倍，主要覆黑毛；胸部盾片无纵条，背侧片黑色；侧板主要覆白毛；翅 R_4 脉无附脉，翅脉横脉无暗斑；腹部背板黑色，背板具 3 列灰白色斑。

形态描述

雌性 体长 14-16 mm，黑色。头部：复眼绿色，密覆棕色短毛，具 3 条紫色带；额灰色，主要覆黑毛，高为基宽的 4.5-5.0 倍，顶宽略大于基宽，基胛黑色，方形，两侧与复眼窄分离，中胛梭形，黑色，与基胛连接，单眼瘤棕红色，隆起；亚胛灰色，覆灰色粉，“眉片”低，覆黄粉；颜色同亚胛，着生灰白色长毛；口毛白色。触角柄节和梗节黑色，覆黑毛，鞭节基环节橙色，背突低，长为宽的 1.4 倍，端环节黑色。下颚须灰黄色，第 1 节密覆灰白色长毛和黑毛，第 2 节粗，主要覆黑毛，长为宽的 2.8 倍。喙棕黑色，着生棕色毛。胸部：背板灰黑色，稍亮，覆灰白粉和黑毛、白毛，无纵条，背侧片黑色；侧板灰色，覆白色长毛夹杂黑毛。足黑色，前足胫节基部 1/2 和中、后足胫节黄棕色，胫节其余部分和跗节黑色，覆黑毛。翅透明，翅脉棕色，横脉处无暗斑，R_4 脉无附脉。腋瓣灰棕色，两腋瓣交接处具白毛。平衡棒棕黑色，仅顶端黄色。腹部：背板黑色，背板具中央三角和两侧斜形灰白色斑，各背板后缘具灰色窄带。腹板暗灰色，覆白毛，各腹板后缘具灰色窄带。

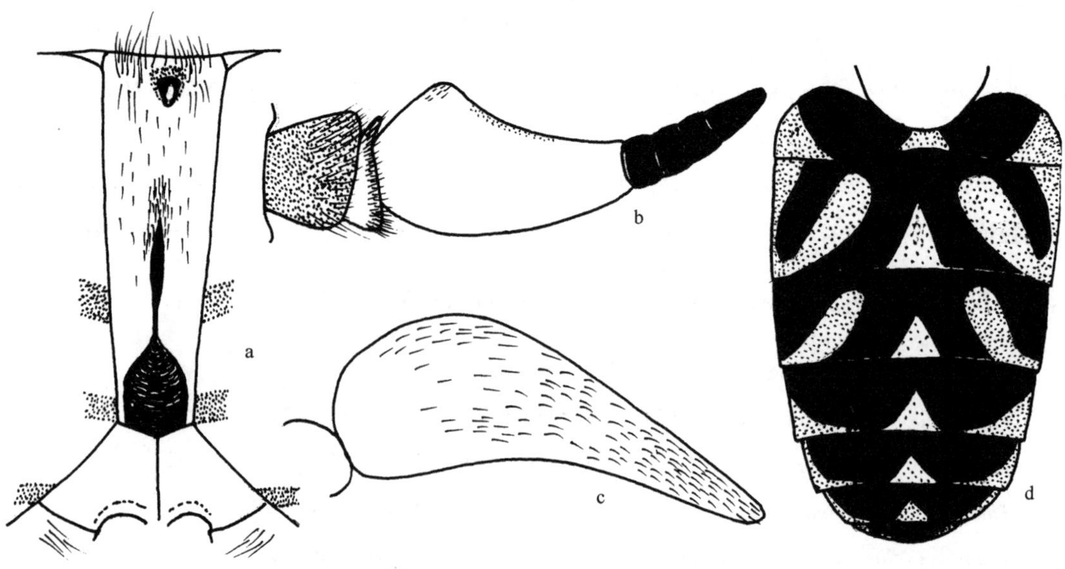

图 206 双斑瘤虻 *Hybomitra bimaculata* (Macquart)

a. 额 (frons)；b. 触角 (antenna)；c. 下颚须 (palpus)；d. 腹部背面 (dorsum of abdomen)

雄性　未详。

观察标本　12♀♀，黑龙江，保存在 AMMSC。

生物学　山区林地种。

地理分布　黑龙江 (饶河)、吉林 (抚松、松树镇)、内蒙古 (扎兰屯、阿里河)、新疆 (布尔津、青河)；俄罗斯，蒙古，日本，欧洲。

分类讨论　本种类似于显著瘤虻 *H. distinguenda* (Verrall)，但显著瘤虻胸部背侧片棕色；触角柄节和梗节浅棕色。

(192) 显著瘤虻 *Hybomitra distinguenda* (Verrall, 1909) (图 207, 图 208)

Tabanus distingyenda Verrall, 1909: 371 [Type locality: many from England and Scotland].

Therioplected distinguendus rufa Goffe, 1931: 98. Synonymized by Chvála, 1988: 126.

Therioplected distinguendus parva Goffe, 1931: 99. Synonymized by Chvála, 1988: 126.

Hybomitra distinguenda contigua Olsufjev, 1972: 452; Xu, 1982b: 104. Synonymized by Chvála, 1988: 126.

Hybomitra distingyenda: Murdoch and Takahasi, 1969: 47; Olsufjev, 1977: 360; Wang, 1983: 54.

鉴别特征　复眼密覆短毛；额高为基宽的5-6倍，基胛大，两侧与复眼窄分离；亚胛和颜覆粉，颜具灰白色长毛；触角浅棕色，鞭节橙色；下颚须浅棕色，第2节长为宽的3倍；胸部盾片具5条灰色纵纹，背侧片黄棕色；侧板主要覆白毛；翅R_4脉无附脉，翅横脉无暗斑；腹部黑色，第1-3或第1-4背板两侧具大块红黄色斑，第2背板侧斑无黑毛，中央黑条占腹节宽的1/3，第2-5背板具中央三角形白斑和浅色后缘。

形态描述

雌性　体长 15.0-17.5 mm，黑色。头部：复眼绿色，密覆棕色短毛，具 3 条紫色带；额灰色，主要覆黑毛，高为基宽的 5-6 倍，顶宽略大于基宽，头顶具黑色长毛，基胛黑色，方形，两侧与复眼窄分离，中胛梭形，黑色，与基胛连接，单眼瘤棕红色，隆起；亚胛灰色，覆灰色粉，“眉片”低，覆灰粉；颜色同亚胛，着生灰白色长毛；口毛白色。触角柄节和梗节浅棕色，覆黑毛，鞭节橙色，背突低，基环节长为宽的 1.2 倍。下颚须浅棕色，第 1 节密覆灰白色长毛和黑毛，第 2 节粗，覆黑毛和白毛，长为宽的 3 倍。喙棕黑色，着生棕色毛。胸部：背板灰黑色，覆灰白粉和黑毛、白毛，具 5 条灰色纵纹，背侧片黄棕色；侧板灰色，覆白色长毛夹杂黑毛。足黑色，前足胫节基部 1/2 和中、后足胫节黄棕色，胫节其余部分和跗节黑色，覆黑毛。翅透明，翅脉棕色，横脉处无暗斑，R_4 脉无附脉。腋瓣灰棕色，两腋瓣交接处具白毛。平衡棒棕色，仅顶端黄色。腹部：黑色，第 1-3 或第 1-4 背板两侧具大块红黄色斑，第 2 背板侧斑无黑毛，中央黑条占腹节宽的 1/3，第 2-5 背板具中央三角形白斑和浅色后缘，其后腹节背板黑色。第 1-4 腹板红黄色，第 1、2 腹板中央具黑斑，其后各腹板灰黑色。

雄性 体长 14-16 mm，复眼覆棕色细毛，复眼上 2/3 大眼面与下 1/3 小眼面界限分明，触角窄于雌性，下颚须浅黄色，第 2 节卵圆形，余者同雌性。

观察标本 80♀♀5♂♂，黑龙江，保存在 AMMSC。

生物学 山区林地种。

地理分布 黑龙江 (呼玛、虎林、兴凯湖)、吉林 (珲春)、内蒙古 (呼伦贝尔)、新疆 (哈巴河、博乐)；俄罗斯，蒙古，日本，欧洲。

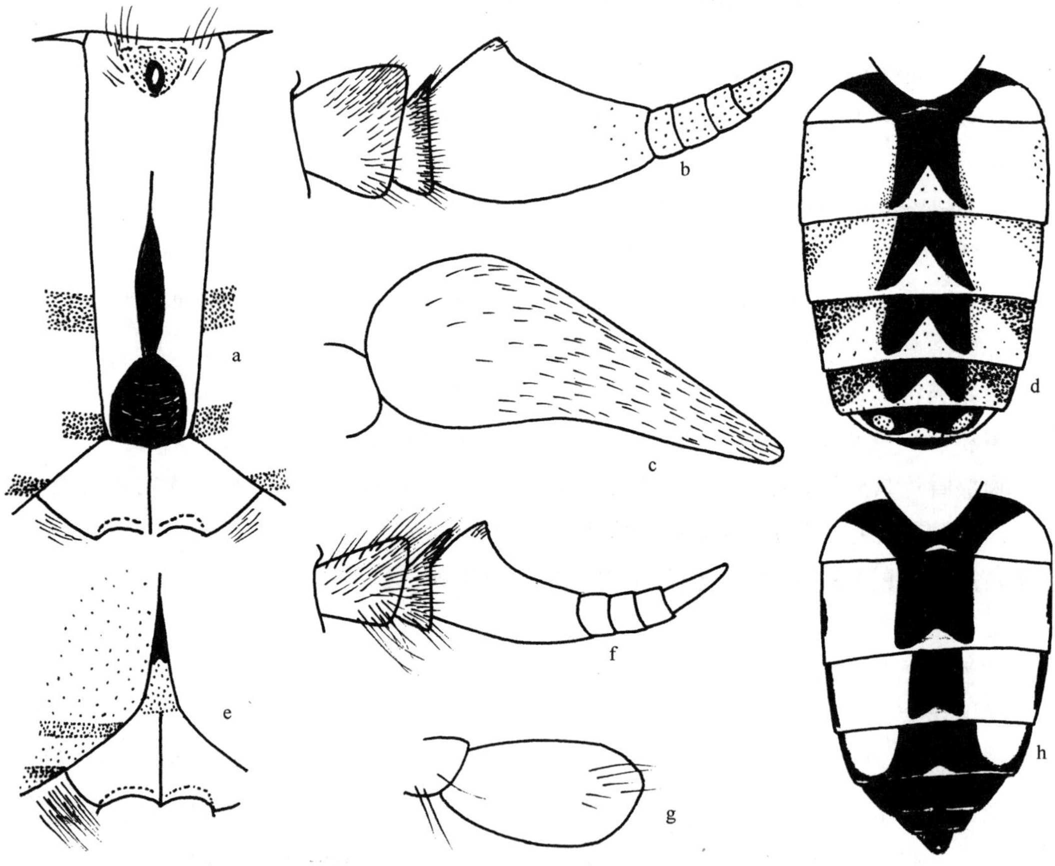

图 207 显著瘤虻 *Hybomitra distinguenda* (Verrall)

a. 额 (frons)；b. 触角 (antenna)；c. 下颚须 (palpus)；d. 腹部背面 (dorsum of abdomen)；e. 雄性额 (frons ♂)；f. 雄性触角 (antenna ♂)；g. 雄性下颚须 (palpus ♂)；h. 雄性腹部背面 (dorsum of abdomen ♂)

分类讨论 本种与杂毛瘤虻 *H. ciureai* (Sèguy) 非常类似，但杂毛瘤虻的触角鞭节基环节橙色，背缘及端部和端部的 4 个环节黑色。本种是典型的古北界种，分布广，数量大，如在黑龙江虎林地区，是当地的优势种，向南延伸到长白山地区 (图 208)。

(193) 杂毛瘤虻 *Hybomitra ciureai* (Sèguy, 1937) (图 209)

Sziládynus solstitialis ciureai Sèguy, 1937: 207 [Type locality: Roumania].

Tabanus tenuistria Kröber, 1936: 33. Preoccupied by Lutz and Neave, 1914.

Hybomitra schineri Lyneborg, 1959: 109; Murdoch and Takahasi, 1969: 45. Synonymized by Chvála, 1988: 125.

Hybomitra ciureai (Sèguy): Olsufjev, 1977: 363; Xu, 1982d: 117; Wang, 1983: 56; Chen, 1983: 114.

鉴别特征　复眼密覆短毛；额基胛大，两侧与复眼窄分离；亚胛和颜覆粉，颜具灰白色长毛；触角黑色，鞭节基环节橙色；下颚须灰黄色，第 2 节长为宽的 3 倍，主要覆黑毛；胸部盾片纵条不明显，背侧片红棕色至黑灰色；侧板主要覆白毛；翅 R_4 脉无附脉，翅横脉无暗斑；腹部黑色，第 1-3 背板两侧具红棕色斑，中央为黑色纵条。

形态描述

雌性　体长 15-17 mm，黑色。头部：复眼绿色，密覆棕色短毛，具 3 条紫色带；额灰色，主要覆黑毛，高为基宽的 4-5 倍，顶宽大于基宽，基胛棕色，盾形，两侧与复眼窄分离，中胛梭形，黑色，与基胛连接，单眼瘤棕红色，隆起；亚胛灰色，覆灰色粉，“眉片”低，覆黄粉；颜色同亚胛，着生灰白色长毛，上侧颜具黑毛；口毛白色。触角柄节和梗节黑色，覆黑毛，鞭节基环节橙色，背突低，长为宽的 1.4 倍，端环节黑色。下颚须灰黄色，第 1 节密覆灰白色长毛，第 2 节粗，主要覆黑毛，长为宽的 3 倍。喙棕黑色，着生棕色毛。胸部：背板灰黑色，覆黄毛和少量黑毛，纵条不明显，背侧片红棕色至黑灰色；侧板灰色，覆白色长毛夹杂黑毛。足黑色，前足胫节基部 1/3 和中、后足胫节红棕色，胫节其余部分和跗节黑色，覆黑毛。翅透明，翅脉棕色，横脉处无暗斑，R_4 脉无附脉。腋瓣灰棕色，两腋瓣交接处具白毛。平衡棒暗棕色，仅顶端黄色。腹部：黑色，第 1-3 背板两侧具红棕色斑，中央为黑色纵条，各背板后缘具灰色窄带。腹板暗灰色，覆白毛，第 1-4 腹板两侧红棕色，中央具黑色小斑，其后各腹板黑色，各腹板后缘具浅黄色窄带。

雄性　体长 14-17 mm，复眼覆棕色细毛，复眼上 2/3 大眼面与下 1/3 小眼面界限分明，触角窄于雌性，下颚须浅黄棕色，第 2 节卵圆形，余者同雌性。

观察标本　1♀，新疆，保存在 AMMSC。

生物学　山区林地种。

地理分布　黑龙江、辽宁 (新宾)、新疆 (哈巴河)；俄罗斯，蒙古，哈萨克斯坦，伊拉克，土耳其，欧洲。

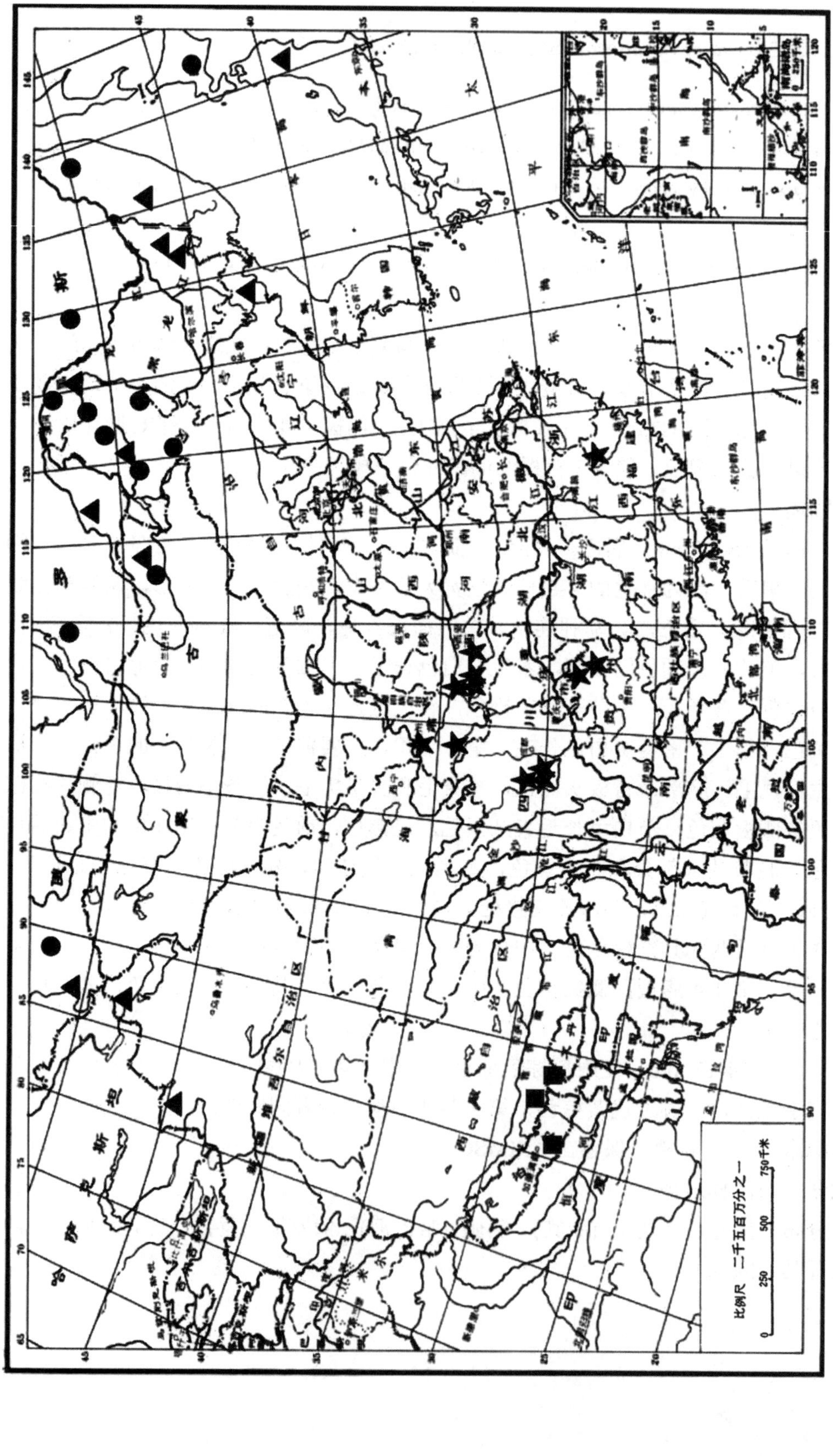

图 208 显著瘤虻组 *Hybomitra distinguenda* group 和六脸瘤虻组 *Hybomitra sexfasciata* group 的地理分布

▲显著瘤虻 *Hybomitra distinguenda* (Verrall) ●六脸瘤虻 *Hybomitra sexfasciata* (Hine) ★峨眉山瘤虻 *Hybomitra omeishanensis* Xu et Li ■里氏瘤虻 *Hybomitra lyneborgi* Chvála

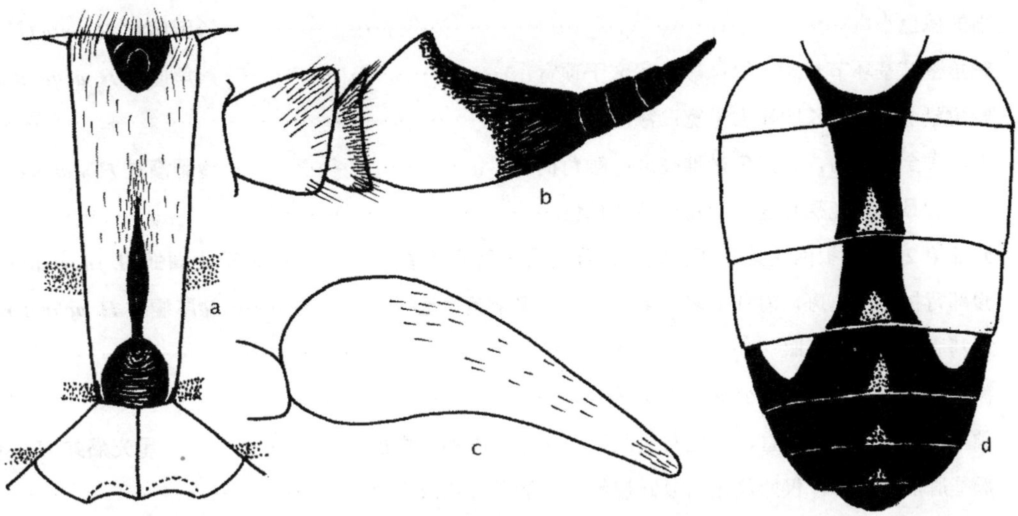

图 209　杂毛瘤虻 *Hybomitra ciureai* (Sèguy)

a. 额 (frons); b. 触角 (antenna); c. 下颚须 (palpus); d. 腹部背面 (dorsum of abdomen)

分类讨论　本种与显著瘤虻 *H. distinguenda* (Verrall) 非常相似，但显著瘤虻的触角鞭节基环节棕色，端部的 4 个环节浅棕色。

翅痣瘤虻组 *Hybomitra stigmoptera* group

翅痣瘤虻组瘤虻的主要特征为眼具 3 条横带；触角鞭节基部背突低，端部具 4 个环节；额高为基宽的 2-4 倍；亚胛覆粉，或部分光裸；颜和胛覆粉；下颚须细长，长超过宽的 3.5 倍；翅横脉具暗斑；平衡棒暗棕色至黑色；腹部背板无或具窄的浅色后缘。本组主要分布在青藏区，少数分布在西北区和东北区 (图 212)。

种 检 索 表

1. 亚胛部分光裸……………………………………………………………………………2
   亚胛全覆粉……………………………………………………………………………8
2. 额基胛两侧接触复眼；触角柄节黑色，梗节黑色或红棕色；翅 R_4 脉无附脉或具附脉痕迹………3
   额基胛两侧与复眼分离；触角柄节黑色或红棕色，梗节红棕色；翅 R_4 脉无附脉……………5
3. 腹部背板黑色，第 2、3 背板两侧具大的棕色斑……………………**青海瘤虻 *H. qinghaiensis***
   腹部背板全部黑色，两侧无棕色斑，或具不清晰的小斑……………………………………4
4. 触角柄节和梗节均为黑色，额高为基宽的 4 倍；上侧颜部分光裸；腹部背板一致黑色…………
   ……………………………………………………………………**翅痣瘤虻 *H. stigmoptera***
   触角柄节黑色，梗节棕色，额高为基宽的 2.5-3.0 倍；上侧颜无光裸区；腹部第 2 背板两侧具不清

晰的棕色小斑…………………………………………………………………………**铃胛瘤虻 *H. nola*** (部分)

5. 触角鞭节基环节长宽约等；额基宽窄于顶宽……………………………………**斧角瘤虻 *H. aequetincta***

触角鞭节基环节长明显大于宽；额两侧平行……………………………………………………………6

6. 上侧颜全部覆粉，无黑色光裸亮区；触角柄节黑色…………………………**铃胛瘤虻 *H. nola*** (部分)

上侧颜具黑色光裸亮区；触角柄节红棕色………………………………………………………………7

7. 腹部第 2、3 背板两侧具棕红色斑，各背板具浅色毛后缘 ………………**药山瘤虻 *H. yaoshanensis***

腹部背板无棕色斑，前几节多黑毛，后几节多金黄色毛……………………**赭尾瘤虻 *H. ochroterma***

8. 额基胛两侧接触复眼………………………………………………………………………………………9

额基胛两侧与复眼明显分离……………………………………………………………………………… 13

9. 额基胛方形，后缘平直，两侧与复眼紧密接触；下颚须黑色……………………**星光瘤虻 *H. astur***

额基胛后缘弧形，仅两侧角与复眼接触；下颚须棕色或黑色……………………………………… 10

10. 触角全部黑色，或仅鞭节基环节基部少许棕红色；翅 R_4 脉无附脉 ……………………………… 11

触角鞭节基环节至少 1/3-1/2 红棕色；R_4 脉无或具附脉 ……………………………………………… 12

11. 额高为基宽的 2.5-3.0 倍；上侧颜覆黑毛；下颚须棕黑色至黑色；腹部背板具中三角浅色毛斑纵列 …………………………………………………………………………**棕斑瘤虻 *H. fuscomaculata*** (部分)

额高为基宽的 2.0-2.5 倍；上侧颜覆白毛；下颚须棕色；腹部背板仅具浅色后缘而无浅色毛中三角纵列…………………………………………………………………**林芝瘤虻 *H. nyingchiensis*** (部分)

12. 触角柄节和梗节均为黑色；下颚须棕色，覆浅棕色毛；腹部第 2 背板黑色，无或具很小的棕色斑；翅 R_4 脉无附脉或具附脉痕迹 ……………………………………**海东瘤虻 *H. haidongensis*** (部分)

触角柄节黑色，梗节棕红色；下颚须棕黑色至黑色，覆黑毛或浅棕色毛；腹部第 2 背板黑色，两侧具达前缘接近后缘的棕色斑；翅 R_4 脉具附脉 ……………………………**祁连瘤虻 *H. qiliangensis***

13. 体长仅 7 mm；腹部具长毛 ……………………………………………………**黄腹瘤虻 *H. pulchriventris***

体长大于 10 mm；腹部具短毛…………………………………………………………………………… 14

14. 腹部背板后缘具浅色后缘或/和中三角 …………………………………………………………………… 15

腹部背板后缘无浅色后缘或/和中三角 …………………………………………………………………… 29

15. 腹部背板后缘具浅色后缘和中三角………………………………………………………………………… 16

腹部背板后缘仅具浅色后缘，无中三角 …………………………………………………………………… 21

16. 触角梗节棕色；腹部第 2、3 背板两侧具大的棕色斑，各背板后缘具金黄色毛后缘带和中三角；额胛小至中等；触角鞭节基环节长为宽的 1.5 倍 ………………………**高山瘤虻 *H. alticola*** (部分)

触角梗节黑色或棕色；腹部背板两侧棕色斑或大或小，各背板后缘具黄毛或白毛后缘带和中三角；额胛或大或小；触角鞭节基环节长略大于宽……………………………………………………… 17

17. 触角梗节棕色；腹部背板后缘具黄毛，第 2、3 或第 2-4 背板两侧具大的棕色斑，占腹节宽的 2/3 以上，即腹背黑中条宽不到腹节宽的 1/3 …………………………**斯海氏瘤虻 *H. svenhedini*** (部分)

触角梗节黑色或棕色；腹部背板后缘具白毛或浅黄色毛，第 2、3 背板两侧如具棕色斑，至多占腹

节宽的 2/3，即腹背黑中条宽超过腹节宽的 1/3……………………………………………………18

18. 触角梗节棕色；腹部第 2 或第 2、3 背板两侧具棕色斑……………………**白缘瘤虻 *H. marginialba***

触角梗节黑色；腹部仅第 2 背板两侧可具小的棕色斑……………………………………………19

19. 额高为基宽的 2.2-2.5 倍，基胛很小……………………………………**宽额瘤虻 *H. brachybregma***

额高为基宽的 3 倍，基胛大，接近复眼……………………………………………………………20

20. 触角鞭节基环节 1/3-1/2 红棕色；下颚须棕色，主要覆灰棕色毛；额基胛具皱纹，两侧界限不清晰……………………………………………………………………………**海东瘤虻 *H. haidongensis*** (部分)

触角鞭节基环节全黑或仅基部少许棕红色；下颚须棕黑色至黑色，覆黑毛；额基胛光滑，两侧界限清晰……………………………………………………………………**棕斑瘤虻 *H. fuscomaculata*** (部分)

21. 腹部背板黑色，两侧具或大或小的棕色斑…………………………………………………………22

腹部背板黑色，两侧无棕色斑…………………………………………………………………………27

22. 腹部仅第 2 背板两侧具小的棕色斑，腹部背板后缘带白色或黄色………………………………23

腹部第 1-3 背板两侧具大块棕色斑，腹部背板覆金黄色毛，后缘具密的金黄色毛带……………26

23. 触角梗节棕红色，鞭节窄长，长为宽的 2.5 倍……………………………**长角瘤虻 *H. longicorna***

触角梗节黑色或棕红色，鞭节较短，长至多为宽的 2 倍…………………………………………24

24. 触角梗节棕红色；胸部侧板一致覆金黄色毛……………………………………**姚建瘤虻 *H. yaojiani***

触角梗节黑色；胸部侧板覆浅黄色毛，夹杂黑毛……………………………………………………25

25. 下颚须灰黑色至黑色……………………………………………………………**拉东瘤虻 *H. ladongensis***

下颚须黄棕色…………………………………………………………………**张氏瘤虻 *H. zhangi*** (部分)

26. 触角鞭节的基环节较长，长约为宽的 1.5 倍；腹部第 2、3 背板两侧具大的棕色斑；额基胛或大或小，而两侧界线清晰………………………………………………………**高山瘤虻 *H. alticola*** (部分)

触角鞭节的基环节较短，长略大于宽；腹部第 2、3 或第 2-4 背板两侧具大的棕色斑；额基胛小而两侧界线不清晰……………………………………………………**斯海氏瘤虻 *H. svenhedini*** (部分)

27. 腹部宽度大于胸部宽度；侧颜覆黑毛……………………………………………**察隅瘤虻 *H. zayuensis***

腹部宽度等于胸部宽度；侧颜覆黄毛…………………………………………………………………28

28. 侧颜覆厚粉，无光裸区；腹部长宽比正常，背板密覆黄毛，第 3 背板以后夹杂黑毛；胸部背板无浅色纵纹…………………………………………………………………………**张氏瘤虻 *H. zhangi*** (部分)

侧颜覆薄粉，具小的光裸区，腹部短，近圆形，背板覆稀疏的浅黄色毛，后几节夹杂黑毛，胸部背板具 3 条不清晰浅色纵纹……………………………………………**林芝瘤虻 *H. nyingchiensis*** (部分)

29. 腹部密覆黄毛，第 2、3 背板两侧具棕色斑；额高为宽的 2.5 倍………………**蜂形瘤虻 *H. mimapis***

腹部具稀疏短毛，背板两侧无棕色斑；额高为宽的 1.5 倍……………………**克氏瘤虻 *H. chválai***

(194) 青海瘤虻 *Hybomitra qinghaiensis* Liu *et* Yao, 1981 (图 210)

Hybomitra qinghaiensis Liu *et* Yao, 1981: 264 [Type locality: Qilian Mountain, Qinghai, China]; Wang,

1994: 63; Liu, 1999a: 435.

鉴别特征 额高为基宽的 2.5 倍；亚胛部分光裸；触角黑色，梗节和鞭节基环节基部 1/2 红棕色；下颚须灰棕色，第 2 节覆黑毛；胸部盾片无纵条；侧板覆白色长毛；翅 R_4 脉无附脉，翅横脉具不明显暗斑；腹部黑色，背板覆金黄色毛，第 2、3 背板两侧具大块橙色斑。

形态描述

雌性 体长 14-15 mm，黑色。头部：复眼绿色，密覆棕色短毛，具 3 条紫色带；额灰色，主要覆黑色长毛，基部具灰棕色毛，高为基宽的 2.5 倍，两侧平行，基胛黑色，两侧角与复眼接触，中胛矛形，黑色，与基胛连接或分离，单眼瘤棕色，突出；亚胛灰色，部分光裸，“眉片”窄，覆棕黄粉；颜灰色，着生白毛，上侧颜具黑毛，有的具光裸区；口毛白色。触角黑色，柄节和梗节覆黑毛，梗节和鞭节基环节基部 1/2 红棕色，基环节背突低矮，长为宽的 1.8 倍，约为端环节长的 2 倍。下颚须灰棕色，第 1 节覆白色长毛，夹杂黑毛，第 2 节覆黑毛，长为宽的 3.6 倍。喙棕黑色，着生棕色毛。胸部：背板黑色，覆白毛，无纵条，背侧片黑色黑毛；侧板灰黑色，覆白色长毛。足黑色，基节覆白毛，前、中足股节具黑毛，后足股节具白毛，前足胫节基部 2/3 和中、后足胫节黄棕色，着生白毛，黑色部分着生黑毛。翅透明，翅脉棕色，横脉处具不明显棕色斑，R_4 脉无附脉。腋瓣灰棕色，两腋瓣交接处具白毛。平衡棒棕色，球部两侧棕黑色。腹部：背板黑色，覆金黄色毛，第 2、3 背板两侧具大块橙色斑，各背板后缘具浅色细横带。腹板黑色，覆白毛，各腹板后缘具金黄色毛组成的细横带。

雄性 未详。

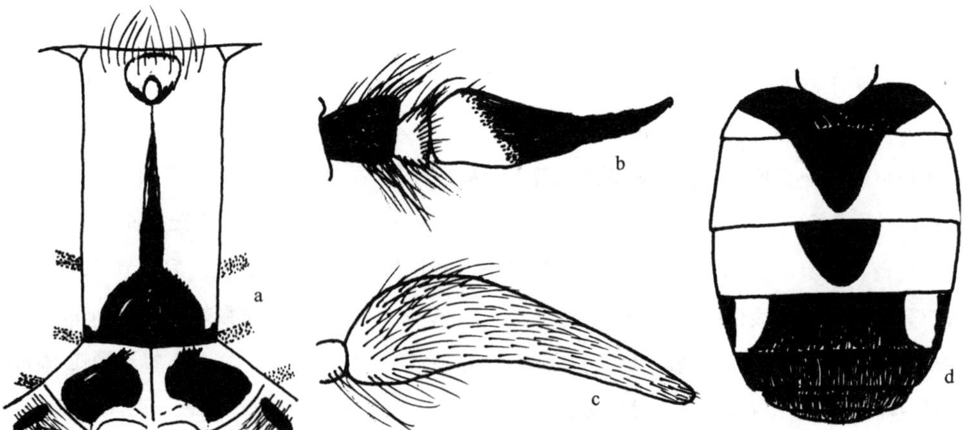

图 210 青海瘤虻 *Hybomitra qinghaiensis* Liu *et* Yao

a. 额 (frons)；b. 触角 (antenna)；c. 下颚须 (palpus)；d. 腹部背面 (dorsum of abdomen)

观察标本　正模♀，青海祁连山拉东，1974.VII.3，吴建毅，保存在 IECAS。3♀♀，甘肃，保存在 AMMSC。

生物学　高原林区种。

地理分布　甘肃（舟曲、肃南）、青海（拉东、祁连）。

分类讨论　本种翅横脉暗斑不明显，腹部背板两侧具大块橙色斑，外观与新型瘤虻 *H. nura* Philip 近似，但新型瘤虻额较宽，基胛具皱纹，整个腹部背板具密的橙色毛。本种是我国特有种，分布在祁连山地区，向东延伸到陇南的舟曲。

(195) 翅痣瘤虻 *Hybomitra stigmoptera* (Olsufjev, 1937)（图 211，图 212）

Tabanus (*Tylostypia*) *stigmoptera* Olsufjev, 1937: 153 [Type locality: Primoryje, Russia].

Hybomitra stigmoptera fuji Murdoch *et* Takahasi, 1969: 34. Synonymized by Chvála, 1988: 133.

Hybomitra stigmoptera: Olsufjev, 1977: 343; Xu, 1982b: 104; Zhang and Zhao, 1982: 7; Wang, 1983: 37; Chen, 1983: 115; Yao and Ding, 1986: 35; Jiang, Zhang, Huang and Dai, 1993: 103.

鉴别特征　额高为基宽的 3 倍，基胛大，两侧与复眼接触；亚胛和上侧颜部分光裸，颜具黄色长毛；触角黑色，鞭节基环节红棕色；下颚须黑色，第 2 节长为宽的 4 倍，主要覆浅黄色毛；胸部盾片无纵条，背侧片黑色；侧板覆浅黄色长毛；翅 R_4 脉具附脉，翅横脉暗斑明显；腹部黑色，无色斑。

形态描述

雌性　体长 16.5-17.5 mm，黑色。头部：复眼绿色，密覆棕色短毛，具 3 条紫色带；额灰色，主要覆黑毛，高为基宽的 3 倍，顶宽略大于基宽，基胛黑色，方形，两侧与复眼接触，中胛矛形或线形，黑色，与基胛连接，单眼瘤棕色，隆起；亚胛灰色，两侧光裸，“眉片”低，覆黄粉；颜灰色，着生浅黄色长毛，上侧颜部分光裸；口毛浅黄色。触角柄节和梗节黑色，覆黑毛和浅黄色毛，鞭节基环节棕红色，背突低，长为宽的 1.3 倍，端环节暗棕色至黑色。下颚须黑色，第 1 节密覆灰白色长毛，第 2 节主要覆浅黄色毛，夹杂黑毛，长为宽的 4 倍。喙棕黑色，着生棕色毛。胸部：背板灰黑色，覆黄毛，无纵条，背侧片黑色；侧板灰黑色，覆浅黄色长毛。足黑色，前足胫节基部 1/2 和中、后足胫节黄棕色，胫节其余部分和跗节黑色，覆黑毛。翅透明，翅脉棕色，横脉处具暗斑，R_4 脉具附脉。腋瓣灰棕色，两腋瓣交接处具白毛。平衡棒暗棕色，仅顶端黄色。腹部：黑色，背板密覆黄色和灰色短毛，各背板后缘具不清晰的灰色窄带；腹板同背板。

雄性　未详。

观察标本　正模♀，俄罗斯，保存在 IZPR（未检视）。20♀♀，黑龙江，保存在 AMMSC。

生物学　山区林地种；6-8 月活动。

地理分布　黑龙江（海林、饶河）、吉林（长白山、抚松、靖宇、安图、敦化、图们、珲春、和龙)、辽宁 (新宾、宽甸、恒仁、庄河)、内蒙古 (沟口、阿里河、乌尔其汉)、山西 (岢岚、文水、太原)；俄罗斯，蒙古，朝鲜，日本。

分类讨论　本种类似于斧角瘤虻 *H. aequetincta* (Becker)，但斧角瘤虻的额基胛两侧与复眼分离，触角柄节和梗节红棕色，鞭节基环节短；翅 R_4 脉无附脉。本种是典型的古北界种，向南延伸分布到华北区北部 (图 212)。

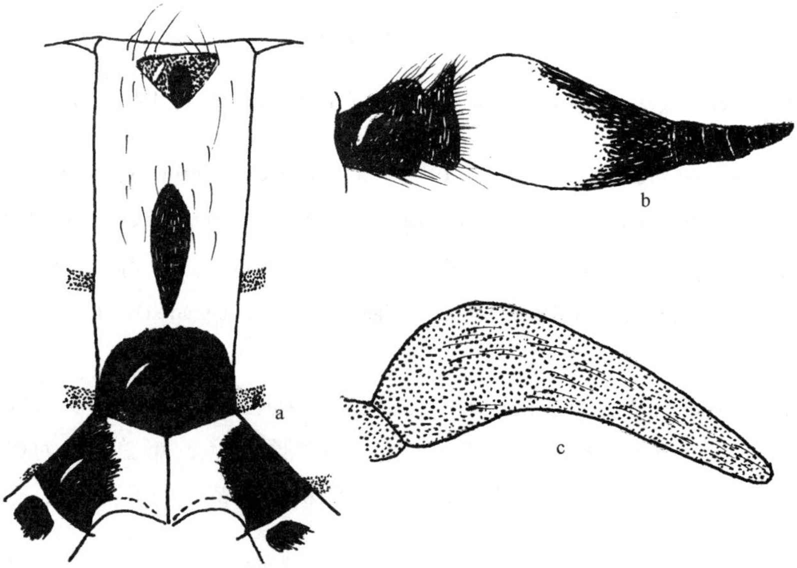

图 211　翅痣瘤虻 *Hybomitra stigmoptera* (Olsufjev)

a. 额 (frons)；b. 触角 (antenna)；c. 下颚须 (palpus)

(196) 铃胛瘤虻 *Hybomitra nola* Philip, 1961 (图 213)

Hybomitra nola Philip, 1961: 476 [Type locality: Kangding, Sichuan, China]; Wang, 1994: 44.

鉴别特征　额高为基宽的 2.2 倍，两侧平行，基胛大，铃形，两侧与复眼接触或分离；亚胛部分光裸；颜覆粉，具黄白色长毛；触角红棕色，鞭节基环节端部 2/3 和端环节黑色；下颚须红棕色，第 2 节长为宽的 4 倍，覆黑毛；胸部盾片无纵条，背侧片黑色；侧板密覆浅黄色长毛；翅 R_4 脉无附脉，翅横脉暗斑明显；腹部黑色，背板覆棕色毛，第 2 背板两侧具棕红色斑。

形态描述

雌性　体长 15 mm，黑色。头部：复眼绿色，密覆棕色短毛，具 3 条紫色带；额灰棕色，主要覆黑毛，基部具浅色毛，高为基宽的 2.2 倍，两侧平行，基胛黑色，铃形，两侧与复眼接触或分离，中胛短小，黑色，与基胛连接或分离，单眼瘤棕色，扁平；亚

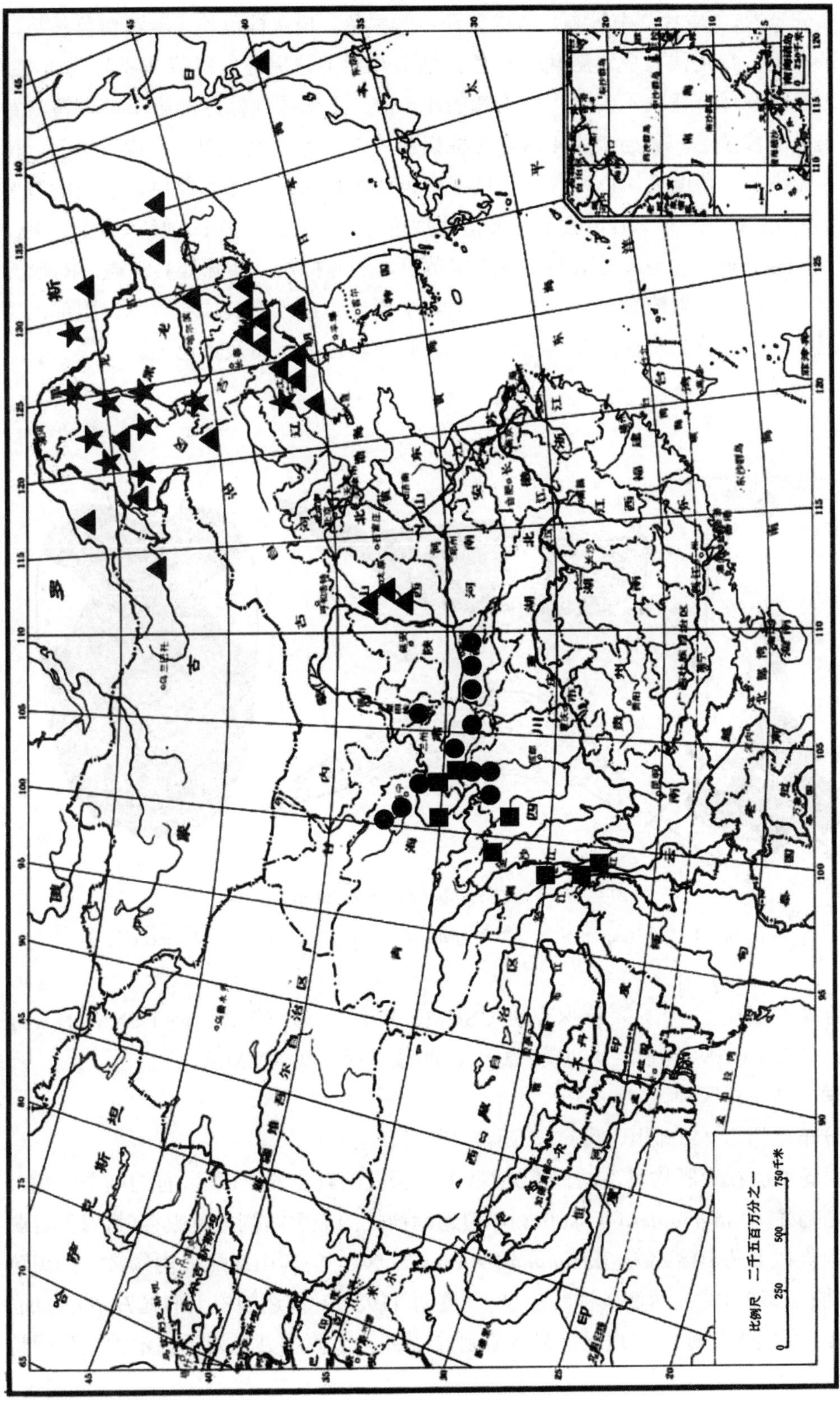

图 212　翅痣瘤虻组 *Hybomitra stigmoptera* group 的地理分布

▲翅痣瘤虻 *Hybomitra stigmoptera* (Olsufjev)　★星光瘤虻 *Hybomitra astur* (Erichson)　●海东瘤虻 *Hybomitra haidongensis* Xu et Jin　■蜂形瘤虻 *Hybomitra mimapis* Wang

胛灰色，部分光裸，“眉片”中等高，覆棕黄粉；颜黑色，覆灰棕色粉，着黄白色长毛，上侧颜夹杂黑毛；口毛浅黄色。触角红棕色，柄节和梗节覆黑毛，鞭节基环节端部 2/3 和端环节黑色，基环节背突不明显，长为宽的 1.8 倍。下颚须红棕色，第 1 节密覆浅黄色长毛，第 2 节覆黑毛，长为宽的 4 倍。喙棕黑色，着生棕色毛。胸部：背板黑色，覆浅黄色毛，无纵条，背侧片黑色；侧板黑色，密覆浅黄色长毛。足红棕色，前足股节黑色黑毛，端部少许橙色，中、后足股节主要覆浅黄色毛，夹杂少量黑毛，胫节着生黄毛，端部多黑毛，跗节着生黑毛。翅透明，前缘室黄色，翅脉棕色，横脉处具暗斑，R_4 脉无附脉。腋瓣灰棕色，两腋瓣交接处具浅黄色毛。平衡棒暗棕色，仅顶端黄色。腹部：黑色，背板覆棕色毛，第 2 背板两侧具棕红色斑。腹板黑色，密覆浅黄色毛。

雄性 未详。

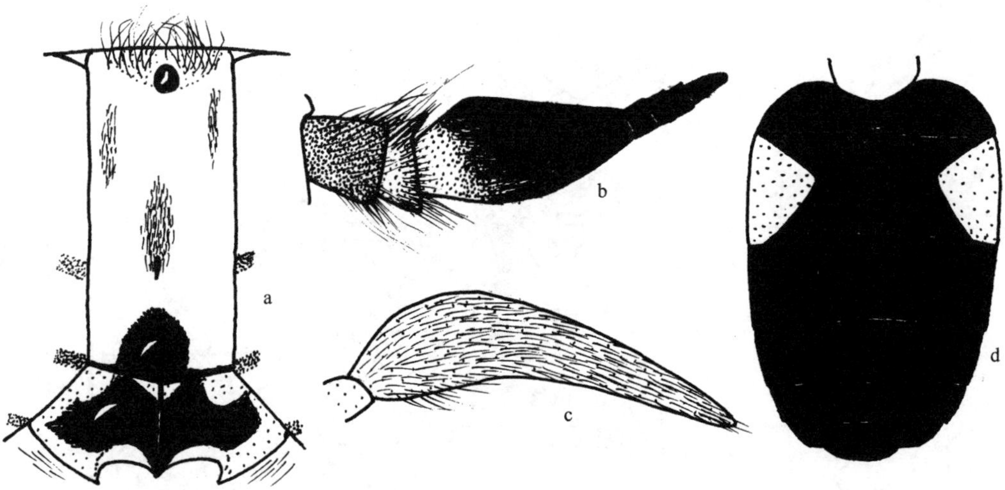

图 213 铃胛瘤虻 *Hybomitra nola* Philip

a. 额 (frons)；b. 触角 (antenna)；c. 下颚须 (palpus)；d. 腹部背面 (dorsum of abdomen)

观察标本 正模♀，康定，原保存在 USNM，1993 年第一作者访问 USNM 时，经查已丢失，但在 CCAS 看到 7♀♀副模；2♀♀，西藏，保存在 AMMSC。

生物学 高原林区种。

地理分布 四川 (二郎山、康定)、西藏 (芒康、察雅)。

分类讨论 副模亚胛均具不同程度光裸，上侧颜有的具小的光裸区，有的则全覆粉，类似于翅痣瘤虻 *H. stigmoptera* (Olsufjev)，但翅痣瘤虻的额胛两侧与复眼接触，翅 R_4 脉具附脉。也类似于药山瘤虻 *H. yaoshanensis* Yang *et* Xu，但药山瘤虻上侧颜具大的黑色光裸亮区，腹部第 2-3 背板两侧具棕红色斑。王遵明 (1981a) 描述的橙毛瘤虻 *H. flavicoma* Wang 非常类似铃胛瘤虻，但橙毛瘤虻的亚胛全光裸，上侧颜具光裸区。本种是我国特有种，分布在青藏区的东部地区。

(197) 斧角瘤虻 *Hybomitra aequetincta* (Becker, 1900) (图 214)

Therioplectes aequetincta Becker, 1900: 8 [Type locality: Sibiria, Russia].

Tabanus nigrotuberculatus Fairchild, 1934: 139 (new name for *Tabanus flavipes* Wiedemann, 1828, preoccupied by Gravenhorst, 1807). Synonymized by Chvála, 1988: 122.

Tabanus flavipes Weidemann, 1828: 137. Synonymized by Chvála, 1988: 122.

Hybomitra aequetincta: Olsufjev, 1977: 341; Wang, 1983: 36; Jiang, Zhang, Huang and Dai, 1993: 103.

鉴别特征　额高为基宽的 2.5-3.0 倍，基胛大，两侧与复眼分离；亚胛部分光裸；颜覆粉；触角柄节和梗节红棕色，鞭节基环节棕红色，端环节黑色，鞭节的基环节长宽约等；下颚须黑色，第 2 节长为宽的 4 倍，主要覆黑毛；胸部盾片无纵条；侧板主要覆浅黄色长毛；翅 R_4 脉无附脉，翅横脉具暗斑；腹部黑色，背板覆金黄色毛，第 1、2 背板两侧具棕色斑，各背板后缘密覆金黄色毛。

形态描述

雌性　体长 18 mm，黑色。头部：复眼绿色，密覆棕色短毛，具 3 条紫色带；额灰色，主要覆黑毛，高为基宽的 2.5-3.0 倍，顶宽略大于基宽，基胛黑色，类圆形，两侧与复眼分离，中胛粗短，黑色，与基胛连接，单眼瘤黑棕色，隆起，卵圆形；亚胛中央光裸，两侧覆灰粉，“眉片”低，覆黄粉；颜灰黑色，着生黄色长毛，上侧颜夹杂黑毛；口毛浅黄色。触角柄节和梗节红棕色，覆黑毛，鞭节基环节棕红色，具背突，长与宽约等，端环节黑色。下颚须黑色，第 1 节密覆灰白色长毛和黑毛，第 2 节主要覆黑毛，长为宽的 4 倍。喙棕黑色，着生棕色毛。胸部：背板黑色，稍亮，覆黄毛夹杂少量黑毛，无纵条，背侧片黑色；侧板灰黑色，主要覆浅黄色长毛。足红棕色，前足股节基部 2/3，中、后足股节基部 1/3 黑色，红棕色部分覆黄毛，黑色部分覆黑毛。翅透明，翅脉棕色，前缘和翅基浅黄色，横脉处具暗斑，R_4 脉无附脉。腋瓣灰棕色，两腋瓣交接处具白毛。平衡棒暗棕色，仅顶端黄色。腹部：黑色，背板覆金黄色毛，第 1、2 背板两侧具棕色斑，各背板后缘密覆金黄色毛。腹板黑色，具密的浅黄色毛，各腹板后缘具明显的黄色横带。

雄性　未详。

观察标本　1♀，内蒙古，保存在 AMMSC。

生物学　山区林地种；7 月多见。

地理分布　黑龙江、吉林 (敦化、通化)、内蒙古 (牙克石)；俄罗斯，蒙古，日本，北欧地区，北美地区。

分类讨论　本种类似于翅痣瘤虻 *H. stigmoptera* (Olsufjev)，但翅痣瘤虻的额基胛两侧接触复眼，触角柄节和梗节黑色，基环节长为宽的 1.3 倍，翅 R_4 脉具附脉。本种广布于全北界，在我国数量不多，向南延伸分布到长白山地区。

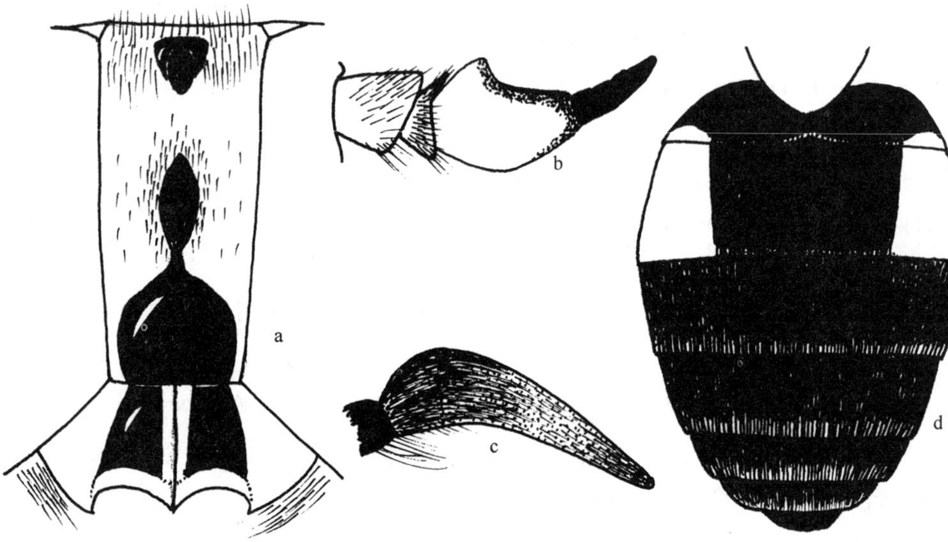

图 214 斧角瘤虻 *Hybomitra aequetincta* (Becker)

a. 额 (frons); b. 触角 (antenna); c. 下颚须 (palpus); d. 腹部背面 (dorsum of abdomen)

(198) 药山瘤虻 *Hybomitra yaoshanensis* Yang *et* Xu, 1996 (图 215)

Hybomitra yaoshanensis Yang *et* Xu, 1996: 125 [Type locality: Yaoshan, Qiaojia, Yunnan, China]; Xu, 2000: 189; Yang and Xu, 1997: 14.

鉴别特征 额高为基宽的 2.0-2.3 倍，基胛大，两侧与复眼分离；亚胛部分光裸；上侧颜具黑色光裸区；触角棕色，鞭节基环节端部和端环节黑色；下颚须棕色，第 2 节长约为宽的 4 倍，主要覆黑毛；胸部盾片具 3 条黑纵纹；侧板主要覆棕黄色长毛；翅 R_4 脉无附脉，翅横脉具暗斑；腹部黑色，第 2、3 背板两侧具棕红色斑。

形态描述

雌性 体长 12-14 mm，黑色。头部：复眼绿色，密覆棕色短毛，具 3 条紫色带；额灰棕色，主要覆黑毛夹杂灰棕色毛，高为基宽的 2.0-2.3 倍，两侧平行，基胛黑色，盾形，具细皱纹，两侧与复眼分离，中胛短小，线形，黑色，与基胛连接，单眼瘤棕色，隆起，位于光裸区内；亚胛灰色，两侧部分光裸，“眉片”中等高，覆棕黄粉；颜黑色，覆灰棕色粉，着浅棕色长毛，上侧颜夹杂黑毛，上侧颜中央具黑色光裸区；口毛棕色。触角柄节和梗节棕色，覆黑毛，鞭节基环节基部棕色，背突低，长为宽的 1.7 倍，基环节端部大部分和端环节黑色。下颚须棕色，第 1 节密覆棕黄色长毛夹杂几根黑毛，第 2 节主要覆黑毛和少量棕色毛，长为宽的 3.7-4.1 倍。喙棕黑色，着生棕色毛。胸部：背板黑色，覆黄毛和黑毛，具 3 条黑色纵纹，至少在前段明显，背侧片黑色；侧板黑色，覆棕黄色长毛，翅基前夹杂黑毛。足股节黑色，中、后足股节末端棕色，着生棕黄毛和黑毛，胫节棕色，着生棕黄色毛，末端着生黑毛，跗节棕色，前足跗节较暗，着生黄毛和黑毛。翅透明，翅脉棕色，横脉处具暗斑，R_4 脉无附脉。腋瓣灰棕色，两腋瓣交接处具棕色毛。平衡棒暗棕色，仅顶端黄色。腹部：黑色，背板覆棕黄色毛夹杂黑毛，第 2、3 背板两侧具棕红色斑，斑上着生密的棕黄色毛，各背板具不明显的黄色窄后缘。腹板黑色，具不明显浅色窄后缘，着生棕色毛。

雄性　未详。

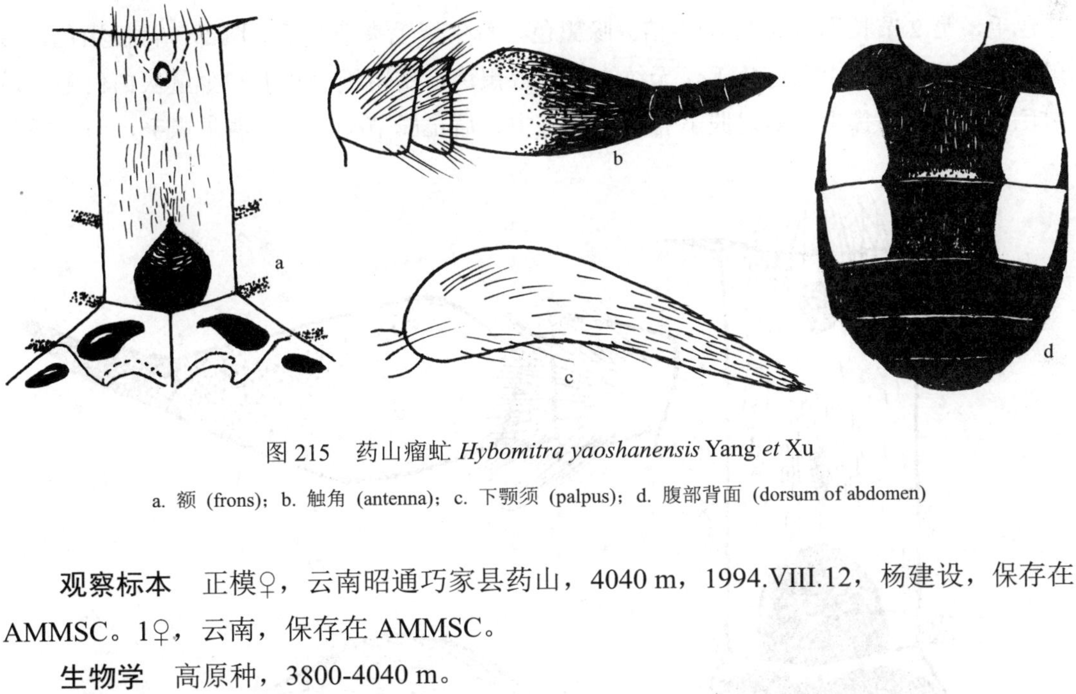

图 215　药山瘤虻 *Hybomitra yaoshanensis* Yang *et* Xu

a. 额 (frons)；b. 触角 (antenna)；c. 下颚须 (palpus)；d. 腹部背面 (dorsum of abdomen)

观察标本　正模♀，云南昭通巧家县药山，4040 m，1994.VIII.12，杨建设，保存在 AMMSC。1♀，云南，保存在 AMMSC。

生物学　高原种，3800-4040 m。

地理分布　云南 (昭通)。

分类讨论　本种体型近似刘氏瘤虻 *H. liui* Yang *et* Xu，但刘氏瘤虻触角鞭节的端环节只具 3 节，亚胛全部光裸，腹部背板全黑，无浅色侧斑。本种是我国特有种，现知仅分布在青藏区东缘高海拔山区。

(199) 赭尾瘤虻 *Hybomitra ochroterma* Xu *et* Liu, 1985 (图 216；图版 XIV)

Hybomitra ochroterma Xu *et* Liu, 1985: 171 [Type locality: Zhugqu, Gansu, China]; Wu, Li, Liu, Yang, Zhang and Cao, 1988: 199; Wang, 1994: 41; Liu, 1999a: 435; Xu, 2005: 770.

鉴别特征 额高为基宽的 2.0-2.7 倍，基胛盾形，两侧与复眼分离；亚胛大部分光裸，亮黑色；颜覆粉，但上侧颜具光裸区；触角棕色，鞭节的端部和端环节黑色；下颚须棕色至棕黑色，覆黑毛；胸部侧板主要密覆黑色长毛；翅 R_4 脉无或具短附脉，翅横脉具暗斑；腹部黑色，前几节密覆黑毛，后几节密覆金黄色长毛。

形态描述

雌性 体长 13.5-16 mm，黑色。头部：复眼密覆黑色短毛，具 3 带；额灰黄色，覆黑毛，高为基宽的 2.0-2.7 倍，两侧平行，基胛亮黑色，盾形，两侧与复眼分离，中胛短，黑色，与基胛连接，单眼瘤黑色，暗，隆起，圆形；亚胛黑色，部分光裸；颜覆粉，灰棕色，着生黑毛夹杂棕色毛，上侧颜具黑色光裸区；口毛棕色。触角柄节和梗节棕色，着生黑毛，鞭节基部棕黄色，端部和端环节棕黑色至黑色，基环节背突不明显，长为宽的 1.5-1.9 倍，为端环节长的 1.4-1.7 倍；下颚须棕色至棕黑色，覆黑毛，有的个体夹杂棕色毛，第 2 节长为宽的 3.5-4.2 倍。喙黑色，着生黑毛夹杂黄毛。胸部：背板黑色，覆黑毛和一些灰白色毛及棕色毛，无纹饰；侧板黑色，密覆黑色长毛和少量灰白色毛。足黑色，基节着生黑毛，前足股节着生黑毛，中、后足股节棕黑色，着生黑毛，前足胫节

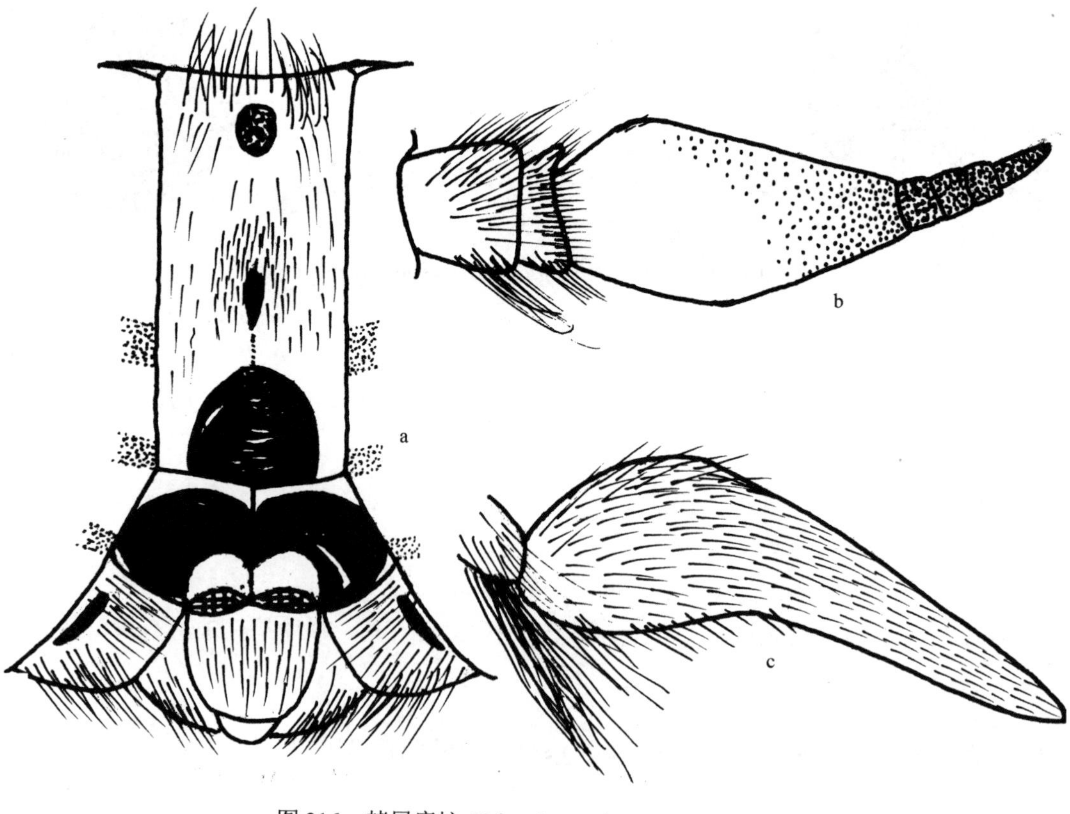

图 216 赭尾瘤虻 *Hybomitra ochroterma* Xu *et* Liu

a. 额 (frons)；b. 触角 (antenna)；c. 下颚须 (palpus)

大部分棕色，着生棕色毛夹杂黑毛，端部及跗节棕黑色，着生黑毛，中、后足胫节金黄色，着生金黄色毛，端部少许及跗节暗棕色，着生黑毛。翅透明，翅膜略着黄色，前缘棕黄色，翅脉棕色，横脉处具明显棕色斑，R_4脉无或具短附脉。腋瓣烟黑色，两腋瓣交接处具白毛。平衡棒灰黄色，球部两侧黑色。腹部：黑色，第 1、2 背板和腹板密覆黑毛，第 3 背、腹板密覆金黄色长毛和少量黑毛，第 4-7 背、腹板着生密的金黄色长毛。

雄性　未详。

观察标本　正模♀，甘肃舟曲，2300 m，1980.VII.13，许荣满，保存在 AMMSC。15♀♀，甘肃；13♀♀，陕西，保存在 AMMSC。

生物学　高山林区种。

地理分布　陕西 (秦岭、太白山)、甘肃 (岷县、舟曲)。

分类讨论　本种腹部与鞑靼瘤虻组 *H. tatarica* group 的橙毛瘤虻 *H. flavicoma* Wang 相近，但橙毛瘤虻的腹部一致覆橙色毛；中后足股节棕红色至棕黑色；触角柄节和梗节灰棕黑色。本种是我国特有种，分布在秦岭山区。

(200) 星光瘤虻 *Hybomitra astur* (Erichson, 1851) (图 212, 图 217)

Tabanus astur Erichson, 1851, In: Middendorff, 1851: 66 [Udskoj-Ostrog, Russia].

Tabanus spilopterus Loew, 1858: 581. Synonymized by Chvála, 1988: 123.

Therioplectes guttipennis Enderlein, 1925: 360. Synonymized by Chvála, 1988: 123.

Hybomitra astur: Murdoch and Takahasi, 1969: 34; Olsufjev, 1977: 347; Xu, 1982b: 103; Wang, 1983: 37; Chen, 1983: 114; Yao and Ding, 1986: 33; Jiang, Zhang, Huang and Dai, 1993: 103.

鉴别特征　额高为基宽的 3.0-3.5 倍，两侧平行，基胛大，方形，两侧与复眼接触；亚胛和颜全覆粉；触角黑色，鞭节基环节基部红棕色；下颚须黑色，第 2 节长为宽的 4 倍，主要覆灰白色毛；胸部盾片无纵条；侧板覆浅黄色长毛；翅 R_4 脉具附脉，翅横脉具暗斑；腹部黑色，第 2 背板两侧有的具红棕色小斑。

形态描述

雌性　体长 14-16 mm，黑色。头部：复眼绿色，密覆棕色短毛，具 3 条紫色带；额灰黄色，主要覆黑毛，基部具浅色毛，高为基宽的 3.0-3.5 倍，两侧平行或基宽略大于顶宽，基胛黑色，方形，两侧与复眼接触，中胛长矛形，黑色，与基胛连接，单眼瘤棕色；亚胛灰色，覆粉，“眉片”低，覆棕黄粉；颜黑色，覆灰色粉，着生灰白色长毛，上侧颜夹杂黑毛；口毛灰白色。触角黑色，柄节和梗节覆黑毛，鞭节基环节基部红棕色，基环节背突钝，长为宽的 1.8 倍。下颚须黑色，第 1 节密覆灰白色长毛，第 2 节覆灰白色毛夹杂少量黑毛，长为宽的 4 倍。喙棕黑色，着生棕色毛。胸部：背板黑色，覆浅黄色毛，无纵条，背侧片黑色；侧板黑色，覆浅黄色长毛。足黑色，前足胫节基部 1/2 和中、后足胫节棕色。翅透明，翅脉棕黑色，横脉处具暗斑，R_4 脉具附脉。腋瓣灰棕色，两腋瓣交接处具灰白色毛。平衡棒暗棕色，仅顶端浅棕色。腹部：黑色，背板覆浅黄色毛，后缘具浅色毛带，第 2 背板两侧有的具红棕色小斑。腹板黑色，覆灰粉和浅黄色毛。

雄性　未详。

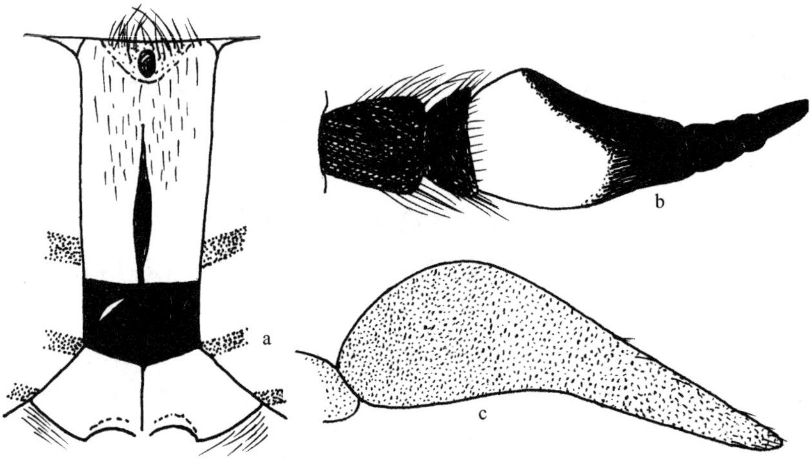

图 217　星光瘤虻 *Hybomitra astur* (Erichson)

a. 额 (frons)；b. 触角 (antenna)；c. 下颚须 (palpus)

观察标本　10♀♀，黑龙江，保存在 AMMSC。

生物学　林区种。

地理分布　黑龙江 (大兴安岭、嫩江)、吉林、辽宁 (义县)、内蒙古 (乌尔其汉、陈巴尔虎旗、毕克齐、图里河、伊列克得、扎兰屯、卓资县、苏格河)；俄罗斯，蒙古，朝鲜。

分类讨论　本种类似于同域分布的翅痣瘤虻 *H. stigmoptera* (Olsufjev)，但翅痣瘤虻的亚胛部分光裸，腹部背板一致黑色，两侧绝无棕红色斑。本种主要分布在大兴安岭地区，向南伸展到辽宁 (图 212)。

(201) 棕斑瘤虻 *Hybomitra fuscomaculata* Wang, 1985 (图 218)

Hybomitra fuscomaculata Wang, 1985: 414 [Type locality: Xiangcheng, Sichuan, China]; Wang, 1994: 49.

鉴别特征　额高为基宽的 2.5-3.0 倍，基胛大，两侧与复眼接触或分离；亚胛全覆粉，颜覆粉，上侧颜具黑毛；触角黑色；下颚须灰黑色，第 2 节覆黑毛；胸部盾片无纵条；翅 R_4 脉无附脉，翅横脉具暗斑；腹部背板黑色，第 2 背板两侧具棕色小斑。

形态描述

雌性　体长 13-16 mm，黑色。头部：复眼绿色，密覆褐色短毛，具 3 条紫色带；额灰色，主要覆黑色长毛，基部具灰棕色毛，高为基宽的 2.5-3.0 倍，两侧平行或基宽略窄于顶宽，基胛黑色，近方形，两侧与复眼接触或分离，中胛矛形，黑色，与基胛连接，有的与单眼瘤连接，单眼瘤棕色或黑色，大；亚胛灰色，“眉片”窄，覆棕黄粉；颜黄灰色，着生黄色长毛，上侧颜具黑毛；口毛白色。触角黑色，柄节和梗节覆黑毛，鞭节基环节基部有的少许棕色，基环节无背突，长为宽的 1.6 倍，为端环节长的 2 倍。下颚须灰黑色，第 2 节覆黑毛，长为宽的 4 倍。喙棕黑色，着生棕色毛。胸部：背板黑色，覆白毛，无纵条，背侧片黑色；侧板灰黑色，覆浅黄色毛，中胸前侧片上部夹杂黑毛。足黑色，基节和股节覆浅黄色毛，前足胫节基部 1/2 和中、后足胫节棕色，着生浅黄色毛，黑色部分着生黑毛。翅透明，翅脉棕色，横脉处具暗斑，R_4 脉无附脉。腋瓣灰棕色，两腋瓣交接处具浅黄色毛。平衡棒黑色，仅顶端棕色。腹部：背板黑色，覆黑毛和浅黄色毛，第 2 背板两侧具棕色小斑，各背板后缘具白色横带，第 2-5 背板后缘中央具浅色小三角。腹板灰黑色，覆灰色粉和白毛。

雄性　体长 14 mm，复眼具棕色短毛，上 2/3 大眼面与下 1/3 小眼面界限分明；触角黑色，窄于雌性；下颚须红棕色，具黑毛；腹部第 2 背板两侧具大的棕色斑。

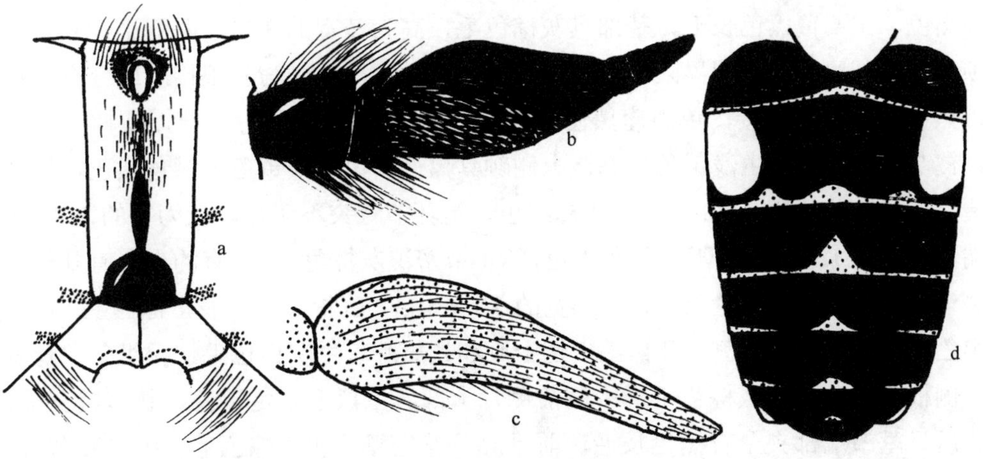

图 218　棕斑瘤虻 *Hybomitra fuscomaculata* Wang

a. 额 (frons)；b. 触角 (antenna)；c. 下颚须 (palpus)；d. 腹部背面 (dorsum of abdomen)

观察标本　正模♀，四川乡城中热乌，3800 m，1982.VII.2，张学忠，标本号 IOZ(E)201155,保存在 IZCAS。50♀♀，四川，保存在 AMMSC。

生物学　高原林区种。

地理分布　四川 (乡城、雅江、康定、九龙、巴塘、理塘、甘孜)、西藏 (芒康、江达)。

分类讨论 本种类似于海东瘤虻 *H. haidongensis* Xu *et* Jin，但海东瘤虻的触角鞭节基环节 1/3-1/2 棕红色，下颚须主要覆灰棕色毛，额基胛具皱纹，两侧界限不清晰。本种是我国青藏区的特有种，分布在该区的东部。

(202) 海东瘤虻 *Hybomitra haidongensis* Xu *et* Jin, 1990 (图 212, 图 219)

Hybomitra haidongensis Xu *et* Jin, 1990: 222 [Type locality: Ping'an, Qinghai, China]; Xu and Wang, 1993: 107.

Hybomitra kansuensis Olsufjev: Xu and Liu, 1982b: 111; Wu, Li, Liu, Yang, Zhang and Cao, 1988: 199; Wang, 1994: 47; Liu, 1999a: 435; Xu, 2005: 769. Misidentification.

鉴别特征 额高为基宽的 3 倍，两侧平行或基宽略窄于顶宽，基胛大，铃形，两侧与复眼接触或分离；亚胛全覆粉；颜覆粉，主要具浅黄色长毛；触角黑色，鞭节基环节基部 1/3-1/2 棕红色；下颚须灰黑色，第 2 节长约为宽的 4 倍，主要覆灰棕色毛；胸部盾片无纵条；翅 R_4 脉无或具短附脉，翅横脉具暗斑；腹部灰黑色，背板覆黑毛和灰棕色毛，第 2、3 或第 2-4 背板有的可见浅色中三角。

形态描述

雌性 体长 13-16 mm，黑色。头部：复眼绿色，密覆褐色短毛，具 3 条紫色带；额灰棕黑色，主要覆黑色长毛，基部具灰棕色毛，高为基宽的 3 倍，两侧平行或基宽略窄于顶宽，基胛黑色，周围界限不清晰，铃形，具皱纹，两侧与复眼接触或分离，中胛短小，黑色，与基胛连接，单眼瘤黑色，大；亚胛灰黑色，“眉片”窄，覆棕黄粉；颜黑色，覆灰棕色粉，着生浅黄色长毛，上侧颜具黑毛；口毛浅黄色。触角黑色，柄节和梗节覆黑毛，鞭节基环节基部 1/3-1/2 棕红色，基环节背突不明显，长为宽的 1.7-2.2 倍，为端环节长的 1.9-2.2 倍。下颚须灰黑色，第 1 节密覆灰棕色长毛，有的夹杂有几根黑毛，第 2 节覆灰棕色毛和少量黑毛，长为宽的 3.7-4.5 倍。喙棕黑色，着生棕色毛。胸部：背板黑色，稍亮，覆灰白色毛和黑毛，翅上胛和翅后胛着生灰白色毛，无纵条，背侧片黑色；侧板灰黑色，覆灰棕色毛，中胸前侧片上部着生黑毛。足黑色，基节覆灰棕色毛，前、后足基节端部夹杂有黑色长毛，前足股节着生黑毛和灰棕色毛，中足股节着生长、短灰棕色毛，夹杂黑色长毛，后足股节着生短、长灰棕色毛，端部夹杂有黑色短毛，前足胫节基部 1/2 和中、后足胫节基部大部分深棕色，着生黑毛和灰棕色毛，黑色部分着生黑毛。翅透明，翅脉棕黑色，横脉处具暗斑，R_4 脉无或具短附脉。腋瓣灰棕色，两腋瓣交接处具浅黄色毛。平衡棒黑色，仅顶端棕色。腹部：灰黑色，背板覆黑毛和灰棕色毛，具浅色粉和毛后缘，第 2、3 或第 2-4 背板有的可见浅色中三角，磨损标本此三角丢失，第 2 背板两侧有的可见弱的棕红色小斑。腹板灰黑色，覆灰棕色长毛。

雄性 未详。

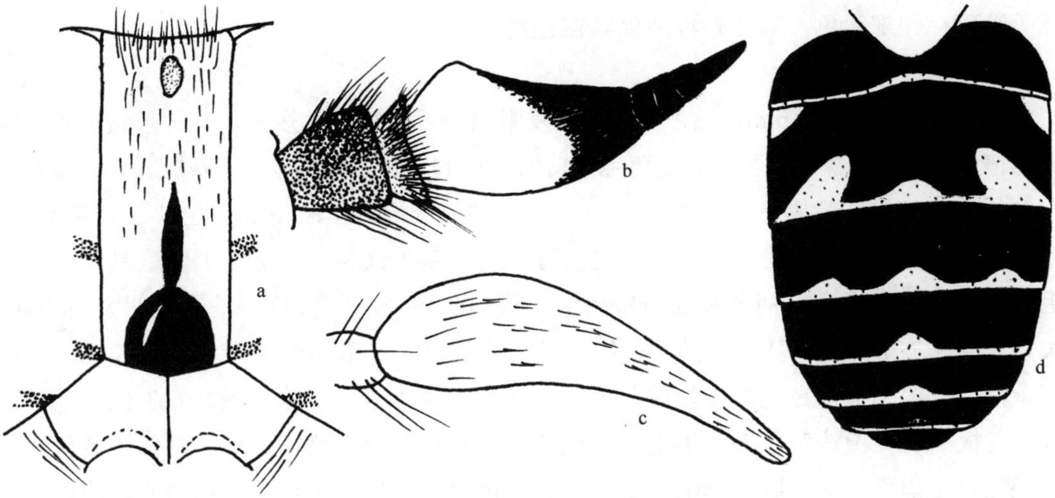

图 219　海东瘤虻 *Hybomitra haidongensis* Xu *et* Jin

a. 额 (frons)；b. 触角 (antenna)；c. 下颚须 (palpus)；d. 腹部背面 (dorsum of abdomen)

观察标本　正模♀，青海平安，2100 m，1986.VII.22，王胜雄采，保存在 AMMSC。5♀♀，青海；10♀♀，四川；20♀♀，甘肃，保存在 AMMSC。

生物学　高原林区种。

地理分布　陕西 (秦岭、关山、周至)、宁夏 (泾源)、甘肃 (文县、舟曲)、青海 (湟源、平安、祁连)、四川 (红原、若尔盖、南坪)。

分类讨论　本种类似于祁连瘤虻 *H. qiliangensis* Liu *et* Yao，但祁连瘤虻的下颚须棕黑色至黑色，覆黑毛夹杂浅棕色毛，触角梗节棕红色，腹部背板黑色，第 2 背板两侧棕色斑较大。也与棕斑瘤虻 *H. fuscomaculata* Wang 近似，但棕斑瘤虻的触角全黑或鞭节基部少许棕色；下颚须灰黑色，覆黑毛；额基胛光滑，两侧界限清晰。本种是我国特有种，分布在青藏区的东北部，延伸分布到秦岭山区 (图 212)。

(203) 祁连瘤虻 *Hybomitra qiliangensis* Liu *et* Yao, 1981 (图 220)

Hybomitra qiliangensis Liu *et* Yao, 1981: 264 [Type locality: Qilian Mountain, Qinghai, China]; Xu and Wang, 1993: 109; Liu, 1999a: 435.

Hybomitra kangdingensis Xu *et* Song, 1983: 6; Wang, 1994: 50; Xu, 2005: 769 [Type locality: Kangding, Sichuan, China]. **New synonym.**

鉴别特征　额高为基宽的 3 倍，两侧平行，基胛大，铃形，两侧与复眼接触；亚胛和颜全覆粉；触角黑色，鞭节基环节基部橙色；下颚须灰黑色，第 2 节长为宽的 4 倍，主要覆黑毛；胸部盾片无纵条；侧板密覆浅黄色和黑色长毛；翅 R_4 脉无或具附脉，翅横脉具暗斑；腹部黑色，第 2 背板两侧具橙色斑。

形态描述

雌性 体长 14-15 mm，黑色。头部：复眼绿色，密覆棕色短毛，具 3 条紫色带；额灰黑棕色，主要覆黑毛，基部具浅色毛，高为基宽的 3 倍，两侧平行，基胛黑色，铃形，两侧与复眼接触，中胛细小，黑色，与基胛接触或分离，单眼瘤棕黑色；亚胛灰黑色，“眉片”低，覆棕黄色粉；颜黑色，覆灰棕色粉，着生浅黄色长毛，上侧颜具黑毛；口毛浅黄色。触角黑色，柄节和梗节覆黑毛，鞭节基环节基部橙色，基环节背突不明显，长为宽的 1.7 倍，为端环节长的 1.6 倍。下颚须灰黑色，第 1 节密覆浅黄色长毛，有的夹杂黑毛，第 2 节覆黑毛和少量浅黄色毛，长为宽的 4 倍。喙棕黑色，着生棕色毛。胸部：背板黑色，覆浅黄色毛和黑毛，无纵条，背侧片黑色；侧板黑色，密覆浅黄色和黑色长毛。足黑色，前足胫节基部 1/3 和中、后足胫节基部 2/3 棕色。翅透明，翅脉棕黑色，横脉处具暗斑，R_4 脉无或具附脉。腋瓣灰棕色，两腋瓣交接处具浅黄色毛。平衡棒暗棕色，仅顶端黄色。腹部：黑色，背板覆黑毛和浅黄色毛，第 2 背板两侧具橙色斑，第 1-5 背板后缘具浅黄色毛组成的窄带和中三角。腹板黑色，各腹板后缘具浅色毛窄带。

雄性 未详。

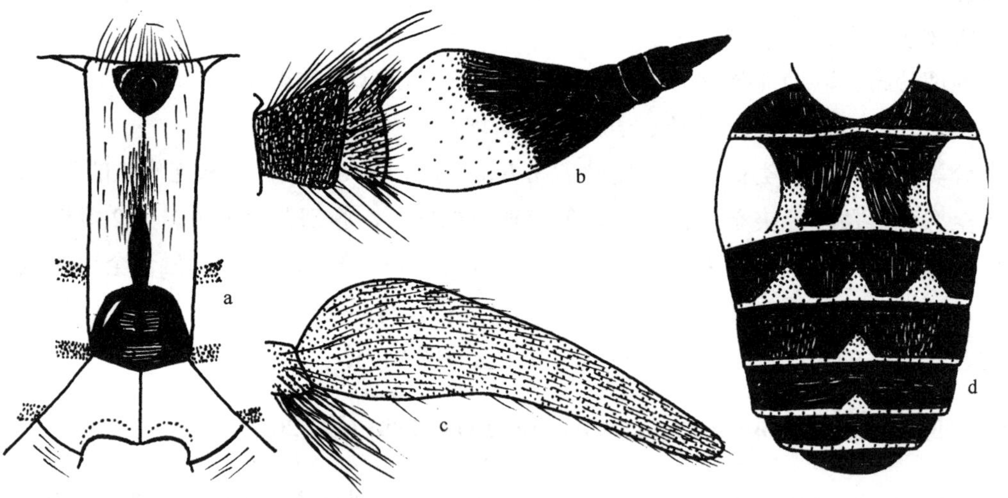

图 220 祁连瘤虻 *Hybomitra qiliangensis* Liu *et* Yao

a. 额 (frons)；b. 触角 (antenna)；c. 下颚须 (palpus)；d. 腹部背面 (dorsum of abdomen)

观察标本 正模♀，青海祁连山拉东，1974.VII.2，吴建毅采，保存在 IECAS。9♀♀，四川；7♀♀，甘肃，保存在 AMMSC。

生物学 高原林缘沼泽种；攻击马、人。

地理分布 甘肃 (舟曲、桦尖)、青海 (祁连、玉树)、四川 (德格、康定、南平)。

分类讨论 本种类似于海东瘤虻 *H. haidongensis* Xu *et* Jin，但海东瘤虻的下颚须主要覆灰棕色毛，触角梗节黑色，腹部背板灰黑色，第 2 背板棕红色斑小而不明显。

(204) 黄腹瘤虻 *Hybomitra pulchriventris* (Portschinsky, 1887)

Tabanus pulchriventris Portschinsky, 1887: 179 [Type locality: Etschjin-choro, Inner Mongolia, China]; Ricardo, 1911a: 241.

鉴别特征 基胛两侧与复眼分离；亚胛全覆粉；颜覆粉；触角黑色，梗节和鞭节基环节基部大部分红色；下颚须棕色，覆长毛；腹部黑色，密覆金黄色长毛，第 1-3 背板两侧具大的黄色斑。

形态描述

雌性 体长 7 mm，黑色。头部：复眼覆浅色短毛，具 3 条色带；额很宽，灰色，头顶具黑毛，基胛黑色，半圆形，不大，两侧与复眼分离，中胛窄线形与基胛连接，单眼瘤小；亚胛灰色，覆棕黄粉；颜灰色，着生白色毛；口毛白色。触角黑色，柄节的黑毛相当长，梗节和鞭节基环节基部大部分红色，基环节无背突。下颚须棕色，第 2 节基部粗，象鼻状，端半细，下弯，末端钝，基部的黑毛很长。胸部：背板黑色，覆长黑毛，夹杂黄毛，小盾片覆黄色长软毛；侧板覆长而密的白毛。足黑色，覆黑毛，胫节浅黄褐色，覆黄毛，胫节端部和跗节暗棕色。翅略着色，横脉处色暗，翅痣棕色。腋瓣灰色，边缘棕色。平衡棒棕色。腹部：背板黑色，密覆金黄色长毛，第 1-3 背板两侧具大的黄色斑。腹板黑色，各节中央具黑毛，后缘带窄，覆黄毛。

雄性 未详。

观察标本 模式标本保存地未详，上述描述来自 Ricardo (1911a)。

地理分布 内蒙古。

分类讨论 Ricardo (1911a) 认为本种接近 *H. tropica*，可能应属突额瘤虻组；但 Ricardo 在该种描述中，指出翅略着色，横脉处色暗，故本志把该种放在翅痣瘤虻组。本种体型很小，腹部密覆金黄色长毛，应该容易识别，但作者未在内蒙古进行过虻类的采集调查。

(205) 高山瘤虻 *Hybomitra alticola* Wang, 1981 (图 221，图版 XIV)

Hybomitra alticola Wang, 1981: 318 [Type locality: Barkam, Sichuan, China]; Xu and Liu, 1982b: 111; Wang, 1994: 65; Yang and Xu, 1997: 14; Liu, 1999a: 435; Xu, 2005: 769.

鉴别特征 额高为基宽的 2.3-2.7 倍，基胛黑色，小，轮廓不清晰，两侧与复眼远离；亚胛和颜全覆粉，上侧颜夹杂黑毛；触角黑色，梗节和鞭节基环节基部红棕色；下颚须棕色或黑色，第 2 节长约为宽的 4 倍，主要覆黑毛；胸部盾片无纵条；翅 R_4 脉无或具短附脉，翅横脉具暗斑；腹部黑色，第 2、3 背板两侧具大块棕色斑和金黄色毛。

形态描述

雌性　体长 16-17 mm，黑色。头部：复眼绿色，密覆褐色短毛，具 3 条紫色带；额灰色，主要覆黑色长毛，基部具灰棕色毛，高为基宽的 2.3-2.7 倍，两侧平行，基胛黑色，小，轮廓不清晰，两侧与复眼远离，中胛轮廓不清晰，黑色，与基胛连接，单眼瘤棕色；亚胛灰色，“眉片”窄，覆棕黄粉；颜黄灰色，着生黄色长毛，上侧颜具黑毛；口毛浅黄色。触角黑色，柄节覆黑色长毛，梗节和鞭节基环节基部红棕色，基环节无背突，长为宽的 1.9 倍，为端环节长的 1.6 倍。下颚须棕色或黑色，第 1 节覆黄白色毛，第 2 节覆黑毛，基部夹杂少量黄白色毛，长约为宽的 4 倍。喙棕黑色，着生棕色毛。胸部：背板黑色，覆黑毛和黄毛，无纵条，背侧片黑色；侧板黑色，覆白毛夹杂少量黑毛，中胸前侧片上部夹杂黑毛。足黑色，基节和股节覆浅黄色毛，前足股节具黑色长毛，前足胫节基部 1/2 和中、后足胫节和跗节棕色，着生白毛，黑色部分着生黑毛，中、后足胫节端部和跗节具黑毛。翅透明，翅脉棕色，横脉处具暗斑，R_4 脉无或具短附脉。腋瓣灰棕色，两腋瓣交接处具浅黄色毛。平衡棒暗棕色，仅顶端棕色。腹部：背板黑色，第 2、3 背板两侧具棕色大斑，着生金黄色毛，各背板后缘具金黄色毛横带，有的中央隆起成三角，磨损标本此三角不清晰。腹板黑色，覆灰色粉和黄毛。

雄性　未详。

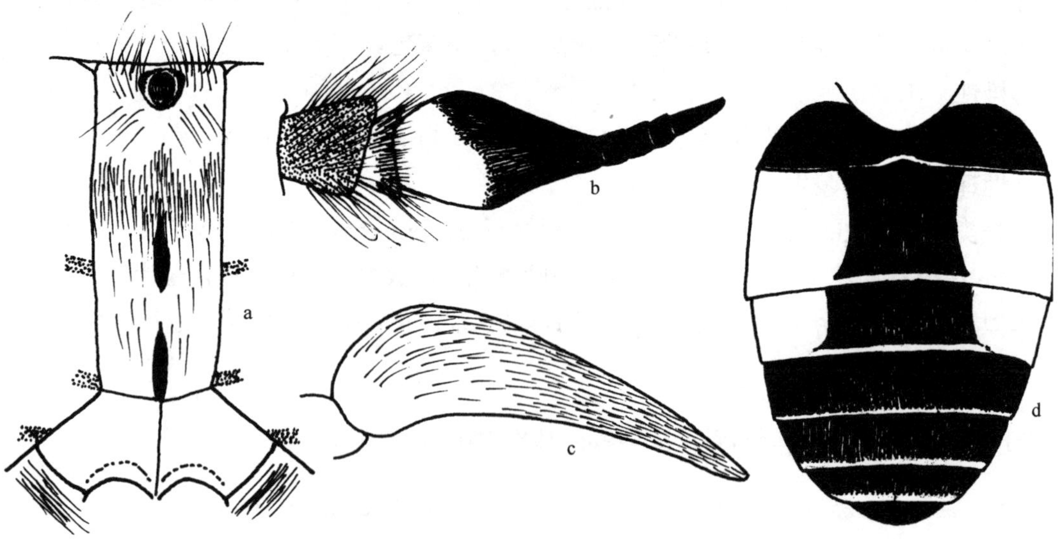

图 221　高山瘤虻 *Hybomitra alticola* Wang

a. 额 (frons)；b. 触角 (antenna)；c. 下颚须 (palpus)；d. 腹部背面 (dorsum of abdomen)

观察标本　正模♀，四川马尔康，3200 m，1961.VII.8，保存在 IZCAS (未找到)。26♀♀，四川，保存在 AMMSC。

生物学　高原林区种。

地理分布　甘肃 (舟曲)、四川 (马尔康、巴塘、雅江、理塘、康定、德格、石渠)、云南 (迪庆、尼古山、白芒雪山)。

分类讨论　本种与斯海氏瘤虻 *H. svenhedini* (Kröber) 相近，但斯海氏瘤虻的触角柄节、梗节均为黑色；腹部背板的侧斑更大。

(206) 斯海氏瘤虻 *Hybomitra svenhedini* (Kröber, 1933) (图 222)

Tabanus (*Sziládynus*) *svenhedini* Kröber, 1933: 7 [Type locality: S. Gansu, China].

Hybomitra svenhedini: Wang, 1983: 38; Liu, 1999a: 435; Xu, 2005: 770.

鉴别特征　复眼密覆褐色短毛，具 3 带；额高为基宽的 2.5 倍，基胛大，圆形，两侧与复眼分离；亚胛全覆粉；颜覆粉，具灰白毛；触角黑色，梗节和鞭节基环节基部棕色；下颚须灰棕色，第 2 节长约为宽的 5 倍，覆黑毛；胸部盾片无纵条，背侧片黑色；侧板主要覆浅黄色毛；翅 R_4 脉无附脉，翅横脉具暗斑；腹部背板黑色，第 2-4 背板两侧具大块棕色斑，各背板后缘具金黄色毛横带。

形态描述

雌性　体长 14-16 mm，黑色。头部：复眼绿色，密覆褐色短毛，具 3 条紫色带；额灰色，主要覆黑色长毛，基部具灰棕色毛，高为基宽的 2.5 倍，两侧平行或基宽略窄于顶宽，基胛黑色，圆形，两侧与复眼分离，中胛矛形，黑色，与基胛连接，单眼瘤棕黑色，大；亚胛灰色，“眉片”窄，覆棕黄粉；颜灰色，着生灰白毛，上侧颜夹杂少量黑毛；口毛黑色。触角黑色，柄节和梗节覆黑毛，梗节和鞭节基环节基部棕色，基环节无背突，长为宽的 1.6 倍，为端环节长的 2 倍。下颚须灰棕色，第 1 节覆白毛，第 2 节覆黑毛和白毛，长约为宽的 5 倍。喙棕黑色，着生棕色毛。胸部：背板黑色，覆浅黄色毛，无纵条，背侧片黑色；侧板灰黑色，覆浅黄色毛，中胸前侧片上部夹杂黑毛。足黑色，基节和股节覆浅黄色毛，前足胫节基部 2/3 和中、后足胫节和跗节棕色，着生浅黄色毛，黑色部分着生黑毛。翅透明，翅脉棕色，横脉处具暗斑，R_4 脉无附脉。腋瓣灰棕色，两腋瓣交接处具浅黄色毛。平衡棒黑棕色，仅顶端棕色。腹部：背板黑色，覆黑毛和浅黄色毛，第 2-4 背板两侧具大块棕色斑，占腹节宽的 2/3，各背板后缘具金黄色毛横带，有的可见金黄色毛三角。腹板灰黑色，覆灰色粉和黄毛。

雄性　未详。

观察标本　模式标本，甘肃，保存地未详。1♀，甘肃，保存在 AMMSC。

生物学　高原林区种。

地理分布 甘肃 (祁连山、桦尖、山丹、岷山、文县、舟曲)。

分类讨论 本种与白缘瘤虻 *H. marginialba* Liu *et* Yao 类似，但白缘瘤虻的腹部第 2、3 背板两侧具棕色大斑，占腹节宽的 1/2；各背板后缘和中三角白色。

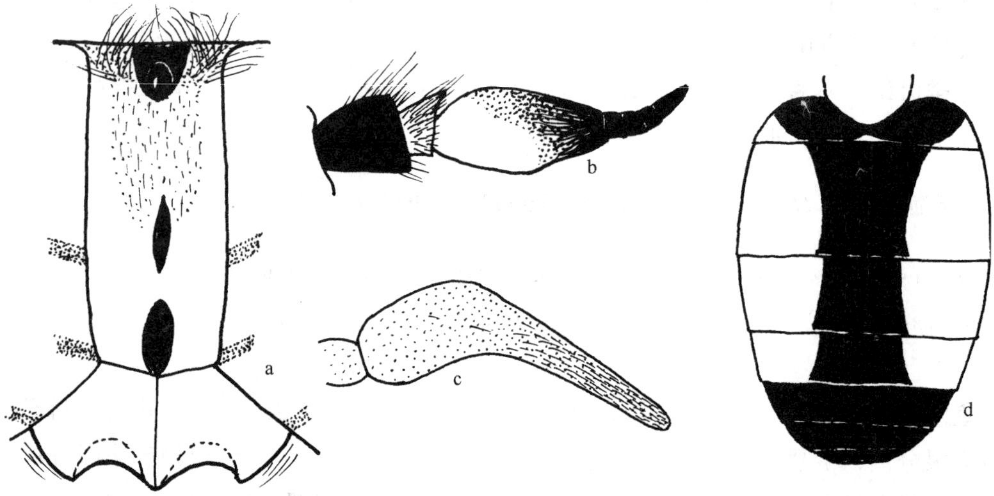

图 222 斯海氏瘤虻 *Hybomitra svenhedini* (Kröber)

a. 额 (frons)；b. 触角 (antenna)；c. 下颚须 (palpus)；d. 腹部背面 (dorsum of abdomen)

(207) 白缘瘤虻 *Hybomitra marginialba* Liu *et* Yao, 1981 (图 223)

Hybomitra marginialba Liu *et* Yao, 1981: 264 [Type locality: Qilian Mountain, Qinghai, China]; Wang, 1994: 64; Liu, 1999a: 435.

鉴别特征 复眼密覆褐色短毛，具 3 带；额高为基宽的 2.5-3.0 倍，基胛大，矛形，两侧与复眼分离；亚胛全覆粉；颜覆粉，上侧颜具黑毛；触角黑色，梗节和鞭节基环节基部 1/3 棕色；下颚须灰黑色，第 2 节长约为宽的 4 倍，覆黑毛；胸部盾片无纵条，背侧片黑色；侧板覆黑毛；翅 R_4 脉无附脉，翅横脉具暗斑；腹部背板黑色，第 2、3 背板两侧具棕色大斑，占腹节宽的 1/2，各背板后缘具白色毛横带。

形态描述

雌性 体长 14-16 mm，黑色。头部：复眼绿色，密覆褐色短毛，具 3 条紫色带；额灰色，主要覆黑色长毛，基部具灰棕色毛，高为基宽的 2.5-3.0 倍，两侧平行，基胛黑色，轮廓不清晰，圆形，两侧与复眼分离，中胛细短，黑色，与基胛分离或连接，单眼瘤棕色，大；亚胛灰黑色，“眉片”窄，覆棕黄粉；颜灰色，上侧颜着生黑毛；口毛黑色。触角黑色，柄节和梗节覆黑毛，梗节和鞭节基环节基部 1/3 棕色，基环节无背突，长为宽的 1.6 倍，为端环节长的 2 倍。下颚须灰黑色，第 1 节覆白毛，第 2 节覆黑毛，长约为宽的 4 倍。喙棕黑色，着生棕色毛。胸部：背板黑色，覆黑毛和浅黄色毛，无纵条，背侧片黑色；侧板灰黑色，覆黑毛。足黑色，基节和股节覆浅黄色毛，前足胫节基部 2/3 和中、后足胫节和跗节棕色，着生浅黄色毛，黑色部分着生黑毛。翅透明，翅脉棕色，横脉处具暗斑，R_4 脉无附脉。腋瓣灰棕色，两腋瓣交接处具浅黄色毛。平衡棒黑棕色，仅顶端棕色。腹部：背板黑色，覆黑毛和浅黄色毛，第 2、3 背板两侧具大块棕色斑，占腹节宽的 1/2，各背板后缘具白色横带，中央膨大成三角。腹板灰黑色，覆灰色粉和浅黄色毛。

雄性　未详。

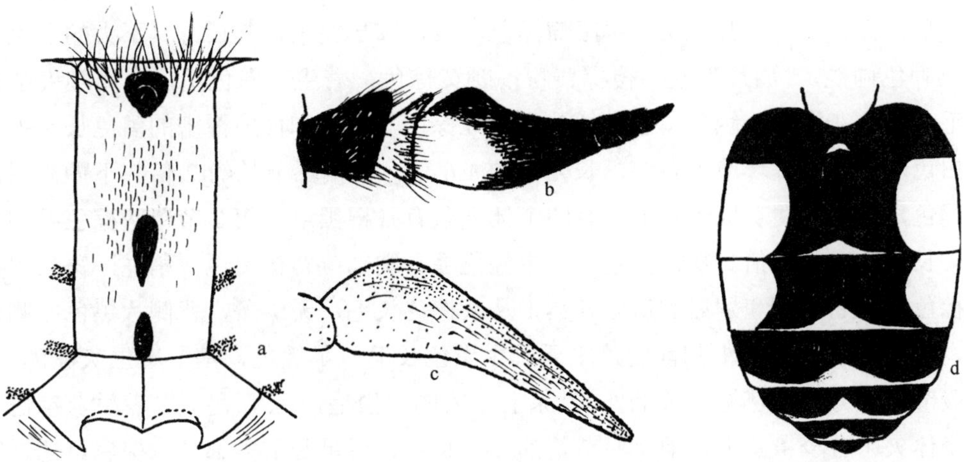

图 223　白缘瘤虻 *Hybomitra marginialba* Liu *et* Yao

a. 额 (frons)；b. 触角 (antenna)；c. 下颚须 (palpus)；d. 腹部背面 (dorsum of abdomen)

观察标本　正模♀，青海祁连山拉东，1974.VII.3，樊启声，保存在 IECAS。12♀♀，甘肃，保存在 AMMSC。

生物学　高原林区种。

地理分布　甘肃 (山丹、桦尖)、青海 (湟中、祁连、玉树)、四川 (理塘、德格)、西藏 (芒康)。

分类讨论　本种类似于斯海氏瘤虻 *H. svenhedini* (Kröber)，但斯海氏瘤虻腹部第 2-4 背板两侧具棕色斑，占腹节宽的 2/3，各背板后缘和中三角金黄色。

(208) 宽额瘤虻 *Hybomitra brachybregma* Xu *et* Jin, 1990 (图 224)

Tabanus brevifrons Kröber, 1933: 6 [Type locality: S. Gansu, China]; Liu, 1999a: 435; Xu, 2005: 769.

Hybomitra brachybregma Xu *et* Jin, 1990: 223. New name for *T. brevifrons* Kröber, 1933. Preoccupied by Kröber, 1931.

鉴别特征　复眼密覆褐色短毛，具 3 带；额高为基宽的 2.2-2.5 倍，基胛小，扁平，具细皱纹，轮廓不清晰，两侧与复眼分离；亚胛全覆粉；颜覆粉，主要具灰白色毛；触角黑色；下颚须黑色或灰棕黑色，第 2 节长约为宽的 4 倍，主要覆灰棕色毛；胸部盾片无纵条，背侧片黑色；侧板覆灰棕色长毛；翅 R_4 脉无附脉，翅横脉具暗斑；腹部背板黑色，第 2-4 或第 2-5 背板中央可见灰棕色毛组成的正三角形斑。

形态描述

雌性　体长 13-15 mm，黑色。头部：复眼绿色，密覆褐色短毛，具 3 条紫色带；额灰黑色，主要覆黑色长毛，基部具灰白色毛，高为基宽的 2.2-2.5 倍，两侧平行或基宽略窄于顶宽，基胛黑色，小，扁平，具细皱纹，因粉覆盖致轮廓不清晰，两侧与复眼分离，中胛线形，黑色，与基胛连接，单眼瘤黑色，大，圆形突出，其后方具不大的黑色光泽区；亚胛色同额，“眉片”窄，覆棕黄粉；颜黄棕色，着生灰白色毛，上侧颜夹杂有少量黑毛；口毛灰棕色。触角黑色，柄节内侧红棕色，柄节和梗节覆密的黑色长毛夹杂几根灰白色毛，鞭节基环节无背突，长为宽的 1.6 倍，为端环节长的 2 倍。下颚须黑色或灰棕黑色，第 1 节覆灰棕色长毛，有的个体夹杂有几根黑毛，第 2 节覆灰棕色毛和少量黑毛，长约为宽的 4 倍。喙棕黑色，着生棕色毛。胸部：背板黑色，稍亮，覆长黑毛和短灰棕色毛，翅上胛和翅后胛后方各具 1 丛灰棕色长毛，无纵条，背侧片黑色；侧板灰黑色，覆灰棕色长毛，中胸前侧片主要着生黑色长毛。足黑色，基节着生灰棕色长毛，前足股节除后方着生灰棕色长毛外，其余着生密的短黑毛，中、后足股节着生灰棕色毛，有的个体夹杂有少量黑毛，前足胫节基部 1/2 和中、后足胫节大部分深棕色。翅透明，横脉处具烟黑色斑，R_4 脉无附脉。腋瓣烟黑色，两腋瓣交接处具黑毛。平衡棒黑色，球部顶端略浅。腹部：背板黑色，覆黑毛和少量灰棕色毛，各背板后缘具灰棕色毛，第 2-4

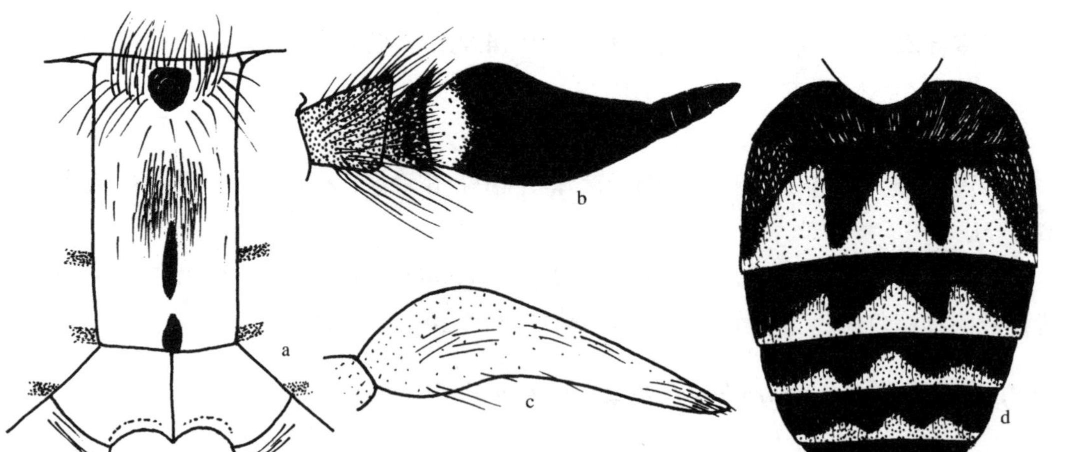

图 224　宽额瘤虻 *Hybomitra brachybregma* Xu *et* Jin

a. 额 (frons)；b. 触角 (antenna)；c. 下颚须 (palpus)；d. 腹部背面 (dorsum of abdomen)

或第 2-5 背板中央可见灰棕色毛组成的正三角形斑，该斑两侧为黑色粉和毛斑，第 2、3 或第 2-4 背板两侧可见不明显浅色毛斑，第 2 背板两侧缘具小的不明显的棕红色斑。腹板灰黑色，覆灰棕色毛。

雄性　未详。

观察标本　模式标本保存地未详。12♀♀，青海，保存在 AMMSC。

生物学　高原林缘草地种，分布的海拔高度为 2000-4200 m。

地理分布　甘肃 (岷县)、青海 (互助、门源、祁连、海东、平安)。

分类讨论　本种额胛等特征与白缘瘤虻 *H. marginialba* Liu *et* Yao 相近，但白缘瘤虻的额较窄，腹部第 2、3 背板两侧具棕色大斑。

(209) 长角瘤虻 *Hybomitra longicorna* Wang, 1984 (图 225)

Hybomitra longicorna Wang, 1984: 394 [Type locality: Baoxing, Sichuan, China]; Wang, 1994: 48.

鉴别特征　复眼密覆棕色短毛，具 3 带；额高为基宽的 2.4 倍，基胛近圆形，两侧与复眼分离；亚胛全覆粉；颜覆粉，主要覆黄白毛；触角黑色，梗节和鞭节基环节基部 1/4 红棕色；下颚须黑色，第 2 节长约为宽的 4 倍，覆黑毛和白毛；胸部盾片无纵条，背侧片黑色；侧板主要覆浅黄色长毛；翅 R_4 脉无附脉，翅横脉具暗斑；腹部黑色，背板覆浅黄色毛，第 2 背板两侧具小块棕色斑。

形态描述

雌性　体长 16 mm，黑色。头部：复眼绿色，密覆棕色短毛，具 3 条紫色带；额黄灰色，主要覆黑色长毛，基部具灰棕色毛，高为基宽的 2.4 倍，两侧平行，基胛红棕色，近圆形，具皱纹，两侧与复眼分离，中胛粗短，黑色，与基胛连接，单眼瘤红棕色，突出；亚胛灰黄色，“眉片”窄，覆棕黄粉；颜黄灰色，着生黄白色毛，上侧颜具少量黑毛；口毛黄白色。触角黑色，柄节和梗节覆黑毛，梗节和鞭节基环节基部 1/4 红棕色，基环节无背突，长为宽的 2.5 倍，为端环节长的 2 倍。下颚须黑色，第 1 节覆黑色和白色长毛，第 2 节覆黑毛和白色短毛，长为宽的 4 倍。喙棕黑色，着生棕色毛。胸部：背板黑色，覆浅黄色毛，无纵条，背侧片黑色；侧板灰黑色，密覆浅黄色长毛，夹杂少量黑毛。足黑色，基节和股节覆黑毛，前足胫节基部 2/3 和中、后足胫节红棕色，着生黄白色毛，黑色部分着生黑毛，中、后足跗节棕色，覆黑毛。翅透明，翅脉棕色，横脉处具棕色斑，R_4 脉无附脉。腋瓣灰棕色，两腋瓣交接处具白毛。平衡棒黑棕色，球部两侧黑色。腹部：背板黑色，覆浅黄色毛，第 2 背板两侧具棕色小斑，各背板后缘具不明显浅色细横带。腹板黑色，覆浅黄白色毛。

雄性　未详。

观察标本　正模♀，四川宝兴，2200-2780 m，1963.VI.25，熊江，保存在天津自然博物馆。

生物学 高原林区种。

地理分布 四川 (宝兴)。

分类讨论 本种类似于拉东瘤虻 *H. ladongensis* Liu *et* Yao，但拉东瘤虻的触角柄节和梗节均黑色，鞭节基环节较短，长为宽的 1.7 倍。

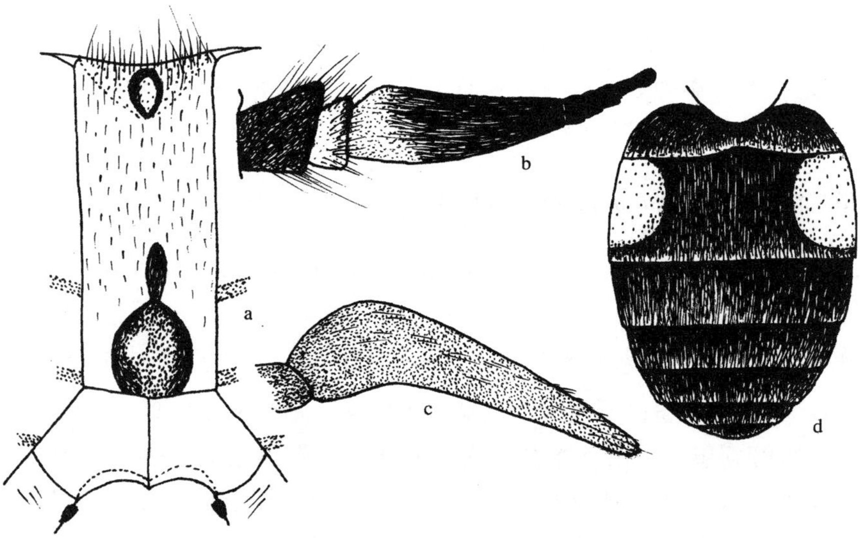

图 225 长角瘤虻 *Hybomitra longicorna* Wang

a. 额 (frons)；b. 触角 (antenna)；c. 下颚须 (palpus)；d. 腹部背面 (dorsum of abdomen)

(210) 姚建瘤虻 *Hybomitra yaojiani* Sun *et* Xu, 2007 (图 226)

Hybomitra yaojiani Sun *et* Xu, 2007: 182 [Type locality: Mutuo, Tibet, China].

鉴别特征 复眼密覆褐色短毛，具 3 带；额高为基宽的 2.5 倍，基胛很小，不规则；亚胛全覆粉；颜覆粉，具金黄色长毛；触角黑色，梗节和鞭节基环节基部少许棕红色；下颚须灰棕色，第 2 节长约为宽的 4 倍，主要覆金黄色毛；胸部侧板一致覆金黄色毛；翅 R_4 脉无附脉，翅横脉具暗斑；腹部背板黑色，着生金黄色毛夹杂少量黑毛，各背板后缘金黄色毛浓密，显出金黄色后缘带，第 2 背板两侧具棕色斑。

形态描述

雌性 体长 14 mm，黑色。头部：复眼绿色，密覆褐色短毛，具 3 条紫色带；额灰色，主要覆黑色长毛，基部具灰棕色毛，高为基宽的 2.5 倍，两侧平行，基胛黑色，很小，不规则，两侧与复眼远分离，中胛矛形，黑色，与基胛连接，单眼瘤黑色，大；亚胛灰色，“眉片”窄，覆棕黄粉；颜灰色，着生金黄色毛；口毛金黄色。触角黑色，梗节和鞭节基环节基部少许棕红色，柄节覆黑毛夹杂金黄色毛，梗节覆黑毛，基环节无背突，长约为宽的 1.6 倍，为端环节长的 2 倍。下颚须灰棕色，第 1 节覆白毛，第 2 节覆金黄色毛，夹杂黑毛，长为宽的 4 倍。喙棕黑色，着生金色毛。胸部：背板黑色，覆金黄色毛，无纵条，背侧片黑色；侧板灰黑色，一致覆金黄色毛。足黑色，基节和股节覆金黄色毛，前足胫节基部 2/3 和中、后足胫节棕色，着生金黄色毛，黑色部分着生黑毛。翅透明，翅脉棕色，横脉处具暗斑，R_4 脉无附脉。腋瓣灰棕色，两腋瓣交接处具金黄色毛。平衡棒黑棕色，仅顶端棕色。腹部：背板黑色，覆金黄色毛，夹杂少量黑毛，第 2 背板两侧具棕色斑，各背板后缘具金黄色毛横带。腹板灰黑色，覆灰色粉和金黄色毛。

雄性　未详。

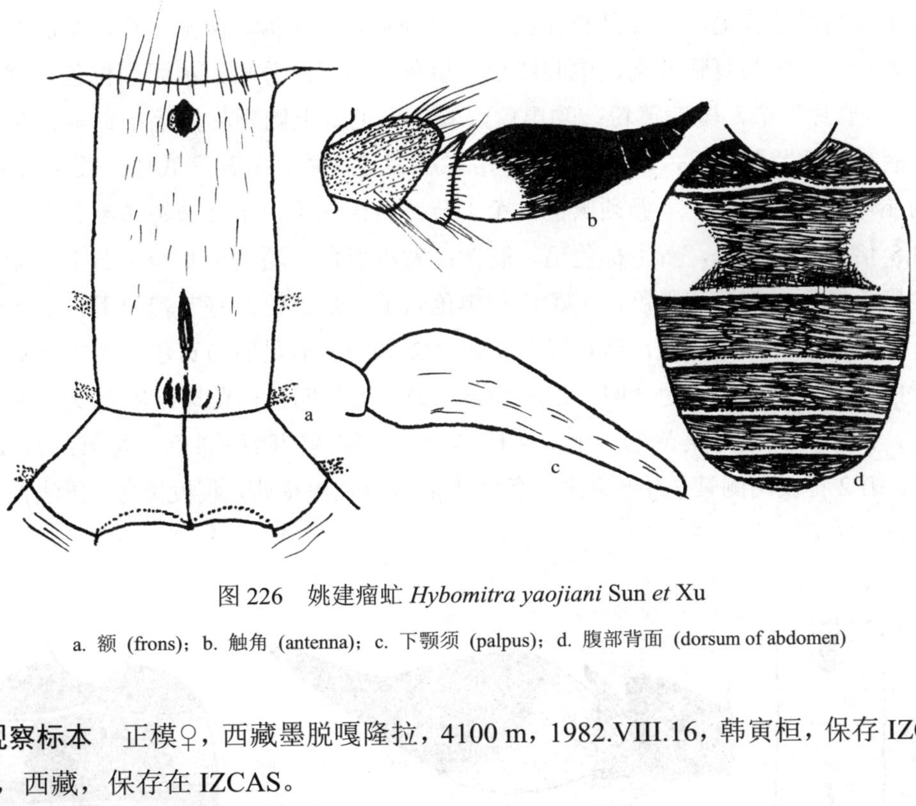

图 226　姚建瘤虻 *Hybomitra yaojiani* Sun *et* Xu

a. 额 (frons)；b. 触角 (antenna)；c. 下颚须 (palpus)；d. 腹部背面 (dorsum of abdomen)

观察标本　正模♀，西藏墨脱嘎隆拉，4100 m，1982.VIII.16，韩寅桓，保存 IZCAS。10♀♀，西藏，保存在 IZCAS。

生物学　高原林区种。

地理分布　西藏 (墨脱)。

分类讨论　本种类似于张氏瘤虻 *H. zhangi* Xu，但张氏瘤虻的胸部侧板覆棕色长毛，触角梗节黑色，额胛中等大。

(211) 拉东瘤虻 *Hybomitra ladongensis* Liu *et* Yao, 1981 (图 227)

Hybomitra ladongensis Liu *et* Yao, 1981: 265 [Type locality: Qilian Mountain, Qinghai, China]; Wang,

1994: 51; Liu, 1999a: 435.

Hybomitra atriperoides Liu *et* Yao, 1981: 265. Synonymized by Wang, 1994: 51.

鉴别特征 复眼密覆短毛，具 3 带；额高为基宽的 3 倍，基胛近方形或圆形，两侧与复眼分离；亚胛全覆粉；颜覆粉，主要具白毛；触角黑色，鞭节基环节基部 2/5 橙色；下颚须黑色，第 2 节长约为宽的 3.5 倍；胸部盾片无纵条，背侧片黑色；侧板覆黑色和黄色长毛；翅 R_4 脉无附脉，翅横脉具暗斑；腹部黑色，背板覆黑毛，第 2 背板两侧具小块橙色斑。

形态描述

雌性 体长 15-16 mm，黑色。头部：复眼绿色，密覆棕色短毛，具 3 条紫色带；额黑色，主要覆黑色长毛，基部具灰棕色毛，高为基宽的 3 倍，两侧平行，基胛黑色，近圆形或方形，两侧与复眼分离，中胛线形，黑色，与基胛分离，单眼瘤棕色，突出；亚胛黑色，“眉片”窄，覆棕黄粉；颜黑色，着生白毛，上侧颜具黑毛；口毛白色。触角黑色，柄节和梗节覆黑毛，鞭节基环节基部 2/5 橙色，基环节背突低矮，长约为宽的 1.7 倍，为端环节长的 2 倍。下颚须黑色，第 1 节覆白色长毛，第 2 节覆黑毛和黄毛，长为宽的 3.5 倍。喙棕黑色，着生棕色毛。胸部：背板黑色，覆黑毛和少量黄毛，无纵条，背侧片黑色黑毛；侧板灰黑色，覆黄色和黑色长毛。足黑色，基节覆白毛，前足股节覆黑毛，中、后足股节具白毛，前足胫节基部 1/2 和中、后足胫节黄色，着生浅黄色毛，其余黑色部分着生黑毛。翅透明，翅脉棕色，横脉处具明显棕色斑，R_4 脉无附脉。腋瓣灰棕色，两腋瓣交接处具黄毛。平衡棒棕黑色，球部两侧暗棕黑色。腹部：背板黑色，覆黑毛，第 2 背板两侧具小块橙色斑，各背板后缘具黄毛横带。腹板黑色，覆浅黄色毛。

雄性 未详。

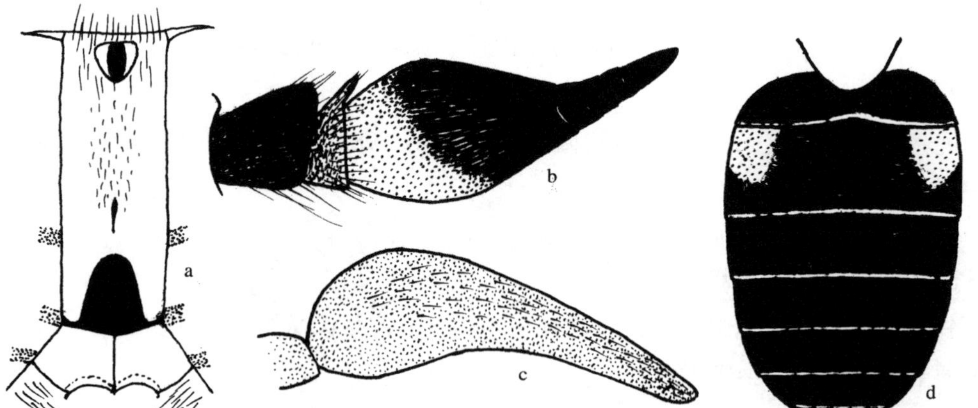

图 227 拉东瘤虻 *Hybomitra ladongensis* Liu *et* Yao

a. 额 (frons)；b. 触角 (antenna)；c. 下颚须 (palpus)；d. 腹部背面 (dorsum of abdomen)

观察标本　正模♀，青海祁连山拉东，1974.VII.3，吴建毅，保存在 IECAS。

生物学　高原林区种。

地理分布　甘肃 (肃南铧尖)、青海 (拉东)。

分类讨论　本种类似于长角瘤虻 *H. longicorna* Wang，但长角瘤虻的触角柄节黑色，梗节红棕色，鞭节窄长，基环节长为宽的 2.5 倍。

(212) 张氏瘤虻 *Hybomitra zhangi* Xu, 1995 (图 228)

Hybomitra zhangi Xu, 1995: 113 [Type locality: Cuona, Tibet, China]; Xu, 2000: 189.

鉴别特征　复眼密覆棕色短毛，具 3 带；额高为基宽的 2.0-2.3 倍，基胛两侧与复眼分离；亚胛全覆粉；颜覆粉，具棕色毛；触角全部黑色；下颚须棕色，第 2 节长约为宽的 3.4 倍，主要覆棕色毛；胸部盾片中央具乌黑色窄纵条，背侧片黑色；侧板覆棕色长毛；翅 R_4 脉无附脉，翅横脉具暗斑；腹部背板黑色，稍亮，背板覆黑毛夹杂棕色毛，具浅色后缘。

形态描述

雌性　体长 13-14 mm，黑色。头部：复眼绿色，密覆棕色短毛，具 3 条紫色带；额灰棕色，主要覆黑毛，基部夹杂有少量棕色毛，高为基宽的 2.0-2.3 倍，两侧平行或基部略窄于端顶，基胛黑色，近圆形，扁平，具弱的皱纹，两侧与复眼分离，中胛小，黑色，轮廓不清晰，与基胛连接，单眼瘤黑色，突出；亚胛灰棕色，“眉片”窄，覆棕黄粉；颜棕色，着生棕色毛；口毛棕色。触角黑色，柄节和梗节覆黑毛，基环节无背突，长为宽的 1.8 倍，为端环节长的 1.8 倍。下颚须棕色，第 1 节覆棕色长毛，第 2 节覆棕色毛夹杂少量黑毛，长约为宽的 3.4 倍。喙棕黑色，着生棕色毛。胸部：背板黑色，稍亮，覆黑色棕色短毛，中央可见窄的乌黑色纵条，无亚中纵条，小盾片具棕色长毛，翅上胛和翅后胛着生棕色丛毛，背侧片黑色；侧板黑色，覆棕色长毛。足黑色，基节覆白棕色毛，股节具棕色毛和黑毛，前足胫节基部 1/2 和中、后足胫节大部分棕色，着生棕色毛，端部和跗节黑色黑毛。翅透明，翅脉棕色，横脉处具明显棕色斑，R_4 脉无附脉。腋瓣灰棕色，两腋瓣交接处具棕色毛。平衡棒黑色。腹部：背板黑色，稍亮，覆黑毛夹杂棕色毛，具棕色毛窄后缘，第 1-4 背板两侧缘着生棕色长毛。腹板灰黑色，覆棕色毛，浅色后缘不清晰。

雄性　未详。

观察标本　正模♀，西藏错那贡日，3200 m，1993.VI.15，张启恩，保存在 AMMSC。

生物学　高原林缘种。

地理分布　西藏 (错那)。

分类讨论　本种与林芝瘤虻 *H. nyingchiensis* Zhang *et* Xu 近似，但林芝瘤虻的胸部背板可具 3 条弱的浅色纵纹，但无深色中纵条，腹部背板两侧缘仅具短毛。

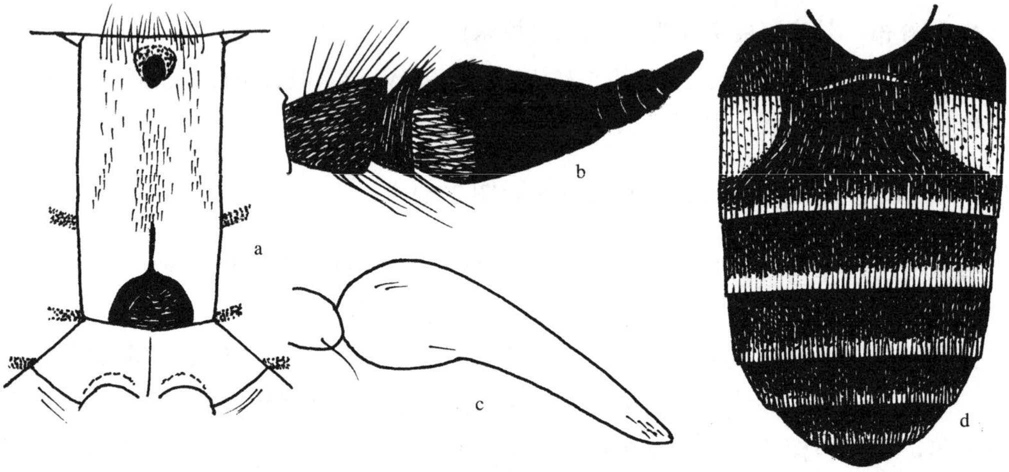

图 228 张氏瘤虻 *Hybomitra zhangi* Xu

a. 额 (frons)；b. 触角 (antenna)；c. 下颚须 (palpus)；d. 腹部背面 (dorsum of abdomen)

(213) 林芝瘤虻 *Hybomitra nyingchiensis* Zhang *et* Xu, 1993 (图 229)

Hybomitra nyingchiensis Zhang *et* Xu, 1993: 79 [Type locality: Nyingchi, Tibet, China]; Xu, 2000: 189.

鉴别特征 复眼密覆棕色短毛，具 3 带；额高为基宽的 2.0-2.5 倍，基胛两侧与复眼分离，或两侧角与复眼接触；亚胛全覆粉；颜覆粉，主要具灰色毛；触角全部黑色；下颚须灰棕色，第 2 节长为宽的 3.5-4.0 倍，主要覆灰棕色毛；胸部盾片无纵条，或具 3 条不明显纵纹，背侧片黑色；侧板主要覆灰棕色长毛；翅 R_4 脉无附脉，翅横脉具暗斑；腹部黑色，背板覆黑毛和黄色毛，具不明显浅色毛后缘。

形态描述

雌性 体长 14.0-15.5 mm，黑色。头部：复眼绿色，密覆棕色短毛，具 3 条紫色带；额灰棕色，主要覆黑毛，基部夹杂有少量灰白色毛，高为基宽的 2.0-2.5 倍，两侧平行，基胛黑色，铃形，扁平，因粉覆盖致轮廓不清晰，两侧与复眼分离，或两侧角与复眼接触，中胛短小，黑色，与基胛连接，单眼瘤黑色，突出，具光泽；亚胛灰棕色，"眉片"窄，覆棕黄粉；颜灰棕色，着生灰色毛，侧颜有的具不规则光裸区；口毛灰棕色。触角黑色，柄节和梗节覆黑毛，基环节基部有的略带少许暗棕色，无背突，长为宽的 1.6 倍，为端环节长的 2.5 倍。下颚须灰棕色，第 1 节覆灰棕色长毛，第 2 节覆灰棕色毛夹杂少量黑毛，长为宽的 3.5-4.0 倍。喙棕黑色，着生棕色毛。胸部：背板黑色，覆棕色毛，夹杂黑毛，无纵条，或具 3 条不明显纵纹，背侧片黑色；侧板褐色，覆灰棕色长毛，中胸上前侧片夹杂黑毛。足黑色，基节覆白棕色毛，股节具棕色毛和黑毛，前足胫节基部 1/3 和中、后足胫节大部分棕色，着生棕色毛，端部和跗节黑色黑毛。翅透明，翅脉棕色，横脉处具明显棕色斑，R_4 脉无附脉。腋瓣灰棕色，两腋瓣交接处具棕色毛。平衡棒棕黑色。腹部：背、腹板均为黑色，覆黑毛和黄毛，具不明显黄毛窄后缘。

雄性　未详。

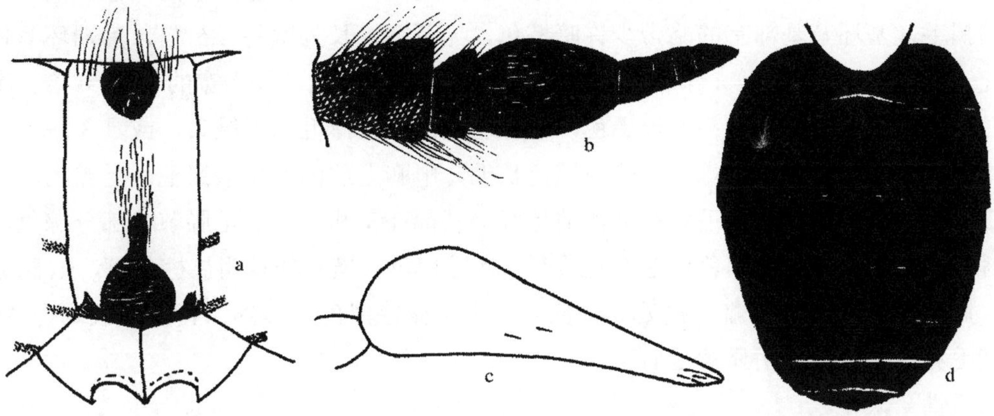

图 229　林芝瘤虻 *Hybomitra nyingchiensis* Zhang *et* Xu

a. 额 (frons)；b. 触角 (antenna)；c. 下颚须 (palpus)；d. 腹部背面 (dorsum of abdomen)

观察标本　正模♀，西藏林芝，3200 m，1991.VII.15，张有植，保存在 AMMSC。3♀♀，西藏，保存在 AMMSC。

生物学　高原林缘种。

地理分布　西藏 (林芝、米林)。

分类讨论　本种类似于张氏瘤虻 *H. zhangi* Xu，但张氏瘤虻的胸部背板中央具乌黑色窄纵条，腹部背板两侧缘具长毛。

(214) 察隅瘤虻 *Hybomitra zayuensis* Sun *et* Xu, 2007 (图 230)

Hybomitra zayuensis Sun *et* Xu, 2007: 183 [Type locality: Zayu, Tibet, China]; Xu and Sun, 2007: 248.

鉴别特征　复眼密覆棕色短毛，具 3 带；额高为基宽的 2.0-2.5 倍，基胛两侧与复眼分离，或两侧角与复眼接触；亚胛全覆粉；颜覆粉，主要具灰色毛；触角全部黑色；下颚须灰棕色，第 2 节长为宽的 3.5-4.0 倍，覆黑毛；胸部盾片无纵条，或具 3 条不明显纵纹，背侧片黑色；侧板主要覆灰棕色长毛；翅 R_4 脉无附脉，翅横脉具暗斑；腹部黑色，背板覆黑毛和黄色毛，具浅色毛后缘。

形态描述

雌性 体长 14.0-15.5 mm，黑色。头部：复眼绿色，密覆棕色短毛，具 3 条紫色带；额灰棕色，主要覆黑毛，基部夹杂有少量灰白色毛，高为基宽的 2.0-2.5 倍，两侧平行，基胛黑色，铃形，扁平，因粉覆盖致轮廓不清晰，两侧与复眼分离，或两侧角与复眼接触，中胛短小，黑色，与基胛连接，单眼瘤暗黑色，三点状；亚胛灰棕色，“眉片”窄，覆棕黄粉；颜灰棕色，着生灰色毛，侧颜着生黑毛；口毛灰棕色。触角黑色，柄节和梗节覆黑毛，基环节基部有的略带少许暗棕色，无背突，长为宽的 1.5 倍，为端环节长的 2 倍。下颚须灰棕色，第 1 节覆灰棕色长毛，第 2 节覆黑毛，长为宽的 3.5-4.0 倍。喙棕黑色，着生棕色毛。胸部：背板黑色，覆棕色毛，夹杂黑毛，无纵条，或具 3 条不明显纵纹，背侧片黑色；侧板褐色，覆灰棕色长毛，中胸上前侧片夹杂黑毛。足黑色，基节覆白棕色毛，股节具棕色毛和黑毛，前足胫节基部 1/3 和中、后足胫节大部分棕色，着生棕色毛，端部和跗节黑色黑毛。翅透明，翅脉棕色，横脉处具明显棕色斑，R_4 脉无附脉。腋瓣灰棕色，两腋瓣交接处具棕色毛。平衡棒棕黑色。腹部：背、腹板均为黑色，覆黑毛和黄毛，具不明显黄毛后缘。

雄性 未详。

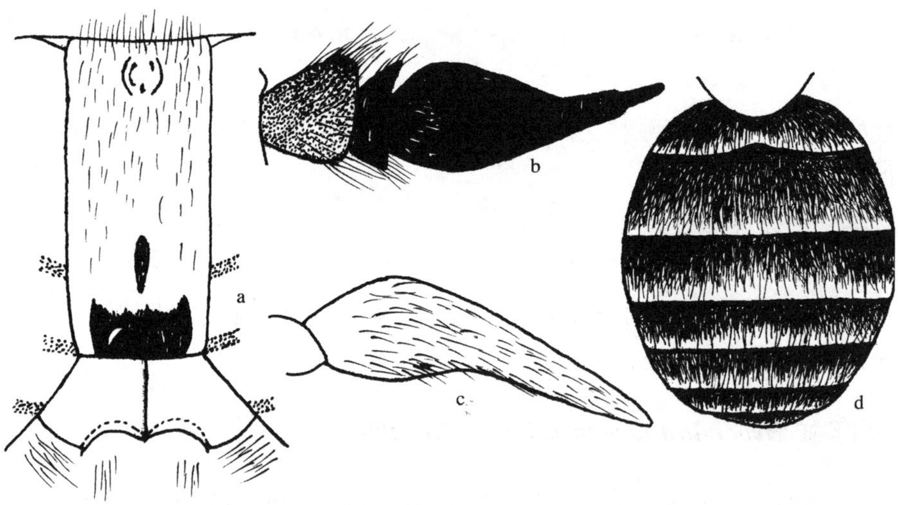

图 230 察隅瘤虻 *Hybomitra zayuensis* Sun *et* Xu

a. 额 (frons)；b. 触角 (antenna)；c. 下颚须 (palpus)；d. 腹部背面 (dorsum of abdomen)

观察标本 正模♀，西藏察隅，3200 m，1991.VII.15，张有植，保存在 AMMSC。3♀♀，西藏，保存在 AMMSC。

生物学 高原林缘种。

地理分布 西藏 (察隅)。

分类讨论　本种腹部短，近圆形，与林芝瘤虻 *H. nyingchiensis* Zhang *et* Xu 近似，但林芝瘤虻的单眼瘤大，位于光裸的亮区内，侧颜覆灰色毛。

(215) 蜂形瘤虻 *Hybomitra mimapis* Wang, 1981 (图 212，图 231)

Hybomitra mimapis Wang, 1981: 315 [Type locality: Barkam, Sichuan, China]; Xu and Liu, 1982b: 111; Wu, Li, Liu, Yang, Zhang and Cao, 1988: 199; Wang, 1994: 66; Yang and Xu, 1997: 14; Liu, 1999a: 435; Xu, 2005: 770.

鉴别特征　复眼密覆棕色短毛，具 3 带；额高为基宽的 2.2-2.3 倍，基胛两侧与复眼分离；亚胛全覆粉；颜覆粉，具黄白色毛；触角黑色，梗节和鞭节基环节基部少许棕色；下颚须黄灰色，第 2 节长约为宽的 3.7 倍，主要覆黄毛；胸部盾片无纵条，背侧片黑色；侧板密覆黄白色长毛；翅 R_4 脉无或具短附脉，翅横脉具暗斑；腹部背板黑色，密覆黄色短毛，形如蜜蜂，第 2、3 背板两侧具橙色斑。

形态描述

雌性　体长 13-14 mm，黑色。头部：复眼绿色，密覆棕色短毛，具 3 条紫色带；额灰黄色，覆黑毛和黄毛，高为基宽的 2.2-2.3 倍，两侧平行，基胛黑色，半圆形，两侧与复眼分离，中胛矛形，黑色，与基胛分离或连接，单眼瘤棕色，突出；亚胛灰色，“眉片”窄，覆棕黄粉；颜灰色，着生黄白色毛；口毛黄白色。触角黑色，柄节和梗节覆黑毛，梗节和鞭节基环节基部少许棕色，基环节无背突，长为宽的 1.8 倍，为端环节长的 1.7 倍。下颚须黄灰色，第 1 节覆黄色长毛，第 2 节覆黄毛夹杂少量黑毛，长约为宽的 3.7 倍。喙棕黑色，着生棕色毛。胸部：背板黑色，覆黄毛，无纵条，背侧片黑色；侧板黑色，密覆黄白色长毛。足黑色，基节覆白毛，股节具白毛和少量黑毛，前足胫节基部 1/2 和中、后足胫节黄棕色，着生黄白色毛，中、后足胫节基部具黑毛，中、后足跗节棕色黑毛。翅透明，翅脉棕色，横脉处具明显棕色斑，R_4 脉无或具短附脉。腋瓣灰棕色，两腋瓣交接处具黄毛。平衡棒黑棕色。腹部：背板黑色，密覆黄色短毛，形如蜜蜂，第 2、3 背板两侧具橙色斑，第 2 背板的斑大于第 3 背板的。腹板浅灰色，覆浅黄色毛。

雄性　未详。

观察标本　正模♀，四川马尔康，3200 m，1961.VII.8，标本号 IOZ(E)201183，保存在 IZCAS。40♀♀，甘肃，保存在 AMMSC。

生物学　高原林区种。

地理分布　陕西 (陇县、关山)、甘肃 (舟曲、迭部)、青海 (东峡)、四川 (德格、马尔康)、云南 (中甸、迪庆、白芒雪山)、西藏 (芒康)。

分类讨论　本种类似于克氏瘤虻 *H. chválai* Xu *et* Zhang，但克氏瘤虻的腹部具稀疏短毛，背板两侧无橙色斑，额高为宽的 1.5 倍。本种分布在青藏区东部，向东延伸分布

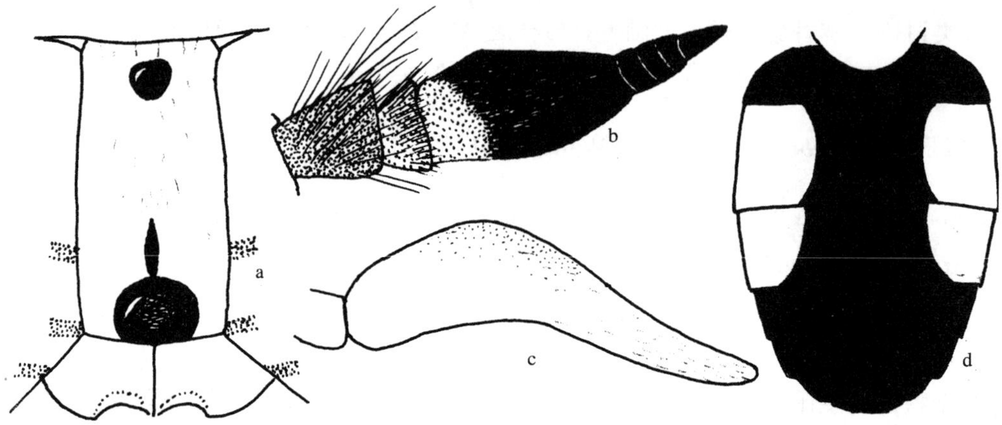

图 231 蜂形瘤虻 *Hybomitra mimapis* Wang

a. 额 (frons); b. 触角 (antenna); c. 下颚须 (palpus); d. 腹部背面 (dorsum of abdomen)

到南秦岭 (图 212)。

(216) 克氏瘤虻 ***Hybomitra chválai*** **Xu *et* Zhang, 1990** (图 232; 图版 IX)

Hybomitra chválai Xu *et* Zhang, 1990, In: Xu, Zhang, Deng and Zhang, 1990: 81 [Type locality: Zam, Tibet, China]; Xu and Wang, 1993: 107.

鉴别特征 复眼密覆深棕色短毛，具 3 带；额高为基宽的 1.5 倍，基胛两侧与复眼远离；亚胛全覆粉；颜覆粉，具棕色毛；触角黑色，梗节和鞭节的基环节基部少许深棕色；下颚须棕色，第 2 节长约为宽的 4 倍，覆黑毛和棕色毛；胸部盾片无纵条，背侧片黑色；侧板覆棕黄色毛；翅 R_4 脉无附脉，翅横脉具暗斑；腹部黑色，背、腹板覆金黄色毛，无浅色后缘。

形态描述

雌性 体长 13 mm，黑色。头部：复眼绿色，密覆深棕色短毛，具 3 条紫色带；额暗棕色，覆黑毛夹杂棕色毛，高为基宽的 1.5 倍，两侧平行，基胛黑色，小，因粉覆盖致轮廓不清晰，两侧与复眼远离，中胛短小，黑色，与基胛连接，单眼瘤黑色，突出，稍亮；亚胛暗棕色，“眉片”窄，覆棕黄粉；颜暗棕色，着生棕色毛；口毛棕色。触角黑色，柄节和梗节覆黑毛和灰棕色毛，梗节和鞭节基环节基部少许深棕色，基环节无背突，长为宽的 1.6-2.1 倍。下颚须棕色，第 1 节覆棕色长毛，第 2 节覆黑毛和棕色毛，长约为宽的 4 倍。喙棕黑色，着生棕色毛。胸部：背板黑色，覆棕黄色毛，无纵条，背侧片黑色；侧板黑色，覆棕黄毛。足黑色，着生棕黄色毛，夹杂黑毛，前足胫节基部 1/2 和中、后足胫节基部大部分深棕色，跗节黑色，中、后足第 1 跗节略浅，深棕黑色。翅透明，翅脉棕色，横脉处具明显棕色斑，R_4脉无附脉。腋瓣灰棕色，两腋瓣交接处具棕色毛。平衡棒黑色。腹部：背、腹板黑色，覆金黄色毛，无浅色后缘。

雄性　触角鞭节的基环节较雌性的窄，足胫节深色部分较雌性的短，余者同雌性。

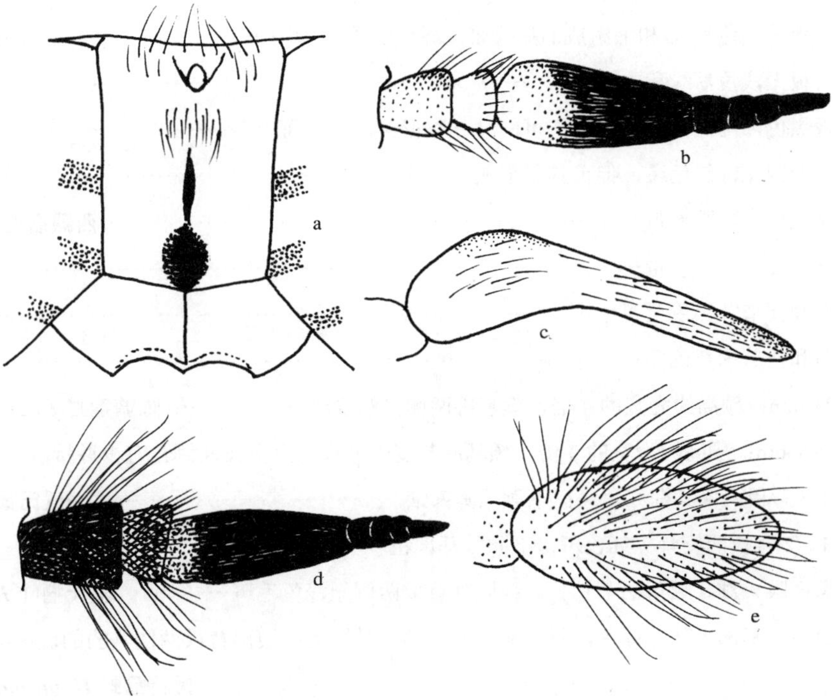

图 232　克氏瘤虻 *Hybomitra chválai* Xu *et* Zhang

a. 额 (frons)；b. 触角 (antenna)；c. 下颚须 (palpus)；d. 雄性触角 (antenna ♂)；e. 雄性下颚须 (palpus ♂)

观察标本　正模♀，西藏樟木，1670 m，1987.VIII.15，保存在 AMMSC。2♀♀24♂♂，西藏樟木，保存在 AMMSC。

生物学　高山林区种。

地理分布　西藏 (樟木、亚东)。

分类讨论　本种与蜂形瘤虻 *H. mimapis* Wang 类似，但蜂形瘤虻的腹部密覆黄毛，形如蜜蜂，第 2、3 背板两侧具橙色斑，额高为宽的 2.2-2.3 倍。一般形态也接近同域分布的莫氏瘤虻 *H. mouchai* Chálai，但莫氏瘤虻额胛很大，两侧与复眼接触，亚胛光裸。

六脸瘤虻组 *Hybomitra sexfasciata* group

六脸瘤虻组瘤虻的主要特征为翅横脉无暗斑。另外眼一般具 3 条横带；触角鞭节基部背突低，端部具 4 个环节；额基胛光裸；亚胛覆粉；颜和胛覆粉；下颚须细长，长超过宽的 3.5 倍；平衡棒暗棕色至黑色；腹部背板无或具窄的浅色后缘。本组分布在古北界，个别种延伸到东洋界北缘 (图 208)。

种检索表

1. 腹部各背板具浅色粉或/和毛组成的后缘带或/和中三角……2
   腹部各背板无浅色后缘和中三角……20
2. 腹部背板黑色，两侧具棕红色斑，可同时具斜形灰白色粉斑……3
   腹部背板两侧无棕红色斑，但可具斜形灰白色粉斑……16
3. 新鲜或软化标本，眼无带……**西藏瘤虻 *H. tibetana***
   新鲜或软化标本，眼具带……4
4. 触角柄节和梗节灰黑色至黑色……5
   触角柄节和梗节棕黄色……8
5. 体长 8-11 mm；额高约为宽的 4 倍，额基胛两侧接触复眼……**陈塘瘤虻 *H. chentangensis***
   体长 12-16 mm；额高约为宽的 3 倍，额基胛与复眼分离，至多在两侧角有少许接触……6
6. 腹部第 1-3 背板两侧具棕红色斑；下颚须基部细……**沃氏瘤虻 *H. olsoi***
   腹部第 1、2 背板两侧具棕红色斑；下颚须基部粗……7
7. 触角全黑；眼、额、触角柄节具长毛；腹部背板两侧无浅色毛斑……**里氏瘤虻 *H. lyneborgi***
   触角至少鞭节基部大部分棕色，眼、额、触角柄节具短毛；腹部背板两侧具弱的浅色毛斑……**懒行瘤虻 *H. tardigrada*** (部分)
8. 下颚须黑色……**短小瘤虻 *H. brevis***
   下颚须棕色……9
9. 触角鞭节的端环节棕色, 有时端环节的末节黑色……10
   触角鞭节的 4 个端环节黑色……12
10. 腹部背板黑色，第 2 或第 2、3 背板两侧具棕色小斑；体长不到 15 mm……**北方瘤虻 *H. borealis***
    腹部背板棕色，第 2-4 背板中央具黑斑，体长 18-20 mm……11
11. 胸部背侧片棕色；足股节全部黑色；腹部背板具浅色中三角……**乌苏里瘤虻 *H. ussuriensis***
    胸部背侧片黑色；足股节基半黑色，端半棕红色；腹部背板无浅色中三角……**巴氏瘤虻 *H. pavlovskii*** (部分)
12. 腹部仅第 2 背板两侧具小而不明显棕红色斑；触角鞭节黑色，仅基部少许棕红色……**拉萨瘤虻 *H. lhasaensis*** (部分)
    腹部第 1、2 或第 1-3 或第 1-4 背板两侧具大的棕红色斑；触角鞭节基部大部分棕红色……13
13. 腹部第 1-4 背板两侧具大的浅色斑；额高为基宽的 4.0-4.5 倍；胸部背侧片棕色……**阿氏瘤虻 *H. arpadi***
    腹部至多在第 1-3 背板两侧具较小的浅色斑；额高为基宽的 2.5-4.0 倍；胸部背侧片黑色……14

14. 额高为基宽的 2.5 倍，腹部背板两侧浅色斑较小，而中央黑斑宽大，占节宽的 2/3；体长 11-13 mm ……………………………………………………………………………………………… **六脸瘤虻 *H. sexfasciata***

额高为基宽的 3.5-4.0 倍，腹部背板两侧浅色斑较大，而中央黑斑较小，占节宽的 1/3；体长 13-16 mm …………………………………………………………………………………………………… 15

15. 额高为基宽的 3.5 倍，基胛方形；触角鞭节的基环节短宽；腹部第 1-3 背板两侧具栗褐色斑……

i.　**考氏瘤虻 *H. kaurii***

额高为基宽的 4.0 倍，基胛圆形或三角形；触角鞭节的基环节较窄长；腹部第 1、2 背板两侧具栗褐色斑………………………………………………………………… **窄须瘤虻 *H. stenopselapha***

16. 额高为基宽的 3.5-4.0 倍，中胛粗长…………………………………… **峨眉山瘤虻 *H. omeishanensis***

额高为基宽 3.0 倍，中胛粗，短线状 ……………………………………………………………… 17

17. 腹部背板黑色，第 2-5 背板两侧具斜形灰色斑；胸部背侧片棕色 ···· **拉萨瘤虻 *H. lhasaensis*** (部分)

腹部背板黑色，两侧无斜形斑，至多在第 2 背板两侧具浅色粉斑；胸部背侧片黑色…………… 18

18. 足全部黑色；触角全部黑色…………………………………………… **牦牛瘤虻 *H. bulongicauda***

足至少中、后足胫节棕色；触角至少鞭节基部少许棕色……………………………………… **19**

19. 触角鞭节基环节基半棕色；体长 12-14 mm………………………… **懒行瘤虻 *H. tardigrada*** (部分)

触角鞭节基环节极基部少许棕色；体长 15-16 mm ……………………………… **甘肃瘤虻 *H. kansui***

20. 腹部背板全部黑色，无侧斑……………………………………………… **全黑瘤虻 *H. holonigra***

腹部背板非全黑，两侧具或大或小的棕色斑…………………………………………………… 21

21. 触角鞭节的端环节黑色 …………………………………………………………………………… 22

触角鞭节的端环节棕色……………………………………………………………………………… 24

22. 触角柄节褐色，覆黑毛；下颚须褐色，覆黑毛…………………………………… **新型瘤虻 *H. nura***

触角柄节棕色，覆浅色毛；下颚须棕色，覆浅色毛………………………………………………… 23

23. 胸部和腹部覆密的橙色毛，胸部侧板的橙色毛长而密；额基胛大，近方形，中胛短小……………

……………………………………………………………………………………… **黄茸瘤虻 *H. robiginosa***

胸部和腹部覆稀疏的橙色毛，至少胸部侧板的毛不密集；额基胛小，卵形，中胛为基胛延线状…

…………………………………………………………………………… **圆腹瘤虻 *H. rotundabdominis***

24. 腹部背板二色明显，第 1-3 背板黄色，第 1 背板中央具大黑斑，黑斑远宽于小盾片，第 2、3 背板中央各具圆黑斑，第 4-7 背板黑色无浅色斑纹；触角棕色，鞭节基环节端部和端部 4 个环节深棕色

……………………………………………………………………………………… **黑尾瘤虻 *H. nigella***

腹部背板二色不明显，第 1-4 背板两侧具大块棕黄色斑；触角棕色，仅鞭节的末环节色略加深 ···

…………………………………………………………………………… **巴氏瘤虻 *H. pavlovskii*** (部分)

(217) 西藏瘤虻 *Hybomitra tibetana* (Szilády, 1926) (图 233)

Tabanus (*Therioplectes*) *tibetana* Szilády, 1926: 608 [Type locality: Fuss Hohe von Hobson, Tibet,

China].

Hybomitra tibetana (Szilády): Wang, 1994: 29.

鉴别特征　复眼密覆棕色短毛，无色带；额高为基宽的 2.5 倍，基胛两侧与复眼远离；亚胛全覆粉；颜覆粉，主要具浅黄毛；触角黑色，柄节和梗节密覆黑色长毛；下颚须棕色，第 2 节长约为宽的 3.7 倍，主要覆黑毛；胸部盾片无纵条，背侧片黑色，侧板主要密覆浅黄色长毛；翅 R_4 脉无或具短附脉，翅横脉无暗斑；腹部黑色，第 1 背板后侧缘和第 2 背板侧缘具棕色小斑，各背板密覆黑毛和浅黄色毛，具浅黄色后缘带。

形态描述

雌性　体长 15 mm，黑色。头部：复眼密覆棕色短毛，无色带；额黄灰色，密覆棕色长毛，基宽略窄于顶宽，高为基宽的 2.5 倍，两侧平行，基胛黑色，半圆形，因粉覆盖致轮廓不清晰，两侧与复眼分离，中胛短小，不明显，黑色，与基胛连接，单眼瘤卵圆形，红棕色，突出；亚胛灰色，“眉片”窄；颜灰色，密覆浅黄色长毛，上侧颜夹杂少量黑毛；口毛浅黄色。触角黑色，柄节和梗节密覆黑色长毛，鞭节缺损。下颚须棕色，第 1 节密覆浅黄色长毛，第 2 节覆黑色长毛和少量浅黄色毛，长约为宽的 3.7 倍。胸部：背板黑色，密覆浅黄色长毛，无纵条，背侧片黑色；侧板黑色，密覆浅黄色长毛和少量黑毛。足深褐色，具长毛，胫节色略浅。翅透明，翅脉棕色，翅横脉无暗斑，R_4 脉无或具短附脉。平衡棒棕色。腹部：背板黑色，第 1 背板后侧缘和第 2 背板侧缘具棕色小斑，各背板密覆黑毛和浅黄色毛，具浅黄色后缘带。腹板色同背板，但第 2 腹板两侧无棕色斑。

雄性　未详。

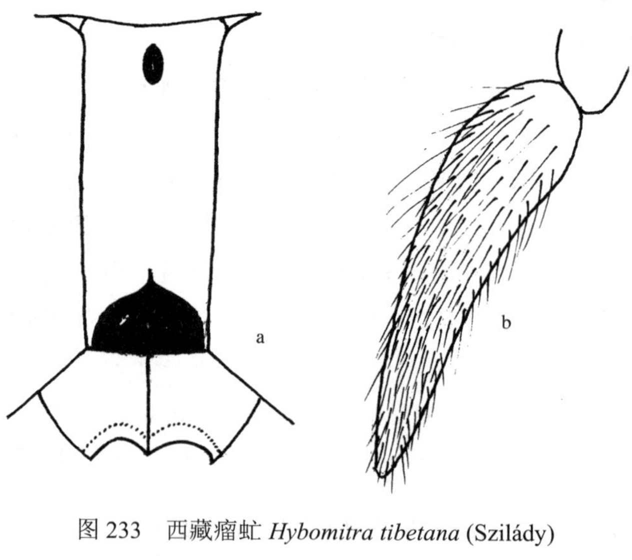

图 233　西藏瘤虻 *Hybomitra tibetana* (Szilády)

a. 额 (frons)；b. 下颚须 (palpus)　(仿王遵明, 1994)

观察标本　正模♀，西藏，保存在 BMNH (未检视)。

生物学　高原种。

地理分布　西藏 (亚东)。

分类讨论　瘤虻属复眼无色带的种类很少，我国仅有 3 种，西藏瘤虻 *H. tibetana* (Szilády)、科氏瘤虻 *H. coheri* Xu *et* Zhang 和无带瘤虻 *H. afasciata* Wang。科氏瘤虻体型较小，盾片具 3 条纵纹，腹部背板一致黑色，覆金黄色粉和金黄色毛。无带瘤虻的额中胛较大，矛形，下颚须窄长，长为宽的 4 倍，翅横脉具暗斑。且后 2 种瘤虻是驼瘤瘤虻组 *H. lamades* group 的成员。

(218) 陈塘瘤虻 *Hybomitra chentangensis* Zhu *et* Xu, 1995 (图 234)

Hybomitra chentangensis Zhu *et* Xu, 1995: 110 [Type locality: Chentang, Tibet, China]; Xu, 2000: 189.

鉴别特征　复眼密覆短毛，具 3 带；额高为基宽的 3.5-4.5 倍，基胛大，两侧与复眼接触；亚胛和颜覆粉，颜具黑毛；触角黑色，鞭节基环节无背突；下颚须灰黑色，第 2 节长为宽的 4.0-4.5 倍，主要覆黑毛；胸部盾片无纵条，侧板覆棕色毛；翅 R_4 脉无附脉，翅横脉无暗斑；腹部背板黑色，覆棕色毛，第 2 背板两侧具棕色斑，各节后缘具浅色细横带。

形态描述

雌性　体长 8-11 mm，黑色。头部：复眼绿色，密覆棕色短毛，具 3 条紫色带；额灰黄色，主要覆黑毛，两侧平行，高为基宽的 3.5-4.5 倍，基胛黑色，盾形，两侧与复眼接触，中胛矛形，黑色，与基胛连接，单眼瘤棕黑色，隆起；亚胛灰黄色，覆灰色粉，“眉片”低，覆黄灰粉；颜色同亚胛，着生短黑毛；口毛白色。触角黑色，柄节和梗节覆黑毛，鞭节基环节无背突，长为宽的 1.8-2.1 倍。下颚须灰黑色，第 1 节密覆棕色毛，第 2 节覆黑毛夹杂少量棕色毛，长为宽的 4.0-4.5 倍。喙黑色，着生棕色毛。胸部：背板灰黑色，覆浅黄色毛，无纵纹，背侧片灰黑色；侧板黑色，覆棕色毛。足黑褐色，股节具黄色长毛。翅透明，翅脉棕色，横脉处无暗斑，R_4 脉无附脉。腋瓣灰棕色，两腋瓣交接处具黄毛。平衡棒黑色，仅顶端棕色。腹部：黑色覆棕色毛，第 2 背板两侧具棕色斑，各节后缘具浅色细横带。腹板灰黑色，覆棕色毛，两侧覆灰棕色粉，显出不清晰的中纵黑条，第 7 腹板覆黑毛。

雄性　未详。

观察标本　正模♀，西藏陈塘，27.7°N，87.2°E，1992.VII.25，朱礼华，保存在 AMMSC。180♀♀，西藏陈塘，保存在 AMMSC。

生物学　山区林地种，是喜马拉雅山南坡山谷优势种；攻击行人。

地理分布　西藏 (陈塘)。

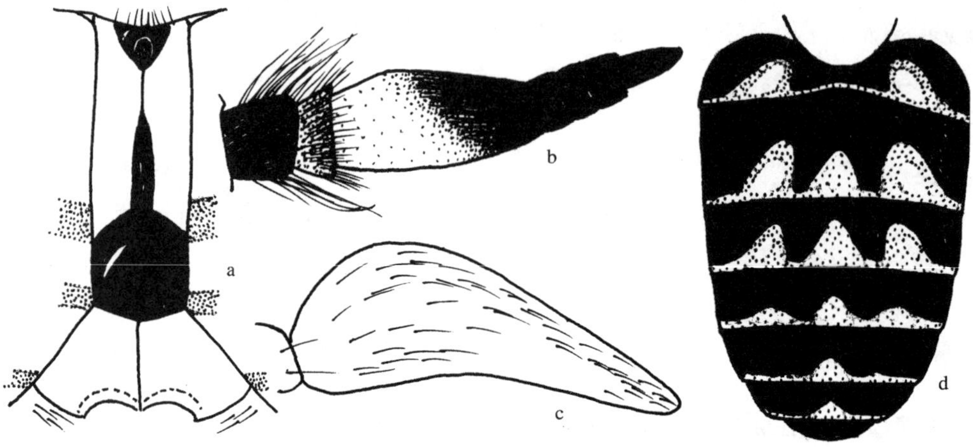

图 234 陈塘瘤虻 *Hybomitra chentangensis* Zhu *et* Xu

a. 额 (frons); b. 触角 (antenna); c. 下颚须 (palpus); d. 腹部背面 (dorsum of abdomen)

分类讨论 本种与峨眉山瘤虻 *H. omeishanensis* Xu *et* Li 近似，但峨眉山瘤虻额基胛不与复眼接触，足胫节大部分黄棕色。也类似于喜马拉雅瘤虻 *H. himalayana* Enderlin，但喜马拉雅瘤虻的触角和足棕褐色。

(219) 拉萨瘤虻 *Hybomitra lhasaensis* Wang, 1982 (图 235; 图版 XV)

Hybomitra lhasaensis Wang, 1982: 179 [Type locality: Lhasa, Tibet, China]; Wang, 1994: 55; Zhu and Xu, 1995b: 111.

鉴别特征 复眼密覆短毛，具 3 带；额高为基宽的 3 倍，基胛三角形，两侧与复眼分离；亚胛和颜覆粉，颜具白毛；触角黑色，柄节内侧黄棕色，鞭节基环节基部 1/4 棕色，基环节背突低；下颚须灰棕色，长为宽的 3.6 倍，覆白毛；胸部盾片具 3 条灰色纵纹，侧板主要覆白毛；翅 R_4 脉无附脉，翅横脉无暗斑；腹部背板黑色，第 2 背板两侧具棕色斑，各背板具中三角和侧部的斜形粉斑，后缘具浅色细横带。

形态描述

雌性 体长 12-15 mm，灰黑色。头部：复眼绿色，密覆棕色短毛，具 3 条紫色带；额灰黄色，主要覆黑毛，两侧平行，高为基宽的 3 倍，基胛黑色，三角形，两侧与复眼分离，中胛矛形，黑色,与基胛连接，单眼瘤红棕色，覆粉，隆起；亚胛灰色，覆灰色粉，“眉片”低，覆黄灰粉；颜色同亚胛，着生白毛；口毛白色。触角黑色，柄节和梗节覆白毛夹杂少量黑毛，柄节内侧黄棕色，鞭节基环节基部 1/4 棕色，背突低，长为宽的 1.6 倍。下颚须灰棕色，第 1 节密覆白毛，第 2 节覆白毛，长为宽的 3.6 倍。喙灰黑色，着生棕色毛。胸部：背板黑色，覆白毛，具 3 条灰色纵纹，背侧片浅棕色；侧板灰色，覆白毛，中胸上前侧片夹杂少量黑毛。足股节灰黑色，具浅色毛，胫节棕色，具浅色毛，跗节棕黑色，黑毛。翅透明，翅脉棕色，横脉处无暗斑，R_4 脉无附脉。腋瓣灰色，两腋瓣交接处具白毛。平衡棒棕色，仅顶端黄棕色。腹部：背板黑色，具灰白色后缘和中三角，两侧斜形浅色粉斑有的个体不清晰，第 2 背板两侧有的具不明显棕色小斑。腹板灰黑色，具浅色后缘，第-3 腹板两侧略呈棕色。

雄性　触角鞭节的基环节较雌性的窄，腹背板两侧斜形斑全部为灰色。

观察标本　正模♀，西藏拉萨，海拔 3670 m，1974.VII.8，李铁生，标本号 IOZ(E)201163，保存在 IZCAS。20♀♀5♂♂，西藏拉萨，保存在 AMMSC。

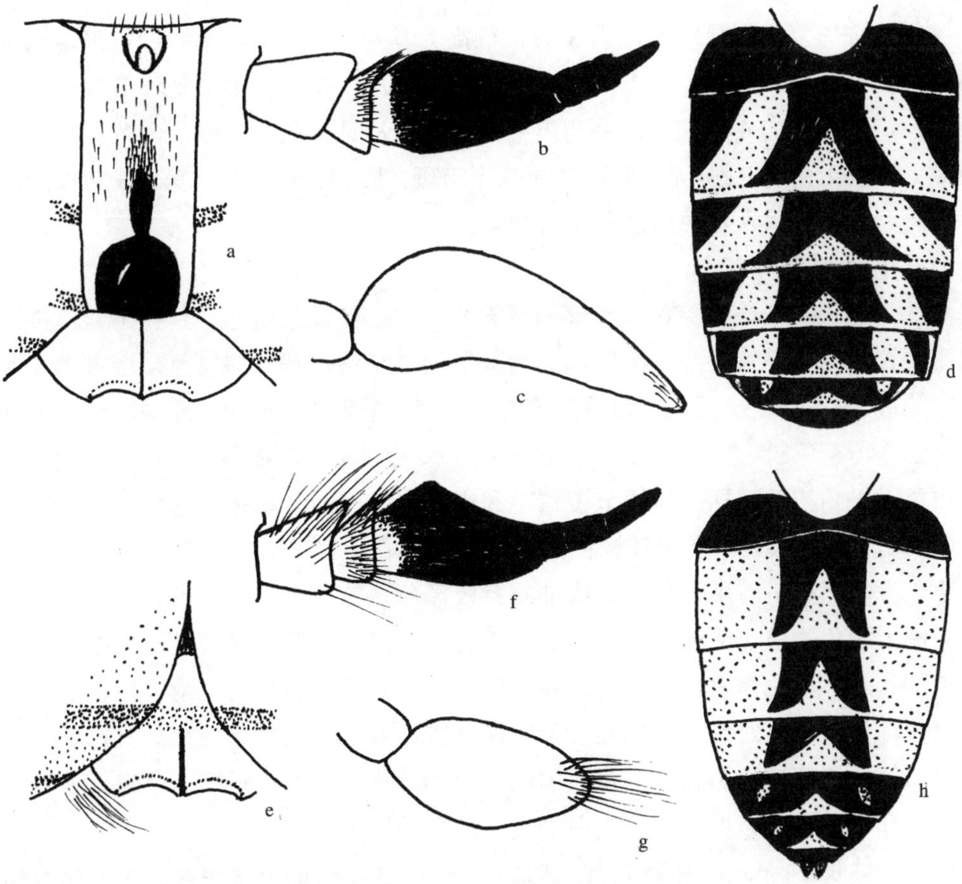

图 235　拉萨瘤虻 *Hybomitra lhasaensis* Wang

a. 额 (frons)；b. 触角 (antenna)；c. 下颚须 (palpus)；d. 腹部背面 (dorsum of abdomen)；e. 雄性额 (frons ♂)；f. 雄性触角 (antenna ♂)；g. 雄性下颚须 (palpus ♂)；h. 雄性腹部背面 (dorsum of abdomen ♂)

生物学　高原沼泽农区种，在拉萨是当地优势种；攻击马、人。

地理分布　西藏 (拉萨)。

分类讨论 本种类似于沃氏瘤虻 *H. olsoi* Takahasi，但沃氏瘤虻的中、后足胫节红棕色；腹背斜形斑棕色；下颚须基部细。

(220) 沃氏瘤虻 *Hybomitra olsoi* Takahasi, 1962 (图 236)

Tabanus (*Sziládynus*) *angustipalpis* Olsufjev, 1936: 228 [Type locality: Amur, Russia].

Hybomitra olsoi Takahasi, 1962: 48 (new name for *T. angustipalpis* Olsufjev, 1936, preoccupied by Schuurmans-Stekhoven, 1926); Murdoch and Takahasi, 1969: 41; Olsufjev, 1977: 323; Xu, 1982b: 104; Wang, 1983: 47; Yao and Ding, 1986: 34.

鉴别特征 复眼密覆短毛，具 3 带；额高为基宽的 3.5 倍，基胛近方形，两侧与复眼窄分离；亚胛和颜覆粉，颜主要覆白毛；触角黑色，梗节和鞭节基环节红棕色；下颚须浅棕色，长为宽的 4 倍，覆白毛和黑毛；胸部盾片具 5 条灰色纵纹，背侧片黑色，侧板覆黑毛和白毛；翅 R_4 脉无附脉，翅横脉无暗斑；腹部背板黑色，第 1-3 背板两侧具斜形棕色斑，各背板具灰白色后缘和中三角。

形态描述

雌性 体长 16 mm，黑色。头部：复眼绿色，密覆棕色短毛，具 3 条紫色带；额灰色，主要覆黑毛，基宽略窄于顶宽，高为基宽的 3.5 倍，基胛棕黑色，近方形，两侧与复眼窄分离，中胛矛形，黑色，与基胛连接或分离，单眼瘤红棕色，周围具黑色光裸区；亚胛灰色，覆灰色粉，“眉片”低，覆黄灰粉；颜色同亚胛，着生白毛，上侧颜具黑毛；口毛白色。触角黑色，柄节和梗节覆黑毛和少量白毛，梗节和鞭节基环节红棕色，背突低，长为宽的 1.5 倍。下颚须浅棕色，第 1 节密覆白毛，第 2 节覆黑毛和白毛，长为宽的 4 倍。喙灰黑色，着生棕色毛。胸部：背板黑色，覆白毛，具 5 条灰色纵纹，背侧片黑色；侧板黑色，覆黑毛和白毛。足股节黑色，具黑毛，前足胫节基部 1/2 棕色，具黑毛，端部和跗节黑色黑毛，中、后足胫节红棕色，具黑毛和白毛，跗节黑色黑毛。翅透明，翅脉棕色，横脉处无暗斑，R_4 脉无附脉。腋瓣灰色，两腋瓣交接处具白毛。平衡棒暗棕色，仅顶端黄棕色。腹部：背板黑色，第 1-3 背板两侧具斜形棕色斑，各背板具灰白色后缘和中三角。腹板红棕色，中央具不清晰的黑斑。

雄性 体长 14 mm，复眼上 2/3 大眼面与下 1/3 小眼面界限明显；单眼瘤具棕色光泽；触角鞭节的基环节较雌性的窄。

观察标本 2♀♀，黑龙江，保存在 AMMSC。

生物学 林区种。

地理分布 黑龙江 (盘古、虎林)、内蒙古 (呼伦贝尔、鄂伦春旗、喜桂图旗)；俄罗斯，蒙古。

分类讨论 本种类似于接近拉萨瘤虻 *H. lhasaensis* Wang，但拉萨瘤虻的中、后足胫节棕色，腹背斜形斑灰色，下颚须基部粗。

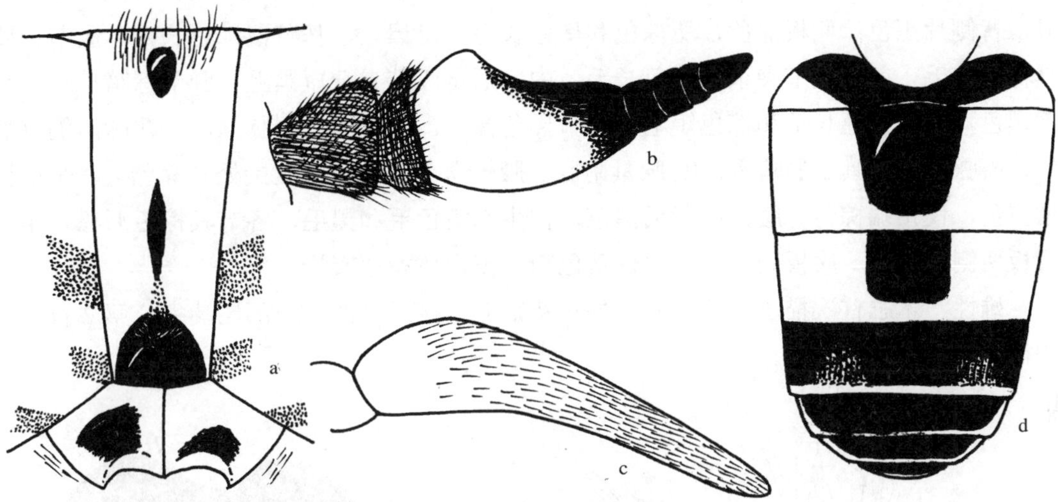

图 236　沃氏瘤虻 *Hybomitra olsoi* Takahasi

a. 额 (frons)；b. 触角 (antenna)；c. 下颚须 (palpus)；d. 腹部背面 (dorsum of abdomen)

(221) 里氏瘤虻 *Hybomitra lyneborgi* Chvála, 1969 (图 208, 图 237; 图版 IX)

Hybomitra lyneborgi Chvála, 1969: 44 [Type locality: Ting Sang-La, Nepal]; Wang, 1983: 39.

Hybomitra subbranta Xu *et* Zhang, 1990, In: Xu, Zhang, Deng and Zhang, 1990: 83. Synonymized by Xu, 2000: 188.

鉴别特征　复眼密覆棕色长毛，具 3 带；额高为基宽的 2.8 倍，基胛半圆形，两侧与复眼分离；亚胛和颜覆粉，颜具棕色毛和黑毛；触角全黑色，基环节背突不明显；下颚须棕黑色，长为宽的 4 倍，主要覆黑色长毛；胸部盾片无或具不明显灰色纵纹，侧板覆棕色和黑色长毛；翅 R_4 脉具附脉，翅横脉无或具弱的暗斑；腹部黑色，密生棕黄色毛和黑毛，第 2 背板两侧棕红色，各节背板具棕色后缘。

形态描述

雌性　体长 12-14 mm，黑色。头部：复眼绿色，密覆棕色长毛，具 3 条紫色带；额灰棕色，覆长黑毛夹杂少量灰棕色毛，两侧平行或基部略窄，高为基宽的 2.8 倍，基胛黑色，半圆形，两侧与复眼分离，中胛黑色，短，与基胛连接，单眼瘤亮黑色，隆起，头顶黑毛很长；亚胛灰棕色，覆灰色粉，“眉片”低，覆黄灰粉；颜灰棕色，侧颜着生黑色和棕色长毛，中颜覆棕色毛；口毛棕色。触角黑色，柄节和梗节覆黑毛和少量棕色毛，鞭节基环节背突不明显，长为宽的 1.5 倍，为端环节长的 1.3 倍。下颚须棕黑色，

第 1 节密覆棕色长毛夹杂黑色长毛，第 2 节覆黑色长毛夹杂棕色长毛，长为宽的 4 倍。喙灰黑色，着生棕黑色毛。胸部：背板黑色，覆长黑毛和短棕色毛，无纵纹或纵纹不明显，背侧片黑色；侧板黑色，覆棕色和黑色长毛。足黑色，基节覆棕色长毛，股节主要具棕色长毛，前足股节夹杂有黑色长毛，中、后足股节夹杂短黑毛，胫节深暗棕色，端部黑色，着生黑色长毛和棕色短毛，跗节黑色黑毛。翅透明，翅脉棕色，翅脉两侧有着色，横脉处无或具弱的暗斑，R_4 脉具附脉。腋瓣灰色，两腋瓣交接处具棕色毛。平衡棒烟黑色，仅顶端棕色。腹部：背板黑色，密生棕黄色毛和黑毛，各节具棕色后缘，第 2 背板两侧棕红色。腹板同背板，覆棕黄色粉。整个体型似蜜蜂。

雄性　本志首次描述。除性差别外，特征非常接近雌性，腹部尾端尖，第 2 背板两侧棕红色斑略大于雌性。

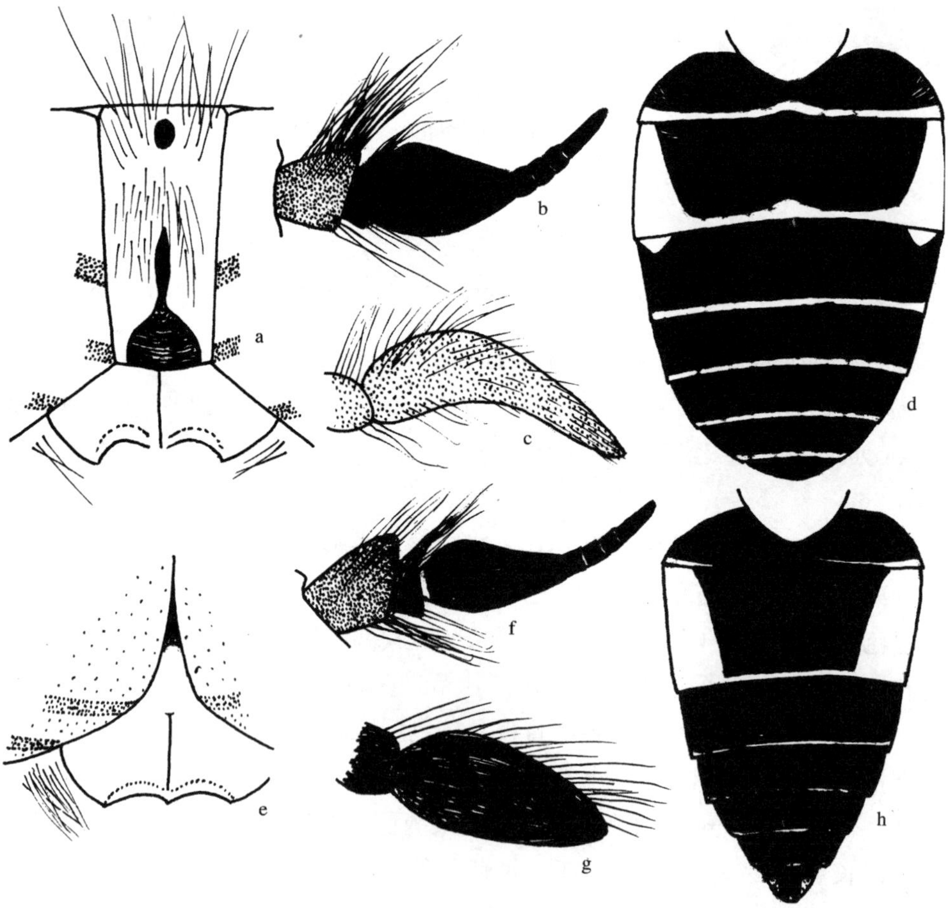

图 237　里氏瘤虻 *Hybomitra lyneborgi* Chvála

a. 额 (frons)；b. 触角 (antenna)；c. 下颚须 (palpus)；d. 腹部背面 (dorsum of abdomen)；e. 雄性额 (frons ♂)；f. 雄性触角 (antenna ♂)；g. 雄性下颚须 (palpus ♂)；h. 雄性腹部背面 (dorsum of abdomen ♂)

观察标本 20♀♀1♂，西藏，保存在 AMMSC。

生物学 高山林区种；攻击马、人。

地理分布 西藏 (樟木、亚东)；尼泊尔。

分类讨论 本种与懒行瘤虻 *H. tardigrada* Xu *et* Liu 类似，但懒行瘤虻的触角鞭节基部棕色，眼具短毛。本种是喜马拉雅山区的特有种 (图 208)。

(222) 懒行瘤虻 *Hybomitra tardigrada* Xu *et* Liu, 1985 (图 238；图版 IX)

Hybomitra tardigrada Xu *et* Liu, 1985: 172 [Type locality: Zhugqu, Gansu, China]; Wang, 1994: 59; Liu, 1999a: 435; Xu, 2005: 770.

鉴别特征 复眼密覆短毛，具3带；额高为基宽的2.5-2.7倍，基胛类三角形，两侧与复眼分离；亚胛和颜覆粉，颜具棕色毛和黑毛；触角柄节和梗节黑色，鞭节基环节深棕色，背缘、端部及端环节黑棕色；下颚须灰棕色，第2节长为宽的3.3-4.0倍，主要覆黑毛；胸部盾片无纵纹，侧板主要覆黑毛；翅R_4脉无附脉，翅横脉无或具弱的小暗斑；腹部背板黑色，着生黑毛，各节具白毛后缘窄带，第2背板两侧具小的棕色斑，第2-5背板中央具白毛三角，第2背板亚侧部具斜形灰白色三角斑。

形态描述

雌性 体长 12-14 mm，乌黑色。头部：复眼绿色，密覆棕色短毛，具 3 条紫色带；额灰黄色，覆黑毛夹杂少量灰黄色毛，两侧平行，高为基宽的 2.5-2.7 倍，基胛黑色，类三角形，两侧与复眼分离，中胛黑色，矛形，与基胛连接，单眼瘤黑色，隆起；亚胛灰棕黄色，覆灰色粉，“眉片”低，覆黄棕色粉；颜灰黄色，着生黑毛夹杂黄毛；口毛黄色。触角柄节和梗节黑色，覆黑毛，鞭节基环节背突短钝，深棕色，背缘、端部及端环节黑棕色，基环节长为宽的 1.7-2.1 倍，为端环节长的 1.7-2.2 倍。下颚须灰棕色，覆黑毛夹杂灰白色毛，第 2 节长为宽的 3.3-4.0 倍。喙灰黑色，着生棕黑色毛。胸部：背板黑色，覆长灰白毛夹杂黑毛，无纵纹，背侧片黑色；侧板黑色，覆黑毛夹杂灰白色毛。足基节黑色，覆灰白色毛，端部夹杂黑毛，股节黑色，前足股节着生黑毛夹杂少量灰白色毛，中、后足股节着生灰白色毛夹杂少量黑毛，胫节基部 1/2 灰棕色，着生灰黄色毛夹杂黑毛，端部 1/2 及跗节黑色，着生黑色长毛。翅透明，翅脉棕色，横脉处无或具很弱的小暗斑，R_4 脉无附脉。腋瓣烟棕色，两腋瓣交接处具灰白色毛。平衡棒棕黑色至黑色。腹部：背板黑色，着生黑毛，各节具白毛后缘窄带，第 2 背板两侧具小的棕色斑，第 2-5 背板中央具白毛三角，第 2 背板亚侧部具斜形灰白色三角斑。腹板灰黑色，覆灰白色短毛，各腹板中央夹杂黑毛。

雄性 体长 11-13 mm，上部大眼面向下部小眼面变化渐变，下颚须灰棕色，胫节略暗于雌性，中足股节和中足胫节具长毛，前足第 1-3 跗节端部具数根长于第 1 跗节的黑色长毛，腹部第 2、3 背板两侧具大块棕色斑，各背板不具后缘白毛带，仅在第 1-5 背板后缘中央及两侧角具白毛丛，腹板覆黑毛，第 2-6 腹板具后缘白毛带。

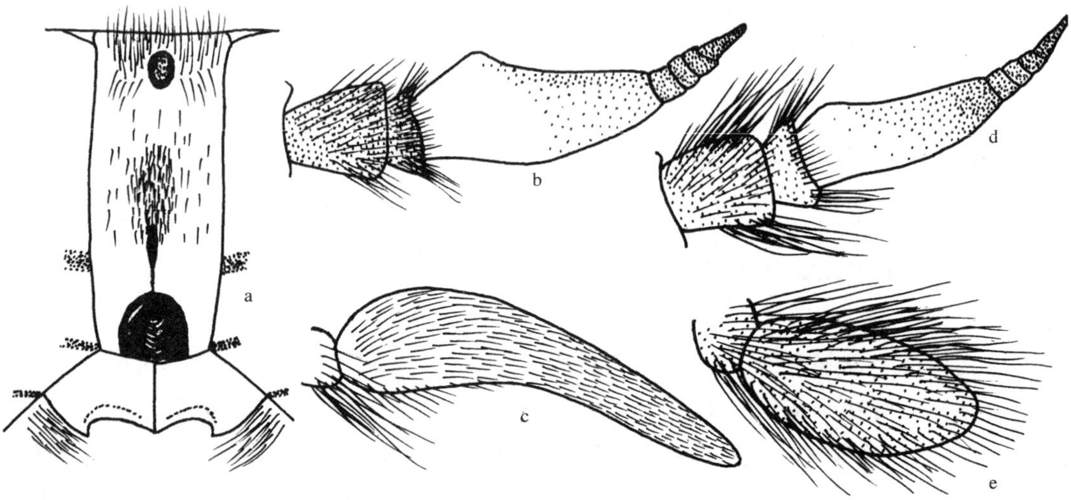

图 238 懒行瘤虻 *Hybomitra tardigrada* Xu *et* Liu

a. 额 (frons)；b. 触角 (antenna)；c. 下颚须 (palpus)；d. 雄性触角 (antenna ♂)；e. 雄性下颚须 (palpus ♂)

观察标本 正模♀，甘肃舟曲，2300 m，1980.VII.9，许荣满，保存在 AMMSC。40♀♀11♂♂，甘肃，保存在 AMMSC。

生物学 高山林区种；只在树上采到，未发现在家畜身上吸血。

地理分布 甘肃 (舟曲)。

分类讨论 本种类似于甘肃瘤虻 *H. kansui* Philip，但甘肃瘤虻的触角鞭节基环节全黑或极基部少许棕色；体长 15-16 mm。

(223) 短小瘤虻 *Hybomitra brevis* (Loew, 1858) (图 239；图版 XIV)

Tabanus brevis Loew, 1858: 584 [Type locality: Sibiria, Russia].

Hybomitra brevis: Murdoch and Takahasi, 1969: 39; Olsufjev, 1977: 329; Xu, 1982b: 104; Wang, 1983: 46; Chen, 1983: 114; Yao and Ding, 1986: 34; Jiang, Zhang, Huang and Dai, 1993: 103.

鉴别特征 复眼密覆短毛，具 3 带；额高为基宽的 3.5 倍，基胛两侧与复眼窄分离；亚胛和颜覆粉，颜具白毛；触角红棕色；下颚须黑色，第 2 节长为宽的 4.2 倍，覆黑毛和白毛；胸部盾片具 3 条不明显纵纹，侧板覆浅黄色毛；翅横脉无暗斑，R_4 脉无附脉；腹部背板黑色，各背板后缘具黄色细横带，第 2-4 背板中央具不清晰的浅黄色三角，第 1-3 背板两侧具大块黄色斑。

形态描述

雌性　体长 13-17 mm，棕黑色。头部：复眼绿色，密覆棕色短毛，具 3 条紫色带；额灰色，主要覆黑毛，高为基宽的 3.5 倍，顶宽略大于基宽，基胛棕色，类圆形，两侧与复眼窄分离，中胛矛形，黑色，与基胛连接，单眼瘤红棕色，隆起；亚胛灰色，覆灰色粉，“眉片”低，覆黄灰粉；颜色同亚胛，着生白毛；口毛白色。触角红棕色，鞭节的端环节的末节黑色，柄节和梗节覆黑毛和白毛，鞭节基环节背突钝，长为宽的 1.8 倍。下颚须黑色，第 1 节密覆黑色和白色长毛，第 2 节覆黑毛和白毛，长为宽的 4.2 倍。喙黑色，着生棕色毛。胸部：背板黑色，覆灰粉和灰棕色毛，具 3 条不明显灰色纵纹，背侧片黑色；侧板灰色，覆浅黄色毛。足黑色，股节覆浅黄色毛，前足胫节基部 1/2 棕色，中、后足胫节黄棕色。翅透明，翅脉黄棕色，横脉处无暗斑，R_4 脉无附脉。腋瓣灰棕色，

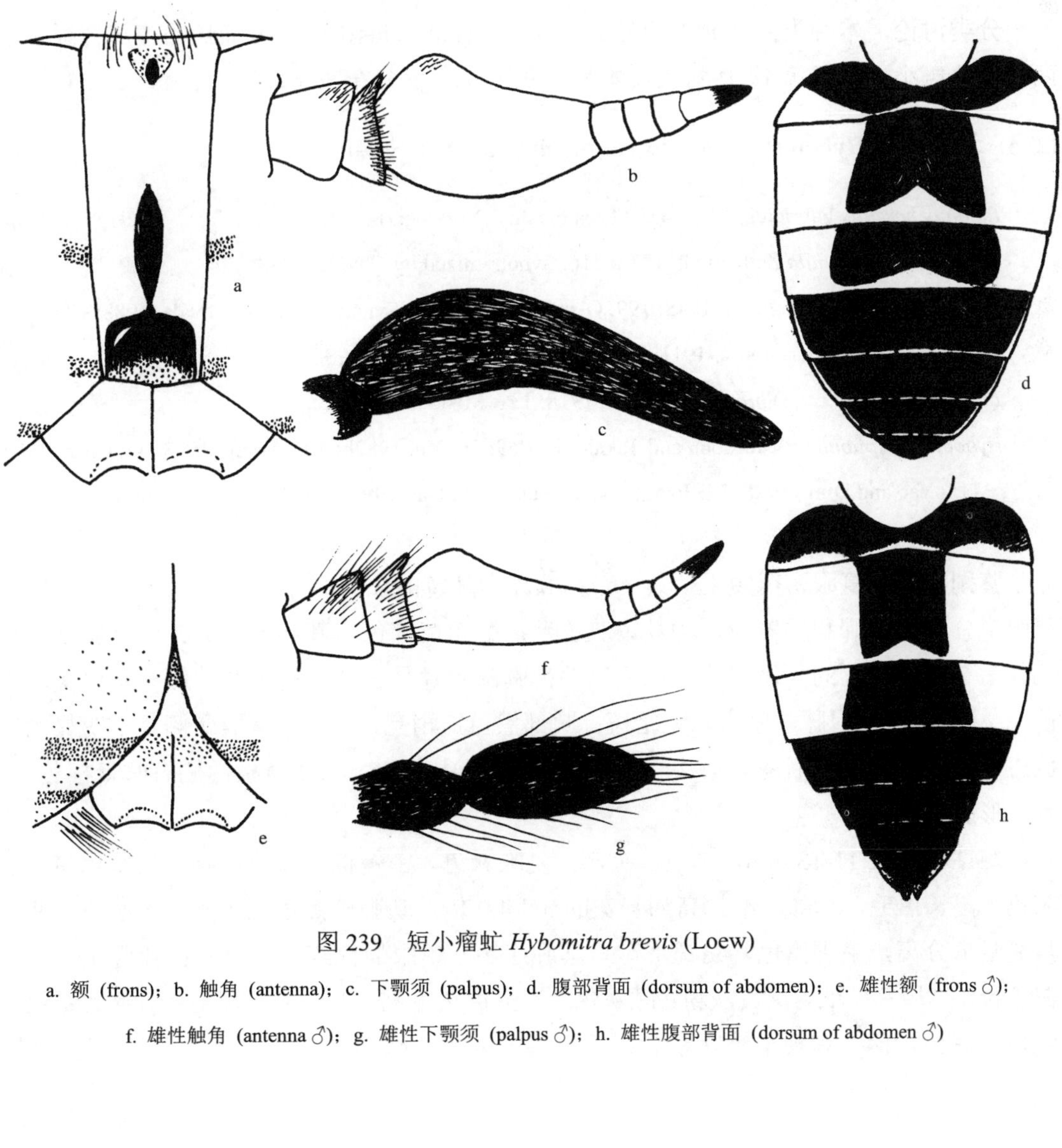

图 239　短小瘤虻 *Hybomitra brevis* (Loew)

a. 额 (frons)；b. 触角 (antenna)；c. 下颚须 (palpus)；d. 腹部背面 (dorsum of abdomen)；e. 雄性额 (frons ♂)；f. 雄性触角 (antenna ♂)；g. 雄性下颚须 (palpus ♂)；h. 雄性腹部背面 (dorsum of abdomen ♂)

两腋瓣交接处具白毛。平衡棒黑棕色，仅顶端棕色。腹部：背板黑色，覆黄毛，各背板后缘具黄色细横带，第 1-3 背板两侧具大块黄色斑，第 2-4 背板具不明显的浅黄色中三角，第 4-7 背板黑色。腹板覆黄毛，前 2、3 腹板黄色，第 2 腹板中央具黑色圆斑，后 4、5 腹板黑色。

雄性　复眼具浅棕色长毛，上、下眼面大小相等，触角橙色；下颚须黑色，胸、腹部色、斑同雌性。

观察标本　42♀♀2♂♂，黑龙江，保存在 AMMSC。

生物学　山区林地种；6-8 月数量较多。

地理分布　黑龙江 (虎林、海林、伊春)、吉林 (长白山、抚松、柳河、安图、敦化、汪清、和龙)、辽宁 (宽甸、恒仁、铁岭、新宾、抚顺)、内蒙古 (喜桂图旗、伊列克德、牙克石、阿里河、阿尔山、巴彦库仁)；俄罗斯，朝鲜，日本。

分类讨论　本种类似于北方瘤虻 *H. borealis* (Fabricius)，但北方瘤虻的腹部背板黑色，两侧棕色斑小，限于第 1、2 背板。本种在我国现知仅分布在东北区。

(224) 北方瘤虻 *Hybomitra borealis* (Fabricius, 1781) (图 240)

Tabanus borealis Fabricius, 1781: 459 [Typa locality: Norwegia].

Tabanus albomaculata Zetterstedt, 1838: 516. Synonymized by Chvála, 1988: 124.

Tabanus lapponica Wahlberg, 1848: 199; Olsufjev, 1977: 325. Synonymized by Chvála, 1988: 124.

Tabanus komurae Matsumura, 1911: 65. Synonymized by Chvála, 1988: 124.

Tabanus (*Therioplectes*) *hirticeps* Shiraki, 1918: 131. Misidentification.

Hybomitra lapponicus: Murdoch and Takahasi, 1969: 36; Xu, 1982b: 104; Wang, 1983: 44; Chen, 1983: 115; Yao and Ding, 1986: 34; Jiang, Zhang, Huang and Dai, 1993: 103. Misidentification.

鉴别特征　复眼密覆短毛，具 3 带；额高为基宽的 3.5-4.0 倍，基胛类圆形，两侧与复眼窄分离；亚胛和颜覆粉，颜具黄灰色毛；触角黄棕色，基环节背突钝；下颚须灰棕色，第 2 节长为宽的 4 倍，覆棕色毛黑毛；胸部盾片具 3 条灰色纵纹，侧板主要覆灰白色毛；翅 R_4 脉无附脉，翅横脉无暗斑；腹部黑色，稍亮，第 1-5 背板两侧具不明显的灰色斑，各节具灰白色后缘，第 2、3 背板可见浅色中三角，第 2 背板两侧有时带棕色。

形态描述

雌性　体长 11-13 mm，黑色。头部：复眼绿色，密覆棕色短毛，具 3 条紫色带；额灰色，覆长黑毛，基部略窄，高为基宽的 3.5-4.0 倍，基胛棕黑色至黑色，类圆形，两侧与复眼窄分离，中胛黑色，纺锤形，与基胛连接，单眼瘤棕红色，隆起；亚胛灰色，覆灰色粉，“眉片”低，覆黄灰粉；颜灰色，着生黄灰色毛，上侧颜具黑毛；口毛黄灰色。触角黄棕色，柄节和梗节覆灰粉和黑毛，鞭节棕色，端环节末节黑色，基环节背突钝，长为宽的 1.3 倍，为端环节长的 1.2 倍。下颚须灰棕色，第 1 节密覆棕色长毛夹杂黑色长毛，第 2 节覆棕色毛和黑毛，长为宽的 4 倍。喙黑色，着生棕黑色毛。胸部：背板黑色，覆黑毛和黄毛，具 3 条灰色纵纹，背侧片黑色；侧板黑色，覆灰白色毛夹杂一些黑毛。足黑色黑毛，中足胫节基部 1/2，前、后足胫节基部棕色。翅透明，前缘着黄色，翅脉棕色，横脉处无暗斑，R_4 脉无附脉。腋瓣灰色，两腋瓣交接处具灰白色毛。平衡棒黑棕色，仅顶端棕色。腹部：背板黑色，稍亮，第 1-5 背板两侧具不明显的灰色斑，各节具灰白色后缘，第 2、3 背板可见浅色中三角，第 2 背板两侧有时带棕色。腹板色同背板，具灰白色后缘，第 2、3 腹板两侧有时具棕色斑。

雄性　复眼上 2/3 大眼面与下 1/3 小眼面界限分明；触角柄节具黑毛，鞭节窄于雌性；下颚须棕黑色，第 2 节覆黑毛，长为宽的 2 倍；中胸背板覆黑色长毛，背侧片黑色；腹部黑色，第 2、3 背板棕色，暗中条占节宽的 1/3，第 4 背板以后黑色，背板和腹板均具浅色后缘，第 2、3 腹板棕色，第 2 腹板中央具大的暗斑，第 4 背板以后黑色。

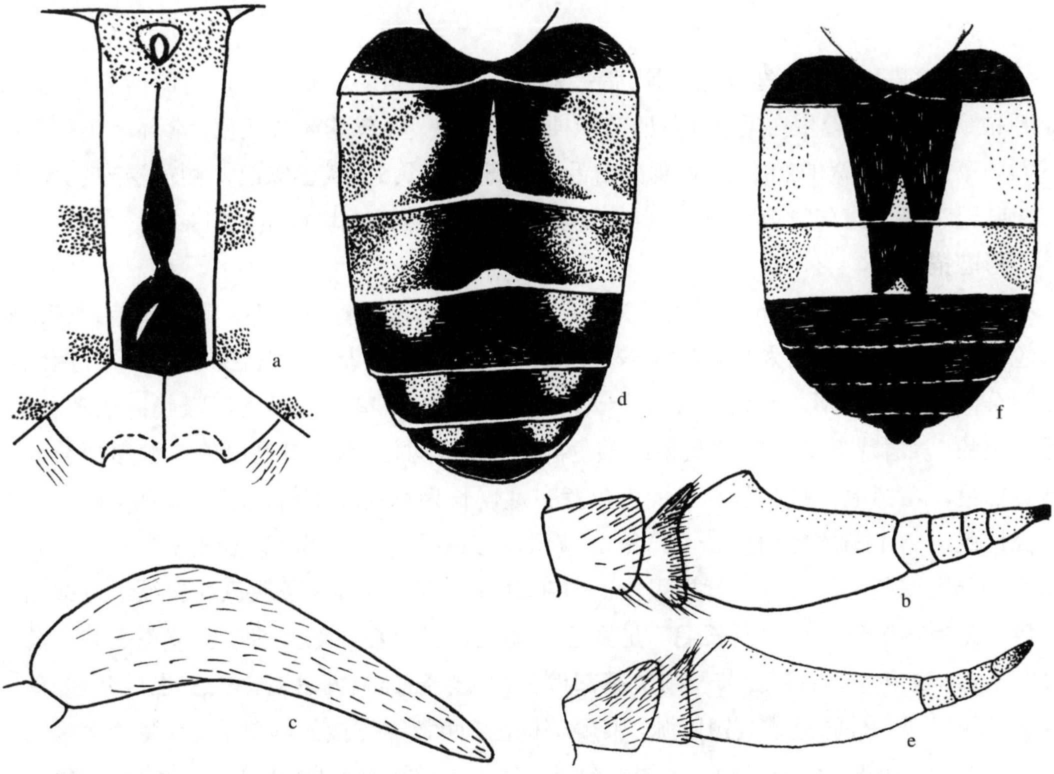

图 240　北方瘤虻 *Hybomitra borealis* (Fabricius)

a. 额 (frons)；b. 触角 (antenna)；c. 下颚须 (palpus)；d. 腹部背面 (dorsum of abdomen)；e. 雄性触角 (antenna ♂)；f. 雄性腹部背面 (dorsum of abdomen ♂)

观察标本 50♀♀1♂，黑龙江，保存在 AMMSC。

生物学 林区种；攻击马、人；7 月多见。

地理分布 黑龙江 (亚布力、辰清、饶河、虎林)、吉林 (长白山、珲春、抚松、敦化)、辽宁 (新宾)、内蒙古 (呼伦贝尔、鄂伦春旗、喜桂图旗、阿巴尔虎旗)；俄罗斯，蒙古，日本，欧洲北部。

分类讨论 本种与乌苏里瘤虻 *H. ussuriensis* (Olsufjev) 有些类似，但乌苏里瘤虻胸部背侧片棕色，后足胫节棕色。雄性更接近乌苏里瘤虻，但背侧片本种黑色，而乌苏里瘤虻则为棕色。

(225) 乌苏里瘤虻 *Hybomitra ussuriensis* (Olsufjev, 1937) (图 241)

Tabanus (*Tylostypia*) *ussuriensis* Olsufjev, 1937: 142 [Type locality: Ussuri, Russia].

Hybomitra ussuriensis: Murdoch and Takahasi, 1969: 40; Olsufjev, 1977: 330; Xu, 1982b: 104; Wang, 1983: 46; Yao and Ding, 1986: 35; Jiang, Zhang, Huang and Dai, 1993: 104.

鉴别特征 复眼密覆短毛，具3带；额高为基宽的4倍，基胛大，两侧与复眼分离；亚胛和颜覆粉，颜着生白毛；触角柄节和梗节黄棕色，鞭节基环节橙色，端环节暗棕色；下颚须第2节长为宽的2.8倍，主要覆白毛；胸部盾片具5条灰色纵纹，侧板覆白色长毛；翅横脉无暗斑；腹部背板黑色，第1-3或第1-4背板两侧具大块棕黄色斑。

形态描述

雌性 体长 15-19 mm，黑色。头部：复眼绿色，密覆棕色短毛，具 3 条紫色带；额灰色，主要覆黑毛，高为基宽的 4 倍，顶宽略大于基宽，基胛棕黑色，类圆形，两侧与复眼分离，中胛梭形，黑色，顶端分叉，与基胛连接，单眼瘤黑色，隆起；亚胛灰色，覆灰色粉，“眉片”低，覆黄灰粉；颜色同亚胛，着生白毛；口毛白色。触角柄节和梗节黄棕色，覆黑毛，鞭节基环节橙色，背突钝，长为宽的 1.3 倍，端环节暗棕色。下颚须浅棕色，第 1 节密覆白色长毛，第 2 节粗，覆白毛和一些黑毛，长为宽的 2.8 倍。喙黑色，着生棕色毛。胸部：背板黑色，覆灰白粉和白毛，具 5 条灰色细长纵纹，背侧片棕色；侧板灰黑色，覆白色长毛。足黑色，基节、股节覆白毛，前足股节覆黑毛，前足胫节基部 1/2 和中、后足胫节及跗节基部棕色，其余部分黑色黑毛。翅透明，翅脉棕色，横脉处无暗斑，R_4 脉无或具短附脉。腋瓣灰棕色，两腋瓣交接处具白毛。平衡棒棕黑色，仅顶端棕色。腹部：背板黑色，覆银白色毛，第 1-3 或第 1-4 背板两侧具大块棕黄色斑，各节后缘具浅黄色细横带，第 2、3 背板具不明显的浅黄色中三角。腹板前 3 节浅黄棕色，基部具小黑斑，其后各节覆灰色粉和银色毛。

雄性 体长 17 mm，腹眼覆灰色长毛，上 2/3 大眼面与下 1/3 小眼面区分明显；下颚须覆棕色毛和黑毛；背侧片棕色；足黑色，但前足胫节棕黑色，跗节黑色，中、后足胫节及第 1 跗节棕色；腹部背板第 2、3 背板的中黑条较雌性的略窄。

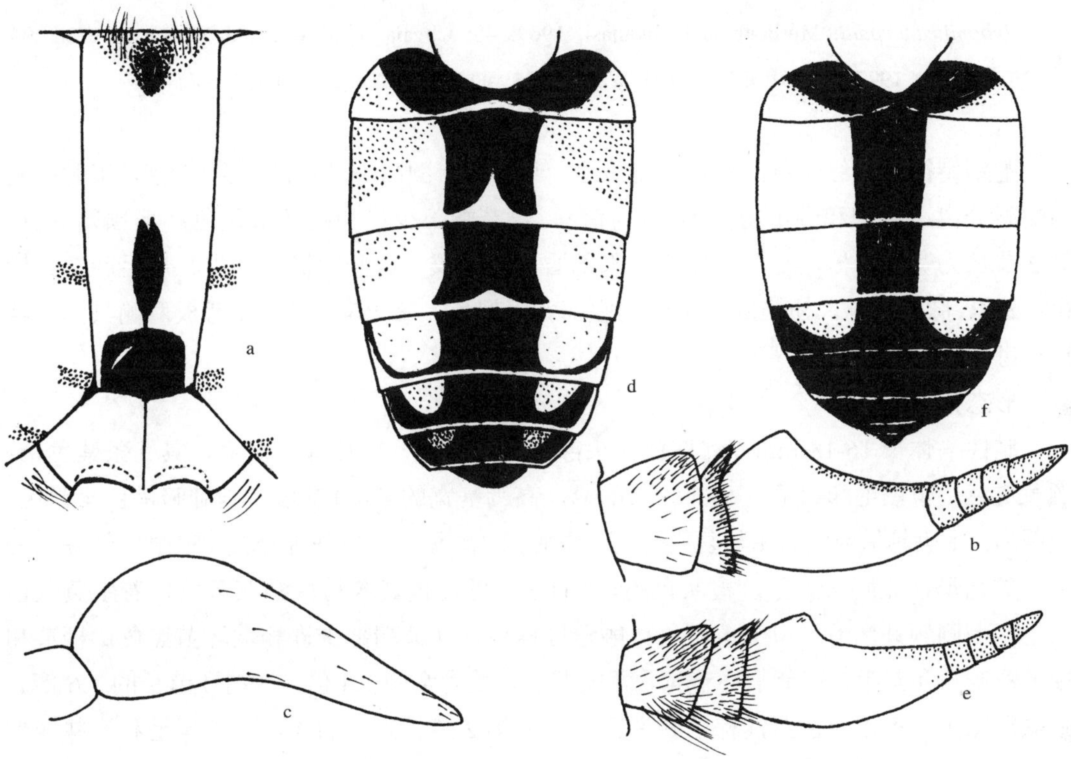

图 241　乌苏里瘤虻 *Hybomitra ussuriensis* (Olsufjev)

a. 额 (frons)；b. 触角 (antenna)；c. 下颚须 (palpus)；d. 腹部背面 (dorsum of abdomen)；e. 雄性触角 (antenna ♂)；f. 雄性腹部背面 (dorsum of abdomen ♂)

观察标本　正模♀，俄罗斯，保存在 IZPR (未检视)。80♀♀1♂，黑龙江，保存在 AMMSC。

生物学　山区林地种；7 月数量较多。

地理分布　黑龙江 (亚布力、辰清、虎林、饶河)、吉林 (抚松、敦化、汪清、珲春)、内蒙古 (呼伦贝尔、喀尔古纳旗、鄂伦春旗、喜桂图旗)；俄罗斯，日本。

分类讨论　本种与北方瘤虻 *H. borealis* (Fabricius) 有些类似，但北方瘤虻体较小，体长 11-13 mm；体黑色，胸部背侧片黑色；腹部两侧棕色斑较小，最多出现在第 2、3 背板。

(226) 阿氏瘤虻 *Hybomitra arpadi* (Szilády, 1923) (图 242)

Tabanus (*Therioplectes*) *arpadi* Szilády, 1923: 7 [Type locality: Lapland and Amur, Russia].

Tabanus gracilipalpis Hine, 1923: 143. Synonymized by Chvála, Lyneborg and Moucha,1972: 204.

Tabanus cristatus Curran, 1927: 81. Synonymized by Chvála, Lyneborg and Moucha,1972: 204.

Tabanus stackelbergi Olsufjev, 1933, In: Stackelberg, 1933: 75. Synonymized by Chvála, 1988: 123.

Hybomitra arpadi: Murdoch and Takahasi, 1969: 40; Chvála, Lyneborg and Moucha, 1972: 204; Olsufjev, 1977: 323; Xu, 1982b: 103; Wang, 1983: 48; Yao and Ding, 1986: 33.

鉴别特征 体红棕色，复眼密覆短毛，具 3 带；额高为基宽的 4.0-4.5 倍，基胛两侧与复眼分离；亚胛和颜覆粉；触角红棕色，鞭节端部少许和端环节黑色；下颚须棕色，第 2 节长为宽的 4 倍，主要覆黑毛；胸部盾片无纵纹，背侧片棕色；中、后足胫节红棕色；翅 R_4 脉无附脉，翅横脉无暗斑；腹部背板黑色，第 1-3 或第 1-4 背板两侧具大块红棕色斑。

形态描述

雌性 体长 16-18 mm，红棕色。头部：复眼绿色，密覆棕色短毛，具 3 条紫色带；额黄灰色，覆黑毛和白毛，基部较顶部窄，高为基宽的 4.0-4.5 倍，基胛暗棕色至黑色，类圆形，中央具皱纹，两侧与复眼分离，中胛黑色，矛形，与基胛连接，单眼瘤红棕色，大，类圆形；亚胛灰黄色，覆灰色粉，“眉片”低，覆黄灰粉；颜灰黄色，着生黄灰色长毛，上侧颜具黑毛；口毛黄灰色。触角红棕色，鞭节端部少许和端环节黑色，柄节和梗节覆灰粉和黑毛，鞭节基环节宽，背突明显，长为宽的 1.4 倍，为端环节长的 1.6 倍。下颚须棕色，第 1 节密覆浅棕色和黑色长毛，第 2 节长为宽的 4 倍，覆黑毛和一些浅棕色毛。喙黑色，着生棕黑色毛。胸部：背板黑色，覆短黑毛和黄毛，无纵纹，背侧片棕色；侧板和足基节黑色，覆黑毛和白毛。足黑色，前足胫节基部 1/2 棕色，中、后足胫节红棕色，跗节棕黑色。翅透明，翅脉棕色，R_4 脉无附脉。腋瓣灰色，两腋瓣交接处具白毛。平衡棒黑棕色，仅顶端棕色。腹部：背板黑色黑毛，第 1-3 或第 1-4 背板两侧具大块红棕色斑，中央具黑色纵条，在第 2 背板占腹节宽的 1/4-1/3，第 4 背板以后密覆黄毛，各节具不明显的小的白色中三角。第 1、2 节腹板红棕色，中央具黑斑，其余腹板黑色。

雄性 体长 16-18 mm，复眼具棕色长毛，上 2/3 大眼面与下 1/3 小眼面区分明显，触角暗棕色，鞭节窄于雌性，下颚须第 2 节棕色，长卵形；胸部主要覆黑色长毛，足黑色，前足胫节基部和中、后足胫节浅棕色，中、后足股节黑棕色，腹部前 3 节背板两侧棕色，第 2 腹板中央具暗斑。

观察标本 模式标本 2♀♀，保存在 Vienna 的 Hofmuseum (未检视)。12♀♀，黑龙江，保存在 AMMSC。

生物学 林区种；攻击人、牛、马、狗及其他动物。

地理分布 黑龙江 (大兴安岭、呼玛、饶河)、内蒙古 (呼伦贝尔、牙克石、阿里河、鄂伦春旗)；俄罗斯，日本，欧洲，美洲北部。

分类讨论　本种与考氏瘤虻 *H. kaurii* Chvála *et* Lyneborg 近似，但考氏瘤虻的胸部背侧片黑色，额高为基宽的 3.5 倍。

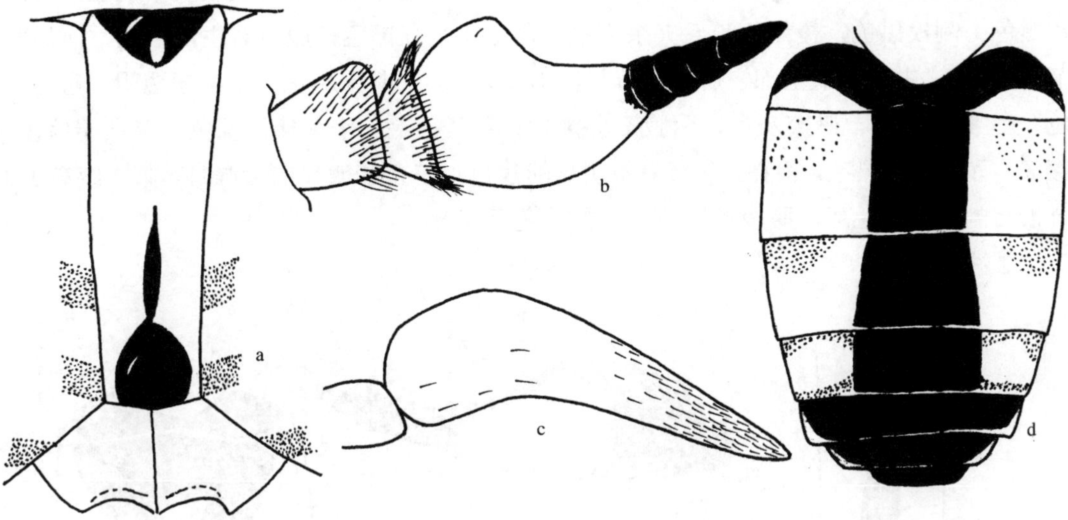

图 242　阿氏瘤虻 *Hybomitra arpadi* (Szilády)

a. 额 (frons)；b. 触角 (antenna)；c. 下颚须 (palpus)；d. 腹部背面 (dorsum of abdomen)

(227) 六脸瘤虻 *Hybomitra sexfasciata* (Hine, 1923) (图 208，图 243)

Tabanus sexfasciata Hine, 1923: 334 [Type locality: Alaska, USA].

Tabanus (*Tylostypia*) *borealis anderi* Kauri, 1951: 101. Synonymized by Chvála, 1988: 132.

Hybomitra borealis (Meigen): Murdoch and Takahasi, 1969: 35; Wang, 1983: 43. Misidentification.

Hybomitra sexfasciata: Chvála, Lyneborg and Moucha, 1972: 200; Olsufjev, 1977: 320; Xu, 1982b: 104; Yao and Ding, 1986: 35.

鉴别特征　复眼密覆短毛，具 3 带；额高为基宽的 2.5 倍，基胛近方形，两侧与复眼窄分离；亚胛和颜覆粉，颜具黄灰色毛；触角黑色，鞭节基环节基部红棕色；下颚须棕黑色，第 2 节长为宽的 4 倍，覆黑毛；胸部盾片具不明显灰色纵纹，侧板主要覆黑色长毛；翅 R_4 脉无附脉，翅横脉无暗斑；腹部黑色，覆黑毛，第 2 或第 1-3 背板两侧具棕红色斑，各节背板后缘具棕色细横带，浅色中三角不明显。

形态描述

雌性　体长 11-14 mm，黑色。头部：复眼绿色，密覆棕色短毛，具 3 条紫色带；额灰色，覆长黑毛，两侧平行或基部略窄，高为基宽的 2.5 倍，基胛棕黑色，近方形，两侧与复眼窄分离，中胛黑色，纺锤形，与基胛连接，单眼瘤棕红色，隆起；亚胛灰色，覆灰色粉，“眉片”低，覆黄灰粉；颜灰色，着生黄灰色毛；口毛黄灰色。触角黑色，柄节和梗节覆灰粉和黑毛，鞭节基环节基部红棕色，基环节背突钝，长为宽的 1.7 倍，为端环节长的 1.3 倍。下颚须棕黑色，第 1 节密覆棕色长毛，第 2 节覆黑毛，长为宽的 4 倍。喙黑色，着生棕黑色毛。胸部：背板黑色，覆黑毛和黄毛，灰纵纹不明显，背侧片黑色；侧板黑色，覆黑色长毛夹杂一些浅色毛。足亮黑色，股节着生浅色毛，前足胫节基部 1/3，中足胫节全部，后足胫节基部 1/2 暗棕色，其余黑色黑毛。翅透明，略着棕色，R_4 脉无附脉。腋瓣灰色，两腋瓣交接处具灰黄色毛。平衡棒黑棕色，仅顶端棕色。腹部：背板黑色黑毛，稍亮，各节具不明显的浅色中三角和明显的后缘带，第 2 或第 1-3 背板两侧具棕红色斑。腹板色同背板，具浅色后缘。

雄性　未详。

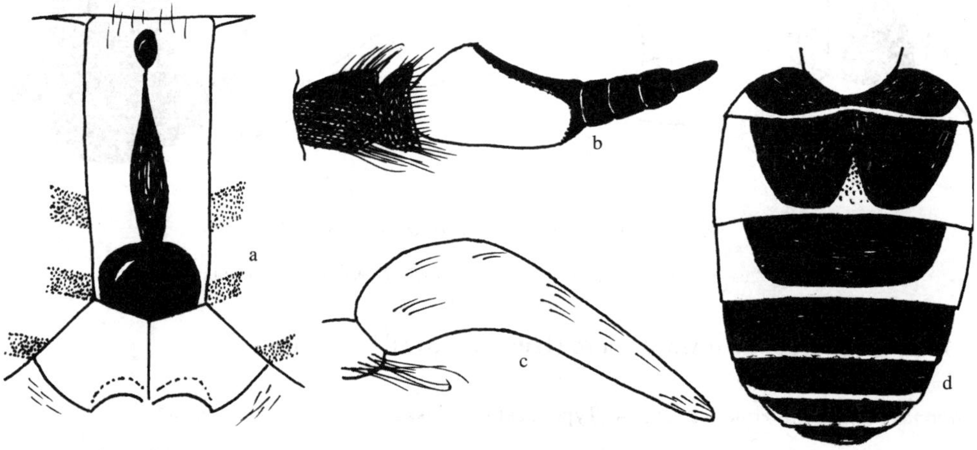

图 243　六脸瘤虻 *Hybomitra sexfasciata* (Hine)

a. 额 (frons)；b. 触角 (antenna)；c. 下颚须 (palpus)；d. 腹部背面 (dorsum of abdomen)

观察标本　30♀♀，黑龙江，保存在 AMMSC。

生物学　林区种；攻击马、人。

地理分布　黑龙江 (盘古)、内蒙古 (呼伦贝尔、海拉尔、阿里河、鄂伦春旗、兴安盟阿尔山、喜桂图旗)；俄罗斯，蒙古，日本，全北界北部。

分类讨论　本种与北方瘤虻 *H. borealis* (Fabricius) 很相似，在文献中多有混淆，但北方瘤虻的触角柄节黄棕色，额较窄，高约为基部宽度的 3.5-4.0 倍。本种是典型古北界种，向南延伸到我国的东北区北部 (图 208)。

(228) 窄须瘤虻 *Hybomitra stenopselaphas* (Olsufjev, 1937) (图 244)

Tabanus (*Tylostypia*) *stenopselaphas* Olsufjev, 1937: 138 [Type locality: Vinogradovka, Russia].

Hybomitra stenopselapha: Murdoch and Takahasi, 1969: 38; Olsufjev, 1977: 322; Wang, 1983: 44; Chen,

1983: 115; Jiang, Zhang, Huang and Dai, 1993: 104.

鉴别特征　复眼密覆短毛，具 3 带；额高为基宽的 4.0-4.5 倍，基胛两侧与复眼分离；亚胛和颜覆粉，颜具白毛；触角棕黄色，鞭节的端环节黑色；下颚须第 2 节长为宽的 4.2 倍，覆黑毛；胸部盾无纵条，侧板覆灰白色长毛；翅横脉无暗斑，R_4 脉无附脉；腹部背板黑色，各背板后缘具浅黄灰色细带，第 2-4 背板中央具灰白色三角。

形态描述

雌性　体长 15-16 mm，黑色。头部：复眼绿色，密覆棕色短毛，具 3 条紫色带；额灰色，主要覆黑毛，高为基宽的 4.0-4.5 倍，顶宽略大于基宽，基胛棕黑色，类三角形，具皱纹，两侧与复眼分离，中胛梭形，或为粉覆盖，黑色，与基胛连接，单眼瘤黑色，隆起；亚胛灰色，覆灰色粉，“眉片”低，覆黄灰粉；颜色同亚胛，着生白毛；口毛白色。触角棕黄色，鞭节的端环节黑色，柄节和梗节覆黑毛，鞭节基环节背突钝，长为宽的 1.7 倍。下颚须浅棕色，第 1 节密覆黑色和白色长毛，第 2 节覆黑毛，长为宽的 4.2 倍。喙黑色，着生棕色毛。胸部：背板黑色，覆灰白粉和白毛，无纵纹，背侧片黑色；侧板灰黑色，覆灰白色长毛。足黑色，覆黑毛，中、后足胫节棕色。翅透明，翅脉黄色，横脉处无暗斑，R_4 脉无附脉。腋瓣灰棕色，两腋瓣交接处具白毛。平衡棒棕黑色，仅顶端棕色。腹部：背板黑色，覆黑毛和白毛，各背板后缘具浅黄灰色细横带，第 2-4 背板具灰白色中三角，第 1、2 背板两侧具小块棕黄色斑。腹板前 4 节浅黄灰色，后缘具黄灰色细横带，第 2 腹板两侧具黄褐色斑。

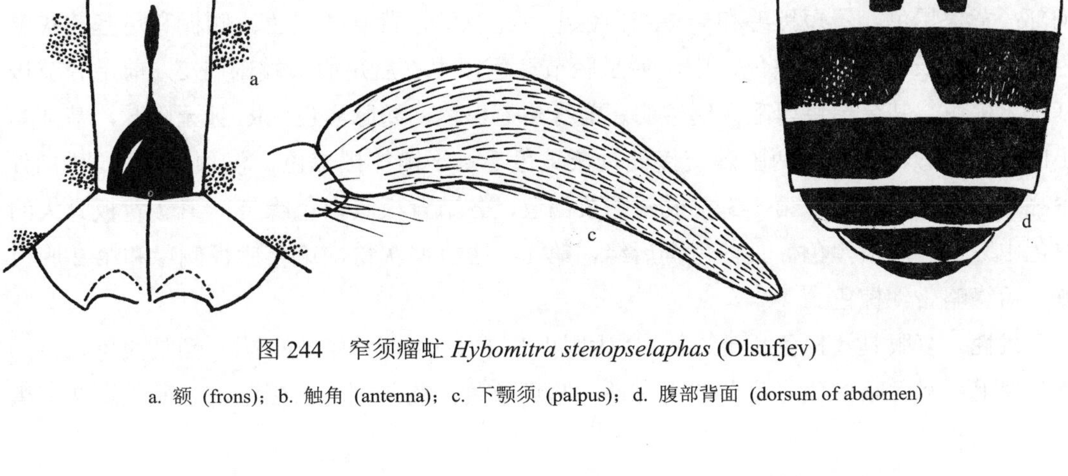

图 244　窄须瘤虻 *Hybomitra stenopselaphas* (Olsufjev)

a. 额 (frons)；b. 触角 (antenna)；c. 下颚须 (palpus)；d. 腹部背面 (dorsum of abdomen)

雄性 未详。

观察标本 正模♀，俄罗斯，保存在 IZPR (未检视)。3♀♀，辽宁，保存在 AMMSC。

生物学 山区林地种；6-8 月常见。

地理分布 黑龙江 (亚布力)、吉林 (长白山、抚松、柳河、珲春)、辽宁 (西丰、新宾、宽甸)；俄罗斯。

分类讨论 本种类似于北方瘤虻 *H. borealis* (Fabricius)，但北方瘤虻的触角黄棕色，鞭节的端部 4 个环节棕色，仅末节黑色，额基胛两侧与复眼窄分离。

(229) 考氏瘤虻 *Hybomitra kaurii* Chvála *et* Lyneborg, 1970 (图 245)

Hybomitra kaurii Chvála *et* Lyneborg, 1970: 546 [Type locality: Czechoslovakia]; Chvála, Lyneborg and Moucha, 1972: 202; Olsufjev, 1977: 319; Yao and Ding, 1986: 34.

鉴别特征 复眼密覆短毛，具 3 带；额高为基宽的 3.5 倍，基胛近方形，两侧与复眼窄分离；亚胛和颜覆粉；触角棕色至暗红棕色，鞭节端部少许和端环节黑色；下颚须暗棕色，第 2 节长为宽的 4 倍，主要覆黑毛；胸部盾片无纵纹；中、后足胫节棕色，翅 R_4 脉无附脉，R_4 脉基部具小的暗斑；腹部黑色，第 1-3 背板两侧栗褐色，各节背板后缘具白色横带。

形态描述

雌性 体长 13-16 mm，深棕色。头部：复眼绿色，密覆灰色短毛，具 3 条紫色带；额灰色，覆黑毛，基部较顶部窄，高为基宽的 3.5 倍，基胛黑色，近方形，两侧与复眼窄分离，中胛黑色，纺锤形，与基胛连接或分离，单眼瘤很小，类圆形，亮棕色；亚胛灰色，覆灰色粉，“眉片”中等高，覆黄灰粉；颜灰色，着生黄灰色长毛；口毛黄灰色。触角棕色至暗红棕色，鞭节端部少许和端环节黑色，柄节和梗节覆灰粉和黑毛，鞭节基环节背突直角形，长为宽的 1.4 倍，为端环节长的 1.7 倍。下颚须暗棕色，第 1 节密覆棕色长毛，第 2 节长为宽的 4 倍，覆黑毛，腹方夹杂浅色毛。喙黑色，着生棕黑色毛。胸部：背板黑色，覆短黑毛和一些灰白色毛，无纵纹，背侧片黑色；侧板和足基节灰黑色，覆浅色长毛。足亮黑色，中、后足胫节棕色，中、后足股节端部 1/2，前足胫节极基部黑棕色，其余黑色黑毛。翅透明，前缘略着棕色，翅脉黑色，R_4 脉无附脉，基部具小的暗斑。腋瓣灰色，两腋瓣交接处具灰黄色毛。平衡棒黑棕色，仅顶端棕色。腹部：稍亮，背板黑色黑毛，第 1-3 背板两侧栗褐色，各节背板具白色缘带，第 2 背板具大的白色中三角。腹板黑色，具白色宽后缘，第 1-4 腹板覆灰粉，第 1 腹板侧缘和第 2 腹板侧、后缘略带红棕色。

雄性 复眼具浅棕色长毛，上 2/3 大眼面与下 1/3 小眼面区分明显，颜具浅色长毛，颊具黑毛；触角暗棕色，鞭节窄于雌性，基环节黄棕色，端环节黑色，下颚须第 2 节黑棕色，覆黑色长毛；胸部主要覆黑色长毛，足黑色，除前足胫节外，覆黑色长毛，中、后足胫节和前足胫节基部棕色，中、后足股节通常黑棕色；腹部前 3 节背板两侧栗褐色，黑中纵条占腹节宽的 1/3。

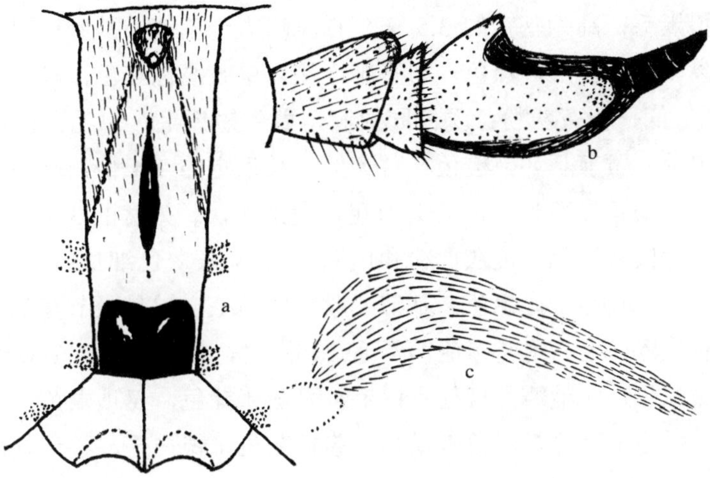

图 245　考氏瘤虻 *Hybomitra kaurii* Chvála and Lyneborg

a. 额 (frons)；b. 触角 (antenna)；c. 下颚须 (palpus)　(仿 Chvála, Lyneborg and Moucha, 1972)

观察标本　内蒙古阿里河的标本原保存在内蒙古医学院，但未找到。

生物学　林区种；攻击人、牛、马、狗及其他动物。

地理分布　内蒙古 (鄂伦春旗阿里河)、新疆 (阿尔泰)；俄罗斯，蒙古，阿尔泰，日本，欧洲，美洲北部。

分类讨论　本种如检索表所示，与窄须瘤虻 *H. stenopselapha* (Olsufjev) 近似。本种在我国的分布仅据文献。

(230) 峨眉山瘤虻 *Hybomitra omeishanensis* Xu *et* Li, 1981 (图 208, 图 246)

Hybomitra omeishanensis Xu *et* Li, 1981: 93 [Type locality: Emeishan, Sichuan, China]; Xu and Liu, 1982b: 111; Wu, Li, Liu, Yang, Zhang and Cao, 1988: 199; Chen and Xu, 1992a: 53; Wang, 1994: 60; Liu, 1999a: 435; Xu, 2005: 770.

Hybomitra fopingensis Wang, 1985: 176. Synonymized by Wang, 1994: 60

Hybomitra fujianensis Wang, 1987: 65; Xu, 2001: 346. Synonymized by Xu, 2000: 188.

Hybomitra subomeishanensis Wang *et* Liu, 1990: 174. Synonymized by Xu, 2000: 190.

鉴别特征　复眼密覆短毛，具 3 带；额高为基宽的 3.5 倍，基胛大，两侧与复眼分离；亚胛和颜覆粉，颜具短黑毛；触角柄节和梗节黄棕色，鞭节端环节黑色；下颚须浅棕色，第 2 节长为宽的 3-4 倍，覆黑毛；胸部盾片具 3 条灰色细长纵纹，侧板覆白色长毛；翅 R_4 脉无附脉，翅横脉无暗斑；腹部背板灰黑色，背板各节后缘具浅色细横带。

形态描述

雌性 体长 9-14 mm，灰黑色。头部：复眼绿色，密覆棕色短毛，具 3 条紫色带；额灰色，主要覆黑毛，高为基宽的 3.5 倍，顶宽略大于基宽，基胛棕黑色，类三角形，两侧与复眼分离，中胛梭形，黑色，与基胛连接，单眼瘤棕红色，隆起；亚胛灰色，覆灰色粉，“眉片”低，覆黄灰粉；颜色同亚胛，着生短黑毛；口毛白色。触角柄节和梗节黄棕色，覆黑毛，鞭节基环节橙色，背突低，长为宽的 1.4 倍，端环节黑色。下颚须浅棕色，第 1 节密覆黄白色长毛，第 2 节粗，覆黑毛，长为宽的 3-4 倍。喙黑色，着生棕色毛。胸部：背板灰黑色，覆灰白粉和白毛，具 3 条灰色细长纵纹，背侧片灰黑色；侧板灰黑色，覆白色长毛。足黑色，基节、股节覆白毛，前足胫节基部 1/2 和中、后足胫节黄棕色，着生黑白毛，跗节黑色覆黑毛。翅透明，翅脉棕色，横脉处无暗斑，R_4 脉无附脉。腋瓣灰棕色，两腋瓣交接处具白毛。平衡棒棕色，仅顶端黄色。腹部：背板灰黑色覆白毛，背板各节后缘具浅色细横带。腹板灰色，覆白毛，各节具浅色后缘。

雄性 未详。

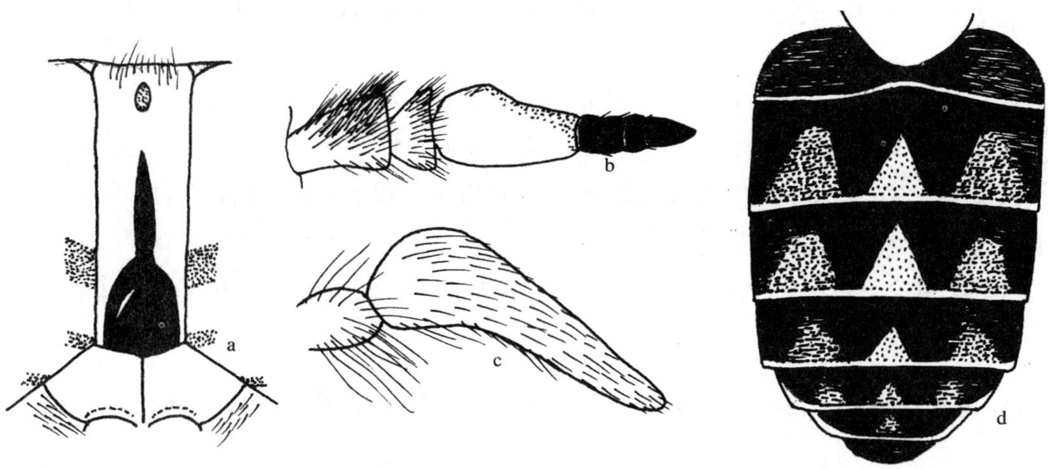

图 246 峨眉山瘤虻 *Hybomitra omeishanensis* Xu *et* Li

a. 额 (frons)；b. 触角 (antenna)；c. 下颚须 (palpus)；d. 腹部背面 (dorsum of abdomen)

观察标本 正模♀，四川峨眉山，1975.VIII.7，许荣满，保存在 AMMSC。12♀♀，四川、甘肃，保存在 AMMSC。

生物学 山区林地种。

地理分布 陕西 (宝鸡、洋县、宁陕、留坝、佛坪、汉中)、甘肃 (舟曲、兰州)、福建 (武夷山)、四川 (峨眉山、二郎山、宝兴)、贵州 (江口、梵净山)。

分类讨论　本种类似于北方瘤虻 *H. borealis* (Fabricius)，但北方瘤虻的复眼具密的长毛，额胛较短，两侧与复眼窄分离，腹部第 2 背板两侧有时带棕色。本种是我国特有种，主要分布在秦岭山区，向南延伸到峨眉山、武陵山和武夷山 (图 208)。

(231) 牦牛瘤虻 *Hybomitra bulongicauda* Liu *et* Xu, 1990 (图 247)

Hybomitra bulongicauda Liu *et* Xu, 1990: 88 [Type locality: Cona, Tibet, China].

鉴别特征　复眼密覆短毛，具 3 带；额较窄，高为基宽的 2.5 倍，基胛两侧与复眼分离；亚胛和颜覆粉，颜主要具棕黄色毛；触角黑色；下颚须灰棕色至灰黑色，第 2 节长为宽的 4 倍；胸部盾片具 5 条弱的灰色纵纹，背侧片黑色；翅 R_4 脉无或具短附脉，翅横脉具很弱的暗斑；腹部黑色，各背板具棕色毛后缘带和弱的中三角。

形态描述

雌性　体长 11-13 mm，黑色。头部：复眼绿色，密覆深褐色毛，具 3 条紫色带；额灰黄色，覆棕黄色毛夹杂黑毛，两侧平行，高为基宽的 2.5 倍，基胛黑色，类圆形，两侧与复眼分离，中胛黑色，粗线形，与基胛连接，单眼瘤黑色，圆形隆起，后方具小的黑色光裸区；亚胛灰色，“眉片”低，覆灰黄粉；颜灰色，着生棕黄色毛，上侧颜夹杂黑毛；口毛棕黄色。触角黑色，柄节和梗节覆灰粉，着生黑毛和棕黄色毛，鞭节基环节长为宽的 1.6 倍，背突钝。下颚须灰棕色至灰黑色，第 1 节覆棕黄色长毛，第 2 节覆黑毛和棕黄色毛，长为宽的 4 倍。喙黑色，着生棕黑色毛。胸部：背板黑色，覆黑毛和棕黄色短毛，具 5 条弱的灰色纵纹，背侧片黑色；侧板黑色，覆棕黄色长毛，夹杂少量黑毛，翅基前着生 1 丛密的棕黄色长毛。足全部黑色，前足基节覆长的棕黄色毛夹杂黑毛，中、后足基节及各足股节着生黑毛夹杂棕黄色毛，胫节着生短的灰棕色毛夹杂黑毛，跗节覆黑毛。翅透明，翅脉黑色，R_4 脉无或具短附脉，横脉具很弱的暗斑。腋瓣灰色，两

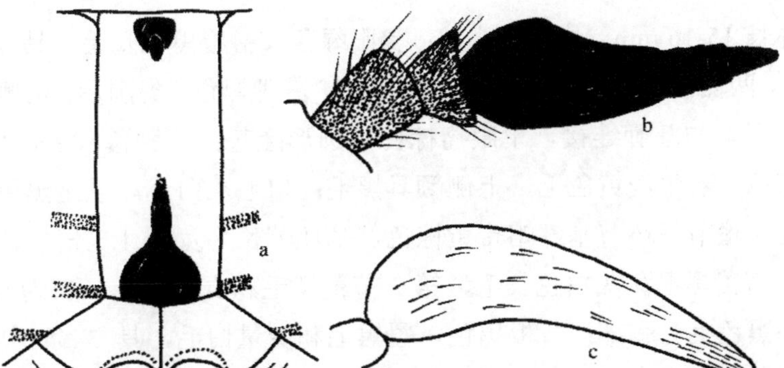

图 247　牦牛瘤虻 *Hybomitra bulongicauda* Liu *et* Xu

a. 额 (frons)；b. 触角 (antenna)；c. 下颚须 (palpus)

腋瓣交接处具棕黄色毛。平衡棒黑色，仅顶端棕色。腹部：背、腹板黑色，覆黑毛夹杂棕色毛，具棕色毛后缘带，背板的棕色毛中三角不明显。

雄性 未详。

观察标本 正模♀，西藏错那，4400 m，1988.VII.1，刘康南，5♀♀，西藏，保存在AMMSC。

生物学 高原草地种。

地理分布 西藏 (错那、隆子、曲松、琼结、措美)。

分类讨论 本种类似于甘肃瘤虻 *H. kansui* Philip，但甘肃瘤虻的中、后足胫节棕色；触角黑色，鞭节基部少许黄棕色。接近突额瘤虻组 *H. montana* group 的拟草生瘤虻 *H. gramnoides*，但拟草生瘤虻足胫节大部分棕色，下颚须较粗短。

(232) 甘肃瘤虻 *Hybomitra kansui* Philip, 1979 (图 248)

Hybomitra kansui Philip, 1979: 201 (new name for *Tabanus atripes* Kröber, preoccupied by van der Wulp, 1885); Xu, 2005: 769.

Tabanus (*Sziládynus*) *atripes* Kröber, 1933: 5; Wu, Li, Liu, Yang, Zhang and Cao, 1988: 198; Liu, 1999a: 435 [Type locality: S. Gansu, China].

Hybomitra atritergita Wang, 1981: 317; Yang and Xu, 1997: 14. Synonymized by Xu, 2000: 188.

鉴别特征 复眼密覆长毛，具 3 带；额较窄，高为基宽的 2.5-3.0 倍，基胛两侧与复眼分离；亚胛和颜覆粉，颜主要具浅黄色毛；触角黑色，仅鞭节的基环节基部略带黄棕色；下颚须浅棕色，第 2 节长为宽的 3.5 倍，主要覆黑毛；胸部盾片具 3 条不明显灰色纵纹，背侧片黑色；翅横脉具不明显的棕色斑；腹部黑色，稍亮，各背板具白色毛后缘带和弱的中三角。

形态描述

雌性 体长 15-16 mm，黑色。头部：复眼绿色，密覆黑色长毛，具 3 条紫色带；额灰色，覆黑毛，两侧平行，高为基宽的 2.5-3.0 倍，基胛黑色，类圆形，两侧与复眼分离，中胛黑色，矛形，与基胛连接，单眼瘤棕色，圆形隆起；亚胛覆灰色，“眉片”低，覆灰黄粉；颜灰色，着生浅黄色毛，上侧颜具黑毛；口毛灰白色。触角黑色，柄节和梗节覆灰粉和黑毛，鞭节基环节基部略带黄棕色，基环节长为宽的 1.5 倍，背突钝。下颚须浅棕色，第 1 节覆黑毛和灰白色长毛，第 2 节覆黑毛和少量黄毛，长为宽的 3.5 倍。喙黑色，着生棕黑色毛。胸部：背板黑色，覆黑毛和少量白毛，具 3 条不明显灰色纵纹，背侧片黑色；侧板黑色，覆黑毛和白色长毛。足股节黑色黑毛，中、后足股节有的个体具白毛，前足胫节基部 1/4 及中、后足胫节棕色，中、后足跗节棕黑色，覆黑毛。翅透明，翅脉棕色，R_4 脉无或具短附脉，横脉具不明显的棕色斑。腋瓣灰色，两腋瓣交接处具白毛。平衡棒棕黑色，仅顶端棕色。腹部：背板黑色，稍亮，覆蓝灰色粉和黑毛，各背板具白毛后缘带和中三角，中三角不明显。腹板色同背板，各腹板后缘具白毛细横带。

雄性　触角鞭节的基环节较雌性的长，腹部第 2-3 背板两侧有时具棕色斑。

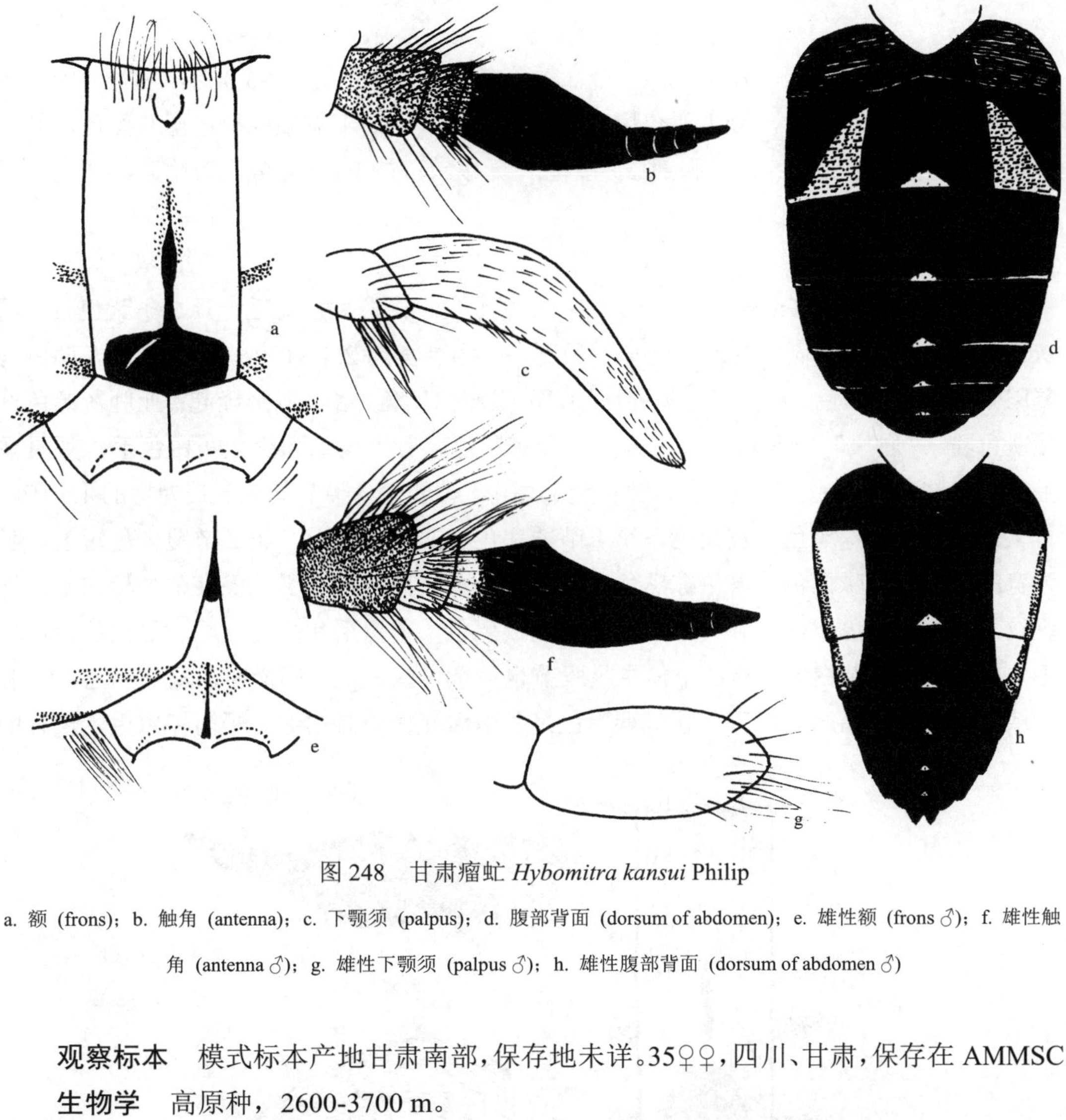

图 248　甘肃瘤虻 *Hybomitra kansui* Philip

a. 额 (frons)；b. 触角 (antenna)；c. 下颚须 (palpus)；d. 腹部背面 (dorsum of abdomen)；e. 雄性额 (frons ♂)；f. 雄性触角 (antenna ♂)；g. 雄性下颚须 (palpus ♂)；h. 雄性腹部背面 (dorsum of abdomen ♂)

观察标本　模式标本产地甘肃南部，保存地未详。35♀♀，四川、甘肃，保存在 AMMSC。

生物学　高原种，2600-3700 m。

地理分布　陕西 (秦岭)、甘肃 (岷县)、青海 (湟中、祁连)、四川 (九龙、雅江、康定、马尔康、石渠、炉霍、道孚、理县)、云南 (迪庆、中甸、白芒雪山)。

分类讨论　本种类似于懒行瘤虻 *H. tardigrada* Xu *et* Liu，但懒行瘤虻触角鞭节基环节深棕色，背缘、端部及端环节黑棕色，体长 12-14 mm。

(233) 全黑瘤虻 *Hybomitra holonigra* Xu *et* Li, 1982 (图 249；图版 XV)

Hybomitra holonigra Xu *et* Li, 1982: 94 [Type locality: Zhouqu, Gansu, China]; Xu and Liu, 1982b: 111; Wang, 1994: 53; Liu, 1999a: 435; Xu, 2005: 769.

鉴别特征 复眼密覆短毛，具 3 带；额较窄，高为基宽的 2.4-3.0 倍，基胛两侧与复眼分离；亚胛和颜覆粉，颜主要覆黑毛；触角全部黑色；下颚须棕黑色至灰黑色，第 2 节覆黑毛，长为宽的 3.5 倍；胸部盾片黑色，无纵纹；翅 R_4 脉无或具短附脉，翅横脉无色斑；腹部黑色，无色斑。

形态描述

雌性 体长 14-17 mm，黑色。头部：复眼绿色，密覆黑色短毛，具 3 条紫色带；额灰黑色，覆黑毛，两侧平行或基宽窄于顶宽，高为基宽的 2.4-3.0 倍，基胛黑色，两侧与复眼分离，中胛黑色，线形，与基胛连接，单眼瘤棕黑色，小，圆形隆起；亚胛灰黑色，覆灰色粉，“眉片”中等高，覆灰黄粉；颜灰黑色，着生黑毛和少量灰白色毛，颊具黑毛夹杂一些灰白色毛；口毛黑色。触角全部黑色，覆黑毛，鞭节基环节长为宽的 1.5 倍，背突钝。下颚须棕黑色至灰黑色，第 1 节覆和色和灰黄色长毛，第 2 节覆黑色短毛，长为宽的 3.5 倍。喙黑色，着生棕黑色毛。胸部：背板黑色，覆黑色毛夹杂少量白毛，无纵纹，背侧片黑色，翅后胛具 1 丛白毛；侧板黑色，覆黑毛和少量白毛。足黑色，覆黑毛，前足基节夹杂白毛，有的个体中足股节也夹杂一些白毛。翅透明，翅脉黑色，R_4 脉无或具短附脉，横脉无色斑。腋瓣烟黑色，两腋瓣交接处具白毛。平衡棒黑色，仅杆的

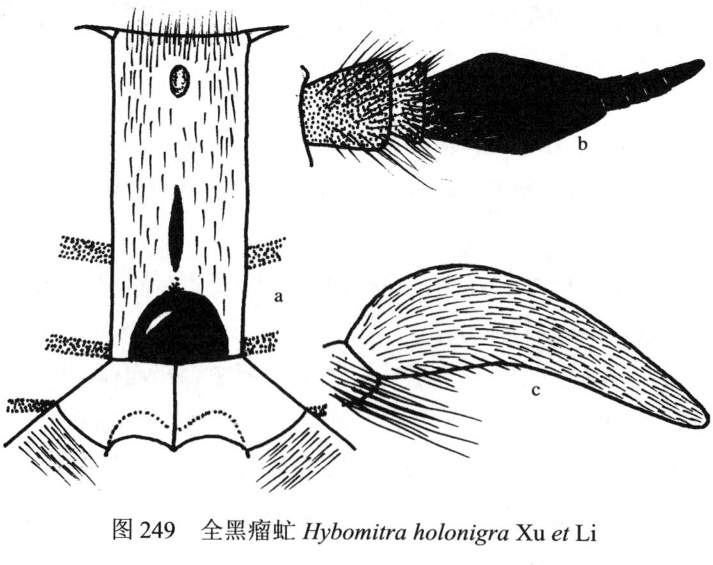

图 249 全黑瘤虻 *Hybomitra holonigra* Xu *et* Li

a. 额 (frons)；b. 触角 (antenna)；c. 下颚须 (palpus)

基部略浅。腹部：黑色，覆薄的灰紫色粉，覆黑毛，背、腹板前 3、4 节两侧后缘具一些白毛。

雄性 未详。

观察标本 正模♀，甘肃舟曲，1980.VII.20，许荣满，保存在 AMMSC。15♀♀，四川、甘肃，保存在 AMMSC。

生物学 高原林区种，2600-3700 m。

地理分布 甘肃 (舟曲)、四川 (南坪)。

分类讨论 在腹部各背板无浅色后缘的类群中，本种类似于圆腹瘤虻 *H. rotundabdominis* Wang，但圆腹瘤虻的腹部第 2、3 背板黑色，两侧具圆形红棕色斑。

(234) 新型瘤虻 *Hybomitra nura* Philip, 1961 (图 250)

Hybomitra nura Philip, 1961: 477 [Type locality:Sichuan, China]; Wang, 1994: 45.

Hybomitra subrobiginosa Wang, 1985: 413. Synonymized by Wang, 1994: 45.

鉴别特征 复眼密覆长毛，具 3 带；额较窄，高为基宽的 1.7-2.5 倍，基胛两侧与复眼分离或接触；亚胛和颜覆粉，颜具浅黄色毛；触角黑色，梗节和鞭节的基环节基部红棕色；下颚须深棕色，第 2 节长为宽的 4 倍，覆黑色短毛；胸部盾片无纵纹，背侧片黑色；翅 R_4 脉无附脉，翅横脉具不明显的棕色斑；腹部黑色，第 1-3 或第 1-4 背板两侧具橙色斑。

形态描述

雌性 体长 14-17 mm，橙色。头部：复眼绿色，密覆棕色长毛，具 3 条紫色带。额灰色，密覆橙色长毛和少量黑毛，两侧平行或基宽窄于顶宽，高为基宽的 1.7-2.5 倍，基胛黑色，形态多变，具皱纹，两侧与复眼分离或接触，中胛黑色，短纺锤形，与基胛连接，单眼瘤棕黑色，圆形隆起；亚胛覆灰色粉，或部分光裸，“眉片”较高，覆黄粉；颜灰色，着生浅黄色毛，上侧颜具黑毛。口毛白色。触角柄节褐色，覆灰粉和黑毛，梗节红棕色，具黑毛，鞭节黑色，基环节基部 1/3-2/3 橙色，基环节长为宽的 1.5 倍，无背突。下颚须深棕色，第 1 节密覆白色长毛，第 2 节覆黑色短毛，长为宽的 4 倍。喙黑色，着生棕黑色毛。胸部：背板黑色，密覆橙色毛，无纵纹，背侧片黑色；侧板黑色，密覆白色长毛。足股节黑色，前足股节覆黑毛，中、后足股节具黑色和白色长毛，胫节橙色，覆橙色毛，前足胫节端部 1/5 黑色黑毛，前足跗节黑色黑毛，中、后足跗节橙色，覆短黑毛。翅透明，翅脉黄棕色，R_4 脉无附脉，横脉具不明显的棕色斑。腋瓣灰色，两腋瓣交接处具黄毛。平衡棒黑色，仅顶端棕色。腹部：背板黑色，密覆橙色毛，第 1-3 或第 1-4 背板两侧具橙色斑。腹板黑色，覆灰色粉，着生黑毛和橙色毛，第 1、2 腹板两侧具白毛，各腹板后缘具橙色毛细横带。

雄性　未详。

观察标本　正模♀，康定，保存在 USNM (未找到，可能已丢失)。2♀♀，四川，保存在 AMMSC。

生物学　高原种，2600-4250 m。

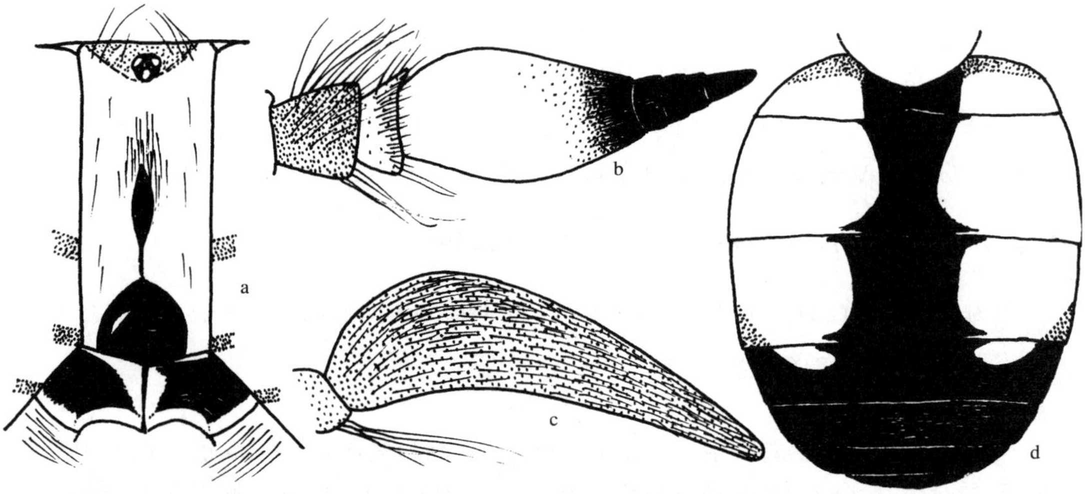

图 250　新型瘤虻 *Hybomitra nura* Philip

a. 额 (frons)；b. 触角 (antenna)；c. 下颚须 (palpus)；d. 腹部背面 (dorsum of abdomen)

地理分布　四川 (康定、雀儿山)。

分类讨论　本种类似于黄茸瘤虻 *Hybomitra robiginosa* Wang，但黄茸瘤虻触角柄节红棕色；胸部侧板覆橙色长毛；足股节橙色。

(235) 黄茸瘤虻 *Hybomitra robiginosa* Wang, 1982 (图 251)

Hybomitra robiginosa Wang, 1982: 177 [Type locality: Mangkam, Tibet, China]; Wang, 1994: 61.

鉴别特征　复眼密覆长毛，具 3 带；额高为基宽的 2.3 倍，基胛两侧与复眼分离；亚胛和颜覆粉，颜具橙色长毛；触角柄节和梗节红棕色，鞭节大部分黑色；下颚须红棕色，第 2 节长为宽的 4 倍，覆橙色毛；胸部盾片无纵纹，背侧片黑色，侧板密覆橙色长毛；翅 R_4 脉无附脉，翅横脉无暗斑；腹部黑色，密覆橙色毛，第 1-3 背板两侧具橙色斑。

形态描述

雌性　体长 15-17 mm，棕红色。头部：复眼绿色，密覆棕色长毛，具 3 条紫色带；额灰色，覆橙色长毛，基宽略窄于顶宽，高为基宽的 2.3 倍，基胛黑色，类圆形，具皱纹，两侧与复眼分离，中胛黑色，短线形，与基胛连接或分离，单眼瘤棕色，隆起；亚胛灰色，覆灰色粉，“眉片”低，覆黄粉；颜灰色，密覆橙色长毛；口毛橙色。触角柄节和梗节红棕色，覆橙色长毛和少量黑毛，鞭节基环节外侧大部分黑色，基部红棕色，内侧大部分红棕色，端部和边缘黑色，端环节黑色，基环节长为宽的 1.4 倍，无背突。下颚须红棕色，第 1 节密覆橙色长毛，第 2 节长为宽的 4 倍，覆橙色毛。喙黑色，着生棕黑色毛。胸部：背板黑色，稍亮，密覆橙色短毛，无纵纹，背侧片黑色；侧板灰黑色，密覆橙色长毛。足橙色，着生橙色毛，仅跗节端部 1/2 黑色黑毛。翅透明，翅脉黄色，前缘室黄色，R_4 脉无附脉，横脉无暗斑。腋瓣灰棕色，两腋瓣交接处具橙色毛。平衡棒棕色，仅顶端黄色。腹部：背板黑色，密覆橙色毛，第 1-3 背板两侧具橙色斑。腹板黑色，稍亮，覆橙色毛，各腹板后缘具橙色毛带。

雄性　未详。

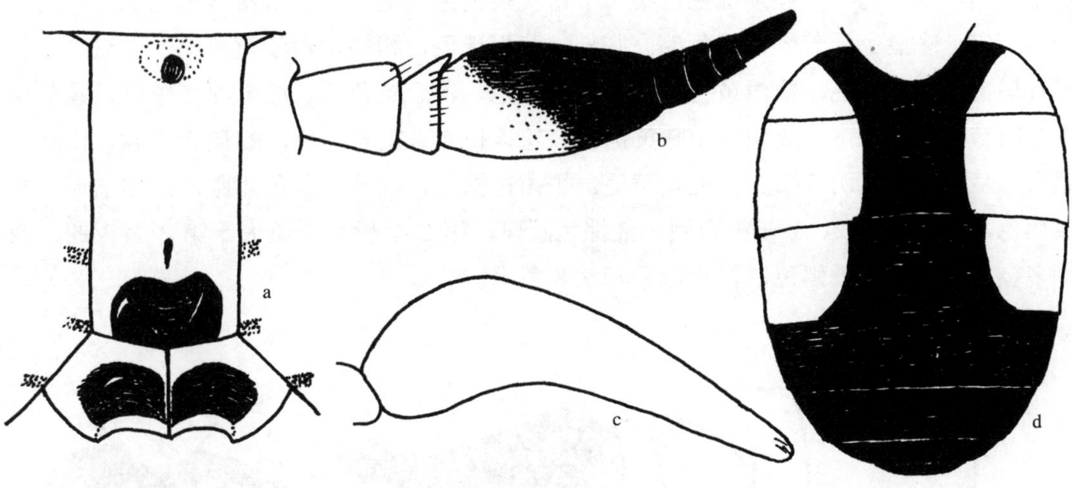

图 251　黄茸瘤虻 *Hybomitra robiginosa* Wang

a. 额 (frons)；b. 触角 (antenna)；c. 下颚须 (palpus)；d. 腹部背面 (dorsum of abdomen)

观察标本　正模♀，芒康，4100 m，1976.VI.16，张学忠，标本号 IOZ(E)201185，保存在 IZCAS。1♀，西藏，保存在 AMMSC。

生物学　林区种。

地理分布　青海 (玉树)、西藏 (芒康、工布江达、察雅)。

分类讨论　本种类似于圆腹瘤虻 *H. rotundabdominis* Wang，但圆腹瘤虻的胸部和腹部覆稀疏的浅黄色毛，胸部侧板的毛不密集。

(236) 圆腹瘤虻 *Hybomitra rotundabdominis* Wang, 1982 (图 252)

Hybomitra rotundabdominis Wang, 1982: 178 [Type locality: Gyamda, Tibet, China]; Wang, 1994: 62.

鉴别特征　复眼密覆短毛，具 3 带；额较窄，高为基宽的 2.5 倍，基胛两侧与复眼分离；亚胛和颜覆粉，颜具浅黄色毛；触角鞭节的基环节端部和端环节黑色；下颚须棕色，第 2 节长为宽的 3.5 倍，覆浅黄色毛；胸部盾片无纵纹，背侧片黑色；翅 R_4 脉无附脉，翅横脉无暗斑；腹部黑色，稍亮，第 2、3 背板两侧具红棕色圆斑。

形态描述

雌性　体长 13-14 mm，黑色。头部：复眼绿色，密覆棕色短毛，具 3 条紫色带；额灰色，覆浅黄色毛，基宽窄于顶宽，高为基宽的 2.5 倍，基胛黑色，类圆形，具皱纹，两侧与复眼分离，中胛黑色，长纺锤形，与基胛连接，单眼瘤棕色，隆起；亚胛灰色，“眉片”低，覆黄粉；颜灰色，密覆浅黄色长毛；口毛黄浅色。触角柄节和梗节外侧灰色，具浅黄色毛，内侧棕色，鞭节基环节基部长为宽的 1.5 倍，无背突，基部红棕色，端部和端环节黑色。下颚须棕色，第 1 节密覆浅黄色长毛，第 2 节覆浅黄色毛，长为宽的 3.5 倍。喙黑色，着生棕黑色毛。胸部：背板黑色，稍亮，覆浅黄色毛，无纵纹，背侧片黑色；侧板黑色，覆浅黄色长毛。足红棕色，覆金黄色毛，股节内侧黑色，胫节端部和跗节黑色黑毛。翅透明，翅脉黄棕色，翅基和前缘室着黄色，R_4 脉无附脉，横脉无暗斑。腋瓣灰色，两腋瓣交接处具黄毛。平衡棒棕色，仅顶端黄色。腹部：卵圆形，背板黑色，稍亮，第 2、3 背板两侧具红棕色圆斑，第 2 背板的圆斑大于第 3 背板的，两侧多金黄色毛。腹板黑色，覆灰色粉和浅黄色毛。

雄性　未详。

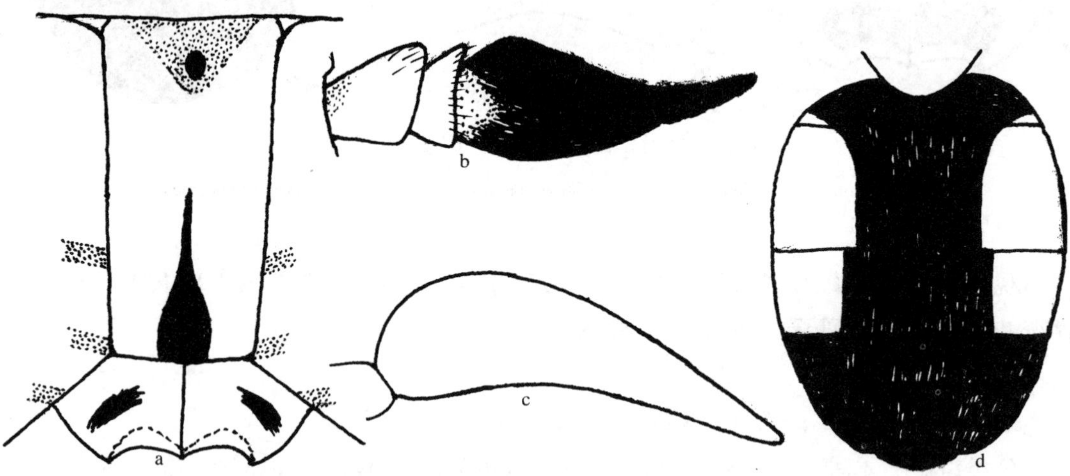

图 252　圆腹瘤虻 *Hybomitra rotundabdominis* Wang

a. 额 (frons)；b. 触角 (antenna)；c. 下颚须 (palpus)；d. 腹部背面 (dorsum of abdomen)

观察标本　正模♀，西藏江达，3400 m，1976.VII.27，张学忠，标本号 IOZ(E)201186，保存在 IZCAS。1♀，西藏，保存在 AMMSC。

生物学　高原种。

地理分布　西藏 (江达)。

分类讨论　本种体型类似于鞑靼瘤虻 *H. tatarica* (Portschinsky)，但鞑靼瘤虻亚胛光裸，额基胛两侧与复眼接触。

(237) 黑尾瘤虻 *Hybomitra nigella* (Szilády, 1914) (图 253; 图版 XV)

Tabanus (*Therioplectes*) *nigella* Szilády, 1914: 664 [Type locality: Ost. Sibiria, Ussuri].

Tabanus (*Tylostypia*) *nigricaudus* Olsufjev, 1937: 146. Synonymized by Chvála, 1988: 130.

Hybomitra nigricauda (Olsufjev): Wang, 1983: 45.

Hybomitra nigella: Murdoch and Takahasi, 1969: 37; Olsufjev, 1977: 333; Xu, 1982a: 269; Xu, 1982b: 104; Jiang, Zhang, Huang and Dai, 1993: 103.

鉴别特征　复眼密覆短毛，具 3 带；额较窄，高为基宽的 4 倍，基胛两侧与复眼分离；亚胛和颜覆粉，颜具黄灰色长毛；触角橙黄色，鞭节的基环节端部和端环节黑色；下颚须棕色，第 2 节长为宽的 4 倍，覆黑毛；胸部盾片无纵纹，背侧片棕色；翅 R_4 脉无附脉，翅横脉无暗斑；腹部二色，1-3 节橙色，4-7 节黑色。

形态描述

雌性　体长 17-20 mm，棕黑色。头部：复眼绿色，密覆棕色短毛，具 3 条紫色带；额灰黄色，覆黑毛和黄毛，基宽窄于顶宽，高为基宽的 4 倍，基胛暗棕色，盾形，两侧与复眼分离，中胛黑色，纺锤形，与基胛连接，单眼瘤棕色，隆起；亚胛灰黄色，覆黄灰色粉，“眉片”低，覆黄粉；颜灰黄色，着生黄灰色长毛；口毛黄灰色。触角柄节和梗节棕色，覆黑毛，鞭节基环节基部 1/3 橙色，端部和端环节黑色，基环节长为宽的 1.4 倍，背突明显。下颚须棕色，第 1 节密覆黄色长毛，第 2 节长为宽的 4 倍，覆短黑毛。喙黑色，着生棕黑色毛。胸部：背板黑色，覆黄毛，无纵纹，背侧片棕色；侧板黑色，覆黄色长毛。足黑色，着生黑毛，股节覆棕色毛，中、后足胫节棕色。翅透明，R_4 脉无附脉，横脉无暗斑。腋瓣灰色，两腋瓣交接处具黄毛。平衡棒棕色，仅顶端黄色。腹部：背板明显二色，覆棕黄色毛，第 1-3 背板橙色，第 1 背板中央具大块黑斑，第 2、3 背板中央具圆形黑斑，第 4 背板以后黑色。第 1-3 腹板橙黄色，其后各腹板黑色。

雄性　未详。

观察标本　6♀♀，黑龙江，保存在 AMMSC。

生物学　林区种；攻击马、人；6、7 月多见。

地理分布　黑龙江 (亚布力、饶河、虎林)、吉林 (长白山、抚松、柳河、浑江、安图、敦化)；俄罗斯。

分类讨论　本种类似于巴氏瘤虻 *H. pavlovskii* (Olsufjev)，但巴氏瘤虻的触角棕色，仅鞭节的末环节色略加深，腹部背板黑色，密覆金黄色毛，第 1-4 背板两侧具大块橙黄色斑。

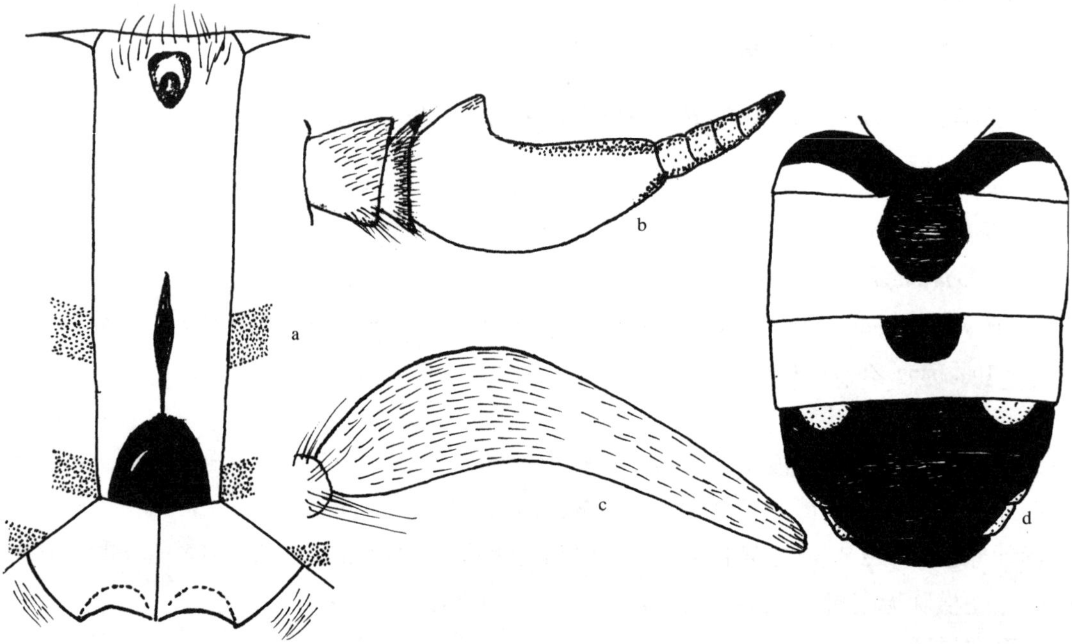

图 253 黑尾瘤虻 *Hybomitra nigella* (Szilády)

a. 额 (frons); b. 触角 (antenna); c. 下颚须 (palpus); d. 腹部背面 (dorsum of abdomen)

(238) 巴氏瘤虻 *Hybomitra pavlovskii* (Olsufjev, 1936) (图 254)

Tabanus (*Sziládynus*) *pavlovskii* Olsufjev, 1936: 227 [Type locality: Altai, Ost. Sibiria, Amur, N. Mongolien].

Hybomitra pavlovskii (Olsufjev): Murdoch and Takahasi, 1969: 39; Olsufjev, 1977: 334; Xu, 1982b: 104; Wang, 1983: 48; Chen, 1983: 115; Yao and Ding, 1986: 35; Wu, Li, Liu, Yang, Zhang and Cao, 1988: 199; Jiang, Zhang, Huang and Dai, 1993: 104.

鉴别特征 复眼密覆短毛，具 3 带；额较窄，高为基宽的 4.0-4.5 倍，基胛两侧与复眼分离；亚胛和颜覆粉，颜具黄色长毛；触角橙黄色；下颚须棕色，第 2 节长为宽的 4 倍，主要覆黄毛；胸部盾片具不明显灰色纵纹，背侧片红棕色；翅 R_4 脉无附脉，翅横脉无暗斑；腹部黑色，密生金黄色毛，第 1-4 背板两侧橙黄色，中央具黑色、断续的圆形斑组成的纵列，约占腹节宽的 1/3，其后各背板黑色。

形态描述

雌性 体长 18-22 mm，棕黑色。头部：复眼绿色，密覆棕色短毛，具 3 条紫色带；

额灰黄色，覆黑毛和黄毛，基宽窄于顶宽，高为基宽的 4.0-4.5 倍，基胛棕色，类圆形，两侧与复眼分离，中胛黑色，纺锤形，与基胛连接，单眼瘤棕色，隆起；亚胛灰黄色，覆黄灰色粉，“眉片”低，覆黄粉；颜灰黄色，着生黄灰色长毛；口毛黄灰色。触角柄节和梗节橙黄色，覆黄灰粉和黑毛，夹杂白毛，鞭节基环节基部红棕色，长为宽的 1.4 倍，背突明显，端环节的末节暗棕色。下颚须棕色，第 1 节密覆黄色长毛，第 2 节覆黄毛，夹杂一些黑毛，长为宽的 4 倍。喙黑色，着生棕黑色毛。胸部：背板黑色，覆黄毛，灰色纵纹不明显，背侧片红棕色；侧板黑色，覆黄色长毛。足黑色，着生金黄色毛，前足胫节基部 1/2，中、后足胫节棕黄色。翅透明，略着棕色，R_4 脉无附脉，前缘室着黄色。腋瓣灰色，两腋瓣交接处具黄毛。平衡棒黄棕色，仅顶端黄色。腹部：背板黑色，密覆金黄色毛，第 1-4 背板两侧橙黄色，中央具黑色、断续的圆形斑组成的纵列，约占腹节宽的 1/3，其后各背板黑色。第 1-4 腹板橙黄色，第 2 腹板中央具黑斑，其后各腹板黑色。

雄性　体长 19 mm，复眼具浅黄色毛，上、下眼面大小约等；触角鞭节的基环节较雌性的窄，下颚须第 2 节窄，覆黄毛；颜与颊覆棕黑色毛。

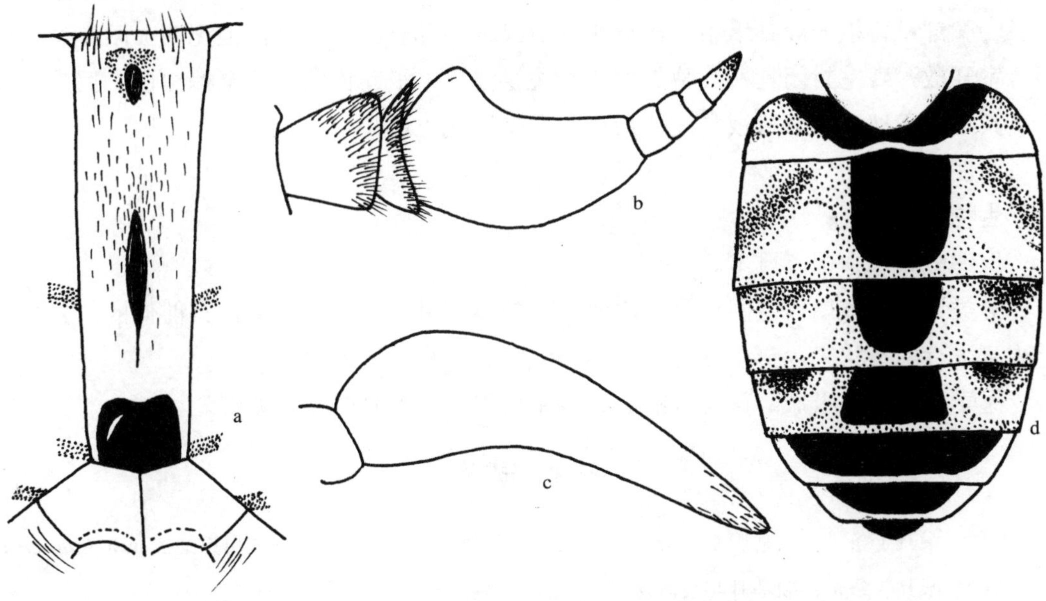

图 254　巴氏瘤虻 *Hybomitra pavlovskii* (Olsufjev)

a. 额 (frons)；b. 触角 (antenna)；c. 下颚须 (palpus)；d. 腹部背面 (dorsum of abdomen)

观察标本　正模♀，俄罗斯，保存在 IZPR (未检视)。10♀♀，黑龙江，保存在 AMMSC。

生物学　林区种；攻击马、人。

地理分布　黑龙江 (呼玛、辰清、亚布力、虎林)、吉林 (珲春、敦化)、辽宁 (新宾)、

内蒙古 (呼伦贝尔、阿里河)、陕西 (延安)、新疆 (阿尔泰)；俄罗斯，蒙古。

分类讨论 本种类似于黑尾瘤虻 *H. nigella* (Szilády)，但黑尾瘤虻的触角棕色，鞭节基环节端部和端部 4 个环节黑色，腹部背板二色。

12. 指虻属 *Isshikia* Shiraki, 1918

Isshikia Shiraki, 1918: 435. **Type species**: *Diachoelacera japonica* Bigot, 1892; by monotypy; Murdoch and Takahasi, 1969: 84; Wang, 1994: 73.

鉴别特征 该属主要特征为触角鞭节基部背方具前伸的指状突，且与鞭节本身平行。另外复眼具 1-3 条带，雌虻额较窄，基宽窄于顶宽，额基胛与中胛连成长梭形。

形态描述 体长 15-18 mm，棕色至棕黑色。

雌性 头部：宽于胸部，复眼具 1-3 条带。头顶无单眼，额较窄，高为基部宽度的 6-8 倍，顶宽大于基宽，覆黄灰色粉，额胛长，亚胛、颜和颊覆黄灰色粉。触角短，柄节长于梗节，鞭节基部背面具平行前伸的指状突，鞭节端部具 4 个环节。下颚须第 2 节细长。胸部：背板一般具纵条。翅透明，前缘或端部有的具着色，但无明显暗斑，4 个后缘室开放，臀室封闭具柄。腋瓣发达，边缘暗色。平衡棒黄棕色至棕黑色。后足胫节端部具距。腹部：腹节背板具浅色后缘，具或无浅色斑。

雄性 未详。

生物学 山区种。

地理分布 中国，日本。

分类讨论 该属体型同虻属，主要区别是本属触角鞭节基部背方具前伸的，且与鞭节本身平行的指状突，全世界已知 5 种，我国有 3 种 (图 258)。

医学重要性 吸血。在我国的 3 种数量均很少，不具医学重要性。

种检索表

1. 雌虻复眼具 1 条带；额基胛复眼分离；下颚须灰黄色……………………**汶川指虻 *I. wenchuanensis***
   雌虻复眼具 3 条带；额基胛与复眼接触；下颚须黑色……………………………………2
2. 额顶宽远大于基宽约 3 倍；小盾片黄色；腹部仅第 1 背板暗棕色，其后的 2-7 背板黑色，具白色后缘；翅端透明……………………………………**良清指虻 *I. liangqingi***
   额顶宽略大于基宽约 2 倍；小盾片黑色；腹部背板前 3 节棕色，其后各节黑色，具棕色后缘；翅端棕黑色……………………………………**海南指虻 *I. hainanensis***

(239) 汶川指虻 *Isshikia wenchuanensis* Wang, 1986 (图 255，图 258；图版 XV)

Isshikia wenchuanensis Wang, 1986: 434 [Type locality: Wenchuan, Sichuan, China]; Wang, 1994: 73; Yang and Xu, 1997: 14; Xu and Guo, 2005b: 175; Xu, 2005: 771.

鉴别特征　复眼具 1 带；额高为基宽的 6.4-7.7 倍，基胛和中胛连成条形；下颚须灰黄色；腹部背板黑色，具棕色后缘带和中三角。

形态描述

雌性　体长 16 mm，棕色。头部：复眼无毛，具 1 条带；额黄棕色，高为基宽的 6.4-7.7 倍，端部远大于基部，基胛和中胛连成条形，黑色，两侧与复眼分离，上端延线占额高的 1/2；亚胛与颜覆黄色粉，颊具黄毛；口毛黄色。触角柄节和梗节黄色，具黑毛，鞭节橙色，端环节暗棕色，基环节具长达端环节基部的背突。下颚须灰黄色，覆黄毛，夹杂有少量黑毛。胸部：盾片棕黑色，覆黑毛和黄毛，小盾片黑色黑毛，边缘具黄毛；侧板灰色，覆黄毛。足基股节黑色着生黄毛，胫节黄色黄毛，仅端部多黑毛，跗节黑色黑毛。翅透明，端部具烟色阴影，翅脉棕色，翅 R_4 脉无附脉。平衡棒黑色。腹部：背板黑色，各节后缘具棕色带，中央扩大成三角，第 2、3 背板两侧棕黄色，第 6、7 背板几乎全黑。腹板橙色，中央具黑色半圆形纵条。

雄性　未详。

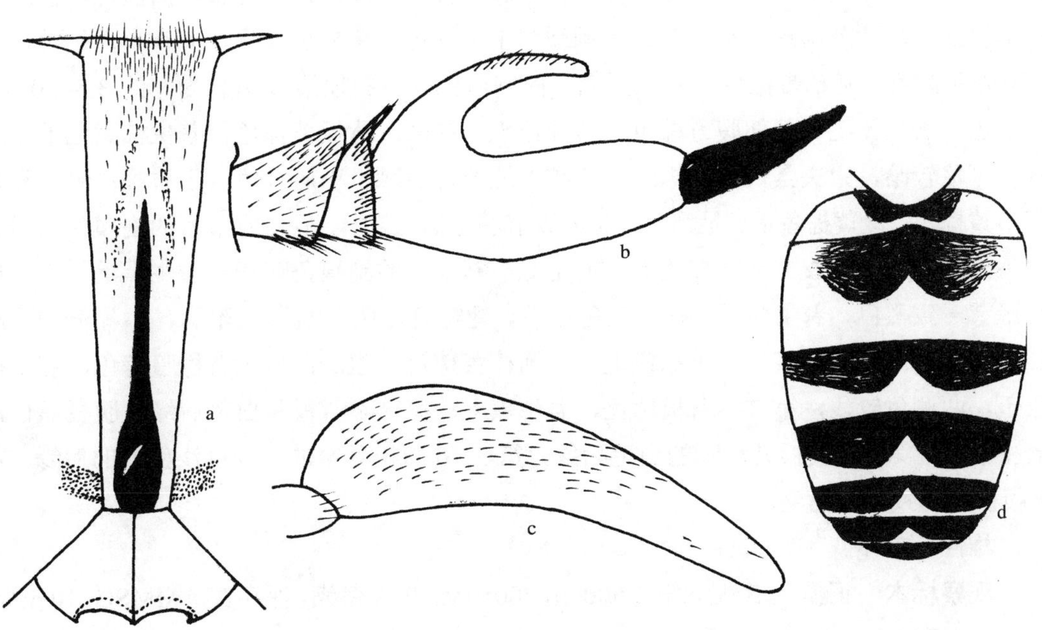

图 255　汶川指虻 *Isshikia wenchuanensis* Wang

a. 额 (frons)；b. 触角 (antenna)；c. 下颚须 (palpus)；d. 腹部背面 (dorsum of abdomen)

观察标本 正模♀，四川汶川，标本号 IOZ(E)201197，保存在 IZCAS。2♀♀，四川，保存在 AMMSC。

生物学 6-8 月活动。

地理分布 甘肃 (文县)、四川 (汶川)、云南 (片马、绥江、永善、水竹、大关)。

分类讨论 本种类似于海南指虻 *I. hainanensis* Wang，但海南指虻复眼具 3 条带，下颚须灰黑色。

(240) 良清指虻 *Isshikia liangqingi* (Xu *et* Sun, 2005) (图 256, 图 258; 图版 XV)

Tabanus liangqingi Xu *et* Sun, 2005: 225 [Type locality: Mengla, Yunnan, China].

鉴别特征 复眼具 3 带；额高为基宽的 8-9 倍，基胛和中胛连成条形；下颚须第 2 节长为宽的 3.5-4.0 倍；R_4 脉无附脉，R_5 室开放；腹部第 1 背板暗棕色，第 2-7 背板黑色。

形态描述

雌性 体长 16-19 mm，棕黑色。头部：复眼绿色，具 3 条紫色宽带 (新鲜标本 3 条带均清晰，回潮标本的顶带不清晰)；额暗棕色，着生黑毛，头顶具密的短黑毛，额高为基宽的 8-9 倍，为顶宽的 3 倍；基胛长条形，黑色，基部棕黑色，与亚胛接触，与复眼窄分离，中胛为基胛粗延线，黑色；亚胛色同额，覆粉，"眉片"低；颜与颊棕色，覆棕色毛，上中颜和侧颜色略深，上侧颜具黑毛；口毛棕色。触角柄节和梗节深棕色，覆黑毛，柄节腹方夹杂少量棕色毛，梗节背突长，鞭节棕红色，背突长，向前伸，接近基环节端部，端环节略短于基环节。下颚须第 1 节棕色，覆棕色长毛，夹杂少量黑毛，第 2 节外侧黑色，基部带棕色，着生黑毛，内侧棕色，下颚须第 2 节长为宽的 3.5-4.0 倍。喙黑色，着生黑毛，基部腹方棕色，具棕色毛。胸部：背板黄棕色，着生棕黄色毛，盾片中区色较暗，中央具很窄的纵纹，此纹不达盾片后缘，小盾片色浅于盾片；侧板和足基节黄棕色，覆黄棕色毛。足黑色，前足股节着生黑毛，中、后足股节有的副模色略浅，着生黑毛，基部和腹方夹杂棕色毛，前足胫节基部有的副模色略浅，着生黑毛，中、后足胫节一致黑色，着生黑毛，跗节黑色黑毛。翅略着棕色，R_4 脉无附脉，R_5 室开放。腋瓣黄棕色，两腋瓣交接处具黄棕色毛。平衡棒黄棕色。腹部：第 1 背板暗棕色，着生棕色毛，两侧色较浅，第 2-7 背板黑色，着生黑毛，第 2-4 背板具白毛后缘。腹板黑色，着生黑毛，第 2-4 腹板具清晰的白毛后缘，第 5、6 腹板具窄的、少量浅色毛的后缘，第 7 腹板色一致黑色黑毛。

雄性 未详。

观察标本 正模♀，勐腊，海拔 500 m，2005.IV.27，许荣满，保存在 AMMSC。10♀♀，云南，保存在 AMMSC。

生物学 山地林区种；于 4 月活动，6 月未见活动。

地理分布　云南 (勐腊、孟连、沧源)。

分类讨论　本种为新组合 (comb. nov.)。本种类似于海南指虻 *I. hainanensis* Wang，但海南指虻胸部背板的小盾片黑色，腹部背板前 3 节黄棕色，中前缘具黑斑，而良清指虻胸部背板的小盾片黄色，腹部仅第 1 背板浅色，第 2-7 背板黑色。

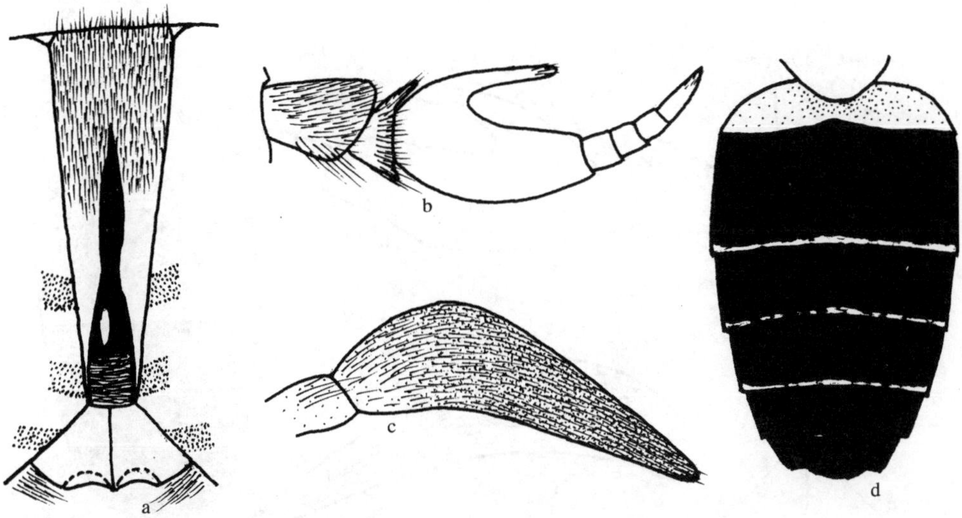

图 256　良清指虻 *Isshikia liangqingi* (Xu *et* Sun)

a. 额 (frons)；b. 触角 (antenna)；c. 下颚须 (palpus)；d. 腹部背面 (dorsum of abdomen)

(241) 海南指虻 *Isshikia hainanensis* Wang, 1992 (图 257，图 258；图版 XV)

Isshikia hainanensis Wang, 1992: 359 [Type locality: Hainan, China]; Wang, 1994: 74.

鉴别特征　复眼具 3 条带；额高为基宽的 7.5 倍，基胛和中胛连成条形；下颚须灰黑色；腹部背板前 3 节黄棕色，中前缘具黑斑，后 4 节黑色，具窄的浅棕色后缘带。

形态描述

雌性　体长 16 mm，棕色。头部：复眼无毛，具 3 条带；额棕色，高为基宽的 7.5 倍，端宽大于基宽，基胛和中胛连成条形，黑色，基部两侧与复眼接近，上端延线占额高的 2/3，头顶具黑毛组成的三角形毛区；亚胛棕色；颜黄灰色，颊具黑毛；口毛黄色。触角柄节和梗节棕色，具黑毛，鞭节橙色，基环节具长的接近端环节基部的背突。下颚须灰黑色，覆黑毛。胸部：盾片和小盾片黑色，具弱的光泽，覆短黑毛，肩胛和翅前胛浅棕色；侧板黄灰色，覆黄毛。足黑色，前足基节灰色，具黄色长毛，股节具黄毛，胫节和跗节具黑毛。翅透明，翅端着棕黑色，翅脉棕色，翅 R_4 无附脉，R_5 室开放。平衡棒黄棕色。腹部：腹部背板前 3 节黄棕色，中前缘具黑斑，第 1、2 背板黑斑较小，第 3

背板的黑斑大，占该节背板宽度的 2/3，后 4 节黑色，具窄的浅棕色后缘带。腹板色同背板，第 2、3 腹板黑斑不明显。

雄性 未详。

观察标本 正模♀，海南五指山，1964.IV.23，陈泰鲁，标本号 IOZ(E)201315，保存在 IZCAS。7♀♀，海南，保存在 AMMSC。

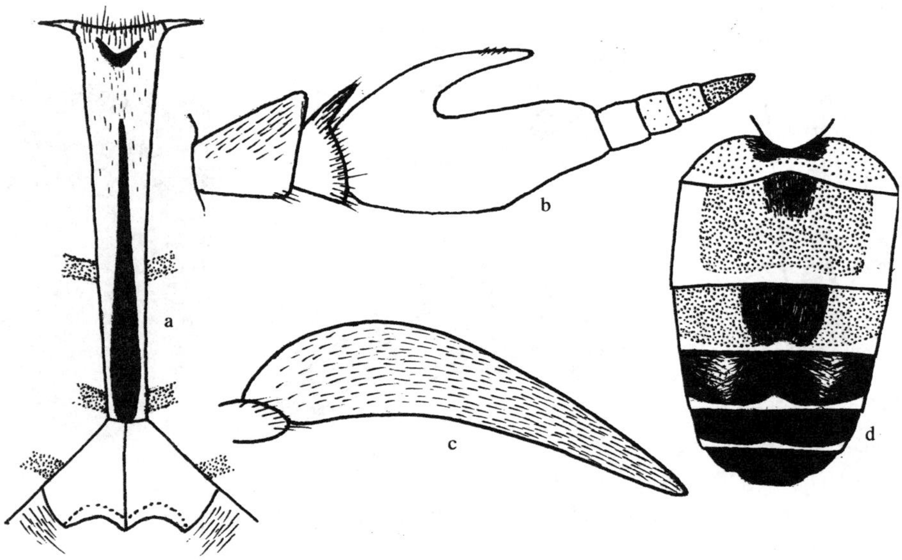

图 257 海南指虻 *Isshikia hainanensis* Wang

a. 额 (frons)；b. 触角 (antenna)；c. 下颚须 (palpus)；d. 腹部背面 (dorsum of abdomen)

生物学 4-5 月活动。

地理分布 海南 (五指山、琼中、吊罗山)。

分类讨论 本种类似于汶川指虻 *I. wenchuanensis* Wang，但汶川指虻复眼仅具 1 条带，下颚须灰黄色。本种复眼具 3 条带，与日本的日本指虻 *I. japonica* (Bigot, 1892) 接近，但日本指虻下颚须棕色，足大部分棕色，而本种下颚须灰黑色，足大部分黑色。

13. 少环虻属 *Glaucops* Szilády, 1923

Glaucops Szilády, 1923: 18. **Type species**: *Tabanus hirsultus* Villers, 1789; by monotypy; Chvála, Lyneborg and Moucha, 1972: 396.

鉴别特征 本属主要特征是腹部修长，形如麻虻；翅基鳞上只具细毛，比前缘脉的毛细短；触角鞭节基部背突低，端部 3 个或 4 个环节。另外复眼具 3 条带，雌虻额中等宽，额基胛与中胛一般分离。

形态描述　体长 10-13 mm，棕色至棕黑色。

雌性　头部：宽于胸部，复眼具 3 条带。头顶无单眼，额两侧平行或顶宽大于基宽，覆粉，额胛短，一般与中胛分离，亚胛光裸，颜和颊覆粉。触角短，柄节长于梗节，鞭节端部分节不清晰，一般具 3 个或 4 环节。下颚须第 2 节端部钝。胸部：背板一般具纵条。翅透明，翅基鳞上只具细毛，比前缘脉的毛细短，4 个后缘室开放，臀室封闭具柄。腋瓣发达，边缘暗色。平衡棒黄棕色至棕黑色。后足胫节端部无距。腹部：形如麻虻，较长，腹节背板具浅色后缘，一般具类圆形浅色侧斑。

雄性　上 2/3 和下 1/3 眼面界限明显或不明显，具 2 条横带，额三角光裸，触角鞭节基环节略窄于雌性，胸部、足、腹部等特征类同于雌性。

生物学　不清楚。

地理分布　古北界，新北界，东洋界。

分类讨论　该属体型同虻属，但腹部形如麻虻，主要区别是本属翅基鳞上只具细毛，比前缘脉的毛细短，腹部较长。全世界已知 3 种，我国仅有 1 种，舟山少环虻 *Glaucops chusanensis* (Ôuchi, 1943) (图 258)。

医学重要性　吸血。数量均很少，不具医学重要性。

(242) 舟山少环虻 *Glaucops chusanensis* (Ôuchi, 1943) (图 258，图 259)

Tabanus (*Glaucops*) *chusanensis* Ôuchi, 1943: 512 [Type locality: Zhoushan Island, Zhejiang, China]; Xu, 2001: 346.

Glaucops chusanensis: Chvála, 1988: 160.

鉴别特征　复眼具 3 带；亚胛光裸，额基胛和中胛分离；触角的鞭节端部具 4 个分节不很明显的环节；下颚须灰黄色，短钝，主要覆黄毛；腹部背板灰黑色，各节后缘具棕色带，中央扩大成三角。

形态描述

雌性　体长 13 mm，棕色。头部：复眼无毛，具 3 条带；额黄棕色，高为基宽的 3 倍，两侧大致平行，基胛暗棕黑色，两侧与复眼分离，与大的中胛分离；亚胛光裸，棕黑色，颜与颊覆黄色粉，具黄毛；口毛黄色。触角柄节和梗节黄色，具黑毛，梗节背突短，鞭节橙色，基环节背突低，端环节棕黑色，具 4 个环节，分节不很清晰。下颚须灰黄色，覆黄毛，夹杂有少量黑毛，短钝。胸部：盾片棕黑色，覆黑毛和黄色，盾片两侧，从肩胛、背侧片、翅上胛到翅后胛侧部灰棕色，中央具 3 条灰白窄纵纹，小盾片边缘多黄毛；侧板灰色，覆黄毛。足基节和股节黑色，着生黄毛，胫节黄棕色，覆黄毛，仅端部多黑毛，跗节黑色黑毛。翅透明，翅基鳞较小，着生的毛比翅前缘基部上的毛细短，

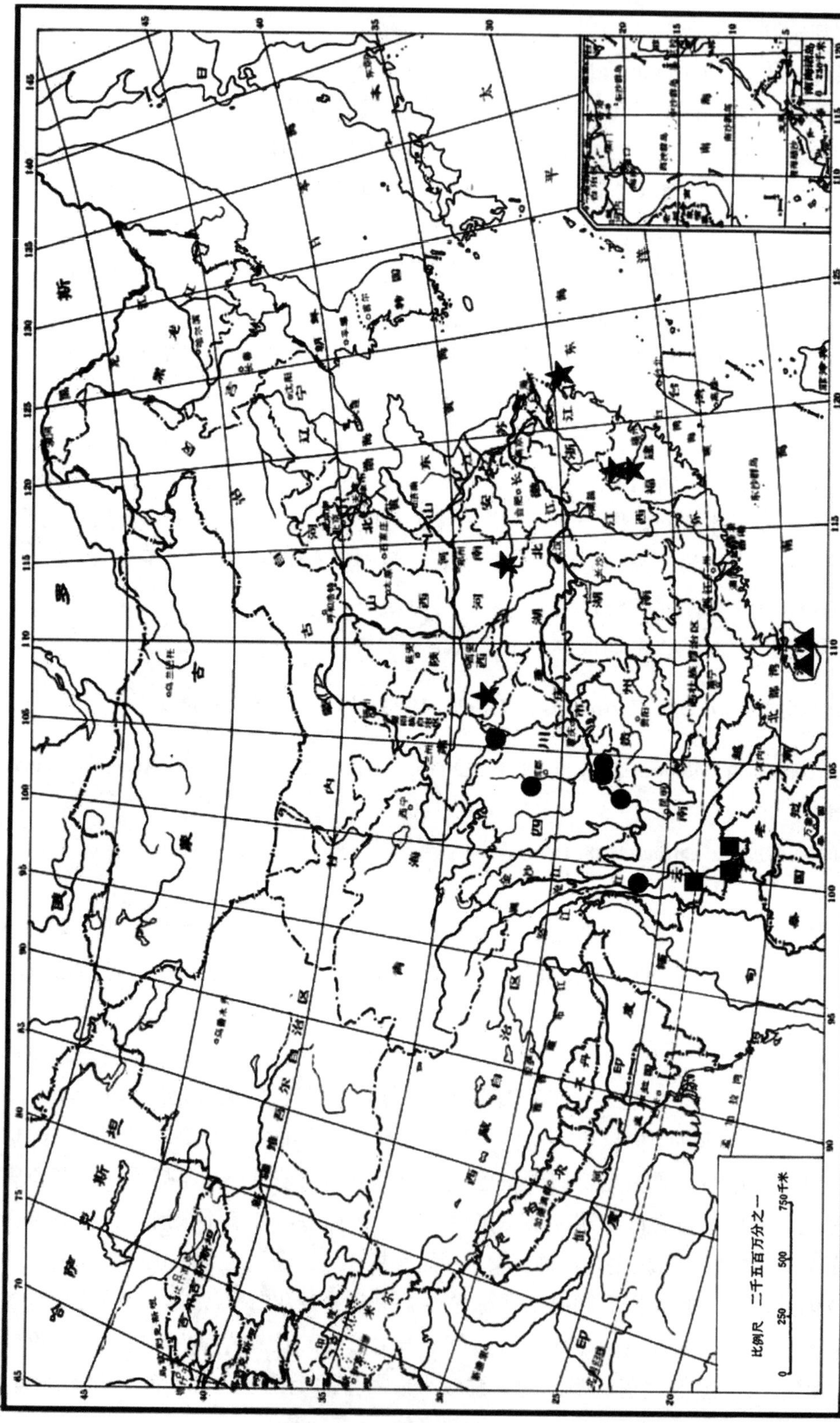

图 258 少环虻属 *Glaucops* 和指虻属 *Ishikia* 的地理分布

★舟山少环虻 *Glaucops chusanensis* (Ôuchi) ●汶川指虻 *Ishikia wenchuanensis* Wang ▲海南指虻 *Ishikia hainanensis* Wang ■良清指虻 *Ishikia liangqingi* (Xu et Sun)

翅端部具烟色阴影，翅脉棕色，翅 R_4 脉无附脉，R_5 室开放。平衡棒黑色。腹部：较长，形如麻虻，背板灰黑色，各节后缘具棕色带，中央扩大成三角，第 2、3 背板两侧带棕黄色，第 6、7 背板变暗，几乎全黑，第 2-6 背板两侧具斜形灰白斑。腹板橙色，中央具黑色纵条，各腹板具浅色后缘。

雄性　本志首次描述。复眼上、下眼面界限不清晰，具 2 条紫色横带 (回潮)，额三角光裸，颜覆黄毛，上侧颜夹杂黑毛，触角着生的毛长于雌性，鞭节基环节较雌性的窄长，腹部背板浅色中三角不清晰，腹板中纵黑条不如雌性的清晰，余者特征类同于雌性。

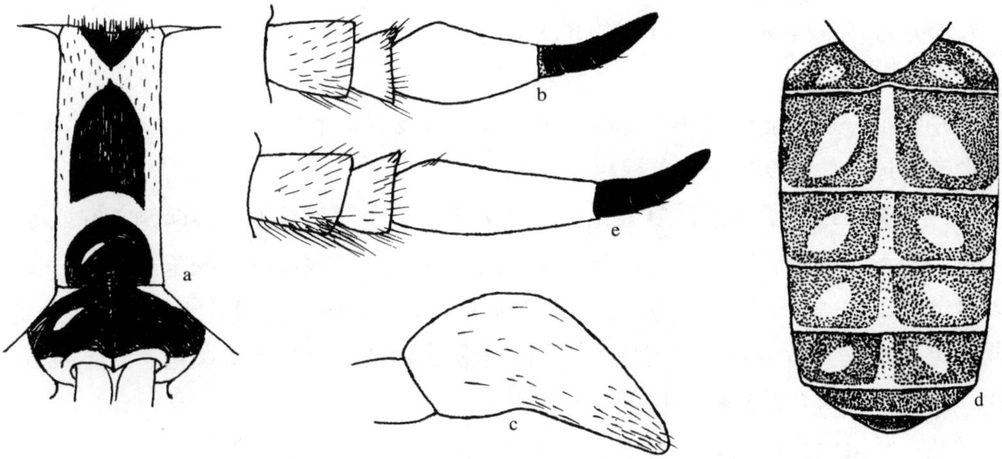

图 259　舟山少环虻 *Glaucops chusanensis* (Ôuchi)

a. 额 (frons)；b. 触角 (antenna)；c. 下颚须 (palpus)；d. 腹部背面 (dorsum of abdomen)；e. 雄性触角 (antenna ♂)

观察标本　正模♀，舟山，标本号 IOZ(E)201277，保存在 IZCAS。1♀，浙江；1♂，福建；1♀，河南；1♀，陕西，保存在 AMMSC。

生物学　6-8 月活动。

地理分布　河南 (信阳)、陕西 (秦岭马道)、浙江 (舟山)、福建 (武夷山、光泽)。

分类讨论　本种鞭节端部可见 4 个环节，不同于该属全世界已知的另外 2 种，它们的端环节为 3 节。本种翅基鳞略小于虻属的，但不易区别，着生的毛比翅前缘基部上的毛略细短，但也有一些毛与翅前缘基部上的毛同样长，也不易与虻属区分，许荣满 (1982) 把该种归于虻属。本志考虑到该种虻腹部修长，形如麻虻属成员，与 Chvála, Lyneborg 和 Moucha (1972) 关于少节虻属的论述一致，故同意上述学者的意见，归于少节虻属。

14. 虻属 *Tabanus* Linnaeus, 1758

Tabanus Linnaeus, 1758: 601. **Type species**: *Tabanus bovinus* Linnaeus, 1758; by designation of

Latreille, 1810: 443; Murdoch and Takahasi, 1969: 56; Chvála, Lyneborg and Moucha, 1972: 291; Wang, 1983: 67; Wang, 1994: 75.

Phyrta Enderlein, 1922: 344. **Type species**: *Tabanus amaenus* Walker, 1848; by original designation. Synonymized by Chvála, 1988: 136.

Styporhamphis Enderlein, 1922: 346. **Type species**: *Tabanus barbarus* Coquebert, 1804; by original designation. Synonymized by Chvála, 1988: 136.

Hybostraba Enderlein, 1923: 545. **Type species**: *Hybostraba guttiventris* Enderlein, 1925; by original designation. Synonymized by Chvála, 1988: 136.

Tabanus (*Callotabanus*) Szilády, 1926b: 10. Synonymized by Stone, 1975: 50.

鉴别特征 复眼无或具 1-4 条带。触角鞭节端部具 4 个环节。

形态描述 体长 9-26 mm，棕色至黑色。

雌性 头部：宽于胸部，复眼无或具 1-4 条带。头顶无单眼，额两侧平行或顶宽大于基宽，覆粉，额基胛形态多样，亚胛覆粉或光裸，颜和颊覆粉。触角短，柄节长于梗节，鞭节端部具 4 个环节。下颚须第 2 节细长或短。胸部：背板具或无纵条。翅透明，或具色斑，R_5室开放或封闭，臀室多封闭。平衡棒白色、棕色或棕黑色。后足胫节端部无距。腹部：腹节背板着色多样。

雄性 复眼上半部大眼面大于下半部小眼面，其余类同于雌性。

生物学 孳生地广泛。

地理分布 广布各动物地理区界。在我国南、北方和西北地区的平原、荒漠、山区，该属的种类都很丰富。

分类讨论 是虻科中最大的属，全世界已知 1300 多种，我国已知 205 种。

医学重要性 不少种类的成虫因数量大，构成对人、畜的严重骚扰。有些种还是人畜共患病野兔热的传播媒介，在我国西北已知有秋季虻 *T. automnalis* Linnaeus、多声虻 *T. bromius* Linnaeus 和戈氏虻 *T. golovi* Olsufjev。在我国南方和东南亚地区牛、马、狗的锥虫病由断纹虻 *T. striatus* Fabricius 传播。

组 检 索 表

1. 翅具横带……………………………………………………………… **丽毛虻组 *T. aurisetosus* group**
   翅无横带……………………………………………………………………………………2
2. 翅横脉处具暗斑…………………………………………………… **凉山虻组 *T. liangshanensis* group**
   翅横脉处无暗斑……………………………………………………………………………3
3. 中胛圆形或方形，与额基胛分离，虽偶有窄线相连，但趋向于分离……………………4
   中胛无，或矛形、线形，与额基胛连接，虽偶有分离，但趋向于连接……………………6

4. 亚胛全光裸……双环虻组 ***T. biannularis* group**

亚胛覆粉，或部分覆粉……5

5. 额基胛与亚胛分离……副菌虻组 ***T. parabactrianus* group**

额基胛与亚胛连接……多砂虻组 ***T. sabuletorum* group**

6. 亚胛全光裸；复眼具 3 条横带，并在后缘相连成“m”形……锡兰虻组 ***T. ceylonicus* group**

亚胛覆粉，或部分覆粉；复眼可具 3 条横带，但在后缘不相连……7

7. 额基胛与亚胛分离……双重虻组 ***T. geminus* group**

额基胛与亚胛连接，或趋向于连接……8

8. 翅 R_5 室边缘封闭，或接近封闭……原野虻组 ***T. amaenus* group**

翅 R_5 室边缘宽开放，或略变窄……9

9. 触角鞭节基部背突呈拇指状向端部突出……10

触角鞭节基部背突至多呈直角向背部突出……12

10. 额较宽，高为基宽的 2.5-3.5 倍；体金黄色，腹部背板至少在第 4-5 节后缘具金黄色毛组成的宽横带……佛光虻组 ***T. budda* group**

额较窄，高为基宽的 5 倍以上；体灰黑色至棕黄色，腹部背板无上述金黄色宽横带……11

11. 复眼无带或具 1 条横带……姚氏虻组 ***T. yao* group**

复眼具 3 条横带……庐山虻组 ***T. lushanensis* group**

12. 腹部背板具 3 列直边的清晰的白粉条……断纹虻组 ***T. striatus* group**

腹部背板可具直边的浅色纵条，但至多具中纵条而无侧条……13

13. 复眼具带……14

复眼无带……17

14. 复眼具 1 条横带……15

复眼具 2 或 3 条横带……16

15. 额高为基宽的 2.4-6.0 倍，额基胛椭圆形，光亮，隆起，中胛无或小，足二色，即足黑色或棕色，胫节大部分白色或黄白色……青腹虻组 ***T. oliviventris* group**

额高为基宽的 8-11 倍，额基胛长卵圆形，光亮，中胛线形，与基胛连接，足二色不明显，即足黑色或棕黑色，胫节大部分棕色或棕黄色……线带虻组 ***T. lineataenia* group**

16. 眼具 2 条横带……福建虻组 ***T. fujianensis* group**

眼具 3 条横带……华丽虻组 ***T. splendens* group**

17. 腹部背板色基本一致，无明显色斑……18

腹部背板具色斑，或前几节与后几节色不一致……19

18. 体黄色……黄蓬虻组 ***T. flavohirtus* group**

体红棕色、灰黑色至黑色……纯黑虻组 ***T. candidus* group**

19. 腹部背板第 1-3 至 5 节棕色或棕黄色，其后几节黑色，浅色后缘窄而不明显……20

腹部背板前几节与后几节色基本一致，或具浅色后缘带，或具浅色三角斑，或具浅色侧斑……21

20. 腹部背板第 2、3 或第 2-4 节色基本一致，无中央黑斑………………**暗尾虻组 *T. furvicaudus* group**

腹部背板第 2、3 或第 2-4 节中央具 1 列黑斑………………………**黑斑虻组 *T. nigrimaculatus* group**

21. 腹部背板中央具 1 列大致直边的浅色纵条，或模糊的或直边或三角形纵列毛斑…………………………………………………………………………………………**直条虻组 *T. hybridus* group**

腹部背板具 1 列清晰的浅色中三角斑，或/和后缘带，侧斑……………………………………22

22. 腹部背板仅具后缘带，有时中央略膨大，但不形成中三角……………………………………23

腹部背板具后缘带、中三角和斜形侧斑，或具后缘带和中三角，或仅具中三角…………………24

23. 腹部背板仅具窄的后缘带……………………………………………**窄缘虻组 *T. oxyceratus* group**

腹部背板仅具宽的后缘带……………………………………………**乘客虻组 *T. anabetus* group**

24. 腹部背板具后缘带、中三角和斜形侧斑………………………………**微赤虻组 *T. rubidus* group**

腹部背板具后缘带和中三角，或仅具中三角……………………………………………………25

25. 腹部背板仅具中三角……………………………………………………**皮革虻组 *T. immanis* group**

腹部背板后缘带和中三角……………………………………………………………………………26

26. 腹部背板后缘具宽的后缘带，中央膨大成中三角………………**浅胸虻组 *T. pallidepectoratus* group**

腹部背板具窄的后缘带和中三角………………………………………**嗜牛虻组 *T. bovinus* group**

丽毛虻组 *Tabanus aurisetosus* group

丽毛虻组虻的主要特征是翅具横带斑，即翅中部或基部大部分着色，端部透明，呈斑虻属翅斑式样。本组现知仅分布在东洋界华南区和西南区 (图 263)。

种 检 索 表

1. 腹部背板棕黑色至黑色………………………………………………………………………………2

腹部背板棕黄色至棕褐色………………………………………………………………………………5

2. 腹部背板棕黑色，无浅色斑和浅色毛；翅横带不达翅后缘；额胛长柱状 ··**柱胛虻 *T. cylindrocallus***

腹部背板黑色，具浅色斑和浅色毛；翅横带达翅后缘；额胛卵圆形或长卵形……………………3

3. 复眼具 1 宽的紫色横带；下颚须黑色………………………………………**壮体虻 *T. omnirobustus***

复眼无色带；下颚须棕色至棕黑色……………………………………………………………………4

4. 额高为基宽的 9-10 倍；基胛与复眼分离；触角背突较高……………………………………………………………………………………**丽毛虻地东亚种 *T. aurisetosus didongensis***

额高为基宽的 6 倍；基胛与复眼接触；触角背突较低………………………………**保海虻 *T. baohaii***

5. 翅第 1 后室封闭具柄；胸部背板黑色……………………………………**褐腹虻 *T. fuscoventris***

翅第 1 后室开放；胸部背板黄色…………………………………………………………………………6

6. 足一致深棕色……………………………………………………………副黄边虻 **T. paraflavimarginatus**
足跗节黑色，胫节大部分白色……………………………………………………………………………7
7. 腹部腹板具 1 中纵黑毛条；口毛黄色；下颚须着生黑毛，额胛延线较粗 ……黄胸虻 **T. flavothorax**
腹部腹板无中纵黑毛条；口毛红棕色；下颚须着生黄褐色毛，额胛延线较细…………………………
……………………………………………………………………………………黄边虻 **T. flavimarginatus**

(243) 柱胛虻 *Tabanus cylindrocallus* Wang, 1988 (图 260；图版 IX)

Tabanus cylindrocallus Wang, 1988: 324 [Type locality: Hainan, China]; Wang, 1994: 92; Xu, 2004: 540; Xu and Sun, 2008a: 97.

鉴别特征　复眼无带；额高为基宽的 5-6 倍，基胛和中胛连成条形；下颚须棕黑色；翅棕色横带不达翅后缘，R_4 脉无附脉，R_5 室开放；腹部背板一致深棕黑色。

形态描述

雌性　体长 15-17 mm，棕黑色。头部：复眼无毛无带；额棕色，两侧平行或顶端略宽，高为基宽的 5-6 倍，基胛和中胛连成条形，棕黑色，两侧与复眼分离，上端延线占额高的 2/3；亚胛棕色，隆起，"眉片"中等高；颜和颊棕色，具黑毛；口毛棕黑色。触角柄节和梗节黄棕色，具黑毛，鞭节橙色，基环节具背突。下颚须棕黑色，覆黑毛。胸部：盾片和小盾片黑色，覆黑毛；侧板黑色，覆黑毛。足黑色，着生黑毛。翅透明，具棕色横带，横带不达翅后缘，外缘近 R_4 脉基部略外突，R_4 脉无附脉，R_5 室开放。腋瓣

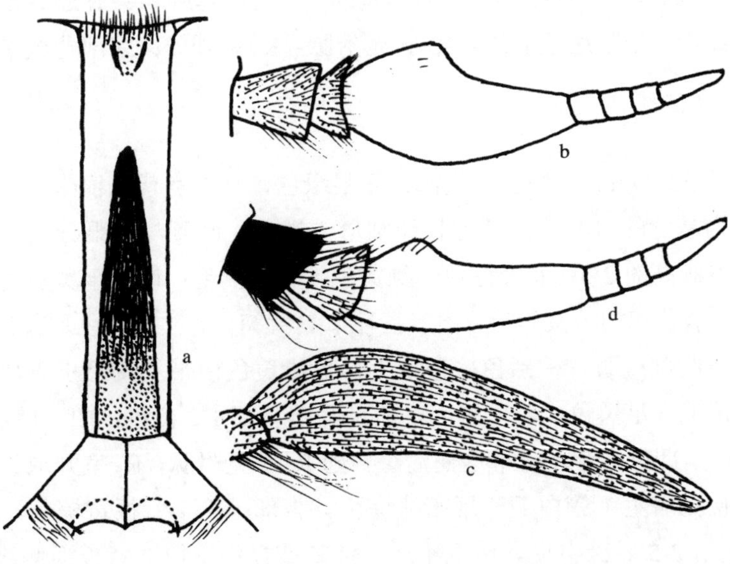

图 260　柱胛虻 *Tabanus cylindrocallus* Wang

a. 额 (frons)；b. 触角 (antenna)；c. 下颚须 (palpus)；d. 雄性触角 (antenna ♂)

烟黑色，上、下腋瓣交接处着生 1 簇白毛。平衡棒棕色。腹部：背板一致深棕黑色，着生黑毛。腹板黑色，第 2-6 腹板具黄色后缘带。

雄性 体长 16 mm，黑色。复眼上 2/3 大眼面浅棕色，下 1/3 小眼面黑色；亚胛和颜均为棕色；触角柄节黑色，鞭节较雌性的窄；下颚须棕色，长卵形；胸部和腹部背板棕黑色，具弱的光泽，腹部背板和腹板后缘均具黄色窄带。

观察标本 正模♀，海南尖峰岭，1981.V.11，陈芝卿，保存在 IZCAS (未找到)。2♀♀1♂，海南、广西，保存在 AMMSC。

生物学 5-8 月活动。

地理分布 海南 (尖峰岭、吊罗山)、广西 (防城)。

分类讨论 本种类似于壮体虻 *T. omnirobustus* Wang，但壮体虻复眼具 1 条横带，额较窄，高为基宽的 10 倍，触角暗棕色；腹部第 1 背板黄棕色，其后各背板黑色，且第 2-3 或第 2-5 背板后缘中央具白色小毛斑；翅横带伸达翅后缘。而柱胛虻复眼无横带，额较宽，高为基宽的 5-6 倍，触角柄节和梗节黄棕色；腹部背板一致深棕黑色；翅横带不达翅后缘。

(244) 壮体虻 *Tabanus omnirobustus* Wang, 1988 (图 261)

Tabanus omnirobustus Wang, 1988: 323. [Type locality: Hainan, China]; Wang, 1994: 92; Xu and Sun, 2008a: 98.

鉴别特征 复眼具 1 横带；额高为基宽的 10 倍，基胛和中胛连成条形；下颚须黑色；翅具烟色横带，横带达翅后缘，R_4 脉无附脉，R_5 室开放；腹部背板黑色，但第 1 背板黄棕色。

形态描述

雌性 体长 22-24 mm，棕色。头部：复眼绿色，具 1 宽紫色横带；额棕黑色，顶端宽于基端，高为基宽的 10 倍，基胛长卵圆形，黑色，两侧与复眼分离，和中胛连成条形，上端延线占额高的 2/3；亚胛棕色；颜黄色，颊具黑毛；口毛金黄色。触角暗棕色，柄节覆黄色粉，柄节和梗节具黑毛，鞭节基环节具背突。下颚须黑色，第 1 节覆棕色毛，第 2 节覆黑毛。胸部：盾片棕黑色，覆黑毛，后缘黄色横带及黄色小盾片覆黄毛；侧板黄色，覆金黄色毛。足黑色，着生黑毛，前足胫节基部 1/2 白色，中、后足胫节基部 2/3 白色。翅透明，具烟色横带，横带达翅后缘，翅 R_4 脉无附脉，R_5 室开放。腋瓣烟黑色，上、下腋瓣交接处着生 1 簇白毛。平衡棒棕色。腹部：第 1 背板黄棕色，其后各背板黑色，第 2、3 或第 2-5 后缘中央具白毛小斑，清晰或模糊，第 2 背板后侧缘具黄毛。第 1 腹板黄色，第 2 腹板黑色，两侧具黄色斑，其后各腹板黑色，第 2-6 腹板具白色后缘带。

雄性 未详。

观察标本　正模♀，海南尖峰岭，1982.IX.21，梁承丰，标本号 IOZ(E)201230，保存在 IZCAS。

生物学　未详。

地理分布　海南 (尖峰岭)。

分类讨论　本种类似于柱胛虻 *T. cylindrocallus* Wang，但柱胛虻复眼无带，额较宽，触角柄节和梗节棕色；腹部背板一致深棕黑色；翅横带不达翅后缘。

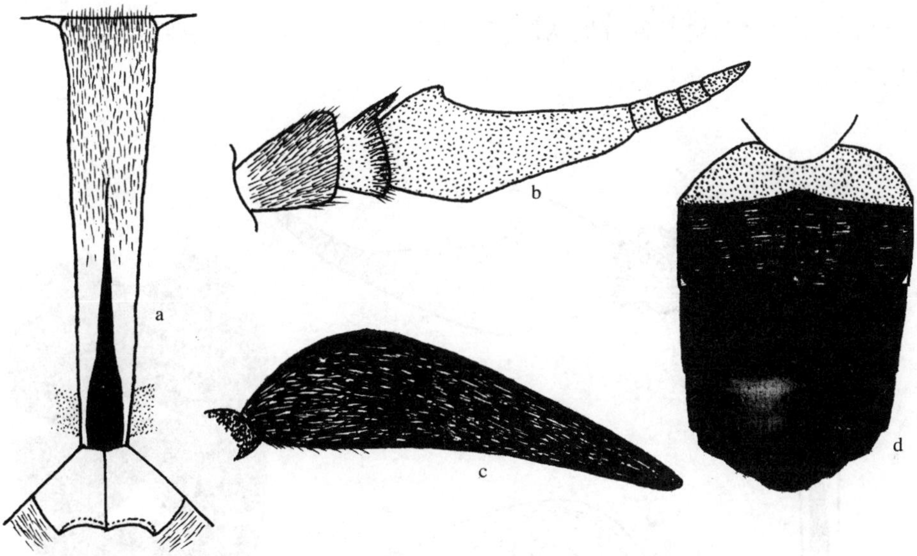

图 261　壮体虻 *Tabanus omnirobustus* Wang

a. 额 (frons)；b. 触角 (antenna)；c. 下颚须 (palpus)；d. 腹部背面 (dorsum of abdomen)

(245) 丽毛虻地东亚种 *Tabanus aurisetosus didongensis* Wang *et* Xu, 1988 (图 262，图 263；图版 IX)

Tabanus aurisetosus didongensis Wang *et* Xu, 1988: 268 [Type locality: Tibet, China]; Xu and Wang, 1993: 110; Xu and Sun, 2008a: 96.

Tabanus aurisetosus Toumanoff: Xu, 1982a: 271; Xu, 1982g: 131; Xu, 2004: 539. Misidentification.

鉴别特征　复眼无带；额高为基宽的 8.8 倍，基胛和中胛连成条形；下颚须浅棕色；翅横带达翅后缘，但横带内的第 1-4 后缘室中央具透明小斑，R_5 室封闭具柄，R_4 脉具附脉；腹部背板黑色，第 2-5 背板中央后缘具白色三角。

形态描述

雌性　体长 19 mm，黑色。头部：复眼无毛无带；额灰白色，顶端宽于基端，高为基宽的 8.8 倍，基胛长卵圆形，黑色，两侧与复眼分离，和中胛连成线形，上端延线占额高的 2/3；亚胛褐色；颜灰白色，着生灰白色毛，侧颜褐色，颊灰白色，具浅棕色毛；口毛白色。触角黑棕色，柄节和梗节具黑毛，鞭节基环节长为宽的 2 倍，基部具背突。下颚须浅棕色，覆黑毛，第 2 节长为宽的 5 倍。胸部：盾片和小盾片黑色，着生黑毛，盾片具 5 细纵条，条上着生浅色毛；侧板灰黑色，覆浅色毛。足棕黑色，着生黑毛，股节色较深。翅透明，呈棕色，具褐色宽横带，前缘伸展到 R_4 脉端部，横带达翅后缘，第 1、3、5 径室基部透明，中室大部分略透明，R_5 室封闭具柄，R_4 脉具附脉。腋瓣烟黑色，上、下腋瓣交接处着生 1 簇白毛。平衡棒棕黄色。腹部：背板黑色，着生黑毛，第 2-5 背板中央后缘具白色三角，各背板两侧多白毛。第 2-6 腹板具白色后缘带。

雄性　未详。

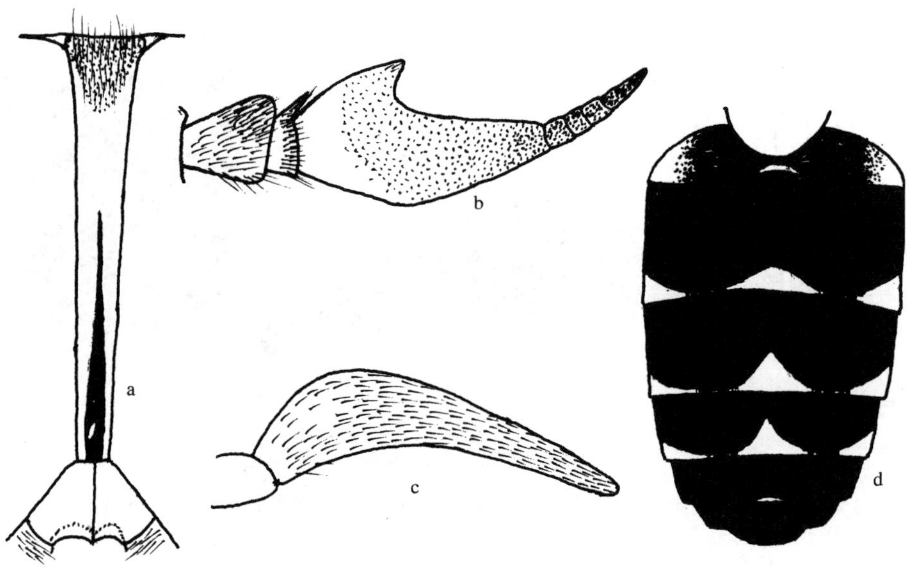

图 262　丽毛虻地东亚种 *Tabanus aurisetosus didongensis* Wang *et* Xu

a. 额 (frons)；b. 触角 (antenna)；c. 下颚须 (palpus)；d. 腹部背面 (dorsum of abdomen)

观察标本　正模♀，西藏墨脱地东，1980.VII.2，金根桃、吴建毅，保存在 IECAS。1♀，广西，保存在 AMMSC。

生物学　未详。

地理分布　海南 (五指山)、广西 (凭祥)、西藏 (墨脱)。

分类讨论　与越南的丽毛虻指名亚种 *T. aurisetosus aurisetosus* Toumanoff 近似，但指名亚种额较宽，高为基宽的 7 倍，翅横带第 1-4 后缘室无透明小斑。许荣满 (1982) 在中国重要医学动物鉴定手册中曾把采自广西凭祥的该种虻误定为丽毛虻指名亚种，但指出广西凭祥的标本额较窄。经标本核对，广西标本的形态特征与西藏的相同，只是额略窄于西藏的模式标本，应属变异范围。本种翅 R_5 室封闭具柄，类似于褐腹虻 *T. fuscoventris*

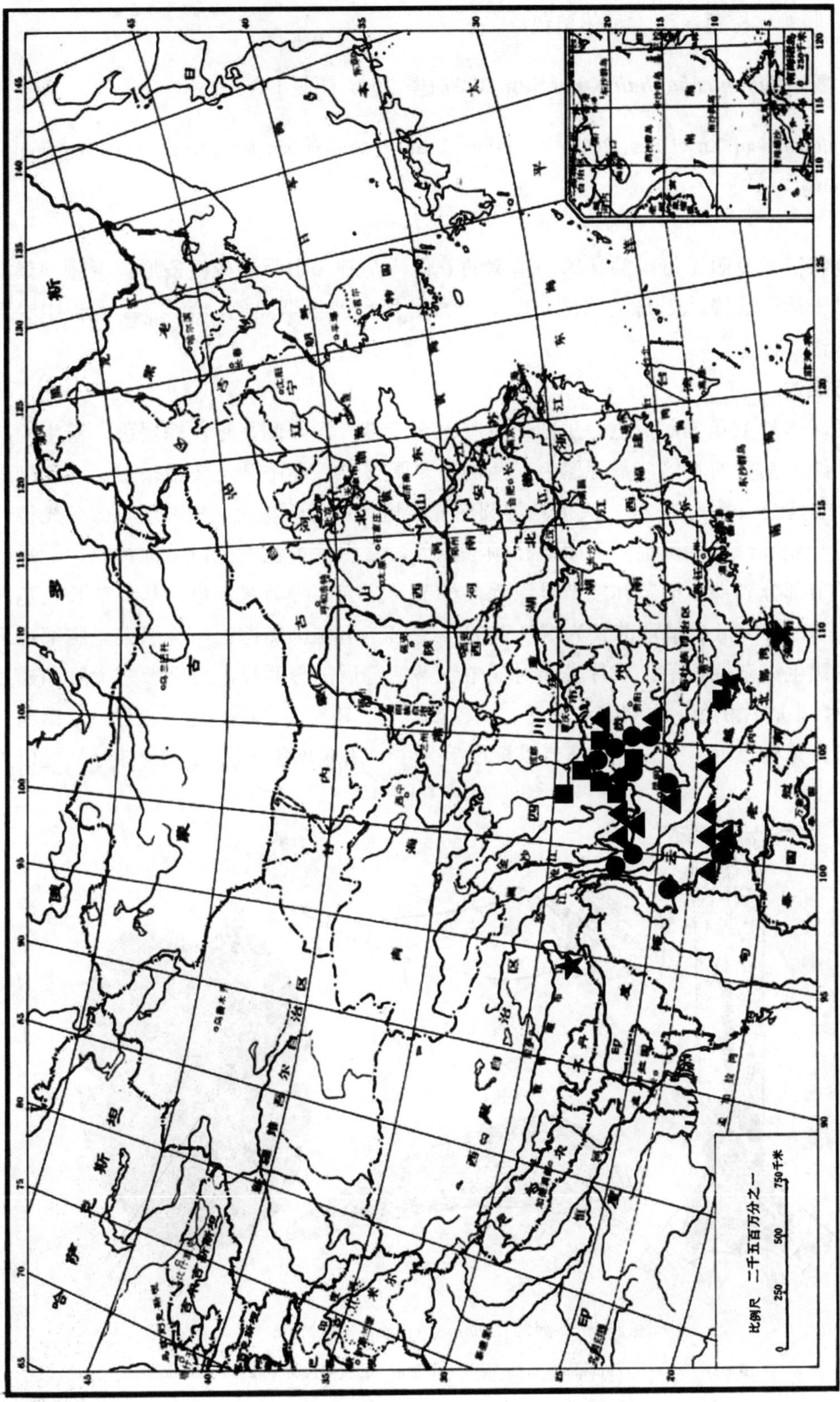

图 263　丽毛虻组 *Tabanus aurisetosus* group 和凉山虻组 *Tabanus liangshanensis* group 的地理分布

★丽毛虻地东亚种 *Tabanus aurisetosus didongensis* Wang *et* Xu　●昆明虻 *Tabanus kunmingensis* Wang

■凉山虻 *Tabanus liangshanensis* Xu　▲云南虻 *Tabanus yunnanensis* Liu *et* Wang

Xu，但褐腹虻体棕色，而本种体黑色。

(246) 保海虻 *Tabanus baohaii* Xu *et* Sun, 2007 (图 264; 图版 IX)

Tabanus baohaii Xu *et* Sun, 2008a: 97 [Type locality: Meihuashan Mountain, Shanghang, Fujian, China].

鉴别特征　复眼无带；额高约为基宽的 6 倍，基胛和中胛连成粗条形；下颚须黑棕色；翅横带达翅后缘，R_4 脉无附脉，R_5 室开放；腹部背板烟黑色，第 2、3 背板中央后缘具 1 丛银白色毛。

形态描述

雌性　体长 15 mm，黑色。头部：复眼无毛无带；额两侧平行，棕褐色，着生稀疏黑毛，高约为基宽的 6 倍，基胛黑色，两侧与复眼接触，和中胛连成粗条形，连接处具凹陷，上端延线占额高的 2/3，头顶具类圆形光裸区；亚胛暗棕色，覆薄粉，部分光裸；颜色略浅于亚胛，着生黑毛，下中颜和颊棕黄色，着生棕黄色毛；口毛棕黄色。触角暗棕色，柄节部分光裸，柄节和梗节具黑毛，梗节具背突，鞭节红棕色，基环节长为宽的 2 倍多，基部背突低，基环节长为端环节的 1.5 倍。下颚须黑棕色，覆黑毛。胸部：黑色，着生黑毛夹杂棕色毛，盾片具 1 对亚中纵条，缝后部分明显，肩胛、翅上胛和翅后胛带棕色，小盾片黑色，主要着生黑毛；侧板褐棕色，覆棕黄色毛。足黑褐色，覆黑毛，前足基节夹杂棕色毛，中、后足基节以棕色毛为主。翅烟褐色，翅 R_4、R_5 脉分叉处以外

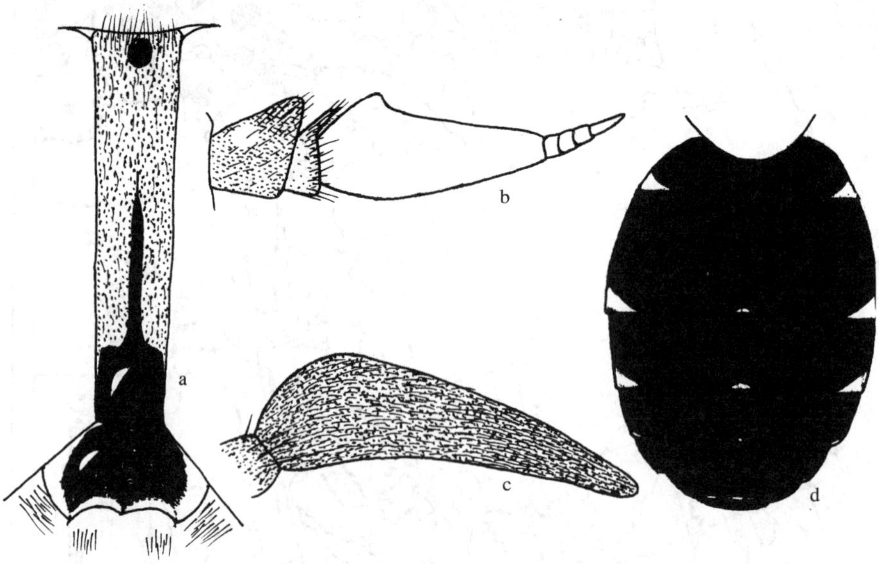

图 264　保海虻 *Tabanus baohaii* Xu *et* Sun

a. 额 (frons)；b. 触角 (antenna)；c. 下颚须 (palpus)；d. 腹部背面 (dorsum of abdomen)

的翅端部透明，R_1 室基部透明，横带达翅后缘，但后缘着色浅，R_4 脉无附脉，R_5 室开放。腋瓣烟黑色，上、下腋瓣交接处着生 1 簇白毛。平衡棒棕黄色。腹部：烟黑色，第 1-3 背板侧后缘具银白色毛，第 2、3 背板中后缘具 1 丛银白色毛，第 4、5 背板后缘夹杂棕色毛，第 6、7 背板后缘具较多棕色毛。第 1 腹板暗棕色，具棕色毛，第 2-7 腹板烟黑色，覆黑毛，后缘着生棕色毛，形成浅色后缘带。

雄性　未详。

观察标本　正模♀，福建上杭梅花山，1988.VI.24，徐保海，保存在 AMMSC。1♀，福建，保存在福建省疾病预防控制中心。

生物学　未详。

地理分布　福建 (上杭)。

分类讨论　体棕黑色，类似于柱胛虻 *T. cylindrocallus* Wang，但柱胛虻腹部背板一致深棕黑色，无浅色斑和浅色毛，翅横带不达翅后缘，额胛长柱状。也与黄边虻 *T. flavimarginatus* Schuurmans-Stekhoven 相似，但黄边虻体黄棕色；足非全黑色，胫节大部分白色，额较窄，高为基宽的 10 倍，基胛与复眼分离；而保海虻体黑色，足一致黑褐色；额高为基部宽的 6 倍，基胛两侧与复眼接触。

(247) 褐腹虻 *Tabanus fuscoventris* Xu, 1981 (图 265；图版 IX)

Tabanus fuscoventris Xu, 1981: 309 [Type locality: Mengla, Yunnan, China]; Xu, 1982h: 136; Wang, 1994: 79; Yang and Xu, 1997: 14; Xu and Guo, 2005b: 175; Xu and Sun, 2008a: 98.

鉴别特征　复眼无带；额高为基宽的 9.5 倍，基胛和中胛连成条形；下颚须灰黑色；翅横带达翅后缘，第 3-5 后缘室中央透明，翅中前缘的第 3、5 径室和中室大部分透明，R_5 室封闭具柄，R_4 脉具附脉；腹部红棕色。

形态描述

雌性　体长 17 mm，棕色。头部：复眼无毛无带；额灰白色，顶端宽于基端，高为基宽的 9.5 倍，基胛和中胛黑色，和中胛连成条形，上端延线占额高的 2/3，两侧与复眼分离；亚胛中央灰白色，两侧黄棕色；颜黄白色，着生白毛，上中颜和上侧颜具黑毛，颊黄棕色，具浅棕色毛；口毛白色。触角柄节灰色，梗节和鞭节红棕色，鞭节色从基部向端部变暗，端环节棕黑色至黑色，基环节长为宽的 2 倍，基部具背突。下颚须灰黑色，覆黑毛，第 2 节长为宽的 4 倍，基部夹杂少量白毛。胸部：盾片和小盾片黑色，着生黑毛，背侧片浅棕色；侧板灰色，覆白毛。足黑色，着生黑毛，胫节色较浅，中、后足股节腹方具白毛。翅透明，具棕色横带，横带前缘几乎伸达翅端，并伸达翅后缘，第 2、3 后缘室中央具弱小透明斑，R_5 室封闭具柄，R_4 脉具附脉。腋瓣烟黑色，上、下腋瓣交接处着生 1 簇白毛。平衡棒棕黄色。腹部：红棕色，尾端色变深，主要着生黑毛，第 1-4

背板侧缘及第 1-5 腹板后缘具白毛。

雄性　未详。

观察标本　正模♀，云南勐腊，1976.VII.11，许荣满，保存在 AMMSC。5♀♀，云南，保存在 AMMSC。

生物学　6-7 月捕获，数量不多。

地理分布　云南 (勐腊、勐海)。

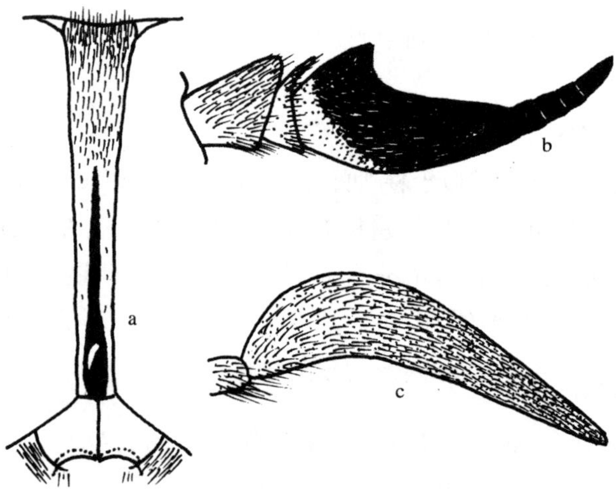

图 265　褐腹虻 *Tabanus fuscoventris* Xu

a. 额 (frons)；b. 触角 (antenna)；c. 下颚须 (palpus)

分类讨论　与黄胸虻 *T. flavothorax* Ricardo 和黄边虻 *T. flavimarginatus* Schuurmans-Stekhoven 近似，但后两者翅 R_5 室边缘开放；腹部背板具浅色后缘带。而褐腹虻翅 R_5 室封闭具柄；腹部背板不具完整的浅色后缘带，仅在 1-4 背板侧缘具白毛。

(248) 副黄边虻 *Tabanus paraflavimarginatus* Xu *et* Sun, 2008 (图 266；图版 IX)

Tabanus paraflavimarginatus Xu *et* Sun, 2008a: 98 [Type locality: Jianfengling, Hainan, China].

鉴别特征　复眼无带；基胛和中胛连成粗条；下颚须黄棕色，覆黑毛；口毛黄色；翅横带弱，不达翅后缘，R_5 室开放，R_4 脉无附脉；胸部背板与腹部背板均为暗棕色，覆黑毛。

形态描述

雌性　体长 14 mm，暗棕色。头部：复眼干标本棕色，无毛无带 (回软)；额暗棕色，两侧平行，高为基宽的 7 倍，基胛条形，红棕色，两侧与复眼分离，和中胛连成线条，上端延线变细，占额高的 2/3；亚胛棕色；颜和颊棕黄色，着生黄毛；口毛黄色。触角柄节和梗节棕色，具黑毛，柄节端部侧面具红棕色长毛，鞭节红棕色，基环节长为宽的 2.2 倍，长为端环节的 1.7 倍，基环节基部具背突。下颚须黄棕色，覆黑毛，第 2 节长为宽的 4 倍。胸部：盾片和小盾片暗棕色，着生黑毛和黄毛；侧板黄棕色，着生黄毛。足暗棕色，覆棕色毛，跗节多黑毛。翅横带很弱，外缘接近 R_4、R_5 脉分叉处，后缘不达翅后缘，翅脉棕色，R_5 室开放，R_4 脉无附脉。腋瓣棕色。平棒红棕色，球部两侧暗棕色。腹部：背板暗棕色，着生黑毛，尾端色变暗。腹部腹板红棕色，向尾端变暗，着生黑毛。

雄性　未详。

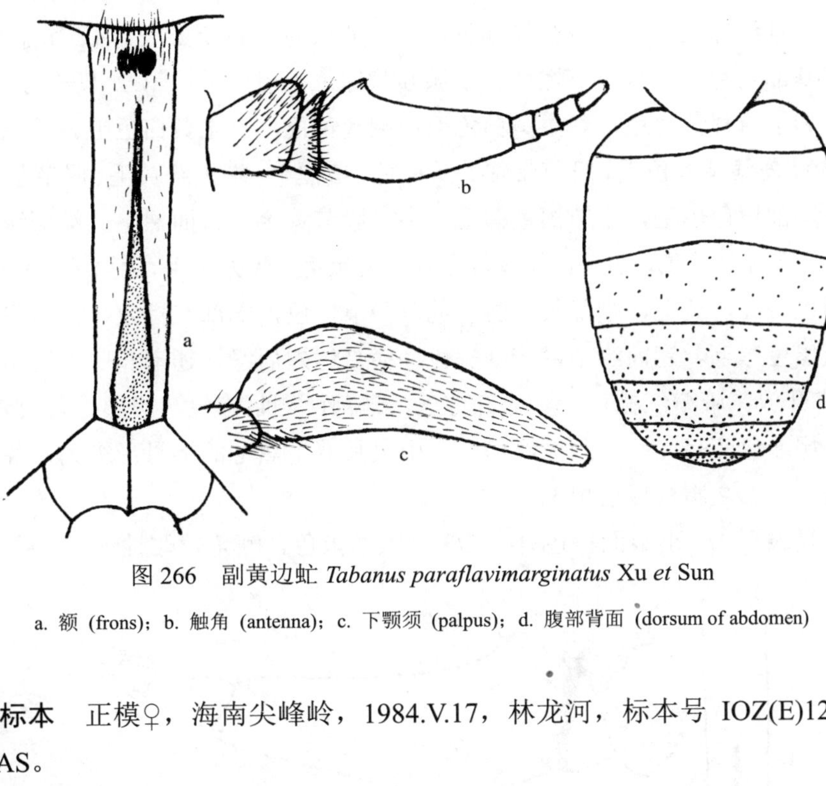

图 266　副黄边虻 *Tabanus paraflavimarginatus* Xu *et* Sun

a. 额 (frons)；b. 触角 (antenna)；c. 下颚须 (palpus)；d. 腹部背面 (dorsum of abdomen)

观察标本　正模♀，海南尖峰岭，1984.V.17，林龙河，标本号 IOZ(E)1234386，保存在 IZCAS。

生物学　未详。

地理分布　海南 (尖峰岭)。

分类讨论　本种体暗棕色，腹部腹面无黑毛斑中纵列，与黄边虻 *T. flavimarginatus* Schuurmans-Stekhoven 相近，但黄边虻足股节黑棕色，胫节大部分白色，跗节大部分黑色，翅 R_4 脉具附脉。

(249) 黄胸虻 *Tabanus flavothorax* Ricardo, 1911 (图 267)

Tabanus flavothorax Ricardo, 1911: 201 [Type locality: Perak, Malaysia]; Schuurmans-Stekhoven, 1926: 528; Stone, 1975: 58; Xu and Sun, 2008a: 98.

鉴别特征　复眼无带；额窄，基胛和中胛连成线形；下颚须黄棕色，覆黑毛；口毛黄色；翅横带达翅后缘，R_5室开放；胸部背板黄棕色，覆黄白色毛；腹部背板暗红棕色，覆黑毛。

形态描述

雌性　体长 14.2-15.3 mm，红棕色。头部：复眼活时绿色，干标本棕色，无毛无带；额黄棕色至红棕色，顶端宽为基宽的 2 倍，高为基宽的 7.5-11.2 倍，基胛长卵圆形，青棕色至红棕色，两侧与复眼分离，和中胛连成线形，上端延线占额高的 2/3；亚胛和侧颜具黑毛，中颜和颊浅黄色，着生黄毛；口毛黄色。触角柄节和梗节红棕色，具黑毛，柄节端部侧面具红棕色长毛，鞭节红棕色，基环节长为宽的 2.2 倍，长为端环节的 1.7 倍，基环节基部具背突，端环节黑色。下颚须黄棕色，覆黑毛，第 2 节长为宽的 4 倍。胸部：盾片和小盾片黄棕色，着生黄白色毛；侧板黄色，着生黄白色毛。前足基节黄棕色，端部黑色，覆浅黄棕色毛，股节带红的黄棕色，覆黑毛，端侧缘黄毛，胫节基部 2/3-3/4 白色白毛，端部黑色黑毛，跗节黑色黑毛，中足股节黄色，背面黑毛，端侧缘白毛，胫节白色白毛，端部红棕色，黑毛，胫节背方具 1 列黑毛，腹方黄毛，跗节红棕色，黑毛，后足股节黄色带红，黄毛，端部具一些黑毛，胫节棕色，端部红棕色，背面黑毛，腹面黄毛，跗节黑色黑毛。翅前缘和横带红棕色，横带达翅后缘，翅端和中室透明，翅脉红棕色，R_5 室开放。腋瓣红棕色。平棒红棕色，球部两侧暗棕色。腹部：背板暗红棕色，着生黑毛，尾端色变暗。腹部腹板红棕色，中央具着生黑毛的半月形纵列，各腹板两侧和后缘具黄毛，第 7 腹板黑色黑毛。

雄性　复眼下 1/3 小眼面棕色，上 2/3 大眼面黑色，触角较雌性细长，鞭节的基环

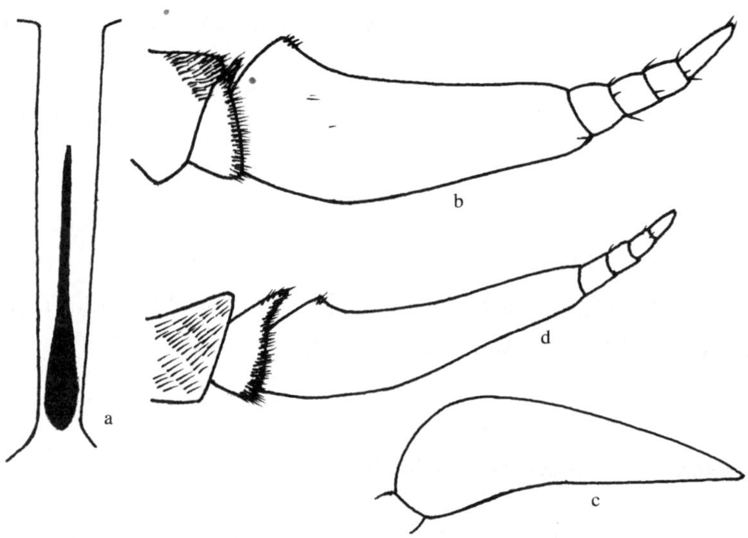

图 267　黄胸虻 *Tabanus flavothorax* Ricardo

a. 额 (frons)；b. 触角 (antenna)；c. 下颚须 (palpus)；d. 雄性触角 (antenna ♂) (仿 Schuurmans-Stekhoven, 1926)

节长为宽的 3.3 倍，为黑棕色端环节的 1.5 倍；胸部暗于雌性，覆黄毛，翅横带不达翅后缘。

观察标本　正模♀，Perak, Malaysia，保存在 LSTM (未检视)。

生物学　未详。

地理分布　香港；越南，马来西亚，文莱，苏门答腊。

分类讨论　本种与黄边虻 *T. flavimarginatus* Schuurmans-Stekhoven 相近，但黄边虻腹部腹面无中纵黑条；口毛红棕色；下颚须着生黄棕毛；额胛延线渐细。

(250) 黄边虻 *Tabanus flavimarginatus* Schuurmans-Stekhoven, 1926 (图 268)

Tabanus flavimarginatus Schuurmans-Stekhoven, 1926: 527 [Type locality: Hongkong, China]; Stone, 1975: 58; Xu and Sun, 2008a: 97.

鉴别特征　复眼无带；额高为基宽的 10 倍，基胛和中胛连成线形；下颚须红棕色；翅横带达翅后缘，R_4 脉具附脉，R_5 室开放；腹部背板黑色，第 2-5 背板中央后缘具白色三角。

形态描述

雌性　体长 15 mm，黑色。头部：复眼无毛无带；额红棕色，着生黄棕色毛，顶宽为基宽的 2 倍，高为基宽的 10 倍，基胛长卵圆形，红棕色，两侧与复眼窄分离，和黑色的中胛连成线形，上端延线占额高的 2/3；亚胛带红的黄棕色；颜色同亚胛，着生黄毛，颊具黑毛和红棕色毛；口毛红棕色。触角黄棕色，柄节和梗节具黑毛，腹缘具黄毛，鞭节红黄色，基环节长为宽的 2 倍多，基部具背突，基环节长为端环节的 1.9 倍。下颚须红棕色，覆黄棕色毛。胸部：盾片和小盾片红棕色，着生黄棕色毛，盾片无纵条；侧板红棕色，覆红黄色毛。前足基节金黄色，覆金黄色毛，股节黑棕色，覆黑毛，胫节略膨大，白色白毛，端部 1/5 黑棕色，黑毛，跗节黑色黑毛，中足黑棕色，股节覆黑毛，端部具黄棕色毛，胫节白色白毛，端部红棕色，黑毛，第 1 跗节红棕色，黑毛，其余跗节黑色，黑毛，后足同中足，胫节背面具 1 排黑毛。翅透明，黄棕色，具横带和棕色端影，R_4 脉具附脉，R_5 室开放。平棒棕黄色。腹部：基部背板暗黄棕色，往后黑棕色，着生黑毛，各节侧缘和后缘覆黄毛，第 2-4 背板中央后缘具红黄色毛小三角。基部腹板黑棕色，黑毛，第 2-4 腹板具黄色毛后缘带，其余腹板均为黑毛。

雄性　未详。

观察标本　正模♀，香港，H. Macfarlane，保存在 BMNH (未检视)。

生物学　未详。

地理分布　香港。

分类讨论　本种与黄胸虻 *T. flavothorax* Ricardo 相近，但黄胸虻腹部腹面具 1 中纵黑条；口毛黄色；下颚须着生黑毛；额胛延线较粗。

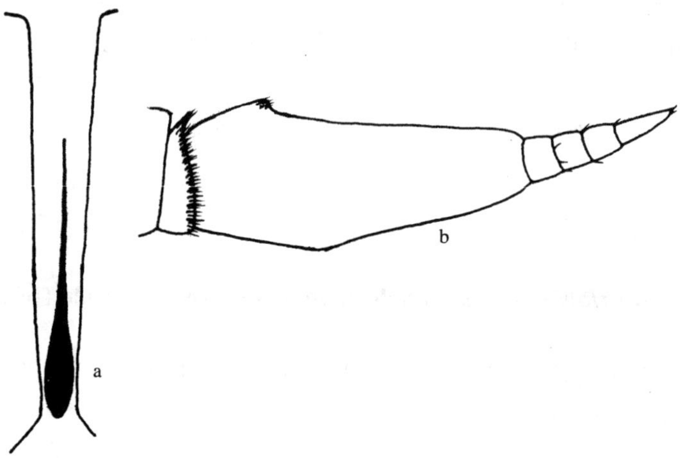

图 268 黄边虻 *Tabanus flavimarginatus* Schuurmans-Stekhoven

a. 额 (frons)；b. 触角 (antenna) (仿 Schuurmans-Stekhoven, 1926)

凉山虻组 *Tabanus liangshanensis* group

凉山虻组虻的主要特征是翅横脉处具暗斑。本组现知仅分布在东洋界 (图 263)。

种检索表

1. 翅 R_5 室边缘封闭……………………………………丽江虻 ***T. lijiangensis***
   翅 R_5 室边缘开放……………………………………2
2. 黑色种……………………………………3
   棕色种……………………………………4
3. 下颚须第 2 节浅黄白色；腹部第 2 背板两侧具白色斜形斑……………………昆明虻 ***T. kunmingensis***
   下颚须第 2 节灰棕色；腹部第 2 背板两侧无白色斜形斑……………………云南虻 ***T. yunnanensis***
4. 触角鞭节暗红棕色，基部背突不明显；胸部暗血红色；腹部背板暗棕色，无浅色后缘，腹部腹板中纵黑条不明显；额高为基宽的 5-6 倍 ……………………邛海虻 ***T. gonghaiensis***
   触角鞭节黑色，基部背突明显；胸部黑色；腹部背板棕黑色，具浅色后缘，腹部腹板中纵黑条明显；额高为基宽的 6-7 倍 ……………………凉山虻 ***T. liangshanensis***

(251) 丽江虻 *Tabanus lijiangensis* Yang *et* Xu, 1993 (图 269)

Tabanus lijiangensis Yang *et* Xu, 1993: 73 [Type locality: Lijiang, Yunnan, China]; Yang and Xu, 1997: 15; Xu, 2000: 189.

鉴别特征　复眼无带；额基胛红棕色，卵圆形，两侧与复眼分离，和中胛粗连接；下颚须黄棕色；口毛黄色；翅 R_4 脉无附脉，R_5 室封闭具柄；腹部背板棕色，第 2-5 背板中央具 1 列黑斑。

形态描述

雌性　体长 14-15 mm，棕色。头部：复眼活时绿色，无毛无带；额暗棕色，顶宽略大于基宽，高为基宽的 5 倍，基胛红棕色，卵圆形，两侧与复眼分离，和中胛粗连接，上端延线占额高的 1/2；亚胛棕黄色，覆粉，“眉片”低；颜黄色，着生黄白色毛；口毛黄白色。触角柄节和梗节黄棕色，具黄毛，背方具黑毛，鞭节橙色，基环节长为宽的 1.3 倍，基环节基部具背突，端环节略暗于基环节。下颚须黄棕色，覆黄棕色毛，夹杂有一些黑毛，第 2 节长为宽的 3.5 倍。胸部：背板黑色，覆棕黄色粉，盾片前方可见 3 条细纵纹，背侧片棕色；侧板和足基节灰黄色，着生灰黄色毛，中胸上侧片夹杂黑毛。足股节棕色，基部少许灰黑色，除前足股节前方着生黑毛，中足股节前方夹杂有黑毛外，余者着生棕色毛，胫节棕色，前足胫节端部略暗，胫节着生棕色毛和黑毛，跗节暗棕色，着生黑毛，前足跗节第 2-5 节黑色。翅横脉具棕色斑，R_4 脉无附脉，R_5 室封闭具柄。腋瓣褐色，上、下腋瓣交接处着生 1 簇黄毛。平衡棒棕黄色。腹部：背板棕色，第 1 背板前缘色较暗，第 2-5 背板中央具 1 列黑斑，两侧具着生棕黄色毛的斜形棕黄色斑，其余着生黑毛，夹杂少量棕黄色毛，各背板具浅色后缘，着生棕黄色毛夹杂少量黑毛。腹部腹板中央具弱的暗棕色纵条，夹杂有黑毛，往尾端黑毛增多，第 6、7 腹板主要着生黑毛，其余各腹板主要着生棕黄色毛。

雄性　未详。

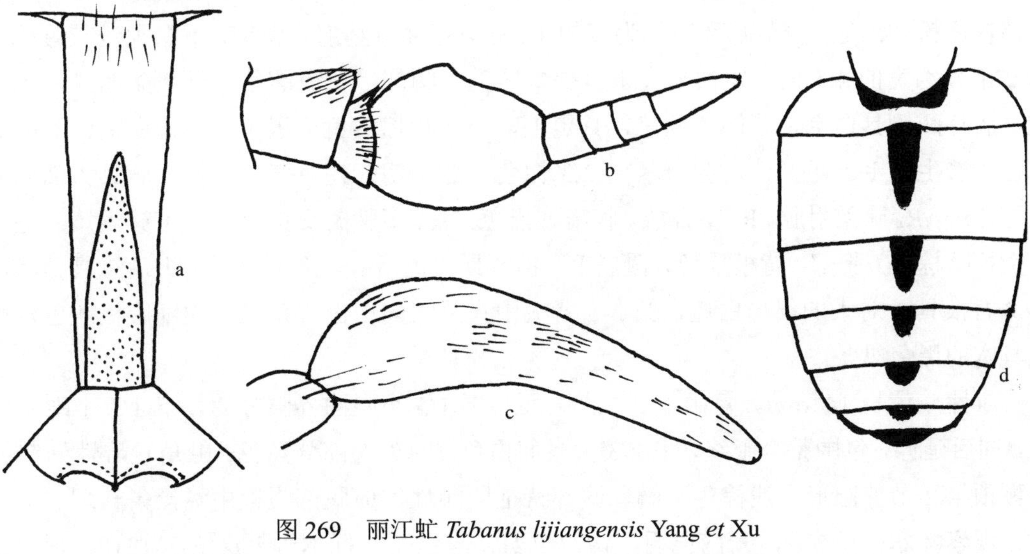

图 269　丽江虻 *Tabanus lijiangensis* Yang *et* Xu

a. 额 (frons)；b. 触角 (antenna)；c. 下颚须 (palpus)；d. 腹部背面 (dorsum of abdomen)

观察标本 正模♀，云南丽江玉龙雪山，2600 m，1991.VII.13，杨建设，保存在 AMMSC。1♀，云南，保存在 AMMSC。

生物学 未详。

地理分布 云南 (丽江、宁蒗、昭通)。

分类讨论 本种翅 R_5 室封闭，类似于土灰虻 *T. griseinus* Philip，但本种虻翅横脉具棕色斑，腹部背板具 1 列小黑斑，额基胛红棕色。在翅横脉具暗斑的类群中，本种翅 R_5 室封闭具柄而区别于其他种。

(252) 昆明虻 *Tabanus kunmingensis* Wang, 1985 (图 263，图 270;图版 IX)

Tabanus kunmingensis Wang, 1985: 398 [Type locality: Kunming, Yunnan, China]; Chen and Xu, 1992a: 72; Wang, 1994: 158; Yang and Xu, 1997: 15; Xu and Guo, 2005b: 175.

鉴别特征 复眼无带；额基胛和中胛连成线形，中胛周围具黑色毛区；触角黑色，鞭节基环节长为宽的 1.6 倍；下颚须浅灰黄色，第 2 节长为宽的 4.5 倍；胸部背板黑色，具 2 条明显白色纵纹；足黑色，胫节基部 2/3 白色；腹部背板黑色，第 2 背板具 1 对大的斜形白斑，第 3-5 背板中央具大的白色三角斑。

形态描述

雌性 体长 14-16 mm，黑色。头部：复眼活时绿色，无毛无带；额基部 1/2 覆灰白粉，其余覆浅红棕色粉，顶宽略大于基宽，高为基宽的 3-4 倍；基胛棕色至黑色，圆形，两侧与复眼分离，和中胛线形连接，上端延线占额高的 1/2，中胛周围具黑色毛区；亚胛灰白色，覆粉，"眉片"低；颜灰白色，着生白毛；口毛白色。触角黑色，柄节和梗节覆灰色粉和黑毛，鞭节基环节长为宽的 1.6 倍，基环节基部具背突。下颚须浅灰黄色，第 2 节长为宽的 4.5 倍，覆白毛夹杂有少量黑毛。胸部：背板黑色，具 2 条明显白色纵纹，盾片两侧具白毛，背侧片棕色，具黑毛，小盾片棕黄色至黑色，后缘白色；侧板黄棕色，着生白毛。足黑色，胫节基部 2/3 白色。翅透明，翅脉黄色，翅横脉具大而明显的棕色斑，R_4 脉无附脉，R_5 室开放。腋瓣烟黑色，上、下腋瓣交接处着生 1 簇浅黄色毛。平衡棒暗棕色。腹部：背板黑色，覆黑毛，各节具白色后缘，第 1 背板中央后缘具白点，第 2 背板具 1 对大的斜形白斑，第 3-5 背板中央具大的白色三角斑。腹部腹板灰色，中央具宽的黑色纵条。

雄性 体长 14 mm。复眼上 2/3 大眼面与下 1/3 小眼面界限分明，下 1/3 小眼面黑色，向后延伸，包围整个眼缘，上 2/3 大眼面白色，中央大部分黑色；触角较雌性的窄；下颚须第 2 节卵圆形，浅棕色。胸、腹部特征同雌性，但腹部腹板中纵黑条较弱。

观察标本 正模♀，云南昆明，1977.V.21，李铁生，标本号 IOZ(E)201218，保存在 IZCAS。25♀♀，云南，保存在 AMMSC。

生物学　未详。

地理分布　贵州 (晴隆、盘县、威宁)、云南 (片马、下关、洱源、昭通、巧家、昆明、孟连、芒市)。

分类讨论　本种与云南虻 *T. yunnanensis* Liu *et* Wang 近似，且同域分布 (图 263)，但本种的下颚须浅灰黄色；腹部第 2 背板两侧具白色斜形斑。而云南虻的下颚须第 2 节灰棕色；腹部第 2 背板两侧无白色斜形斑。

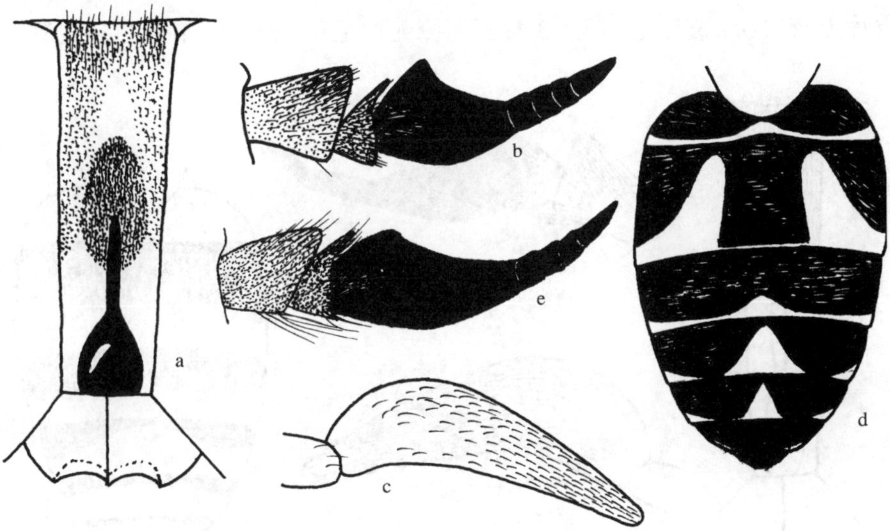

图 270　昆明虻 *Tabanus kunmingensis* Wang

a. 额 (frons)；b. 触角 (antenna)；c. 下颚须 (palpus)；d. 腹部背面 (dorsum of abdomen)；e. 雄性触角 (antenna ♂)

(253) 云南虻 *Tabanus yunnanensis* Liu *et* Wang, 1977 (图 263，图 271)

Tabanus yunnanensis Liu *et* Wang, 1977: 113 [Type locality: Binchuan,Yunnan, China]; Xu, 1982h: 138; Wang, 1983: 102; Chen and Xu, 1992a: 96; Yang and Xu, 1997: 16; Xu and Guo, 2005b: 175.

鉴别特征　复眼无带；额基胛棕色，三角形，和中胛粗连接；下颚须灰棕色，第 2 节长为宽的 3 倍多，主要覆黑毛；胸部背板棕黑色，小盾片灰白色；腹部背板黑棕色，各背板具白色后缘，第 4-5 背板中央膨大成大的三角。

形态描述

雌性　体长 18 mm，黑色。头部：复眼活时绿色无带；额灰色，顶端宽略大于基宽，高为基宽的 5.5 倍；基胛棕色，三角形，两侧与复眼分离，和中胛粗连接，上端延线占额高的 1/2；亚胛棕黄色，覆粉，“眉片”低；颜灰白色，着生白毛，上侧颜具少量棕黑色毛；口毛黑色。触角柄节和梗节暗棕色，覆黑毛，鞭节黑色，基环节长为宽的 1.5 倍，基环节基部具背突。下颚须灰棕色，第 1 节覆灰白色毛，第 2 节长为宽的 3 倍多，覆黑毛，基部夹杂浅色毛。胸部：背板棕黑色，小盾片灰白色；侧板灰白色，着生白毛。足黑色，胫节基部 2/3-3/4 白色。翅透明，翅横脉具棕色斑，R_4 脉无附脉，R_5 室开放。腋瓣褐色，上、下腋瓣交接处着生 1 簇白毛。平衡棒暗棕色。腹部：背板黑棕色，覆黑毛，各背板具白色后缘，第 4、5 背板中央膨大成大的三角。腹板色同背板，第 1 背板中央具灰白粉和白毛，第 2-7 背板后缘两侧具灰白粉和白毛，中部白粉较少。

雄性 体长 17 mm。复眼上 2/3 大眼面与下 1/3 小眼面界限分明；触角较雌性的窄；胸部小盾片无灰白粉，覆黑毛；第 1-3 背板两侧无白毛斑；前足胫节基白环较雌性的短。

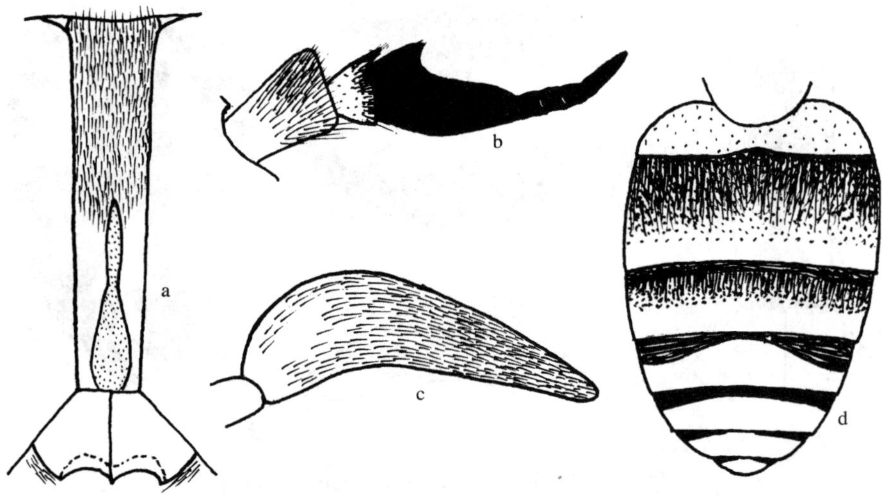

图 271 云南虻 *Tabanus yunnanensis* Liu *et* Wang

a. 额 (frons)；b. 触角 (antenna)；c. 下颚须 (palpus)；d. 腹部背面 (dorsum of abdomen)

观察标本 正模♀，云南宾川，1958.IX，保存在 IECAS。20♀♀，云南，保存 AMMSC。

生物学 未详。

地理分布 四川 (渡口)、贵州 (兴义)、云南 (永善、大关、下关、华坪、永胜、巧家、昆明、麻栗坡、江城、勐腊、勐连、思茅、澜沧)。

分类讨论 本种类似于昆明虻 *T. kunmingensis* Wang，且同域分布 (图 263)，但昆明虻的腹部第 2 背板两侧具白色斜形斑。

(254) 邛海虻 *Tabanus gonghaiensis* Xu, 1979 (图 272；图版 IX，图版 XV)

Tabanus gonghaiensis Xu, 1979: 45 [Type locality: Xichang, Sichuan, China]; Wang, 1994: 145; Yang and Xu, 1997: 14.

鉴别特征 复眼无带；额基胛红棕色，长卵形，和中胛粗连接；下颚须浅棕色，第

2 节长为宽的 5-6 倍，主要覆黑毛；口毛白色；胸部背板暗红棕色，具 3 浅色细纵条；足红棕色；翅 R_4 脉具附脉，R_5 室开放；腹部第 3-6 背板中央具 1 列三角形白斑；腹部腹面一致红棕色。

形态描述

雌性　体长 18-20 mm，红棕色。头部：复眼活时绿色，无毛无带；额灰白色，顶宽大于基宽，高为基宽的 5-6 倍；基胛红棕色，长卵形，两侧与复眼分离，和中胛粗连接，上端延线占额高的 1/2；亚胛灰白色，覆粉，“眉片”低；颜灰白色，着生白毛，上侧颜具黑毛；口缘具白毛和黑毛。触角棕色，柄节和梗节覆黑毛，鞭节黑色，基环节长为宽的 1.3 倍，基环节基部色略浅，具背突。下颚须浅棕色，第 2 节长为宽的 5-6 倍，覆黑毛夹杂有白毛。胸部：背板暗红棕色，覆黑毛和白毛，盾片具 3 浅色细纵条；侧板浅红棕色，着生黑毛和白毛。足红棕色。翅透明，翅脉棕色，翅横脉具棕色斑，R_4 脉具附脉，R_5 室开放。腋瓣黑棕色，两腋瓣交接处着生白毛。平衡棒黑棕色。腹部：背板浅棕色，向尾端色变深，第 2 背板基部中央具黑斑，端部具白色三角，第 3-6 背板中央具 1 列白色三角斑，第 2-6 背板后侧角具白色小三角。腹部腹面红棕色。

雄性　未详。

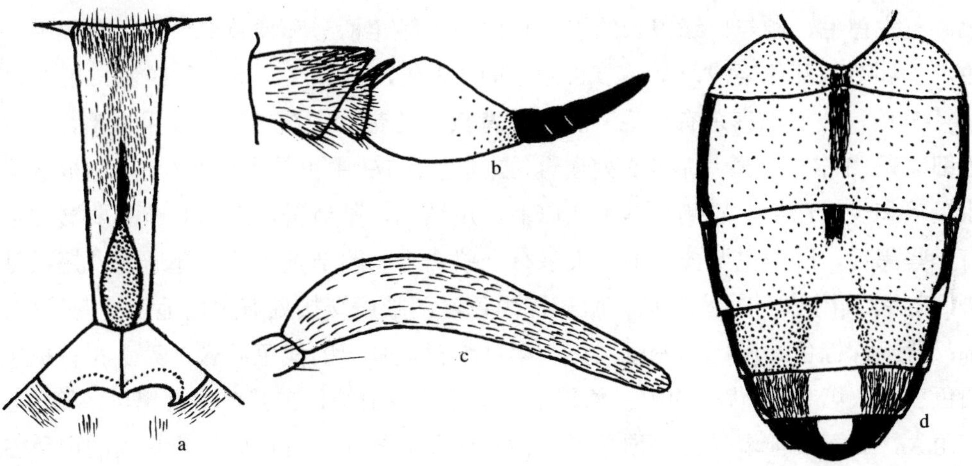

图 272　邛海虻 *Tabanus gonghaiensis* Xu

a. 额 (frons)；b. 触角 (antenna)；c. 下颚须 (palpus)；d. 腹部背面 (dorsum of abdomen)

观察标本　正模♀，四川西昌，1975.VI.13，许荣满，保存在 AMMSC。8♀♀，云南、四川，保存在 AMMSC。

生物学　未详。

地理分布　四川 (西昌、会理、美姑)、云南 (丽江、宁蒗)。

分类讨论　本种与凉山虻 *T. liangshanensis* Xu 相近，但凉山虻触角鞭节的背突较高；

胸部黑色带棕；腹部腹板具中纵黑条。而邛海虻的触角鞭节的背突较低；胸部暗红棕色；腹部腹板无黑色中纵条。

(255) 凉山虻 *Tabanus liangshanensis* Xu, 1979 (图 263，图 273)

Tabanus liangshanensis Xu, 1979: 42 [Type locality: Zhaojue, Sichuan, China]; Chen and Xu, 1992a: 73; Wang, 1994: 144.

鉴别特征 复眼无带；额基胛红棕色至黑色，和中胛粗连接；触角鞭节黑色；下颚须灰色，覆黑毛夹杂少量白毛；口毛黑色和白色；胸部背板黑色带棕，盾片具 3 浅色细纵条，3 窄条在盾片后 1/3 处愈合，至盾片后 1/3 中央具大块灰粉斑；翅 R_4 脉具附脉，R_5 室开放；腹部第 2-5 背板具浅色后缘，中央具 1 列白色三角形；腹部腹面棕色，具中纵黑条。

形态描述

雌性 体长 21-25 mm，棕色。头部：复眼无毛无带；额灰黄色，着生黑毛夹杂灰黄色毛，顶端宽略大于基宽，高为基宽的 6-7 倍；基胛红棕色至黑色，长卵形，两侧与复眼分离，和中胛粗连接，上端延线占额高的 1/2；亚胛灰黄色，覆粉，“眉片”低；颜灰黄色，着生黑毛，颊与口缘覆长的黑毛和白毛。触角柄节和梗节棕黑色，覆黑毛，鞭节黑色，基环节基部色略浅，基环节长为宽的 1.3 倍，背突高。下颚须灰色，第 2 节长为宽的 4-5 倍，覆黑毛夹杂有白毛。胸部：背板黑色带棕，覆黑毛和少量白毛，盾片具 3 浅色细纵条，3 窄条在盾片后 1/3 处愈合，至盾片后 1/3 中央具大块灰粉斑；侧板灰黑色，着生黑毛和少量白毛，翅侧片具 1 丛白毛。足黑色，基节覆白毛，股节主要覆白毛，夹杂有一些黑毛，胫节主要覆黑毛，夹杂有一些白毛，跗节覆黑毛。翅透明，翅横脉具棕色斑，R_4 脉具附脉，R_5 室开放。腋瓣棕黑色，两腋瓣交接处着生白毛。平衡棒棕黑色。腹部：背板深棕色，向尾端变成黑色，第 2-5 背板具窄的浅色后缘，第 2-6 背板中后方具白色三角，第 2、3 背板的中三角较小，不达该节前缘，在其前方具黑斑，第 4-6 背板中三角大，三角的前端呈截去顶角形，相互连接，第 1-6 背板后侧角具大的白色三角。腹部腹面棕色，具中纵黑条。

雄性 体长 22-23 mm，一般形态接近雌性。上 2/3 大眼面与下 1/3 小眼面界线明显，触角鞭节基环节略窄于雌性，全身多黑毛，中胸翅侧片不具 1 丛白毛。

观察标本 正模♀，四川昭觉，1975.VII.9，许荣满，保存在 AMMSC。12♀♀3♂♂，四川、云南，保存在 AMMSC。

生物学 未详。

地理分布 四川 (昭觉、美姑、越西、汉源)、贵州 (威宁)、云南 (盐津)。

分类讨论 本种与邛海虻 *T. gonghaiensis* Xu 近似，但邛海虻触角鞭节红棕色，背突小而不明显，胸部暗红棕色，腹部腹板无中纵黑条。本种是我国特有种，分布在东洋界华中区的西缘 (图 263)。

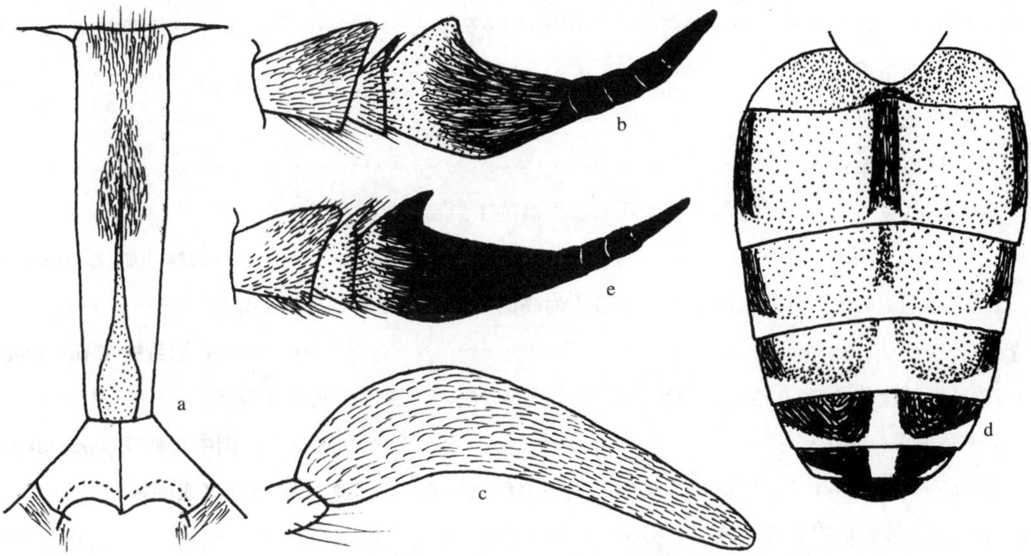

图 273　凉山虻 *Tabanus liangshanensis* Xu

a. 额 (frons)；b. 触角 (antenna)；c. 下颚须 (palpus)；d. 腹部背面 (dorsum of abdomen)；e. 雄性触角 (antenna ♂)

双环虻组 *Tabanus biannularis* group

双环虻组虻的主要特征是亚胛光裸；额基胛与亚胛接触，中胛与基胛分离或连接，或趋向于分离；足二色，即足棕色至黑色，胫节基部大部分白色至黄白色。本组现知分布在东洋界 (图 292)。

种 检 索 表

1. 中胸盾片色一致，无暗色横带，或具窄的暗色纵条，小盾片与盾片色基本一致……2
　中胸盾片具暗色横带，至少小盾片色浅于盾片……5
2. 亚胛棕黑色至黑色；复眼具 2 条横带……3
　亚胛棕黄色至棕色；复眼具或无横带……4
3. 体黄色……**黎母山虻 *T. limushanensis***
　体黑色……**约翰柏杰虻 *T. johnburgeri***
4. 复眼具 2 条横带；额高为基宽的 3.5 倍；腹部的横带白色……**窄带虻 *T. arctus***
　复眼具 2 条横带；额高为基宽的 6-7 倍；腹部的横带黄色……**刺螯虻 *T. puncturius***
5. 小盾前片黑色，不浅于盾片……6

小盾前片灰白色或黄色，至少浅于盾片……14
6. 复眼无横带，但上、下眼面色不同……三色虻 *T. tricolorus*
复眼具横带……7
7. 复眼有 1 条横带……徒劳虻 *T. caduceus*
复眼有 2 条横带……8
8. 亚胛黄色至黄棕色……9
亚胛棕黑色至黑色……10
9. 额高为基宽的 3.3 倍；触角鞭节基环节长为高的 1.5 倍；腹部背板横带清晰……拟矮小虻 *T. humiloides*
额高为基宽的 5.2 倍；触角鞭节基环节长为高的 2 倍；腹部背板横带不清晰……棕带虻 *T. fulvicinctus*
10. 额高为基宽的 5.5-7.0 倍；翅前缘具暗影；额胛黑色，与黑色的亚胛和眼缘分离……副中国虻 *T. parachinensis*
额高为基宽的 3-4 倍；翅前缘无暗影；额胛黑色或棕色，与亚胛和眼缘分离或接触……11
11. 腹部第 2-6 背板存在浅色横带……12
腹部第 3-6 背板存在浅色横带……中国虻 *T. chinensis*
12. 额高为基宽的 3 倍；腹部背板浅色横带界限清晰……五带虻 *T. quinquecinctus*
额高为基宽的 4 倍；腹部背板浅色横带界限不清晰……13
13. 额胛与亚胛和复眼均分离；触角鞭节的基环节长为宽的 2.5 倍……六带虻 *T. sexcinctus*
额胛与亚胛和复眼均接触；触角鞭节的基环节长为宽的 2.0 倍……副六带虻 *T. parasexcinctus*
14. 复眼上、下眼面色不同；足股节黑色……天目虻 *T. tienmuensis*
复眼具横带；足股节棕黑色至黑色……15
15. 复眼紫色，具 1 条紫色带……天宇虻 *T. tianyui*
复眼紫黑色，具 2 条紫色带……16
16. 体金黄色；腹部背板横带金黄色，第 3、4 背板横带在中央膨大成三角；亚胛红褐色……白膝虻 *T. leucocnematus*
体黑色；腹部背板横带浅黄色或白色，背板横带在中央不膨大；亚胛黑色……17
17. 翅前缘具暗影；额中胛与基胛同粗；胸部盾片横带较窄……螺胛虻 *T. rhinargus*
翅前缘只有前缘室为黄色，其余透明；额中胛窄于基胛；胸部盾片横带较宽……黑螺虻 *T. nigrhinus*

(256) 黎母山虻 *Tabanus limushanensis* Xu, 1979 (图 274)

Tabanus limushanensis Xu, 1979: 41 [Type locality: Hainan, China]; Xu, 1982f: 127; Wang, 1994: 113.

鉴别特征 复眼具 2 条带；额基胛与复眼、亚胛和中胛均分离；亚胛亮黑色；触角暗棕色；下颚须浅棕色，第 2 节覆黑毛夹杂白毛；口毛灰白色；胸部背板一致黄色，覆黄毛；腹部背板黄色覆金黄色毛，但第 1、2 背板除侧缘外覆黑毛，第 3、4、6 背板前侧部具 1 对黑毛斑，第 5、7 背板密覆黑毛。

形态描述

雌性　体长 11-12 mm，黄色。头部：复眼紫黑色，具 2 条绿色宽带 (回潮)；额灰黑色，着生黑毛，顶宽略大于基宽，高为基宽的 5-6 倍；基胛亮黑色，方形，与亚胛和复眼均分离，和长卵形的中胛分离；亚胛亮黑色，光裸，“眉片”低；侧颜棕黑色，着生黑毛，中颜和颊灰白色，着生灰白毛；口毛灰白色。触角暗棕色，柄节和梗节带灰黄色，覆黑毛，鞭节基环节长为宽的 2 倍，具低背突。下颚须浅棕色，第 1 节覆白毛，第 2 节长为宽的 3.4 倍，覆黑毛夹杂白毛。胸部：背板一致黄色，覆黄毛；侧板灰白色，着生灰白色毛。足基节灰白色，股节、胫节的端部和跗节黑色，覆黑毛，中、后足股节具一些灰白色毛，胫节大部分白色，覆白毛。翅透明，前缘着烟色，R_4 脉无或具短附脉，R_5 室开放。腋瓣黑色，两腋瓣交接处着生棕黄色毛。平衡棒黑棕色。腹部：黄色，覆金黄毛，第 1、2 背板除侧缘外覆黑毛，第 3、4、6 背板前侧部具 1 对黑毛斑，第 5、7 背板密覆黑毛。第 5、6 腹板大部分为黑毛，第 7 腹板密覆黑毛。

雄性　本志首次描述。干标本，复眼上大半部大眼面暗棕色，下小半部小眼面黑色，触角鞭节略窄于雌性；中、后足股节黑棕色；翅 R_4 脉具附脉；腹部黄色，覆金黄色毛，第 3、4、6 背板前侧部 1 对黑毛斑较雌性的弱，余者同雌性。

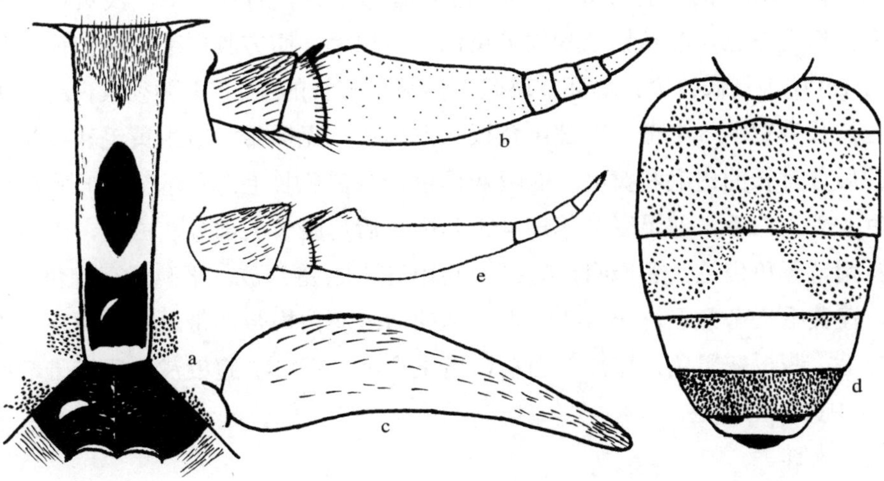

图 274　黎母山虻 *Tabanus limushanensis* Xu

a. 额 (frons)；b. 触角 (antenna)；c. 下颚须 (palpus)；d. 腹部背面 (dorsum of abdomen)；e. 雄性触角 (antenna ♂)

观察标本　正模♀，海南岛吊罗山，1967.IX.10，许荣满，保存在 AMMSC。3♀♀，海南，保存在 AMMSC。雄性描述标本采自海南尖峰岭，标本号为 IOZ(E)1293230，保存在 IZCAS。

生物学 林区种。

地理分布 海南 (尖峰岭、吊罗山、黎母山)。

分类讨论 本种类似于刺螯虻 *T. puncturius* Xu *et* Liao，但刺螯虻亚胛亮棕色；胸部背板灰黄色，覆黄毛夹杂黑毛；翅透明，前缘不着烟色；腹部第 3-5 或第 3-6 腹节基部黑色，着生黑毛。

(257) 约翰柏杰虻 *Tabanus johnburgeri* Xu *et* Xu, 1993 (图 275)

Tabanus johnburgeri Xu *et* Xu, 1993: 64 [Type locality: Shaowu, Fujian, China]; Xu, 2000: 189; Xu, 2001: 347.

鉴别特征 复眼具 2 带；额基胛亮黑色，与复眼、亚胛和中胛均分离；亚胛亮黑色；触角柄节和鞭节黄色，鞭节橙色，端环节略暗；下颚须灰白色，覆白毛夹杂少量黑毛；口毛白色；胸部背板一致黑色，无横带；腹部背板黑色，第 2-7 背板具弱的灰白色后缘带。

形态描述

雌性 体长 10-11 mm，黑色。头部：复眼绿色，具 2 条紫色带 (回潮)；额灰黑色，覆薄白粉，着生黑毛，顶宽略大于基宽，高为基宽的 5 倍；基胛亮黑色，方形，与亚胛和复眼均分离，和小的中胛分离；亚胛亮黑色，光裸，“眉片”窄，浅黄色；颜白色，着生白毛；口毛白色。触角柄节和梗节黄色，覆黑毛，腹方具白毛，鞭节橙色，基环节长为宽的 1.9 倍，具低背突，端环节略暗，为基环节长的 1/2。下颚须灰白色，覆白毛和少量黑毛，长为宽的 3.4 倍。胸部：背板一致黑色，无横带，着生黄毛和少量黑毛，盾片翅后胛后方具长的白毛和黄毛；侧板灰黑色，具白色长毛。足基节色同胸部侧板，股节灰黑色，着生白毛，前足胫节基部 4/5 和中、后足胫节大部分灰白色，着生白毛，胫节端部及跗节黑色黑毛。翅透明，R_4 脉具短附脉，R_5 室开放。平衡棒深棕色。腹部：背板黑色，覆黄毛夹杂黑毛，第 2-7 背板具弱的后缘灰白横带，带上着生黄毛，中央部分夹杂有白毛；腹板灰黑色，覆薄的白粉，着生白毛，第 2-7 腹板浅色后缘带窄而弱，第 6、7 腹板中央着生黑毛。

雄性 未详。

观察标本 正模♀，福建邵武，1991.IX.7，徐保海，保存在 AMMSC。2♀♀，福建，保存在 AMMSC。5♀♀，福建，保存在福建省疾病预防控制中心。

生物学 林区种。

地理分布 福建 (邵武、将乐、三明、福州)。

分类讨论 本种类似于五带虻 *T. quinquecinctus* Ricardo，但五带虻的小盾片白色，体乌黑，腹部白色横带清晰。本种足二色不很明显，美国 Burger 博士认为本种不属于双环虻组 (个人通信)，因为足二色不很明显。

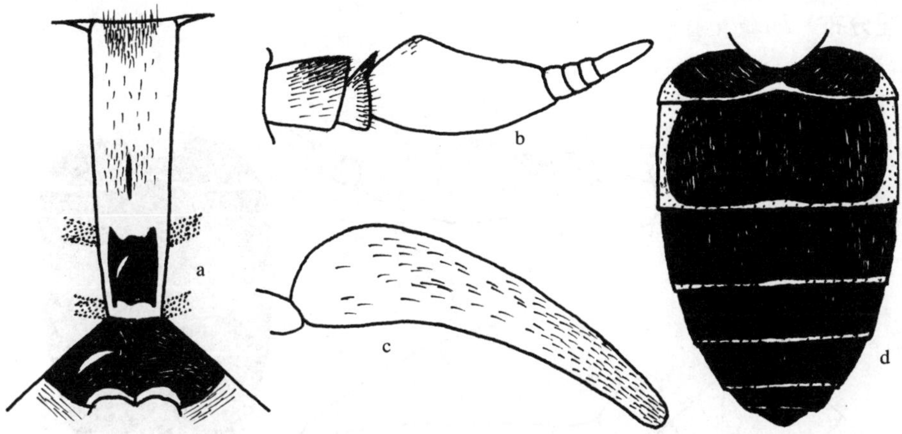

图 275　约翰柏杰虻 *Tabanus johnburgeri* Xu *et* Xu

a. 额 (frons)；b. 触角 (antenna)；c. 下颚须 (palpus)；d. 腹部背面 (dorsum of abdomen)

(258) 窄带虻 *Tabanus arctus* Wang, 1982 (图 276)

Tabanus arctus Wang, 1982: 185 [Type locality: Medog, Tibet, China]; Wang, 1994: 112.

鉴别特征　复眼具 2 带；额基宽略小于顶宽，额基胛亮棕黄色，与复眼、亚胛和中胛均分离；亚胛亮黄色；触角柄节和梗节浅棕色；下颚须灰白色，覆白毛；口毛浅黄色；胸部背板黑色，无横带；腹部背板黑色，各节具窄的白色后缘带。

形态描述

雌性　体长 9 mm，黑色。头部：复眼绿色，具 2 条紫色带 (回潮)；额灰黄色，着生黑毛，顶宽略大于基宽，头顶具黑色光裸区，额高为基宽的 3.5 倍；基胛亮棕黄色，心形，与亚胛和复眼均分离，和小的不清晰的黑色中胛分离；亚胛亮黄色，光裸，“眉片”窄，浅黄色；颜灰白色，着生白毛；口毛浅黄色。触角柄节和梗节浅棕色，覆黑毛和白毛，鞭节橙色，基环节长为宽的 1.7 倍，具低背突。下颚须灰白色，覆白毛，长为宽的 2.6 倍。胸部：背板黑色，无横带，着生白毛，盾片后缘两侧具白色长毛；侧板灰黑色，具白色长毛。足黑色，股节覆灰粉和白色长毛，胫节大部分白色白毛，但前足胫节端部黑色，内侧棕色，跗节黑色黑毛。翅透明，翅脉棕色，R_4 脉无附脉，R_5 室开放。平衡棒棕色。腹部：背板黑色，各节具窄的白色后缘带。腹板黑色，覆薄的白粉，着生白毛，各节具浅棕色后缘窄带。

雄性　未详。

观察标本 正模♀，西藏墨脱，海拔 900 m，1974.VIII.31，李铁生，标本号 IOZ(E)201317，保存在 IZCAS。

生物学 林区种。

地理分布 西藏 (墨脱)。

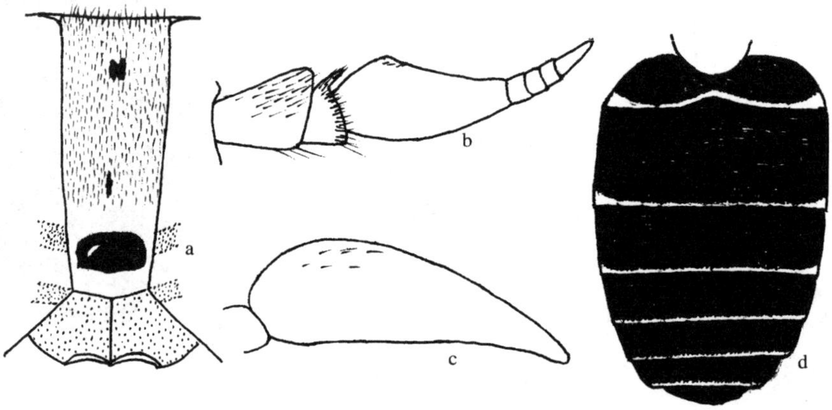

图 276 窄带虻 *Tabanus arctus* Wang

a. 额 (frons)；b. 触角 (antenna)；c. 下颚须 (palpus)；d. 腹部背面 (dorsum of abdomen)

分类讨论 本种腹部横带与六带虻 *T. sexcinctus* Ricardo 类似，但六带虻的腹部背板后缘横带较宽且明显，中部略向前凸，额亚胛一般棕黑色。

(259) 刺螯虻 *Tabanus puncturius* Xu *et* Liao, 1985 (图 277)

Tabanus puncturius Xu *et* Liao, 1985: 167 [Type locality: Longzhou, Guangxi, China]; Wang, 1994: 114; Yang and Xu, 1997: 15; Xu, 2004: 541.

鉴别特征 复眼具 2 条带；额基胛与复眼、亚胛和中胛均分离；触角柄节和梗节棕色；下颚须灰黄色，第 2 节覆黑毛和白毛；口毛白色；胸部背板灰黄色，覆黄毛夹杂黑毛；腹部背板棕黄色，覆黄毛，第 3-5 或第 3-6 背板基部 1/3 或 1/2 黑色黑毛，第 6-7 或仅第 7 背板黑色黑毛。

形态描述

雌性 体长 9-13 mm，浅棕色。头部：复眼绿色，具 2 条模糊的紫色横带 (新鲜和回潮)，无毛；额黄色，基部灰白色，着生黄毛，夹杂黑毛，顶宽略大于基宽，高为基宽的 6-7 倍；基胛亮黑色，方形，与亚胛和复眼均分离，和黑色的长卵形的中胛分离；亚胛亮棕色，光裸，“眉片”低；颜白色，着生白毛，上侧颜在亚胛下方灰棕色，着生黑毛夹杂白毛；口毛白色。触角柄节棕色，着生黑毛，下缘夹杂白毛，梗节棕色，着生黑毛，具背突，鞭节红棕色，鞭节基环节长为宽的 2 倍，具低背突，略超过端环节长的 1.5 倍。下颚须灰黄色，第 1 节覆白毛，第 2 节长为宽的 3.2-3.5 倍，覆黑毛和白毛。胸部：背板灰黄色，覆黄毛夹杂黑毛；侧板灰色，着生白毛。足基节灰色，着生白毛，股节黑色，着生黑毛和白毛，极端部棕色，前足胫节基部 5/6，中、后足胫节基部 9/10 米黄色，着生白毛，端部和跗节黑色，着生黑毛。翅透明，前缘略着黄色，R_4 脉无或具短附脉，R_5 室开放。腋瓣棕黑色，着生 1 丛黄色毛。平衡棒黑色，柄棕色。腹部：背板棕黄色，覆黄毛，第 1 背板基部和第 2 背板两侧着生黑毛。第 3-5 或第 3-6 背板基部 1/3 或 1/2 黑色黑毛，第 6-7 或仅第 7 背板黑色黑毛，后缘具窄的黄色黄毛带。腹板灰棕色，着生白毛。

雄性　未详。

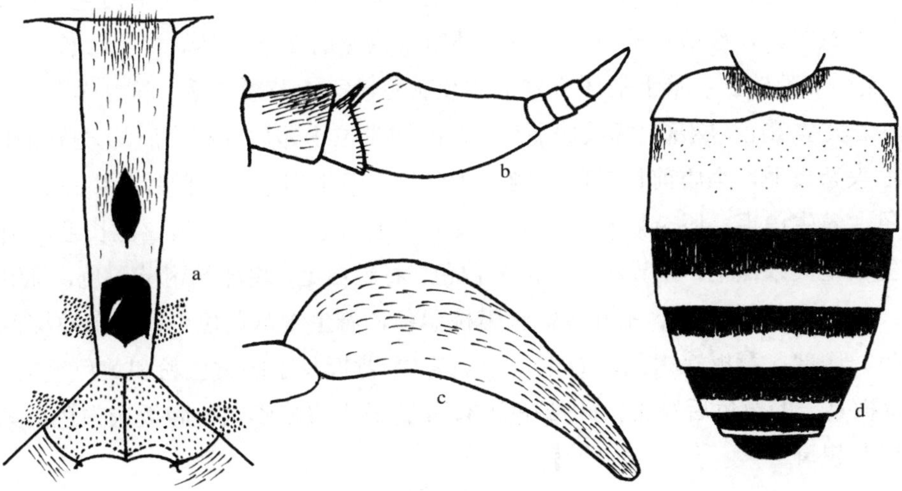

图 277　刺螯虻 *Tabanus puncturius* Xu *et* Liao

a. 额 (frons)；b. 触角 (antenna)；c. 下颚须 (palpus)；d. 腹部背面 (dorsum of abdomen)

观察标本　正模♀，广西龙州弄岗自然保护区，1982.V.23，许荣满，保存在 AMMSC。80♀♀，广西，保存在 AMMSC。

生物学　石灰岩地带林区种。

地理分布　广西 (龙州、凭祥)、(?) 云南 (永善、巧家)。

分类讨论　本种类似于黎母山虻 *T. limushanensis* Xu，但黎母山虻的亚胛黑色，胸部背板黄色，覆黄毛，翅前缘着烟色，腹部第 1-4 节一致黄色，覆金黄色毛。云南 (永善、巧家) 的分布因未见标本，有待考证，怀疑是拟矮小虻 *T. humiloides* Xu 的误定。

(260) 三色虻 *Tabanus tricolorus* Xu, 1981 (图 278)

Tabanus tricolorus Xu, 1981: 311 [Type locality: Mengla, Yunnan, China]; Xu, 1982h: 138; Wang, 1994: 116; Yang and Xu, 1997: 16.

鉴别特征 复眼上半紫色，下半绿色；额基胛与复眼、亚胛和中胛均分离；触角柄节和梗节黄色，鞭节红棕色；下颚须灰色，第 2 节覆白毛夹杂黑毛；口毛白色；胸部背板棕黑色，白的横带位于翅后胛和小盾片；腹部背板棕黑色，第 2 背板具小的黄色中三角，第 3-7 背板具窄的黄色后缘带，此带在第 3、4 背板中央略膨大。

形态描述

雌性 体长 13 mm，棕黑色。头部：复眼上半紫色，下半绿色 (新鲜和回潮)，无毛；额棕色，在中胛和头顶间着生黑毛夹杂白毛，基胛与亚胛间覆白毛，顶宽为基宽的 1.4 倍，高为基宽的 5 倍；基胛亮黑色，方形，与亚胛和复眼均分离，和黑色的长卵形的中胛窄分离或连接；亚胛黑色，光裸，“眉片”低；颜白色，着生白毛，上侧颜在亚胛下方棕色，着生黑毛；口毛白色。触角柄节黄色，着生黑毛，下缘夹杂白毛，梗节黄色，着生黑毛，具背突，鞭节红棕色，鞭节基环节长为宽的 2 倍，具低背突，长为端环节的 1.6 倍，端环节带棕色，暗于基环节。下颚须灰色，第 1 节覆白毛，第 2 节长为宽的 3.5 倍，覆白毛夹杂黑毛。胸部：背板棕黑色，白的横带位于翅后胛和小盾片，背侧片棕色，着生黑毛夹杂黄毛，小盾前片黑色；侧板灰白色，着生白毛，翅侧片具白色长毛。足基节灰白色，着生白毛，股节黑灰色，前足股节着生黑毛，在腹方具白色长毛，中、后足股节着生白毛夹杂黑毛，胫节基部大部分白色，着生白毛，端部和跗节黑色，着生黑毛。翅透明，R_4 脉具短附脉，R_5 室开放。腋瓣棕黑色，着生 1 丛黄色毛。平衡棒棕色，球部两侧黑色。腹部：背板棕黑色，着生黑毛，第 2 背板具小的黄色粉和黄色毛的中三角，第 3-7 背板具窄的黄色后缘带，此带在第 3、4 背板中央略膨大。腹板灰白色，第 2-6 腹板中前缘具黑斑。

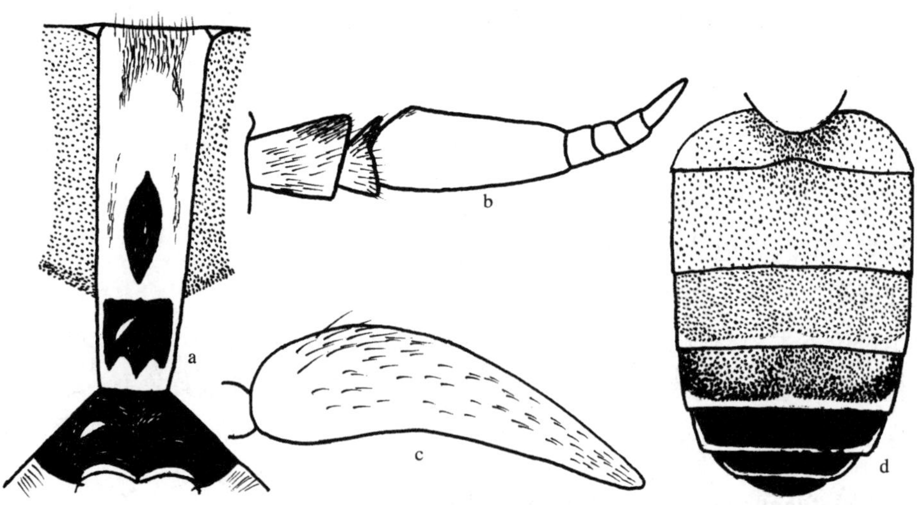

图 278 三色虻 *Tabanus tricolorus* Xu

a. 额 (frons)；b. 触角 (antenna)；c. 下颚须 (palpus)；d. 腹部背面 (dorsum of abdomen)

雄性　未详。

观察标本　正模♀，云南勐腊，1976.VII.26，许荣满，保存在 AMMSC。2♀♀，云南，保存在 AMMSC。

生物学　林区种。

地理分布　云南 (勐腊)。

分类讨论　复眼无带，而且上、下颜色不一样的种类不多，本组只有三色虻和天目虻 *T. tienmuensis* Liu，但天目虻体黑色，小盾前片灰白色，额较窄，易于区别。

(261) 徒劳虻 *Tabanus caduceus* Burton, 1978 (图 279, 图 292)

Tabanus caduceus Burton, 1978: 27 [Type locality: Chiang Mai Prov., Thailand]; Xu, 2000: 189.

Tabanus griseipalpis Schuurmans-Stekhoven: Wang, 1983: 80. Misidentification.

Tabanus bicinctus Ricardo: Shiraki, 1918: 240. Misidentification.

Tabanus biannularis Philip: Wang, 1983: 80. Misidentification.

鉴别特征　复眼具 1 条带；额基胛与复眼、亚胛和中胛均分离；触角柄节和梗节棕色；下颚须灰黄色，第 2 节覆黑毛和白毛；口毛白色；胸部盾片前缘灰白色，横缝后暗棕色，小盾片灰白色，小盾前片棕黑色；侧板灰白色，着生白毛；腹部背板黑色，第 3-7 背板具白色后缘带。

形态描述

雌性　体长 10.0-11.5 mm，浅棕色。头部：复眼紫色，具 1 条绿色横带 (新鲜和回潮)，无毛；额黄色，基部灰白色，着生黄毛夹杂黑毛，顶宽略大于基宽，高为基宽的 5 倍；基胛亮黑色，方形，与亚胛和复眼均分离，和黑色的卵形的中胛分离；亚胛黑色，光裸，“眉片”低；颜白色，着生白毛，上侧颜在亚胛下方棕色，着生黑毛夹杂白毛；口毛白色。触角柄节棕色，着生黑毛，下缘夹杂白毛，梗节棕色，着生黑毛，具背突，鞭节橘黄色，鞭节基环节长为宽的 2 倍，具低背突，端环节带棕色，暗于基环节。下颚须灰黄色，第 1 节覆白毛，第 2 节长为宽的 2.5 倍，覆黑毛和白毛。胸部：盾片前缘灰白色，横缝后暗棕色，盾片后缘和小盾片灰白色，但中后缘包括小盾前片，棕黑色；侧板灰白色，着生白毛，翅侧片具白色长毛。足基节灰白色，着生白毛，股节黑色，着生黑毛和白毛，前足胫节基部 7/10，中、后足胫节基部 7/8 白色，着生白毛，端部和跗节黑色，着生黑毛。翅透明，前缘略着棕色，R_4 脉无或具短附脉，R_5 室开放。腋瓣棕黑色，着生 1 从黄色毛。平衡棒棕色，柄黄色。腹部：第 1 背板黑色黑毛，两侧灰白色，着生白毛，第 2 背板黑色黑毛，具窄的白色白毛的侧缘和后侧角，第 3、4 背板黑色黑毛，具窄的白色白毛后缘带，此带在中央略膨大，第 5 背板黑色黑毛，后缘具窄的，因有黑毛而不清晰的白色带，第 6、7 背板黑色黑毛，具窄的灰白色白毛的后缘带。第 1、2 腹板灰白色，着生白毛，第 3、4 腹板基部黑色黑毛，端部灰白色，着生白毛，第 5 腹板全黑，后缘具白毛，第 6 腹板黑色，具很窄的灰白色后缘带，着生白毛，第 7 腹板黑色。

雄性 未详。

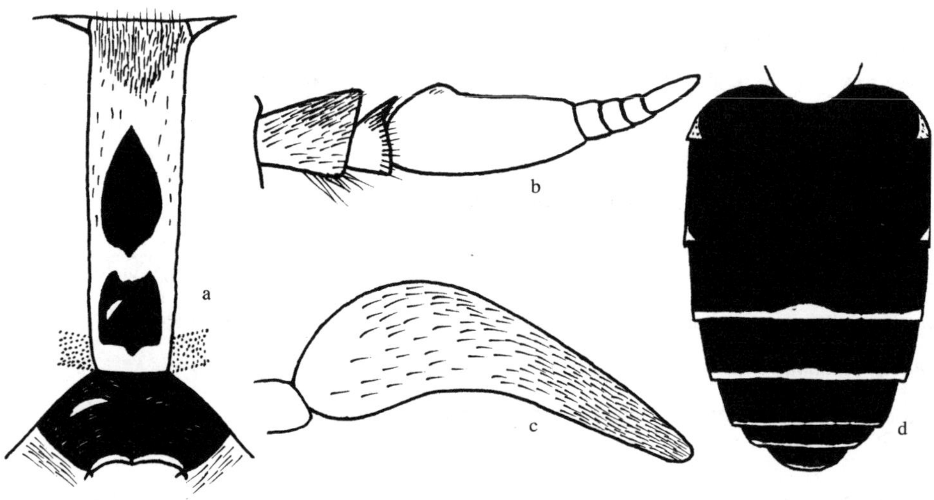

图 279 徒劳虻 *Tabanus caduceus* Burton

a. 额 (frons)；b. 触角 (antenna)；c. 下颚须 (palpus)；d. 腹部背面 (dorsum of abdomen)

观察标本 正模♀，泰国清迈，保存在 CU (未检视)；1♀，副模，保存在 CCAS。10♀♀，广西、海南、云南，保存在 AMMSC。

生物学 林区种。

地理分布 台湾 (?)、海南 (吊罗山)、广西 (龙州)、云南 (景洪)；泰国。

分类讨论 本种类似于双环虻 *T. biannularis* Philip，但双环虻的中胸翅侧片着生黑色长毛，分布在印度西南部。Shiraki (1932) 在我国台湾记录有 *T. bicinctus* Ricardo (因前占改为 *T. biannularis* Philip, 1960)，但中胸翅侧片着生的长毛为白色，显然是误定。Wang (1982) 在西藏昆虫的虻科中，记载有 *T. biannularis* Philip，但未找到标本。本种是双环虻组中分布比较靠南的种类 (图 292)。

(262) 拟矮小虻 *Tabanus humiloides* Xu, 1980 (图 280, 图 292; 图版 XV)

Tabanus humiloides Xu, 1980b: 398 [Type locality: Emeishan, Sichuan, China]; Chen and Xu, 1992a: 69; Wang, 1994: 115; Yang and Xu, 1997: 15; Xu and Guo, 2005b: 175.

鉴别特征 复眼具 2 条带；额基胛与复眼、亚胛分离，与中胛以窄线相连；触角柄节和梗节灰黄色，鞭节棕黄色，向端部变暗；下颚须灰黄色，第 2 节覆黑毛夹杂白毛；

口毛白色；胸部背板灰黑色，着生金黄色毛；腹部第 3-6 背板具金黄色后缘带。

形态描述

雌性　体长 10.5-12.0 mm，黄棕色。头部：复眼绿色，具 2 条紫色横带 (新鲜和回潮)，无毛；额暗棕色，基部灰黄色，头顶色较深，着生黑毛夹杂浅黄毛，近基胛多浅色毛，顶宽略大于基宽，高为基宽的 3 倍多；基胛亮黑色，方形，与亚胛和复眼均分离，和黑色的中胛以窄线相连；亚胛亮黄棕色，光裸，“眉片”低；颜灰白色，着生灰白色毛，上侧颜在亚胛下方灰黄色，着生黑毛夹杂白毛；口毛白色。触角柄节灰黄色，着生黑毛，下缘夹杂白毛，梗节灰黄色，着生黑毛，具背突，鞭节棕黄色，向端部变暗，鞭节基环节具低背突，长为宽的 1.5 倍，为端环节长的 1.3-1.5 倍。下颚须灰黄色，第 1 节覆白毛，第 2 节长为宽的 2.5-2.7 倍，覆黑毛夹杂白毛，腹方具较多的白毛。胸部：盾片灰黑色，着生金黄色毛夹杂黑毛，肩胛、背侧片色浅，着生黄毛，背侧片有的夹杂有黑毛，盾片后缘多金色毛，翅后胛后方着生长白毛，小盾片灰白色，着生金黄色毛和白毛；侧板灰白色，着生白毛，翅侧片具白色长毛。足基节灰白色，着生白毛，股节黑色，着生灰黄色毛，前足股节前方乌黑，着生黑毛，胫节米黄色，着生米黄色毛，端部和跗节黑色，着生黑毛。翅透明，R_4 脉无附脉，R_5 室开放。腋瓣棕黑色，着生 1 丛黄色毛。平衡棒棕黑色，柄棕色。腹部：第 1、2 背板黄棕色，具金色毛，第 1 背板前半灰黑色，着生黑毛夹杂金黄色毛，第 2 背板中央前方具主要着生黑毛的棕黑色斑，第 3-6 背板基部大部分黑色，着生黑毛，后缘具金黄色带，此带在第 3、4 背板较宽，占节长的一半，后几背板的较窄。腹板色浅于背板，无明显横带，第 1、2 腹板仅具浅色毛，第 3-7 腹板基部较暗，多黑毛。

雄性　未详。

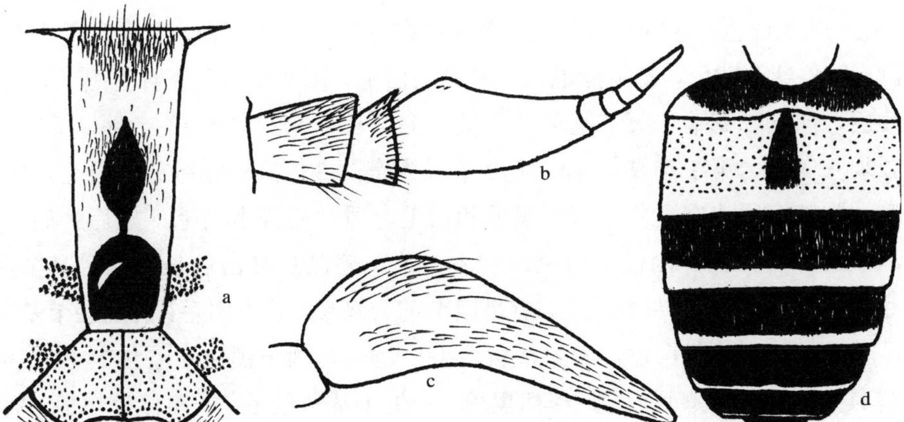

图 280　拟矮小虻 *Tabanus humiloides* Xu

a. 额 (frons)；b. 触角 (antenna)；c. 下颚须 (palpus)；d. 腹部背面 (dorsum of abdomen)

观察标本 正模♀，四川峨眉山，1975.VIII.16，许荣满，保存在 AMMSC。30♀♀，四川、云南、西藏。

生物学 林区种。

地理分布 四川 (峨眉山)、贵州 (息烽、关岭、金沙)、云南 (片马、维西、绥江、大关、水富、宁蒗、威信、永善)、西藏 (察隅)。

分类讨论 类似于棕带虻 *T. fulvicinctus* Ricardo，但棕带虻额高为基宽的 4.2-5.2 倍；触角鞭节基环节长为宽的 2.5 倍；腹部背板横带不清晰。本种主要分布在西南区，向东伸展到华中区西部 (图 292)。

(263) 棕带虻 *Tabanus fulvicinctus* Ricardo, 1914 (图 281，图 292)

Tabanus fulvicinctus Ricardo, 1914: 62 [Type locality: Kokutsu, Taiwan, China]; Stone, 1978: 59; Xu, 2001: 347.

Tabanus pingbianensis Liu, 1981: 217; Wang, 1994: 115; Yang and Xu, 1997: 15. Synonymized by Xu, 2000: 188.

鉴别特征 复眼具2条带；额基胛与复眼、亚胛分离，与中胛接近；触角柄节黄色，梗节灰黄色，鞭节棕黄色，向端部变暗；下颚须灰白色，第2节覆黑毛和白毛；口毛白色；胸部背板棕黑色，小盾片灰白色；腹部第3-6背板具不清晰的黄色后缘带。

形态描述

雌性 体长 11-14 mm，棕色。头部：复眼绿色，具 2 条紫色横带 (新鲜和回潮)，无毛；额灰色，着生黑毛夹杂浅黄毛，顶宽略大于基宽，高为基宽的 4.2-5.2 倍；基胛亮黑色，方形，与亚胛和复眼均分离，和黑色的中胛接近；亚胛亮黄棕色至棕黑色，光裸，“眉片”低；颜灰白色，着生灰白色毛，上侧颜在亚胛下方灰黄色，着生黑毛夹杂白毛；口毛白色。触角柄节黄色，着生黑毛，下缘夹杂白毛，梗节灰黄色，着生黑毛，具背突，鞭节棕黄色，向端部变暗，鞭节基环节具低背突，长为宽的 2.5 倍，为端环节长的 2.2 倍。下颚须灰白色，第 1 节覆白毛，第 2 节长为宽的 3.2 倍，覆黑毛和白毛，腹方具较多的白毛。胸部：盾片棕黑色，着生黑毛和白毛，盾片后缘多白毛，翅后胛后方着生白色长毛，小盾片灰白色；侧板灰白色，着生白毛，翅侧片具白色长毛。足基节灰白色，着生白毛，股节黑色，着生灰黄色毛，前足股节前方乌黑，着生黑毛，前足胫节基部 2/3，中、后足胫节基部 4/5 黄白色，着生浅黄色毛，端部和跗节黑色，着生黑毛。翅透明，R_4 脉无或具短附脉，R_5 室开放。腋瓣棕黑色，着生 1 丛黄色毛。平衡棒棕黑色，柄棕色。腹部：第 1、2 背板棕色，具黄毛，第 3-6 背板基部大部分棕黑色，着生黑毛，后缘具不清晰的黄色带，此带中央膨大成三角。腹板色浅于背板，灰色，具白毛后缘细带。

雄性 未详。

观察标本　正模♀，台湾，保存在 BMNH (未检视)。2♀♀，福建；9♀♀，海南，保存在 AMMSC。

生物学　林区种。

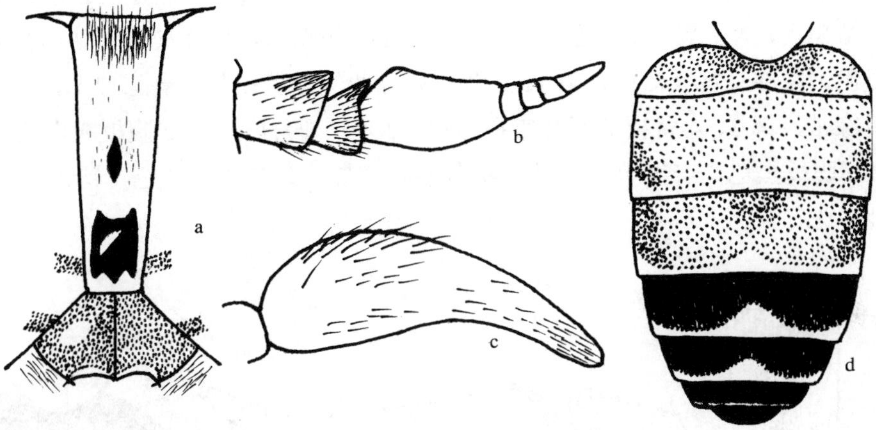

图 281　棕带虻 *Tabanus fulvicinctus* Ricardo

a. 额 (frons)；b. 触角 (antenna)；c. 下颚须 (palpus)；d. 腹部背面 (dorsum of abdomen)

地理分布　福建 (崇安、武夷山、建阳)、台湾 (新竹、宜兰、埔里、高雄、台南、凤山)、广东、海南 (五指山)、广西 (凭祥)、四川 (汶川)、云南 (屏边)。

分类讨论　本种与拟矮小虻 *T. humiloides* Xu 类似，但拟矮小虻额高为基宽的 3 倍多；触角鞭节基环节长为宽的 1.5 倍；腹部背板横带清晰。屏边虻 *T. pingbianensis* Liu 是本种异名。

(264) 副中国虻 *Tabanus parachinensis* Xu, Zhan *et* Sun, 2006 (图 282)

Tabanus parachinensis Xu, Zhan *et* Sun, 2006: 236 [Type locality: Jianfengling, Hainan, China].

鉴别特征　复眼具 2 条带；额基胛与复眼、亚胛和中胛均窄分离；触角棕色；下颚须灰黑色，覆黑毛和白毛；口毛白色；胸部背板黑色，着生黑毛，前缘包括背侧片覆灰白粉，翅后胛覆白粉和白毛，小盾前片黑色，小盾片白色；翅具烟黑色前缘和端影；腹部第 3-6 背板具白色后缘带。

形态描述

雌性　体长 12 mm，黑色。头部：复眼紫色，具 2 条绿色横带 (新鲜和回潮)，额灰黑色，高为基宽的 5.5 倍，基宽略窄于顶宽，具黑毛；基胛黑色，方形，与复眼、亚胛和中胛窄分离；亚胛亮黑色；颜覆白毛，上侧颜灰黑色，具黑毛；口毛白色。触角棕色，鞭节的基环节长为宽的 2 倍。下颚须灰黑色，具黑毛，第 1 节以白毛为主，第 2 节长为宽 3.3 倍，基部夹杂有白毛。胸部：盾片黑色，着生黑毛，前缘包括背侧片覆灰白粉，翅后胛覆白粉和白毛，小盾前片黑色，小盾片白色，覆白毛；侧板白色，着生白毛。足基节色同胸部侧板，着生白毛，端部夹杂有黑毛，股节黑色，着生黑毛，中、后足股节腹缘夹杂有浅棕色毛，前足胫节基部 2/3 和中、后足胫节基部大部分白色，着生白毛，端部和跗节黑色，着生黑毛。翅透明，具烟黑色前缘和端影，R_4 脉具短附脉，R_5 室开放。平衡棒黑色。腹部：背板黑色，第 1、2 背板后缘两侧角覆白粉，着生白毛，第 3-6 背板具白色后缘带，第 3、4 背板的后缘带在中央略膨大。腹部第 1、2 腹板灰白色，着生白毛，第 3-6 腹板黑色，着生黑毛，具白粉白毛后缘带，第 7 腹板黑色，覆黑毛。

雄性 未详。

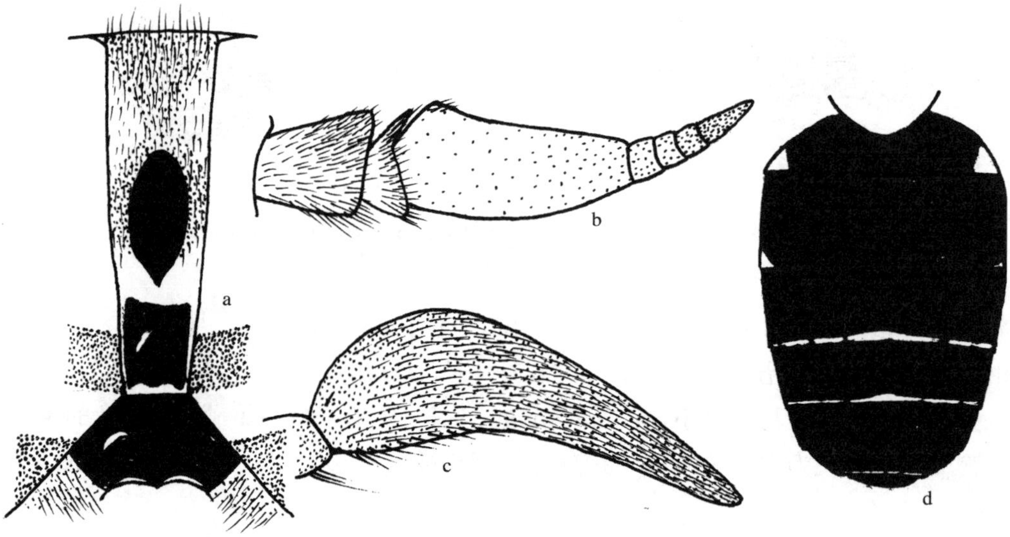

图 282 副中国虻 *Tabanus parachinensis* Xu, Zhan *et* Sun

a. 额 (frons)；b. 触角 (antenna)；c. 下颚须 (palpus)；d. 腹部背面 (dorsum of abdomen)

观察标本 正模♀，海南尖峰岭，2006.IV.12，海拔 800 m，凌峰，保存在 AMMSC。

生物学 林区种。

地理分布 海南 (尖峰岭、吊罗山)。

分类讨论 与中国虻 *T. chinensis* Ôuchi 类似，但中国虻翅透明，前缘不着色，腹部第 3、4 背板后缘白带中央不膨大。

(265) 中国虻 *Tabanus chinensis* Ôuchi, 1943 (图 283；图版 XV)

Tabanus chinensis Ôuchi, 1943: 522 [Type locality: Tianmushan, Zhejiang, China]; Liu, 1962: 126; Xu, 1982e: 122; Xu and Liu, 1982b: 112; Wang, 1983: 79; Wu, Li, Liu, Yang, Zhang and Cao, 1988: 199; Wang, Ge and Dong, 1998: 44; Liu, 1999c: 517; Xu, 2001: 346; Xu, 2005: 771.

鉴别特征　复眼具 2 条带；额基胛与复眼、中胛均分离；触角柄节和梗节棕色；下颚须灰色，第 2 节覆黑毛和白毛；口毛白色；胸部盾片前缘灰白色，缝后黑色，小盾片灰白色；侧板灰白色，着生白毛；翅透明；腹部背板黑色，多数具白色后缘带。

形态描述

雌性　体长 12-14 mm，黑色。头部：复眼紫色，具 2 条绿色横带 (新鲜和回潮)，无毛；额灰色，两侧平行，高为基宽的 4 倍；基胛亮黑色，方形，与复眼分离，接近亚胛，和黑色的心形的中胛分离；亚胛棕黑色，光裸，“眉片”低；颜灰白色，着生白毛，上侧颜在亚胛下方棕色，着生黑毛夹杂白毛；口毛白色。触角柄节棕色，着生黑毛，下缘夹杂白毛，梗节棕色，着生黑毛，具背突，鞭节橘黄色，鞭节基环节长为宽的 1.6 倍，具低背突，端环节带棕色，暗于基环节。下颚须灰色，第 1 节覆白毛，第 2 节长为宽的 2.5 倍，覆黑毛和白毛。胸部：盾片黑色，前缘灰白色，后侧缘多长白毛，小盾片灰白色，侧缘黑灰色，小盾前片黑色；侧板灰白色，着生白毛，翅侧片具长白毛。足基节灰白色，着生白毛，股节灰黑色，着生白毛，胫节基部大部分白色，着生白毛，端部和跗节黑色，着生黑毛。翅透明，R_4 脉无附脉，R_5 室开放。平衡棒棕色，柄黄色。腋瓣棕黑色，着生 1 丛白毛。腹部：背板黑色黑毛，第 1、2 背板两侧缘具白毛，第 3-6 背板具窄的白色白毛的后缘带，此带在第 3 背板的最宽。第 1、2 腹板灰白色，着生白毛，第 3-6 腹板黑褐色，覆黑毛，后缘具白带，第 7 腹板黑色，覆黑毛。

雄性　体长 12 mm。复眼上 2/3 黄褐色，下 1/3 黑色；触角较雌性的窄，下颚须棕色，覆白毛。

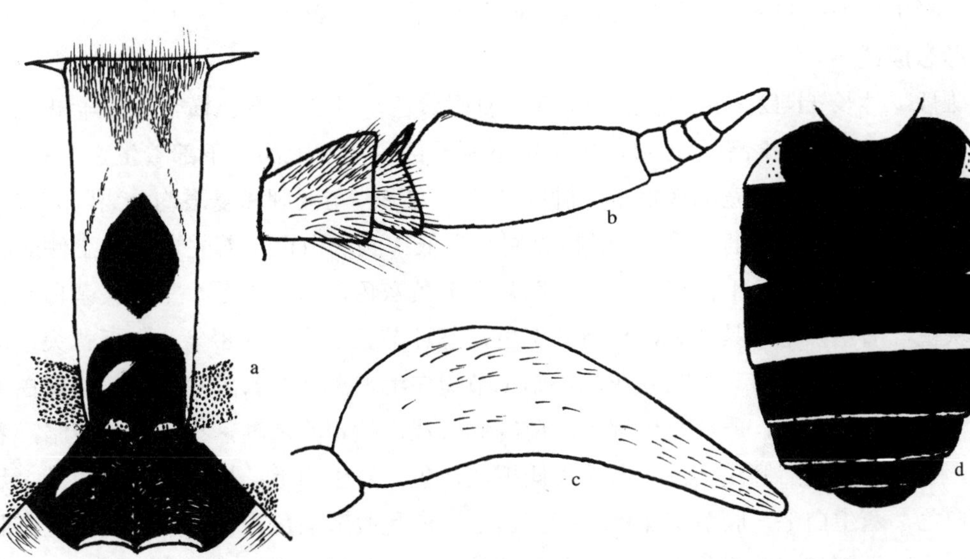

图 283　中国虻 *Tabanus chinensis* Ôuchi

a. 额 (frons)；b. 触角 (antenna)；c. 下颚须 (palpus)；d. 腹部背面 (dorsum of abdomen)

观察标本　正模♀，浙江天目山，标本号 IOZ(E)201276，保存在 IZCAS。2♀♀，浙江；2♀♀，甘肃，保存在 AMMSC。

生物学　林区种。

地理分布　河南 (伏牛山、栾川)、陕西 (佛坪、周至、略阳、汉中)、甘肃 (康县)、浙江 (天目山)、湖北、福建 (邵武、光泽)、四川 (宝兴、二郎山)。

分类讨论　本种与六带虻 *T. sexcinctus* Ricardo 近似，但六带虻的腹部第 2-6 背板存在浅色横带。

(266) 五带虻 *Tabanus quinquecinctus* Ricardo, 1914 (图 284; 图版 XVI)

Tabanus quinquecinctus Ricardo, 1914: 63 [Type locality: Kosempo, Taiwan, China]; Shiraki, 1918: 228; Xu, 1982f: 127; Xu, 1982g: 132; Xu, 1982h: 137; Chen and Xu, 1992a: 86; Xu and Xu, 1993: 68; Xu and Wang, 1993: 114; Yang and Xu, 1993: 76; Yang and Xu, 1997: 15; Xu, 2001: 347; Xu, 2004: 541; Xu and Guo, 2005b: 175.

Tabanus laticinctus Schuurmans-Stekhoven: Wang, 1983: 81. Misidentification.

Tabanus subcallosus Ricardo: Wang, 1988c: 267. Misidentification.

鉴别特征　复眼具2条带；额基胛与复眼、亚胛和中胛均分离；触角柄节和梗节黄灰色，鞭节红棕色，端环节暗于基环节；下颚须灰色，第2节覆白毛夹杂黑毛；胸部盾片灰黑棕色，前缘色较浅，缝后黑色，小盾前片色暗，着生黑毛，小盾片浅灰色；侧板灰白色，着生白毛；腹部背板黑棕色，第2-6背板具白色后缘带。

形态描述

雌性　体长 11-12 mm，黑色。头部：复眼紫色，具 2 条绿色横带 (新鲜和回潮)，无毛；额灰色，基端略窄于顶端，中胛以下的额部色浅于上部，下部着生黑毛和白毛，上部着生黑毛，高为基宽的 3 倍；基胛亮黑色，方形，与亚胛和复眼均分离，和较小的黑色的中胛分离；亚胛棕黑色，光裸，“眉片”低；颜灰白色，着生白毛，上侧颜在亚胛下方棕色，着生棕色毛；口毛白色。触角柄节黄灰色，着生黑毛，下缘夹杂白毛，梗节黄灰色，着生黑毛，具背突，鞭节红棕色，基环节长为宽的 1.8 倍，具低背突，端环节带棕色，暗于基环节。下颚须灰色，第 1 节覆白毛，第 2 节长为宽的 3 倍，覆白毛夹杂有一些黑毛。胸部：盾片灰黑棕色，前缘色较浅，横带不清晰，小盾前片色暗，着生黑毛，小盾片和翅后胛浅灰色，白毛；侧板灰白色，着生白毛，翅侧片具长白毛。足基节灰白色，着生白毛，股节灰黑色，着生白毛，前足股节黑色黑毛，端部具白毛，胫节白色白毛，端部和跗节黑色黑毛，前足胫节基部 4/5 白色。翅透明，翅脉黄色，R_5 室开放，R_4 脉无附脉。平衡棒棕色，球部两侧暗棕色。腹部：背板黑棕色黑毛，第 1 背板两侧灰白色白毛，第 2-6 背板具灰白色后缘带，带上着生白毛，带宽约占背板长的 1/4，此带在两侧和中部不膨大，第 7 背板黑色黑毛。第 1、2 腹板灰白色，着生白毛，第 3-6 腹板黑褐色，覆黑毛，后缘具白带，第 7 腹板黑色，覆黑毛。

雄性　未详。

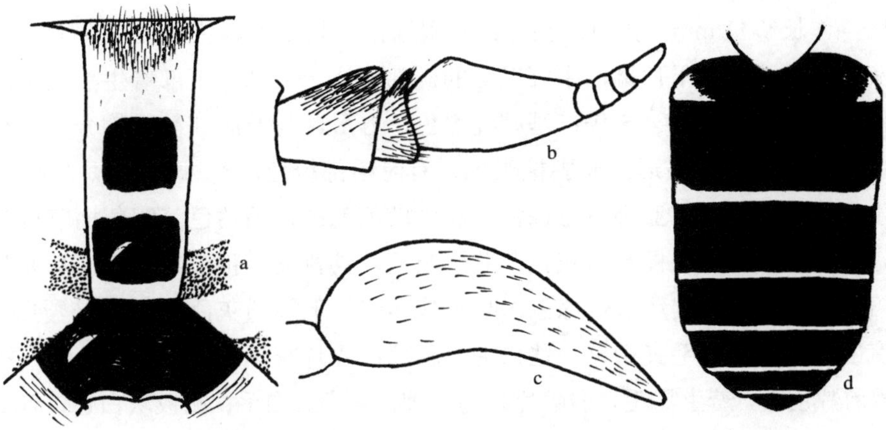

图 284　五带虻 *Tabanus quinquecinctus* Ricardo

a. 额 (frons)；b. 触角 (antenna)；c. 下颚须 (palpus)；d. 腹部背面 (dorsum of abdomen)

观察标本　正模♀，台湾，保存在 BMNH (未检视)。2♀♀，福建；4♀♀，云南；18♀♀，海南，保存在 AMMSC。

生物学　林区种。

地理分布　湖北 (神农架)、福建 (光泽、邵武、三明、将乐、永安、宁德、福州)、台湾 (阿里山、高雄、嘉义)、广东 (惠东)、海南 (吊罗山、尖峰岭)、广西 (十万大山、大明山)、四川 (西昌、泸定)、贵州 (惠水、兴义、盘县、普安、赤水、威宁)、云南 (麻栗坡、景洪、孟连、思茅、勐定、泸水片马、永善、绥江、大关、威信、镇雄、彝良、宁蒗、维西)。

分类讨论　本种与六带虻 *T. sexcinctus* Ricardo 近似，但六带虻额高为基宽的 4-5 倍；腹部背板浅色横带中央略膨大。

(267) 六带虻 *Tabanus sexcinctus* Ricardo, 1911 (图 285)

Tabanus sexcinctus Ricardo, 1911: 133 [Type locality: Lushai Hills, Assam, India]; Burton, 1978: 24; Wang, 1983: 79; Kapoor, Grewal, Sharma and Gupta, 1988: 116; Yang and Xu, 1997: 15; Xu, 2001: 347.

鉴别特征　复眼具2条带；额基胛与复眼、亚胛和中胛均分离；触角柄节和梗节黄灰色，鞭节红棕色，端环节暗于基环节；下颚须灰色，第2节覆白毛夹杂黑毛；胸部背板灰黑色，前缘色较浅，横带不清晰，小盾前片色暗，着生黑毛，小盾片和翅后胛浅灰色；侧板灰白色，着生白毛；腹部背板黑棕色，第2-6背板具灰白色后缘带，此带在中部和两侧略宽。

形态描述

雌性　体长 9-11 mm，黑色。头部：复眼绿色，具 2 条紫色横带 (新鲜和回潮)，无毛；额灰色，基端略窄于顶端，中胛以下的额部色浅于上部，下部着生黑毛和白毛，上部着生黑毛，高为基宽的 4-5 倍；基胛亮黑色，方形，与亚胛和复眼均分离，和较小的黑色的中胛分离，中胛多形；亚胛棕黑色，有时中部橙色，光裸，“眉片”低；颜灰白色，着生白毛，上侧颜在亚胛下方棕色，着生棕色毛；口毛白色。触角柄节黄灰色，着生黑毛，下缘夹杂白毛，梗节黄灰色，着生黑毛，具背突，鞭节红棕色，基环节长为宽的 2.5 倍，具低背突，端环节带棕色，暗于基环节。下颚须灰色，第 1 节覆白毛，第 2 节长为宽的 3 倍，覆白毛夹杂有一些黑毛。胸部：盾片灰黑色，前缘色较浅，横带不清晰，小盾前片色暗，着生黑毛，小盾片和翅后胛浅灰色，白毛；侧板灰白色，着生白毛，翅侧片具白色长毛。足基节灰色，着生白毛，股节灰黑色，着生白毛，前足股节端部具黑毛，胫节白色白毛，端部和跗节黑色黑毛。翅透明，翅脉黄色，R_5 室开放，R_4 脉无或具短附脉。平衡棒棕色，球部两侧略暗。腹部：背板黑棕色黑毛，第 1 背板两侧灰白色，着生白毛，第 2-6 背板具灰白色后缘带，带上着生白毛，此带在两侧和中部略宽，第 7 背板黑色黑毛。腹板灰色，着生白毛，具浅色窄后缘，后几腹板中部夹杂黑色，第 7 腹板黑色，覆黑毛。

雄性　未详。

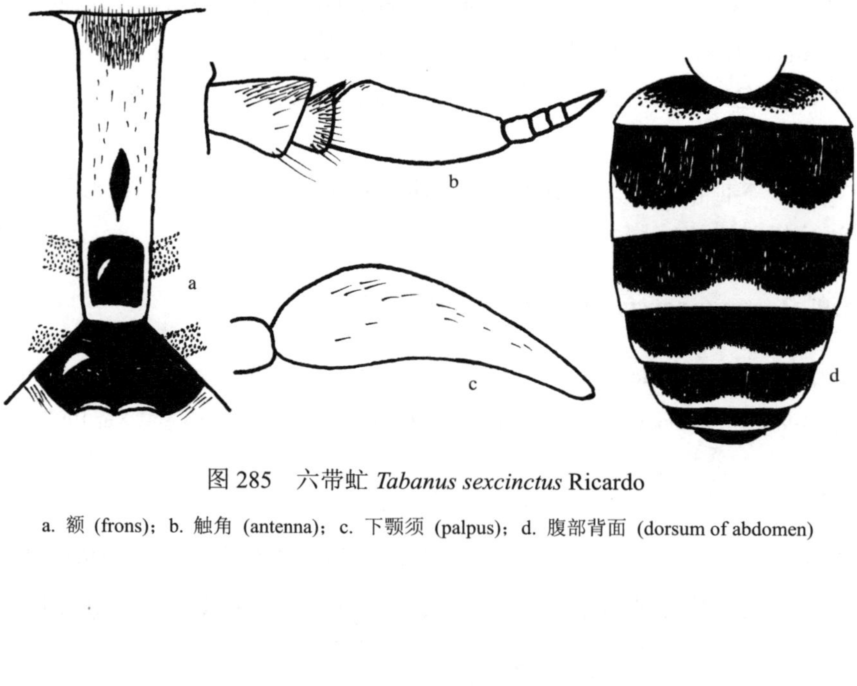

图 285　六带虻 *Tabanus sexcinctus* Ricardo

a. 额 (frons)；b. 触角 (antenna)；c. 下颚须 (palpus)；d. 腹部背面 (dorsum of abdomen)

观察标本　正模♀，印度阿萨姆，保存在 BMNH (未检视)。1♀，福建；2♀♀，云南，保存在 AMMSC。

生物学　林区种。

地理分布　福建 (三明)、台湾 (六龟？)、云南 (个旧、孟连)；印度，缅甸，泰国。

分类讨论　本种与五带虻 *T. quinquecinctus* Ricardo 近似，但五带虻的额高为基宽的 3 倍；腹部背板浅色横带中央不膨大。也类似于副六带虻 *T. parasexcinctus* Xu *et* Sun，但副六带虻的额基胛与复眼、亚胛均接触。Burton (1978) 怀疑该种在我国东部地区的分布，作者检视了浙江天目山标本 (Ôuchi 于 1937 年采集)，系误定，但福建的标本与云南的相同，应为六带虻，台湾因没有标本可利用，有待考证。

(268) 副六带虻 *Tabanus parasexcinctus* Xu *et* Sun, 2008 (图 286)

Tabanus parasexcinctus Xu *et* Sun, 2008c: 244 [Type locality: Tianmushan, Zhejiang, China].

Tabanus sexcinctus Ricardo: Ôuchi, 1943: 521; Wang, 1983: 79. Misidentification.

鉴别特征　复眼具2条带；额基胛与复眼、亚胛接触，和中胛分离；触角柄节和梗节黄棕色，鞭节红棕色，端环节略暗于基环节，鞭节的基环节长为宽的2倍；下颚须灰色，第2节覆白毛夹杂黑毛；胸部背板灰黑棕色，前缘色较浅，横带不清晰，小盾前片色暗，着生黑毛，小盾片和翅后胛浅灰色；侧板灰色，着生白毛；腹部背板黑色，第2-7背板具灰白色后缘带，此带在第2、3背板中部和两侧略宽。

形态描述

雌性　体长 12 mm，黑色。头部：复眼绿色，具 2 条紫色横带 (回潮)，无毛；额灰色，基端略窄于顶端，中胛以下的额部色浅于上部，下部着生黑毛和白毛，上部着生黑毛，高为基宽的 4.6 倍；基胛亮黑色，方形，与亚胛和复眼接触，和较小的黑色的中胛分离；亚胛暗棕色，光裸，“眉片”低；颜灰白色，着生黄白色毛，上侧颜在亚胛下方棕色；口毛黄白色。触角柄节黄棕色，着生黑毛，下缘夹杂白毛，梗节黄棕色，着生黑毛，具背突，鞭节红棕色，基环节长为宽的 2 倍，背突不明显，端环节带棕色，略暗于基环节。下颚须灰色，第 1 节覆黄白色毛，第 2 节长为宽的 3.5 倍，覆黄白色毛夹杂有一些黑毛。胸部：盾片灰黑棕色，前缘色较浅，横带不清晰，小盾前片色暗，着生黑毛，小盾片和翅后胛浅灰色，白毛；侧板灰色，着生白毛，翅侧片具长白毛。足基节灰色，着生白毛，股节灰黑色，着生白毛，前足股节夹杂有较多黑毛，胫节白色白毛，端部和跗节黑色黑毛。翅透明，翅脉黄色，R_5 室开放，R_4 脉具短附脉。平衡棒棕色，球部两侧暗棕色。腹部：背板黑色黑毛，第 1 背板两侧灰白色白毛，第 2-7 背板具灰白色后缘带，带上着生白毛，此带在第 2、3 背板两侧和中部略宽。第 1、2 腹板灰白色，着生白毛，第 3-6 腹板黑褐色，覆黑毛，两侧具浅棕色毛，后缘具白带，第 7 腹板黑色，覆黑毛。

雄性 体长 12 mm，黑色。复眼上 2/3 大眼面明显大于下 1/3 小眼面，亚胛暗棕色，触角形态类似于雌性，下颚须覆黄白色毛，夹杂几根黑毛，腹部背板后缘白带宽于雌性，余者同雌性。

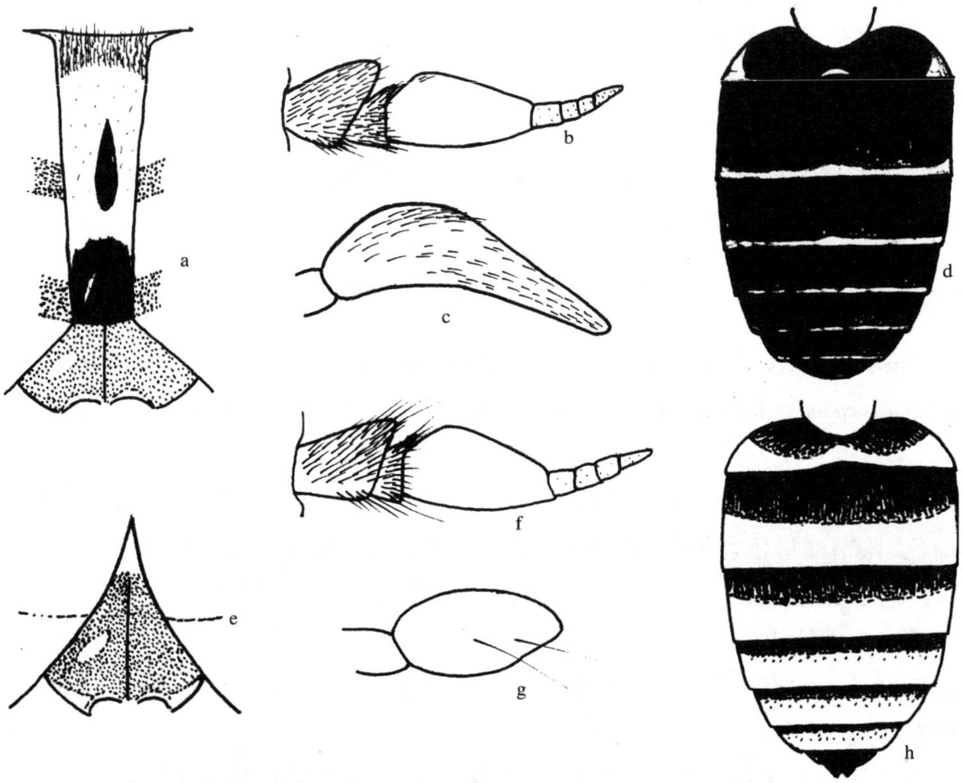

图 286 副六带虻 *Tabanus parasexcinctus* Xu *et* Sun

a. 额 (frons)；b. 触角 (antenna)；c. 下颚须 (palpus)；d. 腹部背面 (dorsum of abdomen)；e. 雄性额 (frons ♂)；f. 雄性触角 (antenna ♂)；g. 雄性下颚须 (palpus ♂)；h. 雄性腹部背面 (dorsum of abdomen ♂)

观察标本 正模♀，浙江天目山，1937.VIII.1，大内，保存在 IECAS。1♂，浙江天目山，1937.VIII.1，大内，保存在 IECAS。

生物学 林区种。

地理分布 浙江 (天目山)。

分类讨论 Ôuchi (1943) 曾把这种虻定名为六带虻 *T. sexcinctus* Ricardo，Burton (1978) 则表示怀疑，作者检视了标本，认为是不同种。本种与六带虻 *T. sexcinctus* Ricardo 相似，但六带虻的额基胛与亚胛和复眼均分离，触角鞭节的基环节长为宽的 2.5 倍。

(269) 天目虻 *Tabanus tienmuensis* Liu, 1962 (图 287, 图 292)

Tabanus tienmuensis Liu, 1962: 126 [Type locality: Tianmushan, Zhejiang, China]; Xu, 1982e: 123; Xu and Liu, 1982b: 113; Wang, 1983: 78; Wu, Li, Liu, Yang, Zhang and Cao, 1988: 200; Chen and Xu, 1992a: 92; Yang and Xu, 1997: 16; Wang, Ge and Dong, 1998: 45; Liu, 1999c: 518; Xu, 2001: 348; Xu, 2005: 774.

Tabanus iyoensis Shiraki: Wang, 1983: 82; Wang, 1988c: 267. Misidentification.

鉴别特征　复眼下部绿色，上部紫色；额较窄，高为基宽的6-7倍；基胛与复眼、亚胛均分离；触角柄节和梗节黄灰色，鞭节红棕色，端环节暗于基环节；下颚须灰色，第2节覆白毛夹杂黑毛；胸部盾片灰黑棕色，前缘色较浅，横带清晰，小盾前片和小盾片灰白色；侧板灰白色，着生白毛；腹部背板黑棕色，第2-6背板具灰白色后缘带，此带在第2背板中部和两侧略膨大。

形态描述

雌性　体长 11-13 mm，黑色。头部：复眼下部绿色，上部紫色 (新鲜和回潮)，无毛；额灰色，基端略窄于顶端，中胛以下的额部色浅于上部，下部着生黑毛和白毛，上部着生黑毛，高为基宽的 6-7 倍；基胛亮黑色，方形，与亚胛和复眼均分离，和较小的黑色的中胛分离或连接，亚胛棕黄色，光裸，“眉片”低；颜灰白色，着生白毛，上侧颜在亚胛下方棕色，着生棕色毛；口毛白色。触角柄节黄棕色，着生黑毛，下缘夹杂白毛，梗节黄灰色，着生黑毛，具背突，鞭节红棕色，基环节长为宽的 2 倍，具低背突，端环节带棕色，暗于基环节。下颚须灰色，第 1 节覆白毛，第 2 节长为宽的 3 倍，覆白毛夹杂有一些黑毛。胸部：盾片灰黑棕色，前缘色较浅，横带清晰，背侧片、翅后胛、小盾前片和小盾片灰白色；侧板灰白色，着生白毛，翅侧片具长白毛。足基节灰白色，着生白毛，股节灰黑色，着生白毛，胫节白色白毛，端部和跗节黑色黑毛，前足胫节基部 4/5 白色。翅透明，翅脉黄色，R_5 室开放，R_4 脉无附脉。平衡棒棕色，球部两侧黑色。腹部：背板黑棕色黑毛，第 1 背板两侧灰白色白毛，第 2-6 背板具灰白色后缘带，带上着生白毛，此带在第 2 背板较窄，两侧和中部略膨大，第 7 背板黑色黑毛。第 1、2 腹板灰白色，着生白毛，第 3-6 腹板黑褐色，覆黑毛，后缘具白带，第 7 腹板黑色，覆黑毛。

雄性　未详。

观察标本　正模♀，浙江天目山，保存在 IECAS。15♀♀，浙江；30♀♀，广东；15♀♀，广西；3♀♀，甘肃，保存在 AMMSC。

生物学　山地林区种。

地理分布　河南 (信阳、桐柏)、陕西 (秦岭、佛坪、周至、留坝、汉中、安康)、甘肃 (康县)、安徽 (太平)、浙江 (天目山、莫干山、奉化、雁荡山)、江西 (铜鼓)、湖南 (大庸)、福建 (武夷山、建阳、邵武、易武、光泽、南平、将乐、三明、永安、连城、长汀、上杭、龙岩、梅花山、漳平)、广东 (大埔、乐昌)、广西 (苗儿山)、四川 (峨眉山、长宁、洪雅、汶川)、贵州 (赤水)、云南 (永善、彝良)。

分类讨论 复眼下部绿色，上部紫色本组只有 2 种，另一种是三色虻 *T. tricolorus* Xu；而本种额较窄，高为基宽的 6-7 倍，在中国双环虻组中，是比较特殊的，容易识别，是双环虻组中分布最广，分布最北，数量最多的种 (图 292)。

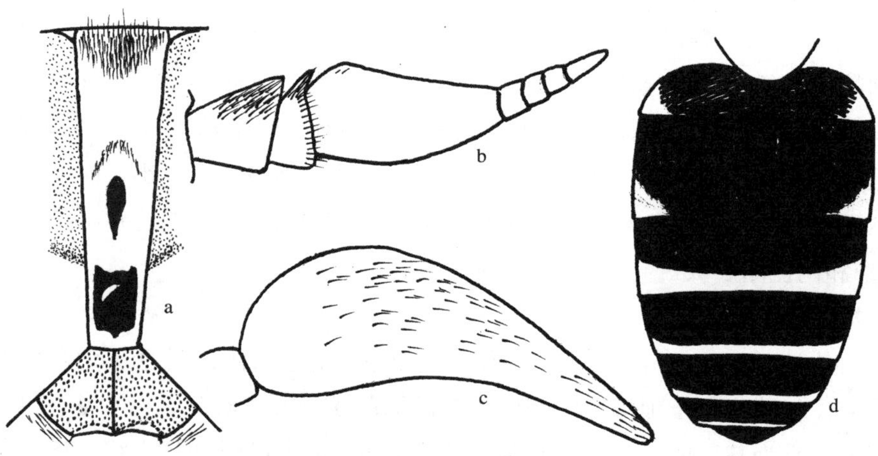

图 287 天目虻 *Tabanus tienmuensis* Liu

a. 额 (frons)；b. 触角 (antenna)；c. 下颚须 (palpus)；d. 腹部背面 (dorsum of abdomen)

(270) 天宇虻 *Tabanus tianyui* Xu *et* Sun, 2008 (图 288)

Tabanus tianyui Xu *et* Sun, 2008c: 245 [Type locality: Tengchong, Yunnan, China].

鉴别特征 体黑色，复眼具 1 条横带；额基胛与复眼、亚胛和中胛均分离；亚胛深棕色；触角柄节和梗节棕色；下颚须灰黄色，第 2 节覆黑毛和白毛；口毛白色；胸部背板黑色，小盾前片和小盾片白色；翅透明；腹部背板黑色，第 3-7 背板具浅黄色后缘带，第 2 背板具极窄的棕色后缘。

形态描述

雌性 体长 9.5 mm，黑色。头部：复眼紫色，具 1 条绿色横带 (新鲜和回潮)，无毛；额灰白色，着生黄毛夹杂黑毛，顶端宽略大于基宽，高为基宽的 3 倍；基胛亮黑色，方形，与亚胛和复眼均分离，和黑色的卵形的中胛分离；亚胛深棕色，光裸，“眉片”低，灰白色；颜灰白色，着生白毛；口毛白色。触角柄节棕色，着生黑毛，下缘夹杂白毛，梗节棕色，着生黑毛，具背突，鞭节橘黄色，鞭节基环节长为宽的 1.5 倍，具低背突。下颚须灰黄色，第 1 节覆白毛，第 2 节长为宽的 2.5 倍，覆黑毛夹杂白毛。胸部：盾片黑色，前缘灰白色，背侧片、盾片后缘、小盾前片和小盾片白色，着生浅黄色毛；侧板灰黄色，着生浅黄色毛。足基节灰黑色，着生白毛，股节黑色，前足股节着生黑毛，中、后足股节着生黑毛和白毛，胫节棕色，前足胫节端部 1/3，中、后足胫节端部少许和跗节黑色，着生黑毛。翅透明，翅脉棕黑色，R_4 脉无附脉，R_5 室开放。腋瓣棕黑色，着生 1 从浅黄色毛。平衡棒棕黑色，柄棕色。腹部：第 1、2 背板黑色黑毛，两后侧角棕色，着生白毛，第 2 背板具极窄的棕色后缘，第 3-7 背板黑色黑毛，具浅黄色后缘带，着生浅黄色毛，此带在第 3、4 背板中央略膨大。腹板黑色，着生黑毛和白毛，具白色后缘。

雄性　未详。

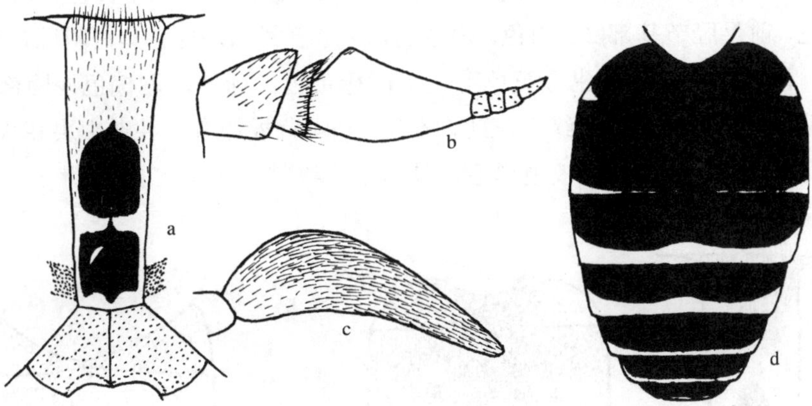

图 288　天宇虻 *Tabanus tianyui* Xu *et* Sun

a. 额 (frons)；b. 触角 (antenna)；c. 下颚须 (palpus)；d. 腹部背面 (dorsum of abdomen)

观察标本　正模♀，云南腾冲，2004.VI.23，郭天宇，保存在 AMMSC。

生物学　山地种。

地理分布　云南 (腾冲)。

分类讨论　本种与徒劳虻 *T. caduceus* Burton 类似，但徒劳虻的亚胛黑色，小盾前片棕黑色，翅前缘略着棕色。

(271) 白膝虻 *Tabanus leucocnematus* (Bigot, 1892) (图 289)

Atylotus leucocnematus Bigot, 1892: 656 [Type locality: Kanara, Bombay, India].

Tabanus leucocnematus: Xu, 1982h: 137; Wang, 1983: 78; Kapoor, Grewal, Sharma and Gupta, 1988: 99; Yang and Xu, 1997: 15; Xu and Guo, 2005b: 175.

鉴别特征　体金黄色，复眼具 2 条宽带；额基胛与复眼、亚胛均分离；亚胛红褐色；触角暗棕色；下颚须棕色，第 2 节覆黑毛和白毛；口毛灰白色；胸部背板黄色，中部具暗棕色横带；腹部背板棕黄色，第 3、4 背板后缘带在中央膨大成三角。

形态描述

雌性　体长 11-12 mm，金黄色。头部：复眼紫黑色，具 2 条绿色宽带 (回潮)；额灰色，着生黑毛，顶宽略大于基宽，高为基宽的 4-5 倍；基胛亮黑色，方形，与亚胛和复眼均分离，和长卵形的中胛连接或分离；亚胛亮棕黑色，光裸，“眉片”低；侧颜棕灰色，中颜和颊灰白色，着生灰白色毛；口毛灰白色。触角暗棕色，柄节和梗节带灰黄色，覆黑毛，鞭节基环节长约为宽的 2 倍，具低背突。下颚须棕色，第 1 节覆白毛，第 2 节长为宽的 3 倍许，覆黑毛和白毛。胸部：背板黄色，中部具暗棕色横带；侧板灰色，着生灰白色毛。足基节灰色，覆白毛，股节棕黑色，覆黑毛，胫节白色，胫节的端部和跗节棕黑色，前足胫节基部 2/3 白色。翅透明，前缘着黄色，R_4 脉具短附脉，R_5 室开放。腋瓣棕色，两腋瓣交接处着生金黄色毛。平衡棒黄色，球部两侧棕色。腹部：棕黄色，覆黑毛，第 3-6 节背板黄色后缘带，此带在第 3、4 背板加宽，并在中央膨大成大三角。第 1-4 腹板浅棕色，其后各腹板覆黑毛，具白毛后缘带。

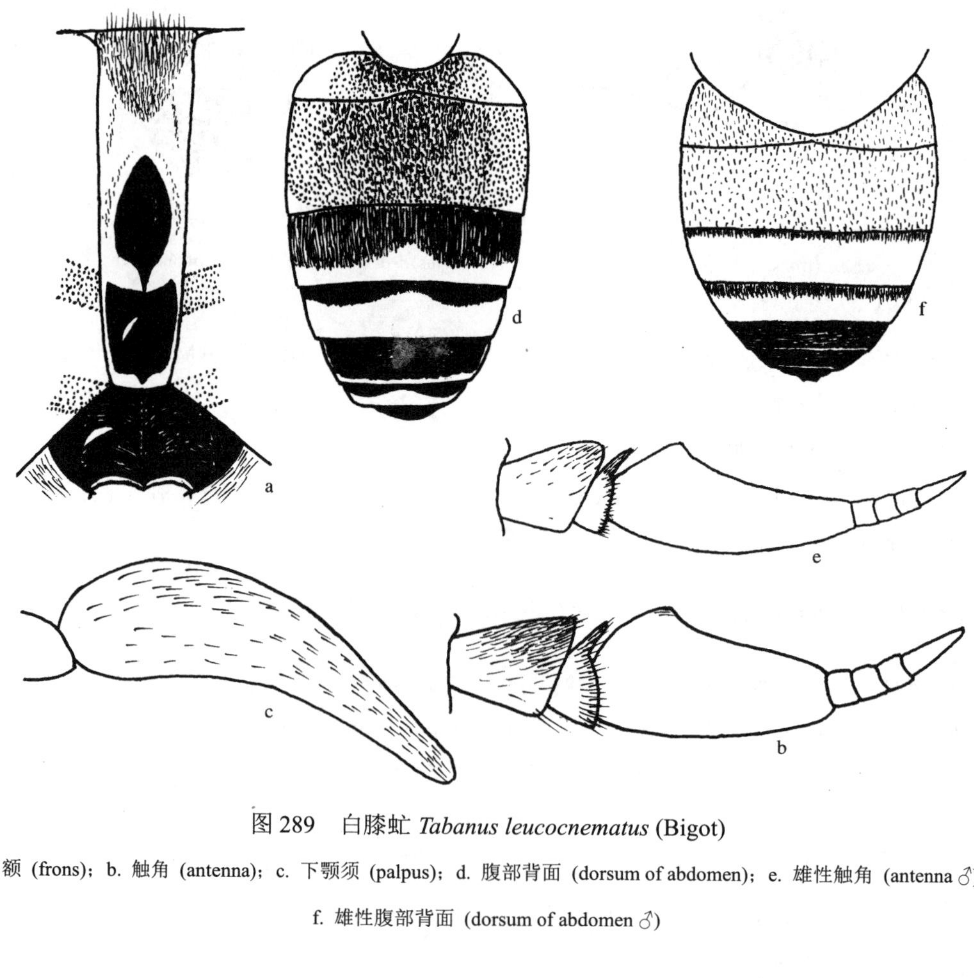

图 289　白膝虻 *Tabanus leucocnematus* (Bigot)

a. 额 (frons)；b. 触角 (antenna)；c. 下颚须 (palpus)；d. 腹部背面 (dorsum of abdomen)；e. 雄性触角 (antenna ♂)；f. 雄性腹部背面 (dorsum of abdomen ♂)

雄性　本志首次描述。干标本，复眼上大半部大眼面暗棕色，下小半部小眼面黑色；触角鞭节窄于雌性；翅透明，R_4脉具附脉；腹部棕黄色，覆黑毛，第 3-6 背板具黄色后缘带，此带在第 3、4 背板加宽，但无中三角，第 3 背板上的后缘带宽度大于雌性，余者同雌性。

观察标本　5♀♀，North Borneo，(经 Philip 与正模比较) 保存在 CCAS。8♀♀，云南，保存在 AMMSC。雄性描述标本采自云南，标本号为 IOZ(E)1234713，保存在 IZCAS。

生物学　林区种。

地理分布　云南 (勐腊)；印度，缅甸，文莱。

分类讨论　本种复眼具 2 带，类似于螺胛虻 *T. rhinargus* Philip 和黑螺虻 *T. nigrhinus* Philip，但后两者体黑色；腹部背板后缘带浅黄色或白色，背板后缘带在中央不膨大；亚胛暗棕色。

(272) 螺胛虻 ***Tabanus rhinargus*** **Philip, 1962** (图 290)

Tabanus rhinargus Philip, 1962: 299 [Type locality: 20 km N of Pleiku, Vietnam]; Burton, 1978: 29; Kapoor, Grewal, Sharma and Gupta, 1988: 111; Xu, 1991: 89; Yang and Xu, 1997: 15; Xu and Guo, 2005b: 175.

鉴别特征　体黑色，复眼具 2 条横带；额基胛与复眼、亚胛分离，中胛约与基胛等宽，与基胛连接或分离；亚胛暗棕色；触角棕色；下颚须浅棕色，第 2 节覆白毛夹杂黑毛；口毛灰白色；胸部背板灰黄色，中部具暗棕色黄毛横带；翅前缘和端缘着黄色。

形态描述

雌性　体长 10-11 mm，黑色。头部：复眼紫黑色，具 2 条绿色宽带 (回潮)；额灰色，着生黑毛，顶宽略大于基宽，高为基宽的 4.7 倍；基胛亮黑色，方形，与亚胛和复眼均分离，中胛卵形，约与基胛同宽，与基胛连接或分离；亚胛暗棕色，光裸，“眉片”低；侧颜棕灰色，中颜和胛灰白色，着生灰白色毛；口毛灰白色。触角棕色，柄节和梗节带灰黄色，覆黑毛，鞭节基环节红棕色，长为宽的 1.8 倍，具低背突。下颚须浅棕色，第 1 节覆白毛，第 2 节长为宽的 3 倍，覆白毛夹杂黑毛。胸部：背板灰黄色，中部具暗棕色黄毛横带，小盾片灰白色毛，翅后胛白毛，背侧片黄粉黄毛；侧板灰色，着生灰白色毛。足基节灰色，具灰白色毛，股节棕黑色，覆黑毛，胫节白色，胫节的端部和跗节棕黑色，前足胫节基部 2/3 白色。翅透明，前缘和端缘着黄色，R_4脉具短附脉，R_5室开放。腋瓣棕色，两腋瓣交接处着生白毛。平衡棒柄黄色，球部两侧棕色。腹部：背板棕黑色，覆黑毛，第 1 背板侧缘具白毛和黄毛，第 2 背板覆黄灰粉，后缘具黄毛，第 3、4 背板具黄色毛后缘带，此带在中部膨大成低的三角，占背板长的 1/2，第 5、6 背板黑色，具窄的黄毛后缘带，第 7 背板黑色黑毛。第 1、2 腹板黄灰色，覆浅黄色毛，以后各腹板灰棕色，具浅黄色后缘，第 6 腹板黑色，具浅色后缘，第 7 腹板黑色，覆黑毛。

雄性 未详。

观察标本 正模♀，越南，保存在 BPBM (未检视)；2♀♀，副模，越南，保存在 CCAS。2♀♀，广西；12♀♀，云南，保存在 AMMSC。

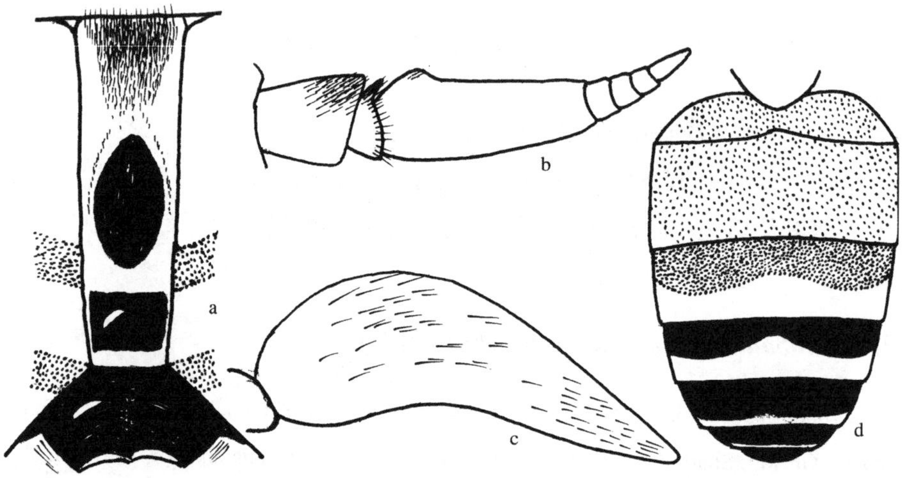

图 290 螺胛虻 *Tabanus rhinargus* Philip

a. 额 (frons)；b. 触角 (antenna)；c. 下颚须 (palpus)；d. 腹部背面 (dorsum of abdomen)

生物学 林区种。

地理分布 广西、云南 (河口、江城、勐腊、勐连、耿马)；越南，泰国。

分类讨论 本种类似于黑螺虻 *T. nigrhinus* Philip，但黑螺虻翅前缘只有前缘室为黄色，其余透明；额中胛窄于基胛；胸部盾片横带较宽。

(273) 黑螺虻 *Tabanus nigrhinus* Philip, 1962 (图 291)

Tabanus nigrhinus Philip, 1962: 300 [Type locality: Di Linh, Vietnam]; Xu, 1982g: 132; Xu, 1982h: 137; Wang, 1994: 117; Yang and Xu, 1997: 15; Xu, 2004: 541.

鉴别特征 体黑色，复眼具 2 条宽带；额基胛与复眼、亚胛均分离，中胛窄于基胛；亚胛红褐色；触角棕色；下颚须浅棕色，覆白毛夹杂黑毛；口毛灰白色；胸部背板灰黄色，中部具暗棕色黄毛横带；翅透明，仅前缘室略着黄色。

形态描述

雌性 体长 10-11 mm，黑色。头部：复眼紫黑色，具 2 条绿色宽带 (回潮)；额灰色，着生黑毛，顶宽略大于基宽，高为基宽的 4.9 倍；基胛亮黑色，方形，与亚胛和复眼均分离，中胛卵形，窄于基胛，与基胛窄相连或分离；亚胛暗棕色，光裸，“眉片”

低；侧颜棕灰色，中颜和胛灰白色，着生灰白色毛；口毛灰白色。触角棕色，柄节和梗节带灰黄色，覆黑毛，鞭节基环节红棕色，长为宽的 1.5 倍，具低背突。下颚须浅棕色，第 1 节覆白毛，第 2 节长为宽的 3.1 倍，覆白毛夹杂黑毛。胸部：背板灰黄色，中部具暗棕色黄毛横带，小盾片灰白毛，翅后胛白毛，背侧片黄粉黄毛；侧板灰色，着生灰白色毛。足基节灰色，具灰白色毛，股节黑色，覆黑毛，胫节白色，胫节的端部和跗节棕黑色，前足胫节基部 2/3 白色。翅透明，前缘室着黄色，R_4 脉具短附脉，R_5 室开放。腋瓣棕色，两腋瓣交接处着生白毛。平衡棒黄色，球部两侧棕色。腹部：背板棕黑色，覆黑毛，第 1 背板侧缘具白毛和黄毛，第 2 背板覆黄灰粉，后缘具黄毛，第 3、4 背板具黄毛后缘带，此带在中部膨大成低的三角，占背板长的 1/2，第 5、6 背板黑色，具窄的黄毛后缘带，第 7 背板黑色黑毛。第 1、2 腹板黄灰色，覆浅黄色毛，第 3-6 背板浅棕色，具白色后缘，第 7 腹板黑色，覆黑毛。

雄性　未详。

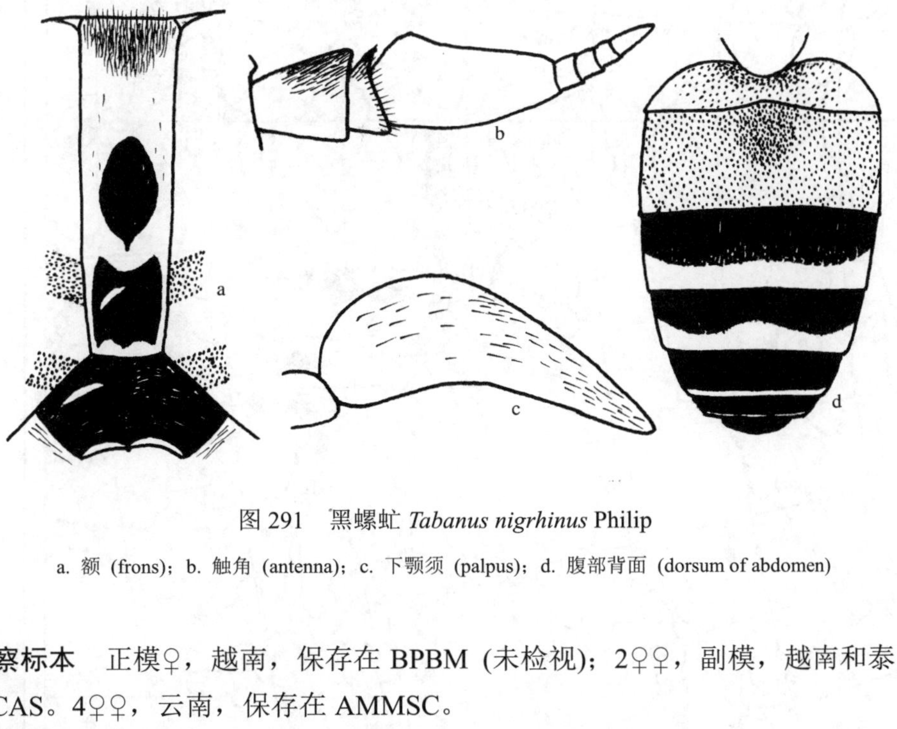

图 291　黑螺虻 *Tabanus nigrhinus* Philip

a. 额 (frons)；b. 触角 (antenna)；c. 下颚须 (palpus)；d. 腹部背面 (dorsum of abdomen)

观察标本　正模♀，越南，保存在 BPBM (未检视)；2♀♀，副模，越南和泰国，保存在 CCAS。4♀♀，云南，保存在 AMMSC。

生物学　林区种。

地理分布　广西 (凭祥)、云南 (勐腊、景洪、蛮耗)；越南，泰国。

分类讨论　本种与螺胛虻 *T. rhinargus* Philip 非常近似，Burton (1978) 怀疑是同物异名。本志列为 2 种，以螺胛虻翅前缘具暗影；额中胛与基胛等宽；胸部盾片横带较窄作为区别特征。

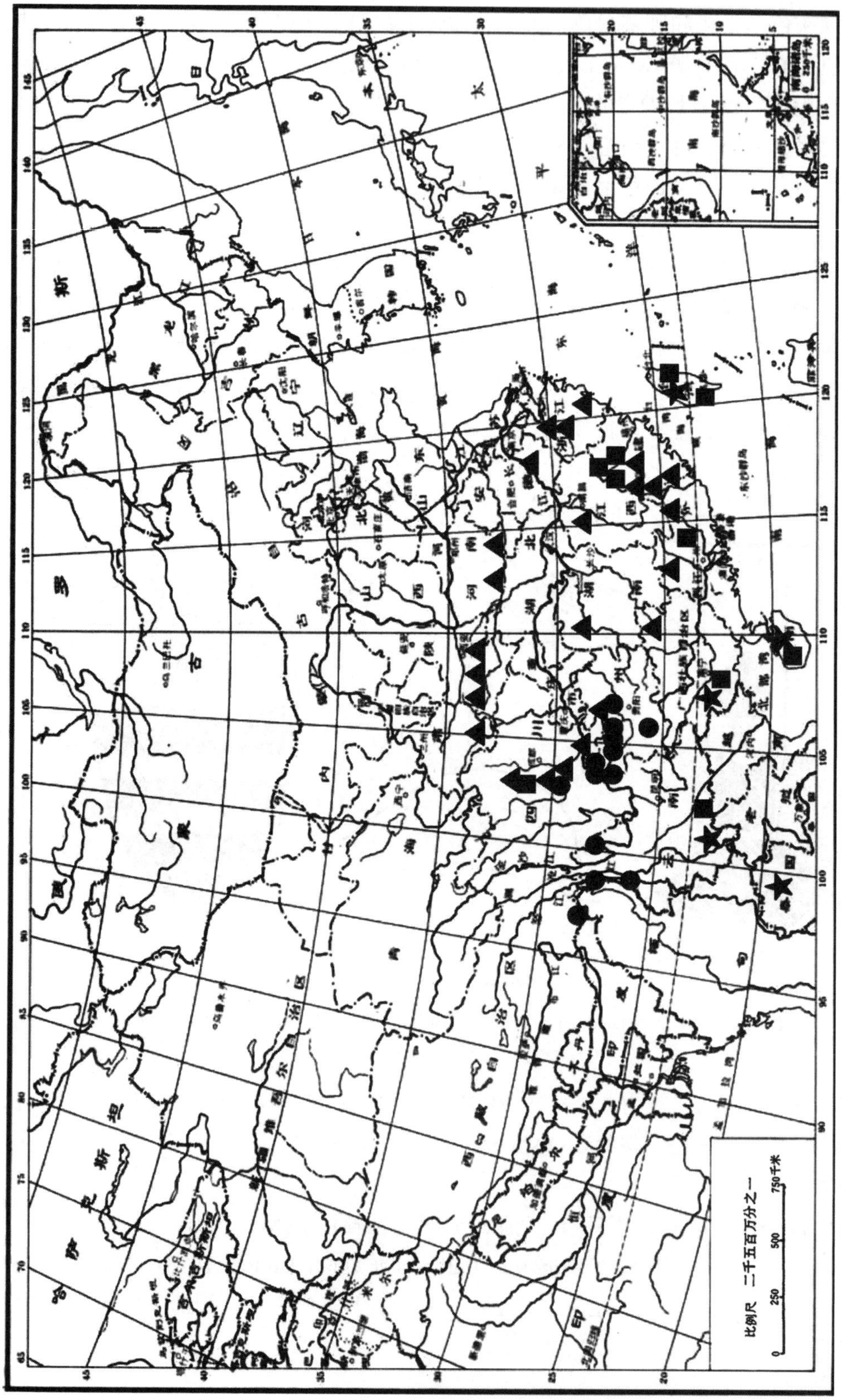

图 292　双环虻组 *Tabanus biannularis* group 的地理分布

★徒劳虻 *Tabanus caduceus* Burton　●拟矮小虻 *Tabanus humiloides* Xu　■棕带虻 *Tabanus fulvicinctus* Ricardo　▲天目虻 *Tabanus tienmuensis* Liu

副菌虻组 *Tabanus parabactrianus* group

副菌虻组虻的主要特征是亚胛覆粉，或部分光裸；额基胛与亚胛分离；中胛与基胛分离，或趋向于分离；足二色不明显。本组现知仅分布在古北界。

种 检 索 表

1. 复眼具短细毛；亚胛全部覆粉；“眉片”低 ……………………………………副菌虻 ***T. parabactrianus***
   复眼无毛；亚胛全光裸或部分覆粉；“眉片”高 ……………………………………银灰虻 ***T. glaucopis***

(274) 副菌虻 *Tabanus parabactrianus* Liu, 1960 (图 293)

Tabanus parabactrianus Liu, 1960: 15 [Type locality: Guanting, Beijing, China]; Xu, 1982c: 108; Xu and Liu, 1982b: 113; Zhang and Zhao, 1982: 7; Wang, 1983: 83; Chen, 1983: 118; Yao and Ding, 1986: 33; Wu, Li, Liu, Yang, Zhang and Cao, 1988: 200; Liu, 1999c: 518; Xu, 2005: 773.

鉴别特征　复眼 3 带；额基胛和复眼、亚胛、中胛均分离；下颚须灰白色，第 2 节覆黑毛和白毛；口毛白色；胸部盾片黑色，具 3 条白色纵纹；足黑色，胫节大部分黄色；腹部背板具浅色中三角和斜形侧斑。

形态描述

雌性　体长 13-15 mm，黑灰色。头部：复眼活时绿色，具 3 条紫带，具细短毛；额灰色，着生黑毛，顶宽大于基宽，高为基宽的 4 倍；基胛亮黑色，方形，两侧与复眼、亚胛、中胛均分离，中胛卵圆形，约与基胛等宽；亚胛黄灰色，覆粉，“眉片”低；颜与胛灰色，着生白毛；口毛白色。触角柄节和梗节黑棕色，具黑毛，鞭节的基环节红棕色，长为宽的 1.5 倍，基环节基部具低背突，端环节黑色。下颚须灰白色，第 1 节覆白毛，第 2 节长为宽的 2.5 倍，覆白毛和黑毛。喙棕黑色。胸部：背板黑色，具 3 条白色纵纹，小盾片黑色，具灰粉；侧板黑色，着生白色长毛，背侧片浅棕色，着生黑毛。足黑色，基节着生灰毛，股节着生黑毛，胫节大部分黄色，着生黄毛，前足胫节端部约 1/2 黑色，中、后足胫节极端部黑色，着生黑毛，跗节黑色，着生黑毛。翅透明，翅脉棕色，R_4 脉无附脉，R_5 室开放。腋瓣灰黑色，边缘暗棕色，两腋瓣交接处着生 1 丛白色毛。平衡棒棕色，球部两侧黑色。腹部：污黑色，背板覆灰色粉，中央具白色三角纵列，两侧具白色斜形纵列斑，各背板具浅色后缘，第 2 背板两侧具小的棕色斑。腹板灰黑色。

雄性　体长 13-14 mm；复眼上 2/3 的大眼面明显大于下 1/3 的小眼面；腹部背板两侧略呈橙色，中央白色三角斑不很明显。

观察标本　正模♀，北京官厅，1937.VII，保存在 IECAS。20♀♀，北京、甘肃、四

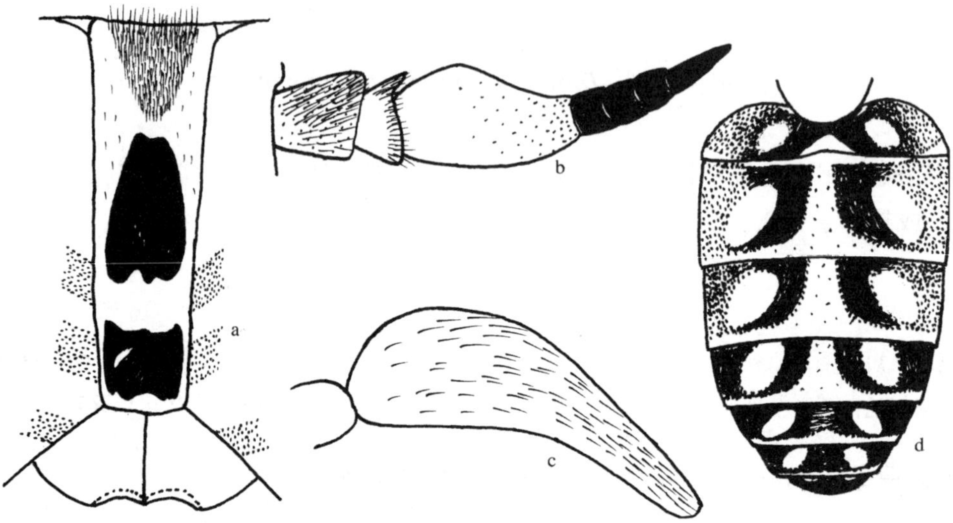

图 293 副菌虻 *Tabanus parabactrianus* Liu

a. 额 (frons); b. 触角 (antenna); c. 下颚须 (palpus); d. 腹部背面 (dorsum of abdomen)

川，保存在 AMMSC。

生物学 山区种。

地理分布 辽宁 (北票)、内蒙古 (乌兰察布盟、凉城县、呼和浩特)、北京 (延庆)、山西 (太原、五台、岢岚)、河南、陕西 (延安、秦岭)、宁夏 (银川)、甘肃 (文县、天水、武威、敦煌)、四川 (南坪)。

分类讨论 本种类似于银灰虻 *T. glaucopis* Meigen，但银灰虻复眼无毛；亚胛全光裸或部分光裸，"眉片"高。

(275) 银灰虻 *Tabanus glaucopis* Meigen, 1820 (图 294)

Tabanus glaucopis Meigen, 1820: 48 [Type locality: not given, (?) Europe]; Chvála, Lyneborg and Moucha, 1972: 322; Olsufjev, 1977: 208.

Tabanus ferrugineus Meigen, 1804: 169 (Preoccupied by *ferrugineus* Strom, 1768).

Tabanus lunulatus Meigen, 1820: 49. Synonymized by Chvála, 1988.

Tabanus chlorophthalmus Meigen, 1820: 58. Synonymized by Chvála, 1988.

Tabanus flavocans Zeller, 1842: 819. Synonymized by Chvála, 1988.

Tabanus cognatus Loew, 1858: 602. Synonymized by Chvála, 1988.

Tabanus glaucopis castellanus Strobl, 1906: 279. Synonymized by Chvála, 1988.

Straba glaucopis rubra Muschamp, 1939: 51. Synonymized by Chvála, 1988.

鉴别特征 复眼 3 带；额基胛和复眼、亚胛、中胛均分离，亚胛部分光裸或全光裸；

胸部盾片黑色，具 3 条白色纵纹；腹部背板具中三角和斜形侧斑。

形态描述

雌性　体长 15.5-18.0 mm，黑色。头部：复眼活时绿色，具 3 条紫带；额黄灰色，着生黑毛，顶宽略大于基宽，高为基宽的 4-5 倍；基胛亮棕黑色至黑色，方形，两侧与复眼、亚胛、中胛均分离，中胛圆形，约与基胛等宽；亚胛部分光裸或全光裸，棕色至黑色，“眉片”高；颜与胛白色，着生白毛，上侧颜具暗色带；口毛白色。触角柄节和梗节黄棕色，着生黑毛，柄节腹方具白毛，鞭节的基环节红棕色，长为宽的 1.9 倍，基环节基部具低背突，端部和端环节黑色。下颚须灰色，第 1 节覆白毛，第 2 节长为宽的 3.3 倍，覆黑毛夹杂白毛。喙棕黑色。胸部：背板灰黑色，具 3 条白色纵纹，具灰白色毛；侧板灰色，着生白色长毛，肩胛和背侧片棕色，着生黑毛。足灰黑色，基节和股节着生灰白色毛，胫节浅棕色，主要着生黑毛，前足胫节端部约 1/2 黑色，中、后足胫节极端部黑色，着生黑毛，跗节黑色，着生黑毛。翅透明，翅脉棕色，R_4 脉具短附脉，R_5 室开放。腋瓣灰黑色，边缘暗棕色，两腋瓣交接处着生 1 丛白色毛。平衡棒棕色。腹部：色和斑有较大变异，一般黑色，前 4 节带棕色，背板中央具灰白色三角纵列，两侧具灰白色斜形纵列斑，各节具浅色后缘。腹板前几节棕色，着生浅色毛，往后变黑色，着生黑毛，中、侧灰白斑不清晰。

雄性　复眼上 2/3 的大眼面明显大于下 1/3 的小眼面，下部小眼面具 2 条横带；头顶具 1 排暗色长毛；亚胛全光裸，暗棕色至黑色；触角鞭节较雌性的窄；胸部盾板后部、背侧片和侧板覆暗色毛。

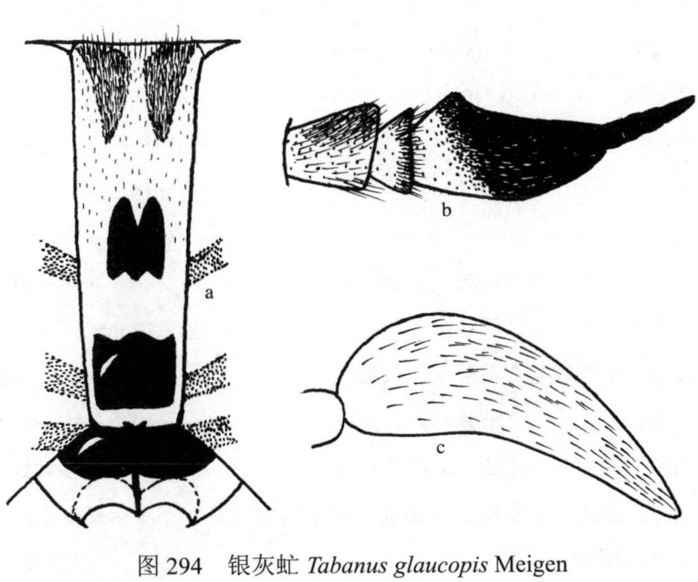

图 294　银灰虻 *Tabanus glaucopis* Meigen

a. 额 (frons)；b. 触角 (antenna)；c. 下颚须 (palpus) (仿 Chvála, Lyneborg and Moucha, 1972)

观察标本 模式标本产地和保存地点均不清楚。

生物学 山区林地种；雌虻攻击人、马、牛，是牲畜泰氏锥虫病的传播媒介。

地理分布 内蒙古 (奈勒穆图)；俄罗斯，土耳其，欧洲。

分类讨论 本种类似于副菌虻 *T. parabactrianus* Liu，但副菌虻复眼具细短毛；亚胛覆粉，“眉片”低。

多砂虻组 *Tabanus sabuletorum* group

多砂虻组虻的主要特征是亚胛覆粉；额基胛与亚胛接触；中胛方形或心形，与基胛分离，或趋向于分离；足二色不明显。本组主要分布在古北界，少数伸展分布到东洋界(图 312)。

种 检 索 表

1. 复眼具横带……2
   复眼无横带……12
2. 复眼具 1 条横带……3
   复眼具 2-4 条横带……4
3. 翅 R_4 脉具附脉；胸部盾片具 3 条明显纵纹……**斐氏虻 *T. filipjevi***
   翅 R_4 脉无附脉；胸部盾片无纵纹……**里氏虻 *T. leleani***
4. 复眼具 2 条横带……5
   复眼具 3 或 4 条横带……6
5. 触角黑色，颜带较深……**基氏虻 *T. zimini***
   触角棕色，颜带较浅……**若羌虻 *T. ruoqiangensis***
6. 复眼具 3 条横带……7
   复眼具 4 条横带……9
7. 腹部背板棕色，中央具宽的黄毛纵条；体棕黄色，11.6 mm……**阿里山虻 *T. arisanus***
   腹部背板黑色，具浅色中三角、后缘窄带和斜形侧斑；体长超过 14 mm……8
8. 额基胛与复眼接触；下颚须第 2 节基部显著膨大……**沂山虻 *T. yishanensis***
   额基胛与复眼分离；下颚须第 2 节基部略膨大……**乡村虻 *T. paganus***
9. 下颚须以黑毛为主；额高为基宽的 3.0-3.5 倍；眼后缘较窄……**亚多砂虻 *T. subsabuletorum***
   下颚须以白毛为主；额高为基宽的 2.5-3.0 倍；眼后缘较宽……10
10. 复眼具毛；翅 R_4 脉无附脉……**史氏虻 *T. stackelbergiellus***
    复眼无毛；翅 R_4 脉具附脉……11
11. 额中胛较大，底边弧形，与基胛分离或以窄线相连；复眼顶边的眼带宽而界限不清晰；体长 14-15

mm ……………………………………………………………………………………拟多砂虻 *T. sabuletoroides*

额中胛较小，窄条形，底边直，与基胛分离；复眼顶边的眼带宽而界限清晰；体长 11-12 mm ………………………………………………………………………………………………多砂虻 *T. sabuletorum*

12. 额基胛棕色；亚胛两侧光裸；翅 R_4 脉具附脉 ……………………………………棕胛虻 *T. brunneocallosus*

额基胛黑色；亚胛全覆粉；翅 R_4 脉无附脉，至多具小的附脉痕迹 ……………………………… 13

13. 额基胛与复眼接触……………………………………………………………………路氏虻 *T. loukashkini*

额基胛与复眼分离……………………………………………………………………………………… 14

14. 触角红棕色……………………………………………………………………………………………… 15

触角黑色…………………………………………………………………………………………………… 16

15. 额中胛两侧具黑色区；胸部背侧胛红棕色；足股节红棕色…………………… 威宁虻 *T. weiningensis*

额中胛两侧无黑色区；胸部背侧胛黑色；足股节灰色…………………………亚柯虻 *T. subcordiger*

16. 下颚须以白毛为主；额高为基宽的 3.0-3.5 倍，中胛小，有时不存在；腹部背板两侧具棕黄着色……………………………………………………………………………………………………戈氏虻 *T. golovi*

下颚须以黑毛为主；额高为基宽的 5 倍，中胛大，椭圆形；腹部背板两侧无棕黄着色……………………………………………………………………………………………………松本虻 *T. matsumotoensis*

(276) 斐氏虻 *Tabanus filipjevi* Olsufjev, 1936 (图 295)

Tabanus filipjevi Olsufjev, 1936: 165 [Type locality: env. Irgiz, Aktjubinsk region, Kazachstan]; Olsufjev, 1977: 219; Xu, 1982d: 118; Wang, 1983: 85; Yao and Ding, 1986: 32; Liu, 1999c: 517.

鉴别特征 复眼 1 带；额基胛和复眼窄分离，中胛无或不清晰；胸部盾片黑色，具 3 条白色纵纹；腹部背板具浅色中三角和斜形侧斑。

形态描述

雌性 体长 14-15 mm，灰黑色。头部：复眼活时绿色，具 1 条宽紫带；额灰色，着生白毛，顶宽大于基宽，高为基宽的 3.0-3.5 倍；基胛亮棕黑色至黑色，方形，两侧与复眼窄分离，与亚胛接触，中胛无或有，但界限不清晰；亚胛覆粉，“眉片”低；颜与颊白色，着生白毛，上侧颜具暗色带；口毛白色。触角柄节和梗节深棕色，着生黑毛，腹方具白毛，鞭节的基环节端部和端环节黑色，基环节长为宽的 2 倍，基部具低背突。下颚须灰色，第 1 节覆白毛，第 2 节长约为宽的 2 倍，覆白毛。喙棕黑色。胸部：背板灰黑色，具 3 条白色纵纹，具灰白色毛；侧板灰色，着生白色长毛，肩胛和背侧片棕色，着生黑毛。足黄色，股节灰色，前足胫节端部 1/2，中、后足胫节极端部黑色，着生黑毛，跗节黑色，着生黑毛。翅透明，翅脉黄色，R_4 脉具附脉，R_5 室开放。腋瓣灰色，边缘棕色，两腋瓣交接处具 1 丛白毛。平衡棒浅黄色。腹部：背板灰色，背板中央具灰白色三角纵列，两侧具灰白色斜形纵列斑，各背板具浅色后缘，第 2-4 背板两侧略带红色。

腹板灰色，基部几节带黄色。

雄性　体长 13-14 mm；复眼上 2/3 的大眼面明显大于下 1/3 的小眼面，余者同雌性。

观察标本　正模♀，哈萨克斯坦，保存在 IZPR (未检视)。11♀♀，新疆。

生物学　山区草原种；雌虻攻击人、马、牛。

地理分布　内蒙古 (巴盟潮格旗、阿拉善盟、额济纳旗)、宁夏 (银川)、甘肃 (安西、

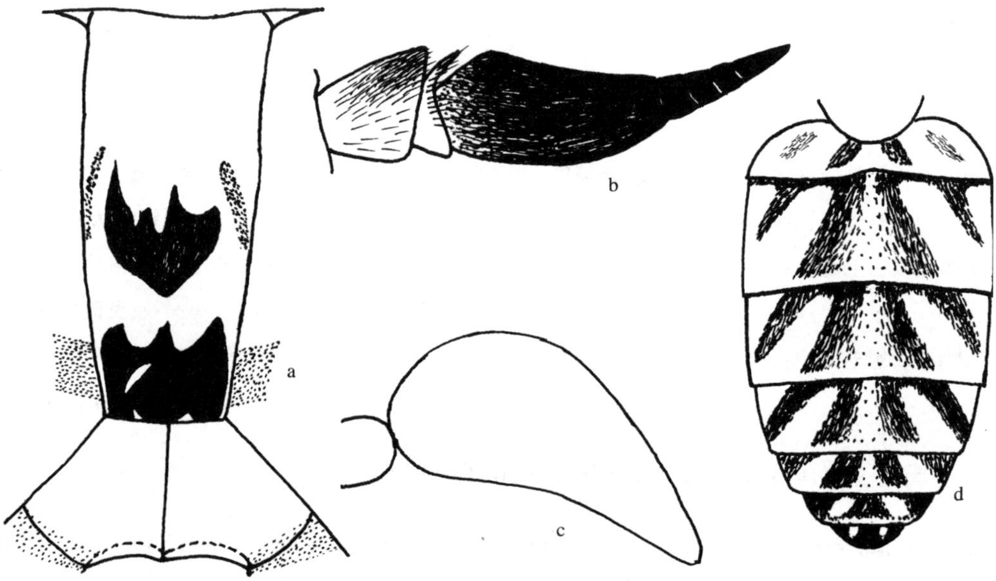

图 295　斐氏虻 *Tabanus filipjevi* Olsufjev

a. 额 (frons)；b. 触角 (antenna)；c. 下颚须 (palpus)；d. 腹部背面 (dorsum of abdomen)

金塔、武威)、新疆 (布尔津、伊犁、开屏、库尔勒)；蒙古，中亚地区。

分类讨论　本种类似于里氏虻 *T. leleani* Austen，但里氏虻翅 R_4 脉无附脉；胸部背板无纵纹。

(277) 里氏虻 *Tabanus leleani* Austen, 1920 (图 296)

Tabanus leleani Austen, 1920: 312 [Type locality: Wadi el Kelt, Palestine]; Chvála, Lyneborg and Moucha, 1972: 338; Olsufjev, 1977: 221; Xu, 1982c: 108; Xu, 1982d: 118; Xu and Liu, 1982b: 112; Wang, 1983: 86; Yao and Ding, 1986: 32; Wu, Li, Liu, Yang, Zhang and Cao, 1988: 199; Kapoor, Grewal, Sharma and Gupta, 1988: 98; Liu, 1999c: 518.

Tabanus leleani turkestanicus Olsufjev, 1970: 684 (new name for *T. leleani pallidus* Olsufjev, 1937). Synonymized by Chvála, 1988.

Tabanus cordiger Meigen: Wang, 1983: 84. Misidentification.

鉴别特征　复眼 1 带；额基胛与复眼分离；胸部盾片灰黑色，无纵纹；腹部背板具弱的浅色中三角和明显斜形侧斑。

形态描述

雌性　体长 12-15 mm，灰黑色。头部：复眼光裸，活时绿色，具 1 条宽紫带；额灰黄色，着生灰白色毛夹杂黑毛，顶宽大于基宽，高约为基宽的 3.5 倍；基胛亮棕黑色至黑色，方形，两侧与复眼、中胛分离，与亚胛接触，中胛心形，有时分成 2 点，头顶窄，白色，具 1 排浅色长毛；亚胛覆粉，灰色，“眉片”低；颜与胛白色，着生白毛，上侧颜具暗棕色带；口毛白色。触角柄节和梗节棕黑色，着生黑毛，鞭节基环节的基部棕色，长为宽的 1.6 倍，基环节基部具低背突，端部和端环节棕黑色至黑色。下颚须黄白色，第 1 节覆长白毛，第 2 节粗，长为宽的 1.5 倍，覆白毛，或夹杂有几根黑毛。喙棕黑色。胸部：背板灰黑色，无纵纹，具灰白色毛；侧板灰色，着生白色长毛，背侧片黄棕色，覆黑毛。足灰黑色，基节和股节着生灰白色毛，前足胫节基部 1/2-2/3，中、后足胫节基部大部分黄色，其余黑色。翅透明，翅脉黄色，R_4 脉无附脉，R_5 室开放。腋瓣灰色，边缘暗棕色，两腋瓣交接处具 1 丛白毛。平衡棒黄色，柄白色。腹部：背板灰黑色，有时第 2 背板两侧带棕色，中央具不清晰灰白色三角纵列，两侧具灰白色斜形纵列斑，各背板具白色窄后缘。腹板灰色，有时具不明显暗色中纵条。

雄性　复眼上 3/4 的大眼面明显大于下 1/4 的小眼面，上部大眼面具 1 条横带；触角鞭节较雌性的窄；腹部土黄色，色斑同雌性。

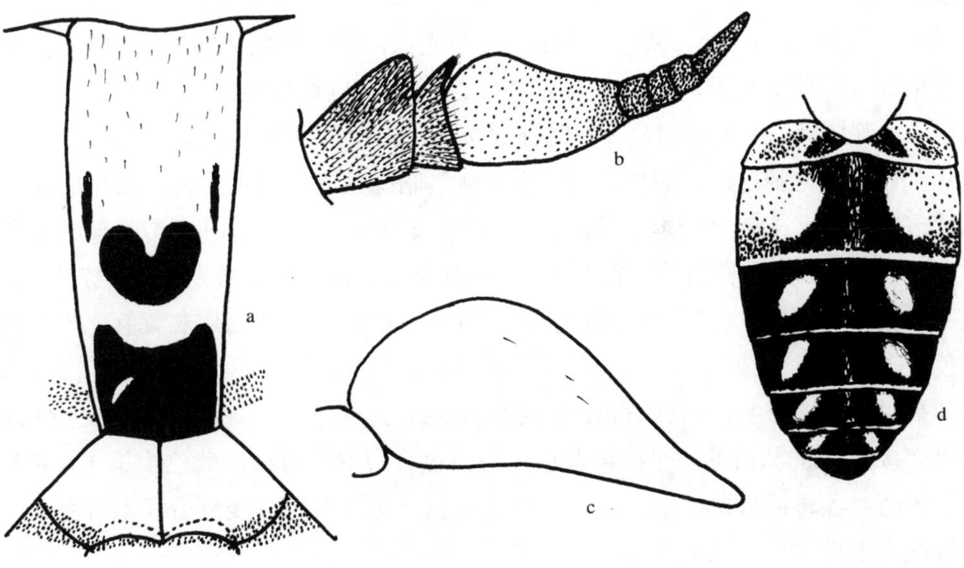

图 296　里氏虻 *Tabanus leleani* Austen

a. 额 (frons)；b. 触角 (antenna)；c. 下颚须 (palpus)；d. 腹部背面 (dorsum of abdomen)

观察标本 15♀♀，新疆。

生物学 山区种；雌虻攻击人、马、牛、骆驼。

地理分布 内蒙古 (呼和浩特、阿拉善左旗、阿拉善右旗、巴盟乌前旗)、陕西 (榆林)、宁夏 (银川)、甘肃 (定西、酒泉、嘉峪关、敦煌、玉门、武威)、青海 (湟中)、新疆 (乌鲁木齐、精河、布尔津、和阗、塔什库尔干)；俄罗斯，蒙古，哈萨克斯坦，阿富汗，巴基斯坦，印度，伊朗，土耳其，欧洲，北非地区。

分类讨论 本种类似于斐氏虻 *T. filipjevi* Olsufjev，但斐氏虻的翅 R_4 脉具附脉；胸部背板具 3 条明显纵纹。王遵明 (1983) 的 *T. cordiger* Meigen 标本经软化，复眼具 1 条横带，应为本种误定，这表明本种接近 *T. cordiger* Meigen，但 *T. cordiger* 复眼无带。

(278) 基氏虻 *Tabanus zimini* Olsufjev, 1937 (图 297)

Tabanus zimini Olsufjev, 1937: 258 [Type locality: Chiva, Ravat, Uzbekistan]; Olsufjev, 1977: 217; Xu, 1982d: 118; Wang, 1983: 86; Yao and Ding, 1986: 32; Liu, 1999c: 518.

Tabanus luppovae Baratov, 1961: 184. Synonymized by Chvála, 1988: 158.

Tabanus loxomaculatus Wang, 1984: 84. **New synonym.**

鉴别特征 复眼 2 带；额基胛与复眼接触；胸部盾片灰黑色，具纵条；腹部第 1-6 背板具 4 列斜形黑斑。

形态描述

雌性 体长 12-14 mm，灰色。头部：复眼光裸，活时绿色，具 2 条宽紫带；额灰黄色，着生黑毛，顶宽大于基宽，高为基宽的 2.5 倍；基胛亮棕黑色至黑色，方形，两侧与复眼、亚胛接触，中胛不明显，有时分成 2 点，头顶具黑色光亮区；亚胛覆粉，灰色，“眉片”低；颜与胛白色，着生白毛，上侧颜具暗棕色带；口毛白色。触角黑棕色，柄节和梗节着生白毛夹杂少量黑毛，鞭节的基环节长约为宽的 2 倍，基环节基部具低背突。下颚须白色，第 1 节覆长白毛，第 2 节粗，长为宽的 2.5-3.5 倍，覆白毛。喙棕色。胸部：背板灰黑色，具 5 条浅色纵纹；侧板灰色，着生白色长毛，背侧片灰黄色，覆黑毛。足灰黑色，基节和股节着生灰白色毛，前足胫节基部 1/2-2/3，中、后足胫节基部大部分黄色，其余黑色。翅透明，翅脉黄色，R_4 脉具附脉，R_5 室开放。腋瓣灰色，边缘暗棕色，两腋瓣交接处具 1 丛白毛。平衡棒黄色，柄白色。腹部：背板沙黄色，第 1-6 背板具 4 列斜形黑斑，各背板具白色窄后缘。腹板浅红色，尾端灰色，浅色后缘不清晰。

雄性 未详。

观察标本 正模♀，乌兹别克斯坦，保存在 IZPR (未检视)。11♀♀，新疆，保存在 AMMSC。

生物学 山区种；雌虻攻击人、马、牛、骆驼。

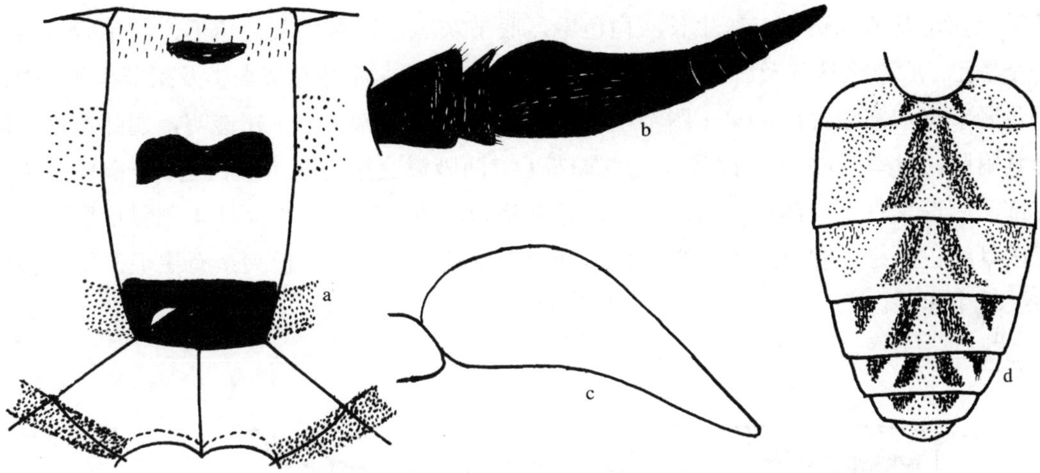

图 297　基氏虻 *Tabanus zimini* Olsufjev

a. 额 (frons)；b. 触角 (antenna)；c. 下颚须 (palpus)；d. 腹部背面 (dorsum of abdomen)

地理分布　内蒙古 (阿拉善盟额济纳旗)、甘肃 (敦煌、金塔)、新疆 (开屏)；中亚地区，伊拉克，伊朗，阿富汗，土库曼斯坦，塔吉克斯坦，乌兹别克斯坦，哈萨克斯坦。

分类讨论　本种类似于若羌虻 *T. ruoqiangensis* Xiang *et* Xu，但若羌虻触角暗棕色，上侧颜的横带色较浅，第 8 腹板尾端凹入较浅。斜纹虻 *T. loxomaculatus* Wang, 1984 (正模标本号：IOZ(E)201227) 原始描述复眼无带，但经软化，复眼具 2 条紫带，确定为本种的同物异名。

(279) 若羌虻 *Tabanus ruoqiangensis* Xiang *et* Xu, 1986 (图 298)

Tabanus ruoqiangensis Xiang *et* Xu, 1986: 409 [Type locality: Ruoqiang, Xinjiang, China].

鉴别特征　复眼 2 带；额基胛两侧与复眼接触；触角暗棕色；胸部盾片灰黑色，具纵条；腹部第 1-6 背板具 4 列斜形黑斑。

形态描述

雌性　体长 13-14 mm，沙土色。头部：复眼光裸，活时绿色，具 2 条宽紫带，近中胛处另具不清晰紫斑；额灰黄色，着生黑毛，顶宽大于基宽，高为基宽的 2.5-2.7 倍；基胛亮暗棕色至棕黑色，方形，两侧与复眼、亚胛接触，中胛黑色，轮廓不清晰，头顶具黑色光裸带；亚胛黄色，覆粉，“眉片”低；颜与胛白色，着生白毛，上侧颜具暗棕色带；口毛灰白色。触角柄节和梗节棕黄色，着生灰黄色毛夹杂少量黑毛，鞭节暗棕色，向端部变暗，端环节棕黑色，基环节长为宽的 2.5 倍，背突不明显。下颚须黄色，第 1 节覆长黄毛，第 2 节粗，长为宽的 2.5 倍，覆黄毛夹杂有几根黑毛。喙棕色。胸部：背板灰黑色，具 5 条不明显浅色纵纹，均达后缘；侧板和中、后足基节灰黄色，着生灰白色毛。前足基节棕黄色，着生长灰白色毛，股节灰黑色，着生灰黄色毛，前足股节内侧夹杂黑毛，股节极端部及胫节大部分棕色，着生棕黄毛，前足基节端半及跗节黑色，中、后足胫节极端部暗棕色，第 1 跗节基部棕色，其余跗节棕黑色。翅透明，翅脉黄色，R_4 脉具附脉，R_5 室开放。腋瓣灰色，边缘暗棕色，两腋瓣交接处具 1 丛白毛。平衡棒棕色，球部两侧棕黑色。腹部：背板沙黄色，基部略带红色，第 1-6 背板具 4 列斜形黑斑，各背板具浅色后缘。腹板具不清晰浅色后缘，着生黄毛，第 6 腹板夹杂有黑毛，第 7 腹板主要着生黑毛。

雄性 未详。

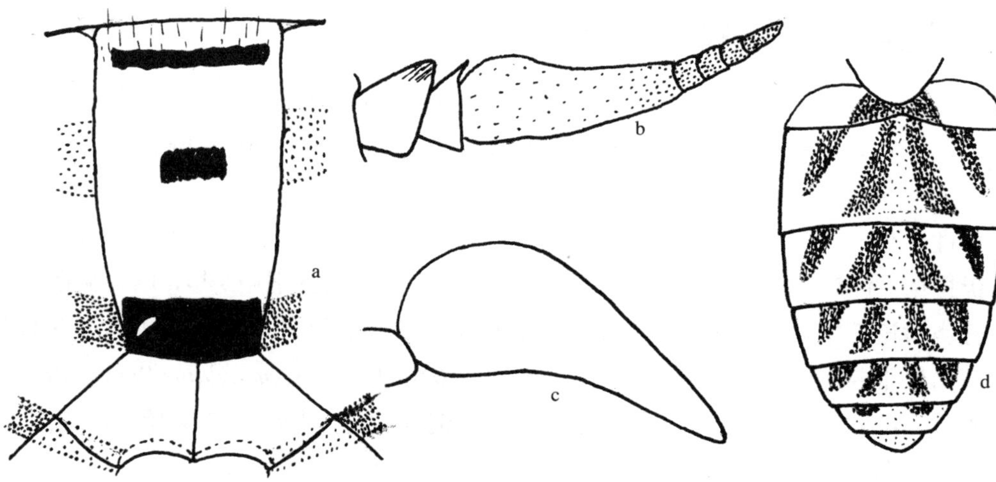

图 298 若羌虻 *Tabanus ruoqiangensis* Xiang *et* Xu

a. 额 (frons)；b. 触角 (antenna)；c. 下颚须 (palpus)；d. 腹部背面 (dorsum of abdomen)

观察标本 正模♀，新疆若羌，1984.VI.5，向超群，保存在 AMMSC。3♀♀，新疆。

生物学 荒漠种；雌虻攻击人、马、牛。

地理分布 新疆 (若羌)。

分类讨论 本种与基氏虻 *T. zimini* Olsufjev 近似，但基氏虻触角黑棕色，上侧颜的横带色较深，腹部第 8 腹板尾端凹入较深。

(280) 阿里山虻 *Tabanus arisanus* Shiraki, 1918 (图 299)

Tabanus arisanus Shiraki, 1918: 198 [Type locality: Arisan, Taiwan, China]; Stone, 1975: 53.

鉴别特征 体小型；复眼具 3 带；额高为基宽的 4.5 倍，基胛方形，与复眼、亚胛接触，与中胛远分离；亚胛覆粉；触角棕黄色，下颚须第 2 节长为宽的 5.5 倍；胸部盾片黑色，具 3 纵条；腹部红黄色，具窄的黄色中纵条。

形态描述

雌性　体长 11.6 mm，棕色。头部：复眼光裸，活时绿色，具 3 条窄紫带；额黄棕色，顶部较暗，着生黑毛夹杂有一些黄毛，顶宽大于基宽，高为基宽的 4.5 倍，为顶宽的 3 倍多；基胛亮红黑色，方形，两侧与复眼、亚胛接触，中胛黑色，窄长，与基胛分离；亚胛黄色，覆粉；颜与颊灰白色，着生白毛，上侧颜黄色。触角柄节和梗节棕黄色，着生黑毛，鞭节缺损；下颚须灰黄色，第 1 节覆长浅黄色毛，第 2 节长为宽的 5.5 倍，覆黑毛。喙棕色，着生黄棕色毛。口毛白色。胸部：背板黑色，覆黄棕色粉，具 3 条不明显浅色纵纹，条上着生黑毛夹杂金黄色毛，条不均达盾片后缘，肩胛浅灰黄色，具长灰色毛，背侧片暗灰色，具长黑毛，翅后胛色浅于盾片，小盾片色同盾片，具黑毛夹杂有金黄色毛；侧板灰黄色，着生浅黄色毛，翅侧片具 1 丛黄毛；足棕色，前足胫节基半，前、后足股节顶端，中足股节端部 1/3，后足胫节黄色，前足股节黑棕色，着生黑毛，后足股节着生黄毛，前足胫节着生黑毛，中足胫节着生黄毛，端半夹杂有黑毛，后足胫节着生黄毛，背方和端部夹杂有黑毛。翅透明，前缘着黄色，翅脉黄色，R_4 脉无附脉，R_5 室开放。平衡棒黄棕色，球部两侧较暗，腋瓣灰黑色，两腋瓣交接处具 1 丛黄毛。腹部：红黄色，近尾部暗棕色，背板带棕色，中央具窄的黄色纵条，各背板具黄色后缘，背板着生黑毛，中条和后缘及侧缘具金黄色毛。腹板灰色，具金黄色毛，第 7 腹板覆黑毛。

雄性　未详。

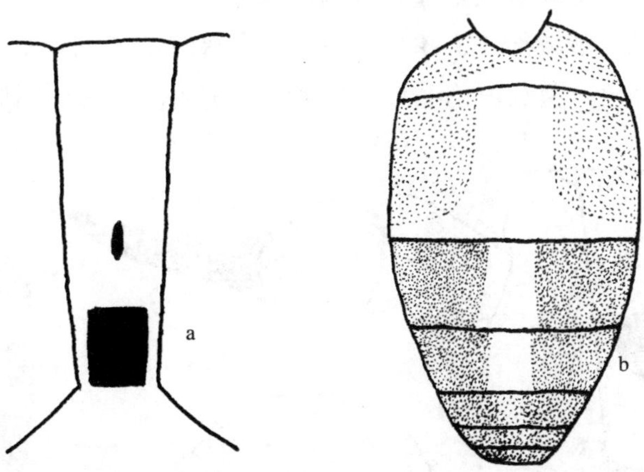

图 299　阿里山虻 *Tabanus arisanus* Shiraki

a. 额 (frons)；b. 腹部背面 (dorsum of abdomen) (仿 Shiraki, 1918)

观察标本　正模♀，台湾阿里山，Shiraki 采，保存地未详 (未检视)。

生物学　山地林区；雌虻攻击人时被采到。

地理分布　台湾 (阿里山)。

分类讨论 本种复眼3带，类似于沂山虻 *T. yishanensis* Xu和乡村虻 *T. paganus* Chen，但后两者的腹部背板黑色或灰黑色，具浅色中三角和斜形侧斑；体长超过 14 mm。

(281) 沂山虻 *Tabanus yishanensis* Xu, 1979 (图 300)

Tabanus yishanensis Xu, 1979: 47 [Type locality: Yidu, Shandong, China]; Wang, 1994: 138.

鉴别特征 复眼具 3 带；额高约为基宽的 3 倍，基胛方形，与复眼接触，与心形中胛以窄线相连；下颚须粗短，第 2 节长为宽的 2.5 倍；胸部盾片黑色，具 3 纵条；腹部灰黑色，具 3 列浅色斑。

形态描述

雌性 体长 14.5 mm，棕色。头部：复眼在放大 24 倍下可见微毛，具 3 条窄紫带 (回潮)；额灰色，着生灰色毛夹杂有一些黑毛，顶宽大于基宽，高约为基宽的 3 倍；基胛亮黑色，方形，两侧与复眼、亚胛接触，中胛黑色，心形，以窄线与基胛连接；亚胛灰色，覆粉；颜与颊灰白色，着生白毛。触角柄节和梗节深灰色，着生灰色毛和黑毛，鞭节基环节基部红棕色，端部棕黑色，端环节黑色。下颚须黄白色，第 1 节覆长白毛，第 2 节粗，长为宽的 2.5 倍，覆白毛夹杂黑毛。喙棕黑色，着生棕色毛和黑毛。口毛白色。胸部：背板黑色，覆白色粉，灰毛夹杂黑毛，具 3 灰白色窄纵条，条达盾片后缘，肩胛和背侧片棕色，小盾片色同盾片；侧板灰色，着生灰白色毛；足基节色同侧板，覆灰白色毛，股节棕色，覆灰白毛，中足股节极基部和极端部棕黑色，胫节棕色，主要覆灰白色毛，夹杂有一些黑毛，前足胫节端部 1/3 和中、后足胫节极端部黑色，跗节黑色覆黑毛，中、后足第 1 跗节基半棕色，覆灰白色毛夹杂黑毛。翅透明，R_4 脉无附脉，R_5 室开放。腋瓣

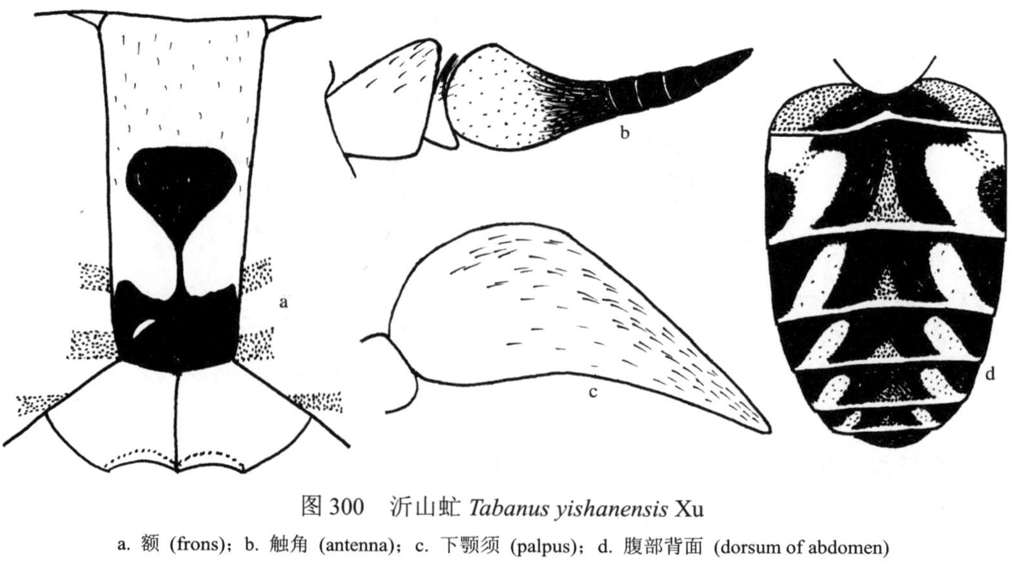

图 300 沂山虻 *Tabanus yishanensis* Xu

a. 额 (frons); b. 触角 (antenna); c. 下颚须 (palpus); d. 腹部背面 (dorsum of abdomen)

灰黑色，两腋瓣交接处具白毛。平衡棒黄棕色，球部两侧棕色，腹部：灰黑色，各节具浅色后缘，背板中央具浅色三角，两侧具斜形浅色斑，黑色部分着生黑毛，浅色部分覆灰白色毛。腹板无斑，覆灰白色毛，亚生殖板短宽。

雄性　未详。

观察标本　正模♀，山东益都，1960.VII.6，保存在 AMMSC。

生物学　山地种。

地理分布　山东 (益都)。

分类讨论　本种类似于乡村虻 *T. paganus* Chen，但乡村虻额基胛与复眼、中胛均分离，足股节灰黑色。

(282) 乡村虻 *Tabanus paganus* Chen, 1984 (图 301)

Tabanus paganus Chen, 1984: 392 [Type locality: Jinxian, Liaoning, China]; Wang, 1994: 133.

鉴别特征　复眼具 3 带；额高约为基宽的 3 倍，基胛方形，与复眼窄分离；下颚须粗短，第 2 节长为宽的 3.4 倍；胸部盾片黑色，具 5 纵条；腹部背板黑色，具 3 列浅色斑。

形态描述

雌性　体长 14-15 mm，灰黑色。头部：复眼在放大 40 倍下可见微毛，具 3 条窄紫带 (回潮)；额灰色，着生灰黄色毛，顶宽略大于基宽，高约为基宽的 3 倍；基胛亮棕色，方形，两侧与复眼窄分离，与亚胛接触，中胛黑色，卵圆形，与基胛分离；亚胛黄灰色，覆粉；颜与颊灰白色，着生白毛，上侧颜黄灰色。触角柄节和梗节橙色，着生白毛和黑毛，鞭节基环节基部橙色，端部及端环节暗棕色，基环节长为宽的 2 倍，基部背突不明显。下颚须黄白色，第 1 节覆长白毛，第 2 节长为宽的 3.4 倍，覆白毛夹杂黑毛。喙棕黑色，着生棕色毛和黑毛。口毛白色。胸部：背板灰黑色，覆灰色毛，具 5 灰白色窄纵条，背侧片具白毛，小盾片色同盾片；侧板灰黑色，着生白毛。足基节色同侧板，覆灰白色毛，股节灰黑色，覆白毛，前足胫节基部 2/3 和中、后足胫节黄色，覆淡黄色毛，前足基节端部 1/3 及跗节棕黑色，覆黑毛，中、后足跗节棕黄色，覆黑毛。翅透明，R_4 脉无附脉，R_5 室开放。腋瓣灰黑色，两腋瓣交接处具白毛。平衡棒黄色，球部两侧棕色。腹部：背板黑色，覆灰粉，第 2-6 背板中央具浅色三角，两侧具斜形浅色斑。腹板灰白色，覆灰白色毛。

雄性　未详。

观察标本　正模♀，辽宁锦县，1974.VII.12，牟广思，保存在 LCDC。1♀，辽宁。

生物学　山地种。

地理分布　辽宁 (锦县、兴城)。

分类讨论　本种类似于沂山虻 *T. yishanensis* Xu，但沂山虻的额基胛接触复眼，并以窄线与中胛连接，足股节和胫节棕色。

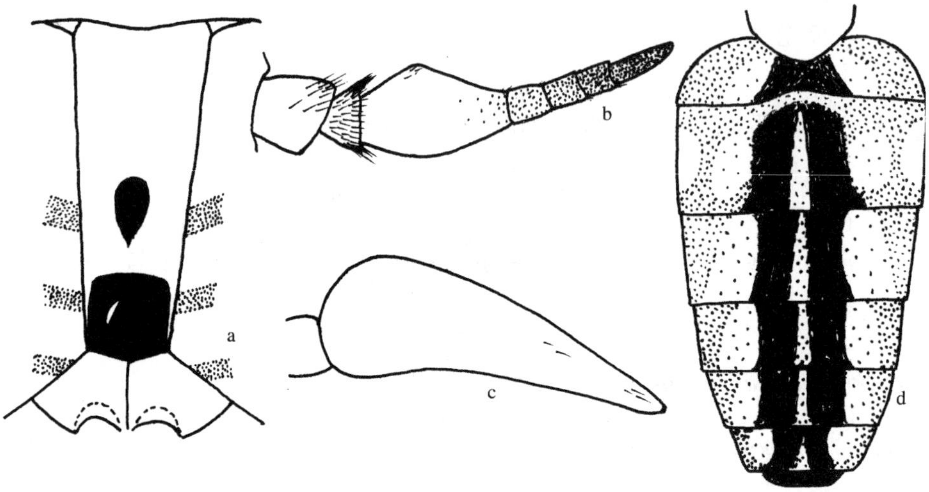

图 301　乡村虻 *Tabanus paganus* Chen

a. 额 (frons)；b. 触角 (antenna)；c. 下颚须 (palpus)；d. 腹部背面 (dorsum of abdomen)

(283) 亚多砂虻 ***Tabanus subsabuletorum* Olsufjev, 1936** (图 302)

Tabanus subsabuletorum Olsufjev, 1936 [Type locality: Zhulek on the Syr Dar'ya River, Kazachstan]; Olsufjev, 1977: 211; Wang, 1983: 87; Chvála, 1988: 156.

鉴别特征　复眼具 4 带；额高为基宽的 3.0-3.5 倍，基胛方形，与亚胛和复眼接触，与中胛分离；亚胛覆粉；下颚须粗短，第 2 节长为宽的 2.5 倍，主要覆黑毛；胸部盾片黑色，具 5 灰白色纵条；腹部灰黑色，背板具 3 列浅色斑。

形态描述

雌性　体长 11.5-13.5 mm，灰色。头部：复眼具 4 条窄紫带 (回潮)；额灰色，着生灰色毛夹杂有一些黑毛，顶宽大于基宽，高为基宽的 3.0-3.5 倍；基胛亮黑色，方形，两侧与复眼、亚胛接触，中胛黑色，形态不清晰，与基胛分离；亚胛灰色，覆粉；颜与颊灰白色，着生白毛。触角柄节和梗节深灰色，着生灰色毛和黑毛，鞭节基环节基部黄棕色，端部棕黑色，端环节黑色。下颚须黄白色，第 1 节覆长白毛，第 2 节粗，长为宽的 2.5 倍，覆黑毛杂白毛。喙棕黑色，着生棕色毛和黑毛。口毛白色。胸部：背板灰黑色，覆白色粉，着生灰毛夹杂黑毛，具 5 灰白色纵条，小盾片色同盾片，背侧片浅棕色；侧板灰色，着生灰白色毛。足基节色同侧板，覆灰白毛，股节棕色，覆灰白色毛，中足股节极基部和极端部棕黑色，胫节黄色，主要覆灰白色毛，夹杂有一些黑毛，前足胫节端部 1/3 和中、后足胫节极端部棕黑色，跗节黑色覆黑毛，中、后足第 1 跗节基半棕色，覆灰白色毛，夹杂黑毛。翅透明，R_4脉无附脉或具短附脉，R_5室开放。腋瓣灰黑色，两腋瓣交接处具白毛。平衡棒黄白色，球部两侧棕色。腹部：灰黑色，各节具浅色后缘，背板中央具浅色三角，两侧具斜形浅色斑，黑色部分着生黑毛，浅色部分覆灰白色毛。腹板无斑，覆灰白色毛。

雄性　体长 12 mm，复眼上 2/3 大眼面与下 1/3 小眼面分界明显；触角鞭节窄于雌性，下颚须粗壮，覆黑毛和白毛。

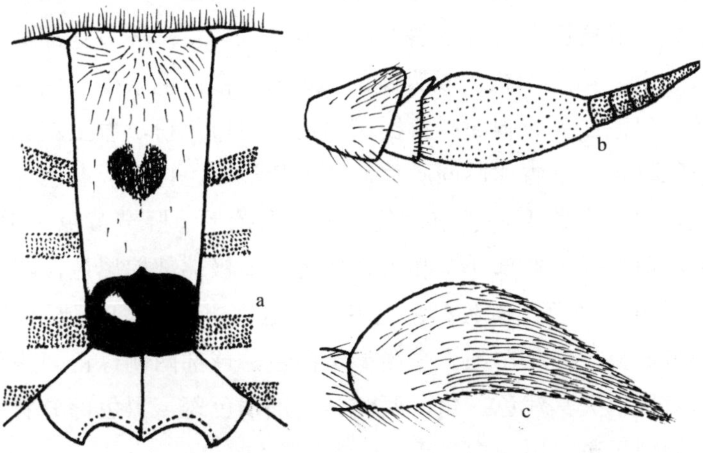

图 302　亚多砂虻 *Tabanus subsabuletorum* Olsufjev

a. 额 (frons)；b. 触角 (antenna)；c. 下颚须 (palpus) (仿 Olsufjev, 1977)

观察标本　正模♀，哈萨克斯坦，保存在 IZPR (未检视)。

生物学　荒漠种。

地理分布　(?) 新疆；中亚地区。

分类讨论　本种与多砂虻 *T. sabuletorum* Loew 相近，但多砂虻额较宽，高为基宽的 2.5-3.0 倍，眼后头顶较宽，下颚须第 2 节覆白毛。内蒙古呼伦池 (Takagi, 1941) 记载的本种系史氏虻 *T. stackelbergiellus* Olsufjev, 1967 的误定，检视了中国科学院动物研究所和上海昆虫研究所本种的定名标本，均应为多砂虻。但从该种的地理分布看，新疆有该种存在的可能性。

(284) 史氏虻 *Tabanus stackelbergiellus* Olsufjev, 1967 (图 303)

Tabanus stackelbergiellus Olsufjev, 1967: 385 [Type locality: Tongliao, Inner Mongolia, China]; Olsufjev, 1977: 215; Zhang and Zhao, 1982: 7; Chen, 1983: 118; Yao and Ding, 1986: 33; Jiang, Zhang, Huang and Dai, 1993: 105; Wang, 1994: 139. (Takagi, 1941: 74. Misidentification.)

Tabanus kimbarai Murdoch *et* Takahasi, 1969: 77. Synonymized by Chvála, 1988.

鉴别特征 复眼具 4 带；额高约为基宽的 2.5 倍，基胛方形，与复眼接触，中胛细小；下颚须粗短，第 2 节长为宽的 2.7 倍，覆白毛为主；胸部盾片黑色，具 5 不清晰的灰白色纵条，翅 R_4 脉无附脉；腹部灰黑，背板具 3 列浅色斑。

形态描述

雌性 体长 12 mm，灰色。头部：复眼具毛，具 4 条窄紫带 (回潮)；额灰色，着生灰色毛夹杂有一些黑毛，顶宽大于基宽，高约为基宽的 2.5 倍；基胛亮黑色，方形，两侧与复眼、亚胛接触，中胛黑色，与基胛分离；亚胛灰色，覆粉；颜与颊灰白色，着生白毛。触角柄节和梗节黄棕色，着生黑毛，鞭节黑色，仅基环节基部棕色。下颚须黄白色，第 1 节覆长白毛，第 2 节粗，长为宽的 2.7 倍，覆白毛杂少量黑毛。喙棕黑色，着生棕色毛和黑毛。口毛白色。胸部：背板灰黑色，覆白色粉，着生灰色毛夹杂黑毛，具 5 不清晰的灰白色纵条，小盾片色同盾片，背侧片浅棕色；侧板灰色，着生灰白色毛。足基节色同侧板，覆灰白色毛，股节棕色，覆灰白色毛，胫节黄色，主要覆灰白色毛，夹杂有一些黑毛，前足胫节端部 1/3 和中、后足胫节极端部棕黑色，跗节黑色覆黑毛，中、后足第 1 跗节基半棕色，覆灰白色毛夹杂黑毛。翅透明，R_4 脉无附脉，R_5 室开放。腋瓣灰黑色，两腋瓣交接处具白毛。平衡棒黄白色，球部两侧棕色。腹部：灰黑色，各节具浅色后缘，背板中央具浅色三角，两侧具斜形浅色斑，黑色部分着生黑毛，浅色部分覆灰白色毛。腹板无斑，覆灰白色毛。

雄性 未详。

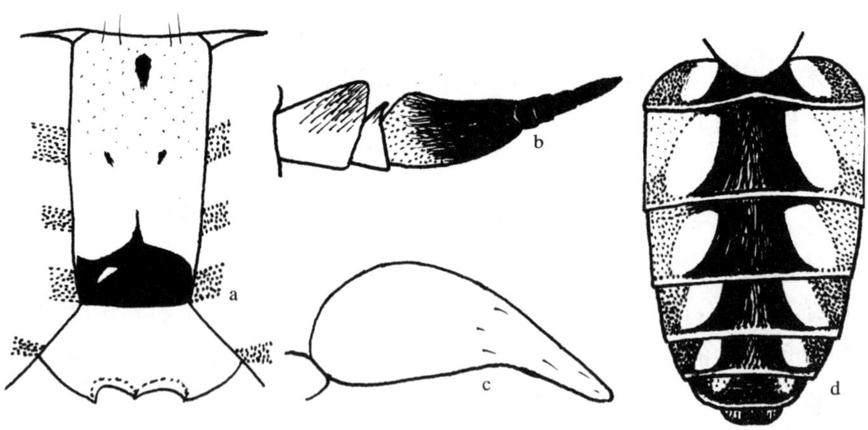

图 303 史氏虻 *Tabanus stackelbergiellus* Olsufjev

a. 额 (frons)；b. 触角 (antenna)；c. 下颚须 (palpus)；d. 腹部背面 (dorsum of abdomen)

观察标本 正模♀，内蒙古通辽，保存在 IZPR (未检视)。12♀♀，辽宁。

生物学 草原、盐碱地带种；在辽宁 6-7 月出现，叮牛、羊。

地理分布 辽宁 (黑山、北镇、兴城、大连)、吉林、内蒙古 (锡林郭勒盟、锡林浩特、赤峰、通辽)、山西 (太原、五台)；俄罗斯，蒙古。

分类讨论　本种类似于多砂虻 *T. sabuletorum* Loew，但多砂虻复眼无毛，翅 R_4 脉具附脉。

(285) 拟多砂虻 *Tabanus sabuletoroides* Xu, 1979 (图 304)

Tabanus sabuletoroides Xu, 1979: 45 [Type locality: Bachu, Xinjiang, China]; Xu, 1982d: 118; Yao and Ding, 1986: 33; Wang, 1994: 138.

鉴别特征　复眼具 4 带；额高为基宽的 3.0-3.3 倍，基胛方形，与复眼接触，与中胛以窄线连接或分离；下颚须粗短，第 2 节长为宽的 2.6 倍；胸部盾片黑色，具 3 灰黄色窄纵条；腹部灰色带红，各背板具 4 个黑斑。

形态描述

雌性　体长 14-15 mm，灰色。头部：复眼在放大 36-60 倍下可见微毛，具 4 条窄紫带 (回潮)，顶边的 1 条宽，界限不清晰；眼后缘宽，具灰色长毛，额灰黄色，着生灰色毛，头顶夹杂有一些黑毛，顶宽为基宽 2 倍，高为基宽的 3.0-3.3 倍；基胛亮黑色，方形，两侧与复眼、亚胛接触，中胛黑色，很宽，以窄线与基胛连接或分离；亚胛灰黄色，覆粉，在触角两侧和上侧颜着棕色；颜与颊色浅于亚胛，着生灰白色毛。触角柄节和梗节色略浅于亚胛，着生灰黄色毛，背侧具几根黑毛，鞭节基环节基半红棕色，端部棕黑色，端环节黑色。下颚须黄白色，第 1 节覆长白毛，第 2 节粗，长为宽的 2.6 倍，覆白毛，顶端或具几根黑毛。喙棕黑色，着生棕色毛和黑毛。口毛白色。胸部：背板灰黑色，覆白色粉，着生灰白色毛夹杂黑毛，具 3 灰黄色窄纵条，小盾片色同盾片；侧板灰色，着生白毛。足基节色同侧板，覆灰白色毛，股节暗棕色至棕黑色，覆灰白色毛，前足股节内侧主要为黑毛，胫节和中、后足第 1 跗节基半棕色，主要覆灰白色毛，夹杂有一些黑毛，前足胫节端部 1/3 和中、后足胫节极端部及跗节黑色，覆黑毛。翅透明，R_4 脉具附脉，R_5 室开放。腋瓣灰黑色，两腋瓣交接处具白毛。平衡棒黄白色，球部两侧棕黄色。腹部：灰色带红，各背板具 4 个黑斑，黑斑不达背板的后缘，或背板灰黑色，具 3 列浅色斑。腹板端部暗于基部，第 1-6 腹板覆灰白色毛，第 7 背板和腹板覆黑毛，亚生殖板尾端较宽较平。腹部长接近胸部的 2 倍。

雄性　未详。

观察标本　正模♀，新疆巴楚，1969.VI.10，许荣满，保存在 AMMSC。2♀♀，新疆。

生物学　荒漠种。

地理分布　内蒙古 (额济纳旗、阿拉善右旗)、新疆 (巴楚)。

分类讨论　本种类似于多砂虻 *T. sabuletorum* Olsufjev，但多砂虻体较小较黑，腹部腹板具中纵暗条，亚生殖板尾端窄尖，额顶宽为基宽的 1.5 倍，中胛较短，基边平直，眼带顶边的 1 条窄，界限清晰。

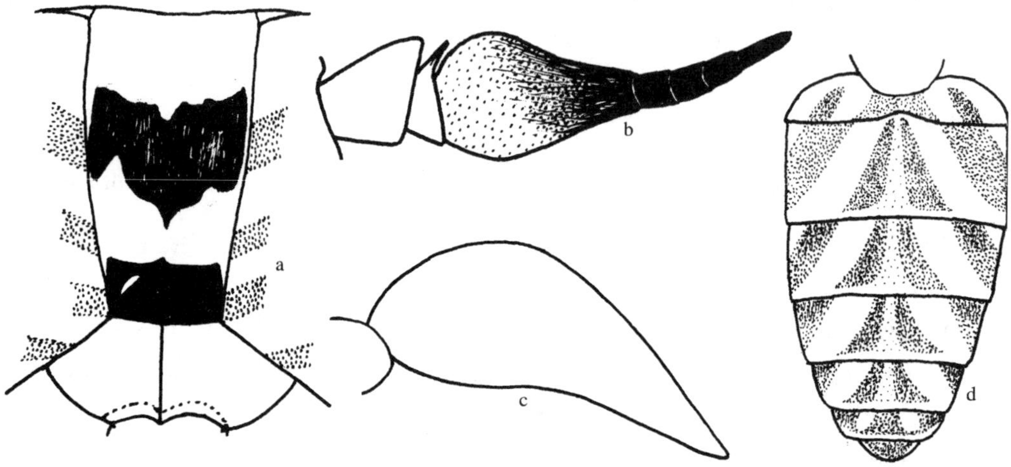

图 304 拟多砂虻 *Tabanus sabuletoroides* Xu

a. 额 (frons)；b. 触角 (antenna)；c. 下颚须 (palpus)；d. 腹部背面 (dorsum of abdomen)

(286) 多砂虻 *Tabanus sabuletorum* Loew, 1874 (图 305, 图 312)

Tabanus sabuletorum Loew, 1874: 414 [Type locality: Shachrud, Iran]; Olsufjev, 1977: 212; Xu, 1982c: 108; Xu, 1982d: 118; Yao and Ding, 1986: 33; Wang, 1994: 140; Wu, Li, Liu, Yang, Zhang and Cao, 1988: 200; Wang, Ge and Dong, 1998: 45; Liu, 1999c: 518.

Tabanus mongolensis Kröber, 1933: 3. (?) **New synonym**.

Tabanus gerkei Brauer, 1880, In: Brauer and Bergenstamm: 205. Synonymized by Chvála, 1988: 153.

Tabanus lama Portschinsky, 1892: 201. Synonymized by Chvála, 1988: 153.

Tabanus oculipilosus Olsufjev, 1972: 450. Synonymized by Chvála, 1988: 153.

Tabanus beshkentica Baratov, 1980: 609. Synonymized by Chvála, 1988: 153.

Tabanus subsabuletorum Olsufjev: Zhang and Zhao, 1982: 7. Misidentification.

鉴别特征 复眼具 4 带；额高为基宽的 2.5-3.0 倍，基胛方形，与亚胛、复眼接触，与中胛分离；亚胛覆粉；下颚须粗短，第 2 节长为宽的 2.6 倍；胸部盾片灰黑色，具 3 灰色窄纵条；腹部背板灰色，具 3 列浅色斑。

形态描述

雌性 体长 11-15 mm，灰色。头部：复眼具 4 条窄紫带 (回潮)；眼后缘宽，具灰色长毛，额灰黄色，着生灰色毛，头顶夹杂有一些黑毛，顶宽为基宽的 1.5 倍，高为基宽的 2.5-3.0 倍；基胛亮黑色，方形，两侧与复眼、亚胛接触，中胛黑色，很宽，与基胛分离；亚胛灰白色，覆粉，在触角两侧和上侧颜着棕色；颜与颊色浅于亚胛，着生灰白色毛。触角柄节和梗节灰色至黄棕色，着生黑毛，鞭节基环节基部黄棕色，端部大部分及端环节黑色。下颚须黄白色，第 1 节覆长白毛，第 2 节粗，长为宽的 2.6 倍，覆白毛。喙棕黑色，着生棕色毛和黑毛。口毛白色。胸部：背板灰黑色，覆白色粉，着生灰白色毛夹杂黑毛，具 3 灰色窄纵条，小盾片色同盾片，背侧片浅棕色；侧板灰色，着生白毛。足基节色同侧板，覆灰白色毛，股节灰色，覆灰白色毛，股节浅黄色，前足胫节端部黑色，前足跗节黑色，中、后足跗节棕色，基部浅黄色。翅透明，R_4 脉具附脉，R_5 室开放。平衡棒黄白色，球部两侧棕黄色。腋瓣灰黑色，两腋瓣交接处具白毛。腹部：背板灰色，中央具浅色三角，两侧具斜形浅斑，各背板具浅色后缘。腹板浅灰色，具白毛，亚生殖板尾端窄尖。腹部长接近胸部的 1.5 倍。

雄性　体长 11-13 mm，复眼上 2/3 大眼面与下 1/3 小眼面分界明显；触角鞭节窄于雌性，下颚须粗壮，覆白毛。

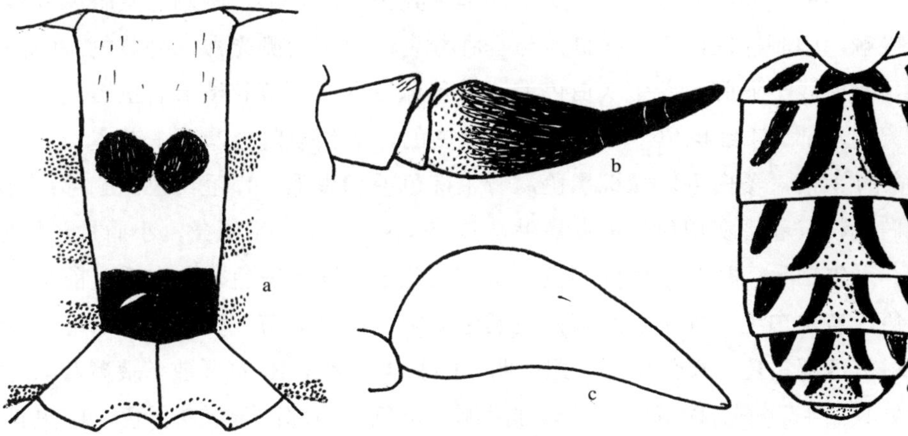

图 305　多砂虻 *Tabanus sabuletorum* Loew

a. 额 (frons)；b. 触角 (antenna)；c. 下颚须 (palpus)；d. 腹部背面 (dorsum of abdomen)

观察标本　30♀♀，新疆、甘肃。

生物学　荒漠种。

地理分布　内蒙古 (额济纳旗、阿拉善右旗、乌兰察布盟)、北京 (丰台、海淀)、河北 (张家口、宣化)、山西 (五台)、河南 (武陟、郑州)、陕西 (榆林)、宁夏 (银川)、甘肃 (金塔)、新疆 (喀什、叶城、若羌、疏附、疏勒、泽普)；中亚地区的普通种，向西伸展到南乌克兰，向东到外贝加尔湖，蒙古等。

分类讨论　本种类似于亚多砂虻 *T. subsabuletorum* Olsufjev，但亚多砂虻额较窄，高为基宽的 3.0-3.5 倍，眼后头顶较窄，下颚须第 2 节主要覆黑毛。据描述，本志认为 *T. mongolensis* Kröber, 1933 可能是 *T. sabuletorum* 的同物异名，因为多砂虻是我国西北地区荒漠半荒漠地带的常见种，但 Kröber 文中却没有记载。本种是典型古北界荒漠种，在我国的分布延伸到华北区的河南北部 (图 312)。

(287) 棕胛虻 *Tabanus brunneocallosus* Olsufjev, 1936 (图 306)

Tabanus brunneocallosus Olsufjev, 1936: 167 [Type locality: Guriev reg., Kazachstan]; Olsufjev, 1977: 220; Wang, 1983: 83; Chvála, 1988: 140; Liu, 1999c: 518.

鉴别特征 复眼无带；额高约为基宽的 2.5 倍，基胛方形，与复眼窄分离；亚胛部分光裸；下颚须粗短，第 2 节长为宽的 3 倍；胸部盾片黑色，具 5 不明显灰色窄纵条；腹部背板灰黑色，中央具 1 列“八”字形黑斑，两侧斜形浅斑不明显。

形态描述

雌性 体长 12 mm，灰黑色。头部：复眼无带 (回潮)；额灰色，着生灰白色毛，头顶夹杂有一些黑毛，高约为基宽的 2.5 倍；基胛亮棕色，方形，两侧与复眼窄分离，与亚胛紧密接触，中胛棕色，界限模糊，与基胛分离；亚胛两侧光裸，亮黄色，中央覆灰白粉；颜与颊色浅于亚胛，着生灰白色毛。触角棕黑色，柄节和梗节着生黑毛，鞭节基环节具背突，基部 1/4 红棕色，端部及端环节黑色。下颚须白色，第 1 节覆长白毛，第 2 节长为宽的 3 倍，覆白毛。喙棕黑色，着生棕色毛和黑毛。口毛白色。胸部：背板黑色，覆灰白色粉，着生灰白色毛夹杂黑毛，具 5 不明显灰色窄纵条，小盾片色同盾片；侧板灰色，着生白毛。足基节色同侧板，覆灰白色毛，股节灰色，覆白毛，前足胫节基部 2/3 白色，着生白毛，端部及跗节黑色黑毛，中、后足胫节浅黄色，具白毛，端部黑色黑毛，跗节基部黄色，端部黑色。翅透明，R_4 脉具附脉，R_5 室开放。腋瓣灰黑色，两腋瓣交接处具白毛。平衡棒黄白色，球部两侧棕黄色。腹部：背板灰黑色，中央具 1 列“八”字形黑斑，两侧斜形浅斑不明显。腹板灰色，具白毛。

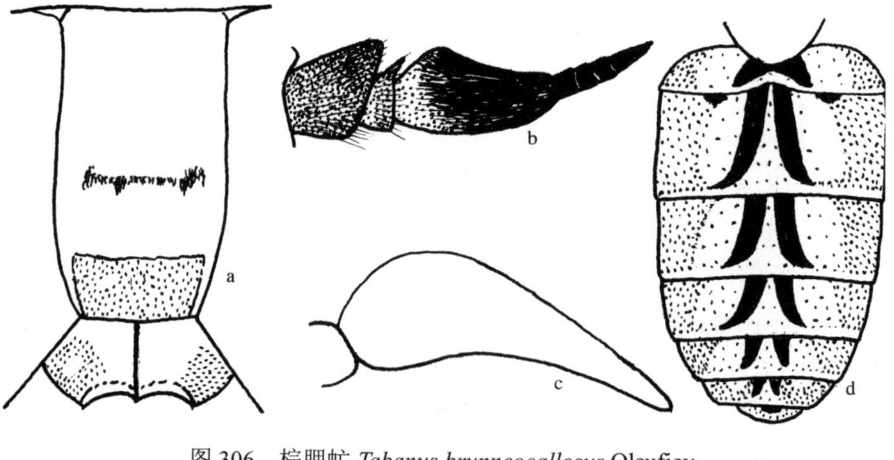

图 306 棕胛虻 *Tabanus brunneocallosus* Olsufjev

a. 额 (frons)；b. 触角 (antenna)；c. 下颚须 (palpus)；d. 腹部背面 (dorsum of abdomen)

雄性　未详。

观察标本　正模♀，哈萨克斯坦，保存在 IZPR (未检视)。3♀♀，内蒙古，保存在 AMMSC。

生物学　荒漠种。

地理分布　内蒙古 (额济纳旗、四王子旗、二连)、甘肃 (金塔)；俄罗斯，蒙古，哈萨克斯坦。

分类讨论　本种在本组虻中比较特殊，亚胛两侧光裸；复眼无横带；额基胛棕色；翅 R_4 脉具附脉。

(288) 路氏虻 *Tabanus loukashkini* Philip, 1956 (图 307)

Tabanus loukashkini Philip, 1956: 226 [Type locality: Djalantun, Greater Khingan, NE China]; Murdoch and Takahasi, 1969; Wang, 1994: 135.

鉴别特征　复眼无带；额高为基宽的4倍，基胛方形，两侧角与复眼接触，与亚胛紧密接触，中胛黑色，与基胛分离；亚胛覆粉；触角棕色；下颚须粗短，第2节长为宽的2倍；胸部盾片黑色，具5明显纵条；腹部背板黑色，具3列浅色斑。

形态描述

雌性　体长 12 mm，灰黑色。头部：复眼无带 (回潮)；额黄灰色，着生黑毛，额基宽小于顶宽，高为基宽的 4 倍；基胛亮棕黑色，方形，两侧角与复眼接触，与亚胛紧密接触，中胛黑色，与基胛分离；亚胛灰色；颜与颊灰色，着生灰白色毛。触角棕色，柄节和梗节着生黑毛，鞭节基环节具发达背突，基环节暗红色，端部色变暗，端环节黑色，基环节长约等于端环节。下颚须黄白色，第 2 节粗，长为宽的 2 倍，覆白毛夹杂黑毛。喙棕黑色，着生棕色毛和黑毛。口毛白色。胸部：背板黑色，着生黑毛夹杂灰白色毛，具 5 明显浅色纵条，小盾片色同盾片，背侧片棕色，具黑毛；侧板灰色，着生白毛。足基节色同侧板，覆灰白色毛，股节灰黑色，覆白毛，胫节红棕色，前足胫节端部棕色，跗节黑色，基部带棕色。翅透明，翅脉棕色，R_4 脉无附脉，R_5 室开放。腋瓣灰黑色，两腋瓣交接处具白毛。平衡棒棕色，球部两侧暗棕色。腹部：背板黑色，覆灰粉和黑毛，中央具白色三角，两侧具斜形白色大斑，各背板具浅色后缘窄带，浅色部分着生浅色毛。腹板灰色，着生黑毛。

雄性　未详。

观察标本　正模♀，内蒙古大兴安岭，标本号 12931，保存在 CCAS。

生物学　林区种。

地理分布　黑龙江 (大兴安岭)、吉林 (吉林)、内蒙古 (扎兰屯)。

分类讨论　本种与亚柯虻 *T. subcordiger* Liu 近似，Chvála (1988) 认为是同种，国内

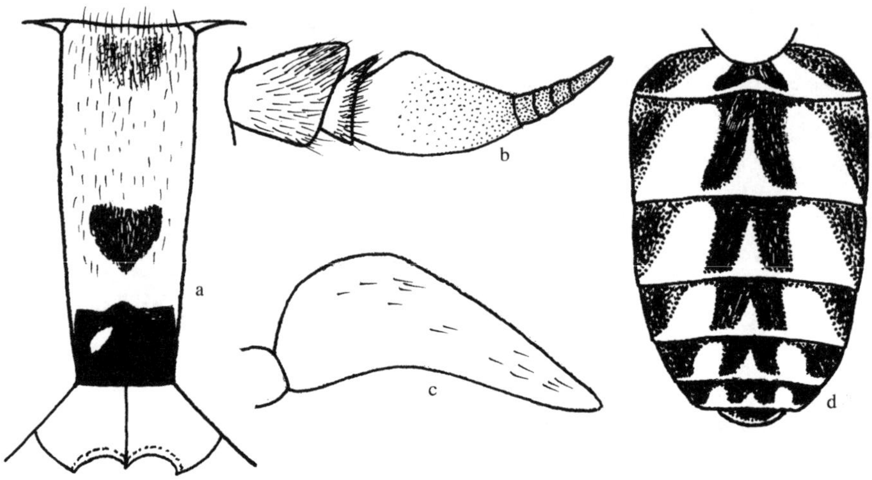

图 307　路氏虻 *Tabanus loukashkini* Philip

a. 额 (frons); b. 触角 (antenna); c. 下颚须 (palpus); d. 腹部背面 (dorsum of abdomen)

有些文献把我国南方的亚柯虻定名为路氏虻，但本志认作 2 种，因亚柯虻的额基胛与复眼分离，腹部背板斜方形侧斑较小，分布区自东北区的长白山至青藏区东部和东洋区的华中区；而路氏虻仅分布在东北区。

(289) 威宁虻 *Tabanus weiningensis* Xu, Xu *et* Sun, 2008 (图 308)

Tabanus weiningensis Xu, Xu *et* Sun, 2008: 54. New name for *T. cordigeroides* Chen *et* Xu, 1992 [Type locality: Weining, Guizhou, China].

Tabanus cordigeroides Chen *et* Xu, 1992: 7; Yang and Xu, 1997: 14 (a junior primary homonym of *T. cordigeroides* Surcouf, 1922).

鉴别特征　复眼无毛无带；额高约为基宽的4倍，基胛方形，与复眼窄分离，以窄线与中胛连接，中胛两侧具暗色区；亚胛覆粉或部分光裸；触角柄节和梗节红棕色，鞭节基环节暗棕色，基部红棕色，端环节棕黑色；下颚须第2节长约为宽的3倍；胸部盾片黑色，无明显纵条；腹部背板黑色，第2-5背板两侧具不明显浅色斑。

形态描述

雌性　体长 13 mm，灰黑色。头部：复眼无毛，无带 (回潮)；额黄灰色，着生黑毛和黄毛，额基宽略小于顶宽，高约为基宽的 4 倍；基胛亮黑色，方形，两侧与复眼窄分离，与亚胛紧密接触，中胛黑色，以窄线与基胛连接，两侧具暗色区；亚胛红棕色，覆薄粉，或部分光裸；颜与颊灰黄色，上侧颜色较深，着生灰白色毛。触角柄节和梗节红棕色，着生黑毛，鞭节基环节暗棕色，基部红棕色，具背突，端环节棕黑色，基环节长大于端环节。下颚须灰黄色，着生白毛，第 2 节粗，长约为宽的 3 倍，覆白毛夹杂黑毛。

喙棕黑色，着生棕色毛和黑毛。口毛白色。胸部：背板黑色，着生黑毛，无明显浅色纵条，小盾片色同盾片，肩胛和背侧片红棕色，具黑毛；侧板暗红棕色，着生白毛，中胸上前侧片着生黑毛。足基节灰白色，覆灰白色毛，股节红棕色，主要覆白毛，前足股节着生黑毛和白毛，胫节红棕色，着生白毛夹杂黑毛，前足胫节极端部黑色，跗节黑色黑毛。翅透明，翅脉棕色，R_4 脉无附脉，R_5 室开放。腋瓣灰黑色，两腋瓣交接处具白毛。平衡棒棕色，球部两侧棕黑色。腹部：背板黑色，覆灰粉，第 2 背板两侧红棕色，第 2-5 背板两侧具不明显灰黄色斑，第 2 背板中央可见窄的浅色三角，各背板具红棕色后缘窄带。腹板灰黑色，着生棕色毛，中央 1/3 着生黑毛，第 2-6 腹板具红棕色后缘。

雄性　未详。

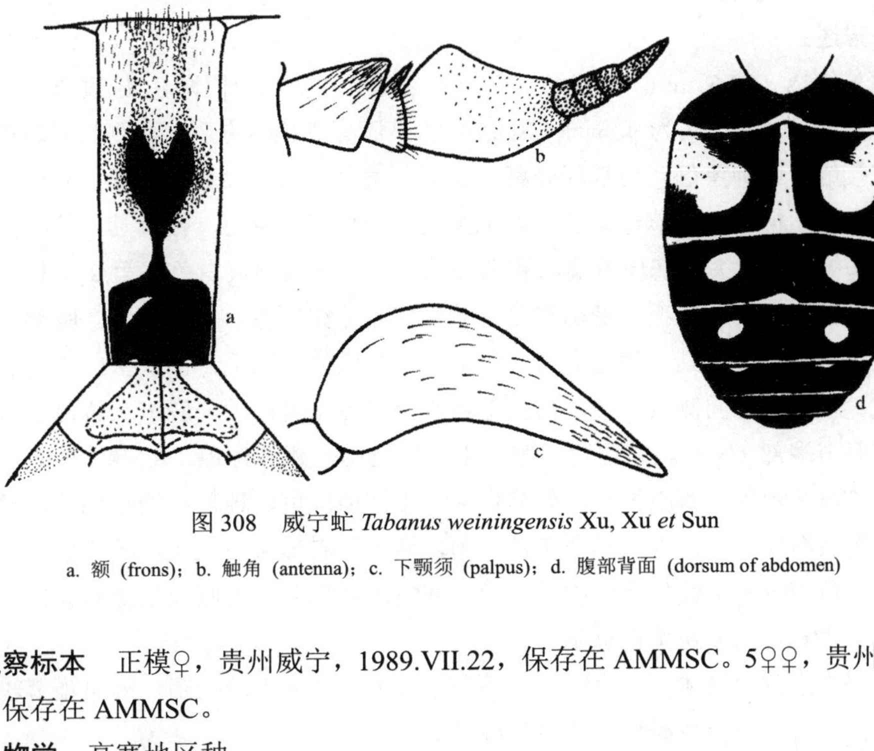

图 308　威宁虻 *Tabanus weiningensis* Xu, Xu *et* Sun

a. 额 (frons)；b. 触角 (antenna)；c. 下颚须 (palpus)；d. 腹部背面 (dorsum of abdomen)

观察标本　正模♀，贵州威宁，1989.VII.22，保存在 AMMSC。5♀♀，贵州；6♀♀，云南，保存在 AMMSC。

生物学　高寒地区种。

地理分布　贵州 (威宁、赫章)、云南 (丽江、维西、宁蒗、曲靖、宣威、昭通、威信、永善、水富、绥江)、西藏 (察雅)。

分类讨论　本种与亚柯虻 *T. subcordiger* Liu 相近，但亚柯虻的额中胛两侧无暗色区；胸部背侧胛黑色；足股节灰色。拟柯虻 *T. cordigeroides* Chen *et* Xu，因学名之前已占用，改名为威宁虻 *T. weiningensis* Xu, Xu *et* Sun。

(290) 亚柯虻 *Tabanus subcordiger* Liu, 1960 (图 309，图 312)

Tabanus subcordiger Liu, 1960: 14 [Type locality: Laoshan, Shandong, China]; Zhang and Zhao, 1982:

7; Wang, 1983: 84; Chen and Xu, 1992a: 91; Yang and Xu, 1997: 16; Wang, Ge and Dong, 1998: 45; Xu, 2005: 774.

Tabanua cordiger Meigen: Ôuchi, 1943: 528. Misidentication.

Tabanus loukashkini Philip: Xu, 1982a: 253; Xu, 1982c: 108; Xu, 1982e: 122; Xu and Liu, 1982b: 112; Chen, 1983: 117; Yao and Ding, 1986: 33; Wu, Li, Liu, Yang, Zhang and Cao, 1988: 199; Jiang, Zhang, Huang and Dai, 1993: 104; Liu, 1999c: 518. Misidentification.

鉴别特征 复眼无带；额高为基宽的 4.0-4.5 倍，基胛方形，与复眼接近，与中胛分离；亚胛覆粉；下颚须粗短，第 2 节长为宽的 2.4 倍；胸部盾片黑色，具 5 纵条；腹部背板黑色，具 3 列浅色斑。

形态描述

雌性 体长 14-16 mm，灰黑色。头部：复眼无毛无带 (回潮)；额黄灰色，着生黑毛，额基宽小于顶宽，高为基宽的 4.0-4.5 倍；基胛亮黑色，方形，两侧与复眼接近，与亚胛紧密接触，中胛黑色，与基胛分离；亚胛灰黄色；颜与颊灰色，着生灰白色毛，上侧颜棕色。触角柄节和梗节棕黑色，着生黑毛夹杂少量金黄色，鞭节基环节暗棕色，长为宽的 1.5 倍，具背突，基环节端部和端环节黑色。下颚须黄白色，第 2 节粗，长为宽的 2.4 倍，覆白毛夹杂黑毛。喙棕黑色，着生棕色毛和黑毛。口毛白色。胸部：背板黑色，着生黑毛和黄毛，具 5 浅色纵条，背侧片红棕色，具黑毛；侧板灰白色，着生白毛夹杂黑毛。足基节色同侧板，覆灰白色毛，股节灰色，覆白毛，胫节灰黄色，覆灰白色毛，前足胫节端部 1/3 和跗节黑色，覆黑毛。翅透明，翅脉棕色，R_4 脉无或具附脉，R_5 室开放。腋瓣灰黑色，两腋瓣交接处具白毛。平衡棒棕色，球部两侧暗棕色。腹部：背板黑色，覆灰粉和黑毛，中央具灰黄色三角，两侧具斜形灰白色斑，各背板具灰白色后缘窄带，浅色部分着生浅色毛。腹板灰色，着生浅黄色毛，各腹板后缘具黄白色后缘窄带，腹板中央具不明显灰黑色纵条。

雄性 本志首次描述。上 2/3 大眼面与下 1/3 小眼面界限清晰，触角鞭节较雌性的窄，色较深，腹部背板较雌性的略带红棕色。

观察标本 正模♀，山东崂山，1937.VI，保存在 IECAS。150♀♀，北京、四川、甘肃；1♂，北京；1♂，甘肃天水，保存在 AMMSC。

生物学 林区种。

地理分布 吉林 (珲春、柳河、图们、安图、和龙、集安)、辽宁 (岫岩、大石桥、庄河、西丰、绥丰)、内蒙古 (呼和浩特、土默特左旗)、北京、河北 (宣化、怀安、蔚县、崇礼、赤城、涿鹿)、山西 (垣曲、繁峙、文水)、山东 (崂山、文登、平度、岙山)、河南 (西峡、博爱、民权)、陕西 (周至、佛坪、留坝、略阳、秦岭、宝鸡、西安)、宁夏 (银川)、甘肃 (天水、岷县、文县、康县、舟曲、宕昌、白银、兰州)、江苏 (扬州)、安徽、

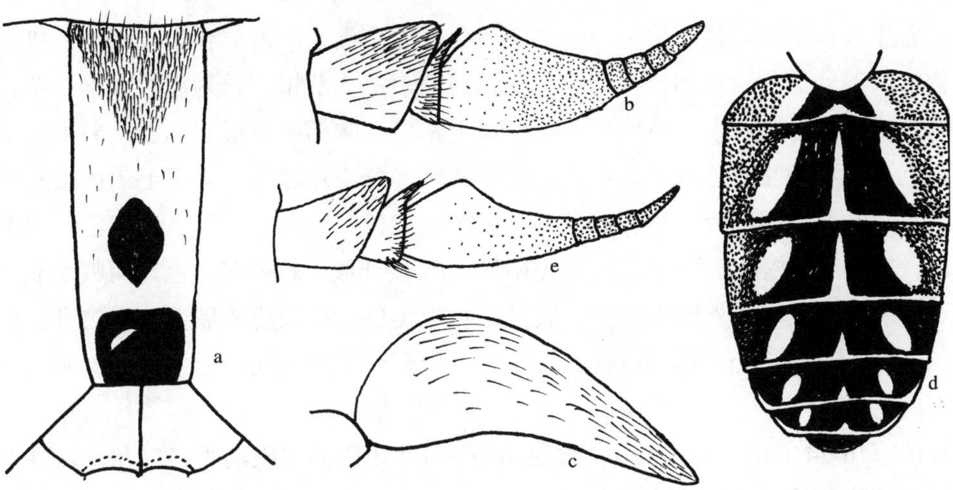

图 309 亚柯虻 *Tabanus subcordiger* Liu

a. 额 (frons); b. 触角 (antenna); c. 下颚须 (palpus); d. 腹部背面 (dorsum of abdomen); e. 雄性触角 (antenna ♂)

浙江 (临海)、湖北 (应山)、四川 (雅江、康定、九龙、南平、美姑、峨眉山、汶川、巫溪)、贵州 (贵阳、惠水、沿河)、云南 (曲靖、昭通); 朝鲜。

分类讨论 本种类似于柯氏虻 *T. cordiger* Meigen，但柯氏虻额基胛与复眼紧密接触。本种过去同路氏虻 *T. loukashkini* Philip 混淆，路氏虻仅分布在古北界的东北区，亚柯虻分布区自东北区向南延伸到青藏区东部和东洋界的华中区，向西延伸到西北区的兰州 (图 312)。

(291) 戈氏虻 *Tabanus golovi* Olsufjev, 1936 (图 310)

Tabanus golovi Olsufjev, 1936: 164 [Type locality: Alma-Ata env. Kazachstan]; Olsufjev, 1977: 226; Wang, 1994: 136.

Tabanus golovi mediaasiaticus Olsufjev, 1970: 684; Xu, 1982d: 118. New name for *T. golovi pallidus* Olsufjev, 1936, a junior primary homonym of *T. pallidus* Palisot de Beauvois, 1809. Synonymized by Chvála, 1988: 144.

鉴别特征 复眼无毛无带；额高为基宽的 3.0-3.5 倍，基胛方形，与复眼窄分离，中胛为粉覆盖，黑色，圆形，与基胛分离；亚胛覆粉；触角黑色；下颚须粗短，第 2 节长为宽的 3 倍；胸部盾片黑色，具不明显纵条；腹部背板黑色，具 3 列浅色斑。

形态描述

雌性 体长 15-17 mm，灰黑色。头部：复眼无毛无带 (回潮)；额黄灰色，着生黑毛，额基宽略小于顶宽，高为基宽的 3.0-3.5 倍；基胛亮黑色，方形，两侧与复眼窄分离，与亚胛紧密接触，中胛黑色，圆形，与基胛分离，有时为粉覆盖；亚胛灰黄色；颜与颊灰色，着生灰白色毛。触角黑色，柄节灰黑色，着生黑毛，梗节和鞭节基环节极基部褐色，鞭节大部分黑色，基部具背突。下颚须白色，第 2 节粗，长为宽的 3 倍，覆白毛夹杂黑毛。喙棕黑色，着生棕色毛和黑毛。口毛白色。胸部：背板灰黑色，着生黑毛夹杂灰白色毛，具不明显浅色纵条，小盾片色同盾片，背侧片棕色，具黑毛；侧板灰色，着生白毛。足基节色同侧板，覆灰白色毛，股节灰黑色，覆白毛，胫节浅黄色，端部和跗节黑色。翅透明，翅脉棕黑色，R_4 脉无附脉，R_5 室开放。腋瓣灰黑色，两腋瓣交接处具白毛。平衡棒白色，球部两侧棕色。腹部：背板黑色，覆灰粉和黑毛，中央具灰白色大三角，两侧具斜形灰白色斑，各背板具浅色后缘窄带，浅色部分着生浅色毛。腹板灰色，着生灰白色毛。

雄性　16-24 mm，复眼上 3/4 大眼面与下 1/4 小眼面界限清晰，触角较雌性的窄，下颚须主要覆白毛，背侧片棕色。

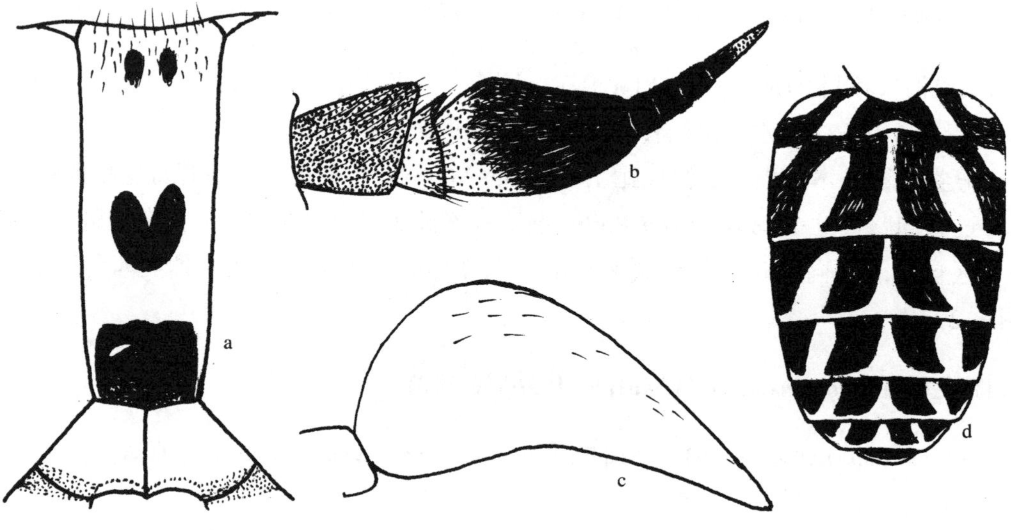

图 310　戈氏虻 *Tabanus golovi* Olsufjev

a. 额 (frons)；b. 触角 (antenna)；c. 下颚须 (palpus)；d. 腹部背面 (dorsum of abdomen)

观察标本　正模♀，哈萨克斯坦，保存在 IZPR (未检视)。2♀♀，新疆，保存在 AMMSC。

生物学　林区种。

地理分布　新疆 (托里、新源、裕明)；俄罗斯，哈萨克斯坦，阿富汗。

分类讨论　本种与我国东部地区的松本虻*T. matsumotoensis* Murdoch *et* Takahasi近似，但松本虻下颚须第2节以黑毛为主；触角深棕色；额高为基宽的5.0-5.5倍，中胛较大。

(292) 松本虻 *Tabanus matsumotoensis* Murdoch *et* Takahasi, 1961 (图 311，图 312)

Tabanus matsumotoensis Murdoch *et* Takahasi, 1961: 115 [Type locality: Matsumoto, Nagano Pref.,

Japan]; Murdoch and Takahasi, 1969: 79; Xu, 1982e: 122; Chen and Xu, 1992a: 77; Wang, 1994: 137; Yang and Xu, 1997: 15; Xu, 2001: 347.

鉴别特征　复眼无带；额高为基宽的 5.0-5.5 倍，基胛方形，与复眼窄分离，与中胛分离或以窄线连接；亚胛覆粉；下颚须粗短，第 2 节长为宽的 3 倍；胸部盾片黑色，具 3 不清晰窄纵条；腹部背板灰黑色，具 3 列浅色斑。

形态描述

雌性　体长 14-15 mm，灰黑色。头部：复眼无带 (回潮)；额灰黄色，着生黑毛，高为基宽的 5.0-5.5 倍；基胛亮黑色，方形，与亚胛接触，与复眼窄分离，中胛黑色，与基胛分离或以窄线连接；亚胛灰黄色；颜与颊灰白色，着生灰白色毛。触角深棕色，柄节和梗节棕黄色，着生黑毛，鞭节基环节红棕色，背突钝，端环节暗棕色。下颚须灰白色，第 1 节覆长白毛，第 2 节粗，长为宽的 3 倍，覆黑毛夹杂白毛。喙棕黑色，着生棕色毛和黑毛。口毛白色。胸部：背板黑色，覆灰白色粉，着生黑毛夹杂白毛，具 3 不清晰灰黄色窄纵条，小盾片色同盾片，背侧片红棕色，着生黑毛；侧板灰白色，着生白毛。足基节色同侧板，覆灰白色毛，股节灰色，覆白毛，前足胫节基部 2/3 和中足胫节灰白色，着生白毛，后足胫节灰黄色，着生白毛夹杂黑毛，跗节黑色黑毛。翅透明，翅脉棕色，R_4 脉无附脉，R_5 室开放。腋瓣灰黑色，两腋瓣交接处具白毛。平衡棒黄棕色，球部两侧暗棕色。腹部：背板灰黑色，中央具高而宽的灰黄色三角，两侧具斜形灰黄色斑，各背板具灰黄毛色窄后缘带。腹板灰色，具白毛，具浅色后缘窄带。

雄性　未详。

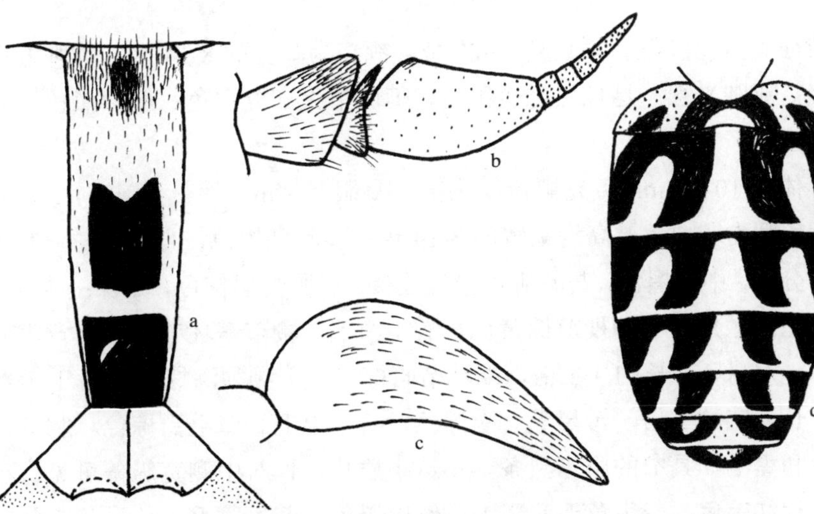

图 311　松本虻 *Tabanus matsumotoensis* Murdoch *et* Takahasi

a. 额 (frons)；b. 触角 (antenna)；c. 下颚须 (palpus)；d. 腹部背面 (dorsum of abdomen)

观察标本 40♀♀，福建、贵州，保存在 AMMSC。

生物学 山区种。

地理分布 安徽 (大别山)、浙江 (天目山、天台山、临海)、湖北 (耒凤、郧县、孝感)、江西 (铜鼓、赣州)、福建 (建阳、邵武、将乐、永安、福州)、广东 (乐昌)、广西 (苗儿山)、四川 (万源)、贵州 (荔波、兴义、铜仁、江口、三惠、剑河、榕江、天柱、雷山、赫章)、云南 (维西、下关、华坪、彝良)；日本。

分类讨论 本种与同域分布的亚柯虻 *T. subcordiger* Liu 近似，但亚柯虻额较宽，高为基宽的 4.0-4.5 倍，腹部背板的中三角低，不达该节的前缘。本种分布区自日本向西到我国的华中区、西南区和华南区的北部 (图 312)。

锡兰虻组 *Tabanus ceylonicus* group

锡兰虻组虻的主要特征是复眼具 3 条横带，并在后缘相连成 “m” 形；亚胛全光裸；足二色明显，即股节黑色，胫节大部分白色；翅透明，无暗斑。锡兰虻组仅分布在东洋界，我国仅 1 种，锡兰虻 *Tabanus ceylonicus* Schiner, 1868。

(293) 锡兰虻 *Tabanus ceylonicus* Schiner, 1868 (图 313)

Tabanus ceylonicus Schiner, 1868: 93 [Type locality: Sri Lanka]; Stone, 1975: 56; Xu, 1982a: 323; Xu, 1982g: 132; Kapoor, Grewal, Sharma and Gupta, 1988: 80; Xu and Wang, 1993: 111; Xu, 2004: 540.

Tabanus nitidulus Bigot, 1892: 679. Synonymized by Stone, 1975: 56.

鉴别特征 体亮黑色；复眼具 “m” 带；额高为基宽的 8-14 倍，基胛方形，与亚胛和中胛连接；亚胛光裸；足棕黑色至黑色，但胫节大部分白色；腹部黑色，无色斑。

形态描述

雌性 体长 10-14 mm，亮黑色。头部：复眼具 “m” 形带 (回潮)；额黑棕色，着生黑毛，近额胛为灰白色，高为基宽的 8-14 倍；基胛亮黑色，方形，与亚胛接触，与复眼接触或窄分离，中胛黑色，与基胛以窄线连接；亚胛亮黑棕色，光裸；颜与颊暗棕色，着生黄白色毛；触角柄节和梗节棕黄色，着生黑毛，鞭节基环节棕色，背突明显，长为宽的 2.5 倍，为端环节长的 1.8 倍，端环节暗棕色。下颚须深棕色，第 1 节覆长黄毛，第 2 节粗，长为宽的 3 倍，覆黑毛。喙黑色，着生黑毛。口毛黑棕色。胸部：背板棕黑色，覆黄毛和黑毛，具窄的中纵黑条，不达小盾片，1 对中侧宽纵条可见，小盾片色同盾片，背侧片红棕色，着生黄毛和黑毛；侧板黑色，着生黄毛。前足基节色同侧板，覆黑毛，端部具一些黄毛，前足股节亮黑红棕色，黑毛端部夹杂棕黄色毛，前足胫节基部 3/4 白色，端部及跗节黑色黑毛，中足基节和转节黑色，股节棕黑色，胫节白色白毛，

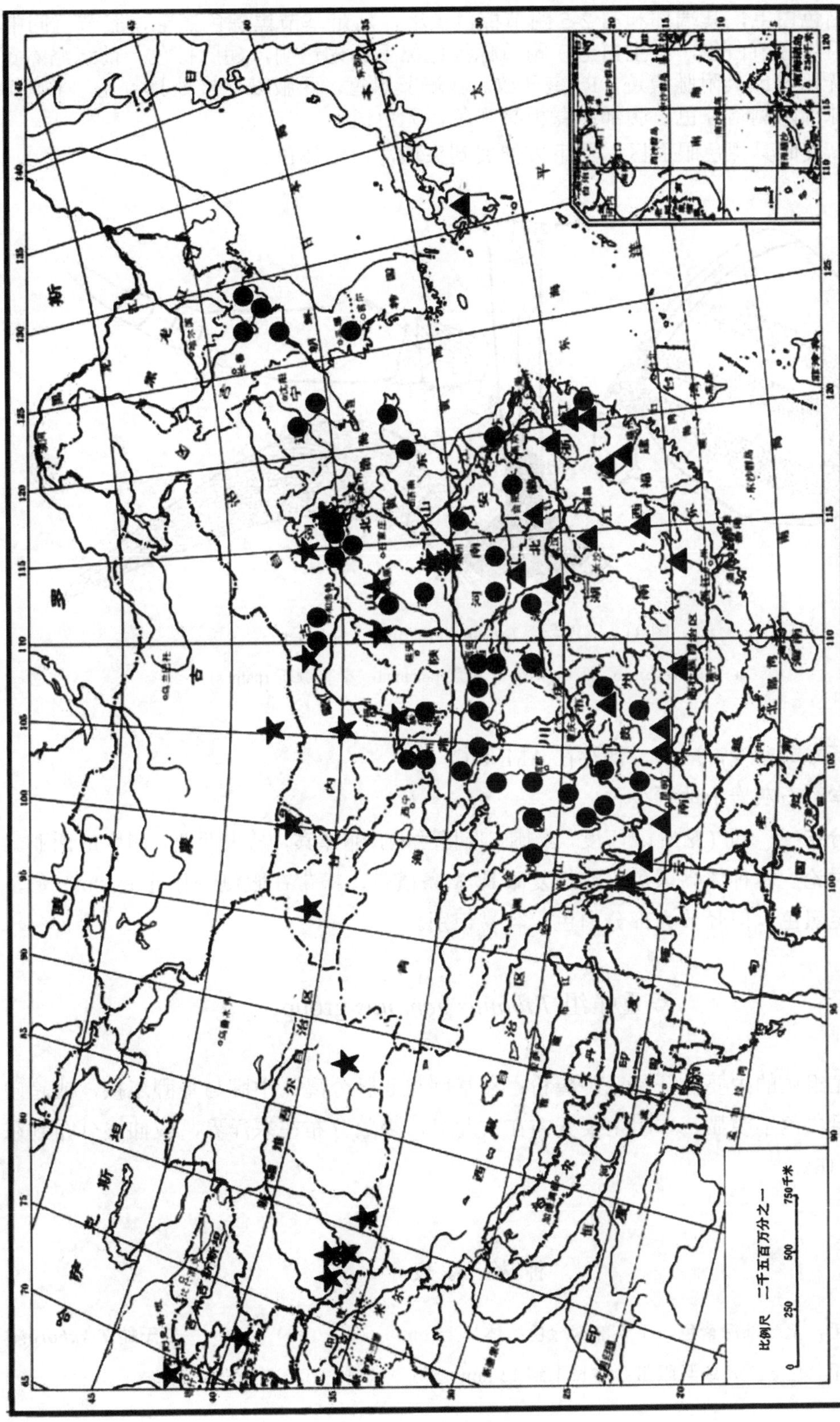

图 312　多砂虻组 *Tabanus sabuletorum* group 的地理分布

★多砂虻 *Tabanus sabuletorum* Loew　●亚柯虻 *Tabanus subcordiger* Liu　▲松本虻 *Tabanus matsumotoensis* Murdoch *et* Takahasi

第 1 跗节白色白毛，其端部和第 2-5 跗节棕色黑毛，后足基节黑棕色黑毛，股节色同中足股节，后足胫节白色，着生白毛，跗节棕黑色黑毛。翅透明，翅脉棕色，前缘略着黄色，R_4 脉无附脉或具附脉痕迹，R_5 室开放。腋瓣灰黑色，两腋瓣交接处具黄毛。平衡棒黄棕色，球部两侧暗棕色。腹部：背板亮黑色，无色斑。

雄性 复眼具黑色眼面区，从下方伸展到头顶，口毛黑色。

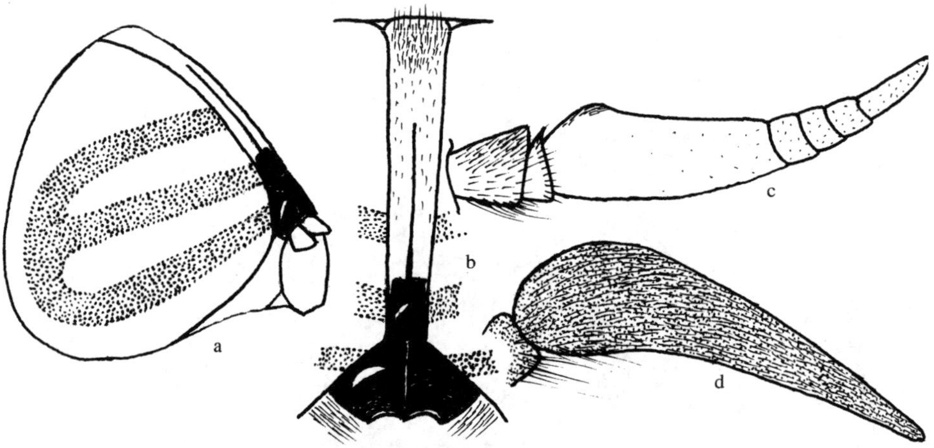

图 313 锡兰虻 *Tabanus ceylonicus* Schiner

a. 复眼 (eye)；b. 额 (frons)；c. 触角 (antenna)；d. 下颚须 (palpus)

观察标本 2♀♀，广西，保存在 AMMSC。

生物学 石灰岩山地稀少种。

地理分布 广西 (龙州)；印度，泰国，斯里兰卡，菲律宾，马来西亚，印度尼西亚。

分类讨论 本种体亮黑色，雌性复眼具 3 条横带，横带在眼侧缘相连成 “m” 形，足棕黑色至黑色，但胫节大部分白色，容易识别。

双重虻组 *Tabanus geminus* group

双重虻组虻的主要特征是亚胛覆粉；额基胛与亚胛分离；中胛与基胛连接，或趋向于连接；足二色不明显。本组主要分布在古北界，少数分布在东洋界，或伸展分布到东洋界 (图 316)。

种检索表

1. 复眼具毛，上半部深紫色，下半部深绿色；体长 15 mm ························· **卡氏虻 *T. kaburagii***
   复眼无毛，色一致，或具眼带；体长不到 13 mm···2

2. 额高为基宽的 5-6 倍……3
　额高为基宽的 3-4 倍……4
3. 前足胫节基部 2/3 白色，端部 1/3 黑色……**亚布力虻 *T. yablonicus***
　前足胫节棕褐色……**红头屿虻 *T. kotoshoensis***
4. 额具矛形中胛，体长大于 10 mm……**双重虻 *T. geminus***
　额无中胛，体长小于 9 mm……**细小虻 *T. pusillus***

(294) 卡氏虻 *Tabanus kaburagii* Murdoch *et* Takahasi, 1969 (图 314)

Tabanus kaburagii Murdoch *et* Takahasi, 1969: 78 [Type locality: Hengdaohezi, Heilongjiang, China]; Chen, 1983: 117; Chvála, 1988: 146; Jiang, Zhang, Huang and Dai, 1993: 104.

鉴别特征　复眼具微毛，上半紫色，下半绿色；基胛方形，与亚胛、复眼分离，与中胛分离或连接；亚胛覆粉或部分光裸；下颚须粗短，第 2 节长为宽的 3 倍；胸部盾片黑色，具 3 不清晰窄纵条；腹部背板灰黑色，具 3 列浅色斑。

形态描述

雌性　体长 14-15 mm，灰黑色。头部：复眼具微毛，上半紫色，下半绿色 (回潮)；额灰黄色，着生黑毛，高为基宽的 4-5 倍；基胛亮黑色，方形，与亚胛和复眼均分离，中胛黑色，与基胛分离或以窄线连接；亚胛灰黄色，覆粉或部分光裸；颜与颊灰白色，着生灰白色毛，上侧颜着生黑毛；口毛白色。触角棕色，柄节和梗节棕黄色，着生黑毛，柄节腹缘着生棕黄色毛，鞭节基环节红棕色，背突明显，端环节棕黄色。下颚须灰白色，第 1 节覆白色长毛，第 2 节粗，长为宽的 3 倍，背侧覆黑毛，腹侧覆白毛。喙棕黑色，着生棕色毛和黑毛。胸部：背板黑色，覆灰白色粉，着生黑毛夹杂白毛，具 3 不清晰灰黄色窄纵条，小盾片色同盾片，背侧片红棕色，着生黑毛；侧板灰白色，着生白毛。足基节色同侧板，覆灰白色毛，股节灰色，覆白毛，前足胫节基部 2/3 和中足胫节灰白色，着生白毛，后足胫节灰黄色，着生白毛夹杂黑毛，跗节黑色黑毛。翅透明，翅脉棕色，R_4 脉无附脉，R_5 室开放。腋瓣灰黑色，两腋瓣交接处具白毛。平衡棒黄棕色，球部两侧暗棕色。腹部：背板灰黑色，中央具灰黄色三角，两侧具斜形灰黄色斑，各背板具灰黄色毛后缘带。腹板灰色，着生白毛，具浅色后缘窄带。

雄性　未详。

观察标本　正模♀，黑龙江横道河子，1941.VII.2，Takahasi，保存在 Hokkaido University, Sapporo, Japan (未检视)。2♀♀，辽宁，保存在 AMMSC。

生物学　山区种。

地理分布　黑龙江 (海林)、吉林 (抚松、长白山、敦化)、辽宁 (沈阳、东沟、桓仁)。

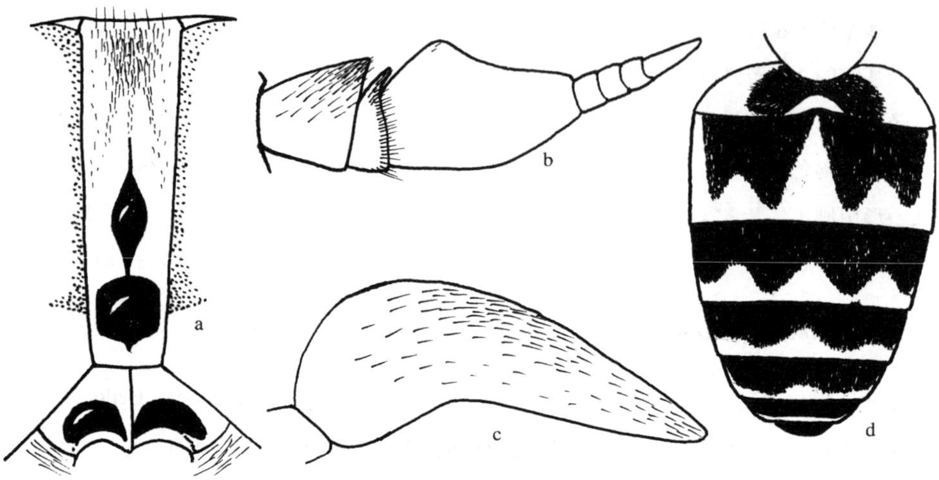

图 314　卡氏虻 *Tabanus kaburagii* Murdoch *et* Takahasi

a. 额 (frons)；b. 触角 (antenna)；c. 下颚须 (palpus)；d. 腹部背面 (dorsum of abdomen)

分类讨论　原始描述复眼活时上半部棕色具 3 条带，干标本无带，本志图系据辽宁标本绘制，经回软，复眼上半紫色无带，下半绿色。

(295) 亚布力虻 *Tabanus yablonicus* Takagi, 1941 (图 315，图 316)

Tabanus yablonicus Takagi, 1941: 76 [Type locality: Yablonia, Heilongjiang, China]; Murdoch and Takahasi, 1969: 79; Xu, 1982e: 123; Wang, 1983: 93; Chen, 1983: 118; Wu, Li, Liu, Yang, Zhang and Cao, 1988: 200; Chen and Xu, 1992a: 95; Jiang, Zhang, Huang and Dai, 1993: 103; Yang and Xu, 1997: 14; Wang, Ge and Dong, 1998: 45; Xu, 2001: 348.

鉴别特征　复眼无带；额高约为基宽的 5.5 倍，基胛方形，与亚胛分离；亚胛覆粉；下颚须粗短，第 2 节长为宽的 3 倍；胸部盾片黑色，具 3 纵条；腹部背板灰黑色，具 3 列浅色斑。

形态描述

雌性　体长 8 mm，灰黑色。头部：复眼无带 (回潮)；额灰黄色，基部略窄于顶部，着生黑毛，高约为基宽的 5.5 倍；基胛亮黑色，方形，与亚胛分离，与复眼分离，中胛黑色，与基胛分离或以窄线连接；亚胛灰棕色；颜与颊灰色，着生灰白色毛；口毛白色。触角棕色，柄节和梗节着生黑毛，鞭节基环节棕黄色，长为宽的 1.5 倍，背突明显，端环节略暗于基环节。下颚须灰黄色，第 1 节覆长白毛，第 2 节粗，长为宽的 3 倍，覆黑毛和白毛。喙棕黑色，着生棕色毛和黑毛。胸部：背板黑色，覆灰白色粉，着生黑毛夹杂黑毛，具 3 不明显灰色纵条，小盾片色同盾片，背侧片带棕色；侧板灰色，着生白毛。足黑色，前足胫节基部 2/3 白色，中、后足胫节黄棕色。翅透明，翅脉黄色，R_4 脉无附脉，R_5 室开放。腋瓣灰黑色，两腋瓣交接处具白毛。平衡棒黄棕色，球部两侧暗棕色。腹部：背板灰黑色，中央具不明显灰白色三角，两侧具不明显斜形灰色斑，各背板具黄白色窄后缘带。腹板灰黑色，具浅色后缘窄带。

雄性　未详。

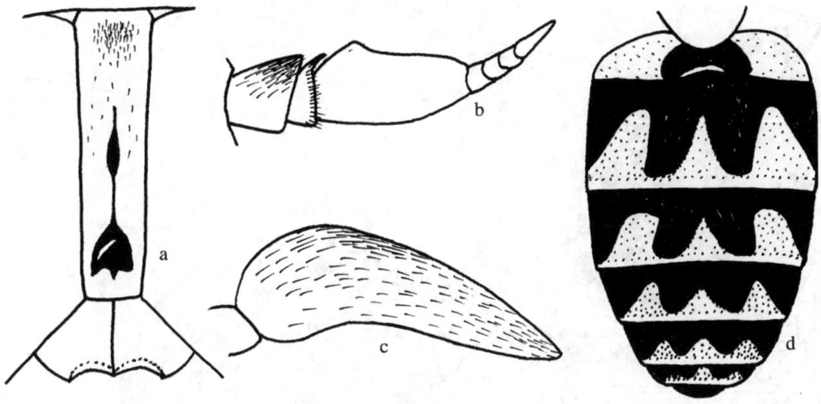

图 315　亚布力虻 *Tabanus yablonicus* Takagi

a. 额 (frons)；b. 触角 (antenna)；c. 下颚须 (palpus)；d. 腹部背面 (dorsum of abdomen)

观察标本　正模♀，黑龙江，保存地未详。6♀♀，辽宁、浙江，保存在 AMMSC。

生物学　山区种。

地理分布　黑龙江 (海林)、吉林 (抚松、长白山)、辽宁 (西丰、岫岩、营口、义县)、北京、河南 (伏牛山)、陕西 (留坝、秦岭、关山)、浙江 (天目山)、湖北 (神农架、郧县)、福建 (邵武、永安)、重庆 (巫溪)、四川 (峨眉山)、贵州 (荔波)、云南 (维西、丽江、彝良)。

分类讨论　本种与双重虻 *T. geminus* Szilády 近似，但双重虻的额高为基宽的 4 倍；体长 10.0-12.5 mm。本种模式标本产地虽然在古北界，但分布区很广，延伸到东洋界的西南区、华中区和华南区北部 (图 316)。

(296) 红头屿虻 *Tabanus kotoshoensis* Shiraki, 1918 (图 317)

Tabanus kotoshoensis Shiraki, 1918: 193 [Type locality: Kotosho, Taiwan, China]; Murdoch and Takahasi, 1969: 70; Stone, 1975: 62.

鉴别特征　体小型，灰黑色；基胛长方形，与中胛分离；胸部背板灰棕色，中央具 3 窄纵条，侧部具宽的纵条；腹部背板灰黑色，背、腹板各节具窄的浅棕色后缘。

形态描述

雌性　体长 8.5-10.0 mm，灰黑色。头部：复眼活时绿色，具 2 紫带 (原始描述)，

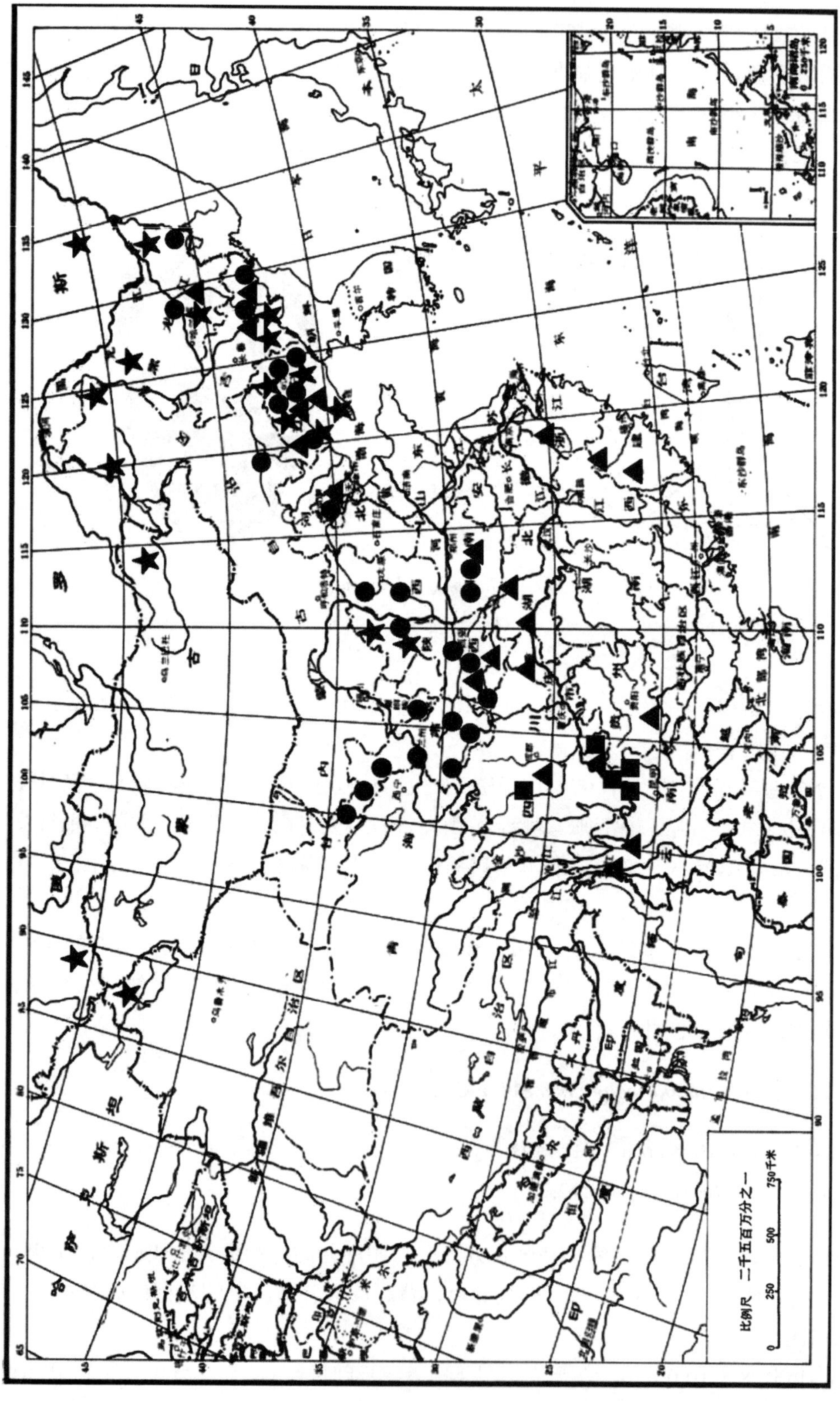

图 316 双重虻组 *Tabanus geminus* group 和佛光虻组 *Tabanus budda* group 的地理分布

★双重虻 *Tabanus geminus* Szilády ▲亚布力虻 *Tabanus yablonicus* Takagi ●佛光虻指名亚种 *Tabanus budda budda* Portschinsky ■佛光虻金尾亚种 *Tabanus budda auricauda* Philip

经回潮的标本，未见眼带；额黄灰色，着生黑毛，两侧平行，高为基宽的5倍；基胛亮黑色，长方形，两侧与复眼和亚胛分离，和线形中胛分离；亚胛黄灰色，覆粉，“眉片”低；颜浅灰白色，着生白毛，侧颜夹杂有棕色毛，上侧颜着生黑毛；口毛黄白色。触角柄节和梗节橘黄色，具黑毛，柄节腹方具浅色长毛，鞭节红黄色，基环节长为宽的2倍，基环节基部具背突，端环节略暗于基环节。下颚须浅黄色，第1节覆白毛，端部夹杂黑毛，第2节长为宽的2.5倍，覆白毛夹杂黑毛。喙棕色。胸部：背板灰棕色，中央具3条不明显细纵纹，侧部具宽的灰条，达翅前胛，条上着生棕黑色毛夹杂金黄色毛，翅前胛和翅后胛具金黄色毛，小盾片色同盾片，覆黑毛夹杂黄毛；侧板一致灰白，着生灰色长毛，翅侧片具1丛灰白色毛，背侧片黄棕色，着生白毛。足黑色，基节着生灰毛，股节黑色，端部棕色，前足股节具黑毛和白毛，中、后足股节着生白毛，胫节暗棕色，着生黄毛，前足胫节端部略暗，着生黑毛，跗节暗棕色，前足跗节黑色，着生黑毛。翅浅灰色，翅脉黄色，R_4脉无附脉，R_5室开放。腋瓣暗棕色，两腋瓣交接处具1丛棕黄色毛。平衡棒棕色，球部暗棕色。腹部：灰黑色，背板覆灰色粉，腹板覆白色粉，背、腹板各节具窄的浅棕色后缘，背板具黑毛，在第1-5背板中纵条上，和第3、4背板侧后缘，夹杂较多浅色毛，第1、2背板两侧具灰黄色毛。腹部腹板着生白毛，第5-7腹板具黑色长毛。

雄性　未详。

观察标本　正模♀，台湾兰屿，保存地未详。1♀，台湾，保存在AMMSC。

生物学　未详。

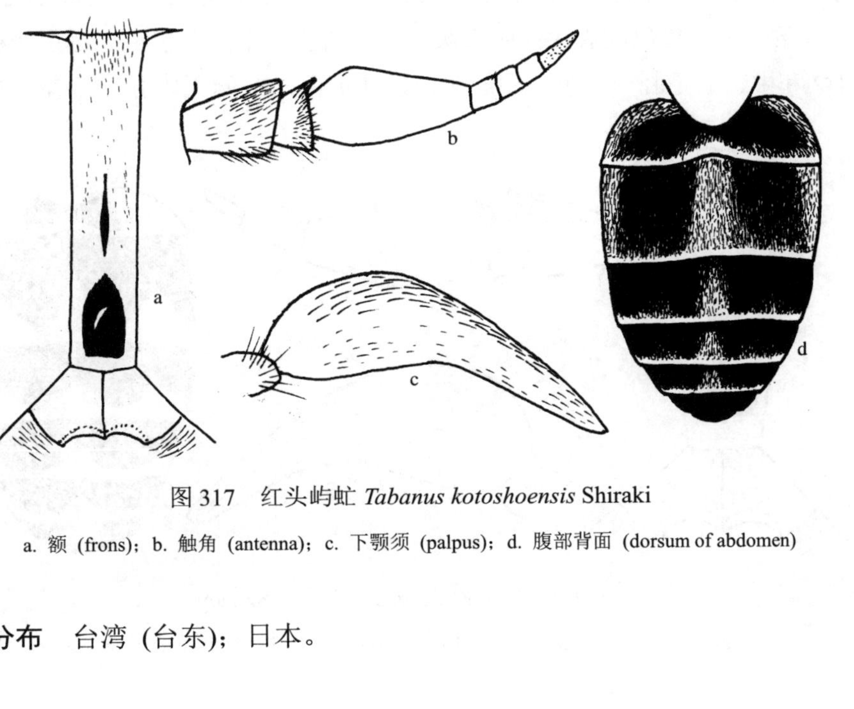

图317　红头屿虻 *Tabanus kotoshoensis* Shiraki

a. 额 (frons)；b. 触角 (antenna)；c. 下颚须 (palpus)；d. 腹部背面 (dorsum of abdomen)

地理分布　台湾 (台东)；日本。

分类讨论　本种类似于亚布力虻 *T. yablonicus* Takagi，但亚布力虻前足胫节基部白色，触角鞭节的基环节较短，长为宽的 1.5 倍，上侧颜无黑毛，而本种前足胫节基部暗棕色，触角鞭节的基环节较长，长为宽的 2 倍，上侧颜具黑毛。

(297) 双重虻 *Tabanus geminus* Szilády, 1923 (图 316，图 318)

Tabanus geminus Szilády, 1923: 3 [Type locality: Amur district, Asia]; Murdoch and Takahasi, 1969: 79; Olsufjev, 1977: 232; Xu, 1982b: 105; Xu, 1982d: 118; Wang, 1983: 93; Chen, 1983: 116; Yao and Ding, 1986: 32; Wu, Li, Liu, Yang, Zhang and Cao, 1988: 199; Jiang, Zhang, Huang and Dai, 1993: 105.

鉴别特征　复眼无带；额高约为基宽的 4 倍，基胛方形，与复眼分离；亚胛覆粉；下颚须粗短，第 2 节长为宽的 3 倍；胸部盾片黑色，具 3 纵条；腹部背板灰黑色，具 3 列浅色斑。

形态描述

雌性　体长 10.0-12.5 mm，灰黑色。头部：复眼无带 (回潮)；额灰色，两侧平行，着生黑毛，高约为基宽的 4 倍；基胛亮黑色，方形，与亚胛分离，与复眼分离，中胛黑色，与基胛分离或以窄线连接；亚胛灰黄色；颜与颊灰色，着生灰白色毛；口毛白色。触角红棕色，柄节和梗节棕黄色，着生黑毛，鞭节基环节红棕色，背突明显，端环节略暗于基环节。下颚须灰黄色，第 1 节覆白色长毛，第 2 节粗，长为宽的 3 倍，覆黑毛和白毛。喙棕黑色，着生棕色毛和黑毛。胸部：背板黑色，覆灰白色粉和黑毛夹杂黑毛，具 3 灰色纵条，小盾片色同盾片；侧板灰黑色，着生白毛夹杂黑毛。足黑灰色，前足胫节基部 1/2 和中、后足胫节黄色。翅透明，翅脉黄色，R_4 脉无附脉，R_5 室开放。腋瓣灰

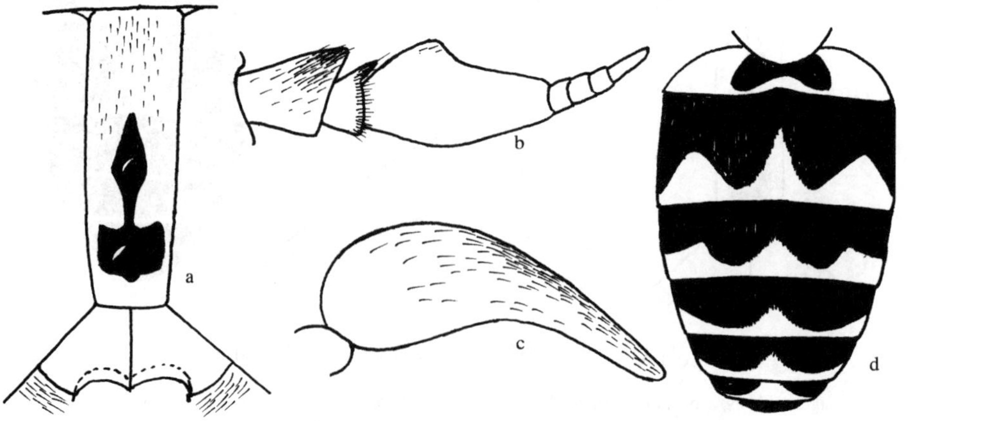

图 318　双重虻 *Tabanus geminus* Szilády

a. 额 (frons)；b. 触角 (antenna)；c. 下颚须 (palpus)；d. 腹部背面 (dorsum of abdomen)

黑色，两腋瓣交接处具白毛。平衡棒黄棕色，球部两侧暗棕色。腹部：背板灰黑色，中央具窄高的灰白色三角，两侧具不明显斜形灰色斑，第 2 背板两侧略带棕色，各背板具灰色后缘带。腹板灰黑色，具不明显浅色后缘窄带。

雄性　体长 11 mm，复眼上 2/3 大眼面明显区分于下 1/3 小眼面，触角窄于雌性。

观察标本　模式标本 2♀♀，保存在 Vienna 的 Hofmuseum (未检视)。12♀♀，黑龙江、辽宁、新疆，保存在 AMMSC。

生物学　山区种。

地理分布　黑龙江 (伊春、亚布力、海林、虎林)、吉林 (珲春、抚松)、辽宁 (西丰、新宾、宽甸、开原、营口、凤城、桀河)、内蒙古 (呼伦贝尔、鄂伦春旗)、陕西 (榆林、延安)、新疆 (布尔津)；俄罗斯，蒙古。

分类讨论　本种类似于亚布力虻 *T. yablonicus* Takagi，但亚布力虻的额高为基宽的 5.5 倍；体长仅 8 mm。双重虻主要分布在古北区的东北区，向南延伸分布到华北区 (图 316)。

(298) 细小虻 *Tabanus pusillus* Macquart, 1838 (图 319)

Tabanus pusillus Macquart, 1838: 127 [Type locality: China]; Ricardo, 1911a: 242; Stone, 1975: 67.

鉴别特征　复眼无带；高为基宽的 3.8 倍；额基胛近方形，无中胛；亚胛覆粉；触角棕黄色；下颚须米黄色，第 2 节，长为宽的 2.5 倍；胸部盾片无纵纹；翅 R_4 脉无附脉；腹部背板暗棕色，具窄的浅色后缘，第 2-6 背板具不明显的棕色圆侧斑，中纵黑条不明显，边缘不整齐。

形态描述

雌性　体长 9 mm，灰黑色。头部：复眼无毛，绿色无带 (回潮)；额灰褐色，着生稀疏的浅棕色毛和黑毛，头顶黑毛较多较密，基宽窄于顶宽，高为基宽的 3.8 倍；额基胛黑色，近方形，与亚胛分离，与复眼宽分离；无中胛；亚胛棕黄色，“眉片”低，浅棕黄色；颜和颊灰棕色，中颜下部和颊较浅，灰白色，覆白毛；口毛白色。触角棕黄色，柄节和梗节略浅，覆黄白毛，鞭节基环节长为宽的 1.4 倍，背突明显，钝。下颚须米黄色，第 1 节着生白色长毛，第 2 节长为宽的 2.5 倍，基部粗，端部很细，覆白毛夹杂几根黑毛。喙棕色，具棕色毛。胸部：盾片灰黑色，覆黑毛和棕色毛，无纵纹，背侧片棕色，着生棕色毛夹杂黑毛；侧板和足基节灰色，覆浅棕色长毛。足棕色，覆棕色毛，股节端部夹杂少量黑毛，胫节和跗节夹杂较多黑毛。翅透明，前缘略着棕黄色，翅脉棕色，翅 R_4 脉无附脉，R_5 室开放。腋瓣棕色，两腋瓣交接处具 1 撮浅棕色毛。平衡棒浅棕色。腹部：背板暗棕色，着生黑毛和棕色毛，具窄的浅色后缘，第 2-6 背板具不明显的棕色圆侧斑，中纵黑条不明显，边缘不整齐，着生黑毛。腹板灰棕色，覆棕色短毛，具棕色毛窄后缘，第 7 腹板着生黑毛和少量棕色毛。

雄性　未详。

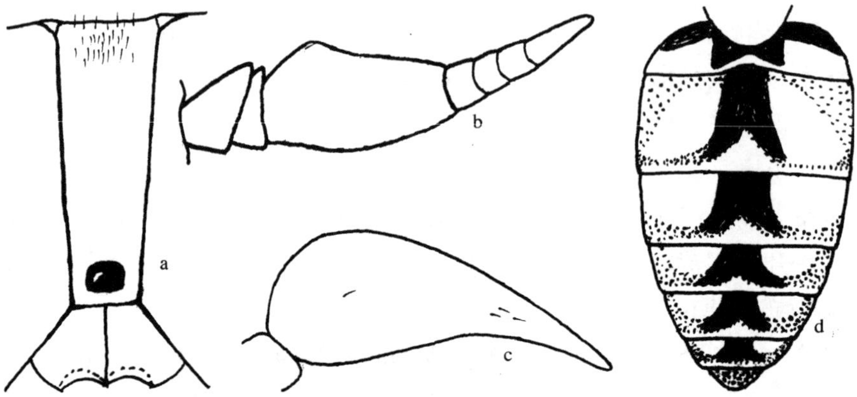

图 319　细小虻 *Tabanus pusillus* Macquart

a. 额 (frons)；b. 触角 (antenna)；c. 下颚须 (palpus)；d. 腹部背面 (dorsum of abdomen)

观察标本　模式标本♀，采于中国，保存在 PM (未检视)。1♀，云南，保存在 AMMSC。

生物学　林区种。

地理分布　云南 (水富)。

分类讨论　体小型，额无中胛，较相近三宅虻 *T. miyakei* Shiraki，但三宅虻复眼具 3 带，腹部背板红黄色，具黄色中纵条和不明显的后缘带。Burton 检视了保存在 PM 的模式标本，认为该种应转归黄虻属 (Burton, 1978)。该种及云南水富的标本有待进一步研究。

原野虻组 *Tabanus amaenus* group

原野虻组虻的主要特征是亚胛覆粉；额基胛与亚胛连接；中胛与基胛连接，或趋向于连接；足二色明显或不明显；翅 R_5 室封闭，或接近封闭。本组多数广布于古北界和东洋界，少数为东洋界。

种 检 索 表

1. 胸部盾片黑色，小盾片白色；腹部第 2-5 背板浅色中三角大 ………… **梅花山虻 *T. meihuashanensis***

   胸部盾片、小盾片均为黑色；腹部第 2-5 背板浅色中三角或大或小 ……………………………… 2

2. 额高为基宽的 4.0-4.5 倍；中胛粗短，约等于基胛长 ………………………… **重脉虻 *T. signatipennis***

   额高为基宽的 5-7 倍；中胛细长，长超过基胛 ……………………………………………………… 3

3. 腹部背板浅色侧斑仅限于基部 2 节；体长 17-20 mm ……………………………………………… 4

   腹部背板浅色侧斑至少存在于基部 3 节；体长 14-18 mm …………………………………………… 5

4. 腹部第 2 背板浅色侧斑达该节的后缘而不达前缘……………………………中华虻 ***T. mandarinus***
腹部第 2 背板浅色侧斑达该节的前缘而不达后缘……………………………山崎虻 ***T. yamasakii***

5. 翅 R_5 室窄开放或封闭；腹部背板浅色侧斑均大而清晰 ……………………………灰背虻 ***T. onoi***
翅 R_5 室封闭或封闭且具柄；腹部背板浅色侧斑在后几节小而不清晰 ……………………………6

6. 额中胛棕色；触角一致棕色……………………………经甫虻，新种 ***T. chenfui* sp. nov.**
额中胛黑色；触角至少鞭节的端环节黑色……………………………7

7. 触角鞭节基环节基部棕色，端部黑色；腹部背板浅色侧斑白色……………………原野虻 ***T. amaenus***
触角鞭节基环节棕色至深棕色；腹部背板浅色侧斑灰黄色或灰棕色……………………………8

8. 胸部背片胛棕色；腹部背板灰棕色，中三角窄长，线状；触角鞭节的基环节棕黄色………………9
胸部背片胛黑色；腹部背板灰黑色，中三角大，正三角形；触角鞭节的基环节红棕色至暗棕色………………………………………………………………………………………………土灰虻 ***T. griseinus***

9. 额中胛为基胛的线形延长；腹部第 2-5 背板浅色侧斑均很清晰 …………………日本虻 ***T. nipponicus***
额中胛长梭形；腹部背板浅色侧斑仅第 2 背板的清晰……………………………台湾虻 ***T. taiwanus***

(299) 梅花山虻 *Tabanus meihuashanensis* Xu *et* Xu, 1992 (图 320; 图版 XVI)

Tabanus meihuashanensis Xu *et* Xu, 1992: 362 [Type locality: Shanghang, Fujian, China]; Xu, 2001: 348.

鉴别特征　复眼无带；额高约为基宽的 6 倍，基胛卵形，与亚胛接触；亚胛覆粉；下颚须第 2 节长为宽的 4 倍；胸部盾片黑色，小盾片白色；腹部背板黑色，具 1 列大的白色中三角。

形态描述

雌性　体长 16-18 mm，黑色。头部：复眼无带 (回潮)；额灰黄色，基宽略窄于顶宽，着生黑毛，高约为基宽的 6 倍；基胛棕黑色，卵形，与亚胛接触，与复眼分离，中胛黑色，与基胛连接；亚胛灰黄色；颜与颊灰白色，着生灰白色毛；口毛白色。触角柄节和梗节暗棕色，着生黑毛，鞭节基环节红棕色，长为宽的 2 倍，背突明显，端环节黑色。下颚须灰黄色，第 1 节覆白色长毛，第 2 节粗，长为宽的 4 倍，覆黑毛夹杂白毛。喙棕黑色，着生棕色毛和黑毛。胸部：背板黑色，覆黑毛，具 1 对亚中白色纵条，1 对侧纵条，在前、后缘与亚中条连接，小盾片白色，浅色部分着生白毛；侧板灰黑色，着生白毛。足基节灰白色，着生灰白色毛，股节黑色，前、中足股节前缘着生黑毛，后缘着生白毛，后足股节着生白毛，胫节基部 2/3 白色，着生白毛，其余黑色黑毛。翅透明，翅脉黄色，R_4 脉无附脉，R_5 室封闭具柄。腋瓣灰黑色，两腋瓣交接处具白毛。平衡棒黄棕色，球部两侧暗棕色。腹部：背板黑色，着生黑毛，第 2-5 背板中央具大的白色三角，第 3-5 背板的三角接近或达所在节的前缘，第 2 背板的三角较小，各背板具白色后缘带，此带在侧缘膨大成小的三角。腹板灰色，中央具黑纵条，第 2-5 腹板具浅色后缘带。

雄性 未详。

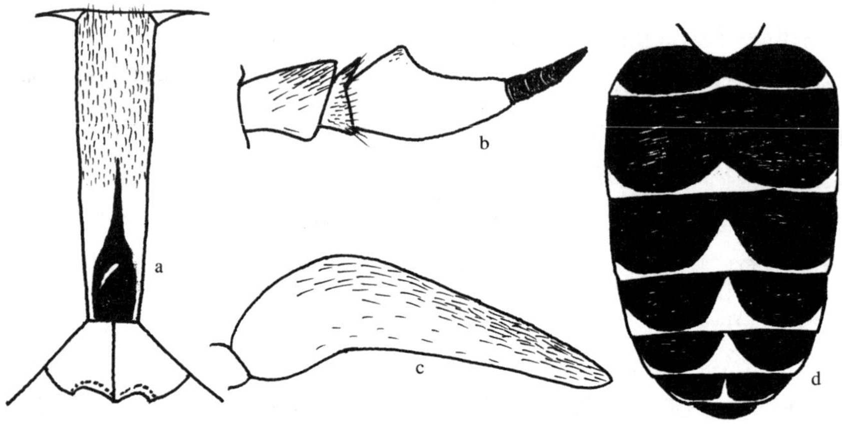

图 320 梅花山虻 *Tabanus meihuashanensis* Xu *et* Xu

a. 额 (frons)；b. 触角 (antenna)；c. 下颚须 (palpus)；d. 腹部背面 (dorsum of abdomen)

观察标本 正模♀，福建上杭梅花山，1988.VI.27，徐保海，保存在 AMMSC。8♀♀，福建，分别保存在 AMMSC 和 FCDC。

生物学 山区种。

地理分布 福建 (上杭)。

分类讨论 本种类似于中华虻 *T. mandarinus* Schiner，但中华虻小盾片黑色，腹部背板第 2 节具白色侧斑。

(300) 重脉虻 *Tabanus signatipennis* Portschinsky, 1887 (图 321，图 322)

Tabanus signatipennis Portschinsky, 1887: 180 [Type locality: Manchuria, China]; Olsufjev, 1977: 278; Chen and Xu, 1992a: 89; Yang and Xu, 1997: 16; Liu, 1999c: 518; Xu, 2001: 347; Xu, 2005: 774.

Tabanus takasagoensis Shiraki, 1918: 323; Murdoch and Takahasi, 1969: 80; Xu, 1982a: 255; Xu, 1982e: 123; Wu, Li, Liu, Yang, Zhang and Cao, 1988: 200; Wang, Ge and Dong, 1998: 45. Synonymized by Chvála, 1988: 155.

Phyrta mandarinus (Schiner): Ôuchi, 1943: 531. Misidentification.

Tabanus amoenatus Sèguy, 1934: 4; Stone, 1975: 52. (?) **New synonym.**

鉴别特征 复眼无带；额高为基宽的 4.0-4.5 倍，基胛卵形，与亚胛接触，中胛黑色，粗短，与基胛连接；亚胛覆粉；触角柄节和梗节棕色，鞭节基环节棕红色，端环节黑色；下颚须第 2 节长为宽的 4 倍；胸部盾片灰黑色，具 5 纵条；翅 R_5 室封闭或窄开放；腹部背板黑色，具 3 列浅色斑，中三角高，达所在节的前缘。

形态描述

雌性　体长 16-18 mm，灰黑色。头部：复眼无带 (回潮)；额灰黄色，基宽略窄于顶宽，着生棕黄色毛，高为基宽的 4.0-4.5 倍；基胛粗卵形，基部 2/3 红棕色，端部 1/3 棕黑色，与亚胛接触，与复眼分离，中胛黑色，粗短，与基胛连接；亚胛灰黄色；颜与颊灰白色，着生灰白色毛；口毛白色。触角柄节和梗节棕色，着生黑毛，鞭节基环节棕红色，基环节长为宽的 1.3 倍，背突明显，端环节黑色，长约等于基环节。下颚须灰黄色，第 1 节覆长白毛，第 2 节粗，长为宽的 4 倍，覆黑毛夹杂白毛。喙棕黑色，着生棕色毛和黑毛。胸部：背板灰黑色，覆黑毛，具 5 条到达盾片后缘的灰白色纵纹，小盾片色同盾片，背侧片浅红棕色，覆黑毛；侧板灰色，着生白毛和黑毛。足灰黑色，着生黑毛，前足胫节基部 2/3 和中、后足胫节白色，端部及跗节黑色。翅透明，翅脉棕色，R_4 脉无附脉，R_5 室封闭或窄开放。腋瓣灰黑色，两腋瓣交接处具白毛。平衡棒黄棕色，球部两侧暗棕色。腹部：背板黑色，着生黑毛，第 2-6 背板中央具白色三角和侧白斑，中三角高，达所在节的前缘，后缘具窄的浅黄色带。腹板灰黑色，具浅色后缘带。

雄性　外形似雌性，复眼上 2/3 大眼面大于下 1/3 小眼面，界限清晰，腹部圆锥形。

观察标本　模式标本，内蒙古，保存地未详。30♀♀，北京、浙江、贵州、甘肃，保存在 AMMSC。

生物学　丘陵、山区种。

地理分布　吉林、辽宁 (庄河、大石桥)、内蒙古、北京 (延庆)、山东 (济南、文登)、河南 (鸡公山、信阳、武陟)、陕西 (榆林、延安、汉中)、甘肃 (舟曲、康县)、江苏 (邗江、无锡)、上海、安徽 (太平)、浙江 (天目山、莫干山、舟山、临海)、湖北 (孝感、五

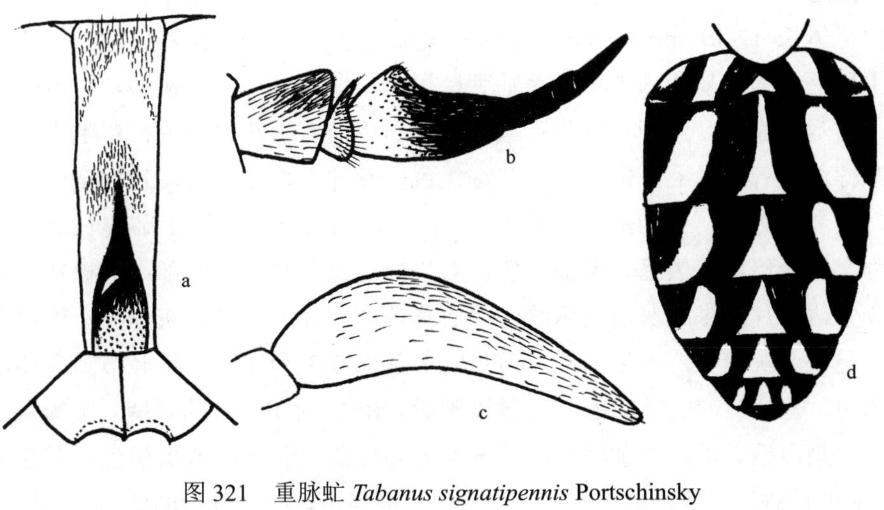

图 321　重脉虻 *Tabanus signatipennis* Portschinsky

a. 额 (frons)；b. 触角 (antenna)；c. 下颚须 (palpus)；d. 腹部背面 (dorsum of abdomen)

峰)、福建 (武夷山、建阳、南平、将乐、永安、宁德)、台湾 (高雄)、重庆 (万源、忠县、巫溪)、四川 (峨眉、蓬安、阆中、苍溪、巴中、通江、梁平、铜梁)、贵州 (福泉、平坝、赤水、思南、盘县、沿河、天柱、毕节、黔西、金沙、纳雍)、云南 (华坪)；日本。

分类讨论 本种类似于原野虻 *T. amaenus* Walker，但原野虻的额较窄，高为基宽的6-7倍，中胛为基胛的长延线。据描述，江西庐山的 *T. amoenatus* Sèguy, 1934，本志怀疑是本种的同物异名。本种是跨古北、东洋两界分布的种类，主要分布在华北区和华中区，向北延伸到东北区，向南延伸到西南区和华南区北部 (图 322)。

(301) 中华虻 *Tabanus mandarinus* Schiner, 1868 (图 322, 图 323)

Tabanus mandarinus Schiner, 1868: 83 [Type locality: Hongkong, China]; Zhang and Zhao, 1982: 7; Wang, 1983: 69.

Tabanus trigeminus Coquillett, 1898: 310; Murdoch and Takahasi, 1969: 81; Olsufjev, 1977: 279; Ricardo, 1911a: 170; Xu, 1982a: 255; Xu, 1982e: 123; Xu, 1982g: 133; Xu and Liu, 1982b: 113; Chen, 1983: 118; Wu, Li, Liu, Yang, Zhang and Cao, 1988: 200; Chen and Xu, 1992a: 93; Yang and Xu, 1997: 16; Wang, Ge and Dong, 1998: 45; Xu, 2001: 347; Xu, 2005: 774. Synonymized by Chvála, 1988: 148; Liu, 1999c: 518.

Tabanus amoenus Matsumura, 1915: 41. Synonymized by Chvála, 1988: 148.

鉴别特征 复眼无带；额高为基宽的 5-6 倍，基胛卵形，与亚胛接触；亚胛覆粉；下颚须第 2 节长为宽的 4 倍；胸部盾片灰黑色，具 5 纵条；腹部背板黑色，具 3 列浅色斑。

形态描述

雌性 体长 17-19 mm，黑色。头部：复眼无带 (回潮)；额灰黄色，基宽略窄于顶宽，着生黑毛，高为基宽的 5-6 倍；基胛棕黑色，卵形，与亚胛接触，与复眼分离，中胛黑色，与基胛连接；亚胛灰白色；颜与颊灰白色，着生灰白色毛；口毛白色。触角柄节和梗节棕色，着生黑毛，鞭节基环节棕黑色，基部少许红棕色，长为宽的 1.5 倍，背突明显，端环节黑色，长为基环节的 1.5 倍。下颚须灰黄色，第 1 节覆长白毛，第 2 节粗，长为宽的 4 倍，覆黑毛。喙棕黑色，着生棕色毛和黑毛。胸部：背板灰黑色，覆黑毛，具 5 条达盾片后缘的灰白色纵纹，小盾片色同盾片，背侧片灰棕色；侧板灰色，着生白毛。足基节灰黑色，着生黑毛，前足胫节基部 2/3 和中、后足胫节黄白色，端部及跗节棕黑色。翅透明，翅脉棕色，R_4 脉无附脉，R_5 室封闭，有的具柄。腋瓣灰黑色，两腋瓣交接处具白毛。平衡棒黄棕色，球部两侧暗棕色。腹部：背板黑色，着生黑毛，第 2-6 背板中央具白色三角，第 2 或第 2-4 背板具侧浅斑，第 2 背板的侧斜白斑大，但不伸达所在背板的前缘，各背板具白色后缘带，此带在侧缘膨大成小的棕色三角。腹板灰黑

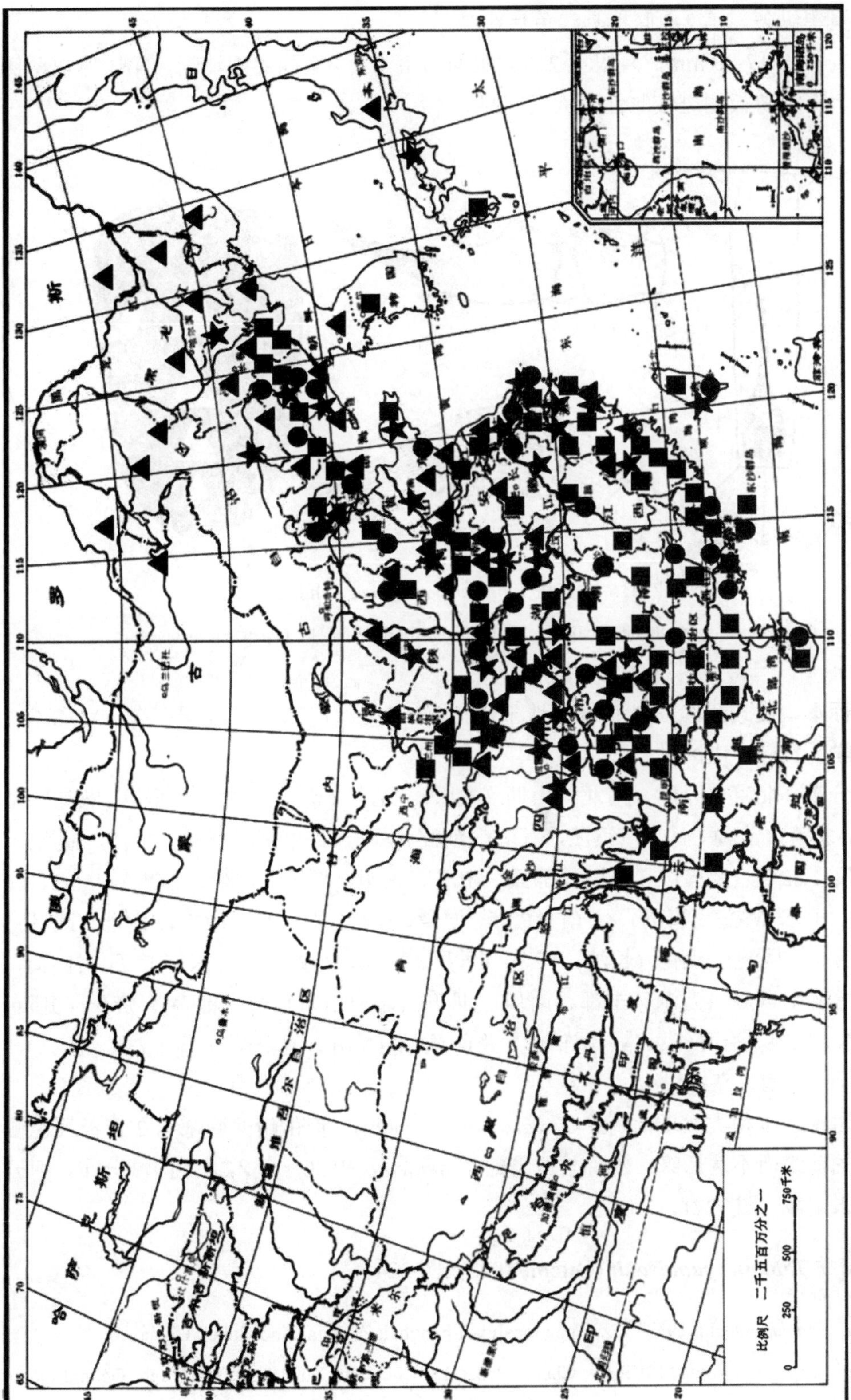

图 322　原野虻组 *Tabanus amaenus* group 的地理分布

★重脉虻 *Tabanus signatipennis* Portschinsky　●中华虻 *Tabanus mandarinus* Schiner　■原野虻 *Tabanus amaenus* Walker　▲土灰虻 *Tabanus griseinus* Philip

色，中央具黑纵条，第 2-5 腹板具浅色后缘带。

雄性 体长 17-20 mm，复眼上 2/3 大眼面与下 1/3 小眼面界限清晰，第 1 背板两侧具棕色斑，第 2 背板侧斑较雌性的大而明显。

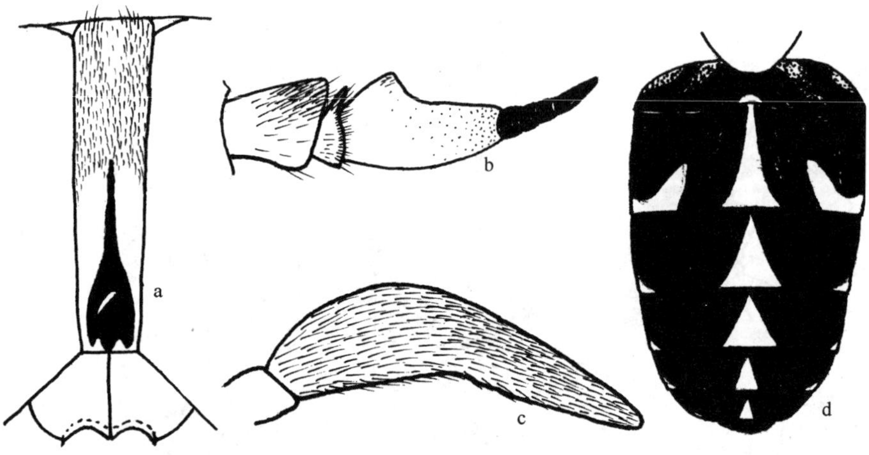

图 323 中华虻 *Tabanus mandarinus* Schiner

a. 额 (frons)；b. 触角 (antenna)；c. 下颚须 (palpus)；d. 腹部背面 (dorsum of abdomen)

观察标本 模式标本，香港，保存地未详。10♀♀3♂♂，广东、福建，保存在 AMMSC。

生物学 丘陵、山区种。

地理分布 北京、天津、河北、山西 (太原)、辽宁 (新宾、铁岭、西丰、宽甸、岫岩、义县、北镇)、上海、江苏 (镇江、南京)、浙江 (莫干山、杭州、舟山、宁波、温州)、安徽 (凤阳)、福建 (武夷山、建阳、邵武、南平、三明、将乐、宁德、福州、上杭)、江西 (南昌)、山东 (威海、青岛)、河南 (武陟、博爱、民权、鸡公山、西平)、湖北 (武昌、应山、新店、羊楼洞)、湖南 (长沙)、广东 (乐昌、广州、鼎湖山、惠东)、广西 (桂林)、海南 (五指山)、重庆 (万源、丰都、南川)、四川 (峨眉山、长宁、犍为)、贵州 (贵阳、赤水、习水、松桃、沿河)、云南 (威信、大关)、陕西 (佛坪、留坝)、甘肃 (文县、康县)、香港、台湾 (台南、高雄)。

分类讨论 本种类似于山崎虻 *T. yamasakii* (Ôuchi)，但山崎虻腹部第 2 背板浅色侧斑达该节的前缘而不达后缘。本种与原野虻 *T. amaenus* Walker 基本上是同域分布，但云南南部尚未记载 (图 322)。

(302) 山崎虻 *Tabanus yamasakii* (Ôuchi, 1943) (图 324)

Phyrta yamasakii Ôuchi, 1943: 532 [Type locality: Shanghai, Zhejiang and Hubei, China].

Tabanus yamasakii: Wang, 1983: 69; Chen, 1983: 118; Chen and Xu, 1992a: 95; Wang, Ge and Dong,

1998: 45; Yang and Xu, 1997: 16; Xu, 2001: 347.

鉴别特征　复眼无带；额高为基宽的 5-6 倍，基胛卵形，与亚胛接触；亚胛覆粉；下颚须第 2 节长为宽的 4 倍；胸部盾片灰黑色，具 5 纵条；腹部背板黑色，具 3 列浅色斑。

形态描述

雌性　体长 18-20 mm，黑色。头部：复眼无带 (回潮)；额灰黄色，基宽略窄于顶宽，着生黑毛，高为基宽的 5-6 倍；基胛棕黑色，卵形，与亚胛接触，与复眼分离，中胛黑色，与基胛连接；亚胛灰白色；颜与颊灰黄色，着生灰白色毛；口毛白色。触角柄节和梗节暗棕色，着生黑毛，鞭节基环节棕黑色，基部少许红棕色，长为宽的 1.5 倍，背突明显，端环节黑色，长为基环节的 1.5 倍。下颚须灰黄色，第 1 节覆长白毛，第 2 节粗，长为宽的 4 倍，覆黑毛夹杂白毛。喙棕黑色，着生棕色毛和黑毛。胸部：背板灰黑色，覆黑毛，具 5 条达盾片后缘的灰白色纵条，小盾片色同盾片，背侧片灰棕色；侧板灰色，着生白毛。足灰黑色，着生黑毛，前足胫节基部 2/3 和中、后足胫节黄白色，端部及跗节棕黑色。翅透明，翅脉棕色，R_4 脉无附脉，R_5 室封闭，有的具柄。腋瓣灰黑色，两腋瓣交接处具白毛。平衡棒黄棕色，球部两侧暗棕色。腹部：背板黑色，着生黑毛，第 2-6 背板中央具白色三角，第 1、2 背板具侧白斑，第 2 背板的白色斑大，伸达所在节的前缘，但不达后缘，各节具白色后缘带，此带在侧缘膨大成小的棕色三角。腹板灰黑色，中央具黑纵条，第 2-5 腹板具浅色后缘带。

雄性　17-20 mm，复眼上 2/3 大眼面与下 1/3 小眼面界限清晰，第 1 背板两侧具棕色斑，第 2 节侧斑较雌性的大而明显。

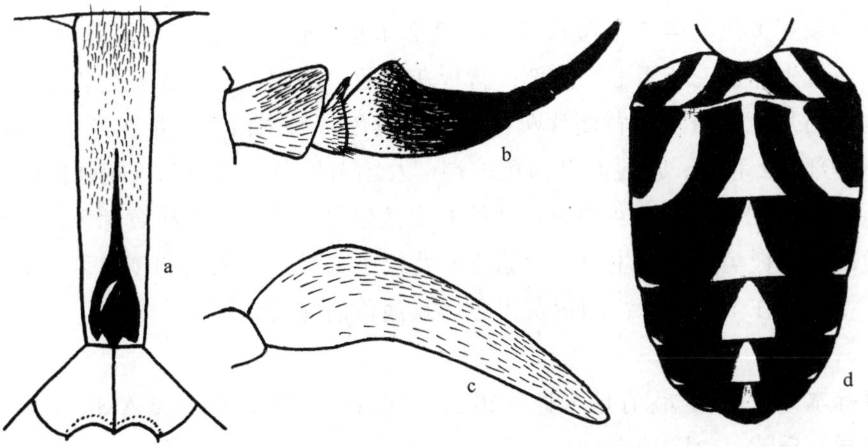

图 324　山崎虻 *Tabanus yamasakii* (Ôuchi)

a. 额 (frons)；b. 触角 (antenna)；c. 下颚须 (palpus)；d. 腹部背面 (dorsum of abdomen)

观察标本　模式标本♀♀，♂♂，上海、浙江、湖北，保存在 IECAS。20♀♀，山东、贵州，保存在 AMMSC。

生物学　平原、丘陵区种；6-7 月多见。

地理分布　辽宁 (开原、盖县)、北京、河北、山东 (威海、文登)、河南 (鸡公山、民权、武陟、博爱)、江苏 (扬州)、上海、浙江、湖北 (应山)、湖南 (慈利)、福建 (武夷山、邵武、宁德)、广西、贵州 (贵阳、赤水、习水、松桃)、云南 (昆明)。

分类讨论　本种与中华虻 *T. mandarinus* Schiner 近似，但中华虻的腹部第 2 背板浅色侧斑达该节的后缘而不达所在节的前缘。

(303) 灰背虻 *Tabanus onoi* Murdoch *et* Takahasi, 1969 (图 325)

Tabanus onoi Murdoch *et* Takahasi, 1969: 81 [Type locality: Manchuria, China]; Xu and Liu, 1982b: 113; Chen, 1983: 117; Yao and Ding, 1986: 33; Wu, Li, Liu, Yang, Zhang and Cao, 1988: 200; Chen and Xu, 1992a: 82; Wang, 1994: 78; Wang, Ge and Dong, 1998: 45; Liu, 1999c: 518.

鉴别特征　复眼无带；额高为基宽的 5-6 倍，基胛卵形，与亚胛接触；亚胛覆粉；触角柄节和梗节棕黄色，下颚须第 2 节长为宽的 4 倍；胸部盾片灰黑色，具 5 纵条；翅 R_5 室接近封闭；腹部背板黑色，具 3 列浅色斑。

形态描述

雌性　体长 14-16 mm，灰黑色。头部：复眼无带 (回潮)；额灰黄色，基宽略窄于顶宽，着生黑毛，高为基宽的 5-6 倍；基胛棕黑色，卵形，与亚胛接触，与复眼分离，中胛黑色，与基胛连接；亚胛灰白色；颜与颊灰黄色，着生灰白色毛；口毛白色。触角柄节和梗节棕黄色，着生黑毛，鞭节基环节橙色，长为宽的 1.3 倍，背突明显，端环节黑色。下颚须灰黄色，第 1 节覆长白毛，第 2 节粗，长为宽的 4 倍，覆黑毛夹杂白毛。喙棕黑色，着生棕色毛和黑毛。胸部：背板灰黑色，覆黑毛，具 5 条达盾片后缘的灰白色纵纹，小盾片色同盾片，背侧片灰色；侧板灰色，着生白毛。足灰黑色，着生黑毛，前足胫节基部 1/2 和中、后足胫节白色，端部及跗节黑色。翅透明，翅脉棕色，R_4 脉无附脉，R_5 室接近封闭。腋瓣灰黑色，两腋瓣交接处具白毛。平衡棒黄棕色，球部两侧暗棕色。腹部：背板黑色，着生黑毛，第 2-6 背板中央具白色三角和侧白斑，后几节的中三角低，不达所在节的前缘；腹板灰黑色，具浅色后缘带。

雄性　未详。

观察标本　正模♀，保存地未详。20♀♀，北京、贵州，保存在 AMMSC。

生物学　丘陵、山区种。

地理分布　吉林 (珲春)、辽宁 (沈阳、开原、西丰、岫岩、东沟、庄河、新宾、北票、北镇、义县、锦县、兴城、绥中)、内蒙古 (呼和浩特、土默特左旗)、北京、河北 (宣

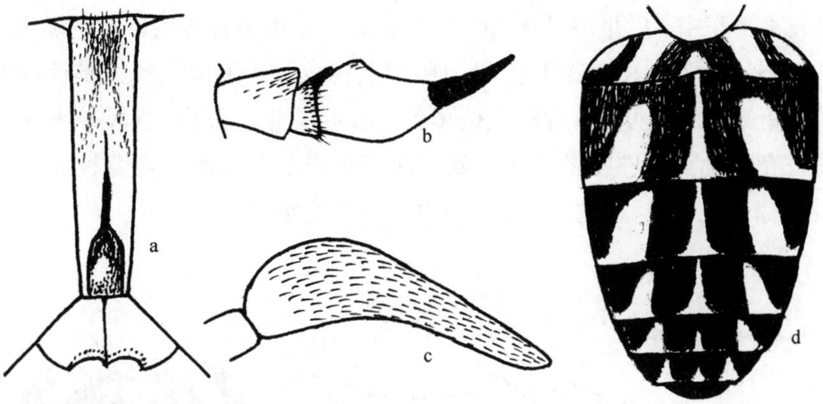

图 325　灰背虻 *Tabanus onoi* Murdoch *et* Takahasi

a. 额 (frons); b. 触角 (antenna); c. 下颚须 (palpus); d. 腹部背面 (dorsum of abdomen)

化、兴隆、怀安、蔚县、阳原、涿鹿、石家庄)、河南 (鸡公山、伏牛山、西峡、武陟)、陕西 (榆林、延安、汉中、安康)、甘肃 (天水)、贵州 (独山、荔波、普定、兴义、绥阳、习水、盘县、江口、黄平、天柱、黔西); 日本。

分类讨论　本种类似于重脉虻 *T. signatipennis* Portschinsky，但后者腹部背板黑色，中白斑大，较高，达节的前缘，三角形；触角鞭节的基环节棕红色，端环节黑色。

(304) 经甫虻，新种 *Tabanus chenfui* Xu *et* Sun, sp. nov. (图 326)

[Type locality: Dinghushan, Guangdong, China]

鉴别特征　复眼无带；额高约为基宽的 7 倍，基胛与亚胛和中胛均连接；亚胛覆粉；触角棕色，基环节略长于端环节；下颚须第 2 节长为宽的 4 倍；胸部盾片灰黑色，具 5 条灰白色纵纹；翅 R_5 室封闭具柄；腹部背板灰棕黑色，具 3 列浅色斑，中三角白色，正三角形，达所在节的前缘。

形态描述

雌性　体长 13 mm，灰黑色。头部：复眼无带 (回潮)；额灰黄色，基宽略窄于顶宽，着生黑毛，基部多白毛，高约为基宽的 7 倍；基胛长三角形，棕色，与亚胛连接，与复眼分离，中胛棕色，粗线状，与基胛连接，略长于基胛；亚胛灰白色，覆粉；颜与颊灰白色，着生浅黄色毛；口毛浅黄色。触角棕色，柄节和梗节着生黑毛，鞭节基环节长为宽的 1.7 倍，背突明显，端环节略短于基环节。下颚须黄色，第 1 节覆长白毛，第 2 节长为宽的 4 倍，覆黑毛和白毛，基部多白毛。喙暗棕色，着生暗棕色毛。胸部：背板灰黑色，覆黑毛和棕色毛，具 5 个到盾片后缘的灰白色纵条，小盾片色同盾片，背侧片灰白色，着生黑毛和棕色毛；侧板灰棕色，着生棕黄色毛和黑毛；足灰棕色，着生棕色毛，前足胫节基部 2/3 和中、后足胫节大部分棕色，端部及跗节棕黑色，着生黑毛。翅透明，翅脉棕色，R_4 脉无附脉，R_5 室封闭具柄。腋瓣灰棕色，两腋瓣交接处具棕色毛。平衡棒黄棕色，球部两侧略暗。腹部：背板灰棕黑色，着生黑毛，第 2-6 背板中央具白色三角，中三角为正三角形，达所在节的前缘，第 2-4 背板具亚侧白斑，各背板后缘具窄的浅黄色带。腹板灰棕黑色，具浅色后缘带，中央具黑毛宽纵条。

雄性 未详。

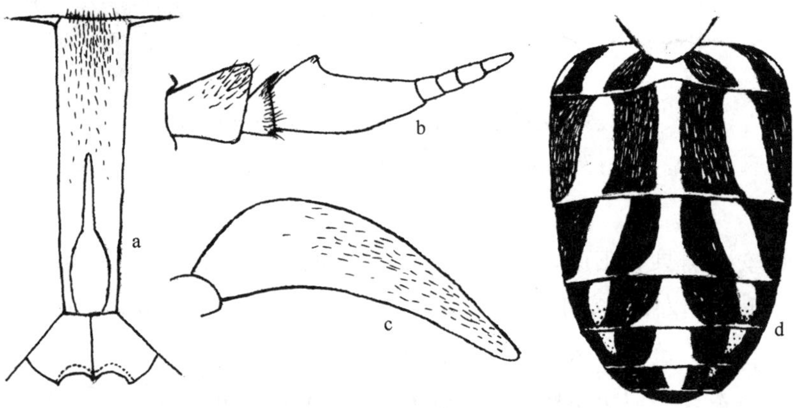

图 326 经甫虻，新种 *Tabanus chenfui* Xu *et* Sun, sp. nov.

a. 额 (frons)；b. 触角 (antenna)；c. 下颚须 (palpus)；d. 腹部背面 (dorsum of abdomen)

观察标本 正模♀，广东鼎湖山，1965.V.16，林平、罗裕良，保存在 AMMSC。

词源 本新种以我国著名生物学家胡经甫的名字命名。类似于原野虻 *T. amaenus* Walker，但原野虻的额中胛黑色，触角鞭节端部和端环节黑色。

(305) 原野虻 *Tabanus amaenus* Walker, 1848 (图 322, 图 327; 图版 XVI)

Tabanus amaenus Walker, 1848: 163 [Type locality: Hong kong, China]; Murdoch and Takahasi, 1969: 82; Xu, 1982e: 121; Xu, 1982g: 131; Xu and Liu, 1982b: 111; Chen and Xu, 1992a: 57; Wang, 1994: 79; Yang and Xu, 1997: 14; Wang, Ge and Dong, 1998: 45; Liu, 1999c: 517; Xu, 2001: 346; Xu, 2004: 539; Xu, 2005: 771.

Tabanus clausaclla Macquart, 1855: 25, 45. Synonymized by Stone, 1975: 52.

Bellardia sinica Bigot, 1892: 629. Synonymized by Stone, 1975: 52.

Tabanus fenestratus Schuurmans-Steckhoven, 1926: 185 (Preoccupied by Fabricius, 1794). Synonymized by Stone, 1975: 52.

Tabanus brunnitibiatus Schuurmans-Steckhoven, 1926: 185; Schuurmans-Steckhoven, 1929: 502 (n. name for *fenestratus* Schuurmans-Steckhoven, 1926). Synonymized by Stone, 1972: 637.

Tabanus fenestralis Szilády, 1926: 10 (n. name for *fenestratus* Schuurmans-Steckhoven).

Tabanus signatipennis Portschinsky: Xu, 1982a: 255; Chen, 1983: 118; Wu, Li, Liu, Yang, Zhang and Cao, 1988: 200; Jiang, Zhang, Huang and Dai, 1993: 105. Misidentification.

鉴别特征 复眼无带；额高为基宽的 6-7 倍，基胛卵形，与亚胛接触；亚胛覆粉；触角柄节和梗节棕色，鞭节基环节基部棕红色，端部及端环节黑色；下颚须第 2 节长为宽的 4 倍；胸部盾片黑色，具 5 纵条；翅 R_5 室封闭；腹部背板灰黑色，具 3 列浅色斑，中三角正三角形，不达所在节的前缘。

形态描述

雌性 体长 15-18 mm，灰黑色。头部：复眼无带 (回潮)；额灰白色，基宽略窄于顶宽，着生黑毛，基部多白毛，高为基宽的 6-7 倍；基胛卵形，黑色，与亚胛接触，与复眼分离，中胛黑色，与基胛连接；亚胛灰白色；颜与颊灰白色，着生灰白色毛；口毛白色。触角柄节和梗节棕色，着生黑毛，鞭节基环节基部棕红色，端部及端环节黑色，基环节长为宽的 1.5 倍，背突明显，端环节长短于基环节。下颚须灰黄色，第 1 节覆长白毛，第 2 节粗，长为宽的 4 倍，覆黑毛夹杂白毛。喙棕黑色，着生棕色毛和黑毛。胸部：背板灰黑色，覆黑毛，具 5 达盾片后缘的灰白色纵条，小盾片色同盾片，背侧片灰色黑毛；侧板灰色，着生浅黄色毛和黑毛。足灰黑色，着生黑毛，前足胫节基部 2/3 和中、后足胫节浅黄白色，端部及跗节黑色。翅透明，翅脉棕色，R_4 脉无附脉，R_5 室封闭。腋瓣灰黑色，两腋瓣交接处具白毛。平衡棒黄棕色，球部两侧棕黑色。腹部：背板黑色，着生黑毛，第 2-6 背板中央具白色三角和侧白斑，中三角为正三角形，不达所在节的前缘，侧斑多在第 2、3 或第 2-5 背板显现，后缘具窄的浅黄色带。腹板灰黑色，具浅色后缘带，中央具黑色纵条。

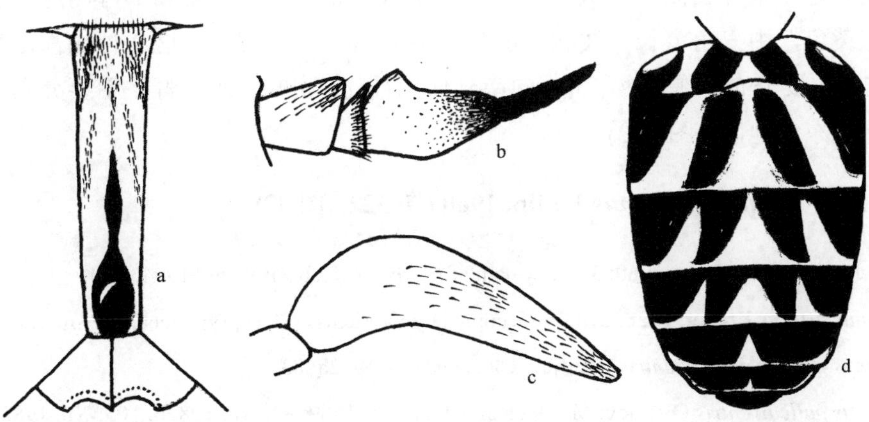

图 327 原野虻 *Tabanus amaenus* Walker

a. 额 (frons)；b. 触角 (antenna)；c. 下颚须 (palpus)；d. 腹部背面 (dorsum of abdomen)

雄性 体长 14-16 mm，复眼上 2/3 大眼面与下 1/3 小眼面界限清晰，触角窄于雌性，足色浅于雌性，腹部背板两侧带棕色，余者同雌性。

观察标本 正模♂，香港，保存在 BMNH (已检视)。250♀♀40♂♂，广东、广西、福建、云南，保存在 AMMSC。

生物学 我国南方平原、山区的优势种。

地理分布 吉林 (集安、柳河、通化、安图、汪清、敦化、长白山、和龙)、辽宁 (沈阳、新民、营口、开原、新宾)、北京、河北 (秦皇岛、石家庄)、山西 (太原)、山东 (威海)、河南 (鸡公山、信阳、伏牛山、桐柏、西峡、博爱、武陟、西平)、陕西 (宝鸡、西安、留坝、汉中、安康)、甘肃 (兰州、天水、武都、文县、康县)、江苏 (徐州、扬州、镇江、无锡)、上海、安徽 (凤阳)、浙江 (天目山、临安、莫干山、奉化、舟山、定海、临海、黄岩)、湖北 (应山、郧县、孝感、襄阳、汉口、武昌、竹山、耒凤、红金、思耒、宣恩)、江西 (九江、井冈山)、湖南 (岳州、慈利、长沙)、福建 (武夷山、邵武、建阳、光泽、南平、将乐、三明、永安、福州、寿宁、宁德、连城、上杭、梅花山、武平、龙岩、漳平、诏安)、台湾 (淡水、台北、高雄)、广东 (乐昌、大浦、汕头、广州、惠东、罗浮山、鼎湖山)、香港、广西 (钦州、防城、东兴、十万大山、陵乐、玉林、平果、百色、大明山、桂林)、重庆 (巫溪)、四川 (雅安、峨眉山、犍为、洪雅)、贵州 (贵阳、安顺、普定、开阳、平坝、龙里、惠水、福泉、荔波、独山、瓮安、遵义、绥阳、赤水、习水、湄潭、余庆、道真、凯里、剑河、丹寨、关岭、兴义、兴仁、晴隆、盘县、思南、德江、黔西、沿河、江口、印江、黄平、榕江、台江、剑河、榕江、施秉、黎平、锦屏、岑巩、雷山、三穗、铜仁、松桃、天柱、大方、金沙、织金、毕节、纳雍、威宁、赫章、三都、安龙、望谟、普安、息烽、凤冈、务川)、云南 (麻栗坡、孟连、双江、永善、华坪、丽江)；日本，朝鲜，越南。

分类讨论 本种类似于土灰虻 *T. griseinus* Philip，但土灰虻胸部背侧片棕色；腹部背板灰棕黄色，中三角窄长，线状；触角鞭节的基环节棕黄色。这 2 种虻都是稻作区种类，土灰虻主要分布于东北、华北，向南延伸到福建、贵州；而原野虻主要分布在华南，向北延伸到东北地区 (图 322)。

(306) 土灰虻 *Tabanus griseinus* Philip, 1960 (图 322，图 328)

Tabanus griseinus Philip, 1960: 31 (new name for *griseus* Kröber); Wang, 1994: 80.

Tabanus griseus Kröber, 1828: 270 (preoccupied by Fabricius, 1794) [Type locality: Amur, Rusia].

Tabanus griseus pallediventris Olsufjev: Chen and Xu, 1992a: 83.

Tabanus pallediventris Olsufjev: Murdoch and Takahasi, 1969: 82; Xu, 1982b: 105; Xu, 1982c: 108; Xu, 1982e: 123; Xu and Liu, 1982b: 113; Yao and Ding, 1986: 33; Yang and Xu, 1997: 15; Wang, Ge and Dong, 1998: 45; Xu, 2001: 346; Xu, 2005: 773.

Tabanus amaenus Walker: Ôuchi, 1943: 529; Olsufjev, 1977: 280; Zhang and Zhao, 1982: 7; Chen, 1983: 116; Wu, Li, Liu, Yang, Zhang and Cao, 1988: 199; Jiang, Zhang, Huang and Dai, 1993: 104. Misidentification.

鉴别特征　复眼无带；额高为基宽的 6.0-6.5 倍，基胛窄三角形，与亚胛接触；亚胛覆粉；触角棕黄色；下颚须第 2 节长为宽的 4 倍；胸部盾片灰黑色，具 5 纵条；翅 R_5 室封闭；腹部背板灰棕黄色，具 3 列浅色斑，中纵条线状。

形态描述

雌性　体长 14-17 mm，灰黑色。头部：复眼无带 (回潮)；额灰黄色，基宽略窄于顶宽，着生黑毛，高为基宽的 6.0-6.5 倍；基胛棕黑色，窄三角形，与亚胛接触，与复眼分离，中胛黑色，与基胛连接；亚胛灰黄色；颜与颊灰黄色，着生灰白色毛；口毛白色。触角柄节和梗节棕黄色，着生黑毛，鞭节基环节棕黄色，长为宽的 1.5 倍，背突明显，端环节黑色，长为基环节的 1.3 倍。下颚须灰黄色，第 1 节覆长白毛，第 2 节粗，长为宽的 4 倍，覆黑毛夹杂白毛。喙棕黑色，着生棕色毛和黑毛。胸部：背板灰黑色，覆黑毛，具 5 条达盾片后缘的不明显的灰白色纵纹，小盾片色同盾片，背侧片棕色；侧板灰色，着生黑毛和白毛。足灰黑色，着生黑毛，前足胫节基部 3/4 和中、后足胫节黄白色，端部及跗节黑色。翅透明，翅脉棕色，R_4 脉无附脉，R_5 室封闭。腋瓣灰黑色，两腋瓣交接处具白毛。平衡棒黄棕色，球部两侧暗棕色。腹部：背板灰棕黄色，着生黑毛，第 2-6 背板中央具白色三角和侧白斑，中三角很窄，呈线状，达所在节的前缘，第 2、3 背板侧斑带红棕色。腹板灰黑色，具浅色后缘带，具不明显的中纵黑条。

雄性　体长 14-17 mm，复眼上 2/3 大眼面与下 1/3 小眼面界限清晰，触角窄于雌性，腹部背板浅色斑较雌性的明显，余者同雌性。

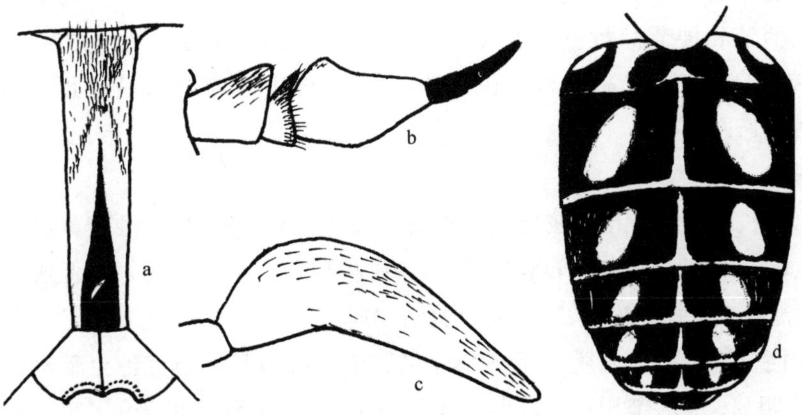

图 328　土灰虻 *Tabanus griseinus* Philip

a. 额 (frons)；b. 触角 (antenna)；c. 下颚须 (palpus)；d. 腹部背面 (dorsum of abdomen)

观察标本 130♀♀30♂♂，黑龙江、北京、贵州、浙江，保存在 AMMSC。

生物学 我国北方平原地区的优势种；幼虫孳生于稻田。

地理分布 黑龙江 (哈尔滨、亚布力、虎林)、吉林 (珲春、汪清、和龙、敦化、集安、安图、长白山)、辽宁 (大洼、锦县、黑山、法库)、内蒙古 (呼伦贝尔、阿荣旗)、北京、天津、河北 (北戴河)、山西 (太原)、山东 (日照、垦利、微山)、河南 (鸡公山、伏牛山、西峡、叶县、民权、武陟)、陕西 (榆林、延安、秦岭、佛坪、留坝、略阳、汉中、安康)、宁夏 (银川)、甘肃 (天水、武都、康县)、江苏 (扬州、无锡)、安徽 (凤阳)、浙江 (临海)、湖北 (应山、孝感)、福建 (武夷山)、重庆 (南川、涪陵、丰都、忠县、巫溪)、四川 (洪雅、峨眉、雅安、长宁、宁南、阆中、苍溪、巴中、梁平、铜梁、宜宾、犍为、蓬安)、贵州 (贵阳、惠水、荔波、瓮安、普定、普安、盘县、务川、榕江、黎平、岑巩、天柱、织金、毕节、纳雍、威宁)、云南 (永善)；俄罗斯，蒙古，朝鲜，日本。

分类讨论 本种与日本虻 *T. nipponicus* Murdoch *et* Takahasi 近似，但日本虻胸部背侧片黑色；腹部背板灰棕黑色，中三角大，正三角形；触角鞭节的基环节棕色至暗棕色。本种过去与原野虻 *T. amaenus* Walker 混淆，原野虻是东洋界种，向北延伸到古北界的东北区南部，而土灰虻是古北界种，向南延伸到福建武夷山 (图 322)。

(307) 日本虻 *Tabanus nipponicus* Murdoch *et* Takahasi, 1969 (图 329)

Tabanus nipponicus Murdoch *et* Takahasi, 1969: 83 [Type locality: Hokkaido, Japan]; Xu, 1982e: 123; Xu and Liu, 1982b: 113; Chen, 1983: 117; Wu, Li, Liu, Yang, Zhang and Cao, 1988: 200; Chen and Xu, 1992a: 79; Wang, 1994: 80; Yang and Xu, 1997: 15; Wang, Ge and Dong, 1998: 45; Liu, 1999c: 518; Xu, 2001: 346; Xu, 2005: 773.

鉴别特征 复眼无带；额高为基宽的 6.5-7.0 倍，基胛窄三角形，与亚胛接触；亚胛覆粉；触角柄节和梗节棕黄色，下颚须第 2 节长为宽的 4 倍；胸部盾片黑色，具 5 纵条；翅 R_5 室封闭；腹部背板灰棕黑色，具 3 列浅色斑，中纵列浅色斑正三角形；腹部腹板中纵黑条清晰。

形态描述

雌性 体长 15-18 mm，灰黑色。头部：复眼无带 (回潮)；额灰黄色，基宽略窄于顶宽，着生黑毛，高为基宽的 6.5-7.0 倍；基胛棕黑色，窄三角形，与亚胛接触，与复眼分离，中胛黑色，与基胛连接；亚胛灰白色；颜与颊灰黄色，着生灰白色毛；口毛白色。触角柄节和梗节棕黄色，着生黑毛夹杂少量黄毛，鞭节基环节棕色至暗棕色，长为宽的 1.5 倍，背突明显，端环节黑色，长为基环节的 1.3 倍。下颚须灰黄色，第 1 节覆长白毛，第 2 节粗，长为宽的 4 倍，覆黑毛夹杂白毛。喙棕黑色，着生棕色毛和黑毛。胸部：背板灰黑色，覆黑毛，具 5 条达盾片后缘的灰白色纵纹，小盾片色同盾片，背侧片黑色；

侧板灰色，着生白毛。足灰黑色，着生黑毛，前足胫节基部 2/3 和中、后足胫节黄白色，端部及跗节黑色。翅透明，翅脉棕色，R_4 脉无附脉，R_5 室封闭。腋瓣灰黑色，两腋瓣交接处具白毛。平衡棒黄棕色，球部两侧暗棕色。腹部：背板灰棕黑色，着生黑毛，具浅色后缘，第 2-6 背板中央具黄白色三角和亚侧位斜形黄白斑，中纵列浅色三角窄长，达所在节的前缘。腹板灰黑色，具浅色后缘带，中纵黑条清晰。

雄性　体长 15-16 mm，复眼上 2/3 大眼面与下 1/3 小眼面界限清晰；触角窄于雌性；腹部背板两侧较雌性的更带红棕色，浅色后缘较雌性的宽；腹板的中纵黑条较雌性的不清晰；余者同雌性。

观察标本　100♀♀50♂♂，辽宁、福建、云南、甘肃，保存在 AMMSC。

生物学　山区种。

地理分布　辽宁 (东沟、庄河、开原、营口、北镇、锦县)、河南 (桐柏、西平)、陕西 (佛坪、汉中)、甘肃 (天水、康县)、安徽 (黄山)、浙江 (天目山)、湖北 (耒凤、神农架)、湖南 (慈利)、福建 (武夷山、建阳、邵武、光泽、三明、永安、福州、上杭、梅花山)、台湾、广东 (乐昌)、广西 (苗儿山)、重庆 (南川、巫溪)、四川 (汶川、二郎山、雅安、峨眉山、会理、米易、西昌、美姑、昭觉、越西)、贵州 (贵阳、惠水、独山、罗甸、平坝、赤水、务川、盘县、兴义、黎平、沿河、江口、金沙、毕节、威宁)、云南 (麻栗坡、维西、中甸、丽江、大理、昭通)；日本。

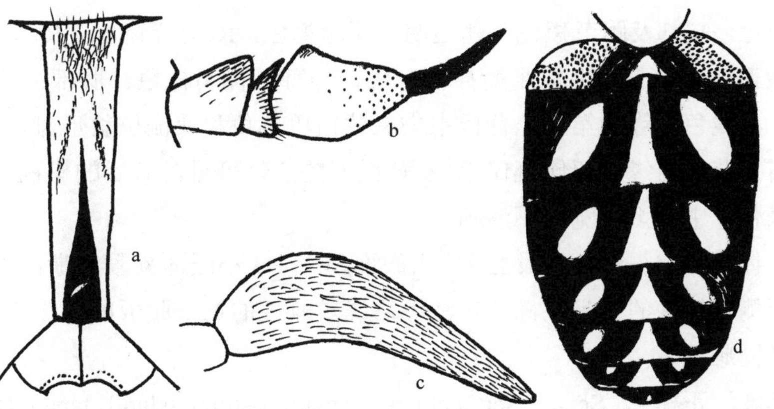

图 329　日本虻 *Tabanus nipponicus* Murdoch *et* Takahasi

a. 额 (frons)；b. 触角 (antenna)；c. 下颚须 (palpus)；d. 腹部背面 (dorsum of abdomen)

分类讨论　本种与土灰虻 *T. griseinus* Philip 近似，但土灰虻胸部背侧片棕色；腹部背板灰棕黄色，中三角窄长，呈线状；触角鞭节的基环节棕黄色。

(308) 台湾虻 *Tabanus taiwanus* Hayakawa *et* Takahasi, 1983 (图 330)

Tabanus taiwanus Hayakawa *et* Takahasi, 1983: 25 [Type locality: Amami-oshima, Japan].

鉴别特征 复眼无带；额高约为基宽的 7 倍，基胛窄三角形，与梭形的中胛连接；亚胛覆粉；触角柄节和梗节棕黄色，鞭节的端环节黑色；下颚须第 2 节长为宽的 4 倍；胸部盾片灰黑色，具 5 纵条；翅 R_5 室封闭；腹部背板灰棕黑色，具 3 列浅色斑，中纵列浅色三角形窄长，达所在节的前缘，亚侧位斜形黄白斑不清晰；腹部腹板中纵黑条宽而不清晰。

形态描述

雌性 体长 13-18 mm，灰黑色。头部：复眼无带 (回潮)；额灰黄色，基宽略窄于顶宽，着生黑毛，高约为基宽的 7 倍；基胛棕黑色，窄三角形，与亚胛接触，与复眼分离，中胛黑色，长梭形，与基胛连接；亚胛灰黄色；颜与颊灰黄色，着生灰白色毛；口毛白色。触角柄节和梗节棕黄色，着生黑毛夹杂少量黄毛，鞭节基环节棕色至暗棕色，长为宽的 1.5 倍，背突明显，端环节黑色，长为基环节的 1.3 倍。下颚须灰黄色，第 1 节覆长白毛，第 2 节粗，长为宽的 4 倍，覆黑毛夹杂白毛。喙棕黑色，着生棕色毛和黑毛。胸部：背板灰黑色，覆黑毛，具 5 条达盾片后缘的灰白色纵纹，小盾片色同盾片，背侧片黑色；侧板灰色，着生白毛。足灰黑色，着生黑毛，前足胫节基部 2/3 和中、后足胫节黄白色，端部及跗节黑色。翅透明，翅脉棕色，R_4 脉无附脉，R_5 室封闭。腋瓣灰黑色，两腋瓣交接处具白毛。平衡棒黄棕色，球部两侧暗棕色。腹部：背板灰棕黑色，着生黑毛，具浅色后缘，第 2-6 背板中央具黄白色三角和亚侧位斜形斑，中纵列浅色三角高，达所在节的前缘，亚侧斑仅第 2 背板上的清晰可见，其后的模糊。腹板灰黑色，具浅色后缘带，中纵黑条宽而不清晰。

雄性 体长 15-16 mm，复眼上 2/3 大眼面与下 1/3 小眼面界限清晰；触角窄于雌性；腹部背板两侧较雌性的更带红棕色，浅色后缘较雌性的宽；腹板的中纵黑条较雌性的不清晰；余者同雌性。

观察标本 正模♀，Seisui, SetÔuchicho, Amami-oshima Island, Japan, H. Hayakawa，保存在 Division of Entomology, National Institute of Agricultural Science, Tsukuba, Japan (未检视)。本志第一作者在美国佛罗里达大学见到 1♀副模。1♀，海南，保存在 AMMSC。

生物学 在台湾，与原野虻 *T. amaenus* Walker 同地同时采到。因在中国内地未采到，可能是海岛种。

地理分布 海南 (五指山)、台湾 (Shinting, Chaochou)；日本。

分类讨论 本种与日本虻 *T. nipponicus* Murdoch *et* Takahasi 近似，不易区分，但日本虻的额中胛线形，腹部第 2-5 背板浅色侧斑均清晰。也类似于原野虻 *T. amaenus* Walker，但原野虻触角鞭节基环节基部棕红色，端部黑色；腹部背板浅色侧斑白色。

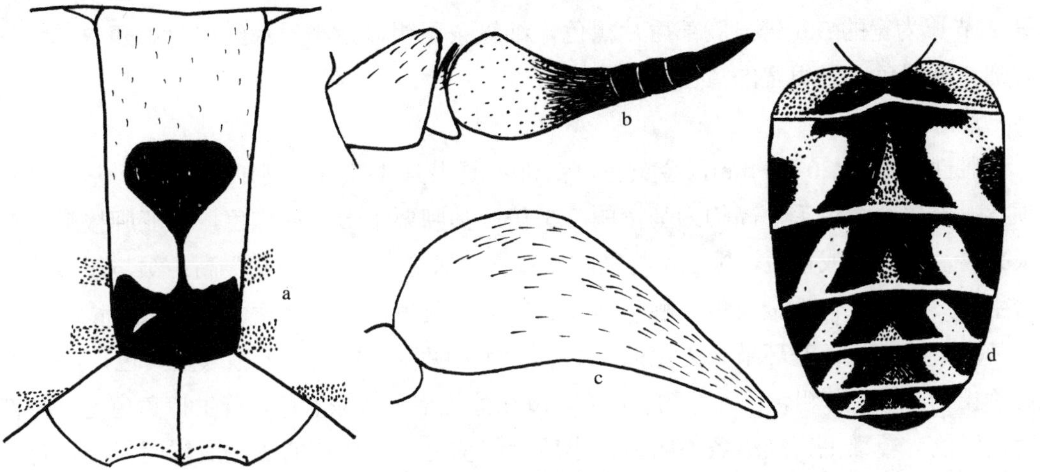

图 330　台湾虻 *Tabanus taiwanus* Hayakawa *et* Takahasi

a. 额 (frons)；b. 触角 (antenna)；c. 下颚须 (palpus)；d. 腹部背面 (dorsum of abdomen)

佛光虻组 *Tabanus budda* group

佛光虻组虻的主要特征是腹部背板具宽的后缘带；触角背突大，前伸。另外，亚胛覆粉；额基胛与亚胛连接；中胛与基胛连接，或趋向于连接；足二色明显或不明显；翅 R_5 室开放。本组主要分布在古北界，佛光虻金尾亚种 *Tabanus budda auricauda* Philip 可能是东洋界种 (图 316)。

种检索表

1. 复眼具 1 条横带，盾片黑色，小盾片橙红色……………………………… **副佛光虻 *T. parabuddha***
   复眼无横带，盾片与小盾片均为黑色……………………………………………………………2
2. 足股节和前足跗节黑色，额高为基宽的 5 倍…………………………………… **金色虻 *T. chrysurus***
   足股节和前足跗节棕色，额高为基宽的 3.0-3.5 倍…………………………………………3
3. 腹部第 1-3 背板全黑色，覆黑毛 ……………………………… **佛光虻金尾亚种 *T. budda auricauda***
   腹部第 1-3 背板非全黑，后缘棕黄色，覆金黄色毛 ………………… **佛光虻指名亚种 *T. budda budda***

(309) 副佛光虻 *Tabanus parabuddha* Xu, 1983 (图 331；图版 XVII)

Tabanus parabuddha Xu, 1983: 177 [Type locality: Jiulong, Sichuan, China]; Wang, 1994: 82; Yang and Xu, 1997: 14.

鉴别特征 体大型，金黄色；复眼具 1 带；额高约为基宽的 2.5 倍，基胛栗子形，与亚胛接触；亚胛覆粉；触角柄节和梗节棕黄色，鞭节基环节背突大；下颚须金黄色，第 2 节长为宽的 3.6 倍；胸部盾片黑色，细纵条不明显，小盾片红棕色；翅 R_5 室开放；腹部背板黑色，具很宽的黄色后缘带。

形态描述

雌性 体长 20-24 mm，金黄色。头部：复眼具 1 带 (回潮)；额黄色，基宽约等于顶宽，着生金黄色毛，高约为基宽的 2.5 倍；基胛栗子形，红棕色，与亚胛接触，与复眼分离，中胛无或很短，黑色，与基胛连接；亚胛金黄色，“眉片”高；颜与颊金黄色，着生金黄色毛；口毛金黄色。触角柄节和梗节棕黄色，着生金黄色毛夹杂少量黑毛，鞭节基环节棕红色，基环节长为宽的 1.4 倍，背突明显，指状。下颚须金黄色，第 1 节覆黄色长毛，第 2 节粗，长为宽的 3.6 倍，覆红棕色毛。喙棕黑色，着生棕黄色毛。胸部：背板黑色，覆黑毛，细纵条不明显，小盾片红棕色，与盾片的颜色成鲜明对照，背侧片黑毛；侧板黑色，着生黑毛，中侧片具 1 丛棕色毛。足棕色，着生棕色毛，前足胫节基部 1/2 和中、后足胫节黄白色，端部及跗节棕色。翅透明，翅脉黄色，R_4 脉无附脉，R_5 室开放。腋瓣灰黑色，两腋瓣交接处具黄毛。平衡棒黄棕色，球部两侧暗棕色。腹部：背板黑色，着生黑毛，后缘具宽的黄色带，第 1、2 背板的横带占所在节宽的 1/5，第 3 背板的横带占所在节宽的 1/3，第 4 背板的横带占所在节宽的 1/2，第 5-7 背板大部分黄色。腹板黑色，第 2 腹板的黄色横带占所在节宽的 1/3，第 3、4 腹板的横带占所在节宽的 1/2，第 5-7 腹板大部分黄色。

雄性 未详。

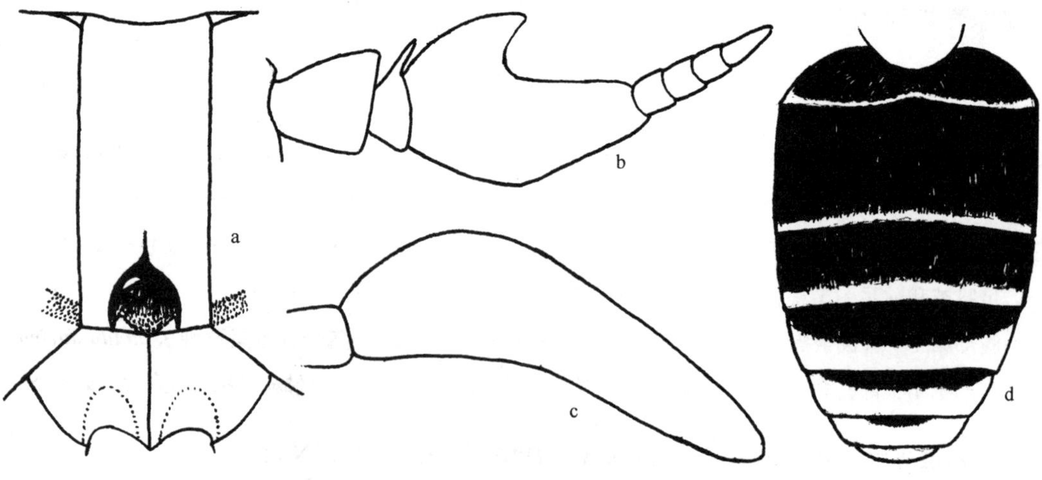

图 331 副佛光虻 *Tabanus parabuddha* Xu

a. 额 (frons)；b. 触角 (antenna)；c. 下颚须 (palpus)；d. 腹部背面 (dorsum of abdomen)

观察标本　正模♀，四川九龙，3800 m，1979.VII. 20，许荣满，保存在 AMMSC。

生物学　高山林区种。

地理分布　四川 (九龙)、云南 (丽江、德钦)。

分类讨论　本种类似于佛光虻金尾亚种 *T. budda auricauda* Philip，但佛光虻金尾亚种的复眼无横带，盾片与小盾片均为黑色。

(310) 金色虻 *Tabanus chrysurus* Loew, 1858 (图 332)

Tabanus chrysurus Loew, 1858: 103 [Type locality: Japan]; Murdoch and Takahasi, 1969: 59; Olsufjev, 1977: 269; Wang, 1983: 72.

Tabanus pyrrhoceras Bigot, 1887: 7. Synonymized by Chvála, 1988: 141.

鉴别特征　体大型，金黄色；复眼无带；额黄色，高约为基宽的 5 倍，基胛三角形，与亚胛接触；亚胛覆粉；触角柄节和梗节棕黄色，鞭节基环节背突大，指状；下颚须金黄色，第 2 节长为宽的 4.5 倍；胸部盾片黑色，覆棕色粉，具 2 灰色细纵条，小盾片色同盾片；足股节大部分和前足跗节黑色；翅 R_5 室开放；腹部背板黑色，具很宽黄色后缘带。

形态描述

雌性　体长 23-28 mm，金黄色。头部：复眼无带 (回潮)；额黄色，基宽约等于顶宽，着生金黄毛，高约为基宽的 5 倍；基胛三角形，黄棕色，与亚胛接触，与复眼分离，中胛很短，黑色，与基胛连接；亚胛金黄色，“眉片”高；颜与颊金黄色，着生金黄色毛；口毛金黄色。触角柄节和梗节棕黄色，着生黑毛，鞭节基环节红棕色，基环节长为宽的 1.3 倍，背突明显，指状，为端环节长的 2 倍。下颚须金黄色，第 1 节覆黄色长毛，第 2 节粗，长为宽的 4.5 倍，覆黄毛。喙棕黑色，着生棕黄色毛。胸部：背板黑色，覆棕色粉黑毛，具 2 条灰色纵纹，小盾片色同盾片，背侧片黄棕色；侧板黄棕色，密覆黑毛。足黄色，股节大部分黑色黑毛，前足跗节黑色，中、后足跗节基部 1/3 黄色，其余黑色。翅透明，翅脉黄棕色，前缘着黄色，R_4 脉无附脉，R_5 室开放。腋瓣灰黑色，两腋瓣交接处具黄毛。平衡棒黄棕色，球部两侧暗棕色。腹部：背板黑色，着生黑毛，后缘具宽的黄毛带，第 1-3 背板的横带较窄，其后各背板的横带较宽，几乎占满全节；腹板黑色，色斑同背板。

雄性　体长 22-24 mm，复眼上 2/3 大眼面与下 1/3 小眼面界限清晰；触角窄于雌性；下颚须黄棕色，覆浅黄色毛；余者同雌性。

观察标本　10♀♀2♂♂，黑龙江，保存在 AMMSC。

生物学　林区种。

地理分布　黑龙江 (亚布力)、内蒙古；俄罗斯，朝鲜，日本。

分类讨论 本种类似于佛光虻指名亚种 *T. budda budda* Portschinsky，但佛光虻指名亚种的额较宽，高约为基宽的 3 倍，股节和前足跗节黄色。

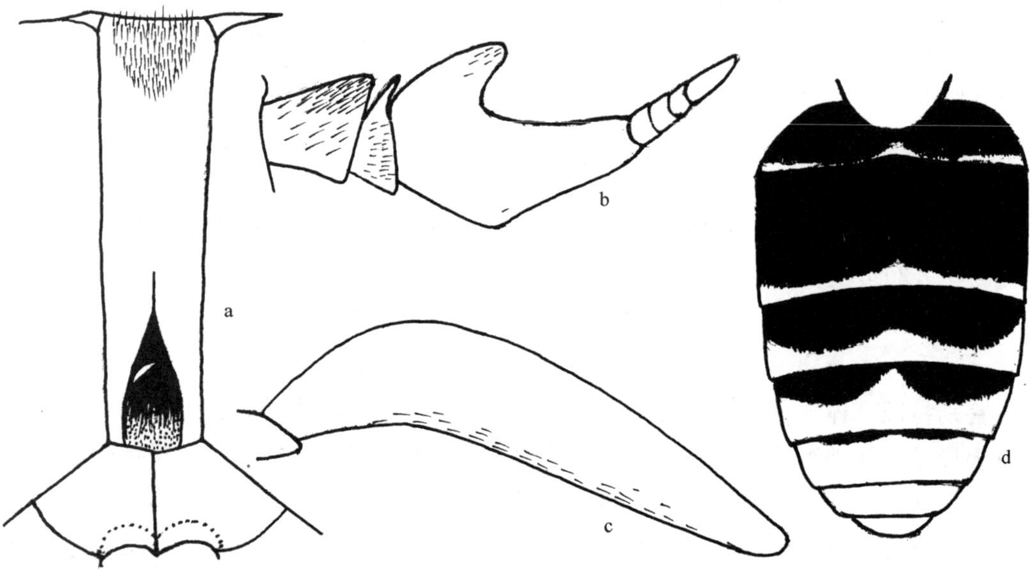

图 332 金色虻 *Tabanus chrysurus* Loew

a. 额 (frons)；b. 触角 (antenna)；c. 下颚须 (palpus)；d. 腹部背面 (dorsum of abdomen)

(311) 佛光虻金尾亚种 *Tabanus budda auricauda* Philip, 1956 (图 316, 图 333)

Tabanus budda auricauda Philip, 1956: 224 [Type locality: Kangding, Sichuan, China]; Yang and Xu, 1997: 14.

鉴别特征 体大型，金黄色；复眼无带；额高约为基宽的 3 倍，基胛栗子形，与亚胛接触；亚胛覆粉；触角柄节和梗节棕黄色，鞭节基环节背突大，指状；下颚须金黄色，第 2 节长为宽的 3.6 倍；胸部盾片黑色，细纵条不明显，小盾片色同盾片；翅 R_5 室开放；腹部背板黑色，具很宽黄色后缘带。

形态描述

雌性 体长 22-23 mm，金黄色。头部：复眼具 1 带 (回潮)；额黄色，基宽约等于顶宽，着生金黄色毛，高约为基宽的 3 倍；基胛栗子形，红棕色，与亚胛接触，与复眼分离，中胛无或很短，黑色，与基胛连接；亚胛金黄色，“眉片”高；颜与颊金黄色，着生金黄色毛；口毛金黄色。触角柄节和梗节棕黄色，着生金黄色毛夹杂少量黑毛，鞭节基环节棕红色，基环节长为宽的 1.4 倍，背突明显，指状。下颚须金黄色，第 1 节覆黄色长毛，第 2 节粗，长为宽的 3.6 倍，覆红棕色毛。喙棕黑色，着生棕黄色毛。胸部：

背板黑色，覆黑毛，细纵条不明显，小盾片黑色，背侧片黑毛；侧板黑色，着生黑毛，中侧片具 1 丛棕色毛。足棕色，着生棕色毛，前足胫节基部 1/2 和中、后足胫节黄白色，端部及跗节棕色。翅透明，翅脉黄色，R_4 脉无附脉，R_5 室开放。腋瓣灰黑色，两腋瓣交接处具黄毛。平衡棒黄棕色，球部两侧暗棕色。腹部：背板黑色，着生黑毛，后缘具宽的黄色带，但第 1-3 背板全黑色，无横带，第 4 背板的横带占所在节宽的 1/2，第 5-7 背板大部分黄色。腹板黑色，色斑同背板。

雄性　未详。

观察标本　正模♀，四川康定，标本号 12879，保存在 CCAS。30♀♀，四川、云南，保存在 AMMSC。

生物学　高原种。

地理分布　四川 (康定)、云南 (永善、绥江、盐津、大关、威信、曲靖、巧家)。

分类讨论　本种与佛光虻指名亚种 *T. budda budda* Portschinsky 近似，但指名亚种的腹部第 1-3 背板非全黑，后缘棕黄色，覆金黄色毛。本种分布在东洋界西北缘，紧挨青藏区 (图 316)。

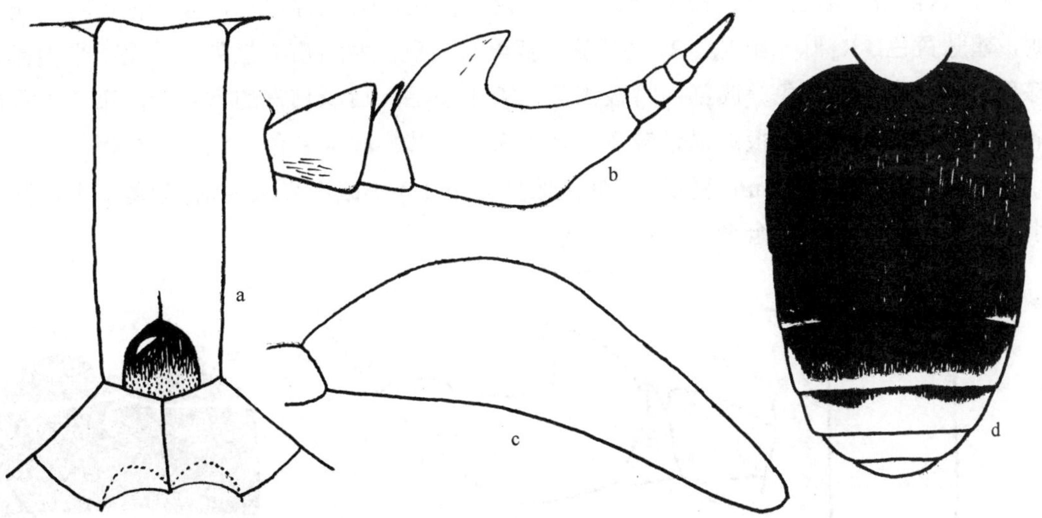

图 333　佛光虻金尾亚种 *Tabanus budda auricauda* Philip

a. 额 (frons)；b. 触角 (antenna)；c. 下颚须 (palpus)；d. 腹部背面 (dorsum of abdomen)

(312) 佛光虻指名亚种 *Tabanus budda budda* Portschinsky, 1887 (图 316，图 334)

Tabanus budda Portschinsky, 1887: 181 [Type locality: Inner Mongolia, China]; Murdoch and Takahasi, 1969: 59; Olsufjev, 1977: 271; Xu, 1982b: 105; Xu, 1982c: 107; Xu and Liu, 1982b: 112; Zhang and Zhao, 1982: 7; Wang, 1983: 70; Chen, 1983: 116; Wu, Li, Liu, Yang, Zhang and Cao, 1988: 199; Jiang, Zhang, Huang and Dai, 1993: 104; Wang, Ge and Dong, 1998: 44; Liu, 1999c: 517; Xu, 2005:

771.

鉴别特征 体大型，金黄色；复眼无带；额黄色，高约为基宽的 3 倍，基胛栗子形，与亚胛接触；亚胛覆粉；触角柄节和梗节棕黄色，鞭节基环节背突大，指状；下颚须金黄色，第 2 节长为宽的 3.6 倍；胸部盾片黑色，覆棕色粉，具 2 灰黄色纵条，小盾片色同盾片；翅 R_5 室开放；腹部背板黑色，具很宽黄色后缘带。

形态描述

雌性 体长 22-23 mm，金黄色。头部：复眼具 1 带 (回潮)；额黄色，基宽约等于顶宽，着生金黄色毛，高约为基宽的 3 倍；基胛栗子形，黄棕色，与亚胛接触，与复眼分离，中胛无或很短，黑色，与基胛连接；亚胛金黄色，“眉片”高；颜与颊金黄色，着生金黄色毛；口毛金黄色。触角柄节和梗节棕黄色，着生金黄色毛夹杂少量黑毛，鞭节基环节红黄色，基环节长为宽的 1.5 倍，背突明显，指状，为端环节长的 1.5 倍。下颚须金黄色，第 1 节覆黄色长毛，第 2 节粗，长为宽的 3.6 倍，覆红黄色毛。喙棕黑色，着生棕黄色毛。胸部：背板黑色，覆棕色粉黑毛，具 2 灰黄色纵条，小盾片色同盾片，背侧片黄棕色；侧板黑色，密覆金黄色毛。足棕黄色，着生棕色毛，股节色较暗。翅透明，翅脉黄色，R_4 脉无附脉，R_5 室开放。腋瓣灰黑色，两腋瓣交接处具黄毛。平衡棒黄棕色，球部两侧暗棕色。腹部：背板黑色，着生黑毛，后缘具宽的黄毛带，第 1-3 背板的横带较窄，其后各背板的横带较宽，几乎占满全节。腹板黑色，色斑同背板。

雄性 体长 20-22 mm，复眼上 2/3 大眼面与下 1/3 小眼面界限清晰；触角窄于雌性；小盾片有时端半橙色；余者同雌性。

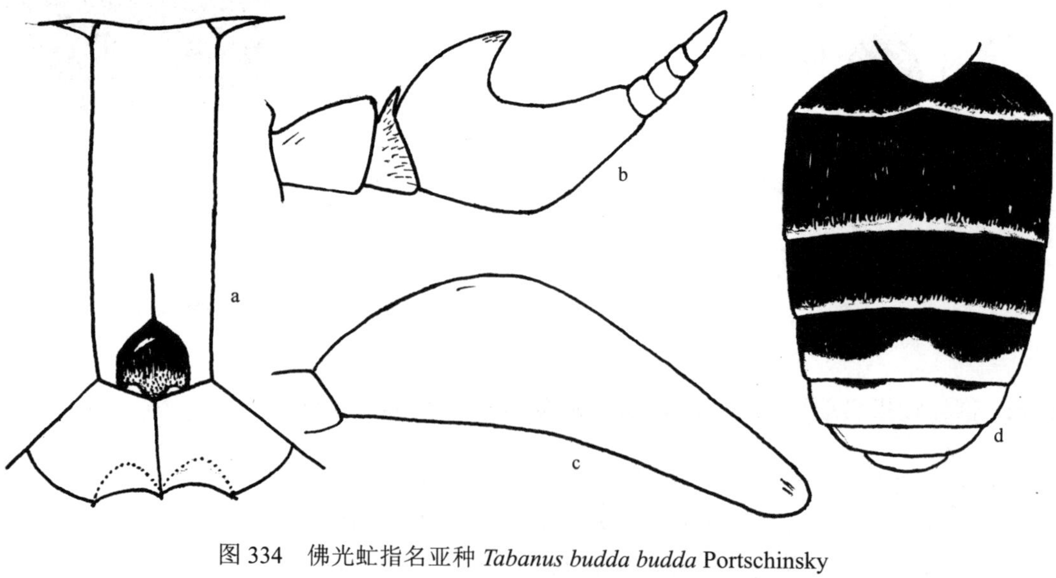

图 334 佛光虻指名亚种 *Tabanus budda budda* Portschinsky

a. 额 (frons)；b. 触角 (antenna)；c. 下颚须 (palpus)；d. 腹部背面 (dorsum of abdomen)

观察标本　模式标本，内蒙古，保存地未详。30♀♀，甘肃；4♀♀3♂♂，黑龙江，保存在 AMMSC。

生物学　林区种；6-8 月多见。

地理分布　黑龙江 (亚布力、饶河)、吉林 (珲春、抚松、长白山)、辽宁 (新宾、建昌、北票、阜新、北镇、义县、兴城)、内蒙古、北京 (丰台)、山西 (岢岚、文水)、河南 (伏牛山、栾川)、陕西 (延安、秦岭、宁陕、留坝、汉中)、宁夏 (泾源)、甘肃 (舟曲、康县、文县、武都、天水、山丹、肃南、铧尖、武山)。

分类讨论　本种与金色虻 *T. chrysurus* Loew 近似，但金色虻足股节和前足跗节黑色，额高约为基宽的 5 倍。本种为古北界种，但延伸分布到东洋界北缘 (图 316)。

姚氏虻组 *Tabanus yao* group

姚氏虻组虻的主要特征是复眼无带或具 1 条横带；亚胛覆粉；额基胛与亚胛连接；中胛与基胛连接，或趋向于连接；触角背突大，前伸；足二色不明显；翅 R_5 室开放；腹部背板具窄的后缘带。本组成员主要分布在东洋界，少数为古北界种 (图 338)。

种检索表

1. 复眼具 1 条横带……2
   复眼无横带……3
2. 下颚须灰黄色，覆黑毛；中、后足胫节仅覆黑毛；胸部侧板具很多黑毛；亚生殖板基缘平直，端缘凹入深……**朝鲜虻 *T. coreanus***
   下颚须金黄色，覆金黄色毛夹杂黑毛；中、后足胫节覆黑毛，腹缘具许多金色毛；胸部侧板覆黄毛，偶具几根黑毛；亚生殖板基缘略凹入，端缘凹入浅……**姚氏虻 *T. yao***
3. 腹部背板灰黑色……**汉氏虻 *T. haysi***
   腹部背板棕黄色至深棕色……4
4. 触角鞭节基部的背突前伸不明显……**黄头虻 *T. flavicapitis***
   触角鞭节基部的背突明显前伸……5
5. 额基胛红棕色……6
   额基胛黑色……7
6. 腹部背板具 1 列中黑斑，其后具浅色中三角；翅 R_4 脉具附脉；胸部盾片具 3 条浅色细纵纹……**亲北虻 *T. borealoriens***
   腹部背板具 1 列中黑斑，其后无浅色中三角；翅 R_4 脉无附脉；胸部盾片不具浅色细纵纹……**棕胸虻 *T. orphnos***
7. 足股节深棕色；额高为基宽的 5-6 倍；触角鞭节基环节长为端环节的 1.6-2.0 倍……

……………………………………………………………………………………………宝鸡虻 *T. baojiensis*

足股节黑色；额高为基宽的 7-8 倍；触角鞭节基环节长为端环节的 1.0-1.4 倍……………………8

8\. 触角鞭节黑色；额高为基宽的 7 倍，中胛线形，达额高的 1/2；翅脉两侧着暗色…………………
……………………………………………………………………………亚暗斑虻 *T. subpullomaculatus*

触角鞭节基环节基部红棕色，端部棕黑色，端环节黑色；额高为基宽的 8 倍，中胛线形，达额高的 2/3；翅脉两侧不着色……………………………………………………暗斑虻 *T. pullomaculatus*

(313) 朝鲜虻 *Tabanus coreanus* Shiraki, 1932 (图 335)

Tabanus coreanus Shiraki, 1932: 270 [Type locality: Shakuoji, Koryo, Korea]; Murdoch and Takahasi, 1969: 64; Xu, 1982e: 122; Xu and Liu, 1982b: 112; Chen, 1983: 116; Wu, Li, Liu, Yang, Zhang and Cao, 1988: 199; Chen and Xu, 1992a: 64; Yang and Xu, 1997: 14; Wang, Ge and Dong, 1998: 44; Liu, 1999c: 517; Xu, 2001: 346; Xu, 2005: 772.

Tabanus trigonus Coquillett: Wang, 1983: 74. Misidentification.

Tabanus yao Macquart: Zhang and Zhao, 1982: 7; Jiang, Zhang, Huang and Dai, 1993: 105. Misidentification.

鉴别特征 体大型，棕黑色；复眼具1带；额高约为基宽的7倍，基胛三角形，与亚胛接触；亚胛覆粉；触角柄节和梗节棕黄色，鞭节基环节黄色，背突大，指状；下颚须灰黄色，第2节长为宽的4倍，覆黑毛；胸部盾片灰黑色，3细纵条不明显，小盾片色同盾片；翅R_5室开放，R_4脉具附脉；腹部第1-4背板红棕色，其后各背板棕黑色覆黑毛，第1-6背板具黄毛端带，第2-6背板具灰黄色后缘中三角。

形态描述

雌性 体长 22-23 mm，棕黑色。头部：复眼绿色，具 1 紫色带 (回潮)；额灰黄色，基宽略窄于顶宽，着生灰黄色毛，高约为基宽的 7 倍；基胛长卵形，黑色，与亚胛接触，与复眼分离，中胛线形，达额高的 3/5，黑色，与基胛连接；亚胛灰白色，“眉片”低；颜与颊灰白色，着生浅黄色毛；口毛浅黄色。触角柄节和梗节棕黄色，着生黑毛，鞭节基环节黄色，基环节长为宽的 1.5 倍，背突明显，指状。下颚须灰黄色，第 1 节覆灰黄色长毛，第 2 节长为宽的 4 倍，覆黑毛。喙棕黑色，着生灰棕色毛。胸部：背板灰黑色，覆黑毛夹杂金黄色毛，3 细纵条不明显，小盾片色同盾片，背侧片黑色黑毛；侧板灰黑色，着生黑毛。足基节红棕色，着生棕色毛，股节红棕色覆黑毛，胫节黄棕色着生黑毛，跗节棕黑色覆黑毛。翅透明，翅脉棕色，R_4 脉具附脉，R_5 室开放。腋瓣灰黑色，两腋瓣交接处具浅黄色毛。平衡棒棕黄色，球部两侧棕黑色。腹部：第 1-4 背板红棕色，其后各背板棕黑色覆黑毛，第 1-6 背板具黄毛端带，第 2-6 背板具灰黄色后缘中三角，其中第 2-4 背板的三角较高。腹板灰黑色，除尾端夹杂有黑毛外，覆金黄色毛。

雄性　体长 20-22 mm，复眼上 2/3 大眼面与下 1/3 小眼面界限清晰；触角窄于雌性；腹部背板两侧较雌性的更带红棕色，色斑较雌性的不清晰。

观察标本　20♀♀5♂♂，安徽，保存在 AMMSC。

生物学　山区林地种，6-7 月多见。

地理分布　吉林 (集安)、辽宁 (宽甸、新宾、西丰、开原、千山、安山、庄河、凤城、岫岩、桓仁)、北京 (怀柔、海淀)、河北、山西 (定襄)、山东 (文登、青岛)、河南 (鸡公山、信阳、伏牛山、桐柏)、陕西 (宁陕、佛坪、留坝)、甘肃 (文县、康县、成县、天水)、江苏 (连云港)、安徽 (黄山)、浙江 (天目山)、湖北 (神农架、应山、襄阳、均县)、福建 (武夷山、光泽、邵武、建阳、柘荣)、四川 (万源、峨眉山)、贵州 (遵义、绥阳、赤水、思南、锦屏)、云南 (水富、盐津)；朝鲜。

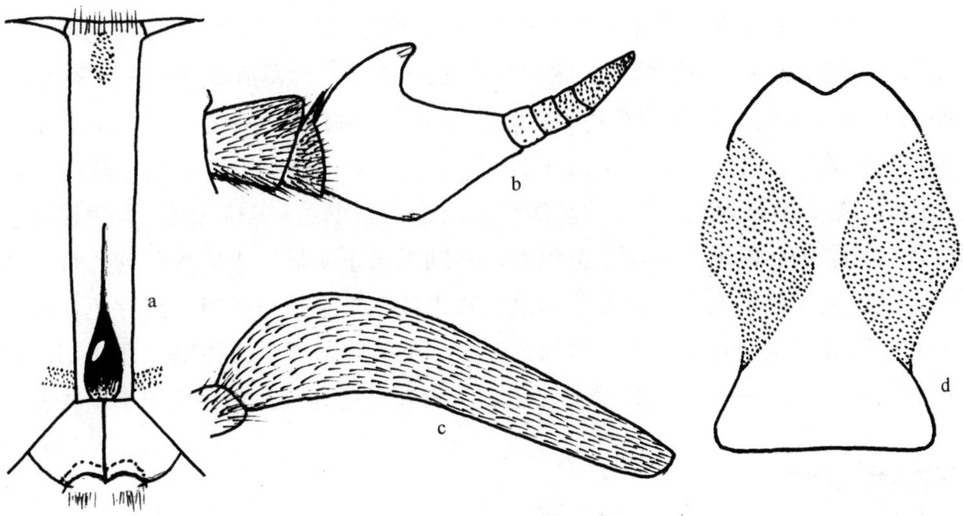

图 335　朝鲜虻 *Tabanus coreanus* Shiraki

a. 额 (frons)；b. 触角 (antenna)；c. 下颚须 (palpus)；d. 亚生殖板 (subgenital plate)

分类讨论　本种类似于姚氏虻 *T. yao* Macquart，但姚氏虻下颚须金黄色，覆金黄色毛，夹杂黑毛；胸部侧板着生黄色毛；中、后足胫节腹缘有许多金色毛；亚生殖板基缘略凹入，端缘凹入浅。王遵明 (1983) 记载，辽宁有 *T. trigonus* Coquillett, 1898，但未找到定名标本，而朝鲜虻在辽宁省分布较多，本志认作误定，待找到定名标本时再作处理。

(314) 姚氏虻 *Tabanus yao* Macquart, 1855 (图 336，图 338)

Tabanus yao Macquart, 1855: 24 [Type locality: Chine boreale, China]; Murdoch and Takahasi, 1969: 63; Xu, 1982e: 123; Wang, 1983: 73; Chen, 1983: 119; Wang, Ge and Dong, 1998: 44; Xu, 2001: 348.

Tabanus bucolicus Schiner, 1868: 81. Synonymized by Szilády, 1926a: 600.

Tabanus confucius Macquart, 1855: 46. Synonymized by Ricardo, 1911a: 244.

Tabanus felderi van der Wulp, 1895: 78. ? As synonym of *bucolicus* by Ricardo, 1911a: 186.

Tabanus auriventralis Philip, 1956: 222; Murdoch and Takahasi, 1969: 62. **New synonym.**

鉴别特征　体大型，棕黑色；复眼具 1 带；额高约为基宽的 7 倍，基胛三角形，与亚胛接触；亚胛覆粉；触角柄节和梗节棕色，鞭节基环节棕黄色，鞭节基环节背突大，指状；下颚须金黄色，第 2 节长为宽的 4 倍，主要覆金黄毛；胸部盾片黑色，3 细纵条不明显，小盾片色同盾片；翅 R_5 室开放，R_4 具附脉；腹部背板灰棕色至灰黑色，具灰黄色后缘带和中三角。

形态描述

雌性　体长 22-24 mm，棕黑色。头部：复眼绿色，具 1 紫色带 (回潮)；额灰黄色，基宽略窄于顶宽，着生灰黄色毛，高约为基宽的 7 倍；基胛长卵形，棕黑色至黑色，与亚胛接触，与复眼分离，中胛线形，达额高的 2/3，黑色，与基胛连接；亚胛灰黄色，“眉片”低；颜与颊灰黄色，着生浅黄色毛；口毛浅黄色。触角柄节和梗节棕色，着生黑毛，鞭节基环节棕黄色，基环节长为宽的 1.5 倍，背突明显，指状。下颚须金黄色，第 1 节覆黄色长毛，第 2 节长为宽 4 倍，覆金黄色毛夹杂少量黑毛。喙棕黑色，着生棕黄色毛。胸部：背板灰黑色，覆黑毛夹杂金黄色毛，3 细纵条不明显，小盾片色同盾片，背侧片灰黑色，具黑毛和棕黄色毛；侧板灰黑色，着生黄毛。足基节和股节红棕色，覆浅黄色毛和黑毛，胫节浅黄色着生黑毛，腹缘具许多黑毛，跗节黑色覆黑毛。翅透明，翅脉棕色，R_4 脉具附脉，R_5 室开放。腋瓣灰黑色，两腋瓣交接处具浅黄色毛。平衡棒棕色，球

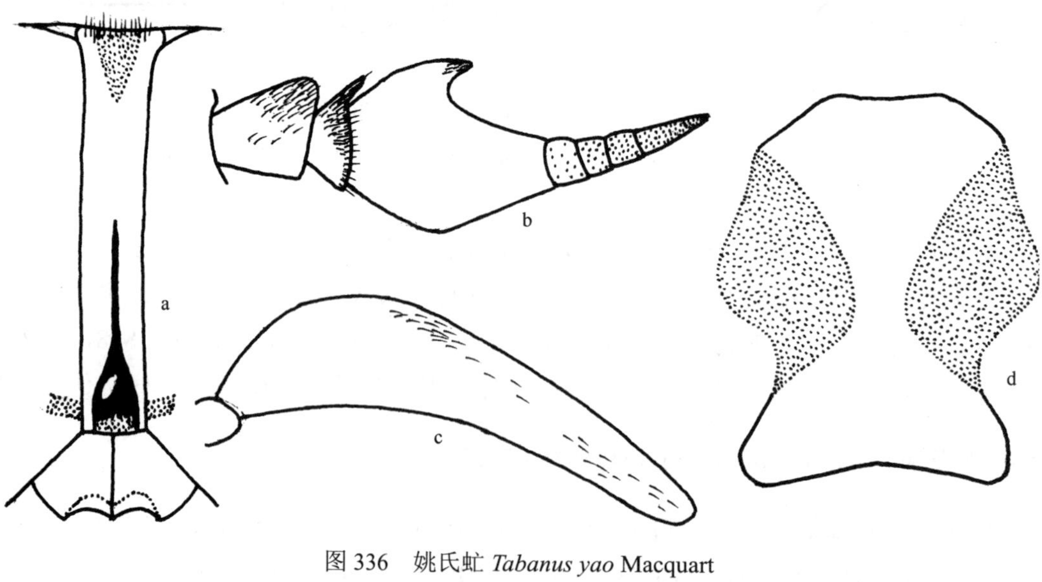

图 336　姚氏虻 *Tabanus yao* Macquart

a. 额 (frons)；b. 触角 (antenna)；c. 下颚须 (palpus)；d. 亚生殖板 (subgenital plate)

部两侧棕黑色。腹部：背板灰棕色至灰黑色，第 1-6 背板具黄毛端带，第 2-6 背板具灰黄色后缘和中三角，有时中三角不清晰。腹板灰色，中央带棕色，除尾端夹杂有黑毛外，覆金黄色毛。

雄性　体长 20 mm，复眼上 2/3 大眼面与下 1/3 小眼面界限清晰；触角窄于雌性。

观察标本　10♀♀1♂，江苏、浙江，保存在 AMMSC。

生物学　平原、丘陵种；6-7 月多见。

地理分布　辽宁 (鞍山、义县、兴城、绥中)、上海、江苏 (新海连、南京、镇江)、浙江 (天目山、莫干山、奉化、舟山、黄岩)、安徽 (大别山)、福建 (将乐、柘荣)、山东 (威海、文登)、河南 (信阳)、台湾、香港。

分类讨论　本种非常类似于朝鲜虻 *T. coreanus* Shiraki，但朝鲜虻下颚须灰黄色，第 2 节覆黑毛；亚生殖板基缘平直，端缘凹入深。Ricardo (1911a) 怀疑 *T. felderi* van der Wulp, 1885 (模式标本产地为浙江宁波) 与 *T. bucolicus* Schiner, 1868 (模式标本产地为香港) 是同种，而 *T. felderi* 的原始描述很像姚氏虻，因浙江北部的虻类已作了充分调查，故本志作同物异名处理。姚氏虻主要分布在我国东部沿海地区，向内陆延伸到河南南部，为跨古北、东洋两界分布的种类 (图 338)。

(315) 汉氏虻 *Tabanus haysi* Philip, 1956 (图 337，图 338)

Tabanus haysi Philip, 1956: 221 [Type locality: Kumwaha, Korea]; Murdoch and Takahasi, 1969: 64; Chen, 1983: 117; Wu, Li, Liu, Yang, Zhang and Cao, 1988: 199; Jiang, Zhang, Huang and Dai, 1993: 105; Wang, 1994: 83; Wang, Ge and Dong, 1998: 44; Liu, 1999c: 517; Xu, 2005: 772.

Tabanus yao Macquart: Wang, 1983: 73. Misidentification.

鉴别特征　体大型，灰黑色；复眼无带；额灰黄色，高为基宽的 7-8 倍，基胛长卵圆形，与亚胛接触；亚胛覆粉；触角柄节和梗节灰黄色，鞭节基环节背突大，指状；下颚须灰棕色，第 2 节长为宽的 4 倍，覆黑毛；胸部盾片灰黑色，3 细纵条不明显，小盾片色同盾片；翅 R_5 室开放；腹部背板灰黑色，具灰黄色后缘带和中三角。

形态描述

雌性　体长 22-24 mm，灰黑色。头部：复眼绿，无色带 (回潮)；额灰黄色，基宽略窄于顶宽，着生黑毛，高为基宽的 7-8 倍；基胛长卵形，黑色，与亚胛接触，与复眼分离，中胛线形，达额高的 2/3，黑色，与基胛连接；亚胛灰黄色，“眉片”低；颜与颊灰黄色，着生灰黄色毛；口毛灰黄色。触角柄节和梗节灰黄色，着生黑毛，鞭节基环节棕黄色，基环节长为宽的 1.5 倍，背突明显，短指状，端部及端环节暗棕色。下颚须灰棕色，第 1 节覆黄色长毛，第 2 节长为宽 4 倍，覆黑毛。喙棕黑色，着生棕色毛。胸部：背板灰黑色，覆黑毛夹杂黄毛，3 细纵条不明显，小盾片色同盾片，背侧片灰黑色，具黑毛和灰黄色毛；侧板灰色，着生黑毛和灰黄色毛。足基节和股节红棕色，覆浅黄色毛，胫节棕色着生黑毛，跗节暗棕色覆黑毛。翅透明，翅脉棕色，R_4 脉具附脉，R_5 室开放。腋瓣灰黑色，两腋瓣交接处具灰黄色毛。平衡棒棕色，球部两侧棕黑色。腹部：背板灰黑色，第 1-6 背板具灰黄色毛端带，第 2-6 背板具灰黄色后缘中三角，有时中三角不清晰。腹板灰色，中央带棕色，各节具不清晰的浅色后缘带，除尾端夹杂有黑毛外，覆灰黄色毛。

雄性　体长 20 mm，复眼上 2/3 大眼面与下 1/3 小眼面界限清晰；触角窄于雌性。

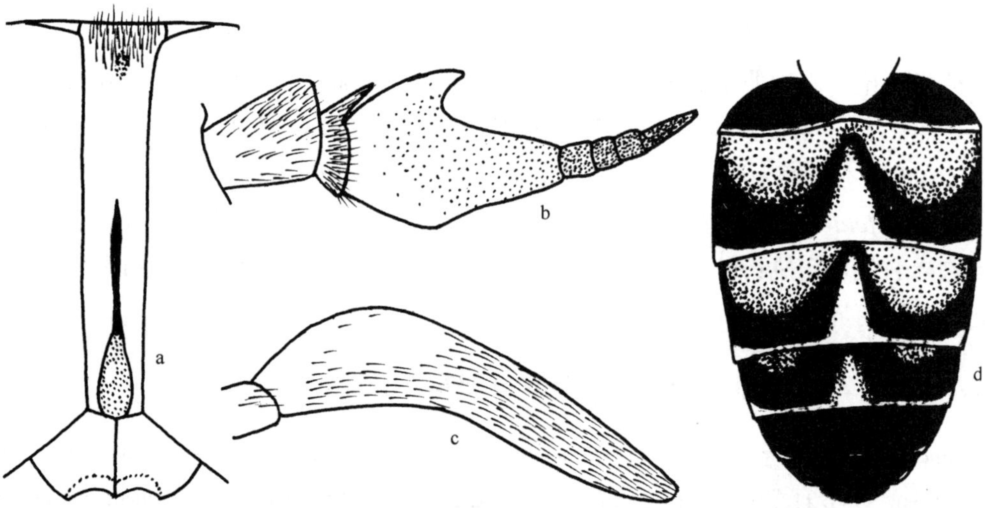

图 337　汉氏虻 *Tabanus haysi* Philip

a. 额 (frons)；b. 触角 (antenna)；c. 下颚须 (palpus)；d. 腹部背面 (dorsum of abdomen)

观察标本　5♀♀2♂♂，北京，保存在 AMMSC。

生物学　山区、丘陵种；出现较晚，8 月多见。

地理分布　吉林 (抚松、长白山、敦化)、辽宁 (丹东、岫岩、庄河、营口、盖县、本溪、鞍山、建昌、绥中)、北京 (门头沟、八达岭)、河南 (鸡公山、桐柏、栾川)、陕西 (延安、秦岭、周至、佛坪、留坝、汉中、安康)、甘肃 (天水)、湖北 (神农架)；朝鲜。

分类讨论　本种类似于朝鲜虻 *T. coreanus* Shiraki，但朝鲜虻复眼具带，体棕黑色。汉氏虻为古北界种，但向南伸展到东洋界的华中区，西至秦岭巴山 (图 338)。

(316) 黄头虻 *Tabanus flavicapitis* Wang *et* Liu, 1977 (图 339)

Tabanus flavicapitis Wang *et* Liu, 1977, In: Wang, 1977: 110 [Type locality: Hainan, China]; Wang, 1983: 71.

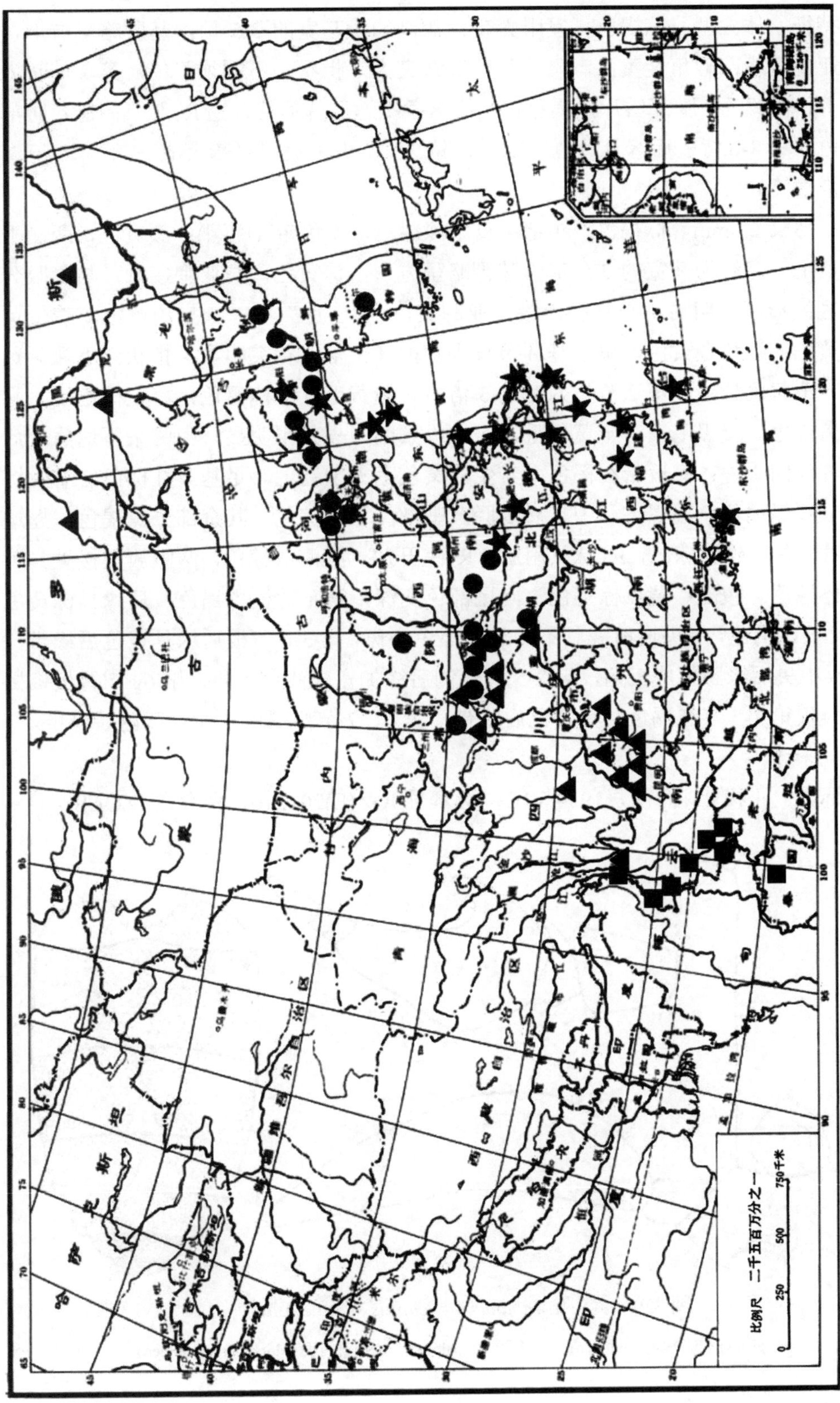

图 338 姚氏虻组 *Tabanus yao* group 的地理分布

★姚氏虻 *Tabanus yao* Macquart ●汉氏虻 *Tabanus haysi* Philip ■亲北虻 *Tabanus borealoriens* Burton ▲宝鸡虻 *Tabanus baojiensis* Xu *et* Liu

鉴别特征 体大型，棕褐色；复眼无带；额高约为基宽的 3.5 倍，基胛略呈方形，中胛短；亚胛覆粉；触角金黄色，鞭节基环节背突大，指状；下颚须黄色，第 2 节长为宽的 3 倍多，覆黄毛；胸部盾片黑褐色，中侧纵条不达盾片后缘；翅 R_4 脉具附脉；腹部背板棕褐色，第 3-6 背板后缘具黄色后缘带，第 2-5 背板中央后缘膨大成三角。

形态描述

雌性 体长 23 mm，棕褐色。头部：复眼深绿色，无色带 (回潮)；额黄色，两侧平行，着生黄毛，高约为基宽的 3.5 倍；基胛略呈方形，棕黄色，与亚胛接触，与复眼分离，中胛短线形，不明显，与基胛连接；亚胛黄色，“眉片”低；颜与颊黄色，着生黄毛；口毛黄色。触角金黄色，鞭节基环节长为宽的 1.3 倍，背突明显，指状。下颚须黄色，第 1 节覆黄色长毛，第 2 节长为宽的 3 倍多，覆黄毛。喙棕黑色，着生棕色毛。胸部：背板黑褐色，覆黑毛夹杂金黄色毛，3 细纵条的中央条不明显，中侧条不达盾片后缘，小盾片色同盾片；侧板带红褐色，着生浅黄色毛夹杂黑毛。足基节红棕色，着生棕色毛，股节红黑褐色，覆黑毛，中、后足胫节基部 1/2 红棕色，其余部分黑褐色。翅透明，径室着棕色，翅脉棕色，R_4 脉具附脉，R_5 室开放。腋瓣灰棕色，两腋瓣交接处具黄毛。平衡棒棕色。腹部：背板棕褐色，向尾部色变深，第 1 背板黑褐色，后缘具棕黄色带，第 2 背板红褐色，中央近前缘具不明显的黑色小斑，第 3-6 背板后缘具黄色后缘带，第 2-5 背板中央后缘膨大成三角，第 2-5 背板侧后缘加宽成浅色三角，第 6、7 背板棕黑色黑毛。腹板第 1-5 节红褐色，具黄色后缘带，第 6、7 节黑褐色，亦具黄色后缘带。

雄性 未详。

观察标本 正模♀，海南，1934.VI.2，标本号 IOZ(E)201216，保存在 IZCAS。

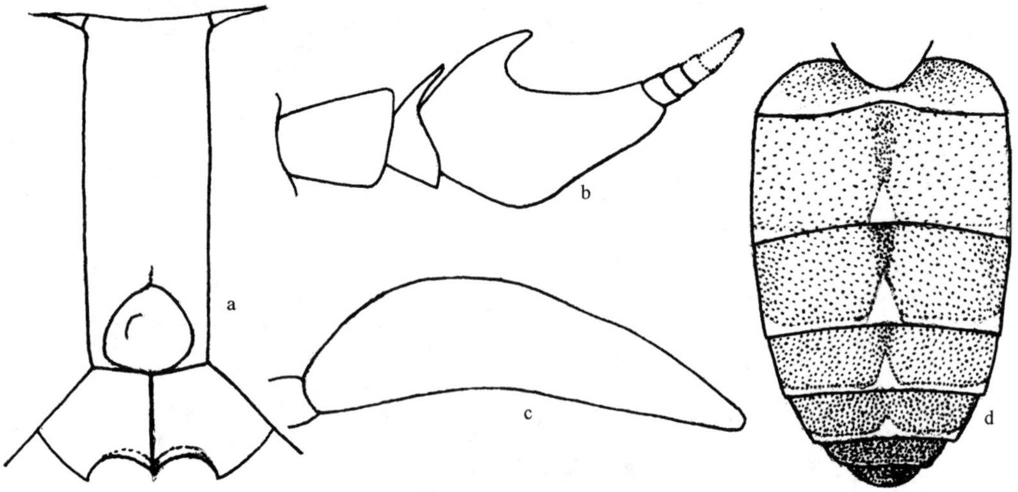

图 339 黄头虻 *Tabanus flavicapitis* Wang *et* Liu

a. 额 (frons)；b. 触角 (antenna)；c. 下颚须 (palpus)；d. 腹部背面 (dorsum of abdomen)

生物学　未详。

地理分布　海南。

分类讨论　本种类似于亲北虻 *T. borealoriens* Burton，但亲北虻的额较窄，高为基宽的 6-7 倍。

(317) 亲北虻 ***Tabanus borealoriens* Burton, 1978** (图 338, 图 340)

Tabanus borealoriens Burton, 1978: 118 [Type locality: Chiang Mai, Thailand]; Xu and Guo, 2005b: 175.

Tabanus varimaculatus Xu, 1981: 312; Xu, 1982h: 138; Wang, 1994: 87; Yang and Xu, 1997: 14. **New synonym**.

鉴别特征　体大型，棕色；复眼无带；额高为基宽的 6-7 倍，基胛长卵形，与亚胛接触；亚胛覆粉；触角柄节暗棕色，鞭节基环节背突长，指状向前突出；下颚须棕黄色，第 2 节长为宽的 4 倍，覆黑毛；胸部盾片黑棕色，3 细纵条明显，中侧条前宽后窄，小盾片色同盾片；翅 R_4 脉具或长或短的附脉；腹部背板暗棕色，具棕黄色后缘带，第 1-3 背板中央前半具黑斑。

形态描述

雌性　体长 20-22 mm，棕色。头部：复眼深绿色，无色带 (回潮)；额黄色，基宽略窄于顶宽，着生黄毛和黑毛，高为基宽的 6-7 倍；基胛长卵形，暗棕色，与亚胛接触，与复眼分离，中胛粗线形，达额高的 2/3，暗棕色，与基胛连接；亚胛棕黄色，“眉片”低；颜与颊黄色，着生黑毛夹杂黄毛，颊主要着生长黑毛；口缘暗黄色毛和黑毛夹杂。触角柄节暗棕色，梗节棕红色，均着生黑毛，鞭节棕红色，基环节长为宽的 1.3 倍，背突长，指状向前突出，基环节长为端环节的 1.1-1.3 倍，端环节棕黑色至黑色。下颚须棕黄色，第 1 节覆黑色长毛和暗黄色毛，第 2 节长为宽 4 倍，覆黑毛。喙棕黑色，着生棕色毛。胸部：背板黑棕色，覆黑毛夹杂黄毛，3 条浅色细纵纹明显，中侧条前宽后窄，小盾片色同盾片，背侧片棕色，覆黑毛，翅上胛和翅后胛后缘各具 1 丛浅黄色长毛，夹杂一些黑色长毛；侧板棕黑色，着生黑毛夹杂浅黄色毛，在翅基前着生 1 丛银白色长毛。足基节色深于侧板，呈灰黑色，以黑毛为主，具一些暗黄色毛，股节和胫节暗棕色，前足股节有的个体较暗，着生黑毛夹杂少量棕色毛，中、后足股节着生黑毛和棕色毛，前、后足胫节和跗节主要着生黑毛，夹杂有许多赤金色毛，中足胫节和跗节大部分着生黑毛，夹杂有少量赤金色毛。翅透明，但前缘略着色，沿翅脉两侧着暗黄色，R_4 脉具或长或短的附脉，R_5 室开放。腋瓣灰棕色，两腋瓣交接处具黄毛。平衡棒棕黄色。腹部：暗棕色，往尾端色变深，背板着生黑毛，第 1-3 背板中央前半具黑斑，各背板具极窄的具金黄色毛的棕黄色后缘带，此带在两侧增宽，第 2-6 背板具小的棕黄色中央三角。腹板棕主要着生黑毛夹杂金黄色毛，各腹板具极窄的具金黄色毛的棕黄色后缘带。

雄性　未详。

观察标本　正模♀，泰国清迈，保存在 CU。40♀♀，云南，保存在 AMMSC。

生物学　山区种。

地理分布　云南 (勐腊、景洪、勐海、思茅、孟连、沧源、耿马、腾冲、六库)；泰国。

分类讨论　本种类似于棕胸虻 *T. orphnos* Wang，但棕胸虻的腹部背板不具 1 列浅色中三角；翅 R_4 脉无附脉；胸部盾片不具浅色细纵纹。异斑虻 *T. varimaculatus* Xu 是本种同物异名。亲北虻为东洋界种，分布在西南区和华南区的西部 (图 338)。

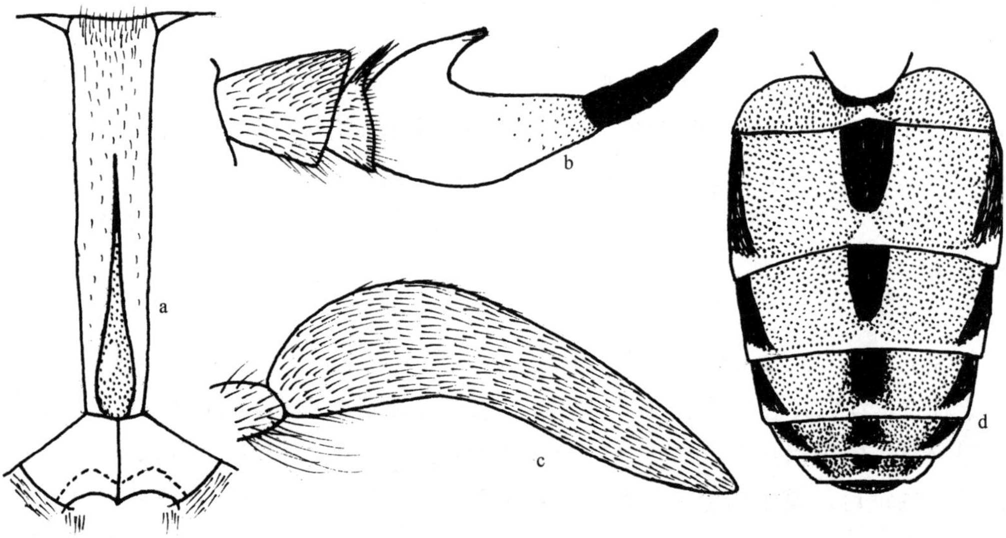

图 340　亲北虻 *Tabanus borealoriens* Burton

a. 额 (frons)；b. 触角 (antenna)；c. 下颚须 (palpus)；d. 腹部背面 (dorsum of abdomen)

(318) 棕胸虻 *Tabanus orphnos* Wang, 1982 (图 341)

Tabanus orphnos Wang, 1982: 181 [Type locality: Medog, Tibet, China]; Wang, 1994: 86.

鉴别特征　体大型，棕色；复眼无带；额高为基宽的5.5-6.5倍，基胛长卵形，与亚胛接触；亚胛覆粉；触角柄节和梗节浅棕色，鞭节棕色，鞭节基环节背突长，指状向前突出；下颚须浅棕色，第2节长为宽的3.5倍，覆黑毛；胸部盾片红棕色，浅色纵条不明显，小盾片色同盾片；翅R_5室开放；腹部第1-4背板黄棕色，侧缘具黑斑，第2、3背板中央具方形黑斑，第4背板接近黑色，中央暗斑不清晰，其后各背板黑色具金黄色后缘。

形态描述

雌性　体长 21-22 mm，棕色。头部：复眼绿色无色带 (回潮)；额灰棕色，基宽略窄于顶宽，着生灰黄色毛，高为基宽的 5.5-6.5 倍；基胛长卵形，红棕色，与亚胛接触，与复眼分离，中胛线形，达额高的 1/2，黑色，与基胛连接；亚胛棕色，“眉片”较高；颜与颊棕色，着生棕色毛，上侧颜具黑毛；口毛黑色。触角柄节和梗节浅棕色，着生黑毛，鞭节棕色，基环节长为宽的 1.3 倍，背突长，指状向前突出，基环节长为端环节的 1.1 倍。下颚须浅棕色，第 1 节覆黑色长毛，第 2 节长为宽 3.5 倍，覆黑毛。喙黑色，着生黑毛。胸部：背板红棕色，覆黑毛，浅色纵条不明显，小盾片色同盾片，背侧片棕色黑毛；侧板棕色，着生黑毛。足基节色同侧板，前足股节黑色，端部红棕色，胫节和跗节红棕色黑毛，中、后足胫节基部 1/3 黑色。翅透明，翅脉棕色，R_4 脉无附脉，R_5 室开放。腋瓣灰黑色，两腋瓣交接处具乳白色毛。平衡棒棕黑色。腹部：第 1-4 背板黄棕色，侧缘具黑斑，第 2、3 背板中央具方形黑斑，第 4 背板接近黑色，中央暗斑不清晰，其后各背板黑色具金黄色后缘。腹板棕黑色，各节具黄毛后缘。

雄性　未详。

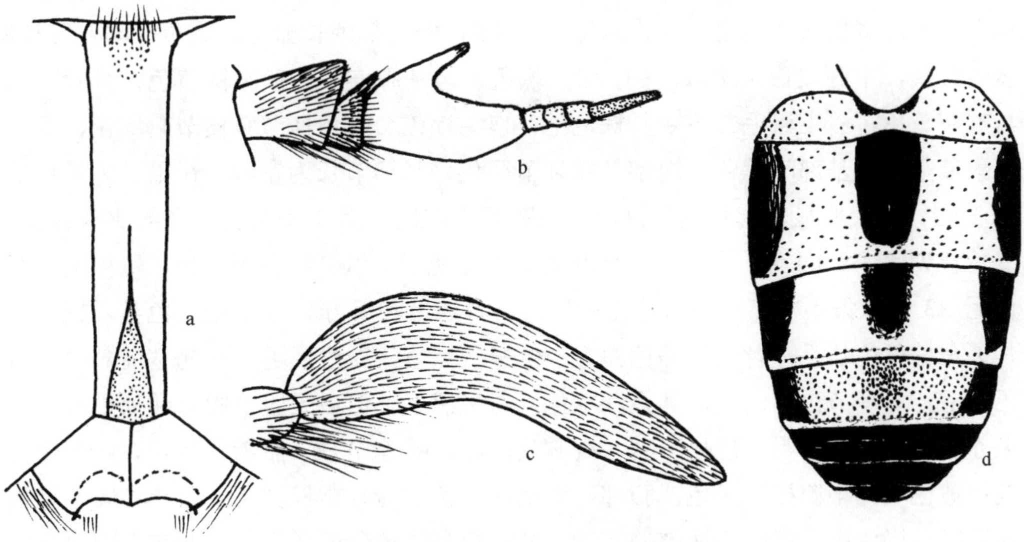

图 341　棕胸虻 *Tabanus orphnos* Wang

a. 额 (frons)；b. 触角 (antenna)；c. 下颚须 (palpus)；d. 腹部背面 (dorsum of abdomen)

观察标本　正模♀，西藏墨脱马尼翁，830 m，1974.VIII.26，李铁生，标本号 IOZ(E)201231，保存在 IZCAS；1♀，西藏，保存在 AMMSC。

生物学　山区种。

地理分布　西藏 (墨脱)。

分类讨论　本种类似于暗斑虻 *T. pullomaculatus* Philip，但暗斑虻的额较窄，高约为基宽的 8 倍，基胛黑色，中胛达额高的 2/3。

(319) 宝鸡虻 *Tabanus baojiensis* **Xu *et* Liu, 1980** (图 338, 图 342)

Tabanus baojiensis Xu *et* Liu, 1980: 479 [Type locality: Baoji, Shaanxi, China]; Xu and Liu, 1982b: 111; Wu, Li, Liu, Yang, Zhang and Cao, 1988: 199; Chen and Xu, 1992a: 59; Wang, 1994: 87; Yang and Xu, 1997: 14; Liu, 1999c: 517; Xu, 2005: 771.

鉴别特征 体大型，深棕色；复眼无带；额高为基宽的5.5-6.0倍，基胛长卵形，与亚胛接触；亚胛覆粉；触角柄节和梗节暗棕色，鞭节基环节基部暗棕色，端部及端环节黑色，鞭节基环节背突大，指状向前突出；下颚须深棕色，第2节长为宽的3.8-4.4倍，覆黑毛；胸部盾片黑色，3细纵条不明显，小盾片色同盾片；翅R_5室开放；腹部背板深棕色，具后缘带和不清晰的低矮中三角。

形态描述

雌性 体长 22-25 mm，棕黑色。头部：复眼绿色无色带 (回潮)；额灰黄色，基宽略窄于顶宽，着生灰黄色毛，高为基宽的 5.5-6.0 倍；基胛长卵形，黑色，与亚胛接触，与复眼分离，中胛线形，达额高的 1/2，黑色，与基胛连接；亚胛棕黄色，“眉片”低；颜与颊灰黄色，着生黑毛，下颊具棕色毛；口毛棕色。触角柄节和梗节暗棕色，着生黑毛，鞭节基环节基部暗棕色，端部及端环节黑色，基环节长为宽的 1.6 倍，为端环节的 1.7-2.2 倍，背突明显，指状向前突出。下颚须深棕色，第 1 节覆黑色长毛夹杂棕色毛，第 2 节长为宽 3.8-4.4 倍，覆黑毛。喙黑色，着生黑毛。胸部：背板黑色，覆黑毛夹杂灰黄色毛，3 细纵条不明显，小盾片色同盾片，背翅上胛后方具 1 丛银白色毛，翅后胛后方具 1 丛棕黄色长毛，背侧片棕色黑毛；侧板灰黑色，着生黑毛，在翅基前着生 1 丛银白色长毛。足基节色同侧板，其余深棕色，着生黑毛，但后足股节腹方和后足胫节后方可见赤金色毛。翅透明，翅脉棕色，R_4 脉具附脉，R_5 室开放。腋瓣灰黑色，两腋瓣交接处具浅黄色毛。平衡棒棕黑色。腹部：背板深棕色，后几节棕黑色，第 2-4 或 5 背板中央和侧缘具黑色斑，黑斑不达节的后缘，各背板具浅黄色毛后缘带，此带在中央扩大成不明显的矮的中三角。腹板棕黑色，后 2 节黑色，各腹板具着生黄毛的浅色窄后缘。

雄性 未详。

观察标本 正模♀，陕西宝鸡，1979.VIII.8，刘增加，保存在 AMMSC；7♀♀，陕西；3♀♀，云南，保存在 AMMSC。

生物学 山区种。

地理分布 陕西 (宝鸡、秦岭、周至、佛坪、留坝)、甘肃 (天水、文县、康县)、湖北 (神农架)、四川 (汉源)、贵州 (威宁、赫章、纳雍)、云南 (昭通、曲靖、永善、绥江、彝良、大关、盐津、维西)。

分类讨论 本种类似于亲北虻 *T. borealoriens* Burton，但亲北虻额基胛暗棕色，触角基环节略长于端环节。也接近同域分布的峨眉山虻 *T. omeishanensis* Xu，但峨眉山虻的额较窄，高为基宽的 9-10 倍，触角基环节的背突较小，腹部背板中三角较高。宝鸡虻是东洋界种，分布在华中区西部高海拔地区 (图 338)。

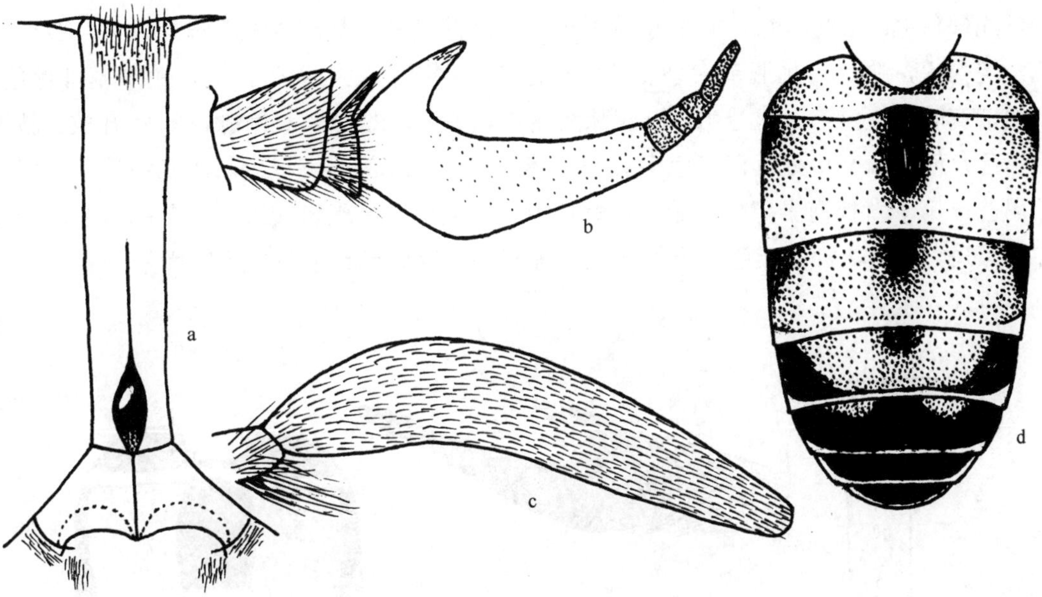

图 342　宝鸡虻 *Tabanus baojiensis* Xu *et* Liu

a. 额 (frons)；b. 触角 (antenna)；c. 下颚须 (palpus)；d. 腹部背面 (dorsum of abdomen)

(320) 亚暗斑虻 *Tabanus subpullomaculatus* Xu *et* Zhang, 1990 (图 343)

Tabanus subpullomaculatus Xu *et* Zhang, 1990: 86.[Type locality: Zayu, Tibet, China]

鉴别特征　体大型，棕色；复眼无带；额高约为基宽的7倍，基胛长卵形，与亚胛接触；亚胛覆粉；触角柄节暗棕色，梗节色暗于柄节，鞭节黑色，鞭节基环节背突长，指状向前突出；下颚须棕色，第2节长为宽的4倍，覆黑毛；胸部盾片黑色，3细纵条不明显，小盾片色同盾片；翅R_5室开放；腹部第1-4背板棕褐色，第1背板前半黑色，第2-4背板中央具黑斑。

形态描述

雌性　体长 20 mm，棕色。头部：复眼绿色无色带 (回潮)；额暗棕色，基宽略窄于顶宽，着生灰黄色毛，头顶覆短黑毛，高约为基宽的 7 倍；基胛长卵形，黑色，与亚胛接触，与复眼分离，中胛线形，达额高的 1/2，黑色，与基胛连接；亚胛暗棕色，“眉片”中等；颜色同亚胛，下颜与颊黄棕色，着生黑毛；口毛黑色。触角柄节暗棕色，梗节色暗于柄节，具长背突，着生黑毛，鞭节黑色，基环节长为宽的 1.4 倍，为端环节的 1.2 倍，背突长，指状向前突出。下颚须棕色，第 1 节覆黑色长毛，第 2 节长为宽 4 倍，覆黑毛。喙黑色，着生黑毛。胸部：背板黑色，覆棕色粉，着生棕色短毛夹杂黑毛，3 细纵条不明显，小盾片色同盾片，覆黑毛；侧板和足基节色同背板，着生黑毛，侧板夹杂少量浅棕色毛, 在翅基前着生 1 小丛银色长毛。前足基节基部 1/3 多浅棕色毛，股节黑色，覆黑毛，中、后足股节夹杂少量浅棕色毛，胫节棕色，着生黑毛，跗节基部棕色，向端部变暗，覆黑毛。翅透明，沿翅脉两侧着烟棕色，R_4 脉具长附脉，R_5 室开放。腋瓣灰黑色，两腋瓣交接处具浅黄色毛。平衡棒暗棕色，球部两侧黑色。腹部：第 1-4 背板棕褐色，第 1 背板前半黑色，第 2-4 背板中央具大黑斑，黑斑接近所在节的后缘，侧缘亦具黑斑，第 5-7 背板黑色。腹板黑色，各背、腹板后缘具金黄色毛窄横带。

雄性　未详。

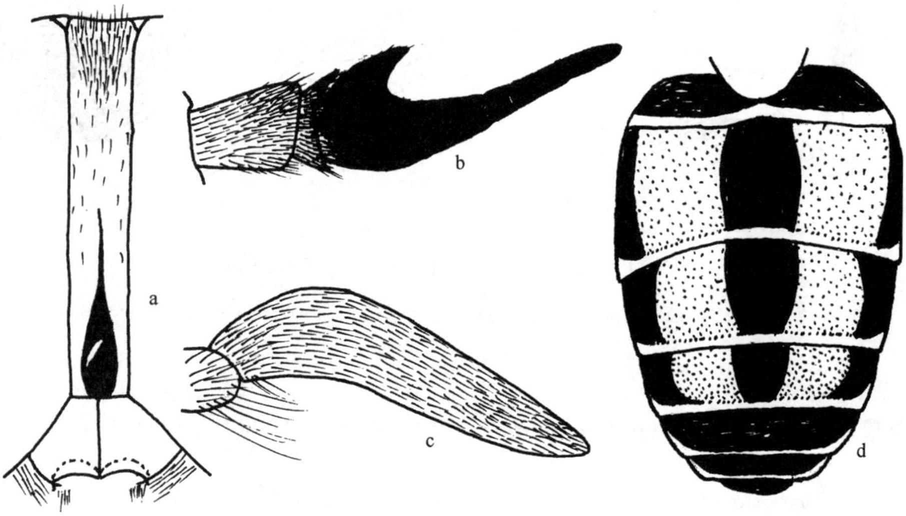

图 343　亚暗斑虻 *Tabanus subpullomaculatus* Xu *et* Zhang

a. 额 (frons)；b. 触角 (antenna)；c. 下颚须 (palpus)；d. 腹部背面 (dorsum of abdomen)

观察标本　正模♀，西藏下察隅巴安通，灯诱，1988.IX.12，张有植，保存在 AMMSC。

生物学　山区种。

地理分布　西藏 (察隅、墨脱)。

分类讨论　本种类似于暗斑虻 *T. pullomaculatus* Philip，但暗斑虻的触角鞭节基环节基部红棕色，端部棕黑色，端环节黑色；翅着色均匀，R_4 脉无附脉。

(321) 暗斑虻 *Tabanus pullomaculatus* Philip, 1970 (图 344)

Tabanus pullomaculatus Philip, 1970 [Type locality: India (Sikin)]; Wang, 1983: 73; Kapoor, Grewal,

Sharma and Gupta, 1988: 110; Chen and Xu, 1992a: 85.

Tabanus digdongensis Wang, 1982: 182. Synonymized by Wang, 1983: 73

鉴别特征　体大型，棕色；复眼无带；额高约为基宽的8倍，基胛长卵形，与亚胛接触；亚胛覆粉；触角柄节和梗节棕色，鞭节棕黑色，基环节基部红棕色，端环节黑色，鞭节基环节背突长，指状向前突出；下颚须棕色，第2节长为宽的3.4倍，覆黑毛；胸部盾片棕色，3细纵条不明显，小盾片色同盾片；翅R_5室开放；腹部第1-4背板黄棕色，侧缘具黑斑，第2-4背板中央基部具三角形黑斑，其后各背板黑色，具黄色窄后缘带。

形态描述

雌性　体长 22-24 mm，棕色。头部：复眼绿色无色带 (回潮)；额灰棕色，基宽略窄于顶宽，着生灰黄色毛，高约为基宽的 8 倍；基胛长卵形，黑色，与亚胛接触，与复眼分离，中胛线形，达额高的 2/3，黑色，与基胛连接；亚胛棕黑色，“眉片”低；颜与颊棕黑色，着生黑毛；口毛黑色。触角柄节和梗节棕色，着生黑毛，鞭节棕黑色，基环节基部红棕色，基环节长为宽的 1.2 倍，背突长，指状向前突出，端环节黑色。下颚须棕色，第 1 节覆黑色长毛，第 2 节长为宽 3.4 倍，覆黑毛。喙黑色，着生黑毛。胸部：背板棕色，覆黑毛，3 细纵条不明显，小盾片色同盾片，背侧片棕红色至黑色，覆黑毛；侧板棕色，着生黑毛和白毛，在翅基前着生 1 小丛银色长毛。足基节色同侧板，股节黑色，有的个体中足股节端部 1/2 棕色，胫节和跗节黄棕色，覆黑毛。翅透明，翅脉棕色，R_4 脉无附脉，R_5 室开放。腋瓣灰黑色，两腋瓣交接处具乳白色毛。平棒棕黑色。腹部：

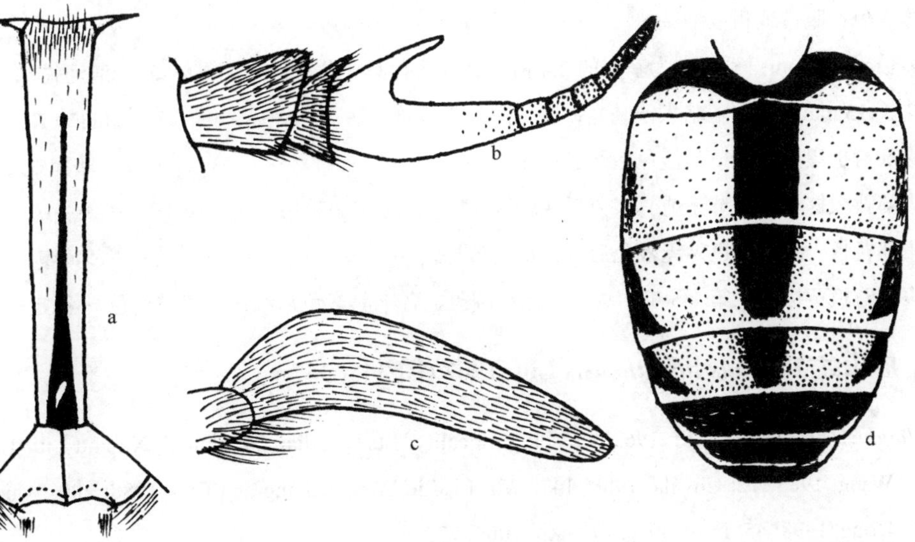

图 344　暗斑虻 *Tabanus pullomaculatus* Philip

a. 额 (frons)；b. 触角 (antenna)；c. 下颚须 (palpus)；d. 腹部背面 (dorsum of abdomen)

第 1-4 背板黄棕色，侧缘具黑斑，第 2-4 背板中央基部具三角形黑斑，其后各背板黑色，具黄色窄后缘带。腹板棕黑色，各腹板具宽的着生黄毛的后缘。

雄性　未详。

观察标本　正模♀，印度锡金，保存在 CCAS。副模♀，阿萨姆；3♀♀，西藏，保存在 AMMSC。

生物学　高原林区种。

地理分布　贵州 (赫章)、西藏 (墨脱)；印度 (锡金)。

分类讨论　本种类似于亚暗斑虻 *T. subpullomaculatus* Xu *et* Zhang，但亚暗斑虻触角鞭节全黑色；翅脉两侧着烟棕色；腹部第 2-4 背板中央黑斑较大。

庐山虻组 *Tabanus lushanensis* group

庐山虻组虻的主要特征是复眼具 3 条横带；触角背突大，前伸。另外，亚胛覆粉；额基胛与亚胛连接；中胛与基胛连接，或趋向于连接；足二色不明显；翅 R_5 室开放；腹部背板具窄的后缘带。本组多分布在东洋界北缘 (图 347)。

种 检 索 表

1. 翅 R_4 脉无附脉……………………………………2
   翅 R_4 脉具附脉……………………………………4
2. 体深棕色；眼带较细……………………………………**庐山虻 *T. lushanensis***
   体黑色；眼带或粗或细……………………………………3
3. 体长 17-20 mm；额顶宽为基宽的 2.4 倍；胸部盾片具 3 条窄的不明显纵纹 … **渭河虻 *T. weiheensis***
   体长 13 mm；额顶宽略大于基宽；胸部盾片无纹饰……………………………………**朋曲虻 *T. pengquensis***
4. 腹部背板黑色，各节具浅色后缘带……………………………………**暗黑虻 *T. benificus***
   腹部背板棕色，各节无或具浅色后缘带……………………………………5
5. 腹部背板一致黄棕色，无浅色后缘；足股节棕色……………………………………**黄腹虻 *T. xanthos***
   腹部背板黄棕色，第 1-5 节中央具黑色小圆斑，各节具浅色后缘；足股节黑色 … **稳定虻 *T. stabilis***

(322) 庐山虻 *Tabanus lushanensis* Liu, 1962 (图 345, 347)

Tabanus lushanensis Liu, 1962: 127 [Type locality: Lushan, Jiangxi, China]; Xu and Liu, 1982b: 113; Wang, 1983: 72; Chvála, 1988: 147; Wu, Li, Liu, Yang, Zhang and Cao, 1988: 200; Wang, Ge and Dong, 1998: 45; Liu, 1999c: 518; Xu, 2005: 772.

鉴别特征　体大型，棕褐色；复眼具 3 条带；额高约为基宽的 6 倍，顶宽远大于基宽；基胛长三角形；亚胛覆粉；触角红棕色，鞭节基环节背突大，指状向前突出；下颚须黄色，第 2 节长为宽的 5 倍，覆黑毛；胸部盾片黑色，5 细纵条不清晰；翅 R_4 脉无附脉；腹部背板深棕色，第 2-6 背板具浅黄色后缘带和中三角。

形态描述

雌性　体长 19-21 mm，棕褐色。头部：复眼深绿色，具 3 条紫色带 (回潮)；额黄色，顶宽远大于基宽，为 2.5 倍，着生黑毛，高约为基宽的 6 倍；基胛长三角形，棕黑色，与亚胛接触，与复眼分离，中胛线形，黑色，与基胛连接，伸达额高的 2/3；亚胛灰黄色，“眉片”较高，约占亚胛高度的 1/3；颜与颊浅黄色，覆浅黄色毛，上侧颜具一些黑毛；口毛浅黄色。触角红棕色，柄节和梗节覆黑毛，鞭节基环节长为宽的 2 倍，背突明显，指状向前伸，端环节色同基环节。下颚须黄色，第 1 节覆长的黑毛和黄毛，第 2 节长为宽的 5 倍，覆黑毛。喙棕黑色，着生棕色毛。胸部：背板灰黑色，覆黑毛，5 细纵条不明显，小盾片色同盾片，背侧片灰黑色；侧板带灰黑色，着生棕色毛，翅侧片具棕黄色长毛。足基节色同侧板，着生棕色毛，股节棕黑色，覆黑毛，胫节深棕色，前足跗节棕黑色，中、后足跗节深棕色。翅透明，前缘略着黄棕色，翅脉棕色，R_4 脉无附脉，R_5 室开放。腋瓣暗棕色，两腋瓣交接处具黄毛。平衡棒棕色。腹部：背板深棕色，向尾端色变暗，成黑色，第 1 背板中央具半圆形浅黄斑，第 2-6 背板具浅黄色后缘带和中三角，第 2-4 背板中央具黑斑。腹板红棕色，具浅黄色毛后缘带。

雄性　一般特征同雌性，复眼上、下眼面界限分明，上半部浅棕色，下半部黑色，回潮后，下半部深绿色，具 2 条紫色带；触角较雌性的窄；胸部侧板具较多的黑毛；足股节黑色；腹部背板色较雌性的暗，浅色中三角小而不明显。

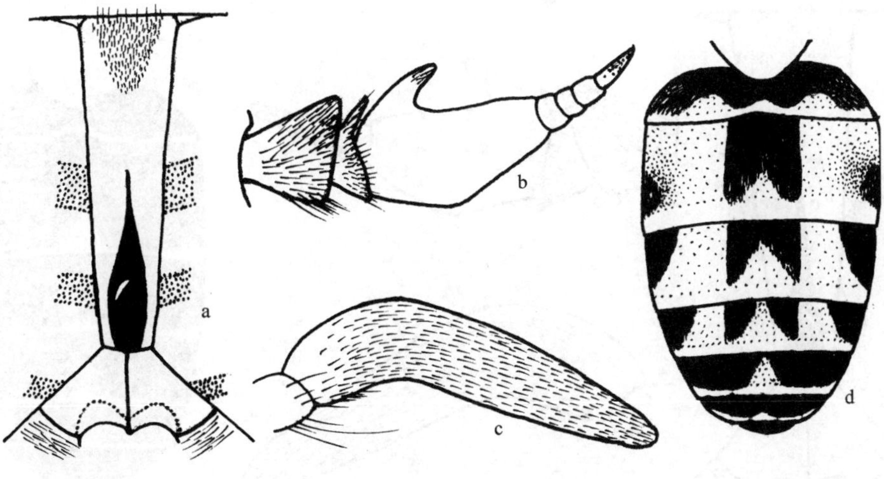

图 345　庐山虻 *Tabanus lushanensis* Liu

a. 额 (frons)；b. 触角 (antenna)；c. 下颚须 (palpus)；d. 腹部背面 (dorsum of abdomen)

观察标本　正模♀，江西庐山，1936，保存在 IECAS。20♀♀3♂♂，秦岭，保存在 AMMSC。

生物学　山区种。

地理分布　河南 (栾川)、陕西 (宝鸡、太白山、秦岭、宁陕、佛坪、留坝、汉中、佛坪、洋县、西乡、石泉)、甘肃 (文县、康县、舟曲、天水)、湖北 (神农架、竹山)、江西 (庐山)、四川 (汶川)。

分类讨论　本种与渭河虻 *T. weiheensis* Xu *et* Liu 相近，但渭河虻体黑色，腹部背板中三角和后缘带白色。庐山虻是我国特有种，分布在东洋界华中区的山区 (图 347)。

(323) 渭河虻 *Tabanus weiheensis* Xu *et* Liu, 1980 (图 346, 图 347)

Tabanus weiheensis Xu *et* Liu, 1980: 481 [Type locality: Baoji, Shaanxi, China]; Wu, Li, Liu, Yang, Zhang and Cao, 1988: 200; Wang, 1994: 84; Liu, 1999c: 518; Xu, 2005: 774.

鉴别特征　体大型，黑色；复眼具 3 条带；额高为基宽的 7-8 倍，顶宽远大于基宽；基胛长卵形；亚胛覆粉；触角鞭节基环节红棕色，背突大，指状向前突出；下颚须第 2 节浅黄棕色，长为宽的 4 倍，覆黑毛；胸部盾片灰黑色，3 细纵条不清晰；翅 R_4 脉无或具短附脉；腹部背板黑色，第 2-6 背板具白色后缘带和中三角。

形态描述

雌性　体长 17-18 mm，黑色。头部：复眼深绿色，具 3 条紫色带 (回潮)；额灰色，顶宽远大于基宽，为 2.5 倍，着生黑毛，高为基宽的 7-8 倍；基胛长卵形，黑色，与亚

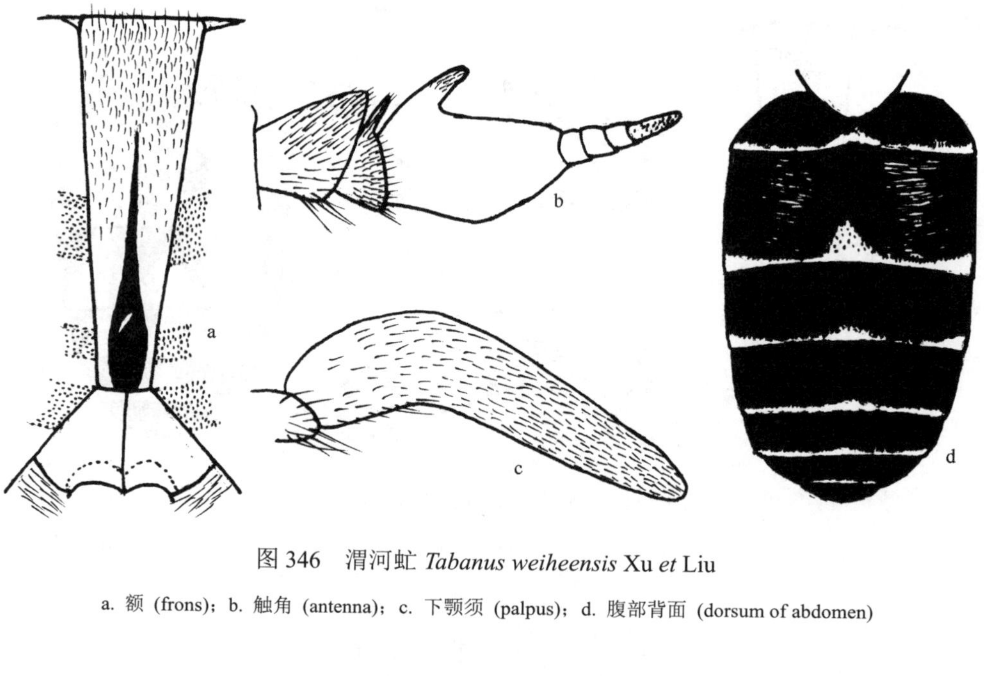

图 346　渭河虻 *Tabanus weiheensis* Xu *et* Liu

a. 额 (frons)；b. 触角 (antenna)；c. 下颚须 (palpus)；d. 腹部背面 (dorsum of abdomen)

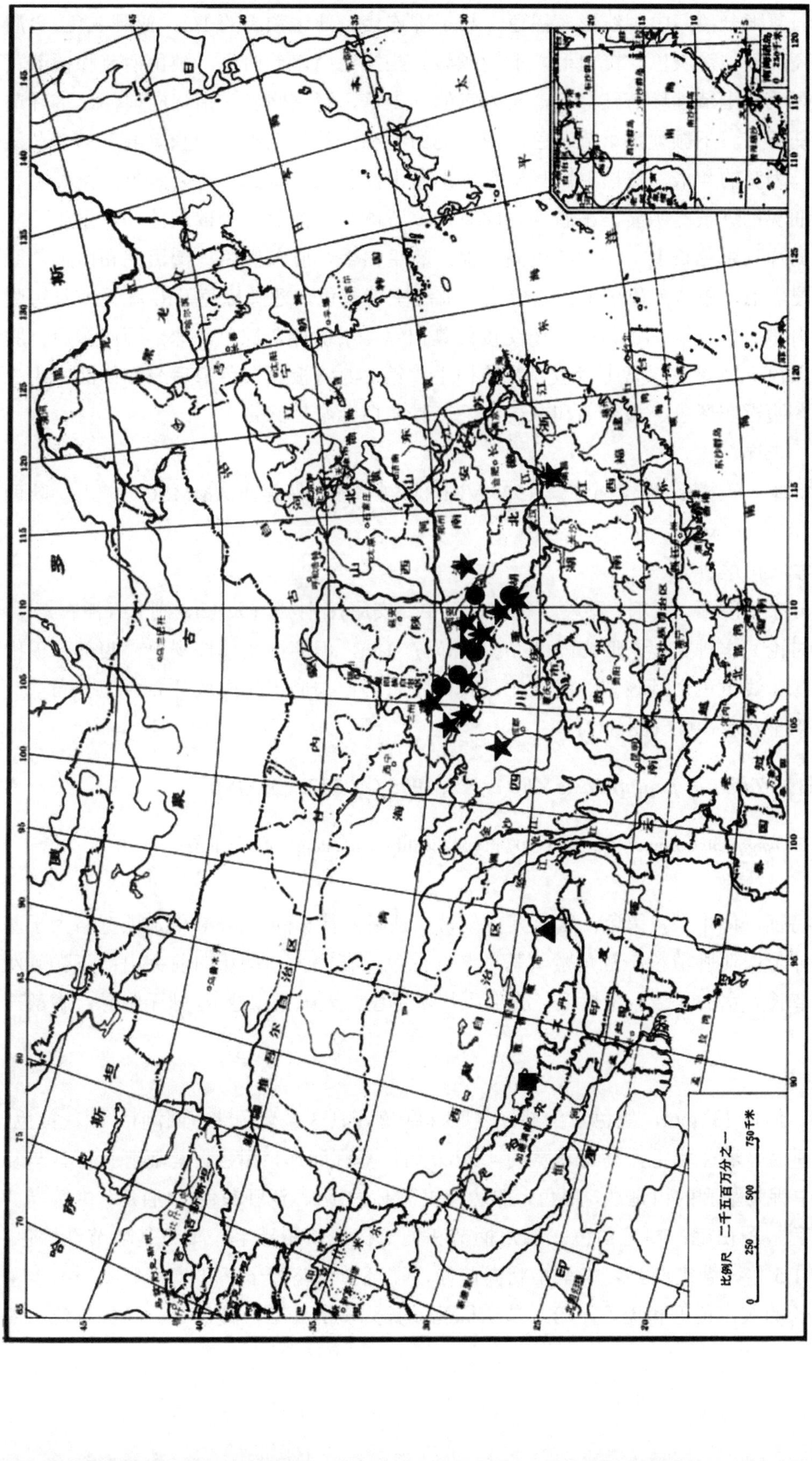

图 347　庐山虻组 *Tabanus lushanensis* group 的地理分布

★庐山虻 *Tabanus lushanensis* Liu　●渭河虻 *Tabanus weiheensis* Xu et Liu　■朋曲虻 *Tabanus pengquensis* Zhu et Xu　▲稳定虻 *Tabanus stabilis* Wang

胛接触，与复眼分离，中胛线形，黑色，与基胛连接，伸达额高的 1/2；亚胛灰色，“眉片”中等高；颜与颊灰色，覆白毛，上侧颜具一些黑毛；口毛白色。触角柄节和梗节黄棕色，覆黑毛，鞭节基环节红棕色，长为宽的 1.2 倍，背突明显，指状向前伸，端环节色略暗于基环节。下颚须第 1 节灰色，覆长的白毛和浅黄色毛夹杂一些黑毛，第 2 节浅黄棕色，长为宽的 4 倍，覆黑毛。喙棕黑色，着生棕色毛。胸部：背板黑色，覆黑毛和白毛，3 细灰色纵条不明显，小盾片色同盾片，背侧片灰黑色；侧板灰色，着生黑毛和白毛，翅侧片具黑色长毛。足基节色同侧板，着生白毛，股节黑色，覆黑毛和白毛，胫节棕色，覆黑毛，跗节黑色黑毛。翅透明，前缘室着黄色，翅脉棕色，R_4 脉无或具短附脉，R_5 室开放。腋瓣暗棕色，两腋瓣交接处具白毛。平衡棒灰棕色，球部两侧黑色。腹部：背板黑色，覆黑毛，第 1 背板侧缘覆白毛，第 2-6 背板具白色窄后缘和低的中央三角白毛斑。腹板灰黑色，覆黑毛和灰白色毛，具灰白色窄后缘带。

雄性 未详。

观察标本 正模♀，陕西宝鸡，1979.VIII.8，刘增加，保存在 AMMSC。5♀♀，陕西秦岭，保存在 AMMSC。

生物学 山区种。

地理分布 陕西 (宝鸡、秦岭、宁陕、汉中、安康)、甘肃 (天水)、湖北 (神农架)。

分类讨论 本种类似于庐山虻 *T. lushanensis* Liu，但庐山虻体棕褐色，腹部背板中三角和后缘带浅黄色，且较宽。渭河虻是我国特有种，与庐山虻同域分布，但分布区大小和数量均不及庐山虻 (图 347)。

(324) 朋曲虻 *Tabanus pengquensis* Zhu *et* Xu, 1995 (图 347, 图 348)

Tabanus pengquensis Zhu *et* Xu, 1995: 107 [Type locality: Chentang, Tibet, China].

鉴别特征 体中型，黑色；复眼具 3 条带；额高为基宽的 4.5-6.0 倍，顶宽略大于基宽；基胛卵形；亚胛覆粉；触角鞭节基环节红棕色，背突大，指状向前突出；下颚须灰色，第 2 节长为宽的 4 倍，覆黑毛；胸部盾片灰黑色，无纵条；翅 R_4 脉无附脉；腹部一致灰黑色。

形态描述

雌性 体长 13 mm，黑色。头部：复眼深绿色，具 3 条紫色带 (回潮)；额灰黄色，顶宽大于基宽，着生黑毛，高为基宽的 4.5-6.0 倍；基胛卵形，黑色，与亚胛接触，与复眼分离，中胛为基胛的粗延线，黑色，伸达超过额高的 1/2；亚胛灰色，“眉片”中等高；颜与颊灰色，覆白毛；口毛白色。触角柄节和梗节棕色，覆黑毛，鞭节基环节红棕色，长为宽的 1.5 倍，背突明显，略呈指状向前伸，端环节色略暗于基环节。下颚须第 1 节灰色，覆长的灰白色毛和黑毛，第 2 节灰棕色，长为宽的 4 倍，覆黑毛。喙棕黑色，着生棕色毛。胸部：背板灰黑色，覆棕色毛，无纵条，小盾片色同盾片，背侧片灰黑色；侧板灰色，着生棕色毛。足一致灰黑色。翅透明，前缘略着黄色，翅脉棕色，R_4脉无附脉，R_5室开放。腋瓣暗棕色，两腋瓣交接处具白毛。平衡棒灰棕色，球部两侧黑色；腹部：一致灰黑色，覆棕色毛。

雄性　未详。

观察标本　正模♀，西藏陈塘，27.7°N，87.2°E，1992.VII.25，朱礼华，保存在AMMSC。11♀♀，西藏，保存在AMMSC。

生物学　山区种。

地理分布　西藏 (陈塘)。

分类讨论　本种与渭河虻 *T. weiheensis* Xu *et* Liu 类似，但渭河虻体大型，体长17-18 mm；额顶宽为基宽的2.5倍；胸部盾片具3条窄的不明显纵纹。朋曲虻是喜马拉雅山谷种 (图347)。

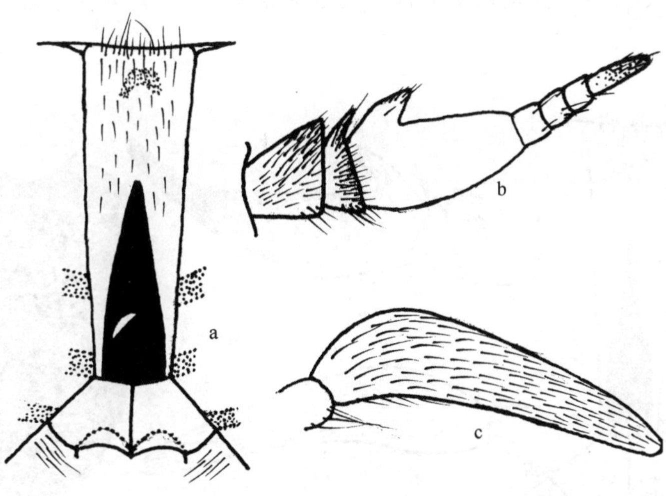

图348　朋曲虻 *Tabanus pengquensis* Zhu *et* Xu

a. 额 (frons)；b. 触角 (antenna)；c. 下颚须 (palpus)

(325) 暗黑虻 *Tabanus benificus* Wang, 1982 (图349)

Tabanus benificus Wang, 1982: 183 [Type locality: Bomi, Tibet, China]; Wang, 1994: 85.

鉴别特征　体中型，棕色；复眼具3条带；额高约为基宽的6倍，顶宽远大于基宽；基胛长卵形；亚胛覆粉；触角鞭节基环节橙色，向端部色变深，背突大，指状向前突出；下颚须第1节灰棕色，第2节长为宽的4倍，覆黑毛；胸部盾片灰黑色，无纵条；翅R_4脉具附脉；足股节黑色；腹部背板灰黑色，具浅黄色后缘带。

形态描述

雌性　体长 16-18 mm，棕色。头部：复眼深绿色，具 3 条紫色带 (回潮)；额灰黄色，顶宽远大于基宽，为 2.5 倍，着生黑毛，高约为基宽的 6 倍；基胛长卵形，黑色，与亚胛接触，与复眼分离，中胛粗线形，黑色，与基胛连接，伸达额高的 1/2；亚胛黄棕色，“眉片”中等高；颜与颊灰色，覆黄白色毛，上侧颜黄棕色；口毛浅黄色。触角柄节和梗节浅棕色，覆黑毛，鞭节基环节橙色，向端部色变深，长为宽的 1.4 倍，背突明显，指状向前伸，端环节黑色。下颚须第 1 节灰棕色，覆浅黄色长毛，第 2 节浅黄棕色，长为宽的 4 倍，覆黑毛。喙棕黑色，着生棕色毛。胸部：背板灰黑色，覆灰棕色毛，无纵条，小盾片色同盾片，背侧片灰黑色；侧板灰色，着生浅黄色毛。足基节色同侧板，着生白毛，股节黑色，覆浅黄色毛，胫节棕色，前、中足跗节黑色，后足跗节棕色，胫节及跗节主要覆黑毛。翅透明，翅脉棕色，R_4 脉具附脉，R_5 室开放。腋瓣暗棕色，两腋瓣交接处具黄毛。平衡棒棕色，球部两侧黑色。腹部：背板灰黑色，覆黑毛，具浅黄色窄后缘带。腹板灰色，具占腹宽 1/3 的黑色中纵条。

雄性　未详。

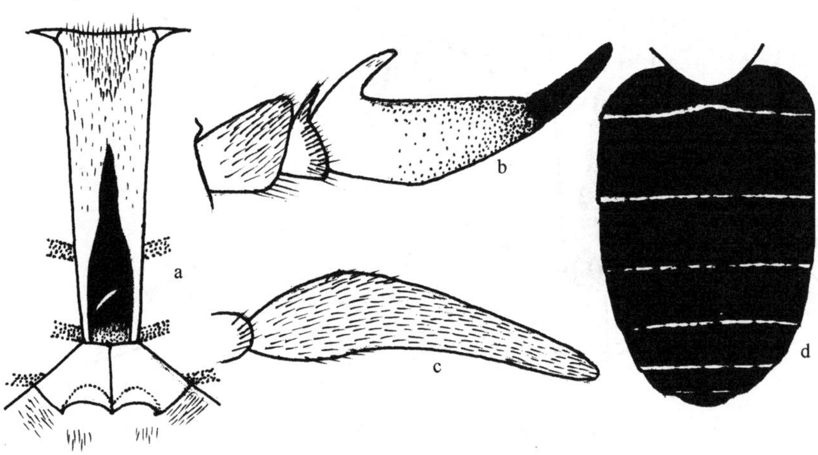

图 349　暗黑虻 *Tabanus benificus* Wang

a. 额 (frons)；b. 触角 (antenna)；c. 下颚须 (palpus)；d. 腹部背面 (dorsum of abdomen)

观察标本　正模♀，西藏波密通麦，2100 m，1974.VII.4，李铁生，标本号 IOZ(E)201212，保存在 IZCAS。5♀♀，西藏，保存在 AMMSC。

生物学　山区种。

地理分布　西藏 (波密)。

分类讨论　本种与稳定虻 *T. stabilis* Wang 非常近似，但稳定虻的腹部第 1-5 背板黄棕色，且中央具黑色小圆斑。

(326) 黄腹虻 *Tabanus xanthos* Wang, 1982 (图 350)

Tabanus xanthos Wang, 1982; 183 [Type locality: Medog, Tibet, China]; Wang, 1994: 88.

鉴别特征　体中型，红棕色；复眼具 3 条带；额高约为基宽的 5 倍，顶宽远大于基宽；基胛长三角形；亚胛覆粉；触角柄节和梗节浅棕色，鞭节基环节背突大，指状向前突出；下颚须第 1 节灰棕色，第 2 节长为宽的 5 倍，覆黑毛；胸部盾片灰黑色，无纵条；翅 R_4 脉具附脉；足股节棕色；腹部背板红棕色，无斑纹。

形态描述

雌性　体长 16-18 mm，红棕色。头部：复眼深绿色，具 3 条紫色带 (回潮)；额灰色，顶宽大于基宽，着生黑毛，高约为基宽的 5 倍；基胛长三角形，深棕色，与亚胛接触，与复眼分离，中胛粗线形，棕黑色，与基胛连接，伸达额高的 1/2；亚胛黄棕色，“眉片”中等高；颜与颊灰色，覆黄白色毛，上侧颜黄棕色；口毛浅黄色。触角柄节和梗节浅棕色，覆黑毛，鞭节基环节橙色，向端部色变深，长为宽的 1.4 倍，背突明显，指状向前伸，端环节黑色。下颚须第 1 节灰棕色，覆浅黄色长毛和黑毛，第 2 节浅黄棕色，长为宽的 5 倍，覆黑毛。喙棕黑色，着生棕色毛。胸部：背板灰黑色，覆浅黄色毛，无纵条，小盾片色同盾片，背侧片灰黑色黑毛；侧板灰色，着生浅黄色毛。足基节色同侧板，着生白毛，股节棕色，覆浅黄色毛，胫节棕色，前、中足跗节黑色，后足跗节棕色，胫节及跗节主要覆黑毛。翅透明，翅脉棕色，前缘略呈黄色，R_4 脉具附脉，R_5 室开放。腋瓣暗棕色，两腋瓣交接处具黄毛。平衡棒棕色，球部两侧黑色。腹部：背板红棕色，无斑纹，覆短黑毛，两侧多金黄色长毛。腹板浅棕色，覆黄毛，黑色中纵条占腹部宽的 1/3。

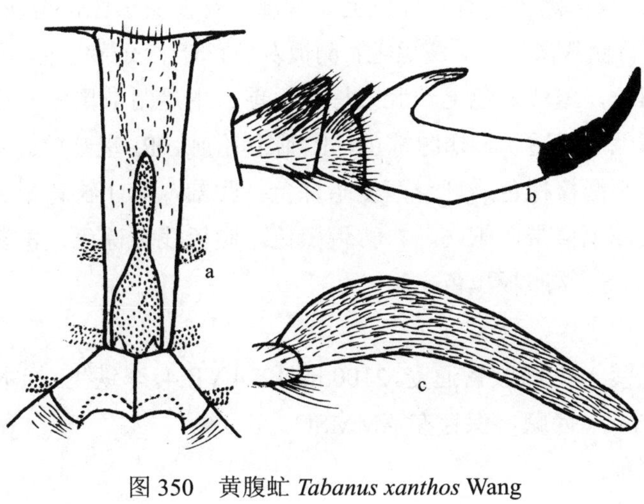

图 350　黄腹虻 *Tabanus xanthos* Wang

a. 额 (frons)；b. 触角 (antenna)；c. 下颚须 (palpus)

雄性 未详。

观察标本 正模♀，西藏墨脱格林，1820 m，1974.X.5，李铁生，标本号 IOZ(E)201258，保存在 IZCAS。7♀♀，西藏，保存在 AMMSC。

生物学 山区种。

地理分布 西藏 (墨脱)。

分类讨论 本种与稳定虻 *T. stabilis* Wang 非常近似，但稳定虻的腹部第 1-5 背板黄棕色，且中央具黑色小圆斑，足股节黑色。

(327) 稳定虻 *Tabanus stabilis* Wang, 1982 (图 347，图 351)

Tabanus stabilis Wang, 1982: 184 [Type locality: Bomi, Tibet, China]; Wang, 1994: 89.

鉴别特征 体中型，黄棕色；复眼具 3 条带；额高约为基宽的 5 倍，顶宽大于基宽；基胛长卵形；亚胛覆粉；触角柄节和梗节浅棕色，鞭节基环节背突大，指状向前突出；下颚须第 2 节灰棕色，长为宽的 5 倍，覆黑毛；胸部盾片灰黑色，无纵条；翅 R_4 脉具附脉；足股节黑色；腹部第 1-5 背板黄棕色，中央具黑色圆形小斑，各节具黄色后缘带。

形态描述

雌性 体长 15-17 mm，黄棕色。头部：复眼深绿色，具 3 条紫色带 (回潮)；额灰色，顶宽大于基宽，着生黑毛，高约为基宽的 5 倍；基胛长卵形，棕黑色，与亚胛接触，与复眼分离，中胛粗线形，黑色，与基胛连接，伸达额高的 1/2；亚胛黄棕色，“眉片”中等高；颜与颊灰色，覆黄白色毛，上侧颜黄棕色；口毛浅黄色。触角柄节和梗节浅棕色，覆黑毛，鞭节基环节橙色，向端部色变深，长为宽的 1.3 倍，背突明显，指状向前伸，端环节黑色。下颚须第 1 节灰色，覆长的浅黄色毛和黑毛，第 2 节灰棕色，长为宽的 5 倍，覆黑毛。喙棕黑色，着生棕色毛。胸部：背板灰黑色，覆灰棕色毛，无纵条，小盾片色同盾片，背侧片灰黑色，覆黑毛；侧板灰色，着生浅黄色毛。足基节色同侧板，着生白毛，股节黑色，覆浅黄色毛，胫节棕色，前、中足跗节黑色，后足跗节棕色，胫节及跗节主要覆黑毛。翅透明，翅脉棕色，R_4 脉具附脉，R_5 室开放。腋瓣暗棕色，两腋瓣交接处具黄毛。平衡棒棕色，球部两侧暗棕色。腹部：第 1-5 背板黄棕色，中央具黑色小圆斑，后缘具浅色窄带，第 6、7 背板黑色。腹板浅黄棕色，覆黄毛，黑色中纵条占腹部宽的 1/3，第 6、7 腹板黑色。

雄性 未详。

观察标本 正模♀，西藏波密通麦，2100 m，1974.VII.4，李铁生，标本号 IOZ(E)201246，保存在 IZCAS。7♀♀，西藏，保存在 AMMSC。

生物学 山区种。

地理分布 西藏 (波密)。

分类讨论 本种与黄腹虻 *T. xanthos* Wang 非常近似，但黄腹虻的腹部背板红棕色，无色斑。稳定虻与黄腹虻和暗黑虻 *T. benificus* Wang 同域分布在东洋界西南区雅鲁藏布江下游河谷地带 (图 347)。

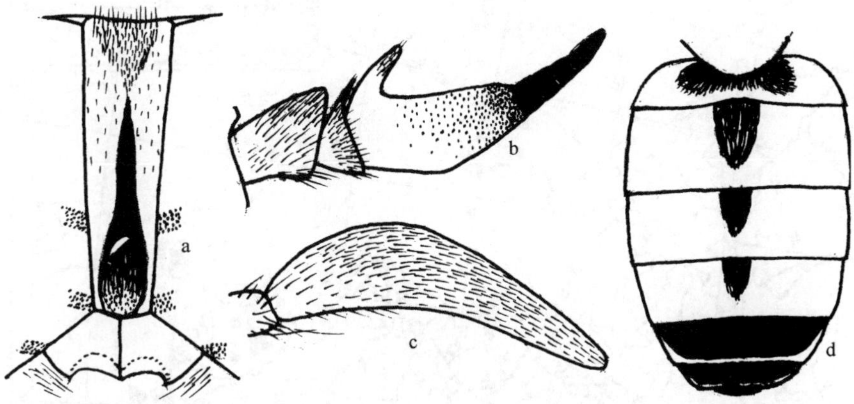

图 351 稳定虻 *Tabanus stabilis* Wang

a. 额 (frons)；b. 触角 (antenna)；c. 下颚须 (palpus)；d. 腹部背面 (dorsum of abdomen)

断纹虻组 *Tabanus striatus* group

断纹虻组虻的主要特征是腹部背板具直边的中和侧纵白粉条。另外亚胛覆粉；额基胛与亚胛连接；中胛与基胛连接，或趋向于连接；触角背突小；足二色不明显；翅 R_5 室开放。本组仅分布在东洋界 (图 352)。

种 检 索 表

1. 复眼具 2 条横带；额高为基宽的 4 倍……………………………………………适中虻 ***T. jucundus***
   复眼无色带；额高为基宽的 5.5 倍多……………………………………………………………2
2. 腹部背板中央白纵条从第 1 节贯穿到第 6 节，两侧仅在第 2、3 节具白点；额胛和中胛连接处不变细；触角鞭节端部 4 个环节较基环节略暗……………………………棕翼虻 ***T. brunnipennis***
3. 腹部背板中央白纵条在第 2 节中断，两侧前 3 节或前 4 节具白纵条；额胛和中胛连接处变细；触角鞭节端部 4 个环节黑色，基环节棕色……………………………………断纹虻 ***T. striatus***

(328) 适中虻 ***Tabanus jucundus* Walker, 1848** (图 352, 图 353)

Tabanus jucundus Walker, 1848: 187 [Type locality: Hongkong, China]; Stone, 1975: 62; Burton, 1978: 77; Xu, 1982g: 132; Kapoor, Grewal, Sharma and Gupta, 1988: 93; Xu, 2004: 540.

Atylotus rufinotatus Bigot: Wu, 1939: 184. Misidentification.

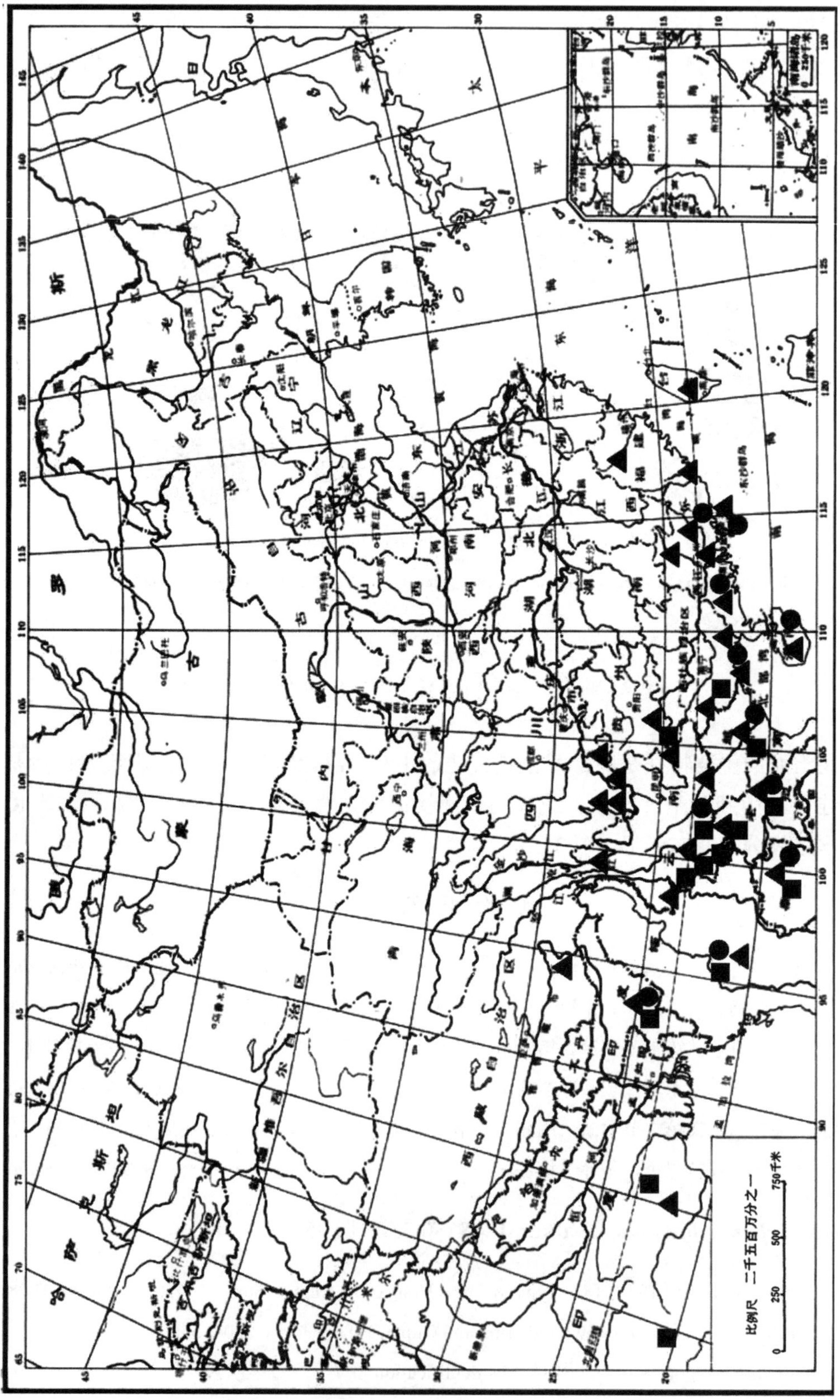

图 352　断纹虻组 *Tabanus striatus* group 的地理分布

●适中虻 *Tabanus jucundus* Walker　　■棕翼虻 *Tabanus brunnipennis* Ricardo　　▲断纹虻 *Tabanus striatus* Fabricius

鉴别特征　复眼具 2 带；额高约为基宽的 4 倍，基胛方形，与亚胛、复眼和中胛均接触；亚胛覆粉；下颚须第 2 节长为宽的 3 倍；胸部盾片黑色，具 4 宽纵条；腹部背板黑色，具 3 列浅色斑。

形态描述

雌性　体长 11-13 mm，黑色。头部：复眼紫色，具 2 条绿色带 (回潮)；额黄色，着生黑毛，顶端略宽于基宽，高为基宽的 3.7-4.8 倍 (平均为 4 倍)；基胛棕黑色至黑色，方形，两侧与复眼、亚胛均接触，中胛黑色，窄，与基胛接触；亚胛灰黄色，覆粉；颜与颊白色，着生白毛；口毛白色。触角柄节和梗节浅黄色，着生白毛，柄节端部具黑毛，鞭节橙黄色，基环节基部具低的背突，长为宽的 1.4 倍。下颚须灰白色，第 1 节覆白色长毛，第 2 节长为宽的 3 倍，覆白毛夹杂黑毛。喙棕黑色，着生棕色毛。胸部：背板黑色，覆黑毛，具 4 白色纵条，中央 1 对白条达盾片后缘，小盾片色同盾片，背侧片棕色；侧板灰白色，着生白毛。足基节色同侧板，覆白毛，足股节灰色，具白毛和黑毛，前足胫节基部大部分黄白色，端部黑色黑毛，中、后足胫节棕黄色，覆白毛夹杂少量黑毛，其余部分黑色黑毛。翅透明，翅脉棕色，R_4 脉无或具短附脉，R_5 室开放。腋瓣灰黑色，两腋瓣交接处具白毛。平衡棒浅黄色，球部两侧棕黄色。腹部：背板黑色，具 3 列白色纵条，中条位于第 3-6 背板，两亚侧条位于第 1、2 或第 1-3 背板，侧缘具窄的白毛纵条。腹板灰色，覆白毛，中央具黑色纵条。

雄性　复眼上 2/3 大眼面与下 1/3 小眼面分界明显；触角鞭节窄于雌性，胸部和腹部的白条同雌性。

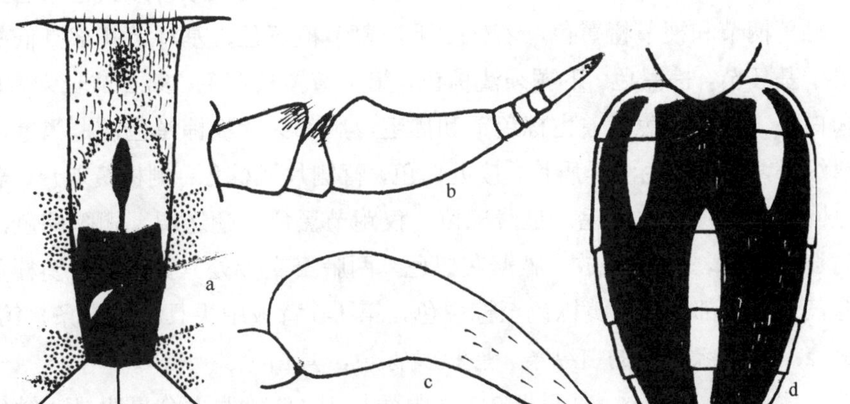

图 353　适中虻 *Tabanus jucundus* Walker

a. 额 (frons)；b. 触角 (antenna)；c. 下颚须 (palpus)；d. 腹部背面 (dorsum of abdomen)

观察标本　正模♂，香港，保存在 BMNH (未检视)。3♀♀，广东、广西，保存在 AMMSC。

生物学 华南丘陵稀少种。

地理分布 广东 (惠东、罗浮山)、海南 (吊罗山)、广西 (防城)、云南 (个旧)；印度，缅甸，越南，老挝，泰国，柬埔寨，印度尼西亚。

分类讨论 本种类似于断纹虻 *T. striatus* Fabricius，但断纹虻复眼无带。Wu (1939) 表列有 *T. rufinotatus* (Bigot)，记载于云南，但该种分布于北澳大利亚、新几内亚，据描述，本志认为可能是本种的误定。适中虻与断纹虻可能是同域分布的种类，但适中虻数量很小，现知仅分布在华南区南部 (图 352)。

(329) 棕翼虻 *Tabanus brunnipennis* Ricardo, 1911 (图 352，图 354)

Tabanus brunnipennis Ricardo, 1911: 160 [Type locality: Basi, N Kanara, S.W. India]; Stone, 1975: 55; Xu, 1982g: 131; Xu, 1982h: 136; Wang, 1983: 90; Kapoor, Grewal, Sharma and Gupta, 1988: 79; Chen and Xu, 1992a: 61; Yang and Xu, 1997: 14; Xu, 2004: 540; Xu and Guo, 2005b: 175.

鉴别特征 复眼无带；额高约为基宽的 5.5 倍，基胛方形，与亚胛、复眼和中胛均接触；亚胛覆粉；下颚须第 2 节长为宽的 3.5 倍；胸部盾片棕黑色，具不明显 3 纵条；腹部背板黄棕色至棕黑色，具 3 列浅色斑。

形态描述

雌性 体长 12-15 mm，棕色。头部：复眼无带 (回潮)；额棕色，着生黑毛，两侧平行或顶宽略宽于基宽，高约为基宽的 5.5 倍；基胛黄棕色，方形，两侧与复眼、亚胛均接触，中胛黑色，很宽，与基胛接触；亚胛黄色，覆粉；颜与颊黄色，着生白毛；口毛白色。触角柄节和梗节橙黄色，着生白毛，鞭节橙黄色，基环节基部具低的背突，端环节略暗于基环节，棕黑色。下颚须浅棕色，第 1 节覆长白毛，第 2 节长为宽的 3.5 倍，覆黑毛和白毛。喙棕黑色，着生棕色毛和黑毛。胸部：背板棕黑色，覆黑毛，具 3 不明显灰色窄纵条，小盾片色浅于盾片，接近白色，背侧片浅棕色；侧板黄灰色，着生白毛。足基节色同侧板，覆灰白色毛，足浅棕色，仅跗节黑色。翅透明，翅脉棕色，翅前缘着棕色，R_4 脉无附脉，R_5 室开放。腋瓣灰黑色，两腋瓣交接处具黄毛。平衡棒黄白色，球部两侧棕黄色。腹部：背板黄棕色至棕黑色，第 1-6 背板中央具白色纵条，第 2、3 背板两侧具白点，两侧缘具窄的白纵条。腹板黄棕色，具白毛。

雄性 体长 13-14 mm，复眼上 2/3 大眼面与下 1/3 小眼面分界明显；触角鞭节窄于雌性，下颚须第 2 节黄白色，覆白毛。

观察标本 正模♀，印度，保存在 BMNH (未检视)。20♀♀，云南，保存在 AMMSC。

生物学 林区种。

地理分布 广西 (凭祥)、贵州 (兴义)、云南 (江城、勐腊、景洪、思茅、勐海、耿马、孟定)；印度，缅甸，越南，老挝，泰国，柬埔寨，印度尼西亚。

分类讨论　本种类似于断纹虻 *T. striatus* Fabricius，但断纹虻的腹部背板中央白纵条在第 2 节中断，两侧前 3 节或前 4 节具白纵条。棕翼虻分布在华南区的西南部 (图 352)。

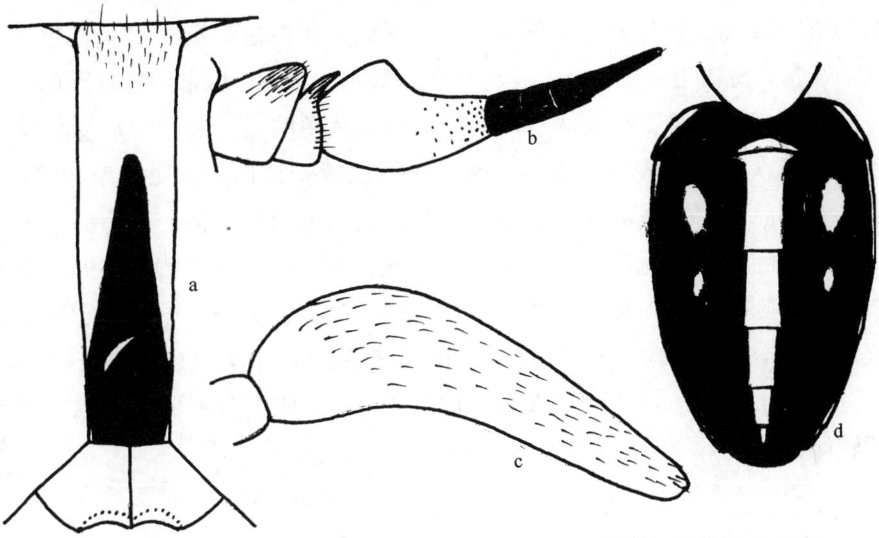

图 354　棕翼虻 *Tabanus brunnipennis* Ricardo

a. 额 (frons)；b. 触角 (antenna)；c. 下颚须 (palpus)；d. 腹部背面 (dorsum of abdomen)

(330) 断纹虻 *Tabanus striatus* Fabricius, 1787 (图 352, 图 355)

Tabanus striatus Fabricius, 1787: 356 [Type locality: China]; Xu, 1982f: 128; Xu, 1982g: 133; Xu, 1982h: 138; Wang, 1983: 89; Kapoor, Grewal, Sharma and Gupta, 1988: 118; Chen and Xu, 1992a: 90; Yang and Xu, 1997: 16; Xu, 2001: 347; Xu, 2004: 541; Xu and Guo, 2005b: 175.

Tabanus hilaris Walker, 1850: 49. Synonymized by Stone, 1975: 70.

Tabanus sinicus Walker, 1848: 163. Synonymized by Ricardo, 1911a: 150.

Tabanus tenens Walker, 1850: 49. Synonymized by Ricardo, 1911a: 150.

Tabanus tenens sous forme *cambodiensis* Toumanoff, 1953: 201. Synonymized by Burton, 1978: 71.

Tabanus chinensis Thunberg, 1827: 61. (?) Synonymized by Stone, 1975: 70.

鉴别特征　复眼无带；额高约为基宽的 5 倍，基胛方形，与亚胛、复眼和中胛均接触；亚胛覆粉；下颚须第 2 节长为宽的 3 倍；胸部盾片黑色，具 3 宽纵条；腹部背板黑色，具 3 列白纵条。

形态描述

雌性　体长 10.0-15.5 mm，黑色。头部：复眼无带 (回潮)；额黄色，着生黑毛，两侧平行或顶宽略宽于基宽，高为基宽的 4.30-6.35 倍 (平均为 5 倍)；基胛棕色至黑色，方形，两侧与复眼、亚胛均接触，中胛黑色，很宽，与基胛接触时变窄；亚胛灰色，覆粉；颜与颊灰白色，着生白毛；口毛白色。触角柄节和梗节浅黄色，着生白毛，鞭节橙黄色，基环节基部具低的背突，端环节黑色。下颚须灰白色，第 1 节覆白色长毛，第 2 节长为宽的 3 倍，覆白毛夹杂黑毛。喙棕黑色，着生棕色毛。胸部：背板黑色，覆黑毛，两侧具长白毛，3 浅灰色宽纵条达盾片后缘，小盾片色略浅于盾片，后缘具长白毛，背侧片棕色；侧板灰白色，着生白毛。足基节色同侧板，覆白毛，足股节灰色，具白毛，中、后足胫节和前足跗节基部 1/2 黄棕色，覆白毛夹杂少量黑毛，其余部分黑色黑毛。翅透明，翅脉棕色，R_4 脉无附脉，R_5 室开放。腋瓣灰黑色，两腋瓣交接处具白毛。平衡棒黄色，球部两侧棕黄色。腹部：背板黑色，具 3 列白色纵条，中条限于第 3-6 节，两亚侧条位于第 1-4 节，侧缘具窄的白毛纵条。腹板灰色，中央具黑色纵条。

雄性 体长 13 mm，复眼上 2/3 大眼面与下 1/3 小眼面分界明显；触角鞭节窄于雌性，腹部较雌性的短。

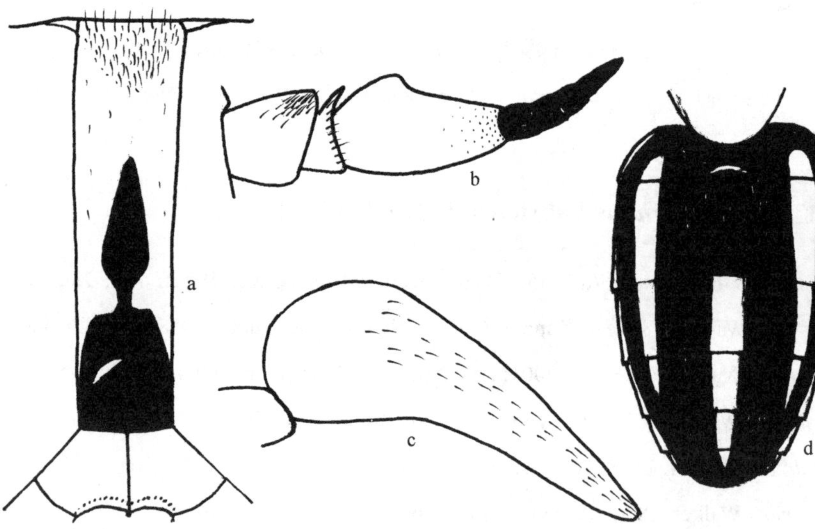

图 355 断纹虻 *Tabanus striatus* Fabricius

a. 额 (frons)；b. 触角 (antenna)；c. 下颚须 (palpus)；d. 腹部背面 (dorsum of abdomen)

观察标本 选模♀，中国，保存在 Copenhagen Museum (未检视)。40♀♀2♂♂，海南、广西、云南，保存在 AMMSC。

生物学 华南农作区常见种。

地理分布 福建 (三明、漳浦)、台湾、广东 (韶关、罗浮山、广州、鼎湖山、惠东)、海南 (三亚、八所、海口、琼海、琼中、通什、保亭、五指山、吊罗山、霸王岭、尖峰岭)、香港、广西 (北海、钦州、合浦、防城、十万大山、龙州、大明山、玉林、平果、容县)、四川 (渡口、米易)、贵州 (罗甸、兴义、兴仁、望谟)、云南 (蒙自、麻栗坡、勐腊、孟连、蛮耗、耿马、永善、巧家、丽江)、西藏 (墨脱)；印度，缅甸，越南，老挝，泰国，柬埔寨，印度尼西亚。

分类讨论　本种类似于棕翼虻 *T. brunnipennis* Ricardo，但棕翼虻的腹部背板中央白纵条从第 1 节贯穿到第 6 节，两侧仅在第 2、3 节具白点；额胛和中胛连接处不变细；触角鞭节端部 4 个环节较基环节略暗。*T. sinicus* Walker, 1848 模式标本产地为香港，Ricardo (1911a) 认为是本种同物异名，而 Stone (1972) 认为是 *T. rubidus* Wiedemann, 1821 的同物异名，但后来 Stone (1975) 又作为独立种，本志采纳了 Ricardo 的意见。断纹虻主要分布在华南区，向西延伸到西南区的藏南墨脱 (图 352)。

青腹虻组 *Tabanus oliviventris* group

青腹虻组虻的主要特征是复眼具 1 条横带；亚胛覆粉；额高为基宽的 2.4-6.0 倍，基胛与亚胛连接；中胛与基胛连接，或趋向于连接；触角背突小；足二色明显；翅 R_5 室开放；腹部背板色斑多样，可具中浅色毛条，可具侧斑，但不具侧纵粉条。本组除了多声虻 *T. bromius* Linnaeus，均分布在东洋界 (图 356)。

种 检 索 表

1. 胸部盾片具 3 条浅色窄纵纹……………………………………………………2
   胸部盾片色一致，无纹饰……………………………………………………5
2. 腹部深棕色，腹板中央无黑纵条；体长 12-13 mm；额高为基宽的 2.4-2.9 倍 ……………………………………………………**拟棕体虻 *T. russatoides***
   腹部灰黑色，腹板中央具黑纵条；体长 14-15 mm，额高为基宽的 3.3-5.0 倍 ……………3
3. 腹部背板黑色，具 3 列三角形浅斑；触角鞭节的基环长约为宽的 1.5 倍 ……… **多声虻 *T. bromius***
   腹部背板黑色，可具 1 列中三角形浅斑，绝无侧斑；触角鞭节的基环长为宽的 1.5-2.3 倍………4
4. 额高为基宽的 4.5-5.0 倍；触角柄节、梗节和鞭节的基环节棕色，端环节黑色，鞭节基环节长为宽的 2.3 倍……………………………………**伪青腹虻 *T. pseudoliviventris***
   额高为基宽的 3.3-3.6 倍；触角柄节和梗节灰黑色，鞭节的基环节基部深棕色，端部和端环节黑色，鞭节的基环节长为宽的 1.5 倍 ……………………**拟金毛虻 *T. aurepiloides***
5. 腹部腹板存在由粉或毛组成的暗色纵条，至少在第 2 腹板存在中黑斑……………6
   腹部腹板不存在由粉或毛组成的暗色纵条……………………………………12
6. 额高为基宽的 5.0-6.0 倍，中胛存在，线形或长椭圆形；腹部灰黑色……………7
   额高为基宽的 3.5-4.5 倍，中胛缺如，或不明显；腹部黄色至棕色……………10

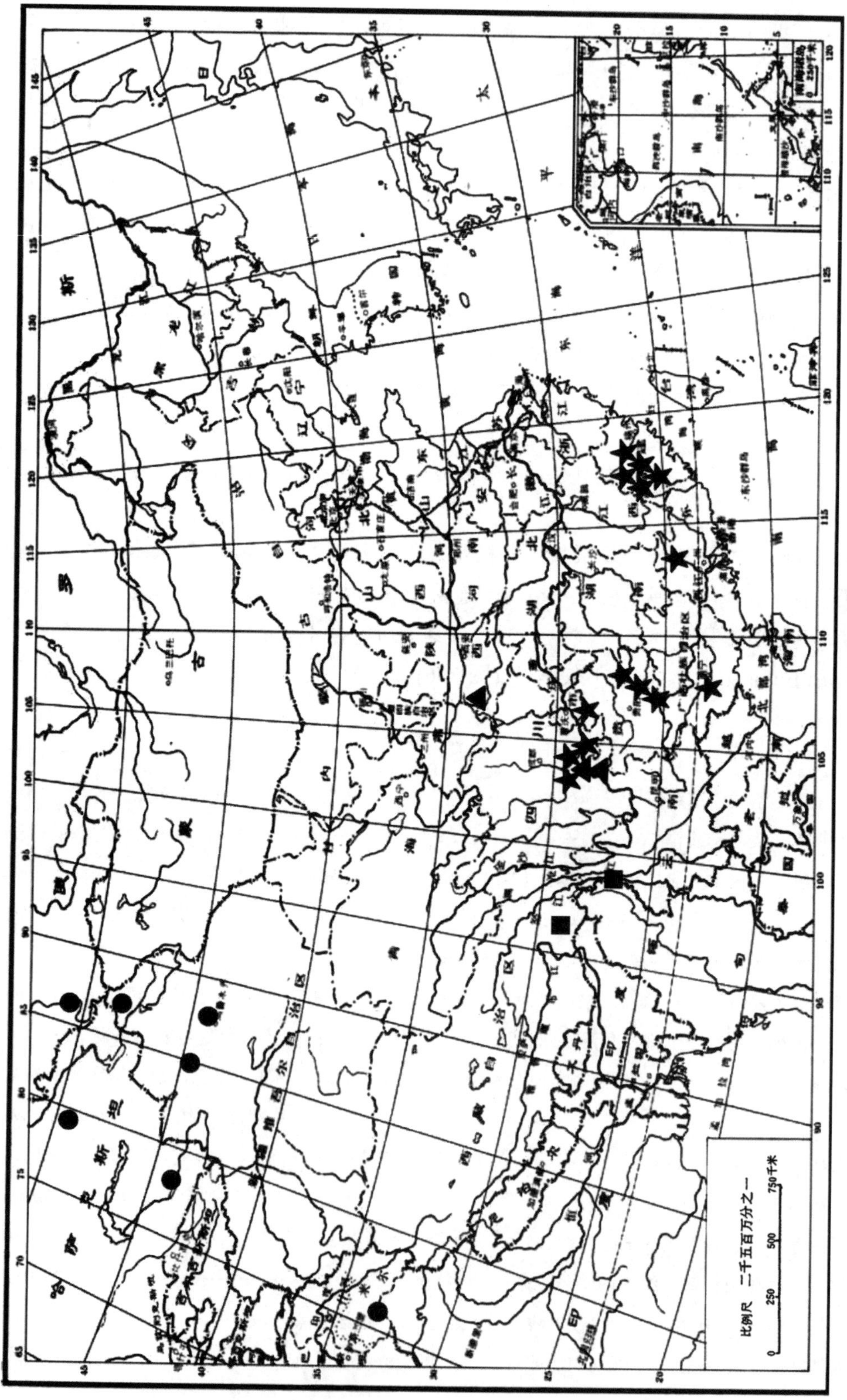

图 356 青腹虻组 *Tabanus oliviventris* group 的地理分布

★青腹虻 *Tabanus oliviventris* Xu ● 多声虻 *Tabanus bromius* Linnaeus ■ 察隅虻 *Tabanus zayuensis* Wang ▲ 陕西虻 *Tabanus shaanxiensis* Xu, Lu *et* Wu

7. 小盾片色浅于盾片……8
小盾片与盾片同色……9

8. 胸部小盾片灰白色，着生白毛和黄毛；腹部第 1、2 背板大部分黑色，第 3 背板以后大部分灰黄色，无浅色后缘带……**黄山虻 *T. huangshanensis***
胸部小盾片白色，仅着生白毛；腹部背板黑色，第 2-6 背板具白色后缘带……**金华虻 *T. jinhuai***

9. 体黑色；腹部腹板 1 列中纵暗条由半月形黑毛斑组成；体长 17 mm……**陕西虻 *T. shaanxiensis***(部分)
体灰黑色；腹部腹板 1 列中纵暗条由直边的黑粉或黑毛组成；体长 12-15 mm……**拟青腹虻 *T. oliviventroides***

10. 触角鞭节端部的 4 个环节黄色；腹部背板黄棕色，着生黑毛，各节后缘具黄毛……**察隅虻 *T. zayuensis***
触角鞭节端部的 4 个环节黑色；腹部背板黄棕色至棕色，着生黑毛，各节后缘具由黄毛组成的细横带……11

11. 额高为基宽的 4.5 倍；腹部棕色，腹板黑色中纵条清晰，占腹部宽的 1/3，背板各节后缘具由金黄色毛组成的不明显细带……**棕体虻 *T. russatus***
额高为基宽的 3.5 倍；腹部黄棕色，腹板黑色中纵条不清晰，背板各节后缘具由黄毛组成的不明显细带，中央后缘具不明显白色小点……**亚棕体虻 *T. subrussatus***

12. 腹部背板棕黑色，第 2-5 背板后缘具灰黄色细横带，中央膨大成灰黄色三角……**亚青腹虻 *T. suboliviventris***
腹部背板黄色至黑色，第 2-5 背板后缘可具细横带，但中央不膨大成三角……13

13. 腹部背板黑色，各节后缘具由粉和毛组成的棕黄色窄带；腹板黑色，着生白毛，覆薄的白粉，后缘具白色横带，各腹板中央具黑毛组成的半月形斑……**陕西虻 *T. shaanxiensis***(部分)
腹部背板黄色或黑色，各节后缘无浅色横带，至多具由毛组成的浅色窄带；腹板黄色或黑色，无或具浅色横带，但绝无黑毛斑……14

14. 额高为基宽的 6 倍；腹部背板灰色，覆金黄色短毛，夹杂少量黑毛，使背板呈黄灰色，各节后缘具不明显金黄色窄横带……**青腹虻 *T. oliviventris***
额高为基宽的 4 倍；腹部背板灰黑色或黄色，各节后缘无或具浅色毛窄带……15

15. 体长 14-16 mm；腹部背板黑色或黄色，各节后缘具浅色毛带；额中胛粗短；触角鞭节大部分黑色……16
体长 10-12 mm；腹部背板黄色，各节后缘无浅色毛带；额中胛长细线状；触角鞭节棕色……17

16. 腹部背板黑色，密覆金黄色短毛，各节后缘具金黄色毛组成的窄横带……**金毛虻 *T. aurepilus***
腹部背板黄色，覆黄毛，但第 2-4 背板中部具宽的黑斑，各节后缘具金黄色毛组成的窄横带……**美腹虻 *T. callogaster***

17. 前足股节黑色；额基宽明显小于顶宽，额基胛亮黑色……**微小虻 *T. parviformus***

前足股节棕黄色；额两侧平行，或基宽略小于顶宽，额基胛亮深棕色…………**铁生虻 *T. tieshengi***

(331) 拟棕体虻 *Tabanus russatoides* Xu *et* Deng, 1990 (图 357)

Tabanus russatoides Xu *et* Deng, 1990, In: Xu, Zhang, Deng and Zhang, 1990: 80 [Type locality: Zham, Tibet, China]; Xu and Wang, 1993: 114; Xu and Sun, 2007b: 245.

鉴别特征　复眼具 1 带；额基胛和中胛连接；亚胛覆粉；触角柄节和梗节灰棕色，鞭节除基环节基部深棕色处，其余黑色；下颚须第 2 节长为宽的 3.8 倍；胸部盾片具 3 条浅色纵纹；翅 R_4 脉具附脉；腹部第 2-6 背板中央后缘具矮小的黄棕色三角和宽的后缘带。

形态描述

雌性　体长 12-13 mm，棕色。头部：复眼无毛，绿色，具 1 条紫带 (回潮)；额黄棕色，头顶色暗，着生稀疏的短黑毛，两侧平行，高为基宽的 2.4-2.9 倍；额基胛黑色，盾形，与亚胛接触，与复眼在分离，中胛为基胛的粗延线；亚胛暗棕色，覆粉，“眉片”低，棕黄色；颜上部棕色，向下过渡到灰白色，着生灰白色毛，颜和侧颜上部夹杂少量黑毛；口毛灰白色。触角柄节和梗节灰棕色，具黑毛，梗节具背突，鞭节黑色，基环节基部深棕色，向端部变暗，端部和端环节黑色，基环节长为宽的 1.7 倍，背突钝。下颚须棕色，第 1 节着生灰白色长毛，第 2 节长为宽的 3.8 倍，覆黑毛夹杂棕色毛。喙棕黑色，具黑毛。胸部：盾片黑色，覆黑毛和黄毛，具 3 条浅色纵纹，中央灰白条不明显，亚中灰白条明显，达盾片后缘，背侧片黑色，着生黑毛，小盾片后缘覆灰白色粉，致小盾片明显二色；侧板和足基节灰棕色，覆灰白色长毛。足股节黑色，覆黑毛和灰黄色毛，胫节棕黄色，着生黄毛，端部，前足胫节 2/5，中、后足胫节 2/7 黑色，着生黑毛，跗节

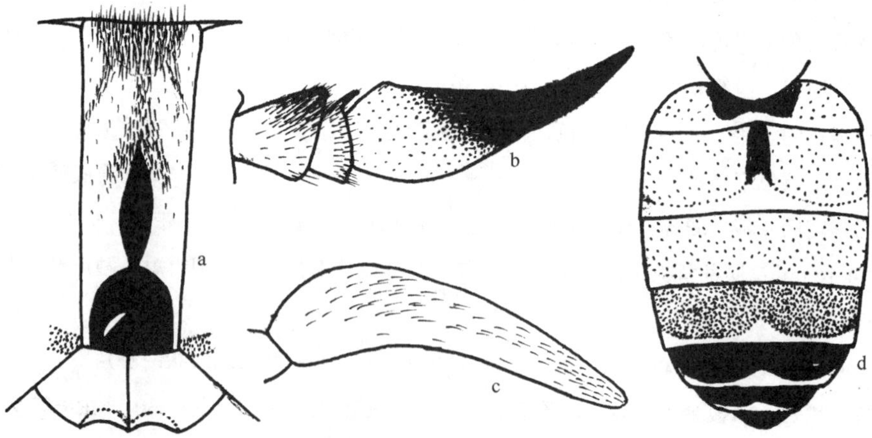

图 357　拟棕体虻 *Tabanus russatoides* Xu *et* Deng

a. 额 (frons)；b. 触角 (antenna)；c. 下颚须 (palpus)；d. 腹部背面 (dorsum of abdomen)

黑色黑毛。翅透明，翅脉棕色，翅 R_4 脉具附脉。腋瓣烟棕黑色，两腋瓣交接处具 1 撮灰白色毛。平衡棒棕黑色。腹部：背板深棕色，具约为节宽 1/4 的黄棕色后缘，第 2-6 背板中央后缘具矮小的黄棕色三角，该三角前方具三角形小黑斑。腹板棕色，向后变深，各腹板具浅色窄后缘。

雄性　未详。

观察标本　正模♀，西藏樟木，2600 m，1987.VI.9，保存在 AMMSC。4♀♀，西藏，保存在 AMMSC。

生物学　高原山谷林区种，2000-3200 m；6-8 月活动。

地理分布　西藏 (樟木)。

分类讨论　本种类似于亚棕体虻 *T. subrussatus* Wang，但亚棕体虻的额无中胛；胸部背板无纵条；腹部背板的后缘带很窄。

(332) 多声虻 *Tabanus bromius* Linnaeus, 1758 (图 356，图 358)

Tabanus bromius Linnaeus, 1758: 602 [Type locality: Europe]; Xu, 1982d: 117; Wang, 1983: 95; Kapoor, Grewal, Sharma and Gupta, 1988: 79; Xu and Sun, 2007b: 244.

Tabanus maculatus De Geer, 1776: 221. Synonymized by Chvála, 1988: 140.

Tabanus scalaris Meigen, 1820: 38. Synonymized by Chvála, 1988: 140.

Tabanus glaucescens Schiner, 1862: 36 (new name for *T. glaucus* Meigen, 1820, not *T. glaucus* Wiedemann, 1819). Synonymized by Chvála, 1988: 140.

Tabanus glaucus Meigen, 1820: 51. Synonymized by Chvála, 1988: 140.

Tabanus connexus Walker, 1856: 62. Synonymized by Chvála, 1988: 140.

Tabanus anthophilus Loew, 1858: 593. Synonymized by Chvála, 1988: 140.

Tabanus flavofemoratus Strobl, 1909: 292. Synonymized by Chvála, 1988: 140.

Tabanus nigricans Szilády, 1914: 668 (not *T. nigricans* Egger, 1859). Synonymized by Chvála, 1988: 140.

Straba simplex Muschamp, 1939. Synonymized by Chvála, 1988: 140.

鉴别特征　复眼具 1 带；额高为基宽的 4 倍；额基胛和中胛连接；亚胛覆粉；触角棕黑色；下颚须灰白色，第 2 节长为宽的 3 倍；腹部背板黑灰色，第 2-6 背板具 3 列浅色斑。

形态描述

雌性　体长 14 mm，灰黑色。头部：复眼无毛，绿色，具 1 条紫带 (回潮)；额黄灰色，着生稀疏的短黑毛，基宽窄于顶宽，高为基宽的 4 倍；额基胛黑色，方形，与亚胛接触，与复眼在分离，中胛黑色，纺锤形，与基胛以窄线相连；亚胛灰黄色，覆粉，“眉片”低，棕黄色；颜浅灰色，覆白毛，上侧颜色较深；口毛灰白色。触角棕黑色，柄节和梗节覆黑毛，梗节具背突，鞭节黑色，基环节基部 1/2 棕色，向端部变暗，基环节长为宽的 1.8 倍，背突明显。下颚须灰白色，第 1 节着生灰白色长毛，第 2 节长为宽的 3 倍，覆黑毛。喙棕黑色，具黑毛；胸部：盾片黑色，覆黑毛和黄毛，具 3 条浅色纵纹，背侧片灰色，着生黑毛；侧板和足基节灰色，覆灰白色长毛。足股节黑灰色，覆黑毛和灰白色毛，前足胫节基部 1/2 白色，端部和跗节黑色，中、后足胫节浅棕色，跗节黑色黑毛。翅透明，翅脉黄棕色，翅 R_4 脉无附脉。腋瓣烟棕黑色，两腋瓣交接处具 1 撮灰白色毛。平衡棒黑棕色。腹部：黑灰色，第 2-6 背板具 3 列灰白斑，后缘具窄的灰白色后缘。腹板灰色，覆白毛，各腹板具浅色窄后缘，中央具不明显的暗灰色纵条。

雄性　复眼上 2/3 大眼面与下 1/3 小眼面界限明显，触角窄于雌性；腹部第 2、3 或第 2-4 背板两侧具棕色斑。

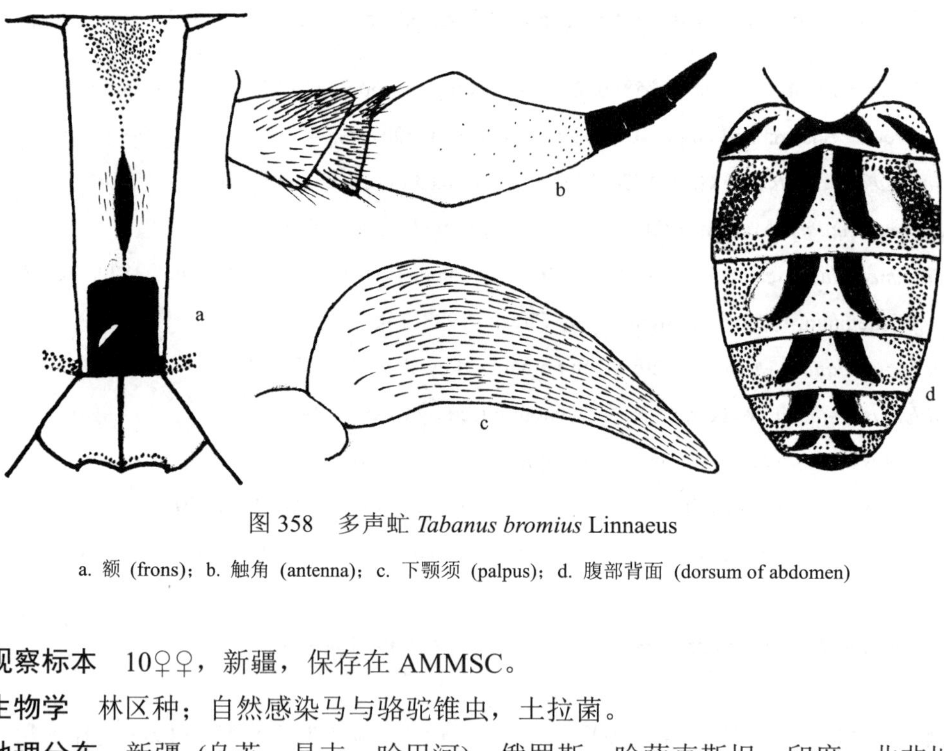

图 358　多声虻 *Tabanus bromius* Linnaeus

a. 额 (frons)；b. 触角 (antenna)；c. 下颚须 (palpus)；d. 腹部背面 (dorsum of abdomen)

观察标本　10♀♀，新疆，保存在 AMMSC。

生物学　林区种；自然感染马与骆驼锥虫，土拉菌。

地理分布　新疆 (乌苏、昌吉、哈巴河)；俄罗斯，哈萨克斯坦，印度，北非地区，欧洲。

分类讨论　本种类似于拟棕体虻 *T. russatoides* Xu *et* Deng，但拟棕体虻腹部深棕色，腹板中央无黑纵条；体长 12-13 mm；额高为基宽的 2.4-2.9 倍。多声虻是青腹虻组 *T. oliviventris* group 中现知仅分布在古北界的种类 (图 356)。

(333) 伪青腹虻 *Tabanus pseudoliviventris* Chen *et* Xu, 1992 (图 359)

Tabanus pseudoliviventris Chen *et* Xu, 1992a: 84 [Type locality: Nayong, Guizhou, China]; Xu, 1982g: 133; Chen and Xu, 1992b: 9; Xu and Sun, 2007b: 245.

鉴别特征　复眼具 1 带；额高为基宽的 4.5-5.0 倍；额基胛和中胛连接；亚胛覆粉；触角柄节和梗节棕黄色，鞭节的基环节棕色，端环节黑色；下颚须黄白色，第 2 节长为宽的 3 倍；胸部盾片具 3 条灰白色纵纹；腹部腹板中央具黑色宽纵条。

形态描述

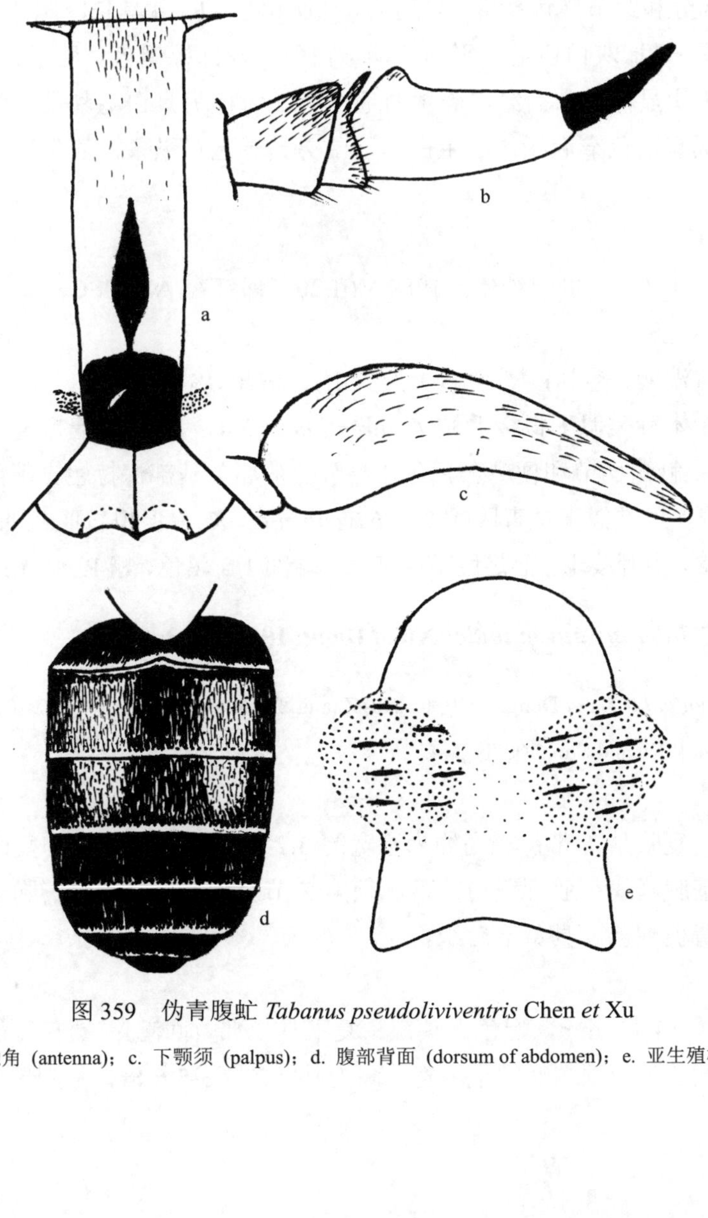

图 359　伪青腹虻 *Tabanus pseudoliviventris* Chen *et* Xu

a. 额 (frons)；b. 触角 (antenna)；c. 下颚须 (palpus)；d. 腹部背面 (dorsum of abdomen)；e. 亚生殖板 (subgenital plate)

雌性　体长 15 mm，灰黑色。头部：复眼无毛，绿色，具 1 条紫带 (回潮)；额灰黄色，着生稀疏的短黑毛，夹杂金黄色毛，基宽窄于顶宽，高为基宽的 4.5-5.0 倍；额基胛黑色，方形，与亚胛接触，与复眼接触，中胛黑色，纺锤形，与基胛以窄线相连；亚胛和上侧颜黄灰色，“眉片”中等高，棕黄色；颜和颊灰白色，覆白毛；口毛白色。触角柄节和梗节棕黄色，覆黑毛和白毛，梗节具背突，鞭节基环节棕色，端环节黑色，基环节长为宽的 2.3 倍，背突明显。下颚须黄白色，第 1 节着生白色长毛，第 2 节长为宽的 3 倍，覆白毛夹杂黑毛。喙棕黑色，着生黑毛。胸部：盾片灰黑色，覆黑毛夹杂灰白色毛，具 3 条不明显灰白色纵纹 (仅在盾片前端可见)，背侧片黑褐色，着生黑毛；侧板和足基节灰白色，覆白色长毛。前足股节黑色，覆黑毛，中、后足股节灰黑色，覆黑毛，腹方具白毛，前足胫节基部 3/5 白色，中、后足胫节基部大部分白色，着生白毛夹杂少量黑毛，其余部分和跗节黑色黑毛。翅透明，翅脉棕色，R_4 脉具长附脉。腋瓣烟棕黑色，两腋瓣交接处具 1 撮灰白色毛。平衡棒柄黄白色，球部棕黑色。腹部：背板黑色黑毛，第 1-4 背板具不明显棕色窄后缘，着生白毛，第 2 背板另具白毛基带。腹板黑色，覆白粉，第 2-6 腹板具白色窄后缘，着生白毛，中央具黑色宽纵条，亚生殖板后缘弧形，无中凹陷，基缘具侧角。

雄性　未详。

观察标本　正模♀，贵州纳雍，1989.VIII.20，保存在 AMMSC。

生物学　林区种。

地理分布　湖南 (慈利)、广西 (十万大山)、贵州 (纳雍)。

分类讨论　本种类似于拟金毛虻 *T. aurepiloides* Xu *et* Deng，但拟金毛虻的额高为基宽的 3.3-3.6 倍；触角柄节和梗节灰黑色，鞭节的基环节基部深棕色，端部黑色，基环节长为宽的 1.6 倍。也类似于拟青腹虻 *T. oliviventroides* Xu，但拟青腹虻的额基胛近卵形，长约为宽的 2 倍，中胛线形，前足胫节略膨大，端部 1/5 黑色，翅 R_4 脉无或具附脉痕迹。

(334) 拟金毛虻 *Tabanus aurepiloides* Xu *et* Deng, 1990 (图 360)

Tabanus aurepiloides Xu *et* Deng, 1990, In: Xu, Zhang, Deng and Zhang, 1990: 79 [Type locality: Zham, Tibet, China]; Xu and Sun, 2007b: 244.

鉴别特征　复眼具 1 带；额高约为基宽的 3.7 倍，基胛方形，与复眼分离，与亚胛接触，中胛为基胛延线；亚胛覆粉；下颚须第 2 节长为宽的 4.5 倍；胸部盾片黄灰色，无纵条；腹部背板棕色，具黄毛后缘。

形态描述

雌性　体长 14-15 mm，黑色。头部：复眼具 1 带 (回潮)；额灰黄色，着生黑毛，近基胛着生灰黄色毛，顶端略宽于基宽，高为基宽的 3.3-3.6 倍；基胛黑色，圆形，两侧与复眼分离，与亚胛接触，中胛为基胛的粗延线；亚胛棕黄色，覆粉，“眉片”低；颜与颊灰白色，上侧颜棕黄色，着生灰白色毛；口毛灰白色。触角柄节和梗节灰黑色，着生黑毛，鞭节基环节基部深棕色，端部及端环节黑色，基环节长为宽的 1.6 倍，基部背突不明显。下颚须灰黑色，第 1 节覆白色长毛，第 2 节长为宽的 3.8 倍，覆黑毛夹杂白毛。喙棕黑色，着生棕色毛。胸部：背板黑色，覆黑毛夹杂灰棕色毛，具 3 细的浅色纵条，中央条较不清晰，小盾片色同盾片；侧板灰棕色，着生灰白色毛。足基节色同侧板，覆灰白色毛，足股节黑色，具灰白色毛夹杂黑毛，胫节棕色，着生棕色毛，端部前足胫 2/5，中、后足胫 2/7 及跗节黑色，覆黑毛。翅略着烟色，翅脉暗棕色，R_4 脉具附脉，R_5 室开放。腋瓣灰黑色，两腋瓣交接处具棕色毛。平衡棒棕色，球部两侧棕黑色。腹部：背板黑色，具灰黄色窄后缘，第 2 背板中央节后缘具棕色三角，两侧具斜形灰黄色毛斑。腹板灰黑色，中央具黑色纵条，各腹板具浅色后缘。

雄性　未详。

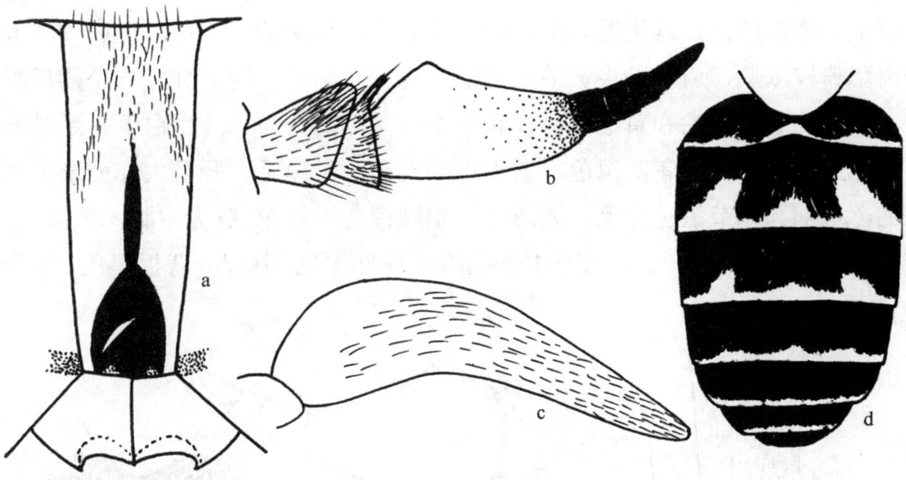

图 360　拟金毛虻 *Tabanus aurepiloides* Xu *et* Deng

a. 额 (frons)；b. 触角 (antenna)；c. 下颚须 (palpus)；d. 腹部背面 (dorsum of abdomen)

观察标本　正模♀，西藏樟木，2600 m，1987.VI.9，保存在 AMMSC。

生物学　为林区种。

地理分布　西藏 (樟木)。

分类讨论　本种体色等一般特征类似于金毛虻 *T. aurepilus* Wang，但金毛虻胸部盾片色一致，无纹饰。

(335) 黄山虻 *Tabanus huangshanensis* Xu et Wu, 1985 (图 361)

Tabanus huangshanensis Xu *et* Wu, 1985: 410 [Type locality: Huangshan, Anhui, China]; Wang, 1994:

95; Xu and Sun, 2007b: 244.

Tabanus subhuangshanensis Wang, 1987: 64. Synonymized by Xu, 2000: 189.

鉴别特征 复眼具 1 带；额高为基宽的 5 倍；额基胛和中胛分离；亚胛覆粉；触角棕黄色；下颚须灰白色，第 2 节长为宽的 3.5 倍；胸部盾片无纵纹；腹部背板因毛色致第 1、2 背板大部分黑色，第 3 背板以后大部分灰黄色；腹板中央具灰黑色宽纵条。

形态描述

雌性 体长 13 mm，灰黑色。头部：复眼无毛，绿色，具 1 条紫带 (回潮)；额棕黄色，近基胛处色略浅，头顶色略深，着生黑色短毛，基宽窄于顶宽，高为基宽的 5 倍；额基胛亮黑色，方形，与亚胛接触，与复眼几乎接触，中胛黑色，长卵形，与基胛分离；亚胛棕色，“眉片”低，棕黄色；颜白色，着生白色，上侧颜棕色；口毛白色。触角柄节和梗节棕色，覆黑毛，下方夹杂白毛，梗节背突长，鞭节红棕色，基环节长为宽的 1.5 倍，端环节色略暗。下颚须灰白色，第 1 节着生白色长毛，第 2 节长为宽的 3.5 倍，覆黑毛和白毛。喙棕黑色，具黑毛。胸部：盾片黑色，覆薄的白色粉，无纵纹，侧缘和小盾片的白色粉较浓厚，盾片着生黄毛和黑毛，肩胛及附近、翅上胛后方及翅后胛着生白色长毛，小盾片着生白毛和黄毛；侧板和足基节覆厚的白粉，着生白毛。足股节除前足股节前方黑色黑毛外，余者灰黑色，着生白毛夹杂少量黑毛，胫节大部分米黄色，着生米黄色毛，端部和跗节黑色黑毛。翅透明，翅脉棕色，翅 R_4 脉无附脉。腋瓣烟棕黑色，两腋瓣交接处具 1 簇浅黄色毛。平衡棒柄棕色，球部黑色。腹部：背板黑色，覆黄色粉，

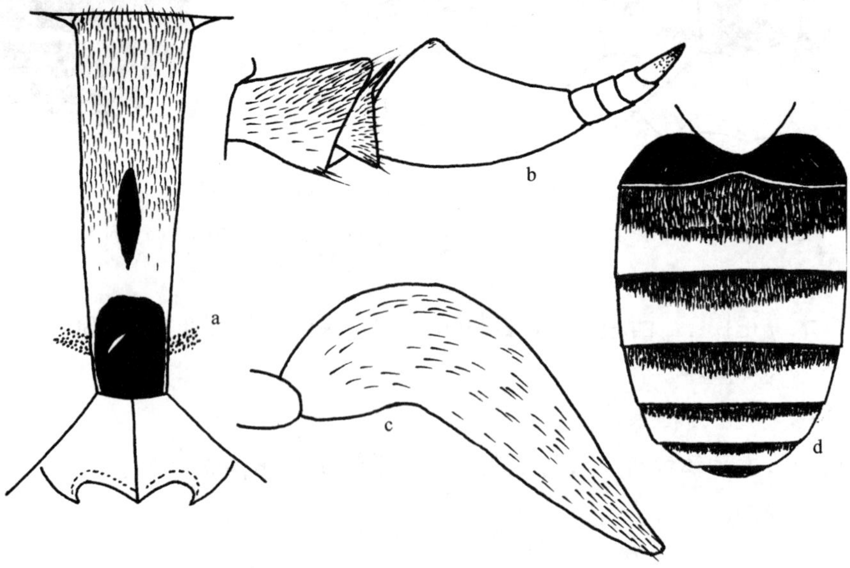

图 361 黄山虻 *Tabanus huangshanensis* Xu *et* Wu

a. 额 (frons)；b. 触角 (antenna)；c. 下颚须 (palpus)；d. 腹部背面 (dorsum of abdomen)

这种粉在各背板后方和第 3-7 或第 4-7 背板较浓，各背板前方主要着生黑毛夹杂金黄色毛，中部多金黄色毛，往后过渡为黄白色毛，第 7 背板着生黑毛夹杂浅黄色毛，致第 1、2 背板大部分黑色，第 3 背板以后大部分灰黄色，各背板侧缘黄色，着生浅黄色毛。腹板灰色，着生黄白色毛，具浅色窄后缘，沿中线 1/3 宽覆暗色粉，且在第 2-6 腹板夹杂黑毛，致腹中线具 1 宽的灰黑色纵条，第 7 腹板着生黑毛夹杂少量黄白色毛。

雄性　未详。

观察标本　正模♀，安徽黄山，1983.VI.18，许荣满，保存在 AMMSC。2♀♀，福建，保存在 AMMSC。

生物学　林区种。

地理分布　安徽 (黄山)、福建 (武夷山)、广西 (龙胜)。

分类讨论　本种类似于青腹虻 *T. oliviventris* Xu，本种胸部小盾片色浅于盾片，灰白色，着生白毛和黄毛，腹部第 1、2 背板大部分黑色，第 3 背板以后大部分灰黄色。而青腹虻胸部小盾片色同盾片，灰黑色，着生黑毛和白毛；腹部背板前后色一致黄绿色。亚黄山虻是本种异名。

(336) 金华虻 *Tabanus jinhuai* Xu *et* Sun, 2007 (图 362)

Tabanus jinhuai Xu *et* Sun, 2007b: 244 [Type locality: Wuzhishan, Hainan, China].

鉴别特征　复眼具 1 带；额高为基宽的 4.5-5.0 倍；额基胛和中胛分离；亚胛覆粉；触角棕黄色；下颚须浅棕色，第 2 节长为宽的 3.5 倍；胸部盾片无纵纹；腹部第 2-6 背板后缘具白带；腹板中央具灰黑色宽纵条。

形态描述

雌性　体长 14 mm，黑色。头部：复眼绿色，具 1 条紫色横带 (回潮)，无毛；额灰色，基端略窄于顶端，中胛以下的额部色浅于上部，着生白毛，上部着生黑毛，高为基宽的 4.5-5.0 倍；基胛亮黑色，方形，与亚胛接触，和复眼窄分离，和梭形、黑色的中胛连接；亚胛浅棕色，覆粉，“眉片”低；颜灰白色，着生白毛；口毛白色。触角柄节黄棕色，着生黑毛，下缘夹杂白毛，梗节黄棕色，着生黑毛，具背突，鞭节红棕色，基环节长为宽的 1.6 倍，背突钝，明显，端环节色略暗于基环节。下颚须浅棕色，第 1 节覆黄白色毛，第 2 节长为宽的 3.5 倍，覆黄白色毛和黑毛。胸部：盾片灰黑色，着生黑毛和金黄色毛，翅后胛着生长白毛，小盾前片白色，着生白毛，小盾前片色同盾片；侧板灰色，着生白毛，翅侧片具长白毛。足基节灰色，着生白毛，股节黑色，着生白毛，前足股节夹杂有较多黑毛，胫节白色白毛，端部和跗节黑色黑毛。翅透明，R_5 室开放，R_4 脉无附脉。平衡棒棕黑色。腹部：背板黑色，第 2 背板带棕色，着生黑毛，第 2-6 背板后缘具白带，带上着生白毛。第 1、2 腹板灰白色，着生白毛，第 2 背板中央具黑斑；第

3-7 腹板黑色，覆黑毛，后缘具白带，第 7 腹板黑色，覆黑毛。

雄性 未详。

观察标本 正模♀，海南五指山，1992.V.15，刘金华，保存在 AMMSC。2♀♀，海南，保存在 IZCAS。

生物学 山地林区种。

地理分布 海南 (五指山、黎母山)。

分类讨论 本种类似于黄山虻 *T. huangshanensis* Xu *et* Wu，但黄山虻胸部小盾片灰白色，着生白毛和黄毛；腹部第 1、2 背板大部分黑色，第 3 背板以后大部分灰黄色，无浅色后缘带。

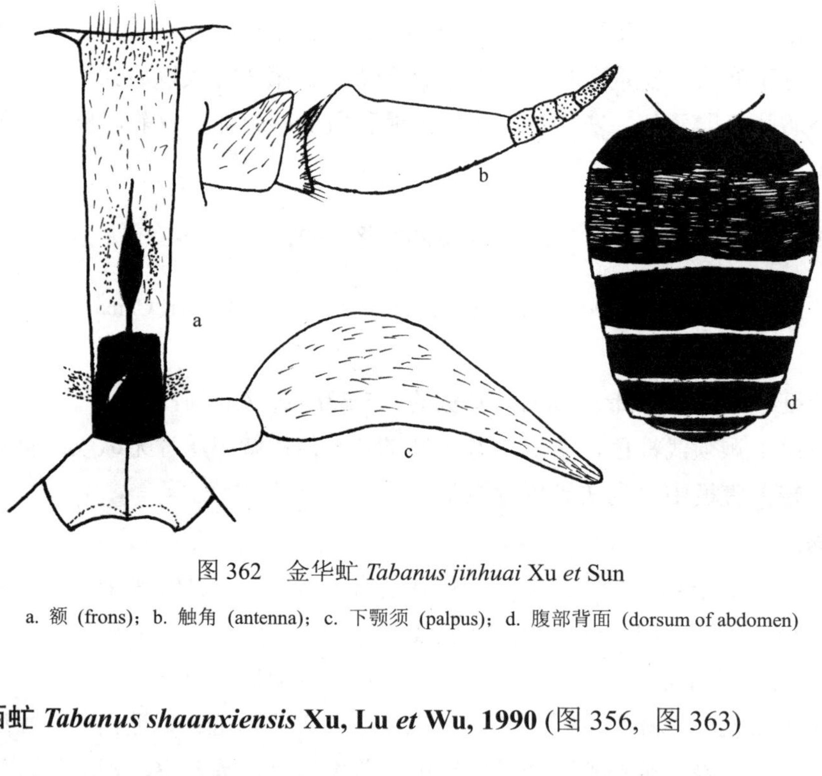

图 362 金华虻 *Tabanus jinhuai* Xu *et* Sun

a. 额 (frons)；b. 触角 (antenna)；c. 下颚须 (palpus)；d. 腹部背面 (dorsum of abdomen)

(337) 陕西虻 *Tabanus shaanxiensis* Xu, Lu *et* Wu, 1990 (图 356，图 363)

Tabanus shaanxiensis Xu, Lu *et* Wu, 1990: 93 [Type locality: Qinling Mountain, Shaanxi, China]; Xu and Wang, 1993: 114; Yang and Xu, 1997: 15; Xu and Sun, 2007b: 246.

鉴别特征 复眼具 1 带；额高为基宽的 5 倍；额基胛和中胛连接；亚胛覆粉；触角棕黄色；下颚须灰白色，第 2 节长为宽的 3.5 倍；胸部盾片具无纵纹；腹部第 1-6 背板具棕黄色后缘带；腹板中央具 1 列半圆形黑斑。

形态描述

雌性 体长 17 mm，黑色。头部：复眼无毛，绿色，具 1 条紫带 (回潮)；额棕黄色，头顶灰黑色，着生稀疏的短黑毛，基宽窄于顶宽，高为基宽的5倍；额基胛黑色，类卵圆形，与亚胛接触，与复眼窄分离，中胛黑色，与基胛以粗线相连。亚胛覆粉，色深于额，“眉片”低，黄白色；颜白色白毛；口毛白色。触角柄节和梗节棕色，背侧覆黑毛，腹侧以白毛为主，梗节具背突，鞭节基环节棕红色，端环节色略深于基环节，基环节长为宽的1.9倍，背突明显。下颚须灰白色，第1节着生灰白色长毛，第2节长为宽的3.5倍，覆灰白色毛夹杂黑毛。喙棕黑色，具黑毛。胸部：盾片黑色，覆黑毛和棕黄色毛，无纵纹，背侧片黑色，着生黑色长毛和棕色短毛，翅后胛着生1丛白色和棕黄色长毛；侧板和足基节灰白色，覆灰白色长毛。前足股节黑色，前方覆黑毛，后方覆灰白色长毛，前足胫节白色白毛，端部1/3-1/4黑色黑毛，中、后足股节黑色，覆灰白色毛，中、后足胫节基部大部分白色，着生白毛，极端部和跗节黑色黑毛。翅透明，翅脉棕色，翅 R_4 脉无附脉。腋瓣烟黑色，两腋瓣交接处具1簇浅黄色毛。平衡棒柄棕色，球部棕黑色。腹部：背板黑色黑毛，第1-6背板具棕黄色后缘带，带上着生白毛。腹板黑色，覆白粉，着生白色短毛，中央着生较多黑毛，形成1列半圆形黑斑，第1-6腹板具浅色毛和粉组成的后缘窄带。

雄性　未详。

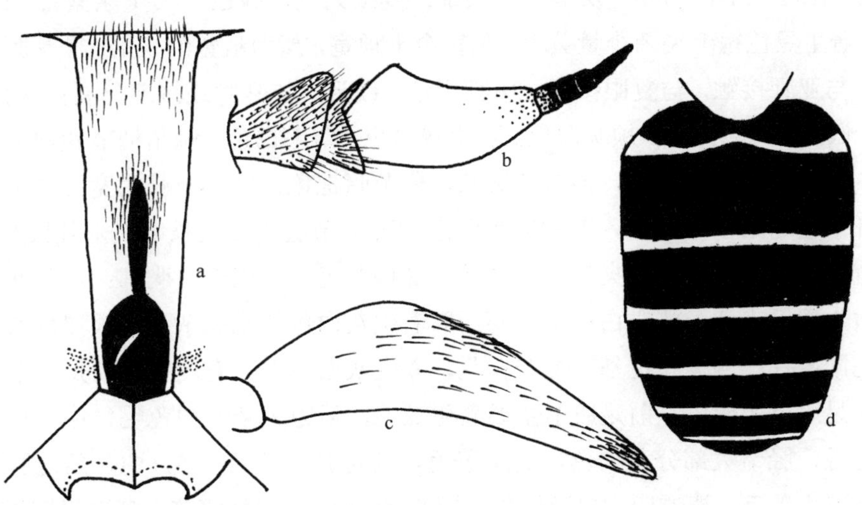

图363　陕西虻 *Tabanus shaanxiensis* Xu, Lu *et* Wu

a. 额 (frons)；b. 触角 (antenna)；c. 下颚须 (palpus)；d. 腹部背面 (dorsum of abdomen)

观察标本　正模♀，陕西秦岭，1989.VI.5，保存在AMMSC。3♀♀，云南，保存在AMMSC。

生物学　林区种。

地理分布　陕西 (秦岭)、云南 (永善、绥江)。

分类讨论 在青腹虻组中，本种个体较大，与拟青腹虻 *T. oliviventroides* Xu 近似，但拟青腹虻腹部背板灰黑色，各节后缘具由灰黄色毛组成不明显的窄带；腹部腹板中纵暗条由直边的黑粉或黑毛组成的 1 列连续纵条；体长 13-15 mm。陕西虻现知分布在华中区西部海拔较高的地带 (图 356)。

(338) 拟青腹虻 *Tabanus oliviventroides* Xu, 1984 (图 364)

Tabanus oliviventroides Xu, 1984: 94 [Type locality: Shiwan shan, Guangxi, China]; Wang, 1994: 94; Yang and Xu, 1997: 15; Xu, 2004: 541; Xu and Sun, 2007b: 245.

鉴别特征 复眼具 1 带；额高为基宽的 5 倍；额基胛和中胛连接或分离；亚胛覆粉；触角柄节和梗节黄棕色；下颚须灰白色，第 2 节长为宽的 3.6 倍；胸部盾片无纵纹；腹部背板因毛色致第 1、2 背板大部分黑色，第 3 背板以后大部分灰黄色；背板灰黑色，着生黑毛，后缘具一些灰黄色毛，有的形成窄带；腹板灰色，着生灰黄色毛，中央 1/3 夹杂黑毛，形成弱的灰黑色纵条。

形态描述

雌性 体长 13-15 mm，灰黑色。头部：复眼无毛，绿色，具 1 条紫带 (回潮)；额黄棕色，着生黑色短毛夹杂少量黄毛，基宽窄于顶宽，高为基宽的 5 倍；额基胛亮黑色，近卵形，与亚胛接触，与复眼接近；中胛黑色，线形，与基胛连接或分离；亚胛黄棕色，“眉片”低，棕黄色；颜和颊灰白色，着生灰白色；口毛白色。触角柄节和梗节黄棕色，覆黑毛，下方夹杂灰白色毛，梗节背突长，鞭节暗棕色，基环节长为宽的 1.8 倍，背突钝，端环节色略暗于基环节。下颚须灰白色，第 1 节着生白色长毛夹杂几根黑毛，第 2 节长为宽的 3.6 倍，覆黑毛夹杂少量白毛。喙棕黑色，具黑毛。胸部：盾片灰黑色，无纵纹，着生黑毛夹杂一些灰白色毛，翅后胛着生灰白色长毛夹杂有几根黑色长毛，小盾片色、毛同盾片；侧板和足基节覆灰白色，着生灰白色毛，有的个体后足基节夹杂有几根黑毛。足股节灰黑色，前足股节主要着生黑毛，后方夹杂灰白色毛，中、后足股节着生灰白色毛，胫节大部分黄白色，着生黄毛，前足胫节端部 1/5，中、后足胫节端部少许和跗节黑色黑毛。翅透明，翅脉棕色，翅 R_4 脉无或具附脉痕迹。腋瓣暗棕黑色，两腋瓣交接处具 1 簇灰白色毛。平衡棒柄棕色，球部棕黑色。腹部：背板灰黑色，着生黑毛，后缘具一些灰黄色毛，有的形成窄带。腹板灰色，着生灰黄色毛，中央 1/3 夹杂黑毛，形成弱的灰黑色纵条，亚生殖板端缘凹入，尾须端缘较平直。

雄性 未详。

观察标本 正模♀，广西防城十万大山，1981.VIII.15，许荣满，保存在 AMMSC。5♀♀，广西，保存在 AMMSC。

生物学 山区种。

地理分布　广西（防城）、云南（威信）。

分类讨论　本种与青腹虻 *T. oliviventris* Xu 近似，但本种腹部背板灰黑色，腹板灰色，中央 1/3 具黑毛纵条；前足股节主要着生黑毛。而青腹虻腹节背板黄绿色，腹板无黑毛纵条；前足股节主要着生白毛。

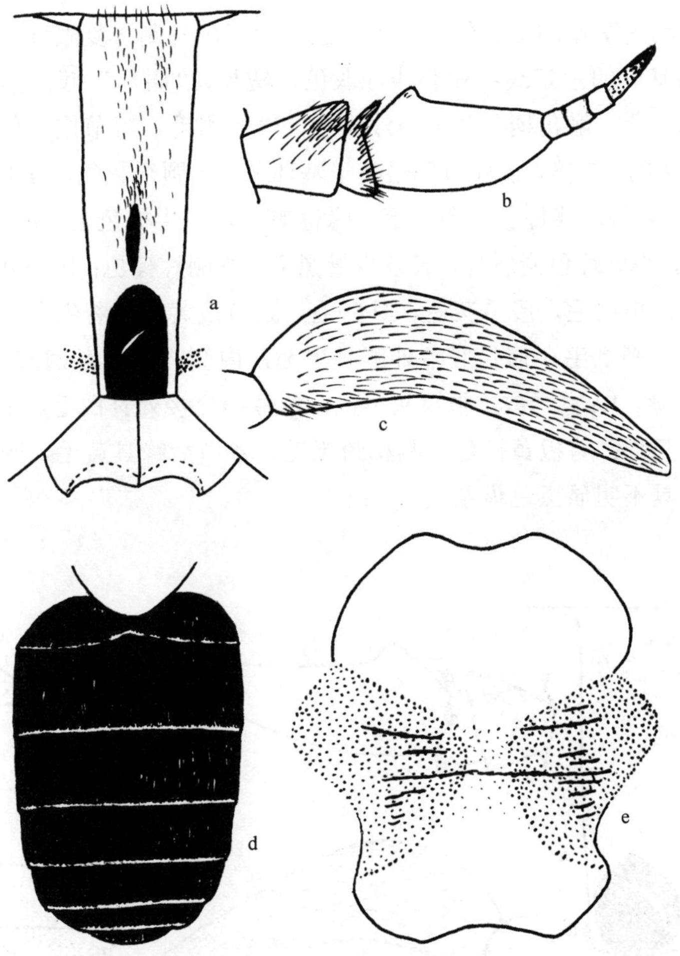

图 364　拟青腹虻 *Tabanus oliviventroides* Xu

a. 额（frons）；b. 触角（antenna）；c. 下颚须（palpus）；d. 腹部背面（dorsum of abdomen）；e. 亚生殖板（subgenital plate）

(339) 察隅虻 *Tabanus zayuensis* Wang, 1982（图 356，图 365）

Tabanus zayuensis Wang, 1982: 188 [Type locality: Zayu, Tibet, China]; Wang, 1994: 96; Yang and Xu, 1997: 16; Xu and Sun, 2007b: 247.

鉴别特征 复眼具 1 带；额高约为基宽的 3.5 倍，基胛圆形，与亚胛接触，中胛无或有，为基胛的短延线；亚胛覆粉；下颚须第 2 节长为宽的 4 倍；胸部盾片黄灰色，无纵条；腹部背板黄棕色，具黄毛后缘。

形态描述

雌性 体长 15 mm，黄色。头部：复眼具 1 带 (回潮)；额灰棕色，着生黑毛，顶端略宽于基宽，高约为基宽的 3.5 倍；基胛棕色，圆形，两侧与复眼分离，与亚胛接触，中胛无或具，为基胛的短延线；亚胛浅棕灰色，覆粉，“眉片”低；颜与颊灰色，着生浅黄色毛；口毛白色。触角柄节和梗节浅黄色，着生黑毛，鞭节橙黄色，基环节基部具低的背突，长为宽的 1.7 倍，端环节色略暗于基环节。下颚须灰色，第 1 节覆白色长毛，第 2 节长为宽的 4 倍，浅棕色，覆黑毛。喙棕黑色，着生棕色毛。胸部：背板黄灰色，覆黄毛，无纵纹，小盾片色同盾片，夹杂少量黑毛，背侧片棕色；侧板灰色，着生白毛。足基节色同侧板，覆白毛，股节灰色，具白毛，胫节浅黄色，着生白色和少量黑毛，仅端部及跗节棕色，覆黑毛，后足胫节外侧具黑毛，内侧具白毛。翅透明，翅脉黄棕色，R_4 脉无或具短附脉，R_5 室开放。腋瓣灰黑色，两腋瓣交接处具白毛。平衡棒黄棕色，球部两侧棕黑色。腹部：背板黄棕色，具稀疏黑毛，各节后缘具黄毛。腹板黄灰色，覆黄毛和黑毛，中央具不明显黑色纵条。

雄性 未详。

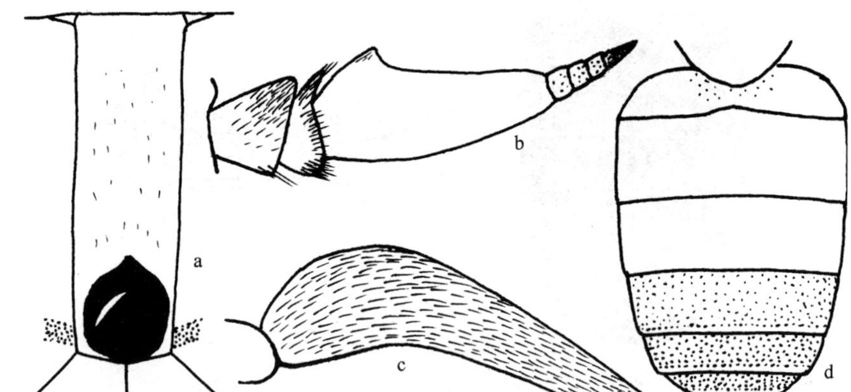

图 365 察隅虻 *Tabanus zayuensis* Wang

a. 额 (frons)；b. 触角 (antenna)；c. 下颚须 (palpus)；d. 腹部背面 (dorsum of abdomen)

观察标本 正模♀，西藏察隅，2040 m，1973.VIII.1，黄复生，标本号 IOZ(E)201259，保存在 IZCAS。4♀♀，云南、西藏，保存在 AMMSC。

生物学 西南稀少种。

地理分布　云南 (维西)、西藏 (察隅)。

分类讨论　本种类似于棕体虻 *T. russatus* Wang 和亚棕体虻 *T. subrussatus* Wang，但后两者的触角鞭节端部的 4 个环节黑色。察隅虻现知仅分布在西南区 (图 356)。

(340) 棕体虻 *Tabanus russatus* Wang, 1982 (图 366)

Tabanus russatus Wang, 1982: 188 [Type locality: Medog, Tibet, China]; Wang, 1994: 96; Xu and Guo, 2005b: 175; Xu and Sun, 2007b: 246.

鉴别特征　复眼具 1 带；额高约为基宽的 4.5 倍，基胛卵形，与复眼分离，与亚胛接触，中胛无或有，为基胛的短延线；亚胛覆粉；下颚须第 2 节长为宽的 4 倍；胸部盾片黑色，无纵条；腹部背板棕色，具黄毛后缘。

形态描述

雌性　体长 13-15 mm，棕色。头部：复眼具 1 带 (回潮)；额灰黄色，着生黑毛，顶端略宽于基宽，高约为基宽的 4.5 倍；基胛棕黑色至黑色，卵形，两侧与复眼分离，与亚胛接触，中胛无或具，为基胛的短延线；亚胛土黄色，覆粉，“眉片”低；颜与颊灰色，着生浅黄色毛；口毛浅黄白色。触角柄节和梗节浅棕色，着生黑毛，鞭节橙黄色，基环节基部具低的背突，长为宽的 2 倍，端环节黑色。下颚须灰色，第 1 节覆黄白色长毛，第 2 节长为宽的 4 倍，浅棕色，覆黑毛。喙棕黑色，着生棕色毛。胸部：背板黑色，覆金黄色毛，无纵纹，小盾片色同盾片，背侧片棕黑色，覆黑毛；侧板灰色，着生浅黄白毛。足基节色同侧板，覆黄白色毛，前足股节黑色，具黑毛和黄毛，中、后足股节灰黑色，覆黄毛，前足胫节基部 2/3 白色，着生白色，端部及跗节黑色，覆黑毛，中、后

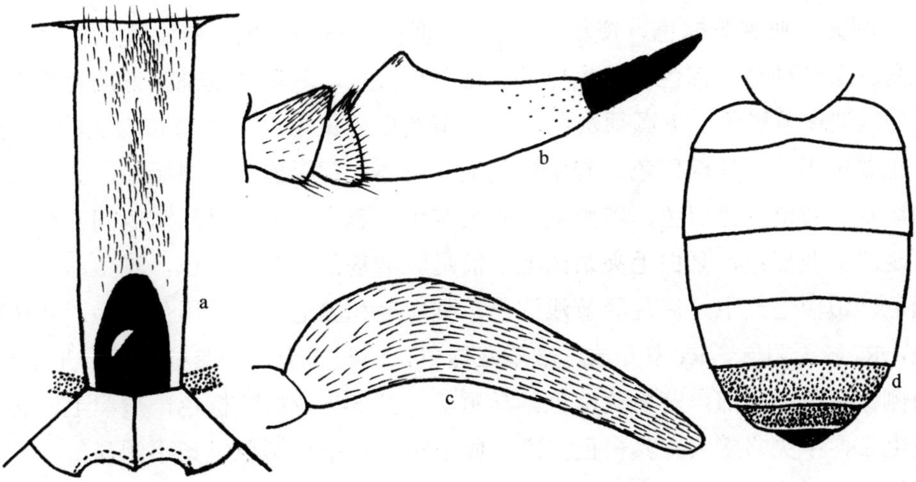

图 366　棕体虻 *Tabanus russatus* Wang

a. 额 (frons)；b. 触角 (antenna)；c. 下颚须 (palpus)；d. 腹部背面 (dorsum of abdomen)

足胫节基部 4/5 黄白色，具白毛，端部及跗节黑色黑毛。翅透明，翅脉棕色，R_4 脉无或具短附脉，R_5 室开放。腋瓣灰黑色，两腋瓣交接处具棕色毛。平衡棒棕色，球部两侧棕黑色。腹部：第 1-4 背板棕色，其后各节暗棕色，背板覆金黄色毛夹杂黑毛，第 5-7 背板多黑毛，各背板后缘具金黄色毛。腹板棕色，中央具占腹宽 1/3 的黑色纵条。

雄性 未详。

观察标本 正模♀，西藏墨脱格林，1820 m，1974.IX.5，李铁生，标本号 IOZ(E)201242，保存在 IZCAS。5♀♀，西藏，保存在 AMMSC。

生物学 林区种。

地理分布 云南 (片马)、西藏 (墨脱)。

分类讨论 本种类似于亚棕体虻 *T. subrussatus* Wang，但亚棕体虻的额高约为基宽的 3.5 倍；腹部背板黄棕色，腹板黑色中纵条不清晰，背板各节具由黄毛组成的不明显细带，中央后缘具不明显白色小点。

(341) 亚棕体虻 *Tabanus subrussatus* Wang, 1982 (图 367)

Tabanus subrussatus Wang, 1982: 189 [Type locality: Medog, Tibet, China]; Xu and Sun, 2007b: 246.

鉴别特征 复眼具 1 带；额高约为基宽的 3.5 倍，基胛圆形，与亚胛、复眼均接触，中胛无；亚胛覆粉；下颚须第 2 节长为宽的 3.5 倍；胸部盾片黑色，无纵条；腹部背板黄棕色，具黄毛后缘。

形态描述

雌性 体长 12-15 mm，棕色。头部：复眼具 1 带 (回潮)；额灰黄色，着生黑毛，顶端略宽于基宽，高约为基宽的 3.5 倍；基胛黑色，圆形，两侧与复眼分离，与亚胛均接触，中胛无；亚胛黄棕色，覆粉，“眉片”低；颜与颊灰色，着生浅黄色毛；口毛白色。触角柄节和梗节浅棕色，着生黑毛，鞭节橙黄色，基环节基部具低的背突，长为宽的 1.4 倍，端环节黑色。下颚须灰色，第 1 节覆白色长毛，第 2 节长为宽的 3.5 倍，黄白色，主要覆黑毛。喙棕黑色，着生棕色毛。胸部：背板黑色，覆黑毛，无纵纹，小盾片色同盾片，背侧片棕黑色，覆黑毛；侧板灰色，着生白毛。足基节色同侧板，覆黄白色毛，足股节灰黑色，具白毛夹杂黑毛，前足胫节基部大部分白色，着生白色，端部及跗节黑色，覆黑毛，中、后足胫节浅棕色，具白毛和黑毛，跗节黑色黑毛。翅透明，翅脉棕色，R_4 脉无附脉，R_5 室开放。腋瓣灰黑色，两腋瓣交接处具棕色毛。平衡棒棕色，球部两侧棕黑色。腹部：背板黄棕色，具黑毛，第 5-7 背板暗棕色，覆黑毛，各背板后缘具黄毛带，中央略膨大，具白色点斑。腹板黄色，中央黑色纵条不明显。

雄性 未详。

观察标本 正模♀，西藏墨脱格林，1820 m，1974.IX.5，李铁生，标本号 IOZ(E)201257，

保存在 IZCAS。2♀♀，西藏，保存在 AMMSC。

生物学　林区种。

地理分布　西藏 (墨脱)。

分类讨论　本种类似于棕体虻 *T. russatus* Wang，但棕体虻额高约为基宽的 4.5 倍；腹部棕色，腹板黑色中纵条清晰，占腹部宽的 1/3，背板各节具由金黄色毛组成的不明显细带。

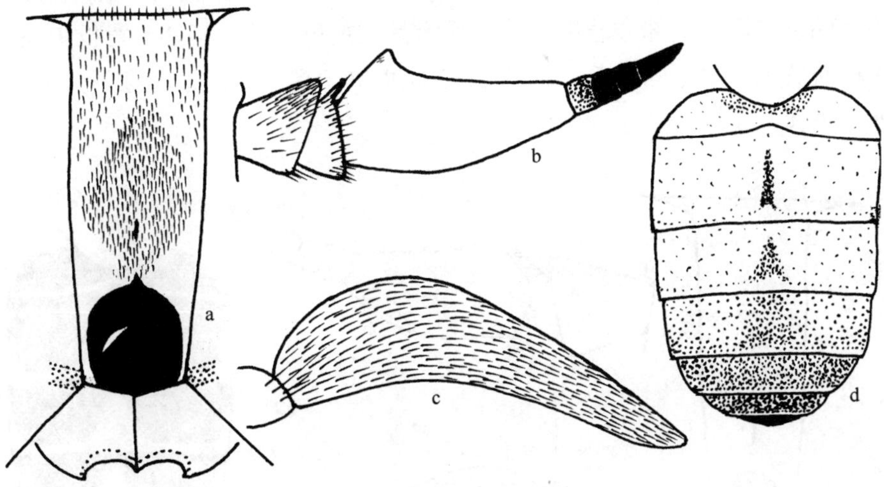

图 367　亚棕体虻 *Tabanus subrussatus* Wang

a. 额 (frons)；b. 触角 (antenna)；c. 下颚须 (palpus)；d. 腹部背面 (dorsum of abdomen)

(342) 亚青腹虻 *Tabanus suboliviventris* Xu, 1984 (图 368)

Tabanus suboliviventris Xu, 1984: 234 [Type locality: Damingshan, Guangxi, China]; Wang, 1994: 146; Xu, 2001: 348; Xu and Sun, 2007b: 246.

鉴别特征　复眼具 1 带；额高为基宽的 4.5-5.5 倍；额基胛和中胛连接或分离；亚胛覆粉；触角柄节和梗节黄绿色；下颚须灰黑色，第 2 节长为宽的 3.5 倍；胸部盾片无纵纹；腹部背板棕黑色，第 2-5 背板中央具灰黄色三角。

形态描述

雌性　体长 12-13.5 mm，灰黑色。头部：复眼无毛，绿色，具 1 条紫带 (回潮)；额黄绿色，着生黑色短毛夹杂少量黄毛，基宽窄于顶宽，高为基宽的 4.5-5.5 倍；额基胛亮黑色，近卵形，与亚胛接触，与复眼接近，中胛黑色，线形，与基胛连接或分离；亚胛色同额，“眉片”低，棕黄色；颜灰黄色，着生灰黄色毛；口毛灰黄色。触角柄节和梗节黄绿色，覆黑毛，下方夹杂灰黄色毛，梗节背突长，鞭节暗棕色，背突低，基环节长为宽的 1.8 倍，端环节色略暗。下颚须灰黑色，第 1 节着生灰黄色长毛，第 2 节长为宽的 3.5 倍，覆黑毛夹杂灰黄色毛。喙棕黑色，具黑毛。胸部：盾片灰黄色，无纵纹，着生黑毛，夹杂灰黄色毛，翅后胛着生灰黄色长毛，小盾片色同盾片；侧板色同背板，着生灰黄色毛。足基节色和毛色同胸部侧板，股节黑色，前足股节着生黑毛，后方夹杂灰黄色毛，中、后足股节着生灰黄色毛，胫节大部分黄白色，前足胫节端部 1/4，中、后足胫节端部 1/5 及跗节黑色黑毛。翅透明，翅脉棕色，翅 R_4 脉无或具短附脉。腋瓣暗棕黑色，两腋瓣交接处具 1 簇灰黄色毛。平衡棒柄基部棕色，球部棕黑色。腹部：背板棕黑色，往尾端色变深，大部分着生黑毛，后缘具灰黄色窄带，第 2-5 背板中央具灰黄色三角。腹板灰黄色，着生同色毛，尾端 2、3 腹板夹杂黑毛，尾须后缘圆弧形。

雄性 未详。

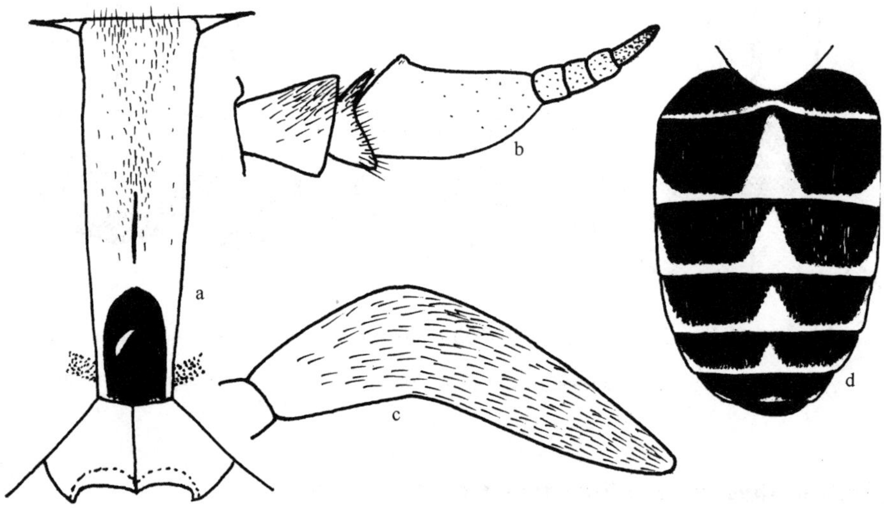

图 368 亚青腹虻 *Tabanus suboliviventris* Xu

a. 额 (frons)；b. 触角 (antenna)；c. 下颚须 (palpus)；d. 腹部背面 (dorsum of abdomen)

观察标本 正模♀，广西武鸣大明山，1981.VII.1，许荣满，保存在 AMMSC。5♀♀，广西，保存在 AMMSC。

生物学 山区种。

地理分布 福建 (建阳、上杭)、广西 (武鸣)。

分类讨论 本种类似于青腹虻 *T. oliviventris* Xu，但青腹虻腹部背板灰黑色，覆金黄色毛夹杂少量黑毛，使背板呈黄绿色，无浅色中三角，各背板后缘具金黄色窄带。

(343) 青腹虻 *Tabanus oliviventris* Xu, 1979 (图 356，图 369)

Tabanus oliviventris Xu, 1979: 44 [Type locality: Changning, Sichuan, China]; Xu, 1982g: 132; Chen and Xu, 1992a: 80; Wang, 1994: 93; Xu, 2001: 347; Xu and Sun, 2007b: 245.

鉴别特征　复眼具 1 带；额高为基宽的 5.5 倍；额基胛和中胛连接或分离；亚胛覆粉；触角柄节和梗节黄绿色；下颚须黄白色，第 2 节长为宽的 3.5 倍；胸部盾片无纵纹；腹部背板灰黑色，覆金黄色毛夹杂黑毛，致外观呈黄绿色，后缘具金黄色毛窄带。

形态描述

雌性　体长 14-16 mm，青灰色。头部：复眼无毛，绿色，具 1 条紫带 (回潮)；额棕黄色，着生黑色短毛夹杂黄毛，基宽窄于顶宽，高为基宽的 5.5 倍；额基胛亮黑色，卵形，与亚胛接触，与复眼分离，中胛黑色，线形，与基胛连接或分离；亚胛黄绿色，

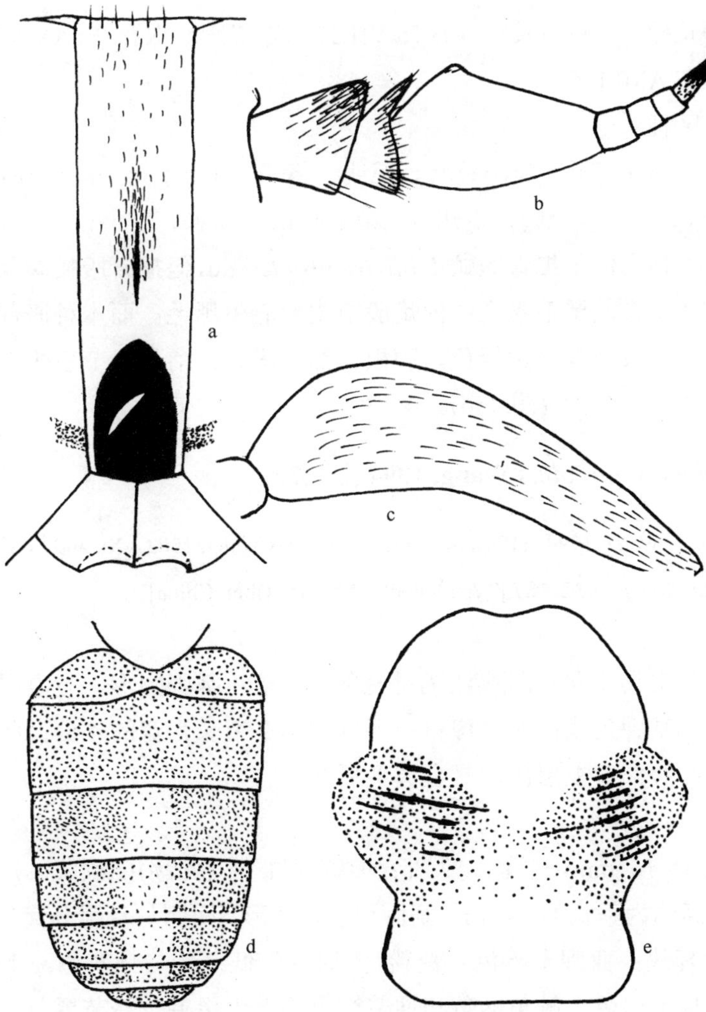

图 369　青腹虻 *Tabanus oliviventris* Xu

a. 额 (frons)；b. 触角 (antenna)；c. 下颚须 (palpus)；d. 腹部背面 (dorsum of abdomen)；e. 亚生殖板 (subgenital plate)

“眉片”低，棕黄色；颜和颊灰白色，着生白毛；口毛白色。触角柄节和梗节黄绿色，覆黑毛，梗节背突长，鞭节棕黄色，基环节长为宽的 1.7 倍。下颚须黄白色，第 1 节着生白色长毛，第 2 节长为宽的 3.5 倍，覆黑毛夹杂白毛。喙棕黑色，具黑毛。胸部：盾片灰黑色，无纵纹，覆黑毛夹杂白毛，翅后胛着生白色长毛，小盾片色、毛同盾片；侧板和足基节灰白色，着生白毛。足股节较基节略暗，灰黑色，覆白毛，胫节黄白色，着生黄白色毛，极端部和跗节黑色黑毛。翅透明，翅脉棕色，翅 R_4 脉无或具短附脉。腋瓣烟棕黑色，两腋瓣交接处具 1 簇浅黄色毛。平衡棒柄棕色，球部棕黑色。腹部：背板灰黑色，覆金黄色毛夹杂黑毛，致外观呈黄绿色，后缘具金黄色毛窄带。腹板灰黑色，着生黄毛。

雄性　未详。

观察标本　正模♀，四川长宁，1975.VII.27，许荣满，保存在 AMMSC。5♀♀，福建、四川，保存在 AMMSC。

生物学　山区种。

地理分布　福建 (南平、建阳黄坑、三明、将乐、上杭)、广东 (乐昌)、广西 (大明山)、四川 (长宁、夹江、洪雅)、贵州 (三都、独山、赤水、雷山)。

分类讨论　本种类似于拟青腹虻 *T. oliviventroides* Xu，但拟青腹虻腹部背板灰黑色，腹板灰色，中央 1/3 具灰黑毛纵条；前足股节主要着生黑毛。而本种腹部背板灰黑色，覆金黄毛夹杂黑毛，致外观呈黄绿色，腹板无黑毛纵条；前足股节着生白毛。本种分布在华中区南部和华南区北部 (图 356)。

(344) 金毛虻 *Tabanus aurepilus* Wang, 1994 (图 370)

Tabanus aurepilus Wang, 1994: 119 (new name for *auratus* Wang, 1982); Xu and Sun, 2007b: 244.

Tabanus auratus Wang, 1982: 187 [Type locality: Medog, Tibet, China].

鉴别特征　复眼具 1 带；额高约为基宽的 3.7 倍，基胛圆形，与复眼分离，与亚胛接触，中胛短，为基胛延线；亚胛覆粉；下颚须第 2 节长为宽的 4 倍；胸部盾片黑色，覆黄毛，无纵条；腹部背板黑色，具金黄毛后缘。

形态描述

雌性　体长 15-16 mm，黑色。头部：复眼具 1 带 (回潮)；额灰色，着生黑毛，顶端略宽于基宽，高约为基宽的 3.7 倍；基胛黑色，圆形，两侧与复眼分离，与亚胛接触，中胛为基胛的短延线；亚胛土黄色，覆粉，“眉片”低；颜与颊灰色，上侧颜浅棕色，着生浅黄色毛；口毛白色。触角柄节和梗节棕色，着生黑毛，鞭节黑色，基环节极基部棕色，基部具低的背突，长为宽的 1.6 倍，端环节黑色。下颚须灰黑色，第 1 节覆白色长毛，第 2 节长为宽的 4 倍，灰色，覆黑毛。喙棕黑色，着生棕色毛。胸部：背板黑色，覆黄毛，无纵纹，小盾片色同盾片，背侧片棕黑色，覆黑毛；侧板灰色，着生浅黄白毛和黑毛。足基节色同侧板，覆黄白色毛，足股节黑色，具浅黄色毛，胫节基部大部分浅棕色，着生同色毛，端部及跗节黑色，覆黑毛，胫节浅棕色部分的外侧具黑毛，内侧具白毛。翅透明，翅脉棕色，R_4脉无附脉，R_5室开放。腋瓣灰黑色，两腋瓣交接处具棕色毛。平衡棒棕色，球部两侧棕黑色。腹部：背板黑色，密覆金黄色毛夹杂黑毛，第 5-7 背板多黑毛，各背板后缘具金黄色毛带，整个背板具金黄色光泽。腹板黑色，具浅黄色毛和黑毛。

雄性　未详。

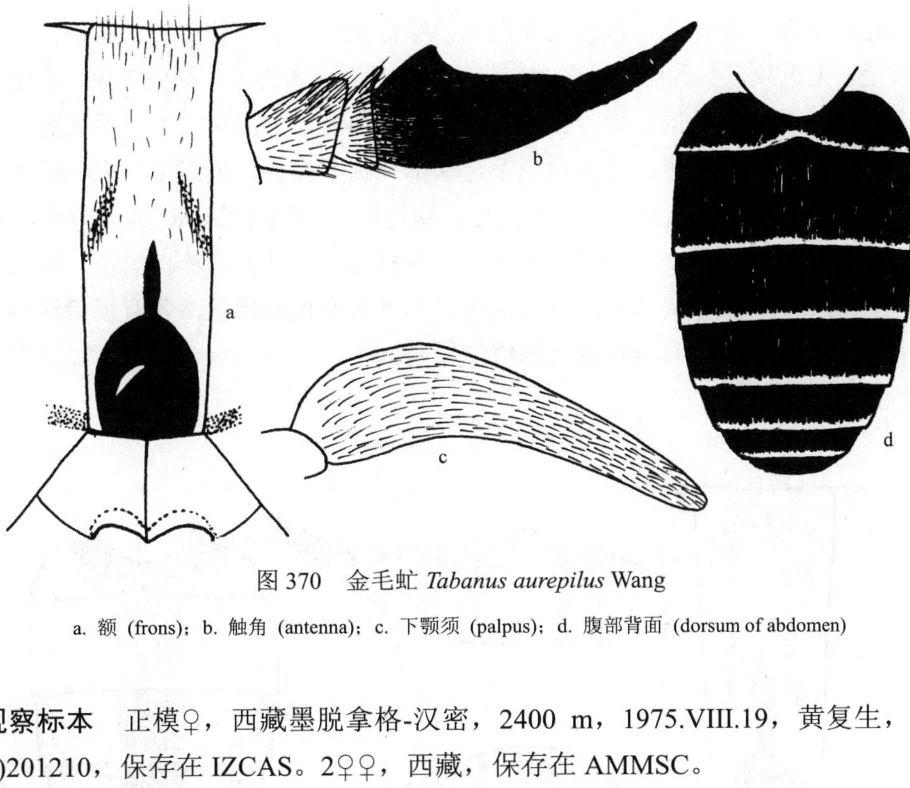

图 370　金毛虻 *Tabanus aurepilus* Wang

a. 额 (frons)；b. 触角 (antenna)；c. 下颚须 (palpus)；d. 腹部背面 (dorsum of abdomen)

观察标本　正模♀，西藏墨脱拿格-汉密，2400 m，1975.VIII.19，黄复生，标本号 IOZ(E)201210，保存在 IZCAS。2♀♀，西藏，保存在 AMMSC。

生物学　林区种。

地理分布　西藏 (墨脱)。

分类讨论　本种体色等特征与拟金毛虻 *T. aurepiloides* Xu *et* Deng 近似，但拟金毛虻胸部背板黑色，具 3 细的浅色纵条，而本种胸部背板无纵纹。

(345) 美腹虻 *Tabanus callogaster* Wang, 1988 (图 371)

Tabanus callogaster Wang, 1988: 429 [Type locality: Wenchuan (Wolong), Sichuan, China]; Wang, 1994: 143; Yang and Xu, 1997: 14; Xu and Sun, 2007b: 244.

鉴别特征 复眼具 1 带；额高约为基宽的 3.7 倍，基胛圆形，与复眼分离，与亚胛接触，中胛为基胛的粗延线；亚胛覆粉；下颚须第 2 节长为宽的 3 倍；胸部盾片灰黑色，覆黄毛，无纵条；腹部背板棕色，具黄毛后缘，第 2-4 背板中央具大的黑色方形斑。

形态描述

雌性 体长 14 mm，黄棕色。头部：复眼具 1 带 (回潮)；额黄棕色，着生黑毛，顶端略宽于基宽，高约为基宽的 3.7 倍；基胛黑色，卵形，两侧与复眼分离，与亚胛接触，中胛为基胛的粗延线；亚胛黄棕色，覆粉，“眉片”低；颜与颊灰色，着生浅黄色毛；口毛白色。触角柄节和梗节浅棕色，着生黑毛，鞭节黑色，基环节基部 1/3 红棕色，具低的背突，基环节长为宽的 1.4 倍，端环节黑色。下颚须灰色，第 1 节覆白色长毛，第 2 节长为宽的 3 倍，灰棕色，覆黑毛和白毛。喙棕黑色，着生棕色毛。胸部：背板灰黑色，覆黄毛，无纵纹，小盾片色同盾片，背侧片棕黑色，覆黑毛；侧板灰色，着生白毛，翅侧片具黄毛。足基节色同侧板，覆白毛，足股节黑色，具浅黄色毛，后足股节具黄色毛，前足胫节基部 2/3 白色，着生白色毛，端部及跗节黑色，覆黑毛，中、后足胫节基部 4/5 白色，具白毛，端部及跗节黑色黑毛。翅透明，翅脉棕色，R_4 脉无附脉，R_5 室开放。腋瓣灰黑色，两腋瓣交接处具棕色毛。平衡棒棕色，球部两侧棕黑色。腹部：背板黄色黄毛，第 2-4 背板中央具方形黑色大斑，第 5-7 背板棕黑色，各背板后缘具金黄色毛细横带。腹板灰黑色，具金黄色毛后缘细横带。

雄性 未详。

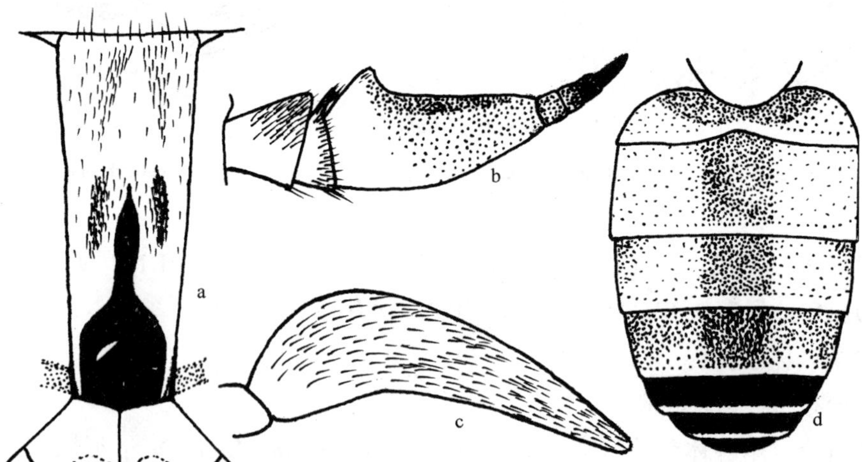

图 371 美腹虻 *Tabanus callogaster* Wang

a. 额 (frons)；b. 触角 (antenna)；c. 下颚须 (palpus)；d. 腹部背面 (dorsum of abdomen)

观察标本 正模♀，四川汶川卧龙，1800 m，1983.VII.25，张学忠，标本号

IOZ(E)201213，保存在 IZCAS。2♀♀，四川，保存在 AMMSC。

生物学　林区种。

地理分布　四川 (汶川、宝兴)、云南 (巧家、永善、绥江、大关、威信、镇雄)。

分类讨论　本种腹部第 2-4 背板中部具方形黑色大斑，可与本组的其他成员相区别。

(346) 微小虻 *Tabanus parviformus* Wang, 1985 (图 372)

Tabanus parviformus Wang, 1985: 396 [Type locality: Chongan, Fujian, China]; Chen and Xu, 1992a: 84; Wang, 1994: 106; Xu, 2001: 347; Xu and Sun, 2007b: 245.

鉴别特征　复眼具 1 带；高为基宽的 3.5 倍；额基胛和中胛连接；亚胛覆粉；触角柄节和梗节黄色；下颚须第 2 节长为宽的 3.2 倍；胸部盾片无纵纹；腹部背、腹板黄色，着生黄毛。

形态描述

雌性　体长 10-11 mm，黄色。头部：复眼无毛，绿色，具 1 条紫带 (回潮)；额灰黄色，着生黄毛，基宽窄于顶宽，高为基宽的 3.5 倍；额基胛亮黑色，近圆形，与亚胛接触，与复眼分离，中胛黑色，线形，与基胛连接；亚胛灰黑色，“眉片”低，棕黄色；颜和颊灰黑色，着生黄色，颊覆浓密黄毛；口毛浅黄色。触角柄节和梗节黄色，覆黑毛，梗节背突长，鞭节橙色，基环节长为宽的 1.8 倍，背突钝，端环节色略暗于基环节。下颚须浅黄色，第 1 节着生白色长毛夹杂几根黑毛，第 2 节长为宽的 3.2 倍，覆黄毛和黑毛。喙棕黑色，具黑毛。胸部：盾片灰黄色，无纵纹，着生黄毛，小盾片色、毛同盾片；侧板和足基节灰黄色，着生黄毛。足股节黄色，但前足股节黑色，胫节基部 2/3 浅黄白色，端部和跗节黑色黑毛。翅透明，翅脉棕色，翅 R_4 脉无或具附脉痕迹。腋瓣暗棕黑色，

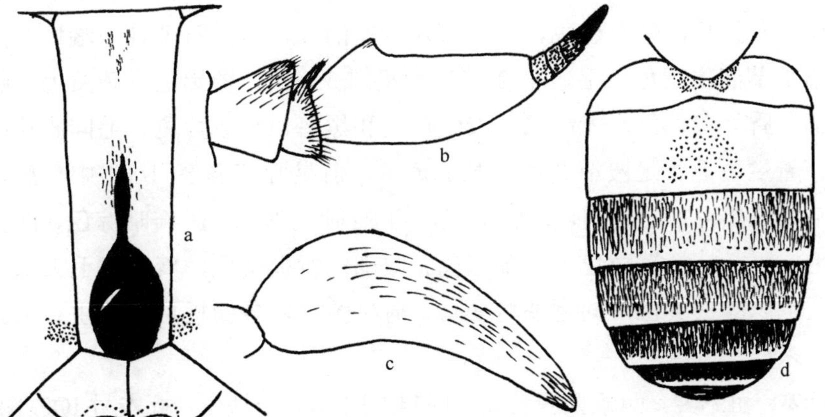

图 372　微小虻 *Tabanus parviformus* Wang

a. 额 (frons)；b. 触角 (antenna)；c. 下颚须 (palpus)；d. 腹部背面 (dorsum of abdomen)

两腋瓣交接处具 1 簇黄毛。平衡棒柄棕黄色，球部棕色。腹部：背板黄色，着生黄毛，各背板端缘具黑毛，第 3 背板两侧基部具黑毛。腹板黄色，着生黄毛，各腹板端缘具黑毛。

雄性 未详。

观察标本 正模♀，福建崇安，1979.VIII.4，黄林瑶，标本号 IOZ(E)201232，保存在 IZCAS。4♀♀，福建、贵州，保存在 AMMSC。

生物学 山区种。

地理分布 福建 (武夷山、建阳)、贵州 (雷山)。

分类讨论 本种类似于金毛虻 *T. aurepilus* Wang，但金毛虻腹部背板黑色，密覆金黄色毛，各背板后缘具金黄色毛带；下颚须窄长，第 2 节长为宽的 4 倍。本种中、后足股节黄色，与铁生虻 *T. tieshengi* Xu *et* Sun 近似，但铁生虻前足股节黄色；额两侧平行，额基胛亮棕色。

(347) 铁生虻 *Tabanus tieshengi* Xu *et* Sun, 2007 (图 373)

Tabanus tieshengi Xu *et* Sun, 2007b: 246 [Type locality: Mutuo, Tibet, China].

鉴别特征 复眼具 1 带；额高为基宽的 4 倍；额基胛和中胛连接；亚胛覆粉；触角柄节和梗节黄色；下颚须第 2 节长为宽的 3.2 倍；胸部盾片无纵纹；腹部背、腹板黄色，主要着生黄毛。

形态描述

雌性 体长 12 mm，黄色。头部：复眼无毛，绿色，具 1 条紫带 (回潮)；额黄棕色，着生黑毛，两侧平行，或基部宽略窄于顶端宽，高为基宽的 4 倍；额基胛亮棕色，卵圆形，与亚胛接触，与复眼分离，中胛黑色，线形，与基胛连接；亚胛黄色，“眉片”低，棕黄色；颜和颊黄色，着生黄色，颊覆黄毛；口毛黄色。触角柄节和梗节黄色，覆黄毛和黑毛，梗节背突长，鞭节橙色，基环节长为宽的 1.8 倍，背突钝，端环节黑色。下颚须棕色，第 1 节着生黄色长毛，第 2 节长为宽的 3.2 倍，覆黑毛夹杂黄毛。喙棕色，具黄毛。胸部：盾片灰黄色，无纵纹，着生黄毛和黑毛，小盾片色、毛同盾片；侧板和足基节黄色，着生黄毛。足股节黄色，胫节黄色，前足胫节端部 1/3，中、后足胫节端部少许及跗节黑色黑毛。翅透明，翅脉棕色，翅 R_4 脉无附脉。腋瓣暗棕色，两腋瓣交接处具 1 簇黄毛。平衡棒柄棕黄色，球部棕色。腹部：背板黄色，着生黄毛夹杂黑毛，各背板端缘具黄毛。腹板黄色，向尾端略变暗，着生黄毛，各腹板后缘着生黄毛。

雄性 未详。

观察标本 正模♀，西藏墨脱背崩，1974.VIII.31，李铁生，标本号 IOZ(E)1290644，保存在 IZCAS。

生物学 山区种。

地理分布　西藏 (墨脱)。

分类讨论　本种类似于微小虻 *T. parviformus* Wang，但微小虻额基宽明显小于顶宽，额基胛亮黑色；前足股节黑色。

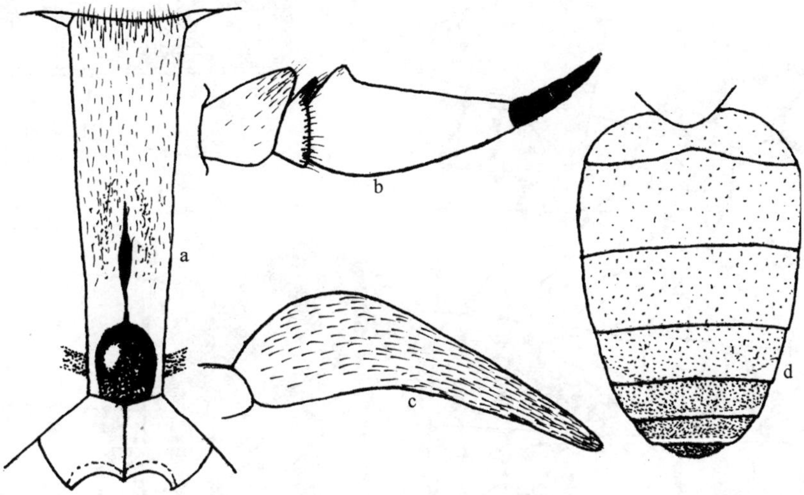

图 373　铁生虻 *Tabanus tieshengi* Xu *et* Sun

a. 额 (frons)；b. 触角 (antenna)；c. 下颚须 (palpus)；d. 腹部背面 (dorsum of abdomen)

线带虻组 *Tabanus lineataenia* group

线带虻组虻的主要特征是复眼具 1 条横带；亚胛覆粉；额高为基宽的 8-11 倍；基胛与亚胛连接；中胛与基胛连接；触角背突小；足二色不明显；翅 R_5 室开放；腹部背板可具中浅色毛条，不具侧纵粉条。本组现知仅分布在东洋界，主要分布在华中区的山区，向南延伸到华南区 (图 374)。

种检索表

1. 腹部腹板无中纵黑条；触角鞭节基环节棕色……………………………………2
   腹部腹板具中纵黑条；触角鞭节基环节棕色或黑色……………………………4
2. 额高为基宽的 10 倍；下颚须主要着生黑毛………………**窄额虻 *T. angustofrons***
   额高为基宽的 8-9 倍；下颚须主要着生金黄色毛或黑毛…………………………3
3. 下颚须主要着生金黄色毛；口毛金黄色；触角鞭节背突近部…………**唐氏虻 *T. tangi***
   下颚须主要着生黑毛；口毛浅黄色；触角鞭节背突近基部…………**广西虻 *T. kwangsiensis*** (部分)
4. 下颚须着生黄毛夹杂有黑毛；触角鞭节的背突位于中部；额高为宽的 6.5 倍……………
   ……………………………………………………………………**福州虻 *T. fuzhouensis***

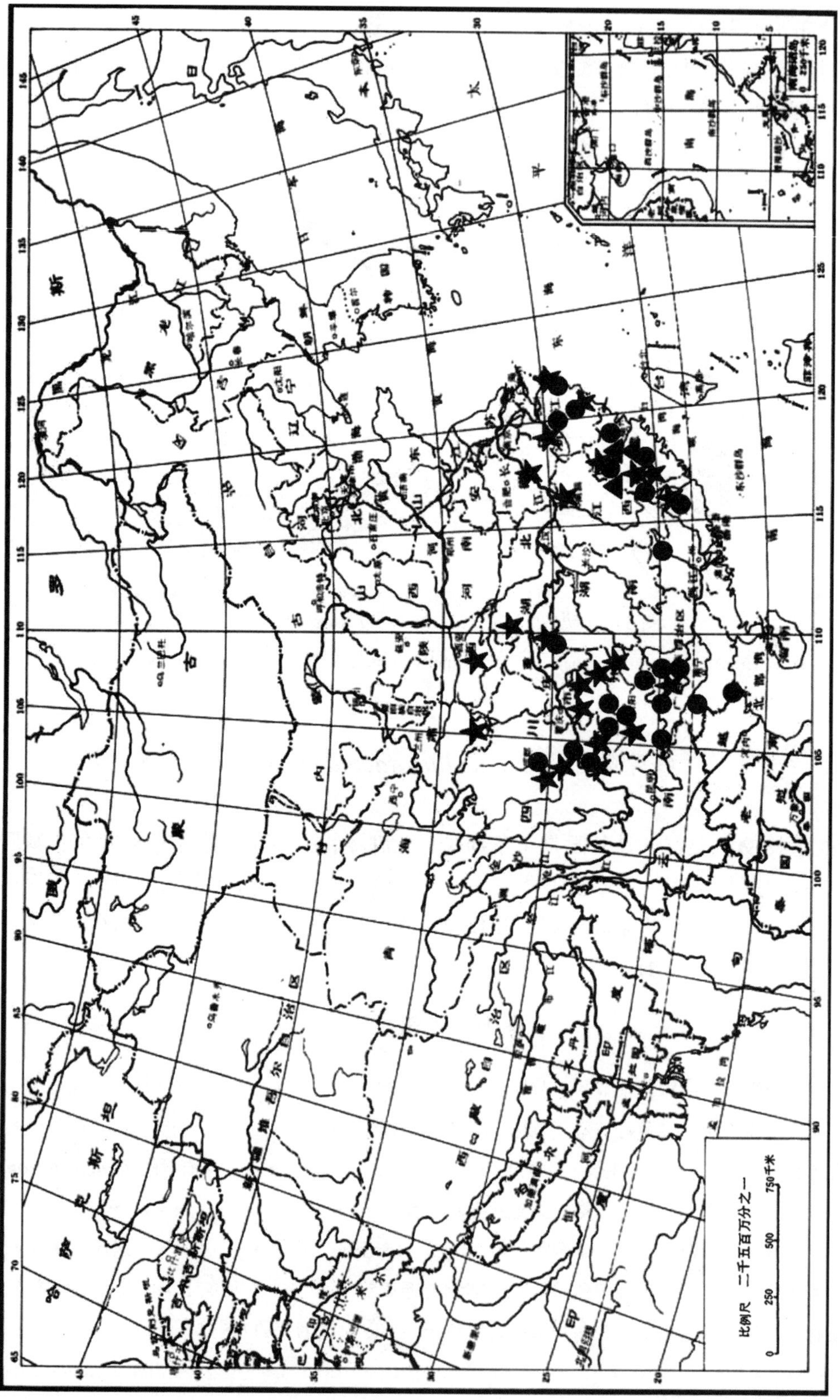

图 374 线带虻组 *Tabanus lineataenia* group 的地理分布

★线带虻 *Tabanus lineataenia* Xu ▲窄额虻 *Tabanus angustofrons* Wang ●广西虻 *Tabanus kwangsiensis* Wang *et* Liu

下颚须着生黑毛；触角鞭节的背突位于基部；额高为宽的 8-9 倍……………………………………5

5. 触角鞭节的基环节基部棕色，端部黑色……………………………………………**线带虻 *T. lineataenia***

触角鞭节的基环节全部棕色……………………………………………**广西虻 *T. kwangsiensis*** (部分)

(348) 窄额虻 *Tabanus angustofrons* Wang, 1985 (图 374，图 375)

Tabanus angustofrons Wang, 1985: 397 [Type locality: Chong'an, Fujian, China]; Wang, 1994: 150; Xu, 2001: 346.

鉴别特征　复眼具 1 带，眼后缘着生黑毛；额高为基宽的 10 倍；额基胛和中胛连接；亚胛覆粉；触角橙色；下颚须第 2 节长为宽的 4.5 倍；胸部盾片无纵纹；腹部第 1、2 背板棕色，第 3 背板以后黑色黑毛，第 2-6 背板中央具灰色高达到所在背板前缘的等腰三角形斑，各背板具黄色窄后缘带。

形态描述

雌性　体长 18-22 mm，棕黑色。头部：复眼无毛，绿色，具 1 条紫带 (回潮)，眼后缘仅着生黑毛；额灰黄色，着生黑毛，头顶着生密的黑毛，形成毛三角区，基宽窄于顶宽，高为基宽的 10 倍；额基胛亮黑色，近卵形，与亚胛接触，与复眼分离，中胛黑色，线形，与基胛连接，上端延至额高的 2/3；亚胛银灰色，"眉片"低，棕色；颜和颊灰黄色，着生金黄色，颊覆浓密金黄色毛；口毛金黄色。触角橙色，柄节和梗节覆黑毛，梗节背突长，鞭节基环节长为宽的 1.4 倍，背突呈锐角，端环节色略暗于基环节。下颚须橙色，第 1 节着生金黄色长毛，第 2 节长为宽的 4.5 倍，覆黑毛。喙棕黑色，具黑毛。胸部：盾片灰黑色，着生浅黄色毛，无纵纹，小盾片色、毛同盾片；侧板灰色，着生浅黄色毛。足橙色，前足基节及股节覆金黄色毛，中、后足股节具金黄色毛和黑毛，胫节和跗节主要覆黑毛。翅透明，翅脉棕色，翅 R_4 脉具附脉。腋瓣暗棕黑色，两腋瓣交接处具 1 簇金黄色毛。平衡棒柄棕黄色，球部棕色。腹部：第 1、2 背板棕色，着生黑毛和黄毛，第 3 背板以后黑色黑毛，第 2-6 背板中央具灰色高达所在背板前缘的等腰三角形斑，各背板具黄色窄后缘带，两侧扩大成侧斑。第 1-5 或第 1-6 腹板棕色，其后黑色，各腹板后缘具金黄色毛细带。

雄性　未详。

观察标本　正模♀，福建崇安，1979.VIII.4，黄林瑶，标本号 IOZ(E)201209，保存在 IZCAS。2♀♀，福建，保存在 AMMSC。

生物学　山区种。

地理分布　福建 (武夷山、建阳、邵武、光泽、将乐、崇安)。

分类讨论　本种与唐氏虻 *T. tangi* Xu *et* Xu 近似，但唐氏虻的额高为基宽的 8.5 倍；下颚须第 2 节主要着生金黄色毛；眼后缘背方着生黑毛，侧方着生金黄色毛。窄额虻现知仅分布在武夷山区 (图 374)。

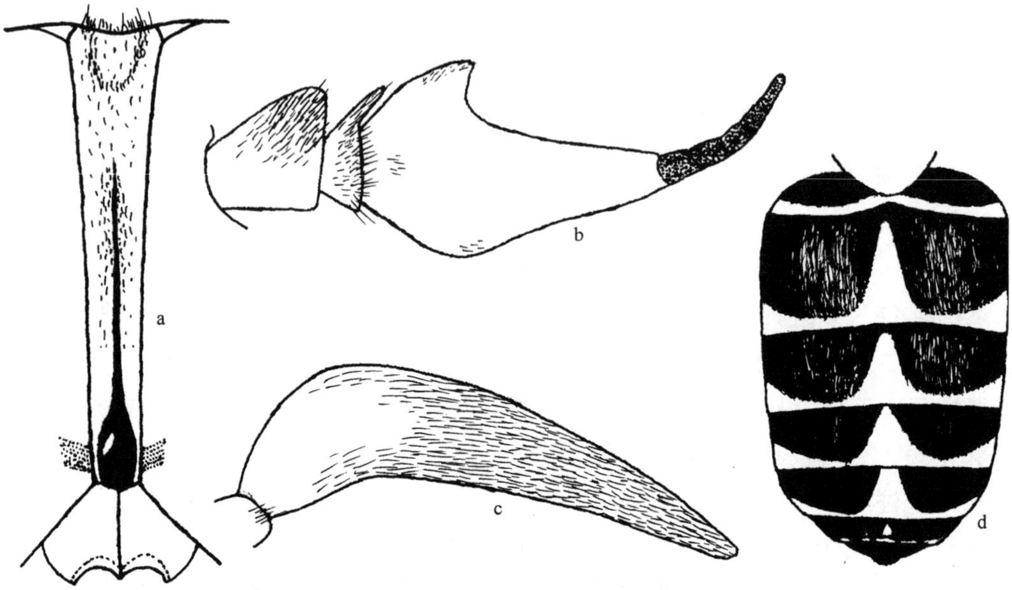

图 375 窄额虻 *Tabanus angustofrons* Wang

a. 额 (frons); b. 触角 (antenna); c. 下颚须 (palpus); d. 腹部背面 (dorsum of abdomen)

(349) 唐氏虻 *Tabanus tangi* Xu *et* Xu, 1992 (图 376)

Tabanus tangi Xu *et* Xu, 1992: 321 [Type locality: Dazhulan, Wuyishan, Fujian, China]; Xu, 2000: 190; Xu, 2001: 348.

鉴别特征 复眼具 1 带，眼后缘毛，背方的黑色，侧方的金黄色；额高为基宽的 8.5 倍；额基胛和中胛连接；亚胛覆粉；触角柄节和梗节棕色；下颚须第 2 节长为宽的 3.8 倍；胸部盾片纵纹不明显；腹部第 1、2 背板棕色，第 3 背板以后棕黑色，第 2-6 背板中三角约占节高的 1/2，第 1-6 背板具金黄色后缘。

形态描述

雌性 体长 20-22 mm，棕黑色。头部：复眼无毛，绿色，具 1 条紫带 (回潮)，眼后缘背方着生黑毛，侧方着生金黄色毛；额灰黄色，着生金黄色毛夹杂黑毛，头顶着生密的黑毛，形成毛三角区，基宽窄于顶宽，高为基宽的 8.5 倍；额基胛亮黑色，近卵形，与亚胛接触，与复眼接触或窄分离，中胛黑色，线形，与基胛连接，上端延至额高的 2/3；亚胛灰白色，“眉片”低，棕色；颜和颊黄色，着生金黄色，颊覆浓密金黄色毛；口毛金黄色。触角柄节棕色，着生黑毛，下缘着生金黄色毛，梗节棕色覆黑毛，背突长，鞭节基环节橙黄色，长为宽的 1.2 倍，背突呈锐角，近中部，端环节色暗于基环节，为暗棕黑色。下颚须棕黄色，第 1 节着生金黄色长毛，第 2 节长为宽的 3.8 倍，覆金黄色毛为主，夹杂黑毛。喙棕黑色，具黑毛。胸部：盾片暗棕色，着生金黄色毛和黑毛，3 纵纹不清晰，达盾片后缘，小盾片色、毛同盾片，背侧片密覆黑色长毛，翅后胛具金黄色长毛簇；侧板灰黄色，着生金黄色细长毛。足基节金黄色，覆金黄色毛，股节棕色，前足股节具金黄色毛和黑毛，胫节和跗节棕黑色，覆黑毛。翅透明，翅脉棕色，R_4 脉具附脉。腋瓣暗棕黑色，两腋瓣交接处具 1 簇金黄色毛。平衡棒柄棕黄色，球部暗棕色。腹部：第 1、2 背板棕色，第 3 背板以后棕黑色，着生黑毛，第 1-6 背板具金黄色后缘和后侧缘，第 2-6 背板中三角约占节高的 1/2 强，覆金黄色毛。第 1-6 腹板棕色，着生黑毛，各腹板后缘具金黄色毛细带，亚生殖板基缘中央凹入。

雄性　未详。

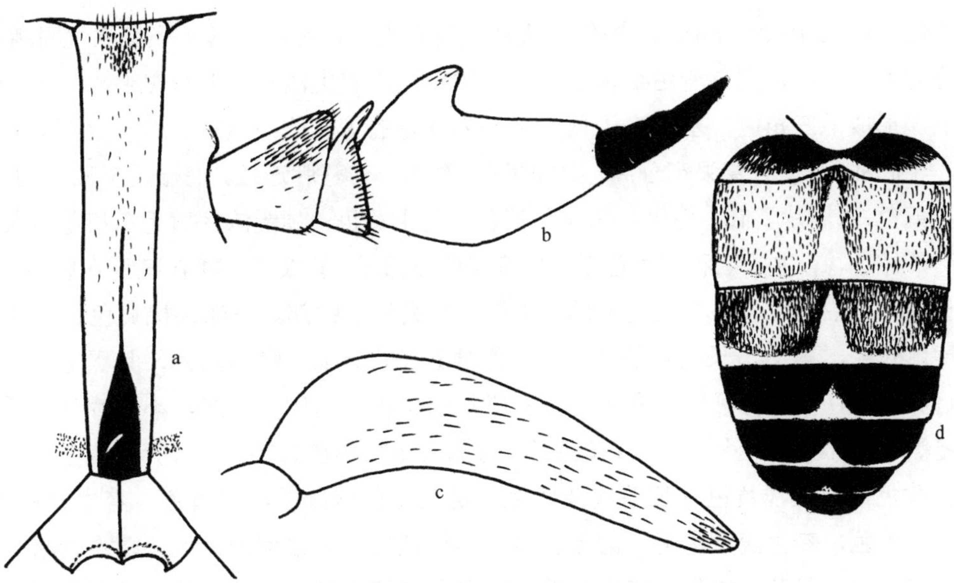

图 376　唐氏虻 *Tabanus tangi* Xu *et* Xu

a. 额 (frons)；b. 触角 (antenna)；c. 下颚须 (palpus)；d. 腹部背面 (dorsum of abdomen)

观察标本　正模♀，福建武夷山，1987.VIII.26，徐保海，保存在 AMMSC。20♀♀，福建，保存在 AMMSC。

生物学　山区林地种。

地理分布　福建 (武夷山、邵武、建阳、光泽、将乐)。

分类讨论　本种类似于窄额虻 *T. angustofrons* Wang，但窄额虻的下颚须第 2 节覆黑毛；眼后缘着生黑毛；额较窄，高为基宽的 10 倍。也与广西虻 *T. kwangsiensis* Wang *et* Liu 近似，但广西虻的触角鞭节基环节的背突靠近基部，下颚须棕黄色，第 2 节覆黑毛，口毛浅黄色。

(350) 福州虻 *Tabanus fuzhouensis* Xu *et* Xu, 1995 (图 377)

Tabanus fuzhouensis Xu *et* Xu, 1995a: 109 [Type locality: Fuzhou, Fujian, China]; Xu, 2000: 189; Xu, 2001: 347.

鉴别特征 复眼具 1 带，眼后缘毛，背方的黑色，侧方的金黄色；额高为基宽的 6.5 倍；额基胛和中胛连接；亚胛覆粉；触角柄节和梗节棕色；下颚须第 2 节长为宽的 3.9 倍；胸部盾片纵纹暗棕色；腹部第 1-5 背板暗棕色，覆黑毛，具灰黄色后缘宽带，第 2-5 背板浅棕黄色，中三角大，接近或伸达该节的前缘；第 1-6 腹板棕黄色，着生棕黄色毛，各腹板中央基部具舌形黑毛斑。

形态描述

雌性 体长 19-21 mm，暗棕色。头部：复眼无毛，绿色，具 1 条紫带 (回潮)，眼后缘背方着生黑毛，侧方着生金黄色毛；额浅黄色，着生浅黄色毛和黑毛，头顶着生密的黑毛，形成毛三角区，基宽窄于顶宽，高为基宽的 6.5 倍；额基胛棕黑色至黑色，近卵形，与亚胛接触，与复眼窄分离，中胛黑色，线形，与基胛连接，上端延至额高的 3/4；亚胛灰黄色，“眉片”低，棕色；颜和颊黄色，着生黄色，颊覆浓密黄毛；口毛浅黄色。触角柄节棕色，着生黑毛和棕黄色毛，梗节棕色覆黑毛，背突长，鞭节基环节基半棕色，端部和端环节黑色，基环节长为宽的 1.4 倍，背突位于中部。下颚须棕黄色，第 1 节着生浅黄色长毛，第 2 节长为宽的 3.9 倍，覆黄毛夹杂黑毛。喙棕黑色，具黑毛。胸部：盾片暗灰黄色，着生棕黄色毛和黑毛，3 纵纹暗棕色，达盾片后缘，小盾片色同盾片，主要覆黑毛，后缘色较浅，着生浅黄色毛，背侧片密覆黑色长毛，翅后胛具黄色长毛簇；侧板灰黄色，着生浅黄色细长毛夹杂黑毛。足基节色同侧板，灰黄色，着生浅黄色毛，前足股节黑色，着生浅黄色毛，前足胫节基半棕黄色，着生棕黄色毛，端半较暗，着生黑毛，中、后足股节暗棕色，着生黄毛，中足胫节棕黄色，着生棕黄色毛夹杂黑毛，后足胫节棕黄色，前方着生棕黄色毛，后方着生黑毛，各足跗节黑色，覆黑毛。翅透明，前缘着棕色，翅脉棕色，R_4 脉具附脉。腋瓣暗棕黑色，两腋瓣交接处具 1 簇黄毛。平衡棒柄棕黄色，球部暗棕色。腹部：第 1-5 背板暗棕色，覆黑毛，具灰黄色后缘宽带，第 2-5 背板浅棕黄色中三角大，接近或伸达该节的前缘，第 7 背板黑色黑毛。第 1-6 腹板棕黄色，着生棕黄色毛，各腹板中央基部具舌形黑毛斑，第 7 腹板黑色黑毛，尾须近圆形。

雄性 未详。

观察标本 正模♀，福建福州，1987.IX.20，徐保海，保存在 AMMSC。12♀♀，福建，保存在 AMMSC。

生物学 山区林地种。

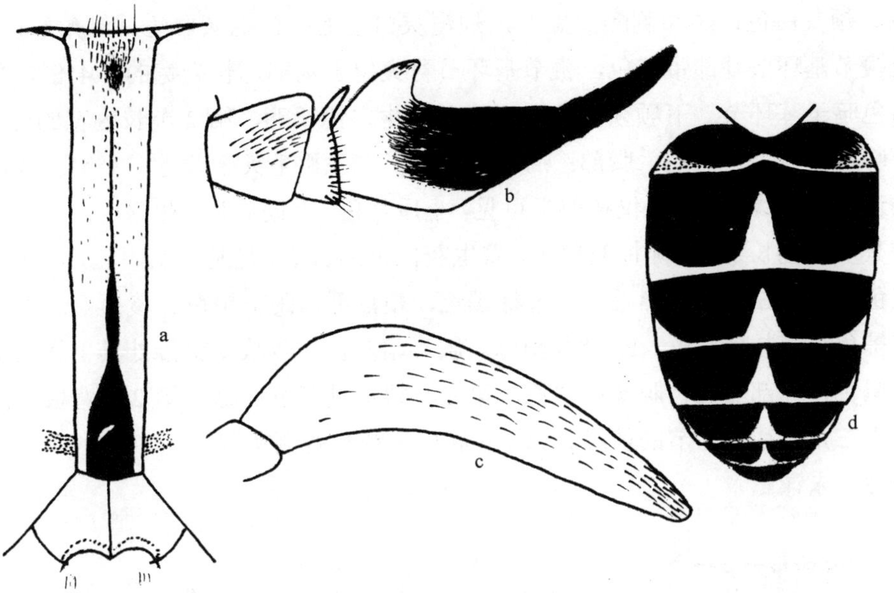

图 377　福州虻 *Tabanus fuzhouensis* Xu *et* Xu

a. 额 (frons)；b. 触角 (antenna)；c. 下颚须 (palpus)；d. 腹部背面 (dorsum of abdomen)

地理分布　福建 (福州、将乐、柘荣)。

分类讨论　本种类似于线带虻 *T. lineataenia* Xu，但线带虻的口毛灰白色，触角鞭节的基环节主要黑色，背突位于基部；下颚须第 2 节着生黑毛。

(351) 线带虻 *Tabanus lineataenia* Xu, 1979 (图 374, 图 378)

Tabanus lineataenia Xu, 1979: 43 [Type locality: Emeishan, Sichuán, China]; Xu, 1982e: 122; Xu, 1982g: 132; Xu and Liu, 1982b: 112; Wu, Li, Liu, Yang, Zhang and Cao, 1988: 199; Chen and Xu, 1992a: 74; Wang, 1994: 152; Yang and Xu, 1997: 14; Liu, 1999c: 518; Xu, 2001: 347; Xu, 2005: 772.

鉴别特征　复眼具 1 带，眼后缘毛背方黑色；额高为基宽的 8-9 倍；额基胛和中胛连接；亚胛覆粉；触角黑色；下颚须第 2 节长为宽的 4.3 倍；胸部盾片具 3 条窄纵纹；腹部黑色，第 1-6 背板具黄色后缘，第 2-6 背板具浅黄色中三角，中三角高达接近节的前缘。

形态描述

雌性　体长 21-26 mm，棕黑色。头部：复眼无毛，绿色，具 1 条紫带 (回潮)，眼后缘背方着生黑毛；额浅黄色，着生黑毛，头顶着生密的黑毛，形成毛三角区，基宽窄于顶宽，高为基宽的 8-9 倍；额基胛亮黑色，近卵形，与亚胛接触，与复眼窄分离，中胛黑色，线形，与基胛连接，上端延至额高的 3/5。亚胛浅黄色，“眉片”低，棕色；颜浅黄色，颊灰白色，颜和侧颜覆黑毛，颊覆灰白色毛；口毛灰白色。触角黑色，柄节、梗节及鞭节基环节基部带棕色，鞭节基环节背突位于基部，长为宽的 1.4 倍，呈锐角，端环节色暗于基环节。下颚须棕色，第 1 节着生白色长毛，第 2 节长为宽的 4.3 倍，覆黑毛。喙棕黑色，具黑毛。胸部：盾片灰黑色，着生黑毛夹杂黄毛，3 窄纵纹深棕色，中央条达盾片后缘，亚中条仅在前半可见，小盾片色、毛同盾片，背侧片密覆黑色长毛，翅后胛具灰白色长毛簇；侧板灰黑色，着生灰白色细长毛。足基节灰黑色，覆灰白色毛，股节黑色，覆灰白色毛和黑毛，胫节棕黑色，覆黑毛，跗节黑色，覆黑毛。翅透明，前缘略着棕色，翅脉棕黑色，R_4 脉具附脉。腋瓣暗灰色，两腋瓣交接处具 1 簇白毛。平衡棒柄棕黑色，球部黑色。腹部：黑色，第 1-6 背板具黄色后缘，第 2-6 背板具浅黄色中三角，中三角高达接近节的前缘。第 1-6 腹板后缘和两侧灰黄色。

雄性 未详。

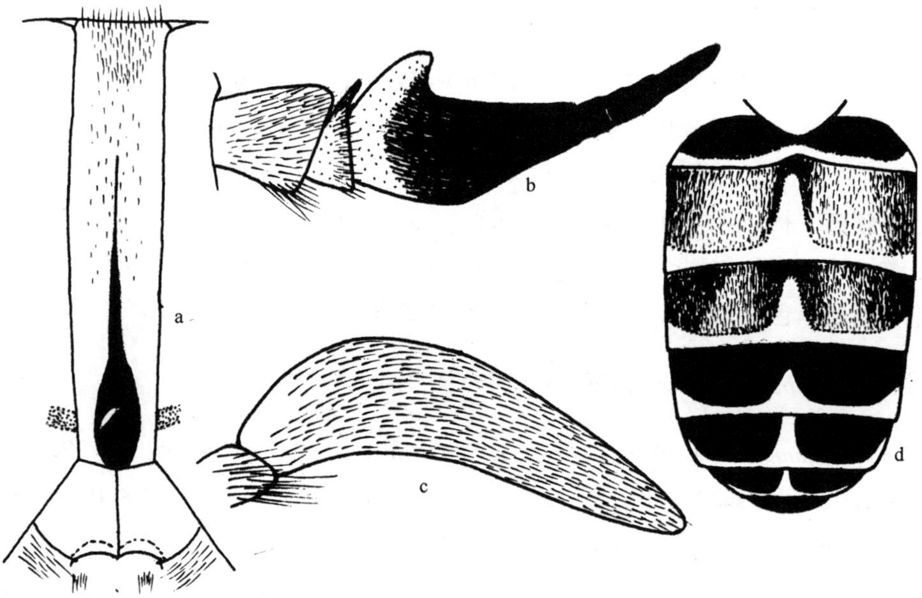

图 378 线带虻 *Tabanus lineataenia* Xu

a. 额 (frons)；b. 触角 (antenna)；c. 下颚须 (palpus)；d. 腹部背面 (dorsum of abdomen)

观察标本 正模♀，四川峨眉山，1975.VII.25，许荣满，保存在 AMMSC。35♀♀，四川、浙江、广东，保存在 AMMSC。

生物学 山区林地种；在四川西部山区，如峨眉山、名山，数量仅次于峨眉山虻 *T. omeishanensis* Xu 和浙江虻 *T. chekiangensis* Ôuchi。

地理分布 陕西 (汉中)、甘肃 (康县)、安徽 (黄山)、浙江 (临海、奉化、天目山)、湖北 (鹤峰、思耒、神农架)、江西 (戈阳)、福建 (武夷山、建阳、邵武、将乐、南平、梅花山)、广东 (大埔)、广西 (大明山)、四川 (峨眉山、雅安、洪雅)、贵州 (务川、剑河、雷山、台江、天柱、松桃、江口、金沙、大方、纳金)、云南 (昭通、永善、大关、威信)、。

分类讨论 本种一般形态类似于同域分布的峨眉山虻 *T. omeishanensis* Xu 和浙江虻 *T. chekiangensis* Quchi，但本种复眼具 1 条窄带，容易区别。线带虻主要分布在华中区长江流域的山区，延伸到华南区的武夷山区 (图 374)。

(352) 广西虻 *Tabanus kwangsiensis* Wang *et* Liu, 1977 (图 374, 图 379)

Tabanus kwangsiensis Wang *et* Liu, 1977, In: Wang, 1977: 111 [Type locality: Jinxiu, Guangxi, China]; Xu, 1982e: 122; Xu, 1982g: 132; Wang, 1983: 99; Chen and Xu, 1992a: 73; Yang and Xu, 1997: 14; Xu, 2001: 347; Xu, 2004: 541.

鉴别特征 复眼具 1 带；额高为基宽的 8 倍；额基胛和中胛连接；亚胛覆粉；触角柄节和梗节橙色，鞭节基环节橙红色；下颚须第 2 节长为宽的 4 倍；胸部盾片纵纹不明显；腹部黑褐色，第 1 背板后缘具宽的浅黄色带，第 2-5 背板中央具浅黄色三角和后缘带，第 1-3 或第 1-4 背板两侧具大块棕色斑。

形态描述

雌性　体长 20-23 mm，棕黑色。头部：复眼无毛，绿色，具 1 条紫带 (回潮)；额灰黄色，着生白毛和黑毛，头顶着生密的黑毛，形成毛三角区，基宽窄于顶宽，高为基宽的 8 倍；额基胛亮黑色，近卵形，与亚胛接触，与复眼窄分离，中胛黑色，线形，与基胛连接，上端延至额高的 1/2；亚胛灰白色，“眉片”低，棕色；颜覆灰白色粉，着生黄色，颊覆黄粉黄毛；口毛浅黄色。触角柄节和梗节橙色，着生黑毛，鞭节基环节橙红色，长为宽的 1.3 倍，背突高，靠近基部，端环节色暗于基环节，黑色。下颚须棕黄色，第 1 节着生黄色长毛，第 2 节长为宽的 4 倍，覆黑毛。喙棕黑色，具黑毛。胸部：盾片黑色，覆灰粉和黄毛，3 纵纹不清晰，达盾片后缘，小盾片色、毛同盾片，背侧片密覆黑色长毛，翅后胛具黄色长毛簇；侧板灰黄色，着生金浅色细长毛。足棕黑色，除股节覆黄毛和少量黑毛外，其余覆黑毛。翅透明，前缘略着棕色，翅脉棕黑色，R_4 脉具附脉。腋瓣暗棕黑色，两腋瓣交接处具 1 簇黄毛。平衡棒柄棕黄色，球部暗棕色。腹部：黑褐色，第 1 背板后缘具宽的浅黄色带，第 2-5 背板中央具浅黄色三角和后缘带，第 1-3 或第 1-4 背板两侧具大块棕色斑。腹板橙色，着生黑毛，有的个体第 2-4 腹板两侧橙色，中央 1/3 覆黑毛，第 5-7 腹板全部黑色，第 2-6 腹板具黄色后缘带。

雄性　未详。

观察标本 正模♀，广西金秀，1973.VI，标本号 IOZ(E)201224，保存在 IZCAS。80♀♀，浙江、福建、广东、广西，保存在 AMMSC。

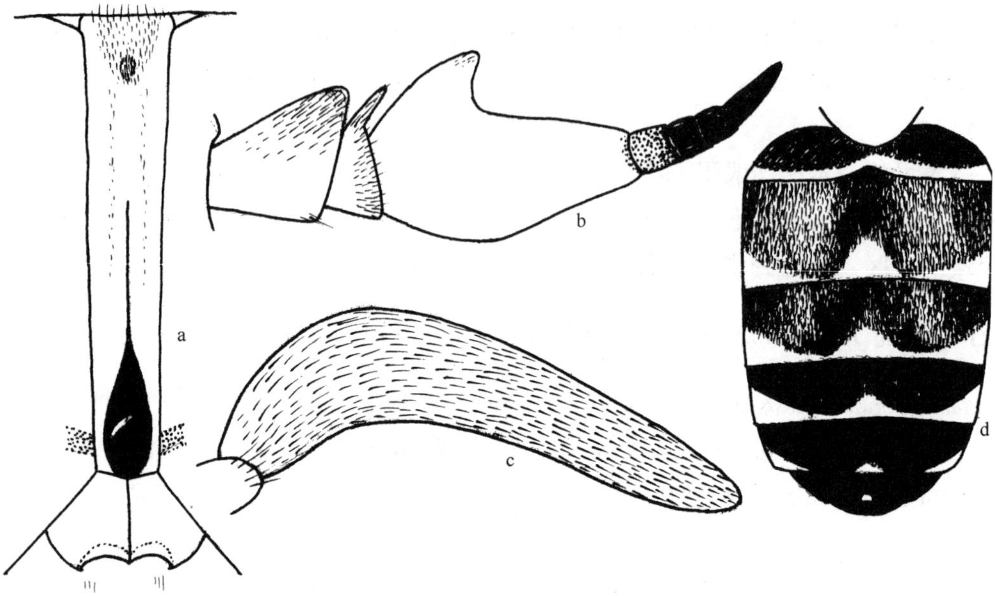

图 379 广西虻 *Tabanus kwangsiensis* Wang *et* Liu

a. 额 (frons)；b. 触角 (antenna)；c. 下颚须 (palpus)；d. 腹部背面 (dorsum of abdomen)

生物学 山区林地种。

地理分布 浙江 (天目山、奉化、天台山、雁荡山)、湖北 (思耒、耒凤)、福建 (武夷山、建阳、光泽、邵武、建欧、三明、将乐、南平、柘荣、福州、上杭、长汀、武平、龙岩、梅花山、漳平)、广东 (乐昌、大埔)、广西 (阳朔、龙胜、荔浦、金秀、凭祥、凌乐)、四川 (夹江、峨眉)、贵州 (惠水、独山、荔波、望谟、晴隆、兴仁、绥阳、赤水、习水、余庆、雷山、黎平、施秉、岑巩、台江、丹寨、剑河、锦屏、天柱、思南、江口、威宁)、云南 (永善、彝良)。

分类讨论 本种类似于唐氏虻 *T. tangi* Xu *et* Xu，但唐氏虻的触角鞭节的基环节背突靠近中部，下颚须棕黄色，主要覆金黄色毛，口毛金黄色。广西虻大部分与线带虻同域分布，但比线带虻更向南延伸 (图 374)。

福建虻组 *Tabanus fujianensis* group

福建虻组虻的主要特征是复眼具 2 条横带；额高为基宽的 5-9 倍；基胛与亚胛连接，中胛与基胛连接；亚胛覆粉；触角背突小；足二色明显或不明显；翅 R_5 室开放；腹部背板可具浅色毛后缘带，但不具亚侧浅色斑。本组现知仅分布在东洋界华南区 (图 380)。

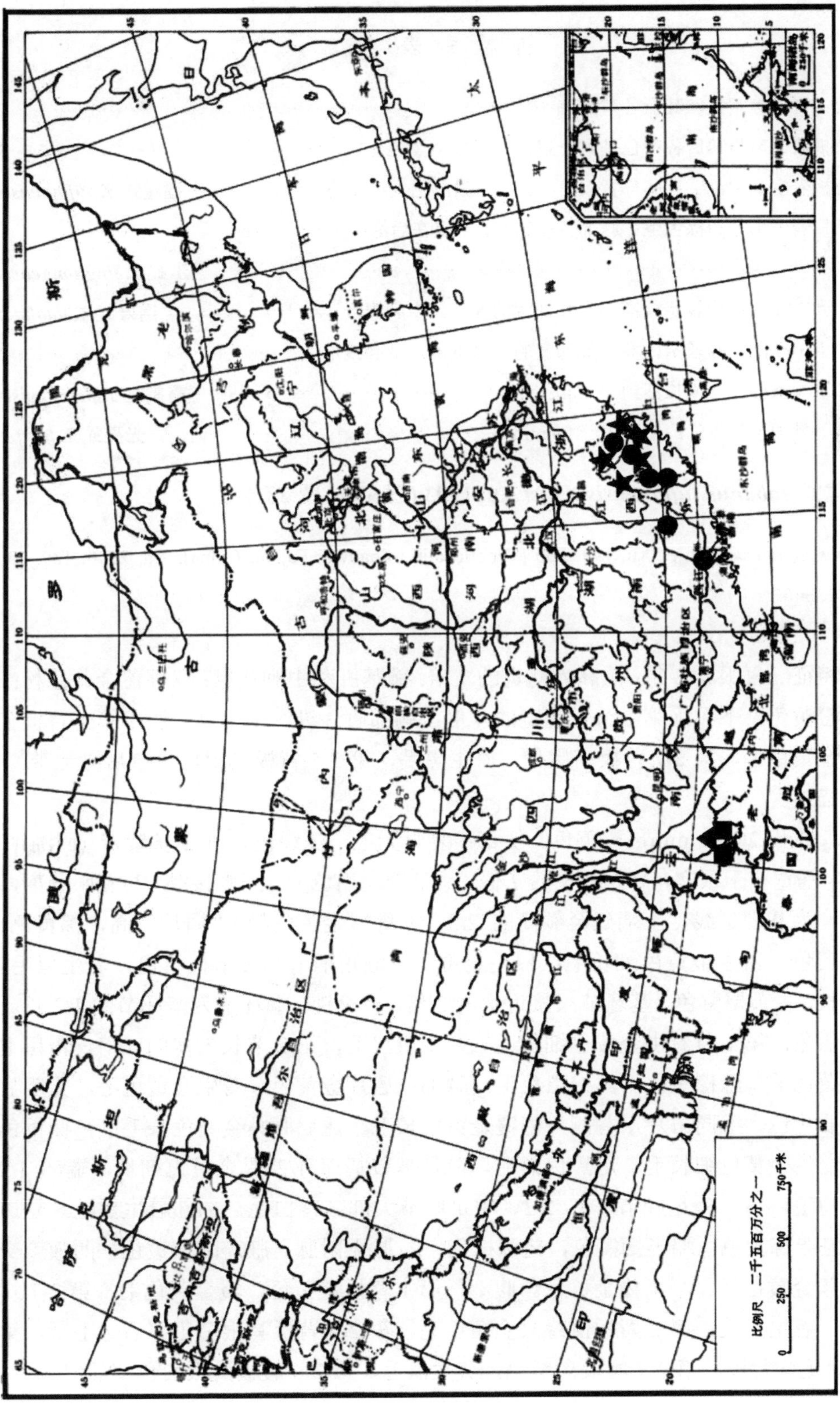

图 380 福建虻组 *Tabanus fujianensis* group 的地理分布

★福建虻 *Tabanus fujianensis* Xu *et* Xu ▲景洪虻 *Tabanus jinghongensis* Yang, Xu *et* Chen ■道好虻 *Tabanus daohaoi* Xu *et* Sun ●光亮虻 *Tabanus lucifer* Szilády

种检索表

1. 腹部第 1 背板棕黄色，其后各节黑色……………………………………………………………2
   腹部背板第 1 节与其后各节色基本一致，棕黑色至黑色……………………………………3
2. 胸部背板着生金黄色毛；腹部背板第 2-5 节具银白色毛组成的后缘带 ………**福建虻 *T. fujianensis***
   胸部背板着生黑毛和棕色毛；腹部背板第 2-5 节仅在后缘中央具 1 小撮白毛 ……………………
   ……………………………………………………………………………………**景洪虻 *T. jinghongensis***
3. 体长不到 14 mm；额较宽，高不到基部宽的 5 倍，中胛梭形 ……………………**道好虻 *T. daohaoi***
   体长大于 16 mm；额较窄，高为基部宽的 7 倍以上，中胛线形 ………………………………4
4. 触角和下颚须棕色；体长不到 18 mm……………………………………………**霹雳虻 *T. perakiensis***
   触角和下颚须全部黑色；体长大于 20 mm…………………………………………**光亮虻 *T. lucifer***

(353) 福建虻 *Tabanus fujianensis* Xu *et* Xu, 1993 (图 380, 图 381)

Tabanus fujianensis Xu *et* Xu, 1993: 66 [Type locality: Shaowu, Fujian, China]; Xu, 2000: 189; Xu, 2001: 346.

鉴别特征 复眼具 2 带；额高为基宽的 7 倍；额基胛和中胛接触；亚胛覆金黄色粉；触角鞭节橙黄色；下颚须第 2 节长为宽的 4 倍；胸部盾片纵纹不明显；腹部第 1 背板金黄色，覆金黄色毛，第 2-7 背板乌黑色，着生黑毛，第 2-5 背板具银白色窄后缘毛带。

形态描述

雌性 体长 20-22 mm，棕黄色。头部：复眼无毛，深绿色，具 2 条紫带 (回潮)；额暗棕色，基宽窄于顶宽，高为基宽的 7 倍；额基胛亮黑色，与亚胛接触，与复眼分离，中胛黑色，为基胛延线，上端延至额高的 2/3；亚胛覆金黄色粉，“眉片”高，棕黄色；颜和颊金黄色，着生金黄色细长毛；口毛金黄色。触角柄节和梗节棕黄色，着生黑毛，梗节背突长，鞭节橙黄色，基环节长接近宽的 2 倍，背突钝，端环节为基环节的 1/2 长。下颚须棕黑色，第 1 节着生金黄色细长毛夹杂少量黑毛，第 2 节长为宽的 4 倍，覆黑毛和少量金黄色毛。喙棕黑色，具棕黑色毛。胸部：盾片金黄色，着生金黄色毛，无明显纵纹，小盾片色、毛同盾片，背侧片密覆金黄色长毛，翅后胛具金黄色长毛簇；侧板色同背板，着生金黄色细长毛。足黑色黑毛，前足基节基部 1/2 具金黄色细长，端部 1/2 着生黑色短毛，前、后足胫节基部 2/3、中足胫节大部分覆白毛，端部着生黑毛。翅透明，翅面基半棕黄色，端半烟黑色，翅脉棕色，R_4 脉无附脉。腋瓣暗棕黄色，两腋瓣交接处具 1 簇金黄色毛。平衡棒金黄色。腹部：第 1 背板金黄色，覆金黄色毛，第 2-7 背板乌黑色，着生黑毛，第 2 背板侧缘具金黄色毛，第 2-5 背板具银白色窄后缘毛带。第 1 腹板色、毛同背板，第 2-7 腹板乌黑色，着生黑毛，第 2-6 腹板具银白色窄后缘毛带。

雄性　未详。

观察标本　正模♀，福建邵武，1991.IX.7，徐保海，保存在 AMMSC。9♀♀，福建，保存在 AMMSC。

生物学　山区林地种。

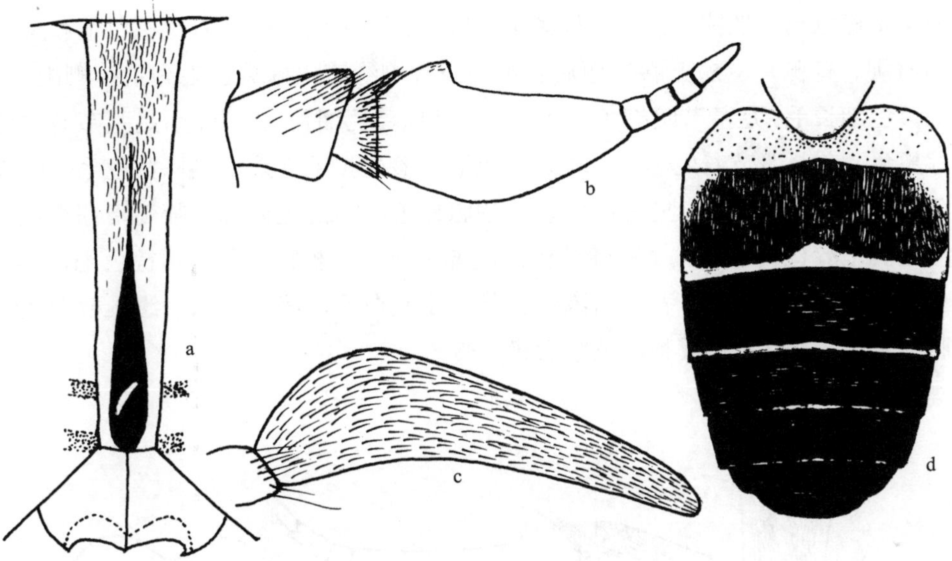

图 381　福建虻 *Tabanus fujianensis* Xu *et* Xu

a. 额 (frons)；b. 触角 (antenna)；c. 下颚须 (palpus)；d. 腹部背面 (dorsum of abdomen)

地理分布　福建 (福州、邵武、北峰、将乐、三明)。

分类讨论　本种类似于景洪虻 *T. jinghongensis* Yang, Xu *et* Chen，但景洪虻的胸部背板着生黑毛和棕色毛；腹部第 2-5 背板仅在后缘中央具 1 小簇白毛。福建虻现知仅分布在武夷山区北段 (图 380)。

(354) 景洪虻 *Tabanus jinghongensis* Yang, Xu *et* Chen, 1999 (图 380，图 382)

Tabanus jinghongensis Yang, Xu *et* Chen, 1999: 60 [Type locality: Mengla, Yunnan, China].

鉴别特征　复眼具 2 带；额高为基宽的 5.2 倍；额基胛和中胛接触；亚胛覆棕黄色粉；触角柄节和梗节棕黄色；下颚须第 2 节长为宽的 3.8 倍；胸部盾片无纵纹；腹部第 1 背板棕黄色，覆棕色毛，第 2-7 背板黑色，覆黑毛，第 2-5 背板后缘中央具 1 小簇白毛，第 2 背板后缘具窄的灰白色粉带。

形态描述

雌性　体长 18 mm，棕黑色。头部：复眼无毛，深绿色，具 2 条紫带 (回潮)；额棕黄色，基宽窄于顶宽，高为基宽的 5.2 倍；额基胛棕黑色，与亚胛接触，与复眼分离，中胛黑色，为基胛延线，上端延至额高的 2/3。亚胛覆棕黄色粉，“眉片”高，棕黄色；颜和颊棕黄色，着生棕黄色细长毛；口毛棕黄色。触角柄节和梗节棕黄色，着生黑毛，梗节背突长，鞭节棕红色，基环节长接近宽的 2 倍，背突尖锐，端环节为基环节的 1/2 长。下颚须黄棕色，第 1 节着生棕色细长毛夹杂少量黑毛，第 2 节长为宽的 3.8 倍，覆黑毛和少量棕色毛。喙棕黑色，具棕黑毛。胸部：盾片暗棕色，着生棕色毛和黑毛，无纵纹，肩胛、背侧片、翅上胛、翅后胛和小盾片侧缘着生棕黄色毛为主；侧板暗棕色，着生棕黄色细长毛。足基节暗棕色，前足基节具棕黄色细长毛，中、后足基节着生黑毛，股节棕黑色，前足股节着生黑毛，中、后足股节着生黑毛夹杂少量棕黄色毛，胫节大部分棕色，末端和跗节黑色。翅着暗棕色，翅脉棕色，R_4 脉无附脉。腋瓣暗棕黄色，两腋瓣交接处具 1 簇棕黄色毛。平衡棒棕色。腹部：第 1 背板棕黄色，覆棕色毛，第 2-7 背板黑色，着生黑毛，第 2-5 背板后缘中央具 1 小簇白毛，第 2 背板后缘具窄的灰白色粉带。腹板黑色，第 2-6 腹板具白色窄后缘毛带。

雄性 未详。

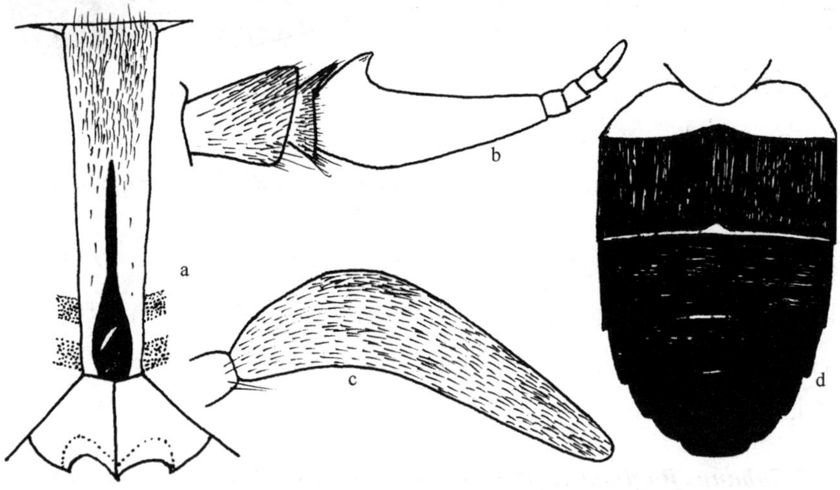

图 382 景洪虻 *Tabanus jinghongensis* Yang, Xu *et* Chen

a. 额 (frons)；b. 触角 (antenna)；c. 下颚须 (palpus)；d. 腹部背面 (dorsum of abdomen)

观察标本 正模♀，云南勐腊，1996.VII.26，杨建设，保存在 AMMSC。

生物学 林地种。

地理分布 云南 (勐腊)。

分类讨论 本种类似于福建虻 *T. fujianensis* Xu *et* Xu，但福建虻的胸部背板着生金黄色毛；腹部第 2-5 背板具银白色毛组成的后缘带。

(355) 道好虻 *Tabanus daohaoi* Xu *et* Sun, 2005 (图 380, 图 383)

Tabanus daohaoi Xu *et* Sun, 2005: 225 [Type locality: Mengla, Yunnan, China].

鉴别特征　体小型，棕黑色。复眼具 2 带；额两侧平行，高为基宽的 4.6-4.8 倍；额基胛卵圆形，黑色，和矛形的中胛以细线连接；亚胛覆粉；触角柄节棕黄色；下颚须棕黑色，覆黑毛；胸部背板黑色；腹部棕黑色至黑色，各背板具浅色窄后缘，第 1-5 背板中央具低的浅色三角。

形态描述

雌性　体长 11-13 mm，棕黑色至黑色。头部：复眼紫色，具 2 条绿色窄带 (新鲜和回潮)；额棕色，着生黑毛，中胛至头顶较暗，棕黑色，额两侧平行，高为宽的 4.6-4.8 倍；基胛卵圆形，黑色，与亚胛接触，与复眼分离，中胛矛形，黑色，与基胛以细线连接；亚胛棕色，覆粉，“眉片”低；颜与颊棕黄色，覆黄毛，上中颜和侧颜色较深，具黑毛；口毛黑色。触角柄节棕黄色，着生黑毛，梗节棕红色，着生黑毛，背突长，鞭节棕红色，端部和端环节略暗，鞭节背突低，基环节长为宽的 1.5 倍，端环节短于基环节。下颚须棕黑色，着生黑毛，第 2 节长约为宽的 4 倍。喙黑色，着生黑毛。胸部：背板黑色，着生黑毛，两侧包括背侧片色略浅，盾片覆薄灰白粉，具 3 条不明显棕黑色细纵条；侧板和足基节灰黑色，覆黑毛，后胸侧片覆密而长的灰色毛。足股节黑色，着生黑毛，前足胫节黑色，基部 1/3-1/2 带棕色，着生黑毛，中、后足胫节深棕色，端部变黑，着生

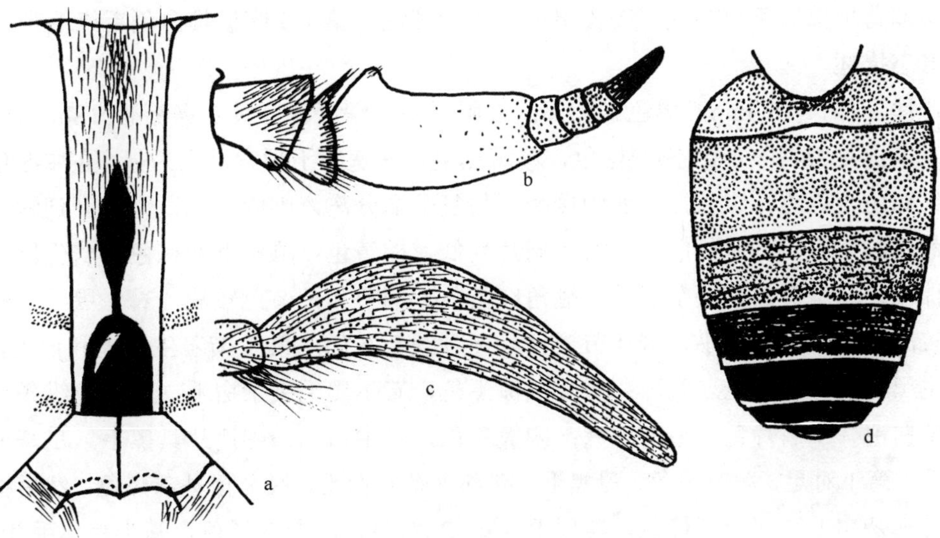

图 383　道好虻 *Tabanus daohaoi* Xu *et* Sun

a. 额 (frons)；b. 触角 (antenna)；c. 下颚须 (palpus)；d. 腹部背面 (dorsum of abdomen)

黑毛，跗节黑色黑毛。翅透明，R_4脉无附脉，R_5室开放。腋瓣黑色，两腋瓣交接处具1簇灰白色毛。平衡棒黑色。腹部：背板棕黑色至黑色，覆黑毛，各背板具浅色窄后缘，第1-5背板中央具低的浅色三角，第1背板的中白斑包含第2背板前缘小部分，第1背板两侧色较浅，浅色后缘着生棕色毛。腹板暗棕色，覆黑毛，向尾端色变深，致第6、7腹板为黑色，各腹板具浅色窄后缘，浅色后缘着生棕色毛。

雄性 未详。

观察标本 正模♀，云南勐腊，2005.V.28，孙毅，保存在AMMSC；60♀♀，云南，保存在AMMSC。

地理分布 云南（勐腊、勐海）。

分类讨论 本种与*T. cepuricus* Surcouf和热地虻*T. thermarum* Burton近似，但*T. cepuricus*和热地虻体棕黑色，复眼深绿色，具3条紫色带，本种眼具2条带。也与霹雳虻*T. perakiensis* Ricardo接近，但霹雳虻的额较窄，高为基宽的7-8倍，中胛为基胛延线状。道好虻与景洪虻同域分布，现知仅分布在云南南部西双版纳地区（图380）。

(356) 霹雳虻 *Tabanus perakiensis* Ricardo, 1911（图384）

Tabanus perakiensis Ricardo, 1911: 204 [Type locality: Kuala Lumpur, Malay Sia]; Shiraki, 1918: 425; Schuurmans-Stekhoven, 1926: 477; Schuurmans-Stekhoven, 1929: 507; Stone, 1975: 66.

鉴别特征 体中型，黑色。复眼具2带；额高为基宽的7-8倍；额基胛和中胛接触；亚胛覆红棕色粉；触角红黄色；下颚须黄灰色，第2节覆黑毛；胸部盾片棕黑色，无纵纹；腹部背板棕黑色至黑色，密覆黑毛；腹板黑色，第1-5腹板具白色后缘毛带。

形态描述

雌性 体长15 mm，黑色。头部：复眼无毛，深绿色，具2条紫带（Shiraki, 1918的描述未提是否具眼带）；额灰棕色，覆短黑毛，基宽窄于顶宽，高为基宽的7-8倍；额基胛红棕色至黑色，窄长，与亚胛接触，与复眼窄分离，中胛黑色，为基胛延线，上端延至额高的2/3。亚胛覆红棕色粉，“眉片”低，棕黄色；颜和颊灰棕色，着生黑毛，上侧颜棕色；口缘覆白色夹杂黑毛。触角红黄色，柄节和梗节色较浅，着生黑毛，鞭节端部色较深，基环节背突小，端环节黑色。下颚须黄灰色，第1节着生白毛和黑毛，第2节着生黑毛。喙棕黑色。胸部：盾片灰棕黑色，着生黑毛夹杂白毛，无浅色纵条，翅基具1丛白毛，小盾片色、毛同盾片；侧板灰色，着生白毛，翅侧片具黑毛。足基节覆灰白色毛，第1对足，股节黑色，覆黑毛，端部夹杂有白毛，胫节极基部黑色，然后棕色，覆黑毛夹杂白毛，端半黑棕色，覆黑毛；第2对足，股节灰黑色，基半覆黑毛和白毛，端半覆白毛，胫节基部2/3棕色，背方着生黑毛，腹方着生白毛，端部1/3棕黑色，覆黑毛；第3对足，股节灰棕色，覆白毛，胫节极基部黑色，然后黄棕色，背方覆黑毛，腹方覆白毛，端部红棕色，覆黑毛，各足跗节黑色黑毛。翅面暗棕色，端部和后缘较浅，翅中室较浅，翅脉黑棕色，R_4 脉无附脉，R_5 室开放。平衡棒棕黑色。腹部：窄，背板棕黑色至黑色，密覆黑毛，第 1 背板中央具 1 簇白毛，第 1-4 背板后侧缘具白毛。腹板黑色，第 1-5 腹板具白毛后缘带，第 7 腹板侧后缘具白毛。

雄性　未详。

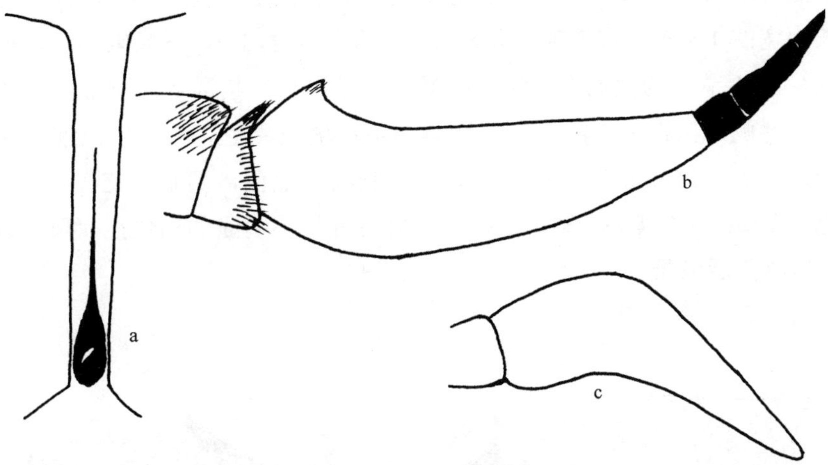

图 384　霹雳虻 *Tabanus perakiensis* Ricardo

a. 额 (frons)；b. 触角 (antenna)；c. 下颚须 (palpus) (仿 Schuurmans-Stekhoven, 1926)

观察标本　正模♀，马来西亚，保存在 BMNH (未检视)。Shiraki (1918) 描述的台湾标本，原保存在台湾农业试验站 (据说属台湾大学)，现下落不明。

生物学　山区林地种；稀少，7 月出现，雌性是否吸血尚不清楚。

地理分布　台湾 (高雄、五城)；马来西亚。

分类讨论　据描述，本种黑色，与台岛虻 *T. formosiensis* Ricardo 类似，但台岛虻复眼无色带，翅透明。本种因未见标本，有待考证。

(357) 光亮虻 *Tabanus lucifer* Szilády, 1926（图 380, 图 385; 图版 XVI）

Tabanus lucifer Szilády, 1926: 19 [Type locality: Balu Mt, China]; Schuurmans-Stekhoven, 1929: 504; Stone, 1975: 63.

Tabanus jiulianensis Wang, 1985: 225; Wang, 1994: 100; Xu, 2001: 347 [Type locality: Longnan, Jiangxi, China]. **New synonym**.

鉴别特征　体大型；复眼具 2 带；额窄，额高为基宽的 9 倍；额基胛亮黑色；触角和下颚须黑色；胸部盾片黑色带暗红，无纹饰；足黑色；腹部黑色，第 2-4 腹板具白色后缘带。

形态描述

雌性 体长 20-25 mm，黑色。头部：复眼无毛，深绿色，具 2 条紫带 (回潮)；额深棕色，基宽窄于顶宽，高为基宽的 9 倍；额基胛亮黑色，与亚胛接触，与复眼分离，中胛黑色，为基胛延线，上端延至额高的 2/3；亚胛棕色，“眉片”高，棕黄色；颜和颊棕色，着生黑色细长毛；口毛黑色。触角黑色，柄节和梗节着生黑毛，梗节背突长，鞭节基环节长为宽的 1.8 倍，背突钝，端环节长为基环节的 1/2。下颚须黑色，第 1 节着生黑色细长毛，第 2 节长为宽的 3.8 倍，覆黑毛。喙黑色，具黑毛。胸部：盾片黑色带暗红，小盾片和背侧片黑棕色，小盾片后缘具白毛；侧板黑色，着生黑色细长毛。足黑色黑毛。翅面浅棕色，翅脉棕色，R_4 脉无附脉。腋瓣暗黑色，两腋瓣交接处具 1 簇白毛。平衡棒棕色。腹部：背板黑色，第 1-4 背板中央后缘具不明显的白色点状斑。腹板黑色，第 2-4 腹板具白色后缘带。

雄性 未详。

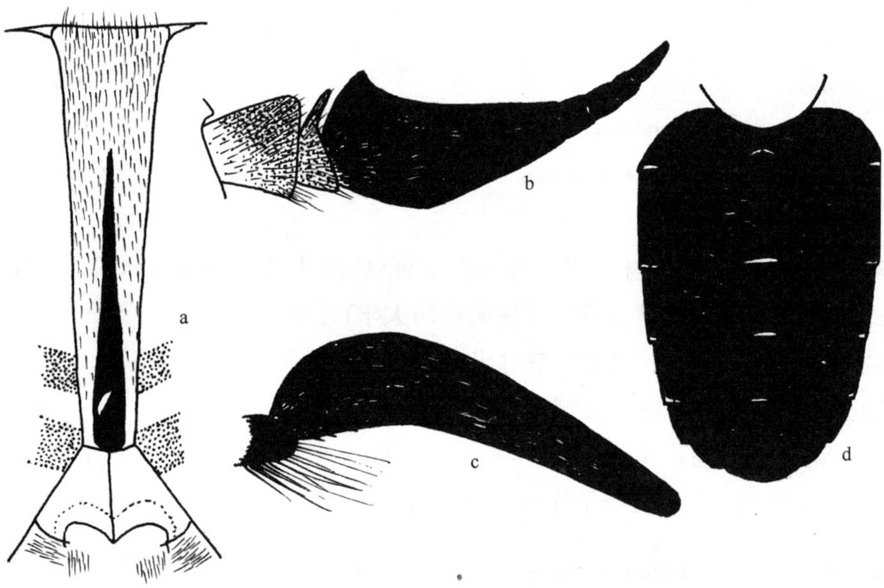

图 385 光亮虻 *Tabanus lucifer* Szilády

a. 额 (frons)；b. 触角 (antenna)；c. 下颚须 (palpus)；d. 腹部背面 (dorsum of abdomen)

观察标本 正模♀，中国 Balu Mt.，1500 m，保存在匈牙利布达佩斯博物馆 (Budapest Museum)，因失火，已烧毁。9♀♀，广东，保存在 AMMSC。

生物学 山地种；傍晚活动。

地理分布 江西 (龙南)、福建 (将乐、邵武、永安、上杭)、广东 (广州)。

分类讨论　本种原始描述极其简单，原始描述中本种类似于 *T. tincothorax* Ricardo。1993 年第一作者在美国加州科学院昆虫标本馆 (CCAS) 看到定名为 *T. tincothorax* Ricardo, 1911 的 1 只标本 (标签为 Kwangtong, Tsio-leong Shan, VI-5-1936, J. L. Gressitt)，即后来王遵明的九连山虻 *T. jiulianensis* Wang，故本志暂把九连山虻列为光亮虻的同物异名。

本种体全黑，与霹雳虻 *T. perakiensis* Ricardo 相近，但霹雳虻的触角红黄色，下颚须黄灰色；体较小，不到 18 mm。体型大小接近纯黑虻 *T. candidus* Ricardo，但纯黑虻的眼无带，胸部背板棕黑色，侧缘包括肩胛、背侧片、翅后胛及小盾片的侧缘和后缘覆灰白粉；腹部黑色，无任何纹饰。光亮虻现知仅分布在华南区东部地区 (图 380)。

华丽虻组 *Tabanus splendens* group

华丽虻组虻的主要特征是复眼绿色具 3 条紫色横带；亚胛覆粉；额高为基宽的 5-9 倍；基胛与亚胛连接；中胛与基胛连接；触角背突小；足二色明显或不明显；翅 R_5 室开放；腹部背板可具中浅色毛条，不具侧纵粉条，一般具中三角和后缘带，或仅具后缘带。本组虻在我国相当丰富，分布在东洋界 (图 386, 图 393, 图 401)，大致可分 3 个类型：第 1 类群，体黑色，个体一般较大，额顶宽远大于基宽，包括副微赤虻 *T. pararubidus* Yao *et* Liu、黑额虻 *T. nigrefronti* Liu、华丽虻 *T. splendens* Xu *et* Liu、墨脱虻 *T. motuoensis* Yao *et* Liu、副武夷山虻 *T. parawuyishanensis* Xu *et* Sun 和武夷山虻 *T. wuyishanensis* Xu *et* Xu (图 386)；第 2 类群，体黄棕色，触角鞭节的基环节较细长，长为宽的 2 倍，腹部较修长，包括三宅虻 *T. miyakei* Shiraki、垩石虻 *T. cementus* Xu *et* Liao 和灰岩虻 *T. calcarius* Xu *et* Liao；第 3 类群，体黄棕色，触角鞭节的基环节较短，长为宽的 1.5 倍，腹部长宽比正常，包括本组的其他种类 (图 393, 图 401)。

种检索表

1. 腹部背板黑色……2
　腹部背板黄色至暗棕色……7
2. 腹部背板黑色具浅色毛后缘带、中三角和侧圆斑；触角鞭节基环节红棕色；翅 R_4 脉无附脉……**副微赤虻 *T. pararubidus***
　腹部背板黑色，仅具浅色毛后缘带，无中三角和侧圆斑；触角鞭节基环节红棕色至黑色；翅 R_4 脉具或无附脉……3
3. 触角鞭节基环节大部分黑色……4
　触角鞭节基环节棕红色……6
4. 额黑色……**黑额虻 *T. nigrefronti***

额棕黄色……………………………………………………………………………………………………5

5. 触角鞭节基环节长为宽的 1.5 倍；翅透明 ……………………………………… 华丽虻 *T. splendens*

触角鞭节基环节长为宽的 2 倍；翅前缘着烟色……………………………………… 墨脱虻 *T. motuoensis*

6. 足胫节和跗节棕色………………………………………………………… 副武夷山虻 *T. parawuyishanensis*

足胫节基部浅棕色，端部和跗节黑色………………………………………… 武夷山虻 *T. wuyishanensis*

7. 胸部盾片具浅色纵条、粉条或/和毛条，如为毛条，一般较弱………………………………………8

胸部盾片色一致，无浅色纵条，或可具深色窄中纵条……………………………………………… 11

8. 额高为基宽的 6-7 倍，额基胛类三角形；下颚须黄色；腹部背板第 1-3 节黄色，第 4-7 节黑色，各节着生黑毛，后缘具黄色窄带，第 2-7 节中央具宽的黄色三角纵列 ………… 贵州虻 *T. guizhouensis*

额高为基宽的 4-5 倍，额基胛类方形；下颚须灰棕色；腹部背板的浅色中三角窄小 ………………9

9. 腹部背板三角斑矮小，第 2 背板前缘浅色，致第 1、2 背板中央相连处具白斑 ………………………………………………………………………………………… 热地虻 *T. thermarum*

腹部背板三角斑较高，第 2 背板的三角斑达该节前缘，第 2 背板前缘暗色，中白斑仅限于第 1 背板………………………………………………………………………………………………… 10

10. 足股节棕色；体长 11-12 mm…………………………………………………… 中平虻 *T. zhongpingi*

足股节黑色；体长 13-16 mm………………………………………………… 岷山虻 *T. minshanensis*

11. 触角鞭节的基环节长约为宽的 2 倍；腹部背板黄棕色，具中纵浅条或宽的后缘带……………… 12

触角鞭节的基环节长约为宽的 1.5 倍；腹部背板暗棕色，具浅色窄后缘 ……………………… 14

12. 额无中胛；腹部背板黄棕色，中央具黄色中纵条；体长 11 mm…………………… 三宅虻 *T. miyakei*

额具中胛；腹部背板无中纵浅条，而具宽的黄色后缘带；体长 11-14 mm………………………… 13

13. 触角鞭节的基环节基部具背突；腹部第 2-7 背板和腹板的后缘金黄色后缘带较窄；体长 16 mm……………………………………………………………………………………………… 垩石虻 *T. cementus*

触角鞭节的基环节基部无背突；腹部第 2-7 背板和腹板的后缘金黄色后缘带较宽，约占节宽的 1/3；体长 11-13 mm……………………………………………………………………… 灰岩虻 *T. calcarius*

14. 足股节与胫节同为棕色………………………………………………………………………………… 15

足股节黑色，胫节棕色，两者明显不同……………………………………………………………… 17

15. 腹部第 2、3 背板中央具黑斑；触角鞭节的基环节长为宽的 1.3 倍 ·· 拟鸡公山虻 *T. jigongshanoides*

腹部第 2、3 背板色一致，中央无黑斑；触角鞭节的基环节长为宽的 1.6 倍 …………………… 16

16. 胸部背侧片黑色；体长 17-19 mm……………………………………………… 秦岭虻 *T. qinlingensis*

胸部背侧片棕红色；体长 14-15 mm…………………………………………… 遵明虻 *T. zunmingi*

17. 腹部第 2、3 背板中央具黑斑 ………………………………………………………………………… 18

腹部第 2、3 背板色一致，中央无黑斑 ……………………………………………………………… 22

18. 腹部第 3-6 背板中央具大的、达各节前后缘的浅色三角形粉斑 ……… 鸡公山虻 *T. jigongshanensis*

腹部第 3-6 背板中央不具大的、达各节前后缘的浅色三角形粉斑，至多具小的三角形毛斑 …… 19

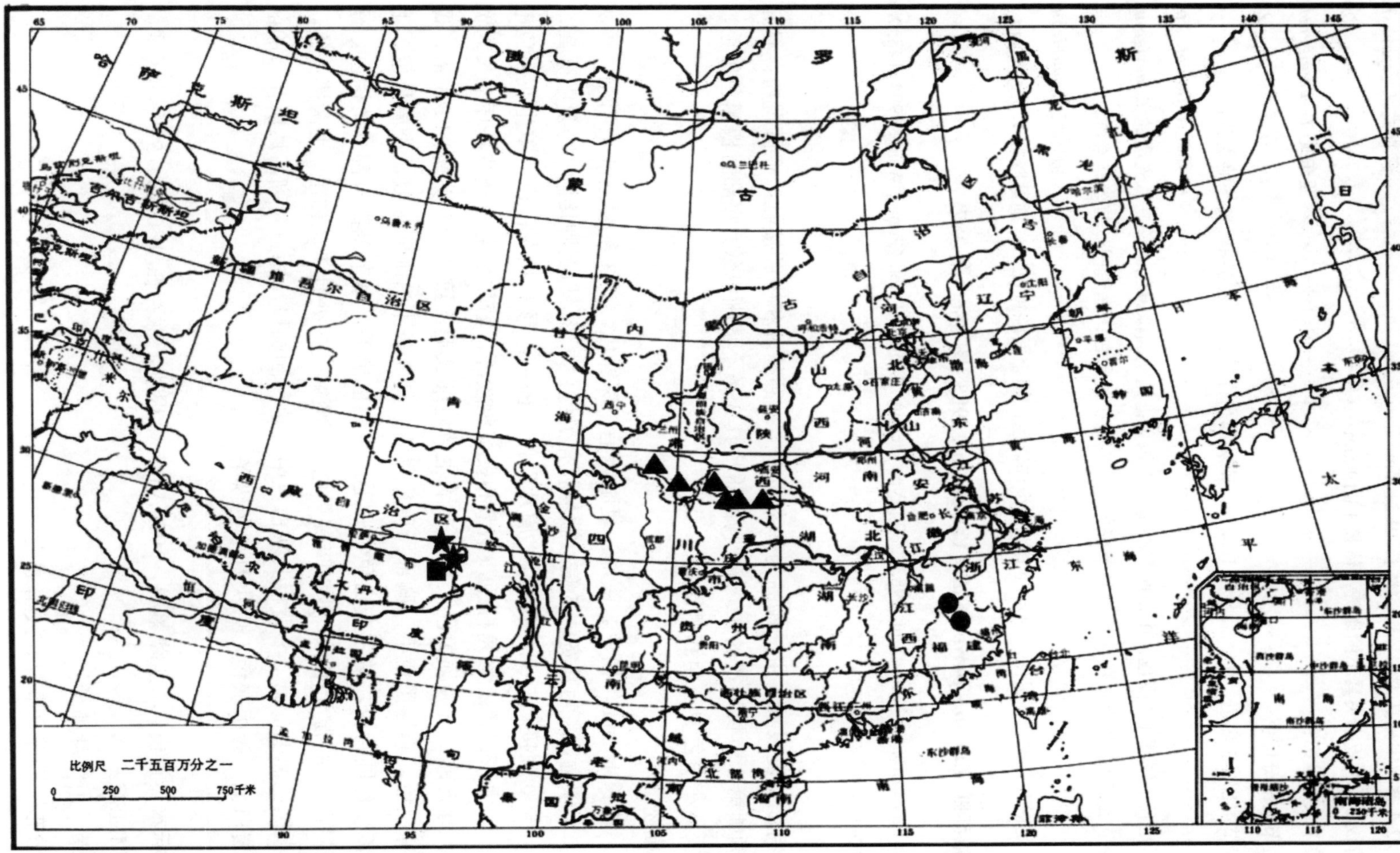

图 386　华丽虻组 *Tabanus splendens* group 的地理分布（一）

★副微赤虻 *Tabanus pararubidus* Yao *et* Liu　●黑额虻 *Tabanus nigrefronti* Liu　■墨脱虻 *Tabanus motuoensis* Yao *et* Liu　▲华丽虻 *Tabanus splendens* Xu *et* Liu

19. 腹部第 2-4 背板中央具大的黑斑；体长 19-21 mm……………………………… **察雅虻 *T. zayaensis***

腹部背板 2-4 背板中央具小的黑斑；体长 15-19 mm……………………………………………… 20

20. 触角鞭节大部分黑色……………………………………………………………… **亚东虻 *T. yadongensis***

触角鞭节大部分棕色……………………………………………………………………………………… 21

21. 前足胫节端部 1/3 黑色，中、后足胫节棕色，或端部少许黑色；翅透明，前缘略着黄色…………………………………………………………………………………………………… **中赤虻 *T. fulvimedius***

前、后足胫节端部 1/2 黑色，中足胫节端部少许黑色；翅全面棕黄色………… **光滑虻 *T. laevigatus***

22. 前足胫节端部 1/3 黑色，中、后足胫节棕色，或端部少许黑色；翅透明，前缘略着黄色…………………………………………………………………………………………………… **薮氏虻 *T. soubiroui***

前、后足胫节端部 1/2 黑色，中足胫节端部少许黑色；翅全面棕黄色…… **前黄腹虻 *T. prefulventer***

(358) 副微赤虻 *Tabanus pararubidus* Yao *et* Liu, 1983 (图 386, 图 387)

Tabanus pararubidus Yao *et* Liu, 1983: 239 [Type locality: Motuo, Tibet, China]; Wang, 1994: 148; Xu and Sun, 2007a: 175.

鉴别特征 复眼具 3 带；额高为基宽的 5 倍；额基胛和中胛接触；亚胛覆粉；触角棕色；下颚须第 2 节长为宽的 3.3 倍；胸部盾片具 3 条不清晰纵纹；腹部背板黑色黑毛，第 2-5 背板具灰白色中三角和侧圆斑。

形态描述

雌性 体长 15 mm，黑色。头部：复眼无毛，深绿色，具 3 条紫色带 (回潮)；额灰色，基宽窄于顶宽，高为基宽的 5 倍；额基胛亮黑色，方形，与亚胛接触，与复眼分离，中胛黑色，与基胛接触；亚胛覆粉，“眉片”低，棕色；颜和颊灰白色，着生灰白色毛和棕色毛；口毛灰白色。触角棕色，柄节和梗节色较深，着生黑毛，鞭节基环节长为宽的 1.5 倍，背突钝。下颚须黄色，第 1 节着生黄色细长毛，第 2 节长为宽的 3.3 倍，覆黑毛。喙棕黑色，具棕黑色毛。胸部：盾片黑色，具 3 条不清晰的纵纹，小盾片色、毛同盾片；侧板色同背板，着生灰白色细长毛。足黑色黑毛，基节基部大部分黄棕色。翅透明，翅脉棕色，R_4 脉无附脉。腋瓣暗棕黑色，两腋瓣交接处具 1 簇白毛。平衡棒棕色。腹部：背板黑色黑毛，第 2-5 背板具灰白色中三角和侧圆斑，中三角高，达所在节的前缘，白斑覆白毛。腹板灰色，中央具黑色纵条。

雄性 未详。

观察标本 正模♀，西藏墨脱，1979.VII，金根桃，保存在 IECAS。5♀♀，西藏，保存在 AMMSC。

生物学 山区林地种。

地理分布 西藏 (墨脱、波密通麦)。

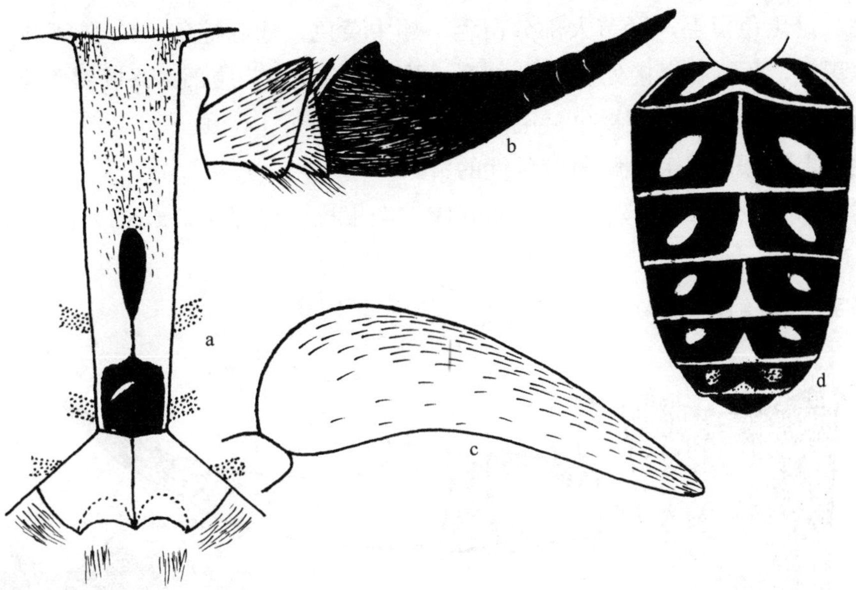

图 387　副微赤虻 *Tabanus pararubidus* Yao *et* Liu

a. 额 (frons); b. 触角 (antenna); c. 下颚须 (palpus); d. 腹部背面 (dorsum of abdomen)

分类讨论　本种一般形态与微赤虻 *T. rubidus* Wiedemann 相似，但微赤虻复眼无色带。副微赤虻现知仅分布在西南区雅鲁藏布江河谷 (图 386)。

(359) 黑额虻 *Tabanus nigrefronti* Liu, 1981 (图 386, 图 388)

Tabanus nigrefronti Liu, 1981: 217 [Type locality: Guangze, Fujian, China]; Wang, 1994: 120; Xu, 2001: 347; Xu and Sun, 2007a: 175.

鉴别特征　复眼具 3 带；额高为基宽的 4.5 倍；额基胛和中胛接触；亚胛覆粉；触角棕黑色；下颚须第 2 节长为宽的 4.5 倍；胸部盾片无纵纹；腹部背板黑色黑毛，第 1-6 背板具灰白色后缘窄带。

形态描述

雌性　体长 20 mm，黑色。头部：复眼无毛，深绿色，具 3 条紫色带 (回潮)；额黑色，覆黑毛，基宽窄于顶宽，高为基宽的 4.5 倍；额基胛亮黑色，三角形，与亚胛接触，与复眼分离，中胛黑色，与基胛接触；亚胛深棕色，覆灰粉，“眉片”低，棕色；颜和颊灰黑色，着生黑灰白毛和棕色毛；口毛灰白色。触角棕黑色，柄节和梗节色较浅，灰黑色，着生黑毛，鞭节基环节长为宽的 2.2 倍，背突钝，基部带棕色。下颚须黄棕色，第 1 节着生白色细长毛，第 2 节长为宽的 4.5 倍，覆黑毛，基部具少量白色长毛。喙棕黑色，具黑毛。胸部：盾片黑色黑毛，两侧和小盾片覆灰粉黄毛；侧板黑色，密覆浅黄色细长毛。足黑色黑毛，胫节大部分白色。翅中黄色，翅脉棕色，R_4 脉无或具短附脉。腋瓣暗棕黑色，两腋瓣交接处具 1 簇白毛。平衡棒棕黑色。腹部：背板黑色黑毛，第 1-6 背板具灰白色后缘窄带。腹板色、毛同背板。

雄性 上侧颜多黑毛，触角较雌性的窄。

观察标本 正模♀，福建光泽，1960.IV，金根桃，保存在 IECAS。2♀♀1♂，福建，保存在 AMMSC。

生物学 山区林地种。

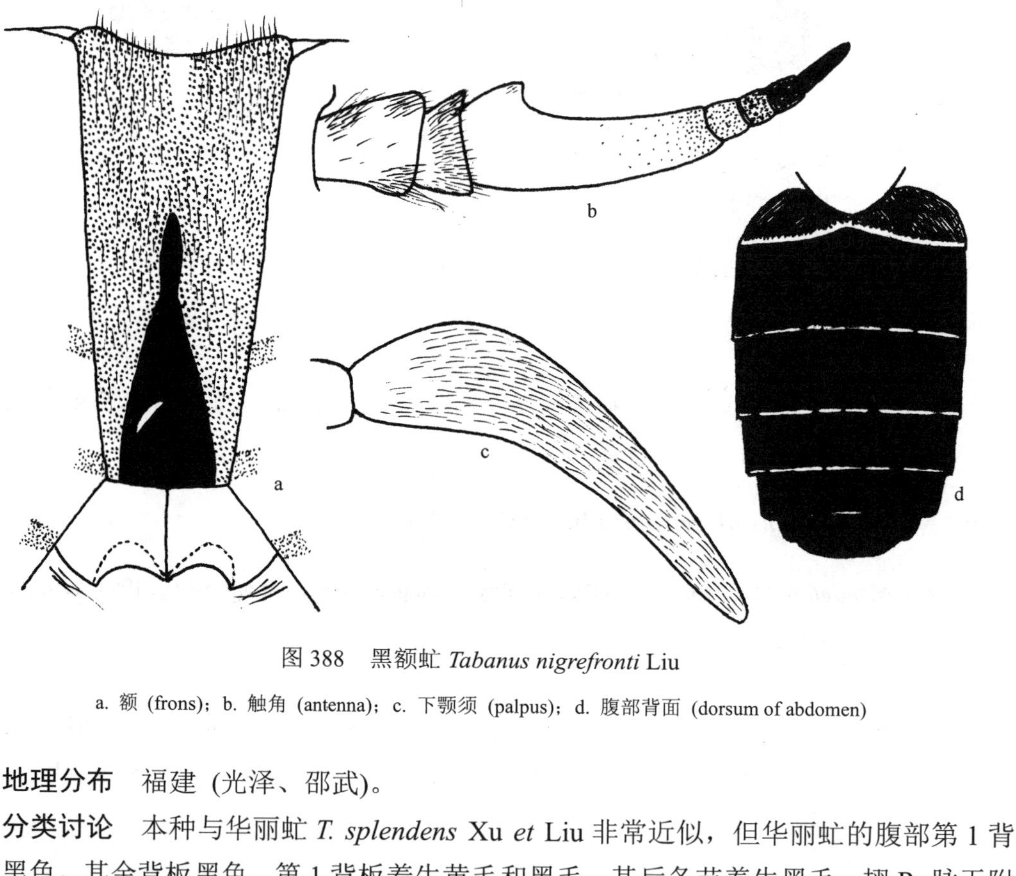

图 388 黑额虻 *Tabanus nigrefronti* Liu

a. 额 (frons)；b. 触角 (antenna)；c. 下颚须 (palpus)；d. 腹部背面 (dorsum of abdomen)

地理分布 福建 (光泽、邵武)。

分类讨论 本种与华丽虻 *T. splendens* Xu *et* Liu 非常近似，但华丽虻的腹部第 1 背板灰黑色，其余背板黑色，第 1 背板着生黄毛和黑毛，其后各节着生黑毛；翅 R_4 脉无附脉。黑额虻现知仅分布在华南区的武夷山北段 (图 386)。

(360) 华丽虻 *Tabanus splendens* Xu *et* Liu, 1982 (图 386，图 389)

Tabanus splendens Xu *et* Liu, 1982: 98 [Type locality: Zhouqu, Gansu, China]; (Xu and Liu, 1982b: 113; Wu, Li, Liu, Yang, Zhang and Cao, 1988: 200. Misidentification) Wang 1994: 120; Liu, 1999c: 518; Xu, 2005: 774; Xu and Sun, 2007a: 176.

鉴别特征　复眼具3带；额高为基宽的4.0-4.5倍；额基胛和中胛接触；亚胛覆粉；触角柄节和梗节棕黄色，鞭节基环节棕黑色至黑色，基部略带棕色，端环节黑色，基环节长为宽的1.5倍；下颚须第2节长为宽的4.2倍；胸部盾片无纵纹；腹部第1背板灰黑色，其余背板黑色，第2-4腹节后缘着生银白色毛，形成3个窄白环。

形态描述

雌性　体长 19-22 mm，黑色。头部：复眼无毛，深绿色，具 3 条紫色带 (回潮)；额棕黑色，覆黑毛，基宽窄于顶宽，高为基宽的 4.0-4.5 倍；额基胛亮黑色，近盾形，与亚胛接触，与复眼分离，中胛矛形，黑色，与基胛接触；亚胛深棕色，覆灰粉，“眉片”低，黄棕色；颜和颊棕黄色，具黄毛，上侧颜深棕色，着生黑毛夹杂一些黄毛；口毛黄色。触角柄节和梗节棕黄色，着生黑毛，鞭节基环节棕黑色至黑色，长为宽的 1.5 倍，背突钝，基部略带棕色，端环节黑色，略短于基环节。下颚须棕黄色，第 1 节着生金黄色细长毛夹杂一些黑毛，第 2 节长为宽的 4.2 倍，覆黑毛，基部和下缘夹杂一些浅黄色毛。喙棕黑色，具黑毛。胸部：盾片大部分黑褐色，小盾片灰黄色，胸部其余部分黄色，除小盾片着生灰黄色毛外，胸部覆金黄色毛；侧板黄色，密覆金黄色细长毛。足基节黄色，着生金黄色毛，股节黑色，着生黑毛夹杂一些浅黄色毛，前、后足股节的后方和后腹方具较多的黄毛，前足胫节基部 1/2 和中足胫节大部分黄色，着生黄毛夹杂少量黑毛，

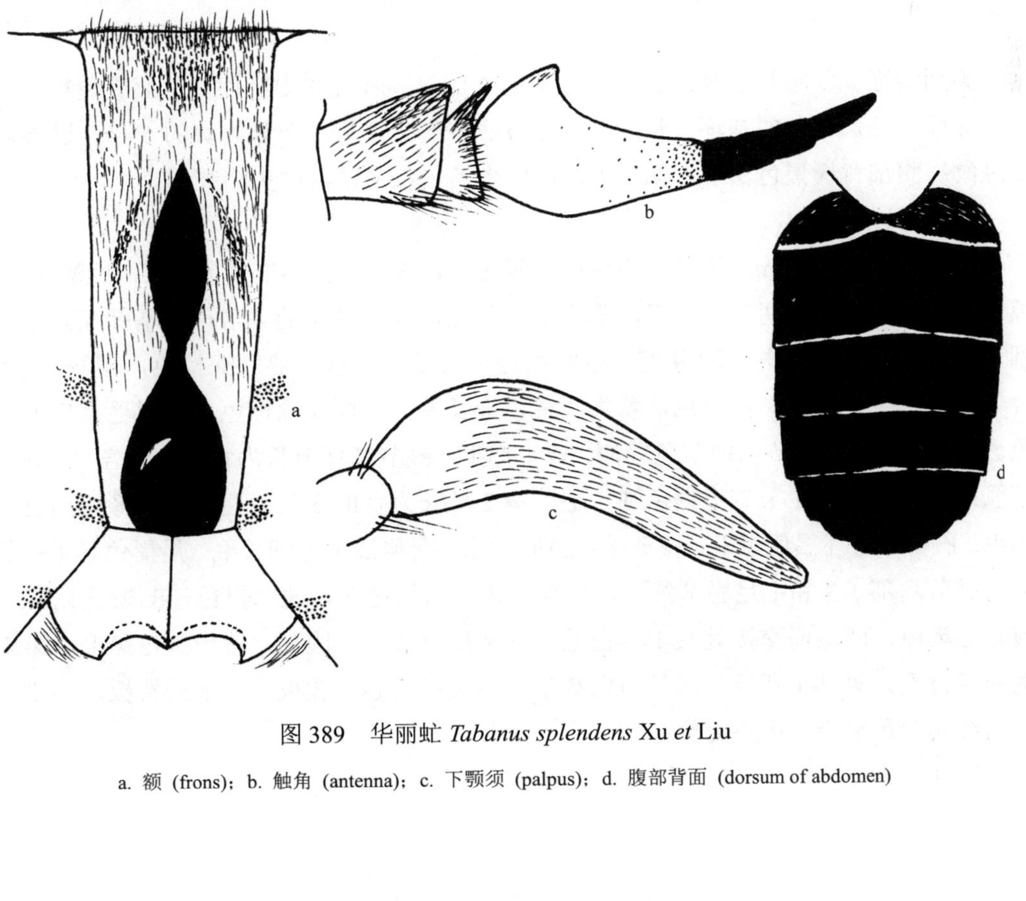

图 389　华丽虻 *Tabanus splendens* Xu *et* Liu

a. 额 (frons)；b. 触角 (antenna)；c. 下颚须 (palpus)；d. 腹部背面 (dorsum of abdomen)

其余和跗节黑色黑毛，后足胫节基部少许褐色，着生黄毛，大部分和跗节黑色黑毛。翅透明，翅脉棕色，沿脉两侧着黄色，R_4脉无或具短附脉。腋瓣黄色，两腋瓣交接处具 1 簇黄毛。平衡棒褐色，球部顶端黄色。腹部：第 1 背板灰黑色，两侧灰黄色，中部着生黑毛夹杂黄毛，两侧着生黄毛；第 1 腹板灰黑色，其余各背板和腹板黑色，稍亮，着生黑毛，第 2-4 腹节后缘着生银白色毛，形成 3 个窄白环。

雄性 未详。

观察标本 正模♀，甘肃舟曲，2300 m，1980.VII.15，许荣满，保存在 AMMSC。12♀♀，甘肃。

生物学 山区林地种。

地理分布 陕西 (秦岭、汉中、留坝、安康)、甘肃 (文县、舟曲)。

分类讨论 本种与墨脱虻 *T. motuoensis* Yao *et* Liu 非常近似，但墨脱虻的触角鞭节基环节长为宽的 2.3 倍；翅前缘烟棕色。华丽虻是我国特有种，现知仅分布在华中区秦岭南坡地区 (图 386)。

(361) 墨脱虻 *Tabanus motuoensis* Yao *et* Liu, 1983 (图 386，图 390)

Tabanus motuoensis Yao *et* Liu, 1983: 240 [Tyep locality: Motuo, Tibet, China]; Wang, 1994: 121; Xu and Sun, 2007a: 175.

鉴别特征 复眼具 3 带；额高为基宽的 4 倍；额基胛和中胛连接；亚胛覆粉；触角大部分棕黑色，鞭节的基环节长为宽的 2.3 倍；下颚须第 2 节长为宽的 5 倍；胸部盾片无纵纹；腹部背板黑色黑毛，第 2-4 背板后缘具白色窄带，中央略突起。

形态描述

雌性 体长 19 mm，黑色。头部：复眼无毛，深绿色，具 3 条紫色带 (回潮)；额棕黑色，覆黑毛，中胛两侧具黑斑，基宽窄于顶宽，高为基宽的 4 倍；额基胛亮黑色，类圆形，与亚胛接触，与复眼分离，中胛黑色，与基胛连接；亚胛深棕色，覆灰粉，“眉片”低，棕色；颜和颊黄白色，着生浅黄色细长毛，上侧颜深棕色，具黑毛；口毛黄白色。触角棕黑色，柄节和梗节色较浅，着生黑毛，鞭节基环节长为宽的 2.3 倍，背突钝。下颚须黄棕色，第 1 节着生白色细长毛，第 2 节长为宽的 5 倍，覆黑毛。喙棕黑色，具黑毛。胸部：盾片黑色黑毛，覆黄毛；侧板黑色，密覆浅黄色细长毛。足黑色黑毛，前、后足胫节基部 1/3 和中足胫节黄色。翅烟棕色，后缘透明，翅脉黑色，R_4脉无附脉。腋瓣暗棕黑色，两腋瓣交接处具 1 簇白毛。平衡棒棕黑色。腹部：背板黑色黑毛，第 1 背板密覆黄毛，第 2-4 背板后缘具白色窄带，中央略突起。腹板色、毛同背板，第 2-4 背板后缘具白色窄带，中央无突起。

雄性 未详。

观察标本　正模♀，西藏墨脱，1980.V，金根桃，保存在 IECAS。1♀，西藏，保存在 AMMSC。

生物学　山区林地种。

地理分布　西藏 (墨脱)。

分类讨论　本种与华丽虻 *T. splendens* Xu *et* Liu 非常近似，但华丽虻的触角鞭节基环节长为宽的 1.5 倍；翅透明，无着色。墨脱虻现知仅分布在西南区雅鲁藏布江河谷 (图 386)。

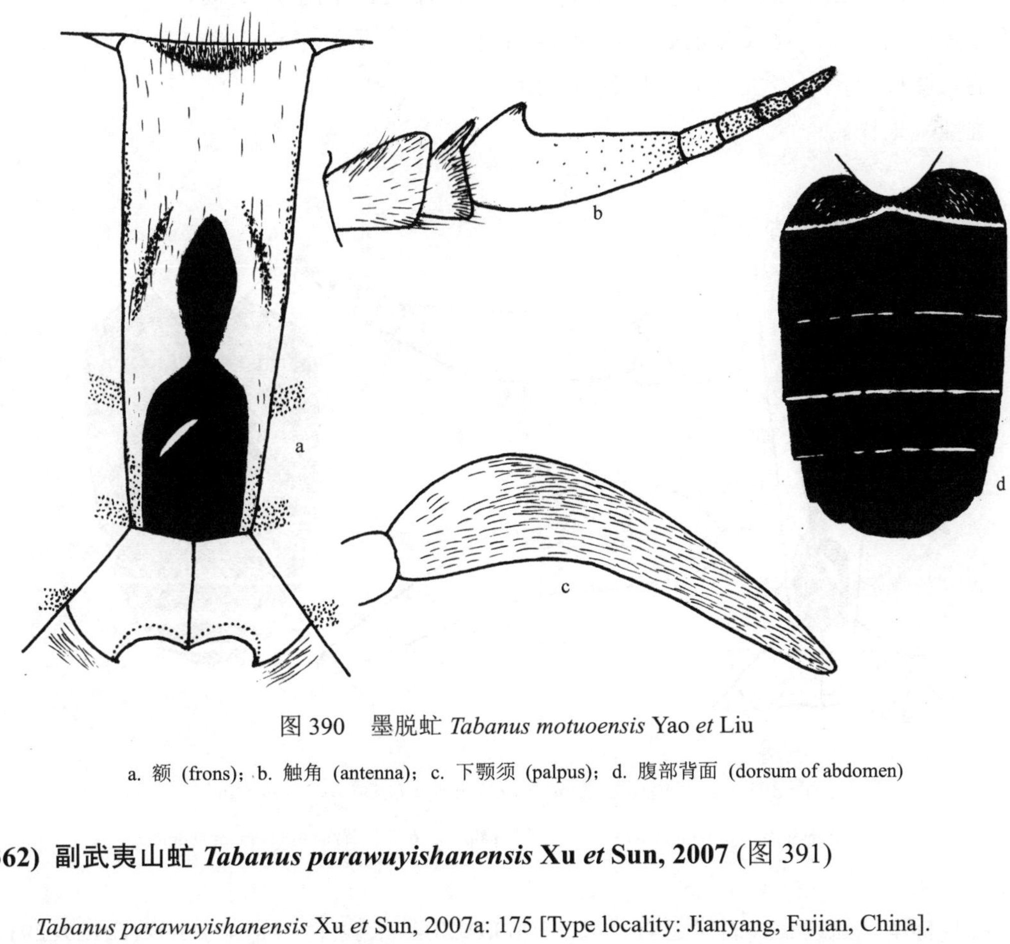

图 390　墨脱虻 *Tabanus motuoensis* Yao *et* Liu

a. 额 (frons)；b. 触角 (antenna)；c. 下颚须 (palpus)；d. 腹部背面 (dorsum of abdomen)

(362) 副武夷山虻 *Tabanus parawuyishanensis* Xu *et* Sun, 2007 (图 391)

Tabanus parawuyishanensis Xu *et* Sun, 2007a: 175 [Type locality: Jianyang, Fujian, China].

鉴别特征　复眼具 3 带；额高为基宽的 4.5 倍；额基胛和中胛接触；亚胛覆粉；触角棕红色；下颚须第 2 节长为宽的 4.5 倍；胸部盾片无纵纹；腹部背板黑色黑毛，第 1-7 背板具黄色后缘窄带。

形态描述

雌性　体长 20 mm，黑色。头部：复眼无毛，深绿色，具 3 条紫色带 (回潮)；额深棕色，覆黑毛和黄毛，基宽窄于顶宽，高为基宽的 4.5 倍；额基胛亮黑色，卵圆形，与亚胛接触，与复眼分离，中胛黑色，梭形，与基胛接触；亚胛深棕色，覆灰粉，“眉片”中等高，棕色；颜和颊深棕色，着生黄毛；口毛黄色。触角棕红色，柄节和梗节色略浅，着生黄毛和黑毛，鞭节基环节长为宽的 2 倍，具背突，端环节末节的端部黑色。下颚须黄棕色，第 1 节着生黄色细长毛，第 2 节长为宽的 4.5 倍，覆黄毛。喙棕黑色，具黑毛。胸部：盾片黑色黑毛，两侧具暗黄色长毛；侧板棕黄色，密覆黄色细长毛。足基节和股节黑色，覆黄毛，胫节和跗节黄棕色，覆黄毛，前足胫节端部和跗节略暗，夹杂黑毛。翅略着黄色，翅脉棕色，R_4 脉具附脉痕迹。腋瓣暗棕色，两腋瓣交接处具 1 簇黄毛。平衡棒棕黑色。腹部：背板黑色黑毛，第 1-7 背板具黄色后缘窄带，第 4 背板以后渐多金黄色毛。腹板黑色，着生黄毛，具黄色后缘。

雄性 未详。

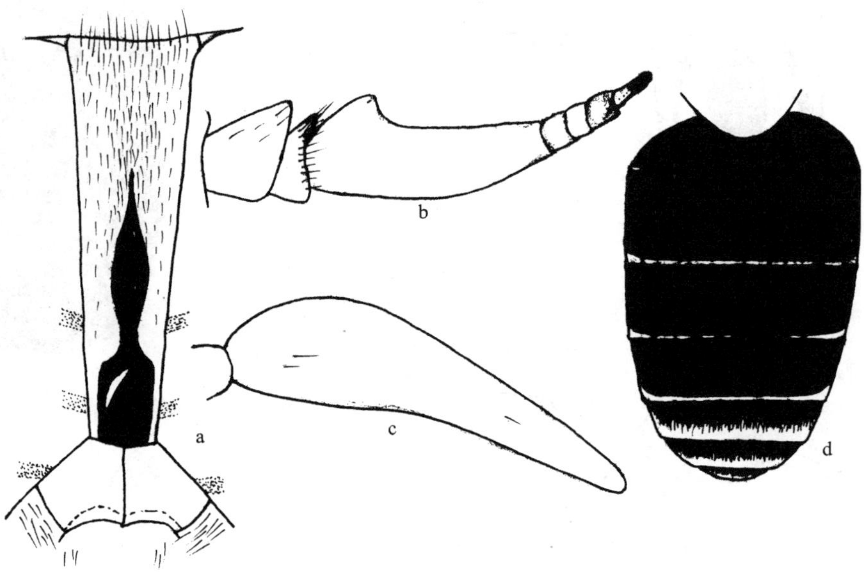

图 391 副武夷山虻 *Tabanus parawuyishanensis* Xu *et* Sun

a. 额 (frons)；b. 触角 (antenna)；c. 下颚须 (palpus)；d. 腹部背面 (dorsum of abdomen)

观察标本 正模♀，福建建阳黄坑，1960.IV.30，张毅然，标本号 IOZ(E)1290291，保存在 IZCAS。

生物学 山区林地种。

地理分布 福建 (建阳)。

分类讨论 本种类似于武夷山虻 *T. wuyishanensis* Xu *et* Xu，但武夷山虻的足胫节端部和跗节黑色。

(363) 武夷山虻 *Tabanus wuyishanensis* Xu *et* Xu, 1995 (图 392)

Tabanus wuyishanensisi Xu *et* Xu, 1995b: 3 [Type locality: Shaowu, Fujian, China]; Xu and Sun, 2007a: 177.

鉴别特征　复眼具 3 带；额高为基宽的 6.5 倍；额基胛和中胛接触；亚胛覆粉；触角棕红色；下颚须第 2 节长为宽的 4.5 倍；胸部盾片无纵纹；腹部背板黑色黑毛，第 1-6 背板具灰白色后缘窄带。

形态描述

雌性　体长 17-19 mm，黑色。头部：复眼无毛，深绿色，具 3 条紫色带 (回潮)；额暗棕色，覆黑毛夹杂少量黄毛，基宽窄于顶宽，高为基宽的 6.5 倍；额基胛亮黑色，与亚胛接触，与复眼分离，中胛矛形，黑色，与基胛接触；亚胛深棕色，覆灰粉，“眉片”低，棕色；颜和颊棕黄色，着生黑毛和黄毛；口毛黄色。触角棕红色，柄节和梗节色较浅，着生黑毛，鞭节基环节长为宽的 2.2 倍，背突钝，端环节的末节黑色。下颚须黄棕色，第 1 节着生黄色细长毛，第 2 节长为宽的 4.5 倍，覆黑毛，基部具少量白色长毛。喙棕黑色，具黑毛。胸部：盾片黑色，着生黄毛和黑毛，具 3 条不明显深棕色细纹；侧板灰棕色，密覆浅黄色细长毛。足基节和股节黑色，覆黄毛，前、后足胫节基部 1/2、中足胫节基部 2/3 棕色，覆黄毛，端部和跗节黑色，着生黑毛。翅略带黄色，前缘着烟

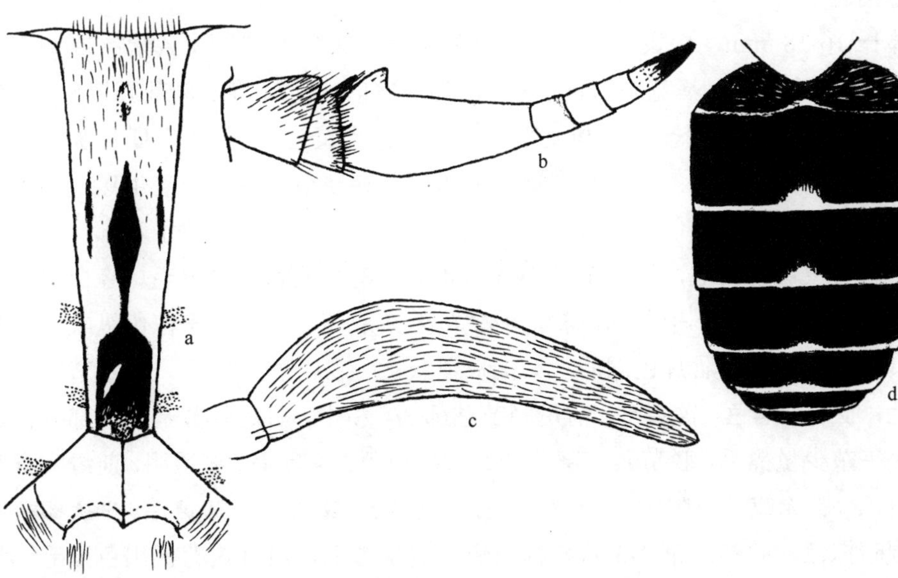

图 392　武夷山虻 *Tabanus wuyishanensis* Xu *et* Xu

a. 额 (frons)；b. 触角 (antenna)；c. 下颚须 (palpus)；d. 腹部背面 (dorsum of abdomen)

棕色，翅脉棕色，R_4 脉无或具短附脉。腋瓣暗棕黑色，两腋瓣交接处具 1 簇黄毛。平衡棒棕黑色。腹部：背板黑色黑毛，第 1-6 背板具灰白色后缘窄带，有的在中后缘膨大成小三角。腹板黑色，着生黑毛和黄毛，在后缘形成黄毛窄带。

雄性 未详。

观察标本 正模♀，福建邵武，1992.IV.30，徐保海，保存在 AMMSC。2♀♀，福建，保存在 AMMSC。

生物学 山区林地种。

地理分布 福建 (武夷山、邵武)。

分类讨论 本种类似于同域分布的黑额虻 *T. nigrefronti* Liu，但黑额虻的额黑色，触角大部分棕黑色。

(364) 贵州虻 *Tabanus guizhouensis* Chen *et* Xu, 1992 (图 393，图 394)

Tabanus guizhouensis Chen *et* Xu, 1992b: 8 [Type locality: Weining, Guizhou, China]; Chen and Xu, 1992: 66; Yang and Xu, 1997: 14; Xu and Sun, 2007a: 174.

鉴别特征 复眼具3带；额高为基宽的6.3-7.0倍；额基胛和中胛接触；亚胛覆粉；触角柄节和梗节黄棕色，鞭节基环节红棕色，端环节暗棕色；下颚须第2节长为宽的4倍，覆黄毛和少量黑毛；胸部盾片无纵纹；腹部背板第1-3棕黄色，第4-6黑色。

形态描述

雌性 体长 16-18 mm，棕黄色。头部：复眼无毛，深绿色，具 3 条紫色带 (回潮)；额灰黄色，覆黑毛和黄毛，基宽略窄于顶宽，高为基宽的 6.3-7.0 倍；额基胛黑色，三角形，与粗的中胛接触，与亚胛接触，与复眼分离；亚胛土黄色，“眉片”低，灰棕色；颜和颊黄色，着生黄白色细毛；口毛黄白色。触角柄节和梗节黄棕色，着生黑毛，鞭节基环节红棕色，长为宽的 1.7 倍，端环节暗棕色，基环节的背突钝，位于基部。下颚须棕黄色，第 1 节着生黄色长毛，第 2 节长为宽的 4 倍，覆黄毛和少量黑毛。喙棕黑色，具棕色毛。胸部：盾片黑色，覆黄棕色粉，着生黄毛夹杂黑毛，具 3 条棕色纵纹，背侧片灰黄色，具黑色长毛，小盾片色同盾片；侧板覆灰黄色粉，着生黄毛。足基节灰黑色，覆黄色长毛，股节灰黑色，覆黄毛，前足胫节基部 3/4 和中、后足胫节基部大部分棕黄色，着生黄毛夹杂少量黑毛，胫节其余部分和跗节棕黑色，覆黑毛。翅透明，前缘室富黄色，翅脉棕色，R_4 脉无或具短附脉。腋瓣棕黑色，两腋瓣交接处具 1 簇黄毛。平衡棒黄棕色，球部周围暗棕色。腹部：第 1-3 背板棕黄色，着生黑毛，第 4-6 背板黑色黑毛，具黄色后缘，第 2-7 背板具连续的黄白色斑组成的自前向后变宽的中纵条，其中第 4-6 背板的中三角呈梯形，各背板后缘带向两侧扩大成三角。第 1-3 腹板棕黄色，第 4-7 腹板两侧棕黄色，中部浅灰黄色。

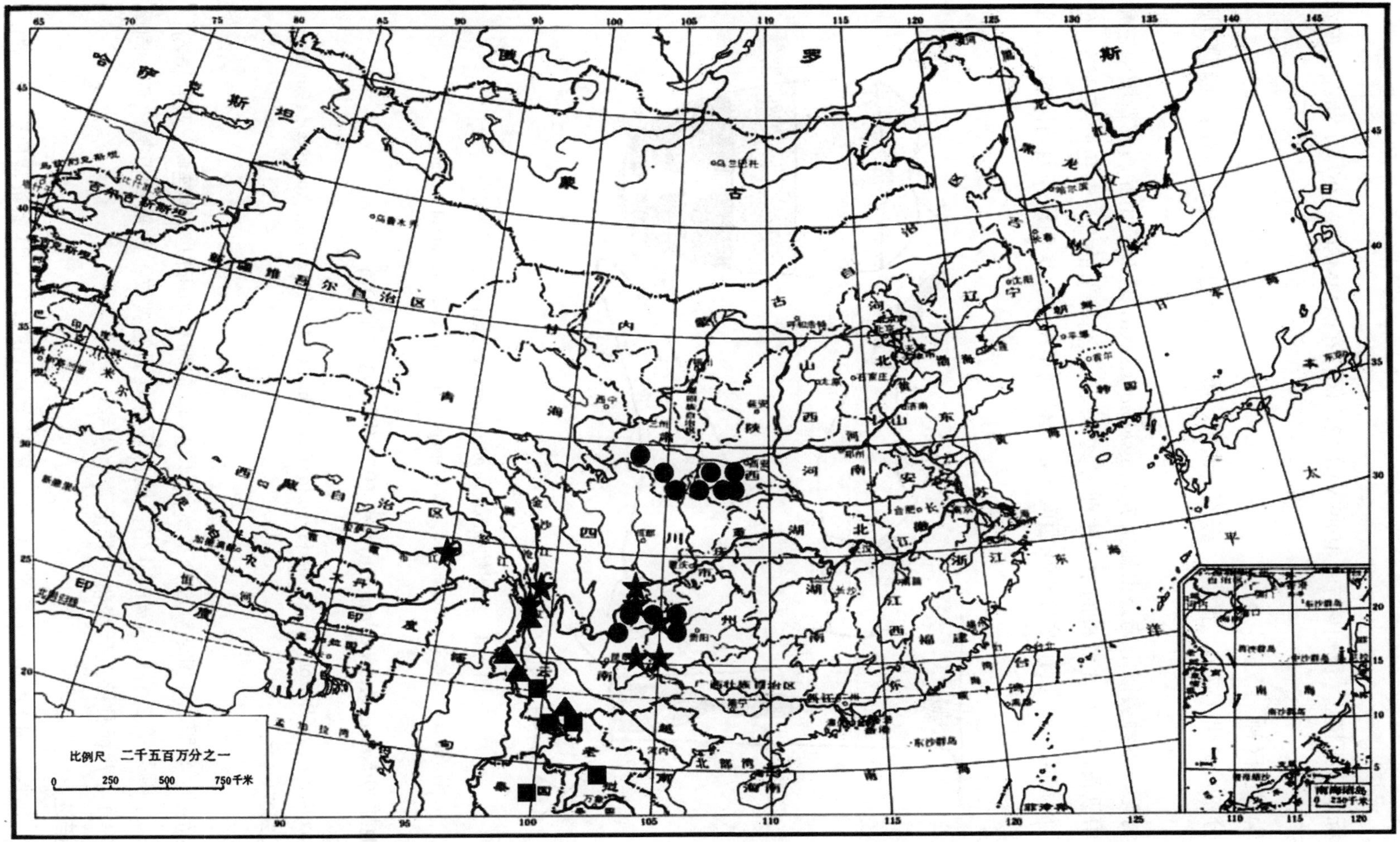

图 393　华丽虻组 *Tabanus splendens* group 的地理分布（二）

★贵州虻 *Tabanus guizhouensis* Chen *et* Xu　●岷山虻 *Tabanus minshanensis* Xu *et* Liu　■热地虻 *Tabanus thermarum* Burton　▲中平虻 *Tabanus zhongpingi* Xu *et* Guo

雄性 未详。

观察标本 正模♀，贵州威宁，1989.VIII.12，保存在 AMMSC。10♀♀，贵州，保存在 AMMSC。

生物学 山区种。

地理分布 贵州 (威宁、盘县)、云南 (迪庆、维西、昭通、曲靖、绥江)、西藏 (墨脱)。

分类讨论 本种类似于鸡公山虻 *T. jigongshanensis* Xu，但鸡公山虻腹部背板中三角不连接成中纵条，第 2、3 背板的中三角前方具黑斑；触角鞭节的端环节色同基环节，但端环节末节端部黑色。贵州虻分布在西南区，延伸到华中区、华南区和西南区的结合部 (图 393)。

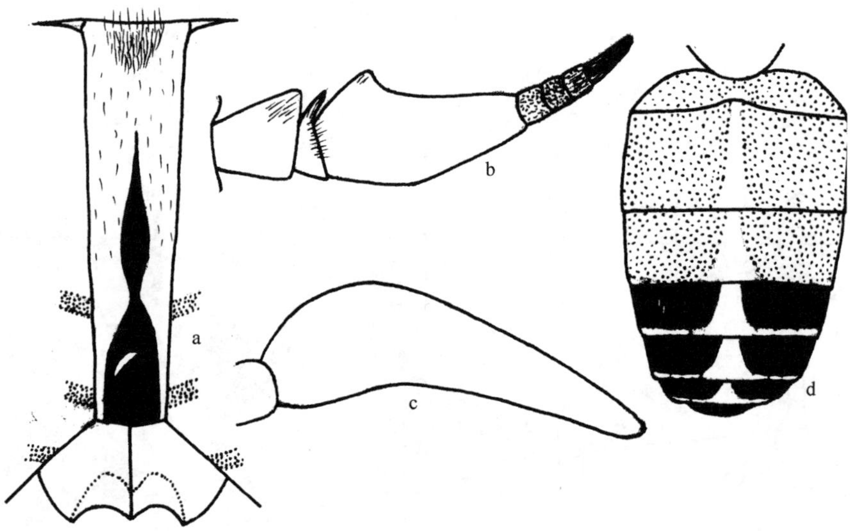

图 394 贵州虻 *Tabanus guizhouensis* Chen *et* Xu

a. 额 (frons)；b. 触角 (antenna)；c. 下颚须 (palpus)；d. 腹部背面 (dorsum of abdomen)

(365) 热地虻 *Tabanus thermarum* Burton, 1978 (图 393，图 395)

Tabanus thermarum Burton, 1978: 108 [Type locality: Chiang Mai, Thailand]; Xu, 2000: 190; Xu and Sun, 2007a: 177.

鉴别特征 复眼具 3 带；额高为基宽的 4 倍；额基胛和中胛以窄线连接；亚胛覆粉；触角棕色；下颚须第 2 节长为宽的 4 倍；胸部盾片具弱的纵纹；腹部背板暗棕色，向尾端变暗，第 1-6 背板具棕色后缘带，带上着生浅棕色毛。

形态描述

雌性 体长 11-13 mm，棕黑色。头部：复眼无毛，深绿色，具 3 条紫色带 (回潮)；

额黄色，头顶灰色，覆黑毛和黄毛，基宽窄于顶宽，高为基宽的 4 倍；额基胛暗棕色，类方形，与亚胛接触，与复眼分离，中胛黑色，与基胛以窄线连接，头顶具 1 小的黑色光裸区；亚胛棕黄色，覆灰粉，“眉片”高，棕色；颜和颊浅黄色，着生黄色细毛，上侧颜棕色，具棕色毛；口毛黄色。触角棕色，柄节和梗节着生黑毛，鞭节基环节宽，长为宽的 1.6 倍，背突钝，位于基部。下颚须棕色，第 1 节着生黄色长毛，第 2 节长为宽的 4 倍，覆黑毛。喙棕黑色，具黑毛。胸部：盾片棕黑色，覆黑毛，前缘可见 3 浅色纵条，条上着生强浅黄色毛，侧部包括背侧片、翅上胛和翅后胛色较浅，棕黄色，着生浅黄色毛为主，背侧片夹杂长黑毛，前小盾片着生密的短黑毛，小盾片后缘和侧缘具浅黄色长毛；侧板和足基节黄灰色，覆浅黄色长毛。足股节黑色，主要覆黑毛，中、后足股节腹方具较多的浅黄色长毛，前足胫节基部 2/3 和中、后足胫节基部大部分棕色，覆棕色毛，胫节端部和跗节黑色黑毛。翅略着烟棕色，翅脉棕色，R_4 脉无附脉。腋瓣棕黑色，两腋瓣交接处具 1 簇浅黄色毛。平衡棒柄棕色，球部周围棕黑色。腹部：背板暗棕色，向尾端变暗，第 1-6 背板具棕色后缘窄带，中央膨大成低的小三角，着生浅棕色毛，第 1 背板后缘中央和第 2 背板前缘中央具 1 黄白色粉和毛斑。腹板灰黄色，具窄的着生浅色毛的后缘带。

雄性　未详。

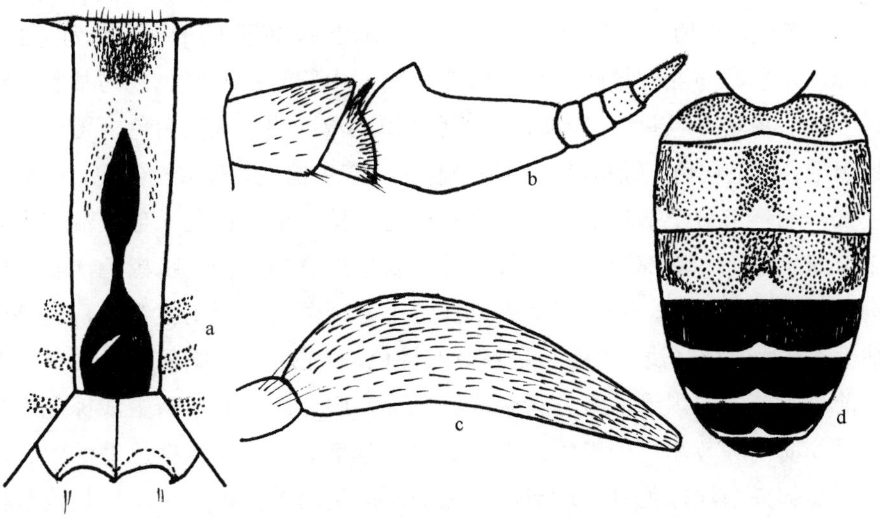

图 395　热地虻 *Tabanus thermarum* Burton

a. 额（frons）；b. 触角（antenna）；c. 下颚须（palpus）；d. 腹部背面（dorsum of abdomen）

观察标本　正模♀，保存在 CU (未检视)；38♀♀，云南，保存在 AMMSC，与 1 交换到的副模核对过。

生物学　山区种；在泰国 5 月用牛和 Malaise 诱蚊器捕获，傍晚活动。云南标本于 4

月末和 5 月傍晚水牛诱捕获得。

地理分布 云南 (勐腊、景洪、勐定)；老挝，泰国。

分类讨论 本种类似于薮氏虻 *T. soubiroui* Surcouf，但薮氏虻额较窄，高为基宽的 6.5 倍，胸部背板无纵浅条，背侧片灰黑色，腹部第 1 背板中央浅色斑不伸达第 2 背板前缘。也与中平虻 *T. zhongpingi* Xu *et* Guo 类似，但中平虻的腹部背板浅色中三角较高，第 2 背板的中三角达该节的前缘，额较宽，高为基宽的 2.8 倍。热地虻和中平虻同域分布在华南区的云南南部地区 (图 393)。

(366) 中平虻 *Tabanus zhongpingi* Xu *et* Guo, 2005 (图 393，图 396)

Tabanus zhongpingi Xu *et* Guo, 2005, In: Xu and Sun, 2007a: 178 [Type locality: Cangyuan, Yunnan, China].

鉴别特征 体小型，棕色；复眼绿色，具 3 条紫色带；额两侧平行，高为基宽的 2.8 倍，中胛与基胛粗连接；亚胛覆粉；触角柄节和梗节棕色；胸部盾片无明显纵条；翅 R_4 脉无附脉；腹部背板暗棕色至棕黑色，具浅色后缘和中三角。

形态描述

雌性 体长 11-12 mm，黑色。头部：复眼绿色，具 3 条紫色带 (新鲜和回潮)；额棕黄色，着生黑毛，头顶具三角形暗区，中胛两侧较暗，额两侧平行，高为宽的 2.8 倍；基胛近圆形，黑色，与亚胛接触，与复眼宽分离，中胛矛形，黑色，与基胛粗连接；亚胛色略暗于额，覆粉，“眉片”较高，为亚胛高的 1/2；颜与颊灰白色，覆白毛，上中颜和侧颜具黑毛；口毛白色。触角柄节和梗节棕色，着生黑毛，鞭节棕红色，端环节略暗，鞭节背突低，端环节短于基环节。下颚须灰棕色，第 1 节覆白色长毛，端部夹杂少量黑毛，第 2 节着生黑毛，基部腹方夹杂长白毛，长接近宽的 4 倍。喙黑色，着生棕色毛和黑毛。胸部：背板棕黑色，着生黑毛夹杂棕色毛，覆薄粉，无明显纵条，肩胛棕色，着生棕色细毛，盾片前缘略浅；侧板和足基节灰棕色，覆白毛，中胸前侧片夹杂较多黑毛。足棕色，前足股节着生黑毛，腹方夹杂浅棕色毛，中、后足股节着生浅棕色毛，端部背方着生黑毛，前足胫节端部棕黑色，着生黑毛，基部夹杂少量浅棕色毛，中、后足胫节着生黑毛，基部夹杂浅棕色毛，跗节着生黑毛，前足跗节黑色，中、后足跗节棕黑色，各跗节基部略浅。翅略着棕色，前缘室和亚缘室略暗于翅其余部分，R_4 脉无附脉，R_5 室开放。腋瓣黑色，上、下腋瓣交接处具棕色毛。平衡棒柄棕色，球部棕黑色。腹部：背板暗棕色至棕黑色，覆黑毛，各背板具浅色窄后缘，第 1-5 背板中央具浅色三角，第 2 背板的中白斑大，达该节的前缘。腹板暗棕色，具浅色窄后缘，着生黑毛和白毛，第 1-4 腹板以浅色毛为主，第 5 腹板浅色毛和黑毛各半，第 6 腹板以黑毛为主，第 7 腹板全部为黑毛。

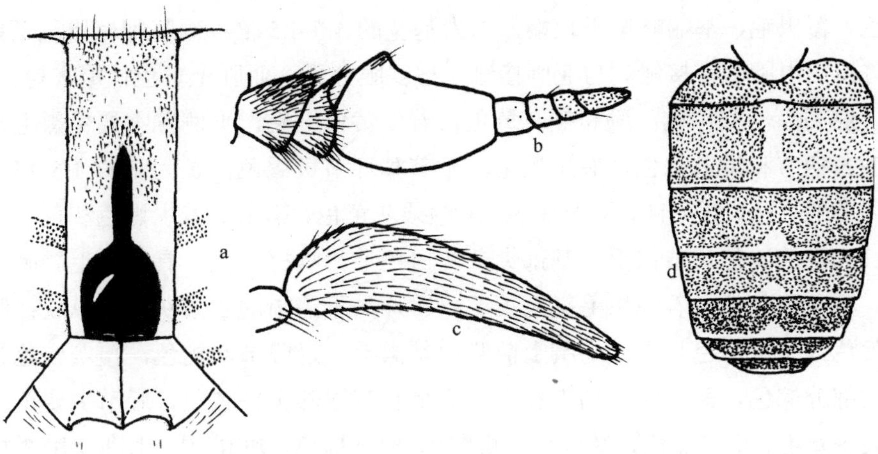

图 396　中平虻 *Tabanus zhongpingi* Xu *et* Guo

a. 额 (frons); b. 触角 (antenna); c. 下颚须 (palpus); d. 腹部背面 (dorsum of abdomen)

雄性　未详。

观察标本　正模♀，云南沧源，2004.VI.13，郭天宇，保存在 AMMSC；4♀♀，云南，保存在 AMMSC。

生物学　山区种；6 月捕获。

地理分布　云南 (勐海、沧源、腾冲、片马)。

分类讨论　与越南、老挝、泰国的 *T. cepuricus* Surcouf 类似，但 *T. cepuricus* 的额较窄，高为基宽的 5.2 倍，基胛两侧接触复眼。本种分布于高海拔林区，但属东洋界种类，数量不多，但分布较广。

(367) 岷山虻 *Tabanus minshanensis* Xu *et* Liu, 1982 (图 393，图 397)

Tabanus minshanensis Xu *et* Liu, 1982: 97 [Type locality: Zhouqu, Gansu, China]; Xu and Liu, 1982b: 113; Wu, Li, Liu, Yang, Zhang and Cao, 1988: 200; Chen and Xu, 1992a: 79; Wang, 1994: 128; Yang and Xu, 1997: 15; Liu, 1999c: 518; Xu, 2005: 773; Xu and Sun, 2007a: 175.

Tabanus subminshanensis Chen *et* Xu, 1992b: 10; Chen and Xu, 1992a: 92; Yang and Xu, 1997: 16. **New synonym**.

鉴别特征　复眼具 3 带；额高为基宽的 4.0-4.5 倍；额基胛和中胛宽连接；亚胛覆粉；触角柄节和梗节棕色；下颚须第 2 节长为宽的 4 倍，覆黑毛；胸部盾片具不清晰的 3 条灰黄色纵纹；腹部背板深棕色至黑棕色，第 2-6 背板具窄的灰白中纵条。

形态描述

雌性　体长 13-16 mm，暗棕色。头部：复眼无毛，深绿色，具 3 条紫色带 (回潮)；

额土黄色，覆黑毛，基端略窄于顶端，高为基宽的 4.0-4.5 倍；额基胛棕黑色至黑色，类卵形，与粗的中胛紧密接触，与亚胛接触，与复眼分离；亚胛土黄色，覆灰粉，“眉片”高约等于亚胛高，灰棕色；颜和颊灰黄色，着生黄色细毛，上侧颜主要覆黑毛；口毛灰白色。触角柄节和梗节棕色，着生黑毛，鞭节基环节黄褐色，长为宽的 1.5 倍，长为棕色的端环节的 2 倍，背突钝，位于基部。下颚须灰黄色，第 1 节着生黑色和黄白色长毛，第 2 节长为宽的 4 倍，覆黑毛，基部夹杂灰白色毛。喙棕黑色，具棕色毛。胸部：盾片灰黑色，覆灰黄色粉，着生黑毛夹杂黄毛，盾片具不清晰的 3 条灰黄色纵纹；侧板和足基节灰黄色，覆灰白色长毛，中胸上前侧片具黑毛。足股节灰黑色，覆灰白色长毛，胫节基部大部分棕色，前足胫节端半和中、后足胫节端部少许黑色，胫节主要覆黑毛，浅色部分夹杂黄毛，跗节黑色，覆黑毛。翅透明，翅脉棕色，翅 R_4 脉无附脉。腋瓣棕黑色，两腋瓣交接处具 1 簇黄棕色毛。平衡棒柄黄棕色，球部周围棕黑色至黑色。腹部：背板深棕色至黑棕色，往尾端色变深，各背板着生黑毛，后缘具金黄色毛，第 2-6 背板具灰白色中纵窄条。腹板灰黑色，主要着生黄毛，夹杂一些黑毛，第 6 腹板黑毛黄毛各半，第 7 腹板主要覆黑毛。

雄性 未详。

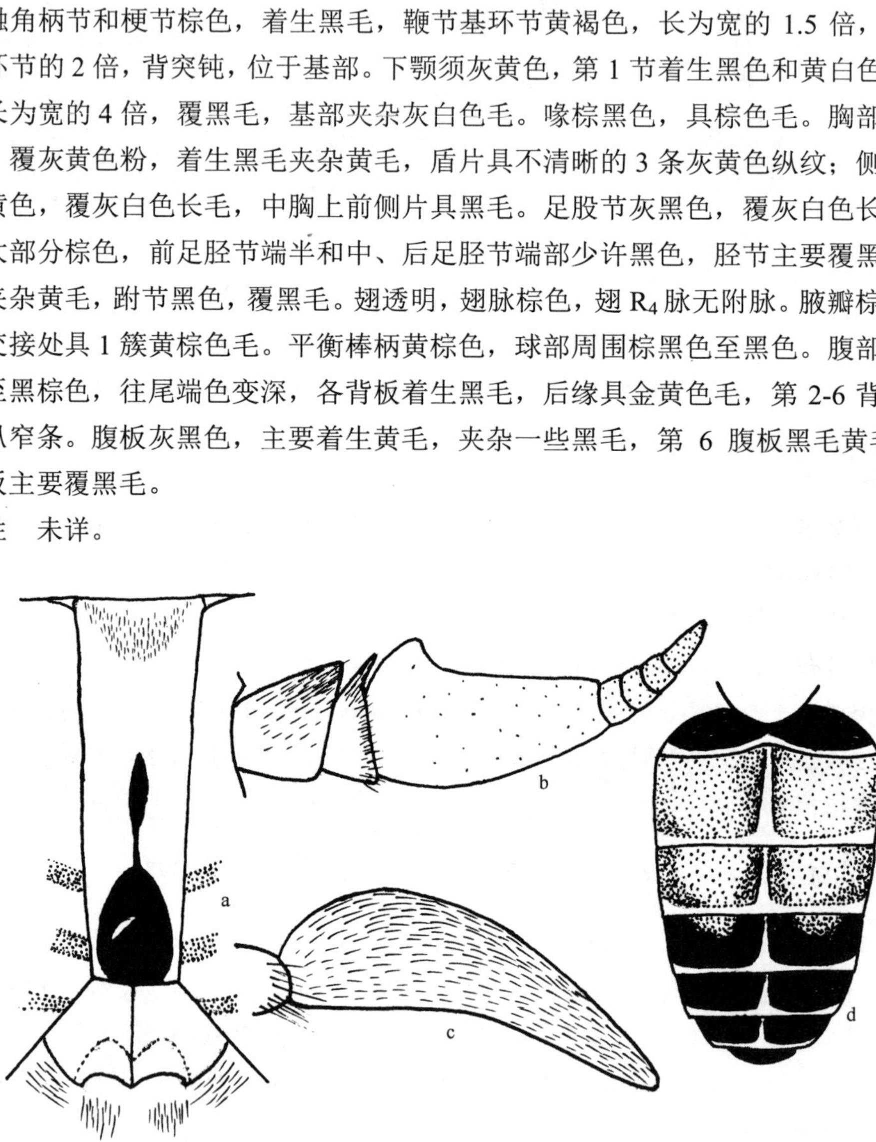

图 397 岷山虻 *Tabanus minshanensis* Xu *et* Liu

a. 额 (frons)；b. 触角 (antenna)；c. 下颚须 (palpus)；d. 腹部背面 (dorsum of abdomen)

观察标本 正模♀，甘肃舟曲，2300 m，1980.VII.17，许荣满，保存在 AMMSC。21♀♀，甘肃、贵州，保存在 AMMSC。

生物学 林区种。

地理分布　陕西 (秦岭、宁陕、佛坪、留坝、汉中)、甘肃 (文县、康县、舟曲)、贵州 (赫章、威宁)、云南 (巧家、威信、永善)。

分类讨论　本种类似于中平虻 *T. zhongpingi* Xu *et* Guo，但中平虻的足股节棕色；体长仅 11-12 mm。岷山虻是我国特有种，主要分布在秦岭南坡地区，向南延伸到云贵北部交接地区 (图 393)。

(368) 三宅虻 *Tabanus miyakei* Shiraki, 1918 (图 398)

Tabanus miyakei Shiraki, 1918: 273 [Type locality: Mansuw (Koshun), S. Taiwan, China]; Stone, 1975: 64; Xu and Sun, 2007a: 175.

鉴别特征　复眼具 3 带；额高为基宽的 4 倍；无中胛；亚胛覆粉；触角红黄色；下颚须第 2 节长为宽的 3.5 倍；胸部盾片无纵纹；腹部背板红黄色，具黄色中纵条和不明显的后缘带。

形态描述

雌性　体长 11 mm，灰黄棕色。头部：复眼无毛，深绿色，具 3 条紫色带 (回潮)；额黄灰色，覆黑毛，基宽窄于顶宽，高为基宽的 4 倍；额基胛棕色，类圆形，与亚胛接触，与复眼分离，无中胛；亚胛黄灰色，覆灰粉，“眉片”中等高，灰棕色；颜和颊黄灰色，着生黄白色细毛，上侧颜黄棕色，具黑毛；口毛黄白色。触角红黄色，柄节和梗节着生黑毛，鞭节基环节长为宽的 2.5 倍，背突钝，位于基部，2 倍于端环节长。下颚须浅黄色，第 1 节着生黄白色长毛，端部夹杂黑毛，第 2 节长为宽的 3.5 倍，覆黑毛，基部下方具白色软毛。喙黄棕色，具棕色毛。胸部：盾片灰红棕色，覆黄色软毛和短黑毛，无纵纹；侧板灰色，覆黄白色长毛。足黄棕色，跗节较暗，前足基节覆白粉和白毛，内侧夹杂棕色毛，前足股节覆黄白色毛，基部具黑毛，中、后足股节覆黄白色毛夹杂黑毛，胫节覆短黑毛。翅前缘和沿脉烟色，翅脉棕色，R_4 脉无附脉。腋瓣烟色，两腋瓣交接处具 1 簇浅黄色毛。平衡棒棕黄色。腹部：背板红黄色，主要覆黑毛，具黄色中纵条和不明显的后缘带，条带上着生浅黄色毛，侧缘具浅黄色长毛。腹板色浅于背板，覆浅黄色毛，浅色后缘不清晰。

雄性　未详。

观察标本　模式标本产地台湾，保存地未详。

生物学　山区种。

地理分布　台湾 (屏东、恒春)。

分类讨论　本种体小型，仅 11 mm，灰黄棕色，额无中胛，腹部背板具浅色中纵条，在我国虻类区系中无类似种。在东洋界，一般形态与锡兰岛的 *T. puteus* Ricardo 类似，但 *T. puteus* 的额顶宽窄于基宽，额基胛具粗的延线。

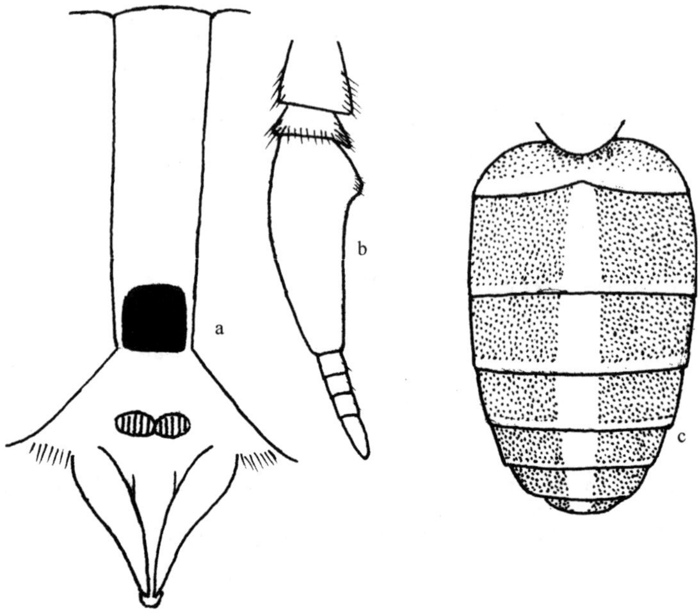

图 398 三宅虻 *Tabanus miyakei* Shiraki

a. 额 (frons)；b. 触角 (antenna)；c. 腹部背面 (dorsum of abdomen) (仿 Shiraki, 1918)

(369) 垩石虻 *Tabanus cementus* Xu *et* Liao, 1984 (图 399)

Tabanus cementus Xu *et* Liao, 1984: 290 [Type locality: Longgang Natural Reserve, Longzhou, Guangxi, China]; Wang, 1994: 127; Xu, 2004: 540; Xu and Sun, 2007a: 174.

鉴别特征 复眼具 3 带；额高为基宽的 8 倍；额基胛和中胛宽连接；亚胛覆粉；触角暗棕色；下颚须第 2 节长为宽的 4.5 倍；胸部盾片无纵纹；腹部第 1、2 背板和腹板棕黄色，覆金黄色毛，第 2 背板和腹板中央具大块横向长方形的黑斑，第 3-7 背板和腹板均为黑色，具着生黄毛的棕黄色后缘窄带。

形态描述

雌性 体长 16 mm，棕色。头部：复眼无毛，深绿色，具 3 条紫色带 (回潮)；额棕黄色，中胛周围具黑斑，头顶后方及眼后缘着生棕黄色长毛，基宽窄于顶宽，高为基宽的 8 倍；额基胛黑色，类卵形，具不规则横皱纹，与亚胛接触，与复眼分离，中胛长梭形，呈脊状突起，与基胛连接；亚胛棕黄色，覆黄粉，“眉片”低，棕色；中颜色略浅于亚胛，着生黄毛，侧颜色同亚胛，主要着生黑毛，夹杂少量黄毛；口毛黄色。触角暗棕色，柄节和梗节着生黑毛，梗节具长的背突，鞭节色向端部略变暗，端环节中黑色，基环节长为宽的 2 倍，背突明显，位于基部，端环节略短于基环节。下颚须深棕色，第 1 节着生黄色长毛，端部夹杂几根黑毛，第 2 节长为宽的 4.5 倍，覆黑毛。喙黄棕色，具棕色毛。胸部：盾片暗棕色，覆黄毛夹杂少量黑毛，无纵纹；侧板和足基节棕黄色，覆黄毛。前足股节棕黑色，后方着生金黄色长毛，前方着生短黑毛，中足股节色略浅于前足股节，端部 1/3 棕色，着生黑毛夹杂黄毛，后方及端部多金黄色毛，前方多黑毛，后足股节黑色，着生黑毛，夹杂少量金黄毛，胫节黄色，覆黄毛，前足胫节端部 1/4 和中、后足胫节端部及所有跗节棕黑色，着生黑毛。翅着黄色，前缘着棕色，翅脉棕黄色，R_{2+3}和 R_4脉周围着烟黑色，R_4脉无附脉。腋瓣深棕色，两腋瓣交接处具 1 簇金黄色毛。平衡棒棕黄色。腹部：第 1、2 背板和腹板棕黄色，覆金黄色毛，第 2 背板和腹板中央具大块横向长方形的黑斑，黑斑上着生黑毛，第 3-7 背板和腹板均为黑色，着生黑毛，具着生黄毛的棕黄色后缘窄带。

雄性　未详。

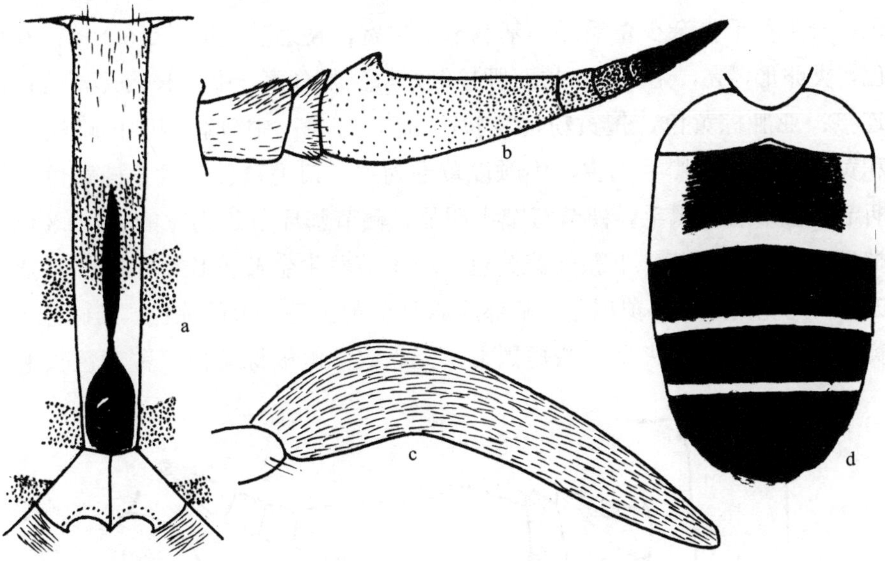

图 399　垩石虻 *Tabanus cementus* Xu *et* Liao

a. 额 (frons)；b. 触角 (antenna)；c. 下颚须 (palpus)；d. 腹部背面 (dorsum of abdomen)

观察标本　正模♀，广西龙州龙岗自然保护区，1982.V.23，许荣满，保存在 AMMSC。

生物学　石灰岩山区林地种。

地理分布　广西 (龙州)。

分类讨论　本种与灰岩虻 *T. calcarius* Xu *et* Liao 近似，但灰岩虻触角鞭节的基环节基部背突不明显；腹部第 2-7 背板和腹板的后缘金黄色后缘带较宽，约占节宽的 1/3；体长 11-13 mm。

(370) 灰岩虻 *Tabanus calcarius* Xu *et* Liao, 1984 (图 400; 图版 IX, 图版 XVII)

Tabanus calcarius Xu *et* Liao, 1984: 291 [Type locality: Longgang Natural Reserve, Longzhou, Guangxi, China]; Wang, 1994: 125; Xu, 2004: 540; Xu and Sun, 2007a: 174.

鉴别特征 复眼具 3 带；额高为基宽的 5.5-6.2 倍；额基胛和中胛连接；亚胛覆粉；触角棕黄色；下颚须第 2 节长为宽的 4 倍；胸部盾片无纵纹；腹部第 1 背板和腹板棕黄色，覆金黄色毛，第 2-7 背板和腹板黑色，着生黑毛，各背板和腹板具着生金黄色毛的金黄色后缘宽带。

形态描述

雌性 体长 11-13 mm，棕色。头部：复眼无毛，深绿色，具 3 条紫色带 (回潮)；额棕黄色，着生黄毛夹杂少量黑毛，基宽窄于顶宽，高为基宽的 5.5-6.2 倍；额基胛棕黑色至黑色，类卵形，亮，无皱纹，与亚胛接触，与复眼分离，中胛长梭形，呈脊状突起，与基胛连接；亚胛棕黄色，覆黄粉，"眉片"低，棕色；中颜和侧颜色略浅于亚胛，着生黑毛和黄毛，侧颜以黑毛为主，中颜以黄毛为主；口毛黄色。触角棕黄色，鞭节端部略暗，柄节和梗节着生黑毛，梗节背突不明显，鞭节基环节长为宽的 2.3-2.8 倍，背突不明显，端环节短于基环节。下颚须棕黄色，第 1 节着生金黄色长毛，端部夹杂几根短黑毛，第 2 节长为宽的 4 倍，覆黑毛，基部腹缘具金黄色毛。喙黄棕色，具棕色毛。胸部：盾片棕黄色，覆棕黄色毛夹杂一些短黑毛，无纵纹；侧板棕黄色，覆黄色长毛。足基节

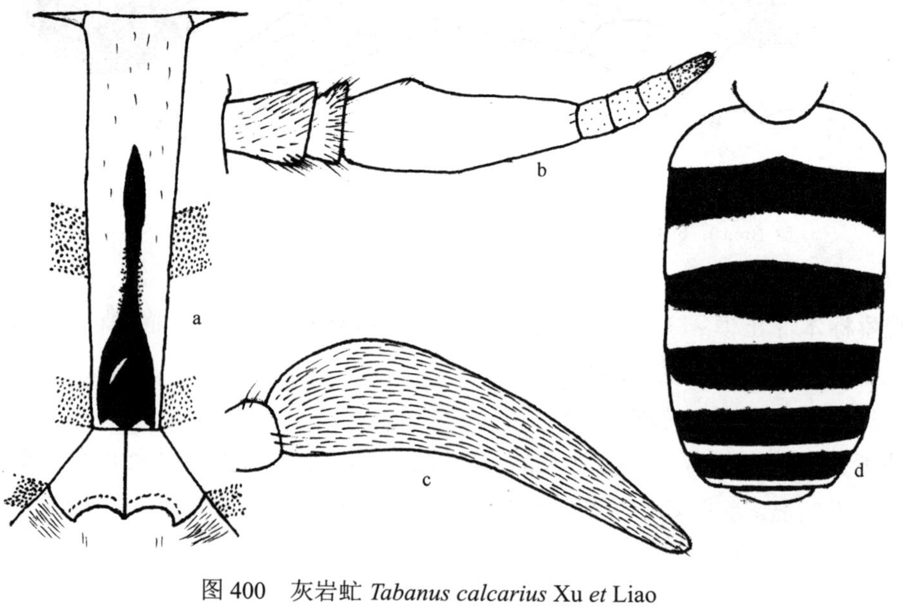

图 400 灰岩虻 *Tabanus calcarius* Xu *et* Liao

a. 额 (frons)；b. 触角 (antenna)；c. 下颚须 (palpus)；d. 腹部背面 (dorsum of abdomen)

着生黑毛夹杂黄毛，前足基节后方以棕黄色毛为主，股节褐黑色，着生黑毛夹杂棕黄色毛，前、后足胫节基部 2/3、中足胫节基部 3/4 黄色，着生黄黑毛，其余部分和所有跗节褐黑色，着生黑毛。翅着黄色，前缘着棕色，翅脉棕黄色，R_{2+3} 端半和 R_4 脉周围着烟黑色，R_4 脉无附脉，R_5 室开放。腋瓣深棕色，两腋瓣交接处具 1 簇金黄色毛。平衡棒棕黄色。腹部：第 1 背板和腹板棕黄色，覆金黄色毛，第 2-7 背板和腹板黑色，着生黑毛，各背板和腹板具着生金黄色毛的金黄色后缘宽带，带占节宽的 1/3。

雄性　未详。

观察标本　正模♀，广西龙州龙岗自然保护区，1982.V.22，许荣满，保存在 AMMSC。4♀♀，广西龙州，保存在 AMMSC。

生物学　石灰岩山区林地种。

地理分布　广西 (龙州)。

分类讨论　本种与垩石虻 *T. cementus* Xu *et* Liao 近似，但垩石虻的触角鞭节的基环节基部具背突；腹部第 2-7 节背板和腹板的后缘金黄色后缘带窄；体长 16 mm。

(371) 拟鸡公山虻 *Tabanus jigongshanoides* Xu *et* Wang, 1990 (图 401, 图 402)

Tabanus jigongshanoides Xu *et* Wang, 1990: 90 [Type locality: Kunming, Yunnan, China]; Yang and Xu, 1997: 15; Xu, 1982c: 107; Xu and Sun, 2007a: 174.

鉴别特征　复眼具 3 带；额高为基宽的 5 倍；亚胛覆粉；触角柄节和梗节棕色；下颚须金黄色，第 2 节长为宽的 5 倍；胸部盾片无纵纹；翅 R_4 脉无附脉；足股节棕红色；腹部暗棕色，向尾端色变深，第 2、3 背板中央具黑斑，第 5-7 背板黑色。

形态描述

雌性　体长 18 mm，棕色。头部：复眼无毛，绿色，具 3 条紫带 (回潮)；额深棕色，头顶色暗，着生较多的短黑毛，中胛两侧额区具狭长形黑斑，额基宽小于顶宽，高为基宽的 5 倍；额基胛黑色，类方形，与亚胛接触，与复眼分离，中胛为基胛的粗延线；亚胛黄棕色，覆粉，“眉片”低，棕黄色；颜棕黄色，着生浅棕色毛；口毛浅棕色。触角柄节和梗节棕色，具黑毛，腹方具棕色毛，梗节背突大，鞭节橙色，基环节长为宽的 1.3 倍，背突钝，端环节末节端部黑色。下颚须金黄色，第 1 节着生棕黄色长毛，第 2 节长为宽的 5 倍，覆棕黄色毛夹杂少量黑毛。喙棕黑色，具黑毛。胸部：盾片黑色，覆黄灰色粉，着生暗棕色毛夹杂黑毛，无纵纹，背侧片黑色，着生黑毛和棕黄色毛；侧板和足基节灰棕色，覆棕色长毛。足股节棕红色，具棕红色毛，胫节棕色，胫节端部和跗节色较暗，着生较多的黑毛。翅略着黄色，翅脉棕黄色，R_4 脉基部具弱的暗影，无附脉。腋瓣烟棕色，两腋瓣交接处具 1 撮黄毛。平衡棒暗棕色，球部顶端色较浅。腹部：暗棕色，向尾端色变深，第 5-7 背板黑色，第 2、3 背板中央具黑斑，背板着生黑毛，前几节夹杂

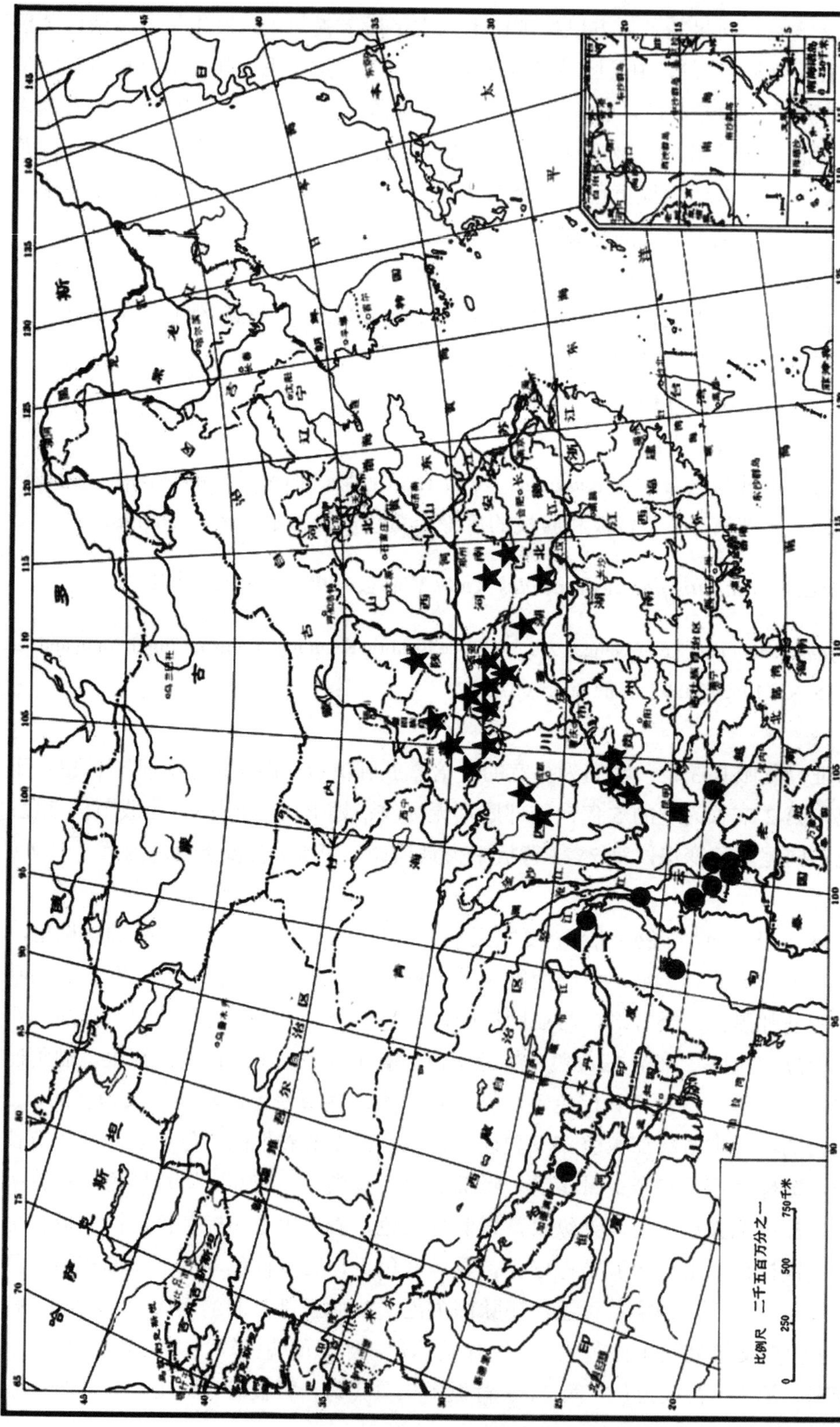

图 401　华丽虻组 *Tabanus splendens* group 的地理分布（三）

■拟鸡公山虻 *Tabanus jigongshanoides* Xu *et* Wang　●中赤虻 *Tabanus fulvimedius* Walker　★鸡公山虻 *Tabanus jigongshanensis* Xu　▲光滑虻 *Tabanus laevigatus* Szilády

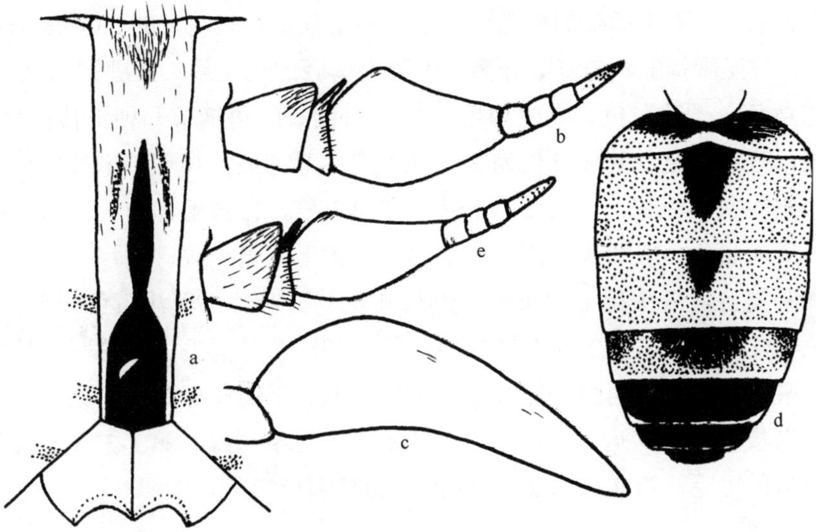

图 402 拟鸡公山虻 *Tabanus jigongshanoides* Xu *et* Wang

a. 额 (frons); b. 触角 (antenna); c. 下颚须 (palpus); d. 腹部背面 (dorsum of abdomen); e. 雄性触角 (antenna ♂)

较多棕黄色毛。腹板棕色，着生棕色毛。

雄性 一般形态同雌性，触角鞭节的基环节窄长，腹部第 2-4 背板中央具黑斑；第 2 腹板中央具不清晰的黑斑。

观察标本 正模♀，云南昆明，1957.IV.7，黄复生，保存在 IZCAS。1♂，云南昆明，保存在 AMMSC。

生物学 山区种。

地理分布 云南 (昆明)。

分类讨论 本种与鸡公山虻 *T. jigongshanensis* Xu 非常类似，但鸡公山虻的足股节黑色；触角鞭节的基环节较长；腹部背板具浅色中三角。拟鸡公山虻现知仅分布在云南北部，可能是西南区的种类 (图 401)。

(372) 秦岭虻 *Tabanus qinlingensis* Wang, 1985 (图 403)

Tabanus qinlingensis Wang, 1985: 175 [Type locality: Qinling, Shaanxi, China]; Wang, 1994: 109; Xu, 2005: 773; Xu and Sun, 2007a: 176.

鉴别特征 复眼具 3 带；额基胛和中胛连接；亚胛覆粉；触角柄节和梗节浅棕色，鞭节的端环节末节黑色；下颚须棕色，第 2 节长为宽的 4.5 倍；胸部盾片无纵纹；翅 R_4 脉无附脉；腹部棕黄色，第 4 背板以后色变暗，无色斑，各背板具黄毛窄后缘。

形态描述

雌性 体长 17-19 mm，黄棕色。头部：复眼无毛，绿色，具 3 条紫带 (回潮)；额黄棕色，头顶色暗，着生稀疏的短黑毛，基宽小于顶宽，高基宽的 5.0-6.3 倍；额基胛黑色，长卵形，与亚胛接触，与复眼分离，中胛为基胛的粗延线；亚胛黄棕色，覆粉，“眉片”低，棕黄色；颜黄灰色，着生白毛；口毛白色。触角柄节和梗节浅棕色，具黑毛，梗节背突低，鞭节橙色，基环节长为宽的 1.7 倍，背突尖，端环节末节黑色。下颚须棕色，第 1 节着生灰白色长毛，第 2 节长为宽的 4.5 倍，覆黑毛和白毛。喙棕黑色，具黑毛。胸部：盾片黑色，覆黄灰色粉，着生黑毛和黄毛，无纵纹，盾片后缘角具较多的浅色毛，背侧片黑色，着生黑毛和黄毛；侧板和足基节灰色，覆浅黄色长毛。足棕黄色，股节具浅色毛，前足股节基部 1/2 黑棕色，胫节和跗节具黑毛。翅透明，翅脉黄色，R_4 脉无附脉。腋瓣烟棕色，两腋瓣交接处具 1 撮黄毛。平衡棒棕黄色。腹部：棕黄色，具黑毛，第 4 背板以后色变暗，无色斑，各背板具黄毛窄后缘。第 1-3 腹板橙色，向后变成黑色，覆黄色短毛，第 2 或第 2、3 腹板有的具圆形黑斑。

雄性 未详。

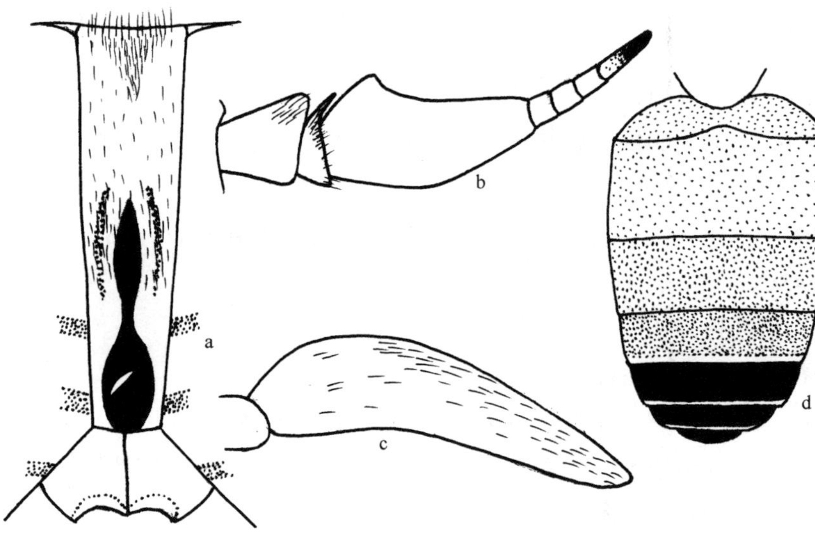

图 403 秦岭虻 *Tabanus qinlingensis* Wang

a. 额 (frons)；b. 触角 (antenna)；c. 下颚须 (palpus)；d. 腹部背面 (dorsum of abdomen)

观察标本 正模♀，陕西秦岭，2600 m，1987.VI.9，标本号 IOZ(E)201240，保存在 IZCAS。10♀♀，陕西、河南，保存在 AMMSC。

生物学 山区种；6-8 月活动。

地理分布 河南 (信阳)、陕西 (秦岭、太白、佛坪、留坝、宁陕、周至)、甘肃 (康县、舟曲、文县)。

分类讨论 本种与前黄腹虻 *T. prefulventer* Wang 类似，但前黄腹虻的足股节和前足跗节黑色。秦岭虻与鸡公山虻 *T. jigongshanensis* Xu 同域分布，均是我国特有种。

(373) 遵明虻 *Tabanus zunmingi* Xu *et* Sun, 2007 (图 404)

Tabanus zunmingi Xu *et* Sun, 2007a: 179 [Type locality: Menghai, Yunnan, China].

鉴别特征　复眼具 3 带；额高为基宽的 5.2 倍；额基胛和中胛宽连接；亚胛覆粉；触角棕色；下颚须第 2 节长为宽的 4 倍；胸部盾片无纵纹，背侧片棕黄色；足股节棕红色；腹部背板暗棕色，向尾端变暗，第 1-7 背板具棕色毛后缘带，中后缘毛三角不明显。

形态描述

雌性　体长 14.5 mm，暗棕色。头部：复眼无毛，深绿色，具 3 条紫色带 (回潮)；额黄灰色，覆黑毛，头顶黑毛较多较长，基部具浅黄色毛，额两侧大致平行，高为基宽的 5.2 倍；额基胛黑色，三角形，与粗线性的中胛紧密接触，与亚胛接触，与复眼分离；亚胛黄棕色，覆灰粉，“眉片”低；颜和颊黄灰色，着生黄白色细毛，上侧颜具黑毛；口毛黄白色。触角棕色，柄节和梗节着生黑毛，鞭节基环节长为宽的 1.6 倍，背突钝，位于基部，端环节色暗于基环节，长约等于基环节。下颚须棕色，第 1 节着生黄色长毛，端部夹杂有短黑毛，第 2 节长为宽的 4 倍，覆黑毛，基部夹杂棕色毛。喙棕黑色，具浅棕色毛。胸部：盾片黑色带棕，覆黑毛和浅棕色毛，背侧片棕黄色，具黑色和棕色长毛，翅上胛、翅后胛和小盾片侧缘具浅色长毛；侧板和足基节棕黑色，覆黄灰色粉，着生浅黄色长毛。股节棕红色，覆浅棕色长毛，胫节棕色，端部略暗，覆棕色毛，跗节棕黑色，胫节端部和跗节覆黑毛。翅前缘略着棕色，翅脉棕色，R_4 脉具附脉痕迹。腋瓣棕色，两

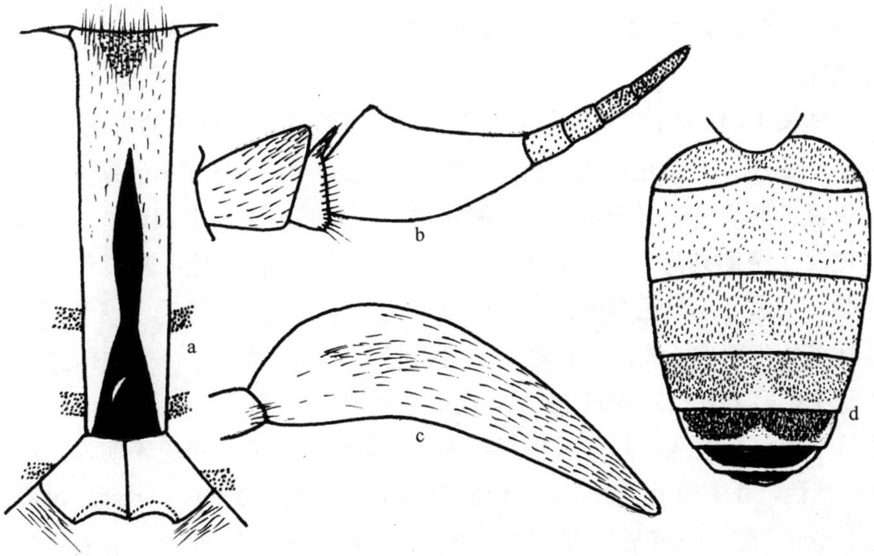

图 404　遵明虻 *Tabanus zunmingi* Xu *et* Sun

a. 额 (frons)；b. 触角 (antenna)；c. 下颚须 (palpus)；d. 腹部背面 (dorsum of abdomen)

腋瓣交接处具 1 簇黄毛。平衡棒棕色，球部周围略暗。腹部：背板暗棕色，向尾端变暗，着生黑毛，第 1-7 背板具棕色后缘带，带上着生浅棕色毛，1 头副模第 2 背板前中央有的具界限模糊的小黑斑，后缘中央浅色毛三角不清晰。腹板棕色，着生黑毛和黄毛，后几节具浅色毛后缘带。

雄性 未详。

观察标本 正模♀，云南勐海，1160 m，1977.IV.20，李铁生，标本号 IOZ(E)12936651，保存在 IZCAS。1♀，云南，保存在 AMMSC。

生物学 山区种。

地理分布 云南 (保山、镇康、沧源、景洪、勐海、勐腊)。

分类讨论 本种类似于薮氏虻 *T. soubiroui* Surcouf，但薮氏虻额胛棕色，胸部背侧片灰黑色，足股节黑色。

(374) 鸡公山虻 *Tabanus jigongshanensis* Xu, 1983 (图 401，图 405)

Tabanus jigongshanensis Xu, 1983: 86 [Type locality: Yingshan, Hubei, China]; Xu and Liu, 1982b: 113; Wu, Li, Liu, Yang, Zhang and Cao, 1988: 199; Wang, 1994: 149; Yang and Xu, 1997: 15; Wang, Ge and Dong, 1998: 44; Liu, 1999c: 518; Xu, 2005: 772; Xu and Sun, 2007a: 174.

鉴别特征 复眼具 3 带；额高为基宽的 6.0-6.6 倍；亚胛覆粉；触角柄节和梗节棕黄色；下颚须棕黄色，第 2 节长为宽的 4.8 倍；胸部盾片可见不明显的细的黑色纵纹；翅 R_4 脉无附脉；足股节黑色；腹部棕黄色，尾端几节黑色，各背板后缘具黄色窄带，第 2-6 背板具黄色中三角，第 2、3 背板中央具黑斑。

形态描述

雌性 体长 16-18 mm，黄棕色。头部：复眼下缘具少量稀疏的短灰白色毛，绿色，具 3 条紫带 (回潮)；额黄色，头顶色暗，着生黑毛和黄毛，基宽小于顶宽，高为基宽的 6.0-6.6 倍；额基胛黑色，类卵形，与亚胛接触，与复眼分离，中胛为基胛的粗延线；亚胛黄色，覆粉，两侧具黑毛夹杂几根黄毛，“眉片”低，棕黄色；颜黄色，着生棕黄色毛，上侧颜夹杂黑毛；口毛黄色。触角柄节和梗节棕黄色，具黑毛，梗节背突大，鞭节橙色，基环节长为宽的 1.7 倍，具背突，端环节末节端部黑色。下颚须棕黄色，第 1 节着生黄色长毛，第 2 节长为宽的 4.8 倍，覆黄毛夹杂一些黑毛。喙棕黑色，具棕黑色毛。胸部：盾片黑色，覆黄灰色粉，着生黑毛夹杂棕黄色毛，盾片可见不明显的细的黑色纵纹，背侧片黑色，着生黑毛和黄毛；侧板和足基节灰黄色，覆棕黄色长毛。足股节黑色，具灰白色长软毛，前足胫节基部 3/5-2/3 和中、后足胫节基部大部分棕色，着生棕黄色毛，其余棕黑色至黑色，覆黑毛。翅透明，前缘着黄色，翅脉棕色，R_4 脉无附脉。腋瓣棕色，两腋瓣交接处具 1 撮棕黄色毛。平衡棒暗棕色。腹部：棕黄色，尾端几节黑色，各背板后缘具黄色窄带，第 2-6 背板具黄色中三角，第 2、3 背板中央具黑斑。腹板棕色，第 5 腹板以后黑色，着生黄毛，后几节夹杂黑毛，各腹板具黄色窄后缘，第 1 腹板中央具黑斑，第 2 腹板中央前缘或有黑斑，第 8 腹板宽大于长。

雄性　一般形态同雌性，触角鞭节的基环节较雌性的窄长，长为宽的 2.5 倍；第 2、3 背板具黄色中三角。

观察标本　正模♀，湖北应山，1957.VI.6，保存在 AMMSC。24♀♀，湖北、河南、陕西，保存在 AMMSC。

生物学　山区种；7-8 月活动。

地理分布　河南 (鸡公山、信阳、叶县)、陕西 (延安、秦岭、佛坪、周至、汉中、安康、留坝)、宁夏 (泾源)、甘肃 (天水、文县、岷县)、湖北 (应山、兴山)、四川 (康定、汶川)、云南 (永善、绥江、威信)。

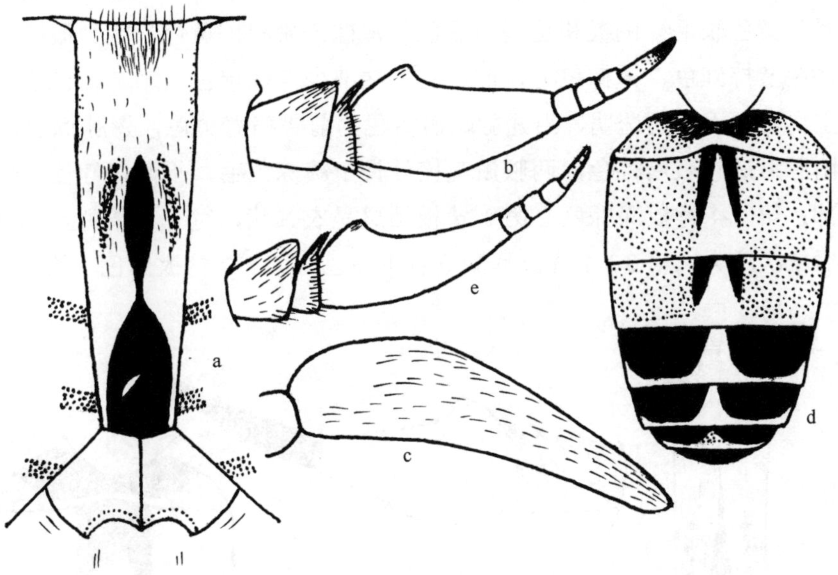

图 405　鸡公山虻 *Tabanus jigongshanensis* Xu

a. 额 (frons)；b. 触角 (antenna)；c. 下颚须 (palpus)；d. 腹部背面 (dorsum of abdomen)；e. 雄性触角 (antenna ♂)

分类讨论　本种类似于拟鸡公山虻 *T. jigongshanoides* Xu *et* Wang，但拟鸡公山虻的腹部背板第 1-4 节暗棕色，第 5-7 节黑色，各节后缘具浅色带，第 2、3 节中央具黑斑；足股节棕红色。鸡公山虻是东洋界种，分布区主要在秦岭地区，向北延伸到古北界六盘山和陕北，向南到云南昭通高原，向西到青藏区边缘的康定 (图 401)。

(375) 察雅虻 *Tabanus zayaensis* Xu *et* Sun, 2007 (图 406)

Tabanus zayaensis Xu *et* Sun, 2007a: 178 [Type locality: Zaya, Tibet, China].

鉴别特征 复眼具 3 带；额高为基宽的 5 倍；额基胛和中胛宽连接；亚胛覆粉；触角棕红色；下颚须第 2 节长为宽的 4 倍；胸部盾片无纵纹；腹部背板暗棕色，向尾端变暗，第 2-4 背板中央具黑斑，第 2-6 背板具黄色后缘带和中三角。

形态描述

雌性 体长 19-21 mm，棕黑色。头部：复眼无毛，深绿色，具 3 条紫色窄带 (回潮)；额黄灰色，覆黑毛，基宽略窄于顶宽，高为基宽的 5 倍；额基胛黑色，三角形，与粗线形的中胛紧密接触，与亚胛接触，与复眼窄分离；亚胛黄灰色，覆灰粉，“眉片”中等高，灰黄色；颜和颊黄灰色，着生黄白色细毛；口毛黄白色。触角棕红色，柄节和梗节着生黄毛，柄节端部背侧具黑毛，梗节背突长，夹杂黑毛，鞭节基环节宽，长为宽的 1.5 倍，背突钝，位于基部，端环节黑色。下颚须棕色，第 1 节着生黄白色长毛，第 2 节长为宽的 4 倍，覆灰黄色毛夹杂有少量黑毛。喙棕黑色，具浅棕色毛。胸部：盾片黑色，覆灰黑色粉和暗黄色毛，无纵纹，背侧片黑色，具暗黄色长毛，翅上胛、翅后胛和小盾片侧缘均具暗黄色长毛；侧板和足基节黑色，覆棕色粉和棕黄色长毛。股节黑色，覆棕黄色长毛，胫节棕红色，覆棕色毛，前足胫节端部少许棕黑色，跗节暗棕色，前足跗节略暗，均主要覆黑毛。翅透明，沿翅脉略着黄色，前缘略着黄色，翅脉棕色，R_4 脉无附脉，或具附脉痕迹。腋瓣棕色，两腋瓣交接处具 1 簇棕色毛。平衡棒棕色，球部周围棕黑色。腹部：第 1-4 背板深棕色，第 1 背板黑斑呈衣领状，宽于小盾片，第 2-4 背板中黑斑，向后依次增大，第 3、4 背板基侧方着生黑色，第 5-7 背板黑色，第 1-6 背板覆棕

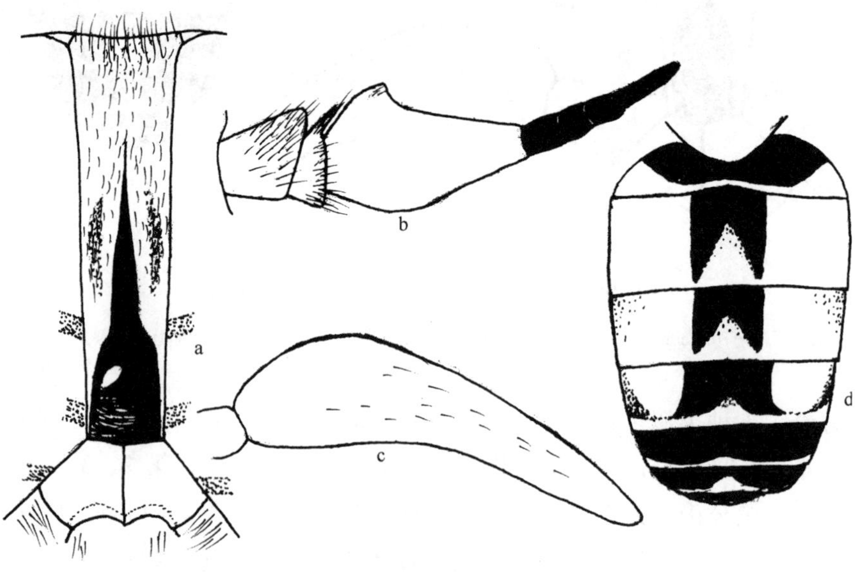

图 406 察雅虻 *Tabanus zayaensis* Xu *et* Sun

a. 额 (frons)；b. 触角 (antenna)；c. 下颚须 (palpus)；d. 腹部背面 (dorsum of abdomen)

黄色毛，第 2-6 背板后缘具密的黄毛带，此带在中央成弱的毛三角，第 7 背板黑色，背板黑色部分主要着生黑毛。腹板色斑类似于背板，着生棕色毛，后几节夹杂黑毛，各腹板具棕色后缘。

雄性　未详。

观察标本　正模♀，西藏察雅，3600 m，1976.VII.5，张学忠，标本号 IOZ(E)1290637，保存在 IZCAS。3♀♀，西藏，保存在 IZCAS。

生物学　高寒山林种。

地理分布　云南 (中甸)、西藏 (察雅)。

分类讨论　本种类似于中赤虻 *T. fulvimedius* Walker，但中赤虻的额基胛类卵形，光滑；触角棕黄色，仅鞭节端环节的末节棕黑色；第 2、3 背板中央黑斑较小，第 4 背板端部以后黑色。

(376) 亚东虻 *Tabanus yadongensis* Xu *et* Sun, 2007 (图 407)

Tabanus yadongensis Xu *et* Sun, 2007a: 177 [Type locality: Yadong, Tibet, China].

鉴别特征　复眼具 3 带；额高为基宽的 4 倍；额基胛和中胛宽连接；亚胛覆粉；触角鞭节大部分黑色；下颚须第 2 节长为宽的 4 倍；胸部盾片黑色，无纵纹；腹部背板黑色，第 1-3 背板两侧棕色。

形态描述

雌性　体长 15 mm，黑色。头部：复眼无毛，深绿色，具 3 条紫色带 (回潮)；额黄灰黑色，覆黑毛，基宽略窄于顶宽，高为基宽的 4 倍；额基胛黑色，类卵形，与粗条形的中胛紧密接触，与亚胛接触，与复眼宽分离；亚胛棕灰色，覆粉，“眉片”中等高；颜和颊黄灰色，着生黄白色细毛；口毛黄白色。触角棕色，柄节和梗节着生黑毛，鞭节大部分黑色，基环节长为宽的 1.6 倍，背突钝，位于基部。下颚须棕色，第 1 节着生黄白色长毛，第 2 节长为宽的 4 倍，覆黑毛，下方具白毛。喙棕黑色，具浅棕色毛。胸部：盾片黑色，覆灰白色毛夹杂黑色软毛，无纵纹，背侧片黑色，具黑色长毛为主，夹杂浅色长毛，翅上胛、翅后胛和小盾片侧缘具黑色长毛；侧板和足基节黑色，覆灰白色长毛。股节黑色，覆灰白色长毛，胫节和跗节棕色，前足胫节端部和跗节黑色，胫节和跗节主要覆黑毛。翅透明，前缘略着棕色，翅脉棕色，R_4 脉无附脉。腋瓣棕黑色，两腋瓣交接处具 1 簇棕色毛。平衡棒柄棕黑色，球部周围黑色。腹部：背板黑色，覆棕色短毛，黑色部分夹杂黑毛，第 1-3 背板两侧棕色，第 4 背板以后黑色，第 2-6 背板具棕色窄后缘。第 1、2 腹板棕色，具大的中黑斑，第 3 腹板以后黑色，第 2-6 腹板具棕色窄后缘，腹板覆灰白色短毛。

雄性　未详。

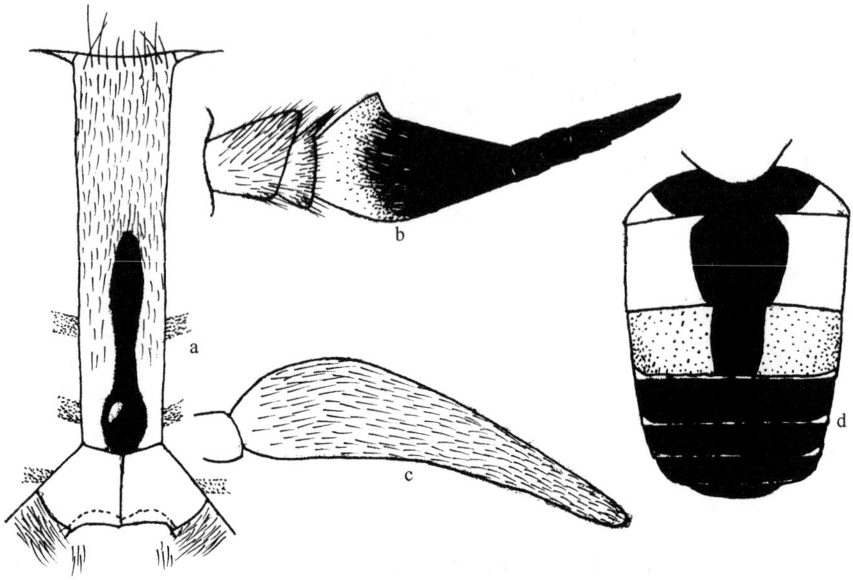

图 407　亚东虻 *Tabanus yadongensis* Xu *et* Sun

a. 额 (frons)；b. 触角 (antenna)；c. 下颚须 (palpus)；d. 腹部背面 (dorsum of abdomen)

观察标本　正模♀，西藏亚东，2700 m，1975.VI.3，黄复生，标本号为 IOZ(E)1293231，保存在 IZCAS。

生物学　高山峡谷林区种。

地理分布　西藏 (亚东)。

分类讨论　本种类似于中赤虻 *T. fulvimedius* Walker，但中赤虻体富棕黄色，触角鞭节棕黄色。

(377) 中赤虻 *Tabanus fulvimedius* Walker, 1848 (图 401，图 408)

Tabanus fulvimedius Walker, 1848: 152 [Type locality: unknown]; Matsumura and Takahasi, 1976: 294; Burton, 1978: 151; Wang, 1982: 187; Yang and Xu, 1997: 14; Xu and Sun, 2007a: 174.

鉴别特征　复眼具3带；额高为基宽的5倍；额基胛和中胛宽连接；亚胛覆粉；触角棕黄色；下颚须第2节长为宽的4倍；胸部盾片无纵纹；腹部第1-3背板红黄色，具中黑斑，第4背板端部以后变黑，第1-6背板具黄色后缘带和中三角。

形态描述

雌性　体长 15-17 mm，棕黑色。头部：复眼无毛，深绿色，具 3 条紫色带 (回潮)；额黄灰色，覆黑毛，基宽窄于顶宽，高为基宽的 5 倍；额基胛红棕色至黑色，类卵形，与粗线形的中胛紧密接触，与亚胛接触，与复眼分离；亚胛黄灰色，覆灰粉，“眉片”

中等高，灰棕色；颜和颊黄灰色，着生黄白色细毛；口毛黄白色。触角棕黄色，柄节和梗节着生黑毛，鞭节基环节宽，长为宽的 1.5 倍，背突钝，位于基部。下颚须棕色，第 1 节着生黄白色长毛，第 2 节长为宽的 4 倍，覆黑毛，下方具白毛。喙棕黑色，具浅棕色毛。胸部：盾片黑色，覆黄色粉和浅黄色毛，夹杂黑色软毛，无纵纹，背侧片黑色，具黑色长毛为主，夹杂浅色长毛，翅上胛、翅后胛和小盾片侧缘具黑色长毛；侧板和足基节黑色，覆黄白色粉和黄白色长毛。股节黑色，覆黄白色长毛，胫节黄色，前足胫节端部黑色，胫节和跗节主要覆黑毛。翅透明，前缘略着棕色，翅脉棕色，R_4 脉无附脉。腋瓣棕色，两腋瓣交接处具 1 簇黄白色毛。平衡棒柄棕色，球部周围棕黑色。腹部：第 1-3 背板红黄色，具中黑斑，第 4 背板端部以后变黑，第 1-6 背板具黄色后缘带和中三角。腹板红黄色，尾端黑色，覆黄毛。

雄性　未详。

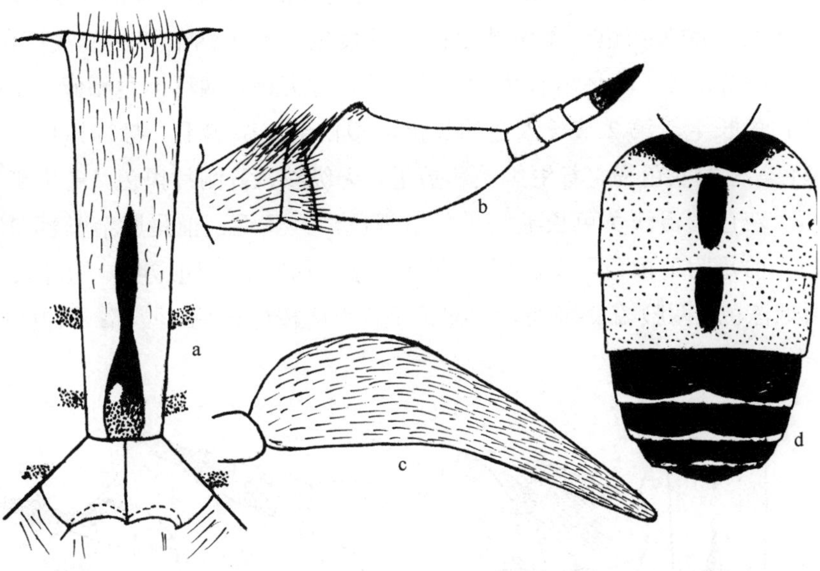

图 408　中赤虻 *Tabanus fulvimedius* Walker

a. 额 (frons)；b. 触角 (antenna)；c. 下颚须 (palpus)；d. 腹部背面 (dorsum of abdomen)

观察标本　7♀♀，云南，保存在 AMMSC。

生物学　山区种。

地理分布　台湾 (?)、云南 (文山、勐腊、景洪、勐海、思茅、耿马、沧源、片马)、西藏 (察隅)；尼泊尔，缅甸。

分类讨论　本种类似于薮氏虻 *T. soubiroui* Surcouf，但薮氏虻腹部背板暗棕色，向尾端变暗，第 1、2 背板中央无黑斑。中赤虻分布在西南区和华南区的西部 (图 401)，台湾的记载不可靠。

(378) 光滑虻 *Tabanus laevigatus* Szilády, 1926 (图 401，图 409)

Tabanus laevigatus Szilády, 1926: 603 [Type locality: Himalaya, China]; Chvála, 1988: 146; Xu and Sun, 2007a: 174.

鉴别特征　复眼具 3 带；额高为基宽的 3.3 倍；亚胛覆粉；触角柄节和梗节浅棕色；下颚须棕色，第 2 节长为宽的 5 倍；胸部盾片无纵纹；翅 R_4 脉无附脉；腹部棕黄色，各背板后缘具浅色带，第 1 背板前半黑色，第 2、3 或第 2-4 背板中央具黑斑。

形态描述

雌性　体长 17-19 mm，黄棕色。头部：复眼无毛，绿色，具 3 条紫带 (回潮)；额黄棕色，头顶色暗，着生稀疏的短黑毛，基宽小于顶宽，高为基宽的 3.3 倍；额基胛黑色，类卵形，与亚胛接触，与复眼分离，中胛为基胛的粗延线；亚胛黄棕色，覆粉，“眉片”低，棕黄色；颜黄灰色，着生黄毛；口毛黄色。触角柄节和梗节浅棕色，具黑毛，梗节背突低，鞭节橙色，基环节长为宽的 1.9 倍，背突钝，端环节色略暗。下颚须棕色，第 1 节着生白色长毛，第 2 节长为宽的 5 倍，覆白毛夹杂黑毛。喙棕黑色，具黑毛。胸部：盾片黑色，覆黄灰色粉，着生黑毛和黄毛，无纵纹，背侧片黑色，着生黑毛和黄毛；侧板和足基节灰色，覆浅黄色长毛。足股节黑色，具黄毛，前足股节基部 2/3 和中、后足胫节橙色，前足跗节黑色，中、后足跗节棕色，具黑毛。翅透明，翅脉黄色，R_4 脉无附脉。腋瓣烟棕色，两腋瓣交接处具 1 撮黄毛。平衡棒棕黄色。腹部：棕黄色，具黑毛，

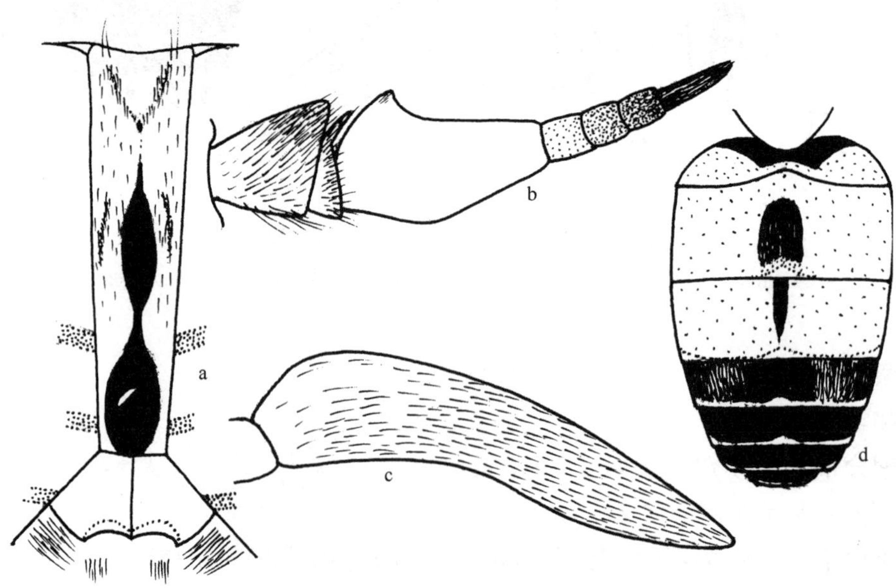

图 409　光滑虻 *Tabanus laevigatus* Szilády

a. 额 (frons)；b. 触角 (antenna)；c. 下颚须 (palpus)；d. 腹部背面 (dorsum of abdomen)

各背板后缘具浅色带，第 1 背板前半黑色，第 2、3 或第 2-4 背板中央具黑斑，第 4 或第 5 背板以后色变暗，黑色。腹板灰棕黄色，具浅色后缘，第 4 或第 5 腹板以后变成黑色。

雄性　未详。

观察标本　正模♀，喜马拉雅山，保存在柏林博物馆 (未检视)。4♀♀，西藏察隅，保存在 AMMSC。

生物学　山区种；6-8 月活动。

地理分布　西藏 (察隅)。

分类讨论　本种类似于前黄腹虻 *T. prefulventer* Wang，但前黄腹虻的腹部第 2、3 背板中央无黑斑。光滑虻现知仅分布在西南区 (图 401)。

(379) 薮氏虻 *Tabanus soubiroui* Surcouf, 1922 (图 410)

Tabanus soubiroui Surcouf, 1922: 13 [Type locality: Nam-Tien, Laos]; Burton, 1978: 121; Xu and Sun, 2007a: 176.

Tabanus orientis Walker, 1848: 152. (?) Misidentification.

Tabanus pugnax Austen, 1922: 449. Synonymized by Stone, 1975: 69; by Burton, 1978: 120.

鉴别特征　复眼具 3 带；额高为基宽的 6.5 倍；额基胛和中胛宽连接；亚胛覆粉；触角棕色；下颚须第 2 节长为宽的 4 倍；胸部盾片无纵纹；腹部背板暗棕色，向尾端变暗，第 1-6 背板具棕色后缘带，带上着生浅棕色毛。

形态描述

雌性　体长 14 mm，棕黑色。头部：复眼无毛，深绿色，具 3 条紫色带 (回潮)；额黄灰色，覆黑毛，头顶黑毛较多较长，基宽窄于顶宽，高为基宽的 6.5 倍；额基胛棕黑色，类卵形，与粗线形的中胛紧密接触，与亚胛接触，与复眼分离；亚胛黄灰色，覆灰粉，“眉片”中等高，灰棕色；颜和颊黄灰色，着生黄色细毛；口毛黄色。触角棕色，柄节和梗节着生黑毛，鞭节基环节宽，长为宽的 1.5 倍，背突钝，位于基部。下颚须棕色，第 1 节着生黄色长毛，端部夹杂少量黑毛，第 2 节长为宽的 4 倍，覆黑毛，基部腹方夹杂黄色长毛。喙棕黑色，具浅棕色毛。胸部：盾片黑色带棕，覆黑毛和浅棕色毛，背侧片灰黑色，具黑色长毛为主，夹杂浅色长毛，翅上胛、翅后胛和小盾片侧缘具浅色长毛；侧板和足基节黑色，覆黄灰色粉，着生浅黄色长毛。股节黑色，覆浅棕色长毛，极端部红色，前足胫节基部 2/3，中、后足胫节基部大部分棕色，覆棕色毛，胫节端部和跗节黑色黑毛。翅前缘略着棕色，翅脉棕色，R_4 脉无或具附脉痕迹。腋瓣棕黑色，两腋瓣交接处具 1 簇浅黄色毛。平衡棒柄棕色，球部周围棕黑色。腹部：背板暗棕色，向尾端变暗，第 1-6 背板具棕色后缘带，带上着生浅棕色毛，第 1 背板后缘中央具 1 丛白毛。腹板灰黄色，向尾端色变深，各腹板具窄的着生浅色毛的后缘带，第 2、3 腹板具不清晰的暗纵条。

雄性　除性差异，余者同雌性。

观察标本　全模 2♂♂7♀♀，Nan Tien, Laos, 1918.IV.14，保存在 PM (未检视)。2♀♀，云南，保存在 AMMSC。

生物学　山区种；在泰国 3-5 月捕获，云南标本于 5 月捕获。

地理分布　云南 (景洪、勐海、孟连、勐定)；老挝，泰国，柬埔寨。

分类讨论　本种与中赤虻 *T. fulvimedius* Walker 近似，但中赤虻的腹部第 1-3 背板红黄色，具中黑斑，第 4 背板端部以后变黑，第 1-6 背板具黄色后缘带和中三角。Stone (1975) 认为 *T. orientis* Walker 与中赤虻是同种，Burton (1978) 则认为是 2 个种，并认为中国云南有薮氏虻。基于作者在云南采到薮氏虻和中赤虻，故本志把中国过去记载 *T. orientis* 认作为薮氏虻的误定。

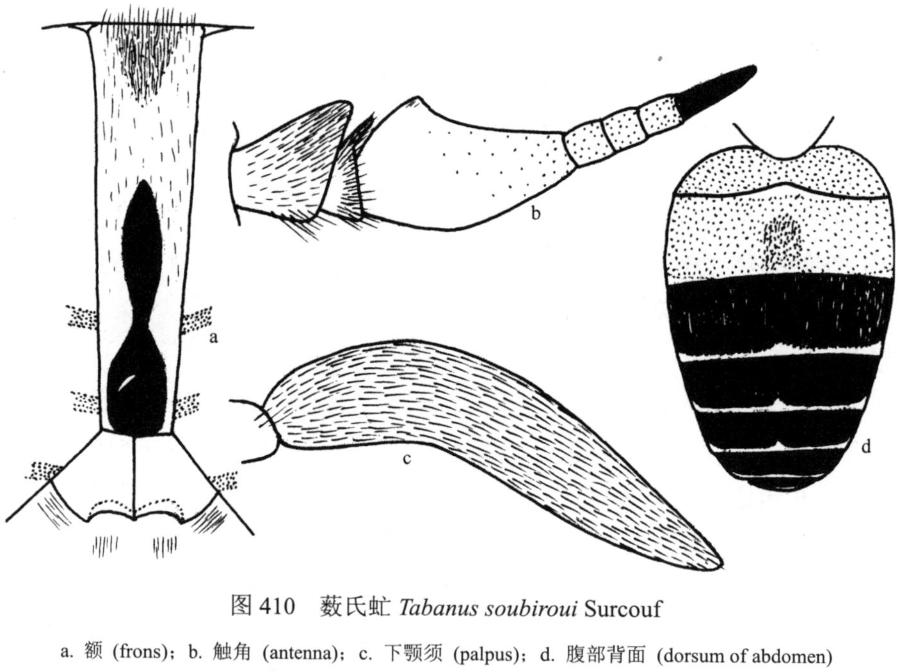

图 410　薮氏虻 *Tabanus soubiroui* Surcouf

a. 额 (frons)；b. 触角 (antenna)；c. 下颚须 (palpus)；d. 腹部背面 (dorsum of abdomen)

(380) 前黄腹虻 *Tabanus prefulventer* Wang, 1985 (图 411)

Tabanus prefulventer Wang, 1985: 291 [Type locality: Zayu, Tibet, China]; Wang, 1994: 125; Xu and Sun, 2007a: 176.

鉴别特征　复眼具 3 带；额高为基宽的 5.2 倍；亚胛覆粉；触角柄节和梗节浅棕色；下颚须棕色，第 2 节长为宽的 5 倍；胸部盾片无纵纹；翅 R_4 脉无附脉；腹部棕黄色，各背板后缘具浅色带，第 4-7 背板黑色。

形态描述

雌性　体长 16-18 mm，黄棕色。头部：复眼无毛，绿色，具 3 条紫带（回潮）；额黄棕色，头顶色暗，着生稀疏的短黑毛，基宽小于顶宽，高为基宽的 5.2 倍；额基胛黑色，类卵形，与亚胛接触，与复眼分离；中胛为基胛的粗延线；亚胛黄棕色，覆粉，“眉片”低，棕黄色；颜黄灰色，着生黄毛；口毛黄色。触角柄节和梗节浅棕色，具黑毛，梗节背突大，鞭节橙色，基环节长为宽的 1.5 倍，具背突，端环节末节黑色。下颚须棕色，第 1 节着生白色长毛，第 2 节长为宽的 5 倍，覆黑毛夹杂少量白毛。喙棕黑色，具黑毛。胸部：盾片黑色，覆黄灰色粉，着生黑毛和黄毛，无纵纹，背侧片黑色，着生黑毛和黄毛；侧板和足基节灰色，覆浅黄色长毛。足股节黑色，具黄毛，前足股节基部 2/3 和中、后足胫节橙色，前足跗节黑色，中、后足跗节棕色，具黑毛。翅透明，翅脉黄色，R_4 脉无附脉。腋瓣烟棕色，两腋瓣交接处具 1 撮黄毛。平衡棒棕黄色。腹部：棕黄色，具黑毛，各背板后缘具浅色带，第 4-7 背板黑色。腹板棕黄色，具浅色后缘，第 5 腹板以后变成灰黑色。

雄性　未详。

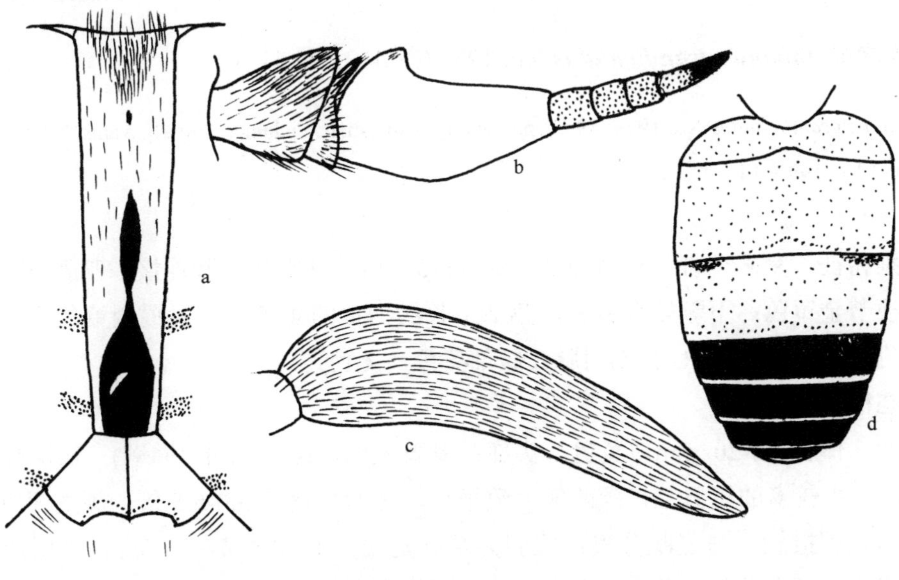

图 411　前黄腹虻 *Tabanus prefulventer* Wang

a. 额 (frons)；b. 触角 (antenna)；c. 下颚须 (palpus)；d. 腹部背面 (dorsum of abdomen)

观察标本　正模♀，西藏察隅，2300 m，1973.VII.4，王复生，标本号 IOZ(E)201239，保存在 IZCAS。4♀♀，西藏察隅，保存在 AMMSC。

生物学　山区种；7-8 月活动。

地理分布 西藏 (察隅)。

分类讨论 本种与光滑虻 *T. laevigatus* Szilády 近似，但光滑虻腹部背板第 1-4 节棕黄色，第 2-3 或第 2-4 节中央具黑斑，第 4-7 或第 5-7 节背板黑色。

黄蓬虻组 *Tabanus flavohirtus* group

黄蓬虻组虻的主要特征是体黄色，腹部背板一致黄色或棕色，无色条和色带。另外，复眼无带；亚胛覆粉；额高为基宽的 5-10 倍；基胛与亚胛连接；中胛与基胛连接；触角的鞭节背突小；足二色明显；翅 R_5 室开放。本组现知仅分布在东洋界 (图 412)。

种 检 索 表

1. 额高为基宽的 5 倍，基胛黑色；腹部背板黄色，第 1-5 节覆黄毛，6-7 节覆黑毛 ……………………………………………………………… **大尾虻 *T. grandicaudus***

   额高为基宽的 7-10 倍，基胛棕色至棕黑色；腹部背板覆毛非上所述 ……………… 2

2. 额高为基宽的 10 倍，体长 17-20 mm ……………………………… **昏螯虻 *T. nigrimordicus***

   额高为基宽的 8.7 倍，体长 14 mm ……………………………………… **黄蓬虻 *T. flavohirtus***

(381) 大尾虻 *Tabanus grandicaudus* Xu, 1979 (图 412，图 413)

Tabanus grandicaudus Xu, 1979: 39 [Type locality: Emeishan, Sichuan, China]; Wang, 1994: 110; Yang and Xu, 1997: 14.

鉴别特征 复眼无带；额高为基宽的 5.0-5.5 倍，基胛和中胛连接；亚胛覆粉；触角柄节和梗节金黄色；下颚须金黄色，第 2 节长约为宽的 4 倍，主要覆金黄色毛；胸部盾片黄绿色，无纵纹；翅 R_4 脉无附脉；腹部黄色，无色斑。

形态描述

雌性 体长 18-20 mm，黄色。头部：复眼无毛，绿色无带 (回潮)；额深棕色，头顶色暗，着生较多的短黑毛，额两侧大致平行，高为基宽的 5.0-5.5 倍；额基胛黑色，类圆形，与亚胛接触，与复眼分离；中胛为基胛延线；亚胛金黄色，覆粉，“眉片”中等高，棕黄色；颜金黄色，着生金黄色毛；口毛金黄色。触角柄节和梗节金黄色，具金黄色毛夹杂一些黑毛，梗节背突大，鞭节橙色，基环节长为宽的 2 倍，背突大。下颚须金黄色，第 1 节着生金黄色长毛，第 2 节长约为宽的 4 倍，覆金黄色毛夹杂少量黑毛。喙棕黑色，具黑毛。胸部：盾片黄绿色，覆黄色粉，着生金黄色毛夹杂黑毛，无纵纹；侧板黄色，覆黄色长毛。足基节和股节灰黄黑色，具黄毛，胫节基部 4/5 黄色，着生黄毛，胫节端部及跗节黑色，覆黑毛。翅前基半着黄色，端部着烟色，翅脉棕黄色，R_4 脉无附

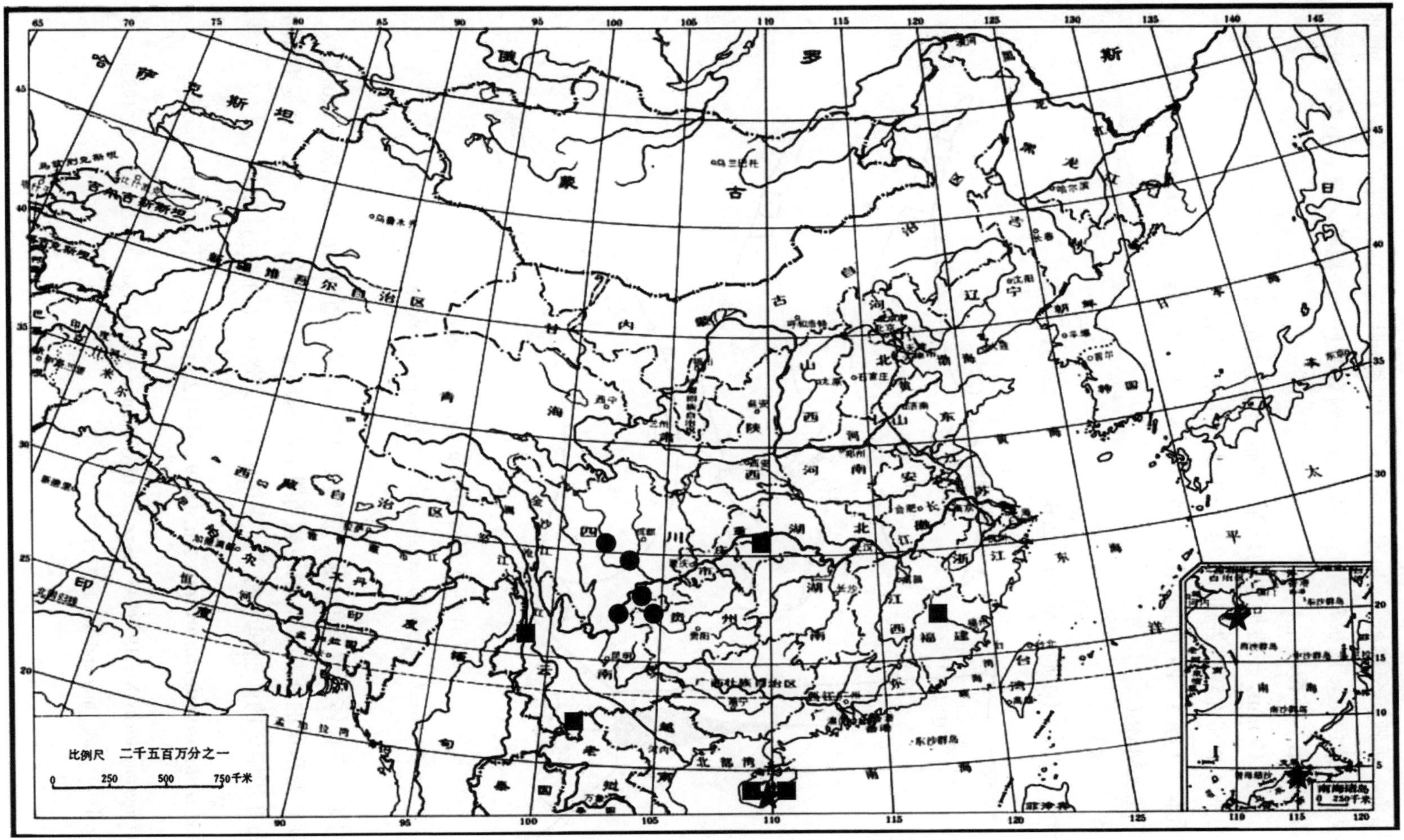

图 412 黄蓬虻组 *Tabanus flavohirtus* group 的地理分布

★ 黄蓬虻 *Tabanus flavohirtus* Philip ● 大尾虻 *Tabanus grandicaudus* Xu ■ 昏螯虻 *Tabanus nigrimordicus* Xu

脉。腋瓣棕色，两腋瓣交接处具 1 撮金黄色毛。平衡棒柄棕色，球部顶端黄色。腹部：黄色，背板覆金黄色毛，腹板覆黄毛，第 5 节两侧有的具一些黑毛，第 6 节主要覆黑毛夹杂一些黄毛，第 7 节覆黑毛。

雄性 体长 19 mm，一般形态同雌性，复眼上 2/3 大眼面与下 1/3 小眼面界限清晰，触角鞭节的基环节端部较雌性的窄，但长仍为最宽的 2 倍。

观察标本 正模♀，四川峨眉山，1975.VIII.6，许荣满，保存在 AMMSC。3♀♀1♂，云南，保存在 AMMSC。

生物学 山区种。

地理分布 四川 (峨眉、雅安)、云南 (永善、绥江、盐津)。

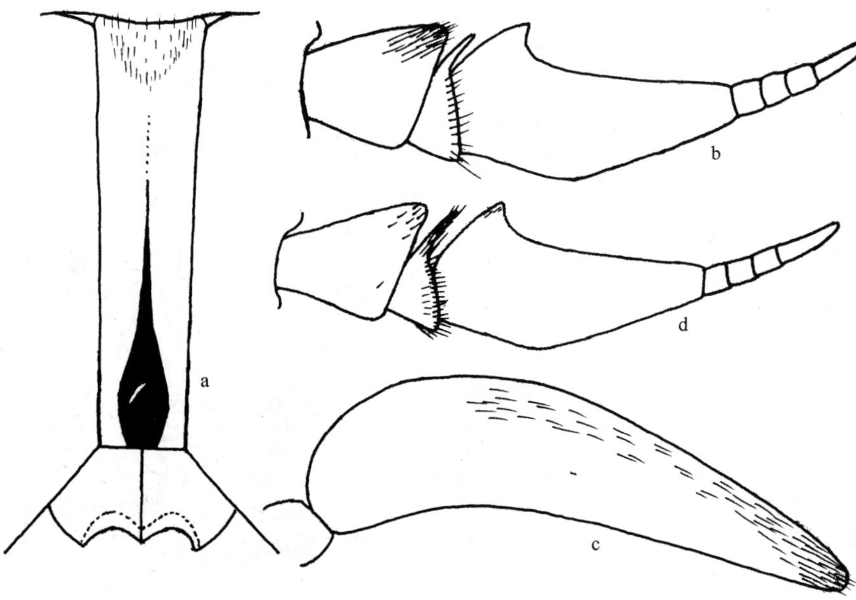

图 413 大尾虻 *Tabanus grandicaudus* Xu

a. 额 (frons)；b. 触角 (antenna)；c. 下颚须 (palpus)；d. 雄性触角 (antenna ♂)

分类讨论 本种体一致黄色，胸、腹部无纹饰，与昏螯虻 *T. nigrimordicus* Xu 类似，但昏螯虻额高为基宽的 9-10 倍，雄性触角鞭节的基环节长为宽的 3 倍。大尾虻是我国特有种，分布在华中区的西部和西南区、华南区的交叉地区 (图 412)。

(382) 昏螯虻 *Tabanus nigrimordicus* Xu, 1979 (图 412, 图 414; 图版 XVI)

Tabanus nigrimordicus Xu, 1979: 43 [Type locality: Hainan, China]; Xu, 1982f: 127; Xu, 1982h: 137; Wang, 1994: 108; Yang and Xu, 1997: 15.

鉴别特征　复眼无带；额高为基宽的 9-10 倍，基胛和中胛连接；亚胛覆粉；触角橙黄色；下颚须金黄色，第 2 节长为宽的 3.5 倍，覆金黄色毛；胸部金黄色，无纵纹；足金黄色；翅 R_4 脉无附脉；腹部金黄色，覆金黄色毛，无纹饰。

形态描述

雌性　体长 17-21 mm，金黄色。头部：复眼无毛，绿色无带 (回潮)；额金黄色，覆金黄色毛，额基部窄于端部，高为基宽的 9-10 倍；额基胛棕黑色，类卵圆形，与亚胛接触，与复眼分离；中胛为基胛细延线；亚胛金黄色，覆粉，“眉片”低，棕黄色；颜金黄色，着生金黄色毛；口毛金黄色。触角柄节和梗节金黄色，具金黄色毛，梗节背突长，鞭节橙色，基环节长为宽的 1.6 倍，具背突。下颚须金黄色，第 1 节着生黄色长毛，第 2 节长为宽的 3.5 倍，覆金黄色毛。喙棕黑色，具黑毛。胸部：背板金黄色覆金黄色毛，无纵纹；侧板金黄色，覆金黄色长毛。足金黄色，覆金黄色毛，前足胫节基部 3/4 黄白色，前足胫节端部 1/4、中足胫节端部少许、后足胫节端部 1/3 及跗节黑色，覆黑毛。翅前缘略着棕色，翅脉棕黄色，R_4 脉无附脉。腋瓣棕色，两腋瓣交接处具 1 撮金黄色毛。平衡棒黄棕色。腹部：腹节背板和腹板金黄色，覆金黄色毛，第 6 腹节主要覆金黄色毛，后半多黑毛，第 7 腹节覆黑毛。

雄性　本志首次描述。体长 16 mm，一般特征同雌性，复眼上 2/3 大眼面与下 1/3 小眼面界限清晰，触角基环节较长，长为宽的 3 倍，下颚须第 2 节覆金黄色毛夹杂少量黑毛。

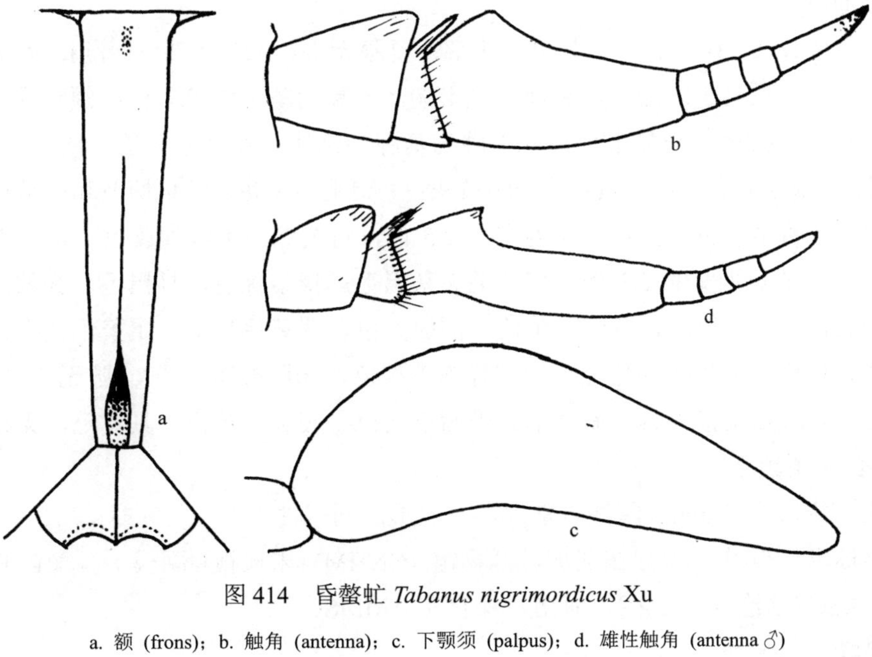

图 414　昏螯虻 *Tabanus nigrimordicus* Xu

a. 额 (frons)；b. 触角 (antenna)；c. 下颚须 (palpus)；d. 雄性触角 (antenna ♂)

观察标本　正模♀，海南岛吊罗山，1974.VII.6，许荣满，保存在 AMMSC。30♀♀，海南、云南，保存在 AMMSC。1♂，湖南，保存在 IZCAS。

生物学　山区种；7 月在海南山区黄昏时吸血虻群中数量较多。

地理分布　湖北 (利川)、福建 (南平)、海南 (吊罗山、黎母山、琼中)、云南 (勐腊、泸水)。

分类讨论　本种类似于黄赭虻 *T. ochros* Schuurmans-Stekhoven，但黄赭虻体较小，下颚须棕黄色，主要覆黑毛；腹部背板棕红色，各节后缘具窄的黄毛带。昏螫虻主要分布在华南区，延伸到西南区和华中区 (图 412)。

(383) 黄蓬虻 *Tabanus flavohirtus* Philip, 1960 (图 412，图 415)

Tabanus flavohirtus Philip, 1960: 14 [Type locality: Munkan Island, Borneo]; Xu, 1982f: 127; Xu and Wang, 1990: 111.

Tabanus ochros Schuurmans-Stekhoven: Wang, 1983: 75; Wang, 1994: 91; Yang and Xu, 1997: 15. (?) Misidentification.

鉴别特征　复眼无带；额基胛和中胛连接，额高为基宽的 8.7 倍；亚胛覆粉；触角鞭节基环节橙色，长为宽的 2.5 倍；下颚须黄色，第 2 节长为宽的 3.3 倍，覆黑毛；胸部黄色，无纵纹；足黄色；翅 R_4 脉无或具短附脉；腹部黄色，无纹饰。

形态描述

雌性　体长 13-14 mm，青黄色。头部：复眼无毛，绿色无带 (回潮)；额黄棕色，覆金黄色毛，头顶具小的暗点，额基部窄于端部，高为基宽的 8.7 倍；额基胛黄色，类卵圆形，与亚胛接触，与复眼分离；中胛为基胛细延线；亚胛金黄色，覆粉，“眉片”低，棕黄色；颜金黄色，覆金黄色毛，颊黄灰色；口毛浅黄色。触角柄节和梗节棕黄色，梗节背突短，鞭节橙色，基环节长为宽的 2.5 倍，背突低。下颚须黄色，第 1 节着生黄色长毛，第 2 节长为宽的 3.3 倍，覆黄毛夹杂黑毛。喙暗棕色，具黑毛。胸部：背板黄色，覆金黄色毛，无纵纹，背侧片黄色；侧板黄色，覆黄色长毛。足黄色黄毛，胫节端部和跗节暗棕色，着生暗棕色毛。翅前缘略着棕色，翅脉棕黄色，R_4 脉无或具短附脉。腋瓣棕色，两腋瓣交接处具 1 撮黄毛。平衡棒黄色。腹部：黄色，具黄毛，无纹饰，第 7 节棕黑色，覆黑毛。

雄性　体长 13.5 mm。除性差别外，一般形态同雌性。

观察标本　正模♀，保存在芝加哥博物馆 (CNHM) (未检视)，副模 1♀，采自 Bornea，保存在 CASC (已检视)。2♀♀，海南，保存在 AMMSC。

生物学　山区种。

地理分布　海南 (黎母山、琼中)；文莱。

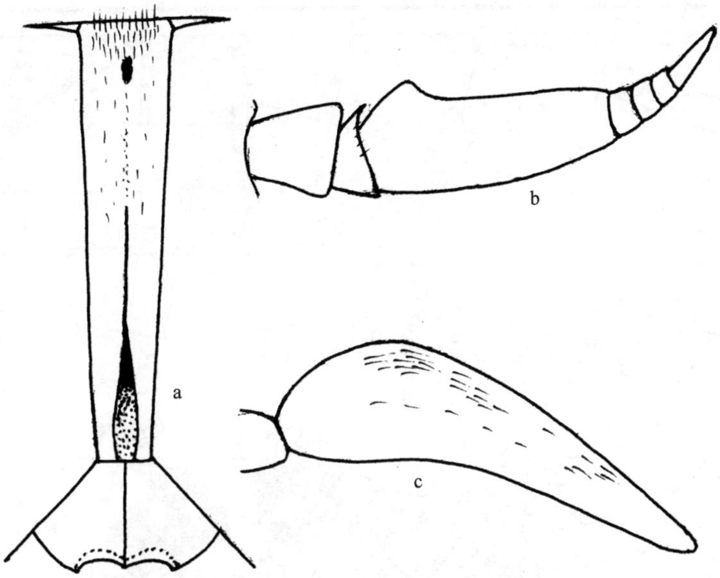

图 415　黄蓬虻 *Tabanus flavohirtus* Philip

a. 额 (frons); b. 触角 (antenna); c. 下颚须 (palpus)

分类讨论　王遵明 1983 记载，云南有黄赭虻 *T. ochros* Schuurmans-Stekhoven，但在 IZCAS 未找到定名标本，据描述，本志认作该种可能是本种误定，待找到云南黄赭虻 *T. ochros* 的定名标本时，再作处理。黄蓬虻仅从海南岛采到 (图 412)。

纯黑虻组 *Tabanus candidus* group

纯黑虻组虻的主要特征是体黑色，复眼无带；亚胛覆粉；基胛与亚胛连接；中胛与基胛连接；触角背突小；足二色明显或不明显；翅 R_5 室开放；腹部背板一致红棕色、灰黑色至黑色，无色条、色带，但可具小的浅色毛斑，如凭祥虻 *T. pingxiangensis* Xu *et* Liao；或者两侧具大的银白斑，如银斑虻 *T. argenteomaculatus* (Kröber)。本组多为东洋界种，少数为古北界种 (图 416)。

种检索表

1. 下颚须红棕色至黑色，着生黑毛……2
　下颚须黄色至棕色，着生黑毛，或夹杂有白毛……3
2. 体长 21 mm 以上；触角黑色……**纯黑虻 *T. candidus***
　体长 15-16 mm；触角黄棕色……**麦氏虻 *T. macfarlanei***
3. 触角黑色……4

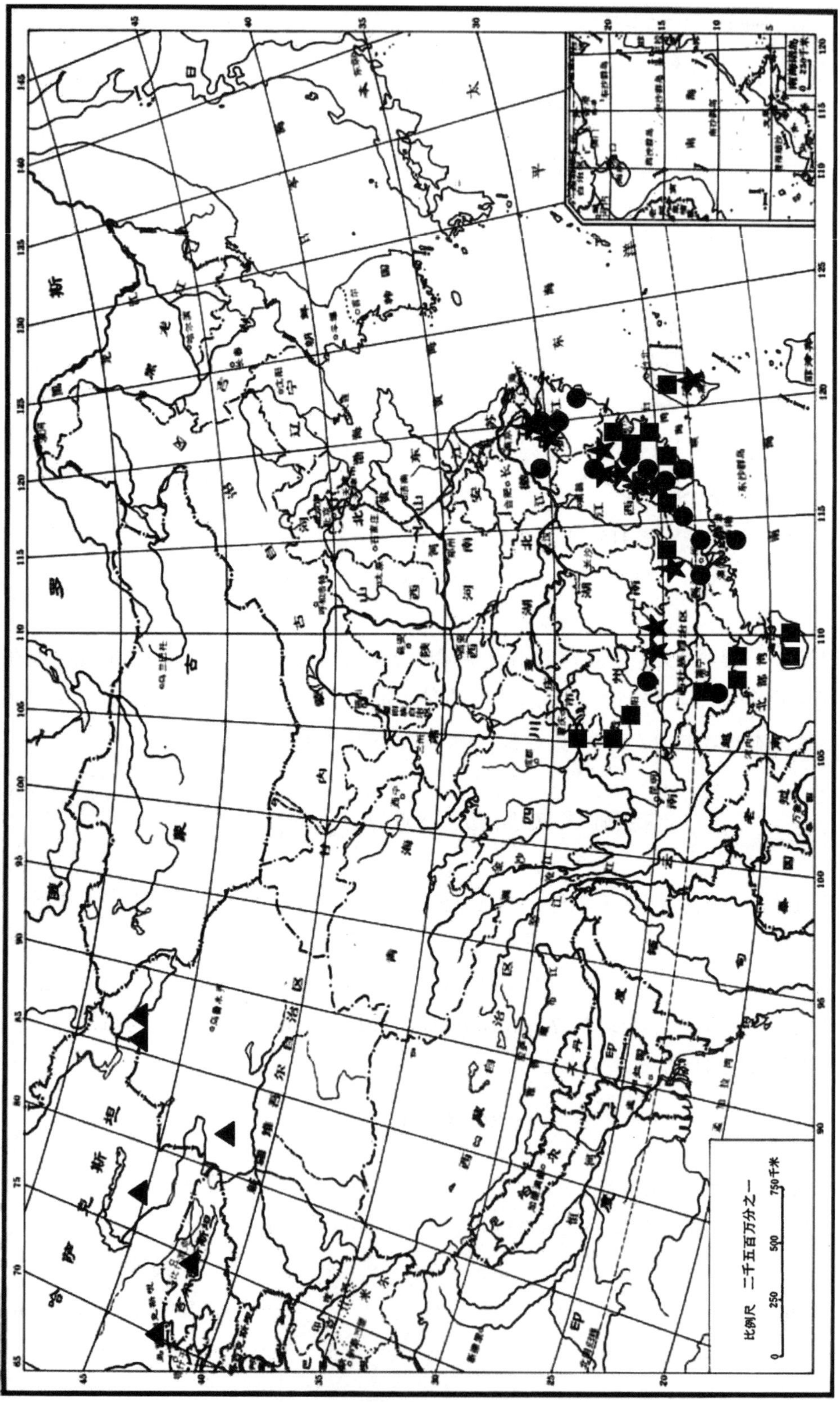

图 416　纯黑虻组 *Tabanus candidus* group 的地理分布

★ 纯黑虻 *Tabanus candidus* Ricardo ● 麦氏虻 *Tabanus macfarlanei* Ricardo ■ 台岛虻 *Tabanus formosiensis* Ricardo ▲ 高亚虻 *Tabanus montiasiaticus* Olsufjev

触角黄棕色至棕色……………………………………………………………………………………5

4. 额高为基宽的 5 倍；腹部背板一致黑色；体长 20-24mm ………………… **高亚虻 *T. montiasiaticus***

额高为基宽的 2.5-3.0 倍；腹部背板黑色，第 2-3 节两侧具大块银白斑；体长 19-22 mm…………

……………………………………………………………………………**银斑虻 *T. argenteomaculatus***

5. 额基胛棕色；体长 17-20 mm…………………………………………………… **黑腹虻 *T. nigrabdominis***

额基胛黑色；体长 9-15 mm ……………………………………………………………………………6

6. 体长 9-10 mm；翅一致透明；腹部背板灰黑色，着生黑毛，夹杂有白毛…… **台岛虻 *T. formosiensis***

体长 14-15 mm；翅前缘着烟黑色；腹部背板第 1-4 节两侧各具 1 小丛白毛……………………………7

7. 足股节棕色；额高为基宽的 9 倍…………………………………………………… **凭祥虻 *T. pingxiangensis***

足股节黑色；额高为基宽的 11 倍 ………………………………………………………… **山生虻 *T. oreophilus***

(384) 纯黑虻 *Tabanus candidus* Ricardo, 1913 (图 416，图 417)

Tabanus candidus Ricardo, 1913: 172 [Type locality: Taiwan, China]; Xu, 1982e: 122; Wang, 1994: 98; Xu, 2001: 346.

鉴别特征 复眼无带；额高为基宽的 8 倍，基胛和中胛连接；亚胛覆粉；触角鞭节基环节橙色，长为宽的 1.8 倍；下颚须黑色，第 2 节长为宽的 5.5 倍，覆黑毛；胸部棕黑色，具 3 条不明显灰色纵纹；足黑色；翅 R_4 脉无附脉；腹部黑色，无纹饰。

形态描述

雌性　体长 21 mm，黑色。头部：复眼无毛，绿色无带 (回潮)；额灰棕色，覆黑毛，额基部窄于端部，高为基宽的 8 倍；额基胛棕黑色，圆柱形，与亚胛接触，与复眼窄分离；中胛为基胛细延线，达额高的 2/3；亚胛棕色，覆薄粉，“眉片”低，棕黑色；颜黑色，覆黑毛，颊黑色；口毛黑色。触角柄节和梗节黑色，具黑毛，梗节背突长，鞭节橙色，向端部色变暗，端环节棕黑色，基环节长为宽的 1.8 倍，背突高。下颚须黑色，第 1 节着生黑色长毛，第 2 节长为宽的 5.5 倍，覆黑毛。喙暗黑色，具黑毛。胸部：背板棕黑色，覆黑毛和白毛，具 3 条不明显灰色纵纹，侧缘包括肩胛、背侧片、翅后胛及小盾片的侧缘和后缘覆灰白粉，背侧片多黑毛；侧板棕黑色，覆黑色长毛。足黑色黑毛。翅略着浅棕色，翅脉棕色，R_4 脉无附脉，R_5 室开放。腋瓣棕黑色，两腋瓣交接处具 1 撮白毛。平衡棒棕色。腹部：黑色，覆黑毛，无纹饰。

雄性　未详。

观察标本 5♀♀，广东、浙江，保存在 AMMSC。

生物学 山区种。

地理分布 浙江 (天目山、莫干山)、福建 (武夷山、邵武、建宁、永安、上杭、龙岩)、台湾、广东 (乳源)、广西 (苗尔山、百寿)。

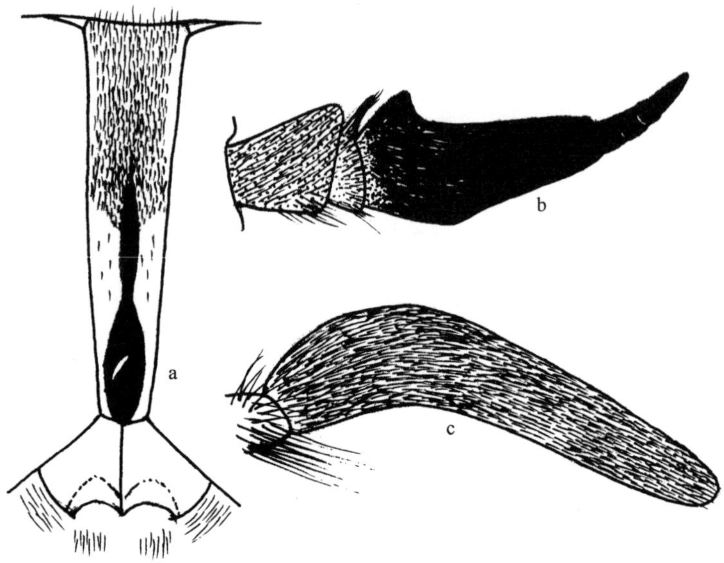

图 417 纯黑虻 *Tabanus candidus* Ricardo

a. 额 (frons); b. 触角 (antenna); c. 下颚须 (palpus)

分类讨论 本种类似于光亮虻 *T. lucifer* Szilády，但光亮虻的复眼具 2 条带；腹部黑色，第 2-4 腹板具白毛后缘。纯黑虻分布在华中区南部和华南区北部山区 (图 416)，可能是我国特有种。

(385) 麦氏虻 *Tabanus macfarlanei* Ricardo, 1916 (图 416, 图 418; 图版 IX)

Tabanus macfarlanei Ricardo, 1916: 405 [Type locality: Hongkong, China]; Stone, 1975: 63; Xu, 1990: 98; Chen and Xu, 1992a: 75; Xu, 2001: 347; Xu, 2004: 541.

Tabanus morulus Liu *et* Wang, In: Wang, 1994: 91 (as new name of *nigra* Liu *et* Wang, 1977). **New synonym.**

Tabanus nigra Liu *et* Wang, 1977, In: Wang, 1977: 112; Xu, 1982e: 123; Wang, 1983: 76; Wang, Ge and Dong, 1998: 45; Xu, 2001: 347 [Type locality: Da-an, Fukian, China].

鉴别特征 复眼无带；额基胛和中胛连接；亚胛覆粉；触角鞭节基环节橙色，长为宽的 2.5 倍；下颚须黑色，第 2 节长为宽的 3.6 倍，覆黑毛；胸部黑色，无纵纹；足黑色；翅 R_4 脉无附脉；腹部黑色，无纹饰。

形态描述

雌性 体长 14-15 mm，黑色。头部：复眼无毛，绿色无带 (回潮)；额灰黑色，覆黑毛，头顶具小的暗点，额基部窄于端部，高为基宽的 10 倍；额基胛黑色，类卵圆形，与亚胛接触，与复眼窄分离；中胛为基胛细延线，达额高的 2/3；亚胛黑棕色，覆薄粉，

“眉片”低，棕黑色；颜黑色，覆黑毛，颊黑色；口毛黑色。触角柄节和梗节黄色，具黑毛，梗节背突短，鞭节橙色，端环节末端带棕色，基环节长为宽的 2.5 倍，背突低。下颚须黑色，第 1 节着生黑色长毛，第 2 节长为宽的 3.6 倍，覆黑毛。喙暗棕黑色，具黑毛。胸部：背板黑色，覆黑毛，无纵纹，背侧片黑色；侧板黑色，覆黑色长毛。足黑色黑毛。翅前缘着烟色，翅脉棕色，R_4 脉无附脉，R_5 室开放。腋瓣棕黑色，两腋瓣交接处具 1 撮黑毛。平衡棒棕色。腹部：黑色，具黑毛，无纹饰。

雄性　体长 14 mm，一般形态同雌性，复眼上 2/3 大眼面与下 1/3 小眼面界限分明。

观察标本　正模♀，香港，保存在 BMNH (未检视) 。9♀♀，广东、广西；10♀♀，福建；5♀♀，浙江；2♀♀，安徽，保存在 AMMSC。

生物学　山区种。

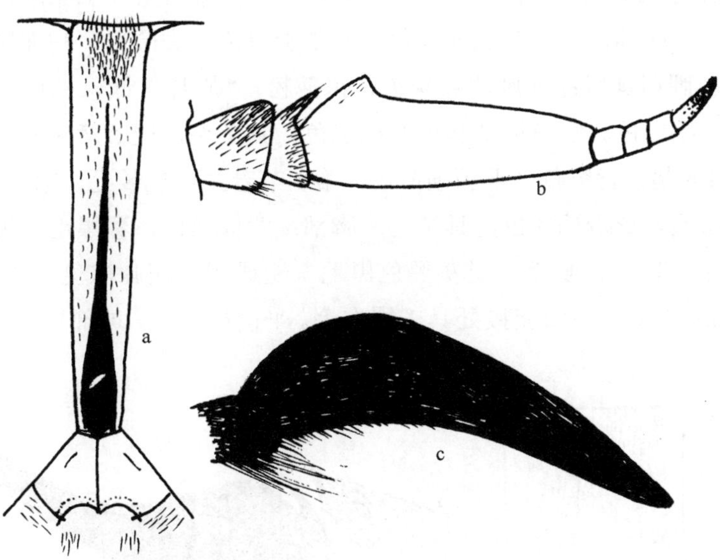

图 418　麦氏虻 *Tabanus macfarlanei* Ricardo

a. 额 (frons)；b. 触角 (antenna)；c. 下颚须 (palpus)

地理分布　安徽 (太平)、浙江 (天目山、莫干山、临海)、福建 (建阳、光泽、邵武、武夷山、南平、将乐、上杭、大安、梅花山、诏安)、广东 (广州、惠东、大浦)、香港、广西 (凭祥)、贵州 (榕江)。

分类讨论　本种翅前缘着色有地区变异，广东、广西的标本着色较清晰，浙江、安徽的标本着色较弱，福建梅花山的标本居中，这种变异呈连续状，故本志认为全黑虻 *T. morulus* Wang 为麦氏虻的同物异名。麦氏虻主要分布在华南区，向北延伸到华中区 (图 416)。

(386) 高亚虻 *Tabanus montiasiaticus* Olsufjev, 1977 (图 416, 图 419)

Tabanus montiasiaticus Olsufjev, 1977: 249 [Type locality: Kvak in Gissar Mts of Dushanbe]; Xu, 1982d: 118.

Tabanus grandis (Szilády): Olsufjev, 1937: 287; Wang, 1983: 76. Misidentification.

鉴别特征 复眼无带；额高为基宽的 5 倍，基胛和中胛连接；亚胛覆粉；触角鞭节基环节黑色，长为宽的 1.8 倍；下颚须白色，第 2 节长为宽的 2.5 倍；胸部黑色，无纵纹；足灰黑色，覆黑毛；翅 R_4 脉具附脉；腹部黑色，无纹饰。

形态描述

雌性 体长 20-24 mm，黑色。头部：复眼无毛，绿色无带 (回潮)；额黄灰色，覆黑毛，额基部窄于端部，高为基宽的 5 倍；额基胛黑色，类圆形，与亚胛接触，与复眼分离；中胛为基胛粗延线；亚胛浅黄灰色，覆薄粉，“眉片”低，棕色；颜灰色，覆白毛，颊灰色；口毛白色。触角柄节和梗节棕黑色，具黑毛，梗节背突短，鞭节黑色，基环节长为宽的 1.8 倍，背突低。下颚须白色，第 1 节着生白色长毛，第 2 节长为宽的 2.5 倍，覆黑毛和白毛。喙暗棕黑色，具黑毛。胸部：背板黑色，覆黑毛，无纵纹，背侧片棕色；侧板黑色，覆白色长毛。足灰黑色黑毛。翅透明，翅脉棕色，R_4 脉具附脉，R_5 室开放。腋瓣棕黑色，两腋瓣交接处具 1 撮白毛。平衡棒棕色，球部顶端黄白色。腹部：

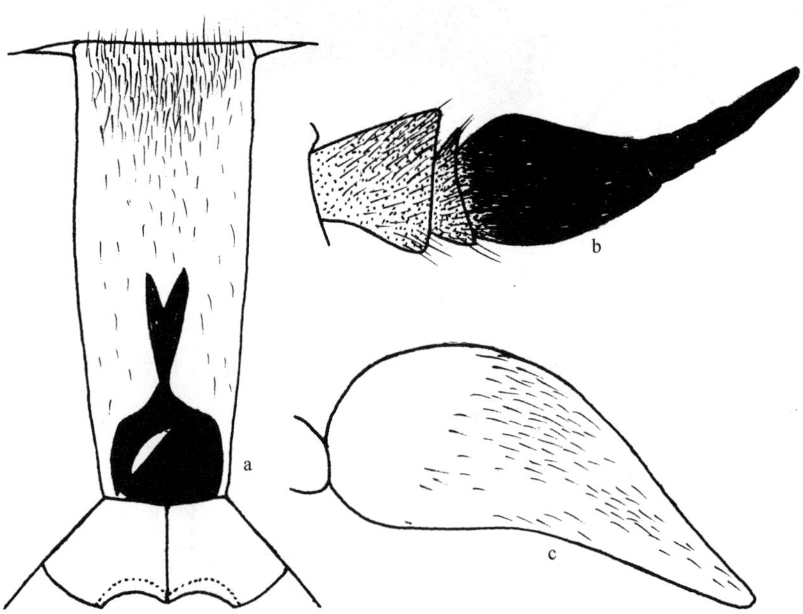

图 419 高亚虻 *Tabanus montiasiaticus* Olsufjev

a. 额 (frons)；b. 触角 (antenna)；c. 下颚须 (palpus)

黑色，具黑毛，无纹饰。

雄性　未详。

观察标本　正模 1♀，Dushanbe，保存在 IZPR (未检视)。1♀，新疆，保存在 AMMSC。

生物学　山区种。

地理分布　新疆 (精河、托里、福海)；哈萨克斯坦，吉尔吉斯，乌兹别克斯坦。

分类讨论　本种腹部黑色无纹饰，与黑腹虻 *T. nigrabdominis* Wang 近似，但黑腹虻的触角棕色；足胫节大部分白色。高亚虻是古北界中亚山区种 (图 416)。

(387) 银斑虻 *Tabanus argenteomaculatus* (Kröber, 1928) (图 420)

Atylotus argenteomaculatus Kröber, 1928: 263 [Type locality: Samarkand, Uzbekistan].

Tabanus argenteomaculatus: Olsufjev, 1977: 248; Xu, 1982d: 117; Wang, 1994: 76.

鉴别特征　复眼无带；额高为基宽的 2.5-3.0 倍；基胛方形；亚胛覆粉；触角黑色；下颚须黄灰色，第 2 节长为宽的 2.7 倍，覆黑毛；胸部黑色，无纵纹；足黑色；翅 R_4 脉具长附脉；腹部黑色，第 2、3 背板两侧具大块银白色斑。

形态描述

雌性　体长 19-22 mm，黑色。头部：复眼无毛，绿色无带 (回潮)；额灰黑色，覆

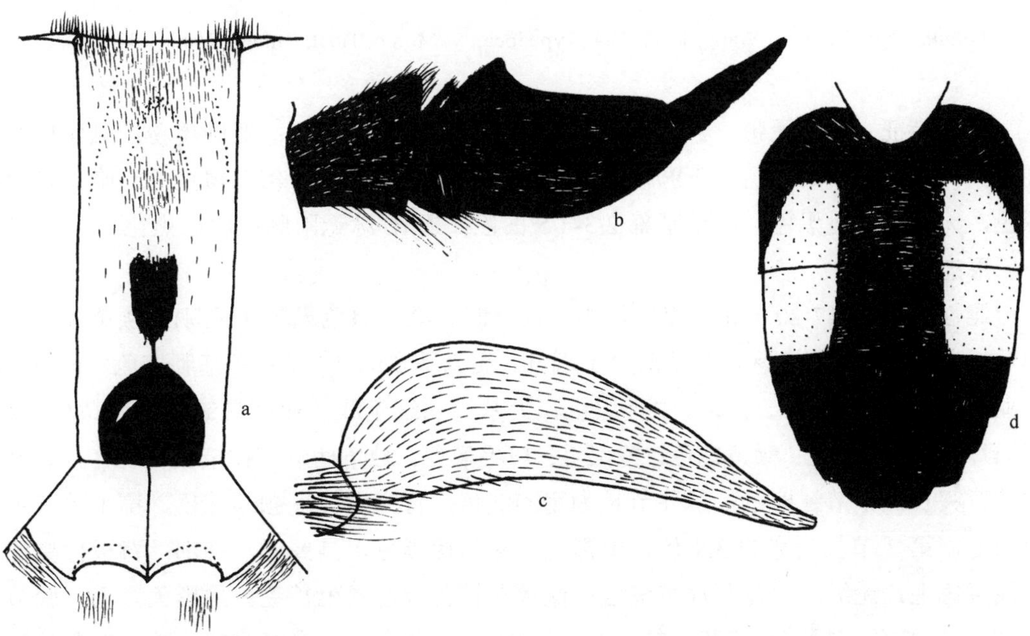

图 420　银斑虻 *Tabanus argenteomaculatus* (Kröber)

a. 额 (frons)；b. 触角 (antenna)；c. 下颚须 (palpus)；d. 腹部背面 (dorsum of abdomen)

黑毛，额基部窄于端部，高为基宽的 2.5-3.0 倍；额基胛黑色，正方形，与亚胛接触，与复眼窄分离；中胛黑色，与基胛连接或分离；亚胛灰色，覆粉，“眉片”低，灰黑色；颜灰色，覆黑毛，颊灰色；口毛黑色。触角柄节和梗节黑色，具黑毛，梗节背突长，鞭节黑色，基环节长为宽的 1.5 倍，背突低。下颚须黄灰色，第 1 节着生黑色长毛，第 2 节长为宽的 2.7 倍，覆黑毛。喙暗棕黑色，具黑毛。胸部：背板黑色，覆黑毛，无纵纹，背侧片黑色；侧板黑色，覆黑色长毛。足黑色黑毛，中、后足胫节夹杂灰白色毛。翅前部着烟色，翅脉棕色，R_4 脉具长附脉，R_5 室窄开放。腋瓣棕黑色，两腋瓣交接处具 1 撮黑毛。平衡棒黑色。腹部：黑色，具黑毛，第 2、3 背板两侧具大块银白色毛斑，无浅色后缘。腹板黑色，稍亮。

雄性 体长 22 mm，一般形态同雌性，复眼上 2/3 大眼面与下 1/3 小眼面界限分明，覆灰色长毛；触角较雌性的窄；腹部背板两侧隐色斑较雌性的小。

观察标本 2♀♀，新疆，保存在 AMMSC。

生物学 山区种。

地理分布 新疆 (精河)；哈萨克斯坦，乌兹别克斯坦。

分类讨论 本种体黑色，类似于高亚虻 *T. montiasiaticus* Olsufjev，但高亚虻的额高为基宽的 5 倍；腹部背板一致黑色，第 2、3 背板两侧无大块银白色斑。

(388) 黑腹虻 *Tabanus nigrabdominis* Wang, 1982 (图 421)

Tabanus nigrabdominis Wang, 1982: 184 [Type locality: Motuo, Tibet, China]; Wang, 1994: 102.

鉴别特征 复眼无带；额高为基宽的 7.7 倍；基胛长卵形；亚胛覆粉；触角柄节和梗节黄棕色，鞭节红棕色；下颚须棕色，第 2 节长为宽的 3.4 倍，覆黑毛；胸部背板棕黑色，无纵纹；足黑色，胫节基部 2/3-4/5 白色；翅 R_4 脉无附脉；腹部黑色，无纹饰。

形态描述

雌性 体长 17-20 mm，黑色。头部：复眼无毛，绿色无带 (回潮)；额黄棕色，覆黑毛，头顶具黑毛三角区，额基部窄于端部，高为基宽的 7.7 倍；额基胛棕色，长卵形，与亚胛接触，与复眼窄分离；中胛黑色，为基胛的细延线；亚胛具皱纹，覆黄棕色粉，“眉片”低，灰棕色；颜黄棕色，覆黑毛；口毛黑色。触角柄节和梗节黄棕色，具黑毛，梗节背突长，鞭节红棕色，基环节长为宽的 2 倍，背突尖。下颚须棕色，第 1 节着生黑色长毛，第 2 节长为宽的 3.4 倍，覆黑毛。喙暗棕黑色，具黑毛。胸部：背板棕黑色，覆浅黄色毛，无纵纹，背侧片黄棕色；侧板灰棕色，覆黑色长毛。足黑色黑毛，胫节基部 2/3-4/5 白色。翅前缘略暗，翅脉棕色，R_4 脉无附脉，R_5 室宽开放。腋瓣棕黑色，两腋瓣交接处具 1 撮黑毛。平衡棒棕黄色。腹部：黑色，具黑毛，无纹饰，第 2 背板两侧缘略带红棕色。腹板黑色，覆黑毛，第 1 腹板基部略带棕色。

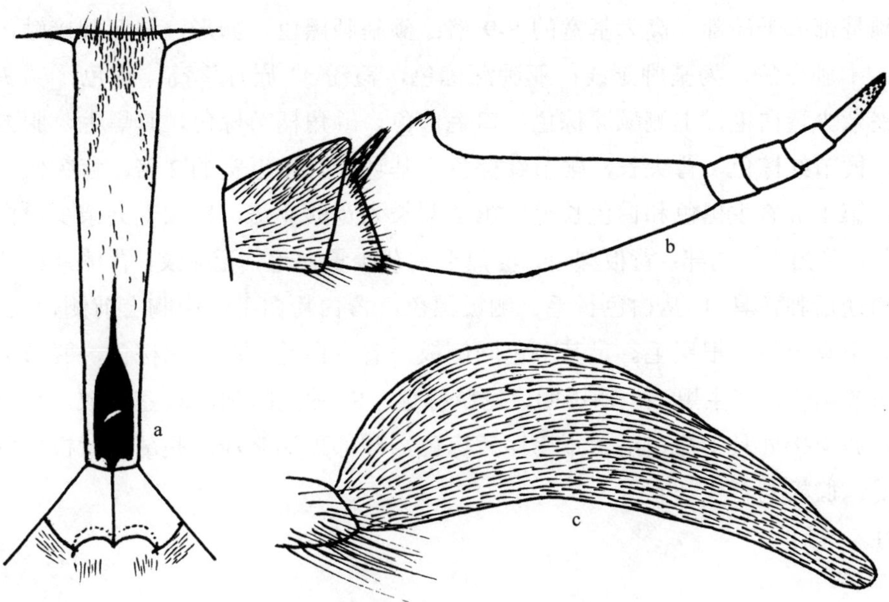

图 421　黑腹虻 *Tabanus nigrabdominis* Wang

a. 额 (frons)；b. 触角 (antenna)；c. 下颚须 (palpus)

雄性　未详。

观察标本　正模♀，西藏墨脱格林，1820 m，1974.IX.5，李铁生，标本号 IOZ(E)201228，保存在 IZCAS。

生物学　高原林区种。

地理分布　西藏 (墨脱)。

分类讨论　本种类似于高亚虻 *T. montiasiaticus* Olsufjev，但高亚虻的触角黑色；下额须白色。

(389) 台岛虻 *Tabanus formosiensis* Ricardo, 1911 (图 416，图 422)

Tabanus formosiensis Ricardo, 1911: 220 [Type locality: Taiwan, China]; Xu, 1982f: 127; Chen and Xu, 1992a: 65; Wang, 1994: 101; Xu, 2001: 346; Xu, 2004: 540.

Tabanus nigroides Wang, 1987: 64. Synonymized by Xu, 2000: 190.

鉴别特征　复眼无带；额高为基宽的 8-9 倍；亚胛覆粉；触角柄节棕色，梗节和鞭节红棕色；下颚须浅棕色，第 2 节长为宽的 4 倍，覆黑毛为主；胸部黑色，无纵纹；翅 R_4 脉无附脉；腹部黑色，着生黑毛和白毛。

形态描述

雌性　体长 9-10 mm，灰黑色。头部：复眼无毛，绿色无带 (回潮)；额灰黑色，覆黑毛，额基部窄于端部，高为基宽的 8-9 倍；额基胛黑色，卵形，与亚胛接触，与复眼窄分离；中胛黑色，为基胛延线；亚胛深棕色，覆粉，“眉片”高，棕色；颜灰白色，覆黑毛夹杂少量白毛，上侧颜深棕色；口毛白色。触角柄节棕色，具黑毛，腹方夹杂少量白毛，梗节红棕色，背突长，鞭节红棕色，基环节长接近宽的 2 倍，背突低。下颚须浅棕色，第 1 节着生黑色和白色长毛，第 2 节长为宽的 4 倍，覆黑毛夹杂少量白毛。喙暗棕黑色，具黑毛。胸部：背板黑色，覆黑毛夹杂少量白毛，无纵纹，背侧片黑色黑毛，翅上胛和翅后胛各具 1 丛白色长毛；侧板黑色，覆白粉白毛，中胸上前侧片夹杂黑毛，腹侧片夹杂有少数几根黑毛。足基节色同侧板，着生白毛，股节黑棕色，胫节大部分棕黄色，跗节黑色，着生黑毛。翅透明，翅脉棕色，R_4 脉无附脉，R_5 室开放。腋瓣烟棕黑色，两腋瓣交接处具 1 撮白毛。平衡棒黄棕色，球部顶端略浅。腹部：背板黑色，具黑色和白毛；腹板同背板。

雄性 未详。

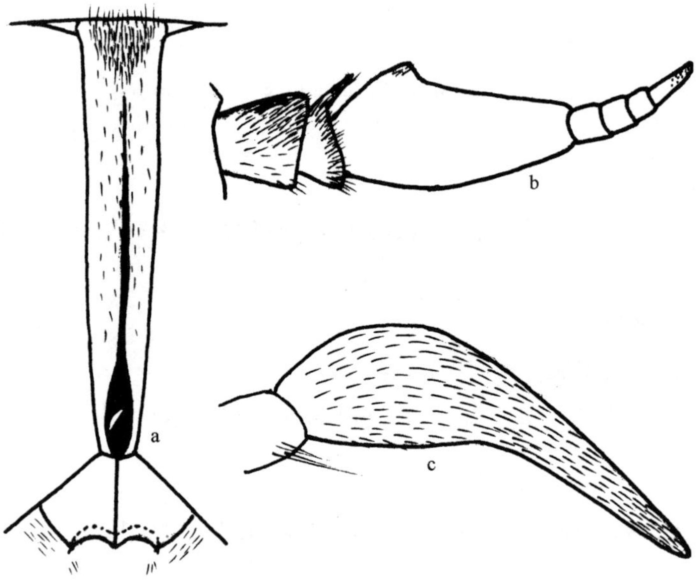

图 422 台岛虻 *Tabanus formosiensis* Ricardo

a. 额 (frons)；b. 触角 (antenna)；c. 下颚须 (palpus)

观察标本 正模♀，台湾，保存在 BMNH (未检视)。25♀♀，福建、广东、广西，保存在 AMMSC。

生物学 山区种。

地理分布 浙江 (临海)、福建 (武夷山、邵武、建阳、将乐、永安、龙岩、上杭、梅花山、诏安)、台湾 (高雄)、广东 (乐昌、大埔)、海南 (五指山、尖峰岭、吊罗山)、

广西 (钦州、凭祥、大明山)、四川 (长宁)、贵州 (惠水、金沙)。

分类讨论　本种类似于凭祥虻 *T. pingxiangensis* Xu *et* Liao，但凭祥虻的体长 14-15 mm；腹部背板第 1-4 节两侧各具 1 小丛白毛。也与麦氏虻 *T. macfarlanei* Ricardo 近似，但麦氏虻的下颚须黑色；口毛黑色。拟黑虻 *T. nigroides* Wang 是本种异名。台湾虻分布在华中区和华南区 (图 416)，在山区数量一般较多。

(390) 凭祥虻 *Tabanus pingxiangensis* Xu *et* Liao, 1985 (图 423)

Tabanus pingxiangensis Xu *et* Liao, 1985: 165 [Type locality: Pingxiang, Guangxi, China]; Wang, 1994: 103; Xu, 2004: 541.

鉴别特征　复眼无带；额高为基宽的 9 倍；亚胛覆粉；触角棕色；下颚须浅棕色，第 2 节长为宽的 4 倍，覆黑毛为主；胸部黑色，无纵纹；翅 R_4 脉无附脉；腹部背板黑色，着生黑毛，第 1、2 背板两侧，第 3、4 背板两侧后缘着生白毛。

形态描述

雌性　体长 14-15 mm，黑色。头部：复眼无毛，绿色无带 (回潮)；额灰黑色，覆黑毛，额基部窄于端部，高为基宽的 9 倍；额基胛黑色，卵形，与亚胛接触，与复眼窄分离；中胛黑色，为基胛延线；亚胛深棕色，覆粉，“眉片”高，棕色；颜灰白色，覆黑毛夹杂少量白毛，上侧颜深棕色；口毛白色。触角柄节棕色，具黑毛，腹方夹杂少量白毛，梗节红棕色，背突长，鞭节红棕色，基环节长接近宽的 2 倍，背突低。下颚须浅棕色，第 1 节着生黑色和白色长毛，第 2 节长为宽的 4 倍，覆黑毛夹杂少量白毛。喙暗棕黑色，具黑毛。胸部：背板黑色，覆黑毛夹杂少量白毛，无纵纹，背侧片黑色黑毛，翅上胛和翅后胛各具 1 丛白色长毛；侧板黑色，覆白粉白毛，中胸上前侧片夹杂黑毛，腹侧片夹杂有少数几根黑毛。足基节色同侧板，着生白毛，股节和胫节深棕色，着生黑毛和白毛，股节以白毛为主，胫节以黑毛为主，后足股节带灰色，跗节棕黑色，着生黑毛。翅前部着烟色，翅脉棕色，R_4 脉无附脉，R_5 室开放。腋瓣烟棕黑色，两腋瓣交接处具 1 撮白毛。平衡棒棕色，球部顶端略浅。腹部：背板黑色，具黑毛，第 1 背板中央两侧各具 1 小丛白毛，第 1、2 背板两侧，第 3、4 背板两侧后缘着生白毛。腹板灰黑色，第 2-5 腹板具窄的灰白色后缘带，各腹板着生白毛，延中线 1/3 腹节宽度夹杂较多黑毛。

雄性　未详。

观察标本　正模♀，广西凭祥，1982.V.16，许荣满，保存在 AMMSC。2♀♀，广西，保存在 AMMSC。

生物学　山区种。

地理分布　广西 (凭祥)。

分类讨论　本种与台岛虻 *T. formosiensis* Ricardo 近似，但台岛虻体长 9-10 mm；腹

部背板黑色，着生黑毛，夹杂有白毛，但背板第 1-4 节两侧各无小丛白毛。

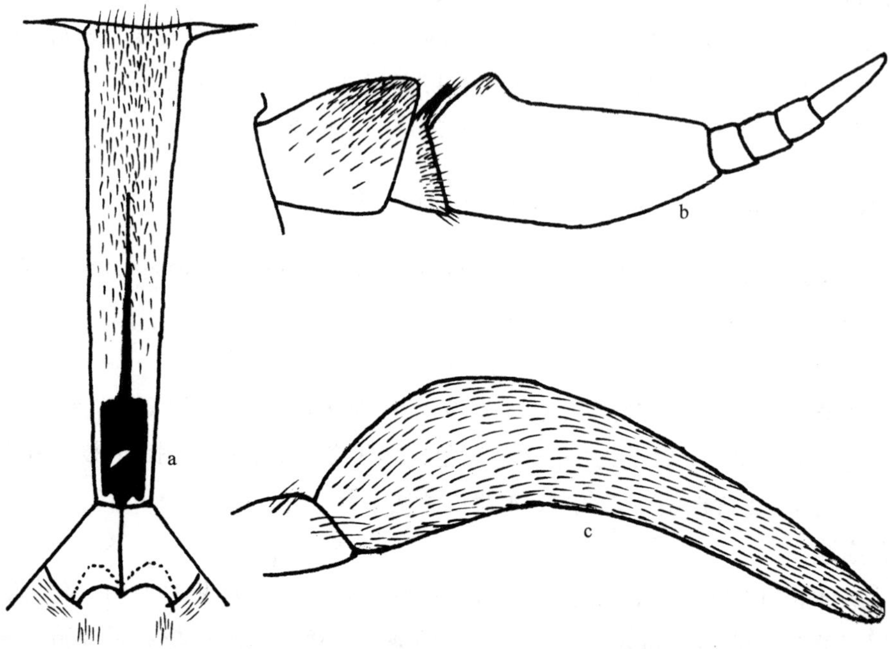

图 423 凭祥虻 *Tabanus pingxiangensis* Xu *et* Liao

a. 额 (frons)；b. 触角 (antenna)；c. 下颚须 (palpus)

(391) 山生虻 *Tabanus oreophilus* Xu *et* Liao, 1985 (图 424)

Tabanus oreophilus Xu *et* Liao, 1985 [Type locality: Pingxiang, Guangxi, China]; Wang, 1994: 103; Xu, 2001: 347.

鉴别特征 复眼无带；额高为基宽的 11 倍；亚胛覆粉；触角柄节棕色，梗节和鞭节红棕色；下颚须浅棕色，第 2 节长为宽的 4 倍，覆黑毛为主；胸部背板黑色，无纵纹；翅 R_4 脉无附脉；腹部背板黑色，着生黑毛，第 1、2 背板两侧，第 3、4 背板两侧后缘着生白毛。

形态描述

雌性 体长 14-15 mm，黑色。头部：复眼无毛，绿色无带 (回潮)；额灰黑色，覆黑毛，额基部窄于端部，高为基宽的 11 倍；额基胛黑色，线形，与亚胛接触，与复眼窄分离；中胛黑色，为基胛延线；亚胛深棕色，覆粉，“眉片”高，棕色；颜灰白色，覆黑毛夹杂少量白毛，上侧颜深棕色；口毛白色。触角柄节棕色，具黑毛，腹方夹杂少量白毛，梗节红棕色，背突长，鞭节红棕色，基环节长接近宽的 2 倍，背突低。下颚须浅棕色，第 1 节着生黑色和白色长毛，第 2 节长为宽的 4 倍，覆黑毛夹杂少量白毛。喙暗棕黑色，具黑毛。胸部：背板黑色，覆黑毛夹杂白毛，无纵纹，背侧片黑色黑毛，翅后胛具 1 丛白色长毛；侧板灰色，覆白粉白毛。足基节色同侧板，着生白毛，股节黑色，覆白毛，但前足股节覆黑毛，使前足股节色深于中、后足股节，胫节棕色，着生白毛，前足胫节端半，中、后足胫节端部少许及所有跗节黑色，着生黑毛。翅前部着烟色，翅脉棕色，R_4 脉无附脉，R_5 室开放。腋瓣烟棕色，两腋瓣交接处具 1 撮灰白色毛。平衡棒棕黑色，柄色略浅。腹部：背板黑色，具黑毛，第 1-5 背板中线具一些白毛，磨损标本则不见此白毛，第 1、2 背板两侧，第 3、4 背板两侧后缘着生白毛。腹板灰黑色，第 2-5 腹板具窄的灰白色后缘带，各腹板着生白毛，延中线 1/3 腹节宽度夹杂较多黑毛。

雄性　未详。

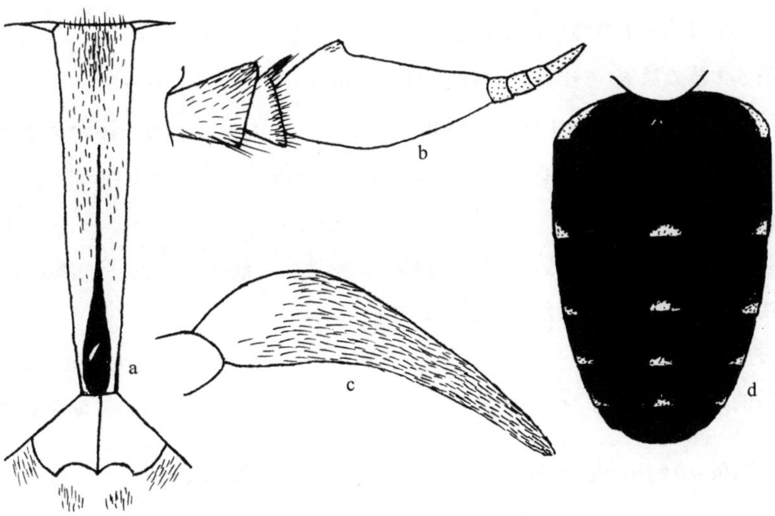

图 424　山生虻 *Tabanus oreophilus* Xu *et* Liao

a. 额 (frons)；b. 触角 (antenna)；c. 下颚须 (palpus)；d. 腹部背面 (dorsum of abdomen)

观察标本　正模♀，广西凭祥，1982.V.16，许荣满，保存在 AMMSC。2♀♀，广西，保存在 AMMSC。

生物学　山区种。

地理分布　福建 (邵武、永安、上杭)、海南 (吊罗山)、广西 (凭祥)。

分类讨论　本种与凭祥虻 *T. pingxiangensis* Xu *et* Liao 近似，但凭祥虻额高为基部宽的 9 倍，额基胛卵形，足股节深棕色。

暗尾虻组 *Tabanus furvicaudus* group

暗尾虻组虻的主要特征是体黄色至黑色，腹部背板前几节黄色至棕色，后几节黑色，背板如具浅色后缘，但不明显。另外，复眼无带；亚胛覆粉；额高为基宽的 5-10 倍；基胛与亚胛连接；中胛与基胛连接；触角鞭节的背突小；足二色不明显；翅 R_5 室开放。本组现知仅分布在东洋界的华南区和西南区 (图 425)。

种 检 索 表

1. 胸部背板金黄色，口毛黑色……………………………………………………**暗尾虻 *T. furvicaudus***
   胸部背板棕黑色至黑色；口毛浅黄色……………………………………………………………2
2. 腹部背板第 3-7 或第 4-7 节黑色；体长 17-22 mm……………………………………………3
   腹部背板第 5-7 节或第 6、7 节黑色；体长 11-14 mm…………………………………………4
3. 腹部背板第 4-7 节黑色；体长 17 mm；触角鞭节棕色；翅 R_4 脉具附脉‥ **副金黄虻 *T. parachrysater***
   腹部背板第 3-7 节黑色；体长 20-22 mm；触角鞭节基部棕色，端部及端环节黑色；翅 R_4 脉无附脉……………………………………………………………………………………**派微虻 *T. paviei***
4. 额高为基宽的 6.5 倍；中、后足股节大部分黑色；翅透明，前缘不着色 ……**黑尾虻 *T. nigricaudus***
   额高为基宽的 9-10 倍；中、后足股节棕色；翅前缘着烟棕色………………………………………5
5. 翅 R_4 脉前的翅前缘着暗棕色 ……………………………………**亚暗尾虻 *T. subfurvicaudus***
   翅 R_{2+3} 脉前的翅前缘着暗棕色 ……………………………………………**南平虻 *T. nanpingensis***

(392) 暗尾虻 *Tabanus furvicaudus* Xu, 1981 (图 426, 图版 XVI)

Tabanus furvicaudus Xu, 1981: 308 [Type locality: Mengla, Yunnan, China]; Xu, 1982h: 136; Wang, 1994: 106; Yang and Xu, 1997: 14; Xu and Guo, 2005b: 175.

鉴别特征 复眼无带；额高为基宽的 6.5 倍；亚胛覆粉；触角柄节和梗节棕黄色；下颚须棕黄色，第 2 节长为宽的 3.5 倍，覆黑毛；胸部金黄色，盾片纵纹；翅 R_4 脉无附脉；腹部金黄色，往后变暗，第 3 节后缘开始向黑色过渡，第 5-7 节全黑色。

形态描述

雌性 体长 13-14 mm，棕黄色。头部：复眼无毛，绿色无带 (回潮)；额金黄色，覆黑毛夹杂一些金黄色毛，额两侧平行，高为基宽的 6.5 倍；额基胛棕黑色至黑色，卵形，与亚胛接触，与复眼分离；中胛黑色，为基胛细延线；亚胛金黄色，覆粉，“眉片”低，棕色；颜金黄色，覆黑毛，颊下部夹杂灰金色毛；口毛黑色。触角柄节和梗节棕黄色，覆黑毛，梗背突长，覆黑毛，鞭节橙黄色，端部略暗，基环节长为宽的 1.9 倍，背

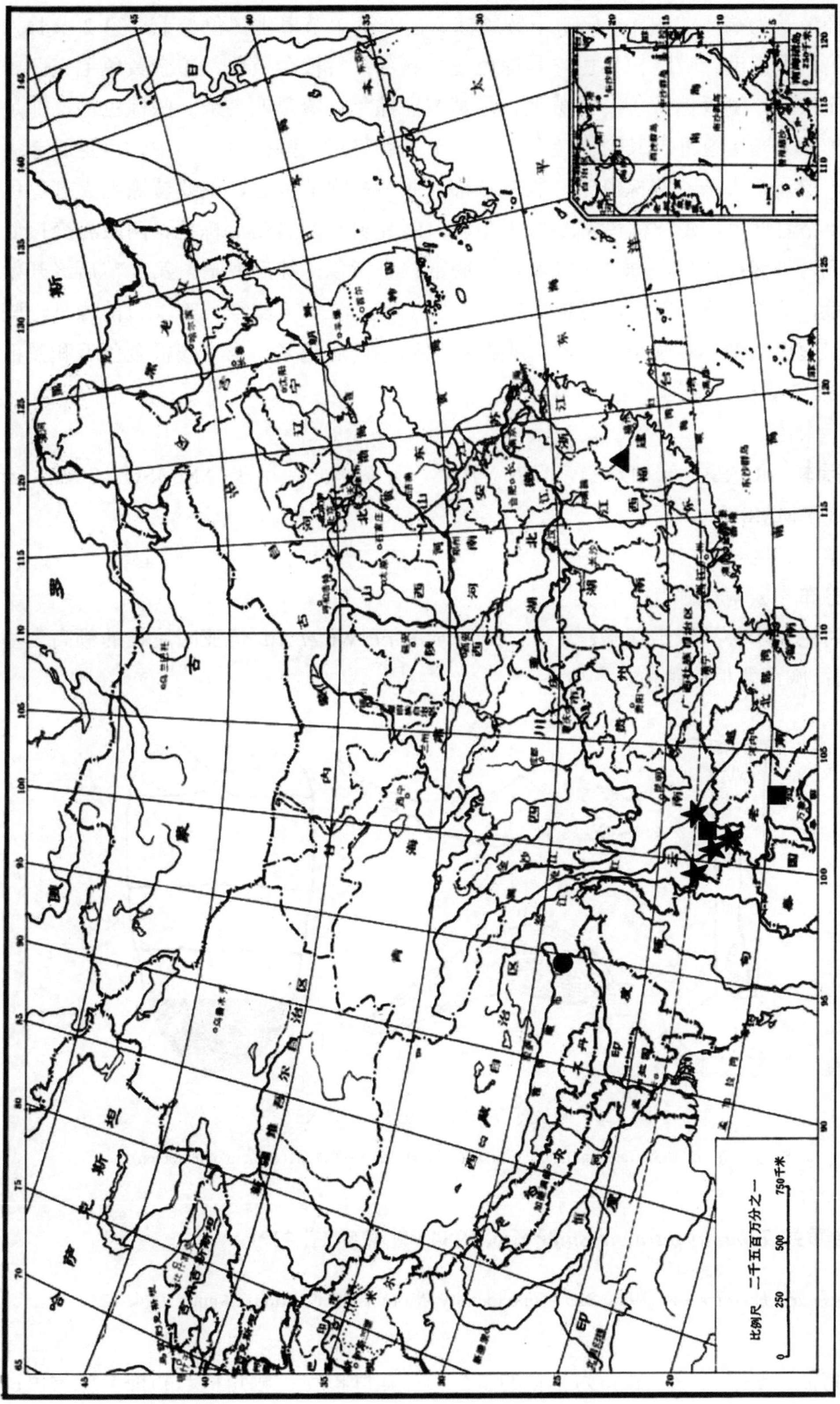

图 425　暗尾虻组 *Tabanus furvicaudus* group 的地理分布

★黑尾虻 *Tabanus nigricaudus* Xu　●副金黄虻 *Tabanus parachrysater* Yao　■派微虻 *Tabanus paviei* Burton　▲南平虻 *Tabanus nanpingensis* Xu, Xu *et* Sun

突低，基环节长为端环节的 1.5 倍。下颚须棕黄色，第 1 节着生黑色长毛，第 2 节长为宽的 3.5 倍，覆黑毛。喙暗棕黑色，具棕色毛。胸部：背板金黄色，覆金黄色毛夹杂一些黑毛，无纹饰；侧板棕黄色，覆黄毛。足基节黑棕色，覆黑毛夹杂一些棕色毛，前足除胫节基部 1/2 暗棕色外，其余黑色黑毛，胫节基部夹杂一些棕色毛，中、后足股节大部分黑色，覆黑毛夹杂一些棕色毛，股节端部、胫节和跗节棕色，主要覆黑毛夹杂棕色毛。翅前半略着烟色，翅脉棕色，R_4 脉无附脉，R_5 室开放。腋瓣烟棕色，两腋瓣交接处具 1 撮黄毛。平衡棒棕色，球部顶端略浅。腹部：金黄色，往后变暗，第 3 节后缘开始向黑色过渡，第 5-7 节全黑色，背板大部分着生黑毛，前 4 节侧缘、第 1 节前缘具一些金黄色毛。腹板大部分着生金黄色毛，夹杂的黑毛越往后越多，第 5 腹板金色毛和黑毛各半，第 6、7 腹板全部为黑毛。

雄性　未详。

观察标本　正模♀，云南勐腊，1976.VII.18，许荣满，保存在 AMMSC。2♀♀，云南，保存在 AMMSC。

生物学　林区种。

地理分布　云南 (勐腊)。

分类讨论　本种类似于亚暗尾虻 *T. subfurvicaudus* Wu *et* Xu，但亚暗尾虻的额高为基宽的 10 倍；胸部背板棕黑色。

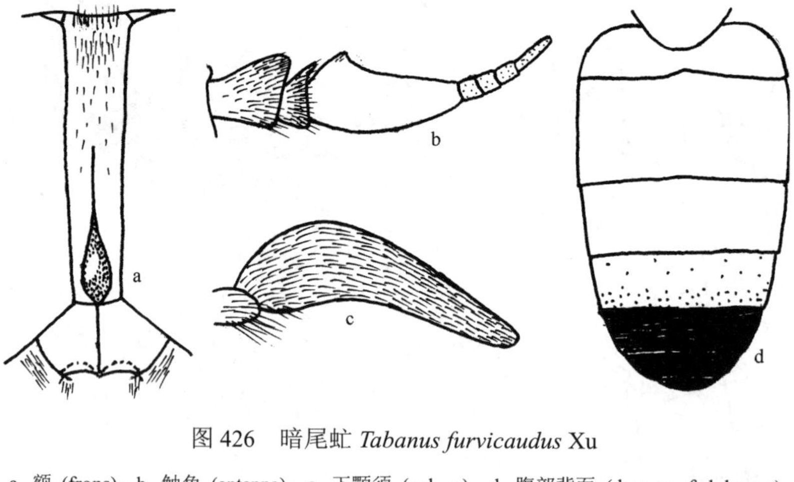

图 426　暗尾虻 *Tabanus furvicaudus* Xu

a. 额 (frons)；b. 触角 (antenna)；c. 下颚须 (palpus)；d. 腹部背面 (dorsum of abdomen)

(393) 副金黄虻 *Tabanus parachrysater* Yao, 1984 (图 425，图 427)

Tabanus parachrysater Yao, 1984: 229 [Type locality: Motuo, Tibet, China]; Wang, 1994: 123.

鉴别特征　复眼无带；额高为基宽的 5.5 倍；亚胛覆粉；触角柄节和梗节棕黄色；

下颚须棕黄色，第 2 节长为宽的 4 倍，覆黑毛；胸部背板黑色，无纹饰，背侧片棕色；翅 R_4 脉具附脉；腹部第 1 背板两侧及第 2、3 背板橙红色，第 4-7 背板黑色。

形态描述

雌性 体长 17 mm，橙色。头部：复眼无毛，绿色无带（回潮）；额棕黄色，覆黑毛夹杂一些金黄色毛，额基宽小于顶宽，高为基宽的 5.5 倍；额基胛棕黑色，长卵形，与亚胛接触，与复眼分离；中胛黑色，为基胛粗延线；亚胛棕黄色，覆粉，“眉片”低，棕色；颜灰黄色，覆黄毛，上侧颜棕黄色，具黑毛；口毛黄色。触角柄节和梗节棕黄色，覆黑毛夹杂少量黄毛，梗节背突长，覆黑毛，鞭节棕红色，端环节末节略暗，基环节长为宽的 1.8 倍，背突低。下颚须棕黄色，第 1 节着生棕黄色长毛，第 2 节长为宽的 4 倍，覆黑毛夹杂少量黄毛。喙暗棕黑色，具棕色毛。胸部：背板黑色，覆黑毛和金黄色毛，无纹饰，背侧片棕色；侧板灰黑色，覆黑毛和少量黄毛。足基节灰黑色，覆黑毛，股节黑色，着生黄毛，前足胫节基部大部分棕黄色，着生黄毛，末端暗棕色，着生黑毛，中、后足胫节棕黄色，着生黄毛，跗节棕色，覆黑毛。翅透明，翅脉棕色，R_4 脉具附脉，R_5 室开放。腋瓣烟棕色，两腋瓣交接处具 1 撮黄毛。平衡棒棕色，球部顶端略浅。腹部：第 1 背板中央 1/3 黑色，密覆黑毛，两侧及第 2、3 背板橙红色，着生短黑毛，第 4-7 背板黑色，具黄色窄后缘，连向金黄色两侧缘，黄色部分着生金黄色毛。腹板黑色，覆灰粉和金黄色毛。

雄性 未详。

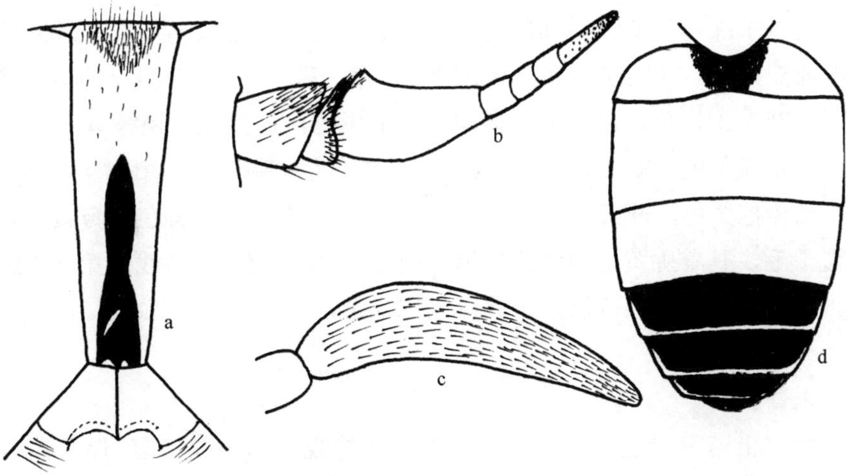

图 427 副金黄虻 *Tabanus parachrysater* Yao

a. 额 (frons)；b. 触角 (antenna)；c. 下颚须 (palpus)；d. 腹部背面 (dorsum of abdomen)

观察标本 正模♀，西藏墨脱卡布，海拔 1030 m，1980.V.12，金根桃、吴建毅，保存在 IECAS。

生物学 林区种。

地理分布 西藏 (墨脱)。

分类讨论 本种类似于黑尾虻 *T. nigricaudus* Xu，但黑尾虻的腹部背板第5-7节黑色；体长较小；下颚须黄色，主要覆黄毛。

(394) 派微虻 *Tabanus paviei* Burton, 1978 (图 425, 图 428; 图版 XVI)

Tabanus paviei Burton, 1978: 63 [Type locality: Northern Laos]; Xu and Sun, 2005: 227.

鉴别特征 复眼无带；额高为基宽的 5 倍；触角棕黄色，鞭节向端部变暗，端环节黑色；下颚须黄色，第 2 节主要覆黑毛；胸部背板黄棕色，无纵纹；翅 R_4 脉无附脉；腹部第 1、2 背板黄棕色，第 3-7 背板黑色。

形态描述

雌性 体长 20-22 mm，棕黄色。头部：复眼无毛，绿色无带 (回潮)；额棕黄色，覆棕色毛，额两侧大致平行，高为基宽的 5 倍；额基胛棕色，与亚胛接触，与复眼分离；中胛棕色，与基胛宽连接；亚胛黄棕色，覆粉，"眉片"中等高；颜棕黄色，覆黄毛，上侧颜具黑毛；口毛黄色。触角棕黄色，柄节覆黑毛，梗节背突短，覆黑毛，鞭节基部棕色，向端部色变暗，端环节黑色，基环节背突低，基环节长约为端环节的 1.5 倍。下颚须黄色，第 1 节着生黄色长毛，夹杂几根黑毛，第 2 节长为宽的 4 倍，覆黑毛，基部夹杂少量黄毛。喙暗棕色，具棕色毛。胸部：背板黄棕色，覆黄毛；侧板和足基节黄色，覆黄毛，前足基节端部色变暗，具黑色长毛，后足基节棕黑色，具黑毛。股节黑色，覆黑毛，极端部棕黄色，着生棕色毛，中足股节色略，后方夹杂长黄毛，前足胫节基部 1/2 和中、后足胫节 2/3 棕色，覆黄毛，端部及跗节黑色，覆黑毛。翅缘室、翅痣及翅脉两侧棕黄色，翅膜浅黄色，R_4 脉无附脉，R_5 室开放。腋瓣暗棕色，两腋瓣交接处具 1 撮暗棕色毛。平衡棒棕黄色，球部顶端黄色。腹部：第 1、2 背板黄棕色，覆黄毛，第 3-7 背板黑色，覆黑毛，具着生黄毛的浅色后缘，第 3 背板色较后几节浅。第 1 腹板黄灰色，中央黄色，第 2-4 腹板黑色覆黑毛，具白毛后缘带，第 5-7 腹板黑色，第 5 腹可见窄的浅色后缘。

雄性 未详。

观察标本 正模♀，老挝北部，保存在 PM (未检视)。10♀♀，云南，保存在 AMMSC。

生物学 林区种。

地理分布 云南 (勐腊)；老挝。

分类讨论 类似于副金黄虻 *T. parachrysater* Yao，但副金黄虻胸部背板黑色，腹部第 4-7 背板黑色，第 1 背板中央具黑斑，而派微虻胸部背板黄棕色，腹部第 3-7 背板黑色，第 1、2 背板一致黄棕色。

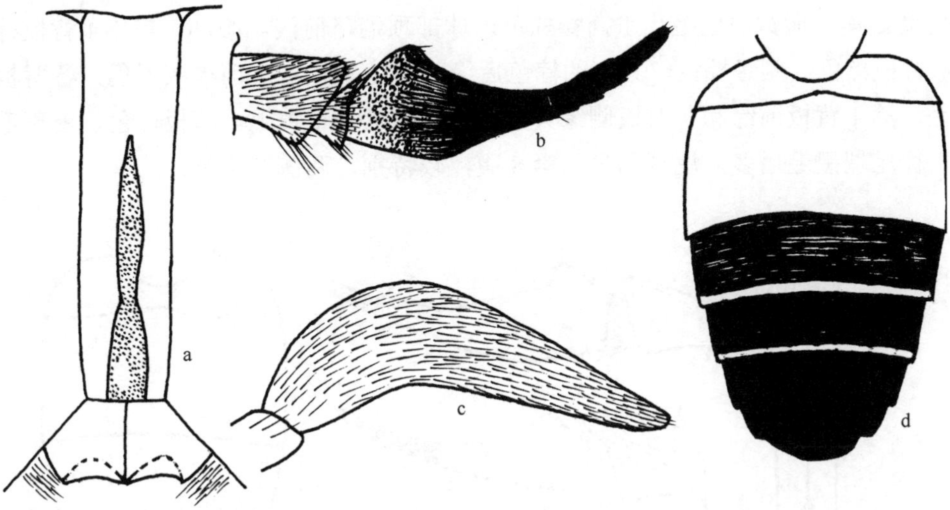

图 428　派微虻 *Tabanus paviei* Burton

a. 额 (frons)；b. 触角 (antenna)；c. 下颚须 (palpus)；d. 腹部背面 (dorsum of abdomen)

(395) 黑尾虻 *Tabanus nigricaudus* Xu, 1981 (图 425, 图 429)

Tabanus nigricaudus Xu, 1981: 310 [Type locality: Mengla, Yunnan, China]; Xu, 1982h: 137; Wang, 1994: 107; Yang and Xu, 1997: 15.

鉴别特征　复眼无带；额高为基宽的 6.5 倍；亚胛覆粉；触角棕黄色；下颚须黄色，第 2 节长为宽的 3.2 倍，主要覆黄毛；胸部背板黑色，具 3 条弱的深棕色细纵纹，背侧片黑色；翅 R_4 脉具附脉；腹部第 1-4 背板棕色，第 5-7 背板黑色。

形态描述

雌性　体长 13.5 mm，棕黑色。头部：复眼无毛，绿色无带 (回潮)；额灰黄色，覆黑毛，额基部略窄于端部，高为基宽的 6.5 倍；额基胛棕黑色，卵形，与亚胛接触，与复眼分离；中胛黑色，长卵形，与基胛连接；亚胛黄色，覆粉，“眉片”低，棕色；颜浅黄色，覆浅黄色毛，上侧颜黄色；口毛浅黄色。触角棕黄色，柄节覆黑毛，腹方覆黄毛，梗节背突短，覆黑毛，鞭节基环节长为宽的 1.8 倍，背突低，基环节长为端环节的 1.5 倍。下颚须黄色，第 1 节着生黑色和黄色长毛，第 2 节长为宽的 3.2 倍，覆黄毛夹杂少量黑毛。喙暗棕黑色，具棕色毛。胸部：背板黑色，覆黑毛和灰黄色毛，具 3 条弱的深棕色细纵纹，背侧片黑色黑毛；侧板和足基节灰黄色，覆灰黄色毛。前足股节黑色，覆灰棕色毛夹杂一些黑毛，前足胫节基部 1/2 黄棕色，覆黄毛，端部 1/2 及跗节黑色黑毛，中、后足股节黑色，覆灰黄粉和灰黄色毛，胫节大部分黄棕色，覆黄棕色毛，端部及跗节深棕色，覆黑毛。翅透明，翅脉棕色，R_4 脉具附脉，R_5 室开放。腋瓣烟棕色，两腋瓣交接处具 1 撮黄白色毛。平衡棒棕色，球部顶端略前浅。腹部：第 1-4 背板棕色，第 5-7 背板黑色，侧缘棕色，具窄的棕色后缘，第 1 背板中央前缘灰黑色，各背板主要覆黑毛，第 1 背板前缘和各背板侧缘具黄毛，后缘具少量黄毛。腹板棕色，覆黄毛夹杂黑毛，往尾端黑毛增多，尾端稍尖，第 8 腹板较特别，两侧突尖细。

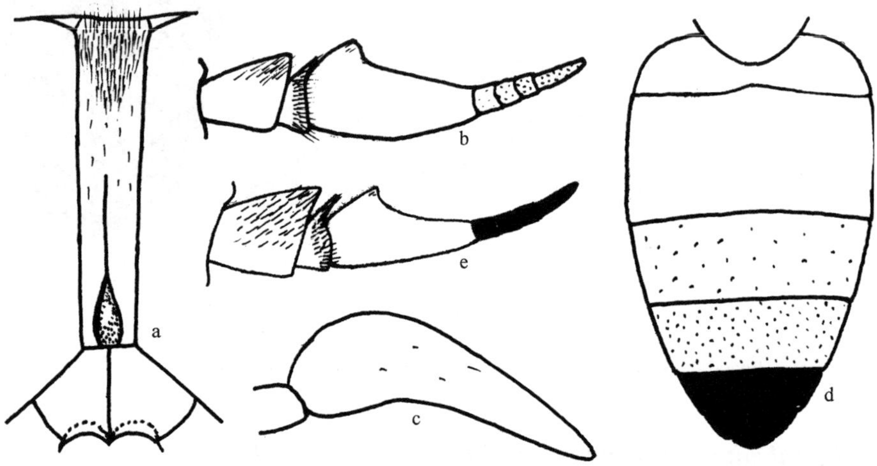

图 429 黑尾虻 *Tabanus nigricaudus* Xu

a. 额 (frons)；b. 触角 (antenna)；c. 下颚须 (palpus)；d. 腹部背面 (dorsum of abdomen)；e. 触角 (antenna ♂)

雄性 本志首次描述。干标本，复眼上大半部大眼面暗棕色，下小半部小眼面黑色；触角鞭节的端环节黑色；中、后足股节黑棕色；翅 R_1 室前方略着棕色，R_4 脉无附脉；腹部第 1-4 背板棕色，第 5 背板棕黑色，第 6-7 背板黑色，余者同雌性。

观察标本 正模♀，云南勐腊，1976.VII.18，许荣满，保存在 AMMSC。2♀♀，云南，保存在 AMMSC。雄性描述标本采自云南金平，标本号为 IOZ(E)1291754，保存在 IZCAS。

生物学 林区种。

地理分布 云南 (金平、景洪、勐腊、耿马、孟定)。

分类讨论 本种类似于暗尾虻 *T. furvicaudus* Xu，但暗尾虻的胸部背板金黄色，无纹饰；下颚须覆黑毛。也类似于亚暗尾虻 *T. subfurvicaudus* Wu *et* Xu，但亚暗尾虻翅前缘着暗棕色；中、后足股节棕色；下颚须第 2 节覆黑毛，基部夹杂浅色毛。

(396) 亚暗尾虻 *Tabanus subfurvicaudus* Wu *et* Xu, 1992 (图 430)

Tabanus subfurvicaudus Wu *et* Xu, 1992: 77 [Type locality: Mengla, Yunnan, China]; Xu and Guo, 2005b: 175.

鉴别特征　复眼无带；额高为基宽的 10 倍；亚胛覆粉；触角柄节和梗节棕色；下颚须灰棕色，第 2 节长为宽的 3.6 倍，覆黑毛；胸部背板棕黑色，覆棕色毛，盾片中央可见 1 窄的黑纵条；翅透明，R_4 脉前的翅前缘着暗棕色，R_4 脉无或具短附脉；腹部背板深棕色，往后变深，第 5-7 或第 6-7 背板全黑。

形态描述

雌性　体长 11-13 mm，暗棕色。头部：复眼无毛，绿色无带 (回潮)；额暗棕色，覆黑毛，头顶夹杂棕色毛，额基宽小于顶宽，高为基宽的 10 倍；额基胛棕黑色至黑色，长卵形，与亚胛接触，与复眼分离；中胛黑色，为基胛延线，但连接处变细；亚胛深棕色，覆粉，“眉片”低，棕色；颜灰白色，覆白毛，上侧颜深棕色，着生棕色毛夹杂黑毛；口毛白色。触角柄节和梗节棕色，覆黑毛，梗节背突长，覆黑毛，鞭节棕红色，端部略暗，基环节长为宽的 2.4 倍，背突低，基环节长为端环节的 2.5 倍。下颚须灰棕色，第 1 节着生灰白色长毛，第 2 节长为宽的 3.6 倍，覆黑毛，基部夹杂有一些白毛。喙暗棕黑色，具棕色毛。胸部：背板棕黑色，覆棕色毛，盾片中央可见 1 窄的黑纵条，肩胛和背侧片深棕色；侧板和足基节灰白色，着生灰白色毛。前足股节棕黑色，着生黑毛夹杂灰白色毛，中、后足股节和胫节棕色，着生棕色毛，胫节后缘着生黑毛，前足胫节基部 3/5 棕色，端部及跗节黑色黑毛，中、后足跗节基部棕色，端部黑色。翅透明，R_4 脉前的翅前缘着暗棕色，翅脉棕色，R_4 脉无或具短附脉，R_5 室开放。腋瓣烟棕色，两腋瓣交接处具 1 撮白毛。平衡棒暗棕色，球部顶端略浅。腹部：背板深棕色，往后变深，第 5-7 或第 6、7 背板全黑，第 2-5 背板侧后方具棕色毛带，但在中央不形成完整后缘带。腹板棕色，往后变深，第 7 腹板黑色，第 1-6 腹板具不很明显的浅色窄后缘，第 1、2 腹

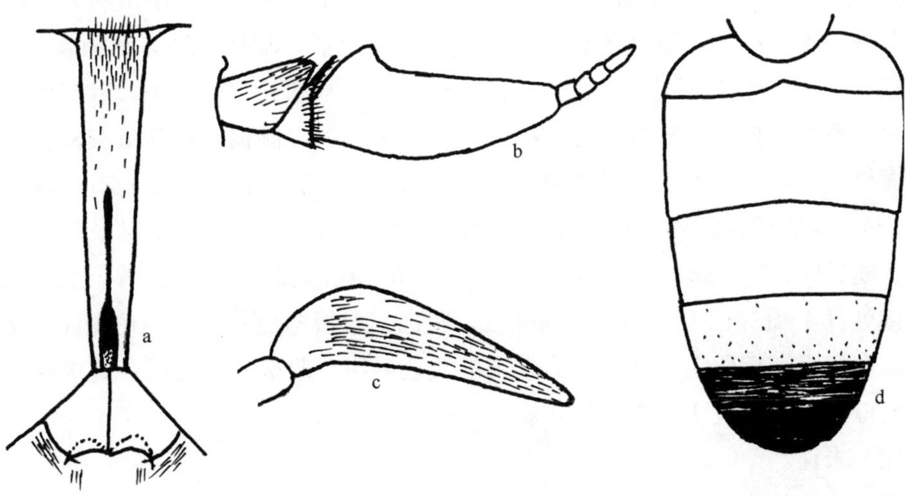

图 430　亚暗尾虻 *Tabanus subfurvicaudus* Wu *et* Xu

a. 额 (frons)；b. 触角 (antenna)；c. 下颚须 (palpus)；d. 腹部背面 (dorsum of abdomen)

板覆棕色毛，第 3 腹板基部中央开始出现黑毛，往后黑毛增加，第 7 腹板全部为黑毛。

雄性 未详。

观察标本 正模♀，云南勐腊，1986.V.18，吴元钦，保存在 AMMSC。3♀♀，云南。

生物学 林区种。

地理分布 云南 (勐腊)。

分类讨论 本种接近暗尾虻 *T. furvicaudus* Xu，但暗尾虻的额较宽，高为基宽的 6.5 倍；体棕黄色；中、后足股节大部分黑色。也接近黑尾虻 *T. nigricaudus* Xu，但黑尾虻翅一致透明，中、后足股节黑色，下颚须覆浅色毛，仅夹杂几根黑毛。

(397) 南平虻 *Tabanus nanpingensis* Xu, Xu *et* Sun, 2008 (图 425，图 431)

Tabanus nanpingensis Xu, Xu *et* Sun, 2008: 51 [Type locality: Nanping, Fujian, China].

鉴别特征 复眼无带；额约高为基宽的 9 倍；亚胛覆粉；触角柄节和梗节棕色；下颚须棕色，第 2 节长为宽的 3.6 倍；胸部背板灰棕色，覆棕色毛和黑毛，无纵条；翅透明，R_{2+3} 脉前的翅前缘略着暗棕色，R_4 脉无附脉；腹部背板棕色，往后变深，第 5-7 背板黑色。

形态描述

雌性 体长 14 mm，棕色。头部：复眼无毛，绿色无带 (回潮)；额暗棕色，覆棕色毛和黑毛，头顶多黑毛，额基宽略小于顶宽，高约为基宽的 9 倍；额基胛青黑色，长卵形，与亚胛接触，与复眼分离；中胛黑色，为基胛的长延线；亚胛棕色，覆粉，“眉片”低；颜棕色，覆棕色毛；口毛棕色。触角柄节和梗节棕色，覆黑毛，柄节腹方多棕色毛，梗节具背突，鞭节橙色，基环节长为宽的 2 倍，背突低，端环节短。下颚须棕色，第 1 节着生棕色长毛，第 2 节长为宽的 3.6 倍，覆黑毛，基部夹杂棕色毛。喙棕黑色，具黑毛。胸部：背板灰棕色，覆棕色毛和黑毛，无浅色纵条；侧板和足基节灰棕色，覆棕色毛。足深棕色，覆棕色毛，前足股节黑色，夹杂黑毛，胫节色略浅于股节，覆棕色毛夹杂黑毛，前足胫节端部 1/4 和跗节黑色，覆黑毛，中、后足胫节极端部及跗节深棕色，覆黑毛。翅透明，R_{2+3} 脉前略着色，翅脉棕色，R_4 脉无附脉，R_5 室开放。腋瓣棕色，两腋瓣交接处具 1 撮棕色毛。平衡棒深棕色。腹部：背板棕色，往尾端色变深，第 5-7 背板黑色，覆黑毛和棕色毛，各背板具很窄的浅色后缘。腹板色同背板，具很窄的浅色后缘，着生棕色毛，中央 1/3 具黑毛纵条。

雄性 未详。

观察标本 正模♀，福建南平，1954.VIII，保存在 AMMSC。

生物学 林区种。

地理分布 福建 (南平)。

分类讨论　本种额高约为基宽的 9 倍，类似于亚暗尾虻 *T. subfurvicaudus* Wu *et* Xu，但亚暗尾虻的翅 R_4 脉前的翅前缘着暗棕色，而本种仅 R_{2+3} 脉前略着色。

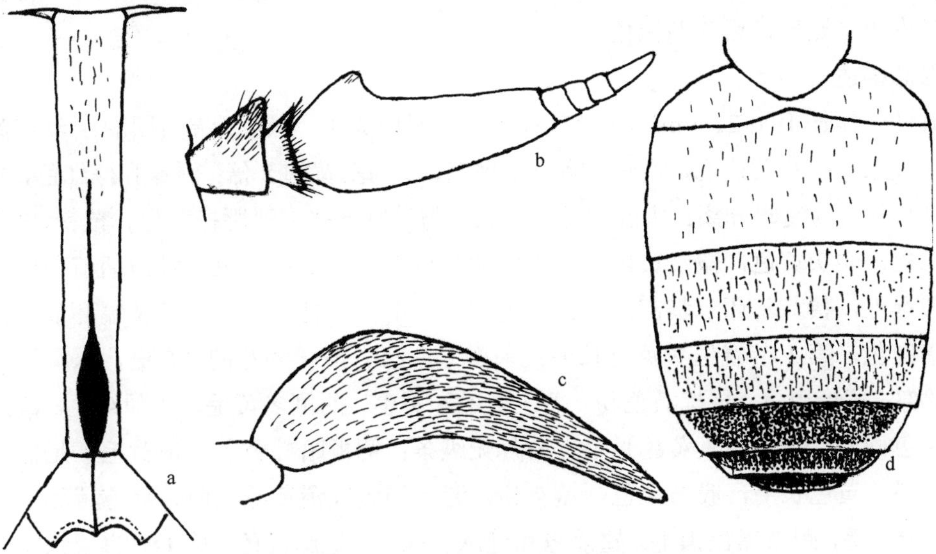

图 431　南平虻 *Tabanus nanpingensis* Xu *et* Sun

a. 额 (frons)；b. 触角 (antenna)；c. 下颚须 (palpus)；d. 腹部背面 (dorsum of abdomen)

黑斑虻组 *Tabanus nigrimaculatus* group

黑斑虻组的主要特征是体棕色，腹部背板前几节黄色至棕色，中央具 1 列黑斑，后几节黑色，具或不具浅色后缘。另外，复眼无带；亚胛覆粉；额高为基宽的 5-10 倍；基胛与亚胛连接；中胛与基胛连接；触角鞭节的背突小；足二色明显或不明显；翅 R_5 室开放。黑斑虻组我国记载有 2 种，本组分布在东洋界。

种 检 索 表

1. 体长约 20 mm；额高为基宽的 8 倍，中胛线形；腹部腹板具黑色中纵条……………………………………………………………………………………………………**褐斑虻 *T. fuscomaculatus***

   体长约 15 mm；额高为基宽的 5-6 倍，中胛长卵圆形；腹部腹板无黑色中纵条……………………………………………………………………………………………………**黑斑虻 *T. nigrimaculatus***

(398) 褐斑虻 *Tabanus fuscomaculatus* Ricardo, 1911 (图 432)

Tabanus fuscomaculatus Ricardo, 1911: 183 [Type locality: Sima, Myitkyina District, Upper Burma]; Stone, 1975: 59; Xu, 1982h: 136; Xu and Wang, 1993: 111; Yang and Xu, 1997: 14.

鉴别特征　复眼无带；额高为基宽的 8 倍；亚胛覆粉；触角柄节和梗节红棕色，鞭节的基环节长为宽的 1.4 倍；下颚须暗红色，第 2 节长为宽的 3.6 倍，覆黑毛；胸部背板黑色，盾片无纵条；翅前缘和延脉着棕色，R_4 脉无或具短附脉；腹部第 1-3 背板棕红色，且中央具黑斑，后 4 节黑色。

形态描述

雌性　体长 19.0-21.5 mm，暗红色。头部：复眼无毛，绿色无带 (回潮)；额灰黄色，覆黑毛夹杂一些灰黄色毛，额基宽略小于顶宽，高为基宽的 8 倍；额基胛棕红色，棒形，与亚胛接触，与复眼分离；中胛黑色，细长，与基胛连接；亚胛棕黄色，覆粉，“眉片”低，棕色；颜灰黄色，覆浅黄色毛，上侧颜具黑毛；口毛浅黄色。触角柄节和梗节红棕色，覆黑毛，鞭节基环节基部棕色，长为宽的 1.4 倍，背突钝，端部及端环节黑色。下颚须暗红色，第 1 节着生灰黄色长毛夹杂黑毛，第 2 节长为宽的 3.6 倍，末端钝，覆黑毛。胸部：背板黑色，覆棕黄色粉，着生黑毛和黄毛，两侧多黄毛，肩胛红色，覆黑毛，小盾片色同盾片，后缘具黄色长毛，盾片无纵条；侧板暗棕黄色，覆黄毛。足黑色，基节覆黄粉、黄色长毛，股节黑色，覆灰粉，背缘和腹缘覆黄毛，前、后方覆黑毛，胫节红色，覆黑毛，跗节黑色黑毛。翅前缘和延脉着棕色，翅脉棕色，第 1 后室边缘宽开放，R_4 脉无或具短附脉。两腋瓣暗棕色，交接处着生 1 撮黄毛。平衡棒黑棕色，球部顶端棕黄色。腹部：第 1-3 背板棕红色，第 4-7 背板黑色，第 1 背板黑斑小，第 2 背板的黑斑长大，第 3 背板的黑斑或大或小，形状不规则，第 3 背板两侧具黑斑，背板覆黑毛，后缘和侧后缘覆密金黄色长毛。腹板红黄色，主要覆金黄色毛，具宽的中纵暗条，端部几

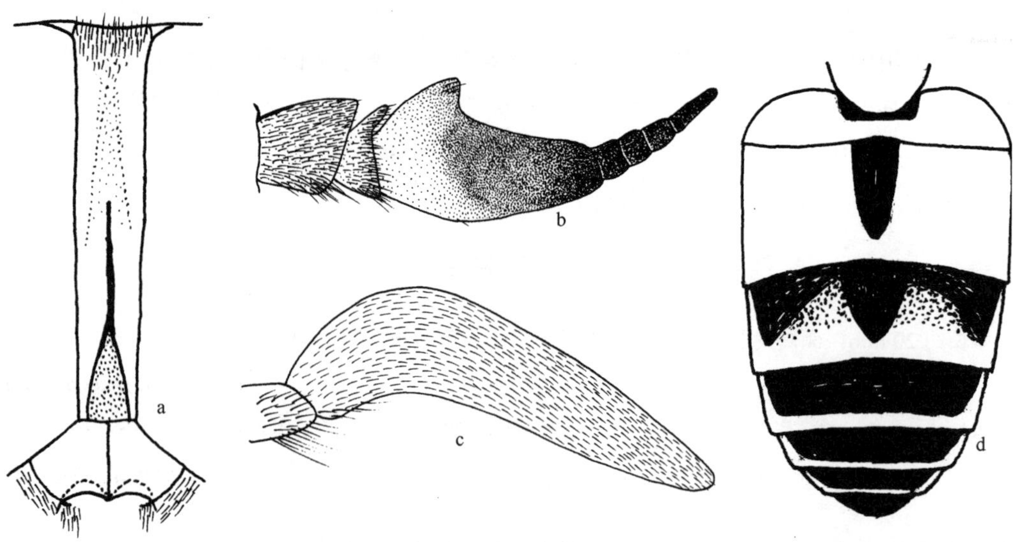

图 432　褐斑虻 *Tabanus fuscomaculatus* Ricardo

a. 额 (frons)；b. 触角 (antenna)；c. 下颚须 (palpus)；d. 腹部背面 (dorsum of abdomen)

节黑色。

雄性　未详。

观察标本　模式标本♀，保存在 BMNH (未检视)。5♀♀，云南，保存在 AMMSC。

生物学　山区种。

地理分布　云南 (马关、思茅、勐腊)；缅甸。

分类讨论　类似于黑斑虻 *T. nigrimaculatus* Xu，但黑斑虻体较小，腹部第 1-3 或第 1-4 背板中央具黑斑，额较窄，中胛长卵形。

(399) 黑斑虻 *Tabanus nigrimaculatus* Xu, 1981 (图 433)

Tabanus nigrimaculatus Xu, 1981: 309 [Type locality: Mengding, Yunnan, China]; Xu, 1982h: 137; Wang, 1994: 122; Yang and Xu, 1997: 15.

鉴别特征　复眼无带；额高为基宽的 5.3-5.6 倍；亚胛覆粉；触角柄节和梗节棕黄色；下颚须黄棕色，第 2 节长为宽的 5 倍，覆黑毛为主；胸部背板黑色，无纵纹；翅前缘略着烟色，R_4 脉无附脉；腹部第 1-3 或第 1-4 背板暗棕色，中央具黑斑，后 3-4 背板黑色，具浅色后缘。

形态描述

雌性　体长 15-16 mm，棕黑色。头部：复眼无毛，绿色无带 (回潮)；额黄灰色，覆黑毛，额基部窄于端部，高为基宽的 5.3-5.6 倍；额基胛红棕色至棕黑色，卵形，与亚胛接触，与复眼分离；中胛长卵形，黑色，与基胛连接；亚胛棕黄色，覆粉，“眉片”较高，棕色；颜灰黄色，覆灰黄色毛，上侧颜棕黄色，具棕黑色毛；口毛灰黄色。触角柄节和梗节棕黄色，着生黑毛，鞭节红棕色，基环节长为宽的 1.6 倍，背突低，端环节末节黑色。下颚须黄棕色，第 1 节着生黄色长毛，夹杂少量黑毛，第 2 节长为宽的 5 倍，覆黑毛，基部和腹缘夹杂黄毛。喙暗棕黑色，具黑毛。胸部：背板黑色，覆黑毛夹杂少量灰黄色毛，无纵纹，背侧片黑色黑毛，翅上胛和翅后胛和小盾片两侧具灰黄色长毛；侧板和足基节灰黄色，覆灰黄色毛。足股节黑色，中足股节带棕色，着生灰黄色细长毛和一些短黑毛，股节端部和胫节棕色，着生黑毛和灰黄色毛，前足胫节端部及跗节黑色，中、后足跗节较胫节色暗。翅前缘略着烟色，翅脉棕色，R_4 脉无附脉，R_5 室开放。腋瓣烟棕黑色，两腋瓣交接处具 1 撮黄毛。平衡棒棕色，球部两侧暗棕色。腹部：第 1-3 或第 1-4 背板暗棕色，后 3、4 背板黑色，第 1-3 或第 1-4 背板中央具达前缘而不达后缘的黑斑，第 4-7 或第 5-7 背板具黄棕色后缘和侧缘，且后缘中央膨大成低的三角，背板大部分着生金黄色毛，第 2-7 背板后缘着生金黄色毛。腹板棕色，向尾端色变暗，除第 7 腹板主要着生黑毛外，其余着生灰黄色毛。

雄性　未详。

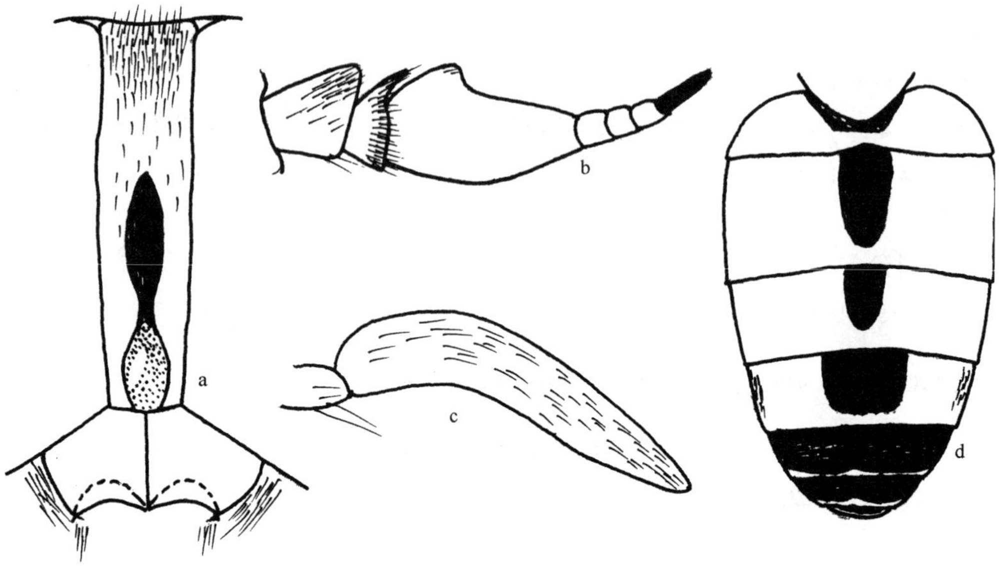

图 433 黑斑虻 *Tabanus nigrimaculatus* Xu

a. 额 (frons)；b. 触角 (antenna)；c. 下颚须 (palpus)；d. 腹部背面 (dorsum of abdomen)

观察标本 正模♀，云南孟定，1953.V，保存在 AMMSC。2♀♀，云南，保存在 AMMSC。

生物学 山区种。

地理分布 云南 (耿马、孟定)。

分类讨论 本种体型与黑尾虻 *T. nigricaudus* Xu 近似，但黑尾虻的腹部背板第 1-4 节棕色，中央无黑斑，后 3 节黑色；下颚须黄色，主要覆黄毛。

直条虻组 *Tabanus hybridus* group

直条虻组虻的主要特征是体灰色或黄色，腹部背板具中纵浅色毛条，多数呈直边的长条形，有的仅前几节背板具连续的毛三角。另外，复眼无带；亚胛覆粉；额高为基宽的 5-10 倍；基胛与亚胛连接；中胛与基胛连接；触角鞭节背突小；足二色明显或不明显；翅 R_5 室开放。本组主要分布在东洋界，少数分布在古北界的南缘 (图 434)。

种 检 索 表

1. 触角鞭节的基环节窄长，长为最宽处的 2.2 倍以上……2
   触角鞭节的基环节较短宽，长为最宽处的 2 倍以下……7
2. 腹部背板中纵毛条明显，直边；额基胛棕黄色至棕黑色……3
   腹部背板中纵毛条不明显，或由连续的三角组成；额基胛黑色……5
3. 腹部背板黄毛条较窄，占背板宽度的 1/6-1/5；额高为基宽的 6-7 倍,额基胛棕黄色……

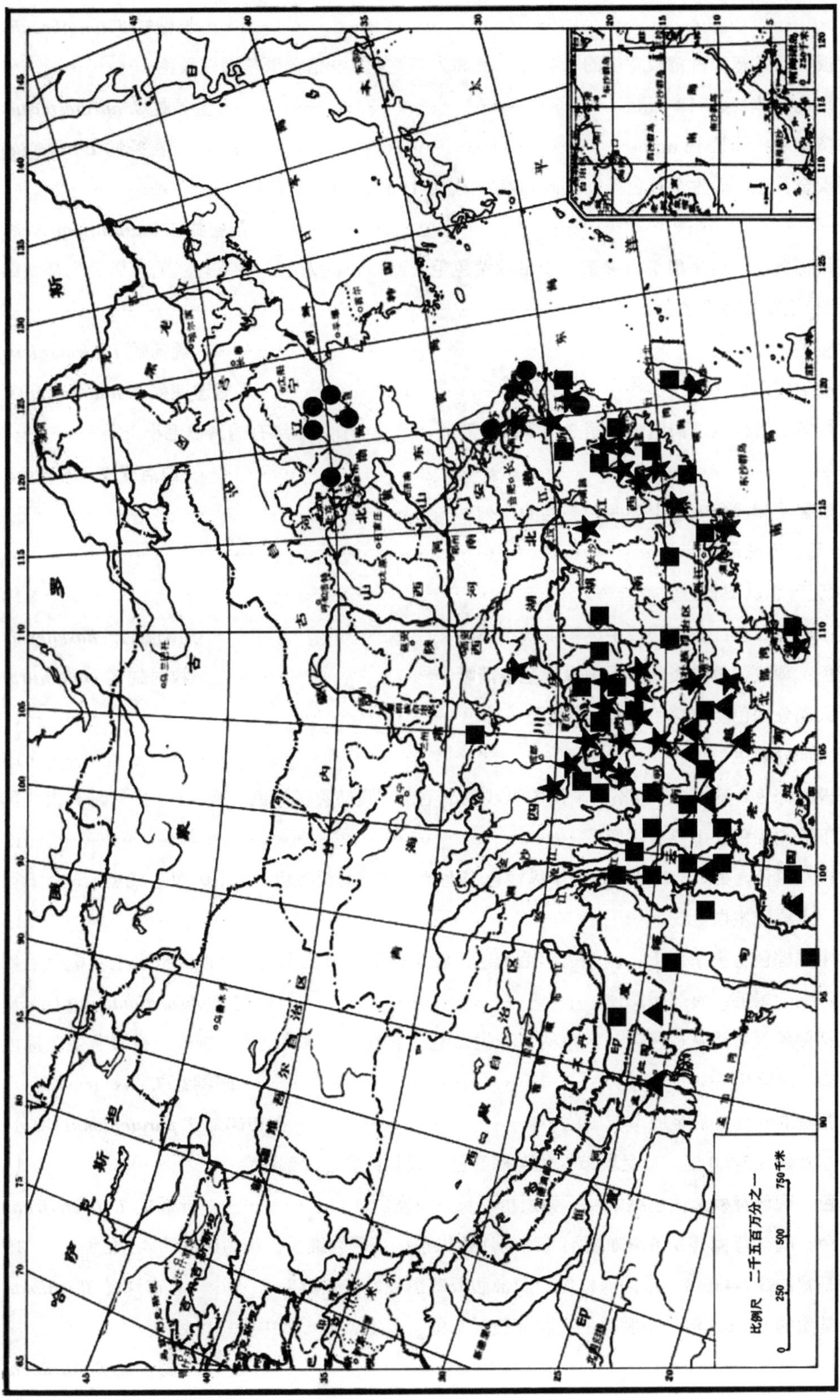

图 434　直条虻组 *Tabanus hybridus* group 的地理分布

★金条虻 *Tabanus aurotestaceus* Walker　■缅甸虻 *Tabanus birmanicus* (Bigot)　●牧村虻 *Tabanus makimurai* Ôuchi　▲异额虻 *Tabanus diversifrons* Ricardo

……………………………………………………………………………………长鞭虻 ***T. longibasalis***

腹部背板黄毛条宽，占背板宽度的 1/4-1/3；额高为基宽的 8-9 倍，额基胛棕黑色…………………4

4. 足股节黑色；体长 17-18 mm……………………………………………………金条虻 ***T. aurotestaceus***

足股节黄棕色；体长 13 mm…………………………………………………………直条虻 ***T. hybridus***

5. 胸部侧板金黄色，着生金黄色毛；额高为基宽的 10-11 倍；口毛金黄色……………………………

……………………………………………………………………………晨螫虻 ***T. matutinimordicus***

胸部侧板棕黄色，着生黑毛，夹杂有少量棕黄色毛，或以黄毛为主，夹杂有黑毛；额高为基宽的 6-9 倍；口毛暗棕色至黑色…………………………………………………………………………6

6. 腹部背板毛斑棕黄色………………………………………………………缅甸虻 ***T. birmanicus***

腹部背板毛斑白色……………………………………………………………曼涅浦虻 ***T. manipurensis***

7. 腹部背板第 1 节棕色，覆黄毛，第 2-7 黑色覆黑毛，第 2-4 节中后缘有的具白毛小三角…………

………………………………………………………………………………………白点虻 ***T. albicuspis***

腹部背板黑毛和浅色毛非上述两种不同的排列………………………………………………………8

8. 翅 R_4 脉具长附脉……………………………………………………………………………………9

翅 R_4 脉无附脉，或具附脉痕迹 ……………………………………………………………………10

9. 体黑色；额灰白色；腹部腹板中纵黑毛条不清晰……………………………楚山虻 ***T. chosenensis***

体黄灰色；额浅黄色；腹部腹板中纵黑毛条清晰……………………………牧村虻 ***T. makimurai***

10. 足股节大部分棕色至暗棕色，至少中足股节棕色 ……………………………………………………11

足股节大部分黑色………………………………………………………………………………………16

11. 腹部背板深棕色，第 1-6 节具不清晰的中纵浅色窄毛条，腹部腹板棕色，第 3-5 节中前部具大块黑毛斑；下颚须棕色，主要着生黑毛……………………………………………………………………12

腹部背板灰黑色，第 1-6 节具清晰的中纵浅色窄毛条，腹部腹板棕色，具中纵黑条或黑毛斑；下颚须棕色，主要着生白毛………………………………………………………………………………13

12. 颜面着生灰棕色毛夹杂黑毛，侧颜以黑毛为主；触角柄节仅着生黑毛；胸部侧板着生灰棕色毛，上前侧片夹杂黑毛；腹部尾端钝……………………………………弱斑虻 ***T. obsoletimaculus*** (部分)

颜面包括侧颜仅着生灰棕色毛；触角柄节着生黑毛，下方着生棕黄色毛；胸部侧板仅着生灰棕色毛；腹部尾端略尖………………………………………………………………暗糊虻 ***T. obscurus*** (部分)

13. 额高为基宽的 9 倍；后足股节灰黑色……………………………………副市岗虻 ***T. paraichiokai*** (部分)

额高为基宽的 3.5-7.0 倍，后足股节棕色至棕红色，或基部黑色端部棕色………………………14

14. 体深棕色，胸部背板无浅色纵条；下颚须粗，长不及宽的 4 倍………………异额虻 ***T. diversifrons***

体灰黑色，胸部背板具 3 条清晰或不清晰的浅色纵条；下颚须细长，长超过宽的 4.5 倍 ………15

15. 额高为基宽的 3.7-4.0 倍，基胛深棕色；腹部腹板灰黑色，着生黄毛……………市岗虻 ***T. ichiokai***

额高为基宽的 6.0-6.5 倍，基胛黑色；腹部腹板灰色，着生黄毛，具中纵棕黑色条………………

……………………………………………………………………………………麦多虻 ***T. murdochi***

16. 腹部背板深棕色，第 1-6 节具不清晰的中纵浅色窄毛条，腹部腹板棕色，第 3-5 节中前部具大块黑毛斑；下颚须棕色，主要着生黑毛……………………………………………………………………………… 17
腹部背板灰黑色，第 1-6 节具清晰的中纵浅色窄毛条，腹部腹板棕色，具中纵黑条或黑毛斑；下颚须棕色，主要着生白毛…………………………………………………………………………………… 18
17. 颜面着生灰棕色毛夹杂黑毛，侧颜以黑毛为主；触角柄节仅着生黑毛；胸部侧板着生灰棕色毛，上前侧片夹杂黑毛；腹部尾端钝……………………………………… **弱斑虻 *T. obsoletimaculus*** (部分)
颜面包括侧颜仅着生灰棕色毛；触角柄节着生黑毛，下方着生棕黄色毛；胸部侧板仅着生灰棕色毛；腹部尾端略尖…………………………………………………………… **暗糊虻 *T. obscurus*** (部分)
18. 下颚须红棕色，着生黑毛；胸部背板具不明显浅色纵条；翅前缘着色，沿翅脉具棕色阴影，第 1 后室边缘略窄………………………………………………………………… **一带虻 *T. monotaeniatus***
下颚须黄灰色，着生白毛，夹杂有少量黑毛；胸部背板色一致，无纹饰；翅透明，前缘或略着色，沿翅脉无着色，第 1 后室边缘不变窄………………………………………………………………………… 19
19. 额高为基宽的 4.4 倍，第 2-4 背板中央具黑斑，黑斑中央覆薄的白粉，形成白色纵条……………
…………………………………………………………………………… **副异额虻 *T. paradiversifrons***
额高为基宽的 9.0 倍，第 1-6 背板中央 2/7 具灰色纵条…………… **副市岗虻 *T. paraichiokai*** (部分)

(400) 长鞭虻 *Tabanus longibasalis* Schuurmans-Stekhoven, 1926 (图 435)

Tabanus longibasalis Schuurmans-Stekhoven, 1926: 243 [Type locality: Hongkong, China]; Burton, 1978: 66.

Tabanus aurilineatus gilvilineis Philip, 1960: 12. Synonymized by Burton, 1978: 66.

Tabanus hybridus Wiedemann: Xu, 1982a: 278; Xu, 1982f: 127; Xu, 1982h: 137; Wang, 1983: 90; Yang and Xu, 1997: 15; Xu, 2004: 540; Xu and Guo, 2005b: 175. Misidentification.

鉴别特征 复眼无带；额高为基宽的 5.5-7.0 倍；亚胛覆粉；触角柄节和梗节棕黄色，鞭节的基环节长为宽的 3.5 倍；下颚须黄棕色，第 2 节长为宽的 5 倍，覆黑毛；胸部背板黄色，纵条不明显；翅 R_4 脉无附脉；腹部背板黄棕色，第 1-6 背板中央 1/5 具浅黄色毛纵条。

形态描述

雌性 体长 14-16 mm，黄棕色。头部：复眼无毛，绿色无带 (回潮)；额黄色，覆黄毛夹杂黑毛，额基宽小于顶宽，高为基宽的 5.5-7.0 倍；额基胛棕色，类三角形，与亚胛接触,与复眼窄分离；中胛棕色至黑色，为基胛粗延线；亚胛黄色，覆粉，“眉片”低，黄色；颜灰色，覆灰白色毛，上侧颜黄色；口毛黄白色。触角柄节和梗节棕黄色，覆黑毛，梗节背突长，鞭节橙色，基环节长为宽的 3.5 倍，背突低。下颚须黄棕色，第 1 节着生黄色长毛，第 2 节长为宽的 5 倍，覆黑毛，基部夹杂黄白色毛。喙暗棕黑色，具棕色毛。胸部：背板黄色，覆金黄色毛和黑毛，纵条不明显；侧板和足基节灰白色，覆白毛。足股节棕黑色，覆黑毛和白毛，前足胫节基部 1/2 浅黄色，覆白毛，中足胫节和后足胫节基部 1/2 黄色，主要覆黄毛，胫节其余部分深棕色，覆黑毛，跗节黑色黑毛。翅 R_4 脉以前的缘室着棕色，翅脉棕色，R_4 脉无附脉，R_5 室开放。腋瓣烟棕色，两腋瓣交接处具 1 撮白毛。平衡棒棕色，球部顶端略浅。腹部：背板黄棕色，具黑毛，第 1-6 背板中央 1/5 具浅黄色纵条，覆黄毛，侧缘也具黄毛。腹板棕黄色，密覆黄毛，各腹板后缘具灰白色横带，中央具 1 列不清晰的覆黑毛的暗棕色斑。

雄性 干标本，复眼上大半部大眼面暗棕色，下小半部小眼面黑色，触角较雌性的窄，鞭节端环节末节的端部黑色，足股节棕色，腹部腹板棕色，往尾端色渐变暗，各腹板后缘具灰白色横带，余者同雌性。

观察标本 模式标本产地为中国香港，保存在 BMNH (未检视)。10♀♀，广东；18♀♀，海南；30♀♀1♂，云南，保存在 AMMSC。

生物学 低海拔山地种。

地理分布 广东 (鼎湖山、广州、惠东)、海南 (吊罗山、通什毛祥、尖峰岭)、香港、澳门、广西 (上思)、云南 (金平、江城、勐腊、勐海、景洪、临沧、梁河)；老挝，泰国。

分类讨论 本种类似于金条虻 *T. aurotestaceus* Walker，但金条虻的腹部背板黄毛条宽，约占背板宽度的 1/4；额基胛棕黑色；足股节黑色；体型较大，17-18 mm。本种我国学者过去常误定为直条虻 *T. hybridus* Wiedemann，但直条虻的腹部背板黄毛条宽，约占背板宽度的 1/3；额高为基宽的 9 倍，额基胛棕黑色，体较小，只有 13 mm。

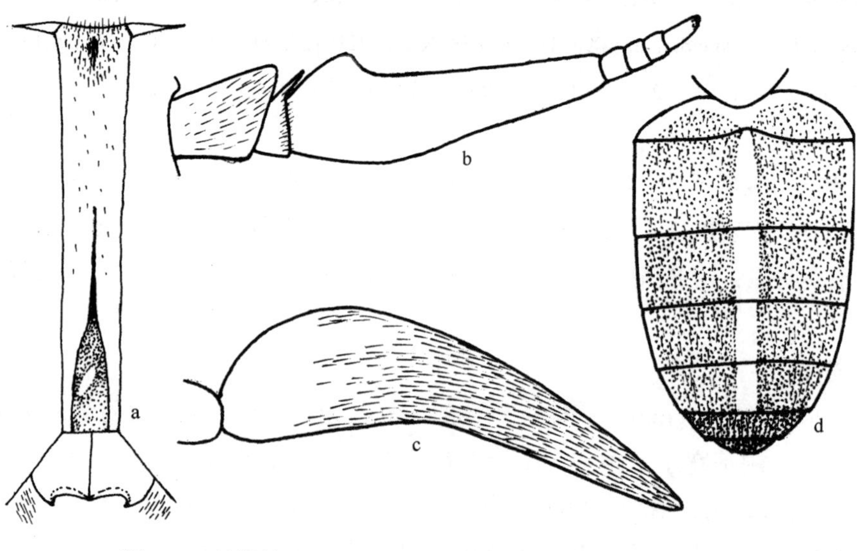

图 435 长鞭虻 *Tabanus longibasalis* Schuurmans Stekhoven

a. 额 (frons)；b. 触角 (antenna)；c. 下颚须 (palpus)；d. 腹部背面 (dorsum of abdomen)

(401) 金条虻 *Tabanus aurotestaceus* Walker, 1854 (图 434, 图 436; 图版 XVII)

Tabanus aurotestaceus Walker, 1854: 247 [Type locality: Shanghai, China]; Schuurmans-Stekhoven, 1929: 502; Murdoch and Takahasi, 1969: 71; Xu, 1982f: 126; Xu, 1982g: 131; Wang, 1983: 88; Chen and Xu, 1992a: 58; Yang and Xu, 1997: 14; Xu, 2001: 346; Xu, 2004: 540.

鉴别特征　复眼无带；额高为基宽的 8-9 倍；亚胛覆粉；触角柄节和梗节黄色，鞭节的基环节长为宽的 3 倍；下颚须棕色，第 2 节长为宽的 3.6 倍，主要覆黑毛；胸部背板黄棕色，无纹饰；翅 R_4 脉无附脉；腹部背板黑棕色，具黑毛，中央 1/4 具浅黄色纵条。

形态描述

雌性　体长 17-18 mm，黄色。头部：复眼无毛，绿色无带 (回潮)；额黄色，覆黄毛，额基宽小于顶宽，高为基宽的 8-9 倍；额基胛棕黑色，长三角形，与亚胛接触，与复眼分离；中胛黑色，为基胛细延线；亚胛黄色，覆粉，“眉片”低，黄色；颜黄色，覆黄毛；口毛黄色。触角柄节和梗节黄色，覆黑毛，梗节背突长，覆黑毛，鞭节橙色，端环节末节略暗，基环节长为宽的 3 倍，背突低。下颚须棕色，第 1 节着生黄色长毛，第 2 节长为宽的 3.6 倍，覆黑毛夹杂少量黄毛。喙暗棕黑色，具棕色毛。胸部：背板黄棕色，覆金黄色毛和黑毛，无纹饰；侧板棕色，覆黑毛。足黑色，覆黑毛，胫节白色白毛，前足胫节端部 1/4 黑色。翅前缘略着浅棕色，翅脉棕色，R_4 脉无附脉，R_5 室开放。腋瓣烟棕色，两腋瓣交接处具 1 撮黄毛。平衡棒黄棕色，球部顶端略前浅。腹部：背板

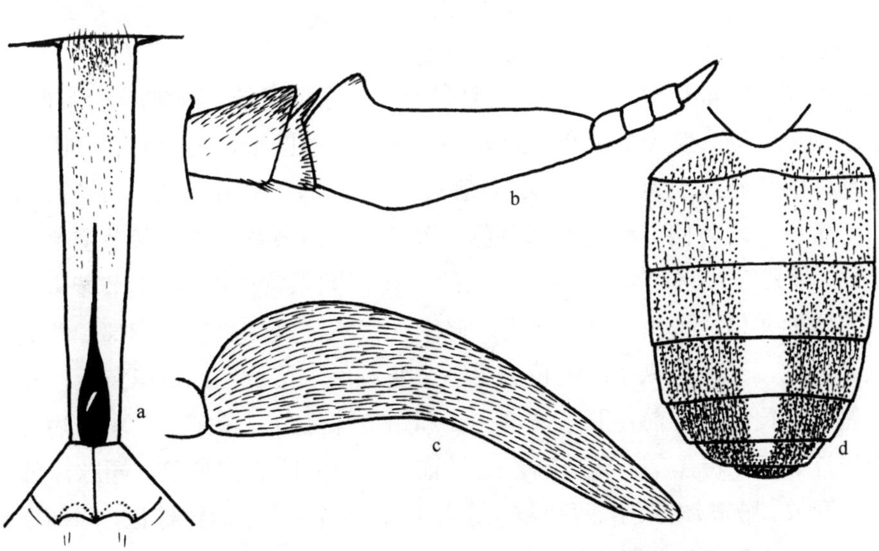

图 436　金条虻 *Tabanus aurotestaceus* Walker

a. 额 (frons)；b. 触角 (antenna)；c. 下颚须 (palpus)；d. 腹部背面 (dorsum of abdomen)

黑棕色，具黑毛，中央 1/4 具浅黄色纵条，覆黄毛。腹板黑棕色，密覆黑毛。

雄性 一般特征同雌性。

观察标本 正模♂，上海，保存地未详。18♀♀，浙江、福建，保存在 AMMSC。

生物学 山区种。

地理分布 江苏、上海、浙江 (天目山、天台)、江西 (铜鼓)、福建 (福州、武夷山、邵武、光泽、南平、建阳、将乐、上杭)、台湾、广东、海南 (黎母山、吊罗山)、香港、广西 (十万大山、大明山)、四川 (峨眉山、夹江、长宁、万源)、贵州 (惠水、独山、荔波、三都、遵义、务川、盘县、赤水、松桃、江口、施秉、雷山、三穗、黎平、剑河、台江、天柱、锦屏、金沙)、云南 (威信、永善)。

分类讨论 本种与长鞭虻 *T. longibasalis* Schuurmans-Stekhoven 相近，但长鞭虻的体型较小，足股节棕黑色。金条虻分布在东洋界的华中区和华南区 (图 434)。

(402) 直条虻 *Tabanus hybridus* Wiedemann, 1828 (图 437)

Tabanus hybridus Wiedemann, 1828: 557 [Type locality: Macao, China]; Schuurmans-Stekhoven, 1929: 503.

鉴别特征 复眼无带；额高为基宽的 9 倍；亚胛覆粉；触角柄节和梗节棕黄色，鞭节的基环节长为宽的 3 倍；下颚须黄棕色，第 2 节长为宽的 4.0 倍，主要覆黑毛；胸部背板黄色，无纹饰；翅 R_4 脉无附脉；腹部背板棕色，具黑毛，第 1-6 背板中央 1/3 具浅黄色毛纵条。

形态描述

雌性 体长 13 mm，黄色。头部：复眼无毛，绿色无带 (回潮)；额黄色，覆黄毛，额基宽小于顶宽，高为基宽的 9 倍；额基胛棕黑色，类圆形，与亚胛和复眼分离；中胛黑色，为基胛的长延线,达额高的 3/4；亚胛黄色，覆粉，“眉片”低，黄色；颜黄色，覆黄毛；口毛黄色。触角柄节和梗节棕黄色，覆黑毛，梗节背突长，鞭节橙色，基环节长为宽的 3 倍，背突低,端环节短,为基环节长的 1/3。下颚须黄棕色，第 1 节着生黄色长毛，第 2 节长为宽的 4 倍，覆黄毛夹杂黑毛。喙暗棕黑色，具棕色毛。胸部：背板黄色，覆金黄色毛和黑毛，无浅色纵条；侧板和足基节灰黄色，覆黄毛。足棕黄色，覆黄毛，前足股节棕黑色，覆黑毛，前足胫节端部 1/4 和跗节棕黑色，覆黑毛，中、后足胫节端部少许和跗节棕黑色，覆黑毛。翅透明，R_4 脉前方的缘室略着棕黑色，翅脉棕色，R_4 脉无附脉，R_5 室开放。腋瓣烟棕色，两腋瓣交接处具 1 撮黄毛。平衡棒棕色，球部顶端略浅。腹部：背板棕色，覆黑毛，第 1-6 背板中央 1/3 具黄色纵条，覆黄毛，第 1-5 背板侧缘覆黄毛。第 1、2 腹板棕黄色，覆黄毛，第 3 腹板以后灰黄色，具黄色后缘。

雄性 未详。

观察标本　正模♀，中国澳门，保存地未详。1♀，海南，保存在 AMMSC。

生物学　不清楚。

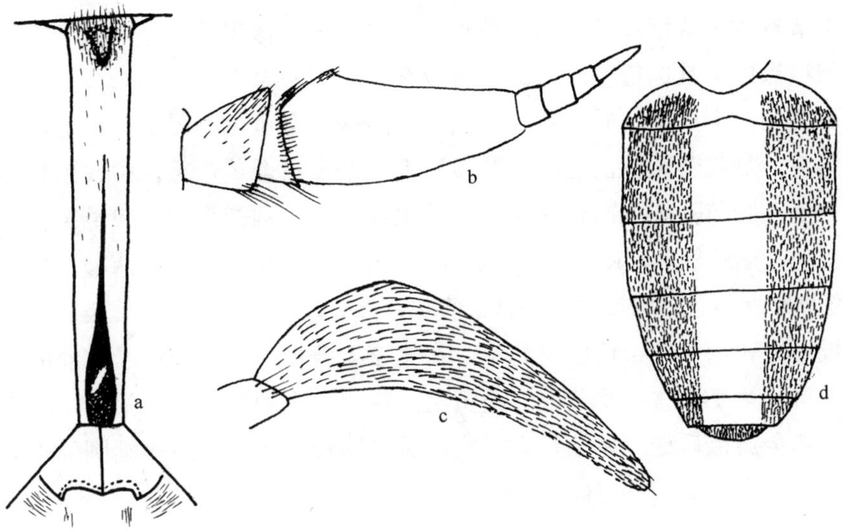

图 437　直条虻 *Tabanus hybridus* Wiedemann

a. 额 (frons); b. 触角 (antenna); c. 下颚须 (palpus); d. 腹部背面 (dorsum of abdomen)

地理分布　海南 (黎母山)、香港、澳门；泰国。

分类讨论　本种接近接近金条虻 *T. aurotestaceus* Walker，但金条虻体型较大，足股节黑色。E. I. Coher 送来 1♀鉴定为本种的泰国标本，其前足股节色同中、后足股节，均为棕色，而我国标本的前足股节色深，可能是地区差异。

(403) 晨螯虻 *Tabanus matutinimordicus* Xu, 1989 (图 438)

Tabanus matutinimordicus Xu, 1989: 205 [Type locality: Tianmushan, Zhejiang, China]; Chen and Xu, 1992a: 78; Xu and Wang, 1993: 113; Yang and Xu, 1997: 15; Xu, 2001: 347; Xu, 2004: 541.

鉴别特征　复眼无带；额高为基宽的 11 倍；亚胛覆粉；触角柄节和梗节金黄色，鞭节的基环节长为宽的 2.4 倍；下颚须金黄色，第 2 节长为宽的 4 倍，主要覆黑毛；胸部背板金黄色，3 纵条不明显；翅 R_4 脉无附脉；腹部背板黑色，第 2-4 背板中央具达节前缘的正三角形金黄色粉和毛斑。

形态描述

雌性　体长 16-20 mm，黄棕色。头部：复眼无毛，绿色无带 (回潮)；额金黄色，覆黑毛夹杂金黄色毛，额基宽小于顶宽，高为基宽的 11 倍；额基胛棕黑色至黑色，长卵形，与亚胛接触，与复眼接触；中胛黑色，为基胛延线；亚胛金黄色，覆粉，“眉片”低，黄色；颜金黄色，覆金黄色毛，上侧颜夹杂有黑毛；口毛金黄色。触角柄节和梗节金黄色，覆黑毛，梗节背突长，鞭节橙色，基环节长为宽的 2.4 倍，背突低。下颚须金黄色，第 1 节着生金黄色长毛，第 2 节长为宽的 4 倍，覆黑毛，基部和下缘具少量金黄色毛。喙暗棕黑色，具棕色毛。胸部：背板金黄色，覆金黄色毛夹杂少量黑毛，3 暗棕色窄纵条不明显，中央条达盾片后缘；侧板和足基节金黄色，覆金黄色毛，前足基节端部夹杂有黑毛。足股节黑色，前足股节覆黑毛夹杂少量金黄色毛，中、后足股节着生黑毛和金黄色毛，胫节基部大部分浅黄色，着生浅黄毛，端部少许及跗节黑色黑毛。翅前缘略着烟棕色，翅脉棕色，R_4 脉无附脉，R_5 室开放。腋瓣烟棕色，两腋瓣交接处具 1 撮黄毛。平衡棒暗棕黄色，球部顶端略浅。腹部：背板黑色，覆黑毛，具极窄的浅色后缘，第 1-4 背板中央和侧缘覆金黄色粉和毛，在第 2-4 背板中央形成达节前缘的正三角形金黄色粉和毛斑。第 2-4 腹板暗黄色，覆黄毛，中央具大块黑毛斑，第 5-7 腹板黑色，覆黑毛，具窄的金黄色后缘，尾须长大于宽，第 8 腹板长大于宽，尾端圆弧形。

雄性 未详。

观察标本 正模♀，浙江天目山，1978.VII.12，许荣满，保存在 AMMSC。50♀♀，广西、湖南，保存在 AMMSC。

生物学 山区种。

地理分布 浙江 (天目山)、湖南 (大庸)、福建 (邵武、将乐、上杭)、广西 (防城十万山、武鸣大明山、苗儿山)、贵州 (剑河)、云南 (维西、威信、巧家、华坪)。

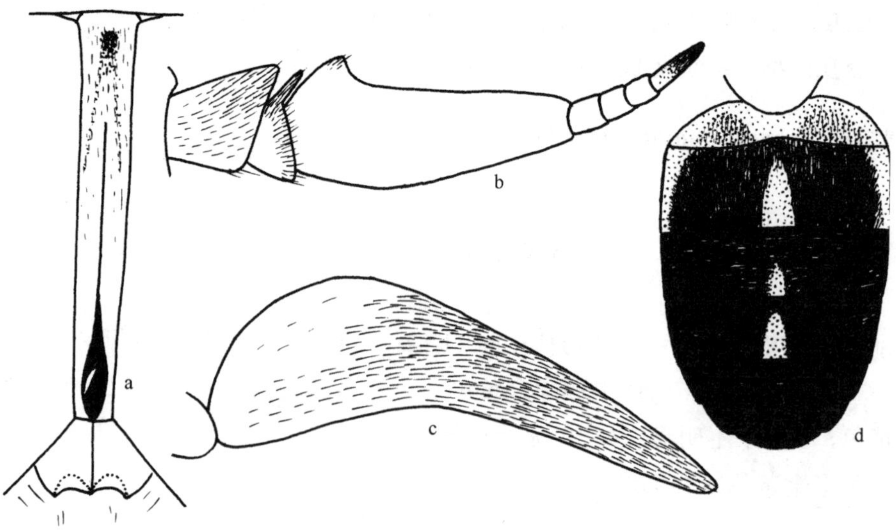

图 438 晨螯虻 *Tabanus matutinimordicus* Xu

a. 额 (frons)；b. 触角 (antenna)；c. 下颚须 (palpus)；d. 腹部背面 (dorsum of abdomen)

分类讨论　本种类似于缅甸虻 *T. birmanicus* (Bigot)，但缅甸虻的胸部侧板黄色，着生黑毛，杂有少量棕黄色毛；腹部腹板一致黑色，或前几节带棕色；额高为基宽的 10 倍；口毛暗棕色至黑色。晨螯虻主要分布在华南区，向北延伸到华中区，向西延伸到西南区。

(404) 缅甸虻 *Tabanus birmanicus* (Bigot, 1892) (图 434, 图 439; 图版 XVII)

Atylotus birmanicus Bigot, 1892: 653 [Type locality: Burma].

Tabanus albocreus Philip, 1974: 394. Synonymized by Burton, 1978: 58.

Tabanus birmanicus: Stone, 1975: 55; Ôuchi, 1943: 524; Xu, 1982e: 122; Xu, 1982f: 126; Xu, 1982g: 131; Xu, 1982h: 136; Xu and Liu, 1982b: 112; Wang, 1983: 88; Kapoor, Grewal, Sharma and Gupta, 1988: 77; Chen and Xu, 1992a: 60; Yang and Xu, 1997: 15; Liu, 1999c: 517; Xu, 2001: 346; Xu, 2004: 540; Xu and Guo, 2005b: 175; Xu, 2005: 771.

鉴别特征　复眼无带；额高为基宽的 10 倍；亚胛覆粉；触角柄节和梗节棕色，鞭节橙色，基环节长为宽的 3 倍；下颚须浅棕色，第 2 节长为宽的 3.5 倍，主要覆黑毛；胸部背板黄色，无纵条；翅 R_4 脉无附脉；腹部背板棕黑色至黑色，第 1-3 或 1-4 背板中央具三角形黄毛斑或纵条。

形态描述

雌性　体长 17-19 mm，黄棕黑色。头部：复眼无毛，绿色无带 (回潮)；额黄色，覆黑毛夹杂黄毛，额基宽小于顶宽，高为基宽的 10 倍；额基胛黑色，长卵形，与亚胛接触，与复眼接触；中胛黑色，为基胛延线；亚胛黄色，覆粉，“眉片”低，黄色；颜黄色，覆金黄色毛，上侧颜夹杂有黑毛；口毛金黄色。触角柄节和梗节棕色，覆黑毛，梗节背突长，鞭节橙色，基环节长为宽的 3 倍，背突低。下颚须浅棕色，第 1 节着生金黄色长毛，第 2 节长为宽的 3.5 倍，覆黑毛，基部和下缘具少量金黄色毛。喙暗棕黑色，具棕色毛。胸部：背板黄色，覆金黄色毛，无纹饰；侧板和足基节黄色，覆黄毛，前足基节端部夹杂有黑毛。足股节深棕色，覆黑毛，胫节基部大部分白色，着生白毛，端部及跗节黑色黑毛。翅前缘略着烟棕色，翅脉棕色，R_4 脉无附脉，R_5 室开放。腋瓣烟棕色，两腋瓣交接处具 1 撮黄毛。平衡棒棕色，球部顶端略浅。腹部：背板棕黑色至黑色，覆黑毛，第 1-3 或第 1-4 背板中央具黄毛纵条或三角斑，以后各背板黑色。腹板黑色，第 1、2 腹板带棕色，第 8 腹板宽大于长，尾端较平。

雄性　未详。

观察标本　50♀♀，浙江、广西、云南，保存在 AMMSC。

生物学　山区种。

地理分布　甘肃 (康县)、浙江 (天目山、宁波)、湖南 (大庸)、福建 (福州、武夷山、建阳、邵武、将乐、建宁、永安、梅花山)、台湾 (恒春、屏东)、广东 (惠东、乐昌)、海南 (黎母山、吊罗山、通什)、广西 (防城十万大山、武鸣大明山、那坡、苗儿山)、四川 (美姑、西昌)、贵州 (平坝、开阳、荔波、兴义、盘县、赤水、榕江、台江、雷山、剑河、江口、金沙、纳雍)、云南 (麻栗坡、文山、景东、江城、勐腊、景洪、勐海、思茅、孟定、蛮耗、沧源、龙川、耿马、芒市、六库、片马、维西、云龙、弥渡、永善、绥江、威信、大关、巧家)；印度，缅甸，泰国，马来西亚。

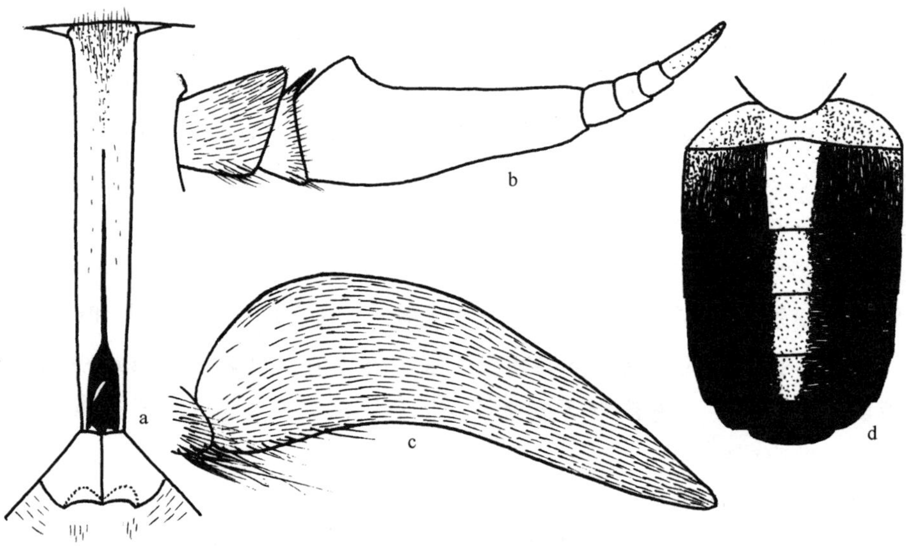

图 439　缅甸虻 *Tabanus birmanicus* (Bigot)

a. 额 (frons)；b. 触角 (antenna)；c. 下颚须 (palpus)；d. 腹部背面 (dorsum of abdomen)

分类讨论　本种类似于晨螫虻 *T. matutinimordicus* Xu，但晨螫虻的胸部侧板金黄色，着生金黄色毛；腹部第 2-4 腹板暗黄色，覆黄毛，中央具大块黑毛斑；额高为基宽的 11 倍；口毛金黄色。缅甸虻是典型东洋界种，但向北可延伸到华中区北缘的甘肃康县 (图 434)。

(405) 曼涅浦虻 *Tabanus manipurensis* Ricaodo, 1913 (图 440)

Tabanus manipurensis Ricaodo, 1913: 544 [Type locality: Ukrul, Manipur, India]; Kapoor, Grewal, Sharma and Gupta, 1988: 101; Chen and Xu, 1992a: 76; Wang, 1994: 105.

Tabanus birmanioides Xu, 1979: 39. Synonymized by Wang, 1994: 105.

Tabanus axiridis Wang, 1982: 186. Synonymized by Xu and Wang, 1990: 117.

鉴别特征　复眼无带；额基胛和中胛连接，高为基宽的 6-8 倍；亚胛覆粉；触角柄节和梗节黄棕色；下颚须棕色，第 2 节长为宽的 3.5 倍，覆黑毛；胸部盾片暗黄色，无纵纹；足股节黑色；翅 R_4 脉无或具短附脉；腹部黑色，第 2 背板具高的银白色毛三角，几乎达该节的前缘，第 3、4 背板具低的银白色毛三角。

形态描述

雌性　体长 17-19 mm，棕黑色。头部：复眼无毛，绿色无带 (回潮)；额黄棕色，头顶具黑色亮区，着生黑毛，额基宽略小于顶宽，高为基宽的 6-8 倍；额基胛黑色，类圆形，与亚胛接触，与复眼分离；中胛为基胛延线，约伸达额高的 2/3；亚胛黄棕色，覆粉，“眉片”低，棕黄色；颜浅黄棕色，着生黑毛，颊夹杂棕色毛；口毛金黄色，夹杂一些黑毛。触角柄节和梗节黄棕色，具黑毛，梗节具背突，鞭节橙色，基环节长为宽的 2.5 倍，背突明显，端环节棕黑色。下颚须棕色，第 1 节着生金黄色长毛，第 2 节长为宽的 3.5 倍，覆黑毛。喙棕黑色，具黑毛。胸部：盾片暗黄色，覆黄色毛夹杂一些黑毛，盾片前缘中央具不清晰的 3 条棕色窄纵纹；侧板暗黄色，覆黄色长毛，下部多黑毛。足基节黑色黑毛，前足基节基部具灰黄色毛，股节黑色，具黑毛和白毛，极端部黄棕色，胫节白色，着生白毛，前足胫节端部黑毛，中、后足胫节端部暗棕色，覆白毛夹杂黑毛，跗节黑色，覆黑毛。翅沿脉两侧着黄色，翅端半沿径脉两侧着烟色，R_4 脉无或具短附脉。腋瓣暗黄色，两腋瓣交接处具 1 撮黄毛。平衡棒黄棕色，球部顶端浅黄色。腹部：黑色，稍亮，背板覆黑毛，第 1 背板带棕色，覆白毛和黄毛，第 2 背板具高的银白色毛三角，几乎达该节的前缘，第 3、4 背板具低的银白色毛三角，第 2 背板两侧具黄毛和白毛。腹板黑色，第 2 腹板后缘具金黄色毛横带，第 3-5 腹板后缘具白毛窄横带。

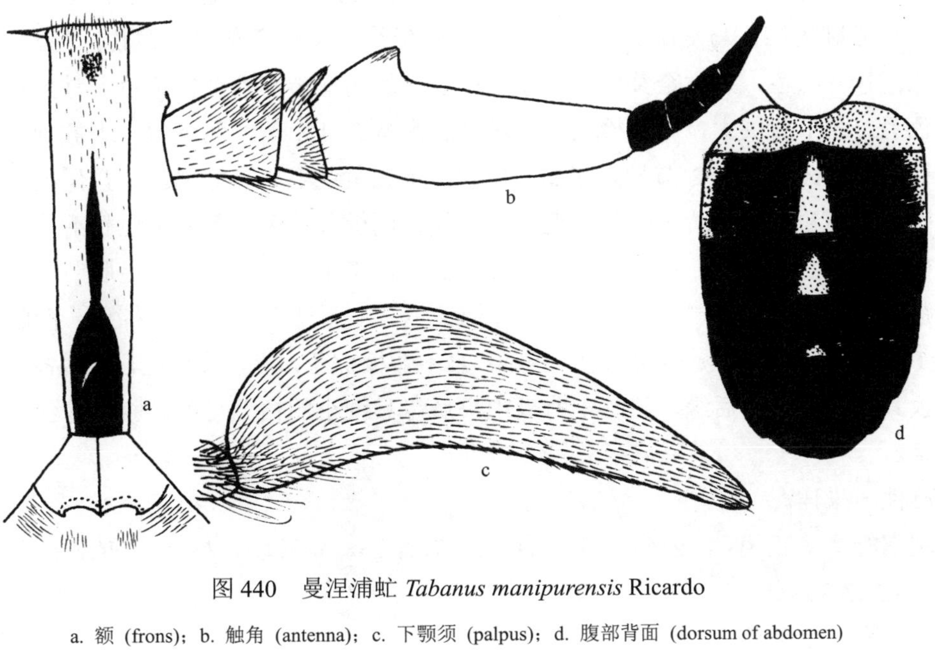

图 440　曼涅浦虻 *Tabanus manipurensis* Ricardo

a. 额 (frons)；b. 触角 (antenna)；c. 下颚须 (palpus)；d. 腹部背面 (dorsum of abdomen)

雄性 未详

观察标本 12♀♀，四川、西藏，保存在 AMMSC。

生物学 高海拔山区种。

地理分布 四川 (美姑、西昌)、贵州 (盘县、纳雍、威宁)、云南 (永善、维西)、西藏 (墨脱)；印度。

分类讨论 本种类似于白点虻 *T. albicuspis* Wang，但白点虻的下颚须橙色，主要覆黄毛；腹部背板第 1 节棕色，覆金黄色毛，第 2-7 节黑色覆黑毛，第 2-4 节中后缘具白毛小三角；足股节橙色。拟缅甸虻 *T. birmanioides* Xu 和黄胸虻 *T. axirides* Wang 系本种同物异名。

(406) 白点虻 *Tabanus albicuspis* Wang, 1985 (图 441)

Tabanus albicuspis Wang, 1985: 395 [Type locality: Xishuangbanna, Yunnan, China]; Wang, 1994: 104.

鉴别特征 复眼无带；额基胛和中胛连接，高为基宽的 5.8 倍；亚胛覆粉；触角橙色；下颚须橙色，第 2 节长为宽的 3.7 倍，覆金黄色毛；胸部盾片棕色，无纵纹；足股节橙色，覆金黄色毛；翅 R_4 脉无附脉；腹部第 1 背板棕色，以后各节黑色，各背板具白色后缘，第 2-4 背板中央后缘具细小的白毛三角。

形态描述

雌性 体长 20-22 mm，棕色。头部：复眼无毛，绿色无带 (回潮)；额棕色，覆金黄色毛，头顶色暗，额基部窄于端部，高为基宽的 5.8 倍；额基胛棕黑色至黑色，类卵圆形，与亚胛接触，与复眼分离；中胛为基胛延线；亚胛金黄色，覆粉，“眉片”低，棕黄色；颜灰黑色，着生金黄色毛；口毛橙色。触角柄节和梗节棕黄色，具黑毛夹杂一些棕色毛，梗节背突大，鞭节橙色，基环节长为宽的 1.8 倍，背突尖。下颚须橙色，第 1 节着生黄色长毛，第 2 节长为宽的 3.7 倍，覆金黄色毛。喙棕黑色，具黑毛。胸部：盾片棕色，覆粉棕色，着生金黄色毛，无纵纹；侧板黄棕色，覆金黄色长毛。足基节和股节橙色，具金黄色毛，前足胫节基部 2/3 白色，着生白毛，中、后足胫节白色，覆黄毛，跗节棕色黑毛。翅端部富中色，翅脉棕黄色，R_4 脉无附脉。腋瓣棕色，两腋瓣交接处具 1 撮金黄色毛。平衡棒黄棕色。腹部：第 1 背板棕色，覆金黄色毛，以后各节黑色，各背板具很窄的白色后缘，第 2-4 背板中央后缘具细小的白毛三角。腹板棕色，具白色窄后缘。

雄性 未详。

观察标本 正模♀，云南西双版纳，1957.IX.26，章陵朝，标本号 IOZ(E)201208，保存在 IZCAS。

生物学 山区种。

地理分布　云南 (西双版纳)。

分类讨论　本种类似于曼涅浦虻 *T. manipurensis* Ricaodo，但曼涅浦虻的下颚须棕色，第 2 节覆黑毛；足股节黑色。

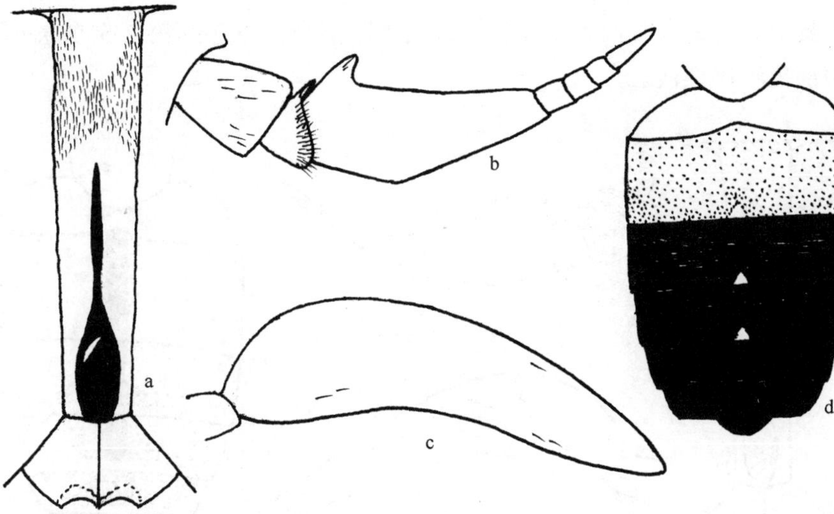

图 441　白点虻 *Tabanus albicuspis* Wang

a. 额 (frons)；b. 触角 (antenna)；c. 下颚须 (palpus)；d. 腹部背面 (dorsum of abdomen)

(407) 楚山虻 *Tabanus chosenensis* Murdoch *et* Takahasi, 1969 (图 442)

Tabanus chosenensis Murdoch *et* Takahasi, 1969: 72 [Type locality: Korea]; Chen, 1983: 116.

鉴别特征　复眼无带；额高为基宽的 7 倍；亚胛覆粉；触角柄节和梗节灰色，鞭节的基环节长为宽的 1.3 倍；下颚须浅黄色，第 2 节长为宽的 4.8 倍，覆黑毛为主；胸部背板黑灰色，具 3 纵条；翅 R_4 脉具附脉；腹部背板黄灰色，中央具弱的灰白色纵条；腹板一致灰棕色。

形态描述

雌性　体长 15 mm，灰黑色。头部：复眼无毛，绿色无带 (回潮)；额灰色，覆黑毛夹杂灰黄色毛，额基宽略小于顶宽，高为基宽的 7 倍；额基胛棕色，卵形，与亚胛接触，与复眼分离；中胛黑色，为基胛细延线；亚胛灰棕色，覆粉，“眉片”低，棕色；颜灰色，覆灰白色毛；口毛灰白色。触角柄节和梗节灰色，覆黑毛，梗节背突长，鞭节橙红色，端环节较暗，基环节长为宽的 1.3 倍，背突钝。下颚须浅黄色，第 1 节着生灰白色长毛，第 2 节长为宽的 4.8 倍，覆黑毛夹杂少量白毛。喙暗棕黑色，具棕色毛。胸部：背板黑灰色，覆黑毛和白毛，盾片具 3 条灰白色纵纹，肩胛和背侧片灰棕色；侧板和足基节灰色，覆白毛。足股节和胫节一致棕色，跗节暗棕色。翅透明，翅脉棕色，R_4 脉具附脉，R_5 室开放。腋瓣灰棕色，两腋瓣交接处具 1 撮白毛。平衡棒棕色，球部顶端略浅。腹部：背板黄灰色，覆黄灰色毛，后缘具不明显窄带，带上覆浅黄色毛，中央具弱的灰白色纵条。腹板灰棕色。

雄性 复眼上 2/3 大眼面与下 1/3 小眼面界限清晰；下颚须第 2 节卵圆形，黑、白毛相间；腹部色较雌性浅。

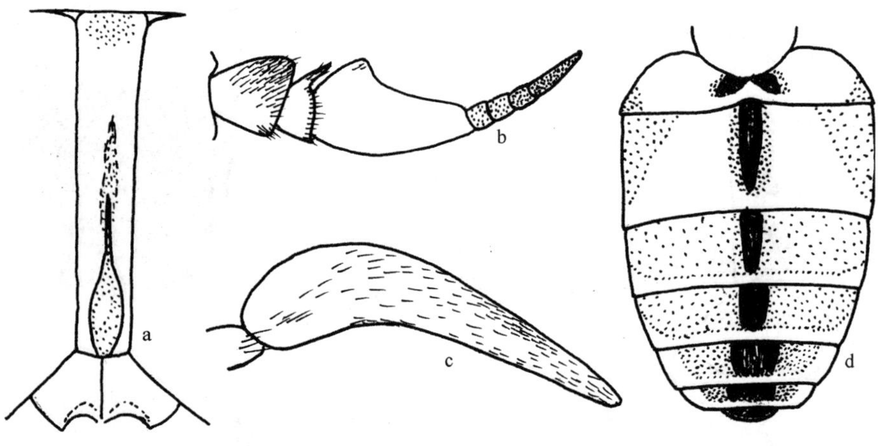

图 442 楚山虻 *Tabanus chosenensis* Murdoch *et* Takahasi

a. 额 (frons)；b. 触角 (antenna)；c. 下颚须 (palpus)；d. 腹部背面 (dorsum of abdomen)

观察标本 2♀♀，辽宁，保存在 AMMSC。

生物学 平原和丘陵的稻作区种；6-7 月可见。

地理分布 辽宁 (沈阳、铁岭)；朝鲜。

分类讨论 本种类似于麦多虻 *T. murdochi* Philip，但麦多虻的额基胛三角形；腹部腹板浅棕色，中央具宽的暗纵条。

(408) 牧村虻 *Tabanus makimurai* Ôuchi, 1943 (图 434, 图 443)

Tabanus makimurai Ôuchi, 1943: 518 [Type locality: Shanghai, China]; Wang, 1983: 91; Chen, 1983: 117.

鉴别特征 复眼无带；额高为基宽的 5-6 倍；亚胛覆粉；触角棕色，鞭节的基环节长为宽的 1.5 倍；下颚须浅棕色，第 2 节长为宽的 5 倍，覆浅黄色毛为主；胸部背板暗灰色，盾片具 3 纵条；翅 R_4 脉具附脉；腹部背板暗黄褐色。

形态描述

雌性 体长 18-19 mm，灰黑色。头部：复眼无毛，绿色无带 (回潮)；额灰白色，覆黑毛夹杂灰黄色毛，额基宽略小于顶宽，高为基宽的 5-6 倍；额基胛黑色，长卵形，与亚胛接触，与复眼接触；中胛黑色，为基胛细延线；亚胛灰白色，覆粉，“眉片”低，棕色；颜灰白色，覆灰白色毛；口毛灰白色。触角柄节浅棕色，覆黑毛，梗节浅棕色，覆黑毛，背突短，鞭节橙红色，端环节较暗，基环节长为宽的 1.5 倍，背突低。下颚须浅棕色，第 1 节着生灰白色长毛，第 2 节长为宽的 5 倍，覆浅黄色毛，夹杂少量黑毛。喙暗棕黑色，具棕色毛。胸部：背板暗灰色，覆白毛，盾片具 3 纵条；侧板和足基节灰色，覆白毛。足黄棕色。翅透明，翅脉棕色，R_4 脉具附脉，R_5 室开放。腋瓣烟棕黑色，两腋瓣交接处具 1 撮白毛。平衡棒棕色，球部顶端略浅。腹部：背板暗黄褐色，后 3 个背板黑色，中央具不明显灰色纵条。腹板黄褐色，着生浅黄色毛。

雄性　复眼上 2/3 大眼面与下 1/3 小眼面界限清晰；下颚须第 2 节卵圆形，黑、白毛相间；腹部背板黄色部分较雌性的大；腹部腹板黄棕色。

观察标本　正模♀，上海，标本号 IOZ(E)201279，保存在 IZCAS。10♀♀，江苏，保存在 AMMSC。

生物学　平原稻作区种。

地理分布　辽宁 (兴城、抚顺、复县、金县)、河北 (吕茶)、江苏 (扬州)、上海、浙江。

分类讨论　本种与楚山虻 *T. chosenensis* Murdoch *et* Takahasi 近似，但楚山虻体黑色；额灰色；腹部腹板中纵黑毛条不清晰。牧村虻腹部背板的毛斑有较大变异，有的个体呈

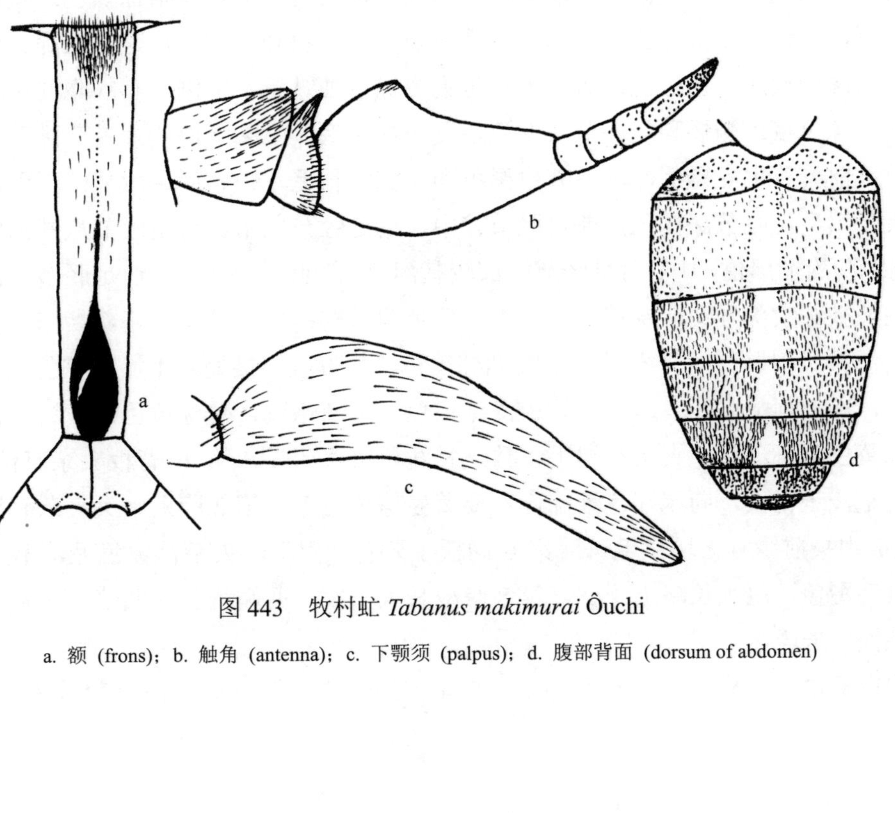

图 443　牧村虻 *Tabanus makimurai* Ôuchi

a. 额 (frons)；b. 触角 (antenna)；c. 下颚须 (palpus)；d. 腹部背面 (dorsum of abdomen)

现中央三角形和两侧斜方形等三列毛斑，类似于微赤虻组的辅助虻 *T. administrans* Schiner，但辅助虻的额较宽，高为基宽的 4-5 倍；中胛粗；下颚须较粗短；R_4 脉无附脉。牧村虻现知分布在古北界东南缘和东洋界华中区东部 (图 434)。

(409) 弱斑虻 *Tabanus obsoletimaculus* Xu, 1983 (图 444; 图版 XVII)

Tabanus obsoletimaculus Xu, 1983: 88 [Type locality: Hainan, China]; Wang, 1994: 155.

鉴别特征 复眼无带；额高为基宽的 7-8 倍；亚胛覆粉；触角柄节暗棕色，梗节红棕色，鞭节红棕色，端环节较暗，基环节长为宽的 1.6 倍；下颚须棕色，第 2 节长为宽的 3.5 倍，覆黑毛；胸部背板黑色，纵条不明显；翅 R_4 脉具短附脉；腹部背板深红棕色，基部略浅，第 1-5 背板中央具棕黄色毛斑，斑中夹杂有黑毛，致这种浅色斑不明显。

形态描述

雌性 体长 15-17 mm，棕黑色。头部：复眼无毛，绿色无带 (回潮)；额灰暗棕色，覆黑毛夹杂少量灰黄色毛，额基宽略小于顶宽，高为基宽的 7-8 倍；额基胛红棕色，卵形，与亚胛接触，与复眼接触；中胛棕黑色至黑色，为基胛粗延线；亚胛暗棕色，覆粉，“眉片”低，棕色；颜灰棕色，覆灰棕色毛，上侧颜较暗，夹杂黑毛；口毛灰棕色。触角柄节暗棕色，覆黑毛，梗节红棕色，覆黑毛，背突短，鞭节红棕色，端环节较暗，基环节长为宽的 1.6 倍，背突低。下颚须棕色，第 1 节着生灰黄色长毛，端部夹杂少量黑毛，第 2 节长为宽的 3.5 倍，覆黑毛，基部具少量灰黄色毛。喙暗棕黑色，具棕色毛。胸部：背板黑色，覆灰棕色粉和棕黄色毛夹杂黑毛，肩胛、背侧片、翅上胛、翅后胛及小盾片后缘色较浅，带棕色，盾片中央可见黑棕色细纵条，中侧条有的隐约可见，在缝后可见深棕色点；侧板和足基节灰棕色，覆灰棕色毛，中胸上前侧片夹杂黑毛。前足股节黑色，前方着生短黑毛，后方着生黑色和灰棕色长毛，中、后足股节棕黑色，覆灰黄色毛夹杂黑毛，胫节深棕色，前足胫节较中、后足胫节色暗，前足胫节从基部向端部渐暗，端部和跗节黑色，中、后足胫节端部较基部色暗，胫节覆黑毛，前足胫节基部及中、后足胫节基部大部分夹杂灰棕色毛，中、后足跗节棕黑色。翅前缘略着烟棕色，翅脉棕色，R_4 脉具短附脉，R_5 室开放。腋瓣烟棕黑色，两腋瓣交接处具 1 撮灰棕色毛。平衡棒深棕色，球部顶端略浅。腹部：背板深红棕色，基部略浅，覆棕黄色毛，第 1-5 背板中央具棕黄色毛斑，斑中夹杂有黑毛，致这种浅色斑不明显，第 6 背板夹杂有棕黄色毛。腹板色略浅于背板，向尾端色渐深，主要着生棕黄色毛，第 2 腹板中央夹杂有黑毛，第 3-5 腹板中央前缘具大块黑毛斑，第 6 腹板主要着生黑毛，夹杂棕黄色毛，第 7 腹板全部为黑毛覆盖，尾须长略大于宽，第 8 腹板长大于宽，两端均具浅凹陷。

雄性 未详。

观察标本 正模♀，海南吊罗山，1974.VII.5，许荣满，保存在 AMMSC。24♀♀，海南，保存在 AMMSC。

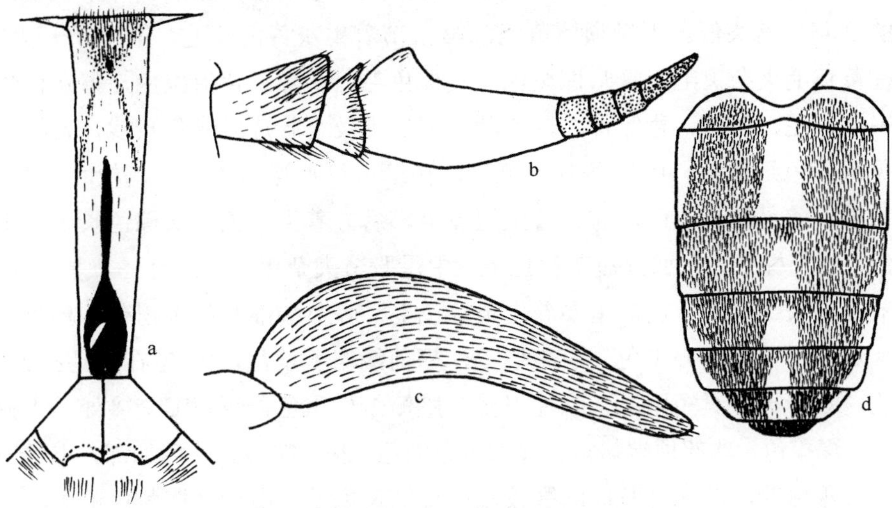

图 444　弱斑虻 *Tabanus obsoletimaculus* Xu

a. 额 (frons)；b. 触角 (antenna)；c. 下颚须 (palpus)；d. 腹部背面 (dorsum of abdomen)

生物学　山区种。

地理分布　海南 (吊罗山、尖峰岭)。

分类讨论　本种与暗糊虻 *T. obscurus* Xu 近似，但暗糊虻的颜面包括侧颜仅着生灰棕色毛；触角柄节着生黑毛，下方着生灰黄色毛；胸部侧板仅着生灰棕色毛；腹部尾端略尖。

(410) 暗糊虻 *Tabanus obscurus* Xu, 1983 (图 445)

Tabanus obscurus Xu, 1983: 87 [Type locality: Hainan, China]; Wang, 1994: 129.

鉴别特征　复眼无带；额高为基宽的 7-8 倍；亚胛覆粉；触角柄节深棕色，梗节红棕色，鞭节红棕色，端环节较暗，基环节长为宽的 2 倍；下颚须棕黄色，第 2 节长为宽的 3.6 倍，覆棕黄色毛为主；胸部背板黑色，3 纵条不明显；翅 R_4 脉无或具短附脉；腹部背板深棕色，基部略浅，往后加深，末几节黑色，第 1-5 背板中央具棕黄色毛斑，斑中夹杂有黑毛，致这种浅色斑不明显。

形态描述

雌性　体长 13.5-15.5 mm，棕黑色。头部：复眼无毛，绿色无带 (回潮)；额灰黄色，覆黑毛夹杂灰黄色毛，额基宽略小于顶宽，高为基宽的 7-8 倍；额基胛棕黑色，长卵形，与亚胛接触，与复眼接触；中胛黑色，为基胛细延线；亚胛深棕色，覆粉，“眉片”低，棕色；颜灰棕色，覆灰棕色毛，上侧颜较暗；口毛灰棕色。触角柄节深棕色，覆黑毛，腹侧方具灰黄色毛，梗节红棕色，覆黑毛，背突短，鞭节红棕色，端环节较暗，基环节长为宽的 2 倍，背突低。下颚须棕黄色，第 1 节着生灰黄色长毛，第 2 节长为宽的 3.6 倍，覆棕黄色毛夹杂黑毛。喙暗棕黑色，具棕色毛。胸部：背板黑色，覆灰棕色粉和棕黄色毛夹杂黑毛，肩胛、背侧片、翅上胛、翅后胛及小盾片后缘色较浅，带棕色，盾片中央可见深棕色细纵条，中侧条有的可见，在缝后可见深棕色点；侧板和足基节灰色，覆灰棕色毛。前足股节黑色，前方着生短黑毛，后方着生黑色和灰棕色长毛，中、后足股节黑色，端部棕色，大部分覆灰黄色毛，中足股节夹杂黑毛，前足胫节基部 3/5，中、后足胫节基部大部分黄棕色，主要着生黄棕色毛，胫节端部及第 1 跗节棕黑色，前足跗节及中、后足跗节大部分黑色，着生黑毛。翅前缘略着黄色，R_1 室在翅痣外方烟棕色，翅脉棕色，R_4 脉无或具短附脉，R_5 室开放。腋瓣烟棕黑色，两腋瓣交接处具 1 撮灰棕色毛。平衡棒深棕色，球部顶端略浅。腹部：深棕色，基部略浅，往后加深，末几节黑色，背板大部分覆黑毛，前 5 个背板侧缘较浅，覆棕黄色毛，中央具棕黄色毛斑，斑中夹杂有黑毛，致这种浅色斑不明显，有的个体第 6 背板夹杂有棕黄色毛。腹板色同背板，或略浅，主要着生棕黄色毛，第 2 腹板中央夹杂有黑毛，第 3、4 腹板中央前方具大块黑毛斑，第 5、6 腹板主要着生黑毛，夹杂棕黄色毛，第 7 腹板全部为黑毛覆盖，尾须长略大于宽，第 8 腹板长大于宽，端部具浅凹陷。

雄性　未详。

观察标本　正模♀，海南吊罗山，1967.VI.27，许荣满，保存在 AMMSC。10♀♀，海南，保存在 AMMSC。

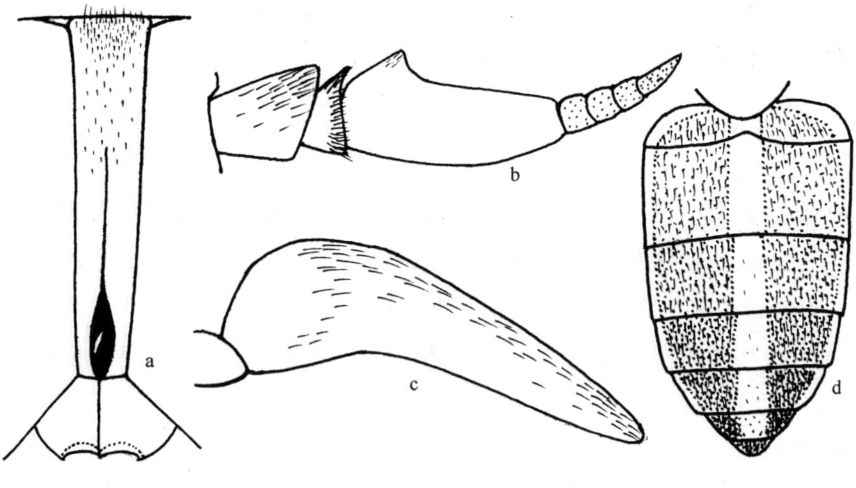

图 445　暗糊虻 *Tabanus obscurus* Xu

a. 额 (frons)；b. 触角 (antenna)；c. 下颚须 (palpus)；d. 腹部背面 (dorsum of abdomen)

生物学　山区种。

地理分布　广西 (凭祥、钦州)、海南 (保亭、吊罗山)。

分类讨论　本种与弱斑虻 *T. obsoletimaculus* Xu 近似，但弱斑虻的颜面着生灰棕色毛夹杂黑毛，侧颜以黑毛为主；触角柄节仅着生黑毛；胸部侧板着生灰棕色毛，上前侧片夹杂黑毛；腹部尾端钝。

(411) 副市岗虻 *Tabanus paraichiokai* Xu, Xu *et* Sun, 2008 (图 446)

Tabanus paraichiokai Xu, Xu *et* Sun, 2008: 52 [Type locality: Fuzhou, Fujian, China].

鉴别特征　复眼无带；额高为基宽的 9 倍；触角柄节和梗节棕色，鞭节的基环节长接近宽的 2 倍；下颚须灰黄棕色，第 2 节长约为宽的 3.5 倍；胸部背板灰黑色，无浅色纵条；翅 R_4 脉无附脉；腹部背板灰黑色，第 1、2 背板两侧黄褐色，第 1-6 背板中央 2/7 具灰色纵条。

形态描述

雌性　体长 13 mm，灰黑色。头部：复眼无毛，绿色无带 (回潮)；额灰色，基部色略浅，覆黑毛，额基宽小于顶宽，高为基宽的 9 倍；额基胛黑色，长卵形，与亚胛接触，与复眼分离；中胛黑色，为基胛的短延线；亚胛灰棕色，覆粉，“眉片”低，灰黄色；颜灰白色，覆白毛，上侧颜灰粽色，但略浅于亚胛，着生黑毛；口毛白色。触角柄节和梗节棕色，覆黑毛，梗节背突长，鞭节橙色，基环节长接近宽的 2 倍，背突低，端环节短于基环节，色深于基环节。下颚须灰黄棕色，第 1 节着生灰白色长毛，第 2 节长约为宽的 3.5 倍，覆白毛夹杂黑毛。喙黑色，具黑毛。胸部：背板灰黑色，覆棕色毛和黑毛，无浅色纵条，背侧片多黑毛；侧板和足基节灰色，覆灰白色毛。前足股节黑色，覆黑毛，外侧腹方及端部夹杂白毛，胫节基部 2/3 浅棕色，覆浅棕色毛，端部 1/3 及跗节黑色，覆黑毛，中足股节深棕色，覆白毛，胫节棕色，覆棕色毛和黑毛，端部及跗节色变深，覆黑毛，第 1 跗节端部以后黑色，后足股节灰黑色，覆白毛，极端部及胫节棕色，覆棕色毛夹杂黑毛，胫节极端部和跗节黑色，覆黑毛。翅透明，翅脉黑色，R_4 脉无附脉，R_5 室开放。腋瓣烟棕色，两腋瓣交接处具 1 撮白毛。平衡棒暗棕色。腹部：背板灰黑色，覆黑毛，第 1、2 背板两侧黄褐色，第 1-6 背板中央 2/7 具灰色纵条，覆浅棕色毛，第 1-5 背板两侧缘覆浅棕色毛。腹板灰色，覆白毛，第 2-7 腹板中央具大的黑毛斑，各腹板具灰白色后缘。

雄性　未详。

观察标本　正模♀，福建福州新店，1987.VI.28，许荣满，保存在 AMMSC。

生物学　山地种。

地理分布　福建 (福州)。

分类讨论 本种与市岗虻 *T. ichiokai* Ôuchi 和麦多虻 *T. murdochi* Philip 类似。但市岗虻和麦多虻额较宽，高为基宽的 4-7 倍，足股节黄棕色至棕红色。

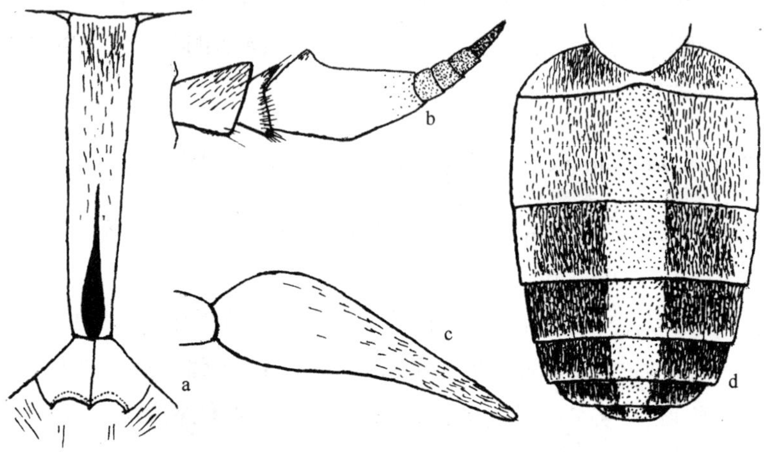

图 446 副市岗虻 *Tabanus paraichiokai* Xu, Xu *et* Sun

a. 额 (frons)；b. 触角 (antenna)；c. 下颚须 (palpus)；d. 腹部背面 (dorsum of abdomen)

(412) 市岗虻 *Tabanus ichiokai* Ôuchi, 1943 (图 447)

Tabanus ichiokai Ôuchi, 1943: 512 [Type locality: Zhoushan Island, Zhejiang, China]; Wang, 1983: 91; Xu, 2001: 347.

鉴别特征 复眼无带；额高为基宽的 3.7-4.0 倍；亚胛覆粉；触角柄节和梗节灰黑色，鞭节橙黄色，端环节较暗，基环节长为宽的 1.8 倍；下颚须黄棕色，第 2 节长为宽的 4.5 倍，覆黑毛为主；胸部背板暗褐色，盾片具 3 不明显纵条；翅 R_4 脉无附脉；腹部背板灰黑色，第 1、2 背板两侧黄褐色，第 1-6 背板中央具明显的灰色纵条，各背板后缘具窄的浅色带。

形态描述

雌性 体长 17 mm，灰黑色。头部：复眼无毛，绿色无带 (回潮)；额黄灰色，覆黑毛夹杂灰黄色毛，额基宽略小于顶宽，高为基宽的 3.7-4.0 倍；额基胛深棕色，卵形，与亚胛接触，与复眼接触；中胛黑色，为基胛粗短延线；亚胛黄灰色，覆粉，“眉片”低，棕色；颜灰白色，覆灰白色毛，上侧颜黄灰色；口毛灰白色。触角柄节和梗节灰黑色，覆黑毛，梗节背突短，鞭节橙黄色，端环节较暗，基环节长为宽的 1.8 倍，背突低。下颚须黄棕色，第 1 节着生灰白色长毛，第 2 节长为宽的 4.5 倍，覆黑毛夹杂少量白毛。喙暗棕黑色，具棕色毛。胸部：背板暗褐色，覆灰白色毛，盾片具 3 不明显纵条，背侧片浅棕色，翅上胛和翅后胛具白色长毛；侧板黄灰色，具灰白毛。足股节黄棕色，具白毛，胫节黄色，具白毛，跗节黑色黑毛。翅透明，翅脉黄色，R_4 脉无附脉，R_5 室开放。腋瓣烟棕黑色，两腋瓣交接处具 1 撮白毛。平衡棒黄色，球部顶端略浅。腹部：背板灰黑色，第 1、2 背板两侧黄褐色，第 1-6 背板中央具明显的灰色纵条，各背板具黄色短毛，夹杂少量黑毛，后缘具窄的浅色带。腹板灰黑色，着生浅黄色毛，各腹板具浅色后缘。

雄性　未详。

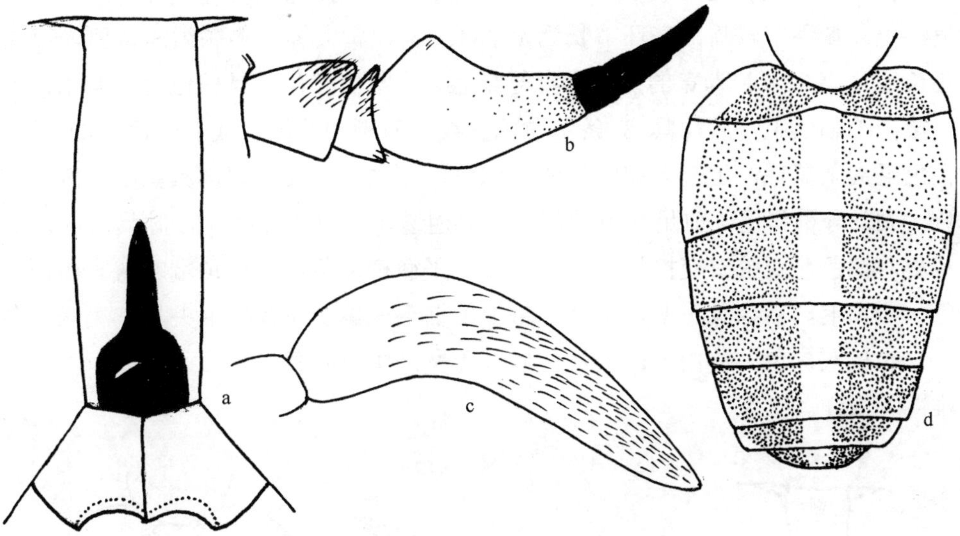

图 447　市岗虻 *Tabanus ichiokai* Ôuchi

a. 额 (frons)；b. 触角 (antenna)；c. 下颚须 (palpus)；d. 腹部背面 (dorsum of abdomen)

观察标本　正模♀，标本号 IOZ(E)201278，保存在 IZCAS，5♀♀，上海、江苏，保存在 AMMSC。

生物学　平原稻作区种。

地理分布　江苏 (扬州)、上海、浙江 (舟山)、福建 (厦门)。

分类讨论　本种类似于麦多虻 *T. murdochi* Philip，但麦多虻的额高为基宽的 6.0-6.5 倍；腹部腹板灰棕色，着生白毛，具中纵暗条。

(413) 麦多虻 *Tabanus murdochi* Philip, 1961 (图 448)

Tabanus murdochi Philip, 1961: 475 [Type locality: Survon, Kyon gi-Do, Korea]; Murdoch and Takahasi, 1969: 73; Chen, 1983: 117; Wang, 1994: 131.

鉴别特征　复眼无带；额高为基宽的 6.0-6.5 倍；亚胛覆粉；触角柄节和梗节浅棕色，鞭节橙红色，端环节较暗，基环节长为宽的 1.3 倍；下颚须浅黄色，第 2 节长为宽的 4.8 倍，覆黑毛；胸部背板黑灰色，具 3 纵条；翅 R_4 脉具附脉；腹部背板棕灰色，第 2-5 背板中央具弱的白色纵条；腹板具浅色后缘和宽的中纵暗条。

形态描述

雌性 体长 15.5 mm，灰黄色。头部：复眼无毛，绿色无带 (回潮)；额灰黄色，覆黑毛夹杂白毛，额基宽略小于顶宽，高为基宽的 6.0-6.5 倍；额基胛红棕色至黑色，卵形，与亚胛接触，两侧基角与复眼接触；中胛黑色，为基胛细延线；亚胛黄灰色，覆粉，“眉片”低，棕色；颜黄灰色，覆灰白色毛；口毛白色。触角柄节和梗节浅棕色，覆黑毛，鞭节橙红色，端环节较暗，基环节长为宽的 1.3 倍，背突钝。下颚须浅黄色，第 1 节着生白色长毛，第 2 节长为宽的 4.8 倍，覆黑毛。喙暗棕黑色，具棕色毛。胸部：背板黑灰色，覆白毛和黑毛，盾片具 3 条灰白色纵纹，肩胛和背侧片浅灰棕色；侧板灰黑色，覆黄白色毛夹杂黑毛。足基节和股节浅红棕色，覆白毛，股节端部具黑毛，胫节和跗节棕红色，大部分覆黑毛，前足胫节端部较暗。翅透明，翅脉棕色，R_4 脉具附脉，R_5 室开放。腋瓣灰棕色，两腋瓣交接处具 1 撮白毛。平衡棒棕色，球部顶端略浅。腹部：背板棕灰色，覆白毛，后缘具不明显窄带，带上覆白毛，第 2-5 背板中央具 1 列灰白色三角毛纵条。腹板灰棕色，覆白毛，具浅色后缘和宽的中纵暗条。

雄性 未详。

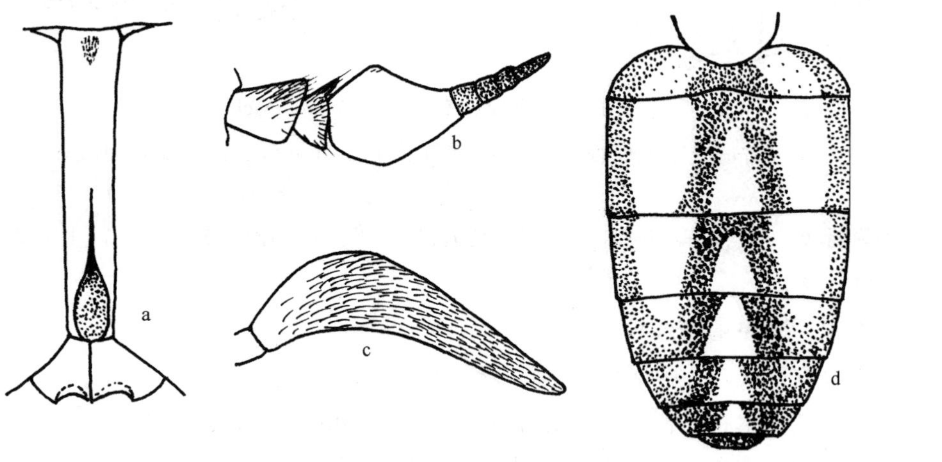

图 448 麦多虻 *Tabanus murdochi* Philip

a. 额 (frons)；b. 触角 (antenna)；c. 下颚须 (palpus)；d. 腹部背面 (dorsum of abdomen)

观察标本 正模♀，标本号为 12940，保存在 CASC。2♀♀，辽宁，保存在 AMMSC。

生物学 丘陵种；6-7 月可见。

地理分布 辽宁 (兴城、锦西、黑山)；朝鲜。

分类讨论 本种类似于楚山虻 *T. chosenensis* Murdoch *et* Takahasi，但楚山虻的额基胛卵形。

(414) 一带虻 *Tabanus monotaeniatus* (Bigot, 1892) (图 449)

Atylotus monotaeniatus Bigot, 1892: 655 [Type locality: India].

Tabanus monotaeniatus (Bigot): Ricardo, 1911a: 159; Schuurmans-Stekhoven, 1926: 156; Schuurmans-Stekhoven, 1929: 504; Stone, 1975: 64; Burton, 1978: 123; Kapoor, Grewal, Sharma and Gupta, 1988: 103; Yang and Xu, 1997: 15.

鉴别特征　复眼无带；额高为基宽的 6 倍；亚胛覆粉；触角红棕色，鞭节的基环节长为宽的 1.6 倍；下颚须红棕色，第 2 节长，覆黑毛；胸部背板黑色，盾片具不明显纵条；翅前缘及延脉着棕色，R_5 室边缘略窄；腹部背板红棕色至黑棕色，具浅色后缘和窄的中纵条。

形态描述

雌性　体长 14.0-19.5 mm，红棕色至棕黑色。头部：复眼无毛，绿色无带 (回潮)；额黄灰色，覆白毛，头顶具黑毛，额基宽略小于顶宽，高为基宽的 6 (5.3-7.2) 倍；额基胛深棕色，球棒形，与亚胛接触，与复眼分离；中胛黑色，为基胛粗延线；亚胛灰棕色，覆粉；颜浅棕色，覆白毛，上侧颜灰棕色，具黑毛；口毛白色。触角红棕色，柄节和梗节覆黑毛，梗节背突长，鞭节暗红棕色，长为宽的 1.6 倍，为端环节长的 1.4 倍，背突钝，端部大部分和端环节黑色。下颚须红棕色，第 1 节着生白色长毛，第 2 节长，末端钝，覆黑毛。胸部：背板黑色，覆黄棕色粉和黑毛，盾片具 4 列不明显灰色纵条，肩胛和背侧片红棕色，小盾片黑色，覆灰粉和黑毛；侧板灰黑色，具白毛，翅侧片具黑毛。足基节和股节黑色，覆白毛，胫节红色，端部较暗，主要覆黑毛，跗节黑色黑毛。翅前缘及延脉着棕色，R_5 室边缘略窄。平衡棒红棕色，球部顶端略浅。腹部：背板红棕色至

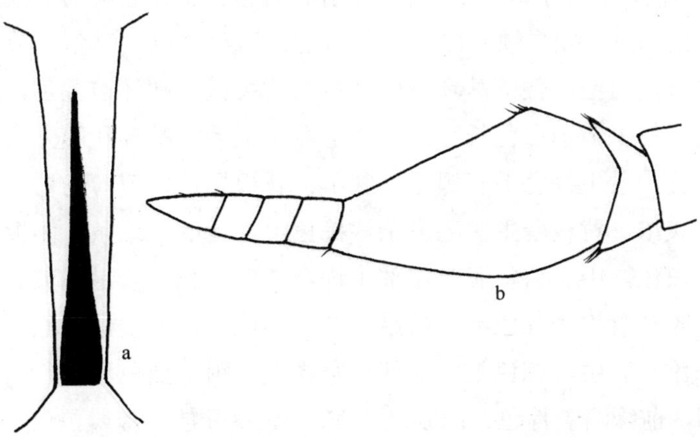

图 449　一带虻 *Tabanus monotaeniatus* (Bigot)

a. 额 (frons)；b. 触角 (antenna) (仿 Schuurmans-Stekhoven, 1926)

黑棕色，覆黑毛，具浅色后缘和窄的中纵条，条上着生白毛，有的标本，在第 2-4 背板两侧可见灰白点，第 4-7 背板两侧缘具白毛。腹板红棕色至棕黑色，覆黑毛，具黑毛中纵条，各腹板具浅色窄后缘。

雄性 未详。

观察标本 正模♀，印度，保存在 BMNH (未检视)。

生物学 山区种。

地理分布 云南 (昆明)；印度，缅甸。本种据文献记载尚有印度尼西亚 (爪哇)，柬埔寨，越南南部，Burton (1978) 认为这些分布不可靠。

分类讨论 类似于泰国的 *T. firmus* Burton，但 *T. firmus* 腹部背板中纵浅条较宽，第 2、3 背板两侧着棕色；下颚须浅黄色。也类似于异额虻 *T. diversifrons* Ricardo，但异额虻体型较小；下颚须第 2 节黄灰色，着生黑毛和黄白毛；胸部背板色一致，无纹饰；中、后足股节棕色；翅透明，沿翅脉无着色，R_5 室边缘不变窄。本种仅据文献记载。

(415) 副异额虻 *Tabanus paradiversifrons* Xu *et* Guo, 2005 (图 450)

Tabanus paradiversifrons Xu *et* Guo, 2005: 173 [Type locality: Lushui, Yunnan, China].

鉴别特征 复眼无带，额高为基宽的 4.4 倍；亚胛覆粉；触角柄节和梗节棕色，鞭节基环节棕红色，端环节黑色；下颚须棕色，第 2 节长为宽的 3.4 倍；胸部背板无明显纵条；翅 R_4 脉无附脉；腹部背板棕红色，第 2-4 背板中央具黑斑，黑斑中央覆薄的白粉。

形态描述

雌性 体长 14 mm，棕色。头部：复眼绿色无带 (新鲜和回潮)；额棕色，着生黑毛，头顶具弱的三角形暗区，额两侧平行，高为宽的 4.4 倍；基胛近方形，暗棕色，与亚胛接触，与复眼宽分离；中胛矛形，黑色，与基胛粗连接；亚胛色略浅于额，覆粉，“眉片”较低，为亚胛高的 1/4；颜与颊灰白色，覆白毛；口毛白色。触角柄节和梗节棕色，着生黑毛，柄节腹方覆白毛，鞭节基环节棕红色，背突低，端环节黑色，端环节短于基环节。下颚须棕色，第 1 节覆白色长毛，第 2 节着生黑毛，基部和腹方夹杂白毛，长为宽的 3.4 倍。喙黑色，着生棕色毛和黑毛。胸部：背板黑色，覆薄的白粉，盾板前缘、肩胛、背侧片白粉较浓，背板着生黑毛夹杂浅棕色毛，无明显纵条；侧板和足基节灰色，覆白毛。足股节黑色，中、后足股节端部少许至 1/2 棕色，前足股节着生黑毛，后方为白毛，中、后足股节着生浅棕色毛，前足胫节基半棕色，多浅棕色毛，端半黑色黑毛，中、后足胫节棕色，着生浅棕色毛，端部夹杂黑毛，跗节黑色黑毛，中、后足各跗节基部略浅。翅透明，前缘略着棕色，R_4 脉无附脉，R_5 室开放。腋瓣黑色，上、下腋瓣交接处具浅棕色毛。平衡棒柄暗棕色，球部黑色。腹部：背板棕红色，覆黑毛夹杂浅棕色毛，各背板具窄的不明显浅色后缘，第 1 背板大部分黑色，中后缘具 1 丛浅棕色毛，第 2-4

背板中央具黑斑，黑斑中央覆薄的白粉，第 5 背板棕黑色，第 6、7 背板黑色。腹板棕红色，着生白毛，具不明显浅色窄后缘，具不明显中纵暗条，条上夹杂有黑毛，第 6 腹板夹杂较多黑毛，第 7 腹板全部为黑毛。

雄性　未详。

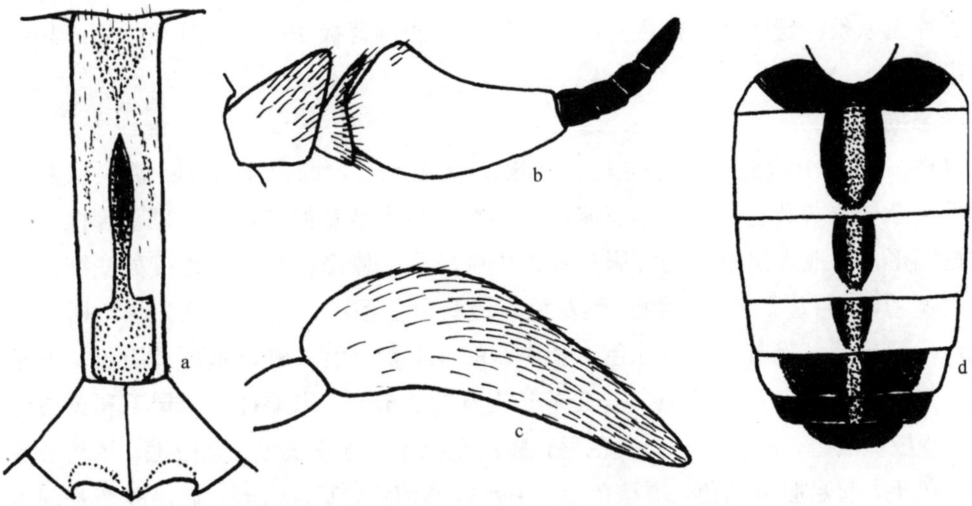

图 450　副异额虻 *Tabanus paradiversifrons* Xu *et* Guo

a. 额 (frons)；b. 触角 (antenna)；c. 下颚须 (palpus)；d. 腹部背面 (dorsum of abdomen)

观察标本　正模♀，云南怒江州泸水县，六库镇，海拔 1000 m，2004.VI.25，许荣满，保存在 AMMSC。2♀♀，云南怒江州泸水县，六库镇，海拔 1000 m，2004.VI.25，许荣满，保存在 AMMSC。

生物学　山区种。

地理分布　云南 (六库)。

分类讨论　本种与异额虻 *T. diversifrons* Ricardo 非常相似，但异额虻腹部背板中央无黑斑。Burton 鉴定的异额虻泰国标本，腹部第 1-5 背板无黑中斑，而具浅色中纵条。

(416) 异额虻 *Tabanus diversifrons* Ricardo, 1911 (图 434，图 451)

Tabanus diversifrons Ricardo, 1911: 214 [Type locality: Shillong, Assam, India]; Kapoor, Grewal, Sharma and Gupta, 1988: 84.

Atylotus flaviventris Bigot, 1892: 56 (in part). Preoccupied by *Tabanus flaviventris* Macquart, from Brazil, now *Stibasoma* [Type locality: Sibsagar, Assam, India].

Tabanus ochrogaster Philip, 1960: 31 (New name for *flaviventris* Bigot; preoccupied by *ochrogaster* Schuurmans Stekhoven, 1932, from Sumatra).

Tabanus striolatus Xu, 1979: 46; Xu, 1982g: 133; Wang, 1994: 130; Xu, 2004: 542 [Type locality: Napo, Guangxi, China]. **New synonym**.

鉴别特征 复眼无带；额高为基宽的 5-6 倍；亚胛覆粉；触角鞭节的基环节长为宽的 1.4 倍；下颚须灰黄色，第 2 节长为宽的 3.6 倍，覆黑毛和黄白色毛；胸部背板灰黑色，盾片无纵条；翅前缘着棕色，R_4 脉无附脉；腹部背板深棕色，具浅色后缘和窄的棕色中纵条。

形态描述

雌性 体长 14-15 mm，深棕色。头部：复眼无毛，绿色无带 (回潮)；额灰黄色，覆黑毛夹杂一些灰黄色毛，额基宽略小于顶宽，高为基宽的 5-6 倍；额基胛棕黑色至黑色，近圆形，与亚胛接触，与复眼分离；中胛黑色，棒形，与基胛连接处变细；亚胛灰黄色，覆粉，“眉片”低，棕色；颜灰色，覆灰白色毛；口毛灰白色。触角柄节和梗节黄棕色，覆黑毛，鞭节基环节棕色，长为宽的 1.4 倍，背突钝，端环节黑色。下颚须灰黄色，第 1 节着生灰白色长毛，第 2 节长为宽的 3.6 倍，末端钝，覆黑毛和黄白色毛。胸部：背板灰黑色，覆黑毛和灰黄色毛，盾片无纵条；侧板灰色，具白毛。足基节灰色，覆灰白色毛，前足股节黑色，覆棕色毛，中足股节棕色，基部较暗，后足股节基部黑色，端部棕色，中、后足股节覆灰白色毛，前足胫节基部 2/3 和中、后足胫节基部大部分棕色，主要覆棕色毛夹杂一些黑毛，胫节端部和跗节黑色黑毛。翅前缘着棕色，第 1 后室边缘宽开放，R_4 脉无附脉。两腋瓣暗棕色，交接处着生 1 撮黄毛。平衡棒黑棕色，球部顶端棕黄色。腹部：背板深棕色，覆黑毛，具浅色后缘和窄的棕色中纵条。腹板灰棕色，

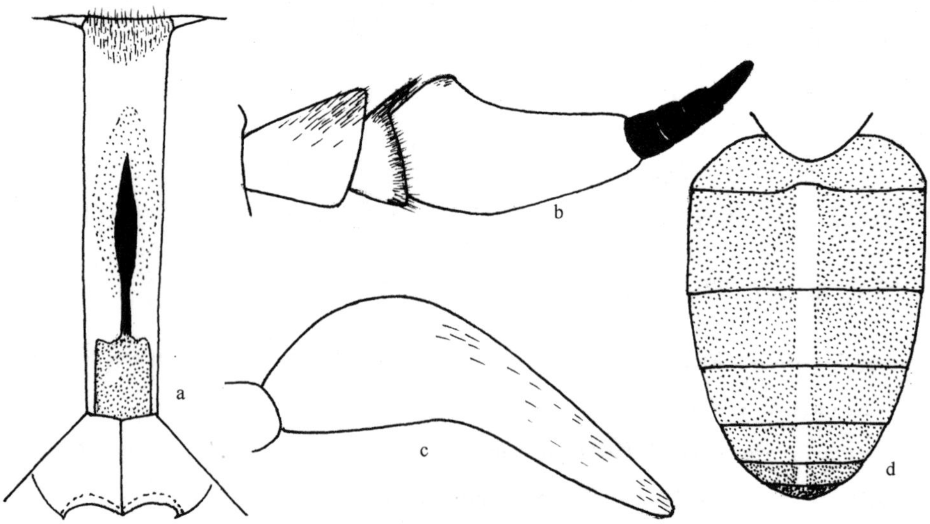

图 451 异额虻 *Tabanus diversifrons* Ricardo

a. 额 (frons)；b. 触角 (antenna)；c. 下颚须 (palpus)；d. 腹部背面 (dorsum of abdomen)

具黑色中纵宽条，尾须基部具小突起。

雄性　未详。

观察标本　正模♀，印度阿萨姆，保存在 BMNH (未检视)。10♀♀，云南、广西，保存在 AMMSC。

生物学　山区种。

地理分布　广西 (凭祥、那坡)、云南 (富宁、麻栗坡、河口、孟连)；印度阿萨姆，孟加拉国，越南北部，泰国北部，斯里兰卡。

分类讨论　本种类似于一带虻 *T. monotaeniatus* (Bigot)，但一带虻的下颚须红棕色，第 2 节着生黑毛；胸部背板具不明显灰色纵条；翅 R_5 室边缘略窄；腹部第 2-4 背板两侧具灰白点。细条虻 *T. striolatus* Xu 是本种同物异名。异额虻分布在华南区的南部 (图 434)。

窄缘虻组 *Tabanus oxyceratus* group

窄缘虻组虻的主要特征是体棕色或黑色，腹部背板仅具窄的浅色后缘。另外，复眼无带；亚胛覆粉；额高为基宽的 5-10 倍；基胛与亚胛连接；中胛与基胛连接；触角背突小；足二色明显或不明显；翅 R_5 室开放。本组现知仅分布在东洋界。

种检索表

1. 体中型，17 mm；腹部背板后缘带黄色 ……………… **卡布虻 *T. kabuensis***
   体小型，10-11 mm；腹部背板后缘带白色 ……………… 2
2. 额胛与复眼接触；鞭节的端环节长于基环节 ……………… **三亚虻 *T. sanyaensis***
   额胛与复眼分离；鞭节的端环节短于基环节 ……………… 3
3. 触角鞭节棕色；额中胛较粗；腹部黑色；胸部黑色，盾片无纵条；足黑色；体长 10 mm ……………… **多带虻 *T. multicinctus***
   触角鞭节黑色；额中胛较细；腹部深棕色；胸部深棕色，盾片具 1 对浅色纵条；足股节黑色，胫节白色；体长 11 mm ……………… **窄缘虻 *T. oxyceratus***

(417) 卡布虻 *Tabanus kabuensis* Yao, 1984 (图 452)

Tabanus kabuensis Yao, 1984: 230 [Type locality: Motuo, Tibet, China]; Xu and Wang, 1993: 112.

鉴别特征　复眼无带；额高为基宽的 5 倍；亚胛覆粉；下颚须黄棕色，第 2 节长约为宽的 4 倍，主要覆黑毛；胸部背板灰黑色，无纵条；翅前缘略着棕色，R_4 脉无或具附脉痕迹；腹部基部 3 节黑棕色，各背板具窄的黄色后缘带。

形态描述

雌性 体长 17 mm，棕黑色。头部：复眼无毛，绿色无带 (回潮)；额黄棕色，覆黑毛，额基宽略小于顶宽，高为基宽的 5 倍；额基胛棕黑色，近方形，与亚胛接触，与复眼分离；中胛矛形，黑色，与基胛连接处变细；亚胛棕黄色，覆粉，“眉片”低；颜灰黄色，覆黄毛，上侧颜色同亚胛，具黑毛；口毛黄色。触角柄节和梗节棕色，覆黑毛和黄毛，鞭节棕红色，基环节长为宽的 1.4 倍，背突钝，端环节约与基环节等长。下颚须黄棕色，第 1 节着生黄色长毛，第 2 节长约为宽的 4 倍，末端尖，覆黑毛夹杂黄毛。胸部：背板灰黑色，覆黑毛夹杂黄毛，无纵条；侧板灰黄色，具黄毛。足黑色黑毛，前足胫节基半和中、后足胫节大部分黄色，覆黄毛和黑毛，胫节端部和跗节黑色黑毛。翅前缘略着棕色，R_5 室边缘宽开放，R_4 脉无或具附脉痕迹。两腋瓣暗棕色，交接处着生具 1 撮黄毛。平衡棒棕黑色，球部顶端棕黄色。腹部：基部 3 节黑棕色，端部黑色，各背板具窄的清晰的黄色后缘带，第 2、3 背板两侧具模糊的橙色斑。腹板具黄色后缘。

雄性 未详。

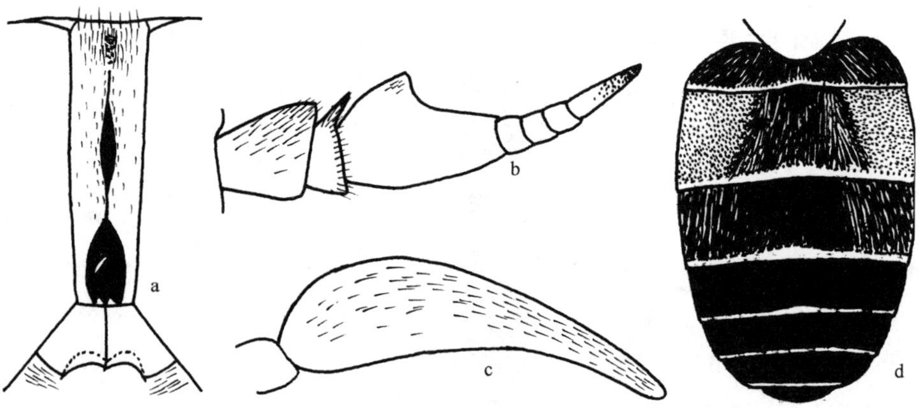

图 452 卡布虻 *Tabanus kabuensis* Yao

a. 额 (frons)；b. 触角 (antenna)；c. 下颚须 (palpus)；d. 腹部背面 (dorsum of abdomen)

观察标本 正模♀，西藏墨脱卡布，1980.V.10，金根桃，保存在 IECAS。

生物学 山区种。

地理分布 西藏 (墨脱)。

分类讨论 本种类似于三亚虻 *T. sanyaensis* Xu, Xu *et* Sun，但三亚虻体较小；腹部背板后缘窄带棕色，触角鞭节端环节长于基环节。

(418) 三亚虻 *Tabanus sanyaensis* Xu, Xu *et* Sun, 2008 (图 453)

Tabanus sanyaensis Xu, Xu *et* Sun, 2008: 54 [Type locality: Sanya, Hainan, China].

鉴别特征　复眼无带；额高为基宽的 4 倍；亚胛覆粉；触角柄节和梗节棕色，鞭节的基环节短于端环节；下颚须灰棕色，第 2 节长为宽的 4 倍；胸部背板灰黑色，无浅色纵条；翅透明，R_4 脉具附脉；腹部背板灰黑色，具窄的棕色后缘带。

形态描述

雌性　体长 12 mm，灰黑色。头部：复眼无毛，绿色无带 (回潮)；额暗棕色，覆棕色毛和黑毛，额基宽小于顶宽，高为基宽的 4 倍；额基胛黑色，方形，与亚胛和复眼均接触；中胛黑色，为基胛的短延线；亚胛棕色，覆粉，"眉片"低；颜灰白色，覆白毛；口毛白色。触角柄节和梗节棕色，覆黑毛，柄节夹杂较多黄毛，梗节具背突，鞭节橙色，基环节长为宽的 2 倍，背突低，端环节长，长于基环节。下颚须灰棕色，第 1 节着生灰白色长毛，第 2 节长为宽的 4 倍，覆灰白色毛夹杂黑毛。喙棕黑色，具黑毛。胸部：背板灰黑色，覆棕色毛和黑毛，无浅色纵条；侧板灰色，覆灰白色毛。足棕红色，覆棕色毛，股节端部夹杂黑毛，胫节覆黑毛夹杂棕色毛，前足胫节色略深于股节，跗节棕黑色，覆黑毛。翅透明，翅脉棕色，R_4 脉具附脉，R_5 室开放。腋瓣棕色，两腋瓣交接处具 1 撮浅棕色毛。平衡棒棕黄色。腹部：背板灰黑色，覆黑毛夹杂棕色毛，各背板具棕色窄后缘，覆棕色毛，第 1-3 背板两侧缘覆棕色毛。腹板同背板，灰黑色，具浅色后缘。

雄性　未详。

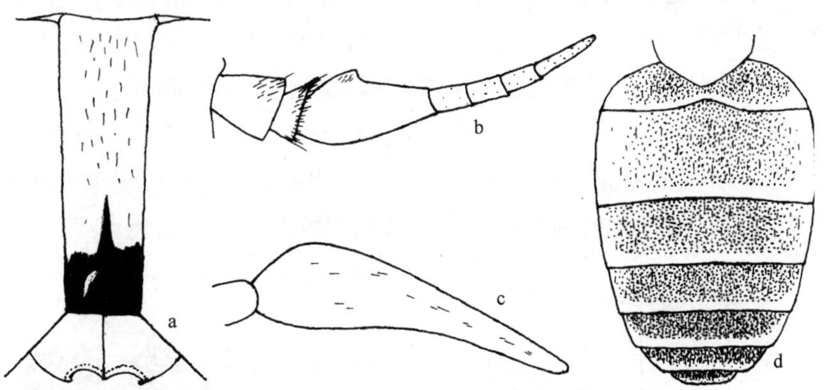

图 453　三亚虻 *Tabanus sanyaensis* Xu, Xu *et* Sun

a. 额 (frons)；b. 触角 (antenna)；c. 下颚须 (palpus)；d. 腹部背面 (dorsum of abdomen)

观察标本　正模♀，海南三亚，1960.IV.3，保存在 AMMSC。

生物学　山区种。

地理分布　海南 (三亚)。

分类讨论　本种类似于多带虻 *T. multicinctus* Schuurmans-Stekhoven，但本种额胛方形，两侧接触复眼，而多带虻的额胛与复眼分离。

(419) 多带虻 *Tabanus multicinctus* Schuurmans-Stekhoven, 1926 (图 454)

Tabanus multicinctus Schuurmans-Stekhoven, 1926: 283 [Type locality: Hoeta Nagodang, Manambin, Sumatra]; Stone, 1975: 64; Xu, 1982h: 137; Xu and Wang, 1993: 113; Yang and Xu, 1997: 15.

鉴别特征 复眼无带；额高为基宽的 4 倍；亚胛覆粉；触角棕色，鞭节的基环节长为宽的 1.2 倍；下颚须黄棕色，第 2 节长为宽的 4 倍，覆黑毛；胸部背板黑色，无纵条；翅前缘着棕色，R_4 脉无或具附脉痕迹；腹部背板黑色，具窄的浅色后缘带，第 1-6 背板中央成低的三角。

形态描述

雌性 体长 10 mm，深棕色。头部：复眼无毛，绿色无带 (回潮)；额棕色，覆黑毛，额基宽略小于顶宽，高为基宽的 4 倍；额基胛黑色，近方形，与亚胛接触，与复眼分离；中胛黑色，为基胛的粗短延线，与基胛连接处变细；亚胛棕色，覆粉，“眉片”低，棕色；颜白色白毛，上侧颜棕色，具棕黑色毛；口毛白色。触角柄节和梗节棕色，覆黑毛，鞭节棕色，基环节长为宽的 1.2 倍，背突钝。下颚须黄棕色，第 1 节着生黄白色长毛，第 2 节粗，长为宽的 4 倍，末端钝，覆黑毛。胸部：背板黑色，覆黑毛，翅上胛、翅后胛和小盾片后缘具白毛，无纵条；侧板灰黑色，具白毛，翅侧片具黑毛。足黑色黑毛，基节灰黑色，主要覆白毛，股节黑色，后足股节端部红棕色，覆黑毛为主，胫节黑色，基部棕色，主要覆黑毛，跗节黑色黑毛。翅前缘着棕色，第 1 后室边缘宽开放，R_4 脉无或具附脉痕迹。两腋瓣暗棕色，交接处着生 1 撮白毛。平衡棒棕黑色，球部顶端棕黄色。腹部：背板黑色，第 1 背板前缘两侧具白毛点，各背板具窄的白色粉和毛后缘，在第 1-6 背板中后缘成低的三角，背板侧缘具白毛。腹板黑色黑毛，具白色后缘。

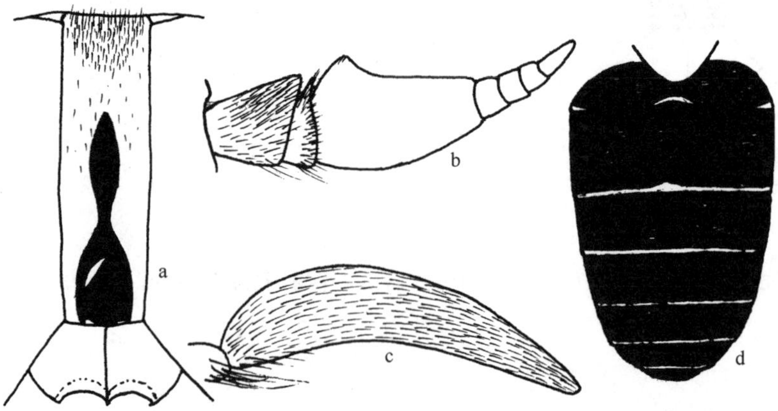

图 454 多带虻 *Tabanus multicinctus* Schuurmans-Stekhoven

a. 额 (frons)；b. 触角 (antenna)；c. 下颚须 (palpus)；d. 腹部背面 (dorsum of abdomen)

雄性　未详。

观察标本　1♀，云南，保存在 AMMSC。

生物学　山区种。

地理分布　云南（孟定）；印度尼西亚。

分类讨论　本种我国标本与原始描述比较，下颚须原始描述粗，我国标本较细；触角鞭节原始描述黑色，我国标本为棕色，有待进一步研究。本种类似于窄缘虻 *T. oxyceratus* (Bigot)，但窄缘虻的触角鞭节黑色；额中胛较细；腹部背板棕黑色；盾片具 1 对浅纵条；足股节黑色，胫节白色。

(420) 窄缘虻 *Tabanus oxyceratus* (Bigot, 1892) (图 455)

Atylotus oxyceratus Bigot, 1892: 652 [Type locality: India].

Tabanus oxyceratus: Stone, 1975: 65; Xu, 1982h: 137; Kapoor, Grewal, Sharma and Gupta, 1988: 108; Xu and Wang, 1993: 113; Yang and Xu, 1997: 15.

鉴别特征　复眼无带；额高为基宽的 4 倍；亚胛覆粉；触角柄节和梗节暗棕色，鞭节的基环节长为宽的 1.2 倍；下颚须黄棕色，第 2 节长为宽的 4 倍，覆黑毛；胸部背板黑色，具 2 条白色纵纹；翅透明，R_4 脉具短附脉；腹部背板黑色，具窄的白色粉和毛后缘，在第 1-6 背板中后缘成低的不明显三角。

形态描述

雌性　体长 11 mm，深棕色。头部：复眼无毛，绿色无带（回潮）；额棕色，覆黑毛，额基宽略小于顶宽，高为基宽的 4 倍；额基胛黑色，近圆形，与亚胛接触，与复眼分离；中胛黑色，为基胛的短延线；亚胛棕色，覆粉，“眉片”低，棕色；颜白色白毛，上侧颜棕色，具棕黑色毛；口毛白色。触角柄节和梗节暗棕色，覆黑毛，鞭节黑色，基环节长为宽的 1.2 倍，背突钝。下颚须黄棕色，第 1 节着生黄白色长毛，第 2 节粗，长为宽的 4 倍，末端钝，覆黑毛。胸部：背板黑色，覆黑毛，具 2 条白色纵纹；侧板灰色，具白毛。足黑色黑毛，基节灰黑色，主要覆白毛，股节黑色，后足股节端部红棕色，覆黑毛为主，胫节黑色，基部棕色，主要覆黑毛，跗节黑色黑毛。翅透明，R_4 脉具短附脉。两腋瓣暗棕色，交接处着生 1 撮白毛。平衡棒红棕色，球部顶端棕黄色。腹部：背板黑色，第 1 背板中部具白毛点，各背板具窄的白色粉和毛后缘，在第 1-6 背板白色后缘向前膨大不明显，略成低的三角，背板侧缘具白毛。腹板黑色黑毛，具白色后缘。

雄性　未详。

观察标本　正模♀，印度，保存在 BMNH（未检视）。1♀，云南，保存在 AMMSC。

生物学　山区种。

地理分布　云南（昆明）；印度北部，尼泊尔，缅甸。

分类讨论 本种我国标本与原始描述比较，触角鞭节原始描述红色，我国标本黑色；腹部原始描述黑色，具白色后缘，中央向前膨大，我国标本棕黑色，白色后缘向前膨大不明显。本种类似于多带虻 *T. multicinctus* Schuurmans-Stekhoven，但多带虻的触角鞭节棕色；额中胛较粗；腹部黑色；胸部无纵条；足黑色。

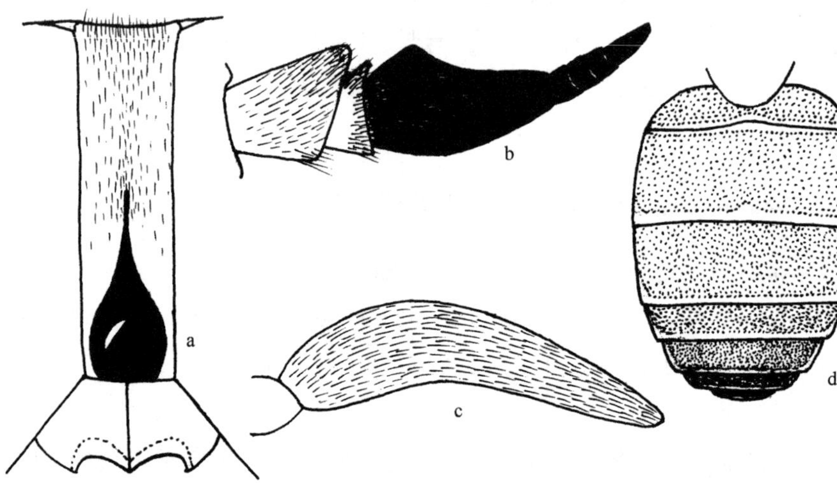

图 455 窄缘虻 *Tabanus oxyceratus* (Bigot)

a. 额 (frons)；b. 触角 (antenna)；c. 下颚须 (palpus)；d. 腹部背面 (dorsum of abdomen)

乘客虻组 *Tabanus anabetus* group

乘客虻组虻的主要特征是体棕色或黑色，腹部背板仅具宽的浅色后缘。另外，复眼无带；亚胛覆粉；额高为基宽的 5-10 倍；基胛与亚胛连接；中胛与基胛连接；触角鞭节的背突小；足二色明显或不明显；翅 R_5 室开放；乘客虻组现知仅 1 种，乘客虻 *T. anabates* Philip，分布在东洋界。

(421) 乘客虻 *Tabanus anabates* Philip, 1960 (图 456；图版 XVII)

Tabanus anabates Philip, 1960: 9 [Type locality: Tern, Lampang, Thailand]; Burton, 1978: 56; Xu, 1982h: 136; Wang, 1994: 126; Yang and Xu, 1997: 14; Xu and Guo, 2005b: 175.

鉴别特征 复眼无带；额高为基宽的 5.5-5.6 倍；亚胛覆粉；触角鞭节的基环节长为宽的 2 倍；下颚须黄色，第 2 节长为宽的 4 倍，主要覆黑毛；胸部背板棕黄色，无纵条；翅前缘具棕色暗影，此暗影向翅端变细，伸展到 R_4 脉；腹部背板基部 3 节暗棕色，向后色变深，第 2-6 背板后缘具宽的黄棕色横带。

形态描述

雌性 体长 13-15 mm，黄棕色。头部：复眼无毛，绿色无带 (回潮)；额黄色，覆黑毛，额基宽略小于顶宽，高为基宽的 5.5-6.5 倍；额基胛黑棕色，长卵形，与亚胛接触，与复眼分离；中胛黑色，为基胛的延线，与基胛连接处略变细；亚胛黄色，覆粉，“眉片”低，棕色；颜灰黄色，具白毛，上侧颜黄色；口毛白色。触角柄节和梗节黄色，覆黑毛，鞭节棕黄色，基环节长为宽的 2 倍，背突钝，端环节略暗。下颚须黄色，第 1 节着生白色长毛，第 2 节长为宽的 4 倍，覆黑毛和少量白毛。胸部：背板棕黄色，覆黄毛，无纵条；侧板灰色，具白毛。足黑色黑毛，基节灰黑色，主要覆白毛，股节黑色，覆黑毛为主，前足胫节 2/3 和中、后足胫节黄白色，主要覆黄白色毛，端部和跗节黑棕色，覆黑毛。翅前缘具棕色暗影，此暗影向翅端变细，伸展到 R_4 脉，R_5 室边缘宽开放，R_4 脉无或具短附脉。两腋瓣暗棕色，交接处着生 1 撮白毛。平衡棒棕色，球部顶端棕黄色。腹部：基部 3 节暗棕色，往后色变深，第 2-6 背板具宽的黄棕色横带，第 2-4 背板的后缘带中央膨大，第 7 背板黑色，具窄的浅色后缘。腹板同背板，第 6-7 节黑色。

雄性 本志首次描述。干标本，复眼上大半部大眼面棕色，下小半部小眼面黑色，

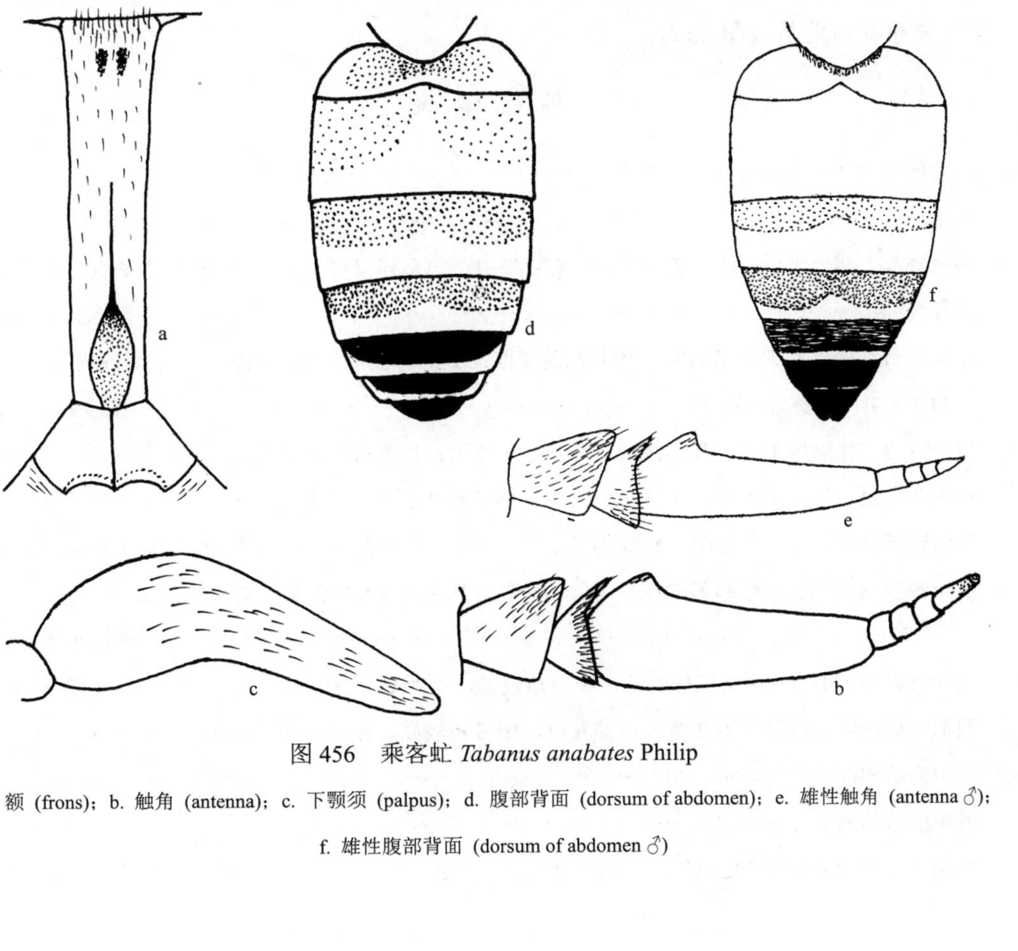

图 456 乘客虻 *Tabanus anabates* Philip

a. 额 (frons)；b. 触角 (antenna)；c. 下颚须 (palpus)；d. 腹部背面 (dorsum of abdomen)；e. 雄性触角 (antenna ♂)；f. 雄性腹部背面 (dorsum of abdomen ♂)

触角较雌性的窄；翅 R_4 脉具附脉痕迹；腹部基部 4 节黄棕色，往后色变深，第 3-5 背板具宽的黄棕色横带，第 3、4 背板的后缘宽带在中央膨大，第 6、7 背板黑色，具窄的浅色后缘。余者同雌性。

观察标本 正模♀，泰国，保存在 USNM (未检视)。40♀♀，云南，保存在 AMMSC。雄性描述标本采自云南，标本号为 IOZ(E)1292534，保存在 IZCAS。

生物学 山区种。

地理分布 云南 (勐腊、景洪、勐海、耿马、云县)；老挝，泰国。

分类讨论 本种腹部背板具宽的浅色后缘带；翅前缘具棕色暗影，伸展到 R_4 脉，在我国无类似种。

微赤虻组 *Tabanus rubidus* group

微赤虻组虻的主要特征是体棕色或黑色，腹部背板具 3 列浅色斑，即中三角和斜形侧斑。另外，复眼无带；亚胛覆粉；额高为基宽的 5-10 倍；基胛与亚胛连接；中胛与基胛连接；触角鞭节的背突小；足二色明显或不明显；翅 R_5 室开放。本组多分布在东洋界，个别种分布在古北界 (图 457)。

种检索表

1. 触角鞭节的基环节长约为宽的 2 倍……………………………………………………2
   触角鞭节的基环节长约为宽的 1.5 倍 …………………………………………………3
2. 触角鞭节大部分黑色；体灰黑带红；腹部背板中三角系列很窄，呈线状；额高为基宽的 5.5 倍，中胛延线细……………………………………………………**微赤虻 *T. rubidus***
   触角鞭节红棕色；端环节略暗；体灰棕色带红；腹部背板中三角系列较宽，呈宽条状；额高为基宽的 4-5 倍，中胛延线粗短 ………………………………………**速辣虻 *T. calidus***
3. 口毛黄色，体除黑毛外，尚具浅黄色毛和金黄色毛；额基胛基部具侧突……………………4
   口毛灰白色，体除黑毛外，尚具灰白色毛；额基胛基部平，无侧突……………………………5
4. 触角鞭节棕色，端环节略暗；额高为基宽的 5-6 倍；腹部背板灰棕黄色 · **杭州虻 *T. hongchowensis***
   触角鞭节基部棕色，端部和端环节黑色；额高为基宽的 4-5 倍；腹部背板棕黑色 …………………
   ……………………………………………………………………………**革新虻 *T. mutatus***
5. 腹部背板第 1-4 节两侧具红棕着色，中三角较低，不明显 …………………**迈克虻 *T. miki***
   腹部背板两侧无或仅在第 2 节具红棕着色，中三角较高，较明显………………………………6
6. 触角柄节和梗节黑色…………………………………………………………………………7
   触角柄节和梗节棕色…………………………………………………………………………8
7. 额高为基宽的 4-5 倍；足黑色；翅沿翅脉两侧着棕色 ……………………**学忠虻 *T. xuezhongi***

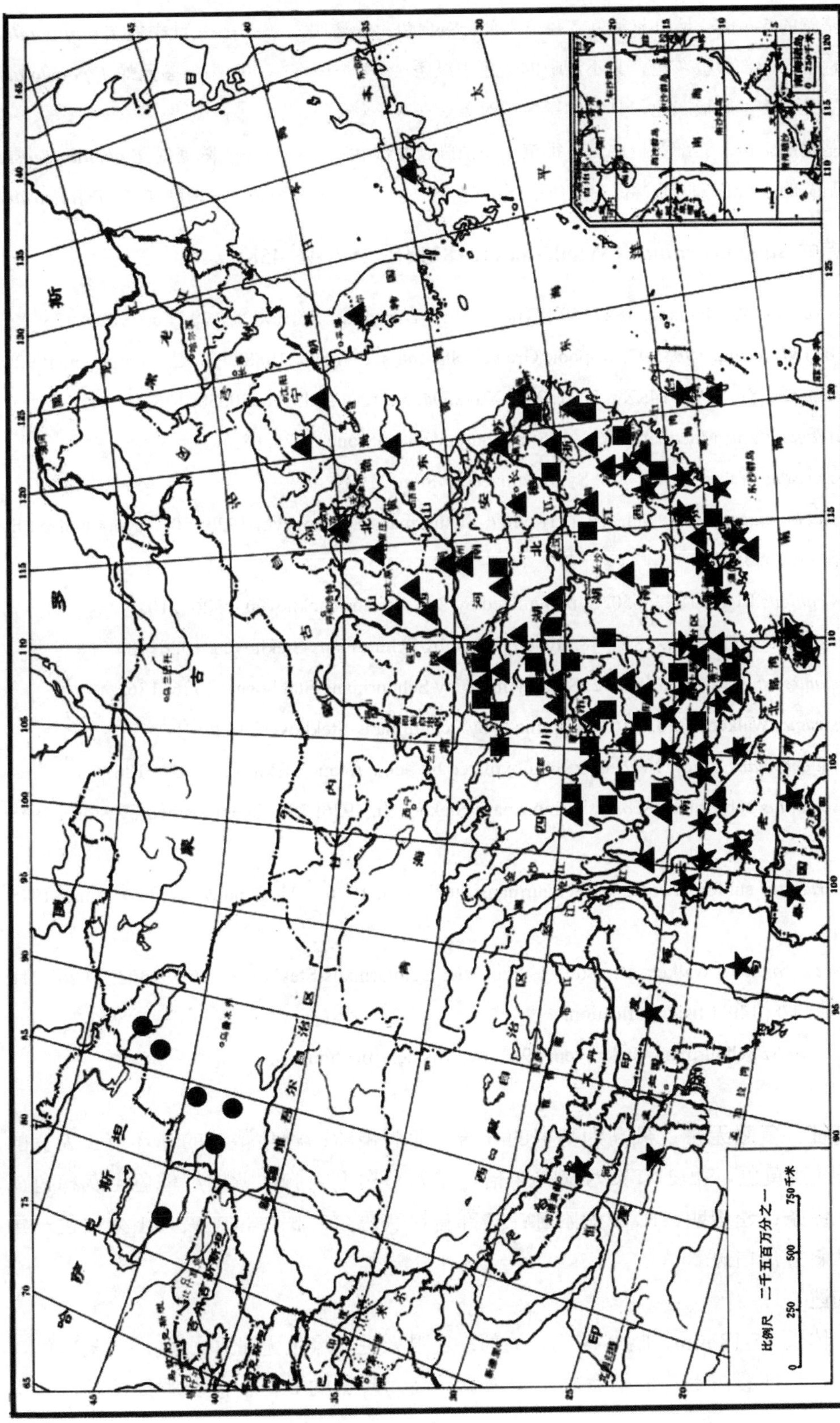

图 457　微赤虻组 *Tabanus rubidus* group 的地理分布

★微赤虻 *Tabanus rubidus* Wiedemann　■杭州虻 *Tabanus hongchowensis* Liu　●秋季虻 *Tabanus autumnalis* Linnaeus　▲辅助虻 *Tabanus administrans* Schiner

额高为基宽的 5-6 倍；足股节黑色，胫节大部分黄白色；翅透明 …………… 秋季虻 *T. autumnalis*

8. 足股节棕色；腹部腹板灰色，具不清晰的暗色中纵条…………………………… 多元虻 *T. polygonus*

足股节黑色；腹部腹板灰色，具宽的黑色中纵条………………………………………………………8

9. 额高为基宽的 7 倍；腹部背板中三角很窄，不清晰，呈线状……………… 陈塘虻 *T. chentangensis*

额高为基宽的 5-6 倍；腹部背板中三角清晰 ……………………………………… 辅助虻 *T. administrans*

(422) 微赤虻 *Tabanus rubidus* Wiedemann, 1821 (图 457，图 458)

Tabanus rubidus Wiedemann, 1821: 69 [Type locality: Bengalia]; Xu, 1982f: 128; Xu, 1982g: 133; Xu, 1982h: 137; Wang, 1983: 97; Kapoor, Grewal, Sharma and Gupta, 1988: 113; Chen and Xu, 1992a: 87; Yang and Xu, 1997: 14; Xu, 2001: 347; Xu, 2004: 541; Xu and Guo, 2005b: 175.

Tabanus lagenaferus Macquart, 1838: 148. Synonymized by Stone, 1975: 68.

Tabanus priscus Walker, 1848: 176. Synonymized by Stone, 1975: 68.

Atylotus abbreviatus Bigot: Shiraki, 1918: 267; Schuurmans-Stekhovevn, 1929: 507. Synonymized by Philip, 1960b: 55.

Atylotus conicus Bigot, 1892: 650. Synonymized by Schuurmans-Stekhoven, 1926: 210.

Tabanus albimedius Walker, 1850: 48. Synonymized by Schuurmans-Stekhoven, 1926: 186.

Tabanus umbrosus Walker, 1850: 52. Synonymized by Schuurmans-Stekhoven, 1926: 186.

Tabanus vagus Walker, 1850: 50. Synonymized by Schuurmans-Stekhoven, 1926: 186.

Atylotus lachrymans Bigot, 1892: 669. Synonymized by Schuurmans-Stekhoven, 1926: 186.

Tabanus rubidus subform *priscoides* Schuurmans-Stekhoven, 1926: 206. Synonymized by Stone, 1975: 68.

Tabanus rubidus subform *violaceus* Schuurmans-Stekhoven, 1926: 204. Synonymized by Stone, 1975: 68.

Tabanus abscondens Walker: Ricardo, 1911a: 161; Schuurmans-Stekhoven, 1929: 502; 1926: 211; Burton, 1978: 149. Misidentification.

Tabanus sziládyi Schuurmans-Stekhoven, 1932: 69. Misidentification.

鉴别特征 复眼无带；额高为基宽的 6 倍；亚胛覆粉；触角鞭节的基环节长为宽的 2 倍；下颚须浅黄色，第 2 节长为宽的 4 倍，主要覆白毛；胸部背板红棕色至灰棕色，具 3 灰白色纵条；翅透明，R_4 脉无附脉；腹部背板灰色至红棕色，中央具 1 列白色三角斑，两侧具斜方形白斑。

形态描述

雌性 体长 15-18 mm，暗红棕色。头部：复眼无毛，绿色无带 (回潮)；额灰棕色，头顶覆黑毛，基部覆白毛，额基宽略小于顶宽，高为基宽的 6 倍；额基胛红棕色，长三角形，与亚胛接触，与复眼分离；中胛黑色，为基胛延线；亚胛黄灰色，覆粉，“眉片”低，棕色；颜灰白色白毛，上侧颜黄灰色，具棕黑色毛；口毛白色。触角柄节和梗节浅黄色，覆黑毛和少量白毛，鞭节黑色，基部少许棕色，基环节长为宽的 2 倍，背突钝。下颚须浅黄色，第 1 节着生黄白色长毛，第 2 节长为宽的 4 倍，末端钝，覆白毛夹杂一些黑毛。胸部：背板红棕色至灰棕色，覆黑毛，具 3 条灰白色纵纹；侧板灰色，具白色长毛，翅侧片浅棕色，具黑毛。足基节和股节灰黑色，主要覆白毛，前足胫节基部大部分和中、后足胫节黄白色，覆黑毛和白毛，胫节端部和跗节黑色黑毛。翅透明，翅脉黄棕色，R_5 室边缘宽开放，R_4 脉无附脉。两腋瓣暗棕色，交接处着生 1 撮白毛。平衡棒黄色，球部顶端白色。腹部：背板灰色至红棕色，中央具 1 列窄的白色三角斑，两侧具斜方形白斑。腹板灰色，中央具宽的深灰色纵条。

雄性　复眼上 2/3 大眼面与下 1/3 小眼面界限清晰，与雌性相比，触角鞭节较窄，体色较红。

观察标本　150♀♀，福建、广东、广西、云南，保存在 AMMSC。

生物学　稻作区种。

地理分布　福建 (武夷山、易武、梅花山、漳州、南靖、漳浦)、台湾 (高雄、恒春)、广东 (罗浮山、鼎湖山、惠东、大埔、南澳岛)、海南 (吊罗山、保亭、三亚、尖峰岭、通什、五指山、屯昌、营梗、那大、加积、万宁、霸王岭)、香港、广西 (东兴、钦州、防城、十万大山、凭祥、宁明、大明山、龙州、龙胜、平果、百色、凌乐、玉林、贵县)、贵州 (罗甸、望谟、兴义、关岭、普安、晴隆、镇宁)、云南 (麻栗坡、金平、勐腊、景

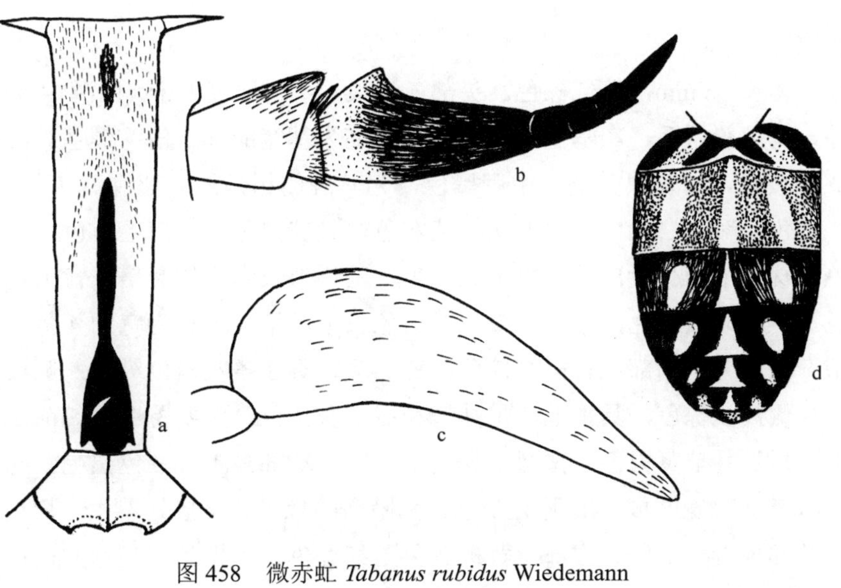

图 458　微赤虻 *Tabanus rubidus* Wiedemann

a. 额 (frons)；b. 触角 (antenna)；c. 下颚须 (palpus)；d. 腹部背面 (dorsum of abdomen)

洪、勐海、思茅、孟连、耿马、勐定、蔓耗、易武)；印度，尼泊尔，缅甸，越南，老挝，泰国，斯里兰卡，新加坡，印度尼西亚。

分类讨论 本种在我国南方分布广，数量大，形态变异较大，类似于速辣虻 *T. calidus* Walker，但速辣虻腹部背板中三角较宽；额高为基宽的 4-5 倍；中胛延线较粗；触角鞭节红棕色，端环节略暗。Shiraki (1918) 记载台湾的 *T. abbreviatus* (Bigot, 1892)，据描述，可能系本种误定，而Philip (1960b) 怀疑 *T. abbreviatus* 是本种同物异名。Ricardo (1911) 有关中国记载的 *T. abscondens* Walker, 1860 (模式产地为缅甸)，Burton (1978) 认为应重新评估，本志据 Schuurmans-Stekhoven (1926) 描述，认为可能是本种误定。Schuurmans-Stekhoven (1932) 据来自苏门答腊或中国福建的污损的雄性标本描述了 *T. szilâdyi* 新种，根据分布，本志认为可能是本种的误定，或者标本不是来自中国福建。微赤虻是典型东洋界种，分布在华南区 (图 457)，是稻作区的常见优势种，数量大。

(423) 速辣虻 *Tabanus calidus* Walker, 1850 (图 459)

Tabanus calidus Walker, 1850: 57 [Type locality: (?) Asia]; Schuurmans-Stekhoven, 1926: 151; Stone, 1975: 55; Xu and Wang, 1993: 111.

鉴别特征 复眼无带；额高为基宽的 4-5 倍；亚胛覆粉；触角鞭节的基环节长为宽的 2 倍；下颚须浅黄色，第 2 节长为宽的 4 倍；胸部背板灰棕色，具 3 灰白色纵条；翅透明，R_4 脉无附脉；腹部背板灰色至红棕色，中央具 1 列宽的白色三角斑，两侧具斜方形白斑。

形态描述

雌性 体长 16 mm，暗红棕色。头部：复眼无毛，绿色无带 (回潮)；额灰棕色，头顶覆黑毛，基部覆白毛，额基宽略小于顶宽，高为基宽的 4-5 倍；额基胛红棕色，类圆形，与亚胛接触，与复眼分离；中胛黑色，为基胛的粗延线；亚胛黄灰色，覆粉，“眉片”低，棕色；颜灰白色白毛，上侧颜黄灰色，具棕黑色毛；口毛白色。触角柄节和梗节浅黄色，覆黑毛和少量白毛，鞭节红棕色，基环节长为宽的 2 倍，背突钝，端环节略暗或黑色。下颚须浅黄色，第 1 节着生黄白色长毛，第 2 节长为宽的 4 倍，末端钝，覆白毛夹杂一些黑毛。胸部：背板灰棕色，覆黑毛，具 3 条灰白色纵纹；侧板灰色，具白色长毛，翅侧片浅棕色，具黑毛。足基节和股节灰黑色，主要覆白毛，前足胫节基部大部分和中、后足胫节黄白色，覆黑毛和白毛，胫节端部和跗节黑色黑毛。翅透明，翅脉黄棕色，R_5 室边缘宽开放，R_4 脉无附脉。两腋瓣暗棕色，交接处着生 1 撮白毛。平衡棒浅棕色，球部顶端黄白色。腹部：背板灰色至红棕色，中央具 1 列宽的白色三角斑，两侧具斜方形白斑。腹板灰色，中央具宽的深灰色纵条。

雄性 未详。

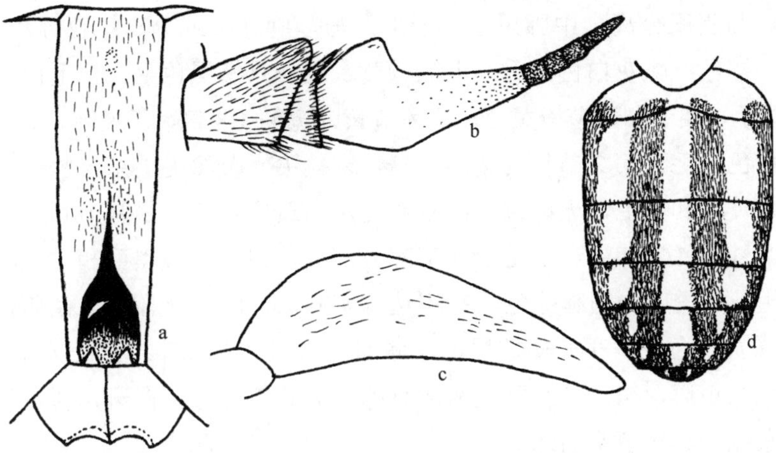

图 459　速辣虻 *Tabanus calidus* Walker

a. 额 (frons)；b. 触角 (antenna)；c. 下颚须 (palpus)；d. 腹部背面 (dorsum of abdomen)

观察标本　模式标本♀，亚洲，保存在 BMNH (未检视)。1♀，广东，保存在中山大学。

生物学　未详。

地理分布　广东 (广州)、香港。

分类讨论　本种与微赤虻 *T. rubidus* Wiedemann 非常相似，但微赤虻体暗红棕色；腹部背板中三角很窄，呈线状；额高为基宽的 6 倍；中胛延线细；触角鞭节大部分黑色。Stone (1972) 报道浙江杭州有本种虻分布，本志疑为杭州虻 *T. hongchowensis* Liu 的误定。

(424) 杭州虻 *Tabanus hongchowensis* Liu, 1962 (图 457，图 460)

Tabanus hongchowensis Liu, 1962: 124 [Type locality: Hangzhou, Zhejiang, China]; Xu, 1982e: 122; Xu, 1982g: 132; Xu and Liu, 1982b: 112; Wang, 1983: 94; Wu, Li, Liu, Yang, Zhang and Cao, 1988: 199; Chen and Xu, 1992a: 67; Yang and Xu, 1997: 14; Liu, 1999c: 517; Xu, 2001: 347; Xu, 2005: 772.

鉴别特征　复眼无带；额高为基宽的 5-6 倍；亚胛覆粉；触角鞭节的基环节长为宽的 1.8 倍；下颚须灰白色，第 2 节长为宽的 3 倍；胸部背板灰黄色，无纵条；翅透明，R_4 脉无附脉；腹部背板灰棕色，中央具 1 列宽的黄灰色三角斑，第 2、3 背板两侧有的可见具斜方形黄白斑。

形态描述

雌性　体长 14-16 mm，棕色。头部：复眼无毛，绿色无带 (回潮)；额浅黄色，头顶覆黑毛，基部覆白毛，额基宽略小于顶宽，高为基宽的 5-6 倍；额基胛黑色，类圆形，与亚胛接触，与复眼分离；中胛黑色，矛形，与基胛连接或分离；亚胛浅黄色，覆粉，“眉片”高，棕色；颜灰白色白毛，上侧颜黄灰色，具棕黑色毛；口毛白色。触角柄节浅黄色，覆黑毛，梗节和鞭节橙黄色，基环节长为宽的 1.8 倍，背突钝。下颚须灰白色，第 1 节着生白色长毛，第 2 节长为宽的 3 倍，末端尖，覆黑毛夹杂一些白毛。胸部：背板灰黄色，覆黄毛和黑毛，无纵纹；侧板灰色，具黄色长毛。足基节和股节黑色，主要覆白毛，胫节基部 1/2 和中、后足胫节基部大部分黄白色，覆黑毛和白毛，胫节端部和跗节黑色黑毛。翅透明，翅脉棕色，R_5 室边缘宽开放，R_4 脉无附脉。两腋瓣暗棕色，交接处着生 1 撮黄白色毛。平衡棒棕黑色，球部顶端棕色。腹部：背板灰棕色，中央具 1 列宽的黄灰色三角斑，第 2、3 背板两侧有的可见具斜方形黄白斑，背板后缘具浅色横带。腹板深灰色，具浅色窄后缘。

雄性 未详。

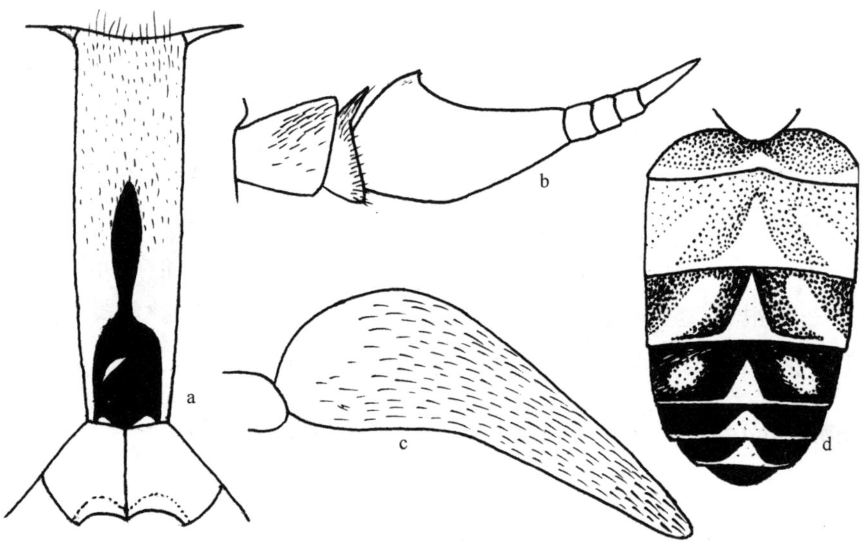

图 460 杭州虻 *Tabanus hongchowensis* Liu

a. 额 (frons)；b. 触角 (antenna)；c. 下颚须 (palpus)；d. 腹部背面 (dorsum of abdomen)

观察标本 正模♀，杭州，保存在 IECAS。100♀♀，浙江、福建、贵州，保存在 AMMSC。

生物学 平原、山区均常见。

地理分布 河南 (信阳)、陕西 (镇巴、佛坪、略阳)、甘肃 (康县)、安徽、浙江 (杭州、临海)、湖北 (宜昌、五峰)、江西 (铜鼓)、湖南 (郴县、大庸)、福建 (福州、武夷山、建阳、邵武、将乐、永安、漳平、诏安、南靖)、广东 (广州)、广西 (龙胜、钦州、凌乐、苗儿山)、重庆 (巫溪)、四川 (洪雅、夹江、长宁、雅安、美姑、峨眉山、万源)、贵州 (务川)、云南 (昭通、水富、永善、盐津)。

分类讨论　本种与革新虻 *T. mutatus* Wang *et* Liu 非常类似，但革新虻的触角鞭节基部棕黑色，端环节黑色；额高为基宽的 3.6-5.0 倍；腹部背板棕黑色。杭州虻广布在华中区和华南区中东部 (图 457)；而革新虻分布在华南区的西南部和西南区，2 个种在华南区部分地区交叉分布。

(425) 革新虻 *Tabanus mutatus* Wang *et* Liu, 1990 (图 461)

Tabanus mutatus Wang *et* Liu, 1990: 175 [Type locality: Meigu, Sichuan, China]; Xu and Guo, 2005b: 175.

Tabanus hongchowoides Chen *et* Xu, 1992a: 68; Yang and Xu, 1997: 14. Synonymized by Xu, 2000: 190.

Tabanus hongchowensis Liu: Xu, 1982f: 127; Xu, 1982: 136. Misidentification.

鉴别特征　复眼无带；额高为基宽的 3.6-5.0 倍；亚胛覆粉；触角鞭节的基环节棕黑色，长为宽的 1.7 倍；下颚须浅黄色，第 2 节长为宽的 3.3 倍；胸部背板黑色，具 3 条不清晰纵纹；翅透明，R_4 脉无附脉；腹部背板棕黑色，第 2-6 背板中央具 1 列黄白色三角斑，第 2、3 背板两侧有的可见斜方形棕黄斑，背板后缘具浅色横带。

形态描述

雌性　体长 15-18 mm，棕黑色。头部：复眼无毛，绿色无带 (回潮)；额暗棕色，头顶覆黑毛，基部覆黄毛，额两侧平行，高为基宽的 3.6-5.0 倍；额基胛黑色，铃形，与亚胛接触，与复眼分离；中胛黑色，棒形，与基胛连接或分离；亚胛暗棕色，覆粉，“眉片”低，棕色；颜灰黄色，覆灰黄色毛，上侧颜暗棕色，具黑毛；口毛黄色。触角柄节和梗节灰黑色，覆黑毛，鞭节棕黑色，基环节长为宽的 1.7 倍，背突钝，端环节黑色。下颚须浅黄色，第 1 节着生黄白色长毛，第 2 节长为宽的 3.3 倍，末端尖，覆黑毛夹杂黄白色毛。胸部：背板黑色，覆暗棕色粉，着生黑毛和少量黄毛，具 3 条不清晰纵纹，背侧片红棕色，覆黑毛，小盾片黑色，覆黄毛；侧板灰色，具浅黄色长毛。足基节灰黑色，着生黄毛，前足股节灰褐色，中、后足股节灰色，主要覆黄毛，前足胫节基部 2/3 和中、后足胫节基部大部分黄白色，覆黄毛和少量黑毛，胫节端部和跗节黑色黑毛。翅透明，翅脉棕色，R_5 室边缘宽开放，R_4 脉无附脉。两腋瓣暗棕色，交接处着生 1 撮黄毛。平衡棒黄白色，球部两侧黑棕色。腹部：背板棕黑色，覆黑毛，第 1 背板灰黄色，第 2-6 背板中央具 1 列黄白色三角斑，第 2、3 背板两侧有的可见斜方形棕黄斑，背板后缘具浅色横带。腹板棕黑色，具浅色窄后缘，中央具灰黑色纵条。

雄性　未详。

观察标本　正模♀，美姑，海拔 2200 m，1987.VII.29，王天齐，保存在 IECAS。20♀♀，贵州、云南，保存在 AMMSC。

生物学　高原种；7-8 月数量较多。

地理分布　海南 (吊罗山、尖峰岭)、四川 (美姑、昭觉)、贵州 (威宁、兴义、纳雍、黔西)、云南 (勐腊、曲靖、宁蒗、维西、威信)。

分类讨论　本种与杭州虻 *T. hongchowensis* Liu 非常类似，但杭州虻的触角鞭节橙黄色；额高为基宽的 5-6 倍；“眉片”较高；腹部背板灰棕色。

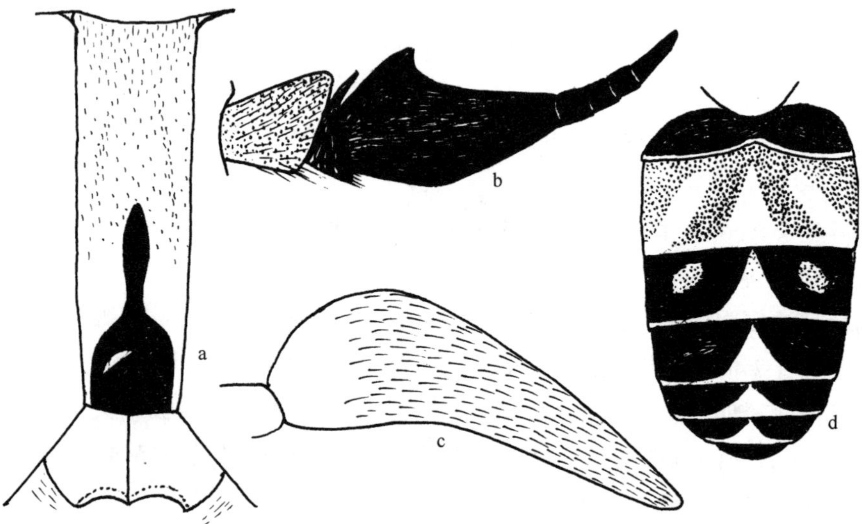

图 461　革新虻 *Tabanus mutatus* Wang *et* Liu

a. 额 (frons)；b. 触角 (antenna)；c. 下颚须 (palpus)；d. 腹部背面 (dorsum of abdomen)

(426) 迈克虻 *Tabanus miki* Brauer, 1880 (图 462)

Tabanus miki Brauer, 1880, In: Brauer and Bergenstamm, 1880: 195 [Type locality: Bohmen, Osterriech]; Olsufjev, 1977: 233; Xu, 1982d: 118; Wang, 1994: 152.

Tabanus postvelutinus Moucha, 1962: 32 (new name for *T. velutinus* Kröber, 1936. a junior primary homony of *T. velutinus* Surcouf, 1906).

Tabanus velutinus Kröber, 1936: 38. Synonymized by Chvála, 1988: 148.

Tabanus australis Hauser, 1960: 657. Synonymized by Chvála, 1988: 148.

鉴别特征　复眼无带；额高为基宽的 4-5 倍；亚胛覆粉；触角鞭节的基环节红棕色，长为宽的 1.3 倍；下颚须浅黄色，第 2 节长为宽的 2.0-2.5 倍；胸部背板灰黑色，具 3 条不清晰纵纹；翅透明，R_4 脉无或具短附脉；腹部背板灰黑色，第 1-3 或第 1-4 背板两侧具红棕色斑，第 2-5 背板具 3 列浅色斑，中三角低。

形态描述

雌性　体长 15-16 mm，棕黑色。头部：复眼无毛，绿色无带 (回潮)；额黄灰色，覆黑毛，额两侧平行，高为基宽的 4-5 倍；额基胛黑色，类三角形，与亚胛接触，与复眼分离；中胛黑色，梭形，与基胛连接；亚胛黄棕色，覆粉，“眉片”低，棕色；颜灰色，覆白毛；口毛白色。触角柄节和梗节黄棕色，覆黑毛，鞭节基部大部分红棕色，基环节长为宽的 1.3 倍，背突钝，基环节端部及端环节黑色。下颚须浅黄色，第 1 节着生白色长毛，第 2 节长为宽的 2.0-2.5 倍，末端尖，覆黑毛。胸部：背板灰黑色，覆黑毛和浅黄色毛，具 3 条不清晰纵纹，背侧片和小盾片黑色；侧板灰色，具密的浅黄色长毛。足基节灰色，着生白毛，股节浅黑灰色，覆白毛，前足胫节基部 1/2 和中、后足胫节基部大部分浅棕色，胫节端部和跗节暗棕色，前足跗节黑色。翅透明，翅脉棕色，R_5 室边缘宽开放，R_4 脉无或具短附脉。两腋瓣暗棕色，交接处着生 1 撮白毛。平衡棒暗棕色，球部顶端色浅。腹部：背板灰黑色，覆黑毛，第 1-3 或第 1-4 背板两侧具红棕色斑，第 2-5 背板具 3 列浅色斑，中三角低，各背板后缘具浅色横带。腹板黄棕色至红棕色，端部几节较暗，具浅色窄后缘。

雄性　复眼上 2/3 大眼面与下 1/3 小眼面间具 1 条紫色带，触角较雌性的窄，下颚须第 2 节卵圆形，具黑毛，胸部背板覆浓密的浅色长毛，腹部背板两侧浅棕色，中央具灰黑色窄纵条。

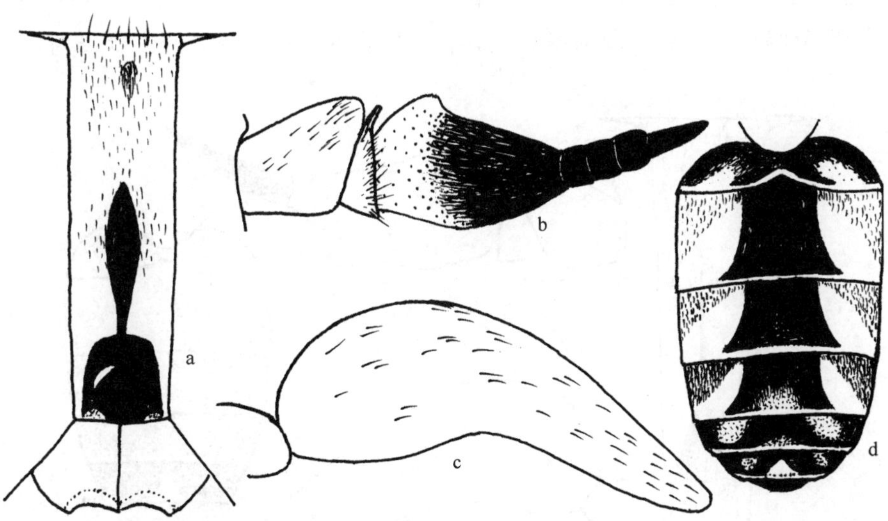

图 462　迈克虻 *Tabanus miki* Brauer

a. 额 (frons)；b. 触角 (antenna)；c. 下颚须 (palpus)；d. 腹部背面 (dorsum of abdomen)

观察标本　10♀♀，新疆，保存在 AMMSC。

生物学　林区种；6-8 月数量活动。

地理分布　新疆 (精河、乌苏、托里)；中亚地区，欧洲。

分类讨论　本种类似于同域分布的秋季虻 *T. autumnalis* Linnaeus，但秋季虻的腹部背板中三角较高，明显。

(427) 多元虻 *Tabanus polygonus* Walker, 1854 (图 463)

Tabanus polygonus Walker, 1854: 237 [Type locality: Baghdad, Turkey]; Xu, 1990: 99.

Atylotus polyzonatus Bigot, 1892: 648. Synonymized by Chvála, 1988: 151.

Tabanus stricatus Surcouf, 1912: 73. Synonymized by Chvála, 1988: 151.

鉴别特征　复眼无带；额高为基宽的 5 倍；亚胛覆粉；下颚须米黄色，第 2 节长为宽的 4 倍；胸部背板黑色，具 5 条不明显纵纹；翅透明，R_4 脉无附脉；腹部背板棕色，具 3 列黄白色斑，中三角高。

形态描述

雌性　体长 19 mm，棕色。头部：复眼无毛，绿色无带 (回潮)；额灰色，覆黑毛和白毛，额两侧平行，高为基宽的 5 倍；额基胛棕黑色，卵圆形，与亚胛接触，与复眼分离；中胛黑色，梭形，与基胛连接；亚胛灰色，覆粉，“眉片”低，棕色；颜灰色，覆白毛；口毛白色。触角棕色，柄节和梗节覆黑毛，鞭节基环节棕黄色，长为宽的 1.2 倍，背突钝，端环节暗棕黑色。下颚须米黄色，第 1 节着生白色长毛，第 2 节长为宽的 4 倍，

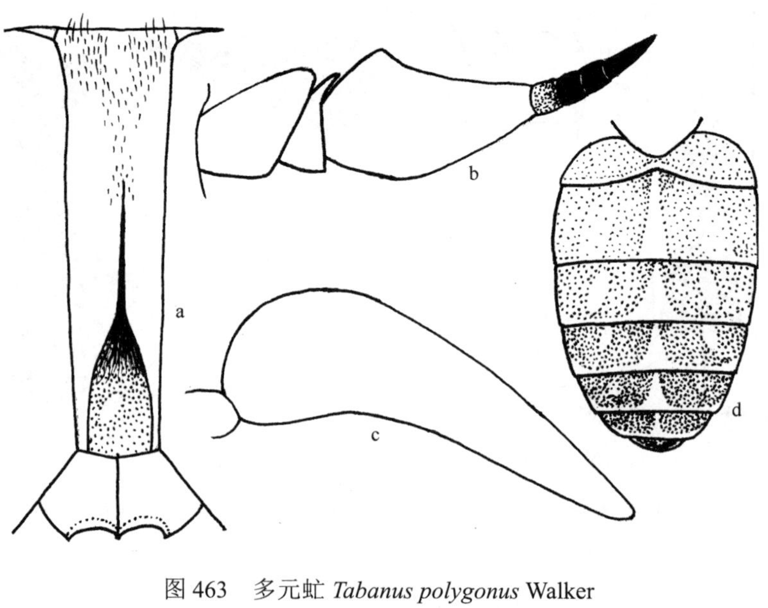

图 463　多元虻 *Tabanus polygonus* Walker

a. 额 (frons)；b. 触角 (antenna)；c. 下颚须 (palpus)；d. 腹部背面 (dorsum of abdomen)

末端尖，覆白毛。胸部：背板黑色，覆黑毛和白毛，具 5 条不明显纵纹，背侧片棕色；侧板灰色，具白色长毛，中胸上前侧片具黑毛。足基节灰色，着生白毛，前足股节、前足胫节端部，各足跗节棕黑色，其余棕色，股节和胫节主要覆棕色毛，跗节覆黑毛。翅透明，翅脉棕色，第 1 后室边缘略变窄，R_4 脉无附脉。两腋瓣暗棕色，交接处着生 1 撮黄白色毛。平衡棒棕色，球部顶端色浅。腹部：背板棕色，覆黑毛，具 3 列黄白色斑，中三角高，各背板后缘具浅色横带。腹板灰色，具不清晰暗色中纵条。

雄性　未详。

观察标本　1♀，新疆，保存在 AMMSC。

生物学　荒漠种。

地理分布　新疆 (阿图什、布尔津)；阿富汗，伊朗，伊拉克，土耳其。

分类讨论　本种与秋季虻 *T. autumnalis* Linnaeus 非常类似，但秋季虻体黑色；触角黑色；足股节黑色；腹部腹板灰色，具宽的黑色中纵条。

(428) 学忠虻 *Tabanus xuezhongi* Xu *et* Guo, 2005 (图 464)

Tabanus xuezhongi Xu *et* Guo, 2005: 171 [Type locality: Lushui, Yunnan, China].

鉴别特征　体中型，黑色；复眼绿色无带；额两侧平行，高为基宽的 4-5 倍，基胛正方形；亚胛覆粉；触角黑色；胸部盾片无纵条；翅 R_4 脉无附脉；腹部背板黑色，具浅色中三角和侧圆斑。

形态描述

雌性　体长 15-17 mm，黑色。头部：复眼绿色无带 (新鲜和回潮)；额暗棕色，着生黑毛，头顶黑色区具密的黑毛，两侧平行，高为宽的 4-5 倍；基胛正方形，黑色，与亚胛接触，与复眼窄分离；中胛矛形，黑色，与基胛连接；亚胛色同额,覆粉，“眉片”较高，接近亚胛高的一半；颜与颊灰色，覆白毛，上中颜和侧颜具黑毛；口毛白色。触角黑色，有的个体鞭节的基环节色略浅，柄节和梗节覆黑毛，梗节背突很长，鞭节背突明显，端环节约与基环节等长。下颚须灰棕黑色，第 1 节覆长白毛，夹杂少量黑毛，第 2 节着生黑毛，基部夹杂白毛，长为宽的 3.7 倍。喙黑色，着生黑毛，基部腹方具白毛。胸部：背板黑色，着生黑毛夹杂白毛，覆薄粉，无明显纵条，肩胛、背侧片和盾片前缘覆较厚的棕色粉，盾片后缘包括前小盾片覆白粉，小盾片色同盾片；侧板和足基节灰黑色，覆白毛，中胸前侧片夹杂较多黑毛。足黑色，前足股节着生黑毛，中、后足股节着生白毛，前足胫节基半棕色，着生浅棕色毛，中、后足胫节基部大部分暗棕色，着生黑毛夹杂浅棕色毛，足其余部分黑色黑毛。翅透明，沿翅脉两侧着棕色，R_4 脉无附脉，R_5 室开放。腋瓣黑色，两腋瓣交接处具白毛。平衡棒柄棕色，球部黑色，球顶部略浅。腹部：背板黑色，覆黑毛，第 1-6 背板具浅色窄后缘，第 2-5 背板中央膨大成三角，第 2

背板的中白斑大，达该节的前缘，第 1-5 背板亚侧部具圆形白斑，第 1 背板前缘在小盾片两侧具白毛。腹板灰黑色，着生白毛，第 2-6 腹板具浅色后缘，中央具着生黑毛的纵条，条宽约为腹节宽的 1/3。

雄性 未详。

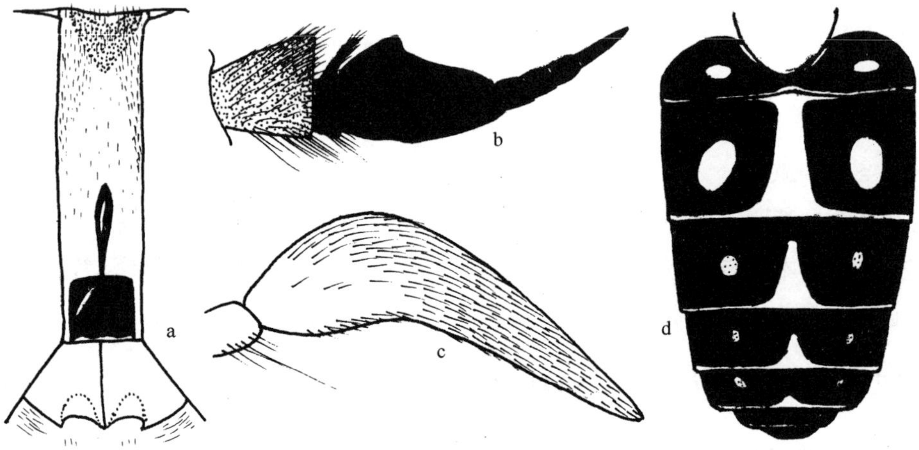

图 464 学忠虻 *Tabanus xuezhongi* Xu *et* Guo

a. 额 (frons)；b. 触角 (antenna)；c. 下颚须 (palpus)；d. 腹部背面 (dorsum of abdomen)

观察标本 正模♀，云南怒江州泸水县片马镇，2004.VI.27，郭天宇，保存在 AMMSC。10♀♀，云南，保存在 AMMSC。

生物学 本种分布于高海拔林区，但属东洋界种类，占白天用水牛诱捕虻数量组成的 10%，一起捕获的主要有林脸斑虻 *C. silvifacies* Philip、棕体虻 *T. russatus* Wang、拟矮小虻 *T. humiloides* Xu、昆明虻 *T. kunmingensis* Wang 和成勇麻虻 *Hae. chengyongi* Xu *et* Guo。

地理分布 云南 (泸水片马)。

分类讨论 本种腹部形态类似于副微赤虻 *T. pararubidus* Yao *et* Liu，但副微赤虻复眼具 3 条带，翅脉两侧无着色。

(429) 秋季虻 *Tabanus autumnalis* Linnaeus, 1761 (图 457，图 465)

Tabanus autumnalis Linnaeus, 1761: 462 [Type locality: (?) Sweden]; Olsufjev, 1977: 275; Xu, 1982d: 117; Wang, 1983: 96.

Tabanus bovinus Harris, 1776: 27 (A junior primary homonym of *T. bovinus* Linnaeus, 1758). Synonymized by Chvála, 1988: 138.

Tabanus molestans Becker, 1914: 77. Synonymized by Chvála, 1988: 138.

Tabanus brunnescens Szilády, 1914: 671. Synonymized by Chvála, 1988: 138.

Hybostraba guttiventris Enderlein, 1925: 356. Synonymized by Chvála, 1988: 138.

鉴别特征 复眼无带；额高为基宽的 5-6 倍；亚胛覆粉；触角黑色；下颚须米黄色，第 2 节长为宽的 4 倍；胸部背板黑色，具 5 条清晰纵纹；翅透明，R_4 脉无附脉；腹部背板黑色，具 3 列浅色斑，中三角高。

形态描述

雌性 体长 18-20 mm，黑色。头部：复眼无毛，绿色无带 (回潮)；额灰色，覆黑毛，额两侧平行，高为基宽的 5-6 倍；额基胛黑色，卵圆形，与亚胛接触，与复眼分离；中胛黑色，梭形，与基胛连接；亚胛灰色，覆粉，"眉片" 低，棕色；颜灰色，覆白毛；口毛白色。触角黑色，柄节和梗节覆黑毛，鞭节基部有的少许红棕色，基环节长为宽的 1.2 倍，背突钝。下颚须米黄色，第 1 节着生白色长毛，第 2 节长为宽的 4 倍，末端尖，覆白毛夹杂少量黑毛。胸部：背板黑色，覆黑毛和白毛，具 5 条明显纵纹，背侧片棕色；侧板灰色，具白色长毛。足基节灰色，着生白毛，股节黑色，覆白毛，前足胫节基部 1/3 浅黄色，端部及跗节黑色，中、后足胫节黄色，跗节棕色。翅透明，翅脉棕色，第 1 后室边缘变窄，R_4 脉无附脉。两腋瓣暗棕色，交接处着生 1 撮白毛。平衡棒棕色，球部顶端色浅。腹部：背板黑色，覆黑毛，具 3 列浅色斑，中三角高，各背板后缘具浅色横带。腹板灰色，具宽的黑色中纵条。

雄性 复眼上 2/3 大眼面与下 1/3 小眼面界限清晰，触角较雌性的窄，下颚须第 2 节卵圆形，具白毛，腹部第 1-4 背板两侧具棕色斑。

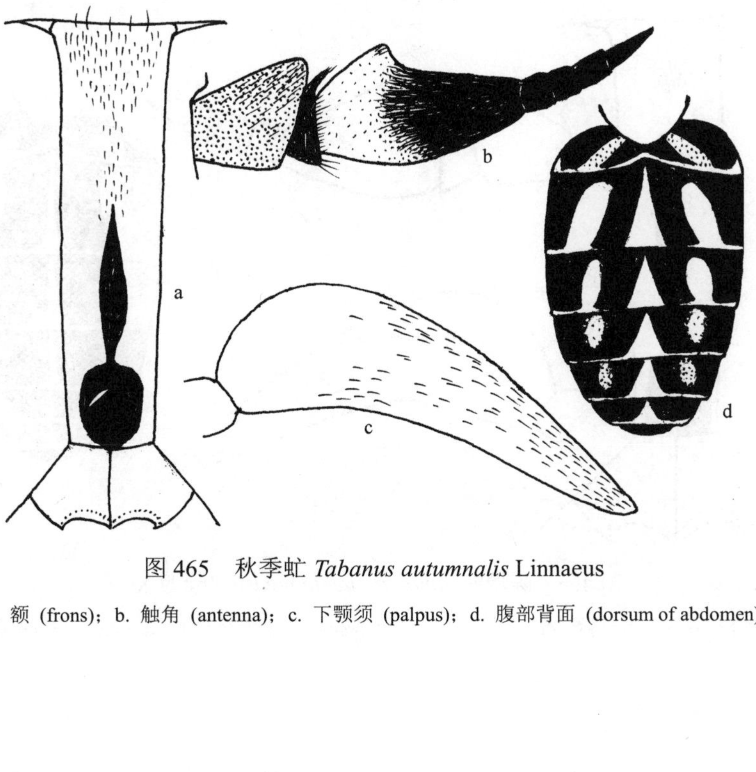

图 465 秋季虻 *Tabanus autumnalis* Linnaeus

a. 额 (frons)；b. 触角 (antenna)；c. 下颚须 (palpus)；d. 腹部背面 (dorsum of abdomen)

观察标本　40♀♀，新疆，保存在 AMMSC。

生物学　低地种；5-8 月数量活动；是野兔热和炭疽的传播媒介。

地理分布　新疆 (新源、精河、乌苏、布尔津、哈巴河)；中亚地区，欧洲。

分类讨论　本种与分布于我国东部地区的辅助虻 *T. administrans* Schiner 类似，但辅助虻的触角柄节和梗节黄灰色；下颚须浅黄色；体较小，长 12-15 mm。秋季虻是典型古北界种 (图 457)，现知仅分布在西北区。

(430) 陈塘虻 *Tabanus chentangensis* Zhu *et* Xu, 1995 (图 466)

Tabanus chentangensis Zhu *et* Xu, 1995: 107 [Type locality: Chentang, Tibet, China]; Xu, 2000: 189.

鉴别特征　复眼无带；额高为基宽的 7 倍；亚胛覆粉；触角暗棕色；下颚须灰黑色，第 2 节长为宽的 4 倍；胸部背板灰黑色，具 3 条不清晰纵纹；翅透明，R_4 脉无附脉；腹部背板黑灰色，具 3 列浅色斑，中三角高，不清晰。

形态描述

雌性　体长 14 mm，黑色。头部：复眼无毛，绿色无带 (回潮)；额灰色，覆黑毛，额两侧平行，高为基宽的 7 倍；额基胛黑色，盾形，与亚胛接触，与复眼分离；中胛黑色，梭形，与基胛连接；亚胛灰色，覆粉，“眉片”低，棕色；颜灰色，覆白毛；口毛白色。触角暗棕色，柄节和梗节覆黑毛，鞭节基环节长为宽的 1.5 倍，背突钝，端环节略暗。下颚须灰黑色，第 1 节着生白色长毛，第 2 节长为宽的 4 倍，末端尖，覆黑毛夹

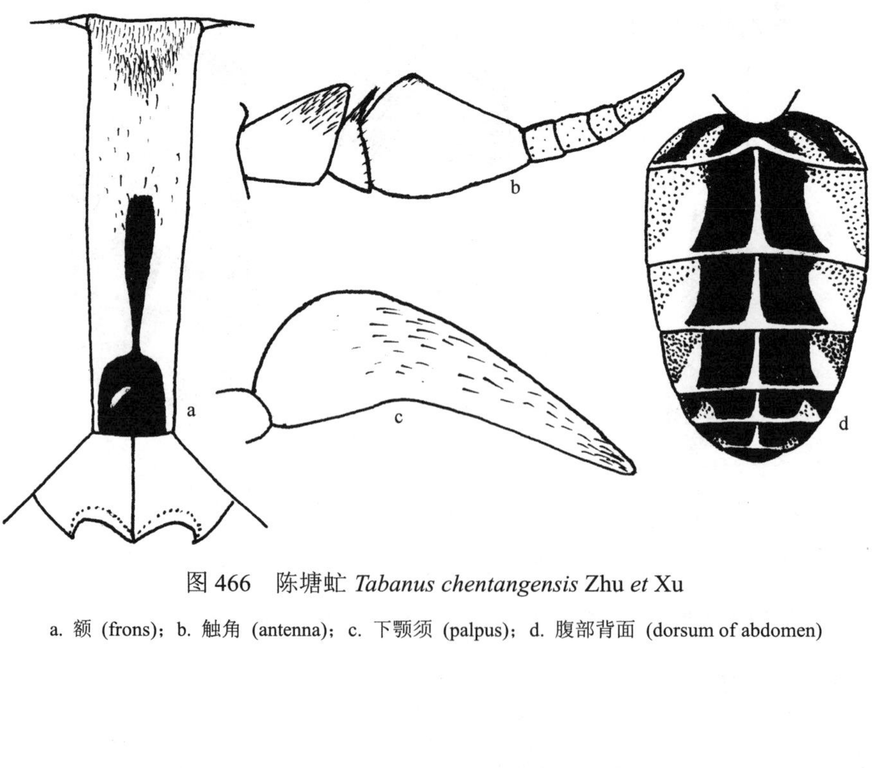

图 466　陈塘虻 *Tabanus chentangensis* Zhu *et* Xu

a. 额 (frons)；b. 触角 (antenna)；c. 下颚须 (palpus)；d. 腹部背面 (dorsum of abdomen)

杂少量白毛。胸部：背板灰黑色，覆黑毛和白毛，具 3 条不明显纵纹，背侧片灰黑色；侧板灰色，具灰白色长毛。足灰黑色，胫节基部色较浅。翅透明，翅脉棕色，R_5 室宽开放，R_4 脉无附脉。两腋瓣暗棕色，交接处着生 1 撮白毛。平衡棒棕黑色，球部顶端色浅。腹部：背板黑灰色，覆黑毛，具 3 列浅色斑，中三角较模糊，各背板后缘具浅色横带。腹板灰黑色。

雄性　复眼上 2/3 大眼面与下 1/3 小眼面界限清晰，触角较雌性的窄，下颚须第 2 节卵圆形，具白毛，腹部第 1-4 背板两侧具棕色斑。

观察标本　正模♀，西藏陈塘，1992.VII.25，朱礼华，保存在 AMMSC。80♀♀2♂♂，西藏，保存在 AMMSC。

生物学　在喜马拉雅山谷，7-8 月活动，数量很大，攻击人群。

地理分布　西藏 (陈塘)。

分类讨论　本种腹部形态与土灰虻 *T. griseinus* Philip 相似，但土灰虻翅 R_5 室边缘封闭。

(431) 辅助虻 *Tabanus administrans* Schiner, 1868 (图 457，图 467；图版 XVI)

Tabanus administrans Schiner, 1868: 83 [Type locality: Hongkong, China]; Murdoch and Takahasi, 1969: 76.

Tabanus adumbratus Szilády, 1926: 604. Synonymized by Chvála, 1988: 136.

Tabanus amaenus Walker: Ricardo, 1911: 167. Misidentification.

Tabanus hongkongensis Ricardo, 1916: 406. **New synonym**.

Tabanus kiangsuensis Kröber, 1933: 10; Xu, 1982e: 122; Xu, 1982f: 127; Xu, 1982g: 132; Wang, 1983: 94; Chen, 1983: 117; Wu, Li, Liu, Yang, Zhang and Cao, 1988: 199; Chen and Xu, 1992a: 71; Jiang, Zhang, Huang and Dai, 1993: 104; Yang and Xu, 1997: 15; Wang, Ge and Dong, 1998: 44; Xu, 2001: 347; Xu, 2004: 541; Xu, 2005: 772. **New synonym.**

Tabanus okadae Shiraki, 1913: 258. Synonymized by Murdoch and Takahasi, 1969: 76.

鉴别特征　复眼无带；额高为基宽的 4-5 倍；亚胛覆粉；下颚须浅黄色，第 2 节长为宽的 3.5 倍；胸部背板黑色，具 5 条纵纹；翅透明，R_4 脉无附脉；腹部背板黑棕色，具 3 列白色斑，中三角高。

形态描述

雌性　体长 12-15 mm。复眼绿色无带；额灰色，覆黑毛和白毛，额两侧平行，高为基宽的 4-5 倍；额基胛棕黑色，条形，与亚胛接触，与复眼窄分离；中胛黑色，为基胛的粗延线；亚胛灰黄色，覆粉，“眉片”低，棕色；颜灰色，覆白毛；口毛白色。触角柄节和梗节黄灰色，覆黑毛，鞭节基环节棕黄色，长为宽的 1.2 倍，背突钝，端环节棕黑色。下颚须浅黄色，第 1 节着生白色长毛，第 2 节长为宽的 3.5 倍，末端尖，覆黑毛和少量白毛。胸部：背板黑色，覆黑毛和白毛，具 5 条灰色纵纹，背侧片浅棕色；侧板灰色，具白色长毛。足基节灰色，着生白毛，股节灰黑色，前足胫节基部 2/3 和中、后足胫节黄白色，覆白毛，胫节端部和跗节黑色黑毛。翅透明，翅脉棕色，R_4 脉无附脉，R_5 室开放。两腋瓣暗棕色，交接处着生 1 撮白毛。平衡棒棕色，球部顶端色浅。腹部：背板黑棕色，覆黑毛，背板具 3 列白色斑，中三角高大，第 2 背板两侧带浅红棕色，各背板后缘具灰白色横带。腹板灰色，有的第 2、3 腹板呈浅红棕色。

雄性　复眼上 2/3 大眼面与下 1/3 小眼面界限明显，触角鞭节的基环节较雌性的窄，腹部末端尖。

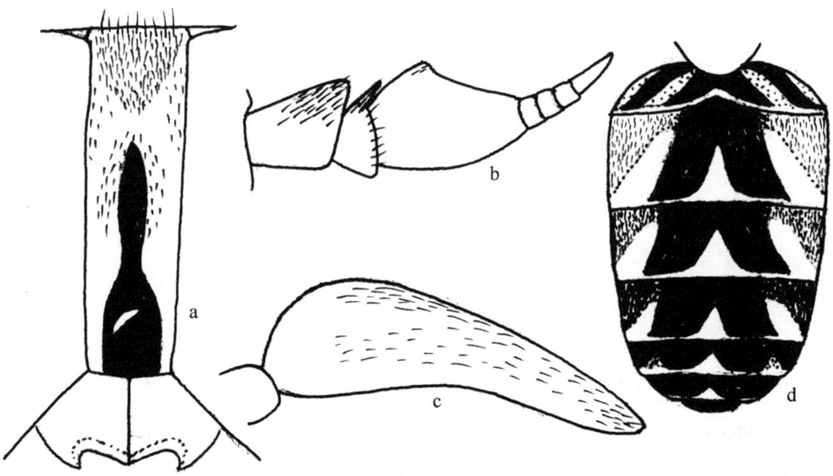

图 467　辅助虻 *Tabanus administrans* Schiner

a. 额 (frons)；b. 触角 (antenna)；c. 下颚须 (palpus)；d. 腹部背面 (dorsum of abdomen)

观察标本　模式标本产地香港，保存地未详。100♀♀，广东、江苏、四川、云南，保存在 AMMSC。

生物学　稻作区种；山区、平原分布广泛；5-9 月活动。

地理分布　辽宁 (庄河、开原、辽中、北镇、兴城)、北京 (怀柔、海淀)、天津、河北、山西 (侯马、临汾、洪洞、新绛)、山东 (烟台)、河南 (信阳、鸡公山、郑州、武陟)、陕西 (西安、秦岭、宁陕、汉中、安康)、江苏 (无锡、扬州)、上海、安徽 (凤阳)、浙江 (天目山、莫干山、舟山、奉化、天台山、临海、雁荡山)、湖北 (羊楼洞、竹山、思未、来凤、神农架)、江西 (南昌)、湖南 (衡山)、福建 (福州、武夷山、建阳、邵武、光泽、三明、寿宁、梅花山、上杭)、台湾、广东 (罗浮山、广州、惠东、鼎湖山、大浦)、海南 (琼中、通什、吊罗山、三亚)、香港、广西 (钦州、凭祥、宁明、凌乐、大明山、阳朔、桂林)、重庆 (巫溪、南川)、四川 (雅安、峨眉、梁平、万源、丰都、蓬安、宜宾、富顺、合江)、贵州 (贵阳、安顺、普定、开阳、平坝、龙里、惠水、福泉、荔波、独山、瓮安、遵义、绥阳、赤水、习水、湄潭、余庆、道真、关岭、兴义、兴仁、晴隆、盘县、思南、沿河、江口、印江、黄平、台江、剑河、榕江、施秉、天柱、黔西、大方、金沙、毕节、纳雍、威宁、赫章)、云南 (麻栗坡、马关、新平、昭通、水富、永善、曲靖、宣威、威信、巧家、丽江)；朝鲜，日本。

分类讨论 本种类似于我国西北地区的秋季虻 *T. autumnalis* Linnaeus，但秋季虻的触角柄节和梗节黑色；下颚须米黄色；体较大，长 18-20 mm。本种种名长期为江苏虻 *T. kiangsuensis* Kröber 所占用，本志据 Murdoch 和 Takahasi (1969) 关于本种的描述，认为江苏虻实为本种的同物异名。香港虻 *T. hongkongensis* Ricardo 据描述，本志认为是本种的同物异名。辅助虻广布在古北界的华北区，延伸到东北区南部，以及东洋界的华中、华南区，还延伸到西南区东部 (图 457)。

皮革虻组 *Tabanus immanis* group

皮革虻组虻的主要特征是体棕色或黑色，复眼无带；亚胛覆粉；额高为基宽的 5-10 倍；基胛与亚胛连接；中胛与基胛连接；触角背突小；足二色明显或不明显；翅 R_5 室开放；腹部背板具 1 列中三角，不具后缘带。本组现知仅分布在东洋界 (图 472)。

种检索表

1. 额高为基部宽度 8-10 倍，体灰黑色……下巨虻 ***T. hypomacros***
   额高为基部宽度的 6-7 倍，体棕红色……2
2. 腹部背板中三角较低；R_4 脉具附脉……链珠虻 ***T. monilifer***
   腹部背板中三角正三角形；R_4 脉无附脉……3
3. 中后足股节黑色，仅端部少许棕色；腹部腹板具黑色毛中纵条……微红虻 ***T. rubicundus***
   中后足股节棕红色；腹部腹板无黑毛中纵条……老挝虻 ***T. laotianus***

(432) 下巨虻 *Tabanus hypomacros* Surcouf, 1922 (图 468)

Tabanus hypomacros Surcouf, 1922: 286 [Type locality: Pang-Hai, Laos]; Stone, 1975: 60; Burton, 1978: 113.

Tabanus rubicundulus Austen, 1922: 442; Xu, 1982a: 281; Xu, 1982h: 137; Yang and Xu, 1997: 15. Synonymized by Burton, 1978: 113.

Tabanus nilakinus Philip, 1960a: 19. Synonymized by Burton, 1978: 113.

鉴别特征 体黑色，复眼无带；额高为基宽的 8-10 倍；亚胛覆粉；触角棕色；下颚须灰棕色；胸部背板灰棕色，无纵纹；翅着棕色，R_4 脉具长附脉；腹部背板灰黑色，第

2-5 或第 2-6 背板具 1 列白色的三角形斑。

形态描述

雌性　体长 20 mm，黑色带红。复眼绿色无带；额棕色，覆黑毛和白毛，额顶宽大于基宽，高为基宽的 8-10 倍；额基胛棕黑色，条形，与亚胛接触，与复眼分离；中胛黑色，为基胛的细延线，头顶具小的光裸区；亚胛黄色，覆粉，“眉片”低，棕色；颜灰色，覆白毛，上侧颜色同亚胛，具黑色毛和棕色毛；口毛白色。触角棕色，柄节和梗节覆黑毛，鞭节基环节长为宽的 1.7 倍，背突钝，端环节色较暗。下颚须灰棕色，第 1 节覆白色长毛，端部夹杂一些黑色长毛，第 2 节覆黑毛，基部夹杂白毛。胸部：背板灰棕色，覆黑毛，两侧翅后胛和小盾片后缘具浅色毛；侧板灰色，具白色长毛，中胸上前侧片有黑毛。足基节色同侧板，具黑毛，前足股节棕黑色，中、后足股节灰黑色，前足胫节基部和中、后足胫节棕色，端部和跗节黑色黑毛。翅前缘棕色，向后缘色渐变浅，R_4 脉具长附脉。两腋瓣暗棕色，交接处着生 1 撮白毛。平衡棒棕色，球部顶端黄色。腹部：背板灰黑色，向尾端色渐变黑色，第 1 背板中后缘具白毛点，第 2-5 或第 2-6 背板具大的三角形白斑，第 3-5 背板具侧后缘白毛斑。腹板灰色，第 2-5 腹板具宽的黑毛中纵条。

雄性　浅毛在雌性多为白色，而在雄性则为棕色或棕黄色，翅 R_4 脉无或具短附脉，其他为性的差别。

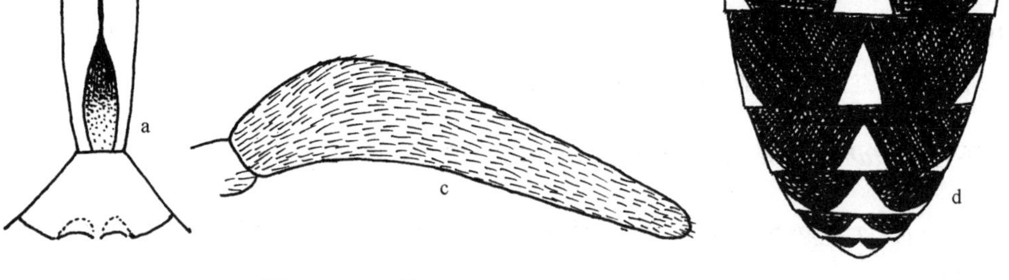

图 468　下巨虻 *Tabanus hypomacros* Surcouf

a. 额 (frons)；b. 触角 (antenna)；c. 下颚须 (palpus)；d. 腹部背面 (dorsum of abdomen)

观察标本　正模♀，老挝，保存在 PM (未检视)。2♀♀，云南，保存在 AMMSC。

生物学　低山丘陵种；4-6 月活动。

地理分布　云南 (勐海)；越南，老挝，泰国。

分类讨论　本种翅 R_4 脉具长附脉，类似于链珠虻 *T. monilifer* (Bigot)，但链珠虻体型较小，棕红色，额较宽，高为基宽的 6.5-7.5 倍，腹部背板浅色中三角较小。

(433) 链珠虻 *Tabanus monilifer* (Bigot, 1892) (图 469，图 472；图版 XVII)

Atylotus monilifer Bigot, 1892: 654 [Type locality: N. Khasi Hills, Assam, India].

Tabanus immanis Wiedemann: Wang, 1983: 101. (?) Misidentification.

Tabanus fumifer Walker: Xu, 1982h: 136; Yang and Xu, 1997: 14. Misidentification.

Tabanus monilifer: Burton, 1978: 104; Xu and Sun, 2005: 227.

鉴别特征　体棕色带红；复眼无带；额基胛棕红色；翅 R_4 脉具附脉；腹部背板砖红色，第 2-6 背板具 1 列低的中三角斑，腹板具中纵黑毛条。

形态描述

雌性　体长 17-18 mm，棕色带红。复眼绿色无带；额棕色，覆黑毛，额顶宽略大于基宽，高为基宽的 6.5-7.5 倍；额基胛棕红色，卵圆形，与亚胛接触，与复眼分离；中胛棕黑色，为基胛的粗延线；亚胛黄灰色，覆粉，“眉片”低，棕色；颜灰白色，覆白毛，上侧颜色同亚胛；口毛白色。触角柄节和梗节棕色，覆黑毛，鞭节基环节基部红棕色，端部和端环节黑色，基环节长为宽的 1.3 倍，背突钝。下颚须浅棕色，第 1 节覆白色长毛，端部夹杂一些黑色长毛，第 2 节覆黑毛，长为基宽 3.7 倍。胸部：背板灰黄黑色，覆金黄色毛和黑毛，具 3 条不清晰的红棕色纵纹，背侧片浅棕色；侧板灰棕色，具白色长毛，中胸上前侧片具黑毛。足基节色同侧板，具白毛，股节黑色，端部色变浅，具白毛，前足股节内侧具黑毛，胫节棕黄色，具棕色毛，跗节黑色黑毛。翅前缘略着棕色，

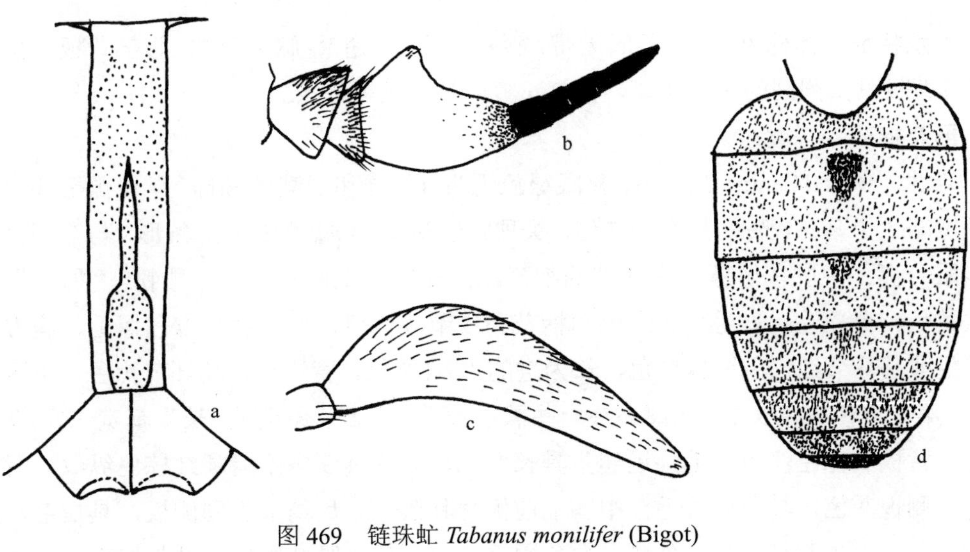

图 469　链珠虻 *Tabanus monilifer* (Bigot)

a. 额 (frons)；b. 触角 (antenna)；c. 下颚须 (palpus)；d. 腹部背面 (dorsum of abdomen)

翅脉棕色，第 1 后室开放，R_4 脉具附脉。两腋瓣暗棕色，交接处着生 1 撮白毛。平衡棒棕色，球部顶端黄白色。腹部：背板砖红色，向尾端色变暗，覆黑毛，第 1 背板中央具 1 丛白毛，第 2-6 背板具白色正三角斑，第 2 背板白色中三角前方具黑斑，第 1-6 两侧缘和侧后缘具浅色毛。腹板红棕色，具宽的黑毛中纵条，各腹板具很窄且不清晰的后缘。

雄性 未详。

观察标本 正模♀，印度阿萨姆，保存在 BMNH (未检视)。5♀♀，云南，保存在 AMMSC。

生物学 低山林区种；云南的标本于 4-5 月采获，国外采集记录为 1-4 月。

地理分布 云南 (勐腊、景洪、孟连)；印度，缅甸，越南，老挝，泰国。

分类讨论 本种类似于微红虻 *T. rubicundus* Macquart，但微红虻的触角鞭节的基环节较长；腹部背板中三角较高，第 2 背板浅色中三角前方无黑斑；翅 R_4 脉无附脉；前足胫节基部 2/3 棕色，端部黑色。本种是典型东洋界种，在我国现知仅分布在云南南部边境地区 (图 472)。

(434) 微红虻 *Tabanus rubicundus* Macquart, 1846 (图 470)

Tabanus rubicundus Macquart, 1846: 160 [Type locality: India]; Kapoor, Grewal, Sharma and Gupta, 1988: 112; Xu and Sun, 2005: 228.

Tabanus fumifer Walker: Wang, 1977: 110. Misidentification.

Tabanus immanis Wiedemann: Xu, 1982h: 137; Yang and Xu, 1997: 15. Misidentification.

Tabanus angustitriangularis Schuurmans-Stekhoven: Wang, 1983: 101. Misidentification.

鉴别特征 体棕色带红；复眼无带；额基胛棕色；翅 R_4 脉无附脉；腹部背板红棕色，第 2-6 背板具 1 列高的中三角斑，第 2-6 腹部具中纵黑毛条。

形态描述

雌性 体长 17 mm，红棕色。复眼绿色无带 (新鲜和回潮)；额棕色，覆黑毛和白毛，额顶宽略大于基宽，高为基宽的 7 倍，头顶暗于基部；额基胛棕色，条形，与亚胛接触，与复眼分离；中胛棕黑色，为基胛的细延线；亚胛和上侧颜棕色，覆粉，“眉片”低；颜浅黄色，覆白毛；口毛白色。触角柄节和梗节浅棕色，柄节背端方覆黑毛，腹方覆白毛，鞭节基环节红棕色至棕黑色，长为宽的 1.7-1.8 倍，背突钝，端环节黑色。下颚须浅棕色，第 1 节覆白色长毛，端部夹杂一些黑色长毛，第 2 节覆黑毛，长为基宽 3.7-3.9 倍。胸部：背板灰棕色，覆黑毛，近翅基具长白毛，盾片具 3 条不清晰红棕色纵纹，背侧片棕色；侧板灰色，具白色长毛，中胸上前侧片具黑毛。足基节色同侧板，具白毛，前足股节红棕色，内侧具黑毛，外侧具白色柔毛，中、后足股节黑色，端部棕色，覆白毛夹杂少量黑毛，前足胫节基部 2/3 和中、后足胫节棕色，覆浅棕色毛，前足胫节端部和各足跗节黑色黑毛，中、后足胫节背侧和端部具黑毛。翅前缘略着棕色，翅脉棕色，R_5室开放，R_4脉无附脉。两腋瓣暗棕色，交接处着生 1 撮白毛。平衡棒棕色，球部顶端白色。腹部：背板红棕色，向尾端色略变暗，第 7 背板棕黑色，着生黑毛，第 1 背板中央具 1 丛白毛，第 2-6 背板具高的浅黄色毛三角斑，第 1-6 背板两侧缘具白毛。腹板红棕色，第 2-6 腹板具着生黑毛的中纵条，各腹板具很窄且不清晰的浅色后缘，第 7 腹板黑色。

雄性　未详。

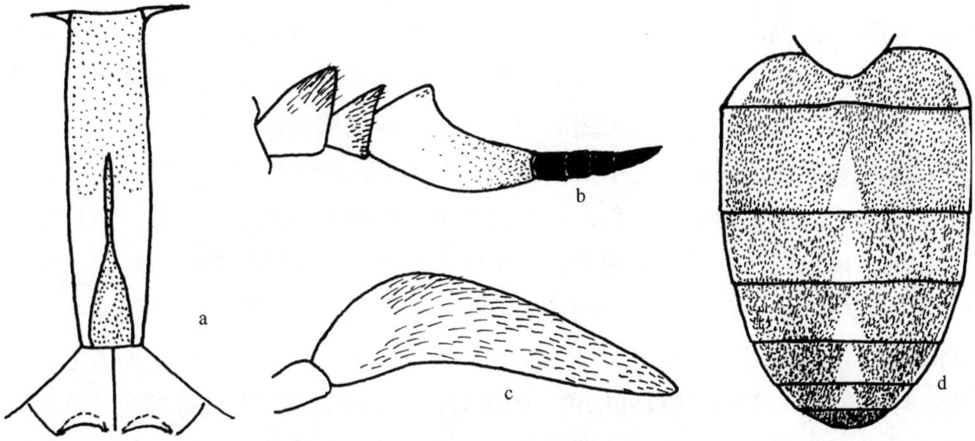

图 470　微红虻 *Tabanus rubicundus* Macquart

a. 额 (frons)；b. 触角 (antenna)；c. 下颚须 (palpus)；d. 腹部背面 (dorsum of abdomen)

观察标本　正模♀，印度，保存在 BMNH (未检视)。6♀♀，云南，保存在 AMMSC。

生物学　低山林区种；云南的标本于 5 月采获，老挝的标本采集记录为 3 月，看来是旱季种。

地理分布　云南 (麻栗坡、龙陵、昆明、芒市)；印度，孟加拉、缅甸，老挝。

分类讨论　本种与链珠虻 *T. monilifer* (Bigot) 类似，但链珠虻的触角鞭节的基环节较粗；腹部背板中三角较低，第 2 背板中三角前方具黑斑；R_4脉具附脉，前足胫节一致棕黄色。本种在我国曾误定为雾虻 *T. fumifer* Walke、皮革虻 *T. immanis* Wiedemann 和 *T. angustitriangularis* Schuurmans-Stekhoven。

(435) 老挝虻 ***Tabanus laotianus* (Bigot, 1890)** (图 471)

Atylotuss laotianus Bigot, 1890: 205 [Type locality: Laos].

Tabanuss laotianus: Ricardo, 1911a: 226; Burton, 1978: 107; Xu and Sun, 2005: 229.

鉴别特征　体棕色带红；复眼无带；额基胛棕黑色；翅 R_4 脉无附脉；中、后足股节棕红色，胫节大部分棕色；腹部背板红棕色，第 2-6 背板具 1 列高的中三角斑，腹部腹面无中纵黑毛条。

形态描述

雌性　体长 16 mm，红棕色。复眼绿色无带 (新鲜和回潮)；额棕色，覆黑毛和白毛，额顶宽略大于基宽，高为基宽的 7-8 倍，头顶暗于基部；额基胛棕黑色，条形，与亚胛接触，与复眼分离；中胛棕黑色，为基胛的延线；亚胛和上侧颜棕色，覆粉，“眉片”低；颜黄色，覆黄毛；口毛黄色。触角柄节棕色，柄节背端方覆黑毛，腹方覆黄毛，梗节棕红色，着生黑毛，具短的背突，鞭节基环节棕红色，端部色变深，长为宽的 1.7 倍，背突钝，端环节黑色，略短于基环节。下颚须棕色，第 1 节覆黄色长毛，第 2 节覆黑毛夹杂黄毛，基部具较多黄毛，长为基宽 3.7 倍。胸部：背板灰黑色，覆薄的棕色粉，盾片前缘、两侧包括肩胛、背侧片至翅后胛及小盾片两侧棕色粉较浓，背板着生黑毛夹杂棕色毛，无明显纵条；侧板和足基节棕黄色，覆黄毛，翅侧片夹杂少量黑毛。足基节色同侧板，具黄毛，前足股节灰黑色，内侧具黑毛，外侧具白色柔毛，中、后足股节棕红色，覆白毛，前足胫节基部 2/3 和中、后足胫节棕色，覆浅棕色毛，前足胫节端部和各足跗节黑色黑毛，中、后足胫节背侧和端部具黑毛。翅前缘略着棕色，翅脉黑色，沿脉两侧略着棕色，R_5 室开放，R_4 脉无附脉。两腋瓣烟黑色，交接处着生 1 撮黄毛。平衡棒暗棕色，球部黄色。腹部：背板红棕色，向尾端色略变暗，第 7 背板棕黑色，着生黑毛，第 1 背板中央具 1 丛黄毛，第 2-6 背板具高的浅黄色粉和毛的三角斑，第 1-6 背板两侧缘具黄毛。腹板红棕色，着生棕色毛，第 6 腹板中央具黑毛，各腹板具很窄且不清晰的浅色后缘，第 7 腹板黑色黑毛。

雄性　未详。

观察标本　正模♀，老挝，保存在 PM (未检视)。4♀♀，云南，保存在 AMMSC。

生物学　低山林区种，旱季种。

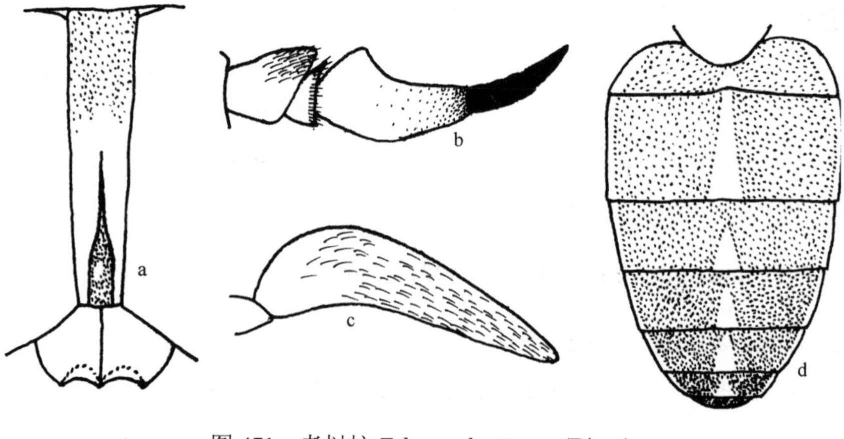

图 471　老挝虻 *Tabanus laotianus* (Bigot)

a. 额 (frons)；b. 触角 (antenna)；c. 下颚须 (palpus)；d. 腹部背面 (dorsum of abdomen)

地理分布　云南 (勐腊)；印度，老挝。

分类讨论　本种类似于微红虻 *T. rubicundus* Macquart，但微红虻的足股节黑色；腹部腹板具中纵黑色毛条。Burton (1978) 把老挝虻列为微红虻 *T. rubicundus* Macquart 的同物异名，但在讨论中言，因保存的模式标本状况不好，又考虑到 Schuurmans-Stekhoven (1926) 的意见，有存在 2 个独立种的可能，本志据新采到的标本，认为是 2 个独立种。

浅胸虻组 *Tabanus pallidepectoratus* group

浅胸虻组虻的主要特征是体黄色至棕色，复眼无带；亚胛覆粉；额高为基宽的 5-10 倍；基胛与亚胛连接；中胛与基胛连接；触角鞭节的背突小；足二色明显或不明显；翅 R_5 室开放；腹部背板具 1 列中三角和宽的后缘带。本组现知仅分布在东洋界。 (图 472)

种 检 索 表

1. 体黑色；额中胛椭圆形，与基胛连接处变细；下颚须粗短，长为宽的 3.5 倍；腹部背板横带与中三角白色；足胫节大部分白色……………………………………………………………… **红腹虻 *T. crassus***
   体黄色；额中胛为基胛的延线状；下颚须细长，长大于宽的 3.6 倍；腹部背板横带与中三角黄色；足胫节大半黄色………………………………………………………………………………………2
2. 足股节金黄色，前足股黑色，覆金黄色毛；腹部背板第 1 节金黄色，其后由暗棕色向黑色渐变，第 2-5 节的中三角宽，在腹背形成连续的黄色宽纵条；腹部腹面第 1、2 节黄色，第 3-6 节中央黑色，两侧及后缘黄色，第 7 节黑色；下颚须黄色，覆黄毛夹杂有一些黑毛……………………………………………………………………………………… **五指山虻 *T. wuzhishanensis***
   足股节黑色；腹部背板第 1、2 节金黄色，其后由暗棕色向黑色渐变，第 3-5 节的中三角呈正三角形，第 6 节的中三角小而低，第 7 节全黑；腹部腹面第 1、2 节黄色，其后黑色，第 3-6 节具窄的黄色后缘；下颚须黄色，覆黑毛夹杂有一些黄毛………………………………………………3
3. 中、后足基节仅具黄毛，各足胫节基部 1/2 浅黄色；下腋瓣棕黄色 …… **浅胸虻 *T. pallidepectoratus***
   中、后足基节着生黑毛夹杂黄毛，各足胫节黑色，仅基部少许浅色，前足胫节基部至多 1/3 浅色；下腋瓣黑色…………………………………………………………………………… **凌峰虻 *T. lingfengi***

(436) 红腹虻 *Tabanus crassus* Walker, 1850 (图 472，图 473)

Tabanus crassus Walker, 1850: 50 [Type locality: East India]; Burton, 1978: 110; Kapoor, Grewal, Sharma and Gupta, 1988: 81; Xu and Wang, 1993: 111; Chen and Xu, 1992a: 65; Yang and Xu, 1997: 14; Xu, 2001: 346; Xu, 2004: 540; Xu and Guo, 2005b: 175.

Tabanus rufiventris Fabricius: Xu, 1982a: 276; Xu, 1982f: 128; Xu, 1982g: 133; Xu, 1982h: 138; Wang, 1983: 98. Misidentification.

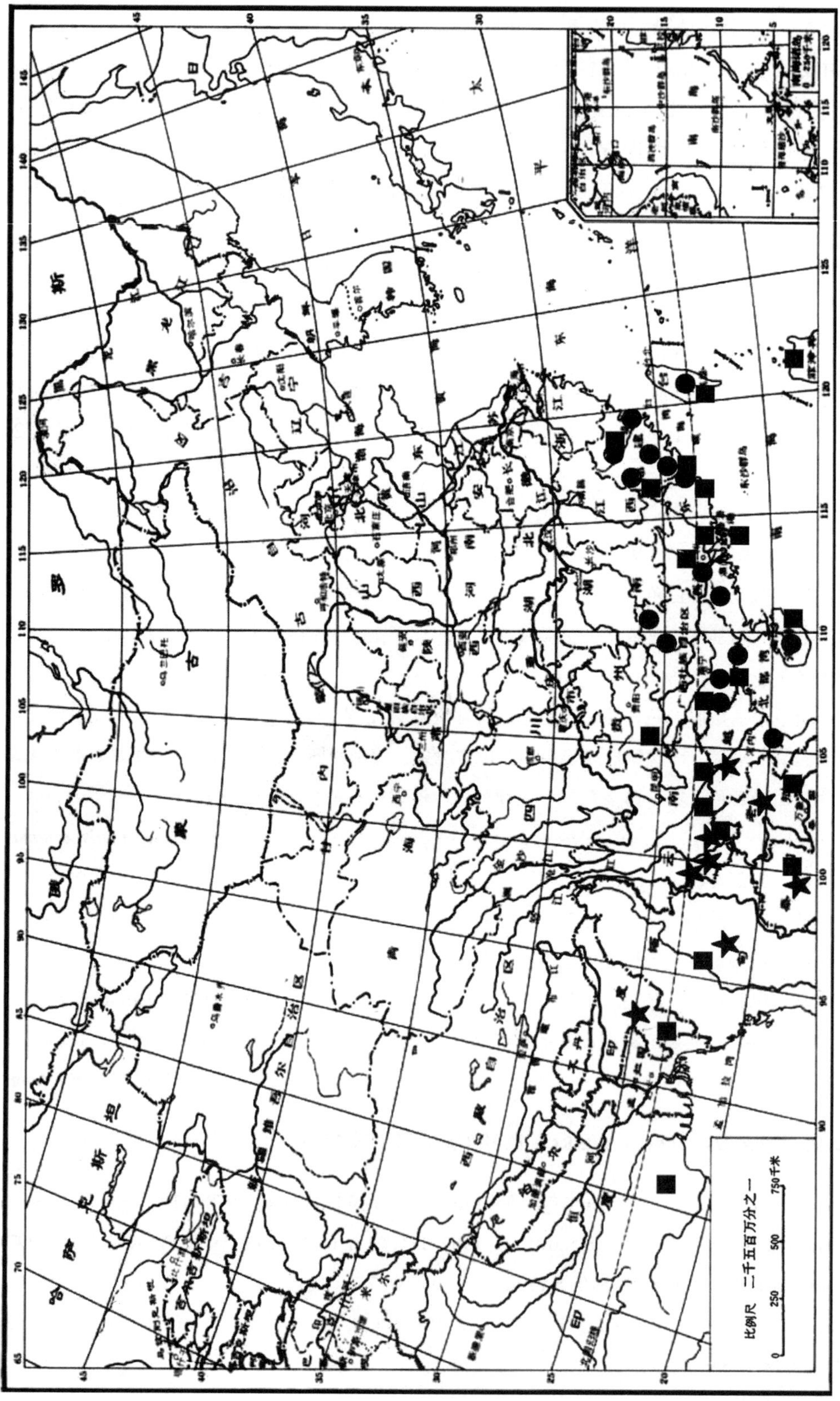

图 472 皮革虻组 *Tabanus immanis* group 和浅胸虻组 *Tabanus pallidepectoratus* group 的地理分布

★链珠虻 *Tabanus monilifer* (Bigot) ■红腹虻 *Tabanus crassus* Walker ●浅胸虻 *Tabanus pallidepectoratus* (Bigot)

Tabanus sanguineus Walker, 1850: 54. Synonymized by Burton, 1978: 110.

Tabanus leucosparsus Bigot, 1890: 203. Synonymized by Burton, 1978: 110.

Tabanus abaculus Philip, 1960a: 7. Synonymized by Burton, 1978: 110.

鉴别特征　复眼无带；额高为基宽的 5.2 倍；亚胛覆粉；下颚须浅棕色，第 2 节长为基宽的 3.5 倍，主要覆白毛；胸部背板灰红棕色，无纵纹；翅透明，R_4 脉无附脉；腹部背板棕黑色带红色，第 2-5 背板具白色后缘和 1 列白色中三角斑。

形态描述

雌性　体长 18-20 mm，灰黑带红。复眼绿色无带；额黄灰色，覆黑毛，额顶宽略大于基宽，高为基宽的 5.2 倍；额基胛红棕色，方形，与亚胛接触，与复眼窄分离；中胛黑色，为基胛的粗延线，头顶具大块棕色光裸区；亚胛灰白色，覆粉，“眉片”低，白色；颜灰白色，覆白毛；口毛白色。触角柄节和梗节黄棕色，覆黑毛，鞭节基环节基部棕色，端部和端环节黑色，基环节长为宽的 2 倍，背突钝。下颚须浅棕色，第 1 节覆白色长毛，第 2 节覆白毛，端部具少量黑毛，长为基宽的 3.5 倍。胸部：背板灰红棕色，覆棕色毛，侧缘具白毛，小盾片色略浅于盾片，背侧片浅棕色；侧板灰棕色，具白色长毛。足黑色，具白毛，胫节基部 3/4 白色。翅透明，翅脉黄色，R_4 脉无附脉。两腋瓣暗棕色，交接处着生 1 撮白毛。平衡棒棕色，球部顶端黄白色。腹部：背板棕黑色带红色，第 1 背板中央具白斑，第 2-5 背板具白色三角斑，各背板后缘具白色横带。腹板灰色，

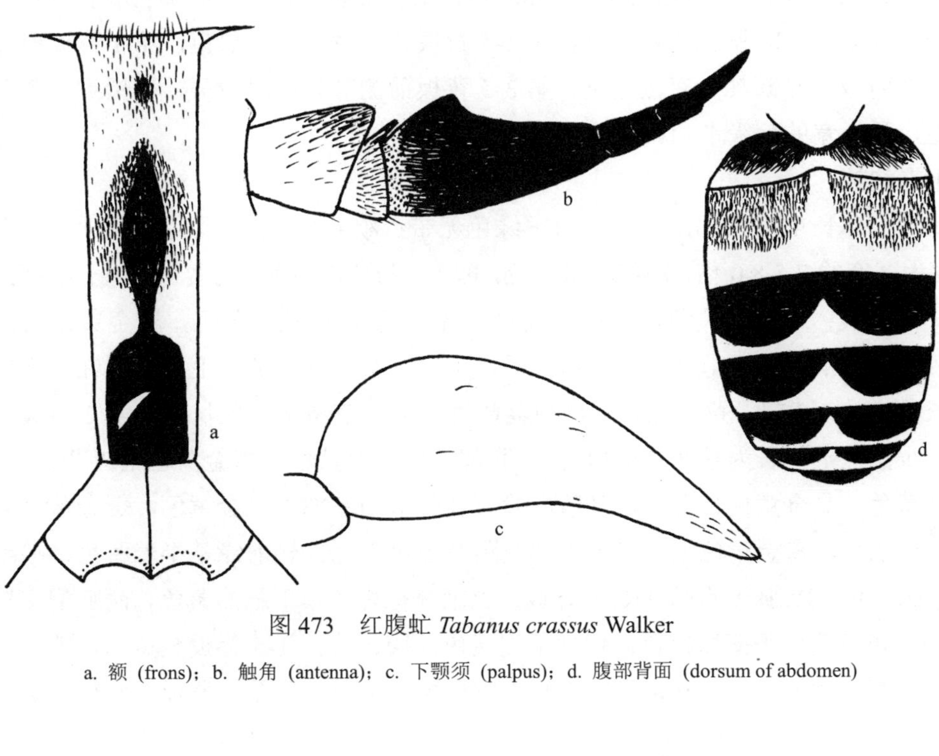

图 473　红腹虻 *Tabanus crassus* Walker

a. 额（frons）；b. 触角（antenna）；c. 下颚须（palpus）；d. 腹部背面（dorsum of abdomen）

中央具 1 列半月形暗斑。

雄性 胸部背板和腹板黑棕色，覆黑棕色毛，余者为性的差别。

观察标本 模式标本♂，保存在 BMNH (未检视)。25♀♀，云南、广西，保存在 AMMSC。

生物学 华南南部山区种。

地理分布 福建 (南平、三明、永安、漳州、漳浦)、台湾 (高雄、日月潭)、广东 (惠东、罗浮山、南澳岛)、海南 (五指山、霸王岭、吊罗山)、香港、广西 (防城、大明山)、贵州 (兴义)、云南 (麻栗坡、个旧、勐腊)；印度，缅甸，老挝，泰国，菲律宾，马来西亚，印度尼西亚。

分类讨论 本种一般形态与云南虻 *T. yunnanensis* Liu *et* Wang 非常相似，但不属于同一类群，云南虻翅横脉具暗斑，属凉山虻组 *T. liangshanensis* group。本种在我国曾误定为赤腹虻 *T. rufiventris* Fabricius。红腹虻是典型的东洋界种，在我国仅分布在华南区 (图 472)。

(437) 五指山虻 *Tabanus wuzhishanensis* Xu, 1979 (图 474; 图版 XVII)

Tabanus wuzhishanensis Xu, 1979: 47 [Type locality: Hainan, China]; Xu, 1982f: 128; Wang, 1994: 109; Xu, 2004: 542.

鉴别特征 复眼无带；额高为基宽的 7.5-8.0 倍；亚胛覆粉；触角柄节和梗节金黄色；下颚须金黄色，第 2 节长为基宽的 3.6-3.8 倍，主要覆金黄色毛；胸部背板金黄色，无纵纹；翅前缘着色，R_4 脉无附脉；腹部第 1-5 背板金黄色，其后黑色，第 1 背板覆金黄色毛，第 2 背板前侧部具 1 对黑毛斑，第 3-5 背板前侧部具成对黑斑，覆黑毛，其余覆金黄色毛，显出宽的后缘带和相连的中三角。

形态描述

雌性 体长 17-21 mm，黄色。复眼绿色无带；额金黄色，覆黑毛，额顶宽略大于基宽，高为基宽的 7.5-8.0 倍；额基胛暗棕色，卵形，与亚胛接触，与复眼分离；中胛黑色，为基胛的延线；亚胛金黄色，覆粉，“眉片”低，黄色；颜金黄色，覆金黄色毛；口毛金黄色。触角柄节和梗节金黄色，覆黑毛，下缘夹杂一些金黄色毛，鞭节红棕黄色，基环节长为宽的 1.7 倍，背突钝。下颚须金黄色，第 1 节覆金黄色长毛，第 2 节覆金黄色毛夹杂少量黑毛，长为基宽 3.6-3.8 倍。胸部：背板金黄色，覆金黄色毛夹杂少量黑毛；侧板金黄色，具金黄色长毛。足基节、股节及胫节的基部大半金黄色，覆金黄色毛，前足股节棕黑色，覆金黄色毛，胫节端部及跗节黑色黑毛。翅前缘基半着黄色，端半着烟色，翅脉黄色，R_4 脉无附脉，R_5 室开放。上腋瓣棕黑色，下腋瓣黄色，两腋瓣交接处着生 1 撮金黄色毛。平衡棒棕色，球部顶端黄色。腹部：第 1-5 背板金黄色，其后黑色，覆黑毛，第 6 背板可见一些黄色粉，第 1 背板覆金黄色毛，第 2 背板前侧部具 1 对黑毛斑，第 3-5 背板前侧部具成对黑斑，覆黑毛，其余覆金黄色毛，显出宽的浅色后缘带和中三角。腹板黄色，第 2 腹板中央棕黑色，第 3-5 腹板前缘中央具大块黑斑，斑上着生黑毛，其余覆金黄色毛。

雄性　未详。

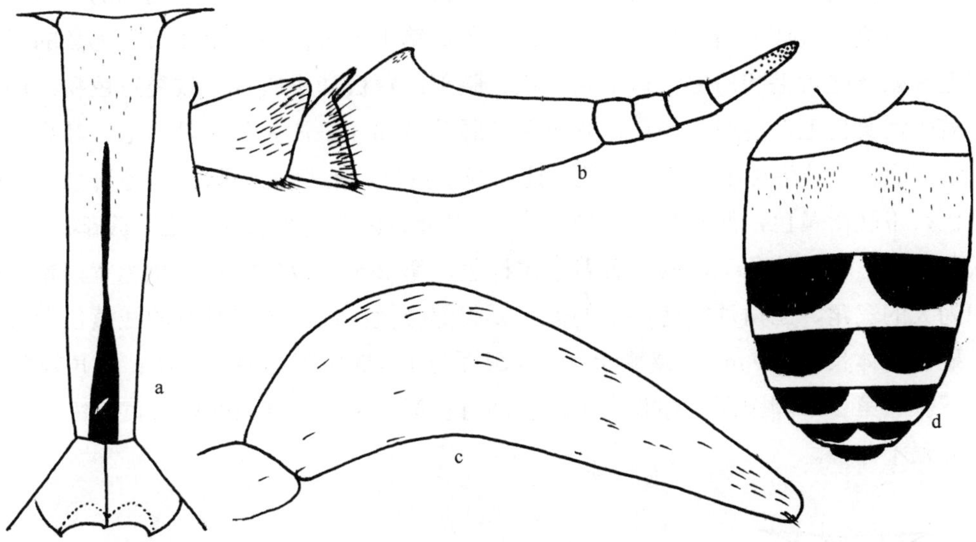

图 474　五指山虻 *Tabanus wuzhishanensis* Xu

a. 额 (frons)；b. 触角 (antenna)；c. 下颚须 (palpus)；d. 腹部背面 (dorsum of abdomen)

观察标本　正模♀，海南吊罗山，1974.VII.6，许荣满，保存在 AMMSC。17♀♀，海南，保存在 AMMSC。

生物学　山区种；黄昏吸血。

地理分布　海南 (琼中、通什毛祥、黎母山、吊罗山)、广西 (凭祥)。

分类讨论　本种类似于浅胸虻 *T. pallidepectoratus* Bigot，但浅胸虻的足股节黑色；下颚须第 2 节覆黑毛夹杂有一些黄毛和白毛。

(438) 浅胸虻 *Tabanus pallidepectoratus* (Bigot, 1892) (图 472，图 475)

Atylotus pallidepectoratus Bigot, 1892: 658 [Type locality: Saigon, Vietnam].

Tabanus chonganensis Liu, 1981: 216. Synonymized by Wang, 1994: 158.

Tabanus pallidepectoratus: Xu, 1982f: 127; Wang, 1994: 158; Xu, 2001: 347; Xu, 2004: 541.

鉴别特征　复眼无带；额窄，基胛和中胛连成线形；下颚须浅棕色，覆黑毛、黄毛和白毛；口毛黄白色；胸部背板覆黄色粉；腹部第 2-5 背板具宽的后缘带。

形态描述

雌性 体长 17-19 mm，棕黄色至暗棕色。头部：复眼活时紫红色，无毛无带；额黄色，顶端宽略大于基宽，高为基宽的 7-8 倍；基胛棕色，长卵形，两侧与复眼分离，和中胛线形连接，上端延线占额高的 1/2 以上；亚胛浅黄色，覆粉，“眉片”低；颜浅黄色，着生白毛；触角柄节和梗节浅黄色，具黑毛，鞭节红棕色，基环节长为宽的 2 倍，基环节基部具背突，端环节暗棕色；下颚须浅棕色，第 1 节覆白毛，第 2 节长为宽的 4 倍，覆黑毛夹杂一些黄毛和白毛；口毛黄白色。胸部：背板和小盾片一致覆黄色粉；侧板黄色，着生浅黄色毛。足股节黑色，具黄毛，胫节基部 1/2 浅黄色，具白毛，其余部分黑色，跗节黑色，着生黑毛。翅脉黄色，翅前缘着黄色，R_4 脉无附脉，R_5 室开放。上腋瓣棕黑色，下腋瓣黄色，两腋瓣交接处着生 1 撮金黄色毛。平衡棒黄色。腹部：第 1、2 背板黄棕色，覆黄棕色毛，其余各背板黑棕色，第 2-5 背板后缘具浅黄色宽横带，中央突起为大的三角，三角顶端达该节的前缘。腹部腹板黑色，各节具宽的浅黄色后缘带。

雄性 体长 18-19 mm。复眼上 2/3 大眼面与下 1/3 小眼面界限分明；触角较雌性的窄；下颚须第 2 节卵圆形，覆长白毛；腹部背板第 1-3 节较雌性的更富黄棕色，与后缘宽带界限不分明。

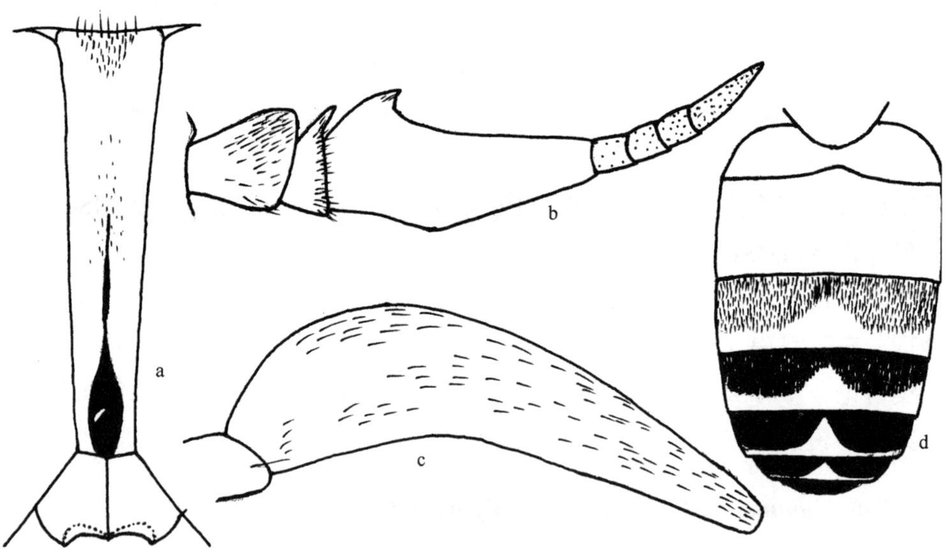

图 475 浅胸虻 *Tabanus pallidepectoratus* (Bigot)

a. 额 (frons)；b. 触角 (antenna)；c. 下颚须 (palpus)；d. 腹部背面 (dorsum of abdomen)

观察标本 正模♀，越南西贡，保存在 BMNH (未检视)。6♀♀，福建；8♀♀，海南，保存在 AMMSC。

生物学 未详。

地理分布　福建 (武夷山、崇安、建阳、邵武、将乐、建宁、宁化、永安、上杭、漳平、南靖、漳浦、诏安、福州、漳州、南平)、台湾、广东 (广州、鼎湖山)、海南 (吊罗山、琼中)、广西 (桂林、凭祥、钦州、龙胜、上思)；越南。

分类讨论　本种类似于五指山虻 *T. wuzhishanensis* Xu，但五指山虻的足股节基部大半金黄色；下颚须第 2 节覆黄毛杂有一些黑毛。崇安虻 *T. chonganensis* Liu 是本种的同物异名。浅胸虻基本上与红腹虻 *T. crassus* Walker 同域分布，但现知的分布区小于红腹虻 (图 472)。

(439) 凌峰虻 *Tabanus lingfengi* Xu, Zhan *et* Sun, 2006 (图 476)

Tabanus lingfengi Xu, Zhan *et* Sun, 2006: 236 [Type locality: Hainan, China].

鉴别特征　复眼无带；额窄，基胛和中胛连成线形；下颚须浅棕色，覆黑毛；胸部背板覆棕黄色粉；足黑色；腹部背板深棕色，向尾部色变深，着生棕黄色毛，第 2-5 背板的“八”字形黑毛斑前几节不清晰，第 5 节的清晰，第 6、7 背板黑色，着生黑毛，第 6 节中央略具浅色后缘。

形态描述

雌性　体长 17-20 mm，棕黄色。头部：复眼活时绿色，无毛无带；额棕黄色，顶宽略大于基宽，高约为基宽的 9 倍；基胛棕黑色，长卵形，两侧与复眼分离，和中胛线形连接，上端延线接近头顶；亚胛色同额，覆粉，“眉片”低；颜黄色，着生黄白色毛，上侧颜着生黑毛；口毛黄白色。触角柄节和梗节浅黄色，具黑毛，鞭节红棕色，基环节长为宽的 2 倍，基环节基部具背突。下颚须浅棕色，覆黑毛，第 1 节基部具较多的白毛，第 2 节长为宽的 4 倍。胸部：背板和小盾片一致覆棕黄色粉，盾片具 3 条很细的褐色纵纹，着生黑毛夹杂黄毛；侧板黄色，着生浅黄色毛。足黑色，基节覆黄色粉，着生浅黄色毛和黑毛，前足基节端半着生黑毛，股节和胫节着生黑毛，胫节基部色略浅，具少量白毛，有的个体前足胫节浅黄色基部较宽，约占胫节长的 1/4。翅脉黄色，翅前缘着暗棕色，向后着色变浅，R_1 和 R_{2+3} 室着色明显，R_4 脉无附脉，R_5 室开放。两腋瓣黑棕色，交接处着生 1 撮黄毛。平衡棒暗棕色，球部黄色。腹部：背板深棕色，向尾部色变深，着生棕黄色毛，第 2-5 背板的“八”字形黑毛斑前几节不清晰，第 5 节的清晰，第 6、7 背板黑色，着生黑毛，第 6 节中央略具浅色后缘。腹部腹板色同背板，着生棕色毛，第 2-5 节中前方具大而明显的黑毛斑，第 2 节的黑毛斑占节宽的 1/3，第 3 节的约占 2/3，第 4 节的几乎占节的宽度，第 6、7 节黑色，第 6 节中央略具浅色后缘。

雄性　未详。

观察标本　正模♀，海南吊罗山，2006.IV.4，400 m，凌峰，保存在 AMMSC。4♀♀，海南，保存在 AMMSC。

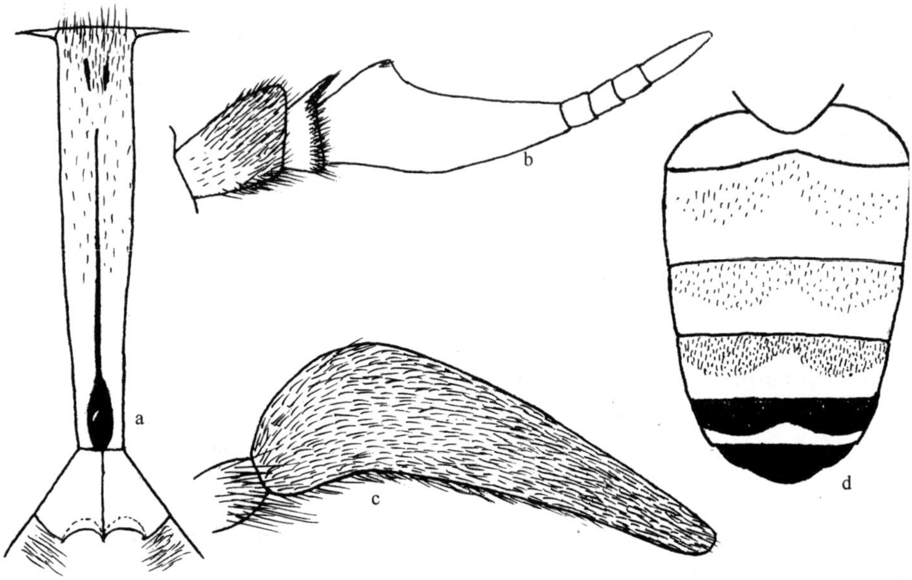

图 476 凌峰虻 *Tabanus lingfengi* Xu, Zhan *et* Sun

a. 额 (frons); b. 触角 (antenna); c. 下颚须 (palpus); d. 腹部背面 (dorsum of abdomen)

生物学 经多次采集，仅在 4 月采到，可能是旱季种。

地理分布 海南 (陵水吊罗山)。

分类讨论 本种类似于浅胸虻 *T. pallidepectoratus* Bigot，但浅胸虻各足胫节基部 1/2 浅黄色；中、后足基节仅具黄毛；下腋瓣黄色。

嗜牛虻组 *Tabanus bovinus* group

嗜牛虻组虻的主要特征是腹部背板具 1 列浅色中三角和窄的后缘带；体棕色至黑色，复眼无带；亚胛覆粉；额高为基宽的 4-10 倍；基胛与亚胛连接；中胛与基胛连接；触角鞭节的背突小；足二色明显或不明显；翅 R_5 室开放。本组广布于东洋界和古北界，而东洋界的成员更多 (图 477)。

种检索表

1. 额一般较宽，高为基宽的 4.5-6.0 倍，额基胛一般呈方形、三角形或类圆形……2

   额一般较窄，高一般大于基宽的 6.0 倍，额基胛一般呈长椭圆形……5

2. 体小型，长 13 mm；额胛与复眼接触……**孟定虻 *T. mengdingensis***

   体中、大型，长大于 18 mm；额胛与复眼分离……3

3. 体 18-19 mm；触角鞭节红黄色……**京密虻 *T. grunini***

   体长 20-26 mm；触角鞭节大部分黑色……4

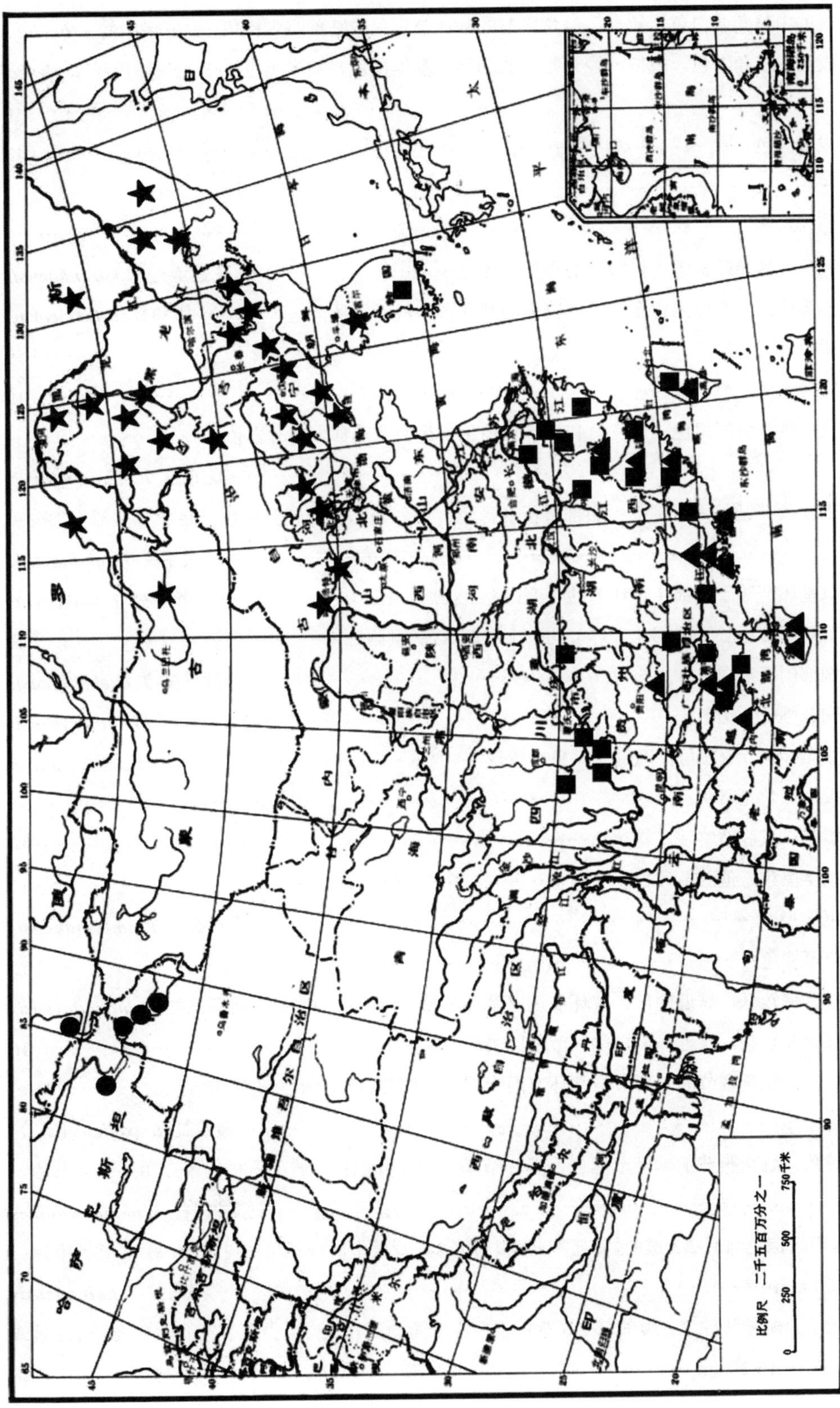

图 477　嗜牛虻组 *Tabanus bovinus* group 的地理分布

★雁氏虻 *Tabanus pleskei* Kröber　▲提神虻 *Tabanus mentitus* Walker　●嗜牛虻 *Tabanus bovinus* Linnaeus　■角斑虻 *Tabanus signifer* Walker

4. 腹部背板的中三角灰白色，较高；触角鞭节的基环节黑色或基部略带棕色……**嗜牛虻 *T. bovinus***
腹部背板的中三角灰色，较低；触角鞭节的基环节基半棕色，端半黑色…………**雁氏虻 *T. pleskei***
5. 体黑色……………………………………………………………………………………………6
体棕红或棕黑色…………………………………………………………………………………12
6. 足全黑……………………………………………………………………………………………7
足非全黑…………………………………………………………………………………………8
7. 下颚须黑色；触角暗棕色，仅鞭节的端环节黑色……………………**花莲港虻 *T. karenkoensis***
下颚须棕黑色；触角棕黑色至黑色，鞭节的基环节略浅于端环节……………**黑角虻 *T. fuscicornis***
8. 胸部小盾片色浅于盾片…………………………………………………………………………9
胸部小盾片与盾片色一致………………………………………………………………………10
9. 触角黑色；腹部背板黑色，中三角和后缘带白色；足胫节基部大部分白色………………………………………………………………………………………………**山东虻 *T. shantungensis***
触角至少在鞭节基部大半棕色；腹部背板灰黑色，中三角和后缘带黄白色；足胫节基部大部分黄白色……………………………………………………………………………**太平虻 *T. taipingensis***
10. 触角鞭节基环节等于端部 4 个环节的长度；翅 R_4 脉无附脉 ……………………**长芒虻 *T. longistylus***
触角鞭节基环节远长于端部 4 个环节的长度；翅 R_4 脉具附脉 ……………………………11
11. 口毛和胸部侧板毛白色………………………………………………………**浙江虻 *T. chekiangensis***
口毛和胸部侧板毛黑色……………………………………………………**神农架虻 *T. shennongjiaensis***
12. 腹部背板第 3-5 节中三角特别膨大，呈钟罩形 ……………………………………**角斑虻 *T. signifer***
腹部背板中三角正常……………………………………………………………………………13
13. 足一致黑色，或胫节略浅，棕黑色…………………………………………………………14
足棕黑色至黑色，但胫节黄白色至棕色………………………………………………………17
14. 口毛黑色…………………………………………………………………**峨眉山虻 *T. omeishanensis***
口毛黄色至棕色…………………………………………………………………………………15
15. 触角鞭节背突较低，靠近中部，端环节远比基环节短……………………**亚马来虻 *T. submalayensis***
触角鞭节背突较高，靠近基部，端环节略比基环节短…………………………………………16
16. 口毛浅黄色；触角鞭节的端环节与基环节同为棕色；腹部背板的中三角高于节长的一半………………………………………………………………………………………………**腹纹虻 *T. exoticus*** (部分)
口毛金黄色；触角鞭节的端环节黑色，基环节基部大部分棕色；腹部背板的中三角矮于节长的一半……………………………………………………………………………**拟冲绳虻 *T. okinawanoides***
17. 翅前 1/3 着暗棕色与后 2/3 透明，明显不同；腹部第 2-6 背板中后缘三角白斑很小；翅 R_4 脉无附脉；体长 23-24 mm……………………………………………………………**海南虻 *T. hainanensis***
翅透明或一致略着浅棕色；腹部第 2-6 背板中后缘三角白斑较大，至少占节宽的 1/3；翅 R_4 脉具或无附脉；体长 16-20 mm…………………………………………………………………………18

18. 中、后足胫节棕色；翅 R_4 脉具附脉；腹部背板中三角黄灰色，不达节的前缘；腹部腹板前 3 节棕色，其后各节黑色……………………………………………………………… **腹纹虻 *T. exoticus*** (部分)

中、后足胫节浅黄色；翅 R_4 脉无附脉；腹部背板中三角白色，达或不达节的前缘；腹部腹板中央具或无黑斑……………………………………………………………………………………… 19

19. 盾片具 3 条浅色纵纹，小盾片覆黑毛；中、后足胫节端部少许黑色；腹部背板的中三角较高，达所在节的前缘……………………………………………………………………………… **提神虻 *T. mentitus***

盾片无浅色纵纹，小盾片覆白毛；中、后足胫节端部 1/3 黑色；腹部背板的中三角较低，至多达所在节的中部……………………………………………………………… **立中虻，新种 *T. lizhongi* sp. nov.**

(440) 孟定虻 *Tabanus mengdingensis* Xu, Xu *et* Sun, 2008 (图 478)

Tabanus mengdingensis Xu, Xu *et* Sun, 2008: 51 [Type locality: Mengding, Yunnan, China].

鉴别特征　复眼无带；额高为基宽的 4.5 倍；亚胛覆粉；触角柄节和梗节棕色，鞭节橙红色；下颚须棕黄色，第 2 节长为宽的 3 倍；胸部盾片中部黑色，覆黑毛，亚侧位具 1 对前宽后窄的黄棕色纵条；翅透明，R_4 脉无附脉，R_5 室开放；腹部第 1、2 背板黄棕色，覆白毛，亚侧位具黑毛斑，第 3-6 背板黑色，具 1 列白色三角和浅色后缘。

形态描述

雌性　体长 13 mm，灰黑色。头部：复眼无毛，绿色无带 (回潮)；额棕褐色，覆黑毛，头顶及眼缘黄色，夹杂黄毛，额基宽略小于顶宽，高为基宽的 4.5 倍；额基胛深棕色，类圆形，与亚胛和复眼均接触；中胛黑色，梭形，接近基胛；亚胛棕色，覆粉，“眉片”低，浅黄色；颜浅黄色，覆浅黄色毛；口毛浅黄色。触角柄节和梗节棕色，柄节覆黄毛，背方具黑毛，梗节具背突，覆黑毛，鞭节基环节基部橙红色，端部和端环节略暗，基环节长为宽的 1.5 倍，背突低。下颚须棕黄色，第 1 节覆浅黄色长毛，第 2 节长为宽的 3 倍，覆浅黄色毛夹杂黑毛。喙黑色，具黑毛。胸部：盾片中部黑色，覆黑毛，亚侧位具 1 对前宽后窄的黄棕色纵条，肩胛、背侧胛、翅后胛和小盾片黄棕色，覆浅黄色毛；侧板和足基节浅黄棕色，覆浅黄色毛。足棕色，覆浅黄色毛，前足股节内侧深棕色，覆黑毛，胫节色略浅于股节，端部和跗节黑色，覆黑毛。翅透明，翅脉深棕色，R_4 脉无附脉，R_5 室开放。腋瓣烟棕色，两腋瓣交接处具 1 撮浅黄色毛。平衡棒棕黑色。腹部：第 1、2 背板黄棕色，覆白毛，亚侧位具黑毛斑，第 3-7 背板黑色，覆黑毛，具浅色后缘，第 3-6 背板具白色中三角，侧后缘也具白色三角，覆白毛。腹板灰棕色，覆浅黄色毛，后几节夹杂有黑毛，第 7 腹板以黑毛为主，各腹板具灰白色后缘。

雄性　未详。

观察标本　正模♀，云南孟定，1960.VI，保存于 AMMSC。

生物学　山地种。

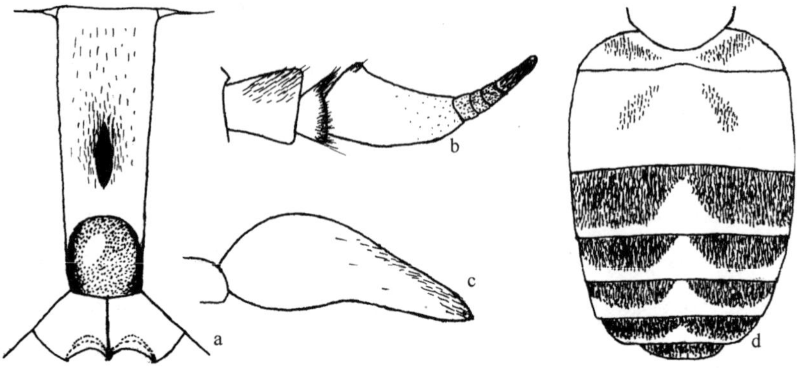

图 478 孟定虻 *Tabanus mengdingensis* Xu, Xu *et* Sun

a. 额 (frons); b. 触角 (antenna); c. 下颚须 (palpus); d. 腹部背面 (dorsum of abdomen)

地理分布 云南 (孟定)。

分类讨论 类似于青腹虻组 *T. oliviventris* group 的亚青腹虻 *T. suboliviventris* Xu，但本种复眼无带。体中小型，额、触角和足等的特征近似分布于泰国和老挝的 *T. equicinctus* Schuurmans-Stekhoven，但 *T. equicinctus* 的腹部背板黑色，具浅色后缘带，而无浅色中三角。本种的额中胛梭形，接近基胛，归入嗜牛虻组 *T. bovinus* group，而腹部第 1、2 背板黄棕色，第 3-7 背板黑色，似应归暗尾虻组 *T. furvicaudus* group，故本种的分组地位有待进一步研究。

(441) 京密虻 *Tabanus grunini* Olsufjev, 1967 (图 479)

Tabanus grunini Olsufjev, 1967: 386 [Type locality: Beijing, China]; Xu, 1982a: 280.

鉴别特征 复眼无带；额高为基宽的 5 倍；亚胛覆粉；触角柄节和梗节棕色，鞭节棕黄色；下颚须棕色，第 2 节长为基宽的 4 倍，覆黑毛；胸部背板黑灰色，无纵纹；翅前缘略着色，R_4 脉无附脉；腹部背板黑色，中央具 1 列灰色三角，后缘具浅黄色横带。

形态描述

雌性 体长 18-19 mm，黑色。复眼绿色无带；额灰色，覆黑毛，额顶宽略大于基宽，高为基宽的 5 倍；额基胛棕色，三角形，与亚胛接触，两侧角与复眼窄分离；中胛黑色，为基胛的延线；亚胛灰白色，覆粉，“眉片”低，灰白色；颜灰白色，覆灰白色毛；口毛白色。触角柄节和梗节棕色，覆黑毛，鞭节棕黄色，环节长为宽的 1.5 倍，背突高。下颚须棕色，第 1 节覆白色长毛，第 2 节覆黑毛，长为基宽的 4 倍。胸部：背板黑灰色，覆黑毛夹杂白毛；侧板灰黑色，具白色长毛。足基节色同侧板，股节灰黑色，覆灰白色毛，前足胫节基部 1/2 棕色，端部及跗节黑色，中、后足胫节棕色，跗节暗棕色。翅前缘略着黄色，翅脉棕色，R_4 脉无附脉。两腋瓣棕黑色，交接处着生 1 撮白毛。平衡棒棕黑色，球部顶端棕色。腹部：背板黑色，第 1-7 背板中央具 1 列灰色三角，后缘具浅黄色横带，在两侧角扩展成三角。腹板黑灰色，第 1-4 腹板棕色，中央具 1 列圆形黑斑。

雄性　未详。

观察标本　正模♀，北京，保存在 IZPR (未检视)。

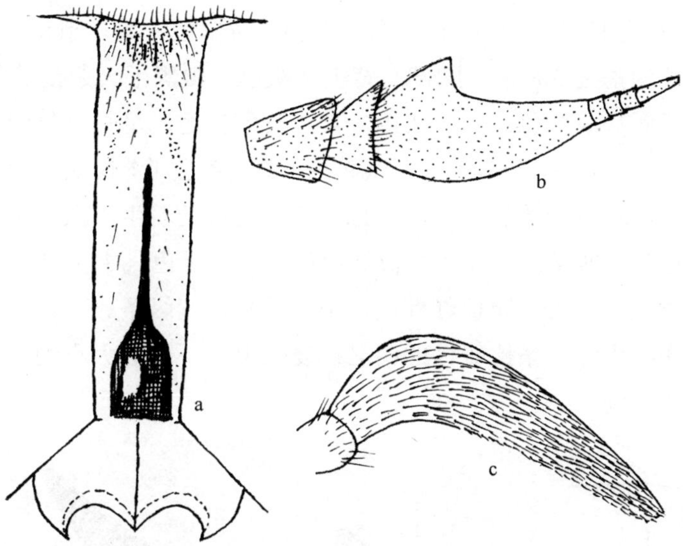

图 479　京密虻 *Tabanus grunini* Olsufjev

a. 额 (frons)；b. 触角 (antenna)；c. 下颚须 (palpus)　(仿 Olsufjev, 1967)

生物学　山区种。

地理分布　北京 (密云)。

分类讨论　本种与雁氏虻 *T. pleskei* Kröber 非常类似，但雁氏虻体较大，长 21-26 mm；额较窄，触角鞭节大部分黑色。

(442) 嗜牛虻 *Tabanus bovinus* Linnaeus, 1768 (图 477，图 480)

Tabanus bovinus Linnaeus, 1768: 601 [Type locality: Europe]; Olsufjev, 1977: 265; Xu, 1982d: 117; Wang, 1994: 154.

Tabanus auratus Ghidini, 1935: 439. Synonymized by Chvála, 1988: 139.

鉴别特征　复眼无带；额高为基宽的 4.0-4.5 倍；亚胛覆粉；触角柄节和梗节棕色，鞭节黑色；下颚须黄白色，第 2 节长为基宽的 3.8 倍，覆浅黄色毛；胸部背板黑灰色，具 3 条不明显灰色纵纹；翅透明，R_4 脉无附脉；腹部第 1-4 背板红棕色，其后黑色，中央具 1 列高的灰白色三角斑，后缘具浅黄色毛横带。

形态描述

雌性 体长 20-24 mm，黑色。复眼绿色无带；额黄灰色，覆黑毛，额两侧平行，高为基宽的 4.0-4.5 倍；额基胛黑棕色至黑色，盾形，与亚胛接触，两侧角与复眼分离；中胛黑色，为基胛的延线；亚胛黄灰色，覆粉，“眉片”低，灰色；颜黄灰色，覆浅黄色毛；口毛浅黄色。触角柄节和梗节棕色，覆黑毛和浅黄色毛，鞭节黑色，仅基环节基部 1/5 棕色，基环节长为宽的 1.2 倍，背突高。下颚须黄白色，第 1 节覆浅黄色长毛，第 2 节覆浅黄色毛，长为基宽 3.8 倍。胸部：背板黑灰色，覆黑毛夹杂浅黄色毛，具 3 条不明显灰色纵纹，背侧片浅棕色；侧板灰色，具浅黄色长毛。足基节色同侧板，股节棕黑色至黑色，覆灰白粉和黄毛，胫节大部分浅黄色，覆浅黄色毛，仅端部和跗节黑色黑毛。翅透明，翅脉棕色，R_4 脉无附脉。两腋瓣棕黑色，交接处着生 1 撮浅黄色毛。平衡棒棕黑色，球部顶端棕色。腹部：第 1-4 背板红棕色，其后黑色，中央具 1 列高的灰白色三角斑，后缘具浅黄色毛横带。腹板红棕色，中央具暗色宽纵条。

雄性 腹部腹板中纵暗条比雌性的明显；复眼上、下眼面大小约等；下颚须主要覆黑毛，余者为性的差别。

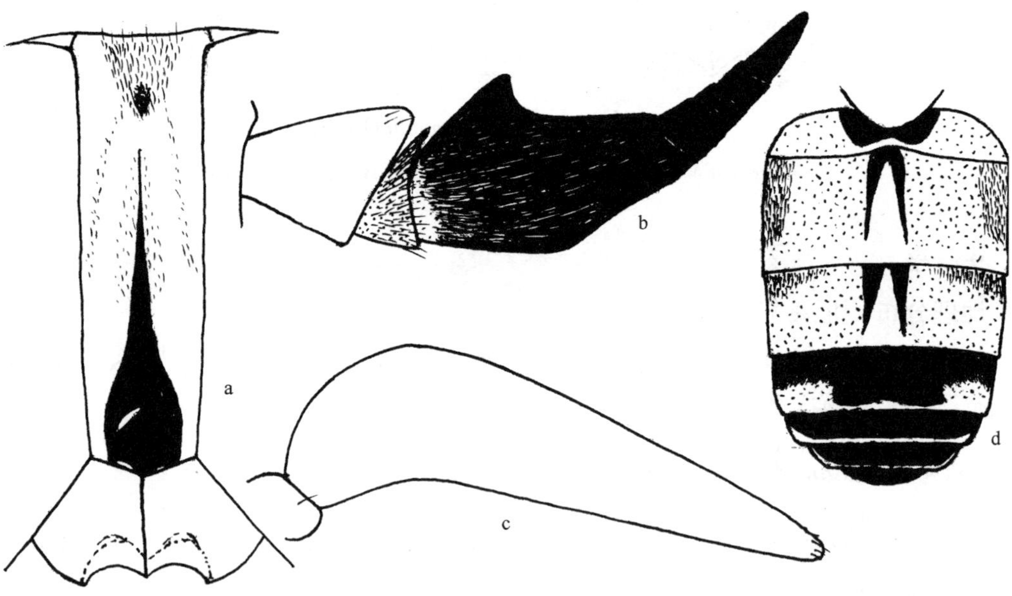

图 480 嗜牛虻 *Tabanus bovinus* Linnaeus

a. 额 (frons)；b. 触角 (antenna)；c. 下颚须 (palpus)；d. 腹部背面 (dorsum of abdomen)

观察标本 2♀♀，新疆，保存在 AMMSC。

生物学 新疆牧场攻击牲畜的常见种之一；幼虫孳生在池塘、湖泊和河边；是炭疽、野兔热和伊氏锥虫病的传播媒介。

地理分布　新疆（哈巴河、福海、布尔津）；俄罗斯，哈萨克斯坦，北非地区，欧洲。

分类讨论　本种类似于雁氏虻 *T. pleskei* Kröber，但雁氏虻的腹部背板的中三角灰色，较低；触角鞭节的基环节基半棕色，端半黑色。嗜牛虻是典型古北界种，在我国现知仅分布在新疆北部（图 477）。

(443) 雁氏虻 *Tabanus pleskei* Kröber, 1925（图 477，图 481）

Tabanus pleskei Kröber, 1925: 124 [Type locality: Sibiria, Amur, Russia]; Murdoch and Takahasi, 1969: 61; Olsufjev, 1977: 267; Xu, 1982b: 105; Wang, 1983: 98; Chen, 1983: 118; Yao and Ding, 1986: 33; Jiang, Zhang, Huang and Dai, 1993: 105.

Tabanus sapporoenus Shiraki: Chen, 1983: 118. Misidentification.

鉴别特征　复眼无带；额高为基宽的 4.5 倍；亚胛覆粉；触角柄节和梗节棕色，鞭节基部红棕色，端部及端环节棕黑色至黑色；下颚须棕色，第 2 节长为基宽的 4 倍；胸部背板黑灰色，无纵纹；翅前缘略着色，R_4 脉无附脉；腹部背板黑色，中央具 1 列灰色三角，后缘具浅黄色横带。

形态描述

雌性　体长 21-26 mm，黑色。复眼绿色无带；额灰色，覆黑毛，额顶宽略大于基宽，

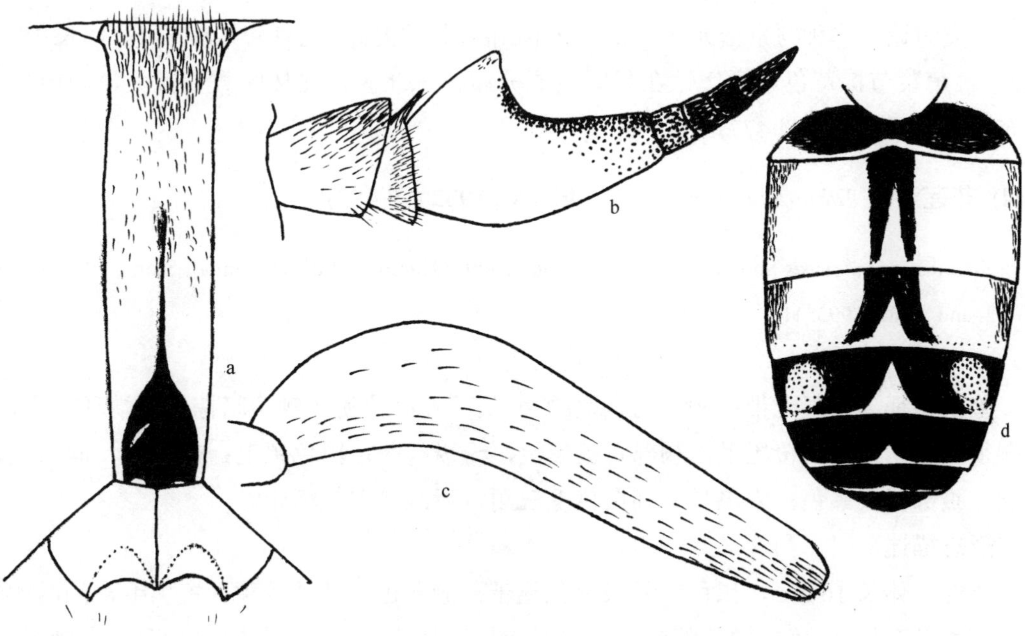

图 481　雁氏虻 *Tabanus pleskei* Kröber

a. 额（frons）；b. 触角（antenna）；c. 下颚须（palpus）；d. 腹部背面（dorsum of abdomen）

高为基宽的 4.5 倍；额基胛棕黑色至黑色，三角形，与亚胛接触，两侧角与复眼窄分离；中胛黑色，为基胛的延线；亚胛灰白色，覆粉，“眉片”低，灰白色；颜灰白色，覆灰白色毛；口毛白色。触角柄节和梗节棕色，覆黑毛，鞭节基部红棕色，端部及端环节棕黑色至黑色，基环节长为宽的 1.4 倍，背突高。下颚须棕色，第 1 节覆白色长毛，第 2 节覆黑毛，长为基宽 4 倍。胸部：背板黑灰色，覆黑毛夹杂白毛；侧板灰黑色，具白色长毛。足基节色同侧板，股节灰黑色，覆灰白色毛，前足胫节基部 1/2 棕色，端部及跗节黑色，中、后足胫节棕色，跗节暗棕色。翅前缘略着黄色，翅脉棕色，R_4 脉无附脉。两腋瓣棕黑色，交接处着生 1 撮白毛。平衡棒棕黑色，球部顶端棕色。腹部：背板黑色，第 1-3 背板两侧具棕红色斑，第 1-7 背板中央具 1 列灰色三角，后缘具浅黄色横带，在两侧角扩展成三角。腹板黑灰色，第 1-4 腹板棕色，中央具 1 列圆形黑斑。

雄性 腹部背板后缘横带和中三角较雌性的小且不清晰，余者为性的差别。

观察标本 50♀♀，黑龙江，保存在 AMMSC。

生物学 我国东北、华北山区常见种；攻击牲畜的重要种类。

地理分布 黑龙江 (虎林、饶河、嫩江、呼马、加格达奇)、吉林 (抚松、晴宇、长白山、通化、柳河、安图、和龙、珲春)、辽宁 (沈阳、营口、鞍山、岫岩、新宾、宽甸、西丰、开原、东沟、庄河、黑山、义县、绥中、建昌、阜新)、内蒙古 (呼伦贝尔、喜桂图旗、鄂伦春旗、布特哈旗、呼和浩特)、北京 (密云)、河北 (兴隆)、山西；俄罗斯，蒙古，朝鲜。

分类讨论 本种与京密虻 *T. grunini* Olsufjev 非常类似，但京密虻体较小，体长 18-19 mm；触角鞭节棕黄色。雁氏虻在我国主要分布在东北区，在林区数量很大，向南延伸分布到华北区北部 (图 477)。

(444) 花莲港虻 *Tabanus karenkoensis* Shiraki, 1932 (图 482)

Tabanus karenkoensis Shiraki, 1932: 277 [Type locality: Karenko, Taiwan, China]; Stone, 1975: 62; Xu and Wang, 1993: 112.

鉴别特征 复眼无带；额高为基宽的 6 倍；亚胛覆粉；触角暗棕色，端环节黑色；下颚须黑色，第 2 节覆黑毛；胸部背板黑色，无纵纹；足黑色黑毛；翅棕色，向后色渐变浅；腹部背板黑色，中央具 1 列白色毛三角，后缘具白色横带。

形态描述

雌性 体长 16 mm，黑色。复眼绿色无带；额灰色，基部较黄，覆黑毛，额两侧平行，高为基宽的 6 倍；额基胛黑色，卵形，与亚胛接触，两侧与复眼分离；中胛黑色，为基胛的粗延线，长，接近头顶区；亚胛黄棕色，覆粉；颜黄棕色，覆橘黄色毛，上侧颜具棕黑色毛；口毛橘黄色。触角暗棕色，柄节长大于宽，从基部向端部渐宽，覆黑毛，鞭节基环节长约为宽的 1.5 倍，背突低，端环节黑色，短于基环节，末环节略长于其余环节。下颚须黑色，第 2 节覆黑毛，基部 1/3 粗，向端部渐变细，末端尖。胸部：背板黑色，覆黑毛，肩胛和翅后胛带棕色；侧板棕黄色，具白色长毛。足黑色黑毛。翅棕色，向后色渐变浅，R_1 室基半透明，翅脉棕黑色。两腋瓣暗棕色，交接处着生 1 撮白毛。平衡棒暗棕色。腹部：背板黑色，覆黑毛，具窄的白色后缘，在中央和侧后缘加宽成三角，覆白毛。腹板黑灰色，具白毛后缘。

雄性　未详。

观察标本　模式标本，1♀，采自台湾，原记载保存在台湾昆虫博物馆(现归台湾大学)，现下落不明。

生物学　未详。

地理分布　台湾 (花莲港)。

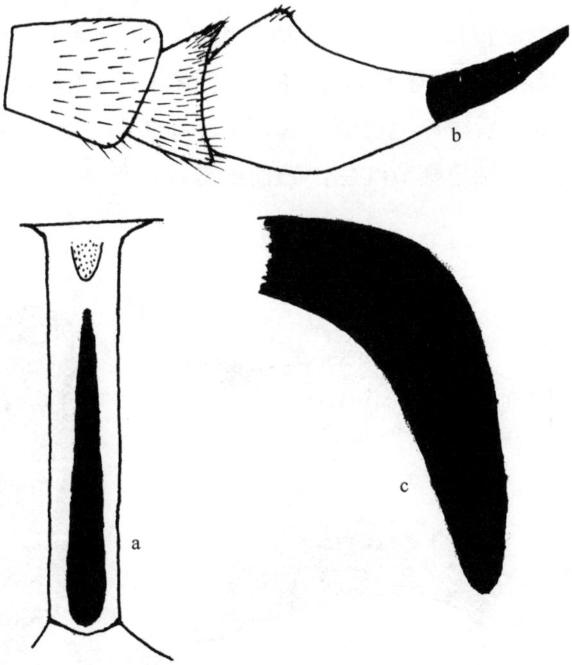

图 482　花莲港虻 *Tabanus karenkoensis* Shiraki

a. 额 (frons)；b. 触角 (antenna)；c. 下颚须 (palpus)　(仿 Shiraki, 1932)

分类讨论　本种与黑角虻 *T. fuscicornis* Ricardo 非常相似，但黑角虻的下颚须棕黑色；触角全部棕黑色。

(445) 黑角虻 *Tabanus fuscicornis* Ricardo, 1911 (图 483)

Tabanus fuscicornis Ricardo, 1911: 144 [Type locality: Punkio, Taiwan, China]; Stone, 1975: 59; Xu and Wang, 1993: 111.

Tabanus sauteri Ricardo, 1913: 171. (?) Synonymized by Shiraki, 1918: 337.

鉴别特征　复眼无带；额高为基宽的 7 倍；亚胛覆粉；触角棕黑色；下颚须棕黑色，第 2 节覆黑毛；胸部背板蓝黑色，无纵纹；足黑色黑毛；翅端前缘着棕色，R_4 脉无附脉；腹部背板黑色，中央具白毛点，后缘白毛在侧后缘可见。

形态描述

雌性　体长 15-17 mm，黑色。额灰色，两侧平行，高为基宽的 7 倍；额基胛黑色，条形，与亚胛接触，两侧与复眼分离；中胛黑色，为基胛的粗延线，长，接近头顶区；亚胛黄棕色，覆粉；颜黄棕色，覆橘黄色毛，上侧颜具一些黑毛；口毛黄色。触角棕黑色，柄节和梗节覆黑毛，鞭节深棕黑色，端环节略暗于基环节，基环节背突低。下颚须棕黑色，第 2 节覆黑毛，基部粗，向端部渐变细，末端尖。胸部：背板蓝黑色，两侧具黑色长毛；侧板蓝黑色，覆橘红色毛。足黑色黑毛，前足基节具白毛。翅前半着棕色，但中室透明，翅端前缘着棕色，翅脉黑色，R_4 脉无附脉。平衡棒棕色。腹部：背板黑色，覆黑毛，中央具白毛点，后缘白毛在侧后缘可见。腹板黑灰色，具白毛后缘。

雄性　除性差别外，触角鞭节红色，翅前缘棕色，但翅端透明。

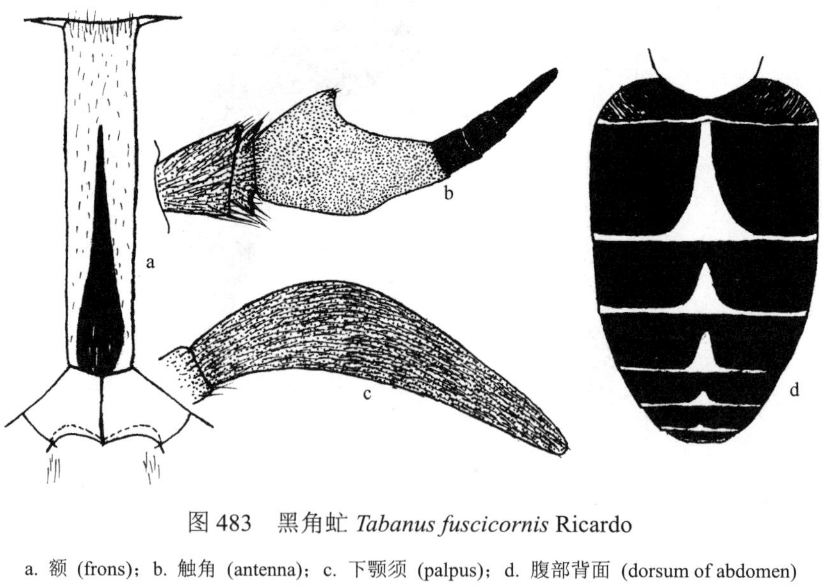

图 483　黑角虻 *Tabanus fuscicornis* Ricardo

a. 额 (frons)；b. 触角 (antenna)；c. 下颚须 (palpus)；d. 腹部背面 (dorsum of abdomen)

观察标本　模式♀，A. E. Wileman, 1909 年采自台湾，保存在 BMNH (未检视)。1♀，台湾，标本号 En-014099，保存在中山大学。

生物学　山区种；5-6 月采到，数量不多。

地理分布　台湾 (阿里山、太平、高雄、嘉义)。

分类讨论　本种与花莲港虻 *T. karenkoensis* Shiraki 非常相似，但花莲港虻的触角暗棕色，仅鞭节的端环节黑色。绍氏虻 *T. sauteri* Ricardo, 1913 与本种的原始描述非常接近，Shiraki (1918) 怀疑是同一种，本志暂作同物异名处理。

(446) 山东虻 *Tabanus shantungensis* Ôuchi, 1943 (图 484; 图版 XVI)

Tabanus shantungensis Ôuchi, 1943: 526 [Type locality: Laoshan, Shandong, China]; Xu, 1982a: 255; Xu, 1982e: 123; Xu and Liu, 1982b: 113; Wang, 1983: 103; Wu, Li, Liu, Yang, Zhang and Cao, 1988: 200; Chen and Xu, 1992a: 88; Yang and Xu, 1997: 16; Wang, Ge and Dong, 1998: 45; Liu, 1999c: 518; Xu, 2001: 347; Xu, 2005: 774.

鉴别特征　复眼无带；额高为基宽的 6.5 倍；亚胛覆粉；触角棕黑色；下颚须棕色，第 2 节覆黑毛，长为宽的 3.7 倍；胸部背板黑色，具 2 条不很明显的灰色纵纹，小盾片灰白色，覆白毛；足黑褐色，覆黑毛，胫节大部分白色；翅透明，R_4 脉无附脉；腹部背板黑色，第 2-4 背板中央具 1 列白色毛三角，后缘具白色横带。

形态描述

雌性　体长 16 mm，黑色。复眼绿色无带；额灰色，基部较白，覆黑毛，额顶宽大于基宽，高为基宽的 6.5 倍，头顶具小块黑色光裸区；额基胛黑色，卵形，与亚胛接触，两侧与复眼分离；中胛黑色，为基胛的细短延线；亚胛灰黄色，覆粉，“眉片”低，灰棕色；颜灰色，覆灰白色毛；口毛白色。触角棕黑色，柄节和梗节覆黑毛，鞭节基环节长为宽的 1.7 倍，背突低，端环节细，黑色，短于基环节。下颚须棕色，第 2 节长为宽的 3.7 倍，覆黑毛。胸部：背板黑色，覆黄毛和少量黑毛，具 2 条不很明显的灰色纵纹，盾片侧后缘具白色长毛，小盾片灰白色，覆白毛；侧板灰黑色，具白色长毛。足黑褐色，密覆黑毛，仅胫节基部 2/3 白色白毛。翅透明，翅脉黄棕色，R_4 脉无附脉。两腋瓣暗棕色，交接处着生 1 撮白毛。平衡棒暗棕色。腹部：背板黑色，覆黑毛，第 2-4 背板具白毛后缘，在中央形成白毛三角，第 1-4 背板侧后缘加宽成白毛三角，第 5-7 背板黑色黑毛。腹板第 1-4 节灰黑色，覆黑毛，其后各腹板黑色黑毛。

雄性　未详。

观察标本　正模♀，山东崂山，保存在 IECAS。20♀♀，河南、四川、陕西，保存在 AMMSC。

生物学　山区种。

地理分布　山东 (崂山)、河南 (信阳、伏牛山)、陕西 (宁陕、秦岭、安康)、甘肃 (康县)、安徽 (黄山太平)、浙江 (天目山)、湖北 (均县、宣恩)、福建 (建阳、光泽、邵武、将乐、永安、龙岩、上杭、梅花山)、广东 (大浦)、四川 (峨眉山)、贵州 (务川)、云南 (维

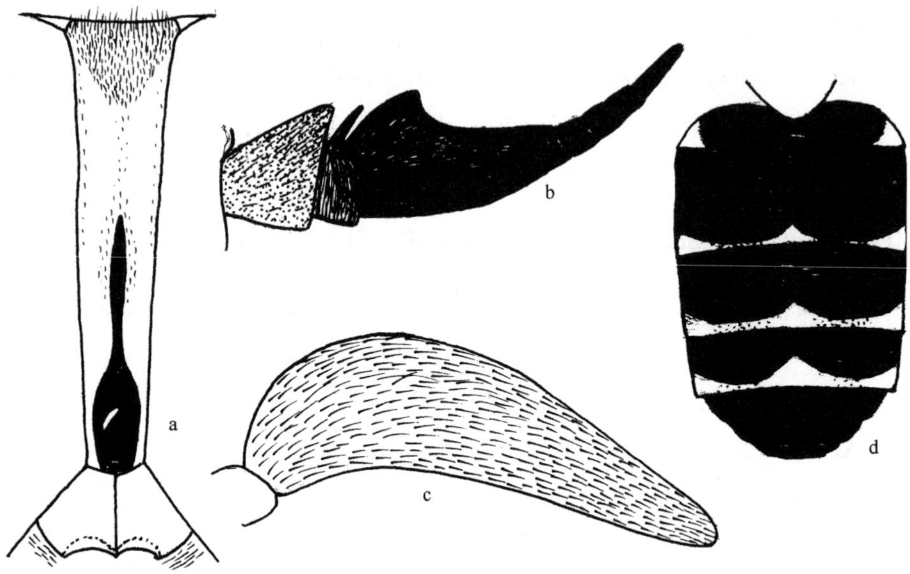

图 484 山东虻 *Tabanus shantungensis* Ôuchi

a. 额 (frons); b. 触角 (antenna); c. 下颚须 (palpus); d. 腹部背面 (dorsum of abdomen)

西)。

分类讨论 本种与太平虻 *T. taipingensis* Xu *et* Wu 类似，但太平虻的触角至少在鞭节基部大半棕色；胸部小盾片色略浅于盾片；腹部背板黑色，中三角黄白色，后缘带浅黄色；足胫节基部大部分黄白色。

(447) 太平虻 *Tabanus taipingensis* Xu *et* Wu, 1985 (图 485)

Tabanus taipingensis Xu *et* Wu, 1985: 409 [Type locality: Taiping, Anhui, China]; Wang, 1994: 147.

鉴别特征 复眼无带；额高为基宽的 5.0-5.6 倍；亚胛覆粉；触角柄节黑色，鞭节基部大部分深棕色；下颚须棕色，第 2 节长为基宽的 4 倍，主要覆黑毛；胸部背板黑色，具 3 条不明显灰黄色纵纹，小盾片色略浅于盾片；翅略着黄色，R_4 脉无附脉；腹部背板黑色，第 2-4 背板具高的黄白色中三角斑，后缘具浅黄色毛横带。

形态描述

雌性 体长 16-17 mm，黑色。复眼绿色无带；额基半部黄灰色，覆灰白色毛，端半部棕黑色，覆黑毛，头顶具小的黑色亮区，额顶端宽略大于基部宽，高为基宽的 5.0-5.6 倍；额基胛黑色，盾形，与亚胛接触，两侧角与复眼分离；中胛黑色，为基胛的延线；亚胛黄灰色，覆粉，“眉片”低，灰色；颜黄白色，覆浅黄色毛，上侧颜黄灰色，具黑毛；口毛浅黄色。触角柄节黑色，覆黑毛，梗节黑棕色，背突长，鞭节基部大部分深棕色，端部及端环节黑色，基环节长为宽的 1.9 倍，背突钝。下颚须棕色，第 1 节覆黄白色长毛，第 2 节覆黑毛，基部夹杂棕色毛，长为基宽的 4 倍。胸部：背板黑色，覆黑毛夹杂白毛；具 3 条不明显灰黄色纵纹，小盾片色略浅于盾片，覆灰黄色粉，翅后胛具黄白色长毛；侧板灰色，具黄白色长毛。足基节色同侧板，覆黄白色毛，前足基节端部夹杂黑毛，股节黑色，覆黑毛夹杂黄白色毛，胫节基部 2/3 黄白色，覆黄白毛，端部和跗节黑色黑毛。翅略着黄色，翅脉棕色，R_4 脉无附脉。两腋瓣棕黑色，交接处着生 1 撮黄白色毛。平衡棒黑色，球部顶端棕黄色。腹部：背板黑色，第 2-4 背板具高的黄白色中三角斑，后缘具浅黄色毛横带。腹板灰黑色，具浅色后缘。

雄性　未详。

观察标本　正模♀，安徽太平县，1983.VII.2，许荣满，保存在 AMMSC。2♀♀，安徽，保存在 AMMSC。

生物学　在太平湖边，牛诱采获。

地理分布　安徽 (黄山太平)。

分类讨论　本种类似于浙江虻 *T. chekiangensis* Ôuchi，但浙江虻的小盾片与盾片同色；额较窄，高为基宽的 9-10 倍；足胫节棕色。

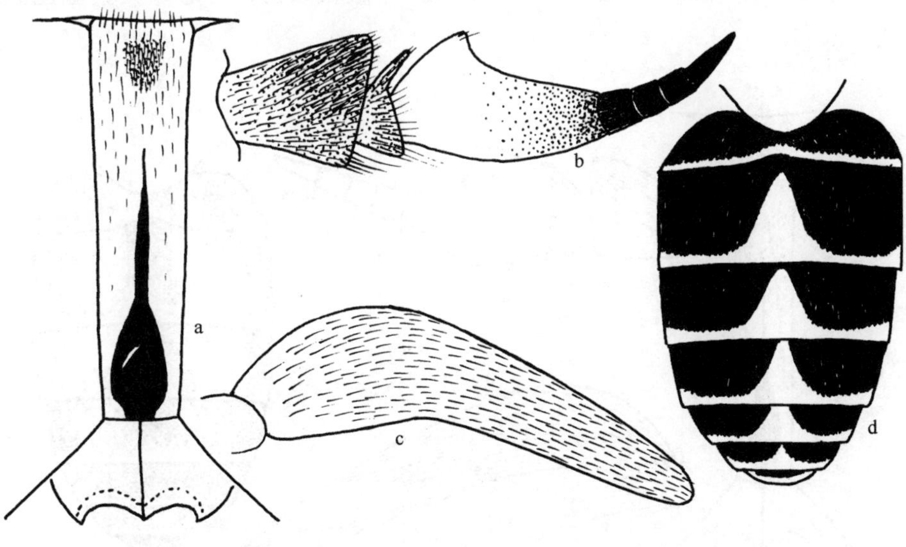

图 485　太平虻 *Tabanus taipingensis* Xu *et* Wu

a. 额 (frons)；b. 触角 (antenna)；c. 下颚须 (palpus)；d. 腹部背面 (dorsum of abdomen)

(448) 长芒虻 *Tabanus longistylus* Xu, Ni *et* Xu, 1984 (图 486)

Tabanus longistylus Xu, Ni *et* Xu, 1984: 1 [Type locality: Changyang, Hubei, China]; Wang, 1994: 153.

鉴别特征 复眼无带；额高为基宽的 7 倍；亚胛覆粉；触角柄节和梗节棕色，鞭节基环节较宽，长为宽的 1.2 倍，端环节较长，长约等于基环节；下颚须灰棕色，第 2 节长为宽的 5 倍，覆黑毛；胸部背板黑色，具 3 条细纵纹；翅 R_4 脉无附脉；腹部第 2-4 背板中央具矮的黄棕色三角形斑，三角斑前方具黑斑。

形态描述

雌性 体长 21-23 mm，黑色。复眼黑色无带；额基灰棕色，主要覆黑毛，额顶宽大于基宽，高为基宽的 7 倍；额基胛棕黑色至黑色，椭圆形，与亚胛接触，与复眼分离；中胛黑色，为基胛的细延线；亚胛棕黄色，覆粉，“眉片”低，灰色；颜棕色，覆黑毛；口毛黑色。触角柄节和梗节棕色，覆黑毛，梗节背突长，鞭节黄棕色，端环节长约等于基环节，基环节长为宽的 1.2 倍，背突高。下颚须灰棕色，第 1 节覆黑色和黄白色长毛，第 2 节覆黑毛，长为基宽的 5 倍。胸部：背板黑色，覆黑毛夹杂灰白色毛，具 3 条灰棕色细纵纹；侧板灰黑色，覆黑毛夹杂灰白色长毛。足基节色同侧板，覆黑毛夹杂少量灰白色毛，股节暗棕色至黑色，覆黑毛，胫节和跗节暗棕色，覆黑毛。翅沿脉着黄色，R_4 脉无附脉。两腋瓣棕黑色，交接处着生 1 撮灰白色毛。平衡棒棕黑色，球部顶端棕色。腹部：深棕色，第 1 及第 5-7 背板棕黑色，着生黑毛，第 2-4 背板中央具矮的黄棕色三角形斑，三角斑前方具黑斑。腹板黑棕色，第 5-7 腹板黑色，各腹板具黄棕色后缘。

雄性 未详。

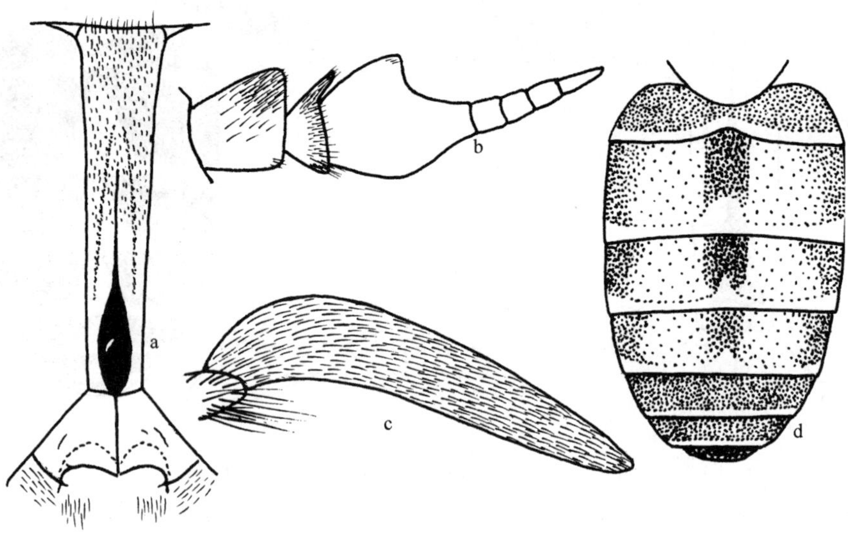

图 486 长芒虻 *Tabanus longistylus* Xu, Ni *et* Xu

a. 额 (frons)；b. 触角 (antenna)；c. 下颚须 (palpus)；d. 腹部背面 (dorsum of abdomen)

观察标本 正模♀，湖北长阳，1957.IX.2，保存在 AMMSC。1♀，湖北，保存在

AMMSC。

生物学　林区种。

地理分布　湖北 (长阳、神农架)。

分类讨论　本种一般形态类似于牧村虻 *T. makimurai* Ôuchi，但牧村虻触角鞭节的端环节远短于基环节；腹部背板具浅色毛中纵条，属于不同组。

(449) 浙江虻 *Tabanus chekiangensis* Ôuchi, 1943 (图 487)

Tabanus chekiangensis Ôuchi, 1943: 525 [Type locality: Tianmushan, Zhejiang, China]; Xu, 1982a: 251; Xu, 1982e: 122; Xu, 1982f: 126; Xu, 1982g: 132; Xu, 1982h: 136; Xu and Liu, 1982b: 112; Wang, 1983: 96; Wu, Li, Liu, Yang, Zhang and Cao, 1988: 199; Chen and Xu, 1992a: 62; Yang and Xu, 1997: 16; Liu, 1999c: 517; Xu, 2001: 346; Xu, 2005: 771.

鉴别特征　复眼无带；额高为基宽的 9-10 倍；亚胛覆粉；触角柄节和梗节浅棕色，鞭节棕色，端环节略暗，基环节较宽，长为宽的 1.4 倍；下颚须浅棕色，第 2 节长为基宽的 5 倍，覆黑毛；胸部背板黑色，具 3 条不明显灰色纵纹；翅透明，R_4 脉具附脉；腹部背板黑色，第 2-6 背板中央具 1 列正三角形白斑，后缘具白色横带。

形态描述

雌性　体长 21-22 mm，黑色。复眼绿色无带；额基灰色，主要覆黑毛，额顶宽大于基宽，高为基宽的 9-10 倍；额基胛黑色，盾形，与亚胛接触，与复眼分离；中胛黑色，为基胛的细延线；亚胛灰白色，覆粉，“眉片”低，灰色；颜灰色，覆白毛，上侧颜浅棕色；口毛白色。触角柄节和梗节浅棕色，覆黑毛，梗节背突长，鞭节棕色，端环节略暗，基环节长为宽的 1.4 倍，背突钝。下颚须浅棕色，第 1 节覆黄白色长毛，第 2 节覆黑毛，长为基宽的 5 倍。胸部：背板黑色，覆灰粉和黑毛夹杂白毛，具 3 条不明显灰色纵纹，小盾片色同盾片；侧板灰色，覆白色长毛。足基节色同侧板，覆白毛，股节黑色，覆白毛夹杂少量黑毛，前足胫节基部 2/3 和中、后足胫节棕色，覆黑毛，端部和跗节黑色黑毛。翅略着黄色，翅脉棕色，R_4 脉具附脉。两腋瓣棕黑色，交接处着生 1 撮白毛。平衡棒棕黑色，球部顶端棕色。腹部：背板黑色，第 2-6 背板中央具白色正三角形斑，后缘具白色横带，两侧加宽成侧三角。腹板棕黑色，具浅色后缘。

雄性　未详。

观察标本　正模♀，浙江天目山，保存在 IECAS。200♀♀，浙江、广东、云南、四川，保存在 AMMSC。

生物学　山区种；在长江流域山区，是当地的优势虻种。

地理分布　陕西 (镇巴、周至、佛坪、留坝、略阳、西乡、汉中)、甘肃 (康县)、安徽 (太平)、浙江 (天目山、雁荡山)、湖北 (宣恩、均县、五峰、宜昌、神农架、武当山)、

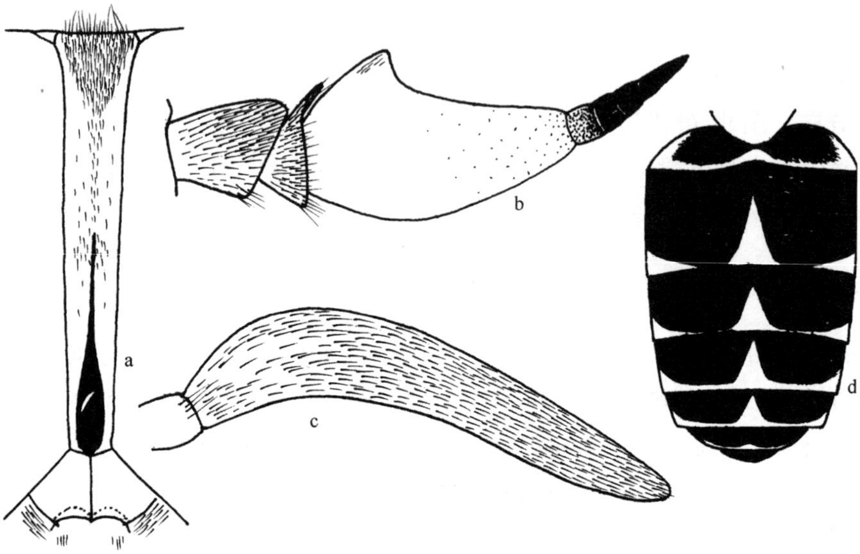

图 487 浙江虻 *Tabanus chekiangensis* Ôuchi

a. 额 (frons)；b. 触角 (antenna)；c. 下颚须 (palpus)；d. 腹部背面 (dorsum of abdomen)

江西 (井冈山、崇义)、湖南、福建 (武夷山、建阳、邵武、光泽、南平、建欧、三明、将乐、永安、连城、梅花山、上杭、长汀、武平、龙岩、漳平、漳浦、南靖)、广东 (大埔、乐昌)、海南 (琼中、黎母山、吊罗山)、广西 (睦边、凭祥、苗儿山)、重庆、四川 (雅安、峨眉山、洪雅、万源)、贵州 (务川、赤水、榕江、剑河、金沙)、云南 (河口、勐腊、蛮耗、昭通、水富、盐津)。

分类讨论 本种一般形态类似于线带虻 *T. lineataenia* Xu，但线带虻复眼具 1 条带，不属于一个组。

(450) 神农架虻 *Tabanus shennongjiaensis* Xu, Ni *et* Xu, 1984 (图 488)

Tabanus shennongjiaensis Xu, Ni *et* Xu, 1984: 2 [Type locality: Shennongjia, Hubei, China]; Wang, 1994: 148.

鉴别特征 复眼无带；额高为基宽的 7-8 倍；亚胛覆粉；触角深棕色，鞭节基环节端部和端环节棕黑色至黑色；下颚须深棕色至黑棕色，第 2 节长为基宽的 4-5 倍，覆黑毛；口毛黑色；胸部背板灰黑色，具 5 条灰色纵纹，侧板灰黑色，覆黑毛；翅 R_4 脉具附脉；腹部背板黑色，第 2-6 背板中央具 1 列正三角形白斑，后缘具白色横带。

形态描述

雌性 体长 23-25 mm，黑色。复眼绿色无带；额基棕黄色，覆黑毛，顶宽略大于基宽，高为基宽的 7-8 倍；额基胛黑色，长卵形，与亚胛接触，与复眼分离；中胛黑色，为基胛的细延线；亚胛棕黄色，覆粉，"眉片"低，棕色；颜棕黄色，覆黑毛；口毛黑色。触角柄节和梗节深棕色，覆黑毛，梗节背突长，鞭节深棕色，端部和端环节棕黑色至黑色，基环节长为宽的 1.5 倍，背突高。下颚须深棕色至黑棕色，覆黑毛，第 2 节长为基宽的 4-5 倍。胸部：背板灰黑色，覆黑毛夹杂少量白毛，具 5 条灰色纵纹，小盾片色同盾片；侧板灰黑色，覆黑色长毛。足基节色同侧板，覆黑毛，中、后足基节有的夹杂少量白毛，股节黑色，覆黑毛，胫节棕黑色，覆黑毛，跗节黑色黑毛。翅略着棕色，翅脉棕色，R_4 脉具附脉。两腋瓣棕黑色，交接处着生 1 撮白毛。平衡棒黑色，球部顶端略浅。腹部：背板黑色，有的个体带棕色，第 2-6 背板中央具灰白色正三角形斑，后缘具灰白色横带。腹板黑色，具浅色后缘。

雄性　未详。

观察标本　正模♀，湖北竹山县，1980.VIII.8，保存在 AMMSC。15♀♀，湖北，保存在 AMMSC。

生物学　山区种。

地理分布　安徽 (大别山)、湖北 (竹山、神农架)。

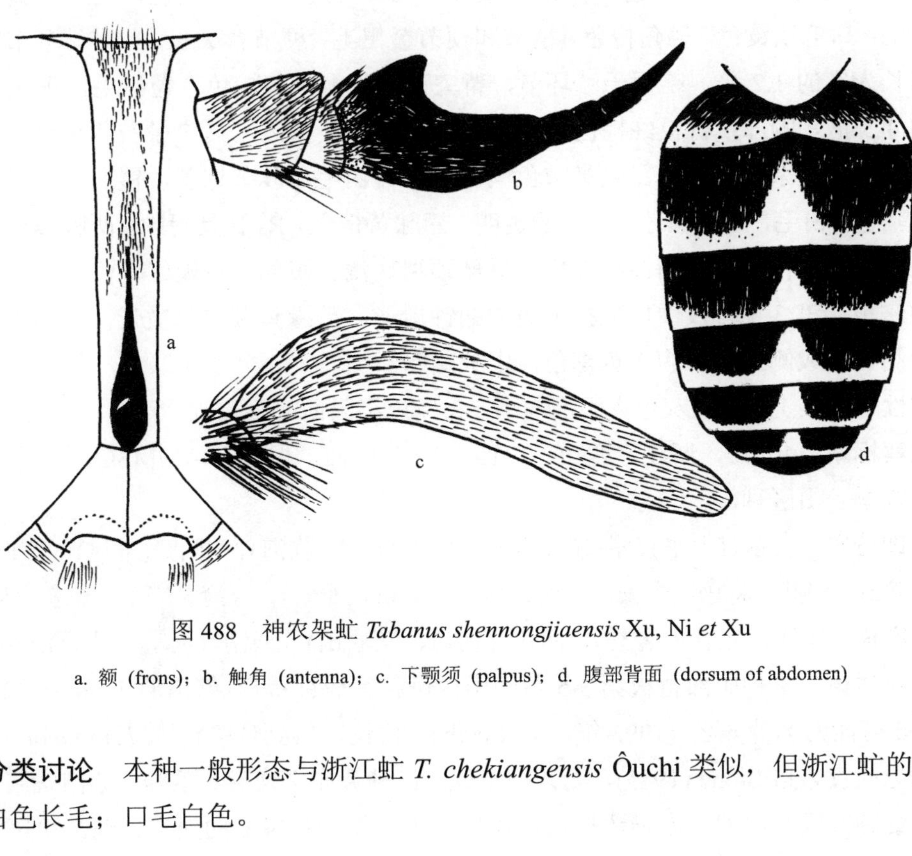

图 488　神农架虻 *Tabanus shennongjiaensis* Xu, Ni *et* Xu

a. 额 (frons)；b. 触角 (antenna)；c. 下颚须 (palpus)；d. 腹部背面 (dorsum of abdomen)

分类讨论　本种一般形态与浙江虻 *T. chekiangensis* Ôuchi 类似，但浙江虻的胸部侧板覆白色长毛；口毛白色。

(451) 角斑虻 *Tabanus signifer* Walker, 1856 (图 477, 图 489; 图版 XI)

Tabanus signifer Walker, 1856: 452 [Type locality: China]; Xu, 1982e: 123; Wang, 1983: 102; Yang and Xu, 1997: 16; Xu, 2001: 347; Xu, 2004: 541.

Tabanus galloisi Kono *et* Takahasi, 1939: 80. **New synonym**.

Tabanus brunnicolor Philip: Stone, 1975: 55. (?) Misidentification.

鉴别特征 复眼无带；额高为基宽的 7 倍；亚胛覆粉；触角橙色，鞭节的端环节长于基环节；下颚须黄棕色，第 2 节长为基宽的 4-5 倍，覆黑毛；口毛浅黄色；胸部背板红棕色，具 5 条灰色纵纹，侧板黄灰色；翅透明，R_4 脉具附脉；腹部背板红棕色，第 2 背板具白色中三角，第 3-5 背板白色斑扩大成大的钟罩形。

形态描述

雌性 体长 20-22 mm，红棕色。复眼绿色无带；额黄色，覆黄毛，额顶宽略大于基宽，高为基宽的 7 倍；额基胛红棕色，纺锤形，与亚胛接触，与复眼分离；中胛黑色，为基胛的细延线；亚胛黄白色，覆粉，“眉片”低，棕色；颜灰白色，上侧颜黄色，具浅黄色毛；口毛浅黄色。触角橙色，柄节和梗节覆黑毛，梗节背突长，鞭节端环节略暗，基环节长为宽的 1.2 倍，略短于端环节，背突高。下颚须黄棕色，覆黑毛，第 2 节长为基宽的 4-5 倍。胸部：背板红棕色，小盾片和背侧片浅棕色，具 5 条灰色纵纹；侧板黄灰色，覆白毛夹杂少量黑毛。足基节色同侧板，覆白毛，股节棕色，覆白毛，胫节红棕色，覆黑毛和白毛，跗节黑色黑毛。翅透明，翅脉黄棕色，R_4 脉具附脉。两腋瓣棕黑色，交接处着生 1 撮白毛。平衡棒红棕色，球部顶端略浅。腹部：背板红棕色，第 2 背板具白色中三角，第 3-5 背板中白斑扩大成大的钟罩形，后缘具灰白色横带，第 2-4 背板后缘带两侧扩大成侧三角。腹板黄棕色，中央略暗。

雄性 复眼上 2/3 银灰色大眼面与下 1/3 黑色小眼面界限清晰。

观察标本 40♀♀，浙江、四川、广西；1♂，广西，保存在 AMMSC。

生物学 山区种。

地理分布 安徽 (太平)、浙江 (莫干山、天目山、临海)、湖北 (来凤)、江西、福建 (武夷山、邵武、将乐、永安、三明、福州、上杭、龙岩)、台湾、广东 (潮安、封开)、广西 (防城、凭祥、龙胜、金秀)、四川 (宜宾、峨眉山)、云南 (水富、盐津)；朝鲜。

分类讨论 本种腹部背板第 3-5 节的中白斑膨大成钟罩形，韩国的 *T. galloisi* Kono *et* Takahasi 可能为本种异名 (1992 年，与 Takahasi 讨论，得到认可)。*T. brunnicolor* Philip 的中国记载仅来自 Stone (1975)，无详细出处，该种分布于文莱、爪哇、苏门答腊、马来西亚、泰国，因其腹部形态描述接近角斑虻，本志作为角斑虻的误定处理。角斑虻现知分布在华中区和华南区 (图 477)，在山区数量很大。

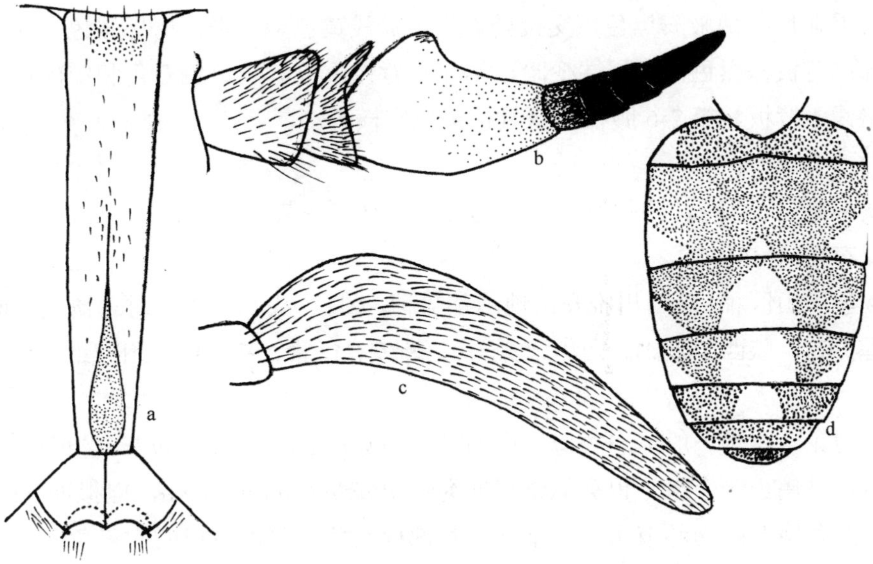

图 489　角斑虻 *Tabanus signifer* Walker

a. 额 (frons)；b. 触角 (antenna)；c. 下颚须 (palpus)；d. 腹部背面 (dorsum of abdomen)

(452) 峨眉山虻 *Tabanus omeishanensis* Xu, 1977 (图 490)

Tabanus omeishanensis Xu, 1977: 40 [Type locality: Emeishan, Sichuan, China]; Wu, Li, Liu, Yang, Zhang and Cao, 1988: 200; Chen and Xu, 1992a: 81; Wang, 1994: 156; Yang and Xu, 1997: 15.

鉴别特征　复眼无带；额高为基宽的 9-10 倍；亚胛覆粉；触角黑棕色，鞭节的端环节较暗；下颚须黑棕色，第 2 节覆黑毛，长为基宽的 4 倍；口毛黑色；胸部背板灰黑色，盾片具 5 条灰黄色纵纹；翅略着棕色，R_4 脉具附脉；腹部背板棕黑色，向尾端变暗，第 1-6 背板中央具浅黄色三角和窄的黄色后缘。

形态描述

雌性　体长 20-26 mm，棕褐色。复眼黑色无带 (回潮)；额黄色，覆黑毛夹杂少量黄毛，额顶宽略大于基宽，高为基宽的 9-10 倍；额基胛黑色，长椭圆形，与亚胛接触，与复眼分离；中胛黑色，为基胛的细延线；亚胛黄色，覆粉，“眉片”低，棕色；颜黄色，覆黑毛；口毛黑色。触角柄节和梗节黑棕色，覆黑毛，梗节背突长，鞭节棕色至黑棕色，基环节长为宽的 1.3 倍，背突高，端环节棕黑色至黑色，略短于基环节。下颚须黑棕色，第 1 节覆棕色长毛，第 2 节长为基宽的 4 倍，覆黑毛。喙黑色，着生黑毛。胸部：背板灰黑色，盾片具 5 条灰黄色纵纹，中纵条很窄，黑色部分主要覆黑毛，灰黄色部分主要覆黄毛，翅后胛具 1 丛浅黄色长毛，小盾片灰黑色，覆黑毛，两侧和后方具一些黄毛；侧板灰黑色，覆黑色长毛。足黑色覆黑毛，胫节黑棕色。翅略着棕色，翅脉棕色，R_4脉具附脉。两腋瓣黑色，交接处着生 1 撮浅黄色毛。平衡棒棕黑色，球部顶端略浅。腹部：背板棕黑色，向尾端变暗，第 1-6 背板中央具浅黄色三角和窄的黄色后缘。腹板色略浅于背板，第 2-6 腹板后缘具棕黄色窄横带。

雄性 未详。

观察标本 正模♀，四川峨眉山，1975.VII.21，许荣满，保存在 AMMSC。50♀♀，四川，保存在 AMMSC。

生物学 山区种；是四川雅安山地的优势种，7 月 1 头水牛 1 小时曾诱到 100 多只。

地理分布 陕西 (汉中)、四川 (峨眉山、雅安、洪雅、夹江)、贵州 (纳雍)、云南 (巧家)。

分类讨论 本种一般形态类似于广西虻 *T. kwangsiensis* Wang *et* Liu，但广西虻复眼具 1 条带，不属于一个组。也类似于拟冲绳虻 *T. okinawanoides* Xu，但拟冲绳虻的口毛棕黄色；触角鞭节的端环节黑色，基环节基部棕红色；腹部背板的中三角矮，不到节长的一半。

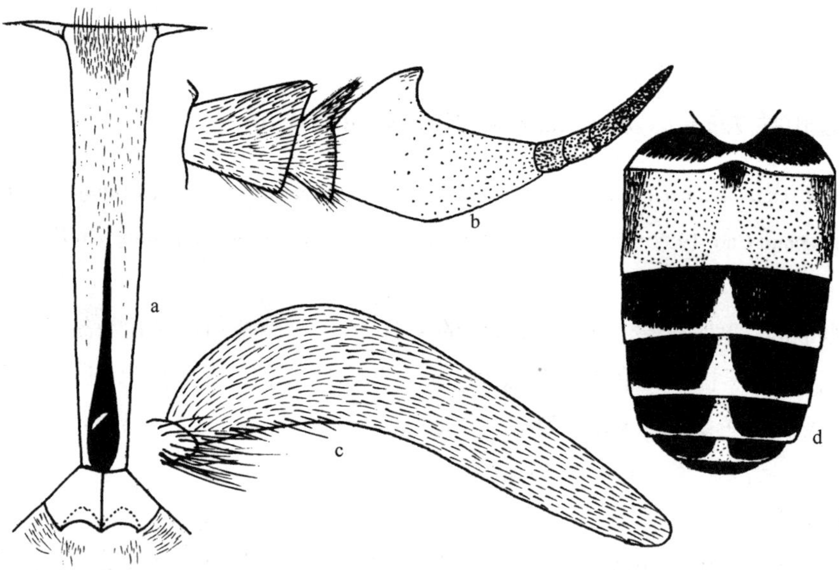

图 490 峨眉山虻 *Tabanus omeishanensis* Xu

a. 额 (frons)；b. 触角 (antenna)；c. 下颚须 (palpus)；d. 腹部背面 (dorsum of abdomen)

(453) 亚马来虻 *Tabanus submalayensis* Wang *et* Liu, 1977 (图 491)

Tabanus submalayensis Wang *et* Liu, 1977: 112 [Type locality: Hainan, China]; Xu, 1982f: 128; Wang, 1983: 99; Xu, 2001: 348; Xu, 2004: 541.

Tabanus exoticus Ricardo: Xu, 2004: 540. Misidentification.

鉴别特征　复眼无带；额高为基宽的 14 倍；亚胛覆粉；触角鞭节的端环节远短于基环节，背突位置靠近基环节中部；下颚须黄色，第 2 节长为基宽的 4.5 倍，覆黑毛；口毛浅黄色；胸部背板棕黑色，无纵纹；翅略着棕色，R_4 脉具附脉；腹部背板黑褐色，第 2-5 背板具黄白色中三角，第 1-4 背板后缘具黄色横带。

形态描述

雌性　体长 23-25 mm，棕褐色。复眼绿色无带；额棕灰色，覆黄毛，额顶宽大于基宽，高为基宽的 14 倍，头顶具“V”形黑斑；额基胛黑褐色，纺锤形，与亚胛接触，与复眼分离；中胛黑色，为基胛的细延线；亚胛灰色，覆粉，“眉片”低，棕色；颜灰白色，上侧颜灰棕色，具浅黄色毛；口毛浅黄色。触角柄节和梗节棕色，覆黑毛，梗节背突长，鞭节黑色，基部略带黄棕色，基环节长为宽的 1.5 倍，背突钝，位置靠近中部，端环节远短于基环节。下颚须黄色，第 2 节长为基宽的 4.5 倍，覆黑毛。胸部：背板棕黑色，覆黄毛和黑毛，无纵纹；侧板黄灰色，覆黄白色长毛。足黑色，覆黑毛，中、后足胫节棕色。翅略着棕色，翅脉黄棕色，R_4 脉具附脉。两腋瓣棕黑色，交接处着生 1 撮黄白色毛。平衡棒棕色，球部顶端略浅。腹部：背板黑褐色，第 1-4 背板两侧带棕色，第 2-5 背板具黄白色中三角，第 1-4 背板后缘具黄色横带。第 1-4 腹板黄棕色，其后黑色，第 2-5 腹板后缘具黄色窄横带。

雄性　未详。

观察标本　正模♀，海南岛，1973.V，保存在 IZCAS。30♀♀，海南岛，保存在 AMMSC。

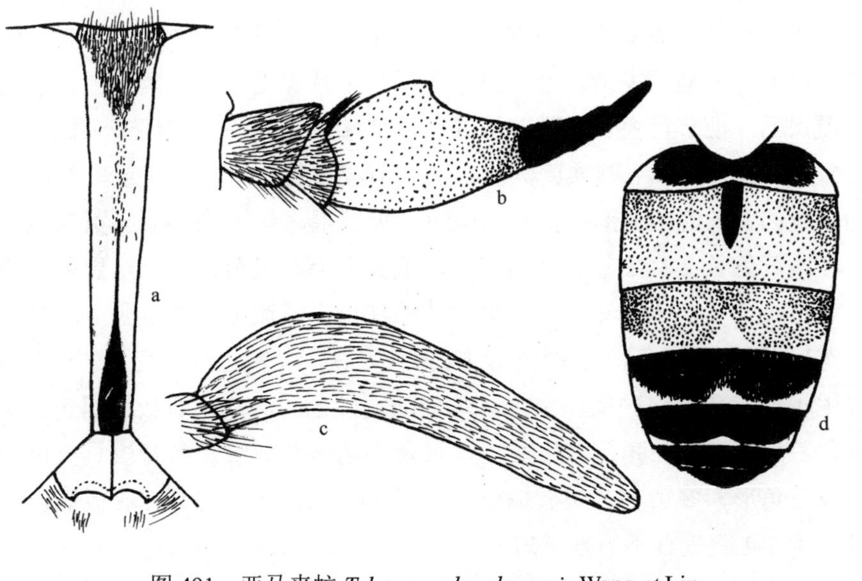

图 491　亚马来虻 *Tabanus submalayensis* Wang *et* Liu

a. 额 (frons)；b. 触角 (antenna)；c. 下颚须 (palpus)；d. 腹部背面 (dorsum of abdomen)

生物学 山区种。

地理分布 福建 (邵武、将乐、永安、上杭)、海南 (吊罗山、尖峰岭、霸王岭、黎母山、五指山、通什毛祥)、广西 (凭祥)。

分类讨论 本种类似于拟冲绳虻 *T. okinawanoides* Xu，但拟冲绳虻的触角鞭节背突较高，靠近基部，端部 4 个环节略比基环节短。

(454) 腹纹虻 *Tabanus exoticus* Ricardo, 1913 (图 492)

Tabanus exoticus Ricardo, 1913: 170 [Type locality: Fuhosho, Kosho and Alibang, Taiwan, China]; Murdoch and Takahasi, 1969: 65; Wang, 1994: 157; Xu, 2001: 346.

Tabanus buccolicus Kröber, 1939: 100. Synonymized by Chvála, 1988: 143.

Tabanus submalayensis Wang: Xu, 2004: 540. Misidentification.

鉴别特征 复眼无带；额高为基宽的 8 倍；亚胛覆粉；触角柄节和梗节棕色，鞭节棕红色，往端部色变深，端环节深棕色；下颚须黄棕色，第 2 节长为基宽的 4-5 倍，覆黑毛；胸部背板暗棕色，盾片具 5 条不明显纵纹；翅 R_4 脉具附脉；腹部背板棕黑色，各背板具黄色窄后缘，第 2-5 背板中央具不达该节前缘的黄色三角形斑。

形态描述

雌性 体长 17-22 mm，棕黑色。复眼绿色无带 (回潮)；额棕灰色，主要覆黑毛，额顶宽略大于基宽，高为基宽的 8 倍；额基胛棕黑色至黑色，长卵形，与亚胛接触，与复眼分离；中胛黑色，为基胛的细延线；亚胛黄棕色，覆粉，“眉片”低，棕色；颜黄色，覆黄白色毛，上侧颜夹杂黑毛，中颜在触角下具黑毛；口毛黄白色。触角柄节和梗节棕色，覆黑毛，梗节背突长，鞭节棕红色，往端部色变深，端环节深棕色，基环节长为宽的 1.6 倍，背突高。下颚须黄棕色，第 1 节覆白色长毛夹杂少量黑毛，第 2 节覆黑毛，长为基宽的 4-5 倍。胸部：背板暗棕色，覆黑毛，具 5 条不明显黄灰色纵纹；侧板灰黑色，覆浅黄色长毛。足基节色同侧板，覆黄白毛，股节棕黑色至黑色，覆黑毛和少量黄毛，前足胫节基部 1/2 和中、后足胫节棕红色，覆黑毛，前足胫节端部及各足跗节黑色，覆黑毛。翅略着棕色，翅脉棕色，R_4 脉具附脉，R_5 室边缘略变窄。两腋瓣棕黑色，交接处着生 1 撮黄色毛。平衡棒黑色，球部顶端棕色。腹部：背板棕黑色，第 2-5 背板中央具黄色三角形斑，三角斑着生黄毛，顶角不达该节前缘，各背板具黄色窄后缘，侧后缘黄色斑三角形，多黄毛。腹板棕色，向后色变深，至第 6、7 腹板黑色，各腹板具黄色后缘，第 2-4 腹板具不清晰黑斑。

雄性 复眼上 2/3 大眼面与下 1/3 小眼面界限清晰；腹部背板中三角较雌性的窄。

观察标本 正模♀，台湾，保存在 BMNH (未检视)。1♀，台湾，保存在 AMMSC。

生物学 林区种。

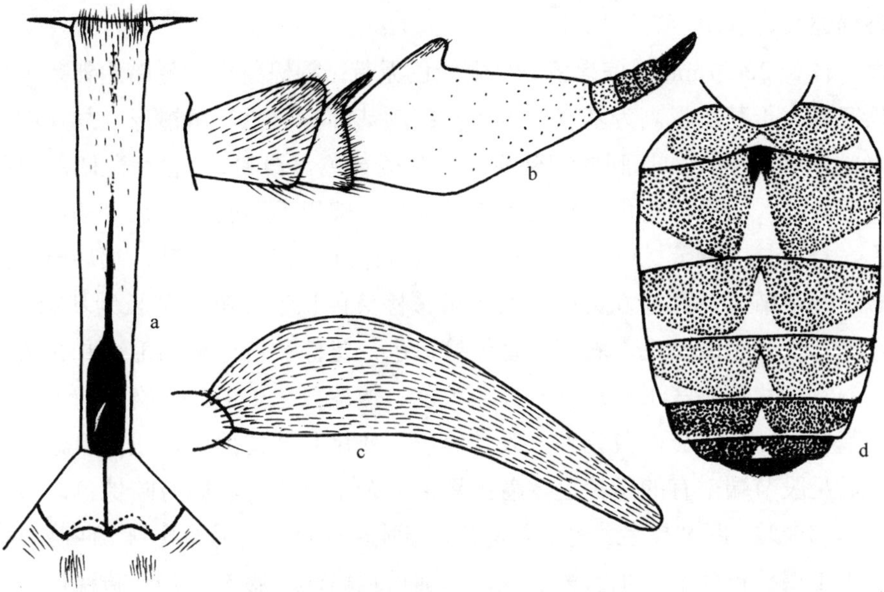

图 492　腹纹虻 *Tabanus exoticus* Ricardo

a. 额 (frons)；b. 触角 (antenna)；c. 下颚须 (palpus)；d. 腹部背面 (dorsum of abdomen)

地理分布　(?) 福建、台湾 (台北、新店、高雄、恒春、台东、埔里、屏东、阿里山、潮州)；日本。

分类讨论　本种类似于提神虻 *T. mentitus* Walker，但提神虻的中、后足胫节浅黄色；翅 R_4 脉无附脉；腹部背板中三角白色，达该节前缘；腹部腹板中央具清晰黑斑。也类似于亚马来虻 *T. submalayensis* Wang，但亚马来虻额很窄，高为基宽的 14 倍；触角鞭节黑色，基部略带黄棕色，基环节长为宽的 1.5 倍，背突钝，位置靠近中部，端环节远短于基环节。

王遵明曾把采自海南尖峰岭的 1♀定名为腹纹虻 *T. exoticus* Ricardo，应为亚马来虻 *T. submalayensis* Wang。许荣满 (2004) 也把广西上思的 1♀亚马来虻 *T. submalayensis* Wang 误定为本种。徐保海 (2001) 的福建记载因未找到标本，有待进一步研究。

(455) 拟冲绳虻 *Tabanus okinawanoides* Xu, 1989 (图 493)

Tabanus okinawanoides Xu, 1989: 206 [Type locality: Hainan, China]; Xu and Wang, 1993: 113.

Tabanus okinawanus Shiraki: Xu, 1982f: 127. Misidentification.

鉴别特征　复眼无带；额高为基宽的 8-9 倍；亚胛覆粉；触角鞭节的端环节略短于基环节；下颚须棕黄色，第 2 节长为基宽的 4.5 倍，主要覆黑毛；口毛棕黄色；胸部背板棕黑色，具 3 条不清晰暗棕色纵纹；翅略着棕色，R_4 脉具附脉；腹部背板暗棕色，第 1-5 背板具矮的金黄色毛中三角和窄的黄色后缘横带。

形态描述

雌性 体长 22-27 mm，棕褐色。复眼绿色无带；额棕黄色，覆黑毛夹杂少量棕黄色毛，额顶宽略大于基宽，高为基宽的 8-9 倍；额基胛棕黑色，纺锤形，与亚胛接触，与复眼分离；中胛黑色，为基胛的细延线；亚胛橘黄色，覆粉，“眉片”低，棕色；颜棕黄色，具棕黄毛；口毛棕黄色。触角柄节暗棕色，覆黑毛，腹缘夹杂少量棕黄色毛，梗节棕红色，背突长，鞭节棕红色，基环节长为宽的 1.3 倍，背突高，端环节棕黑色至黑色，略短于基环节。下颚须棕黄色，第 1 节覆棕黄色长毛，第 2 节长为基宽的 4.5 倍，覆黑毛，基部夹杂少量黑毛。胸部：背板棕黑色，覆棕黄色毛和黑毛，具 3 条不清晰暗棕色纵纹，背侧片色略浅于盾片；侧板灰黑色，覆棕黄色长毛，中胸上前侧片着生棕黑色毛。足基节灰黑色，覆棕黄色毛，股节黑色，前足股节覆黑毛，或覆黑毛夹杂暗棕色毛，中、后足股节端部有的带棕色，着生黑毛夹杂金黄色毛，胫节暗棕色，覆黑毛，前足胫节向端部变暗，跗节黑色。翅略着棕色，翅脉黄棕色，R_4 脉具附脉。两腋瓣棕黑色，交接处着生 1 撮棕黄色毛。平衡棒黑色，球部顶端略浅。腹部：背板暗棕色，向尾端变暗，第 1-5 背板中央具矮的金黄色毛三角，三角高不超过节宽的一半，具窄的黄色后缘，侧后缘具较多的金黄色毛，第 2 或第 2、3 背板中三角前方，有的可见极小的黑斑。腹板色略浅于背板，第 2-5 腹板后缘具黄色窄横带，亚生殖板前、后缘较平直，中央着色深。

雄性 未详。

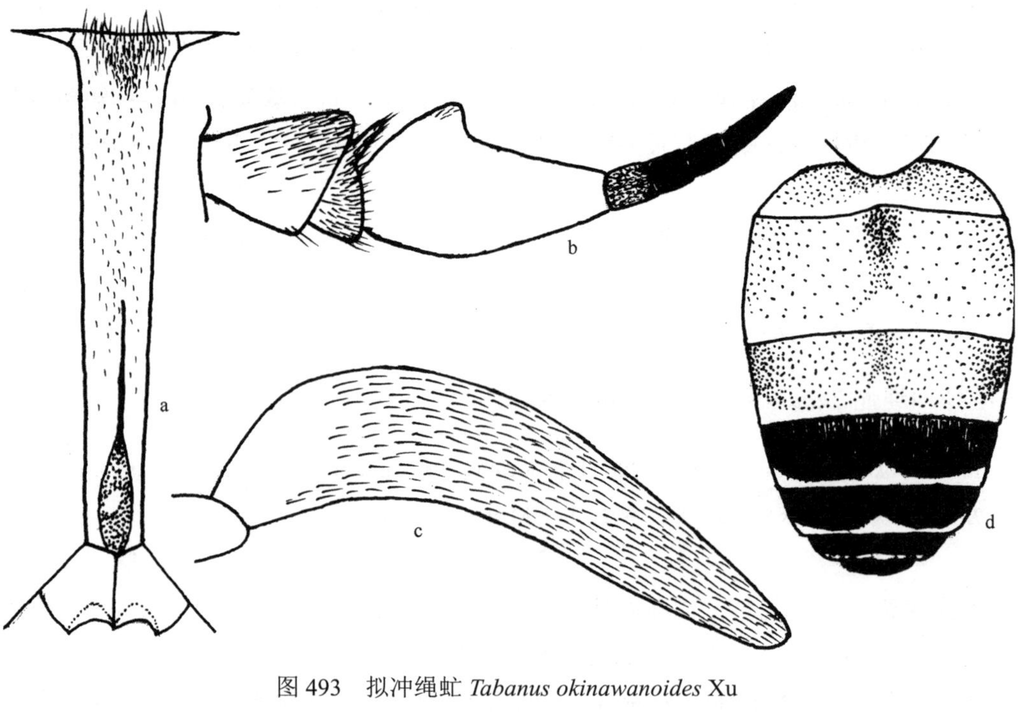

图 493 拟冲绳虻 *Tabanus okinawanoides* Xu

a. 额 (frons)；b. 触角 (antenna)；c. 下颚须 (palpus)；d. 腹部背面 (dorsum of abdomen)

观察标本　正模♀，海南岛尖峰岭，1967.VI.7，许荣满，保存在 AMMSC。20♀♀，海南岛，保存在 AMMSC。

生物学　山区种。

地理分布　海南 (吊罗山、尖峰岭、霸王岭)。

分类讨论　本种类似于峨眉山虻 *T. omeishanensis* Xu，但峨眉山虻的口毛黑色；触角鞭节的端环节色略暗于基环节；腹部背板的中三角高于节长的一半。

(456) 海南虻 *Tabanus hainanensis* Stone, 1972

Tabanus hainanensis Stone, 1972: 637 [Type locality: Dwa Bi, Hainan, China]; Xu and Wang, 1993: 111.

鉴别特征　复眼无带；额高为基宽的 7 倍；亚胛覆粉；触角柄节和梗节棕色，鞭节的端环节略暗；下颚须棕黄色；胸部背板暗棕色，盾片无纵纹；翅 R_3 室前暗棕色，后缘透明，R_4 脉无附脉，R_5 室边缘变窄；腹部背板红棕色，第 2-6 背板中央具小的白毛三角。

形态描述

雌性　体长 23-24 mm，暗棕色。复眼绿色无带 (回潮)；额暗棕色，额顶宽略大于基宽，高为基宽的 7 倍；额基胛黑色，椭圆形，与亚胛接触，与复眼分离；中胛黑色，为基胛的延线，渐变细；亚胛深红棕色，覆粉；颜橘黄色，覆橘黄色毛，上侧颜深红棕色；口毛橘黄色。触角柄节和梗节棕色，覆黑毛，鞭节黄棕色，端部略暗，基环节长为宽的 2 倍，为端环节的 3.5 倍。下颚须棕黄色，第 1 节覆黄色长毛，第 2 节覆黑毛。胸部：背板暗棕色，覆黑色，盾片后缘和小盾片前缘具宽的浅色带，小盾片浅黄色，覆黄毛；侧板黄棕色，覆黄毛，翅基部具 1 丛黄白色长毛。足基节红棕色，覆黑毛，股节棕黑色，覆黑毛，胫节黄棕色，覆黄毛，端部黑色黑毛。翅 R_3 室前暗棕色，后缘透明，R_4 脉无附脉，R_5 室边缘略窄。平衡棒暗棕色。腹部：背板红棕色，覆黑毛，第 1 背板两侧和后缘橘黄色，覆橘黄色毛，第 2-6 背板中央具小的三角形白毛斑，各背板具白毛窄后缘，后缘带在侧缘略变宽，与中三角不连接。腹板暗棕色，覆黑毛，具较宽的白毛后缘带。

雄性　未详。

观察标本　正模♀，海南，1935.VII.28，Melander A. L.，保存在 USNM (未检视)。

生物学　林区种。

地理分布　海南。

分类讨论　本种一般形态与拟冲绳虻 *T. okinawanoides* Xu 类似，但拟冲绳虻的胸部背板具 3 条不清晰暗棕色纵纹；翅 R_4 脉具附脉；足股节黑色，胫节暗棕色。

(457) 提神虻 *Tabanus mentitus* Walker, 1848 (图 477，图 494；图版 XVII)

Tabanus mentitus Walker, 1848: 162 [Type locality: China]; Schuurmans-Stekhoven, 1926: 335; Schuurmans-Stekhoven, 1929: 504; Wu, 1940: 181; Burton, 1978: 154.

Tabanus indianus Ricardo: Xu, 1982a: 281; Xu, 1982f: 127; Xu, 1982g: 132; Wang, 1983: 100; Chen and Xu, 1992a: 70; Xu, 2001: 347; Xu, 2004: 540. Misidentification.

鉴别特征 复眼无带；额高为基宽的 7-8 倍；亚胛覆粉；触角柄节和梗节棕色，鞭节的端环节黑色；下颚须棕色，第 2 节长为基宽的 4 倍，覆黑毛；胸部背板黑色，背侧片棕灰色；翅 R_4 脉无附脉，R_5 室边缘变窄；腹部背板红棕黑色，第 2-5 背板中央具高达该节前缘的白色三角形斑。

形态描述

雌性 体长 18-20 mm，棕色。复眼绿色无带 (回潮)；额红棕色，主要覆黑毛，额顶宽略大于基宽，高为基宽的 7-8 倍；额基胛红棕色，椭圆形，与亚胛接触，与复眼分离；中胛黑色，为基胛的细延线；亚胛黄棕色，覆粉，“眉片”低，棕色；颜灰白色，覆灰白色毛，上侧颜具黑毛；口毛白色。触角柄节和梗节棕色，覆黑毛，梗节背突长，鞭节黄棕色，端环节黑色，基环节长为宽的 1.8 倍，背突钝。下颚须浅棕色，第 1 节覆白色长毛，第 2 节覆黑毛，长为基宽的 4 倍。胸部：背板黑色，覆黑毛，背侧片棕灰色，盾片具 3 条浅色纵纹；侧板灰色，覆白毛。足基节色同侧板，覆白毛，股节黑色，覆黑毛，前足胫节基部 3/5，中、后足胫节浅黄色，端部和跗节黑色，覆黑毛。翅前缘着棕色，R_4 脉无附脉，R_5 室边缘变窄。两腋瓣棕黑色，交接处着生 1 撮白毛。平衡棒棕黑色，球部顶端棕色。腹部：红棕黑色，往尾端色变深，第 2-5 背板中央具高的三角形白斑，几乎达该节前缘，第 2 背板浅色三角前方具 1 黑斑，各背板具白色窄后缘。腹板黑棕色，中央具黑斑，第 6、7 腹板黑色，各腹板具白色窄后缘。

雄性 未详。

观察标本 正模♀，中国，保存在 BMNH (未检视)。40♀♀，福建、广东、广西，保存在 AMMSC。

生物学 林区种。

地理分布 福建 (福州、邵武、将乐、南平、永安、诏安、梅花山)、台湾 (高雄)、广东 (广州、珠海、罗浮山)、海南 (尖峰岭、吊罗山、保亭三道、通什毛祥)、香港、广西 (宁明、十万大山、大明山)、贵州 (荔波)；越南。

分类讨论 本种一般形态类似于腹纹虻 *T. exoticus* Ricardo，但腹纹虻的中、后足胫节棕红色；翅 R_4 脉具附脉；腹部背板中三角黄色，不达前节后缘；腹部腹板棕色，向后色变深，至第 6、7 腹板黑色。Schuurmans-Stekhoven (1926) 认为 Ricardo 的印度虻 *T.*

indianus 的台湾标本与印度标本不同，而把模式标本产于中国的提神虻 *T. mentitus* Walker 单列，故本志把过去中国记载的印度虻 *T. indianus* Ricardo 改定为提神虻 *T. mentitus* Walker。提神虻与印度虻的区别主要是，腹部背板浅色中三角前方，提神虻具黑斑，而印度虻则无黑斑，提神虻现知分布在华南区，向南延伸到越南 (图 477)。泰国的印度虻已被订正为下巨虻 *T. hypomacros* Surcouf (Burton, 1978)。

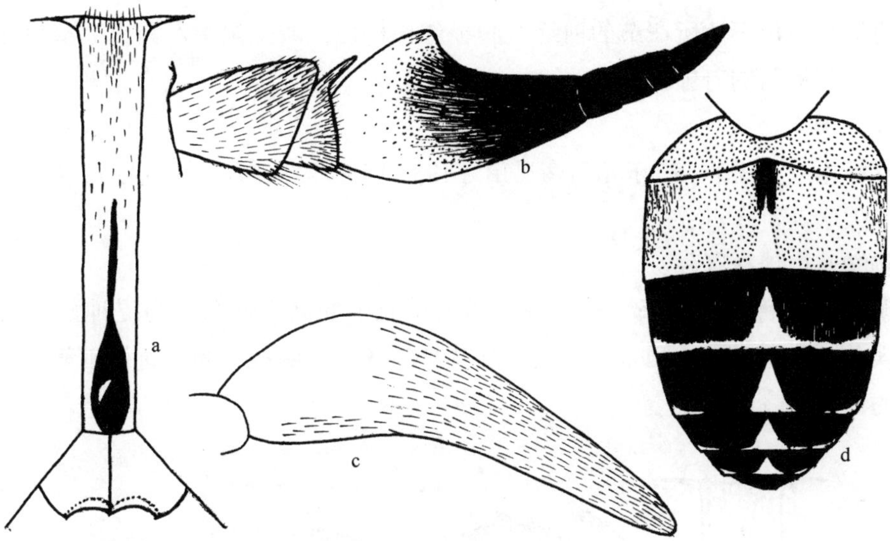

图 494　提神虻 *Tabanus mentitus* Walker

a. 额 (frons)；b. 触角 (antenna)；c. 下颚须 (palpus)；d. 腹部背面 (dorsum of abdomen)

(458) 立中虻，新种 *Tabanus lizhongi* Xu *et* Sun, sp. nov. (图 495)

[Type locality: Nankun Mountain, Longmen, Guangdong, China].

鉴别特征　复眼无带；额高为基宽的 8 倍；亚胛覆粉；触角柄节和梗节棕色，鞭节深棕色；下颚须棕色，第 2 节长为基宽的 4 倍，主要覆黑毛；胸部背板红棕色，盾片无纵纹，覆黑毛，小盾片覆白毛；翅 R_4 脉无附脉，R_5 室边缘宽开放；腹部背板深棕色，具白色后缘，在第 2-4 背板中央扩大成三角形。

形态描述

雌性　体长 17 mm，深棕色。复眼绿色无带 (回潮)；额灰棕色，主要覆黑毛，近额胛处具白毛，顶宽略大于基宽，高为基宽的 8 倍；额基胛棕黑色，椭圆形，与亚胛接触，与复眼分离；中胛棕黑色，为基胛的延线；亚胛深棕色，覆粉，“眉片”低；颜灰白色，覆灰白色毛，上侧颜深棕色，具黑毛；口毛白色。触角柄节和梗节棕色，覆黑毛，梗节背突长，鞭节深棕色，基环节长为宽的 1.8 倍，背突钝。下颚须棕色，第 1 节覆浅黄色长毛，第 2 节覆黑毛，基部夹杂浅黄色毛，长为基宽的 4 倍。胸部：背板红棕色，覆黑毛，盾片无纵纹，前缘和侧缘具白毛，翅后胛和小盾片覆白毛，背侧片覆白毛和黑毛；侧板灰色，覆白毛。足基节色同侧板，覆白毛和黑毛，股节棕黑色，覆黑毛，中、后足股节基部腹面夹杂白毛，胫节基部 2/3 浅黄色，覆白毛，端部 1/3 和跗节黑色，覆黑毛。翅透明，R_4 脉无附脉，R_5 室边缘宽开放。两腋瓣黑色，交接处着生 1 撮棕色毛。平衡棒暗黑色，柄部棕色。腹部：背板深棕色，具着生白毛的白色后缘，在第 2-4 背板中央扩大成三角形，三角不达所在节的前缘。腹板红黑棕色，着生黑毛，具白毛窄后缘，第 1 腹板和第 2 腹板两侧着生白毛。

雄性 未详。

观察标本 正模♀，广东龙门南昆山，1983.VI.8，翁启勇，标本号 En-014997，保存在中山大学。

生物学 山地林区种。

词源 本新种以我国著名昆虫分类学家华立中的名字命名。与提神虻 *T. mentitus* Walker 类似，但提神虻小盾片覆黑毛，盾片具 3 条浅色纵纹；腹部背板中三角较高，达所在节的前缘。

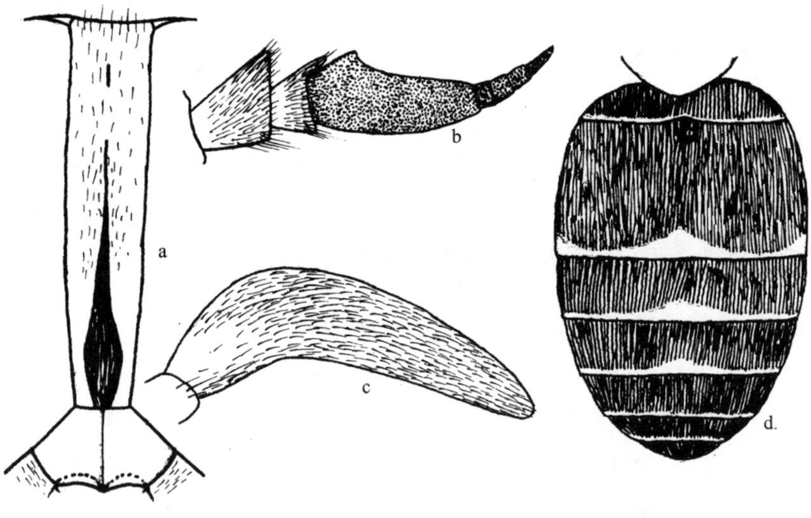

图 495 立中虻，新种 *Tabanus lizhongi* Xu *et* Sun, sp. nov.

a. 额 (frons)；b. 触角 (antenna)；c. 下颚须 (palpus)；d. 腹部背面 (dorsum of abdomen)

参 考 文 献

Austen E E. 1920. A contribution to knowledge of the Tabanidae of Plestine. Bull. Ent. Res., 10: 277-321

Austen E E. 1922. Some Siamese Tabanidae. Bull. Ent. Res., 12: 431-455

Burger J F. 1981a. A review of the horse flies (Diptera: Tabanidae) of Sri Lanka (Ceylon). Entomol. Scand. Suppl., 11: 81-123

Burger J F. 1981b. Notes on Tabanidae (Diptera) of the Oriental region III. New and little-known Tabanidae from Borneo. Pan-Pacific Entomol., 64(2): 159-172

Burton J J S. 1978. Tabanini of Thailand above the Isthmus of Kra (Diptera: Tabanidae). Ent. Rep. Spec., Los Angeles. 1-165

Chen H-B and Xu R-M. 1992a. The tabanid fauna of Guizhou. Guizhou Science and Technology Publishing House, Guiyang. 1-184 [陈汉彬, 许荣满, 1992a. 贵州虻类志, 贵阳: 贵州科技出版社. 1-184]

Chen H-B and Xu R-M. 1992b. Five new species of *Tabanus* (Diptera: Tabanidae) from Guizhou. Sichuan J. Zoology, 11(2): 7-12 [陈汉彬, 许荣满, 1992b. 贵州虻属五新种 (双翅目: 虻科). 四川动物, 11 (2): 7-12]

Chen J-Y. 1982. A new species of *Silvius* from Liaoning, China (Diptera: Tabanidae). Acta Zootaxonomica Sinica, 7(2): 193-195 [陈继寅, 1982. 辽宁林虻属一新种 (双翅目: 虻科). 动物分类学报, 7 (2): 193-195]

Chen J-Y. 1983. Fauna of Tabanidae (Diptera) from Liaoning, China. Transactions of Liaoning Zoological Society, 4(2): 111-120 [陈继寅, 1983. 辽宁虻科志 (双翅目). 辽宁动物学会会刊, 4 (2): 111-120]

Chen J-Y. 1984. A new species of *Tabanus* from Liaoning, China (Diptera: Tabanidae). Acta Zootaxonomica Sinica, 9(4): 392-393[陈继寅, 1984. 辽宁虻属一新种 (双翅目: 虻科). 动物分类学报, 9 (4): 392-393]

Chen J-Y. 1985. A new species of *Hybomitra* from Qinghai, China (Diptera: Tabanidae). Acta Zootaxonomica Sinica, 10(2): 176-177[陈继寅, 1985. 青海瘤虻属一新种 (双翅目: 虻科). 动物分类学报, 10 (2): 176-177]

Chen J-Y and Cao Y-C. 1982. A new species of *Stonemyia* from Liaoning, China (Diptera: Tabanidae). Zoological Research, 3 (suppl.): 89-91[陈继寅, 曹毓存, 1982. 辽宁石虻属一新种 (双翅目: 虻科). 动物学研究, 3 (增刊): 89-91]

Chen S-H and Quo F. 1949. On the opisthacathous of China. Chin. J. Zool., 3: 1-10

Chvála M. 1969. Einige neue oder wenig bekannte bremsen (Diptera: Tabanidae) von Nepal. Acta Ent. Bohemoslov., 66(1): 39-54 + plate

Chvála M. 1988. Family Tabanidae. In: Soos A and L Papp. Catalogue of Palearctic Diptera. 5. 97-171

Chvála M, L Lyneborg and J Moucha. 1972. The horse flies of Europe (Diptera: Tabanidae). Ent. Soc. Cop., Copenhagen. 1-500

Coher E I. 1962 (1963). Asian biting fly studies I: Tabanidae-species related to *Tabanus basalis* Macquart, 1838, with the description of a new species from Nepal. Bull. Brooklyn Ent. Soc., 57(5): 157-162

Coher E I. 1971. Asian biting fly studies III: Tabanidae, species related to *Tabanus caerulescens* Macquart, 1838, with the description of a new species from Nepal. Pacif. Insects, 13(2): 325-328

Coher E I. 1987. Asian biting fly studies VI: Records and new species of oriental Haematopotini (Diptera: Tabanidae) from Nepal, Thailand, Laos and Cambodia. Pan-Pac. Entomol., 63: 5-15

Enderlein R. 1922. Einige neue palaarktische Tabaniden (Dipt). Mitteil. Zool. Mus. Berlin., 10(2): 335-351

Hayakawa H. 1985. A key to the families of Japanese tabanid flies with a checklist of all species and subspecies (Diptera,

Tabanidae). Jap. J. Sanit. Zool., 36(1): 15-23

Hayakawa H and H Takahasi. 1983. Description of three tabanid species belonging to the genus *Tabanus* from Japan (Diptera, Tabanidae). Jap. J. Sanit. Zool., 34(1): 25-31

He J, Liu Z-J and Xu R-M. 2008. A new species of the genus *Haematopota* (Diptera: Tabanidae). Entomotaxonomia, 30(1): 41-44 [何静, 刘增加, 许荣满, 2008. 麻虻属一新种记述 (双翅目: 虻科). 昆虫分类学报, 30(1): 41-44]

Hwang N. 1936. A preliminary list of Chinese Tabanidae. Ent. & Phytopath., 4(31): 612-615

Inaoka T and J F Burger. 1989. Three new species of tabanids (Diptera: Tabanidae) from Nepal. Jap. J. Sanit Zool., 40 (Suppl.): 41-47

Jiang T-J, Zhang N, Huang F-Z and Dai Y-M. 1993. The composition of Tabanidae fauna from southeast Jilin Province. J. Yanbian Med. College, 16(2): 99-105 [姜泰京, 张弩, 黄范振, 戴云威, 1993. 吉林省东南部虻类区系构成. 延边医学院学报, 16(2): 99-105]

Kapoor V C, Grewal J S, Sharma S K and Gupta S K. 1988. Taxonomic studies of India tabanids (Diptera: Tabanidae). Final report of the work done in the PL-480 Research Project No. FG-IN-684(IN-AES-328). Department of Zoology, Punjab Agricultural University, Ludhiana-141 004. India. 1-232

Kono H and Takahasi H. 1939. Die Tabaniden von Korea. Ins. Mats., 14(1): 9-18

Kröber O. 1920. Die Chrysops-Arten der palaearctischen region. Zool. Jahrb., 43: 41-160

Kröber O. 1934. Schwedisch-chinesische wissenschaftliche Expediton nach den nordwestlichen Provinzen Chinas. Ark. Zool., 26A (8): 1-15

Li S-S and Yang Z-D. 1991. A new species of *Haematopota* from Shaanxi, China (Diptera: Tabanidae). Acta Zootaxonomica Sinica, 16(4): 459-461 [李树森, 杨祖德, 1991. 陕西麻虻属一新种 (双翅目: 虻科). 动物分类学报]

Liu G-P. 1988. Survey of Tabanidae of Hunchun County, Jilin Province. China public Healtah, 2(suppl.) 102-104 [刘国平, 1988. 吉林省珲春县的虻类调查. 中国公共卫生, 2 (增刊): 102-104]

Liu K-N and Xu R-M. 1990. A new species of *Hybomitra* from Tibet, China (Diptera: Tabanidae). Contr. Blood-sucking Dipt. Ins., 2: 88-89 [刘康南, 许荣满, 1990. 西藏瘤虻属一新种 (双翅目: 虻科). 吸血双翅目昆虫调查集刊, 2: 88-89]

Liu W-D. 1958. Uber die *Chrysozona* bremsen aus China. Acta Zoologica Sinica, 10(2): 151-160 [刘维德, 1958. 中国麻翅虻属记述. 动物学报, 10 (2): 151-160]

Liu W-D. 1959a. On the subgenus *Ochrops* (Gen. *Tabanus*, Tabanidae, Diptera) from China. Acta Entomologica Sinica, 9(4): 388-392 [刘维德, 1959a. 我国黄虻亚属 (Subgenus *Ochrops* Szil.) 的种类和分布(*Tabanus*, Tabanidae, Diptera). 昆虫学报, 9 (4): 388-392]

Liu W-D. 1959b. Preliminary notes on the tabanid flies from north-west China. Acta Zoologica Sinica, 11(2): 158-170 [刘维德, 1959b. 西北虻科初记. 动物学报, 11 (2): 158-170]

Liu W-D. 1960. Three new species of tabanid flies from China. Acta Entomologica Sinica, 12(1): 12-15 [刘维德, 1960. 中国虻科三新种. 昆虫学报, 12 (1): 12-15]

Liu W-D. 1962. On the tabanid flies from the districts of Yangtze Valley. Acta Entomologica Sinica, 14(1): 119-129 [刘维德, 1962. 长江流域虻科区系. 昆虫学报, 14 (1): 119-129]

Liu W-D. 1981. Three new species of tabanids from south China (Diptera: Tabanidae). Acta Entomologica Sinica, 24(2): 216-218 [刘维德, 1981. 华南虻科三新种 (双翅目: 虻科). 昆虫学报, 24 (2): 216-218]

Liu W-D. 1985. Thirty-five years of research on the Tabanidae (Diptera) of China. Myia, 3: 347-355

Liu W-D and Yao Y-M. 1981. New species of *Hybomitra* from Qinghai, China (Diptera: Tabanidae). Contr. Shanghai Inst. Entomol.,

2: 263-268 [刘维德, 姚运妹, 1981. 青海瘤虻新种记 (双翅目: 虻科). 昆虫学研究集刊, 2: 263-268]

Liu Z-J. 1999a. Studies on distribution and taxonomy of genus *Hybomitra* in Gansu Province (Diptera: Tabanidae). Chin. J. Vector Bio. & Control, 10(6): 434-438 [刘增加, 1999a. 甘肃瘤虻属种类分布与分类研究 (双翅目: 虻科).中国媒介生物学及控制, 10 (6): 434-438]

Liu Z-J. 1999b. Studies on distribution and taxonomy of genus *Chrysops*, *Atylotus* and *Tabanus* in Gansu Province (Diptera: Tabanidae). Chin. J. Pest. Control, 15(3): 117-121 [刘增加, 1999b. 甘肃省斑虻属、黄虻属和麻虻属种类分布与分类研究 (双翅目: 虻科). 医学动物防制, 15 (3): 117-121]

Liu Z-J. 1999c. Studies on distribution and taxonomy of genus *Tabanus* in Gansu Province (Diptera: Tabanidae). Chin. J. Pest. Control, 15(9): 517-520 [刘增加, 1999c. 甘肃省虻属种类分布与分类研究 (双翅目: 虻科). 医学动物防制, 15 (9): 517-520]

Liu Z-J, Wang J-G and Xu R-M. 1990. A new species of *Hybomitra* (Diptera: Tabanidae) from China. Entomotaxonomia, 12 (1): 57-59 [刘增加, 王建国, 许荣满, 我国瘤虻属一新种 (双翅目: 虻科). 昆虫分类学报, 12 (1): 57-59]

Mackerras I M. 1954a. The classification and distribution (Diptera) II. History, morphology, classification, subfamily Pangniinae. Aust. J. Zool., 3: 439-511

Mackerras I M. 1954b. The classification and distribution (Diptera) III. Subfamily Scepsidinae and Chrysopinae. Aust. J. Zool., 3: 583-633

Matsumura T and H Takahasi. 1976. Notes on some Nepalese Tabanidae, with descriptions of two new species (Diptera). Jap. J. Sanit, Zool., 27 (3): 289-300

Moucha J. 1976. Horse-flies (Diptera: Tabanidae) of the world synoptic catalogue. Acta ent. Musei nat. Pragae Suppl., 7: 1-319

Murdoch W P and Takahasi H. 1969. The female Tabanidae of Japan, Korea and Manchuria. 6. Mem. Ent. Soc.Washington. 1-230

Olsufjev N G. 1967. New species of horse-flies from Palaearctic. Ent. Obzr., 46: 379-390

Olsufjev N G. 1970. New and little known Tabanidae (Diptera) from the fauna of USSR and neighbouring countries. Ent. Obzr., 49: 683-687

Olsufjev N G. 1977. Tabanidae, Fauna USSR. Leningrad, 7, 1- 434

Olsufjev N G. 1979. New and little known Tabanidae (Diptera) from Palearctic. Ent. Obzr., 58: 130-138

Ôuchi Y. 1939. On some horseflies belonging to the subfamily Pangoninae from eastern and northern China, Manchoukou and northern Corea. J. Shanghai Sci. Inst., 3, 4 (18): 175-189

Ôuchi Y. 1940. Notes on some horseflies belonging to genus *Haematopota* with new description from China and Manchoukou. J. Shanghai Sci. Inst., 3, 4(27): 253-263

Ôuchi Y. 1943. Contributions ad cognitionem Insectorum Asiae Orientalis, 13. Notes on some dipteroud insects from Japan and Manchoukou. Shanghai Sizenkagaku Kenkyusyo Iho., 13 (6): 505-552

Pechuman L L. 1943. Two new *Chrysops* from China (Diptera: Tabanidae). Proc. Ent. Soc. Wash., 45 (2): 42-44

Philip C B. 1956. Records of horse flies in northeast Asia (Diptera: Tabanidae). Jap. J. Sanit Zool., 7: 221-230

Philip C B. 1959a. Three new species (Tabanidae, Diptera) from Orient. J. Ent. Soc. India, 21: 82-88

Philip C B. 1959b. Philippine Zoological Expedition 1946-47 Tabanidae (Diptera). Fieldiana: Zoology, 33 (6): 543-626

Philip C B. 1960a. Malaysia parasites 35, Description of some Tabanidae (Diptera) from the Far East. Stud. Inst. Med. Res. Malaya, 29: 1-32

Philip C B. 1960b. Malaysia parasites 36, A summary review and records of Tabanidae from Malaya, Borneo and Thailand. Stud. Inst. Med. Res. Malaya, 29: 33-78

Philip C B. 1961. Further notes on Far Eastern Tabanidae with descritions of five new species. Pacif. Insec., 3 (4): 473-480

Philip C B. 1962. A review of the Far Eastern *biannularis* group of *Tabanus*, Pacif. Insec., 4: 293

Philip C B. 1963. Further notes on Far Eastern Tabanidae. 3. Records and new species of *Haematopota* and new *Chrysops* from Malaysia. Pacif. Insec., 5(3): 519-534

Philip C B. 1969. Supplemental notes on the Far Eastern *biannularis* group of *Tabanus*. J. Med. Ent., 6 (2): 197-198

Philip C B. 1970. Further notes on oriental Tabanidae (Diptera). 4. Descriptions of *Cydistomyia* and *Tabanus*, and other records, particularly from India and Sikkim. In: H. D. Srivastava Commen. Vol., 443-452. Izatnagar, India Vet. Res. Int.

Philip C B. 1974. Further notes on oriental Tabanidae (Diptera). 5. New species of *Tabanus* from Southeast Asia. J. Med. Ent., 11(4): 393-396

Philip C B. 1979. Further notes on Far Eastern Tabanidae (Diptera). 6. New and little known species from the Orient and additional records, particularly from Malaysia. Pacif. Insec., 21(2, 3): 179-202

Philip C B and I M Mackerras. 1959. On Asiatic and related Chrysopinae (Diptera: Tabanidae). Philipp. J. Sci., 88: 279-324

Ricardo G. 1900. Notes on the Pangoninae of the family Tabanidae in the British Museum Collection. Ann. Mag. Nat. Hist., 7(5): 167-182

Ricardo G. 1902. Further notes on the Pangoninae of the family Tabanidae in the British Museum Collection. Ann. Mag. Nat. Hist., 7 (9): 366-381

Ricardo G. 1906. Notes on the genus *Haematopota* of the family Tabanidae in the British Museum Collection. Ann. Mag. Nat. Hist., 18: 94-127

Ricardo G. 1911a. A revision of the species of *Tabanus* from the oriental Region, including notes on species from surrounding countries. Rec. Indian Mus., 4: 111-258

Ricardo G. 1911b. A revision of the oriental species of the genera of the family Tabanidae other than *Tabanus*. Rec. Indian Mus., 4: 321-400

Ricardo G. 1911c. Contribution to the fauna of Yunnan based on collections made by J. Coggin Brown, 1909-1910. Rec. Indian Mus., 4: 401

Ricardo G. 1913. Tabanidae from Taiwan, collected by Mr. H. Sauter. Ann. Mus. Nat. Hung., 11: 168-173

Ricardo G. 1914. H. Sauter's Taiwan-Ausbeute: Tabanidae. Suppl. Ent., 3: 62-65

Ricardo G. 1916. Notes on a collection of species of Tabanidae from Hongkong. Bull. Ent. Res., 6 (4): 405-407

Schuurmans-Stekhoven J H Jr. 1926. The bloodsucking arthropods of the Dutch East Indian Archipelago. VII. The tabanids of the Dutch East Indian Archipelago. Treubia (Suppl.), 6552 pp. + 18 pls.

Schuurmans-Stekhoven J H Jr. 1929. Our present knowledge about the Pupipara and Tabanidae of China. Lingnan Sci. J., 7: 497-510

Schuurmans-Stekhoven J H Jr. 1932. Bloodsucking arthropods of the Dutch East Indian Archipelago. 10. Further notes on Tabanidae of India, Sumatra, Java, Borneo, Celebes and some of the Moluccas. Archiv fur Naturgeschichte Band, 1: 57-94

Shiraki T. 1918. Blood-sucking Insects of Taiwan. Part 1. Tabanidae. Taihoku Agr. Exp. Stat. Taiwan. 445 pp. + 11 pls.

Shiraki T. 1932. Some Diptera in the Japanese Empire, with descriptions of new species. Trans. Nat. Hist. Soc., 22: 259-280

Stone A. 1972. Synonymic and other notes on Tabanidae with two new species (Diptera). Ann. Ent. Soc. America, 65(3): 637-641

Stone A. 1975. Family Tabanidae. 43-81.In: Delfinado, M D and D E Hardy, A catalog of Diptera of the oriental region 2. Univ. Press, Honolulu. 1-459

Stone A and C B Philip. 1974. The Oriental species of the tribe Haematopotini (Diptera: Tabanidae). U. S. Dep. Agr. Tech. Bull.

(1489): 1-240

Sun Y and Xu R-M. 2007. Two new species on genus *Hybomitra* (Diptera: Tabanidae) from China. Acta Parasitol. Med. Entomol. Sinica, 14(3): 182-184 [孙毅, 许荣满, 2007. 瘤虻属二新种 (双翅目: 虻科). 寄生虫与医学昆虫学报, 14(3): 182-184]

Sun Y and Xu R-M. 2008. One new species on genus *Atylotus* (Diptera: Tabanidae) from China. Acta Parasitol. Med. Entomol. Sinica, 15(3): 175-180 [孙毅, 许荣满, 2008. 黄虻属一新种 (双翅目: 虻科). 寄生虫与医学昆虫学报, 15(3): 175-180]

Szilády Z. 1922. On some Tabanidae collected by Mr. Sauter on Taiwan. Ann. Mus. Nat. Hung., 19: 24-128

Szilády Z. 1923. New or little-known horseflies (Tabanidae). Biol. Hung., 1(1): 1-39

Szilády Z. 1926a. Dipterenstudien, 3. Palaearktisch-Asiatische Tabaniden. Ann. Mus. Nat. Hung., 24: 597-610

Szilády Z. 1926b. New and Old World horse flies. Biol. Hung., 1 (7): 1-30

Takagi S. 1941. Tabanidae of the north Manchuria. Rept. Inst. Horse-Dis., Inst. Scient. Res. Manchoukou, No. 2, 1-94

Wang S-Z, Ge F-X and Dong C-J. 1998. Survey on Tabanide of Henan. Chin. J. Pest. Control, 14 (3): 44-45 [王守振, 葛凤翔, 董承教, 1998. 河南吸血虻类调查报告. 医学动物防制, 14 (3): 44-45]

Wang T-Q. 1987. The horse flies of Fujian Province, China (Diptera: Tabanidae), with descriptions of three new species. Wuyi Science Journal, 7: 61-67 [王天齐, 1987. 福建省虻科 (双翅目) 记略附三新种描述. 武夷科学, 7: 61-67]

Wang T-Q and Liu W-D. 1990. New species of Tabanidae (Diptera) from Sichuan Province, China. Contr. Shanghai Inst. Entomol., 9: 171-180 [王天齐, 刘维德, 1990. 四川省西部虻科新种记述 (双翅目). 昆虫学研究集刊, 9: 171-180]

Wang T-Q and Liu W-D. 1991. A new species of a new record of *Haematopota* from China. Acta Zootaxonomica Sinica, 16(1): 106-108 [王天齐, 刘维德, 1991. 中国麻虻属新种和新记录种. 动物分类学报, 16 (1): 106-108]

Wang T-Q and Xu R-M. 1988. A new species of a new subspecies of Tabaniudae (Diptera) from Tibet Autonomous Region, China. J Southwest Agricultural University., 10(3): 267-269 [王天齐, 许荣满, 1988. 西藏自治区虻科一新种及一新亚种. 西南农业大学学报, 10 (3): 267-269]

Wang Z-M. 1977. On the bloodsucking tabanids from south China (Diptera: Tabanidae). Acta Entomologia Sinica, 20(1): 106-118 [王遵明, 1977. 华南地区吸血虻类记略 (双翅目: 虻科). 昆虫学报, 20 (1): 106-118]

Wang Z-M. 1978. One new species of *Chrysops* from China (Diptera: Tabanidae). Acta Entomologia Sinica, 21(4): 437-438 [王遵明, 1978. 斑虻属一新种记述 (双翅目: 虻科). 昆虫学报, 21 (4): 437-438]

Wang Z-M. 1981a. New species of *Hybomitra* from China (Diptera: Tabanidae). Acta Zootaxonomica Sinica, 6(3): 315-319 [王遵明, 1981a. 四川省瘤虻属新种 (双翅目: 虻科). 动物分类学报, 6 (3): 315-319]

Wang Z-M. 1981b. Two new species of Tabanidae from Nei Mongol, China (Diptera). Sinozoologia, 1: 83-85 [王遵明, 1981b. 内蒙古地区虻科 (双翅目) 二新种. 动物学集刊, 1: 83-85]

Wang Z-M. 1982. Diptera: Tabanidae. Insects of Tibet, 2: 173-194 [王遵明, 1982. 双翅目:虻科. 西藏昆虫, 2: 173-194]

Wang Z-M. 1983. Economic Insect Fauna of China Fasc. 26 Diptera: Tabanidae. Science Press, Beijing. 1-128 [王遵明, 1983. 中国经济昆虫志 第二十六册 双翅目: 虻科. 北京: 科学出板社. 1-128]

Wang Z-M. 1984. Two new species of *Hybomitra* from China (Diptera: Tabanidae). Acta Zootaxonomica Sinica, 9(4): 394-396 [王遵明, 1984. 四川省瘤虻属二新种 (双翅目: 虻科). 动物分类学报, 9 (4): 394-396]

Wang Z-M. 1985a. Discription of five new species of *Tabanus* from southern China (Diptera: Tabanidae). Myia, 3: 393-401

Wang Z-M. 1985b. Two new species of Tabanidae from Qinling mountains region of Shaanxi Province, China (Deptera: Tabanidae). Sinozoologia, 3: 175-178 [王遵明, 1985b. 秦岭虻科二新种 (双翅目: 虻科). 动物学集刊, 3: 175-178]

Wang Z-M. 1985c. Two new species of *Hybomitra* from the Hengduan mountains, Sichuan, China (Diptera: Tabanidae). Acta Zootaxonomica Sinica, 10(4): 413-416 [王遵明, 1985c. 四川横断山地区瘤虻属二新种 (双翅目: 虻科). 动物分类学报, 10

(4): 413-416]

Wang Z-M. 1985d. A new species of *Tabanus* from Jiangxi, China (Diptera: Tabanidae). Acta Entomologia Sinica, 28(2): 225-226 [王遵明, 1985d. 江西省虻属一新种 (双翅目: 虻科). 昆虫学报, 28 (2): 225-226]

Wang Z-M. 1985e. The horse flies of Xinjiang Autonomous Region (Diptera: Tabanidae). Acta Entomologia Sinica, 28(4): 425-429[王遵明, 1985e. 新疆维吾尔自治区虻科 (双翅目) 记略. 昆虫学报, 28 (4): 425-429]

Wang Z-M. 1985f. Diptera, Tabanidae.123-124. In: Lives of Tuomuerfeng of Xinjiang, China. Xinjiang Peoples Publishing House, Urumqi. 1-353 [王遵明, 1985f. 双翅目, 虻科, 123-124. 见: 天山托木尔峰地区的生物. 乌鲁木齐: 新疆人民出版社. 1-353]

Wang Z-M. 1986a. A new species of *Chrysops* from Yunnan Province, China (Diptera: Tabanidae). Acta Zootaxonomica Sinica, 11(2): 218-219 [王遵明, 云南斑虻属一新种 (双翅目: 虻科). 动物分类学报, 11 (2): 218-219]

Wang Z-M. 1986b. On a new recorded genus and a new species of Tabanidae (Diptera) from China. Acta Entomologia Sinica, 29(4): 434-435 [王遵明, 1986b. 我国虻科 (双翅目) 一新记录属及一新种. 昆虫学报, 29 (4): 434-435]

Wang Z-M. 1988a. Two new species of *Tabanus* from Hainan Island, China (Diptera: tabanidae). Acta Entomologia Sinica, 31(3): 323-325 [王遵明, 1988a. 海南岛虻属二新种 (双翅目: 虻科). 昆虫学报, 31 (3): 323-325]

Wang Z-M. 1988b. Two new species of Tabanidae (Diptera) from Sichuan, China. Acta Entomologia Sinica, 31(4): 429-432 [王遵明, 1988b. 四川省虻科二新种 (双翅目). 昆虫学报, 31 (4): 429-432]

Wang Z-M. 1988c. On the horse flies from the Hengduan mountain, China (Deptera: Tabanidae). Sinozoologia, 6: 263-271 [王遵明, 1988c. 横断山地区虻科记述 (双翅目: 虻科). 动物学集刊, 6: 263-271]

Wang Z-M. 1989. On a new species and two unknown males of Tabanids from China (Diptera: Tabanidae). Acta Entomologia Sinica, 32(1): 101-104 [王遵明, 1989. 青海省虻科一新种及二种雄虻记述 (双翅目: 虻科). 昆虫学报, 32 (1): 101-104]

Wang Z-M. 1992a. Two new species of Tabanidae (Diptera) from China. Acta Entomologia Sinica, 35(3): 358-361 [王遵明, 1992a. 中国虻科二新种 (双翅目). 昆虫学报, 35 (3): 358-361]

Wang Z-M. 1992b. Notes on the genus *Silvius* Meigen of China and a new species (Deptera: Tabanidae). Sinozoologia, 9: 327-329 [王遵明, 1992b. 中国林虻属记述及一新种 (双翅目: 虻科). 动物学集刊, 9: 327-329]

Wang Z-M. 1994. Economic Insect Fauna of China Fasc. 45 Diptera: Tabanidae. Science Press, Beijing. 1-196 [王遵明, 1994. 中国经济昆虫志 第四十五册 双翅目: 虻科. 北京: 科学出板社. 1-196]

Wu C-F. 1940. Family Tabanidae. 173-200. In: Catalogus Insectorum. 5. The Fan Memorial Institute of Biology. Beiping. 1-524

Wu Y-Q, Li S-S, Liu Y-T, Yang Z-D, Zhang G-Q and Cao R-F. 1988. The horse flies of Shaanxi Province (Diptera: Tabanidae). Bulletin Fourth Military Medical College, 9 (3): 197-200 [吴元钦, 李树森, 刘永泰, 杨祖德, 张国琪, 曹如峰, 1988. 陕西省虻类及其地区分布. 第四军医大学学报, 9 (3): 197-200]

Wu Y-Q and Xu R-M. 1992. Two new species of Tabanidae (Diptera) from Yunnan Province (Diptera: Tabanidae). Entomotaxonomia, 14 (1): 77-80 [吴元钦, 许荣满, 1992. 云南虻科二新种 (双翅目). 昆虫分类学报, 14 (1): 77-80]

Xiang C-Q and Xu R-M. 1986. A new species of *Tabanus* from Xinjiang, China (Diptera: Tabanidae). Acta Zootaxonomica Sinica, 11 (4): 409-411 [向超群, 许荣满, 1986. 新疆虻属一新种. 动物分类学报, 11 (4): 409-411]

Xiang C-Q and Xu R-M. 1996. Diptera: Tabanidae. 267-269. In: Insects of the Karakorum-Kunlun Mountains. Sccience Press, Beijing. 1-349 [向超群, 许荣满, 1996. 双翅目: 虻科, 267-269. 见: 喀喇昆仑山-昆仑山昆虫. 北京: 科学出版社. 1-349]

Xu B-H. 2001. The Investigation on the medical insects in Fujian Province V (Diptera: Tabanidae). Chin. J. Pest. Control, 17(7): 345-348 [徐保海, 2001. 福建省医学昆虫调查 V (双翅目: 虻科). 医学动物防制, 17 (7): 345-348]

Xu B-H and Xu R-M. 1992a. A new species of *Tabanus* from Fujian Province, China (Diptera: Tabanidae). Acta Entomologica

Sinica, 35(3): 362-364 [徐保海, 许荣满, 1992a. 福建虻属一新种 (双翅目: 虻科). 昆虫学报, 35 (3): 362-364]

Xu B-H and Xu R-M. 1992b. Description of A new species of the *yao* group of *Tabanus* (Diptera: Tabanidae) from Fujian, China. Wuyi Scince Journal, 9: 321-323 [徐保海, 许荣满, 1992b. 福建虻属姚氏虻组一新种记述 (双翅目: 虻科). 武夷科学, 9: 321-323]

Xu B-H and Xu R-M. 1993. Two new species of *Tabanus* from Fujian, China (Diptera: Tabanidae). Contr. Blood-sucking Dipt. Ins., 3: 64-71 [徐保海, 许荣满, 1993. 福建省虻属二新种记述 (双翅目: 虻科). 吸血双翅目昆虫调查研究集刊, 3: 64-71]

Xu B-H and Xu R-M. 1995a. A new species of *Tabanus* from Fuzhou, China (Diptera: Tabanidae). Acta Entomologica Sinica, 38(1): 109-111 [徐保海, 许荣满, 1995a. 福州虻属一新种 (双翅目: 虻科). 昆虫学报, 38 (1): 109-111]

Xu B-H and Xu R-M. 1995b. A new species of *Tabanus* from the north of Fujian, Province, China (Diptera: Tabanidae). Entomological J East China, 4 (1): 3-5[徐保海, 许荣满, 1995b. 闽北虻属一新种记述. 华东昆虫学报, 4 (1): 3-5]

Xu R-M. 1979. New species of *Tabanus* from China (Diptera: Tabanidae). Acta Zootaxonomica Sinica, 4(1): 39-50 [许荣满, 1979. 我国虻属的新种记述. 动物分类学报, 4 (1): 39-50]

Xu R-M. 1980a. New species of *Haematopota* from China (Diptera: Tabanidae). Acta Zootaxonomica Sinica, 5(2): 185-191 [许荣满, 1980a. 我国麻虻属的新种记述. 动物分类学报, 5 (2): 185-191]

Xu R-M. 1980b. Three new species of Tabanidae from Sichuan, China (Diptera). Zoological Research, 1(3): 397-404 [许荣满, 1980b. 四川虻科三新种 (双翅目). 动物学研究, 1 (3): 397-404]

Xu R-M. 1981. New species of *Tabanus* from Yunnan (Diptera: Tabanidae). Acta Zootaxonomica Sinica, 6(3): 308-314 [许荣满, 1981. 云南原虻属新种记述. 动物分类学报, 6 (3): 308-314]

Xu R-M. 1982a. Identification of Tabanidae from China. 237-342. In: Lu B-L. A textbook for identification of important medical animals. Peoples Health Publishing House, Beijing. 1-955 [许荣满, 1982a.中国重要虻类的鉴别. 237-342. 见: 陆宝麟主编, 中国重要医学动物鉴定手册. 北京: 人民卫生出版社. 1-955]

Xu R-M. 1982b. Survey of Tabanidae from Heilongjiang (Diptera). 101-105. In: Monograph med. Ent.(1971-1981). PLA Soldier Press, Beijing. 1-190 [许荣满, 1982b. 黑龙江虻类的调查报告. 101-105. 见: 医学昆虫调查集刊. 北京: 中国人民解放军战士出版社. 1-190]

Xu R-M. 1982c. Survey of Tabanidae from Ningxia (Diptera). 106-108. In: Monograph med. Ent.(1971-1981). PLA Soldier Press, Beijing. 1-190 [许荣满, 1982c. 宁夏虻类的调查报告. 106-108. 见: 医学昆虫调查集刊. 北京: 中国人民解放军战士出版社. 1-190]

Xu R-M. 1982d. Survey of Tabanidae from Xinjiang (Diptera). 115-119. In: Monograph med. Ent.(1971-1981). PLA Soldier Press, Beijing. 1-190 [许荣满, 1982d. 新疆虻类的调查报告. 115-119. 见: 医学昆虫调查集刊. 北京: 中国人民解放军战士出版社. 1-190]

Xu R-M. 1982e. Survey of Tabanidae from Zhejiang (Diptera). 120-124. In: Monograph med. Ent.(1971-1981). PLA Soldier Press, Beijing. 1-190 [许荣满, 1982e. 浙江虻类的调查报告. 120-124. 见: 医学昆虫调查集刊. 北京: 中国人民解放军战士出版社. 1-190]

Xu R-M. 1982f. Survey of Tabanidae from Hainan Island, Guangdong (Diptera). 125-129. In: Monograph med. Ent.(1971-1981). PLA Soldier Press, Beijing. 1-190 [许荣满, 1982f. 广东海南岛虻类的调查报告. 125-129. 见: 医学昆虫调查集刊. 北京: 中国人民解放军战士出版社. 1-190]

Xu R-M. 1982g. Survey of Tabanidae from Guangxi (Diptera). 130-133. In: Monograph med. Ent.(1971-1981). PLA Soldier Press, Beijing. 1-190 [许荣满, 1982g. 广西虻类的调查报告. 130-133. 见: 医学昆虫调查集刊. 北京: 中国人民解放军战士出版社. 1-190]

Xu R-M. 1982h. Survey of Tabanidae from Yunnan (Diptera). 134-138. In: Monograph med. Ent.(1971-1981). PLA Soldier Press, Beijing. 1-190 [许荣满, 1982h. 云南虻类的调查报告. 134-138. 见: 医学昆虫调查集刊. 北京: 中国人民解放军战士出版社. 1-190]

Xu R-M. 1983a. Three new species of *Tabanus* from China (Diptera: Tabanidae). Acta Zootaxonomica Sinica, 8 (1): 86-90 [许荣满, 1983a. 中国原虻属三新种记述 (双翅目: 虻科). 动物分类学报, 8 (1): 86-90]

Xu R-M. 1983b. Three new species of Tabanidae from the plateau of western Sichuan, China (Diptera). Acta Zootaxonomica Sinica, 8 (2): 177-180[许荣满, 1983b. 四川西部高原虻科三新种 (双翅目). 动物分类学报, 8 (2): 177-180]

Xu R-M. 1984. Two new species of *Tabanus oliviventris* group (Diptera: Tabanidae). Zoological Research, 5 (3): 233-236 [许荣满, 1984. 青腹虻组二新种 (双翅目: 虻科). 动物学研究, 5 (3): 233-236]

Xu R-M. 1985. Two new species of *Hybomitra* from Shaanxi, China (Diptera: Tabanidae). Entomotaxonomia, 7 (1): 9-12 [许荣满, 1985. 瘤虻属二新种 (双翅目: 虻科). 昆虫分类学报, 7 (1): 9-12]

Xu R-M. 1989a. Two new species of *Tabanus* from China (Diptera: Tabanidae). Acta Zootaxonomica Sinica, 14(3): 205-208 [许荣满, 1989a. 中国虻属二新种 (双翅目). 动物分类学报, 14 (2): 205-208]

Xu R-M. 1989b. The Chinese species of *Haematopota* Meigen (Diptera: Tabanidae). Acta Zootaxonomica Sinica, 14 (3): 364-371 [许荣满, 1989b. 中国的麻虻属 (双翅目). 动物分类学报, 14 (3): 364-371]

Xu R-M. 1990. Some records of Tabanidae (Diptera) from China. Contr. Blood-sucking Dipt. Ins., 2: 98-99 [许荣满, 1990. 中国虻科的一些记录. 吸血双翅目昆虫调查研究集刊, 2: 98-99]

Xu R-M. 1991. A new species of *Haematopota* (Diptera: Tabanidae) from Sichuan Province (Diptera: Tabanidae). Entomotaxonomia, 8 (1): 61-63 [许荣满, 1991. 瘤虻属二新种 (双翅目: 虻科). 昆虫分类学报, 8 (1): 61-63]

Xu R-M. 1995. Two new species of *Hybomitra* from Himalaya mountains, China (Diptera: Tabanidae). Liuxingbingxue Diaocha Jikan, 1: 113-116 [许荣满, 1995. 喜马拉雅山区瘤虻属二新种. 流行病学调查集刊, 1: 113-116]

Xu R-M. 1999. Notes on genus *Haematopota* (Diptera: Tabanidae) Vietnam, Laos and Cambodia. Entomologia Sinica, 6 (1): 18-24

Xu R-M. 2000. Review of the Checklist of Tabanidae (Diptera) from China. 188-191. In: Zhang Y-L. Researches on Taxonomy and Fauna of Insects in China. China Agriculture Publishing House, Beijing. 1-331 [许荣满, 2000. 中国虻科名录校正 (双翅目). 188-191. 见: 张雅林主编, 昆虫分类区系研究. 北京: 中国农业出版社. 1-331]

Xu R-M. 2002. Description of a new species of genus *Haematopota* from Guangxi, China (Diptera: Tabanidae). Acta Parasitol. Med. Entomol. Sinica, 9 (4): 236-238 [许荣满, 2002. 广西麻虻属一新种记述 (双翅目: 虻科). 寄生虫与医学昆虫学报, 9 (4): 236-238]

Xu R-M. 2004. Diptera: Tabanidae. 538-542. In: Yang X-K. Insects from Mt. Shiwandashan area of Guangxi. China Forestry Publishing House, Beijing. 1-668 [许荣满, 2004. 双翅目: 虻科. 538-542. 见: 杨星科主编, 广西十万大山地区昆虫. 北京: 中国林业出版社. 1-668]

Xu R-M. 2005. Diptera: Tabanidae. 766-775. In: Yang X-K. Insects Fauna of middle-west Qinling range and south mountain of Gansu Province. Science Press, Beijing. 1-1055 [许荣满, 2005. 双翅目: 虻科. 766-775. 见: 杨星科主编, 秦岭西段及甘南地区昆虫.北京: 科学出版社. 1-1055]

Xu R-M and Chen J-Y. 1977. Two new *Chrysops* from Chiana (Diptera: Tabanidae). Acta Entomologia Sinica, 20 (3): 337-338 [许荣满, 陈继寅, 1977. 斑虻属二新种记述 (双翅目: 虻科). 昆虫学报, 20 (3): 337-338]

Xu R-M and Guo T-Y. 2005a. New notes on genus *Haematopota* (Diptera: Tabanidae) of Yunnan, China. Acta Parasitol. Med. Entomol. Sinica, 12 (1): 25-30 [许荣满, 郭天宇, 2005a. 云南麻虻属新记录 (双翅目: 虻科). 寄生虫与医学昆虫学报, 12 (1): 25-30]

Xu R-M and Guo T-Y. 2005b. Four new species of Tabanidae from Yunnan, China (Diptera). Acta Parasitol. Med. Entomol. Sinica, 12 (3): 171-176 [许荣满, 郭天宇, 2005b. 云南虻科四新种 (双翅目). 寄生虫与医学昆虫学报, 12 (3): 171-176]

Xu R-M and Huang F-S. 1990. A new species of *Tabanus* from Yunnan, China (Diptera: Tabanidae). Contr. Blood-sucking Dipt. Ins., 2: 90-91 [许荣满, 黄复生, 1990. 云南虻属一新种. 吸血双翅目昆虫调查研究集刊, 2: 90-91]

Xu R-M and Jin Y-Q. 1990. A new species of *Hybomitra* from Qinghai, China (Diptera: Tabanidae). Acta Zootaxonomica Sinica, 15 (2): 222-225 [许荣满, 靳云麒, 1990. 青海瘤虻属一新种 (双翅目: 虻科). 动物分类学报, 15 (2): 222-225]

Xu R-M, Li S-S and Yang Z-D. 1987. A new species of *Haematopota* from Shaanxi, China (Diptera: Tabanidae). Acta Zootaxonomica Sinica, 12 (2): 200-201 [许荣满, 李树森, 杨祖德, 1987. 陕西麻虻属一新种 (双翅目: 虻科). 动物分类学报, 12 (2): 200-201]

Xu R-M and Li Z-C. 1982. Two new species of *Hybomitra* from China (Diptera: Tabanidae). Zoological Research, 3 (suppl.): 93-95 [许荣满, 李忠成, 1982. 瘤虻属二新种记述 (双翅目: 虻科). 动物学研究, 3 (增刊): 93-95]

Xu R-M and Liao G-H. 1984. Descriptions of two new species of *Tabanus* from Guangxi, China (Diptera: Tabanidae). Acta Zootaxonomica Sinica, 9 (3): 290-292 [许荣满, 廖国厚, 1984. 广西虻属二新种记述 (双翅目: 虻科). 动物分类学报, 9 (3): 290-292]

Xu R-M and Liao G-H. 1985a. Three new species of *Tabanus* from Guangxi, China (Diptera: Tabanidae). Acta Zootaxonomica Sinica, 10 (2): 165-168 [许荣满, 廖国厚, 1985a. 广西虻属三新种记述 (双翅目: 虻科). 动物分类学报, 10 (2): 165-168]

Xu R-M and Liao G-H. 1985b. Two new species of *Haematopota* from Guangxi, China (Diptera: Tabanidae). Acta Zootaxonomica Sinica, 10 (3): 285-288 [许荣满, 廖国厚, 1985b. 广西麻虻属二新种记述 (双翅目: 虻科). 动物分类学报, 10 (3): 285-288]

Xu R-M and Liu Z-J. 1980. Two new species of *Tabanus* from Shanxi (Diptera: Tabanidae). Zoological Research, 1 (4): 479-482 [许荣满, 刘增加, 1980. 陕西原虻属二新种记述 (双翅目: 虻科). 动物学研究, 1 (4): 479-482]

Xu R-M and Liu Z-J. 1982a. Two new species of *Tabanus* from Gansu (Diptera: Tabanidae). Zoological Research, 3 (suppl.): 97-100 [许荣满, 刘增加, 1982a. 甘肃原虻属二新种记述 (双翅目: 虻科). 动物学研究, 3 (增刊): 97-100]

Xu R-M and Liu Z-J. 1982b. Survey of Tabanidae from Gansu (Diptera). 109-114. In: Monograph med. Ent.(1971-1981). PLA Soldier Press, Beijing. 1-190 [许荣满, 刘增加, 1982b. 甘肃虻类的调查报告. 109-114. 见: 医学昆虫调查集刊. 北京: 中国人民解放军战士出版社. 1-190]

Xu R-M and Liu Z-J. 1985. Four new species of *Hybomitra* from Gansu, China (Diptera: Tabanidae). Acta Zootaxonomica Sinica, 10 (2): 169-175 [许荣满, 刘增加, 1985. 甘肃瘤虻属四新种记述 (双翅目: 虻科). 动物分类学报, 10 (2): 169-175]

Xu R-M, Lu K and Wu Y-Q. 1990. A new species of *Tabanus* from Shaanxi, China (Diptera: Tabanidae). Contr. Blood-sucking Dipt. Ins., 2: 93-95 [许荣满, 路逵, 吴元钦, 1990. 陕西省虻属一新种记述. 吸血双翅目昆虫调查研究集刊, 2: 93-95]

Xu R-M, Ni T and Xu X-D. 1984. Two new species of *Tabanus* from Hubei, China (Diptera: Tabanidae). Acta Academiae Medicinae Wuhan, 4 (4): 229-230

Xu R-M and Song J-C. 1983. Three new species of *Hybomitra* from China (Diptera: Tabanidae). Sichuan J. Zool., (4): 6-10 [许荣满, 宋锦章, 1983. 我国瘤虻属三新种 (双翅目: 虻科). 四川动物, (4): 6-10]

Xu R-M, Song J-C and Li Z-C. 1985. Survey on Tabanidae (Diptera) from Sichuan, China. Chin. J. Pest. Control, (4): 33-37 [许荣满, 宋锦章, 李忠成, 1985. 四川虻类调查报告. 医学动物防制, (4): 33-37]

Xu R-M and Sun Y. 2005. Three new species of Tabanidae from Yunnan, China (Diptera). Acta Parasitol. Med. Entomol. Sinica, 12 (4): 225-230 [许荣满, 孙毅, 2005. 云南虻科三新种 (双翅目). 寄生虫与医学昆虫学报, 12(4): 225-230]

Xu R-M and Sun Y. 2007a. Four new species of *Tabanus splendens* group from China (Diptera: Tabanidae). Acta Parasitol. Med.

Entomol. Sinica, 14 (3): 174-181 [许荣满, 孙毅, 2007a. 中国虻属华丽虻组四新种 (双翅目: 虻科). 寄生虫与医学昆虫学报, 14(3): 174-181]

Xu R-M and Sun Y. 2007b. Two new species of *Tabanus oliviventris* group from China (Diptera: Tabanidae). Acta Parasitol. Med. Entomol. Sinica, 14 (4): 244-248 [许荣满, 孙毅, 2007b. 中国虻属青腹虻组二新种 (双翅目: 虻科). 寄生虫与医学昆虫学报, 14 (4): 244-248]

Xu R-M and Sun Y. 2008a. Two new species of *Tabanus aurisetosus* group from China (Diptera: Tabanidae). Acta Parasitol. Med. Entomol. Sinica, 15 (2): 96-99 [许荣满, 孙毅, 2008a. 虻属丽毛虻组二新种 (双翅目: 虻科). 寄生虫与医学昆虫学报, 15 (2): 96-99]

Xu R-M and Sun Y. 2008b. One new species and one new record of Genus *Haematopota* from China (Diptera: Tabanidae). Acta Parasitol. Med. Entomol. Sinica, 15 (3): 181-182 [许荣满, 孙毅, 2008b. 中国麻虻属一新种及一新记录 (双翅目: 虻科). 寄生虫与医学昆虫学报, 15 (3): 181-182]

Xu R-M and Sun Y. 2008c. Two new species of *Tabanus biannularis* group from China (Diptera: Tabanidae). Acta Parasitol. Med. Entomol. Sinica, 15(4): 244-246 [许荣满, 孙毅, 2008c. 虻属六带虻组二新种 (双翅目: 虻科). 寄生虫与医学昆虫学报, 15(4): 244-246]

Xu R-M and Wang Z-M. 1993. A list of Tabanidae (Diptera) from China. Contr. Blood-sucking Dipt. Ins., 3: 103-119 [许荣满, 王遵明, 1993. 中国虻科 (Tabanidae) 名录. 吸血双翅目昆虫调查研究集刊, 3: 103-119]

Xu R-M and Wu F-L. 1985. Two new species of *Tabanus* from Anhui, China (Diptera: Tabanidae). Acta Zootaxonomica Sinica, 10 (4): 409-412 [许荣满, 吴福林, 1985. 安徽虻属二新种记述 (双翅目: 虻科). 动物分类学报, 10 (4): 409-412]

Xu R-M, Xu B-H and Sun Y. 2008. Four new species of genus *Tabanus* from China (Diptera: Tabanidae). Acta Parasitol. Med. Entomol. Sinica, 15 (1): 51-54 [许荣满, 徐保海, 孙毅, 2008. 中国虻属四新种 (双翅目: 虻科). 寄生虫与医学昆虫学报, 15 (1): 51-54]

Xu R-M, Zhan D-C and Sun Y. 2006. Two new species on genus *Tabanus* from Hainan, China (Diptera: Tabanidae). Acta Parasitol. Med. Entomol. Sinica, 13 (4): 236-238 [许荣满, 詹道成, 孙毅, 2006. 海南虻属二新种 (双翅目: 虻科). 寄生虫与医学昆虫学报, 13 (4): 236-238]

Xu R-M, Zhang G-Q, Deng C-Y and Zhang Y-Z. 1990. Five new species of Tabanidae from Tibet, China (Diptera: Tabanidae). Contr. Blood-sucking Dipt. Ins., 2: 79-85 [许荣满, 张国琪, 邓成玉, 张有植, 1990. 西藏虻科五新种 (双翅目: 虻科). 吸血双翅目昆虫调查研究集刊, 2: 79-85]

Xu R-M and Zhang Y-Z. 1990. One new species of *Tabanus* from Tibet, China (Diptera: Tabanidae). Contr. Blood-sucking Dipt. Ins., 2: 86-87 [许荣满, 张有植, 1990. 西藏虻属一新种 (双翅目: 虻科). 吸血双翅目昆虫调查研究集刊, 2: 86-87]

Xue J. 1988. A preliminary survey of mosquitoes, miges and horse flies of Weihai city, Shangdong Province. China public Health, 2 (suppl.): 88-91 [薛键, 1988. 威海市蚊、蠓、虻的初步调查. 中国公共卫生, 2 期, 增刊: 88-91]

Yang J-S and Xu R-M. 1993. Two new species of Tabanidae from northern Yunnan, China (Diptera: Tabanidae). Contr. Blood-sucking Dipt. Ins., 3: 72-78 [杨建设, 许荣满, 1993. 云南省北部虻科二新种及名表 (双翅目: 虻科). 吸血双翅目昆虫调查研究集刊, 3: 72-78]

Yang J-S and Xu R-M. 1995. A new *Chrysops* from northern Yunnan, China (Diptera: Tabanidae). Acta Entomologia Sinica, 38 (3): 367-369 [杨建设, 许荣满, 1995. 滇北斑虻属一新种记述 (双翅目: 虻科). 昆虫学报, 238 (3): 367-369]

Yang J-S and Xu R-M. 1996. A new species of *Hybomitra* from Zhaotong, Yunnan, China (Diptera: Tabanidae). Zoological Research, 17 (2): 125-127 [杨建设, 许荣满, 1996. 云南瘤虻属一新种 (双翅目: 虻科). 动物学研究, 17 (2): 125-127]

Yang J-S and Xu R-M. 1997. A list of Tabanidae from Yunnan Province. Enomological J East China, 6(2): 12-16 [杨建设, 许荣满,

1997. 云南省虻类名录. 华东昆虫学报, 6 (2): 12-16]

Yang J-S, Xu R-M and Chen H-B. 1999. A new species of *Tabanus* from Yunnan, China (Diptera: Tabanidae). Zoological Research, 20 (1): 60-61 [杨建设, 许荣满, 陈汉彬, 1999. 云南虻属一新种 (双翅目: 虻科). 动物学研究, 20 (1): 60-61]

Yao W-B and Ding Y-M. 1986. Fauna of Tabanidae in Inner-mongilia, China. J Medicine Inner-Mongolia, 6(1): 31-35 [姚文炳, 丁玉茂, 1986. 内蒙古地区虻类的区系调查. 内蒙古医学杂志, 6 (1): 31-35]

Yao Y-M. 1984. Supplementary note on new spcies of Tabanidae from Tibet Auronomous Region, China. Contr. Shanghai Ins. Entomol., 4: 229-231 [姚运妹, 1984. 西藏虻科新种补记 (双翅目: 虻科). 昆虫学研究集刊, 4: 229-231]

Yao Y-M and Liu W-D. 1983. Two new species of Tabanidae from Tibet Auronomous Region, China. Contr. Shanghai Ins. Entomol., 3: 239-241 [姚运妹, 刘维德, 1983. 西藏虻科二新种 (双翅目: 虻科). 昆虫学研究集刊, 3: 239-241]

Zhang K-X and Xu R-M. 1990. A new species of *Silvius* from Shanghai, China (Diptera: Tabanidae). Contr. Blood-sucking Dipt. Ins., 2: 96-97 [张坤祥, 许荣满, 1990. 上海林虻属一新种记述 (双翅目: 虻科). 吸血双翅目昆虫调查研究集刊, 2: 96-97]

Zhang W-Z and Zhao B. 1982. Fauna of Tabanidae in Shanxi, China. Bulletin Shanxi Medical College, (3): 6-9 [张文忠, 赵斌, 1982. 山西省虻类分布和检索. 山西医学院学报, (3): 6-9]

Zhang Y-Z and Xu R-M. 1993. Two new species of *Hybomitra* from Sichuan and Tibet, China (Diptera: Tabanidae). Contr. Blood-sucking Dipt. Ins., 3: 79-81 [张有植, 许荣满, 1993. 川藏瘤虻属二新种 (双翅目: 虻科). 吸血双翅目昆虫调查研究集刊, 3: 79-81]

Zhu L-H and Xu R-M. 1995a. Two new species of *Tabanus* from Chentang, Tibet, China (Diptera: Tabanidae). Liuxingbingxue Diaocha Jikan, 1: 107-109 [朱礼华, 许荣满, 1995a. 西藏陈塘地区虻属二新种 (双翅目: 虻科). 流行病学调查集刊, 1: 107-109]

Zhu L-H and Xu R-M. 1995b. A new species of *Hybomitra* from Chentang, Tibet, China (Diptera: Tabanidae). Liuxingbingxue Diaocha Jikan, 1: 110-112 [朱礼华, 许荣满, 1995b. 西藏陈塘地区瘤虻属一新种 (双翅目: 虻科). 流行病学调查集刊, 1: 110-112]

Zhu L-H, Xu R-M and Zhang Y-Z. 1995. A new species of *Chrysops* from Zham, Tibet, China (Diptera: Tabanidae). Liuxingbingxue Diaocha Jikan, 1: 104-106 [朱礼华, 许荣满, 张有植, 1995. 西藏樟木地区斑虻属一新种 (双翅目: 虻科). 流行病学调查集刊, 1: 104-106]

英 文 摘 要

Abstract

The present monograph is divided into two parts. Part one is a general account of Tabanidae. It consists of seven chapters as follows.

1. History of Tabanidae researches.
2. Morphology and anatomy of Tabanidae.
3. Biology and ecology of Tabanidae.
4. Classification of Tabanidae.
5. Zoogeographical distribution of Tabanidae.
6. Medical importance of tabanids.
7. The methods of tabanids surveys, specimens collection and preparation.

Part two is a systematic account of the Pangoniinae, Chrysopinae and Tabaninae of Tabanidae of China. It is the main and larger part of this volume. There are 3 subfamilies, 14 genera, and 458 species (subspecies) in this monograph.

Key to subfamilies and genera of Tabanidae (♀♀,♂♂)

1. Flagellum 1 longer, terminal flagellar segments 2-4 annuli; hind tibiae of legs with or without apical spurs ························ 2
   Flagellum 1 (basal flagellar segment) shorter, terminal flagellar segments 5-7 annuli; hind tibiae of legs with apical spurs. Subfamily Pangoniinae ························ 3
2. Functional ocelli present; hind tibiae usually with apical spurs. Subfamily Chrysopinae · 5
   Functional ocelli absent; hind tibiae without apical spurs. Subfamily Tabaninae ·········· 10
3. Functional ocelli present; labrum more longer than head and thorax together [only one species in China, *Philoliche longirostris* (Hardwiche)] ························ ***Philoliche***
   Functional ocelli present or absent; labrum shorter than head and thorax together ········· 4
4. Cell R_5 opened; labrum as long as high of head; functional ocelli present or absent [only one species in China, *Stonemyia bazini* (Surcouf)] ························ ***Stonemyia***
   Cell R_5 closed; labrum longer than high of head; functional ocelli present (only one species in China, *Pangonius sinensis* Enderlein)························ ***Pangonius***

5. Vein Sc with setulae below at least; flagellum 1 double; abdomen sharp at terminal (only one species in China, *Gastroxides shirakii* Ôuchi) ·································· ***Gastroxides***
Vein Sc bare above and below; flagellum 1 simple; abdomen blunt at tip ··················· 6
6. Eyes covered with dense long piles; subcallus large, swollen; antenna short, terminal flagellar segments 2 annuli [only one species in China, *Thaumastomyia haitiensis* (Stone)] ··· ***Thaumastomyia***
Eyes bare or with only sparse short piles; subcallus small, plain; antenna longer, terminal flagellar segments 3-4 annuli ··· 7
7. Antenna longer than head, scape and pedical of antenna both longer than deep, cylindrical, terminal flagellar segments 4 annuli ··· 8
Antenna shorter than head, scape and pedical of antenna both short, spherical, terminal flagellar segments 3-4 annuli ··· 9
8. Wings clear or with dark anterior margin; antenna lightly longer than head; eyes (in life) with small spots ·· ***Silvius*** (in part)
Wings with stronger dark band; antenna more longer than head; eyes (in life) with triangular spots ·· ***Chrysops***
9. Terminal flagellar segments 4 annuli; wings with dark band, like *Chrysops*; frons with long callus ·· ***Gressittia***
Terminal flagellar segments 3 annuli; wings clear; frons with small callus ···················· ··· ***Silvius*** (in part)
10. Wings dark, with clouded white spots; frons of female without median callus, but usually with paired spots and median spot ··· ***Haematopota***
Wings clear or with dark band or dark spots; frons of female without paired spots and median spot, but usually with median callus ··· 11
11. Eyes (in life) pale yellow, half-hyaline, usually with one narrow band ·············· ***Atylotus***
Eyes (in life) green or purple, not hyaline, without or with 1-4 bands ······················ 12
12. Vertex with usually well-developed ocellar tubercle; eyes more or less haired, usually with 3 bands ··· ***Hybomitra***
Vertex without ocellar tubercle; eyes usually without hairs, without or with 1-4 bands ····· ··· 13
13. Flagellum 1 with developed dorsal tooth, strongly hooked, reaching parallel to apical of flagellum 1; eyes with 1-3 bands ·· ***Isshikia***
Flagellum 1 without or with dorsal tooth, not extending parallel, but point to dorsal; eyes without or with 1-4 bands ·· 14

14. Basicosta bare, at most with short piles; eyes with usually 3 bands; terminal flagellar segments indistinctly separated [only one species in China, *Glaucops chusanensis* (Ôuchi)] ·· ***Glaucops***

Basicosta with setulae as on anterior margin vein of wing; eyes without or with 1-4 bands; terminal flagellar segments distinctly separated to 4 annuli ························ ***Tabanus***

1. *Philoliche* Wiedemann, 1828

Ph. longirostris

2. *Stonemyia* Brennan, 1935

St. bazini

3. *Pangonius* Latreille, 1802

P. sinensis

4. *Gastroxides* Saunders, 1841

G. shirakii

5. *Thaumastomyia* Philip *et* Mackerras, 1959

Th. haitiensis

6. *Silvius* Meigen, 1820

Key to species (♀♀)

1. Facial calli present ······································ 2

Facial calli absent, with bare areas at most ······································ 3

2. Frontal callus cordate; scutum with 4 longitudinal pale stripes ················· ***S. cordicallus***

Frontal callus oval; scutum without longitudinal pale stripes ······················ ***S. shirakii***

3. Body black ······································ 4

Body yellow ······································ 5

4. Body length 6.5 mm; frontal callus oval, separated from eyes-margins; abdomen gray, with two lines of triangular black spots on tergites ······················ ***S. chongmingensis***

Body length 9-11 mm; frontal callus in the shape of anchor, connected with eyes-margins; abdomen black, with pale posterior margins on tergites ······················ ***S. anchoricallus***

5. Frontal callus developed; facial with bare areas ···························· ***S. omeishanensis***

Frontal callus indistinct or absent; facial without bare area ······································ 6

6. Tarsi of legs brown; terminal flagellar segments 4 annuli ····················· ***S. formosiensis***

Tarsi of legs black; terminal flagellar segments 3 annuli ···························· ***S. suifui***

7. *Chrysops* Meigen, 1803

Key to groups (♀♀)

1. Scutum with dense long hairs at posterior margin, at least present at postalar callus ········ ········ ***C. dispar* group**
   Scutum without dense long hairs at posterior margin, with sparse short hairs at most ········ 2
2. Discal cell of wings with clear central area ········ ***C. mlokosiewiczi* group**
   Discal cell of wings entirely dark ········ 3
3. Face without rostral and genal calli ········ ***C. silvifacies* group**
   Face with rostral and genal calli ········ 4
4. Body unicolorous black, abdomen without pale spots ········ ***C. japonicus* group**
   Body not unicolorous black, abdomen with pale spots ········ 5
5. Apical spot of wing swollen, narrowly connected with cross-band ········ ***C. caecutiens* group**
   Apical spot of wing not swollen, broadly connected with cross-band ········ 6
6. Rostral callus divided into two by yellow dust ········ ***C. designatus* group**
   Rostral callus simple ········ ***C. sinensis* group**

Chrysops dispar group

Key to species (♀♀,♂♂)

1. Tergites of abdomen black, tergite 2 yellow at anterior half ········ ***C. flavocinctus***
   Tergites of abdomen yellow, with black spots ········ 2
2. Tergite 1 with narrow black transverse stripe on posterior margin, tergite 2 with black pattern in the form of a inverted letter "U" which extends to posterior margin of tergite 3 ········ ***C. dispar***
   Tergite 1 with two black triangular spots on median hind margin, tergite 3 with a pair of black spots which reaches up to hind margin of tergite 2, and connected anteriorly ········ ········ ***C. grandis***

Chrysops mlokosiewiczi group

Key to species (♀♀, ♂♂)

1. Pedicel of antenna 2 times as long as deep ········ ***C. vanderwulpi***
   Pedicel of antenna 3 times as long as deep ········ 2
2. Tergites of abdomen with 4 lines of longitudinal black stripes ········ ***C. flaviscutellus***

Tergites of abdomen with each 4 triangular black spots ········· ***C. mlokosiewiczi***

Chrysops silvifacies **group**

Key to species (♀♀)

1. Apical spot of wings little swollen, occupying 1/3 of vein R4 ········· ***C. yunnanensis***

   Apical spot of wings strong swollen, occupying 3/4 of vein R4 ········· 2

2. Tergites 1 and 2 yellow, following tergites black, tergite 1 with a black central spot which is broader than scutellum, tergite 2 with a black transverse stripe on hind margin, tergites 3 and 4 each with median yellow oval spots ········· ***C. silvifacies***

   Tergites yellow, tergite 1 with a black central spot which is narrower than scutellum, tergites 3 to 5 with black hairs at sides ········· ***C. pettigrewi***

Chrysops japonicus **group**

Key to species (♀♀, ♂♂)

Second basal cell hyaline ········· ***C. japonicus***

Second basal cell dark ········· ***C. potanini***

Chrysops caecutiens **group**

Key to species (♀♀)

1. Tergites yellow, with a median longitudinal black stripe; legs whole black · ***C. semiignitus***

   Not as above ········· 2

2. Tergites with 4 lines of black spots ········· ***C. chaharicus***

   Not as above ········· 3

3. Tergite 2 with two black spots which reach the front of the tergite, sometimes reach the hind margin of the tergite also ········· 4

   Tergite 2 with two small black spots which do not reach the front and hind margins of the tergite ········· 8

4. Tergite 2 with black pattern in form of a slender inverted letter "V" which is connected at both ends of the tergite ········· ***C. caecutiens***

   Tergite 2 with two black spots which do not reach the hind margin of the tergite ········· 5

5. Two black spots on tergite 2 separated anteriorly ········· ***C. aeneus***

   Two black spots on tergite 2 connected anteriorly ········· 6

6. Tibiae of middle and hind legs brown-yellow; tergite 1 of abdomen with large black central spot which is broader than scutellum ········ ***C. relictus***
   Legs entirely black, only middle and hind tibiae at extreme base and first tarsal segment of posterior two pairs brown; tergite 1 of abdomen with black central spot which is equal to or narrower than scutellum ········ 7
7. Central black spot on tergite 1 with straight lateral margins; scape of antenna brown ········ ***C. validus***
   Central black spot on tergite 1 with orbicular lateral margins; scape of antenna black ········ ***C. makerovi***
8. Central black spot on tergite 1 broader than scutellum; apical spot of wing occupying 1/5 of vein R_4 ········ ***C. dissectus***
   Central black spot on tergite 1 narrower than scutellum; apical spot of wing occupying 1/3 of vein R_4 ········ ***C. ricardoae***

Chrysops designatus group

Key to species (♀♀)

1. Cross-band of wings not reaching hind margin of wing ········ ***C. deqenensis***
   Cross-band of wings reaching hind margin of wing ········ 2
2. Tergite 2 with black pattern in form of a slender inverted letter "V" which is connected at both ends of the tergite ········ ***C. designatus***
   Tergite 2 with two black spots which do not reach the hind margin of the tergite ········ ***C. paradesignata***

Chrysops sinensis group

Key to species (♀♀)

1. Tergite 2 without dark spot ········ ***C. abavius***
   Tergite 2 with dark spot ········ 2
2. Tergite 2 with 1 dark central spot ········ ***C. tarimi***
   Tergite 2 with 1-2 pairs of dark spots ········ 3
3. Tergites with 4 lines of black spots ········ ***C. striatula***
   Tergites with 2 lines of black spots, at least with 1 pair of black spots on tergite 2 ········ 4
4. Frontal callus brown, facial and genae brown; tergites 2 to 5 with 1 pair of subcentral spots ········ ***C. flavescens***

Frontal callus black, facial and genae brown or black; tergites 2 to 5 with dark spots, but not as above ··· 5

5. Tergites 3 and 4 black, with pale median triangular spots and hind margins, following segments are similar or entirely black ··· 6

Tergites not as above, if tergites 3 and 4 black, with pale median triangular spots and hind margins, also with lateral pale spots ··· 9

6. A pair of black spots on tergites 1 and 2 broader, occupying the most of the tergites; legs unicolorous black ··· ***C. nigripes***

Black spots on tergites 1 and 2 smaller, occupying 1/3 to 1/2 of tergites; legs bicoloured, at least posterior 4 tibiae brownish ··· 7

7. Tergite 2 with 2 dark, narrow, longitudinal median triangular spots; pedicel of antenna, facial and rostral calli all black ··· ***C. angaricus***

Tergite 2 with 2 dark, narrow, longitudinal median triangular spots enlarged at sides, sometimes forming a wide border along posterior margin; pedicel of antenna, facial and rostral calli all brown ··· 8

8. Femora black; 2 black spots on tergite 2 extended lateral-posteriorly ··· ***C. anthrax***

Femora brown; 2 black spots on tergite 2 extended first lateral-posteriorly, than laterally, forming a wider border along posterior margin ··· ***C. sinensis*** (in part)

9. Wing with no apical spot ··· ***C. stackelbergiellus***

Wing with apical spot ··· 10

10. Apical spot narrower, occupying a half of R_1 cell ··· ***C. liaoningensis***

Apical spot broader, occupying R_1 cell ··· 11

11. 2 black patches of tergite 2 not connected with posterior margin of tergite ··· ***C. sinensis*** (in part)

2 black patches of tergite 2 connected with posterior margin of tergite ··· 12

12. 2 facial calli connected, so that whole face polished black; two black patches on tergite 2 extending forward less than half of tergite ··· ***C. szechuanensis***

2 fascial calli separated; 2 black patches on tergite 2 extending forward more than half of tergite, sometimes reaching anterior margin of tergite ··· ***C. suavis***

8. *Gressittia* Philip *et* Mackerras, 1959

Key to species (♀♀)

1. Abdomen yellow brown with yellow-brown hairs; frontal callus occupying full frons

hardly ·· *Gr. emeishanensis*

Abdomen black with black hairs; frontal callus separated from eyes and ocelli ··········· 2

2. Frontal callus separated from eyes narrowly; apical spot of wing shadow, connected with cross-band··*Gr. baoxingensis*

Frontal callus separated from eyes widely; apical spot of wing distinct, separated with cross-band ···*Gr. birumis*

9. *Haematopota* Meigen, 1803

Description of new species

***Haematopota subkoryoensis* Xu *et* Sun, sp. nov.** (fig. 84)

Female. Length 9 mm; wing 8 mm; antenna 1.7 mm. Frons grayish yellow, height and width at base subequal; callus nearly black, touching eyes, about 3.5 times as wide as high, lower margin nearly straight; midfrontal spot small; paired spots large, touching eye, lower margin separated from callus; subcallar area with a pair of triangular projections below callus; cleft between these triangles darkened; face and parafacials dusky yellow, upper parafacials with black spots. Antenna brown, scape 3 times as long as deep; first flagellomere and style subequal. Second palpus 4 times as long as deep. Notum of thorax black, scutum with three short grayish stripes, and with pale transverse band on posterior margin of scutum, prescutellum and anterior half of scutellum. Fore legs black, tibiae basal third brown; middle and hind legs brownish black, tibia with two pale bands. Wing dark, rosettes consisting of slender, separated spots; subapical band small just crossing vein R_4; pale triangles in posterior cells 2, 3, 5. Abdomen grayish black with white incisures; narrow middorsal gray stripe on terga 2 to 6, gray sublateral small spots on terga 5 to 7.

Male. Unknown.

Holotype ♀, Linhai County (28.8° N, 120.9° E), Zhejiang, China, May 17, 1977, Xu Rong-Man, deposited in AMMSC.

This species is similar to *Hae. koryoensis* (Shiraki), but with no pair of triangles concolorous with callus below, and with gray sublateral spots on terga 2 to 6 in *Hae. koryoensis*. Also near *Hae. formosana* Shiraki, but first flagellomere longer than style, hind tibia with only strong basal band, sometimes with trace of subapical band on anterior side in *Hae. formosana*.

This species is near to *Hae. koryoensis*, so called as *Hae. subkoryoensis*.

Key to groups (♀♀)

1. Notum with strong middorsal grayish stripe from anterior margin to end of scutellum which gradually widen posteriorly and is always wider than sublateral pale stripes ········ ·· ***Hae. atrata* group**
   Notum not so patterned; if with complete dorsal stripe, this slender on anterior 2/3 and sublateral stripes wider than middorsal stripe ······································ 2
2. Hind femur with long hairs above, at least apically, forming dense tuft, and fringe of long ventral hairs; hind tibia with fringe of long hairs and often swollen ·························· 3
   Hind femur with no dense tuft of long hairs dorsally and ventral hair fringe usually not strongly developed; hind tibia slender ·· 4
3. Scape shorter than or as long as flagellum 1; upper parafacials with unbroken solid velvety black spot ··· ***Hae. pilosifemura* group**
   Scape longer than flagellum 1; upper parafacials punctuated, but without solid velvety black spot ·· ***Hae. cilipes* group**
4. Upper parafacials with unbroken velvety black spot ··· 5
   Upper parafacials with irregular dark markings but not an unbroken black spot··········· 6
5. Scape swollen, and shorter than flagellum 1························ ***Hae. lukiangensis* group**
   Scape cylindrical, and longer than flagellum 1 ···························· ***Hae. lineola* group**
6. Scape longer than flagellum 1, as broad as flagellum ······················ ***Hae. picea* group**
   Scape shorter than or as long as flagellum 1, if longer than flagellum 1, the scape swollened and broader than flagellum 1 ··· 7
7. Scape swollen, broader than flagellum, usually shiny black ····· ***Hae. nigriantenna* group**
   Scape cylindrical, at most thickened distally, usually not shinning ························· 8
8. Apex of wing and posterior margin broadly whitish; scape cylindrical························ ·· ***Hae. turkestanica* group**
   Posterior margin of wing with white spots; scape cylindrical or narrowed basally ········· 9
9. Scape short and stoutened apically, 1.5 times as long as distal thickness ····················· ·· ***Hae. sinensis* group**
   Scape cylindrical, or stoutened apically, more than 2 times as long as distal thickness ··· 10
10. Hind tibia with basal pale ring only, with at most small subapical spot anteriorly ··········· ·· ***Hae. philip* group**
    Hind tibia with 2 pale rings ·· ***Hae. pekingensis* group**

Haematopota atrata group

Key to species (♀♀)

1. Subcallar area with pair of shiny triangles separated by blackened cleft, and with interantennal brown-black spot ········ ***Hae. hainani***
 Subcallar area with pair of connected shiny yellow triangular projections from lower margin of callus, and with no interantennal black spot ········ 2
2. Basal pale ring on fore tibia occupying 1/3 of tibia; paired velvety spots of frons seperated with midfrontal spot; abdomen with a median longitudinal white stripe on tergites ········ ***Hae. atrata***
 Basal pale ring on fore tibia occupying 1/2-2/3 of tibia; paired velvety spots connected with midfrontal spot; abdomen without a median longitudinal white stripe on tergites, at most with median triangular spot on tergite 2 ········ 3
3. Basal pale ring on fore tibia occupying 2/3 of tibia, basal pale ring on middle tibia occupying 1/2 of tibia; midfrontal spot and paired velvety spots very large, and fuse together ········ ***Hae. lineota***
 Basal pale ring on fore tibia occupying 1/2 of tibia, basal pale ring on middle tibia occupying 1/3 of tibia; midfrontal spot large, connected or narrowly separated with paired spots ········ ***Hae. albalinea***

Haematopota pilosifemura group

Key to species (♀♀)

1. Scape shining black, and swollen at middle ········ ***Hae. personata***
 Scape not as above ········ 2
2. Scutellum with anterior half white and hind half black ········ ***Hae. javana***
 Scutellum white or black uniformly ········ 3
3. Hind tibia not swollen, and without long dense hairs; scutellum grayish-black uniformly ········ ***Hae. asamensi***
 Hind tibia swollen, and with long dense hairs; scutellum white uniformly ········ 4
4. Body black; scape covered with white powder, slightly shorter than flagellum ········ ***Hae. pollinantenna***
 Body red-brown; scape polished apically, thinly grayish dusted at most, slightly longer than flagellum ········ ***Hae. pilosifemura***

***Haematopoa cilipes* group**

Hae. cilipes

***Haematopota lukiangensis* group**

Key to species (♀♀)

Scape swollen at middle; abdomen without circular sublateral spots on tergites ············ ··················· ***Hae. lukiangensis***

Scape swollen at apex; abdomen with circular sublateral spots on tergites 2 to 7 ············ ··················· ***Hae. jianzhongi***

***Haematopota lineola* group**

Key to species (♀♀)

1. A wide white band between posterior margin of scutum and anterior margin of scutellum ··················· ***Hae. burmanica***

   No white band between posterior margin of scutum and anterior margin of scutellum, at most prescutellum white ··················· 2
2. Abdomen with a middle longitudinal white stripe on tergites 1 to 7 ············ ***Hae. lineola***

   Abdomen without a middle white stripe on tergites, at most with a white triangle on tergite 2 ··················· 3
3. Subbasal pale rings on fore and hind tibiae very narrow ······················ ***Hae. chinensis***

   Subbasal pale rings on fore and hind tibiae wider, occupying 1/2 of the tibiae ····· ***Hae. qui***

***Haematopota picea* group**

Key to species (♀♀)

1. Middle tibia black entirely; palpus dark black ································ ***Hae. zengjiani***

   Middle tibia with pale ring; palpus brown to grayish black ································ 2
2. Subcallus with no shiny triangles at anterior margin of callus, or with very narrow shiny stripes; abdomen usually with circular sublateral spots on tergites ························· 3

   Subcallus with a pair of shiny triangles at anterior margin of callus; abdomen without circular sublateral spots on tergites or with indistinct sublateral spots after tergite 3 at most ··················· 6
3. Abdomen with circular sublateral spots on tergites 2 to 7 ···················· ***Hae. koryoensis***

Abdomen usually without or with circular sublateral spots on tergite 7 only ··············· 4

4. Fore tibia with 2/5 white at base ·· *Hae. guangxiensis*

Fore tibia with 3/5 white at base ·· 5

5. Frons parallel-sided, 1.2 times as high as wide at base; callus indistinctly pointed at middle hind margin; venter of abdomen brown, with a middle longitudinal black stripe; hind margin of wing without or with indistinct pale spots in cells 2, 3, 5 ·· *Hae. yanggangi*

Frons convergent above, 1.5 times as high as wide at base; callus with a distinct extension at middle hind margin; venter of abdomen grayish white, with a wider middle longitudinal brown-black stripe; posterior margin of wing usually with large pale triangles in most cells ·· *Hae. fukienensis*

6. Subcallus with velvety black interantennal spot, and brown-black to black shiny triangles; fore tibia basal 1/3 white at most ·· 7

Subcallus without velvety black interantennal spot, but with brown shiny triangles; fore tibia basal 2/5 white at least ·· 10

7. Coxae of legs black; subapical band of wing wide, reaching anterior and posterior margins ·· *Hae. picea*

Coxae of legs grayish yellow; subapical band narrow, curved, usually reaching posterior margin, sometimes break into two ··· 8

8. Hind tibia with 2/3 white at base; a pair of shiny triangles on subcallus dark brown ········ ·· *Hae. wuzhishanensis*

Hind tibia with 1/3 white at base; a pair of shiny triangles on subcallus brownish black ·· 9

9. First flagellomere and style subequal; hind tibia with 2 pale bands ··························· ·· ***Hae. subkoryoensis* sp. nov.**

First flagellomere more longer than style; hind tibia with basal pale band and trace of subapical band on anterior side ·· *Hae. formosiensis*

10. Body length 10-11 mm; subapical band of wing narrow, curved, usually not reaching anterior and posterior margins; flagellum 1 of antenna less than 2 times as long as deep ·· *Hae. lata*

Body length 8 mm; subapical band of wing wider, reaching anterior and posterior margins; flagellum 1 of antenna more than 2 times as long as deep ················ *Hae. paratruncata*

Haematopota nigriantenna group

Key to species (♀♀)

1. Fore tibia with two pale rings ·· 2
   Fore tibia with one pale ring ·· 4
2. Scape of antenna red-brown ·· ***Hae. brunnicornia***
   Scape of antenna black ·· 3
3. Wing with rosettes spots; scape more longer than flagellum 1 ··············· ***Hae. degenensis***
   Wing with small spots, not forming rosettes spots; scape little shorter than flagellum 1 ·· ***Hae. gregoryi***
4. Scape and frontal callus brown ·· ***Hae. variantenna***
   Scape and frontal callus black ·· 5
5. Subapical band of wing simple or divided into two; abdomen with circular sublateral spots on tergites 3 to 7; scape swollen at middle ·· 6
   Not as above ·· 7
6. Scape distinctly swollen at middle, 2.0 times as long as deep; tergites of abdomen without a middle longitudinal pale stripe ·· ***Hae. guacangshanensis***
   Scape indistinctly swollen at middle, 2.5 times as long as deep; tergites with a middle longitudinal pale stripe ·· ***Hae. nepalensis***
7. Wings with small spots, not forming rosettes spots ·· ***Hae. nigriantenna***
   Wings with rosettes spots ·· 8
8. Abdomen with circular sublateral spots on tergites 2-7 ·· 9
   Abdomen with circular sublateral spots on tergites 4-7 ·· 11
9. Hind margin of wing entirely broadly whitish; abdomen with a wider middle longitudinal pale stripe on tergites 2-7, rather distinct; scape oval ·· ***Hae. desertorum***
   Hind margin of wing with small white spots; abdomen without or with a narrow middle longitudinal pale stripe on tergites; scape cylindrical ·· 10
10. Scape with a deep depression before tip; abdomen at most with a broad indistinct middle longitudinal pale stripe on tergites ·· ***Hae. pluvialis***
    Scape with at most a slight depression before tip; abdomen with a narrow distinct middle longitudinal pale stripe on tergites ·· ***Hae. subcylindrica***
11. Frontal callus rather narrow, spindle-shaped; frons very broad, distinctly broader than high ·· ***Hae. ustulata***
    Frontal callus broad; frons narrow, equal to or indistinctly broader than high ··············· 12

12. Scape dark brown, indistinctly swollen at middle ························ ***Hae. hanzhongensis***

Scape black, distinctly swollen at middle ························ 13

13. Scutum with median longitudinal gray stripe the entire length; abdomen with circular sublateral spots on tergites 4-7 ························ ***Hae. tamerlani***

Median longitudinal gray stripe on scutum broken at middle; abdomen with circular sublateral spots on tergites 6 and 7 ························ ***Hae. stackelbergi***

Haematopota turkestanica group

Key to species (♀♀)

1. Scape 2.5-3.0 times as long as deep ························ 2

Scape 3.5-4.0 times as long as deep ························ 3

2. Scape with no depression before tip and subshiny at apex; paired velvety black spots rather small ························ ***Hae. subturkestanica***

Scape with deeply depression before tip and entirely grayish dusted; paired velvety black spots larger, triangular to circular in shape ························ ***Hae. turkestanica***

3. Femora of leg and dorsum of thorax yellowish brown ························ ***Hae. przewalskii***

Femora of leg and dorsum of thorax grayish black ························ ***Hae. pallens***

Haematopota sinensis group

Key to species (♀♀)

1. Flagellum 1 compressed, 2 times as long as deep; abdomen with circular sublateral spots on tergites 2-7 ························ 2

Flagellum 1 strong compressed, less than 1.5 times as long as deep; abdomen with circular sublateral spots on tergites 3-7 ························ 3

2. Body length 10-12 mm; frontal callus with strong extension at middle, narrowed sides, narrowly separated from the eye-margins; subapical band of wing simple, curved, not reaching posterior margin; femora black ························ ***Hae. antennata***

Body length 7 mm; frontal callus pointed at middle and sides, touching the eyes-margins; subapical band of wing double, out branch reaching posterior margin; femora dark brown ························ ***Hae. punctifera***

3. Body grayish brown; scutellum dark brown, paler centrally; fore and hind femora grayish yellow ························ ***Hae. sinensis***

Body black; scutellum white; fore and hind femora grayish black ························ ***Hae. sineroides***

***Haematopota philipi* group**

Key to species (♀♀)

1. Body black; fore femur brownish black to black ······ 2
   Body brown; fore femur brown to grayish brown ······ 5
2. Scape slightly shorter than flagellum 1; scutum without a white transverse band on posterior margin; subapical band of wing curved ······ 3
   Scape equal to or slightly longer than flagellum 1; scutum with a white transverse band on posterior margin, including prescutellum; subapical spot of wing banded, or break into several small spots ······ 4
3. Paired spots of frons connected with median spot; subapical band double ······ ***Hae. menglaensis***
   Paired spots of frons separated from median spot; subapical band simple ······ ***Hae. qionghaiensis***
4. Frons distinctly narrow above; subapical band of wing divided into 2 or 3 spots ······ ***Hae. erlangshanensis***
   Frons parallel-sided; subapical band of wing broader ······ ***Hae. bashanensis***
5. White spots on wings small; abdomen with grayish yellow middle longitudinal stripe on tergites 2 to 6 or 2 to 7 ······ ***Hae. philipi***
   White spots on wings large, rosettes; abdomen without pale middle longitudinal stripe on tergites ······ 6
6. Posterior margin of scutum with white band, including prescutellum ······ 7
   Posterior margin of scutum with a pair of triangular white spots, prescutellum black ······ 8
7. Frontal callus straight on upper margin; subcallus without shiny triangles; subapical band of wing broader ······ ***Hae. mengdingensis***
   Frontal callus extension at middle above; subcallus with shiny black triangles; subapical band of wing narrow, curved ······ ***Hae. johnburtoni***
8. Frontal callus black, upper margin slightly convex; scape equal to, or slightly longer than flagellum ······ ***Hae. subirrorata***
   Frontal callus brown, upper margin rather convex; scape shorter than flagellum ······ ***Hae. sphaerocallus***

Haematopota pekingensis group

Key to species (♀♀)

1. Scutellum uniformly white, or with dark posterior margin ······ 2
   Scutellum uniformly dark, or with pale median longitudinal stripe, occupying 1/3 of scutellum ······ 3
2. Subapical band of wing double; abdomen without pale median longitudinal stripe on tergites; subcallus without shiny triangles ······ ***Hae. mokanshanensis***
   Subapical band of wing simple; abdomen with pale median longitudinal stripe on tergites; subcallus with shiny triangles ······ ***Hae. vexativa***
3. Subapical band of wing broad, straightly margins, near or reaching posterior margin of wing ······ 4
   Subapical band of wing narrow, curved, double, or divided into spots ······ 7
4. Pale spots on wings indistinct, spots at posterior margin cells small; abdomen with white median longitudinal stripe on tergites 2 to 4 or 2 to 6 ······ ***Hae. lancangjiangensis***
   Pale spots on wings distinct, spots at posterior margin cells large; abdomen without pale median longitudinal stripe on tergites ······ 5
5. Paired spots of frons smaller, broadly separated each other; posterior margin cells with white spots except cell 4 ······ ***Hae. yungani***
   Paired spots of frons large, inner margins indistinct, sometimes connected; posterior margin cells of wing all with white spots ······ 6
6. Scutellum grayish black uniformly; fore tibia 3/4 white at base; hind tibia with broader subapical white ring which is broader than black ring before it ······ ***Hae. tenasserimi***
   Scutellum 1/3 white at middle; fore tibia 1/2 white at base; hind tibiae with narrower subapical ring which is narrower than black ring before it ······ ***Hae. yongpingi***
7. Scutellum 1/3 white at middle, brownish black to black at sides ······ 8
   Scutellum brownish to black uniformly, or with narrow pale posterior margin ······ 11
8. Middle longitudinal pale stripe on scutum short, present at anterior half of scutum ······ ***Hae. pekingensis***
   Middle longitudinal pale stripe on scutum long, reaching posterior margin of scutum ······ 9
9. Frontal callus black; paired spots separated with eye-margins; subcallus with no shiny triangles; scape brownish black to black ······ ***Hae. kansuensis***
   Frontal callus brown; paired spots touching eye-margins; subcallus with narrow brown shiny triangles; scape brown to dark brown ······ 10

10. Body dark brown; fore femur brown; scape slightly shorter than flagellum 1, stout at tip ······ ***Hae. chekiangensis***

Body black; fore femur black; scape equal to, or slightly longer than flagellum 1, cylindrical ······ ***Hae. yunnanoides***

11. Body dark brown; scape brown, subshiny, cylindrical, 3 times as long as deep, slightly longer than flagellum 1; abdomen with indistinct pale median longitudinal stripe and posterior margins on tergites ······ ***Hae. yunnanensis***

Body black; not as above ······ 12

12. Abdomen with no pale median longitudinal stripe, but with circular sublateral spots on tergites ······ ***Hae. mangkamensis***

Abdomen with pale median longitudinal stripe, at least distinct on tergite 2, also with circular sublateral spots on tergites ······ 13

13. Scutum with white transverse band on posterior margin, including prescutellum ······ ***Hae. mingqingi***

Scutum without white transverse band on posterior margin ······ 14

14. Scutum with submedian stripes entirely; abdomen with circular sublateral spots on tergites 2 to 7 ······ ***Hae. qilianshanensis***

Submedian stripes on scutum interrupted at middle; abdomen with circular sublateral spots on tergite 4 to 7 ······ 15

15. Antenna brownish black; frons wider, broader than high, convergent above ······ ***Hae. chengyongi***

Antenn yellowish brown; frons equal to, or narrower than high, parallel at sides ······ 16

16. Subcallus with interantennal velvety black spot, without shinning triangles; scutum with submedian longitudinal pale stripes; scutellum paler than scutum; fore coxa uniformly grayish white; abdomen with indistinct median longitudinal stripe on tergites ······ ***Hae. olsufjevi***

Subcallus with interantennal velvety brown spot, with narrow brown shining triangles; scutum without submedian longitudinal pale stripes; scutellum same color as scutum; fore coxa grayish white at basal half, black at apical half; abdomen with pale median longitudinal stripe only on tergite 2 ······ ***Hae. omeishanensis***

10. *Atylotus* Osten-Sacken, 1876

Key to species (♀♀)

1. Eyes distinctly pubescent even if hairs only short ······ 2
   Eyes naked, some minute hairs seen only when highly magnified ······ 4
2. Frontal callus absent ······ ***A. negativus***
   Frontal callus present ······ 3
3. Vertex with a row of long black hairs; fron index 2.2-2.5; second palpi 2.5 times an long as deep; thorax and abdomen clothed with grayish white hairs ······ ***A. sublunaticornis***
   Vertex with pale short hairs only; fron index 3.0-3.3; second palpi 3.0 times an long as deep; thorax and abdomen clothed with golden yellow hairs ······ ***A. plebius sibiricus***
4. Vertex with a row of long hairs ······ 5
   Vertex with short hairs only ······ 6
5. Femora grayish, only yellow at tip; dorsum of abdomen with a broad, black median longitudinal stripe, and two lines of submedian black spots haired; palpi and costa of wing covered with black hairs mixed with some yellow hairs; style darker than plate; body length 11.5-16.0 mm ······ ***A. flavoguttatus***
   Femora yellow, grayish at base; abdomen with four black spots haired on each tergite, forming four longitudinal stripes; palpi and costa of wing covered with yellow hairs mixed with some black hairs; style concolorous with plate; body length 10-13 mm ······
   ······ ***A. pulchellus***
6. Notum covered with yellow hairs only; abdomen yellow, covered with yellow hairs, if with black hairs, in a pair of submedian spots on each tergite ······ ***A. sinensis***
   Notum covered with yellow and black hairs; abdomen yellow to gray, covered with yellow and black hairs, black hairs distributed on black spots, also on other places ······ 7
7. Cell R_5 on wing closed, petiolate; vein R_4 without appendix ······ ***A. petiolateinus***
   Cell R_5 on wing opened; vein R_4 with or without appendix ······ 8
8. Dorsum of abdomen with four black spots haired on each tergite ······ 9
   Not as above, at most with two black spots haired on each tergite ······ 10
9. Legs yellowish brown, but femora black mostly; abdomen with black median longitudinal stripe on tergites ······ ***A. jianshei***
   Legs grayish yellow to yellowish brown uniformly; abdomen with grayish black median longitudinal stripe on tergites ······ ***A. quadrifarius***
10. Fore tibia at tip and whole of fore tarsi yellowish brown; frons narrowed above ······

······ ***A. pallitarsis***

Fore tibia at tip and whole of fore tarsi brownish black to black; frons parallel or narrowed at base ······ 11

11. Body grayish yellow, gray, or grayish black ······ 12

Body yellow or golden yellow ······ 14

12. Femora at least 1/2 -3/4 black at base; abdomen with yellow spots on tergite 2 only; plate with dorsal tooth at middle mostly ······ ***A. rusticus***

Femora at most 1/4 -1/3 black at base; abdomen with yellow spots on tergites 3 and 4; plate with dorsal tooth at base ······ 13

13. Median longitudinal stripe on tergites parallel, or widened towards anterior ······ ***A. miser***

Median longitudinal stripe on tergites narrowed towards anterior ······ ***A. horvathi*** (in part)

14. Plate about as long as deep; notopleural calli black ······ ***A. fulvus***

Plate longer than deep; notopleural calli yellow ······ 15

15. Fore coxa yellow to yellowish brown; median longitudinal stripe on tergites narrowed forwards; basicosta covered with black hairs ······ ***A. horvathi*** (in part)

Fore coxa grayish black; median longitudinal stripe on tergites parallel; basicosta covered with yellow hairs ······ ***A. chodukini***

11. *Hybomitra* Enderlein, 1922

Key to groups (♀♀)

1. Style with 3 indistinct annuli ······ ***H. lamades* group**

Style with 4 distinct annuli ······ 2

2. Body larger, abdomen with broad, golden-yellow posterior marginal band on all tergites; transverse veins of wing without dark spots; legs orange-yellow; palpi long and slender ······ ***H. tarandina* group**

Not as above ······ 3

3. Halters white to white-yellow; eyes clothed with only sparse, minute hairs ······ ***H. erberi* group**

Halters brownish black to black; eyes more or less densely pubescent ······ 4

4. Subcallus polished black ······ 5

Subcallus dull grayish dusted, or polished partly ······ 6

5. Facial and parafacials with polished areas ······ ***H. nitelofaciata* group**

Facial and parafacials dusted, sometime with only small polished area at parafacials ······

··· ***H. tatarica* group**

6. Second palpi (apical segment of palpi) shorter, at most 3.0 times as long as deep ········· 7
   Second palpi longer, at least 3.5 times as long as deep ··· 8
7. Frons broader, index 1∶2 to 4, paralleled-sided; lower callus large, plain and polished ···· ··· ***H. montana* group**
   Frons narrower, index 1∶4 to 6, distinctly widened above; callus usually small and distinctly wrinkled ··· ***H. distinguenda* group**
8. Cross veins of wing with dark spots ·· ***H. stigmoptera* group**
   Cross veins of wing without dark spots, at most with small dark spot on vein R_4 at base ··· ·· ***H. sexfasciata* group**

Hybomitra lamades group

Key to species (♀♀)

1. Eyes without band ··· 2
   Eyes with bands ·· 3
2. Lower callus sphaerol, polished; 'crescents'higher; second palpi 4.0 times as long as deep, clothed with short hairs; abdomen with brown spots at sides on tergite 2 and with pale posterior margins on all tergites ··· ***H. afasciata***
   Lower callus indistinct, dusted; 'crescents'lower; second palpi 3.2 times as long as deep, clothed with long hairs; abdomen without pale spots and pale posterior margins on tergites ··· ***H. coheri***
3. Subcallus polished, facial with polished area ·· ***H. liui***
   Subcallus dusted, or polished partly, facial dusted ··· 4
4. Frons 2 times as high as wide at base, narrowed above; antennae and palpi with long hairs; tarsi with long and short hairs ·· ***H. lamades***
   Frons 3 times as high as wide at base, paralleled-sided; antennae and palpi with only short hairs ··· 5
5. Lower callus indistinct; abdomen with pale haired posterior margins and median triangles on tergites ·· ***H. mai***
   Lower callus distinct; abdomen with only pale haired posterior margins on tergites ······· 6
6. Lower callus separated with eyes-margins; abdomen with brown spots on tergites 2, 3 at sides; dark spots on transverse veins of wing distinct ·· ***H. barkamensis***
   Lower callus connected with eyes-margins; abdomen without pale spot on tergites; dark

spots on transverse veins of wing indistinct ······ ***H. yushuensis***

Hybomitra tarandina group

Key to species (♀♀)

Pleura of thorax clothed with black hairs ······ ***H. tarandioides***

Pleura of thorax clothed with yellow hairs ······ ***H. tarandina***

Hybomitra erberi group

Key to species (♀♀)

1. Abdomen grayish brown, with grayish yellow median triangular spots and sublateral spots on tergites ······ ***H. aksuensis***

   Not as above, if abdomen with pale median triangular spots on tergites, but without sublateral spots ······ 2

2. Abdomen with broader black median longitudinal stripe on tergites 1 to 7, tergites 1 to 3 red-brown at sides, tergites 4 to 7 grayish black; venter of abdomen with also black median longitudinal stripe, the stripe sometime interrupted on sternite 3 ······ ***H. expollicata***

   Abdomen without or with narrower black median longitudinal stripe on tergites 1 to 7, tergites 1 to 4 or 1 to 5 red-brown at sides, following tergites grayish black; venter of abdomen without dark median longitudinal stripe, at most a black spot present on sternite 1 and 2, anterior 4 and 5 sternites red-brown, following grayish black ······ 3

3. Ocellar tubercle distinct, oval ······ 4

   Ocellar tubercle indistinct, sometimes reduced into three more or less distinct vestigial ocelli ······ 6

4. Sternite 2 with black spot; abdomen with black median longitudinal tripe on tergites, the stripe with a very narrow pale median longitudinal line; femora grayish black; antennae and frontal lower callus black ······ ***H. morgani***

   Sternite 2 without black spot ······ 5

5. Femora of leg brownish yellow; abdomen pointed at tip; median black spots on tergites larger; second palpi thinner, 3.5 times as long as deep; subgenital plate pointed at tip and straight at base ······ ***H. kashgarica***

   Femora grayish black; abdomen not pointed at tip; median black spots on tergites smaller; second palpi stouter, 3.2 times as long as deep; subgenital plate circular at tip and concave at base ······ ***H. zaitzevi*** (in part)

6. Abdomen conspicuously laterally compressed on posterior segments, distinctly pointed apically; femora grayish black ·· ***H. acuminata***
   Abdomen normal; femora brown or grayish black·· 7
7. Sternite 2 with a black spot; tergites with broad black longitudinal stripe and narrow pale median longitudinal line ·· ***H. erberi***
   Sternite 2 without black spot; tergites with a row of black spots at middle ················· 8
8. Femora brown, 1/3-1/2 at base grayish black; frons broader, 4.5-5.0 times as high as wide at base; second palpi narrower, 3.5 times as long as deep ························ ***H. peculialis***
   Femora black, only brown at tip; frons narrower, 5-6 times as high as wide at base; second palpi stouter, 3.2 times as long as deep ·································· ***H. zaitzevi*** (in part)

Hybomitra nitelofaciata group

Key to species (♀♀)

1. Body unicolorous black, shining; cross veins of wings without dark spot ··· ***H. baphoscota***
   Body black with pale spots on tergites, dusted, or subshining; cross veins of wings with dark spots usually··· 2
2. Frons 1.5 times as high as wide at base··· ***H. mouchai***
   Frons more than 2.5 times as high as wide at base·· 3
3. Pleura of thorax clothed with black long hairs; scape brown ············· ***H. taibaishanensis***
   Pleura clothed with yellow long hairs; scape red-brown or black ······························· 4
4. Lower callus with indistinct posterior margin; tergites 3 to 6 with sparse hairs at anterior half, subshining, tergite 2 with small brown spots at sides; scape black···· ***H. nitelofaciata***
   Lower callus with distinct posterior margin; tergites clothed with black hairs uniformly, tergite 2 or 2 and 3 with large brown spots at sides; scape brownish black to black········ 5
5. Abdomen black, tergites 1, 2 clothed with yellow hairs, and following tergites covered with black hairs, tergite 2 with brown-red spots at sides; flagellum black; beard white ····· ··· ***H. branta***
   Abdomen black, tergites clothed with yellow hairs, tergite 2 and 3 with large brown spots at sides; flagellum red-brown; beard yellow ·························· ***H. minshanensis***

Hybomitra tatarica group

Key to species (♀♀)

1. Second palpi stouter and shorter, 3.0 times as long as deep; sublateral circular pale spots

present on tergites 1 to 4 or 1 to 5; cross veins of wings without dark spots······ ***H. lurida***

Second palpi narrower and longer, 3.5-4.5 times as long as deep; sublateral circular pale spots absent on tergites, but brown on anterior two or three tergites at sides; cross veins with or without dark spots······ 2

2. Parafacials dusted······ 3

Parafacials with more or less shining area ······ 6

3. Scape brown; abdomen with brown sidemarking on anterior three tergites; cross veins with indistinct dark spots ······ ***H. yajiangensis***

Scape black; abdomen with only small brown sidemarking on tergite 2; cross veins with distinct dark spots······ 4

4. Tergites of abdomen black entirely; frontal median callus long spindle-shaped, often connected with lower callus and with ocellar tubercle ······ ***H. liupanshanensis***

Tergite 2 with brown spot at sides; median callus short, separated with ocellar tubercle ·· 5

5. Antennae black entirely; palpi black, clothed with black hairs; parafacials covered with long black hairs; body length 16-17 mm ······ ***H. longziensis***

Antennae black, but pedicel and plate at base brown; palpi black, clothed with pale yellow hairs; parafacials covered with pale yellow hairs; body length 12-13 mm ······
······ ***H. brantoides*** (in part)

6. Tergites of abdomen black, yellow hairs on tergites 1 and 2, black hairs on following tergites; brown oval spots on tergite 2 at sides ······ ***H. asturoides***

Tergites clothed with same color hairs; brown spots on tergite 2 at sides some time present ······ 7

7. Tergites black entirely, with no brown spot at sides ······ 8

Tergites black with red-brown spots at sides ······ 9

8. Frons index 1∶2.0-2.5; upper parafacials with a small shining area; second palpi dark brown······ ***H. flavicoma*** (in part)

Frons index 1∶1.2-1.4; upper parafacials shiny mostly; second palpi black·· ***H. atripalpis***

9. Lower callus on frons rectangular, touching eye-margins; second palpi rather narrow long, 5.0 times as long as deep ······ ***H. echusa***

Lower callus triangular, touching eye-margins at lower corner; second palpi longer, 3.5-4.0 times as long as deep······ 10

10. Cross veins of wing with indistinct dark spots; abdomen clothed with dense golden yellow hairs; shining area on upper parafacials small, separated with subcallus······ ***H. tatarica***

Cross veins with distinct dark spots; abdomen clothed with sparse yellow to white-yellow hairs; shining area on upper parafacials small or large ··· 11

11. Shining area on upper parafacials large, touching subcallus; abdomen with distinct pale haired hind margins on tergites ··· ***H. fulvotaenia***

Shining area on upper parafacials small, separated with subcallus; abdomen with indistinct pale haired hind margins on tergites ··· 12

12. Abdomen black, with distinct large red-brown spots on tergites 2 and 3; anterior three tergites clothed with pale yellow hairs mixed with some black hairs, following tergites clothed with short black hairs; second palpi black, covered with pale yellow hairs, mixed with some black hairs ··· ***H. brantoides*** (in part)

Abdomen black, with indistinct, small, brown spots on tergite 2; tergites clothed with same pale yellow to golden-yellow hairs; second palpi dark brown, covered with black hairs, mixed with some long pale hairs ··· ***H. flavicoma*** (in part)

Hybomitra montana **group**

Key to species (♀♀)

1. Subcallus polished black, but gray dusted at sides ··· ***H. nitidifrons***

Subcallus dusted entirely ··· 2

2. Abdomen with red-brown spots on tergites at sides ··· 3

Abdomen without red-brown spots on tergites at sides, but sometime with pale dusted spots ··· 5

3. Antenna brown mostly, only fourth terminal flagellar segment black; notopleural lobes black ··· ***H. lundbecki***

Antenna black mostly, only scape, pedicel and basal plate brown to brown-black; notopleural lobes brown or Black ··· 4

4. Scutum grayish black, with dark brown-black narrow longitudinal stripes; notopleural lobes brown; lower callus black entirely ··· ***H. montana***

Scutum grayish black, without dark narrow longitudinal stripes; notopleural lobes black or grayish brown-black; lower callus black, and red at middle ··· ***H. turkestana***

5. Scutum with 3-5 pale longitudinal stripes ··· 6

Scutum unicolorous, without pale stripe ··· 12

6. Abdomen black with sublateral dusted spots on each tergite ··· 7

Abdomen black without sublateral dusted spots on each tergite, but sometimes with pale haired spots ··· 10

7. Middle and hind femora brown; scape and pedicel yellow ······················· ***H. koidzumii***
   Middle and hind femora black; scape and pedicel grayish black or brownish black········ 8
8. Abdomen with black median longtudinal stripe on tergites, but without pale triangular spot··· ***H. sareptana***
   Abdomen with black median longitudinal stripe and pale triangular spots on tergites····· 9
9. Plate of antennae brown mostly ·· ***H. nigricornis***
   Plate black mostly ··· ***H. shnitnikovi***
10. Antenna black, brown-red at base on plate; facial and genae covered with short yellow hairs, parafacials sometimes with some black hairs ······························ ***H. abaensis***
    Antenna unicolorous black; facial and genae covered with longer black hairs ············· 11
11. Tergites with short yellow-brown hairs and yellow-brown posterior margins; middle tibiae black, only slightly dark brown at base; face covered with shorter hairs········ ***H. gramina***
    Tergites with black hairs, mixed with some yellow-brown hairs, and yellow-brown posterior margins and indistinct median triangles with pale hairs; middle tibiae brown mostly; face covered with longer hairs ··***H. granmnoides***
12. Tergites grayish black, with black median longitudinal broad stripe and sublateral circular grayish white spots; scape brown ··· ***H. shanghaiensis***
    Tergites black, sometimes with pale haired median spots and sublateral spots; scape black ··· 13
13. Tergites black, with indistinct pale haired median spots and sublateral spots; second palpi covered black hairs mainly ··· ***H. zhaosuensis***
    Tergites black, covered with black and white hairs, but no pale haired spot; second palpi covered with white hairs mainly··***H. hunnorum***

Hybomitra distinguenda group

Key to species (♀♀)

1. Notopleural lobes black; scape grayish black ································· ***H. bimaculata***
   Notopleural lobes brown; scape brown··· 2
2. Plate of antennae brown, style slightly dark ································***H. distinguenda***
   Plate brown, apex and style black ··· ***H. ciureai***

Hybomitra stigmoptera group

Key to species (♀♀)

1. Subcallus polished partly ······ 2
   Subcallus dusted entirely ······ 8
2. Lower callus of frons large, touching eye-margins; scape black, pedicel black or red-brown; vein R_4 without or with short appendix ······ 3
   Lower callus separated with eye-margins; scape black or red-brown, pedicel red-brown; vein R_4 without appendix ······ 5
3. Abdomen with reddish brown sidemarkings on tergites 2 to 3 ······ ***H. qinghaiensis***
   Abdomen black entirely, or with small indistinct sidemarkings on tergite 2 ······ 4
4. Scape and pedicel black; frons index 1∶4.0; parafacials polished partly; tergites black entirely ······ ***H. stigmoptera***
   Scape black, pedicel brown; frons index 1∶2.5-3.0; parafacials dusted; tergite 2 with indistinct brown small spots at sides ······ ***H. nola*** (in part)
5. Plate of antennae about as long as deep; frons wider above ······ ***H. aequetincta***
   Plate longer than deep; frons parallel ······ 6
6. Upper parafacials dusted entirely; scape black ······ ***H. nola*** (in part)
   Upper parafacials with polished areas; scape reddish brown ······ 7
7. Abdomen black, with reddish-brown sidemarkings on anterior three tergites, and pale posterior margins on all tergites ······ ***H. yaoshanensis***
   Abdomen black, with no brown sidemarking and no pale posterior margin on tergites, covered with more black hairs at anterior tergites and more golden yellow hairs on posterior tergites ······ ***H. ochroterma***
8. Lower callus of frons touching eye-margins usually ······ 9
   Lower callus separated from eye-margins distinctly ······ 13
9. Lower callus broadly rectangular, touching eye-margins; palpi black ······ ***H. astur***
   Lower callus semiglobular, separated with eye-margins narrowly; palpi brown or black ······ 10
10. Plate black, at most brown-red at extreme base; vein R_4 with no appendix ······ 11
    Plate black, but 1/3-1/ 2 brown-red at base; vein R_4 with or without appendix ······ 12
11. Frons index 1∶2.5-3.0; parafacials covered with black hairs; palpi brownish black to black; abdomen with pale haired median triangles on tergites ·· ***H. fuscomaculata*** (in part)
    Frons index 1∶2.0-2.5; parafacials covered with white hairs; palpi brown; abdomen with

pale haired posterior margins on tergites, but with no pale haired triangles ·· ***H. nyingchiensis*** (in part)

12. Scape and pedicel black; palpi brown, covered with brown hairs; abdomen black, without or with small brown spot at sides on tergite 2; vein R_4 without or with short appendix·· ***H. haidongensis*** (in part)

Scape black, pedicel brown-red; palpi brown-black to black, covered with black hairs and brown hairs; abdomen black, brown spot large on tergite 2 at sides; vein R_4 with appendix ·· ***H. qiliangensis***

13. Body length 7 mm; abdomen with rather long hairs························ ***H. pulchriventris***

Body length more than 10 mm; abdomen with only short hairs ······························ 14

14. Tergites with pale posterior margins, sometimes also with pale median triangles ········· 15

Tergites without pale posterior margins, sometimes with pale median triangles ··········· 29

15. Tergites with pale posterior margins and median triangles ···································· 16

Tergites with pale posterior margins only, without pale median triangles ··················· 21

16. Pedicel brown; abdomen black, with reddish-brown sidemarkings on anterior 2 and 3 tergites, with golden haired posterior margins and median triangles on each tergite; lower callus of frons small to median, separated with eye-margins; plate longer, 1.5 times as long as deep·· ***H. alticola*** (in part)

Pedicel black or brown; abdomen black, with reddish-brown sidemarkings on anterior tergites, with yellow or white haired posterior margins and median triangles on each tergite; lower callus small or large; plate shorter, slightly longer than deep ··············· 17

17. Pedicel brown; tergites with yellow haired posterior margins, and brown sidemarkings on anterior three or four tergites, rather large, so that the median longitudinal black stripe occupied less than 1/3 of the tergites··································· ***H. svenhedini*** (in part)

Pedicel brown or black; tergites with white or pale yellow haired posterior margins, and if the brown sidemarkings on anterior tergites present, narrower, so that the median longitudinal black stripe occupied more than 1/3 of the tergites····························· 18

18. Pedicel brown; abdomen with larger brown spot on tergite 2 or tergites 2 and 3 at sides···· ·· ***H. marginialba***

Pedicel black; abdomen with smaller brown spot only on tergite 2 at sides ················ 19

19. Frons broader, index 1∶2.2-2.5; lower callus very small ·················· ***H. brachybregma***

Frons narrower, index 1∶3.0; lower callus larger, near eye-margins························ 20

20. Plate red-brown 1/3 to 1/2 at base, apex and style black; palpi brown, covered with brown hairs; lower callus wrinkled, dusted at sides························ ***H. haidongensis*** (in part)

Antenna black entirely, at most brown at extreme base on plate; palpi black, covered with black hairs; lower callus polished, larger ························ ***H. fuscomaculata*** (in part)

21. Abdomen with brown spot on tergites at sides ························ 22
    Abdomen without brown spot on tergites at sides ························ 27

22. Abdomen black, with small brown spot on tergite 2 at sides, and with white or pale yellow posterior margins on each tergite ························ 23
    Abdomen black, with rather large brown spot on tergites 1 to 3 at sides, the tergites covered with golden yellow hairs and with densely golden yellow haired posterior margins ························ 26

23. Pedicel of antennae brown-red, plate narrow, 2.5 times as long as deep ····· ***H. longicorna***
    Pedicel black or brown-red, plate shorter, at most 2 times as long as deep ················ 24

24. Pedicel brown-red; pleurum clothed with golden yellow hairs entirely ·········· ***H. yaojiani***
    Pedicel black; pleurum clothed with pale yellow hairs, mixed some black hairs ·········· 25

25. Palpi grayish black to black ························ ***H. ladongensis***
    Palpi yellowish brown ························ ***H. zhangi*** (in part)

26. Plate 1.5 times as long as deep; abdomen with brown sidemarking on tergites 2 and 3; lower callus larger, with distinct lateral-margins ························ ***H. alticola*** (in part)
    Plate slightly longer than deep; abdomen with brown sidemarking on tergites 2 and 3 or 2 to 4; lower callus small, dusted, so that with indistinct lateral-margins ························ ***H. svenhedini*** (in part)

27. Abdomen broader than thorax; parafacials covered with black hairs ·········· ***H. zayuensis***
    Abdomen as broad as thorax; parafacials covered with yellow hairs ························ 28

28. Parafacials dusted, without shining area; abdomen normal, covered with dense yellow hairs, mixed with black hairs after tergite 3; scutum without pale longitudinal stripes ························ ***H. zhangi*** (in part)
    Parafacials covered with thin dust, with small shining area; abdomen oval, covered with sparse pale yellow hairs, mixed with some black hairs at posterior tergites; scutum with 3 indistinct pale longitudinal stripes ························ ***H. nyingchiensis*** (in part)

29. Tergites with brown spot on tergites 2 and 3 at sides; frons index 2.5 ·········· ***H. mimapis***
    Tergites black entirely, without brown spot on tergites at sides; frons index 1.5 ························ ***H. chválai***

Hybomitra sexfasciata group

Key to species (♀♀)

1. Tergites with dusted or haired pale posterior margins or/and median triangles ··· 2
   Tergites without pale posterior margins and median triangles ··· 20
2. Abdomen black, brown-red sidemarking on tergites, and sometimes also with dusted sublateral pale spots ··· 3
   Abdomen black, no brown sidemarking on tergites, but sometimes with dusted sublateral pale spots ··· 16
3. Eyes with no band ··· ***H. tibetana***
   Eyes with band ··· 4
4. Scape and pedicel grayish black to black ··· 5
   Scape and pedicel brownish yellow ··· 8
5. Body length 8-11 mm; frons index 1∶4; lower callus touching eye-margins ··· ***H. chentangensis***
   Body length 12-16 mm; frons index 1∶3; lower callus separated with eye-margins, at most connected eye-margins at lower sides ··· 6
6. Abdomen black, with brown-red spots on tergites 1 to 3 at sides; second palpi narrow at base ··· ***H. olsoi***
   Abdomen black, with brown-red spots on tergites 1 and 2 at sides; second palpi stout at base ··· 7
7. Antennae black entirely; eye, frons and scape all with long hairs; abdomen with no pale haired spot ··· ***H. lyneborgi***
   Antennae at least brown on plate at base; eye, frons and scape normal, with only short hairs; abdomen with indistinct pale haired spots on tergites at sides ··· ***H. tardigrada*** (in part)
8. Palpi black ··· ***H. brevis***
   Palpi brown ··· 9
9. Style of antenna brown, sometimes last annulus black ··· 10
   Style black ··· 12
10. Abdomen black, with brown sidemarking on tergite 2 or 2 and 3; body length less than 15mm ··· ***H. bolealis***
    Abdomen brown, with black median spots on tergite 2 to 4; body length 18-20 mm ··· 11
11. Notopleura brown; femora of legs black entirely; abdomen with pale median triangles on tergites ··· ***H. ussuriensis***
    Notopleura black; femora black at basal half, brown-red at apical half; abdomen with no pale median triangles on tergites ··· ***H. pavlovskii*** (in part)

12. Brown-red sidemarking on tergite 2 only, indistinctly; plate black, or slightly brown-red at extreme base ······ ***H. lhasaensis*** (in part)
    Brown-red sidemarking on tergites 1 and 2 or 1 to 3 or 1 to 4; plate brown-red, apex black ······ 13
13. Brown-red sidemarking on tergites 1 to 4; frons index 1∶4.0-4.5; notopleura brown ······ ***H. arpadi***
    Brown-red sidemarking on tergites 1 to 3; frons index 1∶2.4-4.0; notopleura black ······ 14
14. Frons index 1∶2.5; abdomen with narrower sidemarking on tergites, so that median black spot broader, occupied 2/3 of the tergites; body length 11-13 mm ······ ***H. sexfasciata***
    Frons index 1∶3.5-4.0; abdomen with broader sidemarking on tergites, so that median black spot occupied 1/3 of the tergites; body length more than 14 mm ······ 15
15. Frons index 1∶3.5; lower callus rectangular; plate short and broad; abdomen with dark brown sidemarking on tergites 1 to 3 ······ ***H. kaurii***
    Frons index 1∶4.0; lower callus circle or triangular; plate narrower; abdomen with dark brown sidemarking on tergites 1 and 2 ······ ***H. stenopselapha***
16. Frons index 1∶3.5-4.0; median callus broadly elongate ······ ***H. omeishanensis***
    Frons index 1∶3.0; median callus short linear ······ 17
17. Abdomen black, with dusted gray sublateral patches on tergites 2 to 5; notopleura brown ······ ***H. lhasaensis*** (in part)
    Abdomen black, at most with dusted gray sublateral patches on tergite 2; notopleura black ······ 18
18. Leg and antenna black entirely ······ ***H. bulongicauda***
    Leg at least with brown middle and hind tibiae; antenna at least with brown plate at base ······ 19
19. Antenna black, plate brown on basal half; body length 12-14 mm ·· ***H. tardigrada*** (in part)
    Antenna black, plate brown at extreme base; body length 15-16 mm ······ ***H. kansui***
20. Abdomen black entirely ······ ***H. holonigra***
    Abdomen with brown sidemarking on tergites ······ 21
21. Style of antennae black ······ 22
    Style brown ······ 24
22. Scape and palpi dark brown, covered with black hairs ······ ***H. nura***
    Scape and palpi brown, covered with pale hairs ······ 23
23. Thorax and abdomen clothed with dense dark brown hairs, pleura covered with dense longer hairs, so that the colors of pleura cannot be seen; lower callus rectangular, large,

median callus smaller, separated with lower callus ································ ***H. rogibinosa***

Thorax and abdomen clothed with sparse dark brown hairs, pleura covered with sparse longer hairs, so that the colors of pleura can be seen; lower callus oval, small, median callus linear, connected with lower callus ································· ***H. rotunmabdominis***

24. Abdomen bicolorous, tergites 1 to 3 yellow, with median black spots, tergites 4 to 7 black; antenna brown, plate at apex and style dark brown ·································· ***H. negella***

Abdomen brownish black, brownish yellow on tergites 1 to 4 at sides; antenna brown, only last terminal flagellar segment dark brown ························ ***H. pavlovskii*** (in part)

12. *Isshikia* Shiraki, 1918

Key to species (♀♀)

1. Eyes with one band; lower callus separated with eye-margins; palpi grayish yellow ········ ·· ***I. wenchuanensis***

Eyes with three bands; lower callus connected with eye-margins; palpi black ·············· 2

2. Frons index 1∶3; scutellum yellow; abdomen black, except tergite 1 dark brown, with pale posterior margins; wing clear entirely ··· ***I. liangqingi***

Frons index 1∶2; scutellum black; anterior three tergites brown, posterior four tergites black, with pale hind margins; wing brown-black at apex ······················ ***I. hainanensis***

13. *Glaucops* Szilady, 1923

Gl. chusanensis

14. *Tabanus* Linnaeus, 1758

Description of new species

Tabanus chenfui **Xu *et* Sun, sp. nov.** (fig. 326)

Female. Length 13mm, grayish black. Eyes naked, unbanded. Frons grayish yellow, slightly diverging towards vertex, index 1∶7; lower callus brown, touching subcallus, separated from eyes; subcallus dusted; face and parafacials grayish white, clothed with pale yellow hairs. Antenna brown, plate 1.7 times as long as wide. Palpi yellow, second segment 4 times as long as wide, covered with black and white hairs. Scutum grayish black, with 5 narrow pale longitudinal stripes. Legs brown, but apical 1/3 of fore tibia and extreme apex of middle and hind tibiae and all tarsi brown black. Wings clear, vein R_4 with no appendix, cell

R_5 closed and with a pedicle. Abdomen grayish brown-black, with white median triangles on tergites 2-6, sublateral patches on tergites 2-4; each tergite with narrow pale posterior margin; sternites with wide black haired median longitudinal stripe and pale hind margins.

Male. Unknown.

Holotype ♀, Dinghushan (23.3°N, 112.5°E), Guangdong, China, May 16, 1965, Lin Ping and Luo Yu-Liang, deposited in AMMSC.

Resembling *Tabanus amaenus* Walker, but median callus black, apex of plate and style black in *amaenus*.

We are pleased to dedicate this species to Wu Chen-Fu who is a famous biologist in China.

***Tabanus lizhongi* Xu *et* Sun, sp. nov.** (fig. 495)

Female. Length 17mm, dark brown. Eyes naked, unbanded. Frons grayish brown, slightly diverging towards vertex, index 1∶8; lower callus brownish black, touching subcallus, separated from eyes; subcallus dusted; face and parafacials grayish white, clothed with white hairs, mixed with black hairs at upper parafacials. Antenna brown, flagellum darkened, plate 1.8 times as long as deep. Palpi brown, second segment 4 times as long as deep, clothed with black hairs mainly. Dorsum of thorax reddish brown, clothed with black hairs, but white hairs at postalar callus and scutellum. Legs brownish black, but tibiae yellow on basal 2/3. Wings clear, vein R_4 with no appendix, cell R_5 opened. Abdomen dark brown, with white posterior marginal band which is expanded to lower median triangle on tergites 2 to 4.

Male. Unknown.

Holotype ♀, Nankunshan (23.7°N, 114.2°E), Longmen County, Guangdong, China, June 8, 1983, Weng Qi-Yong, No. En-014997, deposited in Zongshan University, Guangdong, China.

Resembling *Tabanus mentitus* Walker, but scutellum clothed with black hairs only and median triangles on tergites 2 to 4 higher in *mentitus*.

We are pleased to dedicate this species to Hua Li-Zhong who is a famous insect taxonomists in China.

Key to groups (♀♀)

1. Wings with transverse band ··························· ***T. aurisetosus* group**
   Wings without traverse band ··························· 2
2. Cross veins of wing with dark spots ··························· ***T. liangshanensis* group**

Cross veins of wing without dark spots ·· 3

3. Median callus rectangular or oval, separated with lower callus ······························· 4

No median callus, or median callus lineated as lower callus ···································· 6

4. Subcallus polished entirely ··· ***T. biannularis* group**

Subcallus dusted, or polished partly ·· 5

5. Lower callus separated with subcallus ··························· ***T. parabactrianus* group**

Lower callus connected with subcallus ······························ ***T. sabuletorum* group**

6. Subcallus polished entirely; eyes with 3 bands and connected to a letter "m" ················ ··· ***T. ceylonicus* group**

Subcallus dusted, or polished partly; if eyes with 3 bands, but not connected to a letter "m" ·· 7

7. Lower callus separated with subcallus ··· ***T. geminus* group**

Lower callus connected with subcallus ·· 8

8. Cell R_5 of wing closed ·· ***T. amaenus* group**

Cell R_5 of wing opened ·· 9

9. Plate of antenna with a longer dorsal tooth which is pointed to apex ························· 10

Plate with a shorter dorsal tooth which is pointed to dorsum ···································· 12

10. Frons index 1∶2.5-3.5; abdomen golden yellow, with broad yellow posterior margins ···· ·· ***T. budda* group**

Frons index 1∶5.0-11.0; abdomen brown to black, with narrower pale posterior margins ·· 11

11. Eyes with no or 1 band ··· ***T. yao* group**

Eyes with 3 bands ·· ***T. lushanensis* group**

12. Abdomen with 3 longitudinal stripes on tergites ································· ***T. striatus* group**

Abdomen with 1 longitudinal stripe on tergites at most ··· 13

13. Eyes with transverse bands ·· 14

Eyes with no transverse band ·· 17

14. Eyes with 1 band ··· 15

Eyes with 2 or 3 bands ··· 16

15. Frons index 1∶2.4-6.0; median callus smaller, usually separated with lower callus; leg bicolorous distinctly, at least with pale tibiae ··· ***T. oliviventris* group**

Frons index 1∶8.0-11.0; median callus lineated, usually connected with lower callus; leg biclorous indistinctly ·· ***T. lineataenia* group**

16. Eyes with 2 bands ·· ***T. fujianensis* group**

Eyes with 3 bands ········ ***T. splendens* group**

17. Abdomen unicolorous almost ········ 18

Abdomen not unicolorous, but with spots or stripes on tergites, or different colors on anterior tergites and on posterior tergites ········ 19

18. Body yellow ········ ***T. flavohirtus* group**

Body red-brown to gray-black ········ ***T. candidus* group**

19. Abdomen with bicolorous tergites, pale anterior tergites and black posterior tergites, with indistinct pale posterior margins on tergites ········ 20

Abdomen usually not darker on posterior tergites, with distinct pale posterior margins or spots ········ 21

20. Abdomen with no black spot on tergites 2 and 3 or 2 to 4 ········ ***T. furvicaudus* group**

Abdomen with black spots on tergites 2 and 3 or 2 to 4 ········ ***T. nigrimaculatus* group**

21. Abdomen with one pale longitudinal median stripe which are indistinct median triangular haired spots sometime, and without pale posterior margins on tergites ·· ***T. hybridus* group**

Abdomen with distinct pale median triangular spots or with pale posterior margins on tergites ········ 22

22. Abdomen with pale posterior margins on tergites only ········ 23

Abdomen without or with pale posterior margins on tergites, but with pale median triangular spots on tergites ········ 24

23. Abdomen with narrower pale posterior marginal bands on tergites ···· ***T. oxyceratus* group**

Abdomen with broader posterior marginal bands on tergites ········ ***T. anabetus* group**

24. Abdomen with pale posterior margins and median triangular spots and sublateral spots on tergites ········ ***T. rubidus* group**

Abdomen with pale median triangular spots and posterior margins on tergites or with pale median triangular spots only ········ 25

25. Abdomen with pale median triangular spots on tergites only ········ ***T. immanis* group**

Abdomen with pale median triangular spots and posterior margins on tergites ········ 26

26. Abdomen with pale board posterior margins on terigtes, and extending to triangles at middle ········ ***T. pallidepectoratus* group**

Abdomen with pale narrow posterior margins on terigtes, and extending to triangles at middle ········ ***T. bovinus* group**

Tabanus aurisetosus group

Key to species (♀♀)

1. Tergites of abdomen brownish black to black ··· 2
   Tergites brownish yellow to dark brown ··· 5
2. Tergites brownish black entirely, with no pale spot and hair; cross-band does not reach hind wing-margin; frontal callus cylindrical ··· ***T. cylindrocallus***
   Tergites black, with pale spots and hairs; cross-band reaching hind wing-margin; lower callus oval ··· 3
3. Eyes green with a broad purple band; palpi black ··· ***T. omnirobustus***
   Eyes unbanded; palpi brown to brownish black ··· 4
4. Frons index 1∶9-10; lower callus separated from eye-margins; plate with developed dorsal tooth near base ··· ***T. aurisetosus didongensis***
   Frons index 1∶6; lower callus touching eye-margins; plate with indistinct dorsal tooth near base ··· ***T. baohaii***
5. Cell R_5 closed and with pedicle; notum of thorax black ··· ***T. fuscoventris***
   Cell R_5 opened; notum yellow ··· 6
6. Legs dark brown entirely ··· ***T. paraflavimarginatus***
   Legs with white tibiae and black tarsi ··· 7
7. Sterna of abdomen with a median black stripe haired; beard yellow; palpi covered with black hairs; frontal median callus broader linear ··· ***T. flavothorax***
   Sterna without dark median stripe; beard red-brown; palpi covered with yellowish brown hairs; frontal median callus narrower linear ··· ***T. flavimarginatus***

Tabanus liangshanensis group

Key to species (♀♀)

1. Cell R_5 closed ··· ***T. lijiangensis***
   Cell R_5 opened ··· 2
2. Body black ··· 3
   Body brown ··· 4
3. Palpi yellowish white; tergite 2 with sublateral oblique white spots ··· ***T. kunmingensis***
   Palpi grayish brown; tergite 2 with no sublateral pale spot ··· ***T. yunnanensis***
4. Plate of antenna dark red-brown, with indistinct dorsal tooth; thorax dark red; tergites dark

brown, with no pale hind margin; sterna with indistinct median dark stripe; frons index 1∶5-6 ························ ***T. gonghaiensis***

Plate black, with distinct dorsal tooth; thorax black; tergites black, with pale hind margins; sterna with distinct median black stripe; frons index 1∶6-7 ··············· ***T. liangshanensis***

Tabanus biannularis **group**

Key to species (♀♀)

1. Scutum unicolorous, at most with dark narrower longitudinal stripes, same colorous with scutellum ························ 2
   Scutum with dark transverse band, at least scutellum paler than scutum ························ 5
2. Subcallus brownish black to black; eyes with 2 bands ························ 3
   Subcallus yellowish brown to brown; eyes with or without bands ························ 4
3. Body yellow ························ ***T. limushanensis***
   Body black ························ ***T. johnburgeri***
4. Eyes with two bands; frons index 1∶3.5; tergites with white hind-marginal bands ························ ***T. arctus***
   Eyes with two bands; frons index 1∶6.0-7.0; tergites with yellow hind-marginal bands ························ ***T. puncturius***
5. Prescutellum black, same colorous as scutum ························ 6
   Prescutellum white to yellow, paler than scutum ························ 14
6. Eyes without band, but different colorous upper half and lower half ············ ***T. tricolorus***
   Eyes with bands ························ 7
7. Eyes with 1 band ························ ***T. caduceus***
   Eyes with 2 bands ························ 8
8. Subcallus yellowish brown to brown ························ 9
   Subcallus brownish black to black ························ 10
9. Frons index 1∶3.3; plate of antenna 1.5 times as long as deep; abdomen with distinct transverse bands ························ ***T. humiloides***
   Frons index 1∶5.2; plate of antenna 2.0 times as long as deep; abdomen with indistinct transverse bands ························ ***T. fulvicinctus***
10. Frons index 1∶5.5-7.0; wings with dark shadow on anterior board; lower callus black, connected with subcallus and eye-margins ························ ***T. parachinensis***
    Frons index 1∶3.0-4.0; wings without dark shadow on anterior board; lower callus brown

or black, separated or connected with subcallus and eye-margins ························ 11

11. Abdomen with pale transverse bands on tergites 3 to 6 ························ ***T. chinensis***

Abdomen with pale transverse bands on tergites 2 to 6 ························ 12

12. Frons index 1∶3; abdomen with distinct transverse bands ················ ***T. quinquecinctus***

Frons index 1∶4; abdomen with indistinct transverse bands ························ 13

13. Lower callus separated with subcallus and eye-margins; plate of antenna 2.5 times as long as deep ························ ***T. sexcinctus***

Lower callus connected with subcallus and eye-margins; plate 2.0 times as long as deep ························ ***T. parasexcinctus***

14. Eyes different colors at upper and lower parts; legs with black femora ······ ***T. tienmuensis***

Eyes with bands; femora brownish black to black ························ 15

15. Eyes green, with 1 purple band ························ ***T. tianyui***

Eyes green, with 2 purple bands ························ 16

16. Body golden yellow; abdomen brown-black with golden transverse bands on tergites, extending triangular spots on tergites 3, 4; subcallus red-brown ·········· ***T. leucocnematus***

Body black; transverse bands on tergites white to pale yellow, not extending triangles; subcallus black ························ 17

17. Wings with dark shadow at anterior border; frons with broader median callus, as wide as lower callus; scutum with broader dark transverse band ························ ***T. rhinagus***

Wings clear, pale yellow at anterior marginal cell; median callus narrower than lower callus; scutum with narrower dark transverse band ························ ***T. nigrhinus***

Tabanus parabactrianus group

Key to species (♀♀)

Eyes with short hairs; subcallus dusted; 'crescents' lower ················ ***T. parabactrianus***

Eyes bare; subcallus shining partly; 'crescents' higher ························ ***T. glaucopis***

Tabanus sabuletorum group

Key to species (♀♀)

1. Eyes with bands ························ 2

Eyes with no band ························ 12

2. Eyes with 1 band ························ 3

Eyes with 2-4 bands ························ 4

3. Vein R_4 with appendix; scutum with 3 distinct longitudinal stripes ··············· *T. filipjevi*

   Vein R_4 with no appendix; scutum with no longitudinal stripe ······················ *T. leleani*

4. Eyes with 2 bands ··· 5

   Eyes with 3 or 4 bands ··· 6

5. Antenna black; the band on parafacials very dark brown ······························ *T. zimini*

   Antenna brown; the band on parafacials brown ····························· *T. ruoqiangensis*

6. Eyes with 3 bands ··· 7

   Eyes with 4 bands ··· 9

7. Tergites brown, with a median longitudinal yellow haired stripe; body brownish yellow, length 11.6mm ··· *T. arisanus*

   Tergites black, with pale median triangles, hind margins and sublateral spots; body black, length larger than 14 mm ·· 8

8. Lower callus connected with eye-margins; second palpi stouten at base ····· *T. yishanensis*

   Lower callus separated from eye-margins; second palpi not stouten at base ···· *T. paganus*

9. Second palpi covered with black hairs mainly; frons index 1 ∶ 3.0-3.5; eyes with narrower hind margin ··· *T. subsabuletorum*

   Second palpi covered with white hairs mainly; frons index 1 ∶ 2.5-3.0; eyes with broader hind margin ·· 10

10. Eyes haired; vein R_4 with no appendix ···································· *T. stackelbergiellus*

    Eyes bare; vein R_4 with appendix ·· 11

11. Median callus of frons larger, heart-shaped, near to lower callus; upper band on eyes broader, with indistinct upper margin ··· *T. sabuletoroides*

    Median callus band-shape, separated from lower callus; upper band on eyes narrower, with distinct upper margin ·· *T. sabuletorum*

12. Lower callus brown; subcallus bare at sides; vein R_4 with appendix ···· *T. brunneocallosus*

    Lower callus black; subcallus dusted; vein R_4 with no appendix ······························ 13

13. Lower callus touching eye-margins ··· *T. loukashkini*

    Lower callus separated from eye-margins ··· 14

14. Antenna red-brown ·· 15

    Antenna black ·· 16

15. A black velvety area around median callus; notopleura and femora red-brown ··············· ··· *T. weiningensis*

    No black velvety area around median callus; notopleura black, femora gray··············· ··· *T. subcordiger*

16. Second palpi covered with white hairs mainly; frons index 1∶3.0-3.5; frontal median callus absent or very small; fore tergites brownish yellow at sides ··················· ***T. golovi***
    Second palpi covered with black hairs mainly; frontal index 1∶5.0; frontal median callus large, oval; fore tergites gray at sides ··· ***T. matsumotoensis***

Tabanus ceylonicus **group**

T. ceylonicus

Tabanus geminus **group**

Key to species (♀♀)

1. Eyes haired, upper dark purple, lower dark green; body length 15 mm ········· ***T. kaburagii***
   Eyes bare, with or without bands; body length less than 13 mm ······························ 2
2. Frons index 1∶5-6 ··· 3
   Frons index 1∶3-4 ··· 4
3. Fore tibia 2/3 white at base, black at apex ·· ***T. yablonicus***
   Fore tibia dark brown ··· ***T. kotoshoensis***
4. Frontal median callus spear-shape; length larger than 10mm ······················ ***T. geminus***
   Frons with no median callus; length less than 9mm ································· ***T. pusillus***

Tabanus amaenus **group**

Key to species (♀♀)

1. Scutum black, scutellum white; abdomen black with large white median triangles on tergites 2 to 5 ··· ***T. meihuashanensis***
   Scutum and scutellum black; abdomen black with large or small pale median triangles on tergites 2 to 5 ··· 2
2. Frons index 1∶4.0-4.5; median callus shorter, as long as lower callus ···· ***T. signatipennis***
   Frons index 1∶5.0-7.0; frontal median callus narrow, longer than lower callus············ 3
3. Pale sublateral spots only on tergite 1 to 2; length 17-20 mm································· 4
   Pale sublateral spots at least on tergites 1 to 3; length 14-18 mm ··························· 5
4. Pale sublateral spots on tergite 2 reaching posterior margin, not reaching anterior margin of tergite··· ***T. mandarinus***
   Pale sublateral spots on tergite 2 reaching anterior margin, not reaching posterior margin of tergite··· ***T. yamasakii***

5. Cell R_5 narrow open or closed; abdomen with distinct sublateral spots on all tergites ············ *T. onoi*
   Cell R_5 closed, usually with pedicel; abdomen with distinct lateral spots on anterior tergites, indistinct on posterior tergites ············ 6
6. Frontal median callus brown; antenna brown ············ ***T. chenfui* sp. nov.**
   Frontal median callus black; antenna black at least on style ············ 7
7. Plate brown, but black at apex; pale spots on tergites white ············ ***T. amaenus***
   Plate brown or dark brown; pale spots on tergites grayish yellow or grayish brown ············ 8
8. Notopleura grayish brown, with narrow median triangles; plate red-brownish yellow ············ ***T. griseinus***
   Notopleura grayish brown to black; abdomen grayish black, with broad median triangles; plate red-brown to dark brown ············ 9
9. Frontal median callus usually linear, lower callus black; tergites 2 to 5 with distinct pale sublateral spots ············ ***T. nipponicus***
   Frontal median callus spindle, lower callus usually brownish red; tergite 2 with distinct pale sublateral spots, sublateral pale spots on following tergites indistinct ············ ***T. taiwanus***

Tabanus budda **group**

Key to species (♀♀)

1. Eyes with 1 band; scutum black and scutellum brownish red ············ ***T. parabuddha***
   Eyes with no band; scutum and scutellum black ············ 2
2. Femora and fore tarsi black; frons index 1 ∶ 5.0 ············ ***T. chrysurus***
   Femora and fore tarsi brown; frons index 1 ∶ 3.0-3.5 ············ 3
3. Tergites 1 to 3 black, covered with black hairs ············ ***T. budda auricauda***
   Tergites 1 to 3 black with brownish yellow hind margins which is covered with yellow hairs ············ ***T. budda budda***

Tabanus yao **group**

Key to species (♀♀)

1. Eyes with 1 band ············ 2
   Eyes with no band ············ 3
2. Second palpi grayish yellow, covered with black hairs; middle and hind tibiae covered with black hairs only; pleura covered with black hairs mainly; subgenital plate with flat

basal margin and deeply curve apical margin ······························ ***T. coreanus***

Second palpi golden yellow, covered with golden yellow hairs mainly; middle and hind tibiae covered with black hairs, but with golden yellow hairs at ventral margin; pleura covered with yellow hairs mainly; subgenital plate with curve basal margin and lightly curve apical margin ······························ ***T. yao***

3. Tergites black ······························ ***T. haysi***

   Tergites yellowish brown to dark brown ······························ 4

4. Dorsal tooth on plate pointed to apex indistinctly ······························ ***T. flavicapitis***

   Plate with a longer dorsal tooth pointed to apex distinctly ······························ 5

5. Lower callus red-brown ······························ 6

   Lower callus black ······························ 7

6. Tergites with median black spots and pale triangles; vein R_4 with appendix; scutum with 3 longitudinal narrow pale stripes ······························ ***T. borealoriens***

   Tergites with median black spots only; vein R_4 with no appendix; scutum with no longitudinal narrow pale stripe ······························ ***T. orphnos***

7. Femora dark brown; frons index 1∶5-6; plate 1.6-2.0 times long as style ···· ***T. baojiensis***

   Femora black; frons index 1∶7-8; plate 1.0-1.4 times long as style ······························ 8

8. Flagellum black; frons index 1∶7; frontal median callus reaching 1/2 of frons; veins of wings colored at both sides ······························ ***T. subpullomaculatus***

   Plate brown at base, black at apex and style; frons index 1∶8; frontal median callus reaching 2/3 of frons; wings clear ······························ ***T. pullomaculatus***

Tabanus lushanensis group

Key to species (♀♀)

1. Vein R_4 with no appendix ······························ 2

   Vein R_4 with appendix ······························ 4

2. Body dark brown; eyes with 3 narrow bands ······························ ***T. lushanensis***

   Body black; eyes with narrow or broad bands ······························ 3

3. Body length 17-20 mm; frons divergent at vertex, 2.4 times as wide as at base; scutum with 3 indistinct longitudinal pale stripes ······························ ***T. weiheensis***

   Body length 13mm; frons indistinct divergent at vertex; scutum with no longitudinal pale stripe ······························ ***T. pengquensis***

4. Tergites black, with pale posterior margins ······························ ***T. benificus***

Tergites brown, with or without pale posterior margins ························· 5

5. Tergites brown, with no pale posterior margin; femora brown ··················· *T. xanthos*

Tergites brown, with pale posterior margins, and with small oval black median spots on tergites 1 to 5; femora black ····································· *T. stabilis*

***Tabanus striatus* group**

Key to species (♀♀)

1. Eyes green with 2 purple bands; frons index 1∶4.0 ······················· *T. jucundus*

Eyes with no band; frons index more than 1∶5.5 ································· 2

2. Tergites with a median longitudinal white stripe from tergites 1 to 6, and sub-lateral white spot on tergite 2; median callus connected with lower callus by broad line; style light darker than plate ····································· *T. brunnipennis*

Tergites with a median longitudinal white stripe from tergites 1 to 6, but interrupted at tergite 2, and sub-lateral white stripes on tergites 1-3 or 1-4; median callus connected with lower callus by narrow line; style black, plate brown ························ *T. striatus*

***Tabanus oliviventris* group**

Key to species (♀♀)

1. Scutum with 3 pale longitudinal stripes ······································· 2

Scutum with no pale longitudinal stripe ·· 5

2. Abdomen dark brown with no black median longitudinal stripe on sternites; frons index 1∶2.4-3.0; length 12-13 mm ·································· *T. russatoides*

Abdomen grayish black with black median longitudinal stripe on sternites; frons index 1∶3.3-5.5; length 14-15 mm ··· 3

3. Tergites black, with 3 rows of pale triangles; plate 1.5 times as long as deep ···· *T. bromius*

Tergites black, with only 1 row of pale median triangles at most; plate 1.5-2.3 times as long as deep ·· 4

4. Frons index 1∶4.5-5.0; antenna brown, with black style, plate 2.3 times as long as deep ·· ·· *T. pseudoliviventris*

Frons index 1∶3.3-3.6; scape and pedicel grayish black, plate dark brown, but black at apex and style, plate 1.5 times as long as deep ························ *T. aurepiloides*

5. Sternites with median longitudinal dark stripe, at least with median black spot on sternite 2 ·· 6

Sternites with no median longitudinal dark stripe or spot ·································· 12

6. Frons index 1∶5.0-6.0, median callus present; abdomen grayish black ······················ 7

Frons index 1∶3.5-4.5, median callus absent or indistinct; abdomen yellow to brown ·· 10

7. Scutellum lighter than scutum ·· 8

Scutellum and scutum uncolored ·· 9

8. Scutellum grayish white, covered with white and yellow hairs; tergites black at anterior 2 segments and grayish yellow at posterior 5 segments, without pale hind margins ··· ***T. huangshanensis***

Scutellum white, covered with white hairs; abdomen black, with white posterior margins on tergites 2 to 6 ·· ***T. jinhuai***

9. Body black, 17mm; abdomen with a row of median black spots haired on sternites ··· ***T. shaanxiensis*** (in part)

Body grayish black, 12-15mm; abdomen with a median longitudinal black stripe on sternites·· ***T. oliviventroides***

10. Style yellow; tergites yellowish brown, covered with black hairs, and with a few of yellow hairs on hind margins ·· ***T. zayuensis***

Style black; tergites yellowish brown to brown, covered with black hairs, and with yellow haired hind margins·· 11

11. Frons index 1∶4.5; abdomen brown, with distinct median longitudinal black stripe on sternites which occupied 1/3 of the segment, and with indistinct golden haired hind margins on tergites··· ***T. russatus***

Frons index 1∶3.5; abdomen yellowish brown, with indistinct median longitudinal black stripe on sternites, and with indistinct yellow haired hind margins, and small white haired median spots on tergites ·· ***T. subrussatus***

12. Abdomen brownish black, with grayish yellow narrow hind margins on tergites 2 to 5 and extending triangles at middle ······································· ***T. suboliviventris***

Abdomen yellow to black, with grayish yellow narrow hind margins on tergites 2 to 5 at most·· 13

13. Abdomen black, with brownish yellow narrow hind margins on tergites, and sternites black with white narrow hind margins and a row of black haired spot at middle ··· ***T. shaanxiensis*** (in part)

Abdomen yellow or black, with some pale hairs on hind margins of tergites, and sternites with or without white narrow hind margins, but without black haired spot at middle····· 14

14. Frons index 1∶6; abdomen gray, covered with golden hairs mixed with some black hairs

on tergites, but with only golden hairs on hind margins ······················ *T. oliviventris*

Frons index 1∶4; abdomen grayish black or yellow, with or without pale haired hind margins on tergites··· 15

15. Body length 14-16mm; tergites yellow or black, with pale hind margins; median callus short; flagellum of antenna black mostly··· 16

Body length 10-12mm; tergites yellow, without pale hind margins; median callus narrow linear; flagellum yellow·· 17

16. Tergites black, covered with golden yellow hairs, and with golden haired hind margins ···· ·· *T. auripilus*

Tergites yellow, covered with yellow hairs, and with golden yellow haired hind margins, and with large black middle spots on tergies 2 to 4··························· *T. callogaster*

17. Fore femur black; frons narrower at base; lower callus black················*T. parviformus*

Fore femur brownish yellow; frons paralleled at sides; lower callus dark brown ············ ·· *T. tieshengi*

Tabanus lineataenia group

Key to species (♀♀)

1. Sternites of abdomen without median longitudinal black stripe; plate of antenna brown·· 2

Sternites with median longitudinal black stripe; plate black or brown······················· 4

2. Frons index 1∶10; second palpi covered with black hairs mainly········· *T. angustofrons*

Frons index 1∶8-9; second palpi covered with golden yellow hairs or black hairs mainly· ·· 3

3. Second palpi covered with golden yellow hairs mainly······························ *T. tangi*

Second palpi segment covered with black hairs mainly············ *T. kwangsiensis* (in part)

4. Second palpi covered with yellow hairs, mixed with a few of black hairs; dorsal tooth situated at middle of plate; frons index 1∶6.5 ···························· *T. fuzhouensis*

Second palpi covered with black hairs; dorsal tooth situated at base of plate; frons index 1∶8.0-9.0·· 5

5. Plate brown at base and black at apex ·· *T. lineataenia*

Plate brown entirely ··· *T. kwangsiensis* (in part)

Tabanus fujianensis group

Key to species (♀♀)

1. Tergite 1 of abdomen brownish yellow, following tergites black ············ 2
   Tergites brownish black to black ············ 3
2. Scutum covered with golden yellow hairs; tergites 2 to 5 with white haired hind marginal bands ············ *T. fujianensis*
   Scutum covered with black hairs and brown hairs; tergites 2 to 5 with a small tuft of white hairs on median hind margins ············ *T. jinghongensis*
3. Body length less than 14mm; frons less than 5 times as high as wide; median callus spindle ············ *T. daohaoi*
   Body length more than 16mm; frons more than 7 times as high as wide; median callus linear ············ 4
4. Antennae and palpi brown; body length less than 18 mm ············ *T. perakiensis*
   Antennae and palpi black; body length more than 20 mm ············ *T. lucifer*

Tabanus splendens group

Key to species (♀♀)

1. Tergites of abdomen black ············ 2
   Tergites yellow to dark brown ············ 7
2. Tergites with pale hind margins, median triangles and sublateral spots; plate red-brown; vein R_4 with no appendix ············ *T. pararubidus*
   Tergites with only pale hind margins; plate brownish red to black; vein R_4 with or without appendix ············ 3
3. Plate of antenna black mainly ············ 4
   Plate brown-red ············ 6
4. Frons black ············ *T. nigrefronti*
   Frons brownish yellow ············ 5
5. Plate 1.5 times as long as deep; wings clear ············ *T. splendens*
   Plate 2.0 times as long as deep; wings shadow on anterior border ············ *T. motuoensis*
6. Tibiae and tarsi brown ············ *T. parawuyishanensis*
   Tibiae brown, but black at apex and tarsi ············ *T. wuyishanensis*
7. Scutum with pale dusted or haired longitudinal stripes ············ 8

Scutum without pale longitudinal stripes, perhaps with narrow dark median longitudinal stripe ········ 11

8. Frons index 1∶6-7; lower callus triangular; palpi yellow; tergites 1 to 3 yellow, 4 to 7 black, covered with black hairs, with yellow hind marginal bands, with broader yellow dusted and haired median triangles on hind margins of tergites 2 to 7 ······ ***T. guizhouensis***

Frons index 1∶4-5; lower callus rectangular; palpi grayish brown; median triangles on tergites narrower ········ 9

9. Tergites with lower pale median triangles; a white spot situated on middle-hind margin at tergite 1 and on anterior margin at tergite 2 ········ ***T. thermarum***

Tergites with higher pale median triangles; a white spot situated on middle-hind margin at tergite 1, dark on middle-anterior margin at tergite 2 ········ 10

10. Femora brown; body length 11-12 mm ········ ***T. zhongpingi***

Femora black; body length 13-16 mm ········ ***T. minshanensis***

11. Plate of antenna 2.0 times as long as deep; tergites of abdomen yellowish brown, with pale longitudinal median stripe or broader hind marginal bands ········ 12

Plate 1.5 times as long as deep; tergites dark brown, with pale narrower hind margins only ········ 14

12. Frons with no median callus; tergites with yellow median longitudinal stripe; body length 11mm ········ ***T. miyakei***

Frons with median callus; tergites with no pale median longitudinal stripe, but with pale broader hind marginal bands; body length 11-13 mm ········ 13

13. Plate with dorsal tooth at base; abdominal segments 2 to 7 with yellow hind marginal bands on tergites and on sternites both; body length 16 mm ········ ***T. cementus***

Plate with no dorsal tooth; abdominal segments 2 to 7 with very broad yellow hind marginal bands on tergites and on sternites both, occupying 1/3 of segment; body length 11-13mm ········ ***T. calcarius***

14. Femora and tibiae brown both ········ 15

Femora black, tibiae brown ········ 17

15. Tergites 2 and 3 with median black spots; plate 1.3 times as long as deep ········ ***T. jigongshanoides***

Tergites 2 and 3 with no median black spot; plate 1.6 times as long as deep ········ 16

16. Notopleura black; length 17-19 mm ········ ***T. qinlingensis***

Notopleura brown-red; length 14-16 mm ········ ***T. zunmingi***

17. Tergites 2 and 3 with black median spots ········ 18

Tergites 2 and 3 with no black median spot ······ 22

18. Tergites 3 to 6 each with larger pale median triangular spots which reaches anterior and posterior margins of the segment ······ ***T. jigongshanensis***

Tergites 3 to 6 with only small pale haired median triangles at most ······ 19

19. Tergite 2 to 4 with large median black spots; body length 19-21 mm ······ ***T. zayaensis***

Tergite 2 to 4 with small median black spots; body length 15-19 mm ······ 20

20. Plate of antenna black mainly ······ ***T. yadongensis***

Plate brown mainly ······ 21

21. Fore tibia black 1/3 at apex, middle and hind tibiae brown or black at extreme apex; wings with yellow anterior border ······ ***T. fulvimedius***

Fore and hind tibiae black 1/2 at apex, middle tibia black at extreme apex; wing brownish yellow ······ ***T. laevigatus***

22. Fore tibia black 1/3 at apex, middle and hind tibiae brown or black at extreme apex; wings with yellow anterior border ······ ***T. soubiroui***

Fore and hind tibiae black 1/2 at apex, middle tibia black at extreme apex; wing brownish yellow ······ ***T. prefulventer***

Tabanus flavohirtus group

Key to species (♀♀)

1. Frons index 1∶5; lower callus black; tergites yellow, 1 to 5 covered with yellow hairs, 6 to 7 covered with black hairs ······ ***T. grandicaudus***

Frons index 1∶7-10; lower callus brown to brownish black; tergites yellow, color of hairs not as above ······ 2

2. Frons index 1∶10.0; body length 17-20 mm ······ ***T. nigrimordicus***

Frons index 1∶8.7; body length 14 mm ······ ***T. flavohirtus***

Tabanus candidus group

Key to species (♀♀)

1. Palpi red-brown to black, covered with black hairs ······ 2

Palpi yellow to yellowish brown, covered with black hairs, mixed with white hairs ······ 3

2. Body length more than 21 mm; antenna black ······ ***T. candidus***

Body length 15-16 mm; antenna yellowish brown ······ ***T. macfarlanei***

3. Antenna black ······ 4

Antenna yellowish brown to brown ·· 5

4. Frons index 1∶5.0; tergites black entirely; body length 20-24 mm ······· ***T. montiasiaticus***

Frons index 1∶2.5-3.0; tergites black, with large white haired spots on tergites 2 and 3 at sides; body length 19-22 mm ··· ***T. argenteomaculatus***

5. Lower callus brown; body length 17-20 mm ································ ***T. nigrabdominis***

Lower callus black; body length 9-15 mm ·· 6

6. Body length 9-10mm; wings clear; abdomen grayish black, covered black hairs, mixed with white hairs ··· ***T. formosiensis***

Body length 14-15mm; wings brown-black colored on anterior border; abdomen black, with white haired tufts on lateral-hind margins of tergites 1 to 4 ······························ 7

7. Femora brown; frons index 1∶9 ·· ***T. pingxiangensis***

Femora black; frons index 1∶10 ·· ***T. oreophilus***

Tabanus furvicaudus group

Key to species (♀♀)

1. Notum yellow; beard black··· ***T. furvicaudus***

Notum brownish black to black; beard pale yellow ·· 2

2. Tergites 3 to 7 or 4 to 7 black; length 17-22 mm·· 3

Tergites 5 to 7 or 6 to 7 black; length 11-14 mm·· 4

3. Tergites 4 to 7 black; flagellum brown; wings with appendix on vein R_4; body length 17mm ·· ***T. parachrysater***

Tergites 3 to 7 black; plate brown at base, black at apex and style; wings without appendix on vein R_4; body length 20-22 mm··· ***T. paviei***

4. Frons index 1∶6-7; middle and hind femora black mostly; wing clear······ ***T. nigricaudus***

Frons index 1∶9-10; middle and hind femora brown; wing dark brown on anterior border ··· 5

5. Wing dark brown on anterior border of vein R_4 ···························· ***T. subfurvicaudus***

Wing dark brown on anterior border of vein R_{2+3} ···························· ***T. nanpingensis***

Tabanus nigrimaculatus group

Key to species (♀♀)

Body length 20 mm; frons index 1∶8; median callus linear; abdomen with black median longitudinal stripe on venter ·· ***T. fuscomaculatus***

Body length 15mm; frons index 1∶5-6; median callus oval; abdomen without black median longitudinal stripe on venter ············ ***T. nigrimaculatus***

Tabanus hybridus **group**

Key to species (♀♀)

1. Plate of antenna more than 2.2 times as long as deep ············ 2
   Plate less than 2.0 times as long as deep ············ 7
2. Abdomen with distinct pale haired longitudinal median strip on tergites; lower callus brownish yellow to brownish black ············ 3
   Abdomen with indistinct pale haired longitudinal median strip, or distinct median triangular spots haired on tergites; lower callus black ············ 5
3. Haired median longitudinal stripe on tergites broader, occupied 1/4 to 1/3 of the segment; frons index 1∶8-9, lower callus brownish black ············ 4
   Haired median longitudinal stripe on tergites narrower, occupied 1/6 to 1/5 of the segment; frons index 1∶6-7, lower callus brownish yellow ············ ***T. longibasalis***
4. Femora black; body length 17-18 mm ············ ***T. aurotestaceus***
   Femora brownish yellow; body length 13 mm ············ ***T. hybridus***
5. Pleura golden yellow, covered with golden hairs; frons index 1∶10-11; beard golden yellow ············ ***T. matutinimordicus***
   Pleura brownish yellow, covered with yellow hairs and black hairs; frons index 1∶6-9; beard dark brown to black ············ 6
6. Abdomen with yellow haired median longitudinal spots on tergites ············ ***T. birmanicus***
   Abdomen with white haired median longitudinal spots on tergites ············ ***T. manipurensis***
7. Tergite 1 brown, covered with yellow hairs, 2 to 7 black, covered with black hairs, and tergites 2 to 4 with small white haired triangles on middle-hind margins ······ ***T. albicuspis***
   Not as above ············ 8
8. Vein R_4 with long appendix ············ 9
   Vein R_4 without appendix, sometimes with very short appendix ············ 10
9. Body black; frons grayish white; abdomen with indistinct black haired median longitudinal stripe on venter ············ ***T. chosenensis***
   Body yellowish gray; frons pale yellow; abdomen with distinct black haired median longitudinal stripe on venter ············ ***T. makimurai***
10. Femora brown to dark brown mostly, at least middle femur brown ············ 11

Femora black mostly ·························· 16

11. Tergites dark brown, 1 to 6 segments with indistinct narrow haired pale median longitudinal stripe; sternites brown, 3 to 5 segments with median black haired spots on anterior half; palpi brown, covered with black hairs mainly ·························· 12

Tergites grayish black, 1 to 6 segments with distinct narrow haired pale median longitudinal stripe; sternites brown, with median longitudinal black stripe or black haired spots; palpi brown, covered with white hairs mainly ·························· 13

12. Face covered with grayish brown hairs, mixed with black hairs, upper parafascial covered with black hairs mainly; scape covered with black hairs only; pleura covered with grayish brown hairs, mixed with black hairs on upper parts; abdomen not sharpened at apex ·························· ***T. obsoletimaculus*** (in part)

Face covered with grayish brown hairs only; scape covered with black hairs, mixed with brownish yellow hairs at lower margin; pleura covered with grayish brown hairs only; abdomen sharpened at apex ·························· ***T. obscurus*** (in part)

13. Frons index 1∶9.0; hind femur grayish black ·························· ***T. paraichiokai*** (in part)

Frons index 1∶3.5-7.0; hind femur brown to red-brown, or black at base, brown at apex ·························· 14

14. Body dark brown; scutum with no pale longitudinal stripe; second palpi stout, less than 4.0 times as long as wide ·························· ***T. diversifrons***

Body grayish black; scutum with 3 distinct or indistinct pale longitudinal stripes; second palpi narrower, more than 4.5 times as long as wide ·························· 15

15. Frons index 1∶3.7-4.0; lower callus dark brown; sternites grayish black, yellow haired, without median longitudinal dark stripe ·························· ***T. ichiokai***

Frons index 1∶6.0-6.5; lower callus black; sternites grayish black, yellow haired, with median longitudinal brownish black stripe ·························· ***T. murdochi***

16. Tergites dark brown, 1 to 6 segments with indistinct narrow haired pale median longitudinal stripe; sternites brown, 3 to 5 segments with median black haired spots on anterior half; palpi brown, covered with black hairs mainly ·························· 17

Tergites grayish black, 1 to 6 segments with distinct narrow haired pale median longitudinal stripe; sternites brown, with median longitudinal black stripe or black haired spots; palpi brown, covered with white hairs mainly ·························· 18

17. Face covered with grayish brown hairs, mixed with black hairs, upper parafascial covered with black hairs mainly; scape covered with black hairs only; pleura covered with grayish brown hairs, mixed with black hairs on upper parts; abdomen not sharpened at apex ······

·· ***T. obsoletimaculus*** (in part)

Face covered with grayish brown hairs only; scape covered with black hairs, mixed with brownish yellow hairs at lower margin; pleura covered with grayish brown hairs only; abdomen sharpened at apex ·· ***T. obscurus*** (in part)

18. Second palpi red-brown, covered with black hairs; scutum with 3 indistinct pale longitudinal stripes; wings brown along anterior margin and veins, cell R_5 narrowed at margin ·· ***T. monotaeniatus***

    Second palpi yellowish gray, covered with white hairs, mixed with a few of black hairs; scutum without pale longitudinal stripe; wings clear, or pale brown along anterior border, cell R_5 widely opened at margin ·· 19

19. Frons index 1∶4.4; tergites 2 to 4 with black spots in which there is pale longitudinal stripe ·· ***T. paradiversifrons***

    Frons index 1∶9.0; tergites 1 to 6 with broader pale longitudinal stripe which occupied 2/7 of the segment ·· ***T. paraichiokai*** (in part)

Tabanus oxyceratus group

Key to species (♀♀)

1. Body length 17 mm; tergites with yellow posterior marginal bands ··························· ***T. kabuensis***

   Body length 10-12 mm; tergites with white posterior marginal bands ··························· 2

2. Lower callus of frons touches eye-margins; style longer than plate ··························· ***T. sanyaensis***

   Lower callus separated with eye-margins; style shorter than plate ··························· 3

3. Flagellum brown; median callus stouter; abdomen black; scutum black with no pale longitudinal stripe; legs black; body length 10 mm ··························· ***T. multicinctus***

   Flagellum black; median callus narrower; abdomen dark brown; scutum dark brown, with a pair of pale longitudinal stripes; legs black with white tibiae; body length 11 mm ··· ***T. oxyceratus***

Tabanus anabetus group

T. anabetus

Tabanus rubidus group

Key to species (♀♀)

1. Plate 2.0 times as long as deep ·· 2

Plate 1.5 times as long as deep ··· 3

2. Flagellum black mostly; body reddish black; pale median longitudinal triangles on tergites narrower, linear; frons index 1∶5.5; median callus narrower, linear ··· ***T. rubidus***

   Flagellum red-brown, darker on style; body reddish dark brown; pale median longitudinal triangles on tergites broader; frons index 1∶4.0-5.0; median callus stouter, short ··· ***T. calidus***

3. Beard yellow; body covered with black hairs, mixed with pale yellow and golden yellow hairs; lower callus with lateral tubercles at base ··· 4

   Beard white; body covered with black hairs, mixed with white hairs; lower callus plain at base ··· 5

4. Flagellum brown; frons index 1∶5-6; abdomen grayish brownish yellow ··· ***T. hongchowensis***

   Plate brown at base, black at apex and style; frons index 1∶4-5; abdomen brownish black ··· ***T. mutatus***

5. Abdomen red colored on tergites 1 to 4 laterally, pale median triangles on tergites small, indistinct ··· ***T. miki***

   Abdomen red colored on tergite 2 laterally only at most, pale median triangles on tergites larger, distinct ··· 6

6. Scape and pedicel black ··· 7

   Scape and pedicel brown ··· 8

7. Frons index 1∶4-5; legs black; wings brown colored along veins ··· ***T. xuezhongi***

   Frons index 1∶5-6; legs black, but tibiae white; wings clear ··· ***T. autumnalis***

8. Femora brown; sternites of abdomen with indistinct dark median longitudinal stripe ··· ***T. polygonus***

   Femora black; sternites with broader black median longitudinal stripe ··· 9

9. Frons index 1∶7; pale median triangles on tergites very narrow, indistinct ··· ***T. chentangensis***

   Frons index 1∶5-6; pale median triangles on tergites broader, distinct ··· ***T. administrans***

Tabanus immanis group

Key to species (♀♀)

1. Frons index 1∶8-10; body grayish black ··· ***T. hypomacros***

   Frontal index 1∶6-7; body brown-red ··· 2

2. Pale median triangles on tergites lower; vein R_4 with appendix ·················· ***T. monilifer***
   Pale median triangles on tergites higher; vein R_4 with no appendix ························· 3
3. Middle and hind femora black; sternites with black haired median longitudinal stripe ······ ·· ***T. rubicundus***
   Middle and hind femora brown-red; sternites with no dark median longitudinal stripe ······ ·· ***T. laotianus***

***Tabanus pallidepectoratus* group**

Key to species (♀♀)

1. Body black; median callus oval, connected with lower callus by narrow linear; second palpi stout, 3.5 times as long as wide; median triangles and hind marginal bands on tergites white; tibiae white mostly ·· ***T. crassus***
   Body yellow; median callus linear, connected with lower callus; second palpi narrower, more than 3.6 times as long as wide; median triangles and hind marginal bands on tergites yellow; tibiae yellow mostly ·· 2
2. Femora golden yellow, fore femora black, golden yellow haired; tergite 1 golden yellow, following tergites brown, darkened posteriorly, with yellowish broad median triangles, forming a median longitudinal stripe, and broad posterior marginal bands on tergites 2 to 5; sternites 1, 2 yellow, following sternites brown-black, with yellow posterior and lateral margins; second palpi yellow, covered with yellow hairs, mixed with a few of black hairs · ·· ***T. wuzhishanensis***
   Femora black; tergites 1, 2 yellow, following tergites dark brown, darkened posteriorly, yellow median triangle and hind marginal bands presented on tergites 3 to 6; sternites 1, 2 yellow, following sternites black, with narrower yellow posterior margins; second palpi yellow, covered with black hairs, mixed with a few of yellow hairs ························· 3
3. Middle and hind coxae covered with yellow hairs only; tibiae pale yellow 1/2 at base; lower squamae brown-yellow ·· ***T. pallidepectoratus***
   Middle and hind coxae covered with black hairs, mixed with yellow hairs; tibiae black with pale yellow spots at extremely base, fore tibiae pale yellow 1/3 at base at most; lower squamae black ·· ***T. lingfengi***

***Tabanus bovinus* group**

Key to species (♀♀)

1. Frons broader, index 1∶4.5-6.0; lower callus rectangular or rounded above ··············· 2
   Frons narrower, index more than 1∶6.0; lower callus longer oval ························ 5
2. Body length 13 mm; lower callus touching eye-margins ················ *T. mengdingensis*
   Body length more than 18 mm; lower callus separated with eye-margins ················ 3
3. Body length 18-19 mm; flagellum red-yellow ·································· *T. grunini*
   Body length 20-26 mm; flagellum black mostly ·· 4
4. Pale median triangles on tergites white, higher; plate black or with brown colored at base ·· *T. bovinus*
   Pale median triangles on tergites gray, lower; plate brown half at base, black half at apex ·· *T. pleskei*
5. Body black ·· 6
   Body brownish red to brownish black ··· 12
6. Legs black entirely ·· 7
   Legs pale at least on tibiae ··· 8
7. Palpi black; antenna dark brown, style black ································ *T. karenkoensis*
   Palpi dark brown; antenna brown black to black, style lightly darker than plate ·· *T. fuscicornis*
8. Scutellum paler than scutum ··· 9
   Scutellum same colored with scutum ·· 10
9. Antennae black; tergites black with white median triangles and hind margins; tibiae white at base mostly ·· *T. shantungensis*
   Antennae brown on basal half of plate at least; tergites grayish black with yellowish white median triangles and hind margins; tibiae yellowish white at base mostly ·· *T. taipingensis*
10. Style as long as plate; vein R_4 with no appendix ································ *T. longistylus*
    Style shorter than plate; vein R_4 with appendix ····································· 11
11. Beard and hairs on pleura white ······································ *T. chekiangensis*
    Beard and hairs on pleura black ······································ *T. shennongjiaensis*
12. Median pale triangles on tergites 3 to 5 swollen, bell-shaped ···························· *T. signifer*
    Median pale triangles on tergites normal ·· 13
13. Legs entirely black, with brownish black tibiae at most ··································· 14
    Legs brownish black to black, with yellowish white to brown tibiae ······················ 17
14. Beard black ··· *T. omeishanensis*

Beard yellow to brown ··· 15

15. Dorsal tooth lower, situated at middle of plate, and style much shorter than plate ··· ***T. submalayensis***

Dorsal tooth higher, situated at base of plate, and style slightly shorter than plate ··· 16

16. Beard pale yellow; flagellum brown; median pale triangles on tergites reaching over to middle of segments ··· ***T. exoticus*** (in part)

Beard golden yellow; plate brown, and style black; pale median triangles on tergites not reaching to middle of segment ··· ***T. okinawanoides***

17. Wings dark brown at anterior 1/3, following clear; median white triangles on tergites 2 to 6 very small; vein R_4 of wings with no appendix; body length 23-24 mm ··· ***T. hainanensis***

Wings clear or pale brown colored; median white triangles on tergites 2 to 6 larger, reaching 1/3 of segment at least; vein R_4 of wings with or without appendix; body length 16-20mm ··· 18

18. Middle and hind tibiae brown; vein R_4 of wings with appendix; median triangles on tergites yellowish gray, not reaching anterior margin of segment; sternites 1 to 3 brown, following sternites black ··· ***T. exoticus*** (in part)

Middle and hind tibiae pale yellow; vein R_4 of wings without appendix; median triangles on tergites white, reaching or not reaching to anterior margin of segment; sternites with or without median black spots ··· 19

19. Scutum with 3 pale longitudinal stripes, and scutellum clothed with black hairs; tibiae with black extreme apex; median triangles on tergites higher, reaching anterior margin of segment ··· ***T. mentitus***

Scutum without pale longitudinal stripe, and scutellum clothed with white hairs; tibiae black 1/3 at apex; median triangles on tergites lower, reaching middle of segment at most ··· ***T. lizhongi* sp. nov.**

中 名 索 引

H

J

K

L

M

S

T

Z

学名索引

B

C

D

E

N

O

T

附录 1　中国虻科已知种类拉丁学名与中文名名称对照

Atylotus chodukini (Olsufjev, 1952) 郝图黄虻

Atylotus flavoguttatus (Szilády, 1915) 黄条黄虻

Atylotus fulvus (Meigen, 1804) 宽角黄虻

Atylotus horvathi (Szilády, 1926) 霍氏黄虻

Atylotus jianshei Sun *et* Xu, 2008 建设黄虻

Atylotus miser (Szilády, 1915) 骚扰黄虻

Atylotus negativus (Ricardo, 1911) 无胛黄虻

Atylotus pallitarsis (Olsufjev, 1936) 淡跗黄虻

Atylotus petiolateinus Leclercq, 1966 窄条黄虻

Atylotus plebjus sibiricus (Olsufjev, 1936) 暗黄黄虻西伯利亚种

Atylotus pulchellus (Loew, 1858) 斜纹黄虻

Atylotus quadrifarius (Loew, 1874) 四列黄虻

Atylotus rusticus (Linnaeus, 1767) 黑胫黄虻

Atylotus sinensis (Szilády, 1926) 中华黄虻

Atylotus sublunaticornis (Zetterstedt, 1842) 亚角黄虻

Chrysops abavius Philip, 1961 先父斑虻

Chrysops aeneus Pechuman, 1943 铜色斑虻

Chrysops angaricus Olsufjev, 1937 联瘤斑虻

Chrysops anthrax Olsufjev, 1937 煤色斑虻

Chrysops caecutiens (Linnaeus, 1761) 黑尾斑虻

Chrysops chaharicus Chen *et* Quo, 1949 察哈尔斑虻

Chrysops deqenensis Yang *et* Xu, 1995 迪庆斑虻

Chrysops designatus Ricardo, 1911 三角斑虻

Chrysops dispar Fabricius, 1798 蹄斑斑虻

Chrysops dissectus Loew, 1858 分点斑虻

Chrysops flavescens Szilády, 1922 黄瘤斑虻

Chrysops flaviscutellus Philip, 1963 黄胸斑虻

Chrysops flavocinctus Ricardo, 1902 黄带斑虻

Chrysops grandis Szilády, 1922 大型斑虻

Chrysops japonicus Weidemann, 1828 日本斑虻

Chrysops liaoningensis Xu *et* Chen, 1977 辽宁斑虻

Chrysops makerovi Pleske, 1910 玛氏斑虻

Chrysops mlokosiewiczi Bigot, 1880 莫氏斑虻

Chrysops nigripes Zetterstedt, 1838 黑足斑虻

Chrysops paradesignatus Liu *et* Wang, 1977 副三角斑虻

Chrysops pettigrewi Ricardo, 1913 毕氏斑虻

Chrysops potanini Pleske, 1910 帕氏斑虻

Chrysops relictus Meigen, 1920 黄缘斑虻

Chrysops ricardoae Pleske, 1910 娌氏斑虻

Chrysops semiignitus Kröber, 1930 宽条斑虻

Chrysops silvifacies Philip, 1963 林脸斑虻

Chrysops sinensis Walker, 1856 中华斑虻

Chrysops stackelbergiellus Olsufjev, 1976 斯氏斑虻

Chrysops striatula Pechuman, 1943 条纹斑虻

Chrysops suavis Loew, 1858 合瘤斑虻

Chrysops szechuanensis Kröber, 1933 四川斑虻

Chrysops tarimi Olsufjev, 1979 塔里木斑虻

Chrysops validus Loew, 1858 真实斑虻

Chrysops vanderwulpi (Kröber, 1929) 范氏斑虻

Chrysops yunnanensis Liu *et* Wang, 1977 云南斑虻

Gastroxides shirakii Ôuchi, 1939 素木胃虻

Glaucops chusanensis (Ôuchi, 1943) 舟山少环虻

Gressittia baoxingensis Wang *et* Liu, 1990 宝兴格氏虻

Gressittia birumis Philip *et* Mackerras, 1959 二标格氏虻

Gressittia emeishanensis Wang *et* Liu, 1990 峨眉山格氏虻

Haematopota albalinea Xu *et* Liao, 1985 白线麻虻

Haematopota antennata (Shiraki, 1932) 触角麻虻

Haematopota assamensis Ricardo, 1911 阿萨姆麻虻

Haematopota atrata Szilády, 1926 白条麻虻

Haematopota bashanensis Li *et* Yang, 1991 巴山麻虻

Haematopota burmanica Senior-White, 1922 缅甸麻虻

Haematopota brunnicornis Wang,1988 棕角麻虻

Haematopota chekiangensis Ôuchi, 1940 浙江麻虻

Haematopota chengyongi Xu *et* Quo, 2005 成勇麻虻

Haematopota chinensis Ôuchi, 1940 中国麻虻

Haematopota cilipes Bigot, 1890 缕腿麻虻

Haematopota degenensis Wang, 1988 德格麻虻

Haematopota desertorum Szilády, 1923 脱粉麻虻

Haematopota erlangshanensis Xu, 1980 二郎山麻虻

Haematopota famicis Stone *et* Philip, 1974 痕颜麻虻

Haematopota formosana Shiraki, 1918 台岛麻虻

Haematopota fukienensis Stone *et* Philip, 1974 福建麻虻

Haematopota gregoryi Stone *et* Philip, 1974 格氏麻虻

Haematopota guacangshanensis Xu, 1980 括仓山麻虻

Haematopota guangxiensis Xu, 2002 广西麻虻

Haematopota hainani Stone *et* Philip, 1974 海南麻虻

Haematopota hanzhongensis Xu, Li *et* Yang, 1987 汉中麻虻

Haematopota javana Wiedemann, 1821 爪哇麻虻

Haematopota jianzhongi Xu *et* Quo, 2005 建中麻虻

Haematopota johnburtoni Xu *et* Sun, 2008 约翰柏通麻虻

Haematopota kansuensis (Kröber, 1933) 甘肃麻虻

Haematopota koryoensis (Shiraki, 1932) 朝鲜麻虻

Haematopota lancangjiangensis Xu, 1980 澜沧江麻虻

Haematopota lata Ricardo, 1926 扁角麻虻

Haematopota lineata Philip, 1963 线带麻虻

Haematopota lineola (Philip, 1960) 条带麻虻

Haematopota lukiangensis (Liu *et* Wang, 1977) 怒江麻虻

Haematopota mangkamensis Wang, 1982 芒康麻虻

Haematopota mengdingensis Xu *et* Quo, 2005 孟定麻虻

Haematopota menglaensis Wu *et* Xu, 1992 勐腊麻猛

Haematopota mingqingi Xu *et* Quo, 2005 明庆麻虻

Haematopota mokanshanensis Ôuchi, 1940 莫干山麻虻

Haematopota nepalensis Stone *et* Philip, 1974 尼泊尔麻虻

Haematopota nigriantenna Wang, 1982 黑角麻虻

Haematopota olsufjevi (Liu, 1960) 沃氏麻虻

Haematopota omeishanensis Xu, 1980 峨眉山麻虻

Haematopota pallens Loew, 1871 苍白麻虻

Haematopota paratruncta (Wang *et* Liu, 1977) 副截形麻虻

Haematopota pekingensis (Liu, 1958) 北京麻虻

Haematopota personata Philip, 1963 假面麻虻

Haematopota philipi Chavala, 1969 菲氏麻虻

Haematopota picea Stone *et* Philip, 1974 沥青麻虻

Haematopota pilosifemura Xu, 1980 毛股麻虻

Haematopota pluvialis (Linnaeus, 1758) 高额麻虻

Haematopota pollinantenna Xu *et* Liao, 1985 粉角麻虻

Haematopota prewalskii Olsufjev, 1979 波氏麻虻

Haematopota punctifera Bigot, 1871 针细麻虻

Haematopota qilianshanensis He, Liu *et* Xu, 2008 祁连山麻虻

Haematopota qionghaiensis Xu, 1980 邛海麻虻

Haematopota qui Xu, 1999 瞿氏麻虻

Haematopota sinensis Ricardo, 1911 中华麻虻

Haematopota sineroides Xu, 1989 拟中华麻虻

Haematopota sphaerocallus (Wang *et* Liu, 1977) 圆胛麻虻

Haematopota stackelbergi Olsufjev, 1967 斯氏麻虻

Haematopota subcylindrica Pandelle, 1883 亚圆筒麻虻

Haematopota subirrorata Xu, 1980 亚露麻虻

Haematopota subkoryoensis sp. nov. 亚朝鲜麻虻，新种

Haematopota subturkestanica Wang, 1985 亚土耳其麻虻

Haematopota tamerlani Szilády, 1923 塔氏麻虻

Haematopota tenasserimi Szilády, 1926 天纳西麻虻

Haematopota turkestanica (Kröber, 1922) 土耳其麻虻

Haematopota ustulata (Kröber, 1933) 低额麻虻

Haematopota variantenna Xu *et* Sun, 2008 异角麻虻

Haematopota vexativa Xu, 1989 骚扰麻虻

Haematopota wuzhishanensis Xu, 1980 五指山麻虻

Haematopota yanggangi Xu *et* Guo, 2005 阳刚麻虻

Haematopota yongpingi Xu *et* Quo, 2005 永平麻虻

Haeamtopota yungani Stone *et* Philip, 1974 永安麻虻

Haematopota yunnanensis Stone *et* Philip, 1974 云南麻虻

Haematopota yunnanoides Xu, 1991 拟云南麻虻

Haematopota zengjiani Xu *et* Quo, 2005 曾健麻虻

Hybomitra abaensis Xu *et* Song, 1983 阿坝瘤虻

Hybomitra acuminata (Loew, 1858) 尖腹瘤虻

Hybomitra aequetincta (Becker, 1900) 斧角瘤虻

Hybomitra afasciata Wang, 1989 无带瘤虻

Hybomitra akasuensis Wang, 1985 阿克苏瘤虻

Hybomitra alticola Wang, 1981 高山瘤虻

Hybomitra arpadi (Szilády, 1923) 阿氏瘤虻

Hybomitra astur (Erichson,1851) 星光瘤虻

Hybomitra asturoides Liu *et* Yao, 1977 拟星瘤虻

Hybomitra atripalpis Wang, 1992 黑须瘤虻

Hybomitra baphoscota Xu *et* Liu, 1985 釉黑瘤虻

Hybomitra barkamensis Wang, 1981 马尔康瘤虻

Hybomitra bimaculata (Macquart, 1826) 双斑瘤虻

Hybomitra borealis (Fabricius, 1781) 北方瘤虻

Hybomitra brachybregma Xu *et* Jin, 1990 宽额瘤虻

Hybomitra branta Wang, 1982 波拉瘤虻

Hybomitra brantoides Wang, 1984 拟波拉瘤虻

Hybomitra brevis (Loew, 1858) 短小瘤虻

Hybomitra bulongicauda Liu *et* Xu, 1990 牦牛瘤虻

Hybomitra chentangensis Zhu *et* Xu, 1995 陈塘瘤虻

Hybomitra chválai Xu *et* Zhang, 1990 克氏瘤虻

Hybomitra ciureai (Sèguy, 1937) 杂毛瘤虻

Hybomitra coheri Xu *et* Zhang, 1990 科氏瘤虻

Hybomitra distinguenda (Verrall, 1909) 显著瘤虻

Hybomitra echusa Wang, 1982 持续瘤虻

Hybomitra erberi (Brauer, 1880) 欧氏瘤虻

Hybomitra expollicata (Pandelle, 1883) 膨条瘤虻

Hybomitra flavicoma Wang, 1981 橙毛瘤虻

Hybomitra fulvotaenia Wang, 1982 黄带瘤虻

Hybomitra fuscomaculata Wang, 1985 棕斑瘤虻

Hybomitra gramina Xu, 1983 草生瘤虻

Hybomitra graminoida Xu, 1983 拟草生瘤虻

Hybomitra haidongensis Xu *et* Jin, 1990 海东瘤虻

Hybomitra holonigra Xu *et* Li, 1982 全黑瘤虻

Hybomitra hsiaohei Wang, 1983 小黑瘤虻

Hybomitra hunnorum (Szilády, 1923) 凶恶瘤虻

Hybomitra kansui Philip, 1979 甘肃瘤虻

Hybomitra kashgarica Olsufjev, 1970 喀什瘤虻

Hybomitra kaurii Chvála *et* Lynebory, 1970 考氏瘤虻

Hybomitra koidzumii Murdoch *et* Takahasi, 1969 柯氏瘤虻

Hybomitra ladongensis Liu *et* Yao, 1981 拉东瘤虻

Hybomitra lamades Philip, 1961 驼瘤瘤虻

Hybomitra lhasaensis Wang, 1982 拉萨瘤虻

Hybomitra liui Yang *et* Xu, 1993 刘氏瘤虻

Hybomitra liupanshanensis Liu, Wang *et* Xu, 1990 六盘山瘤虻

Hybomitra longicorna Wang, 1984 长角瘤虻

Hybomitra longziensis Xu, 1995 隆子瘤虻

Hybomitra lundbecki Lyneborg, 1959 黄角瘤虻

Hybomitra lurida (Fallen, 1817) 黑棕瘤虻

Hybomitra lyneborgi Chvála, 1969 里氏瘤虻

Hybomitra mai (Liu, 1959) 马氏瘤虻

Hybomitra marginialba Liu *et* Yao, 1981 白缘瘤虻

Hybomitra mimapis Wang, 1981 蜂形瘤虻

Hybomitra minshanensis Xu *et* Liu, 1985 岷山瘤虻

Hybomitra montana (Meigen, 1920) 突额瘤虻

Hybomitra morgani (Surcouf, 1912) 摩氏瘤虻

Hybomitra mouchai Chvála, 1969 莫氏瘤虻

Hybomitra nigella (Szilády, 1914) 黑尾瘤虻

Hybomitra nigricornis (Zetterstedt, 1842) 黑角瘤虻

Hybomitra nitelofaciata Xu, 1985 亮脸瘤虻

Hybomitra nitidefrons (Szilády, 1914) 光额瘤虻

Hybomitra nola Philip, 1961 铃胛瘤虻

Hybomitra nura Philip, 1961 新型瘤虻

Hybomitra nyingchiensis Zhang *et* Xu, 1993 林芝瘤虻

Hybomitra ochroterma Xu *et* Liu, 1985 赭尾瘤虻

Hybomitra olsoi Takahasi, 1962 沃氏瘤虻

Hybomitra omeishanensis Xu *et* Li, 1981 峨眉山瘤虻

Hybomitra pavlovskii (Olsufjev, 1936) 巴氏瘤虻

Hybomitra peculiaris (Szilády, 1914) 特殊瘤虻

Hybomitra pulchriventris (Portschinsky, 1887) 黄腹瘤虻

Hybomitra qiliangensis Liu *et* Yao, 1981 祁连瘤虻

Hybomitra qinghaiensis Liu *et* Yao, 1981 青海瘤虻

Hybomitra robiginosa Wang, 1982 黄茸瘤虻

Hybomitra rotundabdominis Wang, 1982 圆腹瘤虻

Hybomitra sareptana (Szilády, 1914) 侧带瘤虻

Hybomitra sexfasciata (Hine, 1923) 六脸瘤虻

Hybomitra shanghaiensis (Ôuchi, 1943) 上海瘤虻

Hybomitra shnitnikovi (Olsufjev, 1937) 舍氏瘤虻

Hybomitra stenopselaphas (Olsufjev, 1937) 窄须瘤虻

Hybomitra stigmoptera (Olsufjev, 1937) 翅痣瘤虻

Hybomitra svenhedini (Kröber, 1933) 斯海氏瘤虻

Hybomitra taibaishanensis Xu, 1985 太白山瘤虻

Hybomitra tarandina (Linnaeus, 1758) 鹿角瘤虻

Hybomitra tarandioides (Olsufjev, 1936) 拟鹿角瘤虻

Hybomitra tardigrada Xu *et* Liu, 1985 懒行瘤虻

Hybomitra tatarica (Portschinsky, 1887) 鞑靼瘤虻

Hybomitra tibetana (Szilády, 1926) 西藏瘤虻

Hybomitra turkestana (Szilády, 1923) 土耳其瘤虻

Hybomitra ussuriensis (Olsufjev, 1937) 乌苏里瘤虻

Hybomitra yajiangensis Zhang *et* Xu, 1993 雅江瘤虻

Hybomitra yaojiani Sun *et* Xu, 2007 姚健瘤虻

Hybomitra yaoshanensis Yang *et* Xu, 1996 药山瘤虻

Hybomitra yushuensis Chen, 1985 玉树瘤虻

Hybomitra zaitzevi Olsufjev, 1970 寨氏瘤虻

Hybomitra zayuensis, Sun *et* Xu, 2007 察隅瘤虻

Hybomitra zhangi Xu, 1995 张氏瘤虻

Hybomitra zhaosuensis Wang, 1985 昭苏瘤虻

Isshikia hainanensis Wang, 1992 海南指虻

Isshikia liangqingi (Xu *et* Sun, 2005) 良清指虻

Isshikia wenchuanensis Wang, 1986 汶川指虻

Pangonius sinensis Enderlein, 1922 中华距虻

Philoliche longirostris (Hardwicke, 1823) 长喙长喙虻

Silvius anchoricallus Chen, 1982 锚胛林虻

Silvius chongmingensis Zhang *et* Xu, 1990 崇明林虻

Silvius cordicallus Chen *et* Quo, 1949 心胛林虻

Silvius formosiensis Ricardo, 1913 台岛林虻

Silvius omeishhanensis Wang, 1992 峨眉山林虻

Silvius shirakii Philip *et* Mackerras, 1959 素木林虻

Silvius suifui Philip *et* Mackerras, 1959 宜宾林虻

Stonemyia bazini (Surcouf, 1922) 巴氏石虻

Tabanus administrans Schiner, 1868 辅助虻

Tabanus albicuspis Wang, 1985 白尖虻

Tabanus amaenus Walker, 1848 原野虻

Tabanus anabates Philip, 1960 乘客虻

Tabanus angustofrons Wang, 1985 窄额虻

Tabanus arctus Wang, 1982 窄带虻

Tabanus argenteomaculatus (Kröber, 1928) 银斑虻

Tabanus arisanus Shiraki, 1918 阿里山虻

Tabanus aurepiloides Xu *et* Deng, 1990 拟金毛虻

Tabanus aurepilus Wang, 1994 金毛虻

Tabanus aurisetosus didongensis Wang *et* Xu, 1988 丽毛虻地东亚种

Tabanus aurotestaceus Walker, 1854 金条虻

Tabanus autumnalis Linnaeus, 1761 秋季虻

Tabanus baohaii Xu *et* Sun, 2008 保海虻

Tabanus baojiensis Xu *et* Liu, 1980 宝鸡虻

Tabanus benificus Wang, 1982 暗黑虻

Tabanus birmanicus (Bigot, 1892) 缅甸虻

Tabanus borealoriens Burton, 1978 亲北虻

Tabanus bovinus Loew, 1768 嗜牛虻

Tabanus bromius Linnaeus, 1787 多声虻

Tabanus brunneocallosus Olsufjev, 1936 棕胛虻
Tabanus brunnipennis Ricardo, 1911 棕翼虻
Tabanus budda budda Portschinsky, 1887 佛光虻指名亚种
Tabanus budda auricauda Philip, 1956 佛光虻金尾亚种
Tabanus caduceus Burton, 1978 徒劳虻
Tabanus calidus Walker, 1850 速辣虻
Tabanus calcarius Xu *et* Liao, 1984 灰岩虻
Tabanus callogaster Wang, 1988 美腹虻
Tabanus candidus Ricardo, 1913 纯黑虻
Tabanus cementus Xu *et* Liao, 1984 垩石虻
Tabanus ceylonicus Schiner, 1868 锡兰虻
Tabanus chekiangensis Ôuchi, 1943 浙江虻
Tabanus chenfui sp. nov. 经甫虻，新种
Tabanus chentangensis Zhu *et* Xu, 1995 陈塘虻
Tabanus chinensis Ôuchi, 1943 中国虻
Tabanus chosenensis Murdoch *et* Takahasi, 1969 楚山虻
Tabanus chrysurus Loew, 1858 金色虻
Tabanus coreanus Shiraki, 1932 朝鲜虻
Tabanus crassus Walker, 1850 红腹虻
Tabanus cylindrocallus Wang, 1988 柱胛虻
Tabanus daohaoi Xu *et* Sun, 2005 道好虻
Tabanus diversifrons Ricardo, 1911 异额虻
Tabanus exoticus Ricardo, 1913 腹纹虻
Tabanus filipjevi Olsufjev, 1936 斐氏虻
Tabanus flavicapitis Wang *et* Liu, 1977 黄头虻
Tabanus flavimarginatus Schuurmans-Stekhoven, 1926 黄边虻
Tabanus flavohirtus Philip, 1960 黄蓬虻
Tabanus flavothorax Ricardo, 1911 黄胸虻
Tabanus formosiensis Ricardo, 1911 台岛虻
Tabanus fujianensis Xu *et* Xu, 1993 福建虻
Tabanus fulvicinctus Ricardo, 1914 棕带虻
Tabanus fulvimedius Walker, 1848 中赤虻
Tabanus furvicaudus Xu, 1981 暗尾虻
Tabanus fuscicornis Ricardo, 1911 黑角虻
Tabanus fuscomaculatus Ricardo, 1911 褐斑虻
Tabanus fuscoventris Xu, 1981 褐腹虻
Tabanus fuzhouensis Xu *et* Xu, 1995 福州虻
Tabanus geminus Szilády, 1923 双重虻
Tabanus glaucopis Meigen, 1820 银灰虻
Tabanus golovi Olsufjev, 1936 戈氏虻
Tabanus gonghaiensis Xu, 1979 邛海虻
Tabanus grandicaudus Xu, 1979 大尾虻
Tabanus griseinus Philip, 1960 土灰虻
Tabanus grunini Olsufjev, 1967 京密虻
Tabanus guizhouensis Chen *et* Xu, 1992 贵州虻
Tabanus hainanensis Stone, 1972 海南虻
Tabanus haysi Philip, 1956 汉氏虻
Tabanus hongchowensis Liu, 1962 杭州虻
Tabanus huangshanensis Xu *et* Wu, 1985 黄山虻
Tabanus humiloides Xu, 1980 拟矮小虻
Tabanus hybridus Wiedemann, 1828 直条虻
Tabanus hypomacros Surcouf, 1922 下巨虻
Tabanus ichiokai Ôuchi, 1943 市冈虻
Tabanus jigongshanensis Xu, 1983 鸡公山虻
Tabanus jigongshanoides Xu *et* Wang, 1990 拟鸡公山虻
Tabanus jinghongensis Yang, Xu *et* Chen, 1999 景洪虻
Tabanus jinhuai Xu *et* Sun, 2007 金华虻
Tabanus johnburgeri Xu *et* Xu, 1993 约翰柏杰虻
Tabanus jucundus Walker, 1848 适中虻
Tabanus kabuensis Yao, 1984 卡布虻
Tabanus kaburagii Murdoch *et* Takahasi, 1969 卡氏虻

Tabanus karenkoensis Shiraki, 1932 花莲港虻

Tabanus kotoshoensis Shiraki, 1918 红头屿虻

Tabanus kunmingensis Wang, 1985 昆明虻

Tabanus kwangsiensis Liu *et* Wang, 1977 广西虻

Tabanus laevigatus Szilády, 1926 光滑虻

Tabanus laotianus (Bigot, 1890) 老挝虻

Tabanus leleani Austen, 1920 里氏虻

Tabanus leucocnematus Bigot, 1892 白膝虻

Tabanus liangshanensis Xu, 1979 凉山虻

Tabanus lijiangensis Yang *et* Xu, 1993 丽江虻

Tabanus limushanensis Xu, 1979 黎母山虻

Tabanus lineataenia Xu, 1979 线带虻

Tabanus lingfengi Xu, Zhan *et* Sun, 2006 凌峰虻

Tabanus lizhongi sp. nov. 立中虻，新种

Tabanus longibasalis Schuurmans-Stekhoven, 1926 长鞭虻

Tabanus longistylus Xu, Ni *et* Xu, 1984 长芒虻

Tabanus loukashkini Philip, 1956 路氏虻

Tabanus lucifer Szilády, 1926 光亮虻

Tabanus lushanensis Liu, 1962 庐山虻

Tabanus macfarlanei Ricardo, 1916 麦氏虻

Tabanus makimurai Ôuchi, 1943 牧村虻

Tabanus mandarinus Schiner, 1868 中华虻

Tabanus manipurensis Ricardo,1913 曼涅浦虻

Tabanus matsumotoensis Murdoch *et* Takahasi, 1961 松本虻

Tabanus matutinimordicus Xu, 1989 晨螫虻

Tabanus meihuashanensis Xu *et* Xu, 1992 梅花山虻

Tabanus mengdingensis Xu, Xu *et* Sun, 2008 孟定虻

Tabanus mentitus Walker, 1848 提神虻

Tabanus miki Brauer, 1880 迈克虻

Tabanus minshanensis Xu *et* Liu, 1982 岷山虻

Tabanus miyakei Shiraki, 1918 三宅虻

Tabanus monilifer Bigot, 1892 链珠虻

Tabanus monotaeniatus (Bigot, 1892) 一带虻

Tabanus montiasiaticus Olsufjev, 1977 高亚虻

Tabanus motuoensis Yao *et* Liu, 1983 墨脱虻

Tabanus multicinctus Schuurmans-Stekhoven, 1926 多带虻

Tabanus murdochi Philip, 1961 麦多虻

Tabanus mutatus Wang *et* Liu, 1990 革新虻

Tabanus nanpingensis Xu, Xu *et* Sun, 2008 南平虻

Tabanus nigrabdominis Wang,1982 黑腹虻

Tabanus nigrefronti Liu, 1981 黑额虻

Tabanus nigrhinus Philip, 1962 黑螺虻

Tabanus nigricaudus Xu, 1981 黑尾虻

Tabanus nigrimaculatus Xu, 1981 黑斑虻

Tabanus nigrimordicus Xu, 1979 昏螯虻

Tabanus nipponicus Murdoch *et* Takahasi, 1969 日本虻

Tabanus obscurus Xu, 1983 暗糊虻

Tabanus obsoletimaculus Xu, 1983 弱斑虻

Tabanus okinawanoides Xu, 1989 拟冲绳虻

Tabanus oliviventris Xu, 1979 青腹虻

Tabanus oliviventroides Xu, 1984 拟青腹虻

Tabanus omeishanensis Xu, 1979 峨眉山虻

Tabanus omnirobustus Wang, 1988 壮体虻

Tabanus onoi Murdoch *et* Takahasi, 1969 灰背虻

Tabanus oreophilus Xu *et* Liu, 1985 山生虻

Tabanus orphnos Wang, 1982 棕胸虻

Tabanus oxyceratus (Bigot, 1892) 窄缘虻

Tabanus paganus Chen, 1984 乡村虻

Tabanus pallidepectoratus (Bigot, 1892) 浅胸虻

Tabanus parabactrianus Liu, 1960 副菌虻

Tabanus parabuddha Xu, 1983 副佛光虻

Tabanus parachinensis Xu, Zhan *et* Sun, 2006 副中国虻

Tabanus parachrysater Yao, 1984 副金色虻

Tabanus paraichiokai Xu, Xu *et* Sun, 2008 副市岗虻

Tabanus paradiversifrons Xu *et* Quo, 2005 副异额虻

Tabanus paraflavimarginatus Xu *et* Sun, 2008 副黄边虻

Tabanus pararubidus Yao *et* Liu, 1983 副微赤虻

Tabanus parasexcinctus Xu *et* Sun, 2008 副六带虻

Tabanus parawuyishanensis Xu *et* Sun, 2007 副武夷山虻

Tabanus paviei Burton, 1978 派微虻

Tabanus parviformus Wang, 1985 微小虻

Tabanus pengquensis Zhu *et* Xu, 1995 朋曲虻

Tabanus perakiensis Ricardo, 1911 霹雳虻

Tabanus pingxiangensis Xu *et* Liao, 1985 凭祥虻

Tabanus pleskei Kröber, 1925 雁氏虻

Tabanus polygonus Walker, 1854 多元虻

Tabanus prefulventer Wang, 1985 前黄腹虻

Tabanus pseudoliviventris Chen *et* Xu, 1992 伪青腹虻

Tabanus pullomaculatus Philip, 1970 暗斑虻

Tabanus puncturius Xu *et* Liao, 1985 刺螫虻

Tabanus pusillus Macquart, 1838 细小虻

Tabanus qinlingensis Wang, 1985 秦岭虻

Tabanus quinquecinctus Ricardo, 1914 五带虻

Tabanus rhinargus Philip, 1962 螺胛虻

Tabanus rubicundus Macquart, 1846 微红虻

Tabanus rubidus Wiedemann, 1821 微赤虻

Tabanus ruoqiangensis Xiang *et* Xu, 1986 若羌虻

Tabanus russatoides Xu *et* Deng, 1990 拟棕体虻

Tabanus russatus Wang, 1982 棕体虻

Tabanus sabuletoroides Xu, 1979 拟多砂虻

Tabanus sabuletorum Loew, 1874 多砂虻

Tabanus sanyaensis Xu, Xu *et* Sun, 2008 三亚虻

Tabanus sexcinctus Ricardo, 1911 六带虻

Tabanus shaanxiensis Xu, Lu *et* Wu, 1990 陕西虻

Tabanus shantungensis Ôuchi, 1943 山东虻

Tabanus shennongjiaensis Xu, Ni *et* Xu, 1984 神农架虻

Tabanus signatipennis Portschinsky, 1887 重脉虻

Tabanus signifer Walker, 1856 角斑虻

Tabanus soubiroui Surcouf, 1922 薮氏虻

Tabanus splendens Xu *et* Liu, 1982 华丽虻

Tabanus stabilis Wang, 1982 稳定虻

Tabanus stackelbergiellus Olsufjev, 1967 史氏虻

Tabanus striatus Fabricius, 1787 断纹虻

Tabanus subcordiger Liu, 1960 亚柯虻

Tabanus subfurvicaudus Wu *et* Xu, 1992 亚暗尾虻

Tabanus submalayensis Wang *et* Liu, 1977 亚马来虻

Tabanus suboliviventris Xu, 1984 亚青腹虻

Tabanus subpullomaculatus Xu *et* Zhang, 1990 亚暗斑虻

Tabanus subrussatus Wang, 1982 亚棕体虻

Tabanus subsabuletorum Olsufjev, 1936 亚多砂虻

Tabanus taipingensis Xu *et* Wu, 1985 太平虻

Tabanus tangi Xu *et* Xu, 1992 唐氏虻

Tabanus taiwanus Hayakawa *et* Takahasi, 1983 台湾虻

Tabanus thermarum Burton, 1978 热地虻

Tabanus tianyui Xu *et* Sun, 2008 天宇虻

Tabanus tienmuensis Liu, 1962 天目虻

Tabanus tieshengi Xu *et* Sun, 2007 铁生虻

Tabanus tricolorus Xu, 1981 三色虻

Tabanus weiheensis Xu *et* Liu, 1980 渭河虻

Tabanus weiningensis Xu, Xu *et* Sun, 2008 威宁虻

Tabanus wuzhishanensis Xu, 1979 五指山虻

Tabanus wuyishanensis Xu *et* Xu, 1990 武夷山虻

Tabanus xanthos Wang, 1982 黄腹虻

Tabanus xuezhongi Xu *et* Quo, 2005 学忠虻

Tabanus yablonicus Takagi, 1941 亚步力虻

Tabanus yadongensis Xu *et* Sun, 2007 亚东虻

Tabanus yamasakii (Ôuchi, 1943) 山崎虻

Tabanus yao Macquart, 1855 姚氏虻

Tabanus yishanensis Xu, 1979 沂山虻

Tabanus yunnanensis Liu *et* Wang, 1977 云南虻

Tabanus zayaensis Xu *et* Sun, 2007 察雅虻

Tabanus zayuensis Wang, 1982 察隅虻

Tabanus zhongpingi Xu *et* Guo, 2005 中平虻

Tabanus zimini Olsufjev, 1937 基氏虻

Tabanus zunmingi Xu *et* Sun, 2007 遵明虻

Thaumastomyia haitiensis (Stone, 1953) 海淀少节虻

附录 2　标本收藏主要单位代号

AMMSC The Collection of Academy of Military Medical Sciences, Beijing, China[军事医学科学院标本馆，北京]

BMNH The Natural History Museum, London, UK

BPBM Bernice P. Bishop Museum, USA

CCAS The Collection of California Academy of Sciences，USA

CU Cornell University,USA

FCDC Fujian Provincial Center for Disease Control and Prevention, Fuzhou, China[福建省疾病预防控制中心，福州]

IECAS Institute of Entomology, Chinese Academy of Science, Shanghai, China [中国科学院上海昆虫研究所，上海]

IMC India Museum Collection

IZCAS Institute of Zoology, Chinese Academy of Science, Beijing, China [中国科学院动物研究所，北京]

IZPR Institute of Zoology, St. Petersburg, Russia

LCDC Liaoning Provincial Center for Disease Control and Prevention, Shengyang, China[辽宁省疾病预防控制中心，沈阳]

LSTM London School Tropical Medicine coll, UK

NMVA Naturhistorisches Museum, Vienna, Austria

PM Paris Museum, Paris, France

USNM National Museum of Natural History, Smithsonian Institution, Washington DC, USA

ZCBS Zoological Collection, Bavarian State Museum, Muenchen, Germany

ZMC Zoologisk Museum, Copenhagen, Denmark

《中国动物志》已出版书目

《中国动物志》

兽纲　第六卷　啮齿目（下）仓鼠科　罗泽珣　2000，514 页，140 图，4 图版。

兽纲　第八卷　食肉目　高耀亭等　1987，377 页，66 图，10 图版。

兽纲　第九卷　鲸目　食肉目海豹总科　海牛目　周开亚　2004，326 页，117 图，8 图版。

鸟纲　第一卷　第一部　中国鸟纲绪论　第二部　潜鸟目—鹳形目　郑作新等　1997，199 页，39 图，4 图版。

鸟纲　第二卷　雁形目　郑作新等　1979，143 页，65 图，10 图版。

鸟纲　第四卷　鸡形目　郑作新等　1978，203 页，53 图，10 图版。

鸟纲　第五卷　鹤形目　鸻形目　鸥形目　王岐山、马鸣、高育仁　2006，644 页，263 图，4 图版。

鸟纲　第六卷　鸽形目　鹦形目　鹃形目　鸮形目　郑作新、冼耀华、关贯勋　1991，240 页，64 图，5 图版。

鸟纲　第七卷　夜鹰目　雨燕目　咬鹃目　佛法僧目　鴷形目　谭耀匡、关贯勋　2003，241 页，36 图，4 彩版。

鸟纲　第八卷　雀形目　阔嘴鸟科—和平鸟科　郑宝赉等　1985，333 页，103 图，8 图版。

鸟纲　第九卷　雀形目　太平鸟科—岩鹨科　陈服官等　1998，284 页，143 图，4 图版。

鸟纲　第十卷　雀形目　鹟科 I　鸫亚科　郑作新、龙泽虞、卢汰春　1995，239 页，67 图，4 图版。

鸟纲　第十一卷　雀形目　鹟科 II　画眉亚科　郑作新、龙泽虞、郑宝赉　1987，307 页，110 图，8 图版。

鸟纲　第十二卷　雀形目　鹟科 III　莺亚科　鹟亚科　郑作新、卢汰春、杨岚、雷富民等　2010，439 页，121 图，4 图版。

鸟纲　第十三卷　雀形目　山雀科—绣眼鸟科　李桂垣、郑宝赉、刘光佐　1982，170 页，68 图，4 图版。

鸟纲　第十四卷　雀形目　文鸟科、雀科　傅桐生、宋榆钧、高玮等　1998，322 页，115 图，8 图版。

爬行纲　第一卷　总论　龟鳖目　鳄形目　张孟闻、宗愉、马积藩　1998，208 页，44 图，4 图版。

爬行纲　第二卷　有鳞目　蜥蜴亚目　赵尔宓、赵肯堂、周开亚等　1999，394 页，54 图，8 图版。

爬行纲　第三卷　有鳞目　蛇亚目　赵尔宓、黄美华、宗愉等　1998，522 页，100 图，12 图版。

两栖纲　上卷　总论　蚓螈目　有尾目　费梁、胡淑琴、叶昌媛、黄永昭等　2006，471 页，120 图，

16 图版。

两栖纲　中卷　无尾目　费梁、胡淑琴、叶昌媛、黄永昭等　2009，957 页，549 图，16 图版。

两栖纲　下卷　无尾目　蛙科　费梁、胡淑琴、叶昌媛、黄永昭等　2009，888 页，337 图，16 图版。

硬骨鱼纲　鲽形目　李思忠、王惠民　1995，433 页，170 图。

硬骨鱼纲　鲇形目　褚新洛、郑葆珊、戴定远等　1999，230 页，124 图。

硬骨鱼纲　鲤形目（中）　陈宜瑜等　1998，531 页，257 图。

硬骨鱼纲　鲤形目（下）　乐佩绮等　2000，661 页，340 图。

硬骨鱼纲　鲟形目　海鲢目　鲱形目　鼠鱚目　张世义　2001，209 页，88 图。

硬骨鱼纲　灯笼鱼目　鲸口鱼目　骨舌鱼目　陈素芝　2002　349 页，135 图。

硬骨鱼纲　鲀形目　海蛾鱼目　喉盘鱼目　鮟鱇目　苏锦祥、李春生　2002，495 页，194 图。

硬骨鱼纲　鲉形目　金鑫波　2006，739 页，287 图。

硬骨鱼纲　鲈形目（五）　虾虎鱼亚目　伍汉霖、钟俊生等　2008，951 页，575 图，32 图版。

硬骨鱼纲　鳗鲡目　背棘鱼目　张春光等　2010，453 页，225 图，3 图版。

硬骨鱼纲　银汉鱼目　鳉形目　颌针鱼目　蛇鳚目　鳕形目　李思忠、张春光等　2011，946 页，345 图。

圆口纲　软骨鱼纲　朱元鼎、孟庆闻等　2001，552 页，247 图。

昆虫纲　第一卷　蚤目　柳支英等　1986，1334 页，1948 图。

昆虫纲　第二卷　鞘翅目　铁甲科　陈世骧等　1986　653 页，327 图，15 图版。

昆虫纲　第三卷　鳞翅目　圆钩蛾科　钩蛾科　朱弘复、王林瑶　1991，269 页，204 图，10 图版。

昆虫纲　第四卷　直翅目　蝗总科　癞蝗科　瘤锥蝗科　锥头蝗科　夏凯龄等　1994,340 页,168 图。

昆虫纲　第五卷　鳞翅目　蚕蛾科　大蚕蛾科　网蛾科　朱弘复、王林瑶　1996，302 页，234 图，18 图版。

昆虫纲　第六卷　双翅目　丽蝇科　范滋德等　1997，707 页，229 图。

昆虫纲　第七卷　鳞翅目　祝蛾科　武春生　1997，306 页，74 图，38 图版。

昆虫纲　第八卷　双翅目　蚊科（上）　陆宝麟等　1997，593 页，285 图。

昆虫纲　第九卷　双翅目　蚊科（下）　陆宝麟等　1997，126 页，57 图。

昆虫纲　第十卷　直翅目　蝗总科　斑翅蝗科　网翅蝗科　郑哲民、夏凯龄　1998，610 页，323 图。

昆虫纲　第十一卷　鳞翅目　天蛾科　朱弘复、王林瑶　1997，410 页，325 图，8 图版。

昆虫纲　第十二卷　直翅目　蚱总科　梁铬球、郑哲民　1998，278 页，166 图。

昆虫纲　第十三卷　半翅目　姬蝽科　任树芝　1998，251 页，508 图，12 图版。

昆虫纲　第十四卷　同翅目　纩蚜科　瘿棉蚜科　张广学、乔格侠、钟铁森、张万玉 1999，380 页，121 图，17+8 图版。

昆虫纲　第十五卷　鳞翅目　尺蛾科　花尺蛾亚科　薛大勇、朱弘复　1999，1090 页，1197 图，25 图版。

昆虫纲 第十六卷 鳞翅目 夜蛾科 陈一心 1999，1596页，701图，68图版。

昆虫纲 第十七卷 等翅目 黄复生等 2000，961页，564图。

昆虫纲 第十八卷 膜翅目 茧蜂科（一） 何俊华、陈学新、马云 2000，757页，1783图。

昆虫纲 第十九卷 鳞翅目 灯蛾科 方承莱 2000，589页，338图，20图版。

昆虫纲 第二十卷 膜翅目 准蜂科 蜜蜂科 吴燕如 2000，442页，218图，9图版。

昆虫纲 第二十一卷 鞘翅目 天牛科 花天牛亚科 蒋书楠、陈力 2001，296页，17图，18图版。

昆虫纲 第二十二卷 同翅目 蚧总科 粉蚧科 绒蚧科 蜡蚧科 链蚧科 盘蚧科 壶蚧科 仁蚧科 王子清 2001，611页，188图。

昆虫纲 第二十三卷 双翅目 寄蝇科（一） 赵建铭、梁恩义、史永善、周士秀 2001，305页，183图，11彩版。

昆虫纲 第二十四卷 半翅目 毛唇花蝽科 细角花蝽科 花蝽科 卜文俊、郑乐怡 2001，267页，362图。

昆虫纲 第二十五卷 鳞翅目 凤蝶科 凤蝶亚科 锯凤蝶亚科 绢蝶亚科 武春生 2001，367页，163图，8彩版。

昆虫纲 第二十六卷 双翅目 蝇科（二） 棘蝇亚科 （Ⅰ） 马忠余、薛万琦、冯炎 2002，421页，614图。

昆虫纲 第二十七卷 鳞翅目 卷蛾科 刘友樵、李广武 2002，601页，16图，136+2图版。

昆虫纲 第二十八卷 同翅目 角蝉总科 犁胸蝉科 角蝉科 袁锋、周尧 2002，590页，295图，4彩版。

昆虫纲 第二十九卷 膜翅目 螯蜂科 何俊华、许再福 2002，464页，397图。

昆虫纲 第三十卷 鳞翅目 毒蛾科 赵仲苓 2003，484页，270图，10图版。

昆虫纲 第三十一卷 鳞翅目 舟蛾科 武春生、方承莱 2003，952页，530图，8图版。

昆虫纲 第三十二卷 直翅目 蝗总科 槌角蝗科 剑角蝗科 印象初、夏凯龄 2003，280页，144图。

昆虫纲 第三十三卷 半翅目 盲蝽科 盲蝽亚科 郑乐怡、吕楠、刘国卿、许兵红 2004，797页，228图，8彩版。

昆虫纲 第三十四卷 双翅目 舞虻科 螳舞虻亚科 驼舞虻亚科 杨定、杨集昆 2004，335页，474图，1彩版。

昆虫纲 第三十五卷 革翅目 陈一心、马文珍 2004，420页，199图，8彩版。

昆虫纲 第三十六卷 鳞翅目 波纹蛾科 赵仲苓 2004，291页，153图，5彩版。

昆虫纲 第三十七卷 膜翅目 茧蜂科（二） 陈学新、何俊华、马云 2004，581页，1183图，53

图版。

昆虫纲 第三十八卷 鳞翅目 蝙蝠蛾科 蛱蛾科 朱弘复、王林瑶、韩红香 2004，291 页，179 图，8 彩版。

昆虫纲 第三十九卷 脉翅目 草蛉科 杨星科、杨集昆、李文柱 2005，398 页，240 图， 4 图版。

昆虫纲 第四十卷 鞘翅目 肖叶甲科 肖叶甲亚科 谭娟杰、王书永、周红章 2005，415 页，95 图，8 图版。

昆虫纲 第四十一卷 同翅目 斑蚜科 乔格侠、张广学、钟铁森 2005，476 页，226 图，8 图版。

昆虫纲 第四十二卷 膜翅目 金小蜂科 黄大卫、肖辉 2005，388 页，432 图，5 图版。

昆虫纲 第四十三卷 直翅目 蝗总科 斑腿蝗科 李鸿昌、夏凯龄 2006，736 页，325 图。

昆虫纲 第四十四卷 膜翅目 切叶蜂科 吴燕如 2006，474 页，180 图，4 图版。

昆虫纲 第四十五卷 同翅目 飞虱科 丁锦华 2006，776 页，351 图，20 图版。

昆虫纲 第四十六卷 膜翅目 茧蜂科 窄径茧蜂亚科 陈家骅、杨建全 2006，301 页，81 图，32 图版。

昆虫纲 第四十七卷 鳞翅目 枯叶蛾科 刘友樵、武春生 2006，385 页，248 图，8 图版。

昆虫纲 蚤目（第二版 分上下两册） 吴厚永等 2007，2174 页，2475 图。

昆虫纲 第四十九卷 双翅目 蝇科（一） 范滋德、邓耀华 2008，1186 页，276 图，4 图版。

昆虫纲 第五十卷 双翅目 食蚜蝇科 黄春梅、成新跃 2012，852 页，418 图，8 图版。

昆虫纲 第五十一卷 广翅目 杨定、刘星月 2010，457 页，176 图，14 图版。

昆虫纲 第五十二卷 鳞翅目 粉蝶科 武春生 2010，416 页，174 图，16 图版。

昆虫纲 第五十三卷 双翅目 长足虻科（上下卷） 杨定、张莉莉、王孟卿、朱雅君 2011，1912 页，1017 图，7 图版。

昆虫纲 第五十四卷 鳞翅目 尺蛾科 尺蛾亚科 韩红香、薛大勇 2011，787 页，929 图，20 图版。

无脊椎动物 第一卷 甲壳纲 淡水枝角类 蒋燮治、堵南山 1979，297 页，192 图。

无脊椎动物 第二卷 甲壳纲 淡水桡足类 沈嘉瑞等 1979，450 页，255 图。

无脊椎动物 第三卷 吸虫纲 复殖目（一） 陈心陶等 1985，697 页，469 图，10 图版。

无脊椎动物 第四卷 头足纲 董正之 1988，201 页，124 图，4 图版。

无脊椎动物 第五卷 蛭纲 杨潼 1996，259 页，141 图。

无脊椎动物 第六卷 海参纲 廖玉麟 1997，334 页，170 图，2 图版。

无脊椎动物 第七卷 腹足纲 中腹足目 宝贝总科 马绣同 1997，283 页， 96 图，12 图版。

无脊椎动物 第八卷 蛛形纲 蜘蛛目 蟹蛛科 逍遥蛛科 宋大祥、朱明生 1997，259 页，154 图。

无脊椎动物 第九卷 多毛纲（一） 叶须虫目 吴宝铃、吴启泉、丘建文、陆华 1997，323 页，180 图。

无脊椎动物 第十卷 蛛形纲 蜘蛛目 圆蛛科 尹长民等 1997，460 页，292 图。

无脊椎动物　第十一卷　腹足纲　后鳃亚纲　头楯目　林光宇　1997，246 页，35 图，24 图版。

无脊椎动物　第十二卷　双壳纲　贻贝目　王祯瑞　1997，268 页，126 图，4 图版。

无脊椎动物　第十三卷　蛛形纲　蜘蛛目　球蛛科　朱明生　1998，436 页，233 图，1 图版。

无脊椎动物　第十四卷　肉足虫纲　等辐骨虫目　泡沫虫目　谭智源　1998，315 页，273 图，25 图版。

无脊椎动物　第十五卷　粘孢子纲　陈启鎏、马成伦　1998，805 页，30 图，180 图版。

无脊椎动物　第十六卷　珊瑚虫纲　海葵目　角海葵目　群体海葵目　裴祖南　1998，286 页，149 图，20 图版。

无脊椎动物　第十七卷　甲壳动物亚门　十足目　束腹蟹科　溪蟹科　戴爱云　1999，501 页，238 图，31 图版。

无脊椎动物　第十八卷　原尾纲　尹文英　1999，510 页，275 图，8 图版。

无脊椎动物　第十九卷　腹足纲　柄眼目　烟管螺科　陈德牛、张国庆　1999，210 页，128 图，5 图版。

无脊椎动物　第二十卷　双壳纲　原鳃亚纲　异韧带亚纲　徐凤山　1999，244 页，156 图。

无脊椎动物　第二十一卷　甲壳动物亚门　糠虾目　刘瑞玉、王绍武　2000，326 页，110 图。

无脊椎动物　第二十二卷　单殖吸虫纲　吴宝华、郎所、王伟俊等　2000，756 页，598 图，2 图版。

无脊椎动物　第二十三卷　珊瑚虫纲　石珊瑚目　造礁石珊瑚　邹仁林　2001，289 页，9 图，55 图版。

无脊椎动物　第二十四卷　双壳纲　帘蛤科　庄启谦　2001，278 页，145 图。

无脊椎动物　第二十五卷　线虫纲　杆形目　圆线亚目（一）　吴淑卿等　2001　489 页，201 图。

无脊椎动物　第二十六卷　有孔虫纲　胶结有孔虫　郑守仪、傅钊先　2001，788 页，130 图，122 图版。

无脊椎动物　第二十七卷　水螅虫纲　钵水母纲　高尚武、洪惠馨、张士美　2002，275 页，136 图。

无脊椎动物　第二十八卷　甲壳动物亚门　端足目　蛾亚目　陈清潮、石长泰　2002，249 页，178 图。

无脊椎动物　第二十九卷　腹足纲　原始腹足目　马蹄螺总科　董正之　2002，210 页，176 图，2 彩版。

无脊椎动物　第三十卷　甲壳动物亚门　短尾次目　海洋低等蟹类　陈惠莲、孙海宝 2002，597 页，237 图，4 彩版，12 黑白图版。

无脊椎动物　第三十一卷　双壳纲　珍珠贝亚目　王祯瑞　2002，374 页，152 图，7 彩版。

无脊椎动物　第三十二卷　多孔虫纲　罩笼虫目　稀孔虫纲　稀孔虫目　谭智源、宿星慧　2003，295 页，193 图，25 图版。

无脊椎动物　第三十三卷　多毛纲（二）沙蚕目　孙瑞平、杨德渐　2004，520 页，267 图，1 彩版。

无脊椎动物　第三十四卷　腹足纲　鹑螺总科　张素萍、马绣同　2004，243 页，123 图，5 彩版。

无脊椎动物　第三十五卷　蛛形纲　蜘蛛目　肖蛸科　朱明生、宋大祥、张俊霞　2003，402 页，174 图，5 彩版，11 黑白图版。

无脊椎动物 第三十六卷 甲壳动物亚门 十足目 匙指虾科 梁象秋 2004，375 页，156 图。

无脊椎动物 第三十七卷 软体动物门 腹足纲 巴蜗牛科 陈德牛、张国庆 2004，482 页，409 图，3 彩版，5 黑白图版。

无脊椎动物 第三十八卷 毛颚动物门 箭虫纲 萧贻昌 2004，201 页，89 图。

无脊椎动物 第三十九卷 蛛形纲 蜘蛛目 平腹蛛科 宋大祥、朱明生、张锋 2004，362 页，175 图。

无脊椎动物 第四十卷 棘皮动物门 蛇尾纲 廖玉鳞 2004，505 页，244 图，2 彩版，4 黑白图版。

无脊椎动物 第四十一卷 甲壳动物亚门 端足目 钩虾亚目（一） 任先秋 2006，588 页，194 图。

无脊椎动物 第四十二卷 甲壳动物亚门 蔓足下纲 围胸总目 刘瑞玉、任先秋 2007，632 页，239 图。

无脊椎动物 第四十三卷 甲壳动物亚门 端足目 钩虾亚目（二）任先秋 2012，651 页，197 图。

无脊椎动物 第四十四卷 甲壳动物亚门 十足目 长臂虾总科 李新正、刘瑞玉、梁象秋等 2007，381 页，157 图。

无脊椎动物 第四十六卷 星虫动物门 螠虫动物门 周红、李凤鲁、王玮 2007，206 页，95 图。

无脊椎动物 第四十七卷 蛛形纲 蜱螨亚纲 植绥螨科 吴伟南、欧剑锋、黄静玲 2009，511 页，287 图，9 图版。

无脊椎动物 第四十八卷 软体动物门 双壳纲 满月蛤总科 心蛤总科 厚壳蛤总科 鸟蛤总科 徐凤山 2012，239 页，133 图。

无脊椎动物 第四十九卷 甲壳动物亚门 十足目 梭子蟹科 杨思谅、陈惠莲、戴爱云 2012，417 页，138 图，14 图版。

图　版

图版I

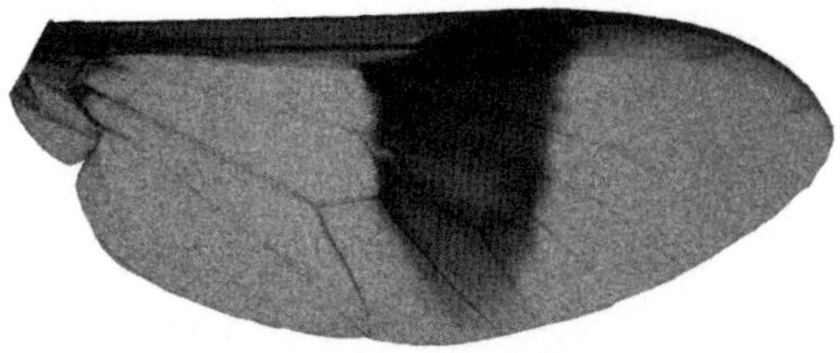
1

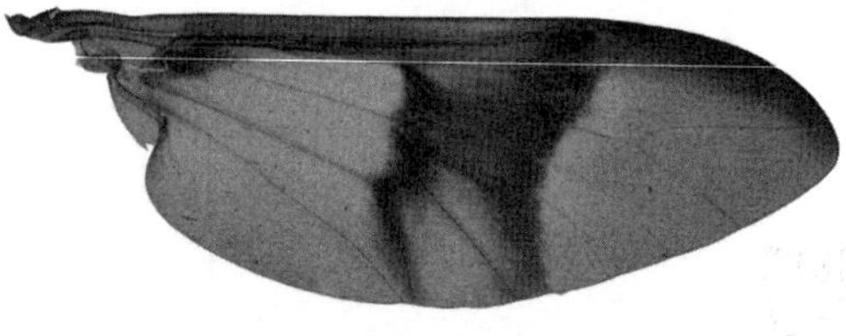
2

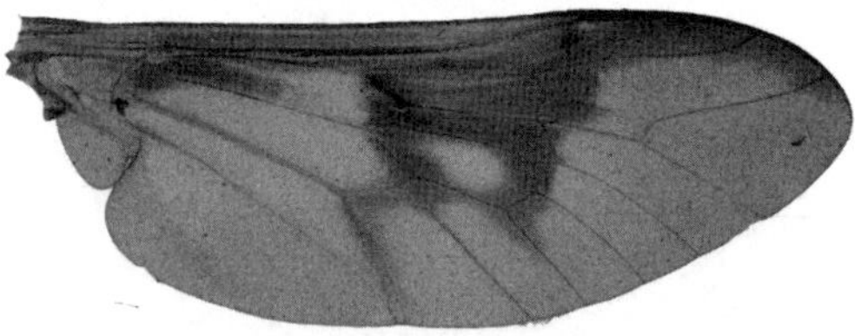
3

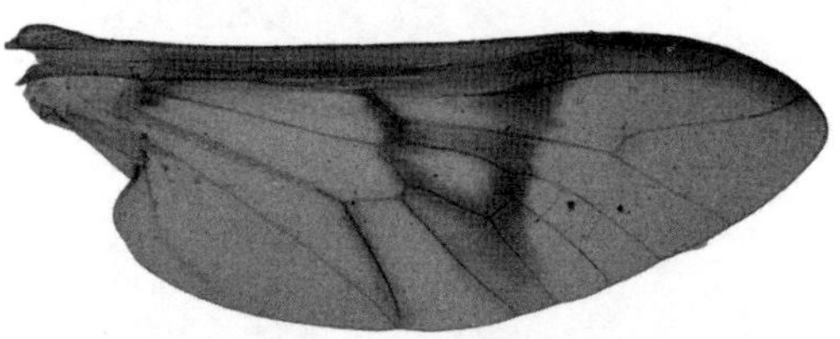
4

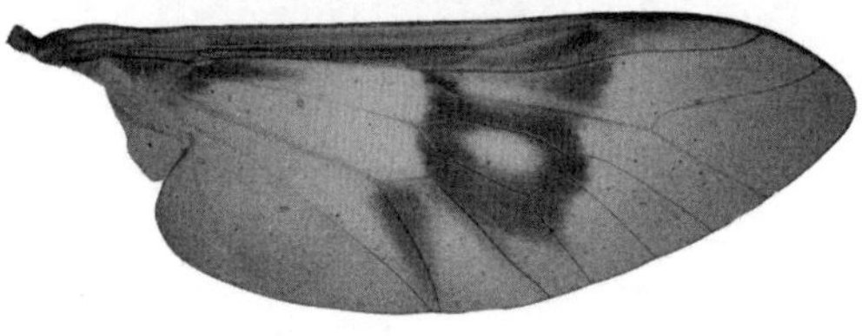
5

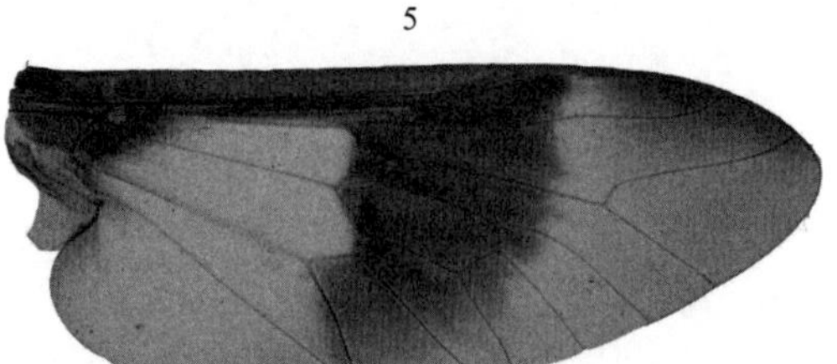
6

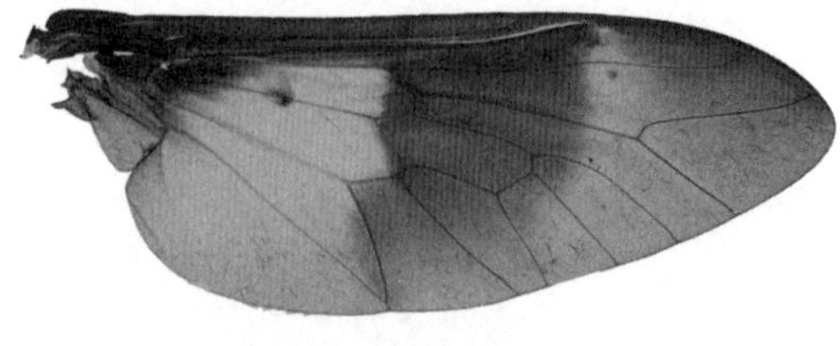
7

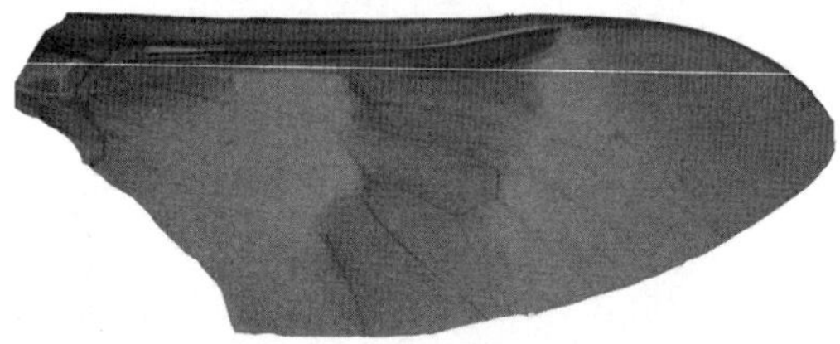
8

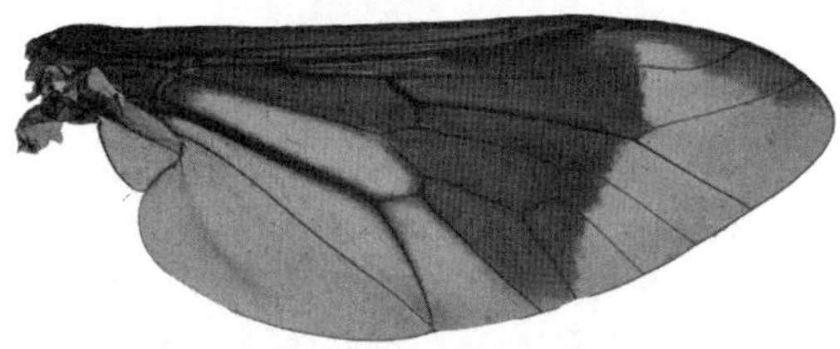
9

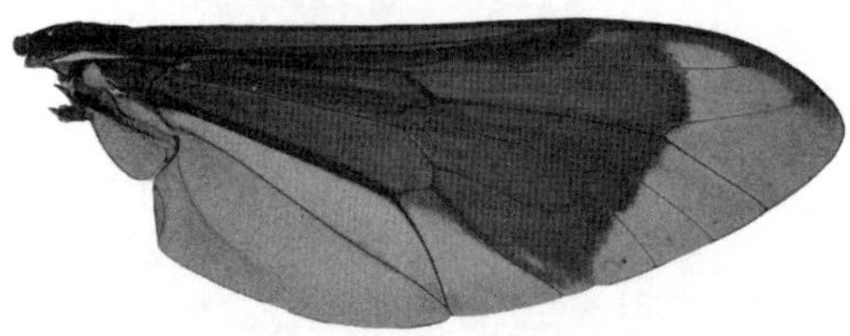
10

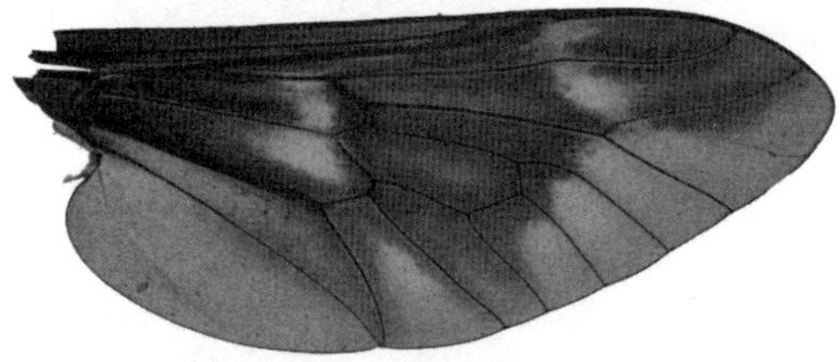
11

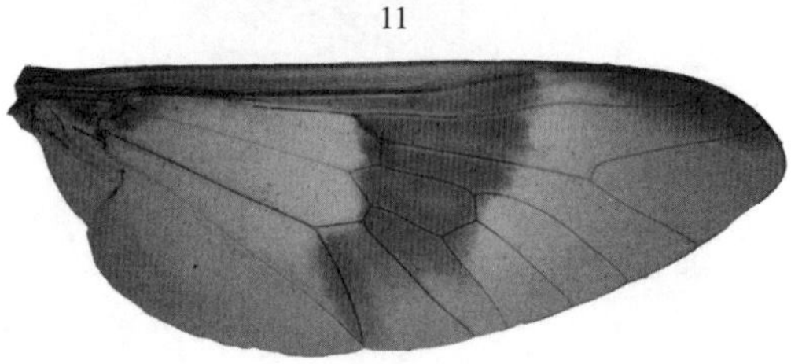
12

1. 黄带斑虻*Chrysops flavocinctus* Ricardo；2. 蹄斑斑虻*Chrysops dispar* Fabricius；3. 范氏斑虻*Chrysops vanderwulpi* (Kröber)；4. 黄胸斑虻*Chrysops flaviscutellus* Philip；5. 莫氏斑虻*Chrysops mlokosiewiczi* Bigot；6. 云南斑虻*Chrysops yunnanensis* Liu *et* Wang；7. 林脸斑虻*Chrysops silvifacies* Philip；8. 毕氏斑虻*Chrysops pettigrewi* Ricardo；9. 日本斑虻*Chrysops japonicus* Weidemann；10. 帕氏斑虻*Chrysops potanini* Pleske；11. 宽条斑虻*Chrysops semiignitus* Kröber；12. 察哈尔斑虻*Chrysops chaharicus* Chen *et* Quo

图版II

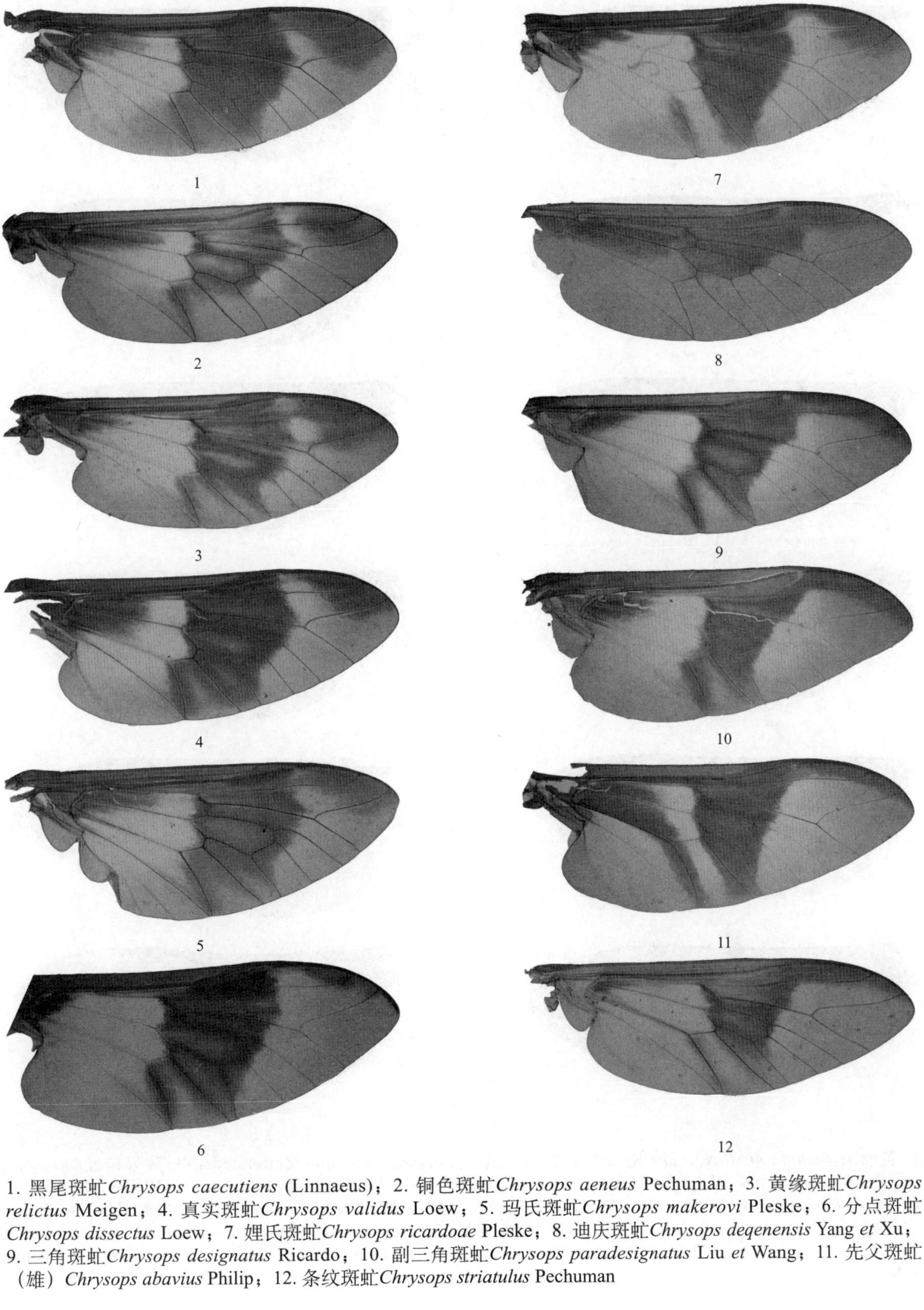

1. 黑尾斑虻*Chrysops caecutiens* (Linnaeus)；2. 铜色斑虻*Chrysops aeneus* Pechuman；3. 黄缘斑虻*Chrysops relictus* Meigen；4. 真实斑虻*Chrysops validus* Loew；5. 玛氏斑虻*Chrysops makerovi* Pleske；6. 分点斑虻*Chrysops dissectus* Loew；7. 娌氏斑虻*Chrysops ricardoae* Pleske；8. 迪庆斑虻*Chrysops deqenensis* Yang *et* Xu；9. 三角斑虻*Chrysops designatus* Ricardo；10. 副三角斑虻*Chrysops paradesignatus* Liu *et* Wang；11. 先父斑虻（雄）*Chrysops abavius* Philip；12. 条纹斑虻*Chrysops striatulus* Pechuman

图版III

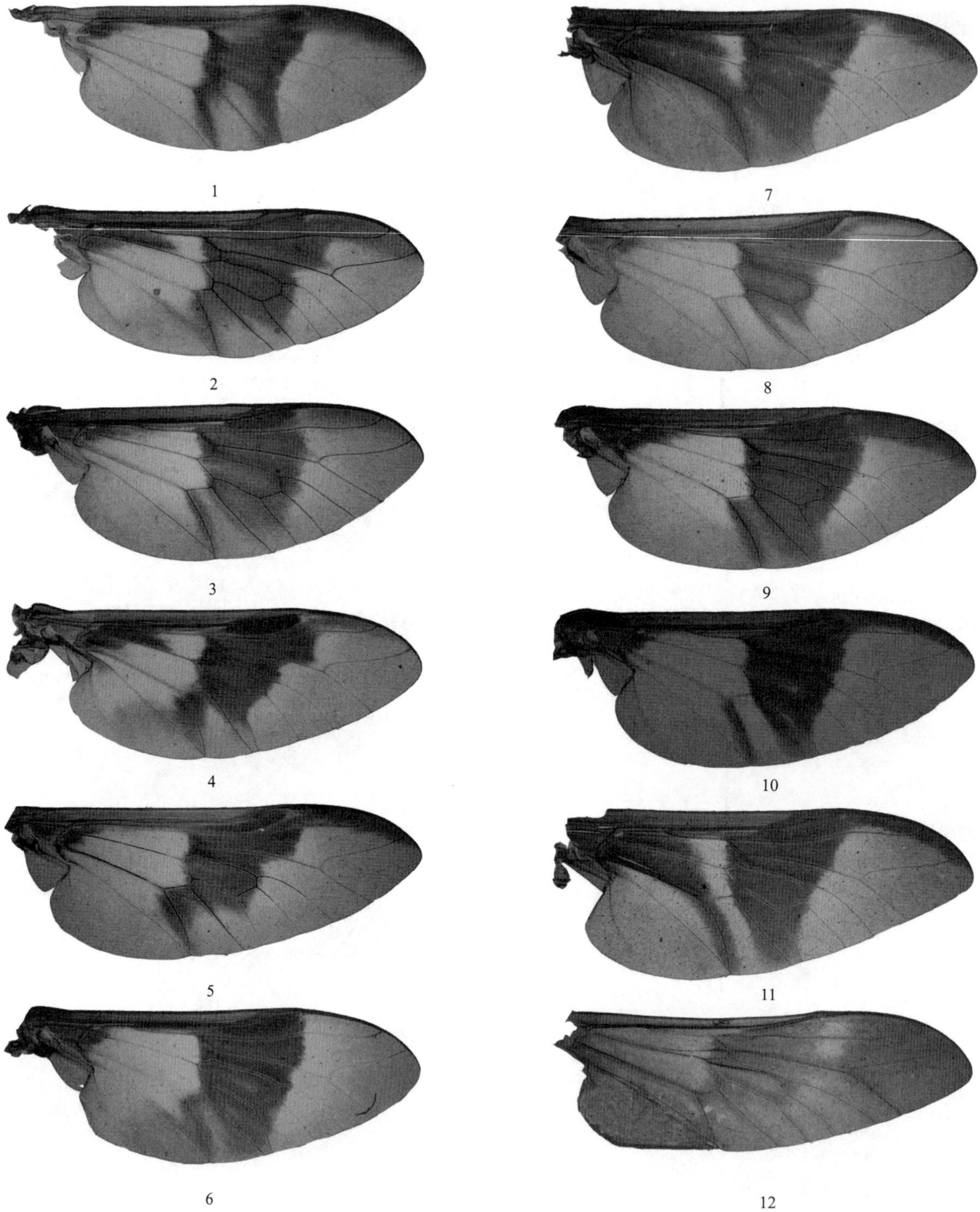

1. 黄瘤斑虻*Chrysops flavescens* Szilády；2. 黑足斑虻*Chrysops nigripes* Zetterstedt；3. 联瘤斑虻*Chrysops angaricus* Olsufjev；4. 煤色斑虻*Chrysops anthrax* Olsufjev；5. 中华斑虻*Chrysops sinensis* Walker；6. 斯氏斑虻（雌）*Chrysops stackelbergiellus* Olsufjev；7. 斯氏斑虻（雄）*Chrysops stackelbergiellus* Olsufjev；8. 辽宁斑虻*Chrysops liaoningensis* Xu *et* Chen；9. 合瘤斑虻*Chrysops suavis* Loew；10. 四川斑虻（雌）*Chrysops szechuanensis* Kröber；11. 四川斑虻（雄）*Chrysops szechuanensis* Kröber；12. 二标格虻*Gressittia birumis* Philip *et* Mackerras

图版IV

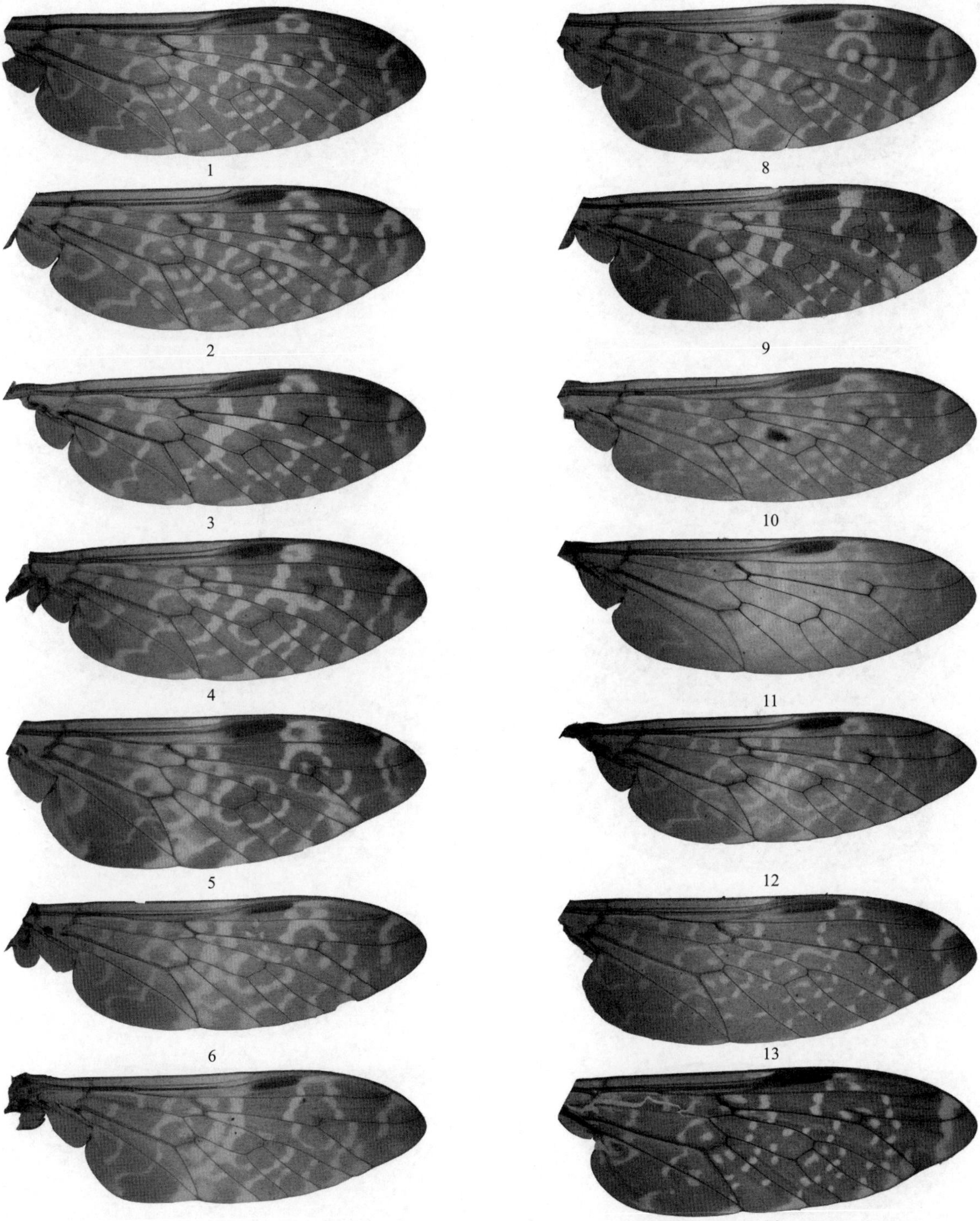

1. 海南麻虻*Haematopota hainani* Stone *et* Philip；2. 白条麻虻*Haematopota atrata* Szilády；3. 线带麻虻*Haematopota lineata* Philip；4. 白线麻虻*Haematopota albalinea* Xu *et* Liao；5. 爪哇麻虻*Haematopota javana* Wiedemann；6. 阿萨姆麻虻*Haematopota assamensis* Ricardo；7. 粉角麻虻*Haematopota pollinantenna* Xu *et* Liao；8. 毛股麻虻*Haematopota pilosifemura* Xu；9. 缕腿麻虻*Haematopota cilipes* Bigot；10. 怒江麻虻*Haematopota lukiangensis* (Liu *et* Wang)；11. 建中麻虻*Haematopota jianzhongi* Xu *et* Guo；12. 缅甸麻虻*Haematopota burmanica* Senior-White；13. 条带麻虻*Haematopota lineola* (Philip)；14. 中国麻虻*Haematopota chinensis* Ôuchi

图版V

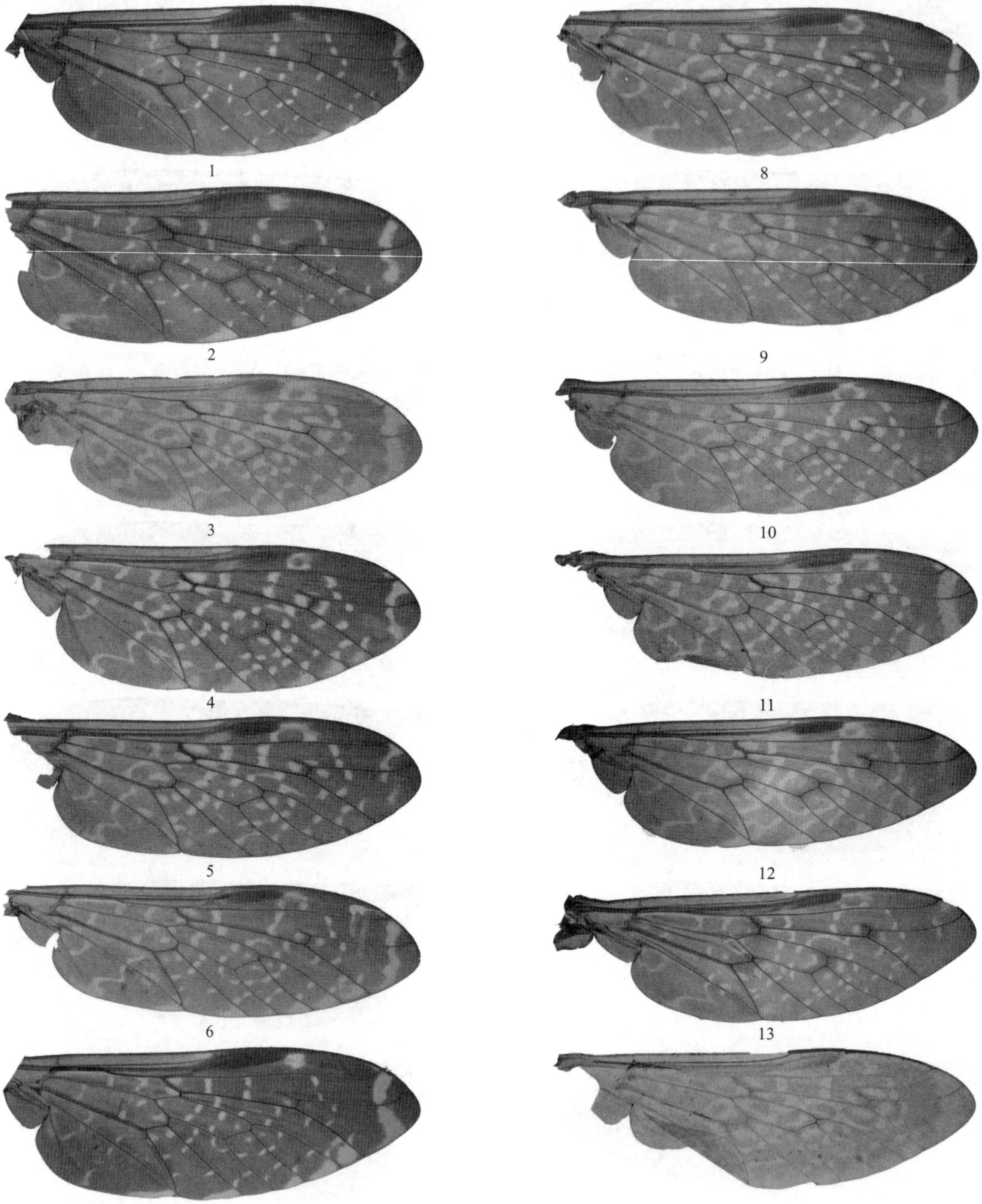

1. 瞿氏麻虻*Haematopota qui* Xu；2. 曾健麻虻*Haematopota zengjiani* Xu *et* Guo；3. 朝鲜麻虻*Haematopota koryoensis* (Shiraki)；4. 广西麻虻*Haematopota guangxiensis* Xu；5. 阳刚麻虻*Haematopota yanggangi* Xu *et* Guo；6. 福建麻虻*Haematopota fukienensis* Stone *et* Philip；7. 沥青麻虻*Haematopota picea* Stone *et* Philip；8. 五指山麻虻*Haematopota wuzhishanensis* Xu；9. 亚朝鲜麻虻*Haematopota subkoryoensis* Xu *et* Sun sp. nov.；10. 台岛麻虻*Haematopota formosana* Shiraki；11. 副截形麻虻*Haematopota paratruncata* (Wang *et* Liu)；12. 棕角麻虻*Haematopota brunnicornis* Wang；13. 格氏麻虻*Haematopota gregoryi* Stone *et* Philip；14. 异角麻虻*Haematopota variantenna* Xu *et* Sun

图版VI

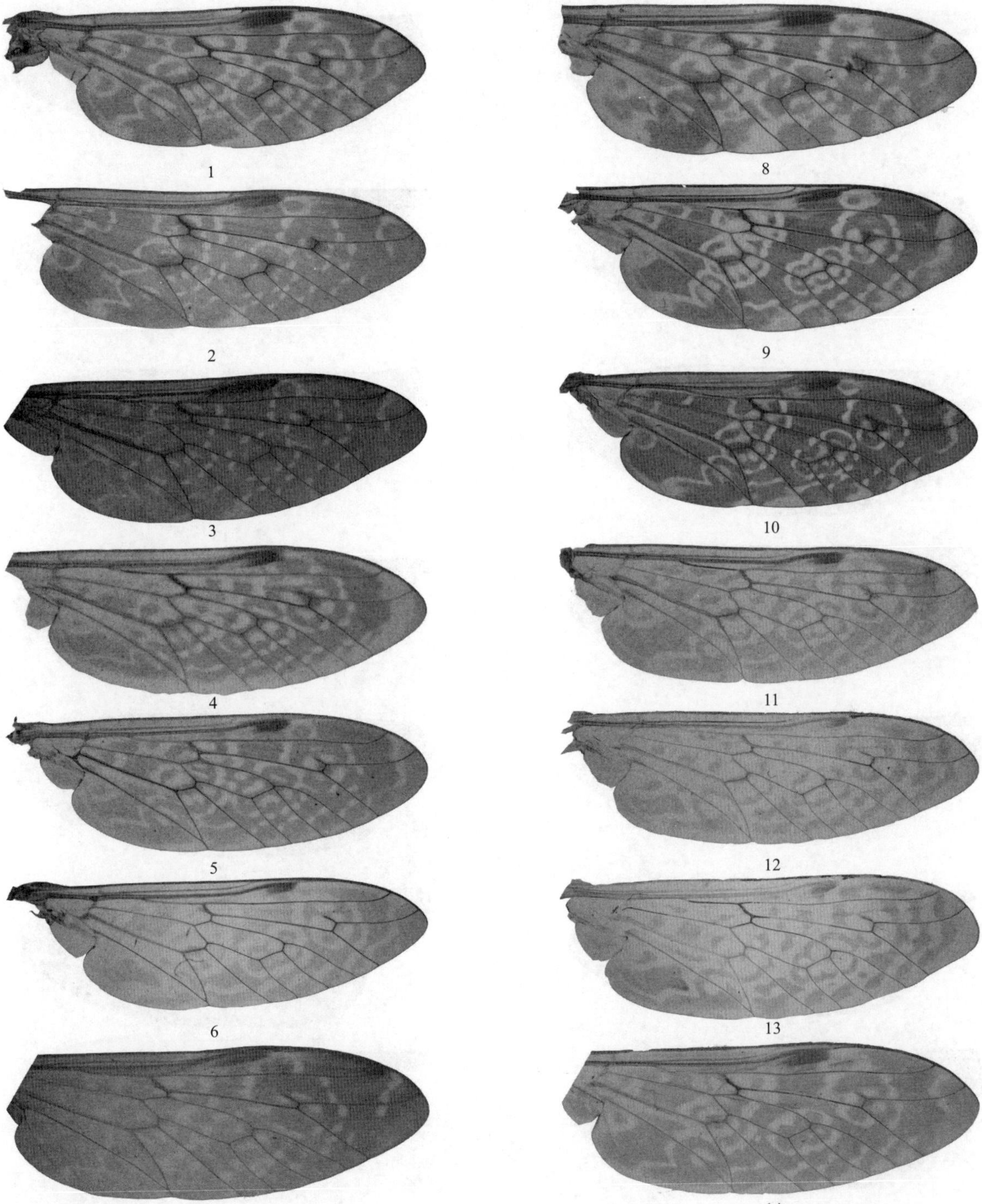

1. 括苍山麻虻*Haematopota guacangshanensis* Xu；2. 尼泊尔麻虻*Haematopota nepalensis* Stone *et* Philip；3. 黑角麻虻*Haematopota nigriantenna* Wang；4. 脱粉麻虻*Haematopota desertorum* Szilády；5. 高额麻虻*Haematopota pluvialis* (Linnaeus)；6. 亚圆筒麻虻*Haematopota subcylindrica* Pandelle；7. 低额麻虻*Haematopota ustulata* (Kröber)；8. 汉中麻虻*Haematopota hanzhongensis* Xu, Li *et* Yang；9. 塔氏麻虻*Haematopota tamerlani* Szilády；10. 斯氏麻虻*Haematopota stackelbergi* Olsufjev；11. 土耳其麻虻*Haematopota turkestanica* (Kröber)；12. 波氏麻虻*Haematopota przewalskii* Olsufjev；13. 苍白麻虻*Haematopota pallens* Loew；14. 触角麻虻*Haematopota antennata* (Shiraki)

图版VII

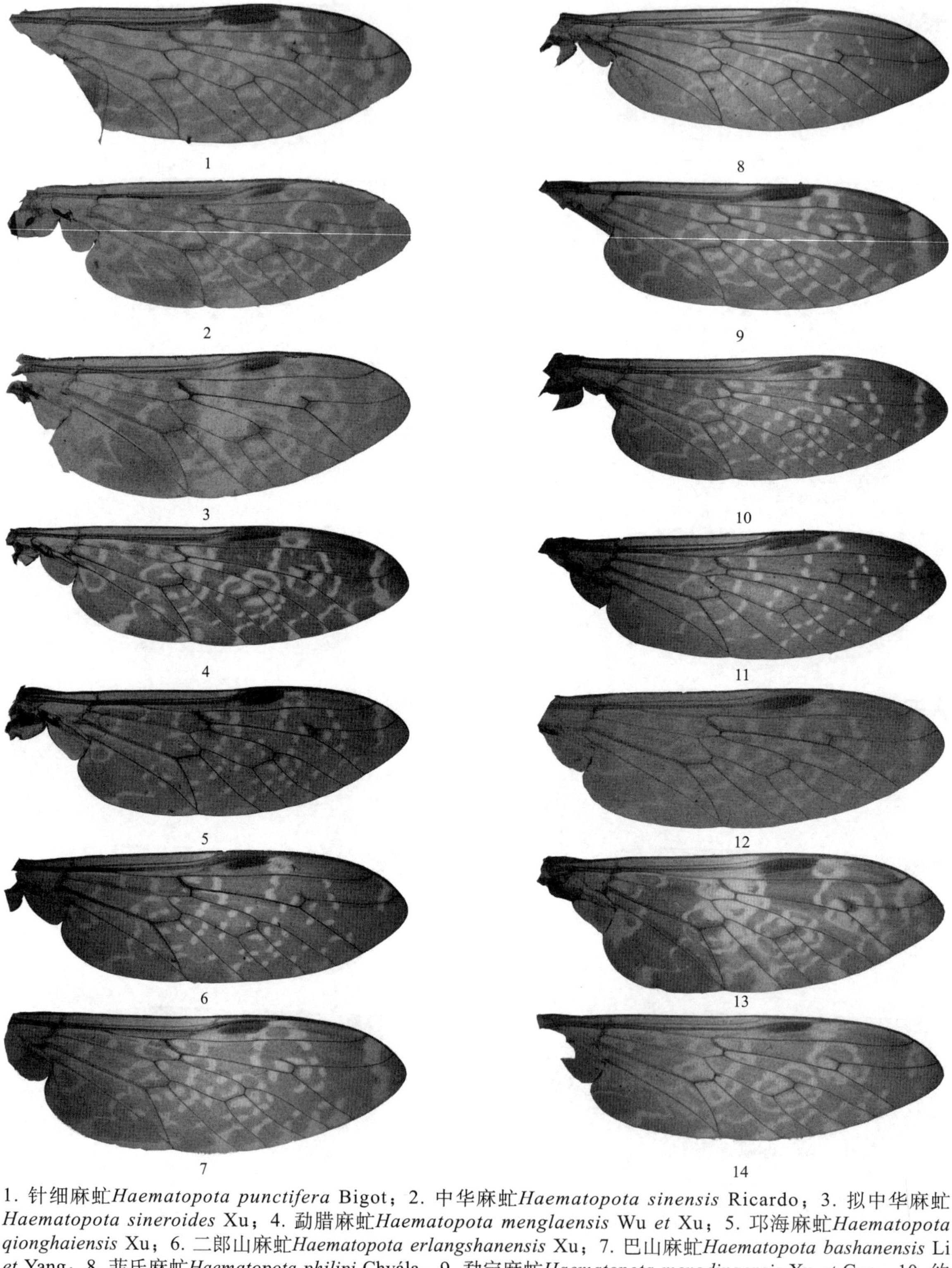

1. 针细麻虻*Haematopota punctifera* Bigot；2. 中华麻虻*Haematopota sinensis* Ricardo；3. 拟中华麻虻*Haematopota sineroides* Xu；4. 勐腊麻虻*Haematopota menglaensis* Wu *et* Xu；5. 邛海麻虻*Haematopota qionghaiensis* Xu；6. 二郎山麻虻*Haematopota erlangshanensis* Xu；7. 巴山麻虻*Haematopota bashanensis* Li *et* Yang；8. 菲氏麻虻*Haematopota philipi* Chvála；9. 勐定麻虻*Haematopota mengdingensis* Xu *et* Guo；10. 约翰柏通麻虻 *Haematopota johnburtoni* Xu *et* Sun；11. 亚露麻虻*Haematopota subirrorata* Xu；12. 圆胛麻虻*Haematopota sphaerocallus* (Wang *et* Liu)；13. 莫干山麻虻*Haematopota mokanshanensis* Ôuchi；14. 骚扰麻虻*Haematopota vexativa* Xu

图版VIII

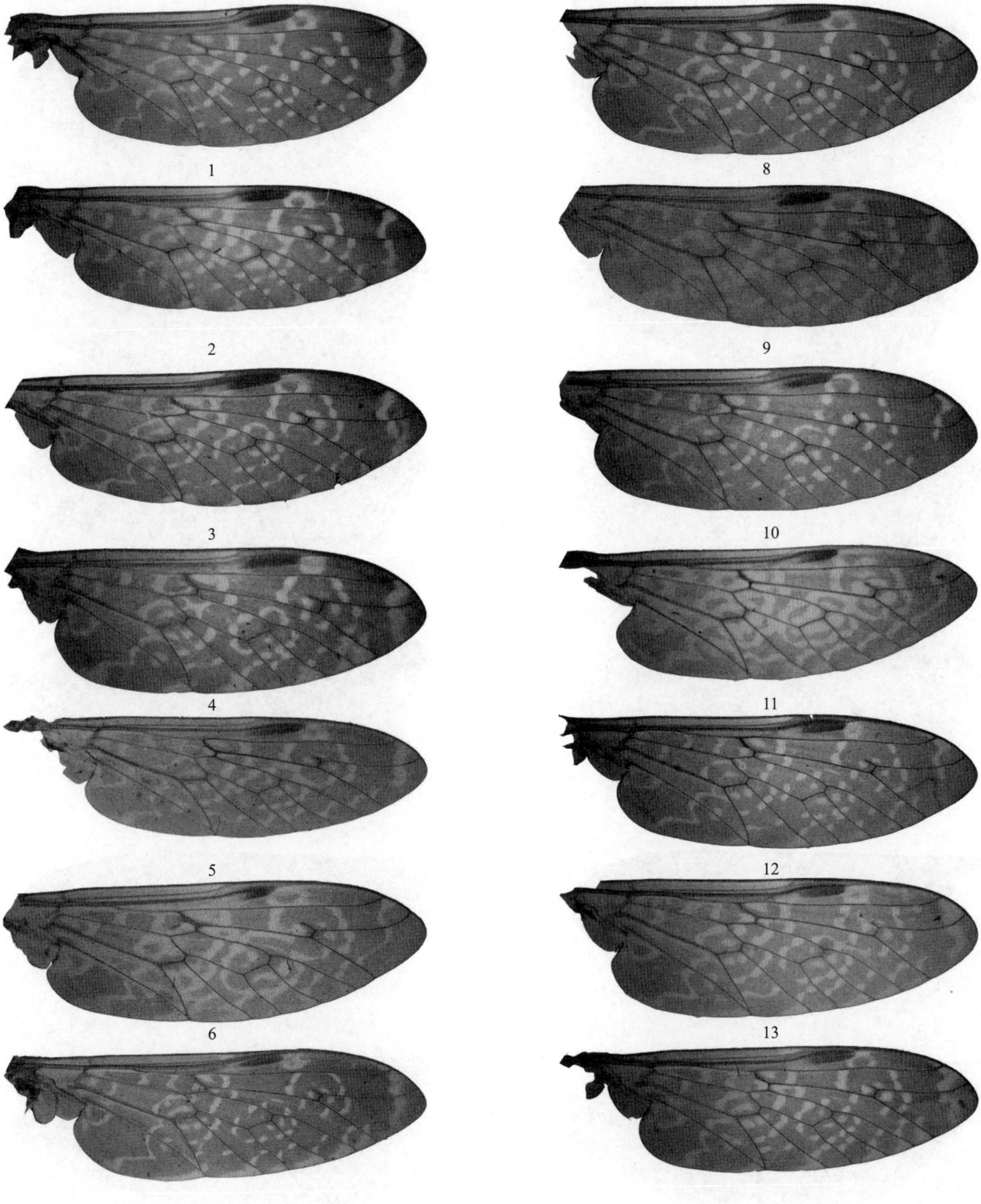

1. 澜沧江麻虻*Haematopota lancangjiangensis* Xu；2. 天纳西麻虻*Haematopota tenasserimi* Szilády；3. 永平麻虻*Haematopota yongpingi* Xu *et* Guo；4. 永安麻虻*Haematopota yungani* Stone *et* Philip；5. 北京麻虻*Haematopota pekingensis* (Liu)；6. 甘肃麻虻*Haematopota kansuensis* (Kröber)；7. 浙江麻虻*Haematopota chekiangensis* Ôuchi；8. 拟云南麻虻*Haematopota yunnanoides* Xu；9. 云南麻虻*Haematopota yunnanensis* Stone *et* Philip；10. 明庆麻虻*Haematopota mingqingi* Xu *et* Guo；11. 祁连山麻虻*Haematopota qilianshanensis* He, Liu *et* Xu；12. 成勇麻虻*Haematopota chengyongi* Xu *et* Guo；13. 沃氏麻虻*Haematopota olsufjevi* (Liu)；14. 峨眉山麻虻*Haematopota omeishanensis* Xu

图版IX

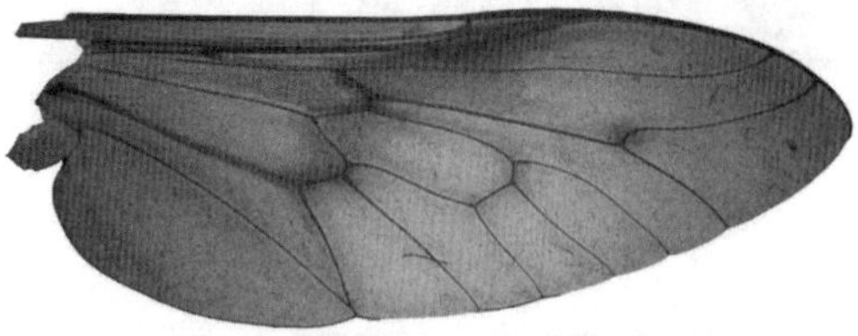

1

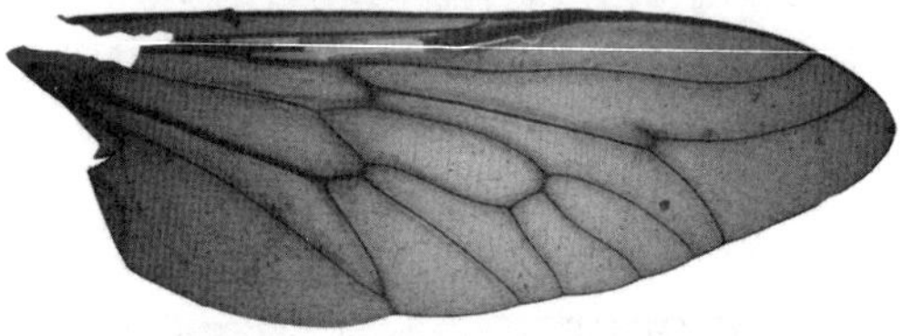

2

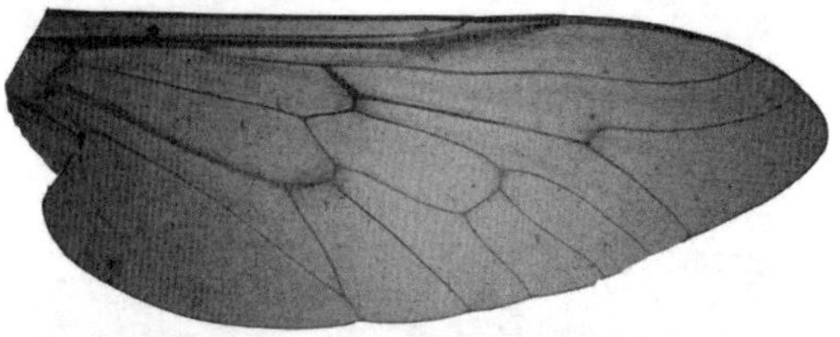

3

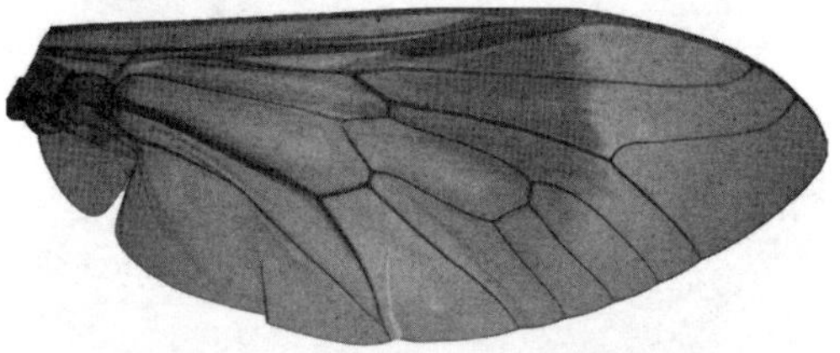

4

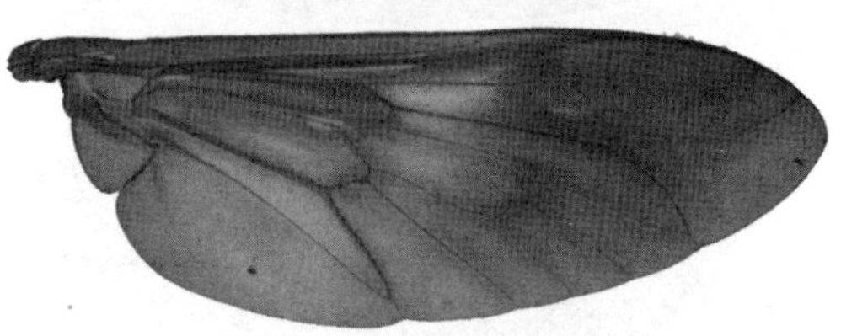

5

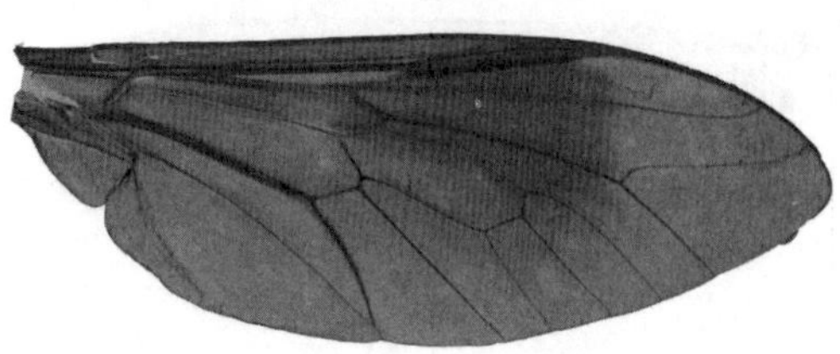

6

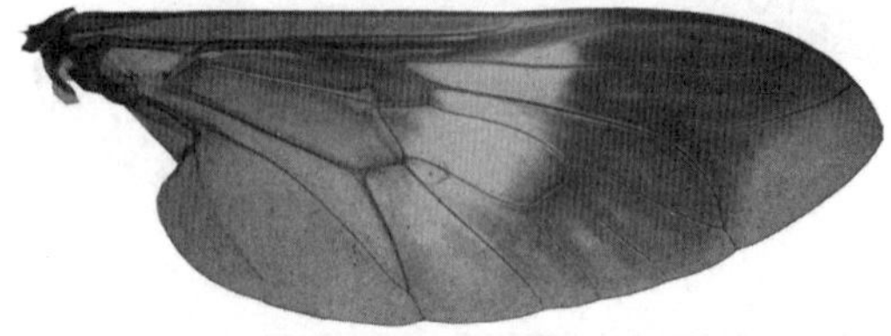

7

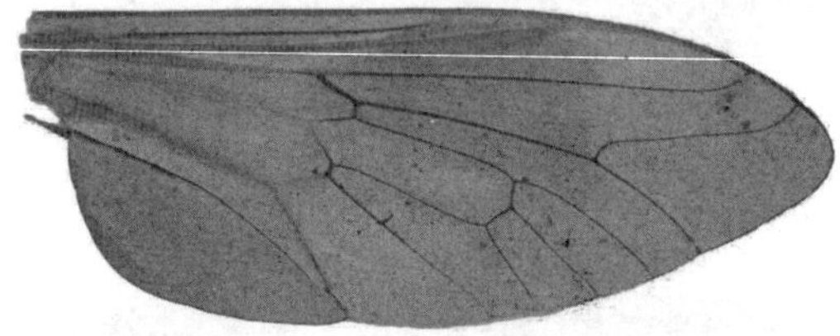

8

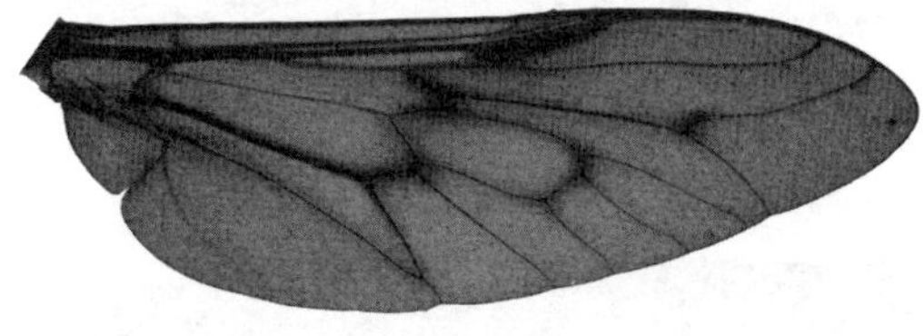

9

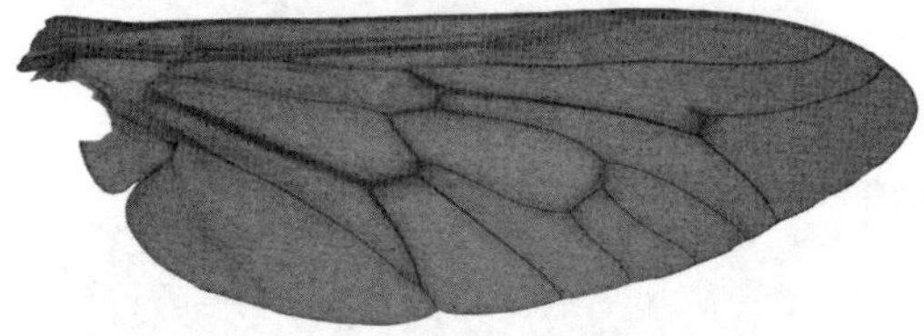

10

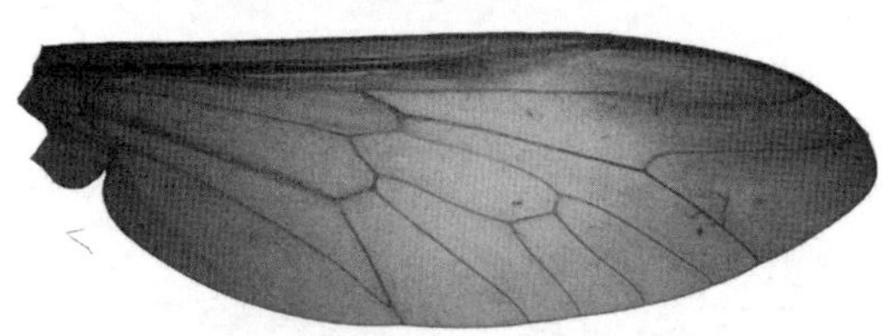

11

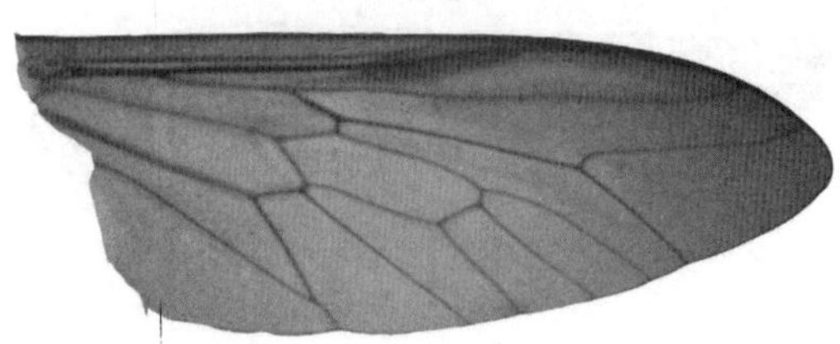

12

1. 克氏瘤虻*Hybomitra chválai* Xu *et* Zhang；2. 里氏瘤虻*Hybomitra lyneborgi* Chvála；3. 懒行瘤虻*Hybomitra tardigrada* Xu *et* Liu；4. 柱胛虻*Tabanus cylindrocallus* Wang；5. 丽毛虻地东亚种*Tabanus aurisetosus didongensis* Wang *et* Xu；6. 保海虻*Tabanus baohaii* Xu *et* Sun；7. 褐腹虻*Tabanus fuscoventris* Xu；8. 副黄边虻*Tabanus paraflavimarginatus* Xu *et* Sun；9. 昆明虻*Tabanus kunmingensis* Wang；10. 邛海虻*Tabanus gonghaiensis* Xu；11. 灰岩虻*Tabanus calcarius* Xu *et* Liao；12. 麦氏虻*Tabanus macfarlanei* Ricardo

图版X

1

2

3

4

5

6

7

8

9

1. 黄带斑虻*Chrysops flavocinctus* Ricardo；2. 莫氏斑虻*Chrysops mlokosiewiczi* Bigot；3. 宽条斑虻*Chrysops semiignitus* Kröber；4. 范氏斑虻*Chrysops vanderwulpi* (Kröber)；5. 林脸斑虻*Chrysops silvifacies* Philip；6. 察哈尔斑虻*Chrysops chaharicus* Chen *et* Quo；7. 黄胸斑虻*Chrysops flaviscutellus* Philip；8. 帕氏斑虻*Chrysops potanini* Pleske；9. 黑尾斑虻*Chrysops caecutiens* (Linnaeus)

图版XI

1. 黄缘斑虻*Chrysosps relictus* Meigen；2. 黄瘤斑虻*Chrysops flavescens* Szilády；3. 中华斑虻*Chrysops sinensis* Walker；4. 玛氏斑虻*Chrysops makerovi* Pleske；5. 合瘤斑虻*Chrysops suavis* Loew；6. 白条麻虻*Haematopota atrata* Szilády；7. 条纹斑虻*Chrysops striatulus* Pechuman；8. 四川斑虻*Chrysop szechuanensis* Kröber；9. 阿萨姆麻虻*Haematopota assamensis* Ricardo；10. 角斑虻*Tabanus signifer* Walker

1

2

3

4

5

6

7

8

9

1. 粉角麻虻*Haematopota pollinantenna* Xu *et* Liao；2. 格氏麻虻*Haematopota gregoryi* Stone *et* Philip；3. 亚露麻虻*Haematopota subirrorata* Xu；4. 毛股麻虻*Haematopota pilosifemura* Xu；5. 缕腿麻虻*Haematopota cilipes* Bigot；6. 莫干山麻虻*Haematopota mokanshanensis* Ôuchi；7. 圆胛麻虻*Haematopota sphaerocallus* (Wang *et* Liu)；8. 中华麻虻*Haematopota sinensis* Ricardo；9. 条带麻虻*Haematopota lineola* (Philip)

图版XIII

1. 黄条黄虻*Atylotus flavoguttatus* (Szilády)；2. 四列黄虻*Atylotus quadrifarius* (Loew)；3. 霍氏黄虻*Atylotus horvathi* (Szilády)；4. 中华黄虻*Atylotus sinensis* (Szilády)；5. 骚扰黄虻*Atylotus miser* (Szilády)；6. 膨条瘤虻*Hybomitra expollicata* (Pandelle)；7. 建设黄虻*Atylotus jianshei* Sun *et* Xu；8. 黑胫黄虻*Atylotus rusticus* (Linnaeus)；9. 欧氏瘤虻*Hybomitra erberi* (Brauer)

1. 亮脸瘤虻*Hybomitra nitelofaciata* Xu；2. 黑棕瘤虻*Hybomitra lurida* (Fallen)；3. 上海瘤虻*Hybomitra shanghaiensis* Ôuchi；4. 波拉瘤虻*Hybomitra branta* Wang；5. 拟星瘤虻*Hybomitra asturoides* Liu *et* Wang；6. 赭尾瘤虻*Hybomitra ochroterma* Xu *et* Liu；7. 短小瘤虻*Hybomitra brevis* (Loew)；8. 阿坝瘤虻*Hybomitra abaensis* Xu *et* Song；9. 高山瘤虻*Hybomitra alticola* Wang

图版XV

1

2

3

4

5

6

7

8

9

1. 拉萨瘤虻*Hybomitra lhasaensis* Wang；2. 汶川指虻*Isshikia wenchuanensis* Wang；3. 邛海虻*Tabanus gonghaiensis* Xu；4. 全黑瘤虻*Hybomitra holonigra* Xu *et* Li；5. 良清指虻*Isshikia liangqingi* (Xu *et* Sun)；6. 拟矮小虻*Tabanus humiloides* Xu；7. 黑尾瘤虻*Hybomitra nigella* (Szilády)；8. 海南指虻*Isshikia hainanensis* Wang；9. 中国虻*Tabanus chinensis* Ôuchi

图版XVI

1

2

3

4

5

6

7

8

9

1. 五带虻*Tabanus quinquecinctus* Ricardo；2. 梅花山虻*Tabanus meihuashanensis* Xu *et* Xu；3. 原野虻*Tabanus amaenus* Walker；4. 昏螫虻*Tabanus nigrimordicus* Xu；5. 辅助虻*Tabanus administrans* Schiner；6. 派微虻*Tabanus paviei* Burton；7. 暗尾虻*Tabanus furvicaudus* Xu；8. 光亮虻*Tabanus lucifer* Szilády；9. 山东虻*Tabanus shantungensis* Ôuchi

图版XVII

1. 缅甸虻*Tabanus birmanicus* (Bigot)；2. 五指山虻*Tabanus wuzhishanensis* Xu；3. 提神虻*Tabanus mentitus* Walker；4. 弱斑虻*Tabanus obsoletimaculus* Xu；5. 乘客虻*Tabanus anabates* Philip；6. 金条虻*Tabanus aurotestaceus* Walker；7. 灰岩虻*Tabanus calcarius* Xu *et* Liao；8. 链珠虻*Tabanus monilifer* (Bigot)；9. 副佛光虻*Tabanus parabuddha* Xu

(Q-3159.0101)

ISBN 978-7-03-037826-2